BKI OBJEKTDATEN

Kosten abgerechneter Bestandsbauten

A13 Altbau

BKI Objektdaten:
Kosten abgerechneter Bestandsbauten
A13 Altbau
Erweiterungen, Umbauten, Modernisierungen, Instandsetzungen

BKI Baukosteninformationszentrum (Hrsg.)
Stuttgart: BKI, 2026

Mitarbeit:
Hannes Spielbauer (Geschäftsführer)
Brigitte Lechler (Prokuristin)
Dokumentation: Catrin Baumeister, Julia Bellmann, Anna Bertling, Annette Dyckmans,
Heike Elsäßer, Sabine Egenberger, Sibylle Vogelmann
Virginia Lammet, Thomas Schmid
Produktmanagement: Tabea Wessel
Jeannette Sturm

Layout, Satz:
Marvin Bisceglie
Hans-Peter Freund
Thomas Fütterer

Fachliche Begleitung:
Beirat Baukosteninformationszentrum
Stephan Weber (Vorsitzender)
Markus Lehrmann (stellv. Vorsitzender)
Prof. Dr. Bert Bielefeld
Markus Fehrs
Andrea Geister-Herbolzheimer
Prof. Dr. Wolfdietrich Kalusche
David Meuer
Martin Müller
Markus Weise

Seelbergstraße 4
70372 Stuttgart
Kundenbetreuung: 0711 954 854-0
Telefax: 0711 954 854-54
Baukosten-Hotline: 0711 954 854-41
info@bki.de
www.bki.de

Titelabbildungen:
Bürogebäude, Erweiterung (1300-0336); Arch.: PAPPERT + WEICHYNIK Architekten PartG mbB, Bielefeld
Gymnasium, Erweiterung (4100-0268); Arch.: Hinck Architekten Stade
Dorfsaal, Erweiterung (9100-0237); Arch.: NC ARCHITEKTEN Nicolaus-Chatterjee PartGmbB, Wachtberg

Vorwort

Die Planung der Baukosten bedeutet eine wesentliche Architekt*innenleistung mit gleicher Relevanz wie die räumliche, gestalterische oder konstruktive Planung. Kostenermittlungen in den verschiedenen Planungsphasen erfüllen eine Aufgabe mit besonderer Wichtigkeit, da Sie als Grundlage für weitergehende Leistungen, wie Kostenvergleiche, Kostenkontrolle und Kostensteuerung dienen.

Kostenermittlungen sind meist nur so gut wie die angewendeten Daten und Methoden. Das Baukosteninformationszentrum BKI wurde 1996 von den Architektenkammern aller Bundesländer gegründet, um aktuelle Daten bereitzustellen und zielführende Methoden zu entwickeln und zu vermitteln.

Wertvolle Erfahrungswerte liegen in Form von abgerechneten Bauleistungen oder Kostenfeststellungen in den Architekturbüros vor. Oft fehlt die Zeit, diese qualifiziert zu dokumentieren, um sie für Folgeprojekte zu nutzen oder für andere Architekt*innen nutzbar zu machen. Diese Dienstleistung erbringt BKI und unterstützt damit sowohl die Datenlieferanten als auch die Nutzer der BKI Datenbanken.

Die neu erhobenen Objekte veröffentlicht BKI kontinuierlich in der Fachbuchreihe BKI OBJEKTDATEN und aktualisiert auf diese Weise die BKI Baukostendatenbanken. Alle in diesem Buch veröffentlichten Objekte sind nach aktueller DIN 276 dokumentiert. BKI berücksichtigt bei der Veröffentlichung der Objekte im Bestand, die Möglichkeit die Kennwerte nach Abbrechen, Herstellen und Wiederherstellen zu trennen um dadurch exaktere Kostenermittlungen zu ermöglichen. Die Reihe „BKI OBJEKTDATEN" mit den objektbezogenen Kostenkennwerten und die Reihe „BKI BAUKOSTEN" mit statistisch ermittelten Kostenkennwerten sind aufeinander abgestimmt und ergänzen sich zu einem Expert*innen-System der Kostenplanung.

Das vorliegende Fachbuch ist der 13.Band der Fachbuchreihe „BKI OBJEKTDATEN Altbau" und umfasst 49 Objekte. Diese gliedern sich in Erweiterungen, Umbauten, Modernisierungen und Instandsetzungen. In den BKI Baukostendatenbanken stehen nun insgesamt über 800 Altbau-Objekte zur Verfügung.

Der Dank des BKI gilt allen Architekt*innen, die Daten und Unterlagen zur Verfügung stellen. Sie profitieren von der Dokumentationsarbeit durch BKI und unterstützen zugleich den eigenen Berufsstand. Das Ergebnis sind fundierte und anschauliche Dokumentationen, die sich sehr gut zur Kostenermittlung von vergleichbaren Folgeobjekten und zu Akquisitionszwecken eignen.

Zur Pflege der Baukostendatenbanken sucht BKI weitere Objekte aus allen Bundesländern. Bewerbungsbögen zur Projektdokumentation für Hochbauprojekte und Freianlagen stellt BKI im Internet unter www.bki.de/objekt-veroeffentlichen.html zur Verfügung. Interessierte erhalten auch gerne persönlich Informationen über alle Möglichkeiten zur Veröffentlichung realisierter Projekte, die damit verbundene Vergütung und weitere Vorteile.

Besonderer Dank gilt abschließend dem BKI-Beirat, der mit seinem Expert*innenwissen aus der Architekturpraxis, den Architekten- und Ingenieurkammern, Normausschüssen und Universitäten zur Entstehung der BKI-Fachinformationen beiträgt.

Wir wünschen allen Anwender*innen der Fachbuchreihe „BKI OBJEKTDATEN" viel Erfolg in allen Phasen der Kostenplanung und vor allem eine große Übereinstimmung zwischen geplanten und realisierten Baukosten im Sinne zufriedener Bauherr*innen. Anregungen und Kritik zur Verbesserung der BKI-Fachbücher sind uns jederzeit willkommen.

Hannes Spielbauer - Geschäftsführer
Brigitte Lechler - Prokuristin

Baukosteninformationszentrum
Deutscher Architektenkammern GmbH
Stuttgart, im März 2026

Inhalt			Seite

Benutzerhinweise

Kosten abgerechneter Objekte

Kostenkennwerte für Kostengruppen der 3. Ebene nach DIN 276

Anhang

Einführung

In der Fachbuchreihe „BKI OBJEKTDATEN" werden für Kostenermittlungszwecke und Wirtschaftlichkeitsvergleiche realisierte und vollständig abgerechnete Bauwerke aus allen Bundesländern veröffentlicht.
Jährlich erscheinen mehrere Bände mit den im Laufe eines Jahres neu erhobenen Objekten der BKI Baukostendatenbanken. Innerhalb dieser Reihe werden die einzelnen Bände je nach Baumaßnahme unterschieden in Neubau, Altbau, Innenräume und Freianlagen.

Die Kostenkennwerte der Objekte dienen dazu, die Kosten von Bauprojekten im Vergleich mit den Kosten bereits realisierter Objekte zu ermitteln bzw. Kostenermittlungen mit büroeigenen Daten oder den Daten Dritter zu überprüfen, solange Kostenanschläge auf der Grundlage von Ausschreibungsergebnissen noch nicht vorliegen.

Dieser Vergleich wird erleichtert durch die eingesetzte „Normierung der Kostenkennwerte auf Bundesniveau". Durch Übernahme der BKI Regionalfaktoren in die Datenbanken ist es möglich, die Objekte hinsichtlich des Bauortes zu bewerten. BKI rechnet so, als ob das Objekt nicht am Bauort, sondern in einer mit dem Bundesdurchschnitt identischen Region gebaut worden wäre. Diese regionale Normierung vereinfacht die Bewertung der Kostenkennwerte für den Anwender erheblich.

Unterstützt werden Kostenermittlungen nach DIN 276 in den frühen, für die Kostenentwicklung eines Projektes aber entscheidenden Planungsphasen.

Dabei finden für überschlägige Kostenermittlungen z. B. das Aufstellen eines Kostenrahmens oder für Plausibilitätsprüfungen die groben Kostenkennwerte im Teil „Kosten abgerechneter Objekte" dieses Buchs Anwendung. Für differenziertere Kostenermittlungen auf der Ebene der Bauelemente bieten sich die Kosteninformationen im Teil „Kostenkennwerte der 3. Ebene nach DIN 276" an.

Darüber hinaus enthält das Buch Planungskennwerte, die Wirtschaftlichkeitsprüfungen anhand von Flächenvergleichen ermöglichen.

Die BKI Baukostendatenbanken selbst umfassen einen wesentlich größeren Bestand an Altbau-Objekten. Den aktuellen Stand aller verfügbaren Objektdokumentationen erhalten Sie über die Software „BKI Kostenplaner".

Benutzerhinweise

1. Definitionen

Kostenkennwerte sind Werte, die das Verhältnis von Kosten bestimmter Kostengruppen nach DIN 276:2018-12 zu bestimmten Bezugseinheiten nach 277:2021-08 darstellen.

Planungskennwerte im Sinne dieser Veröffentlichung sind Werte, die das Verhältnis bestimmter Flächen und Rauminhalte zur Nutzungsfläche (NUF) und Brutto-Grundfläche (BGF) darstellen, angegeben als Prozentsätze oder als Faktoren.

HOAI § 2 Begriffsbestimmungen (Auszug)
Im Sinne dieser Verordnung gelten folgende Begriffsbestimmungen:

1. Objekte sind Gebäude, Innenräume, Freianlagen, Ingenieurbauwerke, Verkehrsanlagen. Objekte sind auch Tragwerke und Anlagen der Technischen Ausrüstung.
2. Neubauten und Neuanlagen sind Objekte, die neu errichtet oder neu hergestellt werden.
3. Wiederaufbauten sind Objekte, bei denen die zerstörten Teile auf noch vorhandenen Bau- oder Anlagenteilen wiederhergestellt werden. Wiederaufbauten gelten als Neubauten, sofern eine neue Planung erforderlich ist.
4. Erweiterungsbauten sind Ergänzungen eines vorhandenen Objekts.
5. Umbauten sind Umgestaltungen eines vorhandenen Objekts mit wesentlichen Eingriffen in Konstruktion oder Bestand.
6. Modernisierungen sind bauliche Maßnahmen zur nachhaltigen Erhöhung des Gebrauchswertes eines Objekts, soweit diese Maßnahmen nicht unter Absatz 4, 5 oder 7 fallen.
7. Instandsetzungen sind Maßnahmen zur Wiederherstellung des zum bestimmungsgemäßen Gebrauch geeigneten Zustands (Soll-Zustand) eines Objekts, soweit diese Maßnahmen nicht unter Absatz 3 fallen.

2. Kostenstand und Umsatzsteuer

Kostenstand aller Kennwerte ist das 4. Quartal 2025. Alle Kostendaten enthalten die Umsatzsteuer. Maßgeblich für die Fortschreibung ist der Baupreisindex für Wohnungsbau des Statistischen Bundesamts insgesamt, inkl. Umsatzsteuer.

Den vierteljährlich erscheinenden aktuellen Index können Sie im Internet beim Statistischen Bundesamt oder unter www.bki.de/baupreisindex abrufen.

Die Umrechnung von Kostendaten dieses Buchs wird durch ein Beispiel erläutert:
Ein Kostenkennwert von 500 €/m² BGF mit dem Kostenstand 4. Quartal 2025 soll auf den Kostenstand 4. Quartal 2021 umgerechnet werden. Verwendet wird die Indexreihe mit dem Basisjahr 2021=100.

Index 4. Quartal 2025 (2021=100) = 135,0
Index 4. Quartal 2021 (2021=100) = 104,2

$$\frac{500\ €/m^2\ BGF \times 104{,}2}{135{,}0} = 385{,}93\ €/m^2\ BGF$$

3. Blatt-Typ Objektübersicht: Kostenkennwerte

Die jeder Objektdokumentation vorangestellten Kostenkennwerte €/m³ BRI, €/m² BGF und €/m² NUF beziehen sich auf die Kosten des Bauwerks (DIN 276: Summe KG 300+400). Als 4. Kostenkennwert wird, sofern verfügbar, ein Kennwert für die Nutzeinheit (NE) oder alternativ für eine ausgewählte Grobelementfläche angegeben.

4. Datengrundlage

Grundlage der Tabellen sind die uns zur Verfügung gestellten Unterlagen von abgerechneten Bauwerken. Die Daten wurden mit größtmöglicher Sorgfalt daraus erhoben. Die vorliegenden Kosten- und Planungskennwerte dienen als Orientierungswerte für Projekte vergleichbarer Art. Sie sind dem Verwendungszweck entsprechend anzupassen unter Berücksichtigung der projektspezifisch unterschiedlichen Kosteneinflussgrößen. Für die Richtigkeit der im Rahmen einer Kostenermittlung eingesetzten Werte kann der Herausgeber keine Haftung übernehmen.

Beim Altbau (Bauen im Bestand) werden u. U. nur die Mengen des von der Maßnahme betroffenen Teils des Bauwerks erfasst, z. B. nur die Mengen des Anbaus an das Bauwerk oder nur die Mengen der Aufstockung. Genaueres wird jeweils in den Zeichnungen und Beschreibungen des Objekts angegeben.

5. Kosteneinflüsse
Kosteneinflussgrößen sind beim Bauen im Bestand – Altbau – von besonderer Bedeutung, da umwelt-, standort-, nutzer- und besonders herstellungs- sowie objektbedingte Faktoren eine erhebliche Relevanz aufweisen. Aus diesen Gründen ist eine genaue Anpassung der Kosten- und Planungskennwerte an die projektspezifisch unterschiedlichen Kosteneinflussgrößen erforderlich (s. dazu BKI Handbuch Kostenplanung im Hochbau Stgt. 2021).

Die in der Reihe „BKI Baukosten" angebotenen Kostenkennwerte sind dafür nur bedingt geeignet, da sie Mittelwerte, gebildet auf der Grundlage verschiedener Objekte, darstellen. Das vorliegende Buch „BKI Objektdaten Altbau" bietet hingegen die Möglichkeit, einen Kostenwert durch eine Analyse der entsprechenden Eigenschaften des Objekts genau zu bewerten. Eine projektspezifische Anpassung bzw. die Auswahl eines Kostenkennwerts ist damit besser möglich.

6. Regionalisierung der Daten
Grundlage der BKI Regionalfaktoren sind Daten aus der amtlichen Bautätigkeitsstatistik der statistischen Landesämter, eigene Berechnungen auch unter Verwendung von Schwerpunktpositionen und regionale Umfragen. Zusätzlich wurden von BKI Verfahren entwickelt, um die Eingangsdaten auf Plausibilität prüfen und ggf. anpassen zu können. Auf der Grundlage dieser Berechnungen hat BKI einen bundesdeutschen Mittelwert gebildet. Anhand des Mittelwertes lassen sich die einzelnen Land- und Stadtkreise prozentual einordnen. Diese Prozentwerte wurden die Grundlage der BKI Deutschlandkarte mit „Regionalfaktoren für Deutschland".

Für die größeren Inseln Deutschlands wurden separate Regionalfaktoren ermittelt. Dazu wurde der zugehörige Landkreis in Festland und Inseln unterteilt. Alle Inseln eines Landkreises erhalten durch dieses Verfahren den gleichen Regionalfaktor. Der Regionalfaktor des Festlandes enthält keine Inseln mehr und ist daher gegenüber früheren Ausgaben verringert.

Die Kosten der Objekte der BKI Datenbanken wurden auf den Bundesdurchschnitt umgerechnet. Für den*die Anwender*in bedeutet die Umrechnung der Daten auf den Bundesdurchschnitt, dass einzelne Kostenkennwerte oder das Ergebnis einer Kostenermittlung mit dem Regionalfaktor des Standorts des geplanten Objekts multipliziert werden können. Die BKI Stadt-/Landkreisfaktoren befinden sich im Anhang des Buchs.

7. Urheberrechte
Alle Objektinformationen sind urheberrechtlich geschützt. Dies gilt auch für die daraus abgeleiteten Auswertungen (Statistiken). Die Urheberrechte liegen bei den jeweiligen Büros, Personen bzw. beim BKI. Es ist ausschließlich eine Anwendung der Daten im Rahmen der praktischen Kostenplanung im Hochbau zugelassen. Die Nutzung der Objektinformationen für einen anderen als den Vertragszweck ist nicht zulässig. Dies gilt auch für die daraus abgeleiteten Auswertungen (Statistiken). Eine Vervielfältigung des Werks oder von Teilen daraus außer für den Vertragszweck ist nur mit ausdrücklicher Genehmigung des Herausgebers gestattet. Auch eine Übersetzung oder Bearbeitung, insbesondere eine Übertragung des Werks oder Teilen daraus in elektronische Systeme, ist nur mit ausdrücklicher Genehmigung des Herausgebers gestattet.

Fotopräsentation der Objekte

1300-0270 Verwaltungsgebäude (75 AP) Seite 100
Modernisierung
ZRS Architekten GvA mbH
Berlin

1300-0289 Bürogebäude (342 AP) Seite 126
Modernisierung
Hertzberg Weber Architekten PartGmbB
Potsdam

1300-0301 Bürogebäude, Dachsanierung Seite 142
Modernisierung
Architekturbüro Maurer
München

1300-0303 Bürogebäude, TG, Brandschutz Seite 156
Modernisierung
Architekturbüro Maurer
München

1300-0312 Büro (7 AP) Seite 66
Umbau
freiraum4plus
Wiesbaden

1300-0322 Wohn-/Geschäftshaus, Fassade Seite 174
Modernisierung
werkArchitektur Yvonne Werk
Berlin

1300-0324 Gründerzentrum (20 AP) Seite 78
Umbau
Liebnerstadtfeld Architekten
Magdeburg

1300-0329 Bürogebäude (8 AP) Seite 186
Modernisierung
esfandiary möller architekten PartG mbB
Lüneburg

1300-0336 Bürogebäude (34 AP) Seite 54
Erweiterung
PAPPERT + WEICHYNIK Architekten PartG mbB
Bielefeld

1300-0339 Bürogebäude (40 AP) Seite 60
Erweiterung
Brüggemann + Jeßnitz Architekten Part GmbB
Winsen (Aller)

2200-0072 Labor (10 AP) Seite 192
Erweiterung
Eneff Architekten I Partnerschaft von Architekten
München

3200-0032 Palliativstation (12 Betten) Seite 198
Erweiterung
Planungsring Mumm + Partner GbR
Treia

3200-0034 Krankenhaus Seite 220
Erweiterung
Felix+Jonas Architekten GmbH
München

4100-0238 Gemeinschaftsschule (168 Schüler) Seite 228
Erweiterung
Wiechers Beck GvA mbH
Berlin

4100-0254 Grundschule (3 Klassen) Seite 234
Erweiterung
QUITTMANNARCHITEKTEN
Unna

4100-0268 Gymnasium (9 Klassen, 206 Schüler) Seite 240
Erweiterung
Hinck Architekten
Stade

4200-0037 Fachakademie, Berufsfachschule Seite 276
Umbau
PH2 Architektur + Stadtplanung
Eschlkam

4400-0404 Kindergarten (40 Kinder) Seite 246
Erweiterung
Butzlaff Tewes Architekten + Ingenieure
Brande-Hörnerkirchen

4400-0405 Kindertagesstätte (62 Kinder) Seite 252
Erweiterung
Keul und Müller Architekten Part GmbB
Aßlar

4400-0421 Kindertagesstätte (50 Kinder) Seite 258
Erweiterung
köhler + otto architekten PartGmbB
Bad Wünnenberg

4400-0429 Kindertagesstätte (40 Kinder) Seite 264
Erweiterung
Hochbauamt Heidelberg und AAg Architekten GmbH
Heidelberg

4400-0439 Kindertagesstätte (65 Kinder) Seite 270
Erweiterung
Kern Architekten PartGmbB
Mindelheim

6100-1493 Dachgeschoss (2 WE) Seite 322
Umbau
KAPALAARCHITEKTUR Carsten Kapala
Herne

6100-1536 Mehrfamilienhaus (12 WE) Seite 422
Modernisierung
Ingenieurbüro Gerdom
Bad Essen

Fotopräsentation der Objekte

6100-1545 Einfamilienhaus Seite 336
Umbau
TILIA-Innovation GmbH, Dipl.-Ing. Christian Schulz
Leipzig

6100-1599 Zweifamilienhaus Seite 458
Instandsetzung
werkArchitektur Yvonne Werk
Berlin

6100-1609 Dachgeschosswohnung, Turmzimmer Seite 356
Umbau
werkArchitektur Yvonne Werk
Berlin

6100-1623 Dachgeschosswohnung Seite 376
Umbau
werkArchitektur Yvonne Werk
Berlin

6100-1636 Mehrfamilienhaus (10 WE) Seite 392
Umbau
Neumeier Architekten PartGmbB
Tittling

6100-1693 Einfamilienhaus Seite 304
Erweiterung
UIU STUDIO ARCHITEKTUR
Saarbrücken

6100-1713 Einfamilienhaus Seite 442
Modernisierung
Innenarchitekturinsel Dipl. Ing. Innenarchitektin
Yvonne Habermann, Prien am Chiemsee

6100-1731 Einfamilienhaus Seite 310
Erweiterung
nagy-architektur
Köln

6100-1733 Mehrfamilienhaus (11 WE) Seite 476
Instandsetzung
Ahola Architekten
Halle

6100-1746 Einfamilienhaus Aufstockung Seite 316
Erweiterung
Gütig Architektur
Bornholm-Hersel

6100-1753 Mehrfamilienhaus (8 WE) Seite 504
Instandsetzung
Ahola Architekten
Braunschweig

6100-1760 Mehrfamilienhaus (4 WE) Seite 522
Instandsetzung
ding.fest dessau architektur & energieberatung
Dessau-Roßlau

6200-0133 Pflegeheim (22 Betten) Seite 416
Umbau
DIETRICH I UNTERTRIFALLER GmbH, Bregenz und werkgruppe drei I Staiger Weltin I PartGmbB, Konstanz

7200-0096 Geschäftshaus, Foyer Seite 552
Umbau
Katrin Reinhold Dipl.-Innenarchitektin
Leipzig

7200-0103 Büro-/Ausstellungsgebäude Seite 546
Erweiterung
CCM GmbH
Flörsbachtal

9100-0173 Bibliothek, Lernzentrum Seite 592
Umbau
grüningerarchitekten I BDA, Darmstadt und Innenarchitektinnen Simone Ferrari, Claudia Witte

9100-0204 Stadtbücherei (120 Plätze) Seite 670
Modernisierung
a5 Planung GmbH
Bad Nauheim

9100-0213 Stadtbücherei Seite 684
Modernisierung
UKW Innenarchitekten PartGmbB
Krefeld

9100-0215 Stiftsgebäude, Gemeindesaal, Büros Seite 618
Umbau
Bieling Architekten AG
Kassel

9100-0222 Ausstellungsgebäude Seite 568
Erweiterung
Andreas Heller Architects & Designers
Hamburg

9100-0228 Kammermusiksaal (80 Sitzplätze) Seite 574
Erweiterung
mamuth I Dipl.Ing. Timm Helbach I freier Architekt
dwb BDA, Mainz

9100-0230 Kreisarchiv Seite 580
Erweiterung
Dr.-Ing. Formazin & Partner GbR
Ahrensfelde

9100-0237 Dorfsaal Seite 586
Erweiterung
NC ARCHITEKTEN Nicolaus-Chatterjee PartGmbB
Wachtberg

9700-0032 Friedhofskapelle Seite 708
Instandsetzung
Dohse und Partner Architekten mbB
Hamburg

9700-0038 Kolumbarium Umbau

Seite 644

B-WERK ARCHITEKTEN BDA
Spelle

Erläuterungen

Objekte in Modulbauweise

4400-0429
Kindertagesstätte
(2 Gruppen)
(40 Kinder)

Erweiterung

Kostenkennwerte für die Kosten des Bauwerks (Kostengruppen 300+400 nach DIN 276)

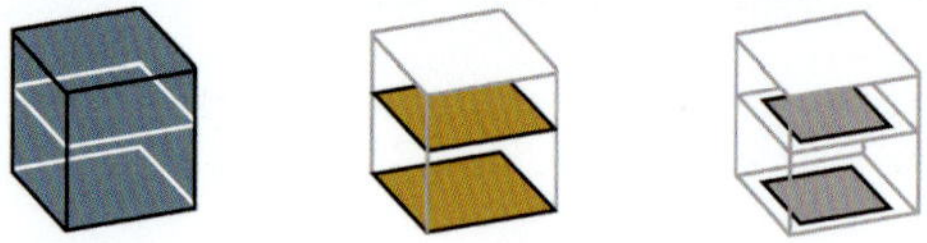

BRI **1.088 €/m³** BGF **4.443 €/m²** NUF **6.927 €/m²**

Stahl-Raumzellen
• **Holz-Raumzellen**
Stahlbeton-Raumzellen
Ziegel-Raumzellen

Konstruktionsart

(2b)

Objekte mit Nutzeinheit

(1) 6100-1636
Mehrfamilienhaus
(10 WE)

(2) Umbau

Kostenkennwerte für die Kosten des Bauwerks (Kostengruppen 300+400 nach DIN 276)

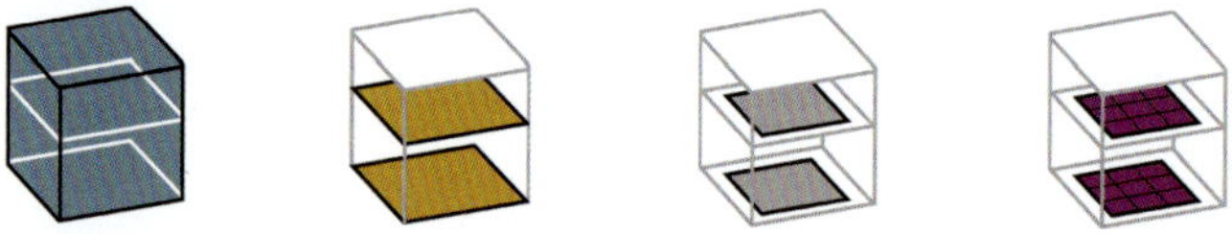

BRI **512 €/m³** BGF **1.530 €/m²** NUF **2.543 €/m²** NE **2.522 €/NE**

(2a) NE: Wohnfläche

Objekt:
a) Kennwerte: 3. Ebene DIN 276
(3) b) BRI: 3.706 m³
BGF: 1.240 m²
NUF: 746 m²
c) Bauzeit: 74 Wochen
d) Bauende: 2022
e) Standard: mittel
f) Bundesland: Bayern
Kreis: Deggendorf

(4) **Architekt*in:**
Neumeier Architekten
PartGmbB
Muth 2a
94104 Tittling

© Neumeier Architekten
vorher

© Neumeier Architekten
nachher

(5)

© Neumeier Architekten
vorher

© Neumeier Architekten
nachher

© Neumeier Architekten

© BKI Baukosteninformationszentrum

Kostenstand: 4. Quartal 2025, Bundesdurchschnitt, inkl. 19% MwSt.

(6)

Erläuterungen nebenstehender Tabellen und Abbildungen

Alle Kostenkennwerte enthalten die Mehrwertsteuer. Kostenstand: 4.Quartal 2025.
Kosten und Kostenkennwerte umgerechnet auf den Bundesdurchschnitt.

Objektübersicht

①
BKI-Objektnummer und -bezeichnung.

②
Kostenkennwerte für Bauwerkskosten (Kostengruppe 300+400 nach DIN 276) bezogen auf:

- BRI: Brutto-Rauminhalt (DIN 277)
- BGF: Brutto-Grundfläche (DIN 277)
- NUF: Nutzungsfläche (DIN 277)
- AWF: Außenwandfläche (DIN 277)

(2a)
Bei Objekten mit Nutzeinheit:
- NE: Nutzeinheiten (z. B. Betten bei Heimen, Stellplätze bei Garagen)
  Wohnfläche nach der Wohnflächenverordnung WoFlV, nur bei Wohngebäuden

(2b)
Bei Objekten in Modulbauweise:
Konstruktionsart: Eingruppierung in Holz-, Stahlbeton-, Stahl- oder Ziegel-Raumzellen

③
a) „Kennwerte" gibt die Kostengliederungstiefe nach DIN 276 an. Die BKI Objekte sind unterschiedlich detailliert dokumentiert: Eine Kurzdokumentation enthält Kosteninformationen bis zur 1. Ebene DIN 276, eine Grobdokumentation bis zur 2. Ebene DIN 276 und eine Langdokumentation bis zur 3. Ebene.
b) Angaben zu BRI, BGF, NUF und AWF
c) Angaben zur Bauzeit
d) Angaben zum Bauende
e) Angaben zum Standard
f) Angaben zum Kreis, Bundesland

④
Planendes und/oder ausführendes Architektur- oder Planungsbüro, sowie teilweise Angaben zum/zur Bauherr*in (bei Zustimmung).

⑤
Abbildungen des Objekts

⑥
Anzeige des Kostenstands

6100-1636
Mehrfamilienhaus
(10 WE)

Umbau

1

2

Objektbeschreibung

Allgemeine Objektinformationen

Ein gemischt genutztes Gebäude aus den 70er-Jahren wurde zur reinen Wohnnutzung umgebaut und energetisch saniert. Die ehemalige Ladenzone im Erdgeschoss ist in drei Wohnungen umgenutzt. Im neu ausgebauten Dachgeschoss sind zwei Wohnungen mit Dachgauben und Dachterrassen angeordnet.

Nutzung

1 Untergeschoss
2-Zimmer-Wohnung, Kellerräume, Technikräume, Pelletlager

1 Erdgeschoss
drei 2-Zimmer-Wohnungen

2 Obergeschosse
je zwei 4-Zimmer-Wohnungen

1 Dachgeschoss
zwei 3-Zimmer-Wohnungen

Nutzeinheiten

Wohneinheiten: 10
Wohnfläche: 752 m²

Grundstück

Bauraum: Beengter Bauraum
Neigung: Geneigtes Gelände
Bodenklasse: BK 2 bis BK 3

Markt

Hauptvergabezeit: 1.Quartal 2021
Baubeginn: 1.Quartal 2021
Bauende: 3.Quartal 2022
Konjunkturelle Gesamtlage: über Durchschnitt
Regionaler Baumarkt: unter Durchschnitt

Baubestand

Baujahr: 1970
Bauzustand: mittel
Aufwand: mittel
Grundrissänderungen: einige
Tragwerkseingriffe: wenige
Nutzungsänderung: ja
Nutzung während der Bauzeit: nein

Baukonstruktion

Die Fassade des massiven Bestandsgebäudes wurde wärmegedämmt und wieder als Putzfassade gestaltet. Kunststofffenster mit Dreifachverglasung und erhöhtem Schallschutz zur Straße ersetzen die alten Fenster. Das Dach ist statisch ertüchtigt und neu mit Betondachsteinen gedeckt. Der Terrazzoboden im Treppenhaus samt Kragarmtreppe wurde aufbereitet und erhalten. Die Innenwandflächen wurden ausgebessert und beschichtet. Der neue Aufzugsanbau ist als Stahlbetonkonstruktion vor das Gebäude gestellt, die Gauben sind in Holzbauweise errichtet. Die Erweiterungsbauteile setzen sich mit vorvergrauten Holzbekleidungen zum Bestand ab.

Technische Anlagen

Die alte Ölheizung wurde durch eine moderne Pelletanlage mit Pelletlager in den vorhandenen Kellerräumen ersetzt. Die Heizungs- und Warmwasserversorgung erfolgt zentral. Die Wohnungen sind mit Heizkörpern ausgestattet. Der Mindestluftwechsel wird über Zuluft im Fensterfalz und Absaugung in den Bädern erreicht, eine Wärmerückgewinnung war nicht notwendig. Die Elektroinstallation erfolgte konventionell ohne Smart-Home Ausstattung. Zur barrierefreien Erreichbarkeit ist ein Außenaufzug angebaut.

Sonstiges

Im Treppenhaus sind die originalen Kragarmtreppenstufen erhalten, die sich heutzutage auf diese Weise nicht mehr so einfach realisieren lassen würden. Das Gebäude erreicht den Energiestandard KfW Effizienzhaus 55. Die Außenanlage zum Gebäude ist unter der BKI-Objektnummer 6100-1637 dokumentiert.

Energetische Kennwerte

Gesetzliche Grundlage: EnEV 2013
Gebäudenutzfläche: 1.043,90 m²
Gebäudevolumen: 3.262,10 m³
A/V_e-Verhältnis (Kompaktheit): 0,46 m^{-1}
Hüllfläche des beheizten Volumens: 1.488,70 m²
Spez. Transmissionswärmeverlust: 0,30 W/(m²·K)
Spez. Jahresprimärenergiebedarf: 19,77 kWh/(m²·a)
Anlagenaufwandszahl: 0,46

Kostenstand: 4.Quartal 2025, Bundesdurchschnitt, inkl. 19% MwSt.

Erläuterungen nebenstehender Tabellen und Abbildungen

Alle Kostenkennwerte enthalten die Mehrwertsteuer. Kostenstand: 4. Quartal 2025.
Kosten und Kostenkennwerte umgerechnet auf den Bundesdurchschnitt

Objektbeschreibung

①
Objektbeschreibung mit:
- Allgemeine Objektinformationen
- Angaben zur Nutzung
- Nutzeinheiten
- Grundstück
- Markt
- Baukonstruktion
- Technische Anlagen
- Sonstiges

②
Energetische Kennwerte:
Die Angaben stammen aus dem Energieausweis (EnEV bzw. GEG), bzw. der Energiebedarfsberechnung oder aus dem Passivhaus-Projektierungspaket (PHPP). Die Werte unterscheiden sich aufgrund unterschiedlicher Rechenverfahren. Die Zielsetzung bundesweit vergleichbarer Ergebnisse bedingt bei der EnEV bundesweit einheitliche Klimadaten und weitere einheitliche Randbedingungen. Das PHPP Verfahren verfolgt das Ziel, den späteren Energieverbrauch möglichst genau zu prognostizieren. Es berücksichtigt daher individuelle Klimadaten und Randbedingungen und bezieht mehr energetisch wirksame Faktoren mit ein.

Energetische Angaben zu Außenbauteilen

Bodenplatte
U-Wert: 0,41 W/(m²·K)

Gesamtdicke: 31,05 cm	d [cm]	λ [W/(m·K)]
Estrich	5,00	1,400
Dämmung	2,00	0,045
Dämmung	4,00	0,024
Bitumenbahn	0,05	0,170
Stahlbeton	20,00	2,000

Außenwand gegen Erdreich
(1) **U-Wert: 0,29 W/(m²·K)**

Gesamtdicke: 41,50 cm	d [cm]	λ [W/(m·K)]
Innenputz	0,50	0,700
Dämmung	10,00	0,040
Mauerwerk Bestand	31,00	0,400

Außenwand Bestand Keller
U-Wert: 0,18 W/(m²·K)

Gesamtdicke: 49,50 cm	d [cm]	λ [W/(m·K)]
Mauerwerk	33,00	0,400
(2) Dämmung	16,00	0,035
Außenputz	0,50	0,700

Kellerdecke
U-Wert: 0,23 W/(m²·K)

Gesamtdicke: 41,00 cm	d [cm]	λ [W/(m·K)]
Estrich	5,00	1,600
Dämmung	2,00	0,045
Dämmung	4,00	0,035
Stahlbeton Bestand	20,00	2,000
Dämmung	9,00	0,040
Holzfaserplatte zementgebunden	1,00	0,100

(3)

Außenwand Bestand
U-Wert: 0,18 W/(m²·K)

Gesamtdicke: 49,50 cm	d [cm]	λ [W/(m·K)]
Mauerwerk Bestand	33,00	0,400
Dämmung	16,00	0,035
Außenputz	0,50	0,700

Außenwand Gaube
U-Wert: 0,17 W/(m²·K)

Gesamtdicke: 31,05 cm	d [cm]	λ [W/(m·K)]
GK-Platte	2,50	0,250
Holz	3,00	0,300
Luftschicht ruhend	3,00	1,667
OSB-Platte	1,50	0,130
PE-Folie	0,05	0,330
Holz	20,00	0,130
Dämmung	20,00	0,035
Holzfaserplatte	4,00	0,047

Dach Gaube
U-Wert: 0,17 W/(m²·K)

Gesamtdicke: 28,57 cm	d [cm]	λ [W/(m·K)]
GK-Platte	2,50	0,250
PE-Folie	0,05	0,330
Holz	7,50	0,130
Dämmung	7,50	0,035
Holz	16,00	0,130
Dämmung	16,00	0,035
OSB-Platte	2,50	0,130
Unterspannbahn	0,02	0,500

Dach
U-Wert: 0,14 W/(m²·K)

Gesamtdicke: 31,57 cm	d [cm]	λ [W/(m·K)]
GK-Platte	2,50	0,250
PE-Folie	0,05	0,330
Holz	5,00	0,130
Dämmung	5,00	0,032
Holz	16,00	0,130
Dämmung	16,00	0,035
Holzfaserplatte	8,00	0,045
Unterspannbahn	0,02	0,500

Erläuterungen nebenstehender Tabellen und Abbildungen

Energetische Angaben zu Außenbauteilen

①
Angabe des U-Werts und der Gesamtdicke des Bauteils. Es werden meist nur die wärmetechnisch wirksamen Schichten dargestellt und berücksichtigt. Es werden nicht immer alle Außenbauteile aufgeführt, sondern die für eine Beurteilung der energetischen Qualität des Objekts wesentlichen.
Die Berechnung erfolgt auf der Grundlage der DIN EN ISO 6946. Die U-Werte können von Berechnungen der Datenlieferanten aus verschiedenen Gründen leicht abweichen:
- Die DIN 6946 wurde auch für die Objekte aus Österreich herangezogen, die originär abweichend berechnet wurden.
- Falls nur Angaben zu Schichten und Schichtdicken vorlagen, jedoch keine Lambda-Werte, wurden für die verwendeten Materialien übliche Lambda-Werte von BKI eingesetzt.
- Es gibt leichte Abweichungen bei der Berechnung des U-Werts im PHPP Verfahren und bei Berechnungen die auf Finiten Elementen beruhen.

②
Schichtenfolge der Materialien der Außenbauteile, mit Angabe der Schichtdicke und des Lambda-Werts

③
Kennzeichnung inhomogener Schichten

6100-1636
Mehrfamilienhaus
(10 WE)

Umbau

Planungskennwerte für Flächen und Rauminhalte nach DIN 277

(1)

Flächen des Grundstücks		Menge Einheit	% an GF
BF	Bebaute Fläche	259,00 m²	22,4
UF	Unbebaute Fläche	897,00 m²	77,6
GF	Grundstücksfläche	1.156,00 m²	100,0

(2)

Grundflächen des Bauwerks		Menge Einheit	% an NUF	% an BGF
NUF	Nutzungsfläche	745,94 m²	100,0	60,2
TF	Technikfläche	42,00 m²	5,6	3,4
VF	Verkehrsfläche	191,10 m²	25,6	15,4
NRF	Netto-Raumfläche	979,04 m²	131,2	79,0
KGF	Konstruktions-Grundfläche	260,49 m²	34,9	21,0
BGF	Brutto-Grundfläche	1.239,53 m²	166,2	100,0

(3)

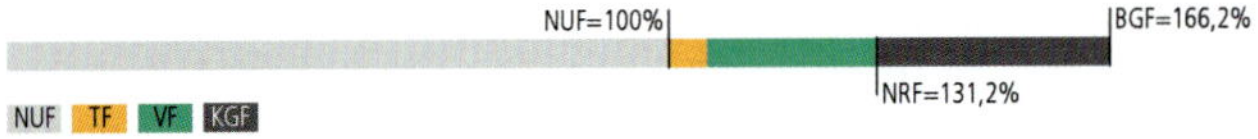

(4)

Brutto-Rauminhalt des Bauwerks		Menge Einheit	BRI/NUF (m)	BRI/BGF (m)
BRI	Brutto-Rauminhalt	3.706,17 m³	4,97	2,99

(5)

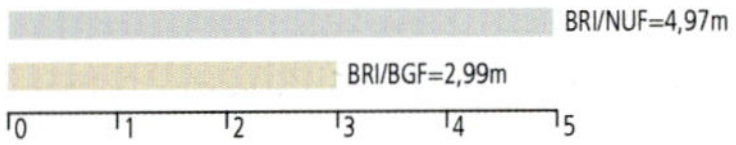

(6)

Lufttechnisch behandelte Flächen	Menge Einheit	% an NUF	% an BGF
Entlüftete Fläche	–	–	–
Be- und entlüftete Fläche	–	–	–
Teilklimatisierte Fläche	–	–	–
Klimatisierte Fläche	–	–	–

(7)

KG	Kostengruppen (2. Ebene)	Menge Einheit	Menge/NUF	Menge/BGF
310	Baugrube / Erdbau	114,83 m³BGI	0,15	0,09
320	Gründung, Unterbau	114,89 m²GRF	0,15	0,09
330	Außenwände/Vertikale Baukonstruktionen, außen	1.160,87 m²AWF	1,56	0,94
340	Innenwände/Vertikale Baukonstruktionen, innen	886,57 m²IWF	1,19	0,72
350	Decken/Horizontale Baukonstruktionen	811,44 m²DEF	1,09	0,66
360	Dächer	312,24 m²DAF	0,42	0,25

Kostenstand: 4.Quartal 2025, Bundesdurchschnitt, inkl. 19% MwSt.

Erläuterungen nebenstehender Planungskennwerte- und Baukostentabellen

Alle Kostenkennwerte enthalten die Mehrwertsteuer. Kostenstand: 4. Quartal 2025.
Kosten und Kostenkennwerte umgerechnet auf den Bundesdurchschnitt.

Planungskennwerte für Flächen und Rauminhalte DIN 277

In Ergänzung der Kostenkennwerttabellen werden für jedes Objekt Planungskennwerte angegeben, die zur Überprüfung der Vergleichbarkeit des Objekts mit der geplanten Baumaßnahme dienen.
Ein Planungskennwert im Sinne dieser Veröffentlichung ist ein Wert, der das Verhältnis bestimmter Flächen und Rauminhalte zur Nutzungsfläche (NUF) und Brutto-Grundfläche (BGF) darstellt, angegeben als Prozentwert oder als Faktor (Mengenverhältnis).

①
Bebaute und unbebaute Flächen des Grundstücks sowie deren Verhältnis in Prozent zur Grundstücksfläche (GF).

②
Grundflächen im Verhältnis zur Nutzungsfläche (NUF = 100%) und Brutto-Grundfläche (BGF = 100%) in Prozent.

③
Grafische Darstellung der Grundflächen im Verhältnis zur Nutzungsfläche (NUF = 100%)

④
Verhältnis von Brutto-Rauminhalt (BRI) zur Nutzungsfläche (NUF) und Brutto-Grundfläche (BGF), (BRI / BGF = mittlere Geschosshöhe), angegeben als Faktor (in Meter).

⑤
Grafische Darstellung der Verhältnisse Brutto-Rauminhalt (BRI) zur Nutzungsfläche (NUF = 100%) und Brutto-Grundfläche (BGF); (BRI / BGF = mittlere Geschosshöhe), angegeben als Faktor (in Meter).

⑥
Verhältnis von lufttechnisch behandelten Flächen (nach BKI), Nutzungsfläche (NUF) und Brutto-Grundfläche (BGF) in Prozent.

⑦
Verhältnis der Mengen dieser Kostengruppen nach DIN 276 („Grobelemente") zur Nutzungsfläche (NUF) und Brutto-Grundfläche (BGF), angegeben als Faktor. Wenn aus der Grundlagenermittlung die Nutzungs- oder Brutto-Grundfläche für ein Projekt bekannt ist, ein Vorentwurf als Grundlage für Mengenermittlungen aber noch nicht vorliegt, so können mit diesen Faktoren die Grobelementmengen überschlägig ermittelt werden.

① ② ③ ④ (callout markers)

Kostenkennwerte für die Kostengruppen der 1.Ebene DIN 276

6100-1636
Mehrfamilienhaus
(10 WE)

Umbau

KG	Kostengruppen (1. Ebene)	Einheit	Kosten €	€/Einheit	€/m²BGF	€/m³BRI	% 300+400
100	Grundstück	m²GF	–	–	–	–	–
200	Vorbereitende Maßnahmen	m²GF	796	0,69	0,64	0,21	< 0,1
300	Bauwerk – Baukonstruktionen	m²BGF	1.432.093	1.155,35	1.155,35	386,41	75,5
400	Bauwerk – Technische Anlagen	m²BGF	464.514	374,75	374,75	125,34	24,5
	Bauwerk 300+400	**m²BGF**	**1.896.607**	**1.530,10**	**1.530,10**	**511,74**	**100,0**
500	Außenanlagen und Freiflächen	m²AF	34.221	38,15	27,61	9,23	1,8
600	Ausstattung und Kunstwerke	m²BGF	7.369	5,95	5,95	1,99	0,4
700	Baunebenkosten	m²BGF	–	–	–	–	–
800	Finanzierung	m²BGF	–	–	–	–	–

KG	Kostengruppe	Menge Einheit	Kosten €	€/Einheit	%
200	**Vorbereitende Maßnahmen**	1.156,00 m²GF	796	**0,69**	< 0,1

- Abbrechen (Kosten: 100,0%) — 796
  Abbruch von bitumenhaltiger Befestigung; Entsorgung, Deponiegebühren

KG	Kostengruppe	Menge Einheit	Kosten €	€/Einheit	%
3+4	**Bauwerk**				**100,0**
300	**Bauwerk – Baukonstruktionen**	1.239,53 m²BGF	1.432.093	**1.155,35**	75,5

- Abbrechen (Kosten: 2,6%) — 36.675
  Abbruch von Betonfundamenten, Estrich; Mauerwerksbrüstungen, Glasbausteinen, Kunststofffenstern, Laibungsputz, Lichtschächten; Beschichtung; Holzbalken, Dachflächenfenstern, Betonsteindeckung, Dachentwässerung; Entsorgung, Deponiegebühren
- Wiederherstellen (Kosten: 7,8%) — 111.348
  Terrazzobelag aufarbeiten, Kellerboden ausbessern, Risse verpressen, Dränleitungen spülen; Fensterbankhöhen abgleichen, Wandoberfläche ausbessern, Putzfehlstellen schließen, Risse armieren, Beschichtung erneuern; Risse in Rohdecke verharzen, Stahl-Treppengeländer neu lackieren, Handlauf überarbeiten; Holzdachkonstruktion ertüchtigen

Kostenkennwerte für die Kostengruppen der 2.Ebene DIN 276

6100-1636
Mehrfamilienhaus
(10 WE)

Umbau

KG	Kostengruppe	Menge Einheit	Kosten €	€/Einheit	%
200	**Vorbereitende Maßnahmen**				**100,0**
210	**Herrichten**	1.156,00 m²GF	796	**0,69**	100,0
	• Abbrechen (Kosten: 100,0%) Abbruch von bitumenhaltiger Befestigung (18m²); Entsorgung, Deponiegebühren	1.156,00 m²GF	796	**0,69**	
300	**Bauwerk – Baukonstruktionen**				**100,0**
310	**Baugrube / Erdbau**	114,83 m³BGI	11.780	**102,59**	0,8
	• Herstellen (Kosten: 100,0%) Außenwände freilegen, Bodenaushub, Bauschutt, abfahren (83m³), Baugrubenaushub, Bauschutt, entsorgen (32m³), Hinterfüllungen mit Liefermaterial (30m³)	114,83 m³BGI	11.780	**102,59**	
320	**Gründung, Unterbau**	114,89 m²GRF	39.517	**343,96**	2,8
	• Abbrechen (Kosten: 8,1%) Abbruch von Betonfundamenten (psch) * Estrich (10m²); Entsorgung, Deponiegebühren	–	3.200	–	
	• Wiederherstellen (Kosten: 3,4%) Terrazzobelag reinigen, polieren, imprägnieren (9m²), Kellerboden ausbessern, Risse verpressen (14m²) * Dränleitungen spülen, Schwemmmaterial entsorgen (75m)	23,43 m²GRF	1.357	**57,91**	
	• Herstellen (Kosten: 88,5%) Stb-Fundamentplatte, WU (7m²) * Abdichtung, Dämmschüttung, PU-Dämmung, PE-TSD, Zementestrich (75m²), Vinylbelag (61m²), Verbundestrich, Epoxidharzbeschichtung (10m²), Bodenfliesen (5m²), Terrazzoplatten (3m²), Loggia: Verbundestrich, Bodenfliesen (12m²) * Kies-Schottertragschicht (6m³), XPS-Dämmung (11m²) * Sickerpackung (6m³)	95,56 m²GRF	34.961	**365,85**	

Erläuterung nebenstehender Baukostentabelle

Alle Kostenkennwerte enthalten die Mehrwertsteuer. Kostenstand: 4. Quartal 2025
Kosten und Kostenkennwerte umgerechnet auf den Bundesdurchschnitt

Kostenkennwerte für die Kostengruppen der 1. und 2. Ebene DIN 276

①
Kostenübersicht, Kostenkennwerte in €/Einheit, €/m² BGF und €/m³ BRI für die Kostengruppen der 1. Ebene DIN 276. Anteil der jeweiligen Kostengruppe in Prozent an den Bauwerkskosten (Spalte: % 300+400). Die Bezugseinheiten der Kostenkennwerte entsprechen der DIN 277: 2021-08 bzw. der DIN 276:2018-12 Mengen und Bezugseinheiten.

②
Codierung und Bezeichnung der Ausführung zur Kostengruppe entsprechend der 1. Ebene nach DIN 276

③
Abgerechnete Leistungen zu dokumentierten Objekten mit BKI Objektnummer, Beschreibung, Menge, Einheit, Kosten, Kostenkennwert bezogen auf die Kostengruppeneinheit oder alternativ bezogen auf die übergeordnete Einheit.

Bei den Mengen handelt es sich um ausgeführte Mengen. Bei Altbauten wird zusätzlich eine Unterteilung in Abbrechen, Herstellen und Wiederherstellen vorgenommen. Für alle drei Kategorien werden Kosten, Mengen und Kostenkennwerte separat ermittelt. Für die Menge der Gesamtleistung wird der Mengenanteil aus Herstellen und Wiederherstellen addiert, nicht jedoch der Mengenanteil aus Abbruch.

④
Codierung und Bezeichnung der Ausführung zur Kostengruppe entsprechend der 2. Ebene nach DIN 276

6100-1636
Mehrfamilienhaus
(10 WE)

Umbau

Kostenkennwerte für die Kostengruppen 300 der 2. und 3.Ebene DIN 276 (Übersicht)

KG	Kostengruppe	Menge Einheit	Kosten €	€/Einheit	% an 3+4
300	**Bauwerk – Baukonstruktionen**	**1.239,53 m² BGF**	**1.432.093,38**	**1.155,35**	**75,5**
310	**Baugrube / Erdbau**	**114,83 m³ BGI**	**11.780,22**	**102,59**	**0,6**
311	Herstellung	114,83 m³ BGI	11.780,22	102,59	0,6
312	Umschließung	–	–	–	–
313	Wasserhaltung	–	–	–	–
314	Vortrieb	–	–	–	–
319	Sonstiges zur KG 310	–	–	–	–
320	**Gründung, Unterbau**	**114,89 m² GRF**	**39.517,00**	**343,96**	**2,1**
(1) 321	Baugrundverbesserung	–	–	–	–
322	Flachgründungen und Bodenplatten	7,52 m²	6.811,59	905,80	0,4
323	Tiefgründungen	–	–	–	–
324	Gründungsbeläge	114,89 m²	30.809,51	268,17	1,6
325	Abdichtungen und Bekleidungen	10,35 m²	1.208,27	116,74	< 0,1
326	Dränagen	114,89 m² GRF	687,63	5,99	< 0,1
(2) 329	Sonstiges zur KG 320	–	–	–	–
330	**Außenwände/Vert. Baukonstrukt., außen**	**1.160,87 m² AWF**	**574.378,80**	**494,78**	**30,3**
331	Tragende Außenwände	127,75 m²	76.263,72	596,98	4,0
332	Nichttragende Außenwände	58,68 m²	19.463,62	331,69	1,0
333	Außenstützen	–	–	–	–
334	Außenwandöffnungen	142,06 m²	107.454,68	756,40	5,7
335	Außenwandbekleidungen, außen	992,26 m²	224.981,60	226,74	11,9
336	Außenwandbekleidungen, innen	578,38 m²	59.296,01	102,52	3,1
337	Element. Außenwandkonstruktionen	26,55 m²	55.515,05	2.090,96	2,9
338	Lichtschutz zur KG 330	50,45 m²	13.771,47	272,97	0,7
339	Sonstiges zur KG 330	1.160,87 m² AWF	17.632,66	15,19	0,9
340	**Innenwände/Vert. Baukonstrukt., innen**	**886,57 m² IWF**	**251.729,92**	**283,94**	**13,3**
341	Tragende Innenwände	111,23 m²	38.336,71	344,66	2,0
342	Nichttragende Innenwände	159,28 m²	39.124,24	245,63	2,1
343	Innenstützen	–	–	–	–
344	Innenwandöffnungen	98,98 m²	57.023,36	576,11	3,0
345	Innenwandbekleidungen	1.425,21 m²	111.489,16	78,23	5,9
346	Elementierte Innenwandkonstruktionen	74,98 m²	5.756,46	76,77	0,3
347	Lichtschutz zur KG 340	–	–	–	–
349	Sonstiges zur KG 340	–	–	–	–
350	**Decken/Horizontale Baukonstruktionen**	**811,44 m² DEF**	**239.058,94**	**294,61**	**12,6**
351	Deckenkonstruktionen	–	13.744,33	–	0,7
352	Deckenöffnungen	–	–	–	–
353	Deckenbeläge	740,35 m²	162.917,84	220,06	8,6
354	Deckenbekleidungen	811,44 m²	41.476,23	51,11	2,2
355	Elementierte Deckenkonstruktionen	–	–	–	–
359	Sonstiges zur KG 350	811,44 m² DEF	20.920,54	25,78	1,1
360	**Dächer**	**312,24 m² DAF**	**196.030,44**	**627,82**	**10,3**
361	Dachkonstruktionen	261,95 m²	47.095,90	179,79	2,5
362	Dachöffnungen	4,67 m²	18.418,27	3.943,95	1,0
363	Dachbeläge	307,57 m²	92.092,58	299,42	4,9
364	Dachbekleidungen	178,95 m²	30.400,20	169,88	1,6
365	Elementierte Dachkonstruktionen	–	–	–	–
366	Lichtschutz zur KG 360	1,56 m²	2.170,49	1.391,34	0,1
369	Sonstiges zur KG 360	312,24 m² DAF	5.853,01	18,75	0,3
370	**Infrastrukturanlagen**	**–**	**–**	**–**	**–**
380	**Baukonstruktive Einbauten**	**–**	**–**	**–**	**–**
390	**Sonst. Maßnahmen für Baukonstrukt.**	**1.239,53 m² BGF**	**119.598,05**	**96,49**	**6,3**

Kostenstand: 4.Quartal 2025, Bundesdurchschnitt, inkl. 19% MwSt.

Erläuterung nebenstehender Baukostentabelle

Alle Kostenkennwerte enthalten die Mehrwertsteuer. Kostenstand: 4. Quartal 2025
Kosten und Kostenkennwerte umgerechnet auf den Bundesdurchschnitt

Kostenkennwerte für Kostengruppen der 2. und 3. Ebene DIN 276 (Übersicht)

①
Codierung und Bezeichnung der Kostengruppe entsprechend der 2. und 3. Ebene nach DIN 276

②
Abgerechneten Leistungen mit Menge, Einheit, Kostenkennwert in Euro pro Einheit, Kosten in Euro und prozentueler Anteil an den Kostengruppen 300 und 400 DIN 276

Kostenkennwerte für Leistungsbereiche nach STLB (Kosten des Bauwerks nach DIN 276)

6100-1636
Mehrfamilienhaus
(10 WE)

Umbau

①
②

LB	Leistungsbereiche	Kosten €	€/m² BGF	€/m³ BRI	% an 3+4
000	Baustellen-, Verkehrssich.- u. Sicherh.einr. inkl. 001	103.132	83,20	27,80	5,4
002	Erdarbeiten	12.294	9,90	3,30	0,6
006	Spezialtiefbauarbeiten inkl. 005	–	–	–	–
009	Entwässerungskanalarbeiten inkl. 011	552	0,45	0,15	< 0,1
010	Drän- und Versickerarbeiten	688	0,55	0,19	< 0,1
	Wiederherstellen	214	0,17	0,06	< 0,1
	Herstellen	474	0,38	0,13	< 0,1
012	Mauerarbeiten	77.578	62,60	20,90	4,1
013	Betonarbeiten	71.512	57,70	19,30	3,8
	Wiederherstellen	4.640	3,70	1,30	0,2
	Herstellen	66.872	53,90	18,00	3,5
014	Natur-, Betonwerksteinarbeiten	12.337	10,00	3,30	0,7
	Wiederherstellen	5.931	4,80	1,60	0,3
	Herstellen	6.407	5,20	1,70	0,3
016	Zimmer- und Holzbauarbeiten	122.869	99,10	33,20	6,5
	Wiederherstellen	16.004	12,90	4,30	0,8
	Herstellen	106.865	86,20	28,80	5,6
017	Stahlbauarbeiten	–	–	–	–
018	Abdichtungsarbeiten	9.153	7,40	2,50	0,5
019	Kampfmittelräumarbeiten	–	–	–	–
020	Dachdeckungsarbeiten	48.941	39,50	13,20	2,6
021	Dachabdichtungsarbeiten	30.487	24,60	8,20	1,6
022	Klempnerarbeiten	30.486	24,60	8,20	1,6
	Rohbau	**520.031**	**419,50**	**140,30**	**27,4**
	Wiederherstellen	26.789	21,60	7,20	1,4
	Herstellen	493.242	397,90	133,10	26,0
023	Putz- und Stuckarbeiten, Wärmedämmsysteme	225.077	181,60	60,70	11,9
	Wiederherstellen	31.308	25,30	8,40	1,7
	Herstellen	193.769	156,30	52,30	10,2
024	Fliesen- und Plattenarbeiten	54.382	43,90	14,70	2,9

6100-1636
Mehrfamilienhaus
(10 WE)

Umbau

③

LB	Leistungsbereiche	Kosten €	€/m² BGF	€/m³ BRI	% an 3+4
045	Gas, Wasser, Entwässerung - Ausstattung inkl. 046	36.059	29,10	9,70	1,9
047	Dämm- und Brandschutzarb. an techn. Anlagen	32.685	26,40	8,80	1,7
049	Feuerlöschanlagen, Feuerlöschgeräte	–	–	–	–
050	Blitzschutz-/Erdungsanlagen, Überspannungssch.	896	0,72	0,24	< 0,1
053	Niederspannungsanl. - Kabel inkl. 052, 054	55.831	45,00	15,10	2,9
055	Sicherheits- u. Ersatzstromversorgungsanl.	–	–	–	–
057	Gebäudesystemtechnik	–	–	–	–
058	Leuchten und Lampen inkl. 059	4.673	3,80	1,30	0,2
060	Such, Signal, Zeit, Anten., akust. Anl. inkl. 064	8.769	7,10	2,40	0,5
061	Kommunikations- u. Übertragungsnetze inkl. 063	11.259	9,10	3,00	0,6
069	Aufzüge	58.588	47,30	15,80	3,1
070	Gebäudeautomation	–	–	–	–
075	Raumlufttechnische Anlagen inkl. 078	6.531	5,30	1,80	0,3
	Gebäudetechnik	**443.149**	**357,50**	**119,60**	**23,4**
084	Abbruch, Rückbau, Schadstoffsanierung	52.777	42,60	14,20	2,8
	Abbrechen	52.777	42,60	14,20	2,8
	Abbrucharbeiten	**52.777**	**42,60**	**14,20**	**2,8**
	Abbrechen	52.777	42,60	14,20	2,8
	Sonstige Leistungsbereiche	**5.714**	**4,60**	**1,50**	**0,3**

Erläuterung nebenstehender Baukostentabelle

Alle Kostenkennwerte enthalten die Mehrwertsteuer. Kostenstand: 4. Quartal 2025
Kosten und Kostenkennwerte umgerechnet auf den Bundesdurchschnitt

Kostenkennwerte für Leistungsbereiche nach STLB

①
LB-Nummer nach Standardleistungsbuch (STLB).
Bezeichnung des Leistungsbereichs (zum Teil abgekürzt).

Kostenkennwerte für Bauwerkskosten (Kostengruppe 300+400 nach DIN 276) je Leistungsbereich in €/m² Brutto-Grundfläche (BGF nach DIN 277).
Anteil der jeweiligen Leistungsbereiche in Prozent an den Bauwerkskosten (100%).

②
Kostenkennwerte und Prozentanteile für „Leistungsbereichspakete" als Zusammenfassung bestimmter Leistungsbereiche. Leistungsbereiche mit relativ geringem Kostenanteil wurden in Einzelfällen mit anderen Leistungsbereichen zusammengefasst.
Beispiel:
LB 000 Baustelleneinrichtung zusammengefasst mit
LB 001 Gerüstarbeiten (Angabe: inkl. 001)

③
Ergänzende, den STLB-Leistungsbereichen nicht zuzuordnende Leistungsbereiche, zusammengefasst mit den LB-Nr. 008, 033, 051.

6100-1636
Mehrfamilienhaus
(10 WE)

Umbau

Kostenkennwerte für die Kostengruppen der 3.Ebene DIN 276

KG	Kostengruppe	Menge Einheit	Kosten €	€/Einheit	%
210	**Herrichten**				**100,0**
212	**Abbruchmaßnahmen**	1.156,00 m²GF	796	**0,69**	100,0
	• Abbrechen (Kosten: 100,0%)	1.156,00 m²GF	796	**0,69**	
	Abbruch von bitumenhaltiger Befestigung (18m²), Trennschnitte (13m); Entsorgung, Deponiegebühren				
310	**Baugrube / Erdbau**				**100,0**
311	**Herstellung**	114,83 m³BGI	11.780	**102,59**	100,0
	• Herstellen (Kosten: 100,0%)	114,83 m³BGI	11.780	**102,59**	
	Außenwände freilegen, Bodenaushub BK 3-4, Bauschutt, t bis 1,50m, lagern, laden, abfahren (83m³), Baugrubenaushub BK 3-4, Bauschutt, t=1,70m, lagern, laden, entsorgen (32m³), Hinterfüllungen mit Frostschutzkies, Liefermaterial (15m³), mit Boden BK 3-4, Liefermaterial (15m³), Planum (79m²)				
320	**Gründung, Unterbau**				**100,0**
322	**Flachgründungen und Bodenplatten**	7,52 m²	6.812	**905,80**	17,2
	• Abbrechen (Kosten: 40,9%)	–	2.789	–	
	Abbruch von Betonfundamenten (psch); Entsorgung, Deponiegebühren				
	• Herstellen (Kosten: 59,1%)	7,52 m²	4.023	**534,97**	
	Stb-Fundamentplatte C25/30, WU, d=40cm, Schalung, Bewehrung (4m²), d=20cm (3m²)				
324	**Gründungsbeläge**	114,89 m²	30.810	**268,17**	78,0
	• Abbrechen (Kosten: 1,3%)	10,44 m²	411	**39,37**	
	Abbruch von Estrich (10m²); Entsorgung, Deponiegebühren				
	• Wiederherstellen (Kosten: 3,7%)	23,43 m²	1.143	**48,77**	
	Terrazzobelag reinigen, polieren, imprägnieren (9m²), Kellerboden ausbessern, Risse verpressen (14m²)				

(1) → 212 Abbruchmaßnahmen
(2) → Beschreibung der Herstellung (311)

330
Außenwände/
Vertikale
Baukonstruktionen,
außen

Kostenkennwerte für die Kostengruppen 300 der 3.Ebene DIN 276

KG	Kostengruppe	Menge Einheit	Kosten €	€/Einheit	%
331	**Tragende Außenwände**				
	6100-1623 Dachgeschosswohnung				
	• Herstellen (Kosten: 100,0%)	11,20 m²	3.438	**306,94**	30,9
	Gaubenwände, KVH, Dämmung WLG 035, OSB-Schalung, d=25mm, beidseitig (11m²)				
	6100-1636 Mehrfamilienhaus (10 WE)				
	• Herstellen (Kosten: 100,0%)	127,75 m²	76.264	**596,98**	13,3
	Stb-Wände C25/30, d=24cm, Schalung, Bewehrung (73m²), Fensteröffnungen herstellen in Mauerwerk, d=30cm, Trennschnitte, Auflagertaschen, Ziegel-/Stahlstürze, beschichtet (13m²), Stahlstürze IPB260, l bis 4m (2St), Holzrahmenwände, d=24cm, KVH 6x20cm, Holzfaserdämmung WLG 035, d=200mm, innen OSB-Schalung, d=15mm, außen Holzfaser-Unterdeckplatten WLS 047, d=40mm (42m²)				
	6100-1733 Mehrfamilienhaus (11 WE)				
	• Wiederherstellen (Kosten: 51,6%)	–	29.215	–	3,4
	Horizontalabdichtung, Druckinjektionen, Mauerwerk, d=42cm (115m), Brüstungen anpassen (37m), Mauerwerk ausbessern (psch)				
	• Herstellen (Kosten: 48,4%)	82,54 m²	27.419	**332,20**	3,2
	HLz-Mauerwerk, d=24cm (44m²), Stb-Ringanker (38m), Holzrahmenwände, KVH 6-10x16cm, Holzfaserdämmung, d=16cm, außen OSB-Schalung, d=15mm (35m²),				

(3) → Beschreibung der Herstellung (6100-1636)

Erläuterung nebenstehender Baukostentabelle

Alle Kostenkennwerte enthalten die Mehrwertsteuer. Kostenstand 4. Quartal 2025.
Kosten und Kostenkennwerte umgerechnet auf den Bundesdurchschnitt.

Kostenkennwerte für die Kostengruppen 200-600 der 3. Ebene nach DIN 276

①
Codierung und Bezeichnung der Ausführung zur Kostengruppe entsprechend der 2. und 3. Ebene nach DIN 276

Sortierung nach Objekten

②
Abgerechnete Leistungen zu den dokumentierten Objekten mit Beschreibung, Menge, Einheit, Kosten, Kostenkennwert bezogen auf die Kostengruppeneinheit oder alternativ bezogen auf die übergeordnete Einheit.

Sortierung nach Kostengruppen

③
Abgerechnete Leistungen zu dokumentierten Objekten mit BKI Objektnummer, Beschreibung, Menge, Einheit, Kosten, Kostenkennwert bezogen auf die Kostengruppeneinheit oder alternativ bezogen auf die übergeordnete Einheit.

Bei den Mengen handelt es sich um ausgeführte Mengen.

Gliederung in Leistungsbereiche nach STLB-Bau

Als Beispiel für eine ausführungsorientierte Ergänzung der Kostengliederung werden im Folgenden die Leistungsbereiche des Standardleistungsbuchs für das Bauwesen in einer Übersicht dargestellt.

000 Baustelleneinrichtungen; Verkehrssicherungs- und Sicherheitseinrichtungen
001 Gerüstarbeiten
002 Erdarbeiten
003 Landschaftsbauarbeiten
004 Landschaftsbauarbeiten, Pflanzen
005 Brunnenbauarbeiten und Aufschlussbohrungen
006 Spezialtiefbauarbeiten
007 Untertagebauarbeiten
008 Wasserhaltungsarbeiten
009 Entwässerungskanalarbeiten
010 Drän- und Versickerungsarbeiten
011 Abscheider- und Kleinkläranlagen
012 Mauerarbeiten
013 Betonarbeiten
014 Natur-, Betonwerksteinarbeiten
016 Zimmer- und Holzbauarbeiten
017 Stahlbauarbeiten
018 Abdichtungsarbeiten
019 Kampfmittelräumarbeiten
020 Dachdeckungsarbeiten
021 Dachabdichtungsarbeiten
022 Klempnerarbeiten
023 Putz- und Stuckarbeiten, Wärmedämmsysteme
024 Fliesen- und Plattenarbeiten
025 Estricharbeiten
026 Fenster, Außentüren
027 Tischlerarbeiten
028 Parkettarbeiten, Holzpflasterarbeiten
029 Beschlagarbeiten
030 Rollladenarbeiten
031 Metallbauarbeiten
032 Verglasungsarbeiten
033 Baureinigungsarbeiten
034 Maler- und Lackierarbeiten, Beschichtungen
035 Korrosionsschutzarbeiten an Stahlbauten
036 Bodenbelagsarbeiten
037 Tapezierarbeiten
038 Vorgehängte hinterlüftete Fassaden
039 Trockenbauarbeiten
040 Wärmeversorgungsanlagen - Betriebseinrichtungen
041 Wärmeversorgungsanlagen - Leitungen, Armaturen, Heizflächen
042 Gas- und Wasseranlagen - Leitungen und Armaturen
043 Druckrohrleitungen für Gas, Wasser und Abwasser
044 Abwasseranlagen - Leitung, Abläufe, Armaturen
045 Gas-, Wasser- und Entwässerungsanlagen - Ausstattung, Elemente, Fertigbäder
046 Gas-, Wasser- und Entwässerungsanlagen - Betriebseinrichtungen
047 Dämm- und Brandschutzarbeiten an technischen Anlagen
049 Feuerlöschanlagen, Feuerlöschgeräte
050 Blitzschutz- / Erdungsanlagen, Überspannungsschutz
051 Kabelleitungstiefbauarbeiten
052 Mittelspannungsanlagen
053 Niederspannungsanlagen - Kabel/Leitungen, Verlegesysteme, Installationsgeräte
054 Niederspannungsanlagen - Verteilersysteme und Einbaugeräte
055 Sicherheits- und Ersatzstromversorgungsanlagen
057 Gebäudesystemtechnik
058 Leuchten und Lampen
059 Sicherheitsbeleuchtungsanlagen
060 Such-, Signal-, Zeitdienst-, Antennen-, elektroakustische Anlagen, Medientechnik
061 Kommunikations- und Übertragungsnetze
062 Kommunikationsanlagen
063 Gefahrenmeldeanlagen
064 Zutrittskontroll-, Zeiterfassungssysteme
069 Aufzüge
070 Gebäudeautomation
075 Raumlufttechnische Anlagen
078 Kälteanlagen für raumlufttechnische Anlagen
080 Straßen, Wege, Plätze
081 Betonerhaltungsarbeiten
082 Bekämpfender Holzschutz
084 Abbruch-, Rückbau- und Schadstoffsanierungsarbeiten
085 Rohrvortriebsarbeiten
087 Abfallentsorgung, Verwertung und Beseitigung
090 Baulogistik
091 Stundenlohnarbeiten
096 Bauarbeiten an Bahnübergängen
097 Bauarbeiten an Gleisen und Weichen
098 Witterungsschutzmaßnahmen

Häufig gestellte Fragen

Fragen zur Flächenberechnung (DIN 277):

1. Wie wird die BGF berechnet?	Die Brutto-Grundfläche ist die Summe der Grundflächen aller Grundrissebenen. Nicht dazu gehören die Grundflächen von nicht nutzbaren Dachflächen (Kriechböden) und von konstruktiv bedingten Hohlräumen (z. B. über abgehängter Decke). (DIN 277:2021-08) Bei den Gebäudearten Dachausbau und Aufstockung nur bezogen auf die Grundrissebene des Dachs.
2. Gehört der Keller bzw. eine Tiefgarage mit zur BGF?	Ja, im Gegensatz zur Geschossfläche nach § 20 Baunutzungsverordnung (BauNVo) gehört auch der Keller bzw. die Tiefgarage zur BGF.
3. Wie werden Luftgeschosse (z. B. Züblinhaus) nach DIN 277 berechnet?	Die Rauminhalte der Luftgeschosse zählen zum Regelfall der Raumumschließung (R) BRI (R). Die Grundflächen der untersten Ebene der Luftgeschosse und Stege, Treppen, Galerien etc. innerhalb der Luftgeschosse zählen zur Brutto-Grundfläche BGF (R). Vorsicht ist vor allem bei Kostenermittlungen mit Kostenkennwerten des Brutto-Rauminhalts geboten.
4. Welchen Flächen ist die Garage zuzurechnen?	Die Stellplatzflächen von Garagen werden zur Nutzungsfläche gezählt, die Fahrbahn ist Verkehrsfläche.
5. Wird die Diele oder ein Flur zur Nutzungsfläche gezählt?	Normalerweise nicht, da eine Diele oder ein Flur zur Verkehrsfläche gezählt wird. Wenn die Diele aber als Wohnraum genutzt werden kann, z. B. als Essplatz, wird sie zur Nutzungsfläche gezählt.
6. Zählt eine nicht umschlossene oder nicht überdeckte Terrasse einer Sporthalle, die als Eingang und Fluchtweg dient, zur Nutzungsfläche?	Die Terrasse ist nicht Bestandteil der Grundflächen des Bauwerks nach DIN 277. Sie bildet daher keine BGF und damit auch keine Nutzungsfläche. Die Funktion als Eingang oder Fluchtweg ändert daran nichts.

16. Wo muss ich die Kosten des Aushubs für Abwasser- oder Wasserleitungen zuordnen?

Diese Kosten werden wie auch alle anderen Rohrgraben- und Schachtaushubskosten der KG 311 zugeordnet, sofern der Aushub unterhalb des Gebäudes anfällt. Die Kosten für Rohrgraben- und Schachtaushub zwischen Gebäudeaußenkante und Grundstücksgrenze gehören in die KG 511. Die Kosten des Rohrgraben- und Schachtaushubs innerhalb von Erschließungsflächen werden der KG 220 ff. oder KG 230 ff. zugeordnet.

17. Wie werden Eigenleistungen bewertet?

Nach DIN 276:2018-12, gilt:
4.2.11 Die Werte von unentgeltlich eingebrachten Gütern und Leistungen (z. B. Materialien, Eigenleistungen) sind den betreffenden Kostengruppen zuzurechnen, aber gesondert auszuweisen. Dafür sind die aktuellen Marktwerte dieser Güter und Leistungen zu ermitteln und einzusetzen.
Nach HOAI §4 (2) gilt: Als anrechenbare Kosten nach Absatz 2 gelten ortsübliche Preise, wenn der Auftraggeber:

- selbst Lieferungen oder Leistungen übernimmt
- von bauausführenden Unternehmern oder von Lieferanten sonst nicht übliche Vergünstigungen erhält
- Lieferungen oder Leistungen in Gegenrechnung ausführt oder
- vorhandene oder vorbeschaffte Baustoffe oder Bauteile einbauen lässt.

Fragen zu Kosteneinflussfaktoren:

18. Welchen Einfluss hat die Konjunktur auf die Baukosten?

Der Einfluss der Konjunktur auf die Baukosten wird häufig überschätzt. Er ist meist geringer als der anderer Kosteneinflussfaktoren. BKI Untersuchungen haben ergeben, dass die Baukosten bei mittlerer Konjunktur manchmal höher sind als bei hoher Konjunktur.

19. Gibt es beim BKI Regionalfaktoren?

Der Anhang dieser Ausgabe enthält eine Liste der Regionalfaktoren aller deutschen Land- und Stadtkreise, sowie für die Nord- und Ostsee-Inseln. Die Faktoren wurden auf Grundlage von Daten aus den statistischen Landesämtern gebildet, die wiederum aus den Angaben der Antragsteller von Bauanträgen entstammen. Die Regionalfaktoren werden von BKI zusätzlich als farbiges Poster im DIN A1 Format angeboten.
Die Faktoren geben Aufschluss darüber, inwiefern die Baukosten in einer bestimmten Region Deutschlands teurer oder günstiger liegen als im Bundesdurchschnitt. Sie können dazu verwendet werden, die BKI Baukosten an das besondere Baupreisniveau einer Region anzupassen.
Die Angaben wurden durch Untersuchungen des BKI weitgehend verifiziert. Dennoch können Abweichungen zu den angegebenen Werten entstehen. In Grenznähe zu einem Land-Stadtkreis mit anderen Baupreisfaktoren sollte dessen Baupreisniveau mit berücksichtigt werden, da die Übergänge zwischen den Land-Stadtkreisen fließend sind. Die Besonderheiten des Einzelfalls können ebenfalls zu Abweichungen führen.
Siehe auch Benutzerhinweise, 6. Regionalisierung der Daten (Seite 9).

20. Standardzuordnung

Einige Gebäudearten werden vom BKI nach ihrem Standard in „einfach", „mittel" und „hoch" unterteilt. Diese Unterteilung wurde immer dann vorgenommen, wenn der Standard als ein wesentlicher Kostenfaktor festgestellt wurde. Grundsätzlich gilt, dass immer mehrere Kosteneinflussfaktoren auf die Kosten und damit auf die Kostenkennwerte einwirken. Einige dieser vielen Faktoren seien hier aufgelistet:

- Zeitpunkt der Ausschreibung
- Art der Ausschreibung
- Regionale Konjunktur
- Gebäudegröße
- Lage der Baustelle, Erreichbarkeit

usw.

Wenn bei einem Gebäude große Mengen an Bauteilen hoher Qualität die übrigen Kosteneinflussfaktoren überlagern, dann wird von einem „hohen Standard" gesprochen.
Für Gebäudearten mit Standardunterteilung gibt es in „BKI Baukosten Gebäude, Statistische Kostenkennwerte" zu Beginn der jeweiligen Gebäudeart ein Arbeitsblatt zur Standardeinordnung.

21. Wie gehe ich mit der aktuellen Baukostenentwicklung um?

Zur Bewertung aktueller Baukostenentwicklungen führen wir zusätzlich Befragungen zur regionalen Baukosten-Niveaus nach Leistungsbereichen durch. Die Ergebnisse stellen wir den Anwender*innen der BKI-Fachbuchreihe zur Verfügung, unter: www.bki.de/baukostenentwicklungen.
Damit können die Risiken kurzfristiger Materialpreis- und Lohnkosten-Veränderungen verbessert prognostiziert werden, wie sie die normkonforme Kostenplanung nach DIN 276 verlangt.

Fragen zur Handhabung der von BKI herausgegebenen Bücher:

22. Ist die MwSt. in den Kostenkennwerten enthalten?

Bei allen Kostenkennwerten in „BKI Baukosten" ist die gültige MwSt. enthalten (zum Zeitpunkt der Herausgabe 19%). In „BKI Baukosten Positionen Neubau, Statistische Kostenkennwerte" und „BKI Baukosten Positionen Altbau, Statistische Kostenkennwerte" werden die Kostenkennwerte, wie bei Positionspreisen üblich, zusätzlich ohne MwSt. dargestellt. Kostenstand und MwSt. wird auf jeder Seite als Fußzeile angegeben.

23. Hat das Baujahr der Objekte einen Einfluss auf die angegebenen Kosten?

Nein, alle Kosten wurden über den Baupreisindex auf einen einheitlichen zum Zeitpunkt der Herausgabe aktuellen Kostenstand umgerechnet. Der Kostenstand wird auf jeder Seite als Fußzeile angegeben. Allenfalls sind Korrekturen zwischen dem Kostenstand zum Zeitpunkt der Herausgabe und dem aktuellen Kostenstand durchzuführen.

24. Wo finde ich weitere Informationen zu den einzelnen Objekten einer Gebäudeart?

Alle Objekte einer Gebäudeart sind einzeln mit Kurzbeschreibung, Angabe der BGF und anderer wichtiger Kostenfaktoren aufgeführt. Die Objektdokumentationen sind veröffentlicht in den Fachbüchern „Objektdaten" und können als PDF-Datei unter ihrer Objektnummer bei BKI bestellt werden, Telefon: 0711 954 854-41.

25. Was mache ich, wenn ich keine passende Gebäudeart finde?

In aller Regel findet man verwandte Gebäudearten, deren Kostenkennwerte der 2. Ebene (Grobelemente) wegen ähnlicher Konstruktionsart übernommen werden können.

26. Wo findet man Kostenkennwerte für Abbruch?	Im Fachbuch „BKI Baukosten Gebäude Altbau - Statistische Kostenkennwerte" gibt es Elementarten zu Abbruch und Demontagearbeiten. Im Fachbuch „BKI Baukosten Positionen Altbau - Statistische Kostenkennwerte" gibt es Mustertexte für Teilleistungen zu „LB 384 - Abbruch und Rückbauarbeiten". Im Fachbuch „BKI Baupreise kompakt Altbau" gibt es Positionspreise und Kurztexte zu „LB 384 - Abbruch und Rückbauarbeiten". Die Mustertexte für Teilleistungen zu „LB 384 - Abbruch und Rückbauarbeiten" und deren Positionspreise sind auch bei den BKI Positionen und im BKI Kostenplaner enthalten.
27. Warum ist die Summe der Kostenkennwerte in der Kostengruppen (KG) 310-390 nicht gleich dem Kostenkennwert der KG 300, aber bei der KG 400 ist eine Summenbildung möglich?	In den Kostengruppen 310-390 ändern sich die Einheiten (310 Baugrube/Erdbau gemessen in m^3, 320 Gründung, Unterbau gemessen in m^2); eine Addition der Kostenkennwerte ist nicht möglich. In den Kostengruppen 410-490 ist die Bezugsgröße immer BGF, dadurch ist eine Addition prinzipiell möglich.
28. Manchmal stimmt die Summe der Kostenkennwerte der 2. Ebene der Kostengruppe 400 trotzdem nicht mit dem Kostenkennwert der 1. Ebene überein; warum nicht?	Die Anzahl der Objekte, die auf der 1. Ebene dokumentiert werden, kann von der Anzahl der Objekte der 2. Ebene abweichen. Dann weichen auch die Kostenkennwerte voneinander ab, da es sich um unterschiedliche Stichproben handelt. Es fallen auch nicht bei allen Objekten Kosten in jeder Kostengruppe an (Beispiel KG 461 Aufzugsanlagen).
29. Nutzungskosten, Lebenszykluskosten	Seit 2010 bringt BKI in Zusammenarbeit mit dem Institut für Bauökonomie der Universität Stuttgart ein Fachbuch mit Nutzungskosten ausgewählter Objekte heraus. Die Reihe wird kontinuierlich erweitert. Das Fachbuch Nutzungskosten Gebäude 2020/2021 fasst einzelne Objekte zu statistischen Auswertungen zusammen.
30. Lohn- und Materialkosten	BKI dokumentiert Baukosten nicht getrennt nach Lohn- und Materialanteil.
31. Gibt es Angaben zu Kostenflächenarten?	Nein, BKI hält die Grobelementmethode für geeigneter. Solange Grobelementmengen nicht vorliegen, besteht die Möglichkeit der Ableitung der Grobelementmengen aus den Verhältniszahlen von Vergleichsobjekten (siehe Planungskennwerte und Baukostensimulation).

32. Sind die Inhalte von „BKI Baukosten Gebäude (Teil 1), Statistische Kostenkennwerte" und „BKI Baukosten Bauelemente (Teil 2), Statistische Kostenkennwerte" auch im Kostenplaner enthalten?

Ja, im BKI Kostenplaner Statistik sind alle Objekte mit den Kosten bis zur 3. Ebene nach DIN 276 enthalten. Im BKI Kostenplaner Statistik plus sind zudem die vom BKI gebildeten Ausführungsklassen und Elementarten enthalten. Darüber hinaus ermöglicht der BKI Kostenplaner den Zugriff auf alle Einzeldokumentationen von tausenden Objekten.

33. Worin unterscheiden sich die Fachbuchreihen „BKI Baukosten" und „BKI Objektdaten"

In der Fachbuchreihe BKI Objektdaten erscheinen abgerechnete Einzelobjekte eines bestimmten Teilbereichs des Bauens (A=Altbau, N=Neubau, E=Energieeffizientes Bauen, IR=Innenräume, F=Freianlagen). In der Fachbuchreihe BKI Baukosten erscheinen hingegen statistische Kostenkennwerte von Gebäudearten, die aus den Einzelobjekten gebildet werden.
Die Kostenplanung mit Einzelobjekten oder mit statistischen Kostenkennwerten haben spezifische Vor- und Nachteile:
Planung mit Objektdaten (BKI Objektdaten):

- Vorteil: Wenn es gelingt ein vergleichbares Einzelobjekt oder passende Bauausführungen zu finden ist die Genauigkeit besser als mit statistischen Kostenkennwerten. Die Unsicherheit, die der Streubereich (von-bis-Werte) mit sich bringt, entfällt.
- Nachteil: Passende Vergleichsobjekte oder Bauausführungen zu finden kann mühsam oder erfolglos sein.

Planung mit statistischen Kostenkennwerten (BKI Baukosten):

- Vorteil: Über die BKI Gebäudearten ist man recht schnell am Ziel, aufwändiges Suchen entfällt.
- Nachteil: Genauere Prüfung, ob die Mittelwerte übernommen werden können oder noch nach oben oder unten angepasst werden müssen, ist unerlässlich.

34. In welchen Produkten dokumentiert BKI Positionspreise?

Preise für Positionen mit statistischer Auswertung werden in „BKI Baukosten Positionen, Statistische Kostenkennwerte Neubau (Teil 3) und Altbau (Teil 5)" und „BKI Baupreise kompakt Neu- und Altbau" herausgegeben.
In Software-Form sind Preise mit den vorformulierten BKI-Mustertexten in der Software „BKI Kostenplaner - Statistik plus [Positionen]" und „BKI Positionen" enthalten.
Ausgewählte Positionspreise enthalten die Fachbücher „Konstruktionsdetails K1 bis K4", „Objektdaten Technische Gebäudeausrüstung G1 bis G7" sowie die BKI „Objektdaten Freianlagen".
Im Sonderband Objektdaten S2 - Barrierefreies Bauen erscheint eine Auswahl von besonderen Positionen zum Barrierefreien Bauen.

35. Worin unterscheiden sich die Bände N1 bis N21 (A1 bis A13)

Die Bücher unterscheiden sich lediglich durch die Auswahl der dokumentierten Einzelobjekte. Der Aufbau der Bände ist gleich. In der BKI Fachbuchreihe Objektdaten erscheinen in unregelmäßigen Abständen Folgebände mit neu dokumentierten Einzelobjekten. Speziell bei den Altbaubänden A1 bis A13 ist es nützlich, alle Bände zu besitzen, da es im Bereich Altbau notwendig ist, mit passenden Vergleichsobjekten zu planen. Je mehr Vergleichsobjekte vorhanden sind, desto höher ist die „Trefferquote". Bände der Fachbuchreihe Objektdaten sollten deshalb langfristig aufbewahrt werden.

BKI plant für zukünftige Ausgaben des vorliegenden Fachbuchs zusätzlich sogenannte Aufwandsdaten zu erfassen. Sofern ausreichend Daten akquiriert werden können, erfolgt die Publikation dieser Daten wie im Folgenden beschrieben:

36. Was ist mit Aufwandsdaten gemeint?

Aufwandsdaten stellen den Zeitaufwand für Produktivleistungen eines Architekturauftrags dar. Als Produktivleistungen gelten:

- Beratung bzgl. Planung und die Ausführung des Bauvorhabens
- Erstellung von Zeichnungen, Berechnungen und Beschreibungen
- Koordination und Integration der Beiträge fachlich Beteiligter
- Erstellung von Genehmigungsunterlagen
- Vorbereitung und Mitwirken bei der Vergabe
- Objektüberwachung und Mitwirken bei der Abnahme u.v.m.

Produktivleistungen werden nicht nur von Mitarbeiter*innen, sondern auch von Inhaber*innen/Partner*innen und Dritten erbracht und den Personalaufwendungen zugeordnet.

In den BKI-Objektdokumentationen werden – soweit vom Objektplaner angegeben – die Aufwandsdaten für Produktivleistungen der Leistungsphasen 1 bis 8 dargestellt. Die Angabe des Zeitaufwands erfolgt in Arbeitstagen (1 AT = 8 Stunden).

Diese Liste wird laufend erweitert und im Internet unter www.bki.de/faq-kostenplanung.html veröffentlicht.

Abkürzungsverzeichnis

Abkürzung	Bezeichnung
a	Jahr (lat. annus)
AF	Außenanlagenfläche
Alu	Aluminium
AP	Arbeitsplätze
APP	Appartement
AWF	Außenwandfläche
BGF	Brutto-Grundfläche (Summe der Regelfall (R)- und Sonderfall (S)-Flächen nach DIN 277)
BGI	Baugrubeninhalt
BHKW	Blockheizkraftwerk
bis	oberer Grenzwert des Streubereichs um einen Mittelwert
BK	Bodenklasse
BRI	Brutto-Rauminhalt (Summe der Regelfall (R)- und Sonderfall (S)-Rauminhalte nach DIN 277)
BRI/BGF (m)	Verhältnis von Brutto-Rauminhalt zur Brutto-Grundfläche angegeben in Meter
BRI/NUF (m)	Verhältnis von Brutto-Rauminhalt zur Nutzungsfläche angegeben in Meter
BSH	Brettschichtholz
CO / CO_2	Kohlenmonoxid / Kohlendioxid
d	Dicke
DN	Durchmesser Nennmaß
DAF	Dachfläche
DEF	Deckenfläche
DHH	Doppelhaushälfte
DIN 276	Kosten im Bauwesen (DIN 276:2018-12)
DIN 277	Grundflächen und Rauminhalte im Hochbau (DIN 277:2021-08)
EDV	elektronische Datenverarbeitung
EFH	Einfamilienhaus
EG	Erdgeschoss
ELW	Einliegerwohnung
EnEV	Energieeinsparverordnung
EPS	Expandierter Polystyrol-Hartschaum
ESG	Einscheiben-Sicherheitsglas
ETW	Etagenwohnung
EVA	Ethylenvinylacetatcopolymer
FBH	Fußbodenheizung
Fläche/BGF (%)	Anteil der angegebenen Fläche zur Brutto-Grundfläche in Prozent
Fläche/NUF (%)	Anteil der angegebenen Fläche zur Nutzungsfläche in Prozent
€/Einheit	Spaltenbezeichnung für Mittelwerte zu den Kosten bezogen auf eine Einheit der Bezugsgröße
€/m² BGF	Spaltenbezeichnung für Mittelwerte zu den Kosten bezogen auf Brutto-Grundfläche
GF	Grundstücksfläche
GK	Gipskarton
GRF	Gründungsfläche
HF	Holzfaser
HLz	Hochlochziegel
HPL	Laminatbeschichtung im Hochdruckpressverfahren (eng. High Pressure Laminate)
HT	Hochtemperatur-Abflussrohr
HW	Holzwolle
inkl.	einschließlich
IWF	Innenwandfläche
KFZ	Kraftfahrzeug
KG	Kanalgrund(rohr) / Kostengruppe
kg	Kilogramm
KGF	Konstruktions-Grundfläche (Summe der Regelfall (R)- und Sonderfall (S)-Flächen nach DIN 277)

Abkürzungsverzeichnis (Fortsetzung)

Abkürzung	Bezeichnung
KITA	Kindertagesstätte
KS	Kalksandstein
KVH	Konstruktionsvollholz
kW	Kilowatt
KWK	Kraftwärmekopplung
LB	Leistungsbereich
MDF	mitteldichte Faserplatte (Spanplatte)
Menge/BGF	Menge der genannten Kostengruppen-Bezugsgröße bezogen auf die Menge der Brutto-Grundfläche
Menge/NUF	Menge der genannten Kostengruppen-Bezugsgröße bezogen auf die Menge der Nutzungsfläche
MW	Mineralwolle
MwSt.	Mehrwertsteuer
NE	Nutzeinheit
NUF	Nutzungsfläche (Summe der Regelfall (R)- und Sonderfall (S)-Flächen nach DIN 277)
NRF	Netto-Raumfläche (Summe der Regelfall (R)- und Sonderfall (S)-Flächen nach DIN 277)
Obj.-Nr.	Nummer des Objekts in den BKI Baukostendatenbanken
OSB	Grobspanplatten (engl. oriented strand board)
PA	Polyamid
PE	Polyethylen
PHPP	Passivhaus-Projektierungspaket
PIR	Polyisocyanurate
PP	Polypropylen
PS	Polystyrol
PU/PUR	Polyurethan
PV	Photovoltaik
PVC	Polyvinylchlorid
restl.	restlich
RH	Reihenhaus
sonst.	Sonstige
STLB	Standardleistungsbuch
St	Stück
STP	Stellplatz
TF	Technikfläche (Summe der Regelfall (R)- und Sonderfall (S)-Flächen nach DIN 277)
TG	Tiefgarage
UK	Unterkonstruktion
UP	Unterputz
Uw	U-Wert Fenster (engl. window)
VF	Verkehrsfläche (Summe der Regelfall (R)- und Sonderfall (S)-Flächen nach DIN 277)
VIP	Vakuumisolationspaneel
VSG	Verbund-Sicherheitsglas
von	unterer Grenzwert des Streubereichs um einen Mittelwert
WDVS	Wärmedämmverbundsystem
WE	Wohneinheit
WFL	Wohnfläche
WLG	Wärmeleitgruppe
WU	wasserundurchlässig (Betonqualität)
XPS	Extrudierter Polystyrol-Hartschaum
Ø	Mittelwert
300+400	Zusammenfassung der Kostengruppen Bauwerk-Baukonstruktionen und Bauwerk-Technische Anlagen
% an 300+400	Kostenanteil der jeweiligen Kostengruppe an den Kosten des Bauwerks
% an 300	Kostenanteil der jeweiligen Kostengruppe an der Kostengruppe Bauwerk-Baukonstruktion
% an 400	Kostenanteil der jeweiligen Kostengruppe an der Kostengruppe Bauwerk-Technische Anlagen

Kosten abgerechneter Objekte

1300-0336
Bürogebäude
(34 AP)

Erweiterung

Kostenkennwerte für die Kosten des Bauwerks (Kostengruppen 300+400 nach DIN 276)

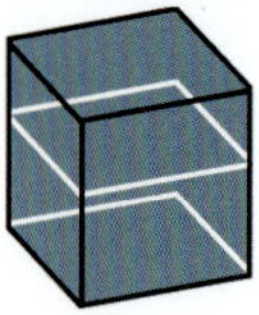

BRI 792 €/m^3

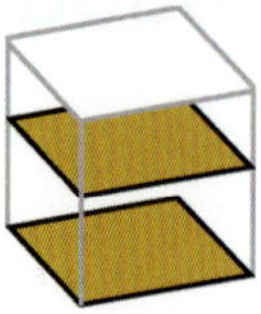

BGF 2.549 €/m^2

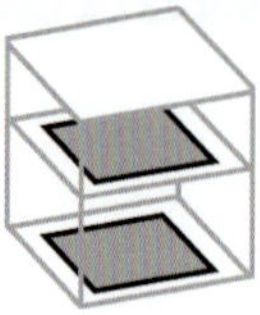

NUF 4.258 €/m^2

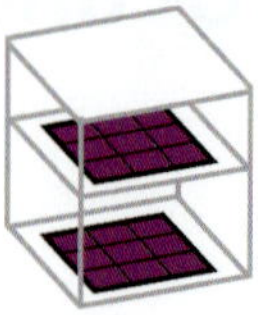

NE 54.475 €/NE

NE: Arbeitsplätze

Objekt:
Kennwerte: 1.Ebene DIN 276
BRI: 2.340 m^3
BGF: 727 m^2
NUF: 435 m^2
Bauzeit: 70 Wochen
Bauende: 2023
Standard: mittel
Bundesland: Nordrhein-Westfalen
Kreis: Bielefeld, Stadt

Architekt*in:
PAPPERT + WEICHYNIK
Architekten PartG mbB
Falkstraße 17
33602 Bielefeld

Bauherr*in:
AWO Kreisverband
Bielefeld e.V.
Mercatorstraße 10
33602 Bielefeld

Zeichnungen

Ansicht Nord

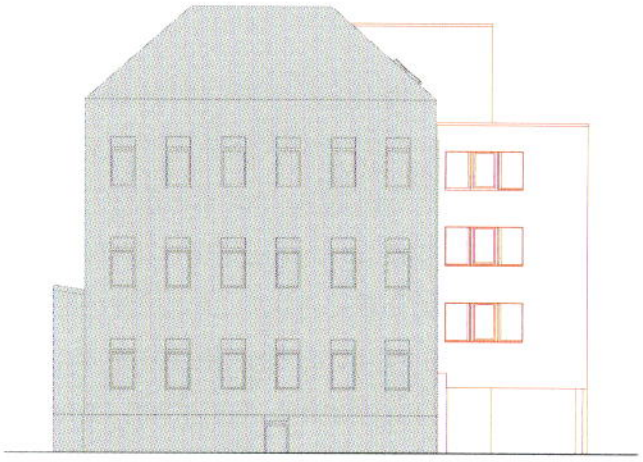

Ansicht West

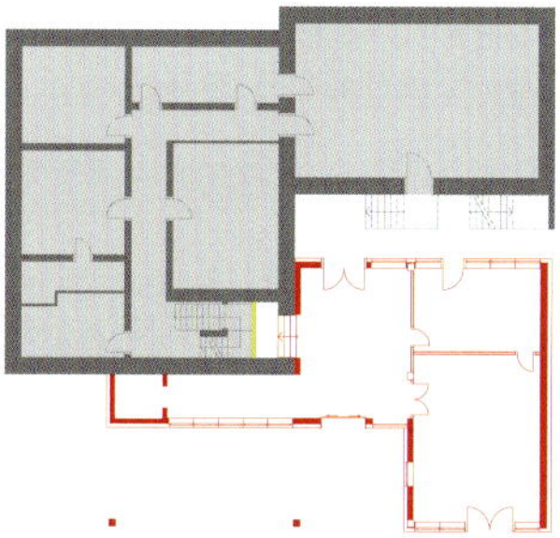

Untergeschoss

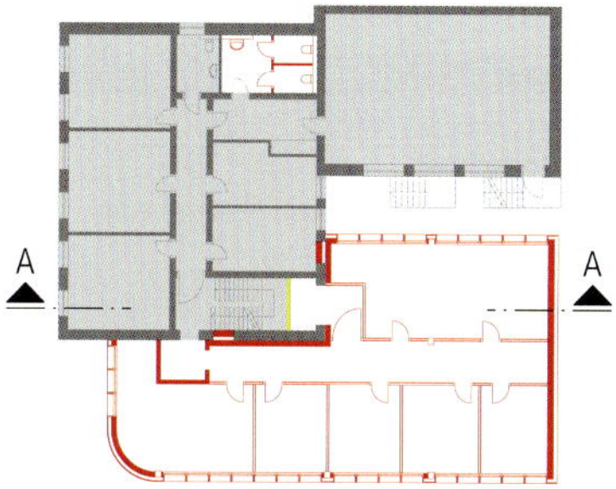

Erdgeschoss

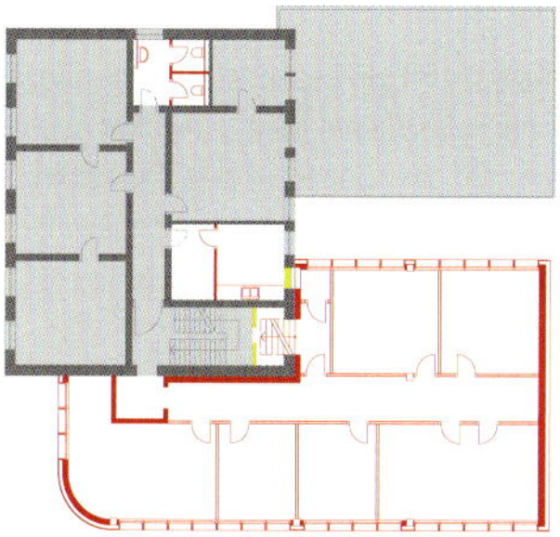

1. Obergeschoss

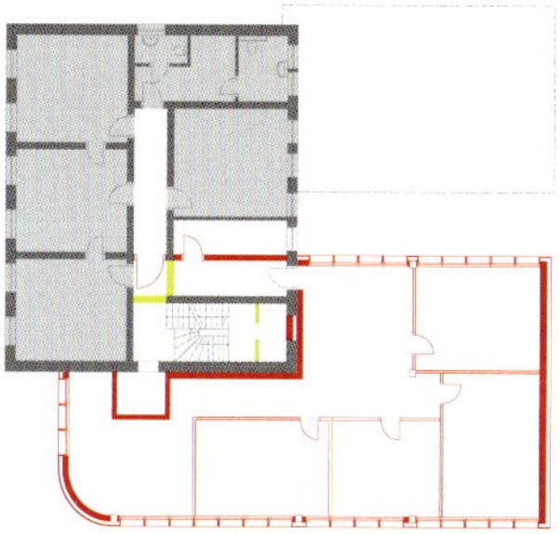

2. Obergeschoss

Ansicht Süd

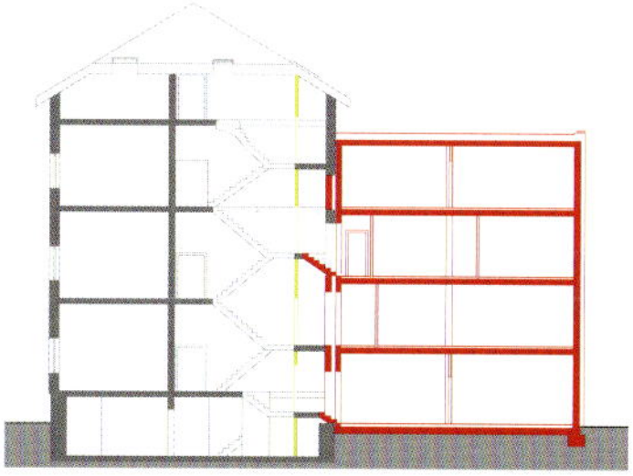

Schnitt A-A

1300-0336
Bürogebäude
(34 AP)

Erweiterung

Objektbeschreibung

Allgemeine Objektinformationen

Durch die Erweiterung mit einem kompakten Büroanbau konnte auf kleinster Grundstücksfläche die Nutzungsfläche mehr als verdoppelt werden. Der viergeschossige Anbau bietet zahlreiche Büro- und Multifunktionsräume sowie zwei großzügige Seminarräume. Die Sanitärbereiche und das Treppenhaus verbleiben im Bestandsgebäude und werden nach kleineren Umbaumaßnahmen weiterhin genutzt. Im Sockelgeschoss befindet sich neben dem neuen repräsentativen Haupteingang ein Seminarraum. Die bestehenden Stellplätze konnten dadurch erhalten bleiben und wurden lediglich überbaut.

Nutzung

1 Erdgeschoss
Foyer, Eingang, Teamraum, Seminarraum, Flur, Aufzug

3 Obergeschosse
Büroräume, Seminarraum, Projektbüro, Meeting Point, Sekretariat, Aufenthaltsraum, Lager, Flure, Aufzug

Nutzeinheiten

Arbeitsplätze: 34

Grundstück

Bauraum: Beengter Bauraum
Neigung: Ebenes Gelände
Bodenklasse: BK 1 bis BK 4

Markt

Hauptvergabezeit: 2.Quartal 2022
Baubeginn: 3.Quartal 2022
Bauende: 4.Quartal 2023
Konjunkturelle Gesamtlage: unter Durchschnitt
Regionaler Baumarkt: über Durchschnitt

Baubestand

Baujahr: 1904
Bauzustand: mittel
Aufwand: niedrig
Grundrissänderungen: wenige
Tragwerkseingriffe: wenige
Nutzungsänderung: nein
Nutzung während der Bauzeit: ja

Baukonstruktion

Das Gebäude ist in Stahlbetonbauweise auf einer Bodenplatte errichtet. Die massiven Außenwände sind teils durch Stahlbetonstützen ergänzt und mit einer gedämmten Vorhangfassade aus bunten HPL-Plattenstreifen sowie einem Wärmedämmverbundsystem bekleidet. Kunststofffenster mit Dreifachverglasung sorgen für hohe Energieeffizienz. Im Inneren tragen Stahlbetonstützen die massiven Decken und das Flachdach, wodurch eine langfristig flexible Raumnutzung möglich bleibt. Die Raumaufteilung erfolgt durch Trockenbauwände aus Gipskarton, ergänzt durch Glaswände. Vinylböden bestimmen die Oberflächen, während die Sichtbetondecken teils sichtbar belassen, teils mit Gipskarton- oder Mineralfaserdecken zur Verbesserung der Raumakustik abgehängt sind.

Technische Anlagen

Der Neubau ist an die bestehende Fernwärmestation des Bestandsgebäudes angeschlossen und wird über eine Fußbodenheizung beheizt. Auf dem Flachdach sorgt eine Photovoltaikanlage für die regenerative Energieerzeugung. Ein neu installierter Aufzug gewährleistet die barrierefreie Erschließung aller Ebenen. Im Bestand wurden Sanitäranlagen für Damen und Herren eingebaut.

Sonstiges

Die farbige Panelfassade ist ein besonderer Imageträger des Bauherrn: „Nicht nur rot, sondern bunt", und wer genau hinsieht, entdeckt vielleicht die Fibonacci-Folge. Die senkrechten Paneelfelder sind dezent beleuchtet um die Imagewirkung in den Abend- und Morgenstunden zu verstärken.

Planungskennwerte für Flächen und Rauminhalte nach DIN 277

Flächen des Grundstücks		Menge Einheit	% an GF
BF	Bebaute Fläche	–	–
UF	Unbebaute Fläche	–	–
GF	Grundstücksfläche	–	–

Grundflächen des Bauwerks		Menge Einheit	% an NUF	% an BGF
NUF	Nutzungsfläche	434,98 m²	100,0	59,9
TF	Technikfläche	–	–	–
VF	Verkehrsfläche	166,23 m²	38,2	22,9
NRF	Netto-Raumfläche	601,21 m²	138,2	82,7
KGF	Konstruktions-Grundfläche	125,40 m²	28,8	17,3
BGF	Brutto-Grundfläche	726,61 m²	167,0	100,0

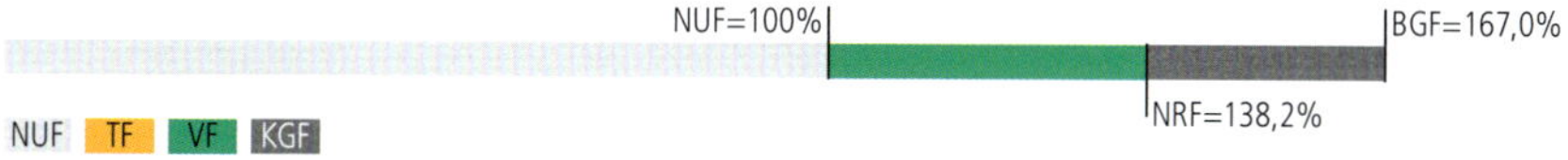

Brutto-Rauminhalt des Bauwerks		Menge Einheit	BRI/NUF (m)	BRI/BGF (m)
BRI	Brutto-Rauminhalt	2.339,64 m³	5,38	3,22

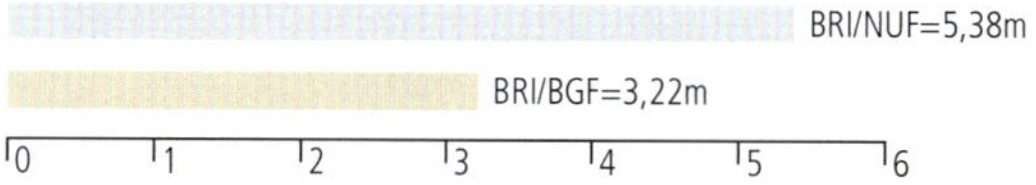

Erweiterung

Kostenkennwerte für die Kostengruppen der 1. Ebene DIN 276

KG	Kostengruppen (1. Ebene)	Einheit	Kosten €	€/Einheit	€/m² BGF	€/m³ BRI	% 300+400
100	Grundstück	m² GF	–	–	–	–	–
200	Vorbereitende Maßnahmen	m² GF	208.120	–	286,43	88,95	11,2
300	Bauwerk – Baukonstruktionen	m² BGF	1.444.912	1.988,57	1.988,57	617,58	78,0
400	Bauwerk – Technische Anlagen	m² BGF	407.234	560,46	560,46	174,06	22,0
	Bauwerk 300+400	**m² BGF**	**1.852.147**	**2.549,02**	**2.549,02**	**791,64**	**100,0**
500	Außenanlagen und Freiflächen	m² AF	14.701	–	20,23	6,28	0,8
600	Ausstattung und Kunstwerke	m² BGF	–	–	–	–	–
700	Baunebenkosten	m² BGF	–	–	–	–	–
800	Finanzierung	m² BGF	–	–	–	–	–

KG	Kostengruppe	Menge Einheit	Kosten €	€/Einheit	%
200	**Vorbereitende Maßnahmen**	–	208.120	–	11,2

- Herstellen
  Abriss Litfaßsäule, Grünanlagen

KG	Kostengruppe	Menge Einheit	Kosten €	€/Einheit	%
3+4	**Bauwerk**				**100,0**
300	**Bauwerk – Baukonstruktionen**	726,61 m² BGF	1.444.912	**1.988,57**	78,0

- Herstellen
  Baugrundverbesserung, Stb-Streifenfundamente, Stb-Bodenplatte, WU, Dämmung, Heizestrich, Vinylbelag; Stb-Wände, Stb-Stützen, Kunststofffenster, Dreifachverglasung, Vorhangfassade, HPL-Platten, WDVS, Putz, Beschichtung; Stb-Innenwände, GK-Wände, Glaswände, Stb-Stützen, Holztüren, Beschichtung; Stb-Decken, Dämmung, Heizestrich, Vinylbeläge, abgehängte GK-Decken, Mineralfaserdecken; Stb-Flachdach, Gefälledämmung, Abdichtung, Dachentwässerung, abgehängte GK-Decken, Mineralfaserdecken

KG	Kostengruppe	Menge Einheit	Kosten €	€/Einheit	%
400	**Bauwerk – Technische Anlagen**	726,61 m² BGF	407.234	**560,46**	22,0

- Herstellen
  Gebäudeentwässerung, Einbau Damen- und Herren-WCs im Bestandsgebäude, Fußbodenheizung; Photovoltaikanlage zur Eigenstromversorgung, Elektroinstallation, LED-Beleuchtung, Blitzschutz; Zugangskontrolle, Brandmeldeanlage, Datenverkabelung; Personenaufzug

KG	Kostengruppe	Menge Einheit	Kosten €	€/Einheit	%
500	**Außenanlagen und Freiflächen**	–	14.701	–	0,8

- Herstellen
  Anschaffung und Errichtung Fahrradcarport

1300-0339
Bürogebäude
(40 AP)

Erweiterung

Kostenkennwerte für die Kosten des Bauwerks (Kostengruppen 300+400 nach DIN 276)

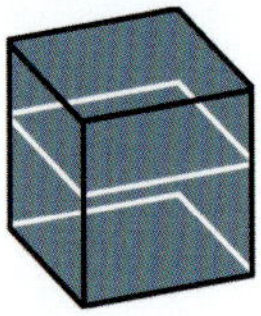

BRI 1.304 €/m³

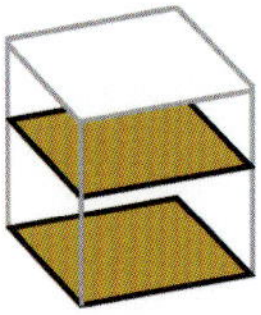

BGF 5.587 €/m²

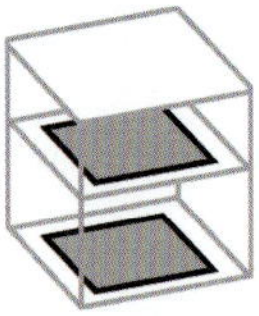

NUF 9.817 €/m²

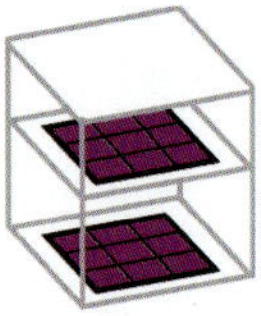

NE 165.254 €/NE

NE: Arbeitsplätze

Objekt:
Kennwerte: 1.Ebene DIN 276
BRI: 5.071 m³
BGF: 1.183 m²
NUF: 673 m²
Bauzeit: 113 Wochen
Bauende: 2023
Standard: hoch
Bundesland: Niedersachsen
Kreis: Hannover, Region

Architekt*in:
Brüggemann + Jeßnitz
Architekten Part GmbB
Poststraße 6
29308 Winsen (Aller)

Bauherr*in:
Bildungsvereinigung
Arbeit und Leben e.V.
Arndtstraße 20
30167 Hannover

© Brüggemann + Jeßnitz

Ansicht Nord

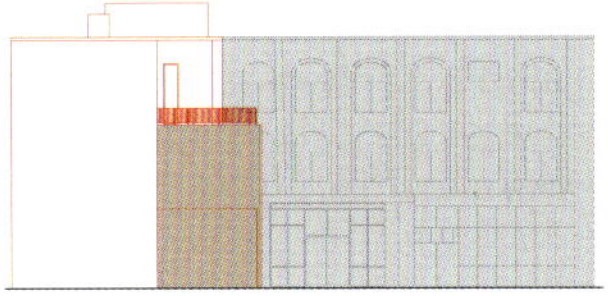

Ansicht Ost

Erdgeschoss

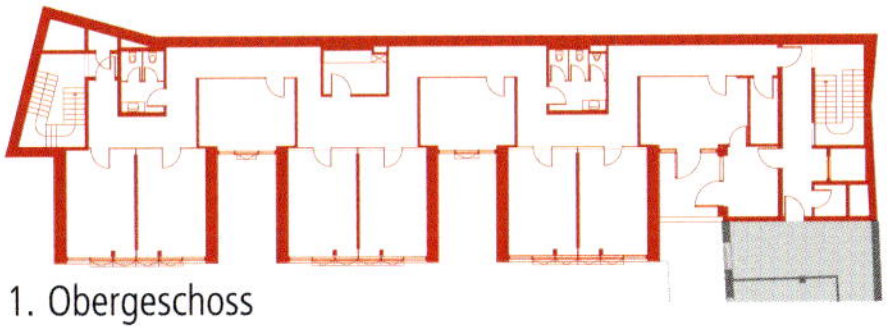

1. Obergeschoss

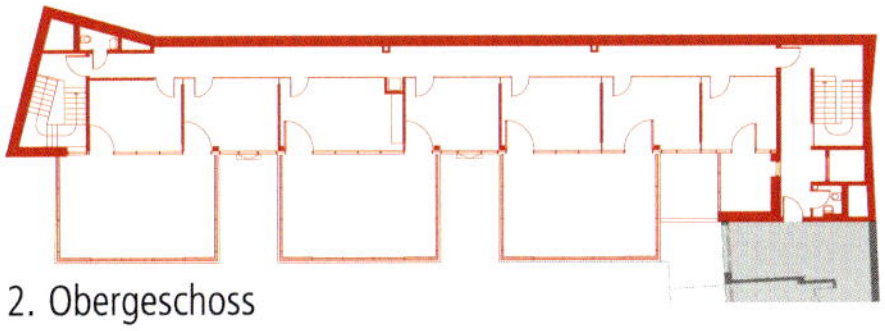

2. Obergeschoss

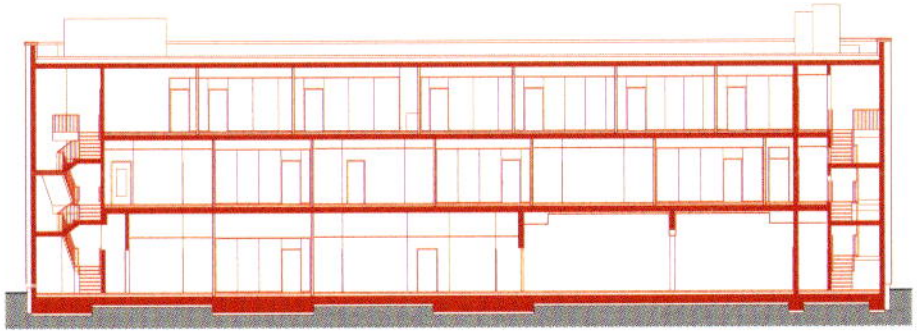

Schnitt A-A

1300-0339
Bürogebäude
(40 AP)

Erweiterung

Objektbeschreibung

Allgemeine Objektinformationen

Der rückwärtige Gebäudearm eines U-förmigen Zentrums für Erwachsenenbildung wurde rückgebaut und als Büro- und Verwaltungstrakt neu errichtet. Der zweigeschossige Neubau mit zusätzlichem Staffelgeschoss weist eine klare Formensprache auf. Aufgrund der Grenzbebauung ist ausschließlich eine einseitige Belichtung des Gebäudes umsetzbar.

Nutzung

1 Erdgeschoss
Empfangshalle, Foyer, Büroräume, Küche, Schulungsraum, WCs, Abstellräume

1 Obergeschoss
Büroräume, Teeküche, WCs, Serverraum, Abstellraum, Dachterrasse

1 Dachgeschoss
Büroräume, WCs, Dachterrassen

Nutzeinheiten

Arbeitsplätze: 40

Grundstück

Bauraum: Beengter Bauraum
Neigung: Ebenes Gelände

Markt

Hauptvergabezeit: 3.Quartal 2021
Baubeginn: 2.Quartal 2021
Bauende: 2.Quartal 2023
Konjunkturelle Gesamtlage: Durchschnitt
Regionaler Baumarkt: über Durchschnitt

Baubestand

Baujahr: 1940
Bauzustand: gut
Aufwand: mittel
Grundrissänderungen: wenige
Tragwerkseingriffe: wenige
Nutzungsänderung: nein
Nutzung während der Bauzeit: ja

Baukonstruktion

Das Flachdachgebäude ist in Massivbauweise aus Stahlbeton und KS-Steinen mit Pfosten-Riegelfassade gebaut. Die vorstehenden Kuben heben sich mit ihrer Holzfassade optisch von dem restlichen Baukörper in weiß verputztem Wärmedämmverbundsystem ab. Auch dienen die zur Vorderseite vollflächig verglasten Kuben als Belichtung des gesamten Gebäudes. Die Bürotrennwände sind in Leichtbauweise errichtet. Im Innenbereich wurden Raster-Akustikdecken ausgeführt und Teppichboden verlegt.

Technische Anlagen

Das Gebäude ist mit einer Lüftungsanlage und einer vollflächigen Fußbodenheizung ausgestattet. Auch wurde eine PV-Anlage zur Deckung des Energiebedarfs auf dem Flachdach des Neu- und Bestandsbaus installiert.

Sonstiges

Die Büroräume sind zu den Verkehrswegen mit rahmenlosen Glastrennwänden und zur Außenwand mit Glasfassaden offen gestaltet. Dies sorgt für einen größtmöglichen Lichteintrag. Vorbaukuben ermöglichen sowohl größere Büroräume als auch Dachterrassen im Staffelgeschoss und eine abwechslungsreiche Wegeführung.

Planungskennwerte für Flächen und Rauminhalte nach DIN 277

Flächen des Grundstücks		Menge Einheit	% an GF
BF	Bebaute Fläche	1.236,00 m²	67,8
UF	Unbebaute Fläche	586,00 m²	32,2
GF	Grundstücksfläche	1.822,00 m²	100,0

Grundflächen des Bauwerks		Menge Einheit	% an NUF	% an BGF
NUF	Nutzungsfläche	673,35 m²	100,0	56,9
TF	Technikfläche	19,34 m²	2,9	1,6
VF	Verkehrsfläche	323,35 m²	48,0	27,3
NRF	Netto-Raumfläche	1.016,04 m²	150,9	85,9
KGF	Konstruktions-Grundfläche	167,17 m²	24,8	14,1
BGF	Brutto-Grundfläche	1.183,21 m²	175,7	100,0

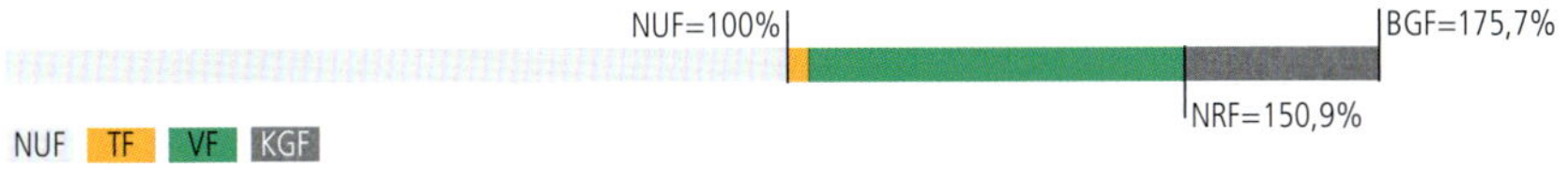

Brutto-Rauminhalt des Bauwerks		Menge Einheit	BRI/NUF (m)	BRI/BGF (m)
BRI	Brutto-Rauminhalt	5.070,79 m³	7,53	4,29

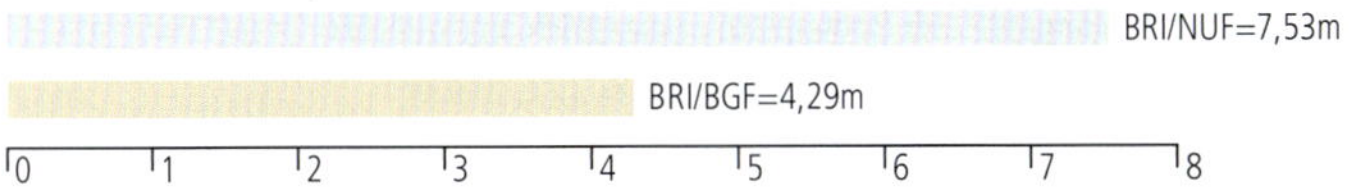

Erweiterung

Kostenkennwerte für die Kostengruppen der 1. Ebene DIN 276

KG	Kostengruppen (1. Ebene)	Einheit	Kosten €	€/Einheit	€/m² BGF	€/m³ BRI	% 300+400
100	Grundstück	m² GF	–	–	–	–	–
200	Vorbereitende Maßnahmen	m² GF	403.410	221,41	340,95	79,56	6,1
300	Bauwerk – Baukonstruktionen	m² BGF	5.222.689	4.414,00	4.414,00	1.029,96	79,0
400	Bauwerk – Technische Anlagen	m² BGF	1.387.458	1.172,62	1.172,62	273,62	21,0
	Bauwerk 300+400	**m² BGF**	**6.610.146**	**5.586,62**	**5.586,62**	**1.303,57**	**100,0**
500	Außenanlagen und Freiflächen	m² AF	362.072	617,87	306,01	71,40	5,5
600	Ausstattung und Kunstwerke	m² BGF	305.718	258,38	258,38	60,29	4,6
700	Baunebenkosten	m² BGF	–	–	–	–	–
800	Finanzierung	m² BGF	–	–	–	–	–

KG	Kostengruppe	Menge Einheit	Kosten €	€/Einheit	%
200	**Vorbereitende Maßnahmen**	1.822,00 m² GF	403.410	**221,41**	6,1

- Herstellen
  Rückbau des Bestands, Trennen vom Altbau, Schutz umliegender Gebäude, Erschütterungsmessungen

KG	Kostengruppe	Menge Einheit	Kosten €	€/Einheit	%
3+4	**Bauwerk**				**100,0**
300	**Bauwerk – Baukonstruktionen**	1.183,21 m² BGF	5.222.689	**4.414,00**	79,0

- Herstellen
  Baugrubenaushub; Stb-Fundamentplatte, Stb-Fundamente, Stb-Bodenplatte, Heizestrich, Epoxidharzbeschichtung, Parkett, Teppichboden, Bodenfliesen, Abdichtung, Dämmung; Stb-Wände, Mauerwerkswände, Holzbauwände, Stb-Stützen, Stahlstützen, Alu-Pfosten-Riegelfassade, Dreifachverglasung, WDVS, teilw. mit Klinkerriemchen; Innenmauerwerk, Stb-Wände, GK-Wände, rahmenlose Glaswände, Wandfliesen, WC-Trennwände, mobile Trennwand; Stb-Decken, Stb-Treppen, Heizestrich, Teppichboden, Bodenfliesen, abgehängte Raster-Schallschutzdecken, Holzwolle-Leichtbauplatten, Stahlgeländer, Treppengeländer; Stb-Flachdach, Dämmung, Abdichtung, Attika, innenliegende Dachentwässerung

KG	Kostengruppe	Menge Einheit	Kosten €	€/Einheit	%
400	**Bauwerk – Technische Anlagen**	1.183,21 m² BGF	1.387.458	**1.172,62**	21,0

- Herstellen
  Gebäudeentwässerung, Kalt- und Warmwasserleitungen, Sanitärobjekte; Fernwärmeanschluss, Fußbodenheizung; zentrale Be- und Entlüftung mit Wärmerückgewinnung (WCs, Saal), RWA-Anlage; Elektroinstallation, PV-Anlage (185m²), Beleuchtung; Daten- und Telekommunikationsanlage, Rauchmelder, Funk-Brandmeldeanlage; Personenaufzug

KG	Kostengruppe	Menge Einheit	Kosten €	€/Einheit	%
500	**Außenanlagen und Freiflächen**	586,00 m² AF	362.072	**617,87**	5,5

- Herstellen
  Bodenarbeiten; Gründungsmaßnahmen; Plätze, Stellplätze, Kiesstreifen; Außenbeleuchtungsanlagen, digitale Schließanlage; Fahrradständer, Abfallbehälter; Oberbodenarbeiten, Gehölze, Stauden, Bäume, Rasen

KG	Kostengruppe	Menge Einheit	Kosten €	€/Einheit	%
600	**Ausstattung und Kunstwerke**	1.183,21 m² BGF	305.718	**258,38**	4,6

- Herstellen
  Ausstattung Büros und Besprechungsräume, Möblierung, Medientechnik

1300-0312
Büro (7 AP)

Umbau

Kostenkennwerte für die Kosten des Bauwerks (Kostengruppen 300+400 nach DIN 276)

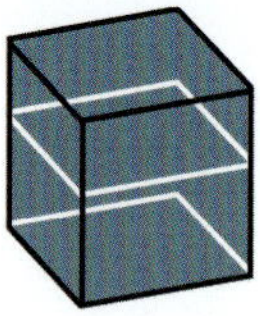

BRI 266 €/m³

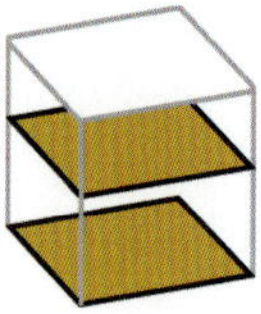

BGF 956 €/m²

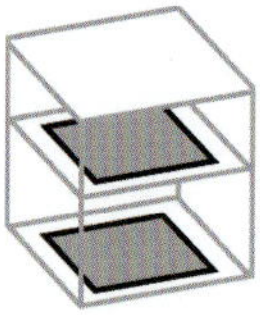

NUF 1.390 €/m²

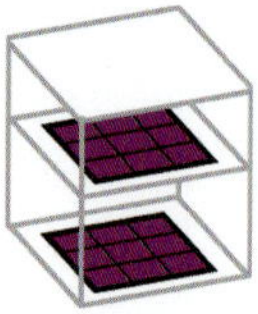

NE 37.869 €/NE

NE: Arbeitsplätze

Objekt:
Kennwerte: 3. Ebene DIN 276
BRI: 996 m³
BGF: 277 m²
NUF: 191 m²
Bauzeit: 13 Wochen
Bauende: 2022
Standard: mittel
Bundesland: Hessen
Kreis: Frankfurt am Main, Stadt

Architekt*in:
freiraum4plus
Hasengartenstraße 44
65189 Wiesbaden

Bauherr*in:
Oxalis REIM GmbH
Hanauer Landstraße 181-185
60314 Frankfurt am Main

© freiraum4plus

© freiraum4plus

© freiraum4plus

© freiraum4plus

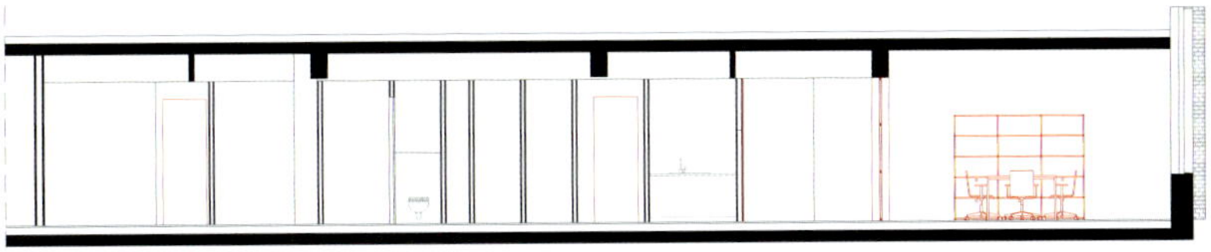

Schnitt A-A

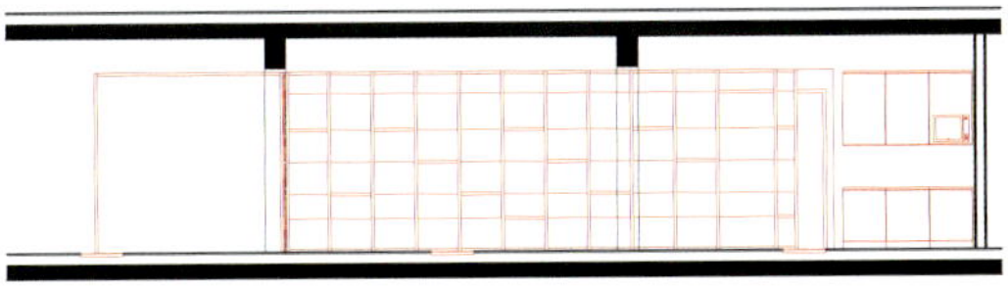

Schnitt B-B

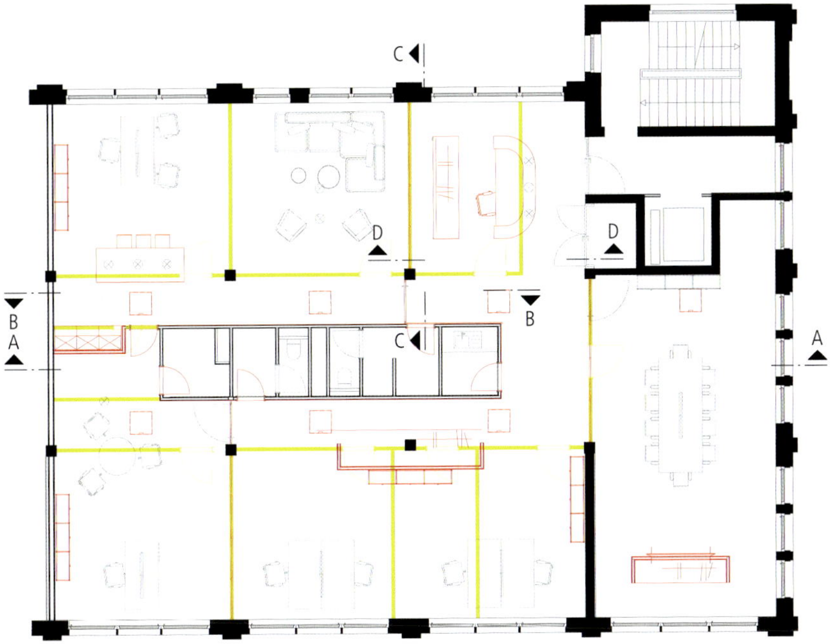

Erdgeschoss

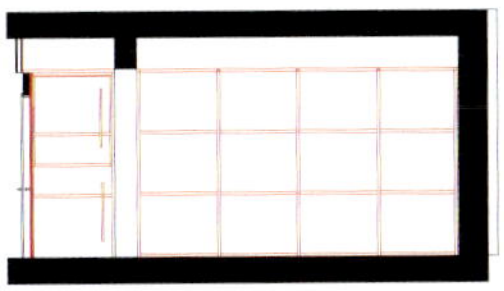

Schnitt C-C

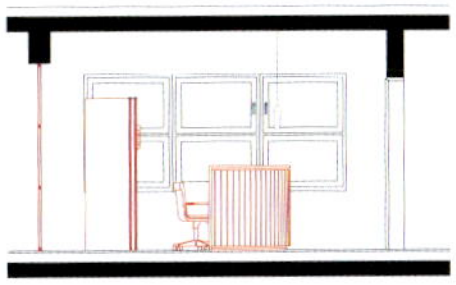

Schnitt D-D

Umbau

Objektbeschreibung

Allgemeine Objektinformationen

Die Maßnahme umfasst den Umbau eines Büros im 3.Obergeschoss eines Bestandsgebäudes. Die Räumlichkeiten wurden im industriellen Design entworfen und verfügen über Einzelbüros, sowie ein Mehrpersonenbüro und einen Konferenzraum.

Nutzung

1 Obergeschoss
Rezeption, Büros, Besprechungsraum, Küchen, WCs

Nutzeinheiten

Arbeitsplätze: 7
Bürofläche: 171 m^2

Markt

Hauptvergabezeit: 4.Quartal 2021
Baubeginn: 4.Quartal 2021
Bauende: 1.Quartal 2022
Konjunkturelle Gesamtlage: Durchschnitt
Regionaler Baumarkt: über Durchschnitt

Baubestand

Bauzustand: gut
Aufwand: niedrig
Grundrissänderungen: einige
Tragwerkseingriffe: keine
Nutzung während der Bauzeit: nein

Baukonstruktion

Die tragenden Innenwände sind aus Mauerwerk und erhielten eine Überholungsbeschichtung. Die nicht tragenden Wände sind aus Gipskarton angefertigt und mit MDF-Platten bekleidet. Elementierte Glastrennwände bilden die Grundstruktur des Büros. Bis auf die WCs wurden sämtlichen Bereiche mit Teppichboden belegt. Die Betondecke erhielt eine Überholungsbeschichtung.

Technische Anlagen

Die Stromverteilung ist im dritten Obergeschoss umfangreich ausgebaut. Die Räumlichkeiten sind alle mit Bodendosen ausgestattet. Auch die Beleuchtung ist so konzipiert, dass jeder Bereich seine individuellen Leuchtmittel bekommt. Hierbei wird auch an die Wandvertäfelung der „schwarzen Box" gedacht, bei der einzelne Module hervorgehoben und indirekt beleuchtet sind. Durch den Einbau der neuen Küche im Einzelbüro mussten Wasserleitungen verlegt werden und zusätzliche Steckdosen angebracht werden. Eine Besonderheit bei der Beleuchtung im Büro ist eine Lichtsteuerung, die es dem Nutzer ermöglicht Leuchten und Betriebsgeräte über ein Smartphone oder Tablet zu steuern.

Planungskennwerte für Flächen und Rauminhalte nach DIN 277

Flächen des Grundstücks		Menge Einheit	% an GF
BF	Bebaute Fläche	–	–
UF	Unbebaute Fläche	–	–
GF	Grundstücksfläche	–	–

Grundflächen des Bauwerks		Menge Einheit	% an NUF	% an BGF
NUF	Nutzungsfläche	190,77 m²	100,0	68,8
TF	Technikfläche	–	–	–
VF	Verkehrsfläche	50,84 m²	26,6	18,3
NRF	Netto-Raumfläche	241,61 m²	126,6	87,1
KGF	Konstruktions-Grundfläche	35,74 m²	18,7	12,9
BGF	Brutto-Grundfläche	277,35 m²	145,4	100,0

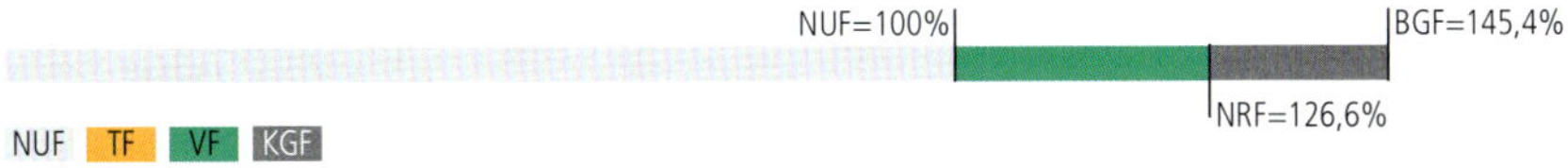

Brutto-Rauminhalt des Bauwerks		Menge Einheit	BRI/NUF (m)	BRI/BGF (m)
BRI	Brutto-Rauminhalt	995,69 m³	5,22	3,59

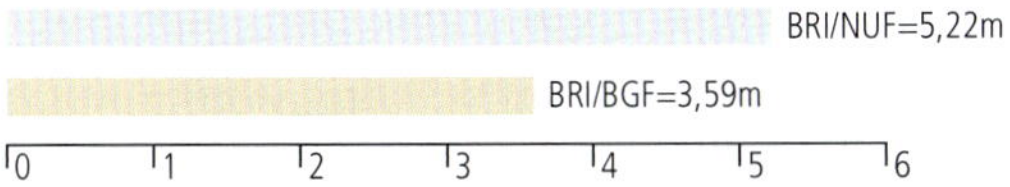

Lufttechnisch behandelte Flächen	Menge Einheit	% an NUF	% an BGF
Entlüftete Fläche	–	–	–
Be- und entlüftete Fläche	–	–	–
Teilklimatisierte Fläche	–	–	–
Klimatisierte Fläche	–	–	–

KG	Kostengruppen (2. Ebene)	Menge Einheit	Menge/NUF	Menge/BGF
310	Baugrube / Erdbau	–	–	–
320	Gründung, Unterbau	–	–	–
330	Außenwände/Vertikale Baukonstruktionen, außen	76,67 m² AWF	0,40	0,28
340	Innenwände/Vertikale Baukonstruktionen, innen	174,91 m² IWF	0,92	0,63
350	Decken/Horizontale Baukonstruktionen	285,60 m² DEF	1,50	1,03
360	Dächer	–	–	–

Umbau

Kostenkennwerte für die Kostengruppen der 1. Ebene DIN 276

KG	Kostengruppen (1. Ebene)	Einheit	Kosten €	€/Einheit	€/m² BGF	€/m³ BRI	% 300+400
100	Grundstück	m² GF	–	–	–	–	–
200	Vorbereitende Maßnahmen	m² GF	–	–	–	–	–
300	Bauwerk – Baukonstruktionen	m² BGF	198.934	717,27	717,27	199,80	75,0
400	Bauwerk – Technische Anlagen	m² BGF	66.150	238,51	238,51	66,44	25,0
	Bauwerk 300+400	**m² BGF**	**265.085**	**955,78**	**955,78**	**266,23**	**100,0**
500	Außenanlagen und Freiflächen	m² AF	–	–	–	–	–
600	Ausstattung und Kunstwerke	m² BGF	38.362	138,32	138,32	38,53	14,5
700	Baunebenkosten	m² BGF	–	–	–	–	–
800	Finanzierung	m² BGF	–	–	–	–	–

KG	Kostengruppe	Menge Einheit	Kosten €	€/Einheit	%
3+4	**Bauwerk**				**100,0**
300	**Bauwerk – Baukonstruktionen**	277,35 m² BGF	198.934	**717,27**	75,0
	• Abbrechen (Kosten: 2,2%) Abbruch von Trockenbauwänden, Putz; Entsorgung, Deponiegebühren		4.423		
	• Herstellen (Kosten: 97,8%) Überholungsbeschichtung; GK-Metallständerwände, OSB-Verstärkung, MDF-Bekleidung, GKB-Platten, Faserplatten, Überholungsanstrich, Stahl-Glaselemente; Teppichboden, Überholungsbeschichtung; Empfangstheke, Küchen, Aktenregal, TV-Schrank, Garderoben, Firmenlogo		194.512		
400	**Bauwerk – Technische Anlagen**	277,35 m² BGF	66.150	**238,51**	25,0
	• Abbrechen (Kosten: 9,5%) Abbruch von Elektroinstallation; Entsorgung, Deponiegebühren		6.285		
	• Herstellen (Kosten: 90,5%) Elektroinstallation, Schienensystem, Beleuchtung, Lichtband; Telefonleitung, Datenkabel, TV-, Video-, Netzwerkinstallation		59.865		
600	**Ausstattung und Kunstwerke**	277,35 m² BGF	38.362	**138,32**	14,5
	• Herstellen (Kosten: 100,0%) Bürostühle, Schreibtische, Konferenztische, Sofa, Beistelltische		38.362		

Kostenkennwerte für die Kostengruppen der 2.Ebene DIN 276

KG	Kostengruppe	Menge Einheit	Kosten €	€/Einheit	%
300	**Bauwerk – Baukonstruktionen**				**100,0**
330	**Außenwände/Vert. Baukonstrukt., außen**	76,67 m² AWF	1.399	**18,24**	0,7
	• Herstellen (Kosten: 100,0%) Überholungsbeschichtung (77m²), Laibungen streichen (86m)	76,67 m² AWF	1.399	**18,24**	
340	**Innenwände/Vert. Baukonstrukt., innen**	174,91 m² IWF	122.601	**700,94**	61,6
	• Abbrechen (Kosten: 3,6%) Abbruch von Trockenbauwänden (145m²) * Putz (11m²); Entsorgung, Deponiegebühren	156,00 m² IWF	4.423	**28,35**	
	• Herstellen (Kosten: 96,4%) GK-Metallständerwände, OSB-Verstärkung (14m²) * MDF-Bekleidung (75m²), GKB-Platten (24m²), Faserplatten (16m²), Überholungsbeschichtung (155m²) * Stahl-Glaselemente, Sprossenrahmen aus Flach- und Vierkantstahl, ESG: Trennwandelemente, zwölfteilig, Schallschutzfolie (21m²), Türelemente, Flügel dreiteilig, Schallschutzfolie, absenkbare Bodendichtung (8m²)	174,91 m² IWF	118.179	**675,65**	
350	**Decken/Horizontale Baukonstruktionen**	285,60 m² DEF	19.664	**68,85**	9,9
	• Herstellen (Kosten: 100,0%) Teppichboden (228m²), Einfassprofile (39m), Übergangsprofile (6St) * Überholungsbeschichtung (286m²)	285,60 m² DEF	19.664	**68,85**	
380	**Baukonstruktive Einbauten**	277,35 m² BGF	53.856	**194,18**	27,1
	• Herstellen (Kosten: 100,0%) Empfangstheke (1St), Küchen (2St), Aktenregal (psch), TV-Schrank (1St), Garderoben (4St) * Firmenlogo (1St)	277,35 m² BGF	53.856	**194,18**	
390	**Sonst. Maßnahmen für Baukonstrukt.**	277,35 m² BGF	1.414	**5,10**	0,7
	• Herstellen (Kosten: 100,0%) Schutzabdeckung (psch)	277,35 m² BGF	1.414	**5,10**	
400	**Bauwerk – Technische Anlagen**				**100,0**
440	**Elektrische Anlagen**	277,35 m² BGF	48.827	**176,05**	73,8
	• Abbrechen (Kosten: 12,9%) Abbruch von Elektroinstallation (psch); Entsorgung, Deponiegebühren	277,35 m² BGF	6.285	**22,66**	
	• Herstellen (Kosten: 87,1%) Elektroinstallation (psch), Kabelkanäle (5m), Bodendosen (psch), Steckdosen (8St), Jalousieschalter/Taster (9St), Jalousiewippe (18St), Universalwippen (10St), Taster (2St), Aufputzgehäuse (16St) * Schienensystem (65m), Downlights (28St), Arbeitsplatzbeleuchtung (8St), Pendelleuchten (5St), LED-Unterbauleuchten (5St), LED-Lichtband (10m)	277,35 m² BGF	42.542	**153,39**	
450	**Kommunikationstechnische Anlagen**	277,35 m² BGF	17.324	**62,46**	26,2
	• Herstellen (Kosten: 100,0%) Telefonleitung (psch) * Datenkabel Cat7 (25m), TV-, Video-, Netzwerkinstallation (psch)	277,35 m² BGF	17.324	**62,46**	
600	**Ausstattung und Kunstwerke**				**100,0**
610	**Allgemeine Ausstattung**	277,35 m² BGF	38.362	**138,32**	100,0
	• Herstellen (Kosten: 100,0%) Bürostühle, Schreibtische, Konferenztische, Sofa, Beistelltische (psch)	277,35 m² BGF	38.362	**138,32**	

Umbau

Kostenkennwerte für die Kostengruppen 300 der 2. und 3. Ebene DIN 276 (Übersicht)

KG	Kostengruppe	Menge Einheit	Kosten €	€/Einheit	% an 3+4
300	**Bauwerk – Baukonstruktionen**	**277,35 m² BGF**	**198.934,44**	**717,27**	**75,0**
310	**Baugrube / Erdbau**	**–**	**–**	**–**	**–**
311	Herstellung	–	–	–	–
312	Umschließung	–	–	–	–
313	Wasserhaltung	–	–	–	–
314	Vortrieb	–	–	–	–
319	Sonstiges zur KG 310	–	–	–	–
320	**Gründung, Unterbau**	**–**	**–**	**–**	**–**
321	Baugrundverbesserung	–	–	–	–
322	Flachgründungen und Bodenplatten	–	–	–	–
323	Tiefgründungen	–	–	–	–
324	Gründungsbeläge	–	–	–	–
325	Abdichtungen und Bekleidungen	–	–	–	–
326	Dränagen	–	–	–	–
329	Sonstiges zur KG 320	–	–	–	–
330	**Außenwände/Vert. Baukonstrukt., außen**	**76,67 m² AWF**	**1.398,82**	**18,24**	**0,5**
331	Tragende Außenwände	–	–	–	–
332	Nichttragende Außenwände	–	–	–	–
333	Außenstützen	–	–	–	–
334	Außenwandöffnungen	–	–	–	–
335	Außenwandbekleidungen, außen	–	–	–	–
336	Außenwandbekleidungen, innen	76,67 m²	1.398,82	18,24	0,5
337	Element. Außenwandkonstruktionen	–	–	–	–
338	Lichtschutz zur KG 330	–	–	–	–
339	Sonstiges zur KG 330	–	–	–	–
340	**Innenwände/Vert. Baukonstrukt., innen**	**174,91 m² IWF**	**122.601,40**	**700,94**	**46,2**
341	Tragende Innenwände	–	–	–	–
342	Nichttragende Innenwände	14,21 m²	6.603,42	464,70	2,5
343	Innenstützen	–	–	–	–
344	Innenwandöffnungen	–	–	–	–
345	Innenwandbekleidungen	270,28 m²	23.538,86	87,09	8,9
346	Elementierte Innenwandkonstruktionen	39,77 m²	92.459,13	2.324,85	34,9
347	Lichtschutz zur KG 340	–	–	–	–
349	Sonstiges zur KG 340	–	–	–	–
350	**Decken/Horizontale Baukonstruktionen**	**285,60 m² DEF**	**19.663,97**	**68,85**	**7,4**
351	Deckenkonstruktionen	–	–	–	–
352	Deckenöffnungen	–	–	–	–
353	Deckenbeläge	228,00 m²	15.551,71	68,21	5,9
354	Deckenbekleidungen	285,60 m²	4.112,26	14,40	1,6
355	Elementierte Deckenkonstruktionen	–	–	–	–
359	Sonstiges zur KG 350	–	–	–	–
360	**Dächer**	**–**	**–**	**–**	**–**
361	Dachkonstruktionen	–	–	–	–
362	Dachöffnungen	–	–	–	–
363	Dachbeläge	–	–	–	–
364	Dachbekleidungen	–	–	–	–
365	Elementierte Dachkonstruktionen	–	–	–	–
366	Lichtschutz zur KG 360	–	–	–	–
369	Sonstiges zur KG 360	–	–	–	–
370	**Infrastrukturanlagen**	**–**	**–**	**–**	**–**
380	**Baukonstruktive Einbauten**	**277,35 m² BGF**	**53.856,10**	**194,18**	**20,3**
390	**Sonst. Maßnahmen für Baukonstrukt.**	**277,35 m² BGF**	**1.414,16**	**5,10**	**0,5**

Kostenkennwerte für die Kostengruppen 400 der 2. und 3. Ebene DIN 276 (Übersicht)

KG	Kostengruppe	Menge Einheit	Kosten €	€/Einheit	% an 3+4
400	**Bauwerk – Technische Anlagen**	**277,35 m² BGF**	**66.150,43**	**238,51**	**25,0**
410	**Abwasser-, Wasser-, Gasanlagen**	**–**	**–**	**–**	**–**
411	Abwasseranlagen	–	–	–	–
412	Wasseranlagen	–	–	–	–
413	Gasanlagen	–	–	–	–
419	Sonstiges zur KG 410	–	–	–	–
420	**Wärmeversorgungsanlagen**	**–**	**–**	**–**	**–**
421	Wärmeerzeugungsanlagen	–	–	–	–
422	Wärmeverteilnetze	–	–	–	–
423	Raumheizflächen	–	–	–	–
424	Verkehrsheizflächen	–	–	–	–
429	Sonstiges zur KG 420	–	–	–	–
430	**Raumlufttechnische Anlagen**	**–**	**–**	**–**	**–**
431	Lüftungsanlagen	–	–	–	–
432	Teilklimaanlagen	–	–	–	–
433	Klimaanlagen	–	–	–	–
434	Kälteanlagen	–	–	–	–
439	Sonstiges zur KG 430	–	–	–	–
440	**Elektrische Anlagen**	**277,35 m² BGF**	**48.826,73**	**176,05**	**18,4**
441	Hoch- und Mittelspannungsanlagen	–	–	–	–
442	Eigenstromversorgungsanlagen	–	–	–	–
443	Niederspannungsschaltanlagen	–	–	–	–
444	Niederspannungsinstallationsanlagen	277,35 m² BGF	18.021,59	64,98	6,8
445	Beleuchtungsanlagen	277,35 m² BGF	30.805,14	111,07	11,6
446	Blitzschutz- und Erdungsanlagen	–	–	–	–
447	Fahrleitungssysteme	–	–	–	–
449	Sonstiges zur KG 440	–	–	–	–
450	**Kommunikationstechnische Anlagen**	**277,35 m² BGF**	**17.323,71**	**62,46**	**6,5**
451	Telekommunikationsanlagen	277,35 m² BGF	785,65	2,83	0,3
452	Such- und Signalanlagen	–	–	–	–
453	Zeitdienstanlagen	–	–	–	–
454	Elektroakustische Anlagen	–	–	–	–
455	Audiovisuelle Medien- u. Antennenanl.	–	–	–	–
456	Gefahrenmelde- und Alarmanlagen	–	–	–	–
457	Datenübertragungsnetze	277,35 m² BGF	16.538,06	59,63	6,2
458	Verkehrsbeeinflussungsanlagen	–	–	–	–
459	Sonstiges zur KG 450	–	–	–	–
460	**Förderanlagen**	**–**	**–**	**–**	**–**
461	Aufzugsanlagen	–	–	–	–
462	Fahrtreppen, Fahrsteige	–	–	–	–
463	Befahranlagen	–	–	–	–
464	Transportanlagen	–	–	–	–
465	Krananlagen	–	–	–	–
466	Hydraulikanlagen	–	–	–	–
469	Sonstiges zur KG 460	–	–	–	–
470	**Nutzungsspez. u. verfahrenstechn. Anl.**	**–**	**–**	**–**	**–**
480	**Gebäude- und Anlagenautomation**	**–**	**–**	**–**	**–**
490	**Sonst. Maßnahmen für techn. Anlagen**	**–**	**–**	**–**	**–**

1300-0324
Gründerzentrum
(20 AP)

Umbau

Kostenkennwerte für die Kosten des Bauwerks (Kostengruppen 300+400 nach DIN 276)

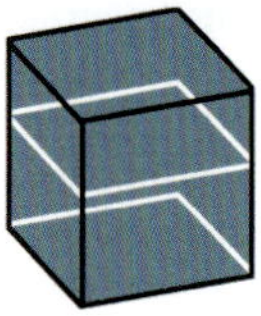

BRI 497 €/m³

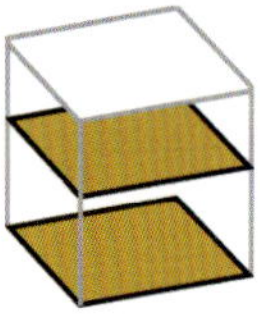

BGF 1.640 €/m²

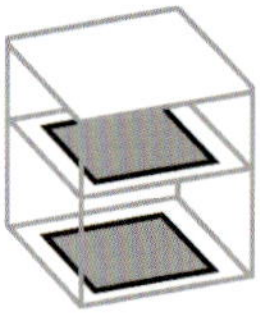

NUF 2.510 €/m²

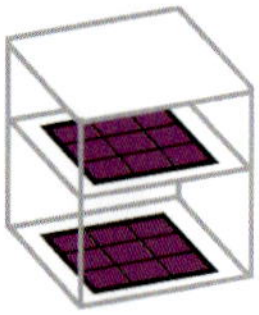

NE 37.278 €/NE

NE: Arbeitsplätze

Objekt:
Kennwerte: 3. Ebene DIN 276
BRI: 1.501 m³
BGF: 455 m²
NUF: 297 m²
Bauzeit: 43 Wochen
Bauende: 2023
Standard: mittel
Bundesland: Sachsen-Anhalt
Kreis: Börde

Architekt*in:
Liebnerstadtfeld Architekten
Winckelmannstraße 12
39108 Magdeburg

Bauherr*in:
Verbandsgemeinde
Westliche Börde
Marktstraße 7
39397 Gröningen

© Michael Moser

© Michael Moser

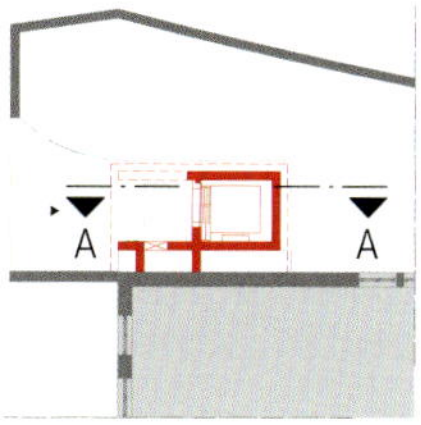

Erdgeschoss

Ansicht Nord-West

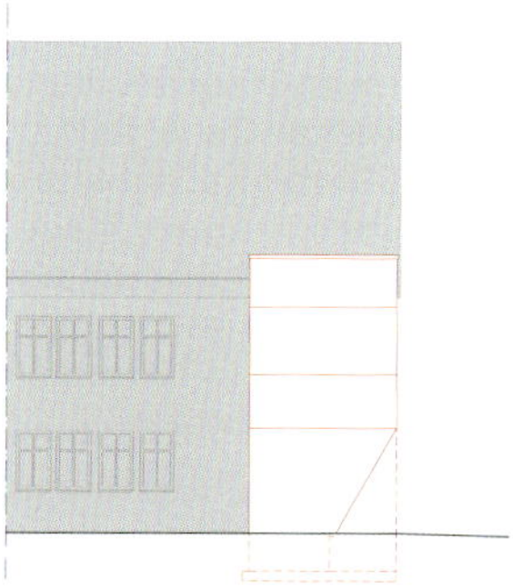

Ansicht Nord-Ost

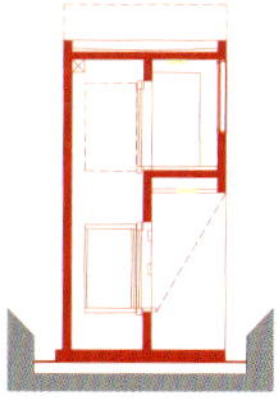

Schnitt A-A

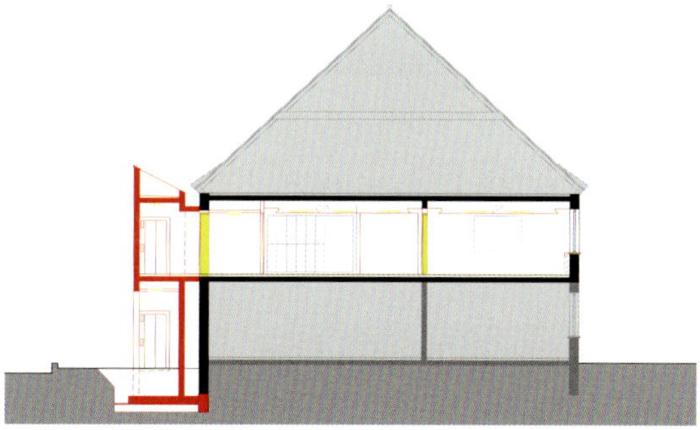

Schnitt B-B

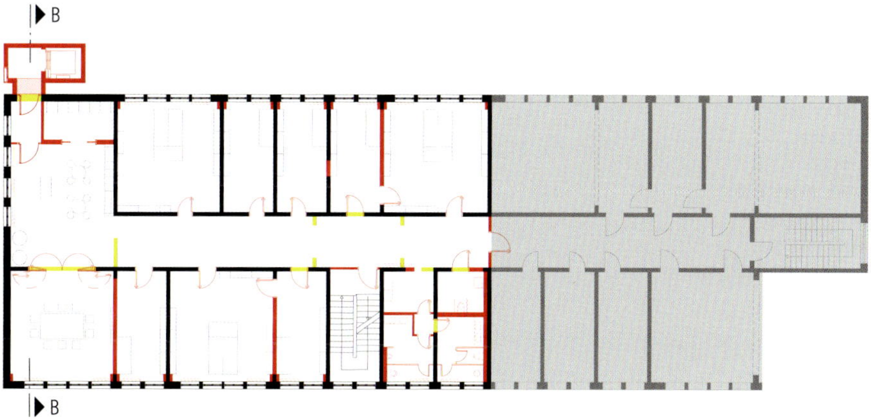

Obergeschoss

1300-0324
Gründerzentrum
(20 AP)

Umbau

Objektbeschreibung

Allgemeine Objektinformationen

Mit dem neuen Gründerzentrum in den Räumen der Grundschule besteht die Chance, das für die heutige Nutzung etwas zu große Schulgebäude sinnvoll zu nutzen und gleichzeitig jungen Unternehmen einen finanzierbaren Arbeitsplatz zu bieten und sie damit dauerhaft an die Gemeinde zu binden. Da die Grundschule das Erdgeschoss belegt, erfolgt die Unterbringung der Büros im 1.Obergeschoss. Das Gründerzentrum erhält zudem einen separaten Zugang mit eigener Adresse.

Nutzung

1 Erdgeschoss
separates Eingangsbauwerk

1 Obergeschoss
Büros, Konferenzraum und Co-Working-Gemeinschaftsraum

Nutzeinheiten

Arbeitsplätze: 20

Grundstück

Bodenklasse: BK 2 bis BK 5

Markt

Hauptvergabezeit: 2.Quartal 2022
Baubeginn: 2.Quartal 2022
Bauende: 1.Quartal 2023
Konjunkturelle Gesamtlage: über Durchschnitt
Regionaler Baumarkt: unter Durchschnitt

Baubestand

Baujahr: 1980er Jahre
Bauzustand: mittel
Aufwand: mittel
Grundrissänderungen: einige
Tragwerkseingriffe: einige
Nutzungsänderung: ja
Nutzung während der Bauzeit: ja

Baukonstruktion

Im Bestandsgebäude aus den 1980er Jahren wurden neue Trockenbauwände und -decken sowie teilweise neue Mauerwerkswände errichtet. Zudem sind neue Holztüren mit Stahlzargen eingebaut. Die Bodenbeläge umfassen textile Beläge in den Büros sowie Linoleum in Fluren, der Teeküche, dem Konferenzraum, den Sanitärräumen und dem Co-Working-Gemeinschaftsraum. Für den Aufzug entstand ein neues Eingangsgebäude in Stahlbetonbauweise, dessen Erscheinungsbild in Cortenstahl gestaltet ist.

Technische Anlagen

Beim Umbauprojekt erfolgt die Erweiterung der Gasheizungs- und Brandmeldeanlage sowie der Einbau einer neuen Sanitäranlage, Elektrik- und Beleuchtungsanlage. Zudem werden eine Teeküche, eine Klimaanlage für den Konferenz- und Gemeinschaftsbereich, eine neue Aufzugsanlage sowie eine E-Ladesäule für Fahrräder installiert.

Sonstiges

Die angrenzenden Freianlagen am Eingang zum Gründerzentrum und zur Grundschule sind neu gestaltet und umfassen Zugänge, einen Sitzbereich, Fahrradständer und eine E-Ladesäule.

Planungskennwerte für Flächen und Rauminhalte nach DIN 277

Flächen des Grundstücks		Menge Einheit	% an GF
BF	Bebaute Fläche	–	–
UF	Unbebaute Fläche	–	–
GF	Grundstücksfläche	4.654,00 m²	100,0

Grundflächen des Bauwerks		Menge Einheit	% an NUF	% an BGF
NUF	Nutzungsfläche	297,00 m²	100,0	65,3
TF	Technikfläche	–	–	–
VF	Verkehrsfläche	87,80 m²	29,6	19,3
NRF	Netto-Raumfläche	384,80 m²	129,6	84,6
KGF	Konstruktions-Grundfläche	69,90 m²	23,5	15,4
BGF	Brutto-Grundfläche	454,70 m²	153,1	100,0

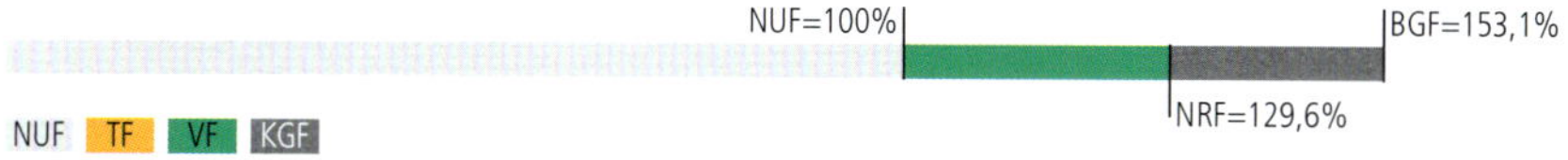

Brutto-Rauminhalt des Bauwerks		Menge Einheit	BRI/NUF (m)	BRI/BGF (m)
BRI	Brutto-Rauminhalt	1.500,51 m³	5,05	3,30

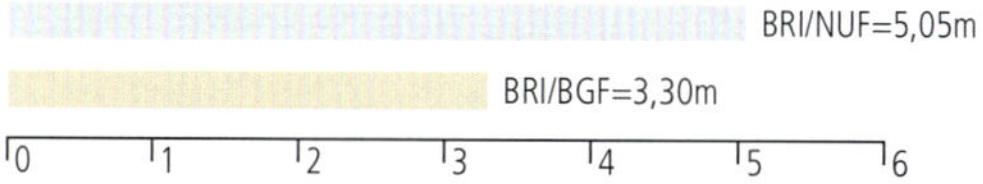

Lufttechnisch behandelte Flächen	Menge Einheit	% an NUF	% an BGF
Entlüftete Fläche	–	–	–
Be- und entlüftete Fläche	–	–	–
Teilklimatisierte Fläche	–	–	–
Klimatisierte Fläche	–	–	–

KG	Kostengruppen (2. Ebene)	Menge Einheit	Menge/NUF	Menge/BGF
310	Baugrube / Erdbau	39,65 m³ BGI	0,13	0,09
320	Gründung, Unterbau	13,97 m² GRF	0,05	0,03
330	Außenwände/Vertikale Baukonstruktionen, außen	295,59 m² AWF	1,00	0,65
340	Innenwände/Vertikale Baukonstruktionen, innen	462,10 m² IWF	1,56	1,02
350	Decken/Horizontale Baukonstruktionen	401,22 m² DEF	1,35	0,88
360	Dächer	20,22 m² DAF	0,07	0,04

1300-0324
Gründerzentrum
(20 AP)

Umbau

Kostenkennwerte für die Kostengruppen der 1. Ebene DIN 276

KG	Kostengruppen (1. Ebene)	Einheit	Kosten €	€/Einheit	€/m² BGF	€/m³ BRI	% 300+400
100	Grundstück	m² GF	–	–	–	–	–
200	Vorbereitende Maßnahmen	m² GF	3.113	0,67	6,85	2,07	0,4
300	Bauwerk – Baukonstruktionen	m² BGF	452.754	995,72	995,72	301,73	60,7
400	Bauwerk – Technische Anlagen	m² BGF	292.803	643,95	643,95	195,14	39,3
	Bauwerk 300+400	**m² BGF**	**745.557**	**1.639,67**	**1.639,67**	**496,87**	**100,0**
500	Außenanlagen und Freiflächen	m² AF	33.399	–	73,45	22,26	4,5
600	Ausstattung und Kunstwerke	m² BGF	3.036	6,68	6,68	2,02	0,4
700	Baunebenkosten	m² BGF	–	–	–	–	–
800	Finanzierung	m² BGF	–	–	–	–	–

KG	Kostengruppe	Menge Einheit	Kosten €	€/Einheit	%
200	**Vorbereitende Maßnahmen**	4.654,00 m² GF	3.113	**0,67**	0,4

- Herstellen (Kosten: 100,0%) 3.113
  Suchschachtung, Gelände abräumen von Bewuchs, anfallende Stoffe entsorgen

KG	Kostengruppe	Menge Einheit	Kosten €	€/Einheit	%
3+4	**Bauwerk**				**100,0**
300	**Bauwerk – Baukonstruktionen**	454,70 m² BGF	452.754	**995,72**	60,7

- Abbrechen (Kosten: 5,2%) 23.749
  Abbruch von Schächten, Mauerresten, Fundamentteilen; Mauerwerk, Dämmung, Tapete; Stb-Wänden für Türöffnungen; Ausgleichsmasse; Entsorgung, Deponiegebühren

- Wiederherstellen (Kosten: 0,1%) 637
  Fallrohr versetzen

- Herstellen (Kosten: 94,6%) 428.368
  Fundamentplatte; Stb-Wand, Alufenster, perforierte Blechbekleidung, Cortenstahl-Laibungen, Beschichtung Holzfenster, Fassadenbeschichtung, WDVS, Innenputz, Beschichtung, Lasur; KS-Mauerwerk, GK-Wände, Stahlstützen, Holztüren, Alu-Windfangtür, Putz, Linoleum, Sanitärtrennwände; Stb-Deckenplatte, Stahlstützen, Zementestrich, Teppich, Linoleum, abgehängte GK-Decken, Akustikdecken, Mineralfaserdecke; Stb-Flachdach, Abdichtung, Gefälledämmung, Dachentwässerung

KG	Kostengruppe	Menge Einheit	Kosten €	€/Einheit	%
400	**Bauwerk – Technische Anlagen**	454,70 m² BGF	292.803	**643,95**	39,3

- Abbrechen (Kosten: 1,0%) 2.855
  Abbruch von Schmutzwasserleitungen, Wasserleitungen; Kupferrohren, Plattenheizkörpern; Elektroinstallation, Leuchten; Entsorgung, Deponiegebühren

- Herstellen (Kosten: 99,0%) 289.948
  Abflussrohre, Flachdachentwässerung, Verbundrohre, Sanitärobjekte; Stahlrohre, Heizungsrohre beschichten, Plattenheizkörper, Heizkörper beschichten; Einzelraumlüfter, Klimasplit-Gerät Umluftkühlung, Multisplit-Außeneinheit; Elektroinstallation, Beleuchtung; Fernmeldeleitungen, Freisprechanlage, Brandmeldeanlage, Datenkabel; Personenaufzug

KG	Kostengruppe	Menge Einheit	Kosten €	€/Einheit	%
500	**Außenanlagen und Freiflächen**	–	33.399	–	4,5
	• Abbrechen (Kosten: 5,6%) Abbruch von Betonpflaster, Grundleitungen, KG-Rohren, Schacht; Entsorgung, Deponiegebühren		1.874		
	• Wiederherstellen (Kosten: 11,8%) Abstemmen von gebrochener Betondecke, neue Betondecke einbauen, Reparatur von Naturstein-pflaster; Reparatur von Natursteinmauer		3.927		
	• Herstellen (Kosten: 82,6%) Bodenarbeiten; Betonpflaster, Flusskies; Oberflächenentwässerung; Fahrradanlehnbügel, Abfall-behälter, Holzauflage; Oberboden, Rasen		27.599		
600	**Ausstattung und Kunstwerke**	454,70 m² BGF	3.036	**6,68**	0,4
	• Herstellen (Kosten: 100,0%) Sanitärausstattung		3.036		

Umbau

Kostenkennwerte für die Kostengruppen der 2. Ebene DIN 276

KG	Kostengruppe	Menge Einheit	Kosten €	€/Einheit	%
200	**Vorbereitende Maßnahmen**				**100,0**
210	**Herrichten**	4.654,00 m² GF	3.113	**0,67**	100,0
	• Herstellen (Kosten: 100,0%) Suchschachtung (1St) * Gelände abräumen, anfallende Stoffe entsorgen (55m²)	4.654,00 m² GF	3.113	**0,67**	
300	**Bauwerk – Baukonstruktionen**				**100,0**
310	**Baugrube / Erdbau**	39,65 m³ BGI	8.692	**219,23**	1,9
	• Herstellen (Kosten: 100,0%) Baugrubenaushub, laden, abfahren (40m³), Arbeitsräume verfüllen (17m³), Füllstoff liefern, einbauen (7m³) * Baugrube abpumpen (psch)	39,65 m³ BGI	8.692	**219,23**	
320	**Gründung, Unterbau**	13,97 m² GRF	15.415	**1.103,41**	3,4
	• Abbrechen (Kosten: 1,3%) Abbruch von Schächten, Mauerresten, Fundamentteilen (1m³); Entsorgung, Deponiegebühren	–	197	**–**	
	• Herstellen (Kosten: 98,7%) Unterfangung, Beton (4m³), Stb-Fundamentplatte, WU (14m²), Fertigfundament (1St) * Sauberkeitsschicht (23m²)	13,97 m² GRF	15.218	**1.089,31**	
330	**Außenwände/Vert. Baukonstrukt., außen**	295,59 m² AWF	145.349	**491,72**	32,1
	• Abbrechen (Kosten: 3,1%) Abbruch von Mauerwerk (4m²) * Dämmung (19m²) * Tapete (34m²); Entsorgung, Deponiegebühren	56,33 m² AWF	4.509	**80,05**	
	• Herstellen (Kosten: 96,9%) Stb-Wand (106m²) * Alutür, bodentiefe Glasfüllung (4m²), Alufenster, perforierte Blechbekleidung (1m²), Beschichtung best. Holzfenster (71m²), best. Fensterbänke (15m²), Briefkastenanlage (1St) * Fassadenbeschichtung, Cortenoptik (110m²), Laibungen, Alublech (4m), WDVS (17m²) * Innenputz (2m²), Malervlies, Beschichtung (192m²), Lasur (27m²) * Befestigungsschienen Aufzugsschacht (15m)	295,59 m² AWF	140.839	**476,47**	
340	**Innenwände/Vert. Baukonstrukt., innen**	462,10 m² IWF	130.213	**281,79**	28,8
	• Abbrechen (Kosten: 13,7%) Abbruch von Stb-Wänden, verputzt, für Türöffnungen, d=25cm, Betonsägearbeiten (29m²) * Tapete (99m²); Entsorgung, Deponiegebühren	127,79 m² IWF	17.779	**139,13**	
	• Herstellen (Kosten: 86,3%) KS-Mauerwerk (4m²) * GK-Wände (75m²), F30 (8m²), für Installationen (12m²), KS-Mauerwerk (7m²) * Stahlstützen (5m) * Holztüren, Stahlzargen (27m²), Klapptür (10m²), T30/RS (5m²), Schiebetür (4m²), Alu-Windfangtür, Glasfüllung (4m²) * GK-Vorsatzschalen (50m²), GK-Bekleidungen (36m²), Innenputz Q2 (30m²), Malervlies, Beschichtung (768m²), Wandbekleidung, Linoleum (19m²) * Sanitärtrennwände (11m²), Seitenwand (5m²), Urinal-Sichtschutz (1m²)	462,10 m² IWF	112.434	**243,31**	

KG	Kostengruppe	Menge Einheit	Kosten €	€/Einheit	%
350	**Decken/Horizontale Baukonstruktionen**	401,22 m²DEF	106.411	**265,22**	23,5
	• Abbrechen (Kosten: 1,2%) Abbruch von Ausgleichsmasse (101m²); Entsorgung, Deponiegebühren	101,34 m²DEF	1.264	**12,47**	
	• Herstellen (Kosten: 98,8%) Stb-Deckenplatte (8m²), Stahlträger (16m) * Ausgleichsmasse (223m²), Risse verharzen (70m), Zementestrich, TSD (50m²), Teppichfliesen (190m²), Linoleum (189m²) * abgehängte GK-Decken (294m²), imprägnierte Gipsplatten (25m²), Akustikdecken (65m²), Mineralfaserdecke (13m²), Malervlies, Beschichtungen (232m²), Lasur (4m²)	401,22 m²DEF	105.147	**262,07**	
360	**Dächer**	20,22 m²DAF	12.715	**628,81**	2,8
	• Wiederherstellen (Kosten: 5,0%) Fallrohr versetzen (1St)	–	637	**–**	
	• Herstellen (Kosten: 95,0%) Stb-Flachdach (8m²) * Bitumenschweißbahn, Polymerbitumen-Schweißbahn (20m²), Wandanschluss, Alu (4m), Gefälledämmung (8m²), Attika-Tropfblech (16m), Einlaufblech, Titanzink (1m), Dachrinne, kastenförmig, Titanzink (1m)	20,22 m²DAF	12.078	**597,31**	
390	**Sonst. Maßnahmen für Baukonstrukt.**	454,70 m²BGF	33.960	**74,69**	7,5
	• Herstellen (Kosten: 100,0%) Baustelleneinrichtung (psch), Bauzaun (42m), Baustellen-WC (1St), Baustrom (1St), Verkehrsschilder (3St) * Arbeitsgerüst (132m²) * Staubschutzwand (8m²), Türöffnung mit Holz, Wärmedämmung verschließen (4m²), Öffnungen abkleben (25m²), Schutzfolie (120m²) * temporärer Verbau für Betonpumpe (3m²), provisorische Regenentwässerung (psch)	454,70 m²BGF	33.960	**74,69**	
400	**Bauwerk – Technische Anlagen**				**100,0**
410	**Abwasser-, Wasser-, Gasanlagen**	454,70 m²BGF	65.578	**144,22**	22,4
	• Abbrechen (Kosten: 0,4%) Abbruch von Schmutzwasserleitungen (17m) * Wasserleitungen (23m); Entsorgung, Deponiegebühren	454,70 m²BGF	288	**0,63**	
	• Herstellen (Kosten: 99,6%) Abflussrohre (27m), schallgedämmt (65m), Dachentlüftungshaube (1St), Flachdachablauf (1St), Wasserfangkasten (1St), Fallrohr (8m) * Verbundrohre (97m), Hygienespülung (psch), Einbauwaschtisch, zwei Becken (2St), Waschtisch, barrierefrei (1St), Tiefspül-WCs (4St), Stützklappgriffe (2St), Rückenstütze (1St), WC-Steuerung (1St), Urinal (1St), Durchlauferhitzer (1St) * Montageelemente (12St)	454,70 m²BGF	65.290	**143,59**	
420	**Wärmeversorgungsanlagen**	454,70 m²BGF	28.300	**62,24**	9,7
	• Abbrechen (Kosten: 6,1%) Abbruch von Kupferrohren (62m) * Plattenheizkörpern (18St); Entsorgung, Deponiegebühren	454,70 m²BGF	1.730	**3,80**	
	• Herstellen (Kosten: 93,9%) C-Stahlrohre (152m), Heizungsrohre beschichten (34m) * Plattenheizkörper (19St), Heizkörper beschichten (3St)	454,70 m²BGF	26.571	**58,44**	

KG	Kostengruppe	Menge Einheit	Kosten €	€/Einheit	%
430	**Raumlufttechnische Anlagen**	454,70 m²BGF	27.983	**61,54**	9,6
	• Herstellen (Kosten: 100,0%)	454,70 m²BGF	27.983	**61,54**	
	Einzelraumlüfter (1St), Rohrventilator (1St), Wickelfalzrohre (35m), Alu-Flexrohre (6m), Tellerventile (2St), Dachentlüftungshaube (1St) * Klimasplitt-Gerät Umluftkühlung, Multisplit-Außeneinheit (1St), Deckenkassette-Innengeräte (2St), Kältemittelleitungen (47m), Abwasserleitung (9m)				
440	**Elektrische Anlagen**	454,70 m²BGF	72.543	**159,54**	24,8
	• Abbrechen (Kosten: 1,2%)	454,70 m²BGF	837	**1,84**	
	Abbruch von Verteiler (1St), Leitungen (130m), Schaltern, Steckdosen (39St) * Leuchten (3St); Entsorgung, Deponiegebühren				
	• Herstellen (Kosten: 98,8%)	454,70 m²BGF	71.706	**157,70**	
	Verteiler (1St), DALI-Steuergeräte (4St), Erdkabel (2.331m), Mantelleitungen (2.111m), Wechselschalter (17St), Taster mit Leuchte (2St), Steckdosen (63St), Präsenzmelder (7St), Bewegungsmelder (2St) * Deckenleuchten (25St), Lichtvoute (36m), Einbauleuchten (22St), Wandleuchten (6St), Einlegeleuchten (3St), Rettungszeichenleuchten (4St), Downlight (1St) * Brandschutzleitungen (62m), Potenzialausgleiche (4St)				
450	**Kommunikationstechnische Anlagen**	454,70 m²BGF	31.634	**69,57**	10,8
	• Herstellen (Kosten: 100,0%)	454,70 m²BGF	31.634	**69,57**	
	Fernmeldeleitungen (228m) * Video-Freisprechstationen (9St), BUS-Kamera (1St), Tastenmodule (4St), Türcodeschloss (1St) * Loop-Interface (1St), Modul E7A (1St), thermische Melder (18St), Sockelsirenen (14St), Handmelder (2St), Differenzialmelder (1St), Brandmeldekabel (241m) * Datenkabel Cat7 (1.042m), Datendosen (28St), Patchfelder 19" (3St), Patchkabel (62St)				
460	**Förderanlagen**	454,70 m²BGF	66.765	**146,83**	22,8
	• Herstellen (Kosten: 100,0%)	454,70 m²BGF	66.765	**146,83**	
	Personenaufzug, neun Personen, Nennlast 675kg, zwei Haltestellen, Förderhöhe 3,82m (1St)				
500	**Außenanlagen und Freiflächen**				**100,0**
510	**Erdbau**	18,66 m³EBR	4.549	**243,80**	13,6
	• Herstellen (Kosten: 100,0%)	18,66 m³EBR	4.549	**243,80**	
	Rohrgrabenaushub BK 2-5, lagern (13m³), mit Lieferkies verfüllen (7m³), Handaushub BK 2-5, wieder einbauen (1m³), Kanalgraben, wieder verfüllen (5m³)				
530	**Oberbau, Deckschichten**	63,35 m²BFF	13.123	**207,14**	39,3
	• Abbrechen (Kosten: 4,7%)	12,65 m²BFF	617	**48,77**	
	Abbruch von Betonpflaster (9m²), Betonbord (7m); Entsorgung, Deponiegebühren * Betonfläche einschneiden, entsorgen (4m²)				
	• Wiederherstellen (Kosten: 29,0%)	30,00 m²BFF	3.812	**127,06**	
	Abstemmen von loser und gebrochener Betondecke, neue Betondecke einbauen (10m²) * Reparatur von vorhandenem Natursteinpflaster, Neubeschaffung von Pflastersteinen passend zum Bestandspflaster (20m²)				
	• Herstellen (Kosten: 66,3%)	33,35 m²BFF	8.694	**260,69**	
	Schottertragschicht, Betonpflaster (33m²), Einfassung, Stahlband (22m) * Flusskies (8m²), Fußabstreiferrost (1St)				

KG	Kostengruppe	Menge Einheit	Kosten €	€/Einheit	%
540	**Baukonstruktionen**	–	115	–	0,3
	• Wiederherstellen (Kosten: 100,0%) Natursteinmauer reparieren, lose vorhandene Steine abtragen, mit Mörtel befestigen, Reste sauber abtragen, nach Bedarf entsorgen, Steine vor Wiedereinbau reinigen (1m²)	–	115	–	
550	**Technische Anlagen**	–	8.944	–	26,8
	• Abbrechen (Kosten: 14,1%) Abbruch von Grundleitungen (12m), KG-Rohren (6St), Schacht (1St); Entsorgung, Deponiegebühren	–	1.257	–	
	• Herstellen (Kosten: 85,9%) PVC-Abwasserleitungen (31m), Kontrollschächte (2St), Entwässerungsrinne (2m)	–	7.687	–	
560	**Einbauten Außenanlagen u. Freiflächen**	–	4.432	–	13,3
	• Herstellen (Kosten: 100,0%) Fahrradanlehnbügel (5St), Abfallbehälter (1St), Holzauflage aus Terrassendielen (1St)	–	4.432	–	
570	**Vegetationsflächen**	27,00 m² PSF	2.236	**82,82**	6,7
	• Herstellen (Kosten: 100,0%) Füllstoff, Kies-Sand-Gemisch (30m³), Oberboden liefern, einbauen (27m²) * Rasenansaat (27m²)	27,00 m² PSF	2.236	**82,82**	
600	**Ausstattung und Kunstwerke**				**100,0**
610	**Allgemeine Ausstattung**	454,70 m² BGF	3.036	**6,68**	100,0
	• Herstellen (Kosten: 100,0%) Hygiene-Abfallbehälter 6l (3St), WC-Bürstengarnituren (4St), WC-Papierhalter (4St), Einzelhaken (4St)	454,70 m² BGF	3.036	**6,68**	

Kostenkennwerte für die Kostengruppen 300 der 2. und 3. Ebene DIN 276 (Übersicht)

KG	Kostengruppe	Menge Einheit	Kosten €	€/Einheit	% an 3+4
300	**Bauwerk – Baukonstruktionen**	**454,70 m²BGF**	**452.753,93**	**995,72**	**60,7**
310	**Baugrube / Erdbau**	**39,65 m³BGI**	**8.692,41**	**219,23**	**1,2**
311	Herstellung	39,65 m³BGI	7.898,18	199,20	1,1
312	Umschließung	–	–	–	–
313	Wasserhaltung	–	794,23	–	0,1
314	Vortrieb	–	–	–	–
319	Sonstiges zur KG 310	–	–	–	–
320	**Gründung, Unterbau**	**13,97 m²GRF**	**15.414,63**	**1.103,41**	**2,1**
321	Baugrundverbesserung	–	–	–	–
322	Flachgründungen und Bodenplatten	13,97 m²	14.485,36	1.036,89	1,9
323	Tiefgründungen	–	–	–	–
324	Gründungsbeläge	–	–	–	–
325	Abdichtungen und Bekleidungen	22,50 m²	929,25	41,30	0,1
326	Dränagen	–	–	–	–
329	Sonstiges zur KG 320	–	–	–	–
330	**Außenwände/Vert. Baukonstrukt., außen**	**295,59 m²AWF**	**145.348,59**	**491,72**	**19,5**
331	Tragende Außenwände	105,92 m²	76.881,08	725,84	10,3
332	Nichttragende Außenwände	–	–	–	–
333	Außenstützen	–	–	–	–
334	Außenwandöffnungen	76,21 m²	19.616,55	257,40	2,6
335	Außenwandbekleidungen, außen	126,72 m²	39.791,28	314,01	5,3
336	Außenwandbekleidungen, innen	219,38 m²	8.337,72	38,01	1,1
337	Element. Außenwandkonstruktionen	–	–	–	–
338	Lichtschutz zur KG 330	–	–	–	–
339	Sonstiges zur KG 330	295,59 m²AWF	721,96	2,44	< 0,1
340	**Innenwände/Vert. Baukonstrukt., innen**	**462,10 m²IWF**	**130.213,21**	**281,79**	**17,5**
341	Tragende Innenwände	3,63 m²	18.575,56	5.117,24	2,5
342	Nichttragende Innenwände	102,71 m²	18.151,97	176,73	2,4
343	Innenstützen	5,40 m	3.412,06	631,86	0,5
344	Innenwandöffnungen	49,65 m²	40.042,50	806,50	5,4
345	Innenwandbekleidungen	790,51 m²	45.731,14	57,85	6,1
346	Elementierte Innenwandkonstruktionen	17,19 m²	4.299,96	250,14	0,6
347	Lichtschutz zur KG 340	–	–	–	–
349	Sonstiges zur KG 340	–	–	–	–
350	**Decken/Horizontale Baukonstruktionen**	**401,22 m²DEF**	**106.410,59**	**265,22**	**14,3**
351	Deckenkonstruktionen	8,45 m²	16.726,23	1.979,44	2,2
352	Deckenöffnungen	–	–	–	–
353	Deckenbeläge	381,16 m²	48.427,62	127,05	6,5
354	Deckenbekleidungen	401,22 m²	41.256,76	102,83	5,5
355	Elementierte Deckenkonstruktionen	–	–	–	–
359	Sonstiges zur KG 350	–	–	–	–
360	**Dächer**	**20,22 m²DAF**	**12.714,55**	**628,81**	**1,7**
361	Dachkonstruktionen	8,44 m²	4.973,20	589,24	0,7
362	Dachöffnungen	–	–	–	–
363	Dachbeläge	20,22 m²	7.741,37	382,86	1,0
364	Dachbekleidungen	–	–	–	–
365	Elementierte Dachkonstruktionen	–	–	–	–
366	Lichtschutz zur KG 360	–	–	–	–
369	Sonstiges zur KG 360	–	–	–	–
370	**Infrastrukturanlagen**	**–**	**–**	**–**	**–**
380	**Baukonstruktive Einbauten**	**–**	**–**	**–**	**–**
390	**Sonst. Maßnahmen für Baukonstrukt.**	**454,70 m²BGF**	**33.959,98**	**74,69**	**4,6**

Kostenkennwerte für die Kostengruppen 400 der 2. und 3. Ebene DIN 276 (Übersicht)

KG	Kostengruppe	Menge Einheit	Kosten €	€/Einheit	% an 3+4
400	**Bauwerk – Technische Anlagen**	**454,70 m² BGF**	**292.802,60**	**643,95**	**39,3**
410	**Abwasser-, Wasser-, Gasanlagen**	**454,70 m² BGF**	**65.577,77**	**144,22**	**8,8**
411	Abwasseranlagen	454,70 m² BGF	12.685,35	27,90	1,7
412	Wasseranlagen	454,70 m² BGF	44.564,77	98,01	6,0
413	Gasanlagen	–	–	–	–
419	Sonstiges zur KG 410	454,70 m² BGF	8.327,65	18,31	1,1
420	**Wärmeversorgungsanlagen**	**454,70 m² BGF**	**28.300,28**	**62,24**	**3,8**
421	Wärmeerzeugungsanlagen	–	–	–	–
422	Wärmeverteilnetze	454,70 m² BGF	10.748,10	23,64	1,4
423	Raumheizflächen	454,70 m² BGF	17.552,18	38,60	2,4
424	Verkehrsheizflächen	–	–	–	–
429	Sonstiges zur KG 420	–	–	–	–
430	**Raumlufttechnische Anlagen**	**454,70 m² BGF**	**27.982,52**	**61,54**	**3,8**
431	Lüftungsanlagen	454,70 m² BGF	6.102,69	13,42	0,8
432	Teilklimaanlagen	–	–	–	–
433	Klimaanlagen	454,70 m² BGF	21.879,83	48,12	2,9
434	Kälteanlagen	–	–	–	–
439	Sonstiges zur KG 430	–	–	–	–
440	**Elektrische Anlagen**	**454,70 m² BGF**	**72.543,27**	**159,54**	**9,7**
441	Hoch- und Mittelspannungsanlagen	–	–	–	–
442	Eigenstromversorgungsanlagen	–	–	–	–
443	Niederspannungsschaltanlagen	–	–	–	–
444	Niederspannungsinstallationsanlagen	454,70 m² BGF	39.828,90	87,59	5,3
445	Beleuchtungsanlagen	454,70 m² BGF	32.320,43	71,08	4,3
446	Blitzschutz- und Erdungsanlagen	454,70 m² BGF	393,94	0,87	< 0,1
447	Fahrleitungssysteme	–	–	–	–
449	Sonstiges zur KG 440	–	–	–	–
450	**Kommunikationstechnische Anlagen**	**454,70 m² BGF**	**31.633,65**	**69,57**	**4,2**
451	Telekommunikationsanlagen	454,70 m² BGF	547,46	1,20	< 0,1
452	Such- und Signalanlagen	454,70 m² BGF	10.756,09	23,66	1,4
453	Zeitdienstanlagen	–	–	–	–
454	Elektroakustische Anlagen	–	–	–	–
455	Audiovisuelle Medien- u. Antennenanl.	–	–	–	–
456	Gefahrenmelde- und Alarmanlagen	454,70 m² BGF	11.316,73	24,89	1,5
457	Datenübertragungsnetze	454,70 m² BGF	9.013,36	19,82	1,2
458	Verkehrsbeeinflussungsanlagen	–	–	–	–
459	Sonstiges zur KG 450	–	–	–	–
460	**Förderanlagen**	**454,70 m² BGF**	**66.765,13**	**146,83**	**9,0**
461	Aufzugsanlagen	454,70 m² BGF	66.765,13	146,83	9,0
462	Fahrtreppen, Fahrsteige	–	–	–	–
463	Befahranlagen	–	–	–	–
464	Transportanlagen	–	–	–	–
465	Krananlagen	–	–	–	–
466	Hydraulikanlagen	–	–	–	–
469	Sonstiges zur KG 460	–	–	–	–
470	**Nutzungsspez. u. verfahrenstechn. Anl.**	**–**	**–**	**–**	**–**
480	**Gebäude- und Anlagenautomation**	**–**	**–**	**–**	**–**
490	**Sonst. Maßnahmen für techn. Anlagen**	**–**	**–**	**–**	**–**

Umbau

Kostenkennwerte für die Kostengruppen der 3. Ebene DIN 276

KG	Kostengruppe	Menge Einheit	Kosten €	€/Einheit	%
210	**Herrichten**				**100,0**
211	**Sicherungsmaßnahmen**	4.654,00 m² GF	397	**0,09**	12,8
	• Herstellen (Kosten: 100,0%) Suchschachtung (1St)	4.654,00 m² GF	397	**0,09**	
214	**Herrichten der Geländeoberfläche**	4.654,00 m² GF	2.716	**0,58**	87,2
	• Herstellen (Kosten: 100,0%) Gelände abräumen von Bewuchs, anfallende Stoffe entsorgen (55m²)	4.654,00 m² GF	2.716	**0,58**	
310	**Baugrube / Erdbau**				**100,0**
311	**Herstellung**	39,65 m³ BGI	7.898	**199,20**	90,9
	• Herstellen (Kosten: 100,0%) Baugrubenaushub BK 3-5, t bis 2,50m, laden, abfahren, entsorgen (40m³), Arbeitsräume verfüllen, Kies-Sand-Gemisch 0/32mm (17m³), Füllstoff liefern, einbauen (7m³), Planum (23m²)	39,65 m³ BGI	7.898	**199,20**	
313	**Wasserhaltung**	–	794	–	9,1
	• Herstellen (Kosten: 100,0%) Baugrube abpumpen (psch)	–	794	–	
320	**Gründung, Unterbau**				**100,0**
322	**Flachgründungen und Bodenplatten**	13,97 m²	14.485	**1.036,89**	94,0
	• Abbrechen (Kosten: 1,4%) Abbruch von gemauerten Schächten, Mauerresten, Fundamentteilen (1m³); Entsorgung, Deponiegebühren	–	197	–	
	• Herstellen (Kosten: 98,6%) Unterfangung, Beton C25/30, unbewehrt (4m³), Stb-Fundamentplatte C25/30, WU, d=30cm, Schalung, Bewehrung (14m²), Fertigfundament (1St)	13,97 m²	14.288	**1.022,79**	
325	**Abdichtungen und Bekleidungen**	22,50 m²	929	**41,30**	6,0
	• Herstellen (Kosten: 100,0%) Sauberkeitsschicht C25/30, d=5cm (23m²)	22,50 m²	929	**41,30**	
330	**Außenwände/Vertikale Baukonstruktionen, außen**				**100,0**
331	**Tragende Außenwände**	105,92 m²	76.881	**725,84**	52,9
	• Abbrechen (Kosten: 5,0%) Abbruch von Mauerwerk, d=40cm (4m²); Entsorgung, Deponiegebühren	3,91 m²	3.820	**976,92**	
	• Herstellen (Kosten: 95,0%) Stb-Wand C25/30, WU, d=24cm, Schalung, Bewehrung (106m²)	105,92 m²	73.061	**689,78**	
334	**Außenwandöffnungen**	76,21 m²	19.617	**257,40**	13,5
	• Herstellen (Kosten: 100,0%) Alutür, Ud=1,3W/m²K, barrierefrei, bodentiefe Glasfüllung (4m²), Alufenster, Drehkipp, Uw=1,3W/m²K, perforierte Blechbekleidung (1m²), Fensterumrandung außen, Cortenstahl (5m), Beschichtung best. Holzfenster (71m²), best. Fensterbänke (15m²), Briefkastenanlage, zehn Briefkästen, frontseitige Entnahme (1St)	76,21 m²	19.617	**257,40**	

KG	Kostengruppe	Menge Einheit	Kosten €	€/Einheit	%
335	**Außenwandbekleidungen, außen**	126,72 m2	39.791	**314,01**	27,4
	• Abbrechen (Kosten: 1,4%) Abbruch von Dämmung (19m2); Entsorgung, Deponiegebühren	18,60 m2	561	**30,15**	
	• Herstellen (Kosten: 98,6%) Noppenbahn (8m2), Gewebearmierung, Fassadenbeschichtung, Cortenoptik (110m2), Laibungen, Alublech (4m), WDVS WLG 035, d=100mm (17m2)	126,72 m2	39.230	**309,58**	
336	**Außenwandbekleidungen, innen**	219,38 m2	8.338	**38,01**	5,7
	• Abbrechen (Kosten: 1,5%) Abbruch von Tapete (34m2); Entsorgung, Deponiegebühren	33,82 m2	129	**3,81**	
	• Herstellen (Kosten: 98,5%) Gewebearmierung (29m2), Innenputz Q2 (2m2), Spachtelung, Malervlies, Dispersionsbeschichtung (192m2), Lasur (27m2)	219,38 m2	8.209	**37,42**	
339	**Sonstiges zur KG 330**	295,59 m2 AWF	722	**2,44**	0,5
	• Herstellen (Kosten: 100,0%) Befestigungsschienen im Aufzugsschacht (15m)	295,59 m2 AWF	722	**2,44**	
340	**Innenwände/Vertikale Baukonstruktionen, innen**				**100,0**
341	**Tragende Innenwände**	3,63 m2	18.576	**5.117,24**	14,3
	• Abbrechen (Kosten: 93,7%) Abbruch von Stb-Wänden, beidseitig verputzt, für Türöffnungen im Bestand, d=25cm, Betonsägearbeiten (29m2); Entsorgung, Deponiegebühren	28,79 m2	17.401	**604,42**	
	• Herstellen (Kosten: 6,3%) KS-Mauerwerk, d=22-24cm (4m2), Schalung für Türöffnungen (2St)	3,63 m2	1.174	**323,47**	
342	**Nichttragende Innenwände**	102,71 m2	18.152	**176,73**	13,9
	• Herstellen (Kosten: 100,0%) GK-Wände, d=22-25cm (46m2), d=10cm (16m2), d=15cm (13m2), F30 (8m2), für Installationen (12m2), KS-Mauerwerk, d=11,5cm (7m2), KS-Sturz, d=11,5, h=25cm (1St)	102,71 m2	18.152	**176,73**	
343	**Innenstützen**	5,40 m	3.412	**631,86**	2,6
	• Herstellen (Kosten: 100,0%) Stahlstützen HEA160, mit KS ausmauern (5m)	5,40 m	3.412	**631,86**	
344	**Innenwandöffnungen**	49,65 m2	40.042	**806,50**	30,8
	• Herstellen (Kosten: 100,0%) Holztüren, Stahlzargen (27m2), Klapptür, vierflüglig (10m2), T30/RS (5m2), Schiebetür, zweiflüglig (4m2), Alu-Windfangtür, einflüglig, barrierefrei, bodentiefe Glasfüllung (4m2), Bodentürpuffer, Edelstahl (12St), Wandtürpuffer, Edelstahl (4St)	49,65 m2	40.042	**806,50**	

KG	Kostengruppe	Menge Einheit	Kosten €	€/Einheit	%
345	**Innenwandbekleidungen**	790,51 m²	45.731	**57,85**	35,1
	• Abbrechen (Kosten: 0,8%) Abbruch von Tapete (99m²); Entsorgung, Deponiegebühren	99,00 m²	377	**3,81**	
	• Herstellen (Kosten: 99,2%) GK-Vorsatzschalen (50m²), GK-Bekleidungen (36m²), Innenputz Q2 (30m²), Spachtelung, Malervlies, Dispersionsbeschichtung (747m²), Latexbeschichtung (21m²), Wandbekleidung, Linoleum (19m²), Spiegel, fliesenbündig (3m²)	790,51 m²	45.354	**57,37**	
346	**Elementierte Innenwandkonstruktionen**	17,19 m²	4.300	**250,14**	3,3
	• Herstellen (Kosten: 100,0%) Sanitärtrennwände, Vollspanplatten, Oberfläche HPL, Vorderwände mit Tür (11m²), mit Seitenwand (5m²), Urinal-Sichtschutztrennwand (1m²)	17,19 m²	4.300	**250,14**	
350	**Decken/Horizontale Baukonstruktionen**				**100,0**
351	**Deckenkonstruktionen**	8,45 m²	16.726	**1.979,44**	15,7
	• Herstellen (Kosten: 100,0%) Stb-Deckenplatte C25/30, d=20cm, Schalung, Bewehrung (8m²), Stahlträger HEA200 (7m), HEA100 (9m), Ausmauerung mit KS	8,45 m²	16.726	**1.979,44**	
353	**Deckenbeläge**	381,16 m²	48.428	**127,05**	45,5
	• Abbrechen (Kosten: 2,6%) Abbruch von Ausgleichsmasse, d=3cm (101m²); Entsorgung, Deponiegebühren	101,34 m²	1.264	**12,47**	
	• Herstellen (Kosten: 97,4%) Ausgleichsmasse, d bis 10cm (223m²), Risse verharzen, vernadeln (70m), Zementestrich, TSD 30mm (50m²), Spachtelung (376m²), Teppichfliesen (190m²), Linoleum (189m²), Sockelleisten, Holz (293m), Sauberlaufmatte, Rauhaarrips (2m²)	381,16 m²	47.164	**123,74**	
354	**Deckenbekleidungen**	401,22 m²	41.257	**102,83**	38,8
	• Herstellen (Kosten: 100,0%) GK-Decken, Abhänghöhe bis 50cm (294m²), imprägnierte Gipsplatten (25m²), Akustikdecken, gelochte Gipsplatten, Abhänghöhe 20-40cm (65m²), Mineralfaserdecke (13m²), Malervlies, Dispersionsbeschichtung (209m²), Latexbeschichtung (23m²), Lasur (4m²)	401,22 m²	41.257	**102,83**	
360	**Dächer**				**100,0**
361	**Dachkonstruktionen**	8,44 m²	4.973	**589,24**	39,1
	• Herstellen (Kosten: 100,0%) Stb-Flachdach C25/30, d=20cm, Schalung, Bewehrung (8m²)	8,44 m²	4.973	**589,24**	
363	**Dachbeläge**	20,22 m²	7.741	**382,86**	60,9
	• Wiederherstellen (Kosten: 8,2%) Fallrohr versetzen (1St)	–	637	**–**	
	• Herstellen (Kosten: 91,8%) Bitumenschweißbahn, Polymerbitumen-Schweißbahn (20m²), Kappleiste Wandanschluss, Alu (4m), Dämmkeil EPS 50/50mm (15m), Gefälledämmung, d i.M. 40mm (8m²), Attika-Tropfblech, Cortenstahlblech (16m), Tropfblech, Einlaufblech, Titanzink (1m), Dachrinne, kastenförmig, Titanzink (1m)	20,22 m²	7.104	**351,35**	

KG	Kostengruppe	Menge Einheit	Kosten €	€/Einheit	%
390	**Sonstige Maßnahmen für Baukonstruktionen**				**100,0**
391	**Baustelleneinrichtung**	454,70 m² BGF	20.534	**45,16**	60,5
	• Herstellen (Kosten: 100,0%)	454,70 m² BGF	20.534	**45,16**	
	Baustelleneinrichtung (psch), Bauzaun (42m), Baustellen-WC (1St), Baustrom (1St), Verkehrsschilder Baustelleneinfahrt (3St)				
392	**Gerüste**	454,70 m² BGF	10.474	**23,04**	30,8
	• Herstellen (Kosten: 100,0%)	454,70 m² BGF	10.474	**23,04**	
	Arbeits- und Schutzgerüst, Lastklasse 3 (132m²), Konsolen (8St)				
397	**Zusätzliche Maßnahmen**	454,70 m² BGF	1.435	**3,16**	4,2
	• Herstellen (Kosten: 100,0%)	454,70 m² BGF	1.435	**3,16**	
	Staubschutzwand (8m²), Türöffnung mit Holz, Wärmedämmung verschließen (4m²), Öffnungen abkleben (25m²), Schutzfolie (120m²)				
398	**Provisorische Baukonstruktionen**	454,70 m² BGF	1.516	**3,33**	4,5
	• Herstellen (Kosten: 100,0%)	454,70 m² BGF	1.516	**3,33**	
	Temporärer Verbau für Betonpumpe (3m²), provisorische Regenentwässerung, Fallrohr (psch)				
410	**Abwasser-, Wasser-, Gasanlagen**				**100,0**
411	**Abwasseranlagen**	454,70 m² BGF	12.685	**27,90**	19,3
	• Abbrechen (Kosten: 1,1%)	454,70 m² BGF	144	**0,32**	
	Abbruch von Schmutzwasserleitungen DN100, Formstücke (17m); Entsorgung, Deponiegebühren				
	• Herstellen (Kosten: 98,9%)	454,70 m² BGF	12.541	**27,58**	
	Abflussrohre DN70-100, Formstücke (27m), DN50-110, schallgedämmt (65m), Dachentlüftungshaube DN100 (1St), Flachdachablauf (1St), Notablauf (1St), Wasserfangkasten, Stahl (1St), Fallrohr, rechteckig, Zinkblech (8m), Standrohr (1St)				
412	**Wasseranlagen**	454,70 m² BGF	44.565	**98,01**	68,0
	• Abbrechen (Kosten: 0,3%)	454,70 m² BGF	144	**0,32**	
	Abbruch von Wasserleitungen (23m); Entsorgung, Deponiegebühren				
	• Herstellen (Kosten: 99,7%)	454,70 m² BGF	44.421	**97,69**	
	Verbundrohre, Formstücke, Rohrdämmung (97m), Hygienespülung (psch), Einbauwaschtischanlage, zwei Becken (2St), Armaturen mit Händetrockner (4St), Waschtisch, barrierefrei (1St), Tiefspül-WCs (4St), Stützklappgriffe (2St), Rückenstütze (1St), WC-Steuerung (1St), Urinal, Steuerung (1St), Durchlauferhitzer 5,7kW (1St)				
419	**Sonstiges zur KG 410**	454,70 m² BGF	8.328	**18,31**	12,7
	• Herstellen (Kosten: 100,0%)	454,70 m² BGF	8.328	**18,31**	
	Montageelemente für Waschtische (5St), für WCs (4St), für Stützklappgriffe (2St), für Urinal (1St)				

Umbau

KG	Kostengruppe	Menge Einheit	Kosten €	€/Einheit	%
532	**Straßen**	20,00 m²	2.964	**148,21**	22,6
	• Abbrechen (Kosten: 11,6%) Betonfläche einschneiden, entsorgen (4m²)	3,90 m²	344	**88,16**	
	• Wiederherstellen (Kosten: 88,4%) Reparatur von vorhandenem Natursteinpflaster, befahrbar, Bettung, Fugensplitt, Neubeschaffung von Pflastersteinen passend zum Bestandspflaster (20m²)	20,00 m²	2.620	**131,02**	
539	**Sonstiges zur KG 530**	63,35 m² BFF	1.306	**20,61**	9,9
	• Herstellen (Kosten: 100,0%) Flusskies 16/32mm, d=10cm, Geotextil (8m²), Pressrost, l=1,30m, b=0,66m, als Fußabstreifer (1St)	33,35 m² BFF	1.306	**39,15**	
540	**Baukonstruktionen**				**100,0**
543	**Wandkonstruktionen**	1,00 m²	115	**115,17**	100,0
	• Wiederherstellen (Kosten: 100,0%) Natursteinmauer reparieren, lose vorhandene Steine abtragen, mit Mörtel befestigen, Reste sauber abtragen, nach Bedarf entsorgen, Steine vor Wiedereinbau reinigen (1m²)	1,00 m²	115	**115,17**	
550	**Technische Anlagen**				**100,0**
551	**Abwasseranlagen**	–	8.944	–	100,0
	• Abbrechen (Kosten: 14,1%) Abbruch von Grundleitungen, Formstücke (12m), KG-Rohren DN bis 150 (6St), Schacht DN500, t bis 2,00m (1St), Aussparungen in Regenentwässerung (2St); Entsorgung, Deponiegebühren	–	1.257	–	
	• Herstellen (Kosten: 85,9%) PVC-Abwasserleitungen DN100-150, Formstücke, Sandbett (31m), Kontrollschächte DN500, t bis 1,50m (2St), Entwässerungsrinne DN100 (2m), Einlaufkasten DN100 (1St)	–	7.687	–	
560	**Einbauten in Außenanlagen und Freiflächen**				**100,0**
561	**Allgemeine Einbauten**	–	4.432	–	100,0
	• Herstellen (Kosten: 100,0%) Fahrradanlehnbügel, Flachstahl (5St), Abfallbehälter (1St), Holzauflage aus Terrassendielen, l=2,30m (1St)	–	4.432	–	
570	**Vegetationsflächen**				**100,0**
571	**Vegetationstechn. Bodenbearbeitung**	27,00 m²	1.829	**67,73**	81,8
	• Herstellen (Kosten: 100,0%) Füllstoff, Kies-Sand-Gemisch 0/16mm, d=30-50cm (30m³), Oberboden, d=4-6cm, liefern, einbauen (27m²)	27,00 m²	1.829	**67,73**	
574	**Rasen- und Saatflächen**	27,00 m²	407	**15,09**	18,2
	• Herstellen (Kosten: 100,0%) Rasenansaat, Gebrauchsrasen (27m²)	27,00 m²	407	**15,09**	

Kostenkennwerte für Leistungsbereiche nach STLB (Kosten des Bauwerks nach DIN 276)

LB	Leistungsbereiche	Kosten €	€/m² BGF	€/m³ BRI	% an 3+4
000	Baustellen-, Verkehrssich.- u. Sicherh.einr. inkl. 001	33.674	74,10	22,40	4,5
002	Erdarbeiten	9.159	20,10	6,10	1,2
006	Spezialtiefbauarbeiten inkl. 005	–	–	–	–
009	Entwässerungskanalarbeiten inkl. 011	–	–	–	–
010	Drän- und Versickerarbeiten	–	–	–	–
012	Mauerarbeiten	3.230	7,10	2,20	0,4
013	Betonarbeiten	99.339	218,50	66,20	13,3
014	Natur-, Betonwerksteinarbeiten	–	–	–	–
016	Zimmer- und Holzbauarbeiten	–	–	–	–
017	Stahlbauarbeiten	14.121	31,10	9,40	1,9
018	Abdichtungsarbeiten	86	0,19	0,06	< 0,1
020	Dachdeckungsarbeiten	–	–	–	–
021	Dachabdichtungsarbeiten	5.167	11,40	3,40	0,7
022	Klempnerarbeiten	4.302	9,50	2,90	0,6
	Wiederherstellen	637	1,40	0,42	< 0,1
	Herstellen	3.665	8,10	2,40	0,5
	Rohbau	**169.078**	**371,80**	**112,70**	**22,7**
	Wiederherstellen	637	1,40	0,42	< 0,1
	Herstellen	168.441	370,40	112,30	22,6
023	Putz- und Stuckarbeiten, Wärmedämmsysteme	23.799	52,30	15,90	3,2
024	Fliesen- und Plattenarbeiten	–	–	–	–
025	Estricharbeiten	–	–	–	–
026	Fenster, Außentüren inkl. 029, 032	7.921	17,40	5,30	1,1
027	Tischlerarbeiten	35.664	78,40	23,80	4,8
028	Parkett-, Holzpflasterarbeiten	–	–	–	–
030	Rollladenarbeiten	–	–	–	–
031	Metallbauarbeiten inkl. 035	32.951	72,50	22,00	4,4
034	Maler- und Lackiererarb. - Beschicht. inkl. 037	43.863	96,50	29,20	5,9
036	Bodenbelagarbeiten	48.274	106,20	32,20	6,5
038	Vorgehängte hinterlüftete Fassaden	–	–	–	–
039	Trockenbauarbeiten	67.727	148,90	45,10	9,1
	Ausbau	**260.199**	**572,20**	**173,40**	**34,9**
040	Wärmeversorgungsanl. - Betriebseinr. inkl. 041	25.931	57,00	17,30	3,5
042	Gas- u. Wasseranl. - Leitung., Armat. inkl. 043	15.468	34,00	10,30	2,1
044	Abwasseranl. - Leitungen, Abläufe, Armaturen	9.835	21,60	6,60	1,3
045	Gas, Wasser, Entwässerung - Ausstattung inkl. 046	36.890	81,10	24,60	4,9
047	Dämm- und Brandschutzarb. an techn. Anlagen	7.925	17,40	5,30	1,1
049	Feuerlöschanlagen, Feuerlöschgeräte	–	–	–	–
050	Blitzschutz-/Erdungsanlagen, Überspannungssch.	394	0,87	0,26	< 0,1
053	Niederspannungsanl. - Kabel inkl. 052, 054	38.176	84,00	25,40	5,1
055	Sicherheits- u. Ersatzstromversorgungsanl.	–	–	–	–
057	Gebäudesystemtechnik	–	–	–	–
058	Leuchten und Lampen inkl. 059	32.273	71,00	21,50	4,3
060	Such, Signal, Zeit, Anten., akust. Anl. inkl. 064	10.756	23,70	7,20	1,4
061	Kommunikations- u. Übertragungsnetze inkl. 063	20.878	45,90	13,90	2,8
069	Aufzüge	66.598	146,50	44,40	8,9
070	Gebäudeautomation	–	–	–	–
075	Raumlufttechnische Anlagen inkl. 078	24.553	54,00	16,40	3,3
	Gebäudetechnik	**289.677**	**637,10**	**193,10**	**38,9**

Umbau

1300-0324
Gründerzentrum
(20 AP)

Umbau

LB	Leistungsbereiche	Kosten €	€/m2 BGF	€/m3 BRI	% an 3+4
084	Abbruch, Rückbau, Schadstoffsanierung	26.604	58,50	17,70	3,6
	Abbrechen	26.604	58,50	17,70	3,6
	Abbrucharbeiten	**26.604**	**58,50**	**17,70**	**3,6**
	Abbrechen	26.604	58,50	17,70	3,6
	Sonstige Leistungsbereiche	**–**	**–**	**–**	**–**

1300-0270
Verwaltungsgebäude
(75 AP)

Modernisierung

Kostenkennwerte für die Kosten des Bauwerks (Kostengruppen 300+400 nach DIN 276)

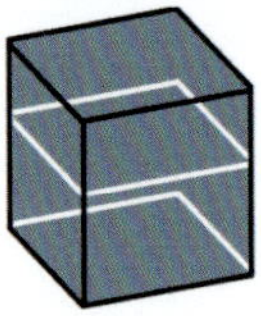
BRI 377 €/m³

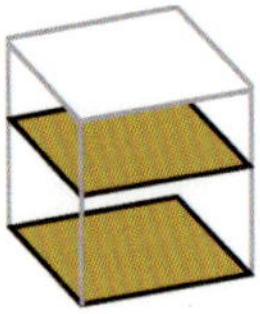
BGF 1.275 €/m²

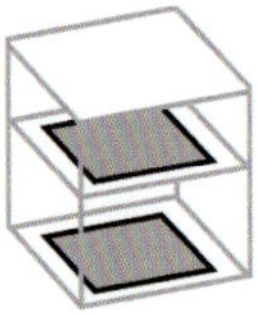
NUF 2.006 €/m²

Objekt:
Kennwerte: 3. Ebene DIN 276
BRI: 12.025 m³
BGF: 3.556 m²
NUF: 2.261 m²
Bauzeit: 74 Wochen
Bauende: 2019
Standard: mittel
Bundesland: Berlin
Kreis: Berlin, Stadt

Architekt*in:
ZRS Architekten GvA mbH
Schlesische Straße 26
10997 Berlin

Bauherr*in:
Tierpark Berlin-Friedrichsfelde GmbH
Am Tierpark 125
10319 Berlin

© ZRS
vorher

© Matthew Crabbe
nachher

© Matthew Crabbe

© Matthew Crabbe

© Matthew Crabbe
nachher

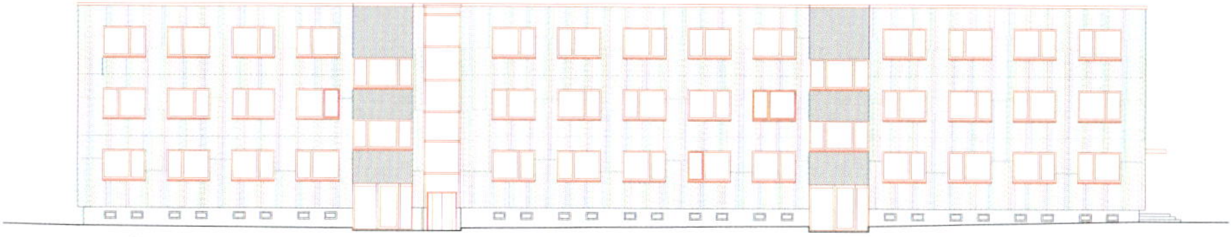

Ansicht Ost

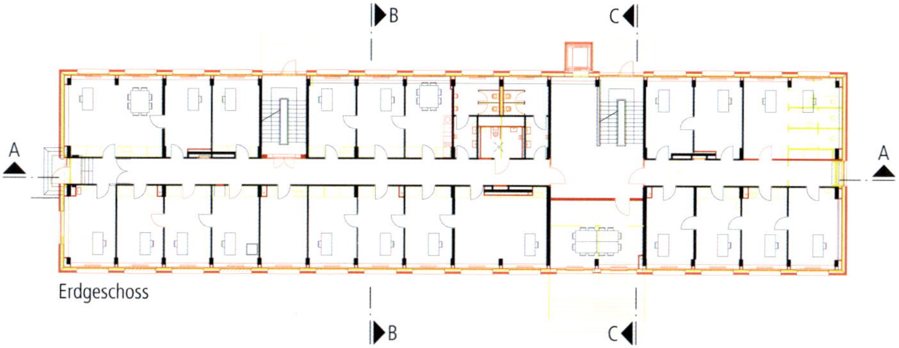

Erdgeschoss

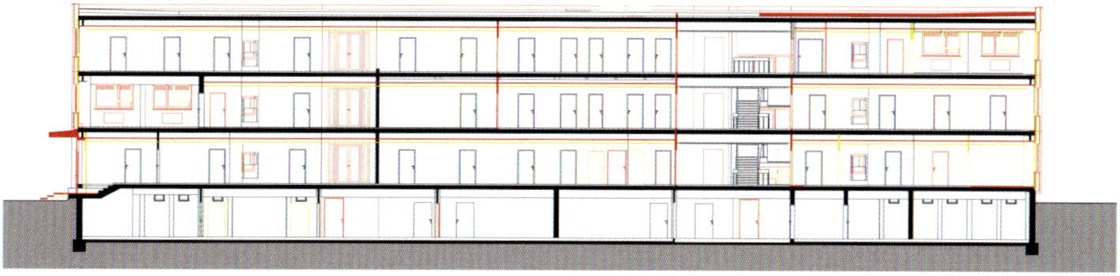

Schnitt C-C

Ansicht Süd

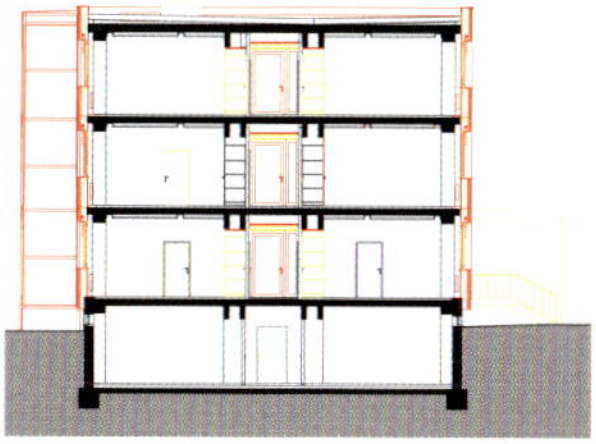

Schnitt A-A

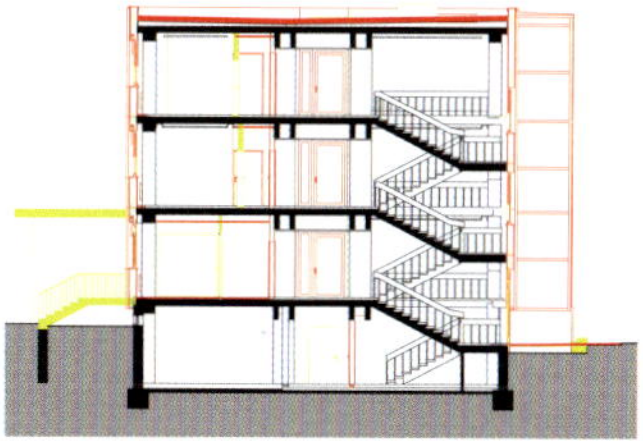

Schnitt B-B

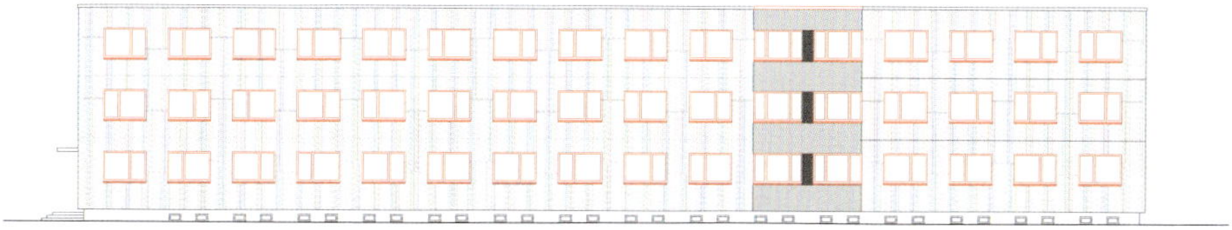

Ansicht West

1300-0270
Verwaltungsgebäude
(75 AP)

Modernisierung

Objektbeschreibung

Allgemeine Objektinformationen

Das bestehende Verwaltungsgebäude des Tierparks, ein Skelettbau aus den 1960er Jahren, wurde aufgrund schlechter Arbeitsbedingungen bedarfsgerecht saniert. Die Maßnahme beinhaltete eine energetisch sinnvolle und wirtschaftliche Umgestaltung der äußeren Hülle, um den Energieverbrauch zu reduzieren und die Nutzungsmöglichkeiten zu erweitern sowie eine Umgestaltung und Instandsetzung der Innenräume. Der klar gerasterte Bau verfügt über drei Vollgeschosse und ein Untergeschoss. Hier befinden sich Büro- und Besprechungsräume sowie Archiv- und Lagerflächen.

Nutzung

1 Untergeschoss
Archiv, Lager, ELT-HAR, Heizzentrale, Installationsraum, Spätschleuse

1 Erdgeschoss
Verwaltung, Controlling, Finanzbuchhaltung, Besprechungsraum, Teeküche, WCs, Personalbüros, Ruheraum, Sekretariat, Hauptkasse, Oberkontrolle, Pförtner

2 Obergeschosse
1. OG: Direktor, Zoologie, Kurator, Archiv, Bibliothek, Besprechungsräume, Inspektorat, Teeküche, WCs, Lager, Sekretariat
2. OG: Digitale Kommunikation, Fundraising, Sponsoring, Lager, Büro, Teeküche, WCs, Bereichsleitung, Besprechungsräume, Marketing

Grundstück

Bauraum: Freier Bauraum
Neigung: Ebenes Gelände
Bodenklasse: BK 1 bis BK 4

Markt

Hauptvergabezeit: 2.Quartal 2018
Baubeginn: 2.Quartal 2018
Bauende: 4.Quartal 2019
Konjunkturelle Gesamtlage: über Durchschnitt
Regionaler Baumarkt: über Durchschnitt

Baubestand

Baujahr: 1960er
Bauzustand: mittel
Aufwand: mittel
Grundrissänderungen: wenige
Tragwerkseingriffe: wenige
Nutzungsänderung: nein
Nutzung während der Bauzeit: nein

Baukonstruktion

Die bestehenden Außenwände wurden vollständig zurückgebaut und durch neue Holzrahmenwände ersetzt. Die neue Fassadenkonstruktion besteht aus, an den Ringankern aufgehängten Wandelementen mit hinterlüfteter Fassade. Aufgrund des hohen Vorfertigungsgrades konnte der Raumabschluss schnellstmöglich gewährleistet werden. Eine einfache, vertikale Holzverschalung aus lasiertem Lärchenholz wurde gewählt. Bodenaufbauten und Unterdecken konnten größtenteils erhalten werden. Die Wand- und Deckenoberflächen wurden renoviert, die Bodenbeläge mussten größtenteils ersetzt werden. Die Terrazzobeläge in den Treppenhäusern wurden weitestgehend erhalten. Das Dach hat teilweise eine neue Dämmung erhalten und wurde überarbeitet.

Technische Anlagen

Gebäudetechnik wie Heizungs-, Sanitär-, Lüftungs- und Elektroinstallationen wurde vollständig ausgetauscht. Das Gebäude wird über ein Nahwärmenetz mit Energie versorgt.

Sonstiges

Die Ostfassade erhielt einen Aufzug, der an das bestehende Haupttreppenhaus anbindet. Er ermöglicht den barrierefreien Zugang zu allen Geschossen und zur Straßenebene.

Planungskennwerte für Flächen und Rauminhalte nach DIN 277

Flächen des Grundstücks		Menge Einheit	% an GF
BF	Bebaute Fläche	–	–
UF	Unbebaute Fläche	–	–
GF	Grundstücksfläche	–	–

Grundflächen des Bauwerks		Menge Einheit	% an NUF	% an BGF
NUF	Nutzungsfläche	2.260,52 m²	100,0	63,6
TF	Technikfläche	90,42 m²	4,0	2,5
VF	Verkehrsfläche	669,07 m²	29,6	18,8
NRF	Netto-Raumfläche	3.020,01 m²	133,6	84,9
KGF	Konstruktions-Grundfläche	535,90 m²	23,7	15,1
BGF	Brutto-Grundfläche	3.555,91 m²	157,3	100,0

Brutto-Rauminhalt des Bauwerks		Menge Einheit	BRI/NUF (m)	BRI/BGF (m)
BRI	Brutto-Rauminhalt	12.025,29 m³	5,32	3,38

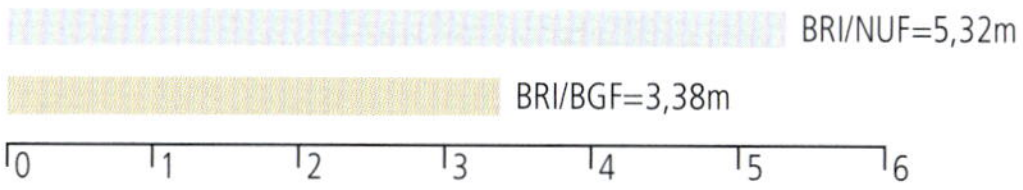

Lufttechnisch behandelte Flächen	Menge Einheit	% an NUF	% an BGF
Entlüftete Fläche	–	–	–
Be- und entlüftete Fläche	–	–	–
Teilklimatisierte Fläche	–	–	–
Klimatisierte Fläche	–	–	–

KG	Kostengruppen (2. Ebene)	Menge Einheit	Menge/NUF	Menge/BGF
310	Baugrube / Erdbau	104,32 m³ BGI	0,05	0,03
320	Gründung, Unterbau	54,82 m² GRF	0,02	0,02
330	Außenwände/Vertikale Baukonstruktionen, außen	1.914,23 m² AWF	0,85	0,54
340	Innenwände/Vertikale Baukonstruktionen, innen	2.332,31 m² IWF	1,03	0,66
350	Decken/Horizontale Baukonstruktionen	2.023,82 m² DEF	0,90	0,57
360	Dächer	770,69 m² DAF	0,34	0,22

Modernisierung

Kostenkennwerte für die Kostengruppen der 1. Ebene DIN 276

KG	Kostengruppen (1. Ebene)	Einheit	Kosten €	€/Einheit	€/m² BGF	€/m³ BRI	% 300+400
100	Grundstück	m² GF	–	–	–	–	–
200	Vorbereitende Maßnahmen	m² GF	–	–	–	–	–
300	Bauwerk – Baukonstruktionen	m² BGF	3.438.844	967,08	967,08	285,97	75,8
400	Bauwerk – Technische Anlagen	m² BGF	1.095.543	308,09	308,09	91,10	24,2
	Bauwerk 300+400	**m² BGF**	**4.534.387**	**1.275,17**	**1.275,17**	**377,07**	**100,0**
500	Außenanlagen und Freiflächen	m² AF	49.073	–	13,80	4,08	1,1
600	Ausstattung und Kunstwerke	m² BGF	1.593	0,45	0,45	0,13	< 0,1
700	Baunebenkosten	m² BGF	–	–	–	–	–
800	Finanzierung	m² BGF	–	–	–	–	–

KG	Kostengruppe	Menge Einheit	Kosten €	€/Einheit	%
3+4	**Bauwerk**				**100,0**
300	**Bauwerk – Baukonstruktionen**	3.555,91 m² BGF	3.438.844	**967,08**	75,8

- Abbrechen (Kosten: 6,6%) 227.365
  Abbruch von Betonwerksteinplatten; Stb-Wänden, Stahlrahmen, GK-Platten, Dämmung, Mauerziegeln, Wandfliesen, Korkplatten, Eingangstüren, Fenstern, Werksteineinfassungen, Stb-Wetterschalen, Putz, Asbestzementplatten, HWL-Platten; Mauerwerk, Stb-Stütze, Türen, Putz, Tapeten, Beschichtungen, Dämmung, Wandfliesen, WC-Trennwandanlagen; Teppichboden, Linoleum, PVC-Bodenbelag, Estrich, Laminat, Bodenfliesen, GK-Decken, Rabitzdecken; Stb-Kragbalken, Vordach, Gefällebetonstreifen, Abdichtung, Dämmung, Attikaabdeckung; Einbauschränken; Entsorgung, Deponiegebühren

- Wiederherstellen (Kosten: 3,2%) 110.482
  Ringbalken ertüchtigen, Sturz versetzen, Ablagerungen an Wänden entfernen, beschichten; Mauerwerkswände ertüchtigen, Türen überarbeiten, Reparaturverglasung, Laibungen ertüchtigen; Geländer bearbeiten; Dach- und Dämmstoffpaket einarbeiten, Öffnungen schließen; Einbauschränke demontieren, lagern, wieder montieren

- Herstellen (Kosten: 90,2%) 3.100.997
  Bodenplatte, Betonwerksteinplatten versiegeln; Stb-Wand, Holzrahmenwände, Mauerwerk, Holz-Alu-fenster, Alu-Eingangstüren, hinterlüftete Fassade, Dämmung, Holzschalung, Putz, Gipsfaserplatten, Beschichtung, Aufzugsschacht, Raffstores; KS-Mauerwerk, GK-Wände, Mauerwerkspfeiler, Holztüren, Stahltüren, Putz, Beschichtung, Wandfliesen, WC-Trennwandanlagen; Abdichtung, Ausgleich, Estrich, Nadelvliesboden, Linoleum, Teppichboden, Bodenfliesen, abgehängte GK-Decken, Beschichtung; Vordach, Dachausstieg, Flachdachabdichtung, Dämmung, Attikaabdeckung, Dachentwässerung; Teeküchen

KG	Kostengruppe	Menge Einheit	Kosten €	€/Einheit	%
400	**Bauwerk – Technische Anlagen**	3.555,91 m²BGF	1.095.543	**308,09**	24,2

- Abbrechen (Kosten: 2,5%) 27.345
  Abbruch von Abwasserleitungen, Bodenabläufen, Kalt- und Warmwasserleitungen, Sanitärobjekten; Ausdehnungsgefäßen, Warmwasserspeicher, Rohrleitungen, Heizkörpern; Axialventilator, Luftleitung; Verteilersystem, Hausanschlussleitungen, Verteilerkästen, Elektroinstallation, Beleuchtung, Leuchtschriftzug; Telefon-Anschlussdosen, Signalgebern, Antenne; Entsorgung, Deponiegebühren

Modernisierung

- Herstellen (Kosten: 97,5%) 1.068.198
  Gebäudeentwässerung, Kalt- und Warmwasserleitungen, Hygienespüleinrichtung, Strömungsteiler, Durchlauferhitzer, Übertischspeicher, Wasserfilter, Sanitärobjekte; Fernwärme-Kompaktstation, Lufterhitzerkreis, Magnet- und Schlammabscheider, Heizungsrohre, Heizkörper; Zu- und Abluftgerät mit WRG; Elektroinstallation, Beleuchtung, Blitzschutz; Gegensprechanlage, Ruf-Kompaktset, Antennenmast, Überwachungskameras, Brand-, Einbruchmeldezentrale, Datenübertragungsnetze; Aufzug

KG	Kostengruppe	Menge Einheit	Kosten €	€/Einheit	%
500	**Außenanlagen und Freiflächen**	–	49.073	–	1,1

- Abbrechen (Kosten: 28,5%) 13.971
  Abbruch von Bodenplatte, Betonplatten, Bordsteinen, Betonfläche; Ziegelwand, Betonstufen, Unterbau, Schutzraumfilter aus Mauerwerk, Braunkohle-Schlackefüllung, Geländer; Entsorgung, Deponiegebühren

- Herstellen (Kosten: 71,5%) 35.102
  Bodenarbeiten; Betonpflaster; Entwässerungsrinnen, Trinkwasserinstallation; Durchwurfbriefkasten, Kamera

KG	Kostengruppe	Menge Einheit	Kosten €	€/Einheit	%
600	**Ausstattung und Kunstwerke**	3.555,91 m²BGF	1.593	**0,45**	< 0,1

- Abbrechen (Kosten: 26,3%) 419
  Abbruch von Spiegeln, Waschtischablagen; Entsorgung, Deponiegebühren

- Herstellen (Kosten: 73,7%) 1.174
  WC-Bürstengarnituren

Kostenkennwerte für die Kostengruppen der 2. Ebene DIN 276

KG	Kostengruppe	Menge Einheit	Kosten €	€/Einheit	%
300	**Bauwerk – Baukonstruktionen**				**100,0**
310	**Baugrube / Erdbau**	104,32 m^3 BGI	21.005	**201,35**	0,6
	• Herstellen (Kosten: 100,0%) Boden abtragen, laden, fördern, lagern (14m^3), Baugrubenaushub lösen, lagern (90m^3), Füllboden liefern, verfüllen, verdichten (51m^3), Planum (13m^2)	104,32 m^3 BGI	21.005	**201,35**	
320	**Gründung, Unterbau**	54,82 m^2 GRF	11.805	**215,33**	0,3
	• Abbrechen (Kosten: 2,2%) Abbruch von Betonwerksteinplatten, teils lagern, Ausgleichsestrich (23m^2); Entsorgung, Deponiegebühren	23,12 m^2 GRF	257	**11,14**	
	• Herstellen (Kosten: 97,8%) Stb-Bodenplatte, WU (5m^2) * Betonwerksteinplatten, gelagert (15m^2), Werksteinsockel, gelagert (40m), Betonwerksteinplatten versiegeln (50m^2) * Sauberkeitsschicht, Folie (6m^2)	54,82 m^2 GRF	11.547	**210,64**	
330	**Außenwände/Vert. Baukonstrukt., außen**	1.914,23 m^2 AWF	1.621.641	**847,15**	47,2
	• Abbrechen (Kosten: 7,0%) Abbruch von Stb-Wänden, Stahlrahmen, GK-Platten, Dämmung (1.191m^2), Mauerwerk (4m^2), mit Zementputz, Wandfliesen, Korkplatten (35m^2) * Alu-Eingangstüren (27m^2), Eingangstüren, Alu-Rahmenkonstruktion (43m^2), Stahlfenstern (13m^2), Kunststofffenstern (5m^2) * Stb-Wetterschalen, Stahl-UK, Spritzputz, Asbestzementplatten (1.191m^2), Stb-Wetterschalen, HWL-Platten, Gipsputz (260m^2), Sockelblech (103m); Entsorgung, Deponiegebühren	1.317,34 m^2 AWF	112.808	**85,63**	
	• Wiederherstellen (Kosten: 3,7%) Ringbalken, Bestandsreste stemmen, Fehlstellen betonieren, Bewehrung liefern, einbauen (18m^2), Sturz versetzen, Laibungen nacharbeiten (0,50m^2) * Ablagerungen an Wänden entfernen, reinigen, beschichten (195m^2)	213,11 m^2 AWF	59.888	**281,02**	
	• Herstellen (Kosten: 89,4%) Stb-Wand (22m^2) * Holzrahmenwände mit Aufhängeriegeln (1.176m^2), Versorgungskanäle zumauern (10m^2), Fassadensockel aufmauern (1m^2), Fensteröffnung ausmauern (0,50m^2) * Holz-Alufenster, Dreifachverglasung (402m^2), Alu-Eingangstüren (6m^2) * hinterlüftete Fassade, Dämmung, Holzschalung (1.101m^2), Putz (119m^2), Perimeterdämmung (3m^2) * Gipsfaserplatten, Beschichtung (982m^2) * Aufzugsschacht, Winkelprofile, Horizontalrahmen, VSG, Dachrahmen mit Montageträger, Stehfalzdeckung (63m^2) * Raffstores (358m^2)	1.701,12 m^2 AWF	1.448.945	**851,76**	

KG	Kostengruppe	Menge Einheit	Kosten €	€/Einheit	%
340	**Innenwände/Vert. Baukonstrukt., innen**	2.332,31 m²IWF	612.132	**262,46**	17,8
	• Abbrechen (Kosten: 7,3%) Abbruch von Mauerwerk (456m²) * Stb-Stütze (3m) * Holztüren, Stahlzargen (63m²), Schiebetür (4m²) * Putz (692m²), Tapeten (449m²), Strukturbeschichtungen (430m²), Dämmung (362m²), Wandfliesen (340m²), HWL-Platten (11m²) * WC-Trennwandanlagen, Holzwerkstoffplatten (64m²); Entsorgung, Deponiegebühren	1.337,46 m²IWF	44.530	**33,29**	
	• Wiederherstellen (Kosten: 5,4%) Mauerwerkwände ertüchtigen (141m²) * Türen reinigen, schleifen, lackieren (162m²), Türblätter gang- und schließbar machen, anschleifen, Bänder richten, ölen (56St), kürzen (39St), Reparaturverglasung, Ornamentglas (1St) * Laibungen ertüchtigen, angrenzende Putzbereiche abklopfen, an Bestandsputz anarbeiten, beidseitig verputzen, grundieren (4St)	303,23 m²IWF	33.354	**110,00**	
	• Herstellen (Kosten: 87,3%) KS-Mauerwerk (69m²), KS-Stürze (3St) * GK-Metallständerwände (290m²), Öffnungen ausmauern (21m²), Sturz übermauern (5m²), Türöffnung herstellen, Ziegelstürze (9St), Stb-Stürze (4St) * Mauerwerkspfeiler (19m) * Holztüren (59m²), Alu-Glas-Brandschutztüren (52m²), Stahltüren (10m²) * Putz (1.222m²), Überholungsbeschichtung (2.223m²), Beschichtung (1.578m²), Abdichtung, Wandfliesen (188m²), Spiegel, fliesenbündig (4m²) * WC-Trennwandanlagen (53m²)	2.169,93 m²IWF	534.248	**246,21**	
350	**Decken/Horizontale Baukonstruktionen**	2.023,82 m²DEF	507.873	**250,95**	14,8
	• Abbrechen (Kosten: 6,9%) Abbruch von Teppichboden (1.449m²), Linoleum (151m²), PVC-Bodenbelag (145m²), Bodenfliesen, Estrich (115m²), Laminat (21m²), Bodenfliesen (19m²) * abgehängten Decken (1.400m²), Akustikdecken (91m²), Rabitzdecken (62m²), Unterdecke (9m²); Entsorgung, Deponiegebühren	1.899,43 m²DEF	35.039	**18,45**	
	• Wiederherstellen (Kosten: 0,5%) Stahl-Treppengeländer schleifen, reinigen, lackieren (65m)	–	2.624	**–**	
	• Herstellen (Kosten: 92,6%) Durchbrüche schließen (224St) * Abdichtung, Ausgleichsmörtel (212m²), Kunstharzestrich (128m²), Schnellzementestrich (100m²), Ausgleichsspachtelung, TSD, PE-Folie, Schnellzementestrich (70m²), Nadelvliesboden (1.304m²), Linoleum (411m²), Teppichboden (206m²), Ausgleich, Abdichtung, Bodenfliesen (100m²), Sauberlaufmatte (3m²) * Überholungsbeschichtung (1.291m²), abgehängte GK-Decken (442m²), GK-Deckenstreifen (196m²), Beschichtung (354m²)	2.023,82 m²DEF	470.211	**232,34**	

KG	Kostengruppe	Menge Einheit	Kosten €	€/Einheit	%
360	**Dächer**	770,69 m²DAF	163.842	**212,59**	4,8
	• Abbrechen (Kosten: 19,3%) Abbruch von Stb-Kragbalken Vordach (1St), Vordach, Stahl, Stahlstützen (30m²) * Gefällebeton-streifen (148m), Abdichtung, teerhaltig (319m²), Dämmung (235m²), Attikaabdeckung, Zinkblech (59m²); Entsorgung, Deponiegebühren	407,80 m²DAF	31.583	**77,45**	
	• Wiederherstellen (Kosten: 4,3%) Dach- und Dämmstoffpaket bis zur Dampfsperre/Gefälleestrich öffnen, Öffnung umlaufend abschotten, Dämmstoffpaket zwischenlagern, nicht verwendbare Dämmstoffe entsorgen, Grundplatte zur Dampfsperre hin abschotten, dichten, Dämmstoffpaket wieder einarbeiten, mit Ausgleichs-schüttung ergänzen, Montageöffnungen schließen (13St)	–	7.082	**–**	
	• Herstellen (Kosten: 76,4%) Vordach, Holz (11m²) * Dachausstieg (1m²) * Bitumenabdichtung, Glasvlies-Bitumenschweißbahn, Dämmung, Polymerbitumen-Schweißbahn mit Wurzelschutz (321m²), Gefällebeton, unbewehrt, als umlaufender Streifen (15m³), Attikaabdeckung, Alu (59m²), Speier, Stahlblech (6St), Kastenrinne, Titan-Zinkblech (11m) * Überholungsbeschichtung (505m²), abgehängte GK-Decken (147m²), GK-Deckenstreifen (108m²) * Sicherungsstützen, Sekuranten (13St)	770,69 m²DAF	125.177	**162,42**	
380	**Baukonstruktive Einbauten**	3.555,91 m²BGF	54.592	**15,35**	1,6
	• Abbrechen (Kosten: 5,8%) Abbruch von Einbauschränken (370m²), Holzbretter mit Vorhangschiene (257m), Küchenarbeits-platten (3St) * Laborarbeitsplatte, Beton, gefliest, mit Ausgussbecken, Steingut, Wandscheiben, Mauerwerk (4m²); Entsorgung, Deponiegebühren	3.555,91 m²BGF	3.148	**0,89**	
	• Wiederherstellen (Kosten: 13,8%) Einbauschränke demontieren, Bauteile nummerieren, kennzeichnen, abtransportieren, lagern, wieder montieren (psch)	3.555,91 m²BGF	7.535	**2,12**	
	• Herstellen (Kosten: 80,4%) Teeküchen mit Einbauschränken, Kochfeld, Geschirrspüler, Kühlschrank, Spüle (4St), Sockelkorpus für Bestandseinbauschränke (9m), Acrylglas für Bestandsschränke (2St)	3.555,91 m²BGF	43.909	**12,35**	
390	**Sonst. Maßnahmen für Baukonstrukt.**	3.555,91 m²BGF	445.955	**125,41**	13,0
	• Herstellen (Kosten: 100,0%) Baustelleneinrichtung (psch), Baustraße (464m²), Baustrom (psch), Bauwasser (psch), Beleuchtung (40St), Container (3St), Bauzaun (231m) * Fassadengerüst (2.132m²), Arbeitsbühne (1St), Gelenk-teleskop (1St) * Entsorgung von Bausubstanzen (242t), asbesthaltig (10m³) * Schutzfolie (451m²), Ab-sturzsicherung (372m), Schutzbeläge (1.180m²), Baureinigung (3.030m²), Warmwasser-Lufterhitzer (1St), Baustellenbeheizung (psch), Schwarz-Weißanlage (psch), Unterdruckgerät (1St), Kammer-Schleusen (9St), Raumluftfilteranlage (1St), luft- und staubdichter Verschluss (380m²) * Flachdachrand prov. abdichten (145m)	3.555,91 m²BGF	445.955	**125,41**	

KG	Kostengruppe	Menge Einheit	Kosten €	€/Einheit	%
400	**Bauwerk – Technische Anlagen**				**100,0**
410	**Abwasser-, Wasser-, Gasanlagen**	3.555,91 m² BGF	173.890	**48,90**	15,9
	• Abbrechen (Kosten: 7,5%)	3.555,91 m² BGF	13.108	**3,69**	
	Abbruch von Abwasserleitungen (683m), Rohrdämmung (313m), Bodenabläufen (15St) * Kalt- und Warmwasserleitungen (616m), Rohrdämmung (367m), Waschtischen (43St), WCs, Urinalen (21St), Ausgussbecken (6St) * Vorwandelementen (26St); Entsorgung, Deponiegebühren				
	• Herstellen (Kosten: 92,5%)	3.555,91 m² BGF	160.782	**45,22**	
	Abwasserrohre (296m), Bodenabläufe (2St), Flachdachgullys (6St), Fallrohre (4m) * Kalt- und Warmwasserleitungen (343m), Hygienespüleinrichtung (1St), Strömungsteiler, dynamisch (6St), Durchlauferhitzer (7St), Übertischspeicher (2St), rückspülbarer Wasserfilter (1St), Waschbecken (16St), barrierefrei (1St), Ausgussbecken (2St), Tiefspül-WCs (14St), Urinale (7St) * Montageelemente (22St)				
420	**Wärmeversorgungsanlagen**	3.555,91 m² BGF	167.741	**47,17**	15,3
	• Abbrechen (Kosten: 1,8%)	3.555,91 m² BGF	2.973	**0,84**	
	Abbruch von Ausdehnungsgefäßen (2St), Warmwasserspeicher (1St) * Rohrleitungen (125m) * Heizkörpern (98St), Heizkörperbekleidungen (10St); Entsorgung, Deponiegebühren				
	• Herstellen (Kosten: 98,2%)	3.555,91 m² BGF	164.768	**46,34**	
	Fernwärme-Kompaktstation (1St), Lufterhitzerkreis, Dreiwegekugelhahn, Umwälzpumpe (1St), Anschluss an bestehende Übergabestation (psch), Magnet- und Schlammabscheider (1St), Membransicherheitsventil (1St) * C-Stahlrohre (1.051m), Strangregulierventile (7St), Absperrventile (7St), Hahnblöcke (102St), Stahlrohre grundieren, lackieren (540m) * Plattenheizkörper (104St)				
430	**Raumlufttechnische Anlagen**	3.555,91 m² BGF	50.347	**14,16**	4,6
	• Abbrechen (Kosten: 0,3%)	3.555,91 m² BGF	163	**0,05**	
	Abbruch von Axialventilator (1St), Luftleitung (5m); Entsorgung, Deponiegebühren				
	• Herstellen (Kosten: 99,7%)	3.555,91 m² BGF	50.184	**14,11**	
	Zu- und Abluftgerät mit WRG (1St), Wickelfalzrohre (117m), Aluflexrohre (46m), Kanalrauchmelder (1St), Tellerventile (48St), Fortluft-Deflektorhaube (2St), Einraumventilator (1St)				
440	**Elektrische Anlagen**	3.555,91 m² BGF	444.183	**124,91**	40,5
	• Abbrechen (Kosten: 2,4%)	3.555,91 m² BGF	10.562	**2,97**	
	Abbruch von Verteilersystem (1St), Hausanschlussleitungen (psch), Verteilerkästen (9St), Elektroleitungen (817m), Alukabeln (710kg), Leerrohren (432m), Steckdosen (645St), Schaltern (489St) * Langfeldleuchten (433St), Leuchten (28St), Leuchtschriftzug (1St); Entsorgung, Deponiegebühren				
	• Herstellen (Kosten: 97,6%)	3.555,91 m² BGF	433.621	**121,94**	
	Schaltgerätekombination (1St), Installationsverteiler (6St), Dämmerungsschalter (1St), Lasttrennschalter (7St), LS-Schalter (257St), FI-Schalter (160St), Mantelleitungen (14.473m), Gummischlauchleitungen (397m), Steckdosen (637St), Schalter/Taster (19St), CEE-Steckdose (1St), Bewegungsmelder (51St) * Leuchten (398St), Rettungszeichenleuchten (27St), Pendelleuchten (5St), Einbaudownlights (3St) * Tiefenerder (60St), Mantelleitungen (544m), Potenzialausgleichsschienen (15St)				

KG	Kostengruppe	Menge Einheit	Kosten €	€/Einheit	%
450	**Kommunikationstechnische Anlagen**	3.555,91 m²BGF	214.348	**60,28**	19,6
	• Abbrechen (Kosten: 0,3%) Abbruch von Telefon-Anschlussdosen (143St) * Signalgebern (47St) * Antenne (1St); Entsorgung, Deponiegebühren	3.555,91 m²BGF	539	**0,15**	
	• Herstellen (Kosten: 99,7%) Gegensprechanlage (1St), Funk-Türmodul-Sets (8St), Ruf-Kompaktset (1St), Signalgeber (1St) * Antennenmast (1St) * Überwachungskameras (9St), Brandmeldezentrale (1St), Einbruchmeldezentrale (1St), Fluchtwegsicherungssysteme (4St), Ringsignalgeber (37St), Signalgeber (37St), Brandmeldeleitungen (2.708m), IR-Melder (17St), Handfeuermelder (14St), Mehrfachsensormelder (1St) * Verteiler (7St), Datenkabel (7.637m), Busleitungen (3.010m), LWL-Kabel (738m), Datendosen (199St)	3.555,91 m²BGF	213.809	**60,13**	
460	**Förderanlagen**	3.555,91 m²BGF	45.034	**12,66**	4,1
	• Herstellen (Kosten: 100,0%) Personenaufzug, Traglast 630kg, acht Personen (1St)	3.555,91 m²BGF	45.034	**12,66**	
500	**Außenanlagen und Freiflächen**				**100,0**
510	**Erdbau**	25,84 m³EBR	8.410	**325,47**	17,1
	• Herstellen (Kosten: 100,0%) Boden ausheben, entsorgen, R/C-Material einbauen (3m³), Füllboden liefern, einbauen (16m³), Rohrgrabenaushub, lagern, verfüllen (7m³), Planum (12m²)	25,84 m³EBR	8.410	**325,47**	
530	**Oberbau, Deckschichten**	59,45 m²BFF	21.180	**356,26**	43,2
	• Abbrechen (Kosten: 33,7%) Abbruch von Bodenplatte, unbewehrt (37m²), Betonplatten (30m²), Bordsteinen (24m) * Betonfläche (17m²); Entsorgung, Deponiegebühren	83,93 m²BFF	7.131	**84,96**	
	• Herstellen (Kosten: 66,3%) Betonpflaster (59m²)	59,45 m²BFF	14.049	**236,31**	
540	**Baukonstruktionen**	–	6.840	–	13,9
	• Abbrechen (Kosten: 100,0%) Abbruch von Ziegelwand (5m²) * Betonstufen, Unterbau (11m²), Schutzraumfilter aus Mauerwerk (2m³), Braunkohle-Schlackefüllung (3m³), Geländer, Stahlstäben, Holz-Handlauf (7m); Entsorgung, Deponiegebühren	–	6.840	–	
550	**Technische Anlagen**	–	5.835	–	11,9
	• Herstellen (Kosten: 100,0%) Entwässerungsrinnen (10m) * Trinkwasserinstallation, Unterflur-Absperrschieber (1St), Anschluss an bestehende Kaltwasserleitung (1St), Druckrohre (4m) * Fernmeldeleitungen (20m)	–	5.835	–	
560	**Einbauten Außenanlagen u. Freiflächen**	–	6.374	–	13,0
	• Herstellen (Kosten: 100,0%) Durchwurfbriefkasten, Alu-Klingelknopf, Sprechfeld, Farbkamera, Beleuchtung (1St)	–	6.374	–	
590	**Sonst. Maßnahmen für Außenanlagen u. Freiflächen**	–	435	–	0,9
	• Herstellen (Kosten: 100,0%) Baustelleneinrichtung (psch)	–	435	–	

KG	Kostengruppe	Menge Einheit	Kosten €	€/Einheit	%
600	**Ausstattung und Kunstwerke**				**100,0**
610	**Allgemeine Ausstattung**	3.555,91 m²BGF	1.593	**0,45**	100,0
	• Abbrechen (Kosten: 26,3%) Abbruch von Spiegeln (39St), Waschtischablagen (29St); Entsorgung, Deponiegebühren	3.555,91 m²BGF	419	**0,12**	
	• Herstellen (Kosten: 73,7%) WC-Bürstengarnituren, Edelstahl (14St)	3.555,91 m²BGF	1.174	**0,33**	

Modernisierung

Kostenkennwerte für die Kostengruppen 300 der 2. und 3. Ebene DIN 276 (Übersicht)

KG	Kostengruppe	Menge Einheit	Kosten €	€/Einheit	% an 3+4
300	**Bauwerk – Baukonstruktionen**	**3.555,91 m² BGF**	**3.438.844,21**	**967,08**	**75,8**
310	**Baugrube / Erdbau**	**104,32 m³ BGI**	**21.004,89**	**201,35**	**0,5**
311	Herstellung	104,32 m³ BGI	21.004,89	201,35	0,5
312	Umschließung	–	–	–	–
313	Wasserhaltung	–	–	–	–
314	Vortrieb	–	–	–	–
319	Sonstiges zur KG 310	–	–	–	–
320	**Gründung, Unterbau**	**54,82 m² GRF**	**11.804,54**	**215,33**	**0,3**
321	Baugrundverbesserung	–	–	–	–
322	Flachgründungen und Bodenplatten	4,82 m²	6.999,44	1.452,17	0,2
323	Tiefgründungen	–	–	–	–
324	Gründungsbeläge	50,00 m²	4.497,22	89,94	< 0,1
325	Abdichtungen und Bekleidungen	5,50 m²	307,87	55,98	< 0,1
326	Dränagen	–	–	–	–
329	Sonstiges zur KG 320	–	–	–	–
330	**Außenwände/Vert. Baukonstrukt., außen**	**1.914,23 m² AWF**	**1.621.640,58**	**847,15**	**35,8**
331	Tragende Außenwände	22,19 m²	66.305,37	2.988,07	1,5
332	Nichttragende Außenwände	1.188,54 m²	466.363,23	392,38	10,3
333	Außenstützen	–	–	–	–
334	Außenwandöffnungen	427,40 m²	413.108,68	966,56	9,1
335	Außenwandbekleidungen, außen	1.415,73 m²	436.775,14	308,52	9,6
336	Außenwandbekleidungen, innen	981,90 m²	56.424,09	57,46	1,2
337	Element. Außenwandkonstruktionen	62,99 m²	89.899,39	1.427,20	2,0
338	Lichtschutz zur KG 330	358,02 m²	92.764,68	259,10	2,0
339	Sonstiges zur KG 330	–	–	–	–
340	**Innenwände/Vert. Baukonstrukt., innen**	**2.332,31 m² IWF**	**612.132,13**	**262,46**	**13,5**
341	Tragende Innenwände	68,45 m²	22.329,62	326,22	0,5
342	Nichttragende Innenwände	457,25 m²	111.856,64	244,63	2,5
343	Innenstützen	18,60 m	6.165,19	331,46	0,1
344	Innenwandöffnungen	283,29 m²	199.510,94	704,26	4,4
345	Innenwandbekleidungen	3.992,14 m²	257.063,48	64,39	5,7
346	Elementierte Innenwandkonstruktionen	52,95 m²	15.206,24	287,18	0,3
347	Lichtschutz zur KG 340	–	–	–	–
349	Sonstiges zur KG 340	–	–	–	–
350	**Decken/Horizontale Baukonstruktionen**	**2.023,82 m² DEF**	**507.873,47**	**250,95**	**11,2**
351	Deckenkonstruktionen	–	35.219,84	–	0,8
352	Deckenöffnungen	–	–	–	–
353	Deckenbeläge	2.023,82 m²	391.662,21	193,53	8,6
354	Deckenbekleidungen	1.929,22 m²	78.367,83	40,62	1,7
355	Elementierte Deckenkonstruktionen	–	–	–	–
359	Sonstiges zur KG 350	2.023,82 m² DEF	2.623,59	1,30	< 0,1
360	**Dächer**	**770,69 m² DAF**	**163.842,19**	**212,59**	**3,6**
361	Dachkonstruktionen	10,69 m²	8.242,63	771,06	0,2
362	Dachöffnungen	0,63 m²	2.137,54	3.392,92	< 0,1
363	Dachbeläge	379,80 m²	121.092,40	318,83	2,7
364	Dachbekleidungen	760,00 m²	22.645,70	29,80	0,5
365	Elementierte Dachkonstruktionen	–	–	–	–
366	Lichtschutz zur KG 360	–	–	–	–
369	Sonstiges zur KG 360	770,69 m² DAF	9.723,93	12,62	0,2
370	**Infrastrukturanlagen**	**–**	**–**	**–**	**–**
380	**Baukonstruktive Einbauten**	**3.555,91 m² BGF**	**54.591,89**	**15,35**	**1,2**
390	**Sonst. Maßnahmen für Baukonstrukt.**	**3.555,91 m² BGF**	**445.954,52**	**125,41**	**9,8**

Kostenkennwerte für die Kostengruppen 400 der 2. und 3.Ebene DIN 276 (Übersicht)

KG	Kostengruppe	Menge Einheit	Kosten €	€/Einheit	% an 3+4
400	**Bauwerk – Technische Anlagen**	**3.555,91 m²BGF**	**1.095.543,01**	**308,09**	**24,2**
410	**Abwasser-, Wasser-, Gasanlagen**	**3.555,91 m²BGF**	**173.890,40**	**48,90**	**3,8**
411	Abwasseranlagen	3.555,91 m²BGF	67.842,05	19,08	1,5
412	Wasseranlagen	3.555,91 m²BGF	98.028,21	27,57	2,2
413	Gasanlagen	–	–	–	–
419	Sonstiges zur KG 410	3.555,91 m²BGF	8.020,15	2,26	0,2
420	**Wärmeversorgungsanlagen**	**3.555,91 m²BGF**	**167.740,95**	**47,17**	**3,7**
421	Wärmeerzeugungsanlagen	3.555,91 m²BGF	34.187,72	9,61	0,8
422	Wärmeverteilnetze	3.555,91 m²BGF	81.089,41	22,80	1,8
423	Raumheizflächen	3.555,91 m²BGF	52.463,80	14,75	1,2
424	Verkehrsheizflächen	–	–	–	–
429	Sonstiges zur KG 420	–	–	–	–
430	**Raumlufttechnische Anlagen**	**3.555,91 m²BGF**	**50.346,86**	**14,16**	**1,1**
431	Lüftungsanlagen	3.555,91 m²BGF	50.346,86	14,16	1,1
432	Teilklimaanlagen	–	–	–	–
433	Klimaanlagen	–	–	–	–
434	Kälteanlagen	–	–	–	–
439	Sonstiges zur KG 430	–	–	–	–
440	**Elektrische Anlagen**	**3.555,91 m²BGF**	**444.182,92**	**124,91**	**9,8**
441	Hoch- und Mittelspannungsanlagen	–	–	–	–
442	Eigenstromversorgungsanlagen	–	–	–	–
443	Niederspannungsschaltanlagen	–	–	–	–
444	Niederspannungsinstallationsanlagen	3.555,91 m²BGF	279.843,02	78,70	6,2
445	Beleuchtungsanlagen	3.555,91 m²BGF	137.641,74	38,71	3,0
446	Blitzschutz- und Erdungsanlagen	3.555,91 m²BGF	26.698,16	7,51	0,6
447	Fahrleitungssysteme	–	–	–	–
449	Sonstiges zur KG 440	–	–	–	–
450	**Kommunikationstechnische Anlagen**	**3.555,91 m²BGF**	**214.347,70**	**60,28**	**4,7**
451	Telekommunikationsanlagen	3.555,91 m²BGF	307,09	0,09	< 0,1
452	Such- und Signalanlagen	3.555,91 m²BGF	15.039,78	4,23	0,3
453	Zeitdienstanlagen	–	–	–	–
454	Elektroakustische Anlagen	–	–	–	–
455	Audiovisuelle Medien- u. Antennenanl.	3.555,91 m²BGF	653,21	0,18	< 0,1
456	Gefahrenmelde- und Alarmanlagen	3.555,91 m²BGF	60.692,35	17,07	1,3
457	Datenübertragungsnetze	3.555,91 m²BGF	137.655,29	38,71	3,0
458	Verkehrsbeeinflussungsanlagen	–	–	–	–
459	Sonstiges zur KG 450	–	–	–	–
460	**Förderanlagen**	**3.555,91 m²BGF**	**45.034,20**	**12,66**	**1,0**
461	Aufzugsanlagen	3.555,91 m²BGF	45.034,20	12,66	1,0
462	Fahrtreppen, Fahrsteige	–	–	–	–
463	Befahranlagen	–	–	–	–
464	Transportanlagen	–	–	–	–
465	Krananlagen	–	–	–	–
466	Hydraulikanlagen	–	–	–	–
469	Sonstiges zur KG 460	–	–	–	–
470	**Nutzungsspez. u. verfahrenstechn. Anl.**	**–**	**–**	**–**	**–**
480	**Gebäude- und Anlagenautomation**	**–**	**–**	**–**	**–**
490	**Sonst. Maßnahmen für techn. Anlagen**	**–**	**–**	**–**	**–**

Modernisierung

Kostenkennwerte für die Kostengruppen der 3. Ebene DIN 276

KG	Kostengruppe	Menge Einheit	Kosten €	€/Einheit	%
310	**Baugrube / Erdbau**				**100,0**
311	**Herstellung**	104,32 m³BGI	21.005	**201,35**	100,0
	• Herstellen (Kosten: 100,0%) Boden BK 4, d=20-30cm, abtragen, laden, fördern, lagern (14m³), Baugrubenaushub, t bis 3,00m, lösen, lagern (90m³), Füllboden liefern, verfüllen, verdichten (51m³), Planum (13m²)	104,32 m³BGI	21.005	**201,35**	
320	**Gründung, Unterbau**				**100,0**
322	**Flachgründungen und Bodenplatten**	4,82 m²	6.999	**1.452,17**	59,3
	• Herstellen (Kosten: 100,0%) Stb-Bodenplatte C30/37, WU, d=30cm, Schalung, Bewehrung (5m²)	4,82 m²	6.999	**1.452,17**	
324	**Gründungsbeläge**	50,00 m²	4.497	**89,94**	38,1
	• Abbrechen (Kosten: 5,7%) Abbruch von Betonwerksteinplatten, teils lagern, Ausgleichsestrich, d=35mm (23m²); Entsorgung, Deponiegebühren	23,12 m²	257	**11,14**	
	• Herstellen (Kosten: 94,3%) Betonwerksteinplatten, gelagert (15m²), Werksteinsockel, gelagert (40m), Betonwerksteinplatten versiegeln (50m²)	50,00 m²	4.240	**84,80**	
325	**Abdichtungen und Bekleidungen**	5,50 m²	308	**55,98**	2,6
	• Herstellen (Kosten: 100,0%) Sauberkeitsschicht, d=5cm, Folie (6m²)	4,82 m²	308	**63,87**	
330	**Außenwände/Vertikale Baukonstruktionen, außen**				**100,0**
331	**Tragende Außenwände**	22,19 m²	66.305	**2.988,07**	4,1
	• Wiederherstellen (Kosten: 81,2%) Ringbalken C20/25, Bestandsreste stemmen, Fehlstellen betonieren, Längsbewehrung liefern, einbauen (18m²), Sturz versetzen, Laibungen nacharbeiten (0,50m²)	17,96 m²	53.836	**2.997,54**	
	• Herstellen (Kosten: 18,8%) Stb-Wand C30/37, d=25cm, Schalung, Bewehrung (22m²)	22,19 m²	12.470	**561,95**	
332	**Nichttragende Außenwände**	1.188,54 m²	466.363	**392,38**	28,8
	• Abbrechen (Kosten: 10,7%) Abbruch von Stb-Wänden, Stahlrahmen, GK-Platten, Dämmung, d=80mm (1.191m²), Mauerwerk, d=11,5cm, mit Zementputz, Wandfliesen, Korkplatten (35m²), d=36,5cm (4m²); Entsorgung, Deponiegebühren	1.230,27 m²	50.006	**40,65**	
	• Herstellen (Kosten: 89,3%) Holzrahmenwände, d=24cm, mit Aufhängeriegeln (1.176m²), Versorgungskanäle zumauern (10m²), Fassadensockel aufmauern, d=11,5cm (1m²), Fensteröffnung ausmauern, d=11,5cm (0,50m²)	1.188,54 m²	416.357	**350,31**	

KG	Kostengruppe	Menge Einheit	Kosten €	€/Einheit	%
334	**Außenwandöffnungen**	427,40 m²	413.109	**966,56**	25,5
	• Abbrechen (Kosten: 0,8%) Abbruch von Alu-Eingangstüren (27m²), Eingangstüren, Doppelflügeltüren, einflügligen Tür, Alu-Rahmenkonstruktion (43m²), Stahlfenstern (13m²), Kunststofffenstern (5m²), Fensterbänken, innen (267m), Werksteineinfassungen (8m); Entsorgung, Deponiegebühren	87,07 m²	3.210	**36,87**	
	• Herstellen (Kosten: 99,2%) Holz-Alufenster, Uw=1,1W/m²K, Dreifachverglasung, zweiflüglig (330m²), dreiflüglig (50m²), einflüglig (15m²), vierteilig (7m²), Fensterbänke, innen, HPL (236m), außen, Alu (235m), Alu-Eingangstüren, einflüglig, Seitenteil, Oberlicht (6m²), Magnetkontakte zur Überwachung (3St)	427,40 m²	409.899	**959,05**	
335	**Außenwandbekleidungen, außen**	1.415,73 m²	436.775	**308,52**	26,9
	• Abbrechen (Kosten: 13,6%) Abbruch von Stb-Wetterschalen, Stahl-UK, Spritzputz, Asbestzementplatten (1.191m²), Stb-Wetterschalen, HWL-Platten, Gipsputz (260m²), Fugendichtungsmasse (1.664m), Bekleidung an Laibungen, Alublech (234St), Sockelblech (103m); Entsorgung, Deponiegebühren	1.451,29 m²	59.592	**41,06**	
	• Wiederherstellen (Kosten: 1,4%) Ablagerungen an Wänden entfernen, Untergrund reinigen, grundieren, beschichten (195m²)	195,15 m²	6.052	**31,01**	
	• Herstellen (Kosten: 85,0%) Hinterlüftete Fassade, Zellulosedämmung, Holzschalung, lasiertes Lärchenholz (1.101m²), Putzfassade (119m²), Stahlblech (260m), Alublech (347m), Bekleidung an Laibungen, Alu (349m), Perimeterdämmung, d=80mm (3m²)	1.223,28 m²	371.132	**303,39**	
336	**Außenwandbekleidungen, innen**	981,90 m²	56.424	**57,46**	3,5
	• Herstellen (Kosten: 100,0%) Gipsfaserplatten, d=12,5mm, einlagig, Q3, Dispersionsbeschichtung (982m²), an Laibungen (599m)	981,90 m²	56.424	**57,46**	
337	**Element. Außenwandkonstruktionen**	62,99 m²	89.899	**1.427,20**	5,5
	• Herstellen (Kosten: 100,0%) Aufzugsschacht 1,65x1,95m, h=11,35m, Winkelprofile, I-Profile, vierseitige Horizontalrahmen, dreiseitiges VSG mit Folie, verdeckte Lüftungsschlitze im Schachtkopf, Dachrahmen mit Montageträger für Aufzug, Titanzink-Stehfalzdeckung, Rinne, Fallrohr, Sockelabdeckung, Titanzink (63m²)	62,99 m²	89.899	**1.427,20**	
338	**Lichtschutz zur KG 330**	358,02 m²	92.765	**259,10**	5,7
	• Herstellen (Kosten: 100,0%) Raffstores, U-Blenden, Alu (358m²)	358,02 m²	92.765	**259,10**	
340	**Innenwände/Vertikale Baukonstruktionen, innen**				**100,0**
341	**Tragende Innenwände**	68,45 m²	22.330	**326,22**	3,6
	• Herstellen (Kosten: 100,0%) KS-Mauerwerk, d=17,5cm (67m²), Öffnungen schließen mit Mauerwerk, d bis 15cm (1m²), mit Beton C20/25, d=20-25cm (1m²), KS-Stürze, l=2,00m (3St)	68,45 m²	22.330	**326,22**	

KG	Kostengruppe	Menge Einheit	Kosten €	€/Einheit	%
342	**Nichttragende Innenwände**	457,25 m²	111.857	**244,63**	18,3
	• Abbrechen (Kosten: 13,8%) Abbruch von Mauerwerk, d bis 25cm (419m²), d=11,5cm (19m²), für Öffnungen, d=11,5-20cm (18m²); Entsorgung, Deponiegebühren	455,26 m²	15.398	**33,82**	
	• Wiederherstellen (Kosten: 6,6%) Mauerwerkswände ertüchtigen, mehrere Auftragsschichten Mörtel, in Teilflächen mit HLz, d=11,5cm (141m²)	140,85 m²	7.431	**52,75**	
	• Herstellen (Kosten: 79,6%) GK-Metallständerwände, d=12,5cm, doppelt beplankt, Mineralwolldämmung WLG 039, d=60mm (64m²), als Schachtwand, d=7,5cm (127m²), als Installationswand, d=7,5cm (53m²), d=35cm (36m²), als Türsturz, d=10cm, h=100cm (10m²), Öffnungen zumauern, Blockziegeln, d=11,5cm (21m²), Sturz übermauern, Mauerziegel, d=11,5-24cm (5m²), Türöffnung herstellen, Ziegelsturz, l=1,50m (9St), Stb-Stürze, l=2,98m (3St), l=1,25m (1St)	316,40 m²	89.028	**281,38**	
343	**Innenstützen**	18,60 m	6.165	**331,46**	1,0
	• Abbrechen (Kosten: 6,8%) Abbruch von Stb-Stütze 30x30cm (3m); Entsorgung, Deponiegebühren	2,64 m	420	**158,92**	
	• Herstellen (Kosten: 93,2%) Mauerwerkspfeiler 40x30cm (19m)	18,60 m	5.746	**308,91**	
344	**Innenwandöffnungen**	283,29 m²	199.511	**704,26**	32,6
	• Abbrechen (Kosten: 0,4%) Abbruch von Holztüren, Stahlzargen (33m²), Rahmentüren, Holz mit Glasfüllungen, zweiflüglig (30m²), Schiebetür, Holz mit Glasfüllung (4m²), Durchreiche, Holz (0,50m²); Entsorgung, Deponiegebühren	66,95 m²	776	**11,59**	
	• Wiederherstellen (Kosten: 10,7%) Türen reinigen, schleifen, lackieren (162m²), Türblätter gang- und schließbar machen, Fehlstellen leimen, anschleifen, Bänder richten, ölen (56St), kürzen (39St), Türflügel überarbeiten, einjustieren, Kantenriegel gang- und schließbar machen, Fehlstellen leimen (1St), Reparaturverglasung, Ornamentglas (1St)	162,38 m²	21.283	**131,07**	
	• Herstellen (Kosten: 88,9%) Holztüren, mit Stahlzargen (10m²), T30 (15m²), Einbruchhemmung RC 2 N (4m²), mit Glasfüllung (2m²), T30 RS (2m²), mit Holzzargen (8m²), TGL-Holztüren (18m²), Alu-Glas-Brandschutztüren T30 RS (52m²), Stahl-Feuerschutztüren (6m²), Stahltür T30 RS (4m²), Fluchttüröffner (3St)	120,91 m²	177.452	**1.467,64**	

KG	Kostengruppe	Menge Einheit	Kosten €	€/Einheit	%
345	**Innenwandbekleidungen**	3.992,14 m²	257.063	**64,39**	42,0
	• Abbrechen (Kosten: 10,7%) Abbruch von Putz (692m²), Tapeten (449m²), Strukturbeschichtungen (430m²), Glaswolldämmung (362m²), Wandfliesen (325m²), mit asbesthaltigem Kleber (15m²), GK-Vorsatzschalen (130m²), HWL-Platten (11m²); Entsorgung, Deponiegebühren	2.413,46 m²	27.575	**11,43**	
	• Wiederherstellen (Kosten: 1,8%) Laibungen ertüchtigen, verrostete Abschlussschienen entfernen, angrenzende Putzbereiche abklopfen, an Bestandsputz anarbeiten, beidseitig verputzen, grundieren (4St)	–	4.641	–	
	• Herstellen (Kosten: 87,5%) Kalkzementputz (1.222m²), GK-Vorsatzschalen (175m²), Grundierung, Spachtelung, zweilagige Überholungsbeschichtung (2.223m²), Dispersionsbeschichtung (1.578m²), Abdichtung, Wandfliesen (188m²), Spiegel, fliesenbündig (4m²)	3.992,14 m²	224.847	**56,32**	
346	**Elementierte Innenwandkonstruktionen**	52,95 m²	15.206	**287,18**	2,5
	• Abbrechen (Kosten: 2,4%) Abbruch von WC-Trennwandanlagen, Holzwerkstoffplatten (64m²); Entsorgung, Deponiegebühren	63,78 m²	362	**5,67**	
	• Herstellen (Kosten: 97,6%) WC-Trennwandanlagen, melaminharzbeschichtete Spanplatten, Frontwand mit Türen, Seiten- und Innenwand (53m²)	52,95 m²	14.845	**280,35**	
350	**Decken/Horizontale Baukonstruktionen**				**100,0**
351	**Deckenkonstruktionen**	–	35.220	–	6,9
	• Herstellen (Kosten: 100,0%) Durchbrüche mit Beton C20/25 schließen (224St)	–	35.220	–	
353	**Deckenbeläge**	2.023,82 m²	391.662	**193,53**	77,1
	• Abbrechen (Kosten: 4,8%) Abbruch von Teppichboden (1.449m²), Linoleum (151m²), PVC-Bodenbelag (145m²), Bodenfliesen, Estrich (115m²), Laminat (21m²), Bodenfliesen (19m²); Entsorgung, Deponiegebühren	1.899,43 m²	18.692	**9,84**	
	• Herstellen (Kosten: 95,2%) Abdichtung, Ausgleichsmörtel, d=25-35mm (212m²), Kunstharzestrich, d=35mm (128m²), Schnellzementestrich, d=55mm (100m²), Ausgleichsspachtelung, d=5mm, TSD WLG 045, d=20mm, PE-Folie, Schnellzementestrich, d=45mm (70m²), Grundierung, Spachtelung, fünflagige Isolierfolie (1.531m²), Nadelvliesboden (1.304m²), Linoleum (411m²), Teppichboden (206m²), MDF-Sockelleisten (1.563m), Ausgleich, d=5mm, Abdichtung, Bodenfliesen (100m²), Sockelfliesen (75m), Sauberlaufmatte, Rauhaarrips (3m²)	2.023,82 m²	372.970	**184,29**	
354	**Deckenbekleidungen**	1.929,22 m²	78.368	**40,62**	15,4
	• Abbrechen (Kosten: 20,9%) Abbruch von abgehängten Decken (1.400m²), Akustikdecken (91m²), Rabitzdecken (62m²), Unterdecke (9m²); Entsorgung, Deponiegebühren	1.562,07 m²	16.347	**10,46**	
	• Herstellen (Kosten: 79,1%) Überholungsbeschichtung (1.291m²), abgehängte GK-Decken, Abhängehöhe, h=10,7-27cm (442m²), GK-Deckenstreifen, b=20-25cm (196m²), GK-Verkofferungen, Abhängehöhe, h bis 65cm (60m), Revisionsklappen 20x20cm (18St), Dispersionsbeschichtung (354m²)	1.929,22 m²	62.021	**32,15**	

Modernisierung

KG	Kostengruppe	Menge Einheit	Kosten €	€/Einheit	%
410	**Abwasser-, Wasser-, Gasanlagen**				**100,0**
411	**Abwasseranlagen**	3.555,91 m²BGF	67.842	**19,08**	39,0
	• Abbrechen (Kosten: 10,1%) Abbruch von Abwasserleitungen DN40-150, Formstücken, Stahl (564m), Kunststoff (119m), Rohrdämmung (313m), Bodenabläufen, Guss (15St); Entsorgung, Deponiegebühren	3.555,91 m²BGF	6.855	**1,93**	
	• Herstellen (Kosten: 89,9%) Abwasserrohre DN50-150, schallgedämmtes Kunststoffrohr, Formstücke (296m), Bodenabläufe DN100 (1St), DN50 (1St), Ablaufgarnituren für Ausgussbecken (2St), Kondensatsiphon für Hebepumpe (1St), für Klimagerät (1St), Flachdachgullys DN100 (6St), Fallrohre (4m), Auszugsicherungen für Regenrohre DN100-150 (181St)	3.555,91 m²BGF	60.987	**17,15**	
412	**Wasseranlagen**	3.555,91 m²BGF	98.028	**27,57**	56,4
	• Abbrechen (Kosten: 6,0%) Abbruch von Kalt- und Warmwasserleitungen, Formstücken, Stahl (616m), Rohrdämmung (367m), Waschtischen (43St), WCs, Urinalen (21St), Ausgussbecken (6St); Entsorgung, Deponiegebühren	3.555,91 m²BGF	5.854	**1,65**	
	• Herstellen (Kosten: 94,0%) Kalt- und Warmwasserleitungen DN15-35, Formstücke (343m), Hygienespüleinrichtung (1St), Strömungsteiler, dynamisch (6St), Durchlauferhitzer 6,9kW (7St), Übertischspeicher 2,0kW (2St), rückspülbarer Wasserfilter (1St), Waschbecken (16St), barrierefrei (1St), Ausgussbecken, Edelstahl (2St), Tiefspül-WCs (13St), barrierefrei (1St), Urinale (7St), Wand-Stützklappgriffe (2St), Armaturen	3.555,91 m²BGF	92.174	**25,92**	
419	**Sonstiges zur KG 410**	3.555,91 m²BGF	8.020	**2,26**	4,6
	• Abbrechen (Kosten: 5,0%) Abbruch von Vorwandelementen (26St); Entsorgung, Deponiegebühren	3.555,91 m²BGF	399	**0,11**	
	• Herstellen (Kosten: 95,0%) Montageelemente für Waschbecken (5St), für WCs (14St), barrierefrei (1St), für Wand-Stützklappgriffe (2St)	3.555,91 m²BGF	7.622	**2,14**	
420	**Wärmeversorgungsanlagen**				**100,0**
421	**Wärmeerzeugungsanlagen**	3.555,91 m²BGF	34.188	**9,61**	20,4
	• Abbrechen (Kosten: 0,3%) Abbruch von Ausdehnungsgefäßen (2St), Warmwasserspeicher (1St); Entsorgung, Deponiegebühren	3.555,91 m²BGF	109	**0,03**	
	• Herstellen (Kosten: 99,7%) Fernwärme-Kompaktstation (1St), Lufterhitzerkreis, Dreiwegekugelhahn, Umwälzpumpe (1St), Anschluss an bestehende Übergabestation (psch), Magnet- und Schlammabscheider (1St), Membransicherheitsventil (1St)	3.555,91 m²BGF	34.078	**9,58**	
422	**Wärmeverteilnetze**	3.555,91 m²BGF	81.089	**22,80**	48,3
	• Abbrechen (Kosten: 1,6%) Abbruch von Rohrleitungen, Kupfer (125m); Entsorgung, Deponiegebühren	3.555,91 m²BGF	1.274	**0,36**	
	• Herstellen (Kosten: 98,4%) C-Stahlrohre DN18-42, Formstücke, Rohrdämmung (1.051m), Strangregulierventile (7St), Absperrventile (7St), Hahnblöcke (102St), Stahlrohre grundieren, lackieren (540m)	3.555,91 m²BGF	79.815	**22,45**	

KG	Kostengruppe	Menge Einheit	Kosten €	€/Einheit	%
423	**Raumheizflächen**	3.555,91 m² BGF	52.464	**14,75**	31,3
	• Abbrechen (Kosten: 3,0%) Abbruch von Heizkörpern, Guss (98St), Heizkörperbekleidungen (10St); Entsorgung, Deponiegebühren	3.555,91 m² BGF	1.589	**0,45**	
	• Herstellen (Kosten: 97,0%) Plattenheizkörper (104St)	3.555,91 m² BGF	50.874	**14,31**	
430	**Raumlufttechnische Anlagen**				**100,0**
431	**Lüftungsanlagen**	3.555,91 m² BGF	50.347	**14,16**	100,0
	• Abbrechen (Kosten: 0,3%) Abbruch von Axialventilator (1St), Luftleitung (5m); Entsorgung, Deponiegebühren	3.555,91 m² BGF	163	**0,05**	
	• Herstellen (Kosten: 99,7%) Zu- und Abluftgerät mit WRG (1St), Wickelfalzrohre DN100-224, Stahl, Formstücke, Dämmung (117m), Aluflexrohre DN100, Dämmung (46m), Kanalrauchmelder (1St), Tellerventile DN100 (48St), Fortluft-Deflektorhaube DN224 (2St), Einraumventilator (1St)	3.555,91 m² BGF	50.184	**14,11**	
440	**Elektrische Anlagen**				**100,0**
444	**Niederspannungsinstallationsanlagen**	3.555,91 m² BGF	279.843	**78,70**	63,0
	• Abbrechen (Kosten: 2,3%) Abbruch von Verteilersystem (1St), Hausanschlussleitungen (psch), Verteilerkästen (9St), Elektroleitungen (817m), Alukabeln (710kg), Leerrohren (432m), Steckdosen (645St), Schaltern (489St); Entsorgung, Deponiegebühren	3.555,91 m² BGF	6.466	**1,82**	
	• Herstellen (Kosten: 97,7%) Schaltgerätekombination (1St), Installationsverteiler (6St), Dämmerungsschalter (1St), Überspannungsschutzgeräte (7St), Netzwerkkoppler (7St), Schnittstellen-Umsetzer (6St), Lasttrennschalter (7St), LS-Schalter (257St), FI-Schalter (160St), FI/LS-Schutzeinrichtungen (3St), Leerrohre (910m), Gitterrinnen (233m), Mantelleitungen NHMH-J (14.173m), N2XH-J (291m), N2XCH (9m), Gummischlauchleitungen H05RR-F (397m), Steckdosen (637St), Schalter/Taster (19St), Multifunktionstaster, vierfach (8St), CEE-Steckdose, fünfpolig (1St), Bewegungsmelder (51St), Jalousieaktor (84St), Multi-Messwertgeber (1St)	3.555,91 m² BGF	273.377	**76,88**	
445	**Beleuchtungsanlagen**	3.555,91 m² BGF	137.642	**38,71**	31,0
	• Abbrechen (Kosten: 3,0%) Abbruch von Langfeldleuchten (433St), Leuchten (28St), Leuchtschriftzug (1St); Entsorgung, Deponiegebühren	3.555,91 m² BGF	4.096	**1,15**	
	• Herstellen (Kosten: 97,0%) LED-Anbauleuchten (319St), LED-Einbauleuchten (63St), Rettungszeichenleuchten (27St), Spiegelleuchten (16St), Anbau-Pendelleuchten (5St), LED-Einbaudownlights (3St)	3.555,91 m² BGF	133.545	**37,56**	
446	**Blitzschutz- und Erdungsanlagen**	3.555,91 m² BGF	26.698	**7,51**	6,0
	• Herstellen (Kosten: 100,0%) Tiefenerder, V4A-Stahl (60St), Ableitungen (187m), Mantelleitungen NHXMH-J (544m), Fangleitungen (122m), Aderleitungen H07V-U (145m), Potenzialausgleichsschienen (15St)	3.555,91 m² BGF	26.698	**7,51**	

KG	Kostengruppe	Menge Einheit	Kosten €	€/Einheit	%
450	**Kommunikations-, sicherheits- und informationstechnische Anlagen**				**100,0**
451	**Telekommunikationsanlagen**	3.555,91 m² BGF	307	**0,09**	0,1
	• Abbrechen (Kosten: 100,0%) Abbruch von Telefon-Anschlussdosen (143St); Entsorgung, Deponiegebühren	3.555,91 m² BGF	307	**0,09**	
452	**Such- und Signalanlagen**	3.555,91 m² BGF	15.040	**4,23**	7,0
	• Abbrechen (Kosten: 1,0%) Abbruch von Signalgebern (47St); Entsorgung, Deponiegebühren	3.555,91 m² BGF	150	**0,04**	
	• Herstellen (Kosten: 99,0%) Gegensprechanlage, vier Klingeltaster, Mikrofon, Lautsprecher (1St), Funk-Türmodul-Sets (8St), Ruf-Kompaktset für barrierefreies WC (1St), optisch-akustischer Signalgeber (1St)	3.555,91 m² BGF	14.890	**4,19**	
455	**Audiovisuelle Medien- u. Antennenanl.**	3.555,91 m² BGF	653	**0,18**	0,3
	• Abbrechen (Kosten: 12,5%) Abbruch von Antenne (1St); Entsorgung, Deponiegebühren	3.555,91 m² BGF	82	**0,02**	
	• Herstellen (Kosten: 87,5%) Antennenmast, h=2,00m (1St), Dachdurchführung, Gummi-Press-Dichtung (1St)	3.555,91 m² BGF	572	**0,16**	
456	**Gefahrenmelde- und Alarmanlagen**	3.555,91 m² BGF	60.692	**17,07**	28,3
	• Herstellen (Kosten: 100,0%) Überwachungskameras (9St), Brandmeldezentrale (1St), Einbruchmeldezentrale (1St), Verteiler (1St), Fluchtwegsicherungssysteme (4St), Ringsignalgeber (37St), akustische Signalgeber (37St), Brandmeldeleitungen J-H(St)H (2.569m), JE-H(St)H (139m), IR-Melder (17St), Handfeuermelder (14St), Mehrfachsensormelder (1St)	3.555,91 m² BGF	60.692	**17,07**	
457	**Datenübertragungsnetze**	3.555,91 m² BGF	137.655	**38,71**	64,2
	• Herstellen (Kosten: 100,0%) Verteiler (7St), Datenkabel (7.637m), Cat7 (466St), Busleitungen (3.010m), LWL-Kabel (738m), Installationskabel J-H(ST)H (349m), Displayports (7St), Patchfelder (34St), Datendosen (199St), Messung Kupferkabel (515St), Messung LWL-Kabel (288St)	3.555,91 m² BGF	137.655	**38,71**	
460	**Förderanlagen**				**100,0**
461	**Aufzugsanlagen**	3.555,91 m² BGF	45.034	**12,66**	100,0
	• Herstellen (Kosten: 100,0%) Personenaufzug, Traglast 630kg, acht Personen, Förderhöhe 9,75m, Kabinenmaß 1,10x1,40m, getriebeloser, frequenzgeregelter Synchronantrieb (1St)	3.555,91 m² BGF	45.034	**12,66**	
510	**Erdbau**				**100,0**
511	**Herstellung**	25,84 m³ EBR	8.410	**325,47**	100,0
	• Herstellen (Kosten: 100,0%) Boden ausheben, entsorgen, R/C-Material, d bis 15cm einbauen (3m³), Füllboden liefern, einbauen (16m³), Rohrgrabenaushub BK 1, t bis 1,00m, lagern, verfüllen (7m³), Planum (12m²)	25,84 m³ EBR	8.410	**325,47**	

KG	Kostengruppe	Menge Einheit	Kosten €	€/Einheit	%
530	**Oberbau, Deckschichten**				**100,0**
531	**Wege**	–	3.925	–	18,5
	• Abbrechen (Kosten: 100,0%) Abbruch von Bodenplatte, unbewehrt, d bis 15cm (37m²), Betonplatten (30m²), Bordsteinen (24m); Entsorgung, Deponiegebühren	67,13 m²	3.925	**58,46**	
533	**Plätze, Höfe, Terrassen**	59,45 m²	17.255	**290,25**	81,5
	• Abbrechen (Kosten: 18,6%) Abbruch von Betonfläche, d bis 25cm (17m²); Entsorgung, Deponiegebühren	16,80 m²	3.206	**190,86**	
	• Herstellen (Kosten: 81,4%) Betonpflaster (59m²)	59,45 m²	14.049	**236,31**	
540	**Baukonstruktionen**				**100,0**
543	**Wandkonstruktionen**	–	559	–	8,2
	• Abbrechen (Kosten: 100,0%) Abbruch von Ziegelwand, d=24cm (5m²); Entsorgung, Deponiegebühren	5,04 m²	559	**110,92**	
544	**Rampen, Treppen, Tribünen**	–	6.281	–	91,8
	• Abbrechen (Kosten: 100,0%) Abbruch von Betonstufen, l=4,00m, Unterbau (11m²), Schutzraumfilter aus Mauerwerk, d=24cm (2m³), Braunkohle-Schlackefüllung (3m³), Geländer, h=1,00m, Stahlstäben, Holz-Handlauf (7m); Entsorgung, Deponiegebühren	10,50 m²	6.281	**598,17**	
550	**Technische Anlagen**				**100,0**
551	**Abwasseranlagen**	–	1.244	–	21,3
	• Herstellen (Kosten: 100,0%) Entwässerungsrinnen (10m)	–	1.244	–	
552	**Wasseranlagen**	–	4.496	–	77,1
	• Herstellen (Kosten: 100,0%) Trinkwasserinstallation, Unterflur-Absperrschieber DN50 (1St), Anschluss an bestehende Kaltwasserleitung DN65 (1St), Druckrohre (4m)	–	4.496	–	
556	**Elektrische Anlagen**	–	95	–	1,6
	• Herstellen (Kosten: 100,0%) Fernmeldeleitungen (20m)	–	95	–	
560	**Einbauten in Außenanlagen und Freiflächen**				**100,0**
561	**Allgemeine Einbauten**	–	6.374	–	100,0
	• Herstellen (Kosten: 100,0%) Durchwurfbriefkasten, Stahlblech, Namensschilder, Alu-Klingelknopf, Sprechfeld, Farbkamera, Beleuchtung (1St)	–	6.374	–	
590	**Sonstige Maßnahmen für Außenanlagen und Freiflächen**				**100,0**
591	**Baustelleneinrichtung**	–	435	–	100,0
	• Herstellen (Kosten: 100,0%) Baustelleneinrichtung (psch)	–	435	–	

Modernisierung

Kostenkennwerte für Leistungsbereiche nach STLB (Kosten des Bauwerks nach DIN 276)

LB	Leistungsbereiche	Kosten €	€/m² BGF	€/m³ BRI	% an 3+4
000	Baustellen-, Verkehrssich.- u. Sicherh.einr. inkl. 001	383.534	107,90	31,90	8,5
002	Erdarbeiten	21.005	5,90	1,70	0,5
006	Spezialtiefbauarbeiten inkl. 005	–	–	–	–
009	Entwässerungskanalarbeiten inkl. 011	–	–	–	–
010	Drän- und Versickerarbeiten	–	–	–	–
012	Mauerarbeiten	49.305	13,90	4,10	1,1
	Wiederherstellen	7.431	2,10	0,62	0,2
	Herstellen	41.875	11,80	3,50	0,9
013	Betonarbeiten	125.901	35,40	10,50	2,8
	Wiederherstellen	53.836	15,10	4,50	1,2
	Herstellen	72.066	20,30	6,00	1,6
014	Natur-, Betonwerksteinarbeiten	–	–	–	–
016	Zimmer- und Holzbauarbeiten	760.835	214,00	63,30	16,8
017	Stahlbauarbeiten	9.724	2,70	0,81	0,2
018	Abdichtungsarbeiten	6.983	2,00	0,58	0,2
019	Kampfmittelräumarbeiten	–	–	–	–
020	Dachdeckungsarbeiten	2.138	0,60	0,18	< 0,1
021	Dachabdichtungsarbeiten	65.303	18,40	5,40	1,4
	Wiederherstellen	7.082	2,00	0,59	0,2
	Herstellen	58.221	16,40	4,80	1,3
022	Klempnerarbeiten	29.520	8,30	2,50	0,7
	Rohbau	**1.454.248**	**409,00**	**120,90**	**32,1**
	Wiederherstellen	68.348	19,20	5,70	1,5
	Herstellen	1.385.899	389,70	115,20	30,6
023	Putz- und Stuckarbeiten, Wärmedämmsysteme	150.592	42,30	12,50	3,3
	Wiederherstellen	4.641	1,30	0,39	0,1
	Herstellen	145.951	41,00	12,10	3,2
024	Fliesen- und Plattenarbeiten	61.494	17,30	5,10	1,4
025	Estricharbeiten	284.327	80,00	23,60	6,3
026	Fenster, Außentüren inkl. 029, 032	445.204	125,20	37,00	9,8
027	Tischlerarbeiten	117.523	33,10	9,80	2,6
	Wiederherstellen	15.282	4,30	1,30	0,3
	Herstellen	102.241	28,80	8,50	2,3
028	Parkett-, Holzpflasterarbeiten	–	–	–	–
030	Rollladenarbeiten	92.765	26,10	7,70	2,0
031	Metallbauarbeiten inkl. 035	209.175	58,80	17,40	4,6
	Wiederherstellen	713	0,20	0,06	< 0,1
	Herstellen	208.462	58,60	17,30	4,6
034	Maler- und Lackiererarb. - Beschicht. inkl. 037	86.499	24,30	7,20	1,9
	Wiederherstellen	21.498	6,00	1,80	0,5
	Herstellen	65.001	18,30	5,40	1,4
036	Bodenbelagarbeiten	64.418	18,10	5,40	1,4
038	Vorgehängte hinterlüftete Fassaden	–	–	–	–
039	Trockenbauarbeiten	194.079	54,60	16,10	4,3
	Ausbau	**1.706.075**	**479,80**	**141,90**	**37,6**
	Wiederherstellen	42.134	11,80	3,50	0,9
	Herstellen	1.663.941	467,90	138,40	36,7
040	Wärmeversorgungsanl. - Betriebseinr. inkl. 041	143.164	40,30	11,90	3,2
042	Gas- u. Wasseranl. - Leitung., Armat. inkl. 043	54.562	15,30	4,50	1,2
044	Abwasseranl. - Leitungen, Abläufe, Armaturen	52.021	14,60	4,30	1,1

LB	Leistungsbereiche	Kosten €	€/m²BGF	€/m³BRI	% an 3+4
045	Gas, Wasser, Entwässerung - Ausstattung inkl. 046	43.659	12,30	3,60	1,0
047	Dämm- und Brandschutzarb. an techn. Anlagen	45.551	12,80	3,80	1,0
049	Feuerlöschanlagen, Feuerlöschgeräte	–	–	–	–
050	Blitzschutz-/Erdungsanlagen, Überspannungssch.	26.698	7,50	2,20	0,6
053	Niederspannungsanl. - Kabel inkl. 052, 054	272.069	76,50	22,60	6,0
055	Sicherheits- u. Ersatzstromversorgungsanl.	–	–	–	–
057	Gebäudesystemtechnik	–	–	–	–
058	Leuchten und Lampen inkl. 059	133.545	37,60	11,10	2,9
060	Such, Signal, Zeit, Anten., akust. Anl. inkl. 064	15.461	4,30	1,30	0,3
061	Kommunikations- u. Übertragungsnetze inkl. 063	198.348	55,80	16,50	4,4
069	Aufzüge	45.034	12,70	3,70	1,0
070	Gebäudeautomation	–	–	–	–
075	Raumlufttechnische Anlagen inkl. 078	34.642	9,70	2,90	0,8
	Gebäudetechnik	**1.064.755**	**299,40**	**88,50**	**23,5**
084	Abbruch, Rückbau, Schadstoffsanierung	254.710	71,60	21,20	5,6
	Abbrechen	254.710	71,60	21,20	5,6
	Abbrucharbeiten	**254.710**	**71,60**	**21,20**	**5,6**
	Abbrechen	254.710	71,60	21,20	5,6
	Sonstige Leistungsbereiche	**54.600**	**15,40**	**4,50**	**1,2**

1300-0289
Bürogebäude
(342 AP)

Kostenkennwerte für die Kosten des Bauwerks (Kostengruppen 300+400 nach DIN 276)

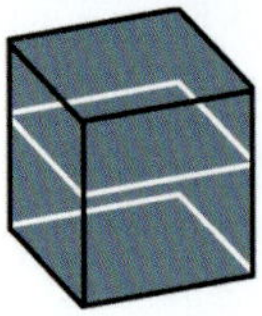

BRI 73 €/m³

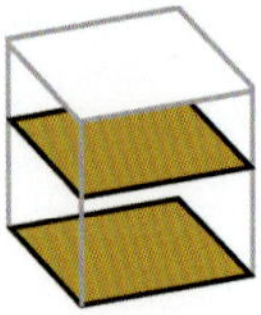

BGF 269 €/m²

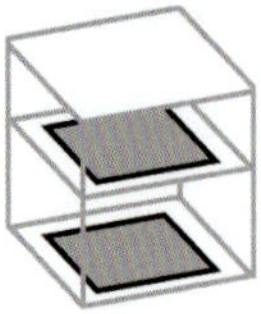

NUF 495 €/m²

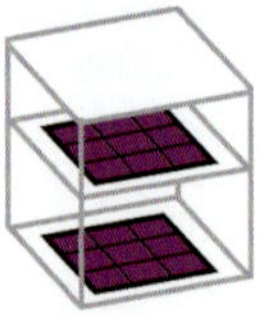

NE 9.041 €/NE

NE: Arbeitsplätze

Modernisierung

Objekt:
Kennwerte: 3.Ebene DIN 276
BRI: 42.438 m³
BGF: 11.501 m²
NUF: 6.244 m²
Bauzeit: 56 Wochen
Bauende: 2020
Standard: mittel
Bundesland: Berlin
Kreis: Berlin, Stadt

Architekt*in:
Hertzberg Weber Architekten
PartGmbB
Hegelallee 18a
14467 Potsdam

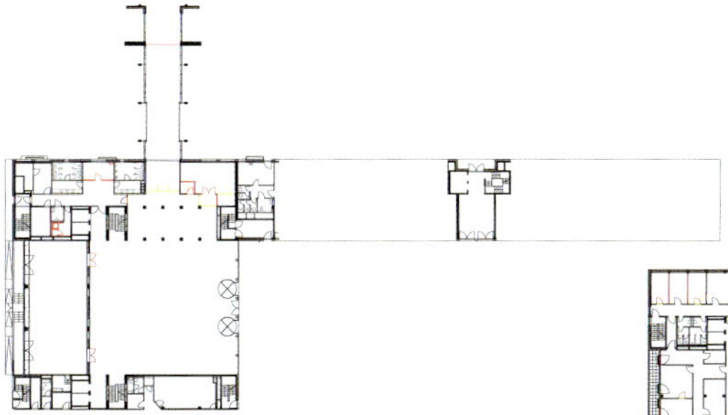

Erdgeschoss

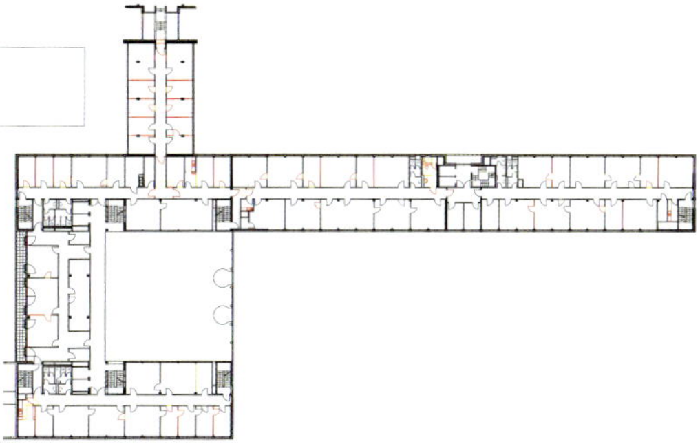

3. Obergeschoss

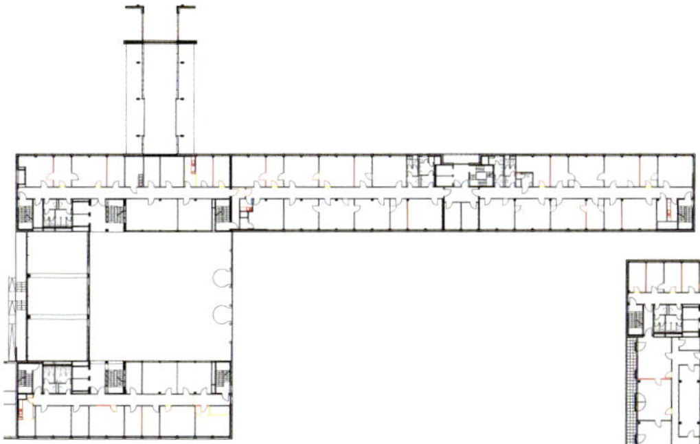

1. Obergeschoss

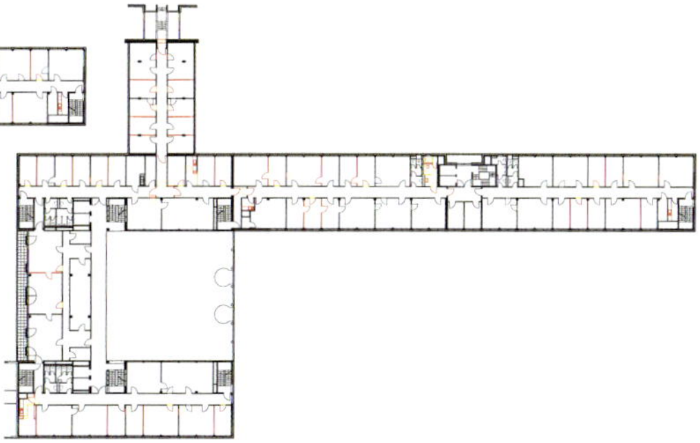

4. Obergeschoss

2. Obergeschoss

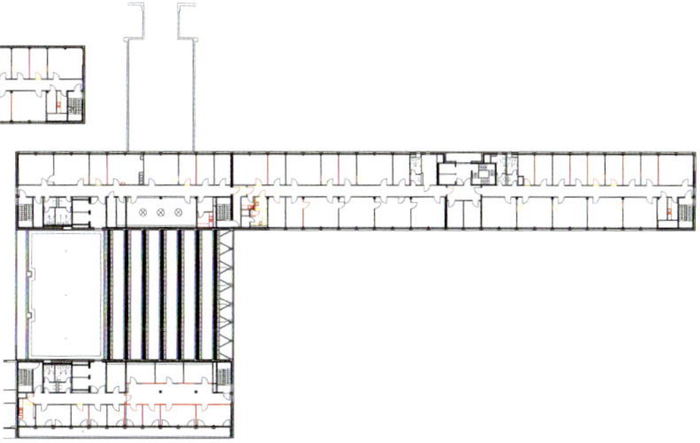

5. Obergeschoss

1300-0289
Bürogebäude
(342 AP)

Modernisierung

Objektbeschreibung

Allgemeine Objektinformationen

Das Gebäude mit den beiden sechsgeschossigen Büroriegeln und der gebäudehohen Eingangshalle wurde innenräumlich saniert und instandgesetzt. Auf Basis einer detaillierten Bestandsaufnahme und Analyse sind die vorhandenen Bauelemente unter ressourcenschonenden Gesichtspunkten erhalten, modernisiert und ergänzt worden.

Nutzung

1 Erdgeschoss
Schulung, Pförtner, Lager, WCs, Post, Hausmeister, Erste Hilfe

5 Obergeschosse
Büros, Teeküchen, Kopierraum, Serverraum, WCs, Lager, Sonderräume

Nutzeinheiten

Arbeitsplätze: 342

Markt

Hauptvergabezeit: 1.Quartal 2019
Baubeginn: 1.Quartal 2019
Bauende: 1.Quartal 2020
Konjunkturelle Gesamtlage: über Durchschnitt
Regionaler Baumarkt: über Durchschnitt

Baubestand

Baujahr: 1996
Bauzustand: mittel
Aufwand: mittel
Grundrissänderungen: einige
Tragwerkseingriffe: wenige
Nutzungsänderung: nein
Nutzung während der Bauzeit: nein

Baukonstruktion

Die baulichen Maßnahmen umfassen die Sanierung der abgehängten Decken, den Einbau nichttragender Trennwände, die Herstellung neuer Teeküchen und Sanitärräume sowie Malerarbeiten. Die Bodenbeläge und die Blendschutzlamellen wurden erneuert. Ergänzend erfolgten die Instandsetzung vorhandener Türen und der Einbau zusätzlicher Türelemente. Die Ausführung orientiert am ursprünglichen Gestaltungskonzept.

Technische Anlagen

Brandmeldeleitungen und Rohrdämmung wurden abgebrochen und entsorgt. Die Rohrdämmung wurde ergänzt und neue Rauchmelder wurden installiert.

Planungskennwerte für Flächen und Rauminhalte nach DIN 277

Flächen des Grundstücks		Menge Einheit	% an GF
BF	Bebaute Fläche	–	–
UF	Unbebaute Fläche	–	–
GF	Grundstücksfläche	–	–

Grundflächen des Bauwerks		Menge Einheit	% an NUF	% an BGF
NUF	Nutzungsfläche	6.244,33 m²	100,0	54,3
TF	Technikfläche	–	–	–
VF	Verkehrsfläche	2.657,14 m²	42,6	23,1
NRF	Netto-Raumfläche	8.901,47 m²	142,6	77,4
KGF	Konstruktions-Grundfläche	2.599,69 m²	41,6	22,6
BGF	Brutto-Grundfläche	11.501,16 m²	184,2	100,0

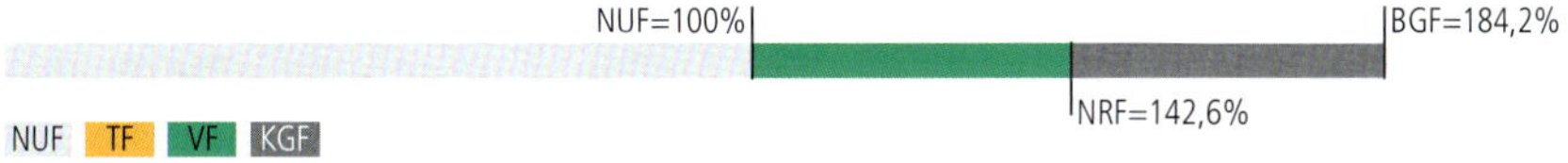

Brutto-Rauminhalt des Bauwerks		Menge Einheit	BRI/NUF (m)	BRI/BGF (m)
BRI	Brutto-Rauminhalt	42.437,50 m³	6,80	3,69

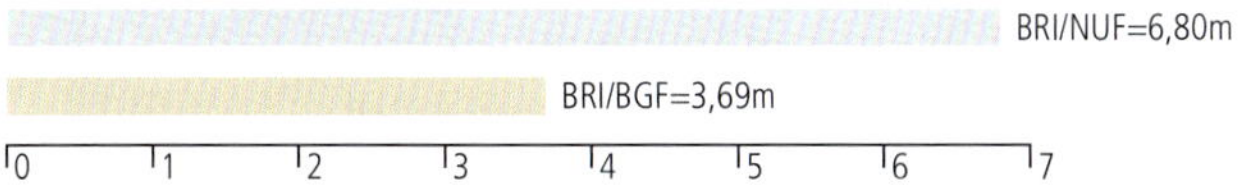

Lufttechnisch behandelte Flächen	Menge Einheit	% an NUF	% an BGF
Entlüftete Fläche	–	–	–
Be- und entlüftete Fläche	–	–	–
Teilklimatisierte Fläche	–	–	–
Klimatisierte Fläche	–	–	–

KG	Kostengruppen (2. Ebene)	Menge Einheit	Menge/NUF	Menge/BGF
310	Baugrube / Erdbau	–	–	–
320	Gründung, Unterbau	–	–	–
330	Außenwände/Vertikale Baukonstruktionen, außen	8.921,03 m² AWF	1,43	0,78
340	Innenwände/Vertikale Baukonstruktionen, innen	21.996,02 m² IWF	3,52	1,91
350	Decken/Horizontale Baukonstruktionen	8.960,27 m² DEF	1,44	0,78
360	Dächer	1.514,00 m² DAF	0,24	0,13

1300-0289
Bürogebäude
(342 AP)

Modernisierung

Kostenkennwerte für die Kostengruppen der 1. Ebene DIN 276

KG	Kostengruppen (1. Ebene)	Einheit	Kosten €	€/Einheit	€/m² BGF	€/m³ BRI	% 300+400
100	Grundstück	m² GF	–	–	–	–	–
200	Vorbereitende Maßnahmen	m² GF	–	–	–	–	–
300	Bauwerk – Baukonstruktionen	m² BGF	3.041.601	264,46	264,46	71,67	98,4
400	Bauwerk – Technische Anlagen	m² BGF	50.289	4,37	4,37	1,19	1,6
	Bauwerk 300+400	**m² BGF**	**3.091.890**	**268,83**	**268,83**	**72,86**	**100,0**
500	Außenanlagen und Freiflächen	m² AF	–	–	–	–	–
600	Ausstattung und Kunstwerke	m² BGF	15.184	1,32	1,32	0,36	0,5
700	Baunebenkosten	m² BGF	–	–	–	–	–
800	Finanzierung	m² BGF	–	–	–	–	–

KG	Kostengruppe	Menge Einheit	Kosten €	€/Einheit	%
3+4	**Bauwerk**				**100,0**
300	**Bauwerk – Baukonstruktionen**	11.501,16 m² BGF	3.041.601	**264,46**	98,4

- Abbrechen (Kosten: 15,3%) 464.383
  Abbruch von Wandfliesen, textilen Einzellamellen; GK-Wänden, GK-Beplankung, KMF-Mineralwolle, Türen, Fenstern, Wandfliesen; Teppichboden, PVC-Belag, Bodenfliesen, Rasterdecken, GK-Decke; Teeküchen mit Elektrogeräten; Entsorgung, Deponiegebühren

- Wiederherstellen (Kosten: 4,3%) 129.778
  Türen lackieren, Fenster lackieren, Stahlzargen beschichten, Tapete entfernen, mit Fireboard ertüchtigen, GK-Vorsatzschale erneuern, beschädigte Wandfliesen austauschen; Parkett versiegeln, Parkettstäbe austauschen, beschädigte Bodenfliesen austauschen, Akustikdecken desinfizieren, beschichten, GK-Decken öffnen, wieder schließen, MF-Decke öffnen, Brandanschluss anarbeiten, Geländer beschichten, Handläufe lackieren

- Herstellen (Kosten: 80,5%) 2.447.441
  Beschichtung, Wandfliesen, Vertikallamellen, Jalousien; GK-Wände, Holztüren, Tapete, Beschichtung, Wandfliesen; Teppichfliesen, Linoleum, Teppichboden, ESD-Kautschukbelag, Bodenfliesen, Rasterdecken, abgehängte GK-Decken, Beschichtung; Teeküchen mit Elektrogeräten, Einbauregal mit integrierter Sitzgelegenheit, Alu-Fluchtplanrahmen

KG	Kostengruppe	Menge Einheit	Kosten €	€/Einheit	%
400	**Bauwerk – Technische Anlagen**	11.501,16 m² BGF	50.289	**4,37**	1,6

- Abbrechen (Kosten: 47,2%) 23.717
  Abbruch von Brandmeldeleitungen; Rohrdämmung; Entsorgung, Deponiegebühren

- Herstellen (Kosten: 52,8%) 26.572
  Rohrdämmung ergänzen; Rauchmelder

KG	Kostengruppe	Menge Einheit	Kosten €	€/Einheit	%
600	**Ausstattung und Kunstwerke**	11.501,16 m² BGF	15.184	**1,32**	0,5

- Wiederherstellen (Kosten: 16,7%) 2.540
  Müllboxen umsetzen, Waschtischanlagen schleifen, imprägnieren

- Herstellen (Kosten: 83,3%) 12.644
  Wandspiegel; Türschilder

Kostenkennwerte für die Kostengruppen der 2.Ebene DIN 276

KG	Kostengruppe	Menge Einheit	Kosten €	€/Einheit	%
300	**Bauwerk – Baukonstruktionen**				**100,0**
330	**Außenwände/Vert. Baukonstrukt., außen**	8.921,03 m² AWF	212.331	**23,80**	7,0
	• Abbrechen (Kosten: 2,7%) Abbruch von Wandfliesen (26m²) * textilen Einzellamellen (2.250m²); Entsorgung, Deponiegebühren	2.276,22 m² AWF	5.646	**2,48**	
	• Wiederherstellen (Kosten: 1,4%) Silikonfugen erneuern (206m)	–	2.963	–	
	• Herstellen (Kosten: 95,9%) Beschichtung (6.017m²), Wandfliesen (81m²) * Vertikallamellen (2.524m²), Jalousien, Glasleisten (299m²)	8.921,03 m² AWF	203.722	**22,84**	
340	**Innenwände/Vert. Baukonstrukt., innen**	21.996,02 m² IWF	857.442	**38,98**	28,2
	• Abbrechen (Kosten: 8,0%) Abbruch von GK-Wänden (457m²), GK-Beplankung, KMF-Mineralwolle für Türöffnungen (172m²) * Türen (140m²), Stahltüren (27m²), Brandschutztüren (18m²), Türen mit Glaselementen, Oberlicht (17m²), Stahlzargen, KMF-Hohlraumdämmung (26St), Fenstern (10m²) * Wandfliesen (151m²); Entsorgung, Deponiegebühren	992,27 m² IWF	68.830	**69,37**	
	• Wiederherstellen (Kosten: 10,3%) Türen einstellen (836m²), neu lackieren (171m²), gangbar machen (32m²), retuschieren (169m²), T30 ausbauen, lagern, wieder einbauen (2m²), Metallinnenfenster neu lackieren (56m²), Stahlzargen neu beschichten (2.266m), Bodentürstopper reinigen, befestigen (300St), Türdrückergarnituren ausbauen, lagern, wieder einbauen (45St) * Tapete entfernen, Wand spachteln (909m²), Wand mit Fireboard ertüchtigen (22m²), GK-Vorsatzschale erneuern (5m²), beschädigte Wandfliesen austauschen (1m²)	2.201,91 m² IWF	88.203	**40,06**	
	• Herstellen (Kosten: 81,7%) GK-Wände, beidseitig doppelt beplankt (1.862m²), F90 (103m²), GK-Wände öffnen, Stahlprofile einbauen, beplanken (178m²), Öffnungen schließen, Stahlprofile, GK-Bekleidung (79m²) * Holztüren (257m²), T30 (12m²), RS (37m²), T90 (24m²), OTS (91St), Bodentürstopper (314St) * GK-Vorsatzschalen (103m²), GK-Bekleidung (97m²), F90-Abkofferung (69m²), F90-Bekleidung (16m²), Tapete (3.918m²), Beschichtung (19.616m²), Wandfliesen (159m²)	10.213,57 m² IWF	700.409	**68,58**	

KG	Kostengruppe	Menge Einheit	Kosten €	€/Einheit	%
350	**Decken/Horizontale Baukonstruktionen**	8.960,27 m² DEF	1.436.678	**160,34**	47,2
	• Abbrechen (Kosten: 23,7%)	8.233,60 m² DEF	340.381	**41,34**	
	Abbruch von Teppichboden (8.091m²), PVC-Belag (97m²), Bodenfliesen (45m²) * Rasterdecken, UK, KMF-Mineralplatten (7.570m²), GK-Decke (8m²); Entsorgung, Deponiegebühren				
	• Wiederherstellen (Kosten: 2,7%)	711,23 m² DEF	38.612	**54,29**	
	Parkett schleifen, versiegeln (210m²), Parkettstäbe austauschen (3St), Spachtelmasse reparieren (500m²), beschädigte Bodenfliesen austauschen (1m²) * Akustikdecken desinfizieren, beschichten (165m²), Mineralplatten demontieren, lagern, wieder montieren (30m²), GK-Decke öffnen, nach Bauarbeiten wieder schließen (7m²), MF-Decke öffnen, Brandanschluss anarbeiten (4St), GK-Schürze F90 herstellen (4St) * Geländer neu beschichten (264St), Handläufe neu lackieren (150m)				
	• Herstellen (Kosten: 73,6%)	8.758,27 m² DEF	1.057.686	**120,76**	
	Ausgleichsmasse (8.149m²), Teppichfliesen (7.820m²), Linoleum (500m²), Teppichboden (280m²), ESD-Kautschukbelag (36m²), Bodenfliesen (66m²) * Rasterdecken, Mineralplatten (7.417m²), abgehängte GK-Decken (690m²), Elektrokanal E90 (75m), Beschichtung (626m²)				
360	**Dächer**	1.514,00 m² DAF	124.201	**82,04**	4,1
	• Abbrechen (Kosten: 38,0%)	1.514,00 m² DAF	47.144	**31,14**	
	Abbruch von Rasterdecken, UK, KMF-Mineralplatten (1.514m²); Entsorgung, Deponiegebühren				
	• Herstellen (Kosten: 62,0%)	1.514,00 m² DAF	77.057	**50,90**	
	Rasterdecken, Mineralplatten (1.514m²), Brandschutzgehäuse F30 (22St), Sprinklerausgänge schließen, spachteln, streichen (6St)				
380	**Baukonstruktive Einbauten**	11.501,16 m² BGF	128.110	**11,14**	4,2
	• Abbrechen (Kosten: 1,9%)	11.501,16 m² BGF	2.382	**0,21**	
	Abbruch von Teeküchen mit Elektrogeräten (19St); Entsorgung, Deponiegebühren				
	• Herstellen (Kosten: 98,1%)	11.501,16 m² BGF	125.729	**10,93**	
	Teeküchen mit Elektrogeräten (20St), Einbauregal mit integrierter Sitzgelegenheit, Rückwand mit Steckdose, Garderobenhaken (1St) * Alu-Fluchtplanrahmen (50St)				
390	**Sonst. Maßnahmen für Baukonstrukt.**	11.501,16 m² BGF	282.839	**24,59**	9,3
	• Herstellen (Kosten: 100,0%)	11.501,16 m² BGF	282.839	**24,59**	
	Baustelleneinrichtung (psch), Büro- (1St), Pausencontainer (1St), Baustellen-WC (1St), Bauzaun (88m), Materialaufzug (1St) * Fassadengerüst (160m²), Treppenaufgang (1St), Rollgerüst (1St) * Bauschutzwände (197m²), Schutzabdeckungen (32.055m²), KMF-Kammerschleusen (2St), KMF-Feinreinigung (13.627m²), Baufeinreinigung (psch)				
400	**Bauwerk – Technische Anlagen**				**100,0**
410	**Abwasser-, Wasser-, Gasanlagen**	11.501,16 m² BGF	715	**0,06**	1,4
	• Herstellen (Kosten: 100,0%)	11.501,16 m² BGF	715	**0,06**	
	Rohrdämmung ergänzen (8h)				

KG	Kostengruppe	Menge Einheit	Kosten €	€/Einheit	%
450	**Kommunikationstechnische Anlagen**	11.501,16 m²BGF	41.147	**3,58**	81,8
	• Abbrechen (Kosten: 41,9%) Abbruch von Brandmeldeleitungen (81m²); Entsorgung, Deponiegebühren	11.501,16 m²BGF	17.248	**1,50**	
	• Herstellen (Kosten: 58,1%) Rauchmelder (58St)	11.501,16 m²BGF	23.899	**2,08**	
470	**Nutzungsspez. u. verfahrenstechn. Anl.**	11.501,16 m²BGF	6.469	**0,56**	12,9
	• Abbrechen (Kosten: 100,0%) Abbruch von Rohrdämmung (275m); Entsorgung, Deponiegebühren	11.501,16 m²BGF	6.469	**0,56**	
490	**Sonst. Maßnahmen für techn. Anlagen**	11.501,16 m²BGF	1.958	**0,17**	3,9
	• Herstellen (Kosten: 100,0%) Personenaufzug-Kabine innenseitig mit Holzspanplatten schützen (2St)	11.501,16 m²BGF	1.958	**0,17**	
600	**Ausstattung und Kunstwerke**				**100,0**
610	**Allgemeine Ausstattung**	11.501,16 m²BGF	2.870	**0,25**	18,9
	• Wiederherstellen (Kosten: 88,5%) Müllboxen umsetzen (15St), Waschtischanlagen reinigen, schleifen, imprägnieren (2St)	11.501,16 m²BGF	2.540	**0,22**	
	• Herstellen (Kosten: 11,5%) Wandspiegel 60x133cm (1St)	11.501,16 m²BGF	330	**0,03**	
690	**Sonstige Ausstattung**	11.501,16 m²BGF	12.314	**1,07**	81,1
	• Herstellen (Kosten: 100,0%) Türschilder, Lagermaterial (319St), Türschilder 148x120mm, Alu-Rahmen (122St)	11.501,16 m²BGF	12.314	**1,07**	

Kostenkennwerte für die Kostengruppen 300 der 2. und 3. Ebene DIN 276 (Übersicht)

KG	Kostengruppe	Menge Einheit	Kosten €	€/Einheit	% an 3+4
300	**Bauwerk – Baukonstruktionen**	**11.501,16 m² BGF**	**3.041.601,39**	**264,46**	**98,4**
310	**Baugrube / Erdbau**	**–**	**–**	**–**	**–**
311	Herstellung	–	–	–	–
312	Umschließung	–	–	–	–
313	Wasserhaltung	–	–	–	–
314	Vortrieb	–	–	–	–
319	Sonstiges zur KG 310	–	–	–	–
320	**Gründung, Unterbau**	**–**	**–**	**–**	**–**
321	Baugrundverbesserung	–	–	–	–
322	Flachgründungen und Bodenplatten	–	–	–	–
323	Tiefgründungen	–	–	–	–
324	Gründungsbeläge	–	–	–	–
325	Abdichtungen und Bekleidungen	–	–	–	–
326	Dränagen	–	–	–	–
329	Sonstiges zur KG 320	–	–	–	–
330	**Außenwände/Vert. Baukonstrukt., außen**	**8.921,03 m² AWF**	**212.330,86**	**23,80**	**6,9**
331	Tragende Außenwände	–	–	–	–
332	Nichttragende Außenwände	–	–	–	–
333	Außenstützen	–	–	–	–
334	Außenwandöffnungen	–	–	–	–
335	Außenwandbekleidungen, außen	–	–	–	–
336	Außenwandbekleidungen, innen	6.098,00 m²	60.338,54	9,89	2,0
337	Element. Außenwandkonstruktionen	–	–	–	–
338	Lichtschutz zur KG 330	2.823,03 m²	151.992,32	53,84	4,9
339	Sonstiges zur KG 330	–	–	–	–
340	**Innenwände/Vert. Baukonstrukt., innen**	**21.996,02 m² IWF**	**857.441,58**	**38,98**	**27,7**
341	Tragende Innenwände	–	–	–	–
342	Nichttragende Innenwände	2.220,94 m²	263.376,17	118,59	8,5
343	Innenstützen	–	–	–	–
344	Innenwandöffnungen	1.591,39 m²	359.875,13	226,14	11,6
345	Innenwandbekleidungen	19.775,08 m²	234.190,29	11,84	7,6
346	Elementierte Innenwandkonstruktionen	–	–	–	–
347	Lichtschutz zur KG 340	–	–	–	–
349	Sonstiges zur KG 340	–	–	–	–
350	**Decken/Horizontale Baukonstruktionen**	**8.960,27 m² DEF**	**1.436.678,30**	**160,34**	**46,5**
351	Deckenkonstruktionen	–	–	–	–
352	Deckenöffnungen	–	–	–	–
353	Deckenbeläge	8.913,66 m²	683.840,52	76,72	22,1
354	Deckenbekleidungen	8.960,27 m²	746.222,91	83,28	24,1
355	Elementierte Deckenkonstruktionen	–	–	–	–
359	Sonstiges zur KG 350	8.960,27 m² DEF	6.614,86	0,74	0,2
360	**Dächer**	**1.514,00 m² DAF**	**124.201,13**	**82,04**	**4,0**
361	Dachkonstruktionen	–	–	–	–
362	Dachöffnungen	–	–	–	–
363	Dachbeläge	–	–	–	–
364	Dachbekleidungen	1.514,00 m²	124.201,13	82,04	4,0
365	Elementierte Dachkonstruktionen	–	–	–	–
366	Lichtschutz zur KG 360	–	–	–	–
369	Sonstiges zur KG 360	–	–	–	–
370	**Infrastrukturanlagen**	**–**	**–**	**–**	**–**
380	**Baukonstruktive Einbauten**	**11.501,16 m² BGF**	**128.110,31**	**11,14**	**4,1**
390	**Sonst. Maßnahmen für Baukonstrukt.**	**11.501,16 m² BGF**	**282.839,20**	**24,59**	**9,1**

Kostenkennwerte für die Kostengruppen 400 der 2. und 3. Ebene DIN 276 (Übersicht)

KG	Kostengruppe	Menge Einheit	Kosten €	€/Einheit	% an 3+4
400	**Bauwerk – Technische Anlagen**	**11.501,16 m² BGF**	**50.289,00**	**4,37**	**1,6**
410	**Abwasser-, Wasser-, Gasanlagen**	**11.501,16 m² BGF**	**715,30**	**0,06**	**< 0,1**
411	Abwasseranlagen	–	–	–	–
412	Wasseranlagen	11.501,16 m² BGF	715,30	0,06	< 0,1
413	Gasanlagen	–	–	–	–
419	Sonstiges zur KG 410	–	–	–	–
420	**Wärmeversorgungsanlagen**	**–**	**–**	**–**	**–**
421	Wärmeerzeugungsanlagen	–	–	–	–
422	Wärmeverteilnetze	–	–	–	–
423	Raumheizflächen	–	–	–	–
424	Verkehrsheizflächen	–	–	–	–
429	Sonstiges zur KG 420	–	–	–	–
430	**Raumlufttechnische Anlagen**	**–**	**–**	**–**	**–**
431	Lüftungsanlagen	–	–	–	–
432	Teilklimaanlagen	–	–	–	–
433	Klimaanlagen	–	–	–	–
434	Kälteanlagen	–	–	–	–
439	Sonstiges zur KG 430	–	–	–	–
440	**Elektrische Anlagen**	**–**	**–**	**–**	**–**
441	Hoch- und Mittelspannungsanlagen	–	–	–	–
442	Eigenstromversorgungsanlagen	–	–	–	–
443	Niederspannungsschaltanlagen	–	–	–	–
444	Niederspannungsinstallationsanlagen	–	–	–	–
445	Beleuchtungsanlagen	–	–	–	–
446	Blitzschutz- und Erdungsanlagen	–	–	–	–
447	Fahrleitungssysteme	–	–	–	–
449	Sonstiges zur KG 440	–	–	–	–
450	**Kommunikationstechnische Anlagen**	**11.501,16 m² BGF**	**41.146,65**	**3,58**	**1,3**
451	Telekommunikationsanlagen	–	–	–	–
452	Such- und Signalanlagen	–	–	–	–
453	Zeitdienstanlagen	–	–	–	–
454	Elektroakustische Anlagen	–	–	–	–
455	Audiovisuelle Medien- u. Antennenanl.	–	–	–	–
456	Gefahrenmelde- und Alarmanlagen	11.501,16 m² BGF	41.146,65	3,58	1,3
457	Datenübertragungsnetze	–	–	–	–
458	Verkehrsbeeinflussungsanlagen	–	–	–	–
459	Sonstiges zur KG 450	–	–	–	–
460	**Förderanlagen**	**–**	**–**	**–**	**–**
461	Aufzugsanlagen	–	–	–	–
462	Fahrtreppen, Fahrsteige	–	–	–	–
463	Befahranlagen	–	–	–	–
464	Transportanlagen	–	–	–	–
465	Krananlagen	–	–	–	–
466	Hydraulikanlagen	–	–	–	–
469	Sonstiges zur KG 460	–	–	–	–
470	**Nutzungsspez. u. verfahrenstechn. Anl.**	**11.501,16 m² BGF**	**6.469,45**	**0,56**	**0,2**
480	**Gebäude- und Anlagenautomation**	**–**	**–**	**–**	**–**
490	**Sonst. Maßnahmen für techn. Anlagen**	**11.501,16 m² BGF**	**1.957,59**	**0,17**	**< 0,1**

1300-0289
Bürogebäude
(342 AP)

Modernisierung

Kostenkennwerte für die Kostengruppen der 3. Ebene DIN 276

KG	Kostengruppe	Menge Einheit	Kosten €	€/Einheit	%
330	**Außenwände/Vertikale Baukonstruktionen, außen**				**100,0**
336	**Außenwandbekleidungen, innen**	6.098,00 m²	60.339	**9,89**	28,4
	• Abbrechen (Kosten: 1,2%) Abbruch von Wandfliesen (26m²); Entsorgung, Deponiegebühren	26,00 m²	733	**28,19**	
	• Wiederherstellen (Kosten: 4,9%) Silikonfugen entfernen, entsorgen, Fugenflanken reinigen, grundieren, neu verfugen (206m)	–	2.963	**–**	
	• Herstellen (Kosten: 93,9%) Dispersionsbeschichtung (6.017m²), Wandfliesen (81m²)	6.098,00 m²	56.642	**9,29**	
338	**Lichtschutz zur KG 330**	2.823,03 m²	151.992	**53,84**	71,6
	• Abbrechen (Kosten: 3,2%) Abbruch von textilen Einzellamellen (2.250m²); Entsorgung, Deponiegebühren	2.250,22 m²	4.913	**2,18**	
	• Herstellen (Kosten: 96,8%) Vertikallamellen (2.524m²), Jalousien, Glasleisten (299m²)	2.823,03 m²	147.079	**52,10**	
340	**Innenwände/Vertikale Baukonstruktionen, innen**				**100,0**
342	**Nichttragende Innenwände**	2.220,94 m²	263.376	**118,59**	30,7
	• Abbrechen (Kosten: 16,7%) Abbruch von GK-Wänden (457m²), GK-Beplankung, KMF-Mineralwolle für Türöffnungen (172m²); Entsorgung, Deponiegebühren	629,03 m²	43.854	**69,72**	
	• Herstellen (Kosten: 83,3%) GK-Metallständerwände, beidseitig doppelt beplankt (1.862m²), F90 (103m²), GK-Wände öffnen, Stahlprofile einbauen, beplanken, spachteln (178m²), KG-Sturz F90 (1St), Öffnungen schließen, Stahlprofile, GK-Bekleidung (79m²)	2.220,94 m²	219.523	**98,84**	
344	**Innenwandöffnungen**	1.591,39 m²	359.875	**226,14**	42,0
	• Abbrechen (Kosten: 6,0%) Abbruch von Türen, Stahlzargen (140m²), Stahltüren, zweiflüglig (27m²), Brandschutztüren, Stahlzargen (18m²), Türen mit Glaselementen, Oberlicht (17m²), Stahlzargen, KMF-Hohlraumdämmung (26St), Fenstern (10m²); Entsorgung, Deponiegebühren	212,28 m²	21.498	**101,27**	
	• Wiederherstellen (Kosten: 18,0%) Türen einstellen, Dichtung ergänzen (836m²), schleifen, lackieren (171m²), gang- und schließbar machen (32m²), retuschieren (169m²), T30 ausbauen, lagern, wieder einbauen (2m²), Metallinnenfenster schleifen, lackieren (56m²), Stahlzargen aufrauen, beschichten (2.266m), Dichtungen austauschen (421St), Bodentürstopper gelagert, reinigen, am Boden befestigen (300St), Türdrückergarnituren ausbauen, lagern, wieder einbauen (45St)	1.265,36 m²	64.892	**51,28**	
	• Herstellen (Kosten: 76,0%) Holztüren, Stahlzargen (257m²), T30 (12m²), RS (37m²), T90 (24m²), OTS (91St), Bodentürstopper (314St), Stahlzargen beschichten (516m)	326,03 m²	273.485	**838,83**	

KG	Kostengruppe	Menge Einheit	Kosten €	€/Einheit	%
345	**Innenwandbekleidungen**	19.775,08 m²	234.190	**11,84**	27,3
	• Abbrechen (Kosten: 1,5%) Abbruch von Wandfliesen (151m²); Entsorgung, Deponiegebühren	150,96 m²	3.478	**23,04**	
	• Wiederherstellen (Kosten: 10,0%) Tapete entfernen, Wand spachteln (909m²), Wand mit F90-Platten ertüchtigen (22m²), GK-Vorsatzschale abbrechen, neue herstellen (5m²), beschädigte Wandfliesen entfernen, Untergrund reinigen, neu verfliesen (1m²), Silikonfugen erneuern (404m)	936,55 m²	23.311	**24,89**	
	• Herstellen (Kosten: 88,6%) GK-Vorsatzschalen (103m²), GK-Bekleidung (97m²), F90-Abkofferungen (69m²), F90-Bekleidung (16m²), Raufasertapete (3.721m²), Glasgewebe-Tapete (197m²), Dispersionsbeschichtung (19.616m²), Wandfliesen (159m²)	19.775,08 m²	207.401	**10,49**	
350	**Decken/Horizontale Baukonstruktionen**				**100,0**
353	**Deckenbeläge**	8.913,66 m²	683.841	**76,72**	47,6
	• Abbrechen (Kosten: 13,6%) Abbruch von Teppichboden (8.091m²), PVC-Belag (97m²), Bodenfliesen (45m²); Entsorgung, Deponiegebühren	8.233,60 m²	92.868	**11,28**	
	• Wiederherstellen (Kosten: 3,1%) Parkett schleifen, grundieren, zweimal mit Acryllack versiegeln (210m²), Viertelstäbe demontieren, lagern, wieder montieren (41m), Parkettstäbe austauschen (3St), Sockelleisten austauschen (7m), Estrichrisse schließen (20St), brüchige Estrichflächen erneuern (45St), Abplatzungen und Vertiefungen in Spachtelmasse reparieren (500m²), beschädigte Bodenfliesen entfernen, Untergrund reinigen, neu verfliesen (1m²)	711,23 m²	21.123	**29,70**	
	• Herstellen (Kosten: 83,3%) Ausgleichsmasse (8.149m²), Teppichfliesen 50x50cm (7.820m²), Linoleum (500m²), Teppichboden (280m²), ESD-Kautschukbelag (36m²), Sockelleisten (7.955m), Abdichtung (49m²), Bodenfliesen (66m²), Sockelfliesen (46m)	8.702,43 m²	569.850	**65,48**	
354	**Deckenbekleidungen**	8.960,27 m²	746.223	**83,28**	51,9
	• Abbrechen (Kosten: 33,2%) Abbruch von Rasterdecken, UK, KMF-Mineralplatten (7.570m²), GK-Decke (8m²), GK-Schürzen (110m); Entsorgung, Deponiegebühren	7.578,20 m²	247.512	**32,66**	
	• Wiederherstellen (Kosten: 1,5%) Akustikdecken reinigen, desinfizieren, beschichten (165m²), Mineralplatten mit UK demontieren, lagern, wieder montieren (30m²), GK-Decke öffnen, nach Bauarbeiten wieder schließen (7m²), MF-Decke öffnen, Brandanschluss anarbeiten (4St), GK-Schürzen öffnen, GK-Schürze F90 herstellen (4St)	202,00 m²	10.874	**53,83**	
	• Herstellen (Kosten: 65,4%) Rasterdecken, Stahlblech-UK, Mineralplatten, Abhängehöhe 35cm (7.417m²), abgehängte GK-Decken (690m²), GK-Schürzen (110m), Elektrokanal E90, Silikat-Brandschutzbauplatten (75m), Dispersionsbeschichtung (626m²)	8.758,27 m²	487.837	**55,70**	

Modernisierung

KG	Kostengruppe	Menge Einheit	Kosten €	€/Einheit	%
359	**Sonstiges zur KG 350**	8.960,27 m² DEF	6.615	**0,74**	0,5
	• Wiederherstellen (Kosten: 100,0%) Treppen-/Brüstungsgeländer aufrauen, beschichten (264St), Holzhandläufe schleifen, lackieren (150m), Balkongeländer 6,00x1,10m, demontieren, lagern, nach Bauarbeiten wieder montieren (5St)	711,23 m² DEF	6.615	**9,30**	
360	**Dächer**				**100,0**
364	**Dachbekleidungen**	1.514,00 m²	124.201	**82,04**	100,0
	• Abbrechen (Kosten: 38,0%) Abbruch von Rasterdecken, UK, KMF-Mineralplatten (1.514m²); Entsorgung, Deponiegebühren	1.514,00 m²	47.144	**31,14**	
	• Herstellen (Kosten: 62,0%) Rasterdecken, Stahlblech-UK, Mineralplatten, Abhängehöhe 35cm (1.514m²), Brandschutzgehäuse F30 (22St), Sprinklerausgänge schließen, spachteln, streichen (6St)	1.514,00 m²	77.057	**50,90**	
380	**Baukonstruktive Einbauten**				**100,0**
381	**Allgemeine Einbauten**	11.501,16 m² BGF	125.800	**10,94**	98,2
	• Abbrechen (Kosten: 1,9%) Abbruch von Teeküchen mit Elektrogeräten (19St); Entsorgung, Deponiegebühren	11.501,16 m² BGF	2.382	**0,21**	
	• Herstellen (Kosten: 98,1%) Teeküchen mit Elektrogeräten (20St), Einbauregal mit integrierter Sitzgelegenheit, b=1,02m, h=2,13m, Rückwand mit Steckdose, Garderobenhaken (1St)	11.501,16 m² BGF	123.418	**10,73**	
386	**Orientierungs- und Informationssysteme**	11.501,16 m² BGF	2.310	**0,20**	1,8
	• Herstellen (Kosten: 100,0%) Alu-Fluchtplanrahmen, ohne Fluchtplan (50St)	11.501,16 m² BGF	2.310	**0,20**	
390	**Sonstige Maßnahmen für Baukonstruktionen**				**100,0**
391	**Baustelleneinrichtung**	11.501,16 m² BGF	40.216	**3,50**	14,2
	• Herstellen (Kosten: 100,0%) Baustelleneinrichtung (psch), Bürocontainer (1St), Pausencontainer (1St), Baustellen-WC (1St), Bauzaun, h=2,00m (88m), Tor, zweiflüglig, b=5,00m (1St), Materialaufzug (1St), Gerüstaufzüge (3St)	11.501,16 m² BGF	40.216	**3,50**	
392	**Gerüste**	11.501,16 m² BGF	15.230	**1,32**	5,4
	• Herstellen (Kosten: 100,0%) Fassadengerüst, Lastklasse 4 (160m²), Treppenaufgang (1St), Rollgerüst (1St)	11.501,16 m² BGF	15.230	**1,32**	
397	**Zusätzliche Maßnahmen**	11.501,16 m² BGF	227.393	**19,77**	80,4
	• Herstellen (Kosten: 100,0%) Bauschutzwände (197m²), Bauschutzwand-Türen (23St), Schutzabdeckungen Folie (31.293m²), Holzspanplatten (762m²), KMF-Kammerschleusen (2St), KMF-Feinreinigung (13.627m²), Baufeinreinigung (psch)	11.501,16 m² BGF	227.393	**19,77**	
410	**Abwasser-, Wasser-, Gasanlagen**				**100,0**
412	**Wasseranlagen**	11.501,16 m² BGF	715	**0,06**	100,0
	• Herstellen (Kosten: 100,0%) Rohrdämmung ergänzen (8h)	11.501,16 m² BGF	715	**0,06**	

KG	Kostengruppe	Menge Einheit	Kosten €	€/Einheit	%
450	**Kommunikations-, sicherheits- und informationstechnische Anlagen**				**100,0**
456	**Gefahrenmelde- und Alarmanlagen**	11.501,16 m²BGF	41.147	**3,58**	100,0
	• Abbrechen (Kosten: 41,9%) Abbruch von Brandmeldeleitungen (81m²); Entsorgung, Deponiegebühren	11.501,16 m²BGF	17.248	**1,50**	
	• Herstellen (Kosten: 58,1%) Rauchmelder (58St)	11.501,16 m²BGF	23.899	**2,08**	
470	**Nutzungsspezifische und verfahrenstechnische Anlagen**				**100,0**
474	**Feuerlöschanlagen**	11.501,16 m²BGF	6.469	**0,56**	100,0
	• Abbrechen (Kosten: 100,0%) Abbruch von Rohrdämmung (275m); Entsorgung, Deponiegebühren	11.501,16 m²BGF	6.469	**0,56**	
490	**Sonstige Maßnahmen für technische Anlagen**				**100,0**
497	**Zusätzliche Maßnahmen**	11.501,16 m²BGF	1.958	**0,17**	100,0
	• Herstellen (Kosten: 100,0%) Personenaufzug-Kabine innenseitig mit Holzspanplatten schützen (2St)	11.501,16 m²BGF	1.958	**0,17**	

Kostenkennwerte für Leistungsbereiche nach STLB (Kosten des Bauwerks nach DIN 276)

LB	Leistungsbereiche	Kosten €	€/m² BGF	€/m³ BRI	% an 3+4
000	Baustellen-, Verkehrssich.- u. Sicherh.einr. inkl. 001	194.367	16,90	4,60	6,3
002	Erdarbeiten	–	–	–	–
006	Spezialtiefbauarbeiten inkl. 005	–	–	–	–
009	Entwässerungskanalarbeiten inkl. 011	–	–	–	–
010	Drän- und Versickerarbeiten	–	–	–	–
012	Mauerarbeiten	–	–	–	–
013	Betonarbeiten	–	–	–	–
014	Natur-, Betonwerksteinarbeiten	–	–	–	–
016	Zimmer- und Holzbauarbeiten	–	–	–	–
017	Stahlbauarbeiten	–	–	–	–
018	Abdichtungsarbeiten	1.057	0,09	0,02	< 0,1
019	Kampfmittelräumarbeiten	–	–	–	–
020	Dachdeckungsarbeiten	–	–	–	–
021	Dachabdichtungsarbeiten	–	–	–	–
022	Klempnerarbeiten	–	–	–	–
	Rohbau	**195.424**	**17,00**	**4,60**	**6,3**
023	Putz- und Stuckarbeiten, Wärmedämmsysteme	–	–	–	–
024	Fliesen- und Plattenarbeiten	53.184	4,60	1,30	1,7
	Wiederherstellen	10.095	0,88	0,24	0,3
	Herstellen	43.089	3,70	1,00	1,4
025	Estricharbeiten	541.896	47,10	12,80	17,5
	Wiederherstellen	9.424	0,82	0,22	0,3
	Herstellen	532.472	46,30	12,50	17,2
026	Fenster, Außentüren inkl. 029, 032	29.824	2,60	0,70	1,0
	Wiederherstellen	5.380	0,47	0,13	0,2
	Herstellen	24.444	2,10	0,58	0,8
027	Tischlerarbeiten	399.411	34,70	9,40	12,9
	Wiederherstellen	31.891	2,80	0,75	1,0
	Herstellen	367.520	32,00	8,70	11,9
028	Parkett-, Holzpflasterarbeiten	10.964	0,95	0,26	0,4
	Wiederherstellen	10.964	0,95	0,26	0,4
030	Rollladenarbeiten	147.079	12,80	3,50	4,8
031	Metallbauarbeiten inkl. 035	4.661	0,41	0,11	0,2
	Wiederherstellen	2.350	0,20	0,06	< 0,1
	Herstellen	2.310	0,20	0,05	< 0,1
034	Maler- und Lackiererarb. - Beschicht. inkl. 037	285.535	24,80	6,70	9,2
	Wiederherstellen	49.044	4,30	1,20	1,6
	Herstellen	236.491	20,60	5,60	7,6
036	Bodenbelagarbeiten	22.105	1,90	0,52	0,7
038	Vorgehängte hinterlüftete Fassaden	–	–	–	–
039	Trockenbauarbeiten	798.663	69,40	18,80	25,8
	Wiederherstellen	10.629	0,92	0,25	0,3
	Herstellen	788.035	68,50	18,60	25,5
	Ausbau	**2.293.322**	**199,40**	**54,00**	**74,2**
	Wiederherstellen	129.778	11,30	3,10	4,2
	Herstellen	2.163.545	188,10	51,00	70,0
040	Wärmeversorgungsanl. - Betriebseinr. inkl. 041	–	–	–	–
042	Gas- u. Wasseranl. - Leitung., Armat. inkl. 043	–	–	–	–
044	Abwasseranl. - Leitungen, Abläufe, Armaturen	–	–	–	–
045	Gas, Wasser, Entwässerung - Ausstattung inkl. 046	–	–	–	–

LB	Leistungsbereiche	Kosten €	€/m² BGF	€/m³ BRI	% an 3+4
047	Dämm- und Brandschutzarb. an techn. Anlagen	715	0,06	0,02	< 0,1
049	Feuerlöschanlagen, Feuerlöschgeräte	–	–	–	–
050	Blitzschutz-/Erdungsanlagen, Überspannungssch.	–	–	–	–
053	Niederspannungsanl. - Kabel inkl. 052, 054	–	–	–	–
055	Sicherheits- u. Ersatzstromversorgungsanl.	–	–	–	–
057	Gebäudesystemtechnik	–	–	–	–
058	Leuchten und Lampen inkl. 059	–	–	–	–
060	Such, Signal, Zeit, Anten., akust. Anl. inkl. 064	–	–	–	–
061	Kommunikations- u. Übertragungsnetze inkl. 063	23.899	2,10	0,56	0,8
069	Aufzüge	–	–	–	–
070	Gebäudeautomation	–	–	–	–
075	Raumlufttechnische Anlagen inkl. 078	–	–	–	–
	Gebäudetechnik	**24.614**	**2,10**	**0,58**	**0,8**
084	Abbruch, Rückbau, Schadstoffsanierung	488.100	42,40	11,50	15,8
	Abbrechen	488.100	42,40	11,50	15,8
	Abbrucharbeiten	**488.100**	**42,40**	**11,50**	**15,8**
	Abbrechen	488.100	42,40	11,50	15,8
	Sonstige Leistungsbereiche	**90.430**	**7,90**	**2,10**	**2,9**

1300-0301
Bürogebäude
Dachsanierung

Modernisierung

Kostenkennwerte für die Kosten des Bauwerks (Kostengruppen 300+400 nach DIN 276)

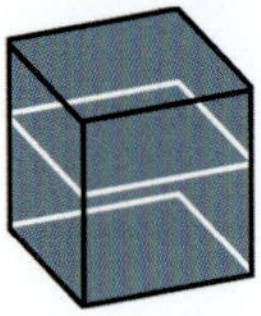

BRI 414 €/m³

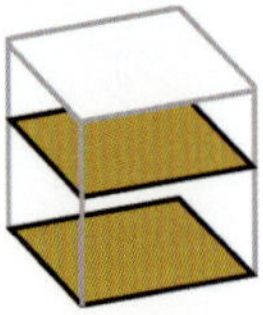

BGF 716 €/m²

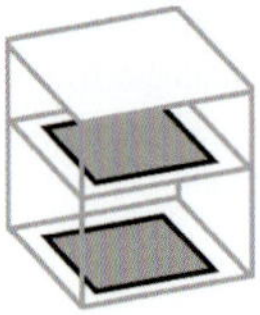

NUF 1.400 €/m²

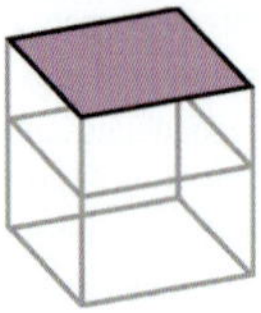

DAF 618 €/m²

Objekt:
Kennwerte: 3. Ebene DIN 276
BRI: 3.111 m³
BGF: 1.799 m²
NUF: 920 m²
DAF: 2.083 m²
Bauzeit: 35 Wochen
Bauende: 2022
Standard: hoch
Bundesland: Bayern
Kreis: Erding

Architekt*in:
Architekturbüro Maurer
Apfelallee 28+28A
81245 München

Bauherr*in:
Gregor Hauck

vorher

nachher

Dachgeschoss

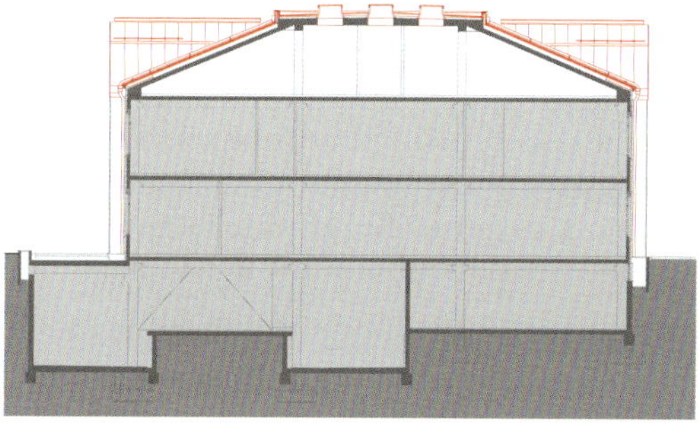

Schnitt A-A

Objektbeschreibung

Allgemeine Objektinformationen

Dachsanierung eines Gebäudes, welches 1990 als Bürogebäude mit Tiefgarage für eine vor Ort ansässige Brauerei errichtet wurde. Heutzutage beheimatet das Gebäude unterschiedliche Nutzer. Durch Rückbau der im Bestand vorhandenen Gauben erhielt der Baukörper eine klare und einheitliche Formensprache. Strukturiert wird dieser nun durch die sechs bereits existierenden Giebel. Vorhandene Proportionen wurden betont und herausgearbeitet. Die Innenräume wurden durch den Rückbau der Gauben ebenfalls erheblich aufgewertet.

Nutzung

1 Dachgeschoss
Büros, Sanitärräume, Sammelstellen, Technikräume, Teeküchen, Treppenhaus, Aufzüge

Besonderer Kosteneinfluss Nutzung
Gebäudenutzung während der Bauzeit, Mietern wurden Ausweichflächen angeboten. Abschnittsweise Ausführung und Koordinierung der Bauabläufe um die Beeinträchtigung im laufenden Betrieb so gering wie möglich zu halten. Zuwegungskonzept für externe Besucher.

Grundstück

Bauraum: Beengter Bauraum

Markt

Hauptvergabezeit: 2.Quartal 2021
Baubeginn: 2.Quartal 2021
Bauende: 1.Quartal 2022
Konjunkturelle Gesamtlage: über Durchschnitt
Regionaler Baumarkt: über Durchschnitt

Besonderer Kosteneinfluss Markt
Aufgrund der sich abzeichnenden Verknappung und Preissteigerungen von Baumaterial im Frühjahr 2021, insbesondere für Bauholz, Dämmstoffe und Aluminium, wurden in Absprache mit dem Bauherren und dem ausführenden Betrieb die benötigten Mengen direkt eingekauft und eingelagert. Somit konnten Preissteigerungen und Lieferengpässe vermieden werden. Trotz dieser Maßnahme musste im Bauablauf aufgrund fehlender Materialien mittels Umplanungen und Änderungen auf eine mangelnde Verfügbarkeit reagiert werden.

Baubestand

Baujahr: 1990
Bauzustand: schlecht
Aufwand: mittel
Grundrissänderungen: wenige
Tragwerkseingriffe: wenige
Nutzungsänderung: nein
Nutzung während der Bauzeit: ja

Baukonstruktion

Die Dachkonstruktion, bestehend aus einem Steil- und einem Flachdachbereich, wurde als Sargdeckelkonstruktion in Ortbeton ausgeführt. Das Steildach mit 22° Dachneigung wurde ursprünglich in Ziegeleindeckung ausgeführt. Für die Sanierung wurde das gesamte Dach bis auf die tragende Konstruktion abgetragen und neu aufgebaut. Vorhandene Gauben wurden rückgebaut und durch eine moderne und energieeffiziente Lichtlösung, ausgeführt mittels großflächiger Dachflächenfenster, ersetzt. So wurden große Belichtungsflächen geschaffen, die viel Tageslicht in die Büroräume bringen. Ein außenliegendes Sonnenschutzsystem sorgt, neben der Möglichkeit der natürlichen Belüftung über öffenbare Dachfenster, für ein angenehmes Raumklima. Der Steildachbereich wurde aus farbbeschichteten Aluminiumbahnen als hinterlüftete Doppelstehfalzdeckung ausgeführt. Das Flachdach erhielt eine Kiesauflage, hier wurden zudem die Lichtkuppeln erneuert. Im Zuge des Neuaufbaus wurde Wert auf eine wärmebrückenfreie statische Befestigung des Dachaufbaus gelegt. Im Steildachbereich konnte durch eine 180mm starke Dämmung ein U-Wert von 0,13W/m²K erreicht werden. Im Flachdachbereich liegt der Wert im Mittel bei 0,134W/m²K. Somit wurden die Anforderungen für das Programm "Bundesförderung für effiziente Gebäude" eingehalten. Das Dachgefälle im Flachdachbereich wurde auf das notwendige Maß erhöht. Die Dachentwässerung, inklusive Notüberläufe, wurde entsprechend geltender Anforderungen ertüchtigt.

Technische Anlagen

Es kamen keine Technischen Anlagen zur Ausführung.

Sonstiges

Die Brandschutzsanierung des Bürogebäudes ist unter der BKI-Objektnummer 1300-0303 dokumentiert.

Planungskennwerte für Flächen und Rauminhalte nach DIN 277

Flächen des Grundstücks		Menge Einheit	% an GF
BF	Bebaute Fläche	2.047,80 m2	51,1
UF	Unbebaute Fläche	1.957,20 m2	48,9
GF	Grundstücksfläche	4.005,00 m2	100,0

Grundflächen des Bauwerks		Menge Einheit	% an NUF	% an BGF
NUF	Nutzungsfläche	919,61 m2	100,0	51,1
TF	Technikfläche	20,38 m2	2,2	1,1
VF	Verkehrsfläche	372,07 m2	40,5	20,7
NRF	Netto-Raumfläche	1.312,06 m2	142,7	72,9
KGF	Konstruktions-Grundfläche	487,15 m2	53,0	27,1
BGF	Brutto-Grundfläche	1.799,21 m2	195,6	100,0

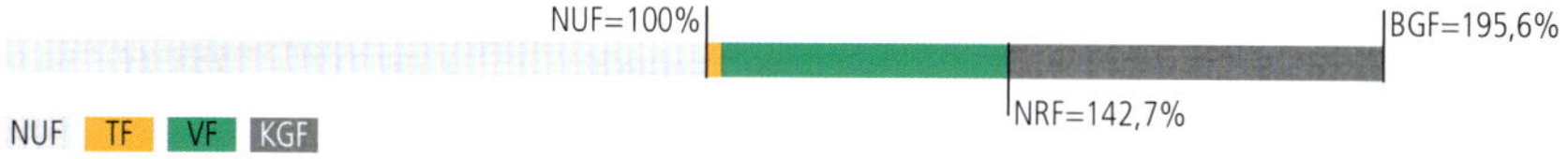

Brutto-Rauminhalt des Bauwerks		Menge Einheit	BRI/NUF (m)	BRI/BGF (m)
BRI	Brutto-Rauminhalt	3.110,63 m3	3,38	1,73

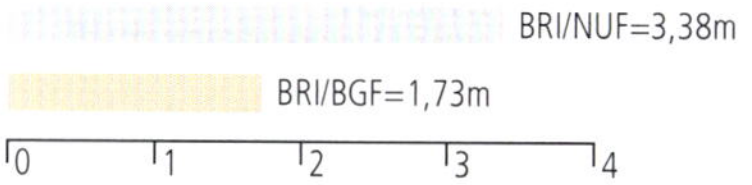

Lufttechnisch behandelte Flächen	Menge Einheit	% an NUF	% an BGF
Entlüftete Fläche	–	–	–
Be- und entlüftete Fläche	–	–	–
Teilklimatisierte Fläche	–	–	–
Klimatisierte Fläche	–	–	–

KG	Kostengruppen (2. Ebene)	Menge Einheit	Menge/NUF	Menge/BGF
310	Baugrube / Erdbau	–	–	–
320	Gründung, Unterbau	–	–	–
330	Außenwände/Vertikale Baukonstruktionen, außen	–	–	–
340	Innenwände/Vertikale Baukonstruktionen, innen	311,79 m2 IWF	0,34	0,17
350	Decken/Horizontale Baukonstruktionen	–	–	–
360	Dächer	2.082,78 m2 DAF	2,27	1,16

KG	Kostengruppe	Menge Einheit	Kosten €	€/Einheit	%
440	**Elektrische Anlagen**	1.799,21 m²BGF	676	**0,38**	49,5
	• Herstellen (Kosten: 100,0%) Verkabelung, Anschluss von Motor Dachflächenfenster (psch)	1.799,21 m²BGF	676	**0,38**	
600	**Ausstattung und Kunstwerke**				**100,0**
610	**Allgemeine Ausstattung**	1.799,21 m²BGF	1.433	**0,80**	100,0
	• Herstellen (Kosten: 100,0%) Schiebe-Einhängeleiter als Ausstiegsleiter Lichtkuppel (1St), Bedienstangen DFF und Verdunklungsrollos (6St)	1.799,21 m²BGF	1.433	**0,80**	

Kostenkennwerte für die Kostengruppen 300 der 2. und 3.Ebene DIN 276 (Übersicht)

KG	Kostengruppe	Menge Einheit	Kosten €	€/Einheit	% an 3+4
300	**Bauwerk – Baukonstruktionen**	**1.799,21 m² BGF**	**1.287.716,70**	**715,71**	**99,9**
310	**Baugrube / Erdbau**	**–**	**–**	**–**	**–**
311	Herstellung	–	–	–	–
312	Umschließung	–	–	–	–
313	Wasserhaltung	–	–	–	–
314	Vortrieb	–	–	–	–
319	Sonstiges zur KG 310	–	–	–	–
320	**Gründung, Unterbau**	**–**	**–**	**–**	**–**
321	Baugrundverbesserung	–	–	–	–
322	Flachgründungen und Bodenplatten	–	–	–	–
323	Tiefgründungen	–	–	–	–
324	Gründungsbeläge	–	–	–	–
325	Abdichtungen und Bekleidungen	–	–	–	–
326	Dränagen	–	–	–	–
329	Sonstiges zur KG 320	–	–	–	–
330	**Außenwände/Vert. Baukonstrukt., außen**	**–**	**12.699,74**	**–**	**1,0**
331	Tragende Außenwände	–	–	–	–
332	Nichttragende Außenwände	–	–	–	–
333	Außenstützen	–	–	–	–
334	Außenwandöffnungen	–	–	–	–
335	Außenwandbekleidungen, außen	–	–	–	–
336	Außenwandbekleidungen, innen	–	–	–	–
337	Element. Außenwandkonstruktionen	–	–	–	–
338	Lichtschutz zur KG 330	–	–	–	–
339	Sonstiges zur KG 330	–	12.699,74	–	1,0
340	**Innenwände/Vert. Baukonstrukt., innen**	**311,79 m² IWF**	**5.087,69**	**16,32**	**0,4**
341	Tragende Innenwände	–	–	–	–
342	Nichttragende Innenwände	–	–	–	–
343	Innenstützen	–	–	–	–
344	Innenwandöffnungen	–	–	–	–
345	Innenwandbekleidungen	623,58 m²	5.087,69	8,16	0,4
346	Elementierte Innenwandkonstruktionen	–	–	–	–
347	Lichtschutz zur KG 340	–	–	–	–
349	Sonstiges zur KG 340	–	–	–	–
350	**Decken/Horizontale Baukonstruktionen**	**–**	**–**	**–**	**–**
351	Deckenkonstruktionen	–	–	–	–
352	Deckenöffnungen	–	–	–	–
353	Deckenbeläge	–	–	–	–
354	Deckenbekleidungen	–	–	–	–
355	Elementierte Deckenkonstruktionen	–	–	–	–
359	Sonstiges zur KG 350	–	–	–	–
360	**Dächer**	**2.082,78 m² DAF**	**1.169.478,93**	**561,50**	**90,7**
361	Dachkonstruktionen	–	–	–	–
362	Dachöffnungen	114,64 m²	215.438,20	1.879,26	16,7
363	Dachbeläge	2.082,78 m²	814.279,33	390,96	63,2
364	Dachbekleidungen	506,74 m²	64.378,37	127,04	5,0
365	Elementierte Dachkonstruktionen	–	–	–	–
366	Lichtschutz zur KG 360	87,87 m²	41.018,93	466,81	3,2
369	Sonstiges zur KG 360	2.082,78 m² DAF	34.364,11	16,50	2,7
370	**Infrastrukturanlagen**	**–**	**–**	**–**	**–**
380	**Baukonstruktive Einbauten**	**–**	**–**	**–**	**–**
390	**Sonst. Maßnahmen für Baukonstrukt.**	**1.799,21 m² BGF**	**100.450,34**	**55,83**	**7,8**

Kostenkennwerte für die Kostengruppen 400 der 2. und 3. Ebene DIN 276 (Übersicht)

KG	Kostengruppe	Menge Einheit	Kosten €	€/Einheit	% an 3+4
400	**Bauwerk – Technische Anlagen**	**1.799,21 m²BGF**	**1.365,91**	**0,76**	**0,1**
410	**Abwasser-, Wasser-, Gasanlagen**	**–**	**–**	**–**	**–**
411	Abwasseranlagen	–	–	–	–
412	Wasseranlagen	–	–	–	–
413	Gasanlagen	–	–	–	–
419	Sonstiges zur KG 410	–	–	–	–
420	**Wärmeversorgungsanlagen**	**1.799,21 m²BGF**	**690,26**	**0,38**	**< 0,1**
421	Wärmeerzeugungsanlagen	–	–	–	–
422	Wärmeverteilnetze	–	–	–	–
423	Raumheizflächen	–	–	–	–
424	Verkehrsheizflächen	–	–	–	–
429	Sonstiges zur KG 420	1.799,21 m²BGF	690,26	0,38	< 0,1
430	**Raumlufttechnische Anlagen**	**–**	**–**	**–**	**–**
431	Lüftungsanlagen	–	–	–	–
432	Teilklimaanlagen	–	–	–	–
433	Klimaanlagen	–	–	–	–
434	Kälteanlagen	–	–	–	–
439	Sonstiges zur KG 430	–	–	–	–
440	**Elektrische Anlagen**	**1.799,21 m²BGF**	**675,65**	**0,38**	**< 0,1**
441	Hoch- und Mittelspannungsanlagen	–	–	–	–
442	Eigenstromversorgungsanlagen	–	–	–	–
443	Niederspannungsschaltanlagen	–	–	–	–
444	Niederspannungsinstallationsanlagen	1.799,21 m²BGF	675,65	0,38	< 0,1
445	Beleuchtungsanlagen	–	–	–	–
446	Blitzschutz- und Erdungsanlagen	–	–	–	–
447	Fahrleitungssysteme	–	–	–	–
449	Sonstiges zur KG 440	–	–	–	–
450	**Kommunikationstechnische Anlagen**	**–**	**–**	**–**	**–**
451	Telekommunikationsanlagen	–	–	–	–
452	Such- und Signalanlagen	–	–	–	–
453	Zeitdienstanlagen	–	–	–	–
454	Elektroakustische Anlagen	–	–	–	–
455	Audiovisuelle Medien- u. Antennenanl.	–	–	–	–
456	Gefahrenmelde- und Alarmanlagen	–	–	–	–
457	Datenübertragungsnetze	–	–	–	–
458	Verkehrsbeeinflussungsanlagen	–	–	–	–
459	Sonstiges zur KG 450	–	–	–	–
460	**Förderanlagen**	**–**	**–**	**–**	**–**
461	Aufzugsanlagen	–	–	–	–
462	Fahrtreppen, Fahrsteige	–	–	–	–
463	Befahranlagen	–	–	–	–
464	Transportanlagen	–	–	–	–
465	Krananlagen	–	–	–	–
466	Hydraulikanlagen	–	–	–	–
469	Sonstiges zur KG 460	–	–	–	–
470	**Nutzungsspez. u. verfahrenstechn. Anl.**	**–**	**–**	**–**	**–**
480	**Gebäude- und Anlagenautomation**	**–**	**–**	**–**	**–**
490	**Sonst. Maßnahmen für techn. Anlagen**	**–**	**–**	**–**	**–**

Kostenkennwerte für die Kostengruppen der 3.Ebene DIN 276

KG	Kostengruppe	Menge Einheit	Kosten €	€/Einheit	%
330	**Außenwände/Vertikale Baukonstruktionen, außen**				**100,0**
339	**Sonstiges zur KG 330**	–	12.700	–	100,0
	• Abbrechen (Kosten: 21,7%) Abbruch von Dachaufbau zweier Eingangsvordächer (8m²); Entsorgung, Deponiegebühren	–	2.762	–	
	• Herstellen (Kosten: 78,3%) Vordächer: Bitumenbahn, KVH mit Mineralwoll-Zwischendämmung WLG 035, Multiplexplatten, d=24mm, Unterdeckbahn, Alu-Doppelstehfalzdeckung (8m²), Wandanschlüsse (19m), Stirnbretter, Alu-Bekleidungen (7m²), Kastenrinnen (13m), Regenfallrohr DN80 (3m)	–	9.938	–	
340	**Innenwände/Vertikale Baukonstruktionen, innen**				**100,0**
345	**Innenwandbekleidungen**	623,58 m²	5.088	**8,16**	100,0
	• Herstellen (Kosten: 100,0%) Dispersionsbeschichtung (624m²)	623,58 m²	5.088	**8,16**	
360	**Dächer**				**100,0**
362	**Dachöffnungen**	114,64 m²	215.438	**1.879,26**	18,4
	• Abbrechen (Kosten: 1,5%) Abbruch von Lichtkuppeln 116x116cm (31m²), 94x140cm (21m²), 94x118cm (9m²), Lichtkuppel, Pfettenkranz bleibt erhalten (9m²); Entsorgung, Deponiegebühren	69,97 m²	3.146	**44,97**	
	• Herstellen (Kosten: 98,5%) Lichtkuppeln 100x100cm, Acryl, dreischalig, Uw=1,1W/m²K, öffenbar, Motorantrieb, Aufsetzkranz (22m²), öffenbar, mit Leiterhalterung (1m²), Klapp-Schwingfenster 94x160cm, Dreifachverglasung, Alu-Kunststoff, Uw=0,99W/m²K, 37dB, Blendrahmen (30m²), 94x140cm (21m²), 94x118cm (7m²), 94x160cm als Schwingfenster (30m²), Aufsetzrahmen für DFF, KVH 8x18cm, teilweise zweilagig (337m), 12x18cm (251m), Lichtkuppel, Holzkonstruktion, Dachfenster, Eindeckrahmen, Pfettenkranz Bestand (4m²)	114,64 m²	212.292	**1.851,81**	

Kostenkennwerte für Leistungsbereiche nach STLB (Kosten des Bauwerks nach DIN 276)

LB	Leistungsbereiche	Kosten €	€/m² BGF	€/m³ BRI	% an 3+4
000	Baustellen-, Verkehrssich.- u. Sicherh.einr. inkl. 001	81.832	45,50	26,30	6,4
002	Erdarbeiten	–	–	–	–
009	Entwässerungskanalarbeiten inkl. 011	–	–	–	–
010	Drän- und Versickerarbeiten	–	–	–	–
012	Mauerarbeiten	–	–	–	–
013	Betonarbeiten	–	–	–	–
014	Natur-, Betonwerksteinarbeiten	–	–	–	–
016	Zimmer- und Holzbauarbeiten	122.024	67,80	39,20	9,5
017	Stahlbauarbeiten	–	–	–	–
018	Abdichtungsarbeiten	–	–	–	–
019	Kampfmittelräumarbeiten	–	–	–	–
020	Dachdeckungsarbeiten	15.704	8,70	5,00	1,2
021	Dachabdichtungsarbeiten	487.353	270,90	156,70	37,8
022	Klempnerarbeiten	320.087	177,90	102,90	24,9
	Rohbau	**1.026.999**	**570,80**	**330,20**	**79,8**
023	Putz- und Stuckarbeiten, Wärmedämmsysteme	–	–	–	–
024	Fliesen- und Plattenarbeiten	–	–	–	–
025	Estricharbeiten	–	–	–	–
026	Fenster, Außentüren inkl. 029, 032	–	–	–	–
027	Tischlerarbeiten	–	–	–	–
028	Parkett-, Holzpflasterarbeiten	–	–	–	–
030	Rollladenarbeiten	41.019	22,80	13,20	3,2
031	Metallbauarbeiten inkl. 035	209	0,12	0,07	< 0,1
034	Maler- und Lackiererarb. - Beschicht. inkl. 037	15.105	8,40	4,90	1,2
036	Bodenbelagarbeiten	–	–	–	–
038	Vorgehängte hinterlüftete Fassaden	–	–	–	–
039	Trockenbauarbeiten	57.119	31,70	18,40	4,4
	Ausbau	**113.452**	**63,10**	**36,50**	**8,8**
040	Wärmeversorgungsanl. - Betriebseinr. inkl. 041	–	–	–	–
042	Gas- u. Wasseranl. - Leitung., Armat. inkl. 043	–	–	–	–
044	Abwasseranl. - Leitungen, Abläufe, Armaturen	–	–	–	–
045	Gas, Wasser, Entwässerung - Ausstattung inkl. 046	–	–	–	–
047	Dämm- und Brandschutzarb. an techn. Anlagen	–	–	–	–
049	Feuerlöschanlagen, Feuerlöschgeräte	–	–	–	–
050	Blitzschutz-/Erdungsanlagen, Überspannungssch.	–	–	–	–
053	Niederspannungsanl. - Kabel inkl. 052, 054	–	–	–	–
055	Sicherheits- u. Ersatzstromversorgungsanl.	–	–	–	–
057	Gebäudesystemtechnik	–	–	–	–
058	Leuchten und Lampen inkl. 059	–	–	–	–
060	Such, Signal, Zeit, Anten., akust. Anl. inkl. 064	–	–	–	–
061	Kommunikations- u. Übertragungsnetze inkl. 063	–	–	–	–
069	Aufzüge	–	–	–	–
070	Gebäudeautomation	–	–	–	–
075	Raumlufttechnische Anlagen inkl. 078	–	–	–	–
	Gebäudetechnik	**–**	**–**	**–**	**–**
084	Abbruch, Rückbau, Schadstoffsanierung	147.266	81,90	47,30	11,4
	Abbrechen	147.266	81,90	47,30	11,4
	Abbrucharbeiten	**147.266**	**81,90**	**47,30**	**11,4**
	Abbrechen	147.266	81,90	47,30	11,4
	Sonstige Leistungsbereiche	**–**	**–**	**–**	**–**

1300-0303
Bürogebäude
TG (72 STP)
Brandschutzsanierung

Modernisierung

Kostenkennwerte für die Kosten des Bauwerks (Kostengruppen 300+400 nach DIN 276)

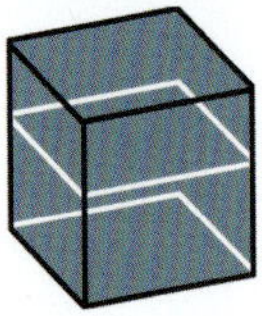

BRI 19 €/m³

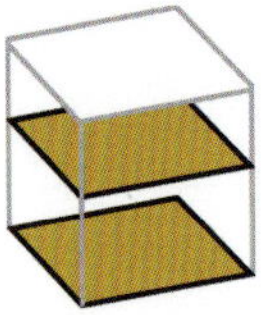

BGF 65 €/m²

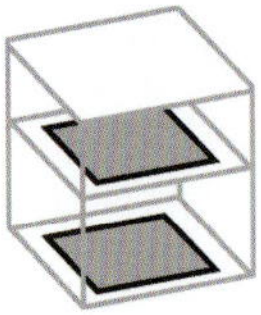

NUF 109 €/m²

Objekt:
Kennwerte: 3.Ebene DIN 276
BRI: 26.052 m³
BGF: 7.379 m²
NUF: 4.449 m²
Bauzeit: 70 Wochen
Bauende: 2022
Standard: hoch
Bundesland: Bayern
Kreis: Erding

Architekt*in:
Architekturbüro Maurer
Apfelallee 28+28A
81245 München

Bauherr*in:
Gregor Hauck

vorher

nachher

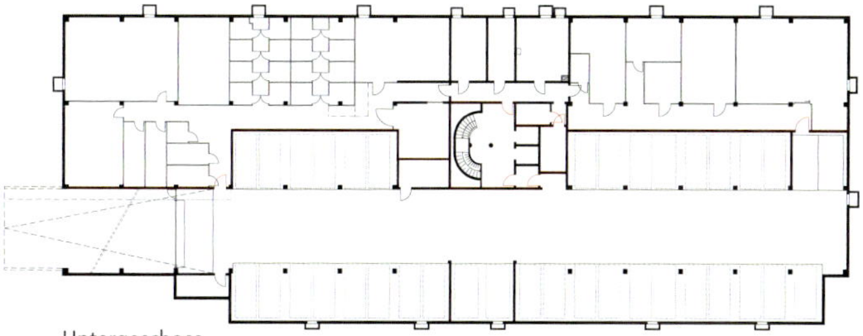

Untergeschoss

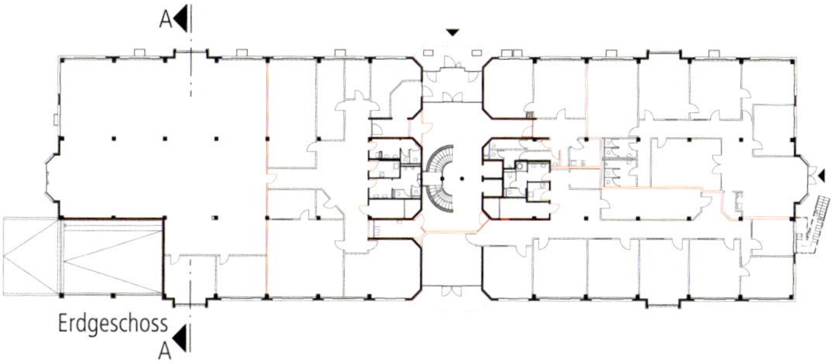

Erdgeschoss

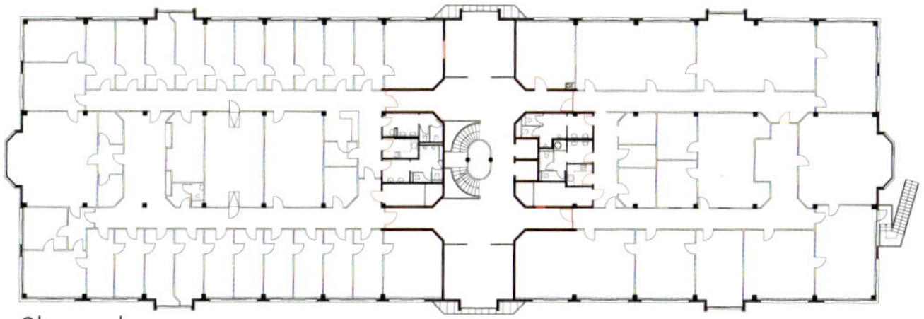

Obergeschoss

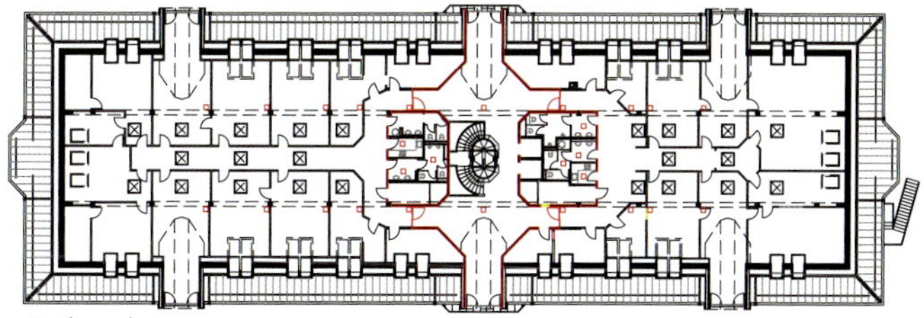

Dachgeschoss

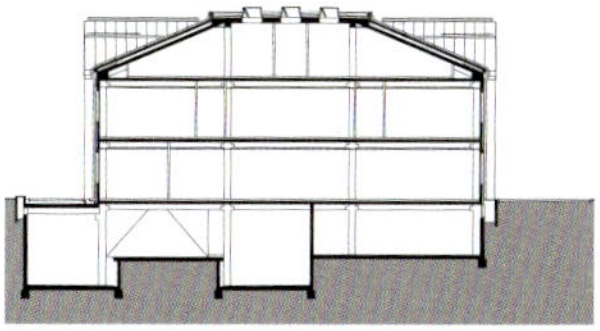

Schnitt A-A

1300-0303
Bürogebäude
TG (72 STP)
Brandschutzsanierung

Modernisierung

Objektbeschreibung

Allgemeine Objektinformationen

Brandschutzsanierung eines Gebäudes, welches 1990 als Bürogebäude mit Tiefgarage für eine vor Ort ansässige Brauerei errichtet wurde. Heutzutage beheimatet das Gebäude eine Einzelhandelsfläche im EG, Verwaltungs- und Schulungsräume sowie Einzel- und Großraumbüros für unterschiedliche Nutzer. Gemeinsam mit Brandschutzplanern und den zuständigen Prüfsachverständigen wurde ein zukunftsorientiertes nachhaltiges Konzept entwickelt, das den vorbeugenden baulichen Brandschutz vereinfacht und neu strukturiert.

Nutzung

1 Untergeschoss
Tiefgaragen-Doppelparker (72St), Kellerräume, Technikräume, Hausmeister, Treppenhaus, Aufzüge (2St), Zufahrt

1 Erdgeschoss
Einzelhandel, Büros, Nebenräume, Technikräume

1 Obergeschoss
Verwaltung, Büros, Schulungsräume, Nebenräume, Warteräume, Technikräume, Serverraum

1 Dachgeschoss
Büros, Nebenräume, Sammelstellen, Technikräume

Besonderer Kosteneinfluss Nutzung
Gebäudenutzung während der Bauzeit, den Mietern wurden Ausweichflächen angeboten. Abschnittsweise Ausführung und Koordinierung der Bauabläufe um die Beeinträchtigung im laufenden Betrieb so gering wie möglich zu halten.

Nutzeinheiten

Stellplätze: 72

Grundstück

Bauraum: Beengter Bauraum

Markt

Hauptvergabezeit: 2. Quartal 2021
Baubeginn: 2. Quartal 2021
Bauende: 4. Quartal 2022
Konjunkturelle Gesamtlage: über Durchschnitt
Regionaler Baumarkt: über Durchschnitt

Baubestand

Baujahr: 1990
Bauzustand: schlecht
Aufwand: mittel
Grundrissänderungen: wenige
Tragwerkseingriffe: wenige
Nutzungsänderung: ja
Nutzung während der Bauzeit: ja

Baukonstruktion

Die Abmessungen im EG betragen 74,6mx24,0m. Die tragende Bauwerkskonstruktion wurde überwiegend aus Betonfertigelementen erstellt. Trennwände zwischen und innerhalb der Nutzungseinheiten sind zum großen Teil in Trockenbauweise ausgeführt. Tragende und aussteifende Elemente wie Kern- und Treppenhauswände sind in Ziegel bzw. Porenbeton, Aufzugs- und Versorgungsschächte sind in Ortbeton ausgeführt. Um eine Brandausbreitung zwischen verschiedenen Nutzungseinheiten ausreichend lange zu verhindern, wurden Leitungsdurchführungen durch Rohr- oder Kabelabschottungen im Bereich der Decken und Trennwände feuerwiderstandsfähig ertüchtigt. Bei vorhandenen Feuerschutztüren sowie bei Türen in Flucht- und Rettungswegen sind vorhandene Mängel beseitigt oder betreffende Türen komplett ausgetauscht und den Anforderungen des Brandschutzkonzeptes angepasst worden.

Technische Anlagen

Während der Brandschutzarbeiten wurden Arbeiten an der Haustechnik durchgeführt. Neben der Querschnittreduzierung von Trinkwasserleitungen erfolgte die Erweiterung der vorhandenen Heizungsanlage. Eine im Bestand vorhandene, maschinelle Entlüftung der Tiefgarage, wurde rückgebaut und eine CO-Warnanlage installiert, eine Entlüftung über Dach war gemäß Vorschriften nicht notwendig. Die Lüftungsanlagen im Erdgeschoss wurden ebenfalls rückgebaut. Der Luftaustausch in den Büroeinheiten erfolgt über Fensterlüftung. Eine aufgeschaltete Brandmeldeanlage wurde für Teilbereiche des Gebäudes installiert. Die neu errichtete Brandmeldezentrale befindet sich direkt im Eingangsbereich des Gebäudes.

Sonstiges

Die Dachsanierung des Bürogebäudes ist unter der BKI-Objektnummer 1300-0301 dokumentiert.

Planungskennwerte für Flächen und Rauminhalte nach DIN 277

Flächen des Grundstücks		Menge Einheit	% an GF
BF	Bebaute Fläche	2.047,80 m²	51,1
UF	Unbebaute Fläche	1.957,20 m²	48,9
GF	Grundstücksfläche	4.005,00 m²	100,0

Grundflächen des Bauwerks		Menge Einheit	% an NUF	% an BGF
NUF	Nutzungsfläche	4.449,11 m²	100,0	60,3
TF	Technikfläche	162,89 m²	3,7	2,2
VF	Verkehrsfläche	1.863,90 m²	41,9	25,3
NRF	Netto-Raumfläche	6.475,90 m²	145,6	87,8
KGF	Konstruktions-Grundfläche	902,82 m²	20,3	12,2
BGF	Brutto-Grundfläche	7.378,72 m²	165,8	100,0

Brutto-Rauminhalt des Bauwerks		Menge Einheit	BRI/NUF (m)	BRI/BGF (m)
BRI	Brutto-Rauminhalt	26.052,45 m³	5,86	3,53

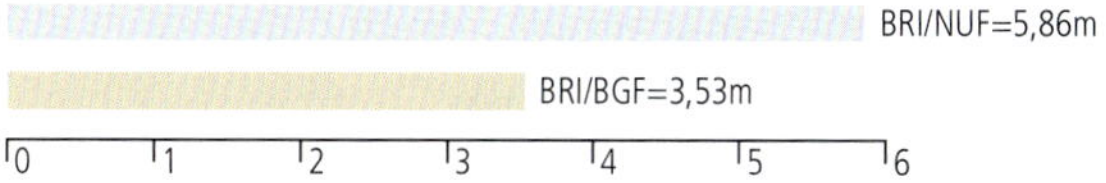

Lufttechnisch behandelte Flächen	Menge Einheit	% an NUF	% an BGF
Entlüftete Fläche	–	–	–
Be- und entlüftete Fläche	–	–	–
Teilklimatisierte Fläche	–	–	–
Klimatisierte Fläche	–	–	–

KG	Kostengruppen (2. Ebene)	Menge Einheit	Menge/NUF	Menge/BGF
310	Baugrube / Erdbau	–	–	–
320	Gründung, Unterbau	–	–	–
330	Außenwände/Vertikale Baukonstruktionen, außen	–	–	–
340	Innenwände/Vertikale Baukonstruktionen, innen	–	–	–
350	Decken/Horizontale Baukonstruktionen	–	–	–
360	Dächer	–	–	–

Kostenkennwerte für die Kostengruppen der 1. Ebene DIN 276

KG	Kostengruppen (1. Ebene)	Einheit	Kosten €	€/Einheit	€/m² BGF	€/m³ BRI	% 300+400
100	Grundstück	m² GF	–	–	–	–	–
200	Vorbereitende Maßnahmen	m² GF	5.906	1,47	0,80	0,23	1,2
300	Bauwerk – Baukonstruktionen	m² BGF	319.291	43,27	43,27	12,26	66,1
400	Bauwerk – Technische Anlagen	m² BGF	163.780	22,20	22,20	6,29	33,9
	Bauwerk 300+400	**m² BGF**	**483.071**	**65,47**	**65,47**	**18,54**	**100,0**
500	Außenanlagen und Freiflächen	m² AF	4.257	1,93	0,58	0,16	0,9
600	Ausstattung und Kunstwerke	m² BGF	814	0,11	0,11	0,03	0,2
700	Baunebenkosten	m² BGF	–	–	–	–	–
800	Finanzierung	m² BGF	–	–	–	–	–

KG	Kostengruppe	Menge Einheit	Kosten €	€/Einheit	%
200	**Vorbereitende Maßnahmen**	4.005,00 m² GF	5.906	**1,47**	1,2

- Herstellen (Kosten: 100,0%) 5.906
  Hausanschluss Wasser erneuern

KG	Kostengruppe	Menge Einheit	Kosten €	€/Einheit	%
3+4	**Bauwerk**				**100,0**
300	**Bauwerk – Baukonstruktionen**	7.378,72 m² BGF	319.291	**43,27**	66,1

- Abbrechen (Kosten: 7,8%) 24.905
  Abbruch von unzulässigem Material im Bereich Brandschutzschotts, in Spannlöchern, an Brandschutzklappen, Trockenbauwänden, Türen und Zargen mit Vorbereitung für Türeinbau; Entsorgung, Deponiegebühren

- Wiederherstellen (Kosten: 1,7%) 5.543
  Im Bereich bauseitig eingebautem Feuerwehrschlüsseldepot, WDVS ergänzen, an Bestand anpassen, Anschlag Feuerschutzvorhang ertüchtigen; Brandschutztüren warten, in Betrieb nehmen; Schachtsockel abbrechen, neu aufmörteln

- Herstellen (Kosten: 90,5%) 288.842
  Fenster-Absturzsicherungen; Brandabschottungen, Brandschutztüren, Brandschutzbekleidungen, Wandfliesen anarbeiten, Schachtwandbekleidungen; Brandschutzmanschetten, Brandschutzfugen, Bodenfliesen anarbeiten, Aufzugsschachtabdeckung, Revisionsöffnungen; Schließanlage, Malerarbeiten

KG	Kostengruppe	Menge Einheit	Kosten €	€/Einheit	%
400	**Bauwerk – Technische Anlagen**	7.378,72 m² BGF	163.780	**22,20**	33,9

- Abbrechen (Kosten: 13,9%) 22.733
  Abbruch von Rohrdämmung, Trinkwasserleitungen, Komponenten Hausanschlussraum; TG-Abluftanlage, RTL-Anlage, Fortlufthaube, Brandschutzklappen, Klimageräten; Löschkästen; Entsorgung, Deponiegebühren

- Wiederherstellen (Kosten: 0,5%) 756
  Prüfung/Bewertung RLT-Anlagen, Filter wechseln

- Herstellen (Kosten: 85,7%) 140.291
  Schmutzwasserentlüftungsleitung austauschen, Hauswasserstation, Wasserleitungen, Brandschutzrohrschalen, nichtbrennbare Rohrdämmungen; Heizungsrohre, Brandschutzschalen, Heizkörper; Lüftungskanäle, Entlüftung Aufzugsschacht; Brandschutzmanschetten, Halterungen, feuerbeständige Bekleidungen; Brandmeldeanlage, CO-Gaswarnanlage

KG	Kostengruppe	Menge Einheit	Kosten €	€/Einheit	%
500	**Außenanlagen und Freiflächen**	2.204,25 m²AF	4.257	**1,93**	0,9
	• Herstellen (Kosten: 100,0%) Zutritt zu Schächten		4.257		
600	**Ausstattung und Kunstwerke**	7.378,72 m²BGF	814	**0,11**	0,2
	• Herstellen (Kosten: 100,0%) Feuerwehrleiter		814		

Kostenkennwerte für die Kostengruppen der 2. Ebene DIN 276

KG	Kostengruppe	Menge Einheit	Kosten €	€/Einheit	%
200	**Vorbereitende Maßnahmen**				**100,0**
220	**Öffentliche Erschließung**	4.005,00 m²GF	5.906	**1,47**	100,0
	• Herstellen (Kosten: 100,0%) Hausanschluss (psch), Hausanschlussleitungen (37m)	4.005,00 m²GF	5.906	**1,47**	
300	**Bauwerk – Baukonstruktionen**				**100,0**
330	**Außenwände/Vert. Baukonstrukt., außen**	–	5.361	–	1,7
	• Wiederherstellen (Kosten: 30,1%) Armierungsgewebe an Feuerwehrschlüsseldepot entfernen, Wärmedämmung ergänzen, Putz an Bestand anpassen, Beschichtung (psch) * Anschlag Feuerschutzvorhang ertüchtigen (1St)	–	1.613	–	
	• Herstellen (Kosten: 69,9%) Fenster-Absturzsicherungen, VSG (4St)	–	3.747	–	
340	**Innenwände/Vert. Baukonstrukt., innen**	–	237.995	–	74,5
	• Abbrechen (Kosten: 10,5%) Abbruch von unzulässigem Material im Bereich der Brandschutzschotts (103St), in Spannlöchern (796St), Ringspalt an Brandschutzklappen freistemmen (4St) * Trockenbauwänden (35m²) * Türen und Zargen (72m²); Entsorgung, Deponiegebühren	–	24.905	–	
	• Wiederherstellen (Kosten: 0,2%) Brandschutztüren warten, in Betrieb nehmen (7St)	–	530	–	
	• Herstellen (Kosten: 89,3%) Brandabschottungen: in Spannlöchern (796St), für Rohre (21St), für Einzelkabel (43St), Brandschutzmanschetten (8St), Brandschutzschaum (16St), Brandschutzkit (4St), Brandschutzstopfen (35St), Ringspaltverpressungen (6St), Brandschutzmörtel (33St), Brandschutzstein (1St), Brandschutzboxen (2St), Brandschutzfugen (54m), Brandschutzschnur (21m) * GK-Wände F90 (21m²), Deckenanschlüsse (105m) * Alu/Glastürelemente T30 RS (17m²), Stahltüren T90 RS (20m²), T30 RS (8m²), T30 (5m²), Holztüren (2m²), T30 (24m²), Holztürblatt (2m²) * GKF-Bekleidung (35m²), Wandaufdopplung, Feuerschutzplatten (18m), feuerbeständige Bekleidungen an Brandschutzklappen (18St), Anarbeiten von Wandfliesen (44h), Schachtwandbekleidungen, Feuerschutzplatten (5m²), Revisionstüren (3St)	–	212.560	–	
350	**Decken/Horizontale Baukonstruktionen**	–	18.219	–	5,7
	• Herstellen (Kosten: 100,0%) Brandabschottungen für nichtbrennbare Rohre mit nichtbrennbaren Isolierung: Steinwollstopfung, Brandschutzversiegelung (47St), für Einzelkabel (9St), für brennbare Rohre: Manschetten (3St), Brandschottung, Mineralfaserplatten, Brandschutzbeschichtung (4St), Brandschutzstein (1St), Brandschutzschaum (8St), Deckenfugen TG, feuerbeständige Abdeckungen (51m) * Anarbeiten von Bodenfliesen (6h) * Revisionsöffnungen (37St)	–	18.219	–	

KG	Kostengruppe	Menge Einheit	Kosten €	€/Einheit	%
360	**Dächer**	–	14.508	**–**	4,5
	• Wiederherstellen (Kosten: 23,4%) Sockel von Aufzugsschachtabdeckungen abstemmen, erneuern (2St)	–	3.400	**–**	
	• Herstellen (Kosten: 76,6%) Brandabschottungen für nichtbrennbare Rohre mit nichtbrennbarer Isolierung: Steinwollstopfung, Brandschutzversiegelung (1St), Brandabschottung, Brandschutzmörtel (1St) * Schachtabdeckungen, Schienenkonstruktion, Stahl-Blechabdeckung (2St) * Revisionsöffnungen (27St)	–	11.108	**–**	
390	**Sonst. Maßnahmen für Baukonstrukt.**	7.378,72 m²BGF	43.208	**5,86**	13,5
	• Herstellen (Kosten: 100,0%) Baustelleneinrichtung (1St) * Schutzabdeckungen (1.500m²), Staubschutzwände (120m²) * Schließanlage: Zylinder (80St), Zylinderverlängerungen (151St), Vorhangschlösser (33St), Panikschlösser (5St), Einsteckschlösser (3St), Notschlüsselkasten (1St), Schlüssel (329St), Malerarbeiten: Abdeckungen, Abklebungen, Wände ausbessern, Türstöcke, Trockenbauwände grundieren, Beschichtung, Baustellenreinigung (171h)	7.378,72 m²BGF	43.208	**5,86**	
400	**Bauwerk – Technische Anlagen**				**100,0**
410	**Abwasser-, Wasser-, Gasanlagen**	7.378,72 m²BGF	36.119	**4,89**	22,1
	• Abbrechen (Kosten: 20,1%) Abbruch von unzulässiger Rohrdämmung (17m) * Trinkwasserleitungen (149m), Komponenten Hausanschlussraum, Druckmindereinheit, Rückschlagventile, Schmutzfänger (psch), unzulässiger Rohrdämmung (15m); Entsorgung, Deponiegebühren	7.378,72 m²BGF	7.278	**0,99**	
	• Herstellen (Kosten: 79,9%) Schmutzwasserentlüftungsleitungen, SML-Rohre (2St), nichtbrennbare Rohrdämmungen (25St) * Hauswasserstation (1St), Automatik-Nachrüstsatz (1St), KRV-Ventile (7St), Edelstahlrohre (125m), Begleitheizungen (2St), Brandschutzrohrschalen (7St), Füllstrecke (1St), nichtbrennbare Rohrdämmungen (37St)	7.378,72 m²BGF	28.841	**3,91**	
420	**Wärmeversorgungsanlagen**	7.378,72 m²BGF	8.284	**1,12**	5,1
	• Herstellen (Kosten: 100,0%) Heizungskugelhähne (2St) * Heizungsrohre (54m), Anschluss an Bestand (psch), Brandschutzschalen (2St), Kernbohrungen (2St) * Flachheizkörper (1St)	7.378,72 m²BGF	8.284	**1,12**	
430	**Raumlufttechnische Anlagen**	7.378,72 m²BGF	25.915	**3,51**	15,8
	• Abbrechen (Kosten: 52,3%) Abbruch von TG-Abluftanlage, Schaltschrank, Lüftungskanäle, doppelte Ventilatorausführung (psch), RTL-Anlage, Schaltschrank, Lüftungsgerät, Lüftungskanäle (psch), Deflektorhaube (1St), Brandschutzklappen (3St) * Klimageräten (4St); Entsorgung, Deponiegebühren	7.378,72 m²BGF	13.558	**1,84**	
	• Wiederherstellen (Kosten: 2,9%) RLT-Anlagen prüfen/bewerten (2St), Filter auswechseln (2St)	7.378,72 m²BGF	756	**0,10**	
	• Herstellen (Kosten: 44,8%) Lüftungskanäle (34m²), Mineralwolldämmung (20m²), Deflektorhauben (2St), Brandschutzklappe (1St), Be-/Entlüftung Aufzugsschächte (2St), Regenkragen (3St), Ansaugbögen (2St), Dachdurchführung (1St)	7.378,72 m²BGF	11.601	**1,57**	

KG	Kostengruppe	Menge Einheit	Kosten €	€/Einheit	%
440	**Elektrische Anlagen**	7.378,72 m²BGF	3.878	**0,53**	2,4
	• Herstellen (Kosten: 100,0%) Intumeszierende Brandschutzmanschetten (6St), eckige Manschetten (3St), Halterungen, Montageschienen (23St), Kabeltrassen (2St), feuerbeständige Bekleidung (6m) * LED-Rettungszeichenleuchte (1St), Leuchte bauseits (1St)	7.378,72 m²BGF	3.878	**0,53**	
450	**Kommunikationstechnische Anlagen**	7.378,72 m²BGF	82.842	**11,23**	50,6
	• Herstellen (Kosten: 100,0%) Brandmeldecomputer (1St), Bedien-/Anzeigefeld (1St), Akkus (4St), Interfaces (5St), Buskoppler, Alarmierungskoppler (1St), Feuerwehrschlüsseldepot (1St), Feuerwehrinformationssystem (1St), optische Rauchmelder (221St), Multisensor Melder (6St), Druckknopfmelder (4St), Deckenmelder (6St), Brandmeldeleitungen (1.025m), Installationsleitungen (513m), Mantelleitungen (84m), CO-Gaswarnanlage (1St)	7.378,72 m²BGF	82.842	**11,23**	
470	**Nutzungsspez. u. verfahrenstechn. Anl.**	7.378,72 m²BGF	1.897	**0,26**	1,2
	• Abbrechen (Kosten: 100,0%) Abbruch von Feuerlöschkästen, freistemmen (3St); Entsorgung, Deponiegebühren	7.378,72 m²BGF	1.897	**0,26**	
490	**Sonst. Maßnahmen für techn. Anlagen**	7.378,72 m²BGF	4.846	**0,66**	3,0
	• Herstellen (Kosten: 100,0%) Baustelleneinrichtung (1St) * provisorische Kunststoff-Trinkwasserleitung (110m) * Steckdosen und Kabel umverlegen, Löcher, Kabeldurchführungen mit Brandschutzschaum ausfüllen (12h)	7.378,72 m²BGF	4.846	**0,66**	
500	**Außenanlagen und Freiflächen**				**100,0**
550	**Technische Anlagen**	2.204,25 m²AF	4.257	**1,93**	100,0
	• Herstellen (Kosten: 100,0%) Zutritt zu Schächten, Auflagen mit Bohlen, Kanthölzern (6St)	2.204,25 m²AF	4.257	**1,93**	
600	**Ausstattung und Kunstwerke**				**100,0**
620	**Besondere Ausstattung**	7.378,72 m²BGF	814	**0,11**	100,0
	• Herstellen (Kosten: 100,0%) Feuerwehrleiterhalterung, Alu-Sprossen-Doppelleiter (1St)	7.378,72 m²BGF	814	**0,11**	

Kostenkennwerte für die Kostengruppen 300 der 2. und 3. Ebene DIN 276 (Übersicht)

KG	Kostengruppe	Menge Einheit	Kosten €	€/Einheit	% an 3+4
300	**Bauwerk – Baukonstruktionen**	**7.378,72 m²BGF**	**319.290,59**	**43,27**	**66,1**
310	**Baugrube / Erdbau**	**–**	**–**	**–**	**–**
311	Herstellung	–	–	–	–
312	Umschließung	–	–	–	–
313	Wasserhaltung	–	–	–	–
314	Vortrieb	–	–	–	–
319	Sonstiges zur KG 310	–	–	–	–
320	**Gründung, Unterbau**	**–**	**–**	**–**	**–**
321	Baugrundverbesserung	–	–	–	–
322	Flachgründungen und Bodenplatten	–	–	–	–
323	Tiefgründungen	–	–	–	–
324	Gründungsbeläge	–	–	–	–
325	Abdichtungen und Bekleidungen	–	–	–	–
326	Dränagen	–	–	–	–
329	Sonstiges zur KG 320	–	–	–	–
330	**Außenwände/Vert. Baukonstrukt., außen**	**–**	**5.360,75**	**–**	**1,1**
331	Tragende Außenwände	–	–	–	–
332	Nichttragende Außenwände	–	–	–	–
333	Außenstützen	–	–	–	–
334	Außenwandöffnungen	1,20 m²	3.747,39	3.122,83	0,8
335	Außenwandbekleidungen, außen	–	1.246,48	–	0,3
336	Außenwandbekleidungen, innen	–	–	–	–
337	Element. Außenwandkonstruktionen	–	–	–	–
338	Lichtschutz zur KG 330	–	366,87	–	< 0,1
339	Sonstiges zur KG 330	–	–	–	–
340	**Innenwände/Vert. Baukonstrukt., innen**	**–**	**237.995,23**	**–**	**49,3**
341	Tragende Innenwände	–	47.421,75	–	9,8
342	Nichttragende Innenwände	–	12.431,24	–	2,6
343	Innenstützen	–	–	–	–
344	Innenwandöffnungen	78,52 m²	165.943,79	2.113,40	34,4
345	Innenwandbekleidungen	–	12.198,45	–	2,5
346	Elementierte Innenwandkonstruktionen	–	–	–	–
347	Lichtschutz zur KG 340	–	–	–	–
349	Sonstiges zur KG 340	–	–	–	–
350	**Decken/Horizontale Baukonstruktionen**	**–**	**18.218,98**	**–**	**3,8**
351	Deckenkonstruktionen	–	9.844,14	–	2,0
352	Deckenöffnungen	–	–	–	–
353	Deckenbeläge	–	467,43	–	< 0,1
354	Deckenbekleidungen	–	7.907,41	–	1,6
355	Elementierte Deckenkonstruktionen	–	–	–	–
359	Sonstiges zur KG 350	–	–	–	–
360	**Dächer**	**–**	**14.507,72**	**–**	**3,0**
361	Dachkonstruktionen	–	125,08	–	< 0,1
362	Dachöffnungen	–	–	–	–
363	Dachbeläge	–	10.846,44	–	2,2
364	Dachbekleidungen	–	3.536,20	–	0,7
365	Elementierte Dachkonstruktionen	–	–	–	–
366	Lichtschutz zur KG 360	–	–	–	–
369	Sonstiges zur KG 360	–	–	–	–
370	**Infrastrukturanlagen**	**–**	**–**	**–**	**–**
380	**Baukonstruktive Einbauten**	**–**	**–**	**–**	**–**
390	**Sonst. Maßnahmen für Baukonstrukt.**	**7.378,72 m²BGF**	**43.207,91**	**5,86**	**8,9**

Modernisierung

KG	Kostengruppe	Menge Einheit	Kosten €	€/Einheit	%
344	**Innenwandöffnungen**	78,52 m²	165.944	**2.113,40**	69,7
	• Abbrechen (Kosten: 9,4%)	72,49 m²	15.532	**214,26**	
	Abbruch von Türen und Zargen, Vorbereitung für Türeinbau, einflüglig (55m²), zweiflüglig (17m²); Entsorgung, Deponiegebühren				
	• Wiederherstellen (Kosten: 0,3%)	–	530	–	
	Brandschutztüren warten, in Betrieb nehmen, Prüfprotokoll (7St)				
	• Herstellen (Kosten: 90,3%)	78,52 m²	149.882	**1.908,84**	
	Alu/Glastürelemente T30 RS, Oberlichter, Seitenverglasung, Auflaufschienen, Obentürschließer OTS, E-Öffner, Panikfunktion (17m²), Stahltüren T90 RS, OTS (9m²), OTS mit integrierter FSE (11m²), T30 RS, OTS, Panikfunktion (8m²), T30, OTS, Panikfunktion (5m²), Holztüren, Röhrenspan, Oberfläche CPL (2m²), T30, Stahlzargen, OTS (22m²), mit Panikfunktion (2m²), Holztürblatt, vollwandig, Oberfläche CPL (2m²), Türschwellen nachrüsten, Feuerschutztüren, l bis 1,20m (6St), Türschwellen herstellen (2St), OTS (1St)				
345	**Innenwandbekleidungen**	–	12.198	–	5,1
	• Herstellen (Kosten: 100,0%)	–	12.198	–	
	GKF-Bekleidung, d=15mm, einseitig auf Bestandswand (35m²), Wandaufdopplung, Feuerschutzplatten, b=10cm, h bis 10cm, Bereich Abschottungen (18m), feuerbeständige Bekleidung an Brandschutzklappen, rauchgasdichte Verspachtelung (18St), Anarbeiten von Wandfliesen nach Türeneinbau (44h), Schachtwandbekleidungen, Feuerschutzplatten, Unterkonstruktion (5m²), Revisionstüren 80x80cm (3St)				
350	**Decken/Horizontale Baukonstruktionen**				**100,0**
351	**Deckenkonstruktionen**	–	9.844	–	54,0
	• Herstellen (Kosten: 100,0%)	–	9.844	–	
	Brandabschottungen für nichtbrennbare Rohre mit nichtbrennbarer Isolierung: Steinwollstopfung, rauchdichte Versiegelung mit Brandschutzfarbe (47St), für Einzelkabel (9St), Brandabschottungen für brennbare Rohre: intumeszierende Manschetten (3St), Brandschottung, Mineralfaserplatten, Brandschutzbeschichtung (4St), intumeszierender Brandschutzstein (1St), intumeszierenden Brandschutzschaum (8St), Deckenfugen TG, feuerbeständige Abdeckungen, rauchgasdichte Verspachtelungen (51m)				
353	**Deckenbeläge**	–	467	–	2,6
	• Herstellen (Kosten: 100,0%)	–	467	–	
	Anarbeiten von Bodenfliesen nach Türeneinbau (6h)				
354	**Deckenbekleidungen**	–	7.907	–	43,4
	• Herstellen (Kosten: 100,0%)	–	7.907	–	
	Revisionsöffnungen 40x40cm, in GK-Decken (27St), in Paneeldecken (10St)				
360	**Dächer**				**100,0**
361	**Dachkonstruktionen**	–	125	–	0,9
	• Herstellen (Kosten: 100,0%)	–	125	–	
	Brandabschottungen für nichtbrennbare Rohre mit einer nichtbrennbarer Isolierung: Steinwollstopfung, rauchdichte Versiegelung mit Brandschutzfarbe (1St), Brandabschottung, Brandschutzmörtel (1St)				

KG	Kostengruppe	Menge Einheit	Kosten €	€/Einheit	%
363	**Dachbeläge**	–	10.846	–	74,8
	• Wiederherstellen (Kosten: 31,3%) Sockelmauerwerk von Aufzugsschachtabdeckungen abstemmen, abtransportieren, entsorgen, neuen Schachtsockel aufmörteln, Schutzmaßnahmen im Aufzugsschacht (2St)	–	3.400	–	
	• Herstellen (Kosten: 68,7%) Schachtabdeckungen, Schienenkonstruktion, Stahl-Blechabdeckung, Durchführungen zwei Lüftungskanäle, ein SML-Rohr (2St)	–	7.447	–	
364	**Dachbekleidungen**	–	3.536	–	24,4
	• Herstellen (Kosten: 100,0%) Revisionsöffnungen 40x40cm, in GK-Decken (20St), in Paneeldecken (7St)	–	3.536	–	
390	**Sonstige Maßnahmen für Baukonstruktionen**				**100,0**
391	**Baustelleneinrichtung**	7.378,72 m²BGF	708	**0,10**	1,6
	• Herstellen (Kosten: 100,0%) Baustelleneinrichtung (1St)	7.378,72 m²BGF	708	**0,10**	
397	**Zusätzliche Maßnahmen**	7.378,72 m²BGF	17.125	**2,32**	39,6
	• Herstellen (Kosten: 100,0%) Schutzabdeckungen, Folie (1.500m²), Staubschutzwände (120m²)	7.378,72 m²BGF	17.125	**2,32**	
399	**Sonstiges zur KG 390**	7.378,72 m²BGF	25.375	**3,44**	58,7
	• Herstellen (Kosten: 100,0%) Schließanlage: Profildoppelzylinder mit Not- und Gefahrsituation (60St), Profilhalbzylinder (3St), Zylinderverlängerungen (151St), Blindzylinder (17St), Vorhangschlösser (33St), Panikschlösser (5St), Einsteckschlösser (3St), Notschlüsselkasten (1St), Hauptschlüssel (4St), Gruppen-, Haupt-/General-hauptschlüssel (325St), Malerarbeiten: Abdeckungen, Abklebungen, Wände ausbessern, Türstöcke schleifen, grundieren, Trockenbauwände grundieren, Dispersionsbeschichtung, Abdeckungen wieder entfernen, Baustellenreinigung (171h)	7.378,72 m²BGF	25.375	**3,44**	
410	**Abwasser-, Wasser-, Gasanlagen**				**100,0**
411	**Abwasseranlagen**	7.378,72 m²BGF	3.291	**0,45**	9,1
	• Abbrechen (Kosten: 16,5%) Abbruch von unzulässiger Rohrdämmung (17m); Entsorgung, Deponiegebühren	7.378,72 m²BGF	542	**0,07**	
	• Herstellen (Kosten: 83,5%) Schmutzwasserentlüftungsleitungen, SML-Rohre DN100, l=3,00m (2St), nichtbrennbare Rohrdämmungen (25St)	7.378,72 m²BGF	2.750	**0,37**	

KG	Kostengruppe	Menge Einheit	Kosten €	€/Einheit	%
412	**Wasseranlagen**	7.378,72 m² BGF	32.827	**4,45**	90,9
	• Abbrechen (Kosten: 20,5%) Abbruch von Trinkwasserleitungen DN80, Rohrdämmung (112m), bis DN32 (37m), Komponenten Hausanschlussraum, Druckmindereinheit, Rückschlagventile, Schmutzfänger (psch), unzulässiger Rohrdämmung (15m); Entsorgung, Deponiegebühren	7.378,72 m² BGF	6.736	**0,91**	
	• Herstellen (Kosten: 79,5%) Hauswasserstation (1St), Automatik-Nachrüstsatz (1St), KRV-Ventile (7St), Edelstahlrohre DN25-32, Formstücke, Rohrdämmung (125m), Begleitheizungen (2St), Anschlüsse an Bestandsrohre DN25 (7St), Brandschutzrohrschalen (7St), Füllstrecke (1St), nichtbrennbare Rohrdämmungen (37St)	7.378,72 m² BGF	26.091	**3,54**	
420	**Wärmeversorgungsanlagen**				**100,0**
421	**Wärmeerzeugungsanlagen**	7.378,72 m² BGF	54	**< 0,01**	0,6
	• Herstellen (Kosten: 100,0%) Heizungskugelhähne (2St)	7.378,72 m² BGF	54	**< 0,01**	
422	**Wärmeverteilnetze**	7.378,72 m² BGF	6.363	**0,86**	76,8
	• Herstellen (Kosten: 100,0%) Heizungsrohre DN20, Formstücke, Rohrdämmung (54m), Anschluss an Bestand (psch), Brandschutzschalen bis DN20 (2St), Kernbohrungen (2St), Leitungen befüllen, entlüften (psch)	7.378,72 m² BGF	6.363	**0,86**	
423	**Raumheizflächen**	7.378,72 m² BGF	1.868	**0,25**	22,5
	• Herstellen (Kosten: 100,0%) Flachheizkörper (1St)	7.378,72 m² BGF	1.868	**0,25**	
430	**Raumlufttechnische Anlagen**				**100,0**
431	**Lüftungsanlagen**	7.378,72 m² BGF	22.306	**3,02**	86,1
	• Abbrechen (Kosten: 44,6%) Abbruch von TG-Abluftanlage, Schaltschrank, Lüftungskanäle, doppelte Ventilatorausführung, Verkabelung (psch), RTL-Anlage, Schaltschrank, Lüftungsgerät, Lüftungskanäle, Verkabelung (psch), Fortluft-Deflektorhaube (1St), Brandschutzklappen (3St); Entsorgung, Deponiegebühren	7.378,72 m² BGF	9.949	**1,35**	
	• Wiederherstellen (Kosten: 3,4%) RLT-Anlagen prüfen/bewerten (2St), Filter auswechseln (2St)	7.378,72 m² BGF	756	**0,10**	
	• Herstellen (Kosten: 52,0%) Lüftungskanäle, Formstücke, alukaschierter Mineralfaserdämmung (34m²), Mineralwolldämmung (20m²), Deflektorhauben 500x500mm (2St), Brandschutzklappe (1St), Be-/Entlüftung Aufzugsschächte, Stahlblechkästen 1.000x1.000x800mm, Wetterschutzbleche (2St), Regenkragen (3St), Ansaugbögen (2St), Schwanenhals-Dachdurchführung (1St)	7.378,72 m² BGF	11.601	**1,57**	
433	**Klimaanlagen**	7.378,72 m² BGF	3.609	**0,49**	13,9
	• Abbrechen (Kosten: 100,0%) Abbruch von Klimageräten (4St); Entsorgung, Deponiegebühren	7.378,72 m² BGF	3.609	**0,49**	

KG	Kostengruppe	Menge Einheit	Kosten €	€/Einheit	%
440	**Elektrische Anlagen**				**100,0**
444	**Niederspannungsinstallationsanlagen**	7.378,72 m²BGF	3.549	**0,48**	91,5
	• Herstellen (Kosten: 100,0%) Intumeszierende Brandschutzmanschetten DN150, für Kabel (6St), eckige Manschetten bis 20x20cm (3St), Halterungen, Montageschienen (23St), Kabeltrassen (2St), feuerbeständige Bekleidung, rauchgasdichte Verspachtelung (6m)	7.378,72 m²BGF	3.549	**0,48**	
445	**Beleuchtungsanlagen**	7.378,72 m²BGF	329	**0,04**	8,5
	• Herstellen (Kosten: 100,0%) LED-Rettungszeichenleuchte (1St), Leuchte bauseits (1St)	7.378,72 m²BGF	329	**0,04**	
450	**Kommunikations-, sicherheits- und informationstechnische Anlagen**				**100,0**
456	**Gefahrenmelde- und Alarmanlagen**	7.378,72 m²BGF	82.842	**11,23**	100,0
	• Herstellen (Kosten: 100,0%) Brandmeldecomputer (1St), Bedien-/Anzeigefeld (1St), Akkus 12V (4St), Interfaces (5St), Buskoppler, Alarmierungskoppler (1St), Feuerwehrschlüsseldepot (1St), Feuerwehrinformationssystem (1St), optische Rauchmelder (111St), mit Sounder (110St), Multisensor Melder (6St), Druckknopfmelder (4St), Deckenmelder (6St), Feuerwehrlaufkarten (80St), Brandmeldeleitungen (1.025m), Installationsleitungen (513m), Mantelleitungen (84m), Leitungsführungskanäle (227m), CO-Gaswarnanlage (1St)	7.378,72 m²BGF	82.842	**11,23**	
470	**Nutzungsspezifische und verfahrenstechnische Anlagen**				**100,0**
474	**Feuerlöschanlagen**	7.378,72 m²BGF	1.897	**0,26**	100,0
	• Abbrechen (Kosten: 100,0%) Abbruch von Feuerlöschkästen, freistemmen (3St); Entsorgung, Deponiegebühren	7.378,72 m²BGF	1.897	**0,26**	
490	**Sonstige Maßnahmen für technische Anlagen**				**100,0**
491	**Baustelleneinrichtung**	7.378,72 m²BGF	291	**0,04**	6,0
	• Herstellen (Kosten: 100,0%) Baustelleneinrichtung (1St)	7.378,72 m²BGF	291	**0,04**	
498	**Provisorische technische Anlagen**	7.378,72 m²BGF	3.298	**0,45**	68,1
	• Herstellen (Kosten: 100,0%) Provisorische Kunststoff-Trinkwasserleitung DN32 (110m)	7.378,72 m²BGF	3.298	**0,45**	
499	**Sonstiges zur KG 490**	7.378,72 m²BGF	1.257	**0,17**	25,9
	• Herstellen (Kosten: 100,0%) Steckdosen und Kabelkanäle demontieren, Blechkanal zur Leitungsverlegung montieren, drei Netzwerkdosen demontieren, außerhalb Brandschutzbereich neu auflegen, Löcher, Kabeldurchführungen mit Brandschutzschaum ausfüllen (12h)	7.378,72 m²BGF	1.257	**0,17**	
550	**Technische Anlagen**				**100,0**
551	**Abwasseranlagen**	2.204,25 m²AF	4.257	**1,93**	100,0
	• Herstellen (Kosten: 100,0%) Zutritt zu Schächten, Auflagen mit Bohlen, Kanthölzern (6St)	2.204,25 m²AF	4.257	**1,93**	

1300-0303
Bürogebäude
TG (72 STP)
Brandschutzsanierung

Modernisierung

Kostenkennwerte für Leistungsbereiche nach STLB (Kosten des Bauwerks nach DIN 276)

LB	Leistungsbereiche	Kosten €	€/m² BGF	€/m³ BRI	% an 3+4
000	Baustellen-, Verkehrssich.- u. Sicherh.einr. inkl. 001	1.000	0,14	0,04	0,2
002	Erdarbeiten	–	–	–	–
006	Spezialtiefbauarbeiten inkl. 005	–	–	–	–
009	Entwässerungskanalarbeiten inkl. 011	–	–	–	–
010	Drän- und Versickerarbeiten	–	–	–	–
012	Mauerarbeiten	3.400	0,46	0,13	0,7
	Wiederherstellen	3.400	0,46	0,13	0,7
013	Betonarbeiten	–	–	–	–
014	Natur-, Betonwerksteinarbeiten	–	–	–	–
016	Zimmer- und Holzbauarbeiten	–	–	–	–
017	Stahlbauarbeiten	–	–	–	–
018	Abdichtungsarbeiten	–	–	–	–
019	Kampfmittelräumarbeiten	–	–	–	–
020	Dachdeckungsarbeiten	–	–	–	–
021	Dachabdichtungsarbeiten	–	–	–	–
022	Klempnerarbeiten	–	–	–	–
	Rohbau	**4.399**	**0,60**	**0,17**	**0,9**
	Wiederherstellen	3.400	0,46	0,13	0,7
	Herstellen	1.000	0,14	0,04	0,2
023	Putz- und Stuckarbeiten, Wärmedämmsysteme	1.317	0,18	0,05	0,3
	Wiederherstellen	1.246	0,17	0,05	0,3
	Herstellen	70	< 0,01	< 0,01	< 0,1
024	Fliesen- und Plattenarbeiten	3.895	0,53	0,15	0,8
025	Estricharbeiten	–	–	–	–
026	Fenster, Außentüren inkl. 029, 032	23.063	3,10	0,89	4,8
027	Tischlerarbeiten	39.590	5,40	1,50	8,2
028	Parkett-, Holzpflasterarbeiten	–	–	–	–
030	Rollladenarbeiten	–	–	–	–
031	Metallbauarbeiten inkl. 035	108.025	14,60	4,10	22,4
	Wiederherstellen	387	0,05	0,01	< 0,1
	Herstellen	107.639	14,60	4,10	22,3
034	Maler- und Lackiererarb. - Beschicht. inkl. 037	8.995	1,20	0,35	1,9
036	Bodenbelagarbeiten	–	–	–	–
038	Vorgehängte hinterlüftete Fassaden	–	–	–	–
039	Trockenbauarbeiten	37.980	5,10	1,50	7,9
	Ausbau	**222.865**	**30,20**	**8,60**	**46,1**
	Wiederherstellen	1.633	0,22	0,06	0,3
	Herstellen	221.232	30,00	8,50	45,8
040	Wärmeversorgungsanl. - Betriebseinr. inkl. 041	8.107	1,10	0,31	1,7
042	Gas- u. Wasseranl. - Leitung., Armat. inkl. 043	22.610	3,10	0,87	4,7
044	Abwasseranl. - Leitungen, Abläufe, Armaturen	292	0,04	0,01	< 0,1
045	Gas, Wasser, Entwässerung - Ausstattung inkl. 046	–	–	–	–
047	Dämm- und Brandschutzarb. an techn. Anlagen	73.063	9,90	2,80	15,1
	Wiederherstellen	511	0,07	0,02	0,1
	Herstellen	72.552	9,80	2,80	15,0
049	Feuerlöschanlagen, Feuerlöschgeräte	2.506	0,34	0,10	0,5
050	Blitzschutz-/Erdungsanlagen, Überspannungssch.	–	–	–	–
053	Niederspannungsanl. - Kabel inkl. 052, 054	3.056	0,41	0,12	0,6
055	Sicherheits- u. Ersatzstromversorgungsanl.	–	–	–	–
057	Gebäudesystemtechnik	–	–	–	–

LB	Leistungsbereiche	Kosten €	€/m²BGF	€/m³BRI	% an 3+4
058	Leuchten und Lampen inkl. 059	176	0,02	< 0,01	< 0,1
060	Such, Signal, Zeit, Anten., akust. Anl. inkl. 064	–	–	–	–
061	Kommunikations- u. Übertragungsnetze inkl. 063	78.873	10,70	3,00	16,3
069	Aufzüge	–	–	–	–
070	Gebäudeautomation	–	–	–	–
075	Raumlufttechnische Anlagen inkl. 078	19.484	2,60	0,75	4,0
	Wiederherstellen	756	0,10	0,03	0,2
	Herstellen	18.729	2,50	0,72	3,9
	Gebäudetechnik	**208.168**	**28,20**	**8,00**	**43,1**
	Wiederherstellen	1.266	0,17	0,05	0,3
	Herstellen	206.902	28,00	7,90	42,8
084	Abbruch, Rückbau, Schadstoffsanierung	47.638	6,50	1,80	9,9
	Abbrechen	47.638	6,50	1,80	9,9
	Abbrucharbeiten	**47.638**	**6,50**	**1,80**	**9,9**
	Abbrechen	47.638	6,50	1,80	9,9
	Sonstige Leistungsbereiche	**–**	**–**	**–**	**–**

1300-0322
Wohn-/Geschäftshaus
(30 AP, 4 WE)
Fassadensanierung

Modernisierung

Kostenkennwerte für die Kosten des Bauwerks (Kostengruppen 300+400 nach DIN 276)

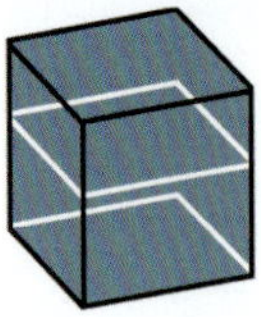

BRI 26 €/m³

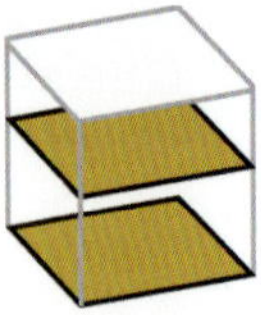

BGF 71 €/m²

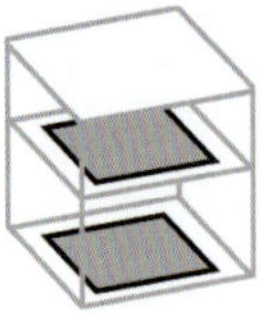

NUF 107 €/m²

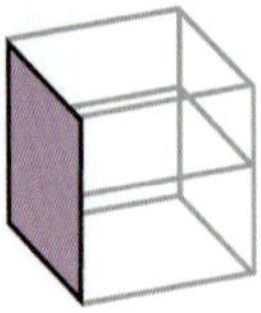

AWF 411 €/m²

Objekt:
Kennwerte: 3. Ebene DIN 276
BRI: 6.478 m³
BGF: 2.405 m²
NUF: 1.586 m²
AWF: 413 m²
Bauzeit: 17 Wochen
Bauende: 2023
Standard: mittel
Bundesland: Berlin
Kreis: Berlin, Stadt

Architekt*in:
werkArchitektur
Yvonne Werk
Berliner Straße 1
13507 Berlin

Bauherr*in:
Erbengemeinschaft
Friedrich Wilhelm Schulze
c/o Amexis Immobilien GmbH
Berliner Straße 1
13507 Berlin

vorher

nachher

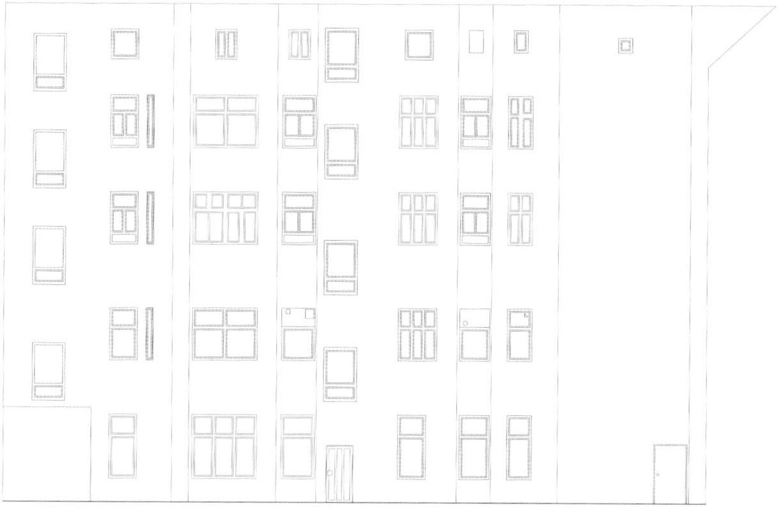

Fassadenabwicklung

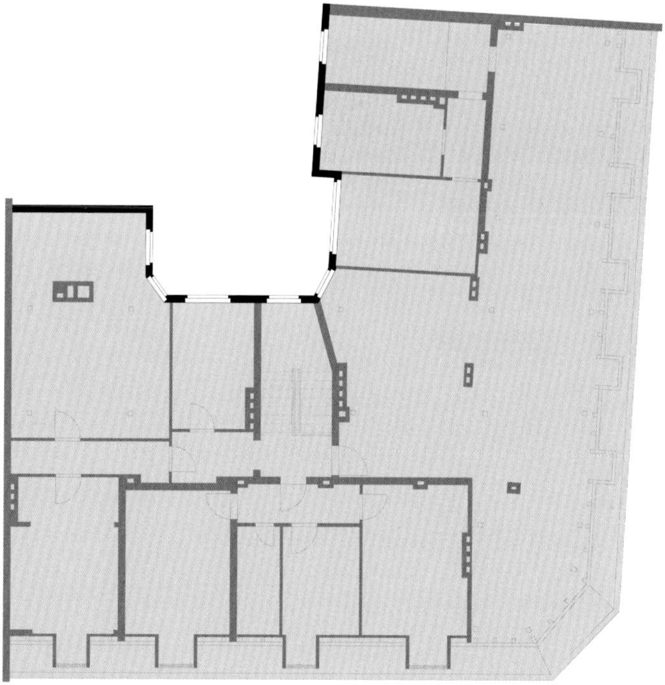

Dachgeschoss

1300-0322
Wohn-/Geschäftshaus
(30 AP, 4 WE)
Fassadensanierung

Modernisierung

Objektbeschreibung

Allgemeine Objektinformationen

Bei dem Bauvorhaben handelt es sich um die Sanierung der Hoffassade eines unterkellerten Wohn- und Geschäftshauses in Ecklage mit drei Obergeschossen sowie einem teilweise ausgebauten Dachgeschoss. Der Gebäudekomplex besteht aus zwei unmittelbar nebeneinanderstehenden Baukörpern unterschiedlicher Baualtersklassen: Das ältere Gebäude wurde 1935 errichtet, der angrenzende Bau stammt aus dem Jahr 1969.

Nutzung

1 Untergeschoss
Abstellräume, Flure, Treppenhäuser

1 Erdgeschoss
Gewerbeflächen, Wohnungen, Balkone, Flure, Treppenhäuser

3 Obergeschosse
Wohnungen, Balkone, Flure, Treppenhäuser

1 Dachgeschoss
Wohnung, Abstellfläche, Dachterrassen, Treppenhäuser

Nutzeinheiten

Arbeitsplätze: 30
Gebäude: 2
Wohneinheiten: 4

Grundstück

Bauraum: Beengter Bauraum
Neigung: Ebenes Gelände

Markt

Hauptvergabezeit: 2. Quartal 2023
Baubeginn: 3. Quartal 2023
Bauende: 4. Quartal 2023
Konjunkturelle Gesamtlage: Durchschnitt
Regionaler Baumarkt: über Durchschnitt

Baubestand

Baujahr: 1935/1969
Bauzustand: gut
Aufwand: mittel
Grundrissänderungen: keine
Tragwerkseingriffe: keine
Nutzungsänderung: nein
Nutzung während der Bauzeit: ja

Baukonstruktion

Die Fassadendämmung wurde als Wärmedämmverbundsystem mit 160mm starker EPS-Dämmung ausgeführt. Die Oberfläche erhielt einen vollflächigen Armierungsputz, eine Feinspachtelung sowie einen abschließenden weißen Silikatputz. Der Gebäudesockel wurde mit einer Perimeterdämmung versehen und farblich abgesetzt gestaltet. Die Fenster wurden teilweise durch neue Kunststofffenster ersetzt. Vor den Fenstern der Ladenbereiche im Erdgeschoss wurden Fenstergitter als Einbruchschutz montiert. Im Zuge der Fassadensanierung wurden zudem die Blechverwahrungen an Traufen und Ortgängen erneuert. Auf einem Teilbereich des Flachdachs wurde eine extensive Dachbegrünung angelegt.

Technische Anlagen

Es wurden keine neuen technischen Anlagen installiert. Lediglich die Beleuchtung wurde erneuert; bestehende Klimageräte und Lüftungsgitter wurden im Zuge der Ausführung des Wärmedämmverbundsystems angepasst und neu angeschlossen.

Planungskennwerte für Flächen und Rauminhalte nach DIN 277

Flächen des Grundstücks		Menge Einheit	% an GF
BF	Bebaute Fläche	–	–
UF	Unbebaute Fläche	–	–
GF	Grundstücksfläche	–	–

Grundflächen des Bauwerks		Menge Einheit	% an NUF	% an BGF
NUF	Nutzungsfläche	1.586,03 m^2	100,0	66,0
TF	Technikfläche	415,05 m^2	26,2	17,3
VF	Verkehrsfläche	50,00 m^2	3,2	2,1
NRF	Netto-Raumfläche	2.051,08 m^2	129,3	85,3
KGF	Konstruktions-Grundfläche	353,47 m^2	22,3	14,7
BGF	Brutto-Grundfläche	2.404,55 m^2	151,6	100,0

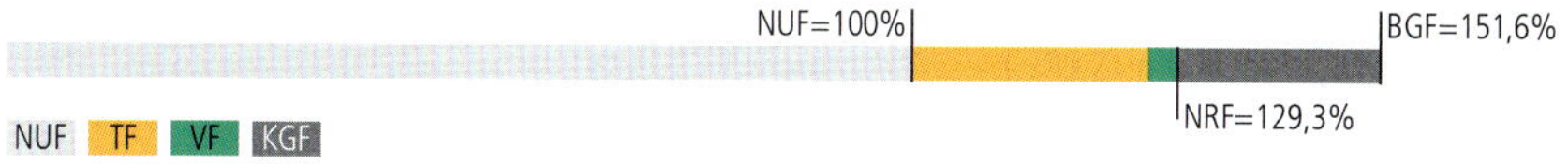

Brutto-Rauminhalt des Bauwerks		Menge Einheit	BRI/NUF (m)	BRI/BGF (m)
BRI	Brutto-Rauminhalt	6.478,40 m^3	4,09	2,69

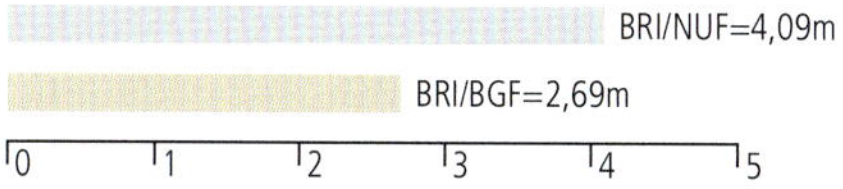

Lufttechnisch behandelte Flächen	Menge Einheit	% an NUF	% an BGF
Entlüftete Fläche	–	–	–
Be- und entlüftete Fläche	–	–	–
Teilklimatisierte Fläche	–	–	–
Klimatisierte Fläche	–	–	–

KG	Kostengruppen (2. Ebene)	Menge Einheit	Menge/NUF	Menge/BGF
310	Baugrube / Erdbau	–	–	–
320	Gründung, Unterbau	–	–	–
330	Außenwände/Vertikale Baukonstruktionen, außen	413,33 m^2 AWF	0,26	0,17
340	Innenwände/Vertikale Baukonstruktionen, innen	–	–	–
350	Decken/Horizontale Baukonstruktionen	–	–	–
360	Dächer	30,00 m^2 DAF	0,02	0,01

1300-0322
Wohn-/Geschäftshaus
(30 AP, 4 WE)
Fassadensanierung

Modernisierung

Kostenkennwerte für die Kostengruppen der 1. Ebene DIN 276

KG	Kostengruppen (1. Ebene)	Einheit	Kosten €	€/Einheit	€/m² BGF	€/m³ BRI	% 300+400
100	Grundstück	m² GF	–	–	–	–	–
200	Vorbereitende Maßnahmen	m² GF	–	–	–	–	–
300	Bauwerk – Baukonstruktionen	m² BGF	166.383	69,20	69,20	25,68	98,0
400	Bauwerk – Technische Anlagen	m² BGF	3.398	1,41	1,41	0,52	2,0
	Bauwerk 300+400	**m² BGF**	**169.782**	**70,61**	**70,61**	**26,21**	**100,0**
500	Außenanlagen und Freiflächen	m² AF	–	–	–	–	–
600	Ausstattung und Kunstwerke	m² BGF	–	–	–	–	–
700	Baunebenkosten	m² BGF	–	–	–	–	–
800	Finanzierung	m² BGF	–	–	–	–	–

KG	Kostengruppe	Menge Einheit	Kosten €	€/Einheit	%
3+4	**Bauwerk**				**100,0**
300	**Bauwerk – Baukonstruktionen**	2.404,55 m² BGF	166.383	**69,20**	98,0

- Abbrechen (Kosten: 1,0%) — 1.714
  Abbruch von Fenstern, Fensterbänken; Entsorgung, Deponiegebühren; Regenfallleitungen, seitlich lagern
- Wiederherstellen (Kosten: 0,8%) — 1.346
  Regenfallrohre auf WDVS neu befestigen, anschließen
- Herstellen (Kosten: 98,2%) — 163.323
  Kunststofffenster; EPS-Dämmung, Silikat-Reibeputz, Fenstergitter; Dachbegrünung; Fassadengerüst

KG	Kostengruppe	Menge Einheit	Kosten €	€/Einheit	%
400	**Bauwerk – Technische Anlagen**	2.404,55 m² BGF	3.398	**1,41**	2,0

- Herstellen (Kosten: 100,0%) — 3.398
  Verlängern Gartenarmaturen; Anschlüsse Klimaanlagen; Wandleuchten; Datenkabel

Kostenkennwerte für die Kostengruppen der 2.Ebene DIN 276

KG	Kostengruppe	Menge Einheit	Kosten €	€/Einheit	%
300	**Bauwerk – Baukonstruktionen**				**100,0**
330	**Außenwände/Vert. Baukonstrukt., außen**	413,33 m²AWF	131.107	**317,20**	78,8
	• Abbrechen (Kosten: 1,0%) Abbruch von Holzfenstern (25m²), Fensterbänken (45m); Entsorgung, Deponiegebühren	25,06 m²AWF	1.330	**53,07**	
	• Herstellen (Kosten: 99,0%) Kunststofffenster, Wärmeschutzverglasung (25m²), Fensterbänke (44m) * EPS-Dämmung, Silikat-Reibeputz (388m²), Brandbarrieren, b=30cm (97m) * Fenstergitter (1St)	413,33 m²AWF	129.777	**313,98**	
360	**Dächer**	30,00 m²DAF	7.312	**243,72**	4,4
	• Abbrechen (Kosten: 5,3%) Abbruch von Regenfallleitungen (34m), seitlich lagern	–	385	–	
	• Wiederherstellen (Kosten: 18,4%) Rinnenstutzen (2St), Regenfallrohre auf WDVS neu befestigen, anschließen (psch)	–	1.346	–	
	• Herstellen (Kosten: 76,3%) Dachbegrünung (30m²), Blechverwahrungen (32m), Abschlussbleche an Kamineinfassung (psch), Regenfallrohre (34m)	30,00 m²DAF	5.581	**186,03**	
390	**Sonst. Maßnahmen für Baukonstrukt.**	2.404,55 m²BGF	27.965	**11,63**	16,8
	• Herstellen (Kosten: 100,0%) Baustelleneinrichtung (3St), Materialaufzüge (2St) * Fassadengerüst (328m²), Gerüstnetz (1St), Überbrückung mit Gitterträger (8m) * Staubwand (8h) * Provisorium Regenfallleitung (34m)	2.404,55 m²BGF	27.965	**11,63**	
400	**Bauwerk – Technische Anlagen**				**100,0**
410	**Abwasser-, Wasser-, Gasanlagen**	2.404,55 m²BGF	274	**0,11**	8,1
	• Herstellen (Kosten: 100,0%) Hahnverlängerungen, Gartenarmatur (2St), Auslaufventil (1St)	2.404,55 m²BGF	274	**0,11**	
430	**Raumlufttechnische Anlagen**	2.404,55 m²BGF	924	**0,38**	27,2
	• Herstellen (Kosten: 100,0%) Kupferrohre, gedämmt (8m)	2.404,55 m²BGF	924	**0,38**	
440	**Elektrische Anlagen**	2.404,55 m²BGF	959	**0,40**	28,2
	• Herstellen (Kosten: 100,0%) Wandleuchten (4St)	2.404,55 m²BGF	959	**0,40**	
450	**Kommunikationstechnische Anlagen**	2.404,55 m²BGF	1.242	**0,52**	36,5
	• Herstellen (Kosten: 100,0%) Datenkabel (100m), Telefondose (1St)	2.404,55 m²BGF	1.242	**0,52**	

1300-0322
Wohn-/Geschäftshaus
(30 AP, 4 WE)
Fassadensanierung

Modernisierung

Kostenkennwerte für die Kostengruppen 300 der 2. und 3.Ebene DIN 276 (Übersicht)

KG	Kostengruppe	Menge Einheit	Kosten €	€/Einheit	% an 3+4
300	**Bauwerk – Baukonstruktionen**	**2.404,55 m² BGF**	**166.383,27**	**69,20**	**98,0**
310	**Baugrube / Erdbau**	**–**	**–**	**–**	**–**
311	Herstellung	–	–	–	–
312	Umschließung	–	–	–	–
313	Wasserhaltung	–	–	–	–
314	Vortrieb	–	–	–	–
319	Sonstiges zur KG 310	–	–	–	–
320	**Gründung, Unterbau**	**–**	**–**	**–**	**–**
321	Baugrundverbesserung	–	–	–	–
322	Flachgründungen und Bodenplatten	–	–	–	–
323	Tiefgründungen	–	–	–	–
324	Gründungsbeläge	–	–	–	–
325	Abdichtungen und Bekleidungen	–	–	–	–
326	Dränagen	–	–	–	–
329	Sonstiges zur KG 320	–	–	–	–
330	**Außenwände/Vert. Baukonstrukt., außen**	**413,33 m² AWF**	**131.106,76**	**317,20**	**77,2**
331	Tragende Außenwände	–	–	–	–
332	Nichttragende Außenwände	–	–	–	–
333	Außenstützen	–	–	–	–
334	Außenwandöffnungen	25,06 m²	25.167,57	1.004,29	14,8
335	Außenwandbekleidungen, außen	388,27 m²	100.922,22	259,93	59,4
336	Außenwandbekleidungen, innen	–	–	–	–
337	Element. Außenwandkonstruktionen	–	–	–	–
338	Lichtschutz zur KG 330	–	–	–	–
339	Sonstiges zur KG 330	413,33 m² AWF	5.016,97	12,14	3,0
340	**Innenwände/Vert. Baukonstrukt., innen**	**–**	**–**	**–**	**–**
341	Tragende Innenwände	–	–	–	–
342	Nichttragende Innenwände	–	–	–	–
343	Innenstützen	–	–	–	–
344	Innenwandöffnungen	–	–	–	–
345	Innenwandbekleidungen	–	–	–	–
346	Elementierte Innenwandkonstruktionen	–	–	–	–
347	Lichtschutz zur KG 340	–	–	–	–
349	Sonstiges zur KG 340	–	–	–	–
350	**Decken/Horizontale Baukonstruktionen**	**–**	**–**	**–**	**–**
351	Deckenkonstruktionen	–	–	–	–
352	Deckenöffnungen	–	–	–	–
353	Deckenbeläge	–	–	–	–
354	Deckenbekleidungen	–	–	–	–
355	Elementierte Deckenkonstruktionen	–	–	–	–
359	Sonstiges zur KG 350	–	–	–	–
360	**Dächer**	**30,00 m² DAF**	**7.311,64**	**243,72**	**4,3**
361	Dachkonstruktionen	–	–	–	–
362	Dachöffnungen	–	–	–	–
363	Dachbeläge	30,00 m²	7.311,64	243,72	4,3
364	Dachbekleidungen	–	–	–	–
365	Elementierte Dachkonstruktionen	–	–	–	–
366	Lichtschutz zur KG 360	–	–	–	–
369	Sonstiges zur KG 360	–	–	–	–
370	**Infrastrukturanlagen**	**–**	**–**	**–**	**–**
380	**Baukonstruktive Einbauten**	**–**	**–**	**–**	**–**
390	**Sonst. Maßnahmen für Baukonstrukt.**	**2.404,55 m² BGF**	**27.964,87**	**11,63**	**16,5**

Kostenkennwerte für die Kostengruppen 400 der 2. und 3.Ebene DIN 276 (Übersicht)

KG	Kostengruppe	Menge Einheit	Kosten €	€/Einheit	% an 3+4
400	**Bauwerk – Technische Anlagen**	**2.404,55 m² BGF**	**3.398,30**	**1,41**	**2,0**
410	**Abwasser-, Wasser-, Gasanlagen**	**2.404,55 m² BGF**	**273,76**	**0,11**	**0,2**
411	Abwasseranlagen	–	–	–	–
412	Wasseranlagen	2.404,55 m² BGF	273,76	0,11	0,2
413	Gasanlagen	–	–	–	–
419	Sonstiges zur KG 410	–	–	–	–
420	**Wärmeversorgungsanlagen**	**–**	**–**	**–**	**–**
421	Wärmeerzeugungsanlagen	–	–	–	–
422	Wärmeverteilnetze	–	–	–	–
423	Raumheizflächen	–	–	–	–
424	Verkehrsheizflächen	–	–	–	–
429	Sonstiges zur KG 420	–	–	–	–
430	**Raumlufttechnische Anlagen**	**2.404,55 m² BGF**	**924,16**	**0,38**	**0,5**
431	Lüftungsanlagen	–	–	–	–
432	Teilklimaanlagen	–	–	–	–
433	Klimaanlagen	2.404,55 m² BGF	924,16	0,38	0,5
434	Kälteanlagen	–	–	–	–
439	Sonstiges zur KG 430	–	–	–	–
440	**Elektrische Anlagen**	**2.404,55 m² BGF**	**958,69**	**0,40**	**0,6**
441	Hoch- und Mittelspannungsanlagen	–	–	–	–
442	Eigenstromversorgungsanlagen	–	–	–	–
443	Niederspannungsschaltanlagen	–	–	–	–
444	Niederspannungsinstallationsanlagen	–	–	–	–
445	Beleuchtungsanlagen	2.404,55 m² BGF	958,69	0,40	0,6
446	Blitzschutz- und Erdungsanlagen	–	–	–	–
447	Fahrleitungssysteme	–	–	–	–
449	Sonstiges zur KG 440	–	–	–	–
450	**Kommunikationstechnische Anlagen**	**2.404,55 m² BGF**	**1.241,70**	**0,52**	**0,7**
451	Telekommunikationsanlagen	–	–	–	–
452	Such- und Signalanlagen	–	–	–	–
453	Zeitdienstanlagen	–	–	–	–
454	Elektroakustische Anlagen	–	–	–	–
455	Audiovisuelle Medien- u. Antennenanl.	–	–	–	–
456	Gefahrenmelde- und Alarmanlagen	–	–	–	–
457	Datenübertragungsnetze	2.404,55 m² BGF	1.241,70	0,52	0,7
458	Verkehrsbeeinflussungsanlagen	–	–	–	–
459	Sonstiges zur KG 450	–	–	–	–
460	**Förderanlagen**	**–**	**–**	**–**	**–**
461	Aufzugsanlagen	–	–	–	–
462	Fahrtreppen, Fahrsteige	–	–	–	–
463	Befahranlagen	–	–	–	–
464	Transportanlagen	–	–	–	–
465	Krananlagen	–	–	–	–
466	Hydraulikanlagen	–	–	–	–
469	Sonstiges zur KG 460	–	–	–	–
470	**Nutzungsspez. u. verfahrenstechn. Anl.**	**–**	**–**	**–**	**–**
480	**Gebäude- und Anlagenautomation**	**–**	**–**	**–**	**–**
490	**Sonst. Maßnahmen für techn. Anlagen**	**–**	**–**	**–**	**–**

Kostenkennwerte für Leistungsbereiche nach STLB (Kosten des Bauwerks nach DIN 276)

LB	Leistungsbereiche	Kosten €	€/m² BGF	€/m³ BRI	% an 3+4
000	Baustellen-, Verkehrssich.- u. Sicherh.einr. inkl. 001	26.731	11,10	4,10	15,7
002	Erdarbeiten	–	–	–	–
006	Spezialtiefbauarbeiten inkl. 005	–	–	–	–
009	Entwässerungskanalarbeiten inkl. 011	–	–	–	–
010	Drän- und Versickerarbeiten	–	–	–	–
012	Mauerarbeiten	–	–	–	–
013	Betonarbeiten	–	–	–	–
014	Natur-, Betonwerksteinarbeiten	–	–	–	–
016	Zimmer- und Holzbauarbeiten	–	–	–	–
017	Stahlbauarbeiten	5.017	2,10	0,77	3,0
018	Abdichtungsarbeiten	–	–	–	–
019	Kampfmittelräumarbeiten	–	–	–	–
020	Dachdeckungsarbeiten	–	–	–	–
021	Dachabdichtungsarbeiten	–	–	–	–
022	Klempnerarbeiten	10.081	4,20	1,60	5,9
	Wiederherstellen	226	0,09	0,03	0,1
	Herstellen	9.855	4,10	1,50	5,8
	Rohbau	**41.829**	**17,40**	**6,50**	**24,6**
	Wiederherstellen	226	0,09	0,03	0,1
	Herstellen	41.603	17,30	6,40	24,5
023	Putz- und Stuckarbeiten, Wärmedämmsysteme	100.922	42,00	15,60	59,4
024	Fliesen- und Plattenarbeiten	–	–	–	–
025	Estricharbeiten	–	–	–	–
026	Fenster, Außentüren inkl. 029, 032	20.391	8,50	3,10	12,0
027	Tischlerarbeiten	–	–	–	–
028	Parkett-, Holzpflasterarbeiten	–	–	–	–
030	Rollladenarbeiten	–	–	–	–
031	Metallbauarbeiten inkl. 035	–	–	–	–
034	Maler- und Lackiererarb. - Beschicht. inkl. 037	–	–	–	–
036	Bodenbelagarbeiten	–	–	–	–
038	Vorgehängte hinterlüftete Fassaden	–	–	–	–
039	Trockenbauarbeiten	407	0,17	0,06	0,2
	Ausbau	**121.720**	**50,60**	**18,80**	**71,7**
040	Wärmeversorgungsanl. - Betriebseinr. inkl. 041	–	–	–	–
042	Gas- u. Wasseranl. - Leitung., Armat. inkl. 043	274	0,11	0,04	0,2
044	Abwasseranl. - Leitungen, Abläufe, Armaturen	–	–	–	–
045	Gas, Wasser, Entwässerung - Ausstattung inkl. 046	–	–	–	–
047	Dämm- und Brandschutzarb. an techn. Anlagen	–	–	–	–
049	Feuerlöschanlagen, Feuerlöschgeräte	–	–	–	–
050	Blitzschutz-/Erdungsanlagen, Überspannungssch.	–	–	–	–
053	Niederspannungsanl. - Kabel inkl. 052, 054	–	–	–	–
055	Sicherheits- u. Ersatzstromversorgungsanl.	–	–	–	–
057	Gebäudesystemtechnik	–	–	–	–
058	Leuchten und Lampen inkl. 059	959	0,40	0,15	0,6
060	Such, Signal, Zeit, Anten., akust. Anl. inkl. 064	–	–	–	–
061	Kommunikations- u. Übertragungsnetze inkl. 063	1.242	0,52	0,19	0,7
069	Aufzüge	–	–	–	–
070	Gebäudeautomation	–	–	–	–
075	Raumlufttechnische Anlagen inkl. 078	924	0,38	0,14	0,5
	Gebäudetechnik	**3.398**	**1,40**	**0,52**	**2,0**

LB	Leistungsbereiche	Kosten €	€/m² BGF	€/m³ BRI	% an 3+4
084	Abbruch, Rückbau, Schadstoffsanierung	1.714	0,71	0,26	1,0
	Abbrechen	1.714	0,71	0,26	1,0
	Abbrucharbeiten	**1.714**	**0,71**	**0,26**	**1,0**
	Abbrechen	1.714	0,71	0,26	1,0
	Sonstige Leistungsbereiche	**1.120**	**0,47**	**0,17**	**0,7**
	Wiederherstellen	1.120	0,47	0,17	0,7

1300-0329
Bürogebäude
(8 AP)

Kostenkennwerte für die Kosten des Bauwerks (Kostengruppen 300+400 nach DIN 276)

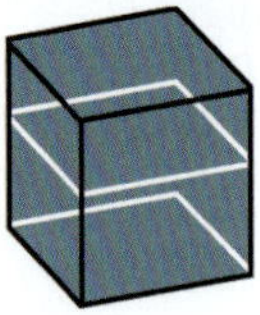
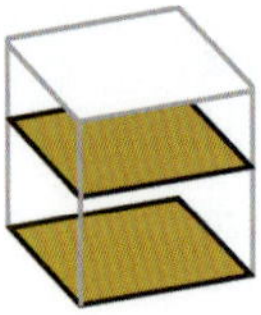
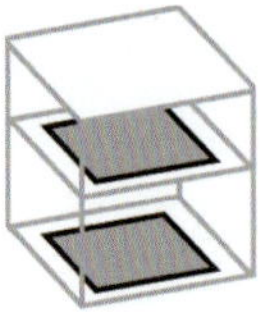
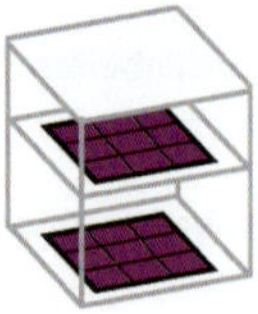

Modernisierung

BRI 599 €/m^3 | **BGF** 1.893 €/m^2 | **NUF** 3.224 €/m^2 | **NE** 56.504 €/NE

NE: Arbeitsplätze

Objekt:
Kennwerte: 1. Ebene DIN 276
BRI: 754 m^3
BGF: 239 m^2
NUF: 140 m^2
Bauzeit: 26 Wochen
Bauende: 2023
Standard: einfach
Bundesland: Niedersachsen
Kreis: Lüneburg

Architekt*in:
esfandiary möller
architekten PartG mbB
Dorette-von-Stern-Str. 10
21337 Lüneburg

Bauherr*in:
Sunny 53 Asset GmbH
Igelweg 2
21360 Vögelsen

vorher

nachher

Ansicht Nord

Ansicht Süd

Ansicht Ost

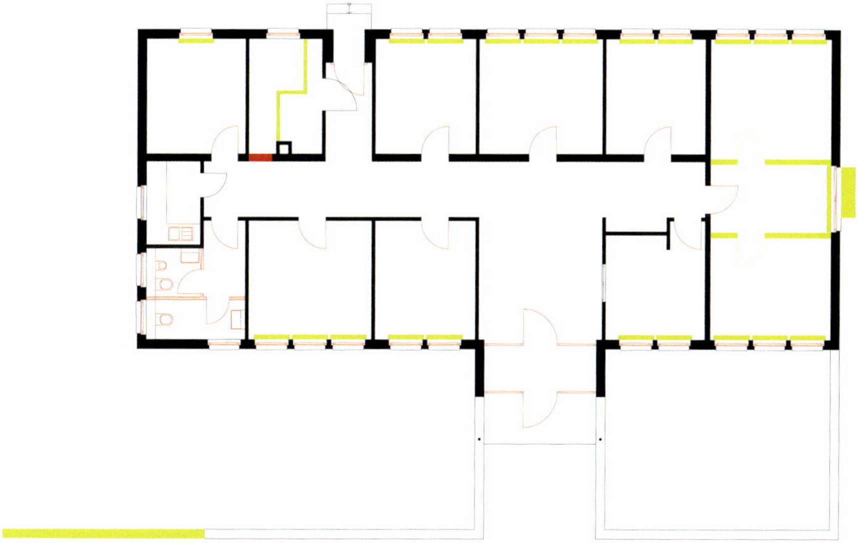

Erdgeschoss

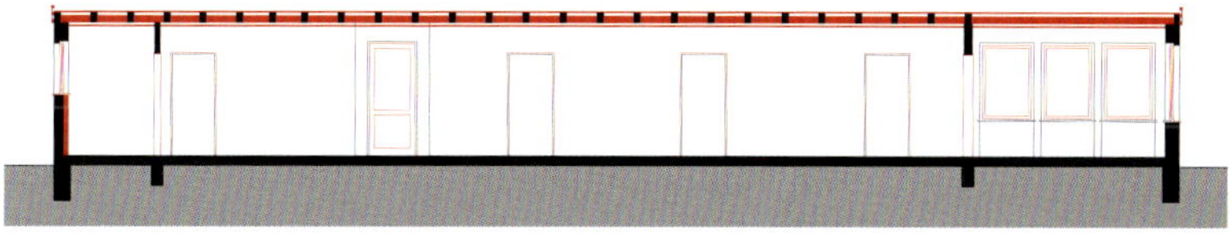

Schnitt A-A

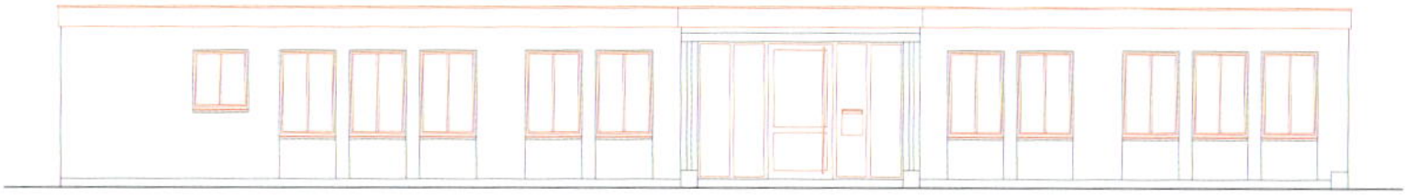

Ansicht West

1300-0329
Bürogebäude
(8 AP)

Modernisierung

Objektbeschreibung

Allgemeine Objektinformationen

Das eingeschossige, nicht unterkellerte Bürogebäude von 1971 wurde modernisiert. Die noch gute Bausubstanz erforderte keine großen Eingriffe in das statische System. Es ging hauptsächlich darum, das Gebäude energetisch auf den neuesten Stand zu bringen und innen ein modernes, attraktives Gesicht zu verleihen.

Nutzung

1 Erdgeschoss
Eingang, Windfang, Büros, Besprechungsraum, Teeküche, Aufenthaltsraum, WCs, Technik, Flur

Nutzeinheiten

Arbeitsplätze: 8
Bürofläche: 140 m^2

Grundstück

Bauraum: Freier Bauraum
Neigung: Ebenes Gelände
Bodenklasse: BK 1 bis BK 2

Markt

Hauptvergabezeit: 2. Quartal 2023
Baubeginn: 2. Quartal 2023
Bauende: 4. Quartal 2023
Konjunkturelle Gesamtlage: Durchschnitt
Regionaler Baumarkt: Durchschnitt

Baubestand

Baujahr: 1971
Bauzustand: gut
Aufwand: niedrig
Grundrissänderungen: wenige
Tragwerkseingriffe: keine
Nutzungsänderung: nein
Nutzung während der Bauzeit: nein

Baukonstruktion

Das bestehenden Verblendmauerwerk erhielt eine neue Beschichtung und die Innenwände wurden neu verputzt. Nur wenige nicht tragende Trennwände wurden zu Gunsten der Raumqualität entfernt. Sämtliche Fenster wurden ausgetauscht und durch dreifachverglaste Kunststofffenster ersetzt. Die Eingangsbereiche wurden mit Aluminium-Elementen aufgewertet Die Heizkörpernischen unter den Fenstern wurden von innen gedämmt, die Innentüren ausgetauscht. Das Holzbalken-Flachdach erhielt eine neue Zwischensparrendämmung und einen neuen Belag samt Abdichtung. Sämtliche Verwahrungen wurden erneuert, der Dachrand rundum mit Faserzementplatten passend zu den Fensterelementen dunkel bekleidet. Die Fliesenbeläge in den Sanitärräumen und die abgehängten Decken sind nach Erneuerung der Haustechnik ebenfalls erneuert worden. Die Böden in den Büroräumen und Fluren wurden mit Estrich zum Selbstausbau für PVC, Linoleum oder Teppichbelag belassen.

Technische Anlagen

Alle Installationen wurden ausgetauscht. Die Heizung und Heizkörper wurden erneuert. Die sanitären Anlagen wurden modernisiert und die elektrische Verkabelung erneuert.

Sonstiges

Die Fertigböden der Flure und der Büros sind nicht in den Modernisierungskosten enthalten.

Planungskennwerte für Flächen und Rauminhalte nach DIN 277

Flächen des Grundstücks		Menge Einheit	% an GF
BF	Bebaute Fläche	2.052,78 m²	46,3
UF	Unbebaute Fläche	2.376,22 m²	53,7
GF	Grundstücksfläche	4.429,00 m²	100,0

Grundflächen des Bauwerks		Menge Einheit	% an NUF	% an BGF
NUF	Nutzungsfläche	140,19 m²	100,0	58,7
TF	Technikfläche	8,39 m²	6,0	3,5
VF	Verkehrsfläche	53,74 m²	38,3	22,5
NRF	Netto-Raumfläche	202,32 m²	144,3	84,7
KGF	Konstruktions-Grundfläche	36,42 m²	26,0	15,3
BGF	Brutto-Grundfläche	238,74 m²	170,3	100,0

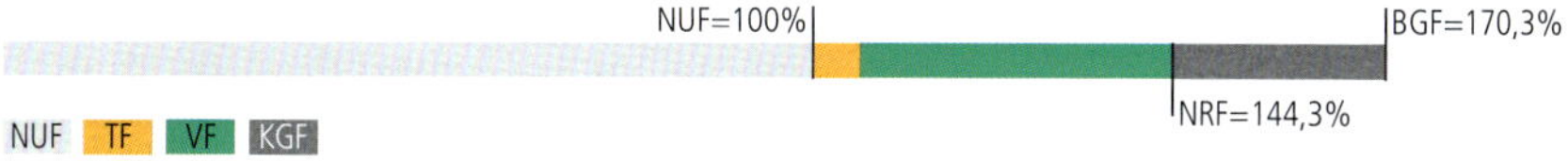

Brutto-Rauminhalt des Bauwerks		Menge Einheit	BRI/NUF (m)	BRI/BGF (m)
BRI	Brutto-Rauminhalt	754,42 m³	5,38	3,16

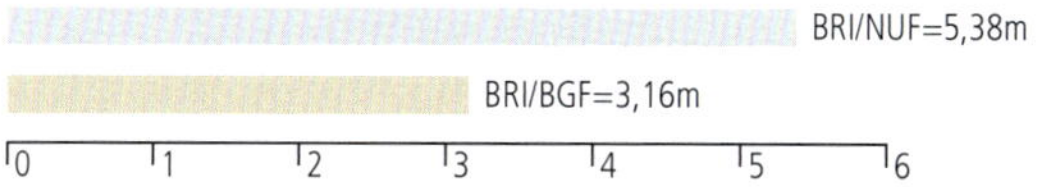

1300-0329
Bürogebäude
(8 AP)

Modernisierung

Kostenkennwerte für die Kostengruppen der 1. Ebene DIN 276

KG	Kostengruppen (1. Ebene)	Einheit	Kosten €	€/Einheit	€/m² BGF	€/m³ BRI	% 300+400
100	Grundstück	m² GF	–	–	–	–	–
200	Vorbereitende Maßnahmen	m² GF	–	–	–	–	–
300	Bauwerk – Baukonstruktionen	m² BGF	303.222	1.270,09	1.270,09	401,93	67,1
400	Bauwerk – Technische Anlagen	m² BGF	148.811	623,32	623,32	197,25	32,9
	Bauwerk 300+400	**m² BGF**	**452.033**	**1.893,41**	**1.893,41**	**599,18**	**100,0**
500	Außenanlagen und Freiflächen	m² AF	–	–	–	–	–
600	Ausstattung und Kunstwerke	m² BGF	–	–	–	–	–
700	Baunebenkosten	m² BGF	–	–	–	–	–
800	Finanzierung	m² BGF	–	–	–	–	–

KG	Kostengruppe	Menge Einheit	Kosten €	€/Einheit	%
3+4	**Bauwerk**				**100,0**
300	**Bauwerk – Baukonstruktionen**	238,74 m² BGF	303.222	**1.270,09**	67,1

- Abbrechen
  Abbruch von Bodenbelägen; Fenstern, Außentüren; Innenwänden, Türen, Wandbekleidungen; Zwischensparrendämmung, Schalung, Dachrand, Abdichtung, Dachentwässerung, abgehängten Decken

- Herstellen
  Bodenfliesen, Bodenbeläge; Fenster, Eingangstüren, Außenwandbekleidungen, Heizungsnischen dämmen, Innenputz, Beschichtung; GK-Wände, Innentüren, Wandbeschichtungen, Wandfliesen; Dachdämmung, Dachschalung, Abdichtung, Dachentwässerung, Bekleidungen Dachrand, abgehängte Decken; Baureinigung

KG	Kostengruppe	Menge Einheit	Kosten €	€/Einheit	%
400	**Bauwerk – Technische Anlagen**	238,74 m² BGF	148.811	**623,32**	32,9

- Abbrechen
  Abbruch von Abwasserleitungen; Wasserinstallationen, Sanitärobjekten; Heizung, Heizleitungen, Heizkörpern; Elektroinstallation, Lichtwerbung

- Herstellen
  Abwasserinstallationen, Wasserinstallationen, Sanitärobjekte; Heizung, Heizleitungen, Heizkörper; Elektroinstallation, Beleuchtung, Lichtwerbung; Datenverkabelung; Teeküche

Gebäude für Forschung und Lehre

2

2200-0072
Labor
(10 AP)

Erweiterung

Kostenkennwerte für die Kosten des Bauwerks (Kostengruppen 300+400 nach DIN 276)

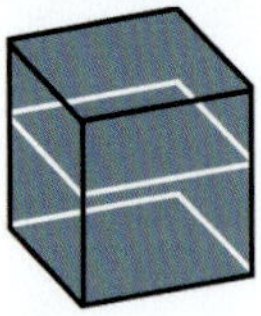

BRI 990 €/m³

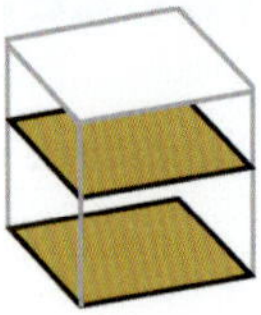

BGF 3.838 €/m²

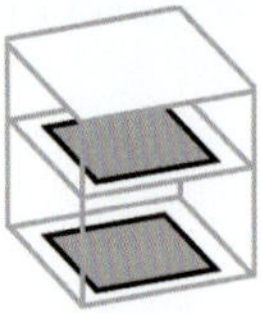

NUF 6.186 €/m²

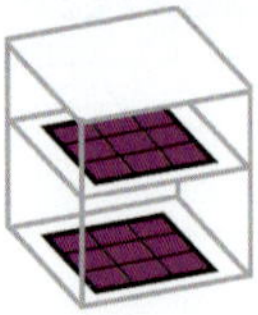

NE 52.581 €/NE

NE: Arbeitsplätze

Objekt:
Kennwerte: 1. Ebene DIN 276
BRI: 531 m³
BGF: 137 m²
NUF: 85 m²
Bauzeit: 52 Wochen
Bauende: 2025
Standard: einfach
Bundesland: Bayern
Kreis: München

Architekt*in:
Eneff Architekten I
Partnerschaft von Architekten
Westend Straße 136
80339 München

Bauherr*in:
Staatliches Bauamt
München 2
TU München

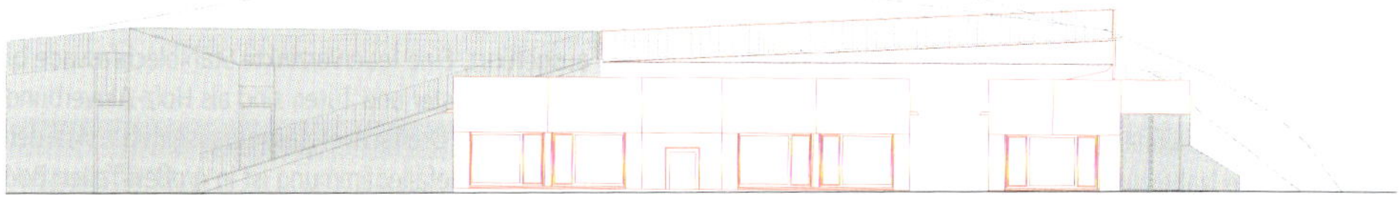

Ansicht Süd

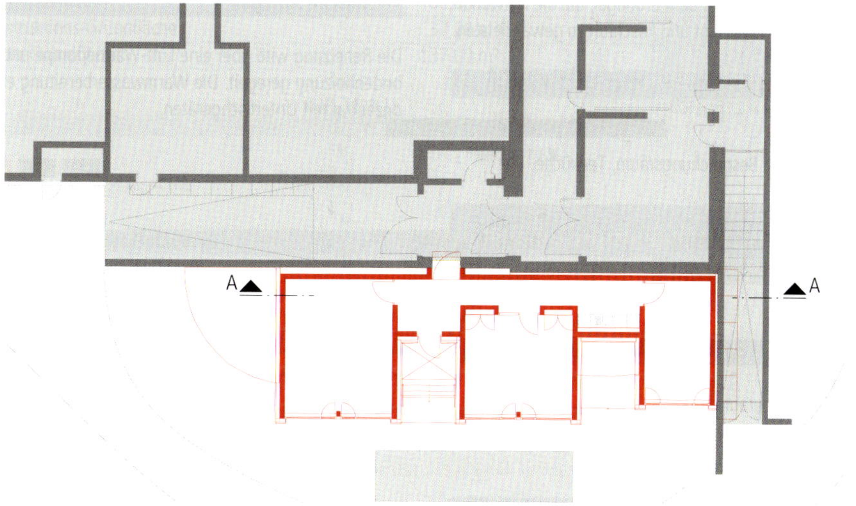

Erdgeschoss

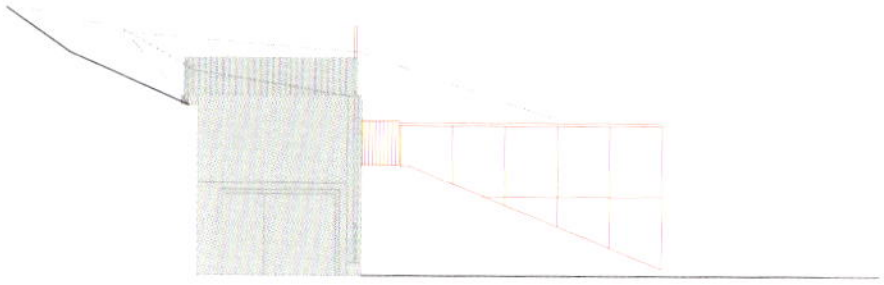

Ansicht West

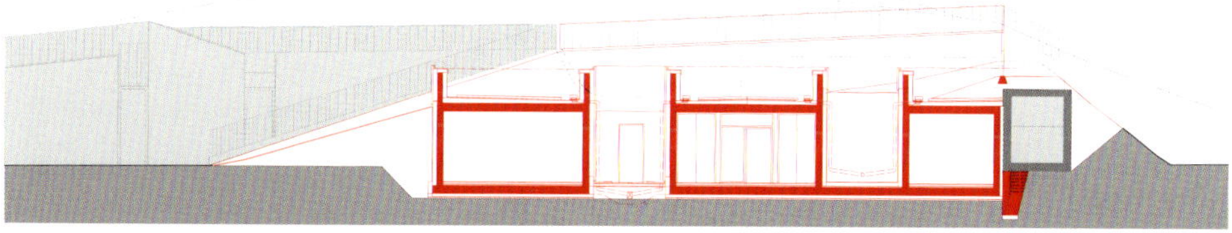

Schnitt A-A

3200-0032
Palliativstation
(12 Betten)

Erweiterung

Kostenkennwerte für die Kosten des Bauwerks (Kostengruppen 300+400 nach DIN 276)

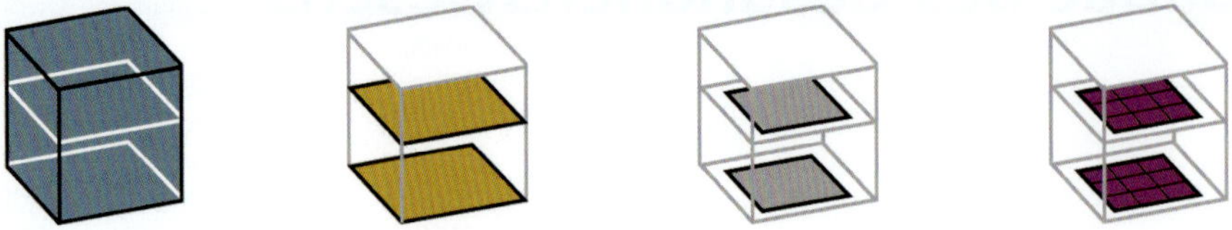

BRI 1.007 €/m³ | BGF 4.001 €/m² | NUF 6.568 €/m² | NE 328.548 €/NE

NE: Betten

Objekt:
Kennwerte: 3. Ebene DIN 276
BRI: 3.917 m³
BGF: 985 m²
NUF: 600 m²
Bauzeit: 56 Wochen
Bauende: 2019
Standard: mittel
Bundesland: Schleswig-Holstein
Kreis: Steinburg

Architekt*in:
Planungsring
Mumm + Partner GbR
Krim 2
24896 Treia

Bauherr*in:
Klinikum Itzehoe
A4-Technische Abtlg.
Robert-Koch-Straße 2
25524 Itzehoe

Erweiterung

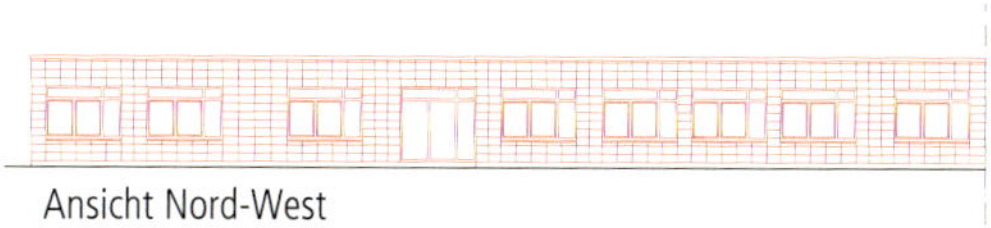

Ansicht Nord-West

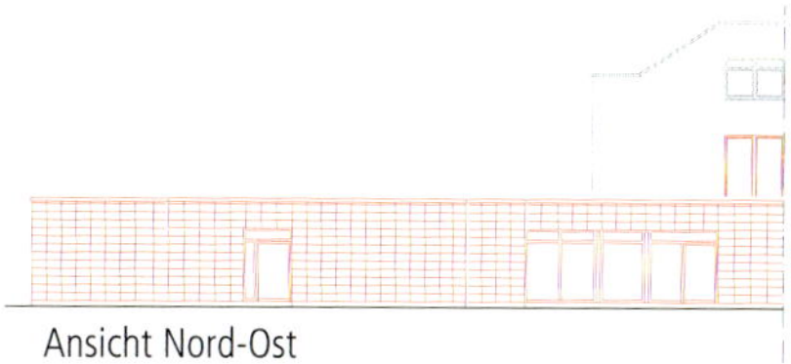

Ansicht Nord-Ost

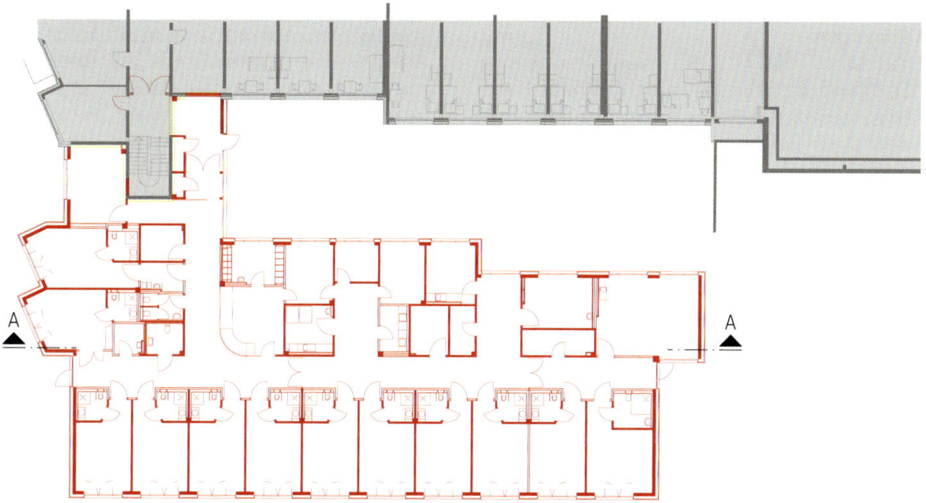

Erdgeschoss

Schnitt A-A

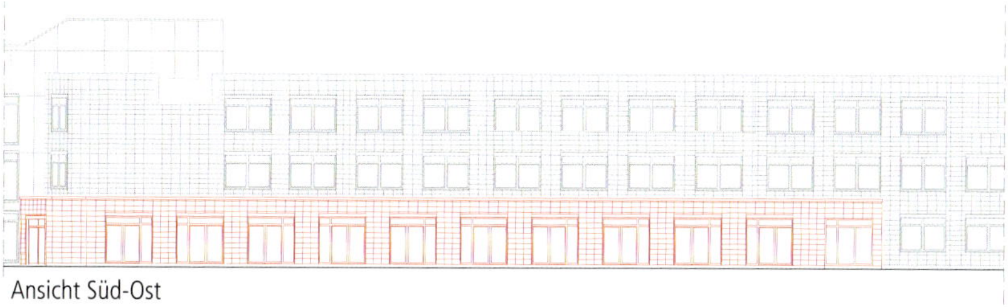

Ansicht Süd-Ost

3200-0032
Palliativstation
(12 Betten)

Erweiterung

Objektbeschreibung

Allgemeine Objektinformationen

Um die deutlich gestiegene Zahl von Patienten angemessen unterbringen zu können, wurde das Klinikum um eine Palliativstation erweitert. Der eingeschossige Erweiterungsbau mit zwölf Einbettzimmern ist direkt an das Bestandgebäude angebaut und optisch dem Bestand angepasst.

Nutzung

1 Erdgeschoss
Einbettzimmer mit DU/WC (12St), Schleuse, Therapieräume (2St), Wohnzimmer, Pflege-Stützpunkt, Stationsküche, Arztzimmer, Arbeitsräume (2St), Dienstraum, Büro, Besprechung/ Aufenthalt, Personal-WC, barrierefreies Besucher-WC, Lagerraum, Technikräume (2St), Putzmittelraum

Nutzeinheiten

Betten: 12

Grundstück

Bauraum: Beengter Bauraum
Neigung: Ebenes Gelände
Bodenklasse: BK 1 bis BK 3

Markt

Hauptvergabezeit: 2. Quartal 2018
Baubeginn: 2. Quartal 2018
Bauende: 3. Quartal 2019
Konjunkturelle Gesamtlage: Durchschnitt
Regionaler Baumarkt: Durchschnitt

Baubestand

Baujahr: 1970
Bauzustand: mittel
Aufwand: mittel
Grundrissänderungen: wenige
Tragwerkseingriffe: wenige
Nutzungsänderung: nein
Nutzung während der Bauzeit: ja

Baukonstruktion

Der Erweiterungsbau wurde in Massivbauweise mit Flachdach auf einem Stahlbetonstützenraster errichtet. Eine dem Bestandsbau angepasste Keramikplatten-Vorhangfassade bekleidet die Stahlbetonaußenwände. Kunststoff-Fassaden- und Fensterelemente gliedern die Fassade. Zur Verschattung der Patientenzimmern sind außenliegende Markisen montiert. Im Inneren kamen GK-Leichtbauwände und Vorsatzschalen zum Einsatz. Die Oberflächen sind mit Tapeten oder Vlies versehen, beschichtet und in Nassräumen mit Fliesen belegt. Die Türen bestehen aus Holz, während in Bereichen mit besonderen Anforderungen Aluminium- bzw. Stahl-Glas-Brandschutzelemente eingebaut wurden. Die Böden sind mit Heizestrich, Vinyl und Bodenfliesen belegt. Das Stahlbetonflachdach erhielt eine Gefälledämmung mit Flachdachabdichtung. Abgehängte Gipskartondecken und Metalldecken gestalten die Dachuntersichten.

Technische Anlagen

Es ist bereits eine BHKW-Anlage für die Gebäudeheizung und Warmwasserbereitung auf dem Gelände vorhanden, an diese wurde die Erweiterung angeschlossen. Eine Fußbodenheizung sowie teilweise Heizkörper verteilen die Wärme in den Räumen. Eine Lüftungsanlage mit WRG stellt den erforderlichen Luftwechsel sicher. Die Elektroinstallation wurde an das Bestandsgebäude angeschlossen. Im Bereich der Kommunikations- und Sicherheitstechnik wurden eine Schwesternrufanlage, eine Türsprechanlage sowie eine erweiterte Brandmeldeanlage installiert. Außerdem wurde eine strukturierte Kommunikationsverkabelung, eine Antennenerweiterung sowie eine Anlage für medizinische Gase eingebaut. Die Systeme wurden in eine Gebäudeautomation integriert.

Sonstiges

Die Palliativstation ist in allen Bereichen barrierefrei.

Erweiterung

Planungskennwerte für Flächen und Rauminhalte nach DIN 277

Flächen des Grundstücks		Menge Einheit	% an GF
BF	Bebaute Fläche	20.480,00 m²	36,3
UF	Unbebaute Fläche	35.987,00 m²	63,7
GF	Grundstücksfläche	56.467,00 m²	100,0

Grundflächen des Bauwerks		Menge Einheit	% an NUF	% an BGF
NUF	Nutzungsfläche	600,29 m²	100,0	60,9
TF	Technikfläche	3,57 m²	0,6	0,4
VF	Verkehrsfläche	237,84 m²	39,6	24,1
NRF	Netto-Raumfläche	841,70 m²	140,2	85,4
KGF	Konstruktions-Grundfläche	143,58 m²	23,9	14,6
BGF	Brutto-Grundfläche	985,28 m²	164,1	100,0

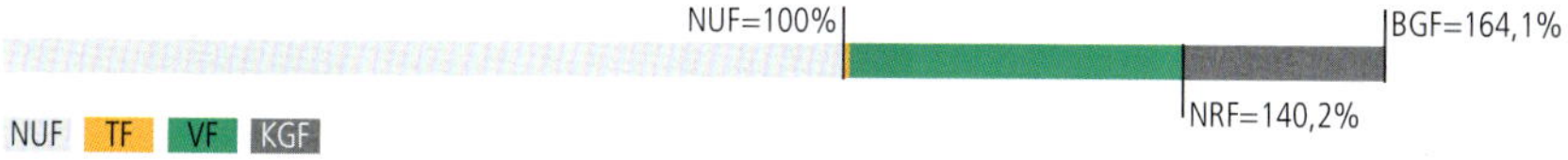

Brutto-Rauminhalt des Bauwerks		Menge Einheit	BRI/NUF (m)	BRI/BGF (m)
BRI	Brutto-Rauminhalt	3.917,00 m³	6,53	3,98

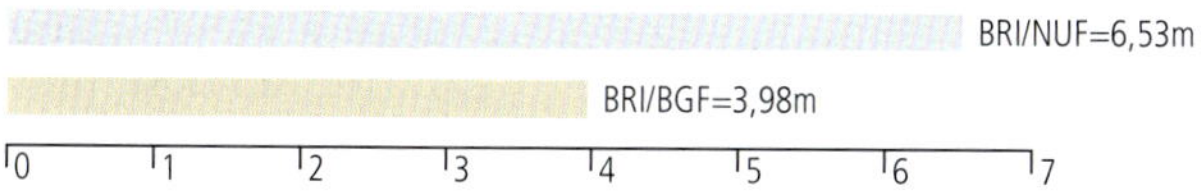

Lufttechnisch behandelte Flächen	Menge Einheit	% an NUF	% an BGF
Entlüftete Fläche	–	–	–
Be- und entlüftete Fläche	–	–	–
Teilklimatisierte Fläche	–	–	–
Klimatisierte Fläche	–	–	–

KG	Kostengruppen (2. Ebene)	Menge Einheit	Menge/NUF	Menge/BGF
310	Baugrube / Erdbau	2.795,89 m³ BGI	4,66	2,84
320	Gründung, Unterbau	901,35 m² GRF	1,50	0,92
330	Außenwände/Vertikale Baukonstruktionen, außen	587,64 m² AWF	0,98	0,60
340	Innenwände/Vertikale Baukonstruktionen, innen	1.113,27 m² IWF	1,86	1,13
350	Decken/Horizontale Baukonstruktionen	–	–	–
360	Dächer	954,70 m² DAF	1,59	0,97

Kostenkennwerte für die Kostengruppen der 1. Ebene DIN 276

KG	Kostengruppen (1. Ebene)	Einheit	Kosten €	€/Einheit	€/m² BGF	€/m³ BRI	% 300+400
100	Grundstück	m² GF	–	–	–	–	–
200	Vorbereitende Maßnahmen	m² GF	19.707	0,35	20,00	5,03	0,5
300	Bauwerk – Baukonstruktionen	m² BGF	2.672.609	2.712,54	2.712,54	682,31	67,8
400	Bauwerk – Technische Anlagen	m² BGF	1.269.965	1.288,94	1.288,94	324,22	32,2
	Bauwerk 300+400	**m² BGF**	**3.942.575**	**4.001,48**	**4.001,48**	**1.006,53**	**100,0**
500	Außenanlagen und Freiflächen	m² AF	210.133	8,36	213,27	53,65	5,3
600	Ausstattung und Kunstwerke	m² BGF	20.572	20,88	20,88	5,25	0,5
700	Baunebenkosten	m² BGF	–	–	–	–	–
800	Finanzierung	m² BGF	–	–	–	–	–

KG	Kostengruppe	Menge Einheit	Kosten €	€/Einheit	%
200	**Vorbereitende Maßnahmen**	56.467,00 m² GF	19.707	**0,35**	0,5

- Abbrechen (Kosten: 91,2%) 17.971
  Abbruch von Pflastersteinen und Unterbau, Pflaster lagern, Abbruch von Stahl-Glas-Raucherpavillon, Volleyballfeld mit Netz, Kies; Entsorgung, Deponiegebühren

- Herstellen (Kosten: 8,8%) 1.737
  Trinkwasserleitung freilegen

KG	Kostengruppe	Menge Einheit	Kosten €	€/Einheit	%
3+4	**Bauwerk**				**100,0**
300	**Bauwerk – Baukonstruktionen**	985,28 m² BGF	2.672.609	**2.712,54**	67,8

- Abbrechen (Kosten: 0,5%) 14.547
  Abbruch von Stahl-Glas-Element, Fassadenelement, Sonnenschutzanlage, Vorhangfassade; Tür-/Fensterelement, Zarge, Türblatt; Entsorgung, Deponiegebühren

- Herstellen (Kosten: 99,5%) 2.658.063
  Stb-Flachgründung, Abdichtung, Heizestrich, Klebevinyl, Bodenfliesen; Stb-Wände, Stb-Unter/-Überzüge/-Attika, KS-Wand, Kunststoff-Fassaden-/Fensterelemente, Keramik-Vorhangfassade, Markisen; GK-Wände, Stb-Stützen, Alu-/Stahl-Glas-Brandschutzelemente, Teleskop-Schiebetür, Holztüren, GK-Vorsatzschalen, Putz, Tapeten, Beschichtung, Wandfliesen, Alu-Glastrennwand; Treppe auf Dach; Stb-Flachdach, Lichtkuppeln, Dachabdichtung, Kies, Betonplatten, Dachentwässerung, Attikaabdeckung, GK-Decken, Metalldecken, Seilsicherungssystem; Einbaumöbel, Einbauküchen

KG	Kostengruppe	Menge Einheit	Kosten €	€/Einheit	%
400	**Bauwerk – Technische Anlagen**	985,28 m² BGF	1.269.965	**1.288,94**	32,2

- Abbrechen (Kosten: < 0,1%) 1.206
  Abbruch von Schaltern, Telefon-/Datendosen, Steckdosen, Kabeln; Entsorgung, Deponiegebühren, Demontieren von Anbau-/Einbauleuchten, lagern; vorhandene Brandmelder freischalten, demontieren (4St); Entsorgung, Deponiegebühren

- Herstellen (Kosten: 99,9%) 1.268.759
  Gebäudeentwässerung, Kalt- und Warmwasserleitungen, Sanitärobjekte; Anbindung an Fernwärme, Heizungsrohre, Fußbodenheizung, Heizkörper; Lüftungsanlage; Elektroinstallation, Beleuchtung, Erdung; Schwesternrufanlage, Türsprechanlage; Antennenanlage, Erweiterung Brandmeldeanlage, Schließzylinder Zutrittskontrolle, Kommunikationsverkabelung, Anlage für medizinische Gase, Gebäudeautomation

KG	Kostengruppe	Menge Einheit	Kosten €	€/Einheit	%
500	**Außenanlagen und Freiflächen**	25.125,00 m² AF	210.133	**8,36**	5,3
	• Abbrechen (Kosten: 8,1%) Abbruch von Winkelstützwänden; von Schächten, Rohrenden verschließen, PVC-Rohren; Entsorgung, Deponiegebühren		16.996		
	• Herstellen (Kosten: 91,9%) Rohrgraben-/Schachtaushub, Verfüllen mit Liefermaterial, Grabenverbau; Kontrollschächte, KG-Rohre, Anschlüsse an bestehende Leitungen, bestehende Leitungen verschließen * Pollerleuchten, Mastleuchten; Findlinge aufnehmen, auf dem Gelände verteilen		193.137		
600	**Ausstattung und Kunstwerke**	985,28 m² BGF	20.572	**20,88**	0,5
	• Herstellen (Kosten: 100,0%) Duschvorhangstangen, Duschhandläufe, Wandhaltegriffe, bauseitige Seifenspender montieren, Garderobenhaken, Mikrowellengeräte; Schilder		20.572		

Erweiterung

Kostenkennwerte für die Kostengruppen der 2. Ebene DIN 276

KG	Kostengruppe	Menge Einheit	Kosten €	€/Einheit	%
200	**Vorbereitende Maßnahmen**				**100,0**
210	**Herrichten**	56.467,00 m² GF	19.707	**0,35**	100,0
	• Abbrechen (Kosten: 91,2%)	56.467,00 m² GF	17.971	**0,32**	
	Abbruch von Pflastersteinen, Unterbau, Pflaster lagern (309m²), Abbruch von achteckigem Stahl-Glas-Raucherpavillon (8m²), Volleyballfeld mit Netz (72m²), Kies (13m³); Entsorgung, Deponiegebühren				
	• Herstellen (Kosten: 8,8%)	56.467,00 m² GF	1.737	**0,03**	
	Trinkwasserleitung freilegen (3St)				
300	**Bauwerk – Baukonstruktionen**				**100,0**
310	**Baugrube / Erdbau**	2.795,89 m³ BGI	143.184	**51,21**	5,4
	• Herstellen (Kosten: 100,0%)	2.795,89 m³ BGI	143.184	**51,21**	
	Boden lösen, laden, abfahren (1.696m³), Baugrubenaushub, abfahren (1.026m³), Rohrgrabenaushub, lagern, verfüllen (74m³), Planum (916m²), Hinterfüllungen, Lieferkies (360m³)				
320	**Gründung, Unterbau**	901,35 m² GRF	407.557	**452,16**	15,2
	• Herstellen (Kosten: 100,0%)	901,35 m² GRF	407.557	**452,16**	
	Bodensanierung, Kiessand (87m³), Stb-Bodenplatte (901m²), Streifenfundamente (55m³), Einzelfundamente (39m³) * Bitumenabdichtung (879m²), EPS-Dämmung, Heizestrich (820m²), Klebevinyl (766m²), Bodenfliesen (68m²), Bodenbeschichtung (4m²) * Kiesschicht (1.201m²), Sauberkeitsschicht (916m²), vertikal: Abdichtung (29m²), XPS-Dämmung (144m²) * Dränage aufnehmen, wieder verlegen (psch)				
330	**Außenwände/Vert. Baukonstrukt., außen**	587,64 m² AWF	619.006	**1.053,38**	23,2
	• Abbrechen (Kosten: 1,5%)	114,11 m² AWF	9.081	**79,58**	
	Abbruch von Stahl-Glas-Element (12m²), Fassadenelement (6m²), mit Fensterbank, Sonnenschutzanlage (4m²) * Vorhangfassade, Keramik, Alu-Unterkonstruktion, Dämmung (93m²)				
	• Herstellen (Kosten: 98,5%)	587,64 m² AWF	609.926	**1.037,92**	
	Stb-Wände, Sichtbeton (238m²), Stb-Unter/-Überzüge/-Attika, Sichtbeton (146m²), KS-Wand (5m²) * Kunststoff-Fassaden-/Fensterelemente, mehrteilig (117m²), vierzehnteilig mit Haustür (21m²), vierteilig mit Haustüren (11m²), Kunststofffenster (50m²), Alu-Bekleidungen an Laibungen, außen (224m) * Abdichtung (38m²), Vorhangfassade, Keramik (366m²), Alusockel (19m²) * Gipsputz (237m²), Vliestapeten, Beschichtung (154m²), Wandfliesen (10m²) * Fassadenmarkisen (100m²)				
340	**Innenwände/Vert. Baukonstrukt., innen**	1.113,27 m² IWF	526.358	**472,80**	19,7
	• Abbrechen (Kosten: 1,0%)	840,00 m² IWF	5.466	**6,51**	
	Abbruch von Tür-/Fensterelement (6m²), Stahlzarge, Türblatt (2m²); Entsorgung, Deponiegebühren				
	• Herstellen (Kosten: 99,0%)	1.113,27 m² IWF	520.892	**467,89**	
	KS-Wand, Öffnungen schließen, KS-Pfeiler mauern (96h) * GK-Wände F30 (701m²), F90 (244m²) * Stb-Stützen (64m), KS-Pfeiler (3m) * Alu-Glas-Brandschutzelement T90 (7m²), Stahl-Glas-Brandschutzelemente T30 (19m²), Teleskop-Schiebetür, Glas (6m²), Holztüren (114m²) * GK-Vorsatzschalen (230m²), Putz (5m²), Vliestapeten (1.384m²), Beschichtung (1.656m²), Wandfliesen (146m²), Tapeten (55m²) * Alu-Glastrennwand (23m²) * Handläufe (31m)				

KG	Kostengruppe	Menge Einheit	Kosten €	€/Einheit	%
350	**Decken/Horizontale Baukonstruktionen**	–	3.879	–	0,1
	• Herstellen (Kosten: 100,0%) Treppenanlage als Fluchtweg zur Dachfläche (1St)	–	3.879	–	
360	**Dächer**	954,70 m² DAF	665.949	**697,55**	24,9
	• Herstellen (Kosten: 100,0%) Stb-Flachdach (937m²) * Lichtkuppeln (4m²) * Gefälledämmung (891m²), vertikal: h bis 75cm, Dämmung (167m), Bitumenabdichtung (891m²), Kiesschüttung (114m²), Betonplatten (40m²), Attikaabläufe (7St), Notüberläufe (7St), Fallrohre (25m), Attikakrone: Dämmung, Aluabdeckungen (155m) * GK-Decken (549m²), Metalldecken (125m²), Akustikdecken (117m²), Alu-Steckpaneel-Decke (16m²) * Seilsicherungssystem (130m), Anschlagpunkte (23St), PSA (2St), Geländer-Ergänzung (1St)	954,70 m² DAF	665.949	**697,55**	
380	**Baukonstruktive Einbauten**	985,28 m² BGF	108.963	**110,59**	4,1
	• Herstellen (Kosten: 100,0%) Einbaumöbel: Doppelkleiderschränke (12St), Kleiderschränke (2St), Garderoben, Spiegel (12St), Schrankanlagen, Einzelschränke auf gemeinsamem Sockel, Wand-/Deckenanschlüsse (3St), Rückwände Betten (12St), Regale, Kompaktplatten (24St), Arbeitsplatte (1St), Stationsküche (1St), Pantryküchen (2St), Kühlschränke (3St), Geschirrspüler (3St)	985,28 m² BGF	108.963	**110,59**	
390	**Sonst. Maßnahmen für Baukonstrukt.**	985,28 m² BGF	197.713	**200,67**	7,4
	• Herstellen (Kosten: 100,0%) Baustelleneinrichtungen (2St), Sanitärcontainer (1St), Bauzaun (126m), Turmdrehkran abspannen (107d), Baustromverteiler (2St), Etagen-Stromverteiler (1St) * Arbeitsgerüst (609m²), Dachfanggerüst (144m), Raumgerüst (1St) * Austausch von Türzarge (1St), bauseitig beschädigter Glasscheibe (1St) * Bauendreinigung (psch), Notverglasung, OSB-Bekleidung (43m²), Schutzabdeckungen (828m²), Folienabklebungen (202m²), Abklebungen von Bauteilen (1.122m)	985,28 m² BGF	197.713	**200,67**	
400	**Bauwerk – Technische Anlagen**				**100,0**
410	**Abwasser-, Wasser-, Gasanlagen**	985,28 m² BGF	283.533	**287,77**	22,3
	• Herstellen (Kosten: 100,0%) KG-Rohre (196m), HT-Rohre (35m), Gussrohre (8m), Bodeneinläufe (12St), Anschlüsse an Grundleitung (59St) * Edelstahlrohre (798m), Rohrdurchführungen R90 (104St), Zirkulationspumpe (1St), Wasserzähler (1St), Anschlüsse an bauseitigen Speicher (2St), Ventile (57St), Tiefspül-WCs (13St), barrierefrei, Rückenstütze (2St), Stützklappgriffe (15St), Waschtische (18St), Brausegarnituren (12St), Ausgussbecken (1St), Küchenspülenanschlüsse (3St) * Montageelemente (32St)	985,28 m² BGF	283.533	**287,77**	
420	**Wärmeversorgungsanlagen**	985,28 m² BGF	161.380	**163,79**	12,7
	• Herstellen (Kosten: 100,0%) Plattenwärmeaustauscher 30-80kW (2St), Verteiler (1St), Pumpen (5St), Ausdehnungsgefäß (1St), Luftgefäße (3St), Wärmezähler (1St), Stahlrohre (71m), Anschlüsse an bestehende Rohre (2St) * Kupferrohre (408m), Mehrschichtverbundrohre (15m) * Fußbodenheizung, Trägerelemente (601m²), PE-Xa-Rohre (4.025m), Edelstahlverteiler (5St), Thermoantriebe (40St), Raumtemperaturfühler (25St), Regelmodule (7St), Heizkörper (12St)	985,28 m² BGF	161.380	**163,79**	

KG	Kostengruppe	Menge Einheit	Kosten €	€/Einheit	%
430	**Raumlufttechnische Anlagen**	985,28 m² BGF	205.400	**208,47**	16,2
	• Herstellen (Kosten: 100,0%) Zu- und Abluftgerät 2.500m³/h, WRG, Außenaufstellung, Dach (1St), Unterkonstruktion Lüftungsgerät, Schutzmatte, Gehwegplatten, Gerätesockel, Edelstahlsockelblende (1St), Luftkanäle (70m²), Lüftungsrohre (130m), Alu-Flexrohre (24m), Rohrventilatoren (2St), Schalldämpfer (33St), Brandschutzklappen (27St), Volumenstromregler (20St), Drosselklappen (21St), Luftauslässe (52St), Wetterschutzgitter (2St)	985,28 m² BGF	205.400	**208,47**	
440	**Elektrische Anlagen**	985,28 m² BGF	272.260	**276,33**	21,4
	• Abbrechen (Kosten: 0,3%) Abbruch von Schaltern, Telefon-/Datendosen, Steckdosen (14St), Kabeln (6m); Entsorgung, Deponiegebühren * Demontieren von Anbau-/Einbauleuchten, lagern (9St)	985,28 m² BGF	890	**0,90**	
	• Herstellen (Kosten: 99,7%) Standverteiler (2St), Erweiterung Drehstromzähler (2St), Starkstromkabel (8.676m), Installationskabel (972m), Steuerleitungen (443m), Steckdosen (297St), Schalter/Taster (118St), Präsenzmelder (10St), Bewegungsmelder (2St), Lichtsignale (12St), Anschlüsse an vorhandene NSHV (2St) * Bettwandleuchten (12St), Einbauleuchten (113St), Pendelleuchten (7St), Anbauleuchten (93St), Lichtleisten (4St), Kontrollleuchten (12St) * Potenzialausgleichsschienen (16St), Potenzialausgleichsdosen (12St), Mantelleitungen (738m)	985,28 m² BGF	271.370	**275,42**	
450	**Kommunikationstechnische Anlagen**	985,28 m² BGF	171.239	**173,80**	13,5
	• Abbrechen (Kosten: 0,2%) Vorhandene Brandmelder freischalten, demontieren (4St); Entsorgung, Deponiegebühren	985,28 m² BGF	317	**0,32**	
	• Herstellen (Kosten: 99,8%) Licht-/Schwesternrufanlage: Zimmerterminals (24St), Bettenmodule (12St), Informationsdisplay (1St), Signalleuchten (25St), Ruftaster (26St), Abstelltaster (13St), Stations-Management-Controller (1St), Stationsabfrage (1St), Dienstzimmer-Interface (1St), Busleitungen (365m), Installationsleitungen (583m), Gegensprechanlage (1St), Digital-IO-Modul (1St), Störmeldeaufschaltung (psch) * Hausanschluss-/Verteilnetzverstärker (1St), Antennenverteiler (5St), Koaxialkabel (537m), Antennensteckdosen (12St) * Erweiterung Brandmeldeanlage: Brandmelder (65St), Analogringmodul (1St), Erweiterungsmodul (1St), Fluchttürterminals (3St), Brandmeldekabel (488m), Installationskabel (48m), Schließzylinder, Zutrittskontrolle (17St) * Netzwerkschrank (1St), Datenanschlussdosen (45St), Datenkabel (6.568m), WLAN-Access-Router, bauseits (9St)	985,28 m² BGF	170.922	**173,48**	
470	**Nutzungsspez. u. verfahrenstechn. Anl.**	985,28 m² BGF	71.066	**72,13**	5,6
	• Herstellen (Kosten: 100,0%) Medizinische Gase: Bereichsüberwachungs-/Absperreinheit, Notfallsignal (1St), Kupferrohre (355m), Rohranschlüsse an bauseitige Kupferrohre (2St), Kugelhähne (2St), Entnahmestellen für Sauerstoff (14St), für Druckluft (14St), Dichtheitsprüfungen Gasnetz (7St) * Einbau-Steckbeckenspüler, Bettpfannen-/Urinflaschenreiniger (1St)	985,28 m² BGF	71.066	**72,13**	

KG	Kostengruppe	Menge Einheit	Kosten €	€/Einheit	%
480	**Gebäude- und Anlagenautomation**	985,28 m²BGF	103.040	**104,58**	8,1
	• Herstellen (Kosten: 100,0%) DDC-Unterstation (1St), Reparaturschalter (2St), Steuerung/Regelung Zu-/Abluftanlage (1St), Betriebsmeldungen BSK (54St), Wartungssteuerung BSK (2St), Vorlauftemperaturregelungen (2St), Kanalrauchmelder (1St), Tauchfühler (12St), Luftstromwächter (2St), Temperaturfühler (4St), Steuerungen (3St), KNX Raum-Controller (2St) * Schaltschränke (2St), Elektrozähler aufschalten (1St), Spannungsversorgungen (4St), Motorleistungsgruppen (10St), Luftstromüberwachungen (2St), Klappensteuerungen (10St), Meldungen BSK (27St), Störmeldungen Temperaturwächter (6St), Filterüberwachungen (3St) * Steuerleitungen (4.795m), EIB-Leitungen (102m), Elektroleitungen (91m)	985,28 m²BGF	103.040	**104,58**	
490	**Sonst. Maßnahmen für techn. Anlagen**	985,28 m²BGF	2.047	**2,08**	0,2
	• Herstellen (Kosten: 100,0%) Mobilkran (1St)	985,28 m²BGF	2.047	**2,08**	
500	**Außenanlagen und Freiflächen**				**100,0**
510	**Erdbau**	588,34 m³EBR	120.392	**204,63**	57,3
	• Herstellen (Kosten: 100,0%) Rohrgraben-/Schachtaushub, abfahren (588m³), Verfüllen mit Liefermaterial (588m³) * senkrechter Grabenverbau (314m²)	588,34 m³EBR	120.392	**204,63**	
540	**Baukonstruktionen**	25.125,00 m²AF	8.597	**0,34**	4,1
	• Abbrechen (Kosten: 100,0%) Abbruch von Winkelstützwänden (psch); Entsorgung, Deponiegebühren	25.125,00 m²AF	8.597	**0,34**	
550	**Technische Anlagen**	25.125,00 m²AF	79.878	**3,18**	38,0
	• Abbrechen (Kosten: 10,5%) Abbruch von Kontrollschächten, Rohrenden verschließen (9St), PVC-Rohren (132m); Entsorgung, Deponiegebühren	25.125,00 m²AF	8.400	**0,33**	
	• Herstellen (Kosten: 89,5%) Kontrollschächte (5St), KG-Rohre (139m), Anschlüsse an bestehende RW-Leitung (2St), an bestehende Leitungen anschließen (5St), bestehende Leitungen verschließen (7St) * Pollerleuchten (3St), Mastleuchten (2St)	25.125,00 m²AF	71.478	**2,84**	
570	**Vegetationsflächen**	–	1.267	–	0,6
	• Herstellen (Kosten: 100,0%) Findlinge aufnehmen, auf dem Gelände verteilen (21St)	–	1.267	–	
600	**Ausstattung und Kunstwerke**				**100,0**
610	**Allgemeine Ausstattung**	985,28 m²BGF	20.274	**20,58**	98,5
	• Herstellen (Kosten: 100,0%) Duschvorhangstangen (13St), Duschhandläufe (13St), Wandhaltegriffe (13St), bauseitige Seifenspender montieren (69St), Garderobenhaken (48St), Mikrowellengeräte (3St)	985,28 m²BGF	20.274	**20,58**	
690	**Sonstige Ausstattung**	985,28 m²BGF	298	**0,30**	1,5
	• Herstellen (Kosten: 100,0%) Schilder A3 (2St)	985,28 m²BGF	298	**0,30**	

3200-0032
Palliativstation
(12 Betten)

Erweiterung

Kostenkennwerte für die Kostengruppen 300 der 2. und 3. Ebene DIN 276 (Übersicht)

KG	Kostengruppe	Menge Einheit	Kosten €	€/Einheit	% an 3+4
300	**Bauwerk – Baukonstruktionen**	**985,28 m² BGF**	**2.672.609,45**	**2.712,54**	**67,8**
310	**Baugrube / Erdbau**	**2.795,89 m³ BGI**	**143.183,56**	**51,21**	**3,6**
311	Herstellung	2.795,89 m³ BGI	143.183,56	51,21	3,6
312	Umschließung	–	–	–	–
313	Wasserhaltung	–	–	–	–
314	Vortrieb	–	–	–	–
319	Sonstiges zur KG 310	–	–	–	–
320	**Gründung, Unterbau**	**901,35 m² GRF**	**407.556,79**	**452,16**	**10,3**
321	Baugrundverbesserung	189,00 m²	3.533,87	18,70	< 0,1
322	Flachgründungen und Bodenplatten	901,35 m²	147.114,09	163,22	3,7
323	Tiefgründungen	–	–	–	–
324	Gründungsbeläge	837,74 m²	217.399,60	259,51	5,5
325	Abdichtungen und Bekleidungen	1.045,40 m²	38.628,82	36,95	1,0
326	Dränagen	901,35 m² GRF	880,41	0,98	< 0,1
329	Sonstiges zur KG 320	–	–	–	–
330	**Außenwände/Vert. Baukonstrukt., außen**	**587,64 m² AWF**	**619.006,31**	**1.053,38**	**15,7**
331	Tragende Außenwände	388,46 m²	153.287,90	394,60	3,9
332	Nichttragende Außenwände	–	–	–	–
333	Außenstützen	–	–	–	–
334	Außenwandöffnungen	199,18 m²	175.759,20	882,41	4,5
335	Außenwandbekleidungen, außen	384,82 m²	235.503,03	611,98	6,0
336	Außenwandbekleidungen, innen	237,62 m²	25.585,72	107,67	0,6
337	Element. Außenwandkonstruktionen	–	–	–	–
338	Lichtschutz zur KG 330	100,22 m²	28.870,47	288,07	0,7
339	Sonstiges zur KG 330	–	–	–	–
340	**Innenwände/Vert. Baukonstrukt., innen**	**1.113,27 m² IWF**	**526.358,07**	**472,80**	**13,4**
341	Tragende Innenwände	–	11.646,34	–	0,3
342	Nichttragende Innenwände	945,93 m²	132.681,16	140,27	3,4
343	Innenstützen	67,20 m	23.599,48	351,18	0,6
344	Innenwandöffnungen	144,39 m²	214.121,44	1.482,94	5,4
345	Innenwandbekleidungen	1.888,42 m²	110.433,12	58,48	2,8
346	Elementierte Innenwandkonstruktionen	22,95 m²	22.098,41	962,89	0,6
347	Lichtschutz zur KG 340	–	–	–	–
349	Sonstiges zur KG 340	1.113,27 m² IWF	11.778,11	10,58	0,3
350	**Decken/Horizontale Baukonstruktionen**	**–**	**3.879,29**	**–**	**< 0,1**
351	Deckenkonstruktionen	–	3.879,29	–	< 0,1
352	Deckenöffnungen	–	–	–	–
353	Deckenbeläge	–	–	–	–
354	Deckenbekleidungen	–	–	–	–
355	Elementierte Deckenkonstruktionen	–	–	–	–
359	Sonstiges zur KG 350	–	–	–	–
360	**Dächer**	**954,70 m² DAF**	**665.948,76**	**697,55**	**16,9**
361	Dachkonstruktionen	936,49 m²	213.279,33	227,74	5,4
362	Dachöffnungen	4,00 m²	8.350,35	2.087,59	0,2
363	Dachbeläge	950,70 m²	297.839,14	313,28	7,6
364	Dachbekleidungen	806,98 m²	117.814,68	145,99	3,0
365	Elementierte Dachkonstruktionen	–	–	–	–
366	Lichtschutz zur KG 360	–	–	–	–
369	Sonstiges zur KG 360	954,70 m² DAF	28.665,28	30,03	0,7
370	**Infrastrukturanlagen**	**–**	**–**	**–**	**–**
380	**Baukonstruktive Einbauten**	**985,28 m² BGF**	**108.963,48**	**110,59**	**2,8**
390	**Sonst. Maßnahmen für Baukonstrukt.**	**985,28 m² BGF**	**197.713,21**	**200,67**	**5,0**

Kostenkennwerte für die Kostengruppen 400 der 2. und 3.Ebene DIN 276 (Übersicht)

KG	Kostengruppe	Menge Einheit	Kosten €	€/Einheit	% an 3+4
400	**Bauwerk – Technische Anlagen**	**985,28 m² BGF**	**1.269.965,29**	**1.288,94**	**32,2**
410	**Abwasser-, Wasser-, Gasanlagen**	**985,28 m² BGF**	**283.533,16**	**287,77**	**7,2**
411	Abwasseranlagen	985,28 m² BGF	62.511,86	63,45	1,6
412	Wasseranlagen	985,28 m² BGF	202.116,31	205,14	5,1
413	Gasanlagen	–	–	–	–
419	Sonstiges zur KG 410	985,28 m² BGF	18.905,00	19,19	0,5
420	**Wärmeversorgungsanlagen**	**985,28 m² BGF**	**161.380,31**	**163,79**	**4,1**
421	Wärmeerzeugungsanlagen	985,28 m² BGF	47.474,16	48,18	1,2
422	Wärmeverteilnetze	985,28 m² BGF	49.410,62	50,15	1,3
423	Raumheizflächen	985,28 m² BGF	64.495,52	65,46	1,6
424	Verkehrsheizflächen	–	–	–	–
429	Sonstiges zur KG 420	–	–	–	–
430	**Raumlufttechnische Anlagen**	**985,28 m² BGF**	**205.400,09**	**208,47**	**5,2**
431	Lüftungsanlagen	985,28 m² BGF	205.400,09	208,47	5,2
432	Teilklimaanlagen	–	–	–	–
433	Klimaanlagen	–	–	–	–
434	Kälteanlagen	–	–	–	–
439	Sonstiges zur KG 430	–	–	–	–
440	**Elektrische Anlagen**	**985,28 m² BGF**	**272.259,88**	**276,33**	**6,9**
441	Hoch- und Mittelspannungsanlagen	–	–	–	–
442	Eigenstromversorgungsanlagen	–	–	–	–
443	Niederspannungsschaltanlagen	–	–	–	–
444	Niederspannungsinstallationsanlagen	985,28 m² BGF	181.864,20	184,58	4,6
445	Beleuchtungsanlagen	985,28 m² BGF	83.680,09	84,93	2,1
446	Blitzschutz- und Erdungsanlagen	985,28 m² BGF	6.715,61	6,82	0,2
447	Fahrleitungssysteme	–	–	–	–
449	Sonstiges zur KG 440	–	–	–	–
450	**Kommunikationstechnische Anlagen**	**985,28 m² BGF**	**171.239,01**	**173,80**	**4,3**
451	Telekommunikationsanlagen	–	–	–	–
452	Such- und Signalanlagen	985,28 m² BGF	67.970,28	68,99	1,7
453	Zeitdienstanlagen	–	–	–	–
454	Elektroakustische Anlagen	–	–	–	–
455	Audiovisuelle Medien- u. Antennenanl.	985,28 m² BGF	4.188,37	4,25	0,1
456	Gefahrenmelde- und Alarmanlagen	985,28 m² BGF	48.860,93	49,59	1,2
457	Datenübertragungsnetze	985,28 m² BGF	50.219,39	50,97	1,3
458	Verkehrsbeeinflussungsanlagen	–	–	–	–
459	Sonstiges zur KG 450	–	–	–	–
460	**Förderanlagen**	**–**	**–**	**–**	**–**
461	Aufzugsanlagen	–	–	–	–
462	Fahrtreppen, Fahrsteige	–	–	–	–
463	Befahranlagen	–	–	–	–
464	Transportanlagen	–	–	–	–
465	Krananlagen	–	–	–	–
466	Hydraulikanlagen	–	–	–	–
469	Sonstiges zur KG 460	–	–	–	–
470	**Nutzungsspez. u. verfahrenstechn. Anl.**	**985,28 m² BGF**	**71.066,32**	**72,13**	**1,8**
480	**Gebäude- und Anlagenautomation**	**985,28 m² BGF**	**103.039,81**	**104,58**	**2,6**
490	**Sonst. Maßnahmen für techn. Anlagen**	**985,28 m² BGF**	**2.046,71**	**2,08**	**< 0,1**

Erweiterung

Kostenkennwerte für die Kostengruppen der 3. Ebene DIN 276

KG	Kostengruppe	Menge Einheit	Kosten €	€/Einheit	%
210	**Herrichten**				**100,0**
211	**Sicherungsmaßnahmen**	56.467,00 m² GF	1.737	**0,03**	8,8
	• Herstellen (Kosten: 100,0%) Trinkwasserleitung freilegen (3St)	56.467,00 m² GF	1.737	**0,03**	
212	**Abbruchmaßnahmen**	56.467,00 m² GF	17.971	**0,32**	91,2
	• Abbrechen (Kosten: 100,0%) Abbruch von Pflastersteinen, Unterbau, Pflaster lagern (309m²), Abbruch von achteckigem Stahl-Glas-Raucherpavillon (8m²), Volleyballfeld mit Netz, Gummigranulat (72m²), Kies (13m³); Entsorgung, Deponiegebühren	56.467,00 m² GF	17.971	**0,32**	
310	**Baugrube / Erdbau**				**100,0**
311	**Herstellung**	2.795,89 m³ BGI	143.184	**51,21**	100,0
	• Herstellen (Kosten: 100,0%) Boden lösen, laden, abfahren (1.696m³), Baugrubenaushub BK 4, t=0,30-1,25m, abfahren (1.026m³), Rohrgrabenaushub, t=0,80-1,20m, lagern, verfüllen (74m³), Planum (916m²), Hinterfüllungen, Lieferkies (360m³)	2.795,89 m³ BGI	143.184	**51,21**	
320	**Gründung, Unterbau**				**100,0**
321	**Baugrundverbesserung**	189,00 m²	3.534	**18,70**	0,9
	• Herstellen (Kosten: 100,0%) Bodensanierung, Kiessand, d=30-65cm (87m³)	189,00 m²	3.534	**18,70**	
322	**Flachgründungen und Bodenplatten**	901,35 m²	147.114	**163,22**	36,1
	• Herstellen (Kosten: 100,0%) Stb-Bodenplatte C20/25, d=20cm, Schalung, Bewehrung (901m²), Streifenfundamente 70-80x80cm (55m³), Einzelfundamente C20/25, 200x200-210x210x60cm (20m³),150x150-180x180x60cm (11m³), 250x80x50cm (1m³), 350x70x80cm (2m³), 80x80x60cm (1m³), 330x130x50cm (2m³), 245x140x50cm (2m³)	901,35 m²	147.114	**163,22**	
324	**Gründungsbeläge**	837,74 m²	217.400	**259,51**	53,3
	• Herstellen (Kosten: 100,0%) Bitumenabdichtung (879m²), EPS-Dämmung WLG 035, d=2x60mm, PE-Folie, Zementheizestrich CT C40 F5, d=70mm (820m²), Bodenausgleich, Klebevinyl, d=2mm (766m²), Vinylsockel (542m), Abdichtung, Bodenfliesen (68m²), Duschtassensteine (40m), Bodenbeschichtung (4m²), Sockelstrich (12m)	837,74 m²	217.400	**259,51**	
325	**Abdichtungen und Bekleidungen**	1.045,40 m²	38.629	**36,95**	9,5
	• Herstellen (Kosten: 100,0%) Kiesschicht 8/16mm, d=15cm (1.201m²), Sauberkeitsschicht C12/15, d=5cm (916m²), vertikal: Bitumendickbeschichtung (29m²), XPS-Dämmung WLG 035, d=100mm, h=100cm (144m²)	1.045,40 m²	38.629	**36,95**	
326	**Dränagen**	901,35 m² GRF	880	**0,98**	0,2
	• Herstellen (Kosten: 100,0%) Dränage im Übergang zum Bestandsgebäude aufnehmen, wieder verlegen (psch)	901,35 m² GRF	880	**0,98**	

KG	Kostengruppe	Menge Einheit	Kosten €	€/Einheit	%
330	**Außenwände/Vertikale Baukonstruktionen, außen**				**100,0**
331	**Tragende Außenwände**	388,46 m²	153.288	**394,60**	24,8
	• Herstellen (Kosten: 100,0%) Stb-Wände C25/30, d=24cm, Sichtbeton, Schalung, Bewehrung (238m²), Stb-Unter/-Überzüge/-Attika C30/37, Sichtbeton, b=24cm, h=78-103cm (146m²), KS-Wand, d=24cm, Öffnung schließen (5m²)	388,46 m²	153.288	**394,60**	
334	**Außenwandöffnungen**	199,18 m²	175.759	**882,41**	28,4
	• Abbrechen (Kosten: 0,8%) Abbruch von Stahl-Glas-Element (12m²), Fassadenelement (6m²), mit Fensterbank, Sonnenschutzanlage (4m²); Entsorgung, Deponiegebühren	21,29 m²	1.467	**68,91**	
	• Herstellen (Kosten: 99,2%) Kunststoff-Fassaden-/Fensterelemente, Dreifachverglasung, Wärmeschutzglas, bis fünfteilig, Drehtür, Drehkipptür, Festverglasung, Oberlichter (22m²), mit Außenluftdurchlass (95m²), vierzehnteilig, mit Haustür (21m²), vierteilig, mit Haustüren (11m²), Kunststofffenster, vierteilig, Drehkipp, Dreh, Festverglasung, Oberlichter (50m²), Alu-Bekleidungen außen, an Fensterlaibungen, b=21-32cm (140m), an Stürzen, b=21cm (84m), Fensterbänke innen, Kunststein (26m), außen, Alu (25m)	199,18 m²	174.292	**875,05**	
335	**Außenwandbekleidungen, außen**	384,82 m²	235.503	**611,98**	38,0
	• Abbrechen (Kosten: 3,2%) Abbruch von Vorhangfassade, Keramik, Alu-Unterkonstruktion, Mineralwolldämmung (93m²); Entsorgung, Deponiegebühren	92,82 m²	7.613	**82,02**	
	• Herstellen (Kosten: 96,8%) Bitumendickbeschichtung (38m²), Unterkonstruktion, Aluwinkel (385m²), Keramikfassade, Platten 25x20-70cm, hinterlüftet, Mineralwolldämmung WLG 035, d=100+80mm, vlieskaschiert, Alu-Tragprofile (366m²), Alusockel, h=20cm (19m²)	384,82 m²	227.890	**592,20**	
336	**Außenwandbekleidungen, innen**	237,62 m²	25.586	**107,67**	4,1
	• Herstellen (Kosten: 100,0%) Gipsputz, Oberfläche Q3 (237m²), an Laibungen (59m²), Vliestapeten, Dispersionsbeschichtung (154m²), an Laibungen (293m), Abdichtung, Wandfliesen (10m²), GK-Vorsatzschalen, d=15cm, doppelt beplankt, Dämmung, d=40mm (15m²)	237,62 m²	25.586	**107,67**	
338	**Lichtschutz zur KG 330**	100,22 m²	28.870	**288,07**	4,7
	• Herstellen (Kosten: 100,0%) Fassadenmarkisen, Motorantrieb (100m²)	100,22 m²	28.870	**288,07**	
340	**Innenwände/Vertikale Baukonstruktionen, innen**				**100,0**
341	**Tragende Innenwände**	–	11.646	–	2,2
	• Herstellen (Kosten: 100,0%) KS-Wand, d=24cm, Fensteröffnungen Treppenhaus schließen, Gerüststellung, KS-Pfeiler mauern (96h)	–	11.646	–	

KG	Kostengruppe	Menge Einheit	Kosten €	€/Einheit	%
342	**Nichttragende Innenwände**	945,93 m2	132.681	**140,27**	25,2
	• Herstellen (Kosten: 100,0%) GK-Metallständerwände F30, d=15cm, beidseitig doppelt beplankt, Mineralwolldämmung WLG 040, d=80mm, Oberfläche Q3, 56dB (701m2), F90, 57dB (229m2), Brandwand, Stahlblecheinlage, F90 (15m2), Türöffnungen (43St), Durchbrüche herstellen, schließen (244St), UA-Profil-Verstärkungen (50St)	945,93 m2	132.681	**140,27**	
343	**Innenstützen**	67,20 m	23.599	**351,18**	4,5
	• Herstellen (Kosten: 100,0%) Stb-Stützen C25/30, l=3,20m, 35x35cm, Schalung, Bewehrung (45m), 30x30 (10m), 44,5x24 (6m), 45x45cm (3m), KS-Pfeiler (3m)	67,20 m	23.599	**351,18**	
344	**Innenwandöffnungen**	144,39 m2	214.121	**1.482,94**	40,7
	• Abbrechen (Kosten: 2,6%) Abbruch von Tür-/Fensterelement (6m2), Stahlzarge, Türblatt (2m2); Entsorgung, Deponiegebühren	8,40 m2	5.466	**650,72**	
	• Herstellen (Kosten: 97,4%) Alu-Glas-Brandschutzelement T90 RS, zweiflüglige Tür, Oberlicht, Feststellanlage (7m2), Stahl-Glas-Brandschutzelemente T30 RS, zweiflüglige Tür, Oberlicht (13m2), RS (6m2), Teleskop-Schiebetür, Glas, elektromechanisch, Notöffnungssystem, programmierbar (6m2), Holztüren, Oberfläche HPL, Stahlzargen, Beschichtung (63m2), zweiflüglig (4m2), als Feuchtraumtüren (26m2), T30, Rw=37dB (16m2), T30 RS, Rw=37dB (3m2), T30, Rw=42dB (2m2)	144,39 m2	208.655	**1.445,08**	
345	**Innenwandbekleidungen**	1.888,42 m2	110.433	**58,48**	21,0
	• Herstellen (Kosten: 100,0%) GK-Vorsatzschalen, d=20cm, doppelt beplankt, Mineralwolldämmung, d=80mm (131m2), d=15cm, Dämmung, d=40mm (99m2), Gipsputz, Oberfläche Q3 (5m2), Vliestapeten, Dispersionsbeschichtung (1.384m2), Renovierungsbeschichtung auf Anstrich (237m2), Dispersionsbeschichtung (35m2), Abdichtung (51m2), Wandfliesen (146m2), Spiegel, fliesengleich (8m2), Fototapeten (42m2), Mustertapeten (13m2), Wandschutz HPL (22m2)	1.888,42 m2	110.433	**58,48**	
346	**Elementierte Innenwandkonstruktionen**	22,95 m2	22.098	**962,89**	4,2
	• Herstellen (Kosten: 100,0%) Alu-Glastrennwand, VSG, gebogen, geschlossene Brüstung, Festverglasungen, einflüglige Tür (23m2)	22,95 m2	22.098	**962,89**	
349	**Sonstiges zur KG 340**	1.113,27 m2 IWF	11.778	**10,58**	2,2
	• Herstellen (Kosten: 100,0%) Edelstahl-Handlaufsystem, gebogene Enden (31m), Handlaufstützen (47St)	1.113,27 m2 IWF	11.778	**10,58**	
350	**Decken/Horizontale Baukonstruktionen**				**100,0**
351	**Deckenkonstruktionen**	–	3.879	–	100,0
	• Herstellen (Kosten: 100,0%) Treppenanlage als Fluchtweg zur Dachfläche (1St)	–	3.879	–	
360	**Dächer**				**100,0**
361	**Dachkonstruktionen**	936,49 m2	213.279	**227,74**	32,0
	• Herstellen (Kosten: 100,0%) Stb-Flachdach C30/37, d=28cm, Schalung, Bewehrung (937m2)	936,49 m2	213.279	**227,74**	

KG	Kostengruppe	Menge Einheit	Kosten €	€/Einheit	%
362	**Dachöffnungen**	4,00 m²	8.350	**2.087,59**	1,3
	• Herstellen (Kosten: 100,0%)	4,00 m²	8.350	**2.087,59**	
	Lichtkuppeln 1,00x2,00m (4m²), Aufsetzkranz, Holzbohlen 12x16cm (24m)				
363	**Dachbeläge**	950,70 m²	297.839	**313,28**	44,7
	• Herstellen (Kosten: 100,0%)	950,70 m²	297.839	**313,28**	
	Dampfsperre (1.015m²), EPS-Gefälledämmung WLG 035, d i.M. 250mm (777m²), Mineralwoll-Gefälledämmung WLG 035, d i.M. 250mm, oberseitig bitumenkaschiert (114m²), vertikal: h bis 75cm, d=160mm, EPS-Dämmung (120m), Mineralwolldämmung (47m), Bitumenabdichtung, zweilagig (891m²), Schutzlage, Kiesschüttung (114m²), Bautenschutzmatten, Betonplatten 50x50cm (40m²), Attikaabläufe (7St), Notüberläufe (7St), Regenfallrohre, Stahl (25m), Standrohre (7St), Attikakrone: Dämmung, b=56cm, Aluabdeckungen, b=68cm (155m)				
364	**Dachbekleidungen**	806,98 m²	117.815	**145,99**	17,7
	• Herstellen (Kosten: 100,0%)	806,98 m²	117.815	**145,99**	
	Abgehängte GK-Decken, Vliestapete, Dispersionsbeschichtung (438m²), abgehängte GK-Lochdecken, Mineralwollauflage, Dispersionsbeschichtung (42m²), GK-Deckenfries F30, Oberfläche Q3, Beschichtung (37m²), GKF-Deckenfriesformteile F30, b=20cm, Beschichtung (32m²), Langfeld-Metalldecken F30 (125m²), Akustikdecken, Mineralfaserplatten (117m²), abgehängte Alu-Steckpaneel-Decke, außen (16m²), GK-Bekleidungen, Lichtkuppeln (2St), Brandschutzbekleidung (5m)				
369	**Sonstiges zur KG 360**	954,70 m² DAF	28.665	**30,03**	4,3
	• Herstellen (Kosten: 100,0%)	954,70 m² DAF	28.665	**30,03**	
	Seilsicherungssystem (130m), Einzelanschlagpunkte (23St), Kurvenelemente (11St), persönliche Schutzausrüstungen (2St), Geländer-Ergänzung (1St), Zusatzpfosten (1St)				
380	**Baukonstruktive Einbauten**				**100,0**
381	**Allgemeine Einbauten**	985,28 m² BGF	108.963	**110,59**	100,0
	• Herstellen (Kosten: 100,0%)	985,28 m² BGF	108.963	**110,59**	
	Einbaumöbel, Oberfläche HPL: Doppelkleiderschränke 192,5x270x60cm (12St), Kleiderschränke (2St), Garderoben, Grundplatte, drei Haken, Spiegel (12St), Schrankanlagen, Einzelschränke auf gemeinsamen Sockel, Wand-/Deckenanschlüsse (3St), Rückwände Betten 160-170x180x10-15cm, Seiten abgewinkelt (12St), Regale, Kompaktplatten 40x90x20cm (12St), 20x40x40cm (12St), Arbeitsplatte 505x265cm (1St), Stationsküche (1St), Pantryküchen (2St), Kühlschränke (3St), Geschirrspüler (3St)				
390	**Sonstige Maßnahmen für Baukonstruktionen**				**100,0**
391	**Baustelleneinrichtung**	985,28 m² BGF	132.407	**134,38**	67,0
	• Herstellen (Kosten: 100,0%)	985,28 m² BGF	132.407	**134,38**	
	Baustelleneinrichtung, Hauptgewerk (1St), Nebengewerk (1St), Sanitärcontainer (1St), Bauzaun (126m), Tor, zweiflüglig (1St), Schnurgerüst (psch), Turmdrehkran abspannen (107d), Bautür (1St), Bauwasser (psch), Baustromverteiler (2St), Etagen-Stromverteiler (1St), Bauleuchte, außen (1St)				
392	**Gerüste**	985,28 m² BGF	39.762	**40,36**	20,1
	• Herstellen (Kosten: 100,0%)	985,28 m² BGF	39.762	**40,36**	
	Arbeitsgerüst (609m²), Dachfanggerüst mit Innenschutz (144m), Raumgerüst (1St)				

KG	Kostengruppe	Menge Einheit	Kosten €	€/Einheit	%
455	**Audiovisuelle Medien- u. Antennenanl.**	985,28 m² BGF	4.188	**4,25**	2,4
	• Herstellen (Kosten: 100,0%) Hausanschluss-/Verteilnetzverstärker (1St), Antennenverteiler, bis vierfach (5St), Koaxialkabel (537m), Antennensteckdosen (12St)	985,28 m² BGF	4.188	**4,25**	
456	**Gefahrenmelde- und Alarmanlagen**	985,28 m² BGF	48.861	**49,59**	28,5
	• Abbrechen (Kosten: 0,6%) Vorhandene automatische/nichtautomatische Brandmelder freischalten, demontieren (4St); Entsorgung, Deponiegebühren	985,28 m² BGF	317	**0,32**	
	• Herstellen (Kosten: 99,4%) Erweiterung Brandmeldeanlage: automatische Melder für Control-Zentrale (55St), mit Blitzleuchte (6St), nichtautomatischer Handmelder (4St), Analogringmodul (1St), Erweiterungsmodul mit drei zusätzlichen Micromodulsteckplätzen (1St), Kontakt-Ein-/Ausgangselement (1St), Fluchttürterminals (3St), Feuerwehrlaufkarten (15St), Brandmeldekabel (488m), Installationskabel (48m), Schließzylinder mit Zutrittskontrolle (19St)	985,28 m² BGF	48.544	**49,27**	
457	**Datenübertragungsnetze**	985,28 m² BGF	50.219	**50,97**	29,3
	• Herstellen (Kosten: 100,0%) Netzwerkschrank, bestückt (1St), Patchfelder Cat3, 50 Port (2St), Cat6 (6St), Datenanschlussdosen Cat6, 2xRJ45 (63St), 1xRJ45 (12St), Datenkabel Cat7 (6.568m), WLAN-Access-Router, bauseits (9St)	985,28 m² BGF	50.219	**50,97**	
470	**Nutzungsspezifische und verfahrenstechnische Anlagen**				**100,0**
473	**Medienversorgungsanlagen, Medizinanl.**	985,28 m² BGF	46.899	**47,60**	66,0
	• Herstellen (Kosten: 100,0%) Medizinische Gase: Bereichsüberwachungs-/Absperreinheit, Notfallsignal (1St), Kupferrohre DN12-22 (355m), Rohranschlüsse an bauseitige Kupferrohre (2St), Kugelhähne (2St), Entnahmestellen für Sauerstoff (14St), für Druckluft (14St), Dichtheitsprüfungen Gasnetz (7St)	985,28 m² BGF	46.899	**47,60**	
476	**Weitere nutzungsspezifische Anlagen**	985,28 m² BGF	24.168	**24,53**	34,0
	• Herstellen (Kosten: 100,0%) Einbau-Steckbeckenspüler, Bettpfannen-/Urinflaschenreiniger (1St)	985,28 m² BGF	24.168	**24,53**	
480	**Gebäude- und Anlagenautomation**				**100,0**
481	**Automationseinrichtungen**	985,28 m² BGF	37.062	**37,62**	36,0
	• Herstellen (Kosten: 100,0%) DDC-Unterstation (1St), Reparaturschalter (2St), Steuerung/Regelung Zu-/Abluftanlage (1St), Betriebsmeldungen BSK (54St), Wartungssteuerungen BSK (2St), Vorlauftemperaturregelung, Heizungsnetze (2St), Kanalrauchmelder (1St), Tauchfühler (12St), Luftstromwächter (2St), Kanaltemperaturfühler (4St), Temperaturwächter (2St), Erfassen Messwerte (7St), Steuerung Antriebe (2St), Temperaturregelung (1St), Steuerung Heizwasserpufferspeicher (1St), KNX Raum-Controller achtfach (2St), Schnittstelle (1St), Spannungsversorgungen (3St)	985,28 m² BGF	37.062	**37,62**	

KG	Kostengruppe	Menge Einheit	Kosten €	€/Einheit	%
482	**Schaltschränke, Automation**	985,28 m²BGF	21.799	**22,12**	21,2
	• Herstellen (Kosten: 100,0%) Schaltschränke, bestückt (2St), Elektrozähler aufschalten (1St), automatische Netzwiederkehr (1St), Spannungsversorgungen (4St), Motorleistungsgruppen (10St), Luftstromüberwachungen (2St), Klappensteuerungen (10St), Meldungen BSK (27St), Abschaltung RLT, Brand (1St), Störmeldungen Temperaturwächter (6St), Filterüberwachungen (3St), Frostschutzschaltung (1St), Überspannungsschutz (1St)	985,28 m²BGF	21.799	**22,12**	
484	**Kabel, Leitungen und Verlegesysteme**	985,28 m²BGF	44.179	**44,84**	42,9
	• Herstellen (Kosten: 100,0%) Steuerleitungen (4.795m), EIB-Leitungen (102m), Elektroleitungen (91m), Kabel anschließen (149St)	985,28 m²BGF	44.179	**44,84**	
490	**Sonstige Maßnahmen für technische Anlagen**				**100,0**
491	**Baustelleneinrichtung**	985,28 m²BGF	2.047	**2,08**	100,0
	• Herstellen (Kosten: 100,0%) Mobilkran (1St)	985,28 m²BGF	2.047	**2,08**	
510	**Erdbau**				**100,0**
511	**Herstellung**	588,34 m³EBR	117.762	**200,16**	97,8
	• Herstellen (Kosten: 100,0%) Rohrgraben-/Schachtaushub, t bis 2,50m, abfahren (563m³), in Handarbeit (25m³), Verfüllen mit Liefermaterial (588m³)	588,34 m³EBR	117.762	**200,16**	
512	**Umschließung**	314,45 m²	2.630	**8,36**	2,2
	• Herstellen (Kosten: 100,0%) Senkrechter Grabenverbau, t bis 2,50m (314m²)	314,45 m²	2.630	**8,36**	
540	**Baukonstruktionen**				**100,0**
543	**Wandkonstruktionen**	–	8.597	–	100,0
	• Abbrechen (Kosten: 100,0%) Abbruch von Winkelstützwänden (psch); Entsorgung, Deponiegebühren	–	8.597	–	
550	**Technische Anlagen**				**100,0**
551	**Abwasseranlagen**	25.125,00 m²AF	70.088	**2,79**	87,7
	• Abbrechen (Kosten: 12,0%) Abbruch von Kontrollschächten DN1.000, t=2,00m, Rohrenden verschließen (9St), PVC-Rohren DN150-200 (132m); Entsorgung, Deponiegebühren	25.125,00 m²AF	8.400	**0,33**	
	• Herstellen (Kosten: 88,0%) Kontrollschächte DN1.000, t bis 1,50m (5St), KG-Rohre DN100-250, Formstücke (139m), Anschlüsse an bestehende RW-Leitung (2St), an bestehende Leitungen anschließen (5St), bestehende Leitungen mit Blase verschließen (7St)	25.125,00 m²AF	61.688	**2,46**	
556	**Elektrische Anlagen**	25.125,00 m²AF	9.790	**0,39**	12,3
	• Herstellen (Kosten: 100,0%) Pollerleuchten (3St), Mastleuchten, Lichtmast, h=4,00m (2St)	25.125,00 m²AF	9.790	**0,39**	

KG	Kostengruppe	Menge Einheit	Kosten €	€/Einheit	%
570	**Vegetationsflächen**				**100,0**
579	**Sonstiges zur KG 570**	–	1.267	–	100,0
	• Herstellen (Kosten: 100,0%) Findlinge aufnehmen, auf dem Gelände verteilen, Transportweg bis 200m (21St)	–	1.267	–	

Erweiterung

Kostenkennwerte für Leistungsbereiche nach STLB (Kosten des Bauwerks nach DIN 276)

LB	Leistungsbereiche	Kosten €	€/m² BGF	€/m³ BRI	% an 3+4
000	Baustellen-, Verkehrssich.- u. Sicherh.einr. inkl. 001	174.216	176,80	44,50	4,4
002	Erdarbeiten	146.717	148,90	37,50	3,7
009	Entwässerungskanalarbeiten inkl. 011	23.474	23,80	6,00	0,6
010	Drän- und Versickerarbeiten	880	0,89	0,22	< 0,1
012	Mauerarbeiten	15.831	16,10	4,00	0,4
013	Betonarbeiten	574.504	583,10	146,70	14,6
014	Natur-, Betonwerksteinarbeiten	–	–	–	–
016	Zimmer- und Holzbauarbeiten	–	–	–	–
017	Stahlbauarbeiten	–	–	–	–
018	Abdichtungsarbeiten	32.996	33,50	8,40	0,8
019	Kampfmittelräumarbeiten	–	–	–	–
020	Dachdeckungsarbeiten	–	–	–	–
021	Dachabdichtungsarbeiten	264.694	268,60	67,60	6,7
022	Klempnerarbeiten	56.192	57,00	14,30	1,4
	Rohbau	**1.289.503**	**1.308,80**	**329,20**	**32,7**
023	Putz- und Stuckarbeiten, Wärmedämmsysteme	16.558	16,80	4,20	0,4
024	Fliesen- und Plattenarbeiten	69.198	70,20	17,70	1,8
025	Estricharbeiten	72.999	74,10	18,60	1,9
026	Fenster, Außentüren inkl. 029, 032	180.965	183,70	46,20	4,6
027	Tischlerarbeiten	205.993	209,10	52,60	5,2
028	Parkett-, Holzpflasterarbeiten	–	–	–	–
030	Rollladenarbeiten	28.870	29,30	7,40	0,7
031	Metallbauarbeiten inkl. 035	134.323	136,30	34,30	3,4
034	Maler- und Lackiererarb. - Beschicht. inkl. 037	78.466	79,60	20,00	2,0
036	Bodenbelagarbeiten	75.548	76,70	19,30	1,9
038	Vorgehängte hinterlüftete Fassaden	266.889	270,90	68,10	6,8
039	Trockenbauarbeiten	263.494	267,40	67,30	6,7
	Ausbau	**1.393.303**	**1.414,10**	**355,70**	**35,3**
040	Wärmeversorgungsanl. - Betriebseinr. inkl. 041	146.220	148,40	37,30	3,7
042	Gas- u. Wasseranl. - Leitung., Armat. inkl. 043	153.789	156,10	39,30	3,9
044	Abwasseranl. - Leitungen, Abläufe, Armaturen	31.675	32,10	8,10	0,8
045	Gas, Wasser, Entwässerung - Ausstattung inkl. 046	124.162	126,00	31,70	3,1
047	Dämm- und Brandschutzarb. an techn. Anlagen	102.228	103,80	26,10	2,6
049	Feuerlöschanlagen, Feuerlöschgeräte	–	–	–	–
050	Blitzschutz-/Erdungsanlagen, Überspannungssch.	6.716	6,80	1,70	0,2
053	Niederspannungsanl. - Kabel inkl. 052, 054	173.153	175,70	44,20	4,4
055	Sicherheits- u. Ersatzstromversorgungsanl.	–	–	–	–
057	Gebäudesystemtechnik	–	–	–	–
058	Leuchten und Lampen inkl. 059	83.389	84,60	21,30	2,1
060	Such, Signal, Zeit, Anten., akust. Anl. inkl. 064	71.491	72,60	18,30	1,8
061	Kommunikations- u. Übertragungsnetze inkl. 063	80.701	81,90	20,60	2,0
069	Aufzüge	–	–	–	–
070	Gebäudeautomation	103.040	104,60	26,30	2,6
075	Raumlufttechnische Anlagen inkl. 078	151.647	153,90	38,70	3,8
	Gebäudetechnik	**1.228.210**	**1.246,60**	**313,60**	**31,2**
084	Abbruch, Rückbau, Schadstoffsanierung	15.753	16,00	4,00	0,4
	Abbrechen	15.753	16,00	4,00	0,4
	Abbrucharbeiten	**15.753**	**16,00**	**4,00**	**0,4**
	Abbrechen	15.753	16,00	4,00	0,4
	Sonstige Leistungsbereiche	**15.806**	**16,00**	**4,00**	**0,4**

3200-0034
Krankenhaus
(14 Betten)
TG (38 STP)

Erweiterung

Kostenkennwerte für die Kosten des Bauwerks (Kostengruppen 300+400 nach DIN 276)

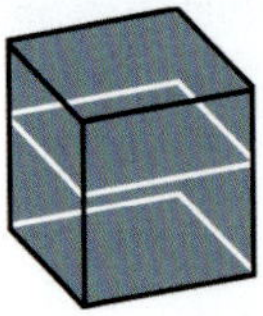

BRI 2.205 €/m³

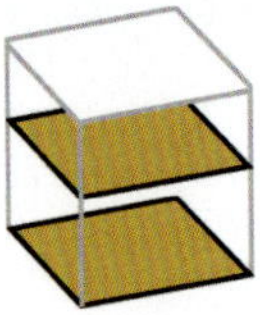

BGF 7.892 €/m²

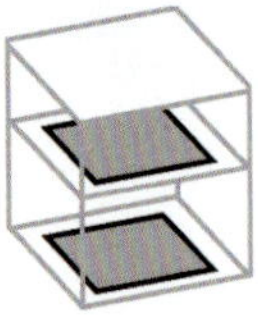

NUF 20.606 €/m²

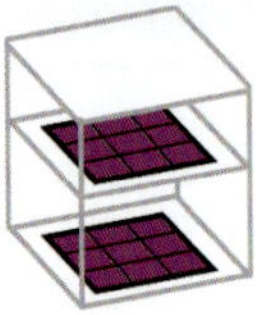

NE 3.277.840 €/NE

NE: Betten

Objekt:
Kennwerte: 1. Ebene DIN 276
BRI: 20.807 m³
BGF: 5.815 m²
NUF: 2.227 m²
Bauzeit: 161 Wochen
Bauende: 2022
Standard: mittel
Bundesland: Bayern
Kreis: Landshut

Architekt*in:
Felix+Jonas
Architekten GmbH
Ickstattstraße 11a
80469 München

Bauherr*in:
Lakumed Kliniken
Achdorfer Weg 3
84036 Landshut

Ansicht Nord

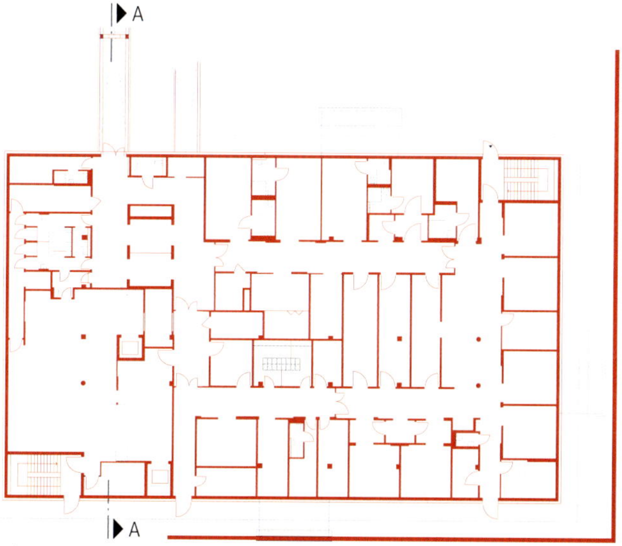

Erdgeschoss

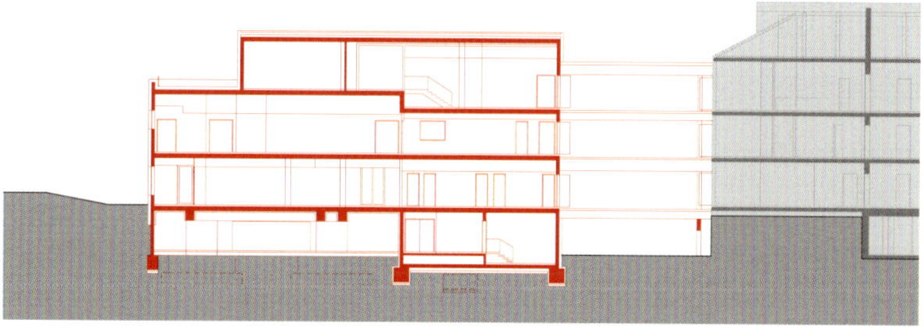

Schnitt A-A

Ansicht West

Objektbeschreibung

Allgemeine Objektinformationen

Die Erweiterung zum bestehenden Krankenhaus beherbergt die Funktionsstellen der Sterilgutaufbereitung, Intensiv- und IMC-Stationen sowie den Aufwachraum und die OP-Abteilung mit vier Operationssälen.

Nutzung

1 Untergeschoss
Tiefgarage, Abstellraum, Technikräume, Bettenaufzüge

1 Erdgeschoss
Intensivstation, IMC-Patientenzimmer, Sterilgutaufbereitung, Personalräume, Büros, Technik, Bettenaufzüge

1 Obergeschoss
OP-Säle, Sterilgutlager, Rüstzone, Aufwachraum, Personalräume, Leitstelle, Büros, Technik, Bettenaufzüge

1 Dachgeschoss
Technikgeschoss, Schleuse, BMA, EDV, Bettenaufzüge

Nutzeinheiten

Betten: 14
Stellplätze: 38

Grundstück

Bauraum: Beengter Bauraum
Neigung: Hanglage
Bodenklasse: BK 3 bis BK 5

Markt

Hauptvergabezeit: 2.Quartal 2019
Baubeginn: 3.Quartal 2019
Bauende: 4.Quartal 2022
Konjunkturelle Gesamtlage: über Durchschnitt
Regionaler Baumarkt: Durchschnitt

Baubestand

Baujahr: 1968
Bauzustand: mittel
Aufwand: niedrig
Grundrissänderungen: wenige
Tragwerkseingriffe: wenige
Nutzungsänderung: nein
Nutzung während der Bauzeit: ja

Baukonstruktion

Es wurde für den Rohbau eine Massivbauweise mittels Stahlbetonkonstruktion mit Stützen und Flachdecken gewählt. Der Ausbau erfolgte überwiegend mit Leichtbauwänden. Die Technikzentrale ist als Stahlbau auf das OG aufgesetzt und mit einer Metallbekleidung umhüllt. Die Fassade des EGs und 1.OGs ist mit einem WDVS bekleidet, im Sockelbereich kam eine hinterlüftete HPL-Fassade zur Ausführung. Die Alu-Pfosten-Riegelfassade mit Dreifachverglasung kann mit Raffstores verschattet werden. Die Böden sind mit PVC belegt, die Technikräume im UG sind mit Doppelböden ausgestattet.

Technische Anlagen

Zur Energieversorgung des Erweiterungsbaus wurde der Bestand einbezogen, es erfolgte der Anschluss an das bestehende Fernwärmenetz. Hygieneheizkörper versorgen die Räume mit Heizwärme. Aufgrund der hohen Anforderungen der Funktionsstellen sind aufwendige Lüftungs- und Kühlanlagen verbaut. Im OP-Bereich sind Funktionsdecken mit der nötigen Technik eingebaut. Löschleitungen und Leitungen für medizinische Gase sind ebenso verlegt wie aufwendige Steuerungstechnik, ein Notstromaggregat und eine BOS-Anlage.

Sonstiges

Durch die Brückenanbindung an den Altbau können die Patienten über kurze Wege vom OP-Bereich in die Patientenzimmer im Altbau verteilt werden.

Energetische Kennwerte

Gesetzliche Grundlage: EnEV 2013
Gebäudenutzfläche: 4.912,00 m^2
Gebäudevolumen: 15.351,00 m^3
Hüllfläche des beheizten Volumens: 4.774,00 m^2
Mittlerer U-Wert (opake Bauteile): 0,19 $W/(m^2 \cdot K)$
Mittlerer U-Wert (transparente Bauteile): 1,20 $W/(m^2 \cdot K)$
Spez. Jahresprimärenergiebedarf: 50,43 $kWh/(m^2 \cdot a)$

Energetische Angaben zu Außenbauteilen

Bodenplatte

U-Wert: 0,32 W/(m²·K)

Gesamtdicke: 35,00 cm	d [cm]	λ [W/(m·K)]
Stahlbeton	25,00	2,500
Dämmung	10,00	0,035

Außenwand gegen Erdreich

U-Wert: 0,24 W/(m²·K)

Gesamtdicke: 39,00 cm	d [cm]	λ [W/(m·K)]
Stahlbeton	25,00	2,500
Dämmung	14,00	0,035

Wand zu unbeheizt

U-Wert: 0,31 W/(m²·K)

Gesamtdicke: 35,00 cm	d [cm]	λ [W/(m·K)]
Stahlbeton	25,00	2,500
Dämmung	10,00	0,035

Kellerdecke

U-Wert: 0,30 W/(m²·K)

Gesamtdicke: 40,00 cm	d [cm]	λ [W/(m·K)]
Stahlbeton	30,00	2,500
Dämmung	10,00	0,035

Außenwand

U-Wert: 0,23 W/(m²·K)

Gesamtdicke: 39,00 cm	d [cm]	λ [W/(m·K)]
Stahlbeton	25,00	2,500
Dämmung	14,00	0,035

Dach Technik

U-Wert: 0,19 W/(m²·K)

Gesamtdicke: 18,50 cm	d [cm]	λ [W/(m·K)]
Aluminium	0,50	160,000
Dämmung	18,00	0,035

Dach

U-Wert: 0,19 W/(m²·K)

Gesamtdicke: 48,00 cm	d [cm]	λ [W/(m·K)]
Stahlbeton	30,00	2,500
Dämmung	18,00	0,035

3200-0034
Krankenhaus
(14 Betten)
TG (38 STP)

Erweiterung

Planungskennwerte für Flächen und Rauminhalte nach DIN 277

Flächen des Grundstücks		Menge Einheit	% an GF
BF	Bebaute Fläche	1.432,74 m²	44,0
UF	Unbebaute Fläche	1.820,65 m²	56,0
GF	Grundstücksfläche	3.253,39 m²	100,0

Grundflächen des Bauwerks		Menge Einheit	% an NUF	% an BGF
NUF	Nutzungsfläche	2.226,97 m²	100,0	38,3
TF	Technikfläche	1.339,13 m²	60,1	23,0
VF	Verkehrsfläche	1.626,47 m²	73,0	28,0
NRF	Netto-Raumfläche	5.192,57 m²	233,2	89,3
KGF	Konstruktions-Grundfläche	622,39 m²	27,9	10,7
BGF	Brutto-Grundfläche	5.814,96 m²	261,1	100,0

Brutto-Rauminhalt des Bauwerks		Menge Einheit	BRI/NUF (m)	BRI/BGF (m)
BRI	Brutto-Rauminhalt	20.807,08 m³	9,34	3,58

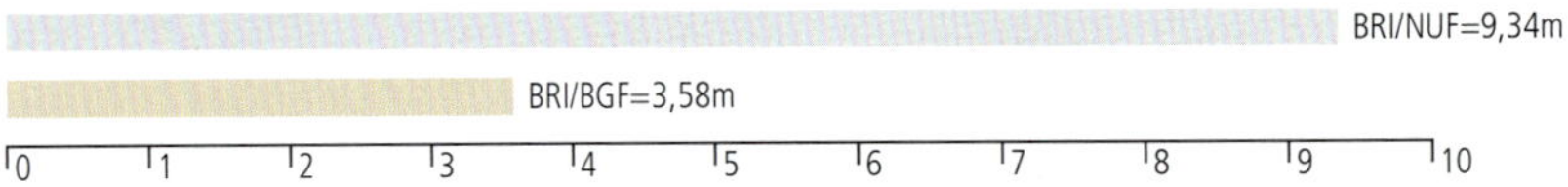

Kostenkennwerte für die Kostengruppen der 1.Ebene DIN 276

KG	Kostengruppen (1.Ebene)	Einheit	Kosten €	€/Einheit	€/m²BGF	€/m³BRI	%300+400
100	Grundstück	m²GF	–	–	–	–	–
200	Vorbereitende Maßnahmen	m²GF	169.373	52,06	29,13	8,14	0,4
300	Bauwerk – Baukonstruktionen	m²BGF	15.670.296	2.694,82	2.694,82	753,12	34,1
400	Bauwerk – Technische Anlagen	m²BGF	30.219.459	5.196,85	5.196,85	1.452,36	65,9
	Bauwerk 300+400	**m²BGF**	**45.889.755**	**7.891,67**	**7.891,67**	**2.205,49**	**100,0**
500	Außenanlagen und Freiflächen	m²AF	1.068.295	379,50	183,72	51,34	2,3
600	Ausstattung und Kunstwerke	m²BGF	6.228.856	1.071,18	1.071,18	299,36	13,6
700	Baunebenkosten	m²BGF	–	–	–	–	–
800	Finanzierung	m²BGF	–	–	–	–	–

Erweiterung

KG	Kostengruppe	Menge Einheit	Kosten €	€/Einheit	%
200	**Vorbereitende Maßnahmen**	3.253,39 m²GF	169.373	**52,06**	0,4

- Abbrechen
  Abbrucharbeiten
- Herstellen
  Sicherungs-/Verlegearbeiten, Provisorien

KG	Kostengruppe	Menge Einheit	Kosten €	€/Einheit	%
3+4	**Bauwerk**				**100,0**
300	**Bauwerk – Baukonstruktionen**	5.814,96 m²BGF	15.670.296	**2.694,82**	34,1

- Herstellen
  Bodenarbeiten, Holzbohlenverbau, Hochdruckinjektionsmaßnahmen; Stb-Fundamente, Stahlbetonbodenplatte, WU, Dämmung, Estrich, PVC, Perimeterdämmung; Stb-Wände, Alufenster, Dreifachverglasung, WDVS, HPL-Fassade hinterlüftet, Stahlblechfassade, Innenputz, Wandfliesen, Beschichtung, Pfosten-Riegelkonstruktion inkl. Raffstores; KS-Mauerwerk, Stb-Wände, Edelstahl OP-Wandsystem mit Strahlenschutzanforderungen, GK-Wände, Holztüren, Brandschutztüren, Stahlrahmentüren mit Glasausschnitten, Stahltüren mit Stahlzarge, Innenverglasungen, Wandfliesen, Beschichtung; Stb-Decken, Stb-Treppen, Dämmung, Estrich, Doppelböden, PVC, Bodenfliesen, abgehängte Kassettendecken, OP-Technikdecken, Stahlgeländer, Treppengeländer; Stahlbeton-Flachdach, Gefälledämmung, Abdichtung, Kiesschüttung, Technikbereich aus einer Stahlkonstruktion mit Trapezblech, Dämmung, Abdichtung, Oberlicht, Dachentwässerung; Schreinermöbel, Foliensichtschutz, Beschriftungsarbeiten, kartengebundenes Schließsystem

KG	Kostengruppe	Menge Einheit	Kosten €	€/Einheit	%
400	**Bauwerk – Technische Anlagen**	5.814,96 m²BGF	30.219.459	**5.196,85**	65,9

- Herstellen
  Gebäudeentwässerung, Kalt- und Warmwasserleitungen, Sanitärobjekte, Krankenhausstandard; Fernwärmeanschluss, Hygieneheizkörper; RLT-Anlagen, OP-Funktionsdecken, Kühldecken; Notstromaggregat, Elektroinstallation, Beleuchtung, Sicherheitsbeleuchtung, Blitzschutzanlage; Telekommunikationsanlage, Brandmeldeanlage, BOS-Anlage, Datenverkabelung, Server, EDV-Ausstattung; Bettenaufzüge, Material-/Personenaufzüge; Löschleitungen, Handfeuerlöscher; medizinische Gase; MSR-Technik; Schrankenanlage TG

3200-0034
Krankenhaus
(14 Betten)
TG (38 STP)

Erweiterung

KG	Kostengruppe	Menge Einheit	Kosten €	€/Einheit	%
500	**Außenanlagen und Freiflächen**	2.815,00 m²AF	1.068.295	**379,50**	2,3

- Herstellen
  Außenbereichsflächen, Frostschutzschichten, TG-Böden, Wege, Zufahrt; Oberbodenarbeiten, Pflanzflächen, Bepflanzungen

KG	Kostengruppe	Menge Einheit	Kosten €	€/Einheit	%
600	**Ausstattung und Kunstwerke**	5.814,96 m²BGF	6.228.856	**1.071,18**	13,6

- Herstellen
  medizintechnische Ausstattung, Deckenversorgungseinheiten, Versorgungsschienen, Patientenlifts

Schulen und Kindergärten

4

4100-0238
Gemeinschaftsschule
(6 Klassen)
(168 Schüler)

Erweiterung

Kostenkennwerte für die Kosten des Bauwerks (Kostengruppen 300+400 nach DIN 276)

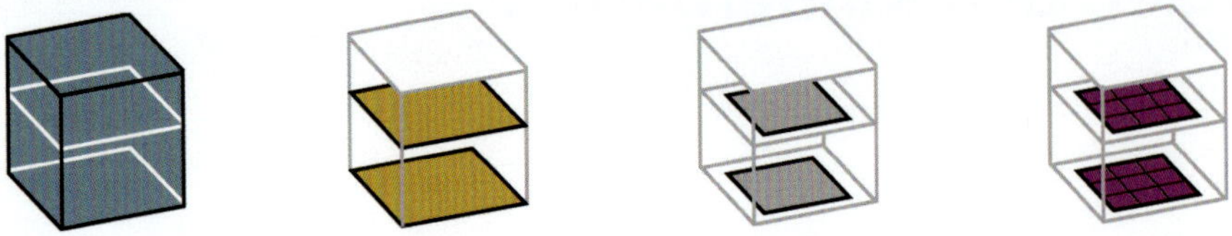

BRI 1.101 €/m³ | **BGF** 3.585 €/m² | **NUF** 5.301 €/m² | **NE** 22.940 €/NE

NE: Schüler

Objekt:
Kennwerte: 1. Ebene DIN 276
BRI: 3.500 m³
BGF: 1.075 m²
NUF: 727 m²
Bauzeit: 70 Wochen
Bauende: 2020
Standard: mittel
Bundesland: Baden-Württemberg
Kreis: Hohenlohekreis

Architekt*in:
Wiechers Beck
GvA mbH
Kreuzbergstraße 30
10965 Berlin

Bauherr*in:
Gemeinde Kupferzell
Marktplatz 14-16
74635 Kupferzell

© Brigida González

Zeichnungen

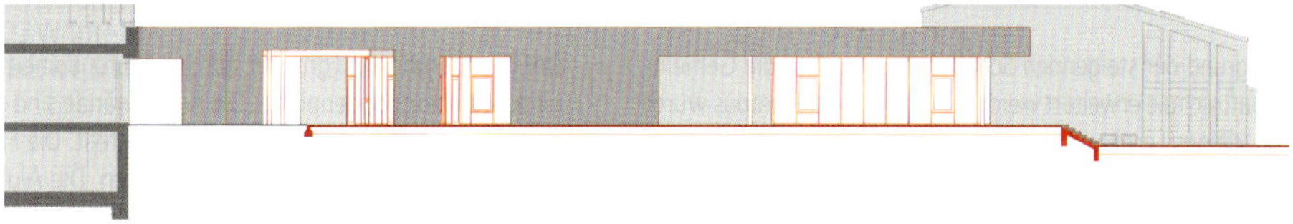
Ansicht Nord

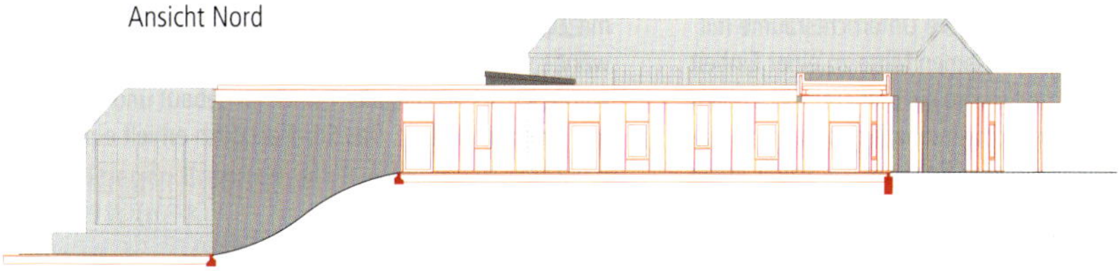
Ansicht Ost

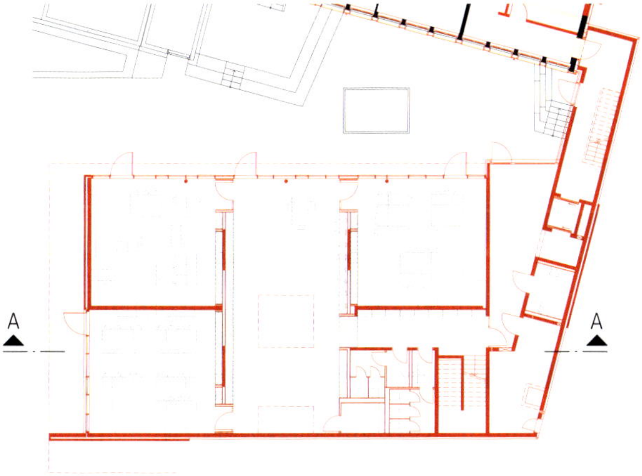

Erdgeschoss

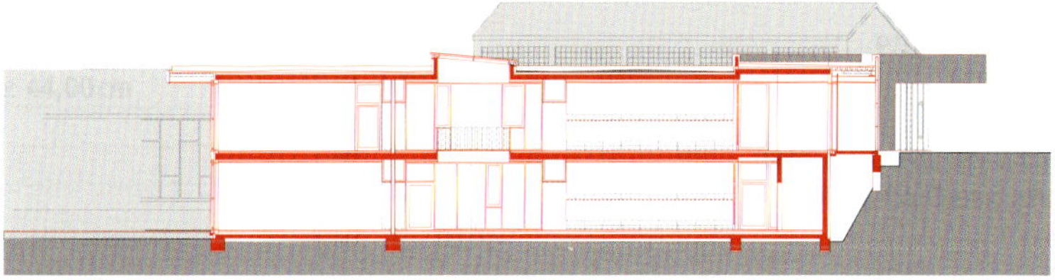
Schnitt A-A

Ansicht Süd

4100-0254
Grundschule
(3 Klassen)
(75 Schüler)

Erweiterung

Kostenkennwerte für die Kosten des Bauwerks (Kostengruppen 300+400 nach DIN 276)

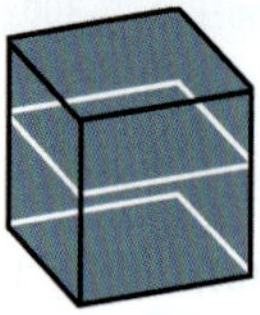

BRI 712 €/m³

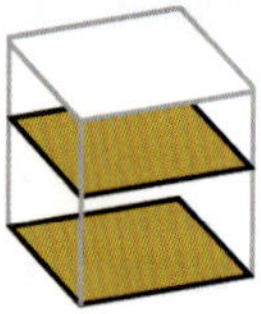

BGF 4.479 €/m²

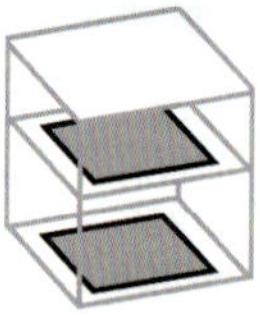

NUF 6.224 €/m²

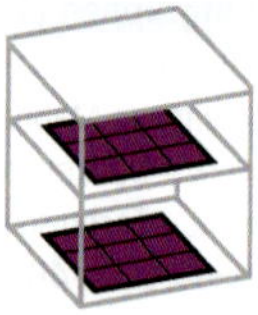

NE 24.112 €/NE

NE: Schüler

Objekt:
Kennwerte: 1. Ebene DIN 276
BRI: 2.540 m³
BGF: 404 m²
NUF: 291 m²
Bauzeit: 69 Wochen
Bauende: 2022
Standard: mittel
Bundesland: Nordrhein-Westfalen
Kreis: Unna

Architekt*in:
QUITTMANNARCHITEKTEN
Kirchplatz 7b
59423 Unna

Bauherr*in:
Stadt Fröndenberg/Ruhr
Der Bürgermeister
Bahnhofstraße 2
58730 Fröndenberg/Ruhr

Zeichnungen

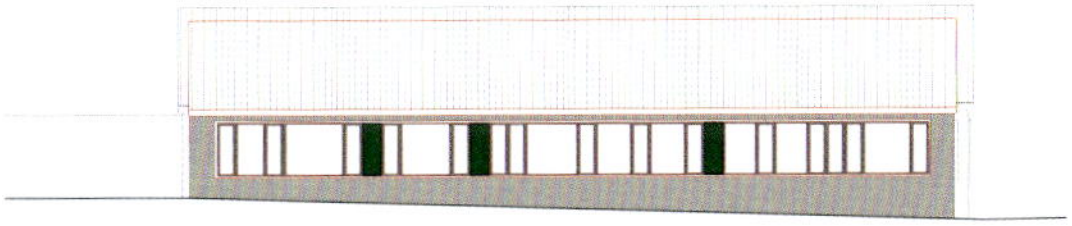

Ansicht West

Ansicht Süd

Erdgeschoss

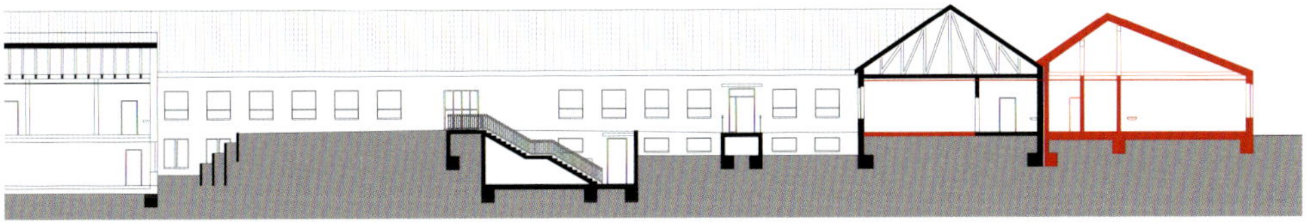

Schnitt A-A

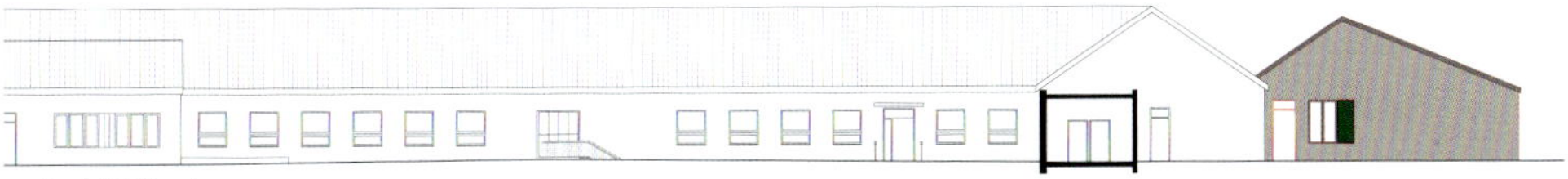

Ansicht Nord

4100-0254
Grundschule
(3 Klassen)
(75 Schüler)

Erweiterung

Objektbeschreibung

Allgemeine Objektinformationen

Unter Beteiligung von Schülern, Lehrern, Eltern, Verwaltung und Politik wurde der Entwurf beschlossen. Dabei wurde auf der westlich angrenzenden Wiese eine Erweiterung mit drei neuen Klassenräume und zwei Differenzierungsräumen geschaffen. Im Bestand sind die Sanitärbereiche und das Forum modernisiert worden.

Nutzung

1 Erdgeschoss
Forum, Klassenzimmer (3St), Differenzierungsräume, Lehrmittelraum, WCs, Flure

Nutzeinheiten

Klassen: 3
Schüler: 75

Grundstück

Bauraum: Freier Bauraum
Neigung: Ebenes Gelände
Bodenklasse: BK 1 bis BK 4

Markt

Hauptvergabezeit: 4. Quartal 2020
Baubeginn: 1. Quartal 2021
Bauende: 2. Quartal 2022
Konjunkturelle Gesamtlage: Durchschnitt
Regionaler Baumarkt: Durchschnitt

Baubestand

Baujahr: 1955
Bauzustand: mittel
Aufwand: niedrig
Grundrissänderungen: wenige
Tragwerkseingriffe: wenige
Nutzungsänderung: nein
Nutzung während der Bauzeit: ja

Baukonstruktion

Der Anbau wurde als Massivbau mit Stahlbeton-Streifenfundamenten und Stb-Bodenplatte errichtet. Die Wände sind massiv als Kalksandsteinwände mit WDVS konstruiert. Die Alufenster sind mit Dreifachverglasung ausgestattet und können mit Hilfe von Raffstores verschattet werden. Das Dachtragwerk ist als Pfettendach mit Folienabdichtung und Gründach ausgeführt. Die Flurbereiche wurden zur optimierten Tageslichtversorgung mit Oberlichtern ausgestattet. Die Böden sind mit Kautschuk und Bodenfliesen belegt.

Technische Anlagen

Die Haustechnik wurde an das Bestandsgebäude angeschlossen, die Wärmeversorgung erfolgt über die bestehende Gasheizung. Der Luftwechsel wird über normale Fensterlüftung sichergestellt, eine Lüftungsanlage wurde im Anbau nicht realisiert.

Sonstiges

Der Baukörper schmiegt sich an der Westfassade eng an das Bestandsgebäude aus den 50er Jahren. Die Silhouette der in sich verschneidenden Dachformen im Bestand wird durch das asymmetrisch geneigte Satteldach aufgenommen und fortgeführt. Die begrenzte Kapazität der städtischen Regenentwässerung bedingte den Einsatz einer Retentionszisterne und eines Gründachs.

Planungskennwerte für Flächen und Rauminhalte nach DIN 277

Flächen des Grundstücks		Menge Einheit	% an GF
BF	Bebaute Fläche	403,78 m²	2,7
UF	Unbebaute Fläche	14.711,22 m²	97,3
GF	Grundstücksfläche	15.115,00 m²	100,0

Grundflächen des Bauwerks		Menge Einheit	% an NUF	% an BGF
NUF	Nutzungsfläche	290,56 m²	100,0	72,0
TF	Technikfläche	–	–	–
VF	Verkehrsfläche	61,18 m²	21,1	15,2
NRF	Netto-Raumfläche	351,74 m²	121,1	87,1
KGF	Konstruktions-Grundfläche	52,04 m²	17,9	12,9
BGF	Brutto-Grundfläche	403,78 m²	139,0	100,0

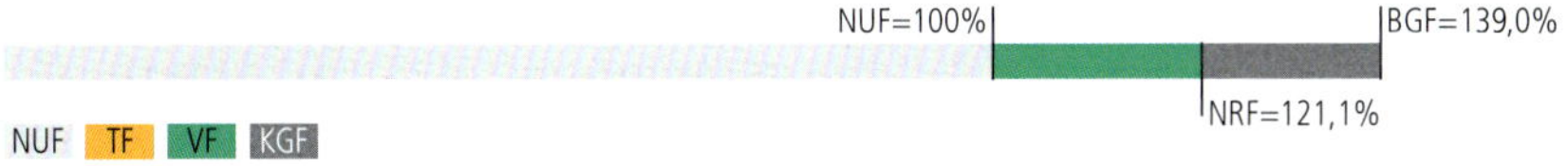

Brutto-Rauminhalt des Bauwerks		Menge Einheit	BRI/NUF (m)	BRI/BGF (m)
BRI	Brutto-Rauminhalt	2.539,50 m³	8,74	6,29

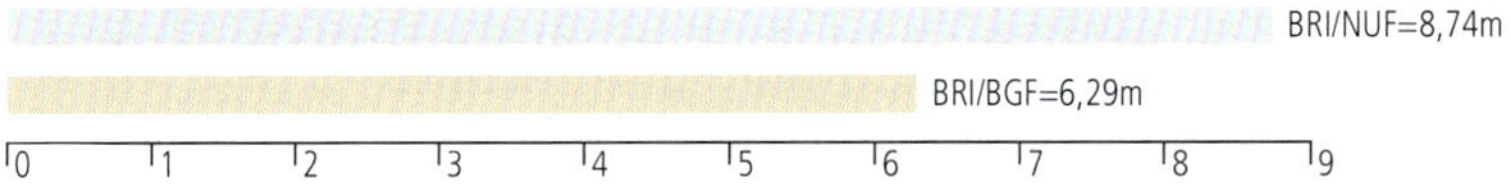

4100-0254
Grundschule
(3 Klassen)
(75 Schüler)

Erweiterung

Kostenkennwerte für die Kostengruppen der 1. Ebene DIN 276

KG	Kostengruppen (1. Ebene)	Einheit	Kosten €	€/Einheit	€/m² BGF	€/m³ BRI	% 300+400
100	Grundstück	m² GF	–	–	–	–	–
200	Vorbereitende Maßnahmen	m² GF	–	–	–	–	–
300	Bauwerk – Baukonstruktionen	m² BGF	1.227.155	3.039,17	3.039,17	483,23	67,9
400	Bauwerk – Technische Anlagen	m² BGF	581.260	1.439,55	1.439,55	228,89	32,1
	Bauwerk 300+400	**m² BGF**	**1.808.415**	**4.478,71**	**4.478,71**	**712,11**	**100,0**
500	Außenanlagen und Freiflächen	m² AF	–	–	–	–	–
600	Ausstattung und Kunstwerke	m² BGF	–	–	–	–	–
700	Baunebenkosten	m² BGF	–	–	–	–	–
800	Finanzierung	m² BGF	–	–	–	–	–

KG	Kostengruppe	Menge Einheit	Kosten €	€/Einheit	%
3+4	**Bauwerk**				**100,0**
300	**Bauwerk – Baukonstruktionen**	403,78 m² BGF	1.227.155	**3.039,17**	67,9

- Abbrechen
  Abbruch von Wänden, Türdurchbrüchen, Wandbelägen; Entsorgung, Deponiegebühren
- Wiederherstellen
  Wandbeläge, Bodenbeläge
- Herstellen
  Baugrubenaushub; Stb-Fundamente, Stb-Bodenplatte, Abdichtung, Dämmung, Estrich, Kautschukbelag; KS-Mauerwerk, Alufenster, Dreifachverglasung, Alutüren, WDVS, Putz, Beschichtung, Raffstores; KS-Mauerwerk, Holztüren, Putz, Beschichtung; Stb-Decken, Dämmung, Estrich, Kautschuk, Bodenfliesen, Akustik-Unterdecke; Pfettendach, Lichtkuppeln, Dämmung, Folienabdichtung, Gründach, Dachentwässerung

KG	Kostengruppe	Menge Einheit	Kosten €	€/Einheit	%
400	**Bauwerk – Technische Anlagen**	403,78 m² BGF	581.260	**1.439,55**	32,1

- Abbrechen
  Abbruch von Sanitärrohren, Sanitärausstattung; Heizungsrohren, Heizkörper; Elektroinstallation, Beleuchtung; Entsorgung, Deponiegebühren
- Herstellen
  Gebäudeentwässerung, Warm- und Kaltwasserleitungen, Sanitärausstattung; Anschluss an bestehende Heizungsanlage, Heizkörper; Elektroinstallation, Beleuchtung, Blitzschutzanlage; EDV-Verkabelung

4100-0268
Gymnasium
(9 Klassen)
(206 Schüler)

Erweiterung

Kostenkennwerte für die Kosten des Bauwerks (Kostengruppen 300+400 nach DIN 276)

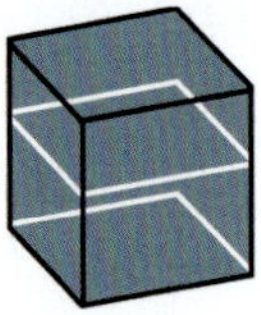

BRI 798 €/m³

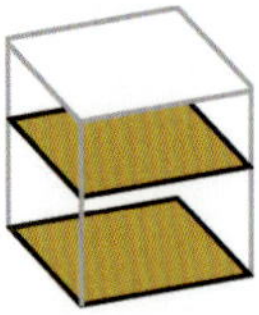

BGF 2.574 €/m²

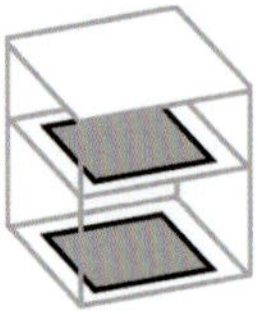

NUF 3.880 €/m²

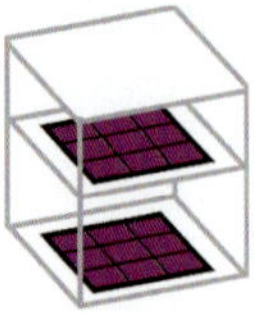

NE 11.550 €/NE

NE: Schüler

Objekt:
Kennwerte: 1.Ebene DIN 276
BRI: 2.982 m³
BGF: 924 m²
NUF: 613 m²
Bauzeit: 57 Wochen
Bauende: 2024
Standard: mittel
Bundesland: Niedersachsen
Kreis: Stade

Architekt*in:
Hinck Architekten
Schiffertorsstraße 7
21682 Stade

Bauherr*in:
Landkreis Stade
Am Sande 2
21682 Stade

© Hinck Architekten

© Hinck Architekten

© Hinck Architekten

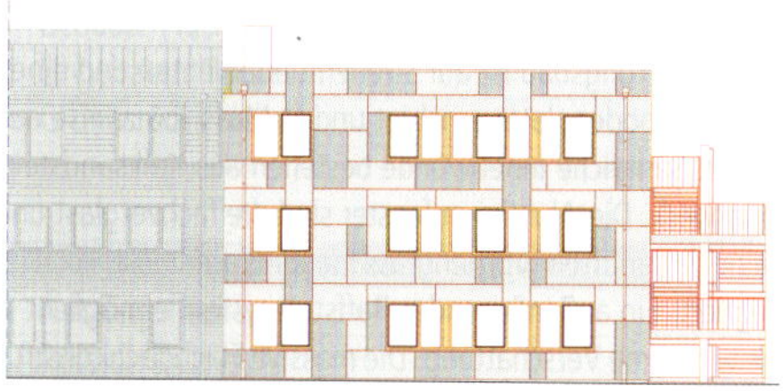

Ansicht West

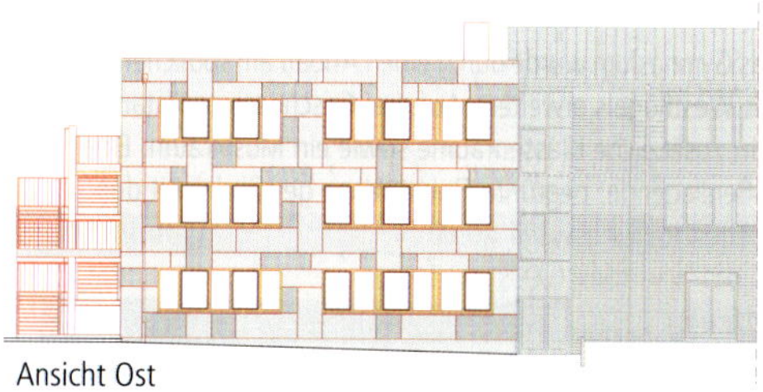

Ansicht Ost

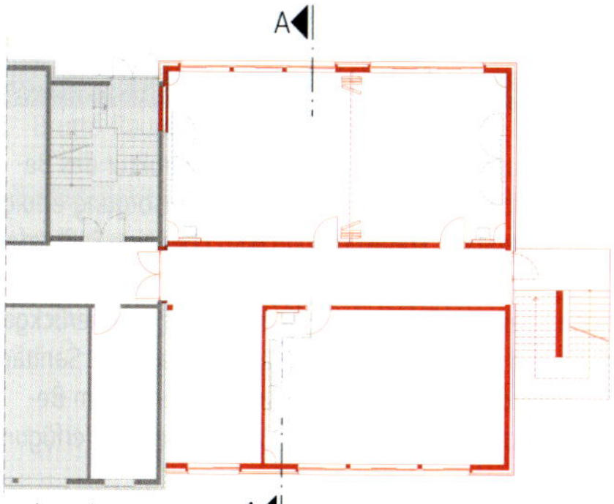

Erdgeschoss

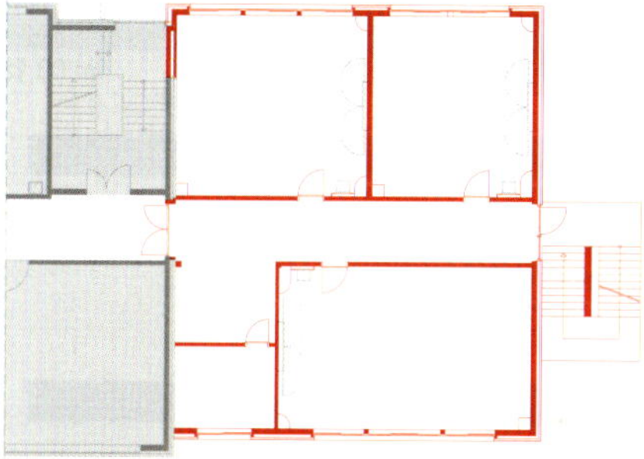

1. Obergeschoss

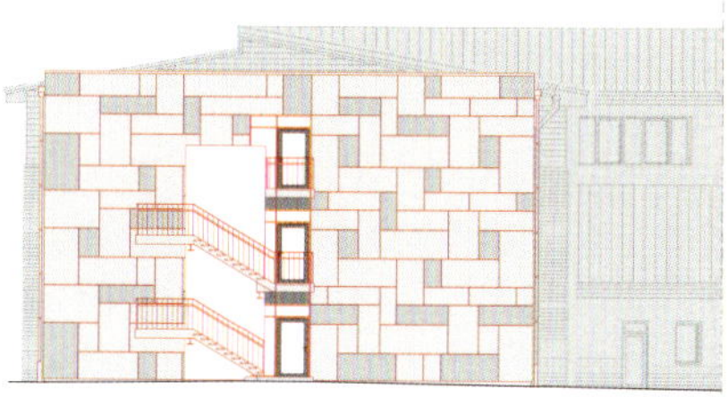

Ansicht Süd

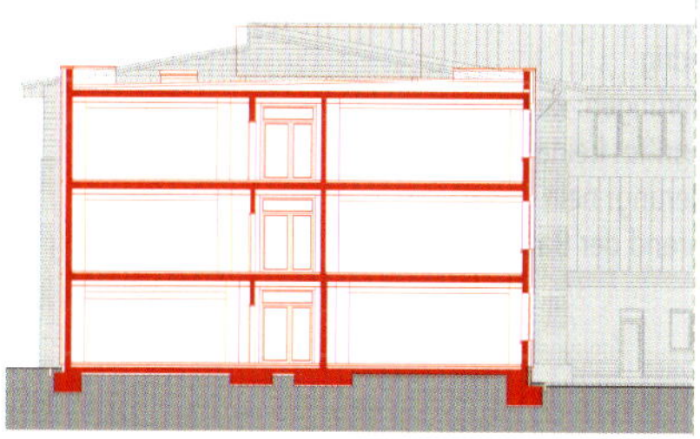

Schnitt A-A

4400-0404
Kindergarten
(2 Gruppen)
(40 Kinder)

Erweiterung

Kostenkennwerte für die Kosten des Bauwerks (Kostengruppen 300+400 nach DIN 276)

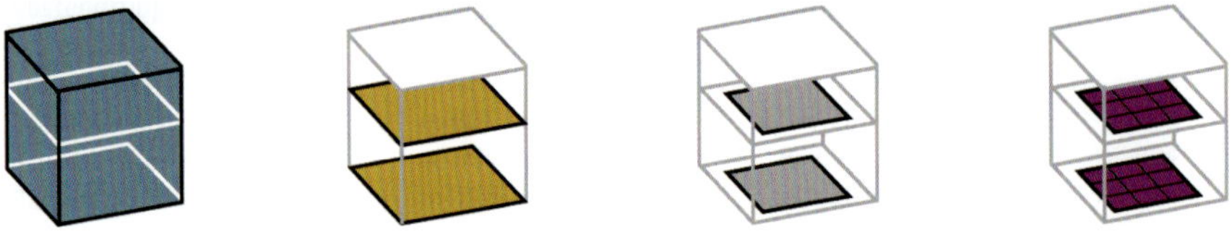

BRI 760 €/m³ | BGF 2.719 €/m² | NUF 6.080 €/m² | NE 63.531 €/NE

NE: Kinder

Objekt:
Kennwerte: 1. Ebene DIN 276
BRI: 3.345 m³
BGF: 935 m²
NUF: 418 m²
Bauzeit: 61 Wochen
Bauende: 2023
Standard: mittel
Bundesland: Schleswig-Holstein
Kreis: Pinneberg

Architekt*in:
Butzlaff Tewes
Architekten + Ingenieure
Barmstedter Straße 12
25364 Brande-Hörnerkirchen

Bauherr*in:
Gemeinde Moorrege
über das Amt GuMS
Amtsstraße 12
25436 Moorrege

Zeichnungen

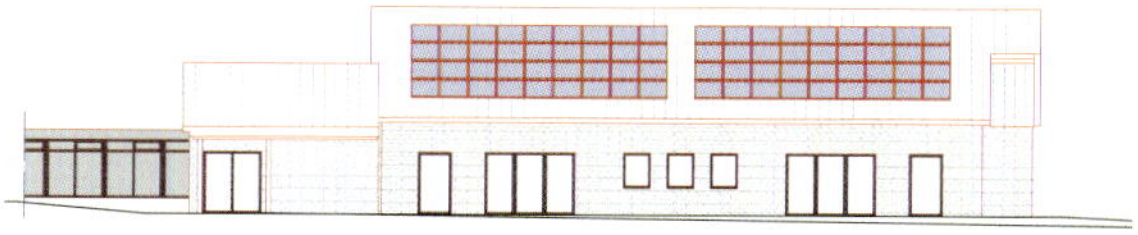

Ansicht West

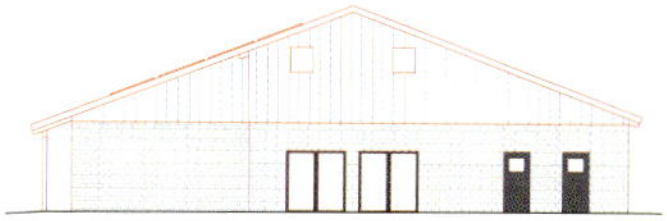

Ansicht Süd

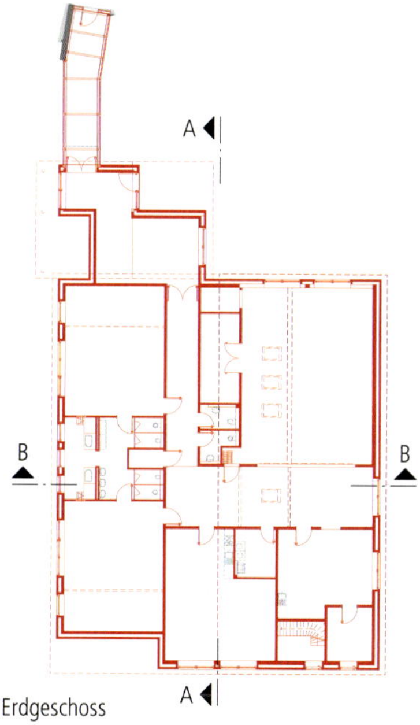

Erdgeschoss

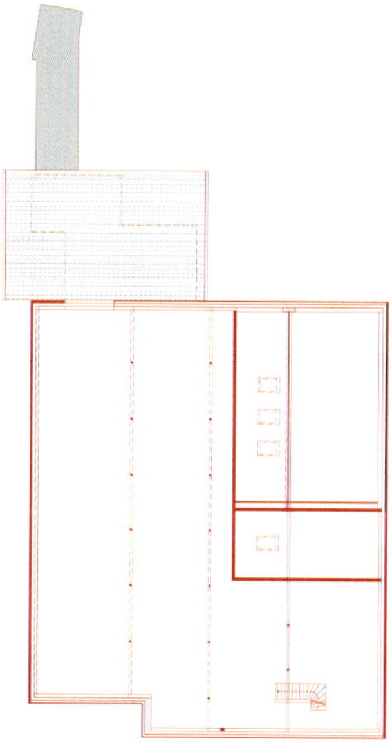

Dachgeschoss

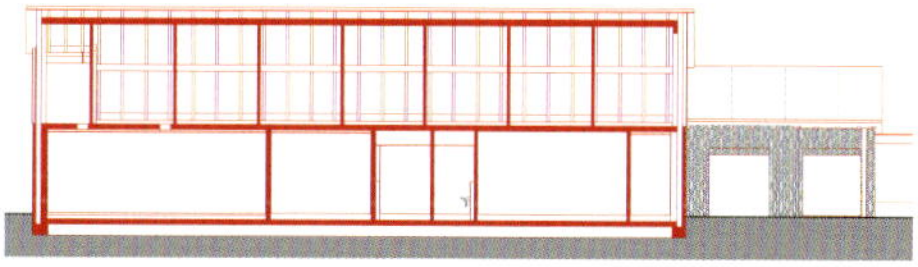

Schnitt A-A

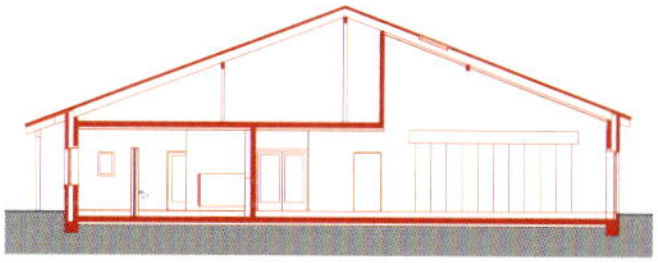

Schnitt B-B

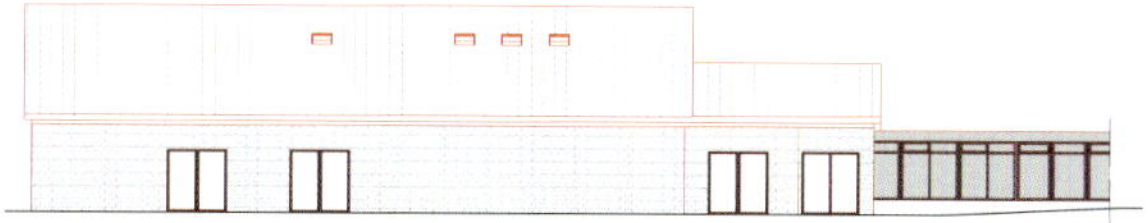

Ansicht Ost

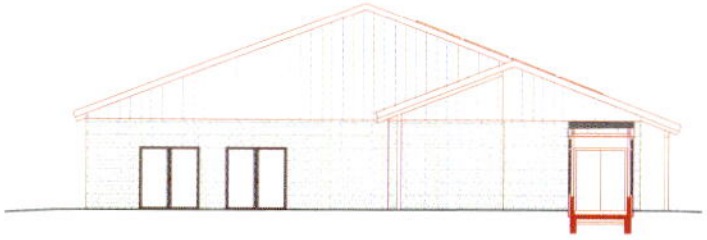

Ansicht Nord

Objektbeschreibung

Allgemeine Objektinformationen

Der bestehende Kindergarten mit vier Gruppenräume, er wird durch zwei zusätzliche Gruppenräume, eine Küche, einen Mehrzweckraum, einen Bewegungsraum und ein Büro erweitert. Durch einen verglasten Flur wird der Neubau an den Bestand angebunden.

Nutzung

1 Erdgeschoss
Gruppenräume, Mehrzweckbereich, Bewegungsraum, Küche, Mitarbeiterraum, Garderoben, WCs, Lager, Abstellraum, Hausanschlussraum

1 Dachgeschoss
Technikraum

Nutzeinheiten

Gruppen: 2
Kinder: 40

Grundstück

Bauraum: Freier Bauraum
Neigung: Ebenes Gelände
Bodenklasse: BK 1 bis BK 4

Markt

Hauptvergabezeit: 1.Quartal 2022
Baubeginn: 2.Quartal 2022
Bauende: 2.Quartal 2023
Konjunkturelle Gesamtlage: Durchschnitt
Regionaler Baumarkt: unter Durchschnitt

Baubestand

Baujahr: 1957
Bauzustand: mittel
Aufwand: mittel
Grundrissänderungen: wenige
Tragwerkseingriffe: wenige
Nutzungsänderung: nein
Nutzung während der Bauzeit: ja

Baukonstruktion

Der Anbau gründet auf Streifenfundamenten und einer Stahlbetonbodenplatte. Die Außenwände aus Porenbeton sind gedämmt und mit Klinkern verblendet. Im Bereich des Dachgeschosses sind die Giebel mit Lärchenholzschalung bekleidet. Die Kunststofffenster wurden mit einer Dreifachverglasung ausgestattet. Die Innenwände aus Kalksandstein-Mauerwerk sind beidseitig verputzt und beschichtet. Als Bodenbelag kam PVC und Bodenfliesen zum Einsatz. Das Satteldach ist mit Trapezblechen gedeckt. Im Bewegungsraum sorgen die eingebauten Lichtkuppeln sowohl für Tageslicht als auch für den nötigen Rauchabzug. Die Decken sind zur Verbesserung der Raumakustik mit Rasterdecken und gelochten GK-Decken abgehängt.

Technische Anlagen

Das Gebäude wird mit einer Luftwärmepumpe beheizt, die Verteilung der Wärme übernimmt eine Fußbodenheizung. Die Lüftung erfolgt über eine Kombination aus Fensterlüftung und automatischer Be- und Entlüftung mit Wärmerückgewinnung. Eine Photovoltaikanlage ist auf dem Dach installiert. Im Dachraum befindet sich die gesamte Haustechnik. Die Luftdichtheit des Gebäudes ist mit einem Blower-Door-Test nachgewiesen.

Energetische Kennwerte

Gesetzliche Grundlage: GEG 2020
Gebäudenutzfläche: 929,00 m^2
Gebäudevolumen: 2.904,10 m^3
A/V_e-Verhältnis (Kompaktheit): 0,55 m^{-1}
Hüllfläche des beheizten Volumens: 1.607,62 m^2
Mittlerer U-Wert (opake Bauteile): 0,13 $W/(m^2 \cdot K)$
Mittlerer U-Wert (transparente Bauteile): 0,91 $W/(m^2 \cdot K)$
Spez. Jahresprimärenergiebedarf: 25,79 $kWh/(m^2 \cdot a)$
Differenzdruck-Messverfahren: 1,60 h^{-1}

Planungskennwerte für Flächen und Rauminhalte nach DIN 277

Flächen des Grundstücks		Menge Einheit	% an GF
BF	Bebaute Fläche	4.139,00 m²	18,9
UF	Unbebaute Fläche	17.716,00 m²	81,1
GF	Grundstücksfläche	21.855,00 m²	100,0

Grundflächen des Bauwerks		Menge Einheit	% an NUF	% an BGF
NUF	Nutzungsfläche	418,00 m²	100,0	44,7
TF	Technikfläche	323,64 m²	77,4	34,6
VF	Verkehrsfläche	49,35 m²	11,8	5,3
NRF	Netto-Raumfläche	790,99 m²	189,2	84,6
KGF	Konstruktions-Grundfläche	143,69 m²	34,4	15,4
BGF	Brutto-Grundfläche	934,68 m²	223,6	100,0

Brutto-Rauminhalt des Bauwerks		Menge Einheit	BRI/NUF (m)	BRI/BGF (m)
BRI	Brutto-Rauminhalt	3.345,39 m³	8,00	3,58

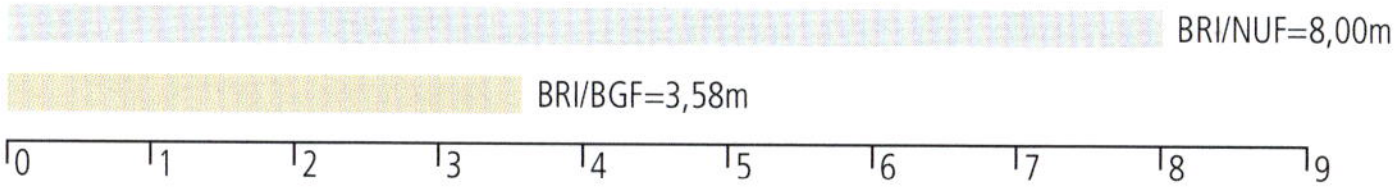

4400-0404
Kindergarten
(2 Gruppen)
(40 Kinder)

Erweiterung

Kostenkennwerte für die Kostengruppen der 1. Ebene DIN 276

KG	Kostengruppen (1. Ebene)	Einheit	Kosten €	€/Einheit	€/m² BGF	€/m³ BRI	% 300+400
100	Grundstück	m² GF	–	–	–	–	–
200	Vorbereitende Maßnahmen	m² GF	–	–	–	–	–
300	Bauwerk – Baukonstruktionen	m² BGF	1.785.425	1.910,20	1.910,20	533,70	70,3
400	Bauwerk – Technische Anlagen	m² BGF	755.834	808,66	808,66	225,93	29,7
	Bauwerk 300+400	**m² BGF**	**2.541.259**	**2.718,85**	**2.718,85**	**759,63**	**100,0**
500	Außenanlagen und Freiflächen	m² AF	–	–	–	–	–
600	Ausstattung und Kunstwerke	m² BGF	–	–	–	–	–
700	Baunebenkosten	m² BGF	–	–	–	–	–
800	Finanzierung	m² BGF	–	–	–	–	–

KG	Kostengruppe	Menge Einheit	Kosten €	€/Einheit	%
3+4	**Bauwerk**				**100,0**
300	**Bauwerk – Baukonstruktionen**	934,68 m² BGF	1.785.425	**1.910,20**	70,3

- Herstellen
  Baugrubenaushub; Stb-Fundamente, Stb-Bodenplatte, Abdichtung, Heizestrich, PVC, Bodenfliesen, Dämmung, Perimeterdämmung; Porenbetonmauerwerk, Stb-Stützen, Stahlstützen, Kunststofffenster, Dreifachverglasung, Wärmedämmung, Ziegelfassade, Lärchenholzbekleidung, Putz, Beschichtung, innenliegender Sonnenschutz; KS-Mauerwerk, Holztüren, Wandfliesen, Beschichtung, WC-Trennwände, mobile Trennwand; Stb-Decken, Stb-Treppen, Dämmung, Heizestrich, abgehängte GK-Decken, Schallschutzdecken, Stahlgeländer, Treppengeländer; Sparrendach, Zwischensparrendämmung, Oberlichter, Abdichtung, Stahl-Trapezblech, Dachentwässerung, abgehängte GK-Decken, Schallschutzdecken

KG	Kostengruppe	Menge Einheit	Kosten €	€/Einheit	%
400	**Bauwerk – Technische Anlagen**	934,68 m² BGF	755.834	**808,66**	29,7

- Herstellen
  Gebäudeentwässerung, Kalt- und Warmwasserleitungen, Sanitärobjekte; Luft-Wasser-Wärmepumpe, Fußbodenheizung; kontrollierte Be- und Entlüftung mit Wärmerückgewinnung, RWA-Anlagen; Photovoltaikanlage (145m²), Elektroinstallation, Beleuchtung; Brandmeldeanlage

4400-0405
Kindertagesstätte
(3 Gruppen)
(62 Kinder)

Erweiterung

Kostenkennwerte für die Kosten des Bauwerks (Kostengruppen 300+400 nach DIN 276)

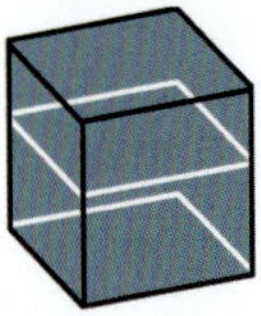
BRI 802 €/m³

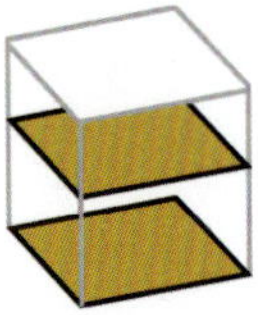
BGF 3.108 €/m²

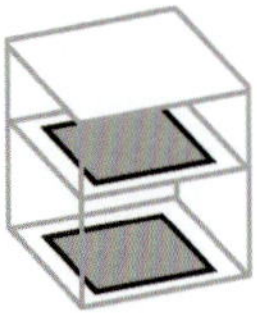
NUF 5.314 €/m²

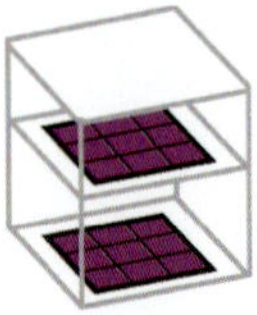
NE 35.435 €/NE
NE: Kinder

Objekt:
Kennwerte: 1. Ebene DIN 276
BRI: 2.740 m³
BGF: 707 m²
NUF: 413 m²
Bauzeit: 70 Wochen
Bauende: 2023
Standard: mittel
Bundesland: Hessen
Kreis: Lahn-Dill-Kreis

Architekt*in:
Keul und Müller
Architekten Part GmbB
Nußholz 1
35616 Aßlar

Bauherr*in:
Stadt Aßlar
Der Magistrat
Mühlgrabenstraße 1
35614 Aßlar

Ansicht Süd-West

Ansicht Nord-West

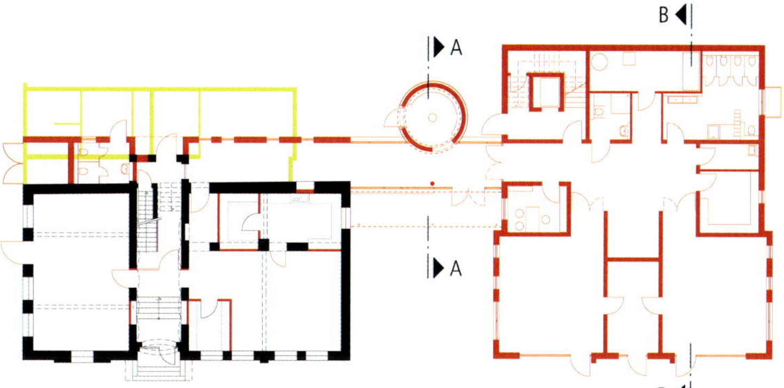

Erdgeschoss

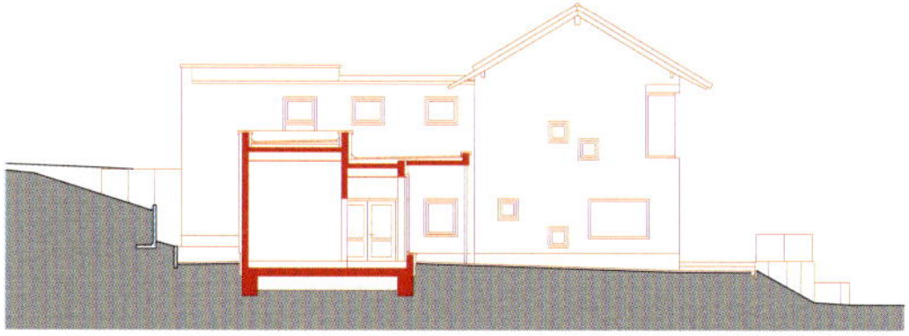

Schnitt A-A

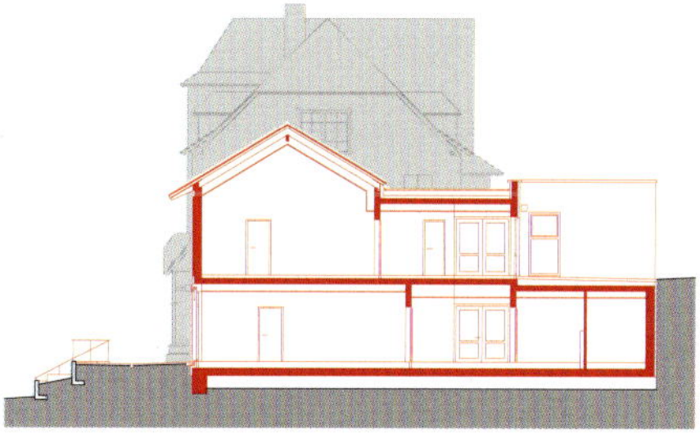

Schnitt B-B

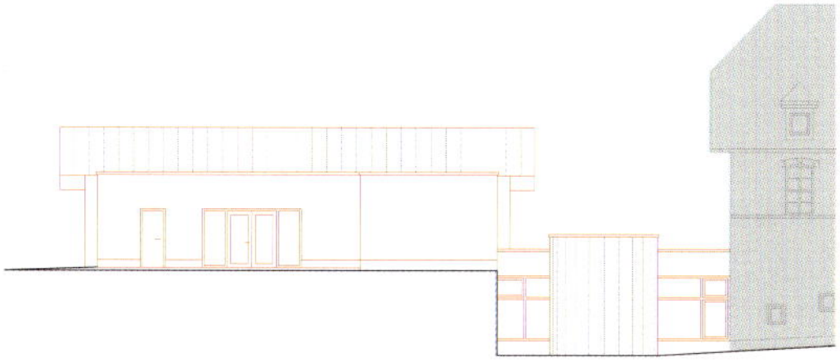

Ansicht Nord-Ost

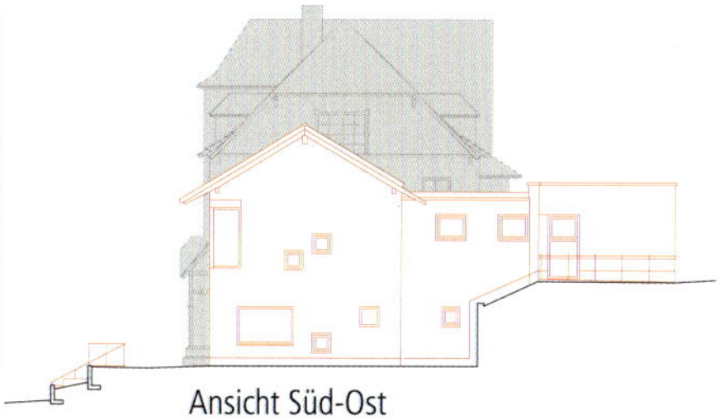

Ansicht Süd-Ost

4400-0405
Kindertagesstätte
(3 Gruppen)
(62 Kinder)

Erweiterung

Objektbeschreibung

Allgemeine Objektinformationen

Die Kindertagesstätte für 62 Kinder wurde neben einem denkmalgeschützten Gebäude gebaut. Durch einen verglasten Zwischenbau, in dem sich der Eingang befindet, werden die Gebäude miteinander verbunden. Die Kostenangaben beziehen sich auf den Neubau und den Verbindungsgang mit Rampenanlage.

Nutzung

1 Erdgeschoss
Gruppenräume, Funktionsraum, Materialraum, Spielflur, Elterntreff, Büro, Garderobe, Sanitärräume, Lager, Technik

1 Obergeschoss
Differenzierungsraum, Krippenraum, Schlafraum, Materialraum, Teeküche, Sanitärräume, Flure, Dachterrasse

Nutzeinheiten

Gruppen: 3
Kinder: 62

Grundstück

Bauraum: Beengter Bauraum
Neigung: Hanglage
Bodenklasse: BK 3 bis BK 7

Markt

Hauptvergabezeit: 1. Quartal 2022
Baubeginn: 2. Quartal 2022
Bauende: 3. Quartal 2023
Konjunkturelle Gesamtlage: unter Durchschnitt
Regionaler Baumarkt: Durchschnitt

Baubestand

Baujahr: 1897
Bauzustand: schlecht
Aufwand: hoch
Grundrissänderungen: einige
Tragwerkseingriffe: einige
Nutzungsänderung: nein
Nutzung während der Bauzeit: nein

Baukonstruktion

Das Gebäude wurde in massiver Bauweise mit Betonwänden und Ziegelmauerwerk errichtet. Das Satteldach des Hauptgebäudes ist mit einem weit auskragenden Dachüberstand errichtet, die hangseitig angeordneten Räume und das Dach des Verbindungsgangs sind als Stahlbeton-Flachdächer ausgeführt. Die Fassaden sind mit einem Kammputz bekleidet. Mit seiner handwerklichen Unregelmäßigkeit und der horizontalen Gliederung, nimmt die Putzstruktur die horizontalen Fugen des Ziegelmauerwerks des Altbaus auf. Die Alu-Pfosten-Riegelfassaden sind mit einer Dreifachverglasung ausgestattet und können mit Senkrechtmarkisen verschattet werden. Kleinere Fenster sind als Kunststofffenster ausgeführt. Als Bodenbeläge sind Linoleum und Bodenfliesen verlegt.

Technische Anlagen

Das Gebäude wird mit einer Wärmepumpe beheizt, die Heizwärme wird über Fußbodenheizung in den Räumen verteilt. Eine Zu- und Abluftanlage bei 90% Wärmerückgewinnung wurde ausgeführt. Auf dem Satteldach kam eine Photovoltaik-Anlage zur Ausführung. Die Räume sind mit LEDs beleuchtet. Ein Personenaufzug erschließt die oberen Geschosse barrierefrei. Neubau und Altbau sind technisch voneinander unabhängig.

Sonstiges

Der denkmalgeschützte Altbau mit Sandsteingliederung ist durch den Eingangsvorbau und einen Seitenrisalit mit Zwerggiebel betont. Es war den Architekten wichtig, nicht den Neubau in Szene zu setzen, sondern ein harmonisches "Miteinander" zu erzeugen. So wurde der Neubau mit einem Abstand von neun Metern vom Altbau entfernt gebaut. Dazwischen befindet sich der verglasten Eingang mit Verbindungsgang.

Energetische Kennwerte

Gesetzliche Grundlage: GEG 2020
Hüllfläche des beheizten Volumens: 1.146,20 m^2
Mittlerer U-Wert (opake Bauteile): 0,20 W/(m^2·K)
Mittlerer U-Wert (transparente Bauteile): 0,90 W/(m^2·K)
Spez. Jahresprimärenergiebedarf: 83,90 kWh/(m^2·a)
CO_2-Emissionen: 25,38 kg/(m^2·a)

Planungskennwerte für Flächen und Rauminhalte nach DIN 277

Flächen des Grundstücks		Menge Einheit	% an GF
BF	Bebaute Fläche	338,80 m²	14,9
UF	Unbebaute Fläche	1.929,20 m²	85,1
GF	Grundstücksfläche	2.268,00 m²	100,0

Grundflächen des Bauwerks		Menge Einheit	% an NUF	% an BGF
NUF	Nutzungsfläche	413,44 m²	100,0	58,5
TF	Technikfläche	16,00 m²	3,9	2,3
VF	Verkehrsfläche	158,00 m²	38,2	22,4
NRF	Netto-Raumfläche	587,44 m²	142,1	83,1
KGF	Konstruktions-Grundfläche	119,48 m²	28,9	16,9
BGF	Brutto-Grundfläche	706,92 m²	171,0	100,0

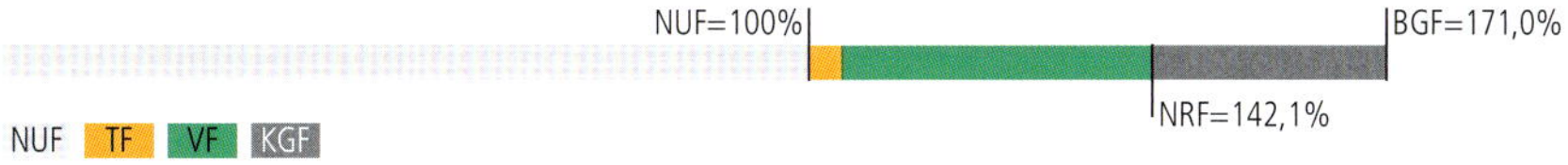

Brutto-Rauminhalt des Bauwerks		Menge Einheit	BRI/NUF (m)	BRI/BGF (m)
BRI	Brutto-Rauminhalt	2.740,20 m³	6,63	3,88

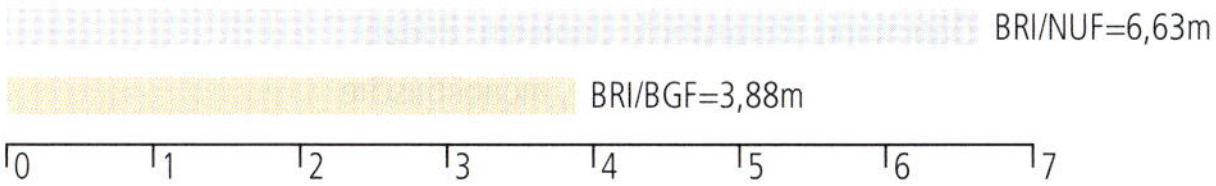

4400-0421
Kindertagesstätte
(2 Gruppen)
(50 Kinder)

Erweiterung

Kostenkennwerte für die Kosten des Bauwerks (Kostengruppen 300+400 nach DIN 276)

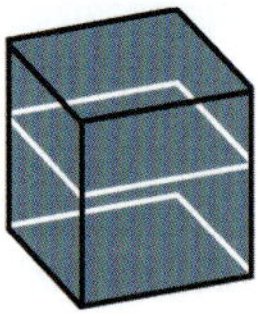

BRI 1.047 €/m³

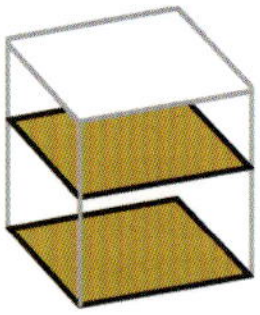

BGF 3.717 €/m²

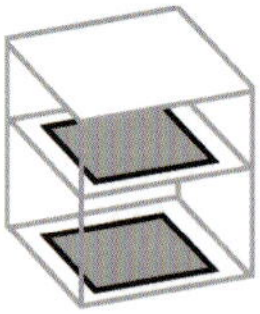

NUF 6.271 €/m²

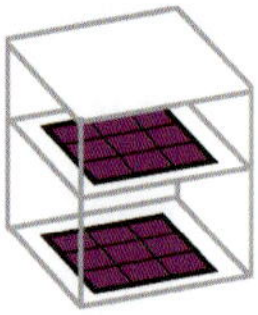

NE 16.755 €/NE

NE: Kinder

Objekt:
Kennwerte: 1.Ebene DIN 276
BRI: 800 m³
BGF: 225 m²
NUF: 134 m²
Bauzeit: 74 Wochen
Bauende: 2022
Standard: mittel
Bundesland: Nordrhein-Westfalen
Kreis: Paderborn

Architekt*in:
köhler + otto
architekten PartGmbB
Aftetal 2
33181 Bad Wünnenberg

Bauherr*in:
Stadt Bad Wünnenberg
Poststraße 15
33181 Bad Wünnenberg

© köhler+otto architekten

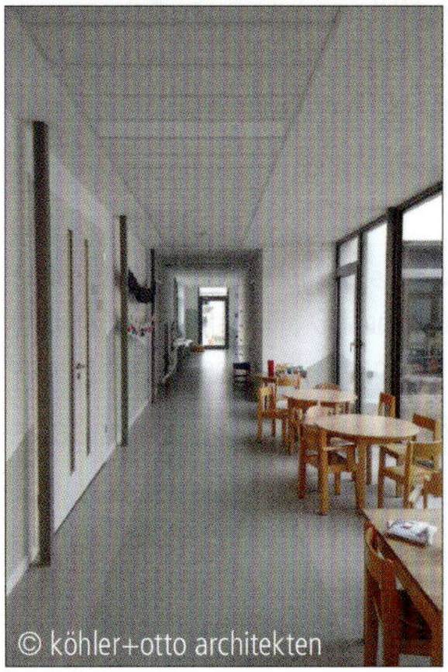

© köhler+otto architekten

© köhler+otto architekten

Kostenstand: 4.Quartal 2025, Bundesdurchschnitt, **inkl. 19% MwSt.**

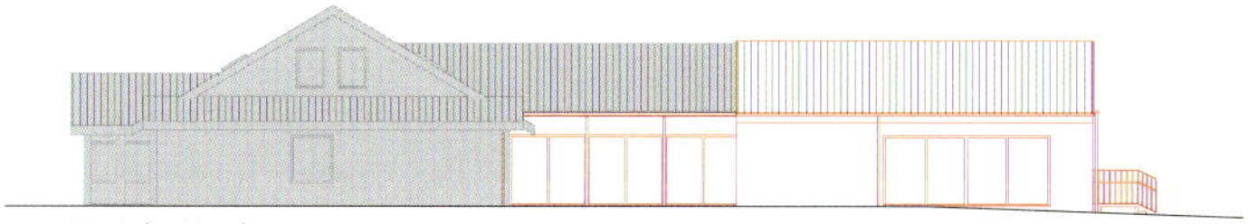
Ansicht Nord

Erdgeschoss

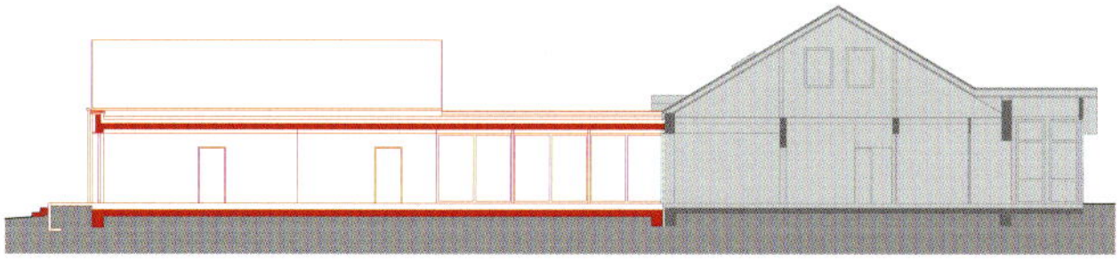
Schnitt A-A

Ansicht Süd

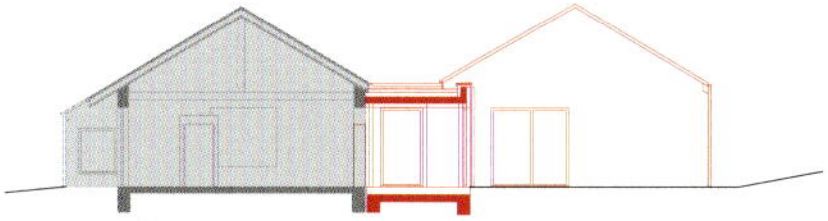
Ansicht Ost

Ansicht West

4400-0421
Kindertagesstätte
(2 Gruppen)
(50 Kinder)

Erweiterung

Objektbeschreibung

Allgemeine Objektinformationen

Ein bestehender Kindergarten wurde in Teilen saniert und gleichzeitig erweitert. Der Gesamtkomplex umfasst zwei Kindergartengruppen mit insgesamt 50 Kindern. Die Geometrie des Anbaus wurde durch die beengten Grundstücksverhältnisse beeinflusst. Der Anbau ist unterteilt in zwei Baukörper mit Satteldächern, die mit einem Flachdachbau an das Bestandsgebäude anschließen.

Nutzung

1 Erdgeschoss
Bestand: Eingang, Wartebereich, Gruppenräume, Schlafräume, Sanitärräume, WCs, Büro
Erweiterung: Mehrzweckraum, Nebenraum, Küche/Speiseraum, Personal, Spielflur, Abstellraum

Nutzeinheiten

Gruppen: 2
Kinder: 50

Grundstück

Bauraum: Beengter Bauraum
Neigung: Ebenes Gelände
Bodenklasse: BK 1 bis BK 3

Markt

Hauptvergabezeit: 1. Quartal 2021
Baubeginn: 1. Quartal 2021
Bauende: 3. Quartal 2022
Konjunkturelle Gesamtlage: über Durchschnitt
Regionaler Baumarkt: unter Durchschnitt

Baubestand

Baujahr: 1993
Bauzustand: gut
Aufwand: niedrig
Grundrissänderungen: wenige
Tragwerkseingriffe: wenige
Nutzungsänderung: nein
Nutzung während der Bauzeit: ja

Baukonstruktion

Die Erweiterung wurde wie der Bestandsbau in Massivbauweise errichtet. Die Außenwände sind aus Wärmedämmziegeln hergestellt und mit Putz versehen. Ein Pfettendach kam bei beiden Satteldach-Baukörpern zum Einsatz. Der Zwischenbau zum Bestandsgebäude ist mit einer Flachdachkonstruk-tion aus Stahlbeton mit EPS-Gefälledämmung ausgeführt. Es wurden dreifachverglaste Alufenster ohne Verschattung verbaut. Im Inneren sind die Gruppenräume mit akustisch wirksamen Deckenbekleidungen teils als Lochdecken, teils als Akustik-Einlegedecken versehen. Türen und der gesamte Innenausbau sind aus HPL-beschichteten Holzwerkstoffen ausgeführt. Als Bodenbelag wurde ein Kautschukboden eingesetzt.

Technische Anlagen

Da der bestehende Kindergarten mit einer ausreichend dimensionierten Wärmepumpe ausgestattet war, konnte der Bestand mit angeschlossen werden. Das Gebäude erhielt eine Fußbodenheizung und eine Brandwarnanlage. Auch die Elektroinstallation konnte an die bestehende Anlage angebunden werden.

Sonstiges

Als wesentliches Gestaltungsmerkmal ist das wellenförmige Farbenspiel ausgebildet. Dieses erstreckt sich über sämtliche Wände und in Teilen über die Möbel. Die Kosten der Dokumentation beziehen sich lediglich auf die Erweiterung der Kindertagesstätte.

Planungskennwerte für Flächen und Rauminhalte nach DIN 277

Flächen des Grundstücks		Menge Einheit	% an GF
BF	Bebaute Fläche	613,57 m²	18,9
UF	Unbebaute Fläche	2.636,43 m²	81,1
GF	Grundstücksfläche	3.250,00 m²	100,0

Grundflächen des Bauwerks		Menge Einheit	% an NUF	% an BGF
NUF	Nutzungsfläche	133,59 m²	100,0	59,3
TF	Technikfläche	–	–	–
VF	Verkehrsfläche	53,84 m²	40,3	23,9
NRF	Netto-Raumfläche	187,43 m²	140,3	83,2
KGF	Konstruktions-Grundfläche	37,95 m²	28,4	16,8
BGF	Brutto-Grundfläche	225,38 m²	168,7	100,0

Brutto-Rauminhalt des Bauwerks		Menge Einheit	BRI/NUF (m)	BRI/BGF (m)
BRI	Brutto-Rauminhalt	799,76 m³	5,99	3,55

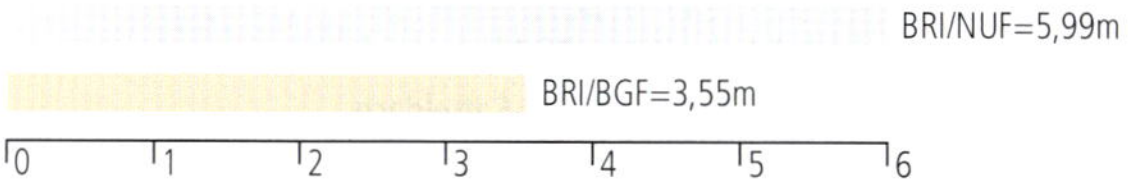

4400-0429
Kindertagesstätte
(2 Gruppen)
(40 Kinder)

Erweiterung

Kostenkennwerte für die Kosten des Bauwerks (Kostengruppen 300+400 nach DIN 276)

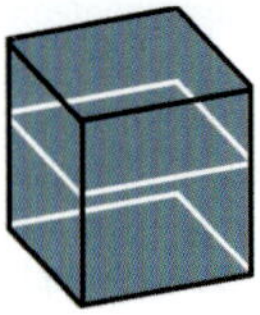

BRI 1.088 €/m³

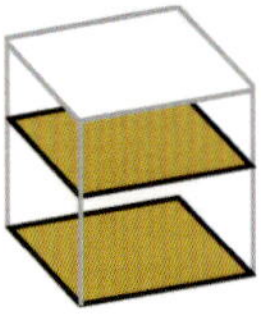

BGF 4.443 €/m²

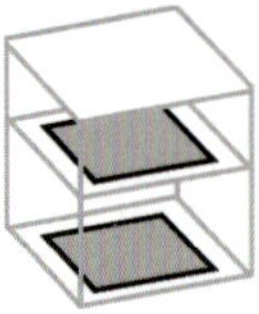

NUF 6.927 €/m²

Stahl-Raumzellen
• **Holz-Raumzellen**
Stahlbeton-Raumzellen
Ziegel-Raumzellen

Konstruktionsart

Objekt:
Kennwerte: 1. Ebene DIN 276
BRI: 1.813 m³
BGF: 444 m²
NUF: 285 m²
Bauzeit: 56 Wochen
Bauende: 2023
Standard: hoch
Bundesland: Baden-Württemberg
Kreis: Heidelberg, Stadt

Architekt*in:
Entwurf des Modulbaukastens:
Stadt Heidelberg
Hochbauamt

Grundstücksbezogene Planerleistungen:
AAg Architekten GmbH
Eppelheimer Straße 46
69115 Heidelberg

Bauherr*in:
Stadt Heidelberg
Hochbauamt
Römerstraße 5
69115 Heidelberg

Ausführung:
KAUFMANN
BAUSYSTEME
Baien 115
A-6870 Reuthe

© Leon Schuch

© Leon Schuch

© Leon Schuch

© Leon Schuch

© Leon Schuch

Ansicht Nord

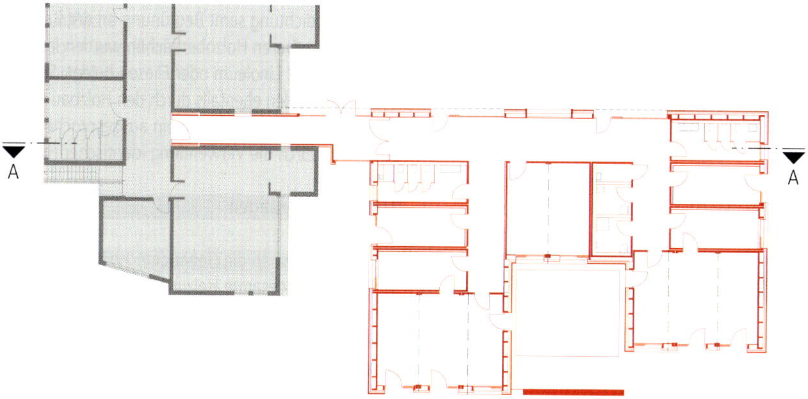

Erdgeschoss

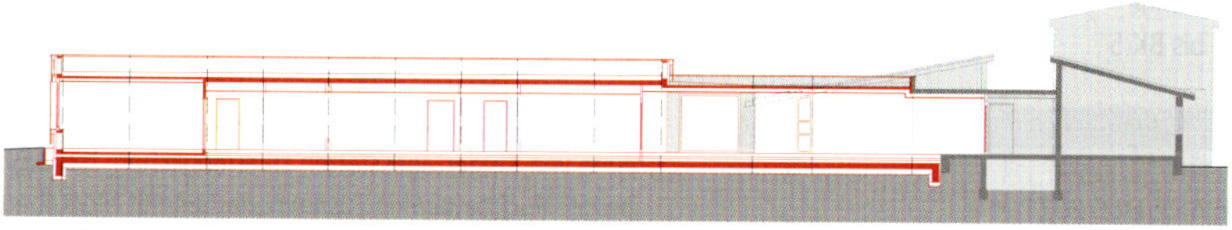

Schnitt A-A

Ansicht Ost

Ansicht Süd

4400-0439
Kindertagesstätte
(3 Gruppen)
(65 Kinder)

Erweiterung

Kostenkennwerte für die Kosten des Bauwerks (Kostengruppen 300+400 nach DIN 276)

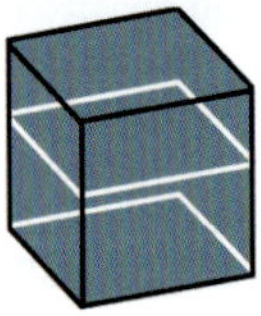

BRI 1.591 €/m³

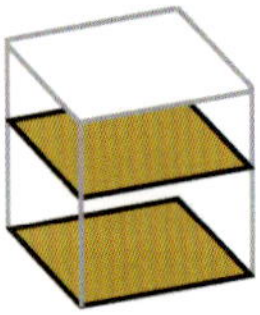

BGF 4.896 €/m²

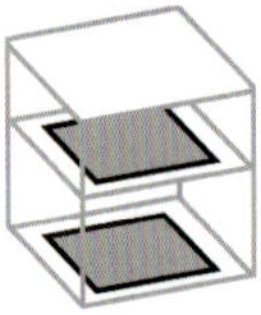

NUF 9.012 €/m²

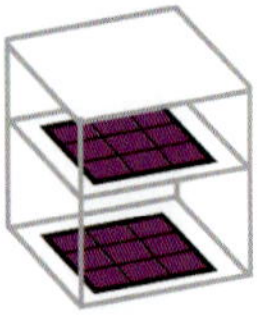

NE 22.598 €/NE

NE: Kinder

Objekt:
Kennwerte: 1.Ebene DIN 276
BRI: 923 m³
BGF: 300 m²
NUF: 163 m²
Bauzeit: 56 Wochen
Bauende: 2022
Standard: hoch
Bundesland: Bayern
Kreis: Unterallgäu

Architekt*in:
Kern Architekten
PartGmbB
Bürgermeister-Krach-Str. 6
87719 Mindelheim

Bauherr*in:
Gemeinde Sontheim

Zeichnungen

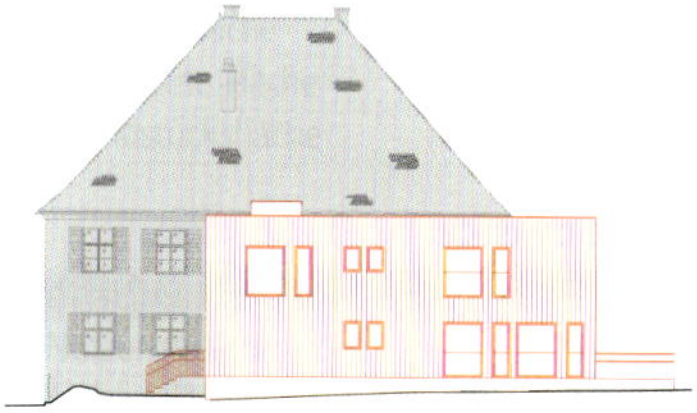

Ansicht Nord

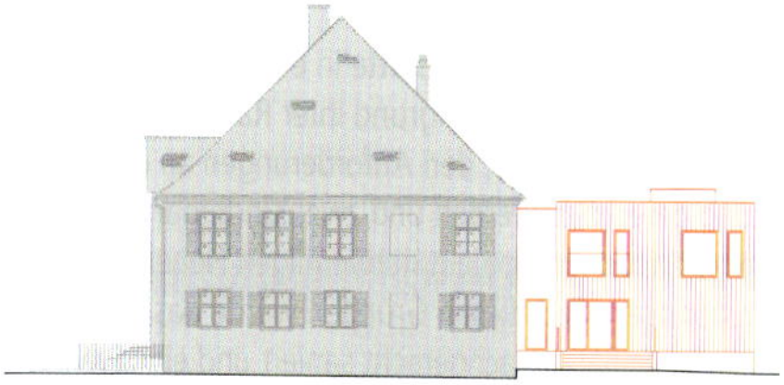

Ansicht Ost

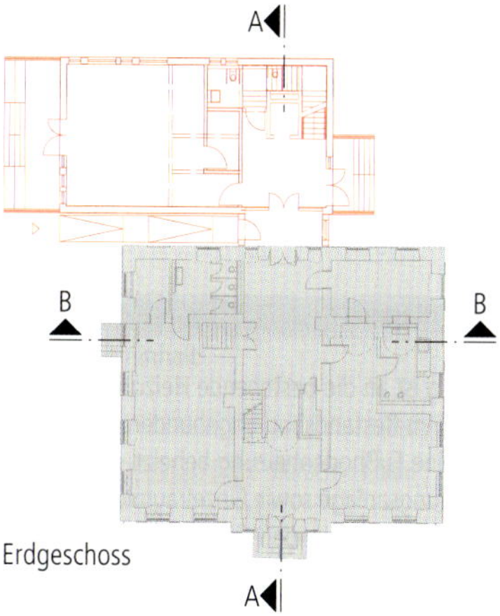

Erdgeschoss

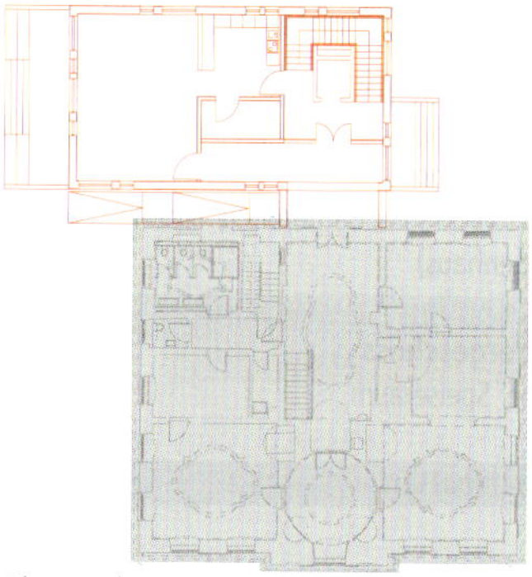

Obergeschoss

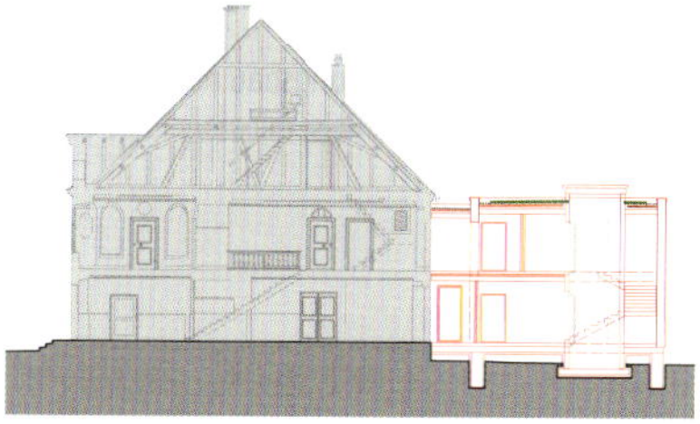

Schnitt A-A

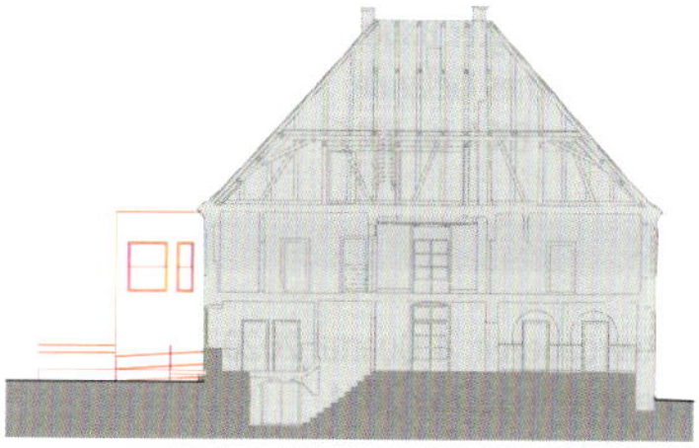

Schnitt B-B

Ansicht Süd

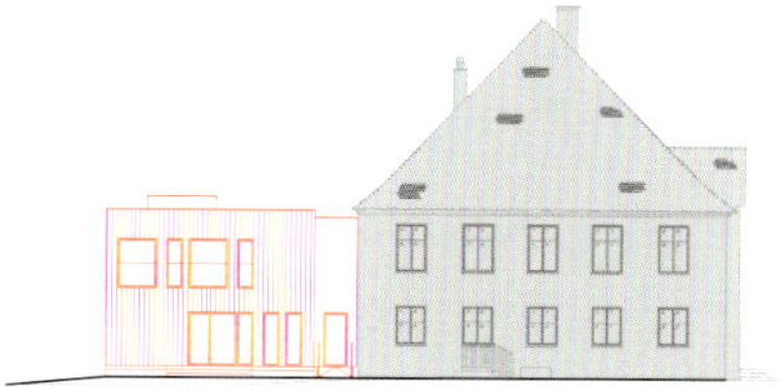

Ansicht West

4200-0037
Fachakademie
Berufsfachschule
(5 Klassen)
(200 Schüler)

Umbau

Kostenkennwerte für die Kosten des Bauwerks (Kostengruppen 300+400 nach DIN 276)

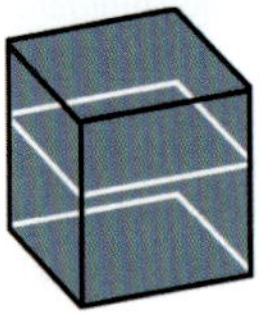

BRI 628 €/m³

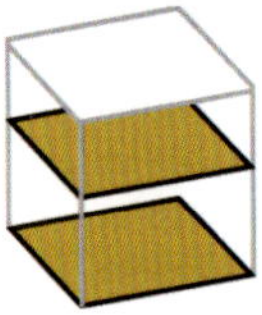

BGF 2.404 €/m²

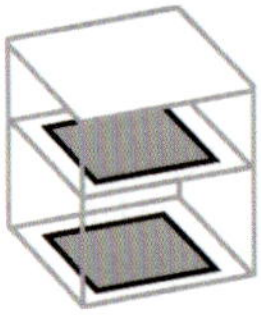

NUF 3.920 €/m²

Objekt:
Kennwerte: 3. Ebene DIN 276
BRI: 8.612 m³
BGF: 2.251 m²
NUF: 1.380 m²
Bauzeit: 78 Wochen
Bauende: 2018
Standard: mittel
Bundesland: Bayern
Kreis: Cham

Architekt*in:
PH2 Architektur +
Stadtplanung
Leminger Straße 11
93458 Eschlkam

Bauherr*in:
Stadt Furth im Wald
Burgstraße 1
93437 Furth im Wald

vorher

nachher

nachher

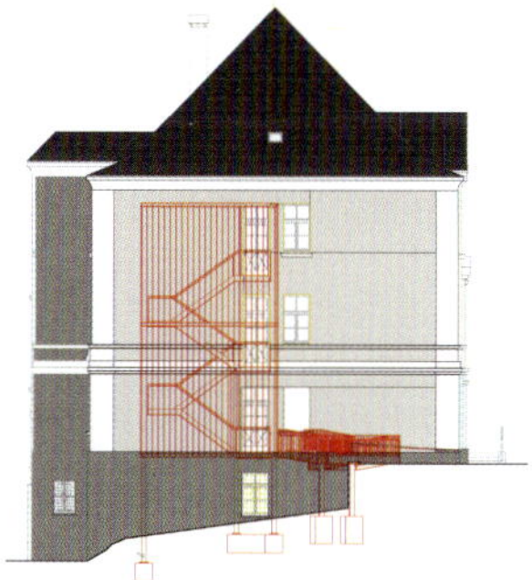

Ansicht Nord-Ost

Ansicht Nord-West

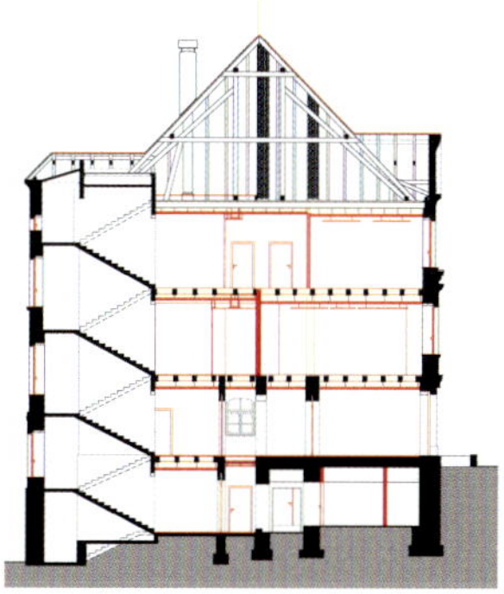

Schnitt A-A

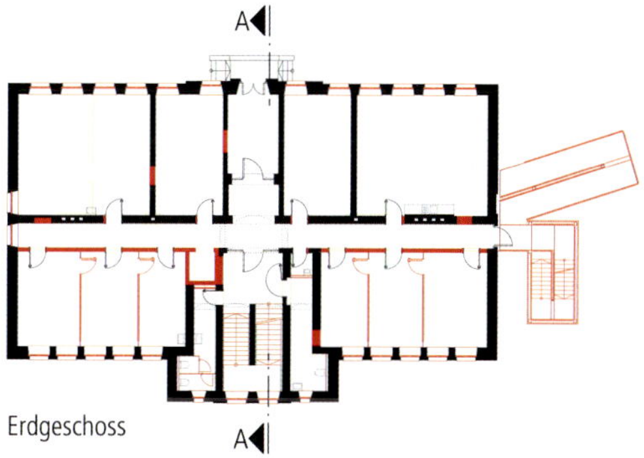

Erdgeschoss

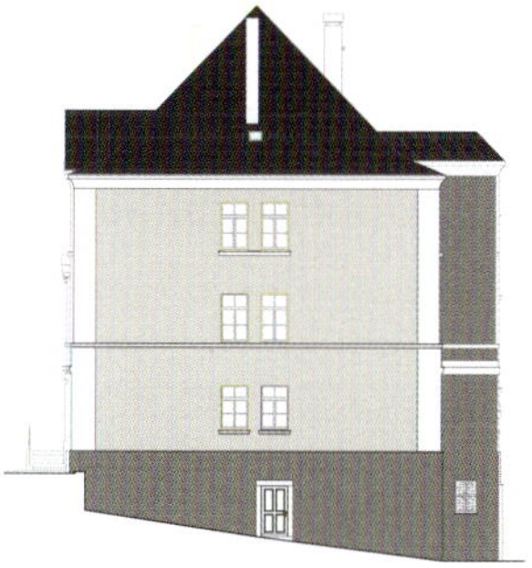

Ansicht Süd-West

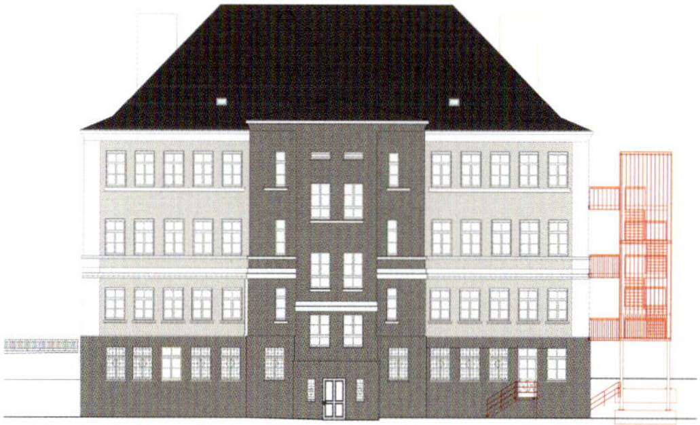

Ansicht Süd-Ost

4200-0037
Fachakademie
Berufsfachschule
(5 Klassen)
(200 Schüler)

Umbau

Objektbeschreibung

Allgemeine Objektinformationen

Das Gebäude wurde 1885 als Schulhaus erbaut und als solches bis 1968 genutzt. Durch unterschiedliche Nutzungen wurde das Haus in den letzten 20 Jahren mehrfach umgebaut. Mit dieser Sanierung entstanden Klassenräume und Gruppenräume im 1. und 2.Obergeschoss für beide Schularten, der Fachakademie für Sozialpädagogik und der Berufsfachschule für Kinderpflege. Im Erdgeschoss befindet sich der Verwaltungsbereich beider Schulen sowie Räume für den Fachunterricht in Kunst und Musik. Die Pausenräume, Nebenräume und ein Werkraum befinden sich im Untergeschoss. Das Dach blieb unausgebaut und kann nicht genutzt werden.

Nutzung

1 Untergeschoss
Pausenraum, Werkräume, Hausmeister, Abstellräume, WCs, Heizraum, BMZ, Serverraum, Aufzug, Flur, Treppenhaus

1 Erdgeschoss
Lehrerzimmer, Dienstzimmer, Sekretariat, Schulleitung, Musikraum, Lehrmittelraum, Archiv, WCs, Putzraum, Aufzug, Flur, Treppenhaus, Fluchttreppe

2 Obergeschosse
Klassenräume, Fachräume, WCs, Putzraum, Aufzug, Flur, Treppenhaus, Fluchttreppe

1 Dachgeschoss
nicht ausgebaut

Nutzeinheiten

Klassen: 5
Schüler: 200

Grundstück

Bauraum: Beengter Bauraum
Neigung: Hanglage
Bodenklasse: BK 3 bis BK 4

Markt

Hauptvergabezeit: 2.Quartal 2017
Baubeginn: 1.Quartal 2017
Bauende: 3.Quartal 2018
Konjunkturelle Gesamtlage: Durchschnitt
Regionaler Baumarkt: Durchschnitt

Baubestand

Baujahr: 1885
Bauzustand: schlecht
Aufwand: hoch
Grundrissänderungen: umfangreiche
Tragwerkseingriffe: umfangreiche
Nutzungsänderung: ja
Nutzung während der Bauzeit: nein

Baukonstruktion

Das massiv errichtete Bauwerk mit Holzbalkendecken wurde insbesondere aus Brandschutzgründen umfassend modernisiert. Die Decken erhielten eine F90-Bekleidung und wurden durch zusätzliche Stahlträger statisch verstärkt. Sämtliche Fenster wurden durch neue Kunststofffenster mit Sonnenschutz ersetzt. Zudem erfolgte eine energetische Sanierung des Dachs sowie die Erneuerung der Fassaden. Im Innenraum wurden die sanitären Anlagen modernisiert und ein Aufzug eingebaut. Abgehängte Decken verbessern den Schallschutz, während eine mobile Trennwand die flexible Nutzung des Mehrzweckraums für größere Veranstaltungen ermöglicht. Sämtliche Wand- und Bodenbeläge wurden erneuert.

Technische Anlagen

Alle technischen Anlagen wurden auf den neuesten Stand gebracht. Neben dem Einbau einer neuen Gasheizung wurden alle Heizkörper ausgetauscht. Eine Aufzugsanlage erschließt die Geschosse barrierefrei. Eine Erneuerung der Elektroinstallation und eine Umstellung der Beleuchtung auf moderne LED-Technik erfolgte ebenfalls. Entsprechend dem heutigen Schulstandard ist das Gebäude nun mit einer Brandmeldeanlage, einer Beschallungsanlage, einer strukturierten Datenverkabelung sowie einer Sicherheitsbeleuchtung ausgestattet.

Sonstiges

Eine außenliegende Treppe mit Erschließungsrampe als Stahlkonstruktion musste aufgrund der Schulnutzung als zweiter baulicher Rettungsweg an das Gebäude angebaut werden.

Planungskennwerte für Flächen und Rauminhalte nach DIN 277

Flächen des Grundstücks		Menge Einheit	% an GF
BF	Bebaute Fläche	558,10 m²	32,1
UF	Unbebaute Fläche	1.180,71 m²	67,9
GF	Grundstücksfläche	1.738,81 m²	100,0

Grundflächen des Bauwerks		Menge Einheit	% an NUF	% an BGF
NUF	Nutzungsfläche	1.380,37 m²	100,0	61,3
TF	Technikfläche	59,63 m²	4,3	2,6
VF	Verkehrsfläche	393,55 m²	28,5	17,5
NRF	Netto-Raumfläche	1.833,55 m²	132,8	81,4
KGF	Konstruktions-Grundfläche	417,66 m²	30,3	18,6
BGF	Brutto-Grundfläche	2.251,21 m²	163,1	100,0

Brutto-Rauminhalt des Bauwerks		Menge Einheit	BRI/NUF (m)	BRI/BGF (m)
BRI	Brutto-Rauminhalt	8.611,58 m³	6,24	3,83

Lufttechnisch behandelte Flächen	Menge Einheit	% an NUF	% an BGF
Entlüftete Fläche	–	–	–
Be- und entlüftete Fläche	–	–	–
Teilklimatisierte Fläche	–	–	–
Klimatisierte Fläche	–	–	–

KG	Kostengruppen (2. Ebene)	Menge Einheit	Menge/NUF	Menge/BGF
310	Baugrube / Erdbau	13,24 m³ BGI	0,01	< 0,01
320	Gründung, Unterbau	243,04 m² GRF	0,18	0,11
330	Außenwände/Vertikale Baukonstruktionen, außen	1.828,86 m² AWF	1,33	0,81
340	Innenwände/Vertikale Baukonstruktionen, innen	1.495,46 m² IWF	1,08	0,66
350	Decken/Horizontale Baukonstruktionen	2.160,20 m² DEF	1,57	0,96
360	Dächer	773,22 m² DAF	0,56	0,34

4200-0037
Fachakademie
Berufsfachschule
(5 Klassen)
(200 Schüler)

Umbau

Kostenkennwerte für die Kostengruppen der 1. Ebene DIN 276

KG	Kostengruppen (1. Ebene)	Einheit	Kosten €	€/Einheit	€/m² BGF	€/m³ BRI	% 300+400
100	Grundstück	m² GF	–	–	–	–	–
200	Vorbereitende Maßnahmen	m² GF	43	0,02	0,02	< 0,01	< 0,1
300	Bauwerk – Baukonstruktionen	m² BGF	4.183.559	1.858,36	1.858,36	485,81	77,3
400	Bauwerk – Technische Anlagen	m² BGF	1.227.557	545,29	545,29	142,55	22,7
	Bauwerk 300+400	**m² BGF**	**5.411.116**	**2.403,65**	**2.403,65**	**628,35**	**100,0**
500	Außenanlagen und Freiflächen	m² AF	25.789	–	11,46	2,99	0,5
600	Ausstattung und Kunstwerke	m² BGF	30.959	13,75	13,75	3,60	0,6
700	Baunebenkosten	m² BGF	–	–	–	–	–
800	Finanzierung	m² BGF	–	–	–	–	–

KG	Kostengruppe	Menge Einheit	Kosten €	€/Einheit	%
200	**Vorbereitende Maßnahmen**	1.738,81 m² GF	43	**0,02**	< 0,1
	• Herstellen (Kosten: 100,0%) Baumschutz		43		
3+4	**Bauwerk**				**100,0**
300	**Bauwerk – Baukonstruktionen**	2.251,21 m² BGF	4.183.559	**1.858,36**	77,3
	• Abbrechen (Kosten: 12,2%) Abbruch von Stb-Bodenplatte, Stampfbeton-Bodenplatte; Holzfenstern, Holztüren, Putz, Wandfliesen, Wandbekleidungen; Ziegelmauerwerk, Porenbetonwänden, Innentüren, Putz, Wandbekleidungen; Stb-Decken, Stahlunterzügen, Deckenbalken; OSB-Platten mit PVC, Nadelvlies, Bodenfliesen, Schilfrohrmatten, Deckenputz, Holzschalung, Putzbekleidung an Träger; Dreiecksfenster, Biberschwanzdachdeckung, Metalldachdeckung, Dachentwässerung; Entsorgung, Deponiegebühren		508.409		
	• Wiederherstellen (Kosten: 4,1%) Bodenbelag reinigen, neu verfugen; verputzte Wände ausbessern; Fenstergitter neu lackieren; Herrichten der Rohbauöffnungen; bestehende Stahlunterzüge entrosten, sandstrahlen, neu beschichten, Deckenbalken auswechseln, Wechselbalken verbinden, Balkenköpfe erneuern; Deckenschalung ergänzen, Granittreppe sandstrahlen, Putze ausbessern, Beschichtung; Sichtprüfung best. Dachkonstruktion, Wechselbalken einbauen, Blechformteile, beschädigte Sparren lösen, Dachstuhlbauteile, neue Sparren abbinden		173.523		
	• Herstellen (Kosten: 83,7%) Fundamente, Stb-Bodenplatte, Estrich, Bodenfliesen, PVC, Bodenversiegelung; Stb-Grubenwände, Auflagernischen, Kunststofffenster, Eingangstüren, Kalkputz, Wandfliesen, Beschichtung, Textilscreens, Treppengeländer, Fenstergitter; Aufzugsschachtwände, Planziegel, HLz-Wände, GK-Wände, Alu-Türelemente, Kalkputz, Wandfliesen, mobile Trennwand, Systemtrennwände, WC-Trennwände; Stb-Decke, Stahlträger, OSB, Deckenbalken, Trockenestrich, GF-Platten, PVC-Designböden, Teppichböden, Bodenfliesen, Holz-Laufsteg, OSB, abgehängte GK-Decken, Dämmung, Akustikdeckensegel, Stahl-Treppenturm, Rampenanlage; Alu-Schindeldeckung, Dachentwässerung, Schneefangsystem		3.501.627		

KG	Kostengruppe	Menge Einheit	Kosten €	€/Einheit	%
400	**Bauwerk – Technische Anlagen**	2.251,21 m2 BGF	1.227.557	**545,29**	22,7
	• Abbrechen (Kosten: 1,1%) Abbruch von Abwasserleitungen, Heizkessel, Ausdehnungsgefäß, Rohrleitungen, Heizungsverteileranlage, Warmwasserbereiter, Schornsteinen; Entsorgung, Deponiegebühren		13.889		
	• Wiederherstellen (Kosten: < 0,1%) Wiederinbetriebnahme Heizkesselanlage		538		
	• Herstellen (Kosten: 98,8%) Gebäudeentwässerung, Kalt- und Warmwasserleitungen, Sanitärobjekte; Gasbrenner, Heizleitungen, Heizkörper; Kleinraumventilatoren, Lüftungsrohre; Elektroinstallation, Beleuchtung, Blitzschutz; Telefon-, Ruf-, Sprechanlagen, ELA-Anlage, Brandmeldeanlage, WC-Notrufanlage, digitale Schließanlage; Personenaufzug; Feuerlöscher; Gebäudeautomation, Datenverkabelung		1.213.131		
500	**Außenanlagen und Freiflächen**	–	25.789	–	0,5
	• Abbrechen (Kosten: 18,2%) Abbruch von Asphaltbelägen; Abwasserleitungen, Hofablauf; Entsorgung, Deponiegebühren		4.681		
	• Herstellen (Kosten: 81,8%) Rohrgrabenaushub; Entwässerungsleitungen, Kontrollschacht; Sichern von Versorgungsleitungen		21.108		
600	**Ausstattung und Kunstwerke**	2.251,21 m2 BGF	30.959	**13,75**	0,6
	• Herstellen (Kosten: 100,0%) Verdunkelungsvorhänge, Sanitärausstattung		30.959		

4200-0037
Fachakademie
Berufsfachschule
(5 Klassen)
(200 Schüler)

Umbau

Kostenkennwerte für die Kostengruppen der 2. Ebene DIN 276

KG	Kostengruppe	Menge Einheit	Kosten €	€/Einheit	%
200	**Vorbereitende Maßnahmen**				**100,0**
210	**Herrichten**	1.738,81 m² GF	43	**0,02**	100,0
	• Herstellen (Kosten: 100,0%) Baumschutz, Brettermantel (1St)	1.738,81 m² GF	43	**0,02**	
300	**Bauwerk – Baukonstruktionen**				**100,0**
310	**Baugrube / Erdbau**	13,24 m³ BGI	2.568	**193,99**	< 0,1
	• Herstellen (Kosten: 100,0%) Bodenaushub, t bis 1,50m, als Handaushub, entsorgen (11m³), Arbeitsraum verfüllen, verdichten (2m³)	13,24 m³ BGI	2.568	**193,99**	
320	**Gründung, Unterbau**	243,04 m² GRF	132.641	**545,76**	3,2
	• Abbrechen (Kosten: 9,9%) Abbruch von Stb-Bodenplatte, im Gebäude (1m³), Stampfbeton-Bodenplatte (18m³), Beton-Schneidearbeiten, d=30cm (8m); Entsorgung, Deponiegebühren * Kiesfilterschicht (4m²); lagern	19,58 m² GRF	13.195	**673,88**	
	• Wiederherstellen (Kosten: 5,6%) Bodenbelag aus Solnhofener Marmor reinigen, Zementschleier entfernen, imprägnieren (psch), Fugen neu verfugen (10h), Treppenstufen neu verfugen (28h)	29,00 m² GRF	7.427	**256,10**	
	• Herstellen (Kosten: 84,5%) Fundamentaushub, von Hand (136m³), Stb-Streifenfundamente, gegen Erdreich betoniert (11m³), Stb-Bodenplatte, WU (10m²) * TSD, Zementestrich (182m²), Abdichtung (67m²), Bodenfliesen (135m²), PVC (69m²), Epoxid-Bodenversiegelung (10m²), Schuhabstreifermatte (1St) * Kiesfilterschicht (6m²), Sauberkeitsschicht (4m³), Schaumglasschotter (22m³)	214,04 m² GRF	112.020	**523,36**	

KG	Kostengruppe	Menge Einheit	Kosten €	€/Einheit	%
330	**Außenwände/Vert. Baukonstrukt., außen**	1.828,86 m² AWF	829.331	**453,47**	19,8
	• Abbrechen (Kosten: 10,3%)	1.436,06 m² AWF	85.468	**59,52**	
	Abbruch von Mauerwerk für Fensteröffnungen (12m²) * Holzfenstern (250m²), Holztüren (12m²), Laibungsputz außen abschlagen (700m), Laibungsputz innen (604m) * Gesimsabdeckungen (192m), Glattputz (225m²) * Innenputz (1.047m²), Wandfliesen (57m²), Wandbekleidungen (70m²); Entsorgung, Deponiegebühren				
	• Wiederherstellen (Kosten: 8,5%)	–	70.405	–	
	Injektionsabdichtung gegen aufsteigende Feuchtigkeit (10m) * Außenwandflächen reinigen, auf Hohlstellen überprüfen (1.497m²), Natursteinmauerwerk reinigen (12m), Vertiefungen, Unebenheiten verspachteln, Renovierputz auftragen (167m²), Fungizidbehandlung (319m²), Laibungsputz ergänzen, an Putzflächen angleichen, b=7cm, schlagregendichten Anschluss herstellen (587m), Sanierschlämme (43m²) * Neu verputzte Wände stellenweise ausbessern (111m²), bestehende Wandflächen reinigen, ausbessern (100m²), Putz in Fensterlaibungen, schräg zulaufend (188m) * Fenstergitter abnehmen, abschleifen, entrosten, lackieren, wieder anbringen (56m²)				
	• Herstellen (Kosten: 81,2%)	2.197,29 m² AWF	673.458	**306,49**	
	Stb-Grubenwände (5m²), Auflagernischen für Stahlträger herstellen, wieder zumauern (24St) * Kunststofffenster (288m²), Fluchttüren (16m²), Holz-Eingangstüren (12m²), Glattstrich in Fensterlaibungen (192m), Fensterbänke, außen (135m), innen (156m), Aufmauern Fensterbrüstungen, h=5cm (152m) * Silikatbeschichtung (1.865m²), auf Laibungen (587m), auf Lisenen (704m), Edelputz (80m²), Sockelputz (psch), Schrägglattstrich unter Gesims (192m), Gesimsabdeckungen (235m), Briefkastenanlage (1St) * Kalkfeinputz (870m²), Dispersionsbeschichtung (843m²), Wandfliesen (11m²) * Vorbautextilscreens (85m²) * Treppengeländer (5m)				
340	**Innenwände/Vert. Baukonstrukt., innen**	1.495,46 m² IWF	1.006.565	**673,08**	24,1
	• Abbrechen (Kosten: 21,1%)	2.044,92 m² IWF	212.526	**103,93**	
	Abbruch von Ziegelmauerwerk (579m²), Schneidearbeiten (92m) * Porenbetonwänden (148m²) * Innentüren (8m²), Innenfenster (1m²) * Innenputz (2.100m²), in Laibungen (188m), Tapeten (212m²), Fliesen (166m²), Wandbekleidungen wie Fliesen, Styropor, Putz (139m²) * Handläufen (58m); Entsorgung, Deponiegebühren				
	• Wiederherstellen (Kosten: 0,4%)	126,72 m² IWF	4.310	**34,01**	
	Injektionsabdichtung gegen aufsteigende Feuchtigkeit (5m) * Natursteinmauerwerk reinigen, Risse schließen (16m²), Putze ausbessern, Silikatbeschichtung (111m²)				
	• Herstellen (Kosten: 78,5%)	1.432,10 m² IWF	789.728	**551,45**	
	Aufzugsschachtwände, Planziegel (100m²), Ringanker (61m), HLz-Wände (188m²), Auflagernischen für Stahlträger (24St), Ziegelstürze (38m), Türöffnungen (32m²) * GK-Wände (35m²), HLz-Wände (9m²), Ziegelstürze (31m), Mineralwolldämmung (43m²) * Granitpfeiler (71m) * Alu-Innentür-Elemente (61m²), Holztüren (66m²), Stahlblechtüren (32m²) * Kalkputz (2.633m²), GK-Vorsatzschalen (99m²), Dispersionsbeschichtung (2.202m²), Wandfliesen (53m²), Kristallspiegel (12m²) * Systemtrennwände (70m²), WC-Trennwände (47m²), mobile Trennwand (21m²) * Holz-Handläufe (86m)				

4200-0037
Fachakademie
Berufsfachschule
(5 Klassen)
(200 Schüler)

Umbau

KG	Kostengruppe	Menge Einheit	Kosten €	€/Einheit	%
350	**Decken/Horizontale Baukonstruktionen**	2.160,20 m² DEF	1.584.851	**733,66**	37,9
	• Abbrechen (Kosten: 10,3%) Abbruch von Stb-Decken (27m²), Kappendecke (12m²), Stahlunterzüge, IPE 200 (5St), Sichtprüfung Holzkonstruktion (1.796m), Deckenbalken (2m³), Teilabbruch Deckenbalken (22m) * OSB-Platten mit PVC-Belägen (819m²), OSB mit Nadelvlies (388m²), OSB-Schalung (99m²), Schüttung (844m²), Schalungsbretter (876m²), PVC (58m²), Nadelvlies (30m²), Bodenfliesen (136m²) * Deckenschalung, Schilfrohrmatten, Deckenputz (1.407m²), Fehlbodenschüttung, Holzschalung (425m²), Putz um Stahlträger, dreiseitig (148m), Vliestapeten (41m²); Entsorgung, Deponiegebühren	1.832,16 m² DEF	162.597	**88,75**	
	• Wiederherstellen (Kosten: 4,9%) Sichtprüfung Holzkonstruktion (1.796m), bestehende Stahlunterzüge entrosten, neu beschichten (64m²), Deckenbalken auswechseln, verstärken (98m), Wechselbalken neu verbinden (11St), Balkenköpfe erneuern (11St), * Deckenschalung ergänzen (67m²), einebnen mit Ausgleichsmasse (147m²), Granittreppe sandstrahlen (109m²) * Putze ausbessern, Silikatbeschichtung (107m²)	378,68 m² DEF	77.588	**204,89**	
	• Herstellen (Kosten: 84,8%) Stb-Decke, d=20cm (63m²), Stahlträger (22t), OSB-Schalung (1.056m²), Sichtprüfung Holzkonstruktion (1.796m), Deckenbalken (10m³) * Trockenestrich, GF-Platten (1.050m²), Mineralwolldämmung (476m²), PVC Designböden (1.203m²), Teppichböden (61m²), Bodenfliesen (43m²), Eingangsmatte (1St), Holz-Laufsteg (3m³), OSB-Belag (218m²) * abgehängte GK-Decken, teilw. gelocht (1.763m²), Mineralwolldämmung (1.394m²), Dispersionsbeschichtung (1.550m²), Akustikdeckensegel, (409m²) * Stahl-Treppenturm, Rampenanlage (20t), Gitterroststufen (44St), Geländerfüllungen (91m), Handläufe (102m)	1.212,61 m² DEF	1.344.666	**1.108,90**	
360	**Dächer**	773,22 m² DAF	242.230	**313,27**	5,8
	• Abbrechen (Kosten: 14,3%) Abbruch von Dreiecksfenstern (2m²), Dachausstiegsluke (1m²) * Biberschwanzdachdeckung (612m²), Metalldachdeckung (145m²), Dachrinnen (96m) * Schneefanggitter (27m), Storchennestkorb (1St); Entsorgung, Deponiegebühren	759,02 m² DAF	34.623	**45,62**	
	• Wiederherstellen (Kosten: 5,7%) Sichtprüfung bestehender Dachkonstruktion (541m), Wechselbalken einbauen, Blechformteile (6m), beschädigte Sparren lösen, Dachstuhlbauteile, neue Sparren abbinden (102m)	773,22 m² DAF	13.793	**17,84**	
	• Herstellen (Kosten: 80,0%) Dachluken einbauen, Dacheindeckung anarbeiten, Anschlussschienenset (2m²) * Dachschalung (612m²), Alu-Schindeldeckung (771m²), Bitumenabdichtung (147m²), Kehlausbildung (32m), Ortgang (11m), Dachknick (80m), Stehfalzleisten, Firstentlüfter (76m), Traufstreifen (96m), Dachrinnen (97m), Regenfallrohre (85m) * Schneestopper (1.550St), Schneefangsystem (83m)	773,22 m² DAF	193.814	**250,66**	
380	**Baukonstruktive Einbauten**	2.251,21 m² BGF	62.469	**27,75**	1,5
	• Herstellen (Kosten: 100,0%) Schrankwände (6St) * Türbeschriftungen (5St), Wandschilder (44St)	2.251,21 m² BGF	62.469	**27,75**	

KG	Kostengruppe	Menge Einheit	Kosten €	€/Einheit	%
390	**Sonst. Maßnahmen für Baukonstrukt.**	2.251,21 m²BGF	322.904	**143,44**	7,7
	• Herstellen (Kosten: 100,0%) Baustelleneinrichtungen (12St), Baustraße (37m³), Hochkran (1St), Bauzaun (81m), Baustrom (1St), Bauwasser (1St), WC-Kabine (1St) * Fassadengerüst (1.499m²), Treppenturm (1St) * Abstützkonstruktion für Gewölbekeller * Entsorgung von Bauschutt, Deponiegebühren * Schutzabdeckung (2.036m²), Notplanen für Dachflächen (612m²), Baureinigung des gesamten Gebäudes (9.718m²)	2.251,21 m²BGF	322.904	**143,44**	
400	**Bauwerk – Technische Anlagen**				**100,0**
410	**Abwasser-, Wasser-, Gasanlagen**	2.251,21 m²BGF	195.067	**86,65**	15,9
	• Abbrechen (Kosten: 0,9%) Abbruch von Abwasserleitungen (200m), Entlüftungsrohren (13St); Entsorgung, Deponiegebühren	2.251,21 m²BGF	1.811	**0,80**	
	• Herstellen (Kosten: 99,1%) PP-Rohre (368m), Dunstrohreinfassungen (8St), Pumpensumpf (1St), Tauchpumpe (1St) * Edelstahlrohre (439m), Wasserfilter, Druckminderer (1St), Freistromventile (14St), Außenarmatur (1St), Tiefspül-WCs (10St), Urinale (6St), Stützklappgriffe (2St), Waschtische (17St), Gipsfangbecken (1St), Doppelspüle (1St), Ausgussbecken (3St), Warmwasserspeicher (4St) * Montageelemente (12St)	2.251,21 m²BGF	193.256	**85,85**	
420	**Wärmeversorgungsanlagen**	2.251,21 m²BGF	231.344	**102,76**	18,8
	• Abbrechen (Kosten: 3,7%) Demontage von Heizkessel, Ausdehnungsgefäß (1St) * Rohrleitungen (572m), Heizungsverteileranlage (psch), Warmwasserbereiter (psch), Abbruch von Schornsteinen, dreiseitig verputzt (3m³), Schornsteinköpfen (3m³); Entsorgung, Deponiegebühren	2.251,21 m²BGF	8.651	**3,84**	
	• Wiederherstellen (Kosten: 0,2%) Wiederinbetriebnahme von Heizkesselanlage, Kundendienst (1St)	2.251,21 m²BGF	538	**0,24**	
	• Herstellen (Kosten: 96,0%) Gasbrenner (1St), Bedienmodul (1St), Sprührohrentgasung (1St), Umwälzpumpen (2St), Heizungsverteiler (1St), Membran-Ausdehnungsgefäß (1St), Schlammabscheider (1St), Wärmemengenzähler (2St), Durchflussregler (13St) * Stahlrohre (1.201m), Gewinderohre (68m), Verteilerschränke (13St), Brandschutzmanschetten (43St) * Ventilheizkörper (76m²), Thermostate (104St) * Kaminbekleidung (8m²), Kaminkopfabdeckung (1St), Kaminhut (1St), Rauchrohr (7m), Flexrohre (25m)	2.251,21 m²BGF	222.156	**98,68**	
430	**Raumlufttechnische Anlagen**	2.251,21 m²BGF	16.871	**7,49**	1,4
	• Herstellen (Kosten: 100,0%) Brandschutzkanal (1St), Wickelfalzrohre (15m), Rauchabzugsklappe (1St), Kleinraumventilatoren (12St), Intervallschalter, Verschlussklappen (8St)	2.251,21 m²BGF	16.871	**7,49**	
440	**Elektrische Anlagen**	2.251,21 m²BGF	450.985	**200,33**	36,7
	• Herstellen (Kosten: 100,0%) Wandlerschrank (1St), Verteilerschränke (11St), Brandschutzschalter (27St), Fehlerstromschutzschalter (38St), Leistungsschalter (1St), Abgangsfelder (1St), Leitungsschutzschalter (282St), Überspannungs-Ableiter (7St), FI-Schalter (24St), Schaltrelais (55St), Trennschalter (41St) * Kleinverteiler (7St), Mantelleitungen (16.580m), Erdkabel (100m), Schalter/Taster (101St), Steckdosen (280St), Mediensäulen (17St), Kabeltrassen (300m), Schutzkänale (536m), Isolierrohre (1.669m), Brandschotts (99St) * Lichtbänder (130St), Leuchten (104St), Downlights (49St), Sicherheitsleuchten (35St), Treppenbeleuchtung (17St), dezentrales Batteriesystem (1St), Rettungszeichenleuchten (14St) * Fundamenterder (10m), Fangstangen (7St), Ableitungen (319m)	2.251,21 m²BGF	450.985	**200,33**	

Kostenkennwerte für die Kostengruppen 300 der 2. und 3.Ebene DIN 276 (Übersicht)

KG	Kostengruppe	Menge Einheit	Kosten €	€/Einheit	% an 3+4
300	**Bauwerk – Baukonstruktionen**	**2.251,21 m² BGF**	**4.183.558,53**	**1.858,36**	**77,3**
310	**Baugrube / Erdbau**	**13,24 m³ BGI**	**2.568,43**	**193,99**	**< 0,1**
311	Herstellung	13,24 m³ BGI	2.568,43	193,99	< 0,1
312	Umschließung	–	–	–	–
313	Wasserhaltung	–	–	–	–
314	Vortrieb	–	–	–	–
319	Sonstiges zur KG 310	–	–	–	–
320	**Gründung, Unterbau**	**243,04 m² GRF**	**132.641,07**	**545,76**	**2,5**
321	Baugrundverbesserung	–	–	–	–
322	Flachgründungen und Bodenplatten	10,47 m²	49.940,09	4.769,83	0,9
323	Tiefgründungen	–	–	–	–
324	Gründungsbeläge	243,04 m²	71.593,09	294,57	1,3
325	Abdichtungen und Bekleidungen	35,25 m²	11.107,87	315,12	0,2
326	Dränagen	–	–	–	–
329	Sonstiges zur KG 320	–	–	–	–
330	**Außenwände/Vert. Baukonstrukt., außen**	**1.828,86 m² AWF**	**829.330,67**	**453,47**	**15,3**
331	Tragende Außenwände	5,41 m²	43.690,36	8.075,85	0,8
332	Nichttragende Außenwände	–	–	–	–
333	Außenstützen	–	–	–	–
334	Außenwandöffnungen	332,32 m²	351.834,17	1.058,72	6,5
335	Außenwandbekleidungen, außen	2.083,31 m²	234.060,90	112,35	4,3
336	Außenwandbekleidungen, innen	1.252,26 m²	128.488,14	102,61	2,4
337	Element. Außenwandkonstruktionen	–	–	–	–
338	Lichtschutz zur KG 330	85,40 m²	44.063,30	515,96	0,8
339	Sonstiges zur KG 330	1.828,86 m² AWF	27.193,80	14,87	0,5
340	**Innenwände/Vert. Baukonstrukt., innen**	**1.495,46 m² IWF**	**1.006.565,10**	**673,08**	**18,6**
341	Tragende Innenwände	291,59 m²	315.046,70	1.080,44	5,8
342	Nichttragende Innenwände	43,37 m²	54.695,86	1.261,14	1,0
343	Innenstützen	71,40 m	7.573,59	106,07	0,1
344	Innenwandöffnungen	162,62 m²	150.457,12	925,21	2,8
345	Innenwandbekleidungen	2.430,18 m²	341.779,54	140,64	6,3
346	Elementierte Innenwandkonstruktionen	138,78 m²	111.731,94	805,10	2,1
347	Lichtschutz zur KG 340	–	–	–	–
349	Sonstiges zur KG 340	1.495,46 m² IWF	25.280,37	16,90	0,5
350	**Decken/Horizontale Baukonstruktionen**	**2.160,20 m² DEF**	**1.584.850,96**	**733,66**	**29,3**
351	Deckenkonstruktionen	1.118,48 m²	321.629,36	287,56	5,9
352	Deckenöffnungen	–	–	–	–
353	Deckenbeläge	1.415,94 m²	403.865,38	285,23	7,5
354	Deckenbekleidungen	2.066,07 m²	487.800,46	236,10	9,0
355	Elementierte Deckenkonstruktionen	94,13 m²	371.555,74	3.947,26	6,9
359	Sonstiges zur KG 350	–	–	–	–
360	**Dächer**	**773,22 m² DAF**	**242.229,91**	**313,27**	**4,5**
361	Dachkonstruktionen	773,22 m²	13.792,71	17,84	0,3
362	Dachöffnungen	2,16 m²	4.075,38	1.886,75	< 0,1
363	Dachbeläge	771,06 m²	204.128,90	264,74	3,8
364	Dachbekleidungen	–	–	–	–
365	Elementierte Dachkonstruktionen	–	–	–	–
366	Lichtschutz zur KG 360	–	–	–	–
369	Sonstiges zur KG 360	773,22 m² DAF	20.232,90	26,17	0,4
370	**Infrastrukturanlagen**	**–**	**–**	**–**	**–**
380	**Baukonstruktive Einbauten**	**2.251,21 m² BGF**	**62.468,76**	**27,75**	**1,2**
390	**Sonst. Maßnahmen für Baukonstrukt.**	**2.251,21 m² BGF**	**322.903,66**	**143,44**	**6,0**

Kostenkennwerte für die Kostengruppen 400 der 2. und 3. Ebene DIN 276 (Übersicht)

KG	Kostengruppe	Menge Einheit	Kosten €	€/Einheit	% an 3+4
400	**Bauwerk – Technische Anlagen**	**2.251,21 m²BGF**	**1.227.557,25**	**545,29**	**22,7**
410	**Abwasser-, Wasser-, Gasanlagen**	**2.251,21 m²BGF**	**195.067,00**	**86,65**	**3,6**
411	Abwasseranlagen	2.251,21 m²BGF	72.147,61	32,05	1,3
412	Wasseranlagen	2.251,21 m²BGF	116.415,63	51,71	2,2
413	Gasanlagen	–	–	–	–
419	Sonstiges zur KG 410	2.251,21 m²BGF	6.503,75	2,89	0,1
420	**Wärmeversorgungsanlagen**	**2.251,21 m²BGF**	**231.343,93**	**102,76**	**4,3**
421	Wärmeerzeugungsanlagen	2.251,21 m²BGF	34.769,86	15,44	0,6
422	Wärmeverteilnetze	2.251,21 m²BGF	89.209,56	39,63	1,6
423	Raumheizflächen	2.251,21 m²BGF	90.786,30	40,33	1,7
424	Verkehrsheizflächen	–	–	–	–
429	Sonstiges zur KG 420	2.251,21 m²BGF	16.578,21	7,36	0,3
430	**Raumlufttechnische Anlagen**	**2.251,21 m²BGF**	**16.871,06**	**7,49**	**0,3**
431	Lüftungsanlagen	2.251,21 m²BGF	16.871,06	7,49	0,3
432	Teilklimaanlagen	–	–	–	–
433	Klimaanlagen	–	–	–	–
434	Kälteanlagen	–	–	–	–
439	Sonstiges zur KG 430	–	–	–	–
440	**Elektrische Anlagen**	**2.251,21 m²BGF**	**450.984,90**	**200,33**	**8,3**
441	Hoch- und Mittelspannungsanlagen	–	–	–	–
442	Eigenstromversorgungsanlagen	–	–	–	–
443	Niederspannungsschaltanlagen	2.251,21 m²BGF	52.726,50	23,42	1,0
444	Niederspannungsinstallationsanlagen	2.251,21 m²BGF	237.625,21	105,55	4,4
445	Beleuchtungsanlagen	2.251,21 m²BGF	153.380,92	68,13	2,8
446	Blitzschutz- und Erdungsanlagen	2.251,21 m²BGF	7.252,27	3,22	0,1
447	Fahrleitungssysteme	–	–	–	–
449	Sonstiges zur KG 440	–	–	–	–
450	**Kommunikationstechnische Anlagen**	**2.251,21 m²BGF**	**168.873,52**	**75,01**	**3,1**
451	Telekommunikationsanlagen	2.251,21 m²BGF	3.708,88	1,65	< 0,1
452	Such- und Signalanlagen	–	–	–	–
453	Zeitdienstanlagen	–	–	–	–
454	Elektroakustische Anlagen	2.251,21 m²BGF	17.785,08	7,90	0,3
455	Audiovisuelle Medien- u. Antennenanl.	2.251,21 m²BGF	4.703,04	2,09	< 0,1
456	Gefahrenmelde- und Alarmanlagen	2.251,21 m²BGF	101.558,42	45,11	1,9
457	Datenübertragungsnetze	2.251,21 m²BGF	41.118,12	18,26	0,8
458	Verkehrsbeeinflussungsanlagen	–	–	–	–
459	Sonstiges zur KG 450	–	–	–	–
460	**Förderanlagen**	**2.251,21 m²BGF**	**108.018,45**	**47,98**	**2,0**
461	Aufzugsanlagen	2.251,21 m²BGF	108.018,45	47,98	2,0
462	Fahrtreppen, Fahrsteige	–	–	–	–
463	Befahranlagen	–	–	–	–
464	Transportanlagen	–	–	–	–
465	Krananlagen	–	–	–	–
466	Hydraulikanlagen	–	–	–	–
469	Sonstiges zur KG 460	–	–	–	–
470	**Nutzungsspez. u. verfahrenstechn. Anl.**	**2.251,21 m²BGF**	**1.860,36**	**0,83**	**< 0,1**
480	**Gebäude- und Anlagenautomation**	**2.251,21 m²BGF**	**32.124,77**	**14,27**	**0,6**
490	**Sonst. Maßnahmen für techn. Anlagen**	**2.251,21 m²BGF**	**22.413,28**	**9,96**	**0,4**

4200-0037
Fachakademie
Berufsfachschule
(5 Klassen)
(200 Schüler)

Umbau

Kostenkennwerte für die Kostengruppen der 3. Ebene DIN 276

KG	Kostengruppe	Menge Einheit	Kosten €	€/Einheit	%
210	**Herrichten**				**100,0**
211	**Sicherungsmaßnahmen**	1.738,81 m² GF	43	**0,02**	100,0
	• Herstellen (Kosten: 100,0%) Baumschutz, Brettermantel, h=2,00m (1St)	1.738,81 m² GF	43	**0,02**	
310	**Baugrube / Erdbau**				**100,0**
311	**Herstellung**	13,24 m³ BGI	2.568	**193,99**	100,0
	• Herstellen (Kosten: 100,0%) Bodenaushub BK 3-5, t bis 1,50m, als Handaushub im Gebäudeinneren, entsorgen (11m³), Arbeitsraum verfüllen, verdichten (2m³)	13,24 m³ BGI	2.568	**193,99**	
320	**Gründung, Unterbau**				**100,0**
322	**Flachgründungen und Bodenplatten**	10,47 m²	49.940	**4.769,83**	37,7
	• Abbrechen (Kosten: 25,5%) Abbruch von Stb-Bodenplatte, im Gebäude (4m²), Stampfbeton-Bodenplatte (62m²), Betonschneidearbeiten, d=30cm (8m); Entsorgung, Deponiegebühren	65,30 m²	12.712	**194,67**	
	• Herstellen (Kosten: 74,5%) Fundamentaushub von Hand, lagern (111m³), entsorgen (25m³), verdichten (15m³), Stb-Streifenfundamente C35/45, gegen Erdreich betoniert, Bewehrung (11m³), Stb-Bodenplatte C25/30, d=30cm, WU, Schalung, Bewehrung (10m²), Fugenbleche, h=17cm (8m), Kernbohrungen (5St)	10,47 m²	37.228	**3.555,67**	
324	**Gründungsbeläge**	243,04 m²	71.593	**294,57**	54,0
	• Wiederherstellen (Kosten: 10,4%) Bodenbelag aus Solnhofer Marmor im Nassverfahren reinigen, Zementschleier entfernen, imprägnieren (psch), Fugen neu verfugen (10h), Treppenstufen neu verfugen (28hd)	29,00 m²	7.427	**256,10**	
	• Herstellen (Kosten: 89,6%) Haftgrundierung, TSD, Zementestrich, d=45-55mm (182m²), Grundierung, Abdichtung (67m²), Bodenfliesen 60x60cm (135m²), Dekorfliesen 120x60cm (15St), Fliesensockel, h=7cm (151m), PVC (69m²), Epoxid-Bodenversiegelung (10m²), Schuhabstreifermatte 50x75cm (1St), Solnhofer Sockelfliesen 60x7,5cm (40St)	214,04 m²	64.166	**299,79**	
325	**Abdichtungen und Bekleidungen**	35,25 m²	11.108	**315,12**	8,4
	• Abbrechen (Kosten: 4,3%) Abbruch von Kiesfilterschicht, d=25-50cm (4m²); Lagern	4,47 m²	482	**107,89**	
	• Herstellen (Kosten: 95,7%) Kiesfilterschicht 16/32mm, d=30cm, zwischen Fundamenten (6m²), Sauberkeitsschicht C12/15, d=10cm, im Gebäude (4m³), Schaumglasschotter (22m³)	35,25 m²	10.626	**301,43**	

KG	Kostengruppe	Menge Einheit	Kosten €	€/Einheit	%
330	**Außenwände/Vertikale Baukonstruktionen, außen**				**100,0**
331	**Tragende Außenwände**	5,41 m²	43.690	**8.075,85**	5,3
	• Abbrechen (Kosten: 5,4%)	12,98 m²	2.361	**181,88**	
	Abbruch von Mauerwerk für Fensteröffnungen, inkl. Putz, Fliesen, d bis 45cm (13m²), Mauerwerk schneiden, t bis 45cm (29m); Entsorgung, Deponiegebühren				
	• Wiederherstellen (Kosten: 10,2%)	–	4.444	**–**	
	Injektionsabdichtung gegen aufsteigende Feuchtigkeit (10m)				
	• Herstellen (Kosten: 84,4%)	5,41 m²	36.886	**6.818,03**	
	Stb-Grubenwände C25/30, WU, d=24cm, Schalung, Bewehrung (5m²), Auflagernischen für Stahlträger herstellen, aufstemmen, Auflagerpolster 80x50cm herstellen, HEB einbringen, wieder zumauern (24St)				
334	**Außenwandöffnungen**	332,32 m²	351.834	**1.058,72**	42,4
	• Abbrechen (Kosten: 7,1%)	262,29 m²	24.886	**94,88**	
	Abbruch von mehrteiligen Holzfenstern (250m²), Holztüren (12m²), Fensterbänken, Zink, b bis 48cm (155m), Laibungsputz außen, b bis 30cm (700m), Laibungsputz innen, b bis 7cm (604m); Entsorgung, Deponiegebühren				
	• Herstellen (Kosten: 92,9%)	332,32 m²	326.948	**983,84**	
	Kunststofffenster, Uw=1,10W/m²K, ein- bis zweiflüglig, Oberlichter mit Kippfenster (287m²), oval, Drehflügel (1m²), als Fluchttüren, DK, Oberlichter festverglast, Panikschlösser, OTS (16m²), Holz-Eingangstüren, zweiflüglig, Oberlicht festverglast, oben Segmentbogen (5m²), einflüglig (7m²), elektrischer Türöffner (1St), Schrägglattstrich in Fensterlaibungen, b=32-53cm, Fensterbänke, außen, verzinkt, b bis 53cm (135m), innen, b bis 40cm, Holz, Laminatbeschichtung (115m), b=40-60cm (41m), Aufmauern Fensterbrüstungen innen, h=5cm (152m)				
335	**Außenwandbekleidungen, außen**	2.083,31 m²	234.061	**112,35**	28,2
	• Abbrechen (Kosten: 7,1%)	225,11 m²	16.723	**74,29**	
	Abbruch von Gesimsabdeckungen, b bis 33cm (192m), Glattputz (225m²); Entsorgung, Deponiegebühren				
	• Wiederherstellen (Kosten: 20,9%)	586,77 m²	48.993	**83,50**	
	Außenwandflächen reinigen, auf Hohlstellen überprüfen (1.497m²), Natursteinmauerwerk reinigen (12m), Vertiefungen, Unebenheiten verspachteln, Renovierputz auftragen (167m²), Fungizidbehandlung (319m²), Laibungsputz ergänzen, an Putzflächen angleichen, b=7cm, schlagregendichten Anschluss herstellen (587m), Sanierschlämme (43m²)				
	• Herstellen (Kosten: 71,9%)	1.864,97 m²	168.345	**90,27**	
	Grundierung, Schlämmanstrich, Silikatbeschichtung (1.865m²), auf Laibungen (587m), auf Lisenen (704m), Edelputz, grob (80m²), Sockelputz (psch), Schrägglattstrich unter Gesimsen (192m), Gesimsabdeckungen, Zink, b=20-33cm (235m), Putz in Fensterlaibungen, schräg zulaufend, herstellen (188m), Briefkastenanlage (1St)				

KG	Kostengruppe	Menge Einheit	Kosten €	€/Einheit	%
336	**Außenwandbekleidungen, innen**	1.252,26 m²	128.488	**102,61**	15,5
	• Abbrechen (Kosten: 32,3%) Abbruch von Innenputz (1.047m²), Wandbekleidungen (70m²), Wandfliesen (57m²), in Laibungen (700m); Entsorgung, Deponiegebühren	1.173,77 m²	41.498	**35,35**	
	• Wiederherstellen (Kosten: 1,6%) Neu verputzte Wände stellenweise ausbessern (111m²), Wandflächen reinigen, ausbessern, grundieren (100m²)	210,51 m²	2.060	**9,78**	
	• Herstellen (Kosten: 66,1%) Spritzbewurf aus Sulfat-Haftgrund, Kalkgrundputz, Kalkfeinputz, armiert (849m²), auf Naturstein (21m²), Putz in Fensterlaibungen, schräg zulaufend, herstellen (188m), Dispersionsbeschichtung (843m²), in Laibungen (188m²), Wandfliesen 60x60cm (11m²)	1.041,75 m²	84.930	**81,53**	
338	**Lichtschutz zur KG 330**	85,40 m²	44.063	**515,96**	5,3
	• Herstellen (Kosten: 100,0%) Vorbautextilscreens (85m²), Motorantriebe (30St), Unterkonstruktion Vorhangschiene (153m)	85,40 m²	44.063	**515,96**	
339	**Sonstiges zur KG 330**	1.828,86 m² AWF	27.194	**14,87**	3,3
	• Wiederherstellen (Kosten: 54,8%) Fenstergitter abnehmen, abschleifen, entrosten, lackieren, wieder anbringen (56m²)	–	14.908	**–**	
	• Herstellen (Kosten: 45,2%) Treppengeländer, h=85cm, Flachstahl 80/15mm, senkrechte Füllstäbe, d=12mm, Stahlrundrohr-Handlauf, D=42mm (5m), Edelstahlrohr, D=30mm, Absturzsicherungen (2St)	2.197,29 m² AWF	12.286	**5,59**	
340	**Innenwände/Vertikale Baukonstruktionen, innen**				**100,0**
341	**Tragende Innenwände**	291,59 m²	315.047	**1.080,44**	31,3
	• Abbrechen (Kosten: 37,8%) Abbruch von Ziegelmauerwerk, Wandbekleidungen, d bis 25cm (307m²), d=30-40cm (229m²), d=60-80cm (43m²), Schneidearbeiten, t bis 80cm (92m), Beton-Fertigteilstürze (8St); Entsorgung, Deponiegebühren	579,04 m²	119.133	**205,74**	
	• Wiederherstellen (Kosten: 0,7%) Injektionsabdichtung gegen aufsteigende Feuchtigkeit (5m)	–	2.133	**–**	
	• Herstellen (Kosten: 61,5%) Aufzugsschachtwände, Verfüll-Planziegel, d=24cm, Verfüllung Beton C12/15, Bewehrung (100m²), Ringanker aus Ziegel-U-Schalung 24x24cm, C25/30, Bewehrung (61m), HLz-Wände, d=24cm (136m²), d=17,5cm (38m²), d=20-40cm (14m²), Auflagernischen für Stahlträger herstellen, aufstemmen, Auflagerpolster 80x50cm herstellen, HEB einbringen, wieder zumauern (24St), Türöffnungen herstellen, Stürze, d=24-40cm einbauen, MW abbrechen (32m²)	291,59 m²	193.781	**664,57**	

KG	Kostengruppe	Menge Einheit	Kosten €	€/Einheit	%
342	**Nichttragende Innenwände**	43,37 m²	54.696	**1.261,14**	5,4
	• Abbrechen (Kosten: 34,2%) Abbruch von Porenbetonwänden (148m²); Entsorgung, Deponiegebühren	147,57 m²	18.707	**126,77**	
	• Herstellen (Kosten: 65,8%) GK-Wände, d=11,5cm, doppelt beplankt (35m²), HLz-Wände, d=11,5cm (9m²), Abmauerung unter Treppe (psch), Ziegelstürze, d=11,5cm (31m), Quadratrohre (12m), Mineralwolldämmung, d=15mm (43m²), Brüstungsabdeckungen, b=36cm, Eiche (12m)	43,37 m²	35.988	**829,80**	
343	**Innenstützen**	71,40 m	7.574	**106,07**	0,8
	• Herstellen (Kosten: 100,0%) Granitpfeiler 26x30cm, dreiseitig stocken (71m)	71,40 m	7.574	**106,07**	
344	**Innenwandöffnungen**	162,62 m²	150.457	**925,21**	14,9
	• Abbrechen (Kosten: 3,3%) Abbruch von Innentüren, einflüglig (8m²), Stahlumfassungszargen (22St), Innenfenster (1m²), Holzlaibungen 1,13x2,10m (7St); Entsorgung, Deponiegebühren	9,81 m²	4.917	**501,25**	
	• Herstellen (Kosten: 96,7%) Alu-Innentür-Element, festverglaste Seitenteile, Oberlicht (9m²), als Rauchschutztüren, bis zu vier festverglaste Seitenteile (53m²), Holztüren, Röhrenspaneinlage, Umfassungszarge (22m²), mit Schallschutzklasse 2 (44m²), Stahlblechtüren T30, Stahlzargen (35m²), Obentürschließer (5St)	162,62 m²	145.540	**894,97**	
345	**Innenwandbekleidungen**	2.430,18 m²	341.780	**140,64**	34,0
	• Abbrechen (Kosten: 20,2%) Abbruch von Innenputz, d=30mm (2.100m²), in Laibungen (188m), Tapeten (212m²), Fliesen (166m²), Wandbekleidungen wie Fliesen, Styropor, Putz (139m²); Entsorgung, Deponiegebühren	2.617,00 m²	69.192	**26,44**	
	• Wiederherstellen (Kosten: 0,6%) Putze ausbessern, grundieren, Silikatbeschichtung (211m²), Natursteinmauerwerk, Bruchsteinmauerwerk reinigen, Risse schließen, grundieren (16m²)	226,72 m²	2.177	**9,60**	
	• Herstellen (Kosten: 79,1%) Spritzbewurf aus Sulfat-Haftgrund, Kalkgrundputz, Kalkfeinputz, armiert (2.633m²), Glasgewebe einkleben (208m²), an Treppenstufen (179m), GK-Vorsatzschale, doppelt beplankt (99m²), Brandschutzputz (11m²), Dispersionsbeschichtung (2.202m²), auf Laibungen (36m²), Wandfliesen (53m²), Kristallspiegel (12m²)	2.303,46 m²	270.410	**117,39**	
346	**Elementierte Innenwandkonstruktionen**	138,78 m²	111.732	**805,10**	11,1
	• Herstellen (Kosten: 100,0%) Systemtrennwände 5,80x3,03m, festverglaste Elemente, Türelement mit Oberlicht (70m²), WC-Trennwandanlagen, Oberfläche HPL, h=2,10m, 11 Türe (47m²), Schamwände (2St), mobile Trennwand, sechs Elemente 6,57x3,20m, elektrische Bedienung, Stahlrahmen, Oberfläche HPL (21m²)	138,78 m²	111.732	**805,10**	
349	**Sonstiges zur KG 340**	1.495,46 m² IWF	25.280	**16,90**	2,5
	• Abbrechen (Kosten: 2,3%) Abbruch von Handläufen (58m); Entsorgung, Deponiegebühren	2.044,92 m² IWF	577	**0,28**	
	• Herstellen (Kosten: 97,7%) Holz-Handlauf, Wandmontage (86m)	1.432,10 m² IWF	24.704	**17,25**	

KG	Kostengruppe	Menge Einheit	Kosten €	€/Einheit	%
350	**Decken/Horizontale Baukonstruktionen**				**100,0**
351	**Deckenkonstruktionen**	1.118,48 m²	321.629	**287,56**	20,3
	• Abbrechen (Kosten: 13,5%) Abbruch von Stb-Decken, d=25cm (27m²), Kappendecke/Gewölbeziegel (12m²), Stahlunterzügen, IPE 200, l=2,20m (5St), Deckenbalken (2m³), Teilabbruch Deckenbalken 22x26cm (22m); Entsorgung, Deponiegebühren	38,68 m²	43.422	**1.122,60**	
	• Wiederherstellen (Kosten: 14,6%) Stahlunterzüge entrosten, sandstrahlen, neu beschichten (64m²), Deckenbalken 22x26cm auswechseln (61m), verstärken durch Anlaschen (37m), Wechselbalken an Deckenbalken mit Vollgewindeschrauben neu verbinden (11St), Balkenköpfe 22x26cm erneuern, l=2,00m (11St), Sichtprüfung Holzkonstruktion (1.796m)	–	46.951	–	
	• Herstellen (Kosten: 71,9%) Stb-Decke C25/30, d=20cm, Schalung, Bewehrung (63m²), Stahlträger, HEB260-320 (22t), OSB-Schalung, d=22mm (1.056m²), Deckenbalken bis 22x26cm, Verbindungsmittel (10m³), Brandschutzbekleidung von Deckendurchbrüchen (7St)	1.118,48 m²	231.256	**206,76**	
353	**Deckenbeläge**	1.415,94 m²	403.865	**285,23**	25,5
	• Abbrechen (Kosten: 16,4%) Abbruch von OSB-Platten mit PVC-Belägen (819m²), OSB mit Nadelvlies (388m²), OSB-Schalung (99m²), Schüttung, d=10cm (844m²), Schalungsbretter, d=30mm (876m²), PVC-Belag (58m²), Nadelvlies (30m²), Bodenfliesen (136m²), Sockelfliesen (128m); Entsorgung, Deponiegebühren	1.531,65 m²	66.244	**43,25**	
	• Wiederherstellen (Kosten: 7,1%) Bodenschalung mit neuen Schalbrettern ergänzen (67m²), einebnen mit faserverstärkter Ausgleichsmasse (147m²), Risse in Estrich verfüllen (12m²), Granittreppen sandstrahlen (109m²), Unterböden angleichen (44m²)	378,68 m²	28.651	**75,66**	
	• Herstellen (Kosten: 76,5%) Grundierung, Trockenestrich, d=35mm, GF-Platten (1.050m²), Mineralwolldämmung WLG 032, d=120mm (476m²), OSB-Platten, d=21mm, b=84-165cm (156m²), PVC-Designböden (1.203m²), Teppichböden (61m²), Bodenfliesen (43m²), Holzsockel (475m), Installationssockel (206m), Teppichsockel (12m), Eingangsmatte 1,80x1,50m (1St), Laufsteg, Holzunterkonstruktion, OSB-Platten (62m²)	1.369,06 m²	308.970	**225,68**	

KG	Kostengruppe	Menge Einheit	Kosten €	€/Einheit	%
354	**Deckenbekleidungen**	2.066,07 m²	487.800	**236,10**	30,8
	• Abbrechen (Kosten: 10,9%) Abbruch von Deckenschalung, sägerau, d=30mm, Schilfrohrmatten, Deckenputz (1.407m²), Fehlbodenschüttung, Holzschalung, Schüttung, d=10cm (425m²), Putz um Stahlträger, dreiseitig bis 0,82m, Porenbeton, Rabitzputz (41m), dreiseitig bis 1,00m, Holzschalung, Schilfrohr, Putz (107m), Vliestapeten (41m²); Entsorgung, Deponiegebühren	1.832,16 m²	52.930	**28,89**	
	• Wiederherstellen (Kosten: 0,4%) Putz ausbessern, grundieren, Silikatbeschichtung (107m²)	106,55 m²	1.986	**18,64**	
	• Herstellen (Kosten: 88,7%) Abgehängte GK-Decken, zweilagig, 2x20mm, Mineralwolldämmung WLG 035, d=120mm (1.421m²), einlagig, 1x12,5mm (148m²), GK-Bekleidung (61m²), abgehängte Akustikdecken, gelocht (194m²), Deckenfries (221m), Mineralwolldämmung WLG 035, d=120mm, zwischen Deckenbalken (1.394m²), Dispersionsbeschichtung (1.550m²), eckige Akustikdeckensegel, Glaswolle, d=40mm, Seilabhängung (378m²), runde Akustikdeckensegel (31m²), Revisionsklappen (19St), F90-Bekleidung an Stahl-/Holzträger (77m²), Stahlblechplatten Beamerbefestigungen (27St)	1.959,52 m²	432.884	**220,91**	
355	**Elementierte Deckenkonstruktionen**	94,13 m²	371.556	**3.947,26**	23,4
	• Herstellen (Kosten: 100,0%) Stahl-Treppenturm 3,28x6,10m, h=11,60m, vier Läufe á 11 Stufen, fünf Quadratrohre als Eckständer 200x200mm, Flachstahlwangen, feuerverzinkt, Konstruktion Rampenanlage (20t), Beschichtung (1St), Gitterroststufen 125x27cm, Maschenweite 10/30mm (44St), Gitterrostbeläge Rampen (53m²), Geländerfüllungen, h=1,20m, Rundrohre, D=20mm (91m), Handlauf, D=42mm (102m), umlaufende Rundrohrstäbe, D=34mm, h=11,60m (1.408m), Gitterrostaustritte 122x20cm (3St)	94,13 m²	371.556	**3.947,26**	
360	**Dächer**				**100,0**
361	**Dachkonstruktionen**	773,22 m²	13.793	**17,84**	5,7
	• Wiederherstellen (Kosten: 100,0%) Sichtprüfung bestehender Dachkonstruktion (541m), Wechselbalken einbauen, Blechformteile (6m), beschädigte Sparren lösen, Dachstuhlbauteile, neuer Sparren 12x16cm abbinden (102m)	773,22 m²	13.793	**17,84**	
362	**Dachöffnungen**	2,16 m²	4.075	**1.886,75**	1,7
	• Abbrechen (Kosten: 7,6%) Abbruch von Dreiecksfenstern (2m²), Dachausstiegsluke (1m²); Entsorgung, Deponiegebühren	2,32 m²	309	**133,38**	
	• Herstellen (Kosten: 92,4%) Dachluken 60x60cm einbauen, Dacheindeckung anarbeiten, Anschlussschienensets (2m²)	2,16 m²	3.766	**1.743,49**	
363	**Dachbeläge**	771,06 m²	204.129	**264,74**	84,3
	• Abbrechen (Kosten: 16,4%) Abbruch von Biberschwanzdachdeckung, Dachlattung (612m²), Metalldachdeckung (145m²), Dachrinnen (96m); Entsorgung, Deponiegebühren	756,70 m²	33.572	**44,37**	
	• Herstellen (Kosten: 83,6%) Dampfsperre, Dachschalung, d=24mm (612m²), Alu-Schindeldeckung 42x24cm (771m²), Bitumenabdichtung (147m²), Kehlausbildung (32m), Ortgangstreifen (11m), Dachknick (80m), Stehfalzleisten, Firstentlüfter (76m), Traufstreifen, Einlaufblech (96m), Entlüftungshauben (4St), Entlüftungsschindeln (12St), Dachrinnen, Titanzink (97m), Regenfallrohre DN150 (85m)	771,06 m²	170.557	**221,20**	

4200-0037
Fachakademie
Berufsfachschule
(5 Klassen)
(200 Schüler)

Umbau

KG	Kostengruppe	Menge Einheit	Kosten €	€/Einheit	%
369	**Sonstiges zur KG 360**	773,22 m²DAF	20.233	**26,17**	8,4
	• Abbrechen (Kosten: 3,7%) Abbruch von Schneefanggitter (27m), Storchennestkorb (1St); Entsorgung, Deponiegebühren	759,02 m²DAF	742	**0,98**	
	• Herstellen (Kosten: 96,3%) Schneestopper für Dachschindeln (1.550St), Schneefangsystem (83m)	773,22 m²DAF	19.491	**25,21**	
380	**Baukonstruktive Einbauten**				**100,0**
381	**Allgemeine Einbauten**	2.251,21 m²BGF	58.379	**25,93**	93,5
	• Herstellen (Kosten: 100,0%) Schrankwände 5,08x2,33x0,57m (2St), mit Durchreiche (4St)	2.251,21 m²BGF	58.379	**25,93**	
386	**Orientierungs- und Informationssysteme**	2.251,21 m²BGF	4.090	**1,82**	6,5
	• Herstellen (Kosten: 100,0%) Türbeschriftungen (5St), Wandschilder (44St)	2.251,21 m²BGF	4.090	**1,82**	
390	**Sonstige Maßnahmen für Baukonstruktionen**				**100,0**
391	**Baustelleneinrichtung**	2.251,21 m²BGF	160.906	**71,48**	49,8
	• Herstellen (Kosten: 100,0%) Baustelleneinrichtungen, Hauptgewerk (2St), Nebengewerke (10St), Baustraße, Schotter (37m³), Hochkran (1St), Bauzaun (81m), Baustrom (1St), Baustellbeleuchtung (psch), Bauwasseranschluss (1St), WC-Kabine (1St), Bautür (1St), Baustellenschilder, Verkehrszeichen (13St), Sicherheitsbaken (6St)	2.251,21 m²BGF	160.906	**71,48**	
392	**Gerüste**	2.251,21 m²BGF	79.647	**35,38**	24,7
	• Herstellen (Kosten: 100,0%) Fassadengerüst, Lastklasse 3 (1.499m²), Gerüstverbreiterung (296m), Dachfanggerüst (103m), Schutzwand Dachfläche (166m), Überbrückung Durchfahrt (24m), Treppenturm, h bis 17m (1St), Gerüstschutznetze (849m²), Arbeitsgerüst, fahrbar (psch)	2.251,21 m²BGF	79.647	**35,38**	
393	**Sicherungsmaßnahmen**	2.251,21 m²BGF	1.329	**0,59**	0,4
	• Herstellen (Kosten: 100,0%) Abstützkonstruktion für Gewölbekeller 3,50x0,35m (10m)	2.251,21 m²BGF	1.329	**0,59**	
396	**Materialentsorgung**	2.251,21 m²BGF	22.719	**10,09**	7,0
	• Herstellen (Kosten: 100,0%) Entsorgung von Bauschutt (80m³), Porenbeton (24t), Restmüll (14m³), Holzbauteile (1m³), Bauabfälle DK 2 (93t); Deponiegebühren	2.251,21 m²BGF	22.719	**10,09**	
397	**Zusätzliche Maßnahmen**	2.251,21 m²BGF	58.302	**25,90**	18,1
	• Herstellen (Kosten: 100,0%) Schutzabdeckungen von Fenstern, Türen (711m²), Bodenflächen (1.325m²), Treppenbelägen (24m²), Notplanen für Dachflächen (612m²), Schutzwände (68m²), Absturzsicherungen (6St), Baureinigung des gesamten Gebäudes (9.718m²)	2.251,21 m²BGF	58.302	**25,90**	

KG	Kostengruppe	Menge Einheit	Kosten €	€/Einheit	%
410	**Abwasser-, Wasser-, Gasanlagen**				**100,0**
411	**Abwasseranlagen**	2.251,21 m²BGF	72.148	**32,05**	37,0
	• Abbrechen (Kosten: 2,5%) Abbruch von Abwasserleitungen DN40-150 (200m), Entlüftungsrohren (13St); Entsorgung, Deponiegebühren	2.251,21 m²BGF	1.811	**0,80**	
	• Herstellen (Kosten: 97,5%) PP-Rohre DN50-100, Formstücke, Rohrdämmung (368m), Dunstrohreinfassungen (8St), Edelstahl-Pumpensumpf 30x30x60cm (1St), Tauchpumpe (1St)	2.251,21 m²BGF	70.337	**31,24**	
412	**Wasseranlagen**	2.251,21 m²BGF	116.416	**51,71**	59,7
	• Herstellen (Kosten: 100,0%) Edelstahlrohre DN15-42, Formstücke, Rohrdämmung (439m), Wasserfilter, Druckminderer (1St), Freistromventile (14St), Außenarmatur (1St), Tiefspül-WCs, WC-Sitze, Betätigungsplatten (10St), WC-Steuerung (1St), Urinale (6St), Stützklappgriffe (2St), Waschtische (6St), barrierefrei (1St), Schulwaschbecken (10St), Gipsfangbecken (1St), Doppelspüle (1St), Spültischarmaturen (6St), Selbstschluss-Standhähne (17St), Ausgussbecken (3St), Warmwasserspeicher 50l (3St), 15l (1St)	2.251,21 m²BGF	116.416	**51,71**	
419	**Sonstiges zur KG 410**	2.251,21 m²BGF	6.504	**2,89**	3,3
	• Herstellen (Kosten: 100,0%) Montageelemente für WCs (10St), Waschtisch (1St), Griff-Haltesystem (1St)	2.251,21 m²BGF	6.504	**2,89**	
420	**Wärmeversorgungsanlagen**				**100,0**
421	**Wärmeerzeugungsanlagen**	2.251,21 m²BGF	34.770	**15,44**	15,0
	• Abbrechen (Kosten: 1,0%) Demontage von Heizkessel, Ausdehnungsgefäß (1St); Entsorgung, Deponiegebühren	2.251,21 m²BGF	355	**0,16**	
	• Wiederherstellen (Kosten: 1,5%) Wiederinbetriebnahme von Heizkesselanlage, Kundendienst (1St)	2.251,21 m²BGF	538	**0,24**	
	• Herstellen (Kosten: 97,4%) Gasbrenner erneuert, Inbetriebnahme (1St), Bedienmodul (1St), Sprührohrentgasung (1St), Umwälzpumpen (2St), Heizungsverteiler (1St), Membran-Ausdehnungsgefäß 300l (1St), Entleerungsrinne (1St), Nachspeisearmatur (1St), Schmutz- und Schlammabscheider (1St), Schnellentlüfter (15St), Wärmemengenzähler (2St), Durchflussregler (13St), Absperrklappen (8St), Kugelhähne (29St), Entleerungshähne (22St), Kappenventil (1St), Stellantriebe (13St)	2.251,21 m²BGF	33.877	**15,05**	
422	**Wärmeverteilnetze**	2.251,21 m²BGF	89.210	**39,63**	38,6
	• Abbrechen (Kosten: 3,7%) Demontage von Rohrleitungen DN15-65, Formstücke, Rohrdämmung (572m), Heizungsverteileranlage (psch), Warmwasserbereiter (psch); Entsorgung, Deponiegebühren	2.251,21 m²BGF	3.267	**1,45**	
	• Herstellen (Kosten: 96,3%) Stahlrohre DN15-50, Formstücke, Rohrdämmung (1.201m), Gewinderohre DN50-65 (68m), Verteilerschränke (13St), Brandschutzmanschetten (43St)	2.251,21 m²BGF	85.943	**38,18**	

4200-0037
Fachakademie
Berufsfachschule
(5 Klassen)
(200 Schüler)

Umbau

KG	Kostengruppe	Menge Einheit	Kosten €	€/Einheit	%
423	**Raumheizflächen**	2.251,21 m²BGF	90.786	**40,33**	39,2
	• Herstellen (Kosten: 100,0%) Ventilheizkörper, Typ 21-33 (76m²), Thermostate (104St), Kugel-Absperrventile (104St), Rücklaufverschraubungen (24St)	2.251,21 m²BGF	90.786	**40,33**	
429	**Sonstiges zur KG 420**	2.251,21 m²BGF	16.578	**7,36**	7,2
	• Abbrechen (Kosten: 30,3%) Abbruch von Schornsteinmauerwerk, Schornsteinköpfen (6m³), Blechbekleidung (psch), Entlüftungsrohre (7St); Entsorgung, Deponiegebühren	2.251,21 m²BGF	5.029	**2,23**	
	• Herstellen (Kosten: 69,7%) Kaminbekleidung 2,38x0,58m (8m²), Kaminkopfabdeckung (1St), Kaminhut (1St), Rauchrohr DN200, Formstücke (7m), Feuerungsanschluss (1St), Flexrohre DN150 (25m), Prüföffnungen (2St), Kondensatschale (1St)	2.251,21 m²BGF	11.549	**5,13**	
430	**Raumlufttechnische Anlagen**				**100,0**
431	**Lüftungsanlagen**	2.251,21 m²BGF	16.871	**7,49**	100,0
	• Herstellen (Kosten: 100,0%) Brandschutzkanal mit Verstärkung F 90A (1St), Wickelfalzrohre DN100, Formstücke (15m), Rauchabzugsklappe (1St), Kleinraumventilatoren DN100 (12St), Intervallschalter, Verschlussklappen (8St)	2.251,21 m²BGF	16.871	**7,49**	
440	**Elektrische Anlagen**				**100,0**
443	**Niederspannungsschaltanlagen**	2.251,21 m²BGF	52.726	**23,42**	11,7
	• Herstellen (Kosten: 100,0%) Wandlerschrank bis 160A, bestückt, 140x80x27cm (1St), Standverteiler 80x200x30cm (1St), Wandverteiler (10St), Brandschutzschalter (27St), Fehlerstromschutzschalter (38St), Isolierstoffverteiler (2St), Leistungsschalter (1St), Abgangsfelder (1St), Kombi-Ableiter (1St), Leitungsschutzschalter (282St), Wechselstromschütze (7St), Hauptschalter (1St), Überspannungs-Ableiter (7St), FI-Schalter (24St), Schaltrelais (55St), Sicherungslasttrennleisten (10St), Sicherungstrennschalter (41St)	2.251,21 m²BGF	52.726	**23,42**	
444	**Niederspannungsinstallationsanlagen**	2.251,21 m²BGF	237.625	**105,55**	52,7
	• Herstellen (Kosten: 100,0%) Kleinverteiler (7St), Mantelleitungen (16.580m), Erdkabel (100m), Schalter/Taster (76St), Steckdosen (280St), Bewegungsmelder (25St), Herdanschlussdosen (5St), Mediensäulen (17St), Bodenkassette (1St), Kabeltrassen (300m), Kabelrinnen (478m), Kabelkanal (16m), Isolierrohre (1.669m), Geräteeinbaukanal (42m), Brandschotts (99St), Kabelsammelhalterungen (370St)	2.251,21 m²BGF	237.625	**105,55**	
445	**Beleuchtungsanlagen**	2.251,21 m²BGF	153.381	**68,13**	34,0
	• Herstellen (Kosten: 100,0%) Lichtbandsystem, Leuchteneinsätze, l=148cm (130St), flache Pendelleuchten (20St), als Anbauleuchten (28St), Hängeleuchten (30St), Feuchtraumleuchten (26St), LED-Einbaudownlights (49St), Sicherheitsleuchten (35St), LED-Außenwandleuchte (1St), Treppenbeleuchtungen (17St), dezentrales Batteriesystem (1St), Rettungszeichenleuchten (14St), Akku-Handleuchte (1St)	2.251,21 m²BGF	153.381	**68,13**	
446	**Blitzschutz- und Erdungsanlagen**	2.251,21 m²BGF	7.252	**3,22**	1,6
	• Herstellen (Kosten: 100,0%) Fundamenterder, D=10mm (10m), Fangstangen, l=1,00m (6St), l=3,50m (1St), Ableitungen, Alu, D=8mm (319m), Mantelleitungen NYM-J (50m)	2.251,21 m²BGF	7.252	**3,22**	

KG	Kostengruppe	Menge Einheit	Kosten €	€/Einheit	%
450	**Kommunikations-, sicherheits- und informationstechnische Anlagen**				**100,0**
451	**Telekommunikationsanlagen**	2.251,21 m2BGF	3.709	**1,65**	2,2
	• Herstellen (Kosten: 100,0%) Verteilerkasten (2St), Fernmeldekabel J-Y(ST)Y (1.368m)	2.251,21 m2BGF	3.709	**1,65**	
454	**Elektroakustische Anlagen**	2.251,21 m2BGF	17.785	**7,90**	10,5
	• Herstellen (Kosten: 100,0%) 19"-Schrank, 18HE (1St), Lautsprecher (54St), Kompakt-Verstärker (1St), Hauptuhr (1St), Nebenuhr (1St), Digitale-Mikrofon-Sprechstelle (1St), Lüftungsfeld, Blindplatte (1St), Funkempfänger DCF77 (1St), CD-MP3-Abspielgerät (1St), Digital-Textmodul (1St)	2.251,21 m2BGF	17.785	**7,90**	
455	**Audiovisuelle Medien- u. Antennenanl.**	2.251,21 m2BGF	4.703	**2,09**	2,8
	• Herstellen (Kosten: 100,0%) HDMI-Anschlussdosen (17St), Verkabelung Beamer (18St)	2.251,21 m2BGF	4.703	**2,09**	
456	**Gefahrenmelde- und Alarmanlagen**	2.251,21 m2BGF	101.558	**45,11**	60,1
	• Herstellen (Kosten: 100,0%) Brandmeldezentrale (1St), Bedien- und Informationseinheit (1St), Multisensormelder (77St), Ringlinien-Module (5St), Akkus (2St), Standardmeldesockel (80St), Handmelder (20St), Brandfallsteuerkoppler (1St), FSD, FSE (1St), Feuerwehrlaufkarten (29St), ISDN-Übertragungsgerät (1St), Überspannungsschutz-Module (6St), WC-Notrufset (1St), Rufmodul (1St), digitale Schließanlage, Doppelknaufzylinder (46St), Transponder (80St), Feuerwehrtransponder (1St), Programmiergerät (1St), Software (1St)	2.251,21 m2BGF	101.558	**45,11**	
457	**Datenübertragungsnetze**	2.251,21 m2BGF	41.118	**18,26**	24,3
	• Herstellen (Kosten: 100,0%) LAN-Verteilerschrank, 42 HE (1St), Datenkabel S/STP (5.781m), Schwachstromanschlussdosen (79St), USB-Anschlussdosen (17St), UAE-Anschlussdosen (17St), Patch-Panel Cat3 (1St), Verteilerfeld Cat6 (8St)	2.251,21 m2BGF	41.118	**18,26**	
460	**Förderanlagen**				**100,0**
461	**Aufzugsanlagen**	2.251,21 m2BGF	108.018	**47,98**	100,0
	• Herstellen (Kosten: 100,0%) Personenaufzug, Tragkraft 630kg, Förderhöhe 11,27m, vier Haltestellen (1St), RWA-Lamellenfenster (1St), Portaleinfassungen, Edelstahl (4St)	2.251,21 m2BGF	108.018	**47,98**	
470	**Nutzungsspezifische und verfahrenstechnische Anlagen**				**100,0**
474	**Feuerlöschanlagen**	2.251,21 m2BGF	1.860	**0,83**	100,0
	• Herstellen (Kosten: 100,0%) Kohlendioxidfeuerlöscher (1St), Schaumfeuerlöscher (9St)	2.251,21 m2BGF	1.860	**0,83**	
480	**Gebäude- und Anlagenautomation**				**100,0**
481	**Automationseinrichtungen**	2.251,21 m2BGF	24.928	**11,07**	77,6
	• Herstellen (Kosten: 100,0%) Zentrale Automationsstation, Bediengerät (1St), Schaltaktoren, 6-fach (6St), Stellantriebe (16St), Parametrierung, Sonnenschutzsteuerung (psch), Erweiterungsmodule (4St), Wetterstation (1St), Schiebemast 2,50m (1St), Miniserver (1St), Schaltnetzteil (1St)	2.251,21 m2BGF	24.928	**11,07**	

4200-0037
Fachakademie
Berufsfachschule
(5 Klassen)
(200 Schüler)

Umbau

LB	Leistungsbereiche	Kosten €	€/m² BGF	€/m³ BRI	% an 3+4
040	Wärmeversorgungsanl. - Betriebseinr. inkl. 041	213.319	94,80	24,80	3,9
	Wiederherstellen	538	0,24	0,06	< 0,1
	Herstellen	212.781	94,50	24,70	3,9
042	Gas- u. Wasseranl. - Leitung., Armat. inkl. 043	71.974	32,00	8,40	1,3
044	Abwasseranl. - Leitungen, Abläufe, Armaturen	37.461	16,60	4,40	0,7
045	Gas, Wasser, Entwässerung - Ausstattung inkl. 046	54.641	24,30	6,30	1,0
047	Dämm- und Brandschutzarb. an techn. Anlagen	52.077	23,10	6,00	1,0
049	Feuerlöschanlagen, Feuerlöschgeräte	1.860	0,83	0,22	< 0,1
050	Blitzschutz-/Erdungsanlagen, Überspannungssch.	7.252	3,20	0,84	0,1
053	Niederspannungsanl. - Kabel inkl. 052, 054	301.467	133,90	35,00	5,6
055	Sicherheits- u. Ersatzstromversorgungsanl.	–	–	–	–
057	Gebäudesystemtechnik	–	–	–	–
058	Leuchten und Lampen inkl. 059	147.897	65,70	17,20	2,7
060	Such, Signal, Zeit, Anten., akust. Anl. inkl. 064	17.785	7,90	2,10	0,3
061	Kommunikations- u. Übertragungsnetze inkl. 063	81.835	36,40	9,50	1,5
069	Aufzüge	108.018	48,00	12,50	2,0
070	Gebäudeautomation	32.125	14,30	3,70	0,6
075	Raumlufttechnische Anlagen inkl. 078	15.265	6,80	1,80	0,3
	Gebäudetechnik	**1.142.975**	**507,70**	**132,70**	**21,1**
	Wiederherstellen	538	0,24	0,06	< 0,1
	Herstellen	1.142.438	507,50	132,70	21,1
084	Abbruch, Rückbau, Schadstoffsanierung	522.298	232,00	60,70	9,7
	Abbrechen	522.298	232,00	60,70	9,7
	Abbrucharbeiten	**522.298**	**232,00**	**60,70**	**9,7**
	Abbrechen	522.298	232,00	60,70	9,7
	Sonstige Leistungsbereiche	**44.817**	**19,90**	**5,20**	**0,8**

Wohngebäude

6

6100-1693
Einfamilienhaus

Kostenkennwerte für die Kosten des Bauwerks (Kostengruppen 300+400 nach DIN 276)

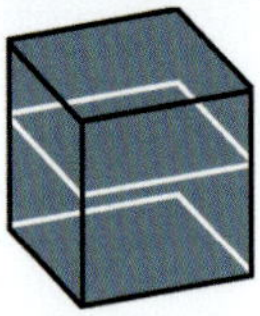

BRI 556€/m^3

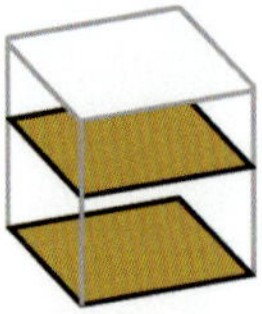

BGF 1.530€/m^2

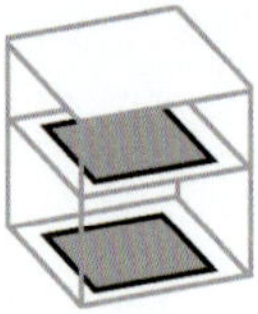

NUF 1.999€/m^2

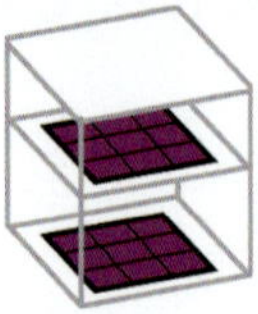

NE 2.518€/NE

NE: Wohnfläche

Erweiterung

Objekt:
Kennwerte: 1.Ebene DIN 276
BRI: 757m^3
BGF: 275m^2
NUF: 211m^2
Bauzeit: 52 Wochen
Bauende: 2020
Standard: mittel
Bundesland: Saarland
Kreis: Saarbrücken, Regionalverband

Architekt*in:
UIU STUDIO
ARCHITEKTUR
Hohenzollernstraße 30
66117 Saarbrücken

Bauherr*in:
Dr. Eva Bill
Zeppelinstraße 91
66117 Saarbrücken

Ansicht West

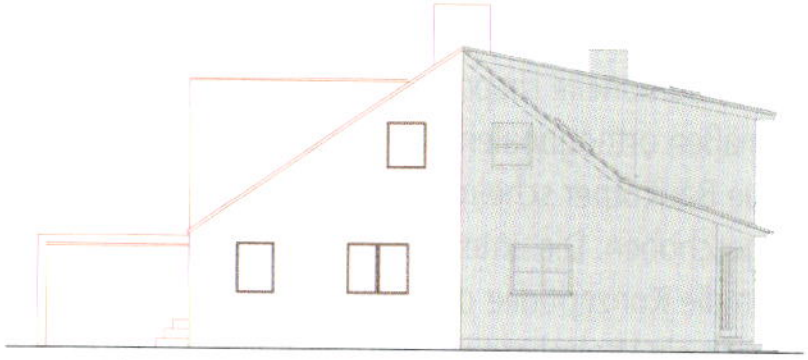

Ansicht Süd

Erdgeschoss

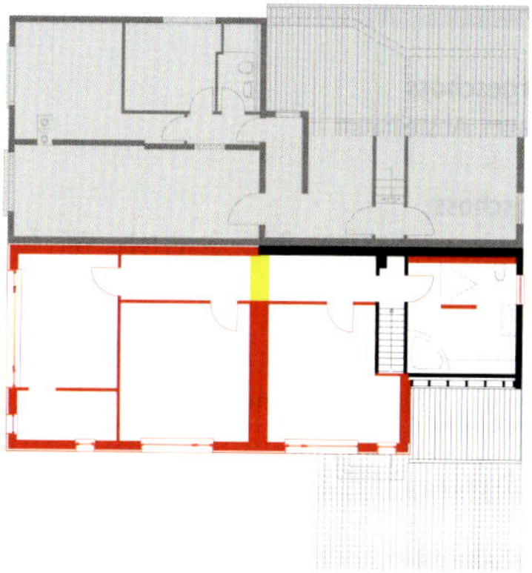

Obergeschoss

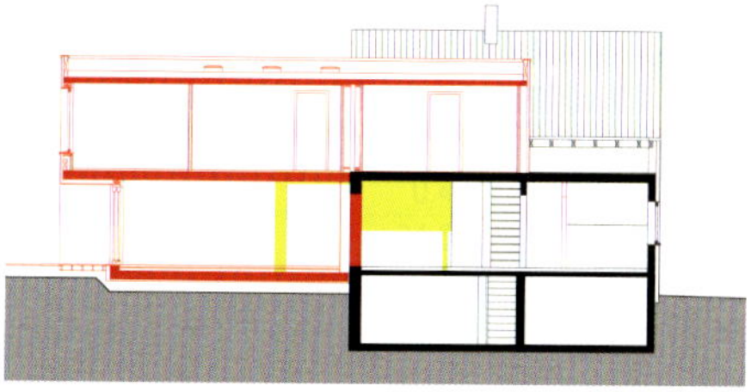

Schnitt A-A

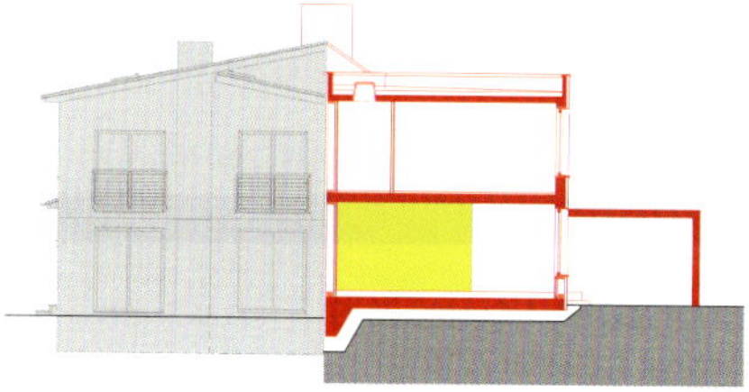

Schnitt B-B

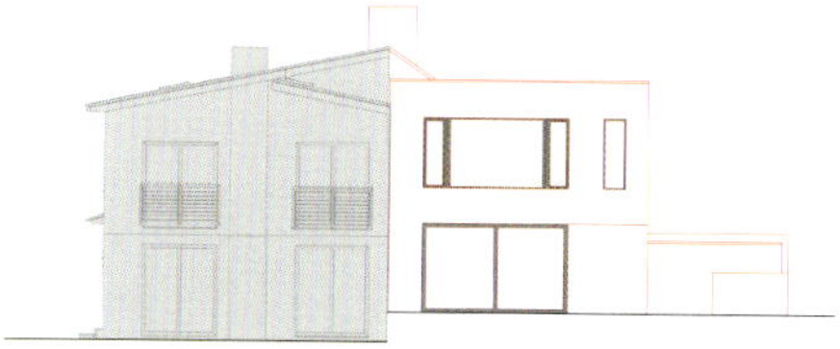

Ansicht Nord

Planungskennwerte für Flächen und Rauminhalte nach DIN 277

Flächen des Grundstücks		Menge Einheit	% an GF
BF	Bebaute Fläche	162,83 m²	23,3
UF	Unbebaute Fläche	537,17 m²	76,7
GF	Grundstücksfläche	700,00 m²	100,0

Erweiterung

Grundflächen des Bauwerks		Menge Einheit	% an NUF	% an BGF
NUF	Nutzungsfläche	210,58 m²	100,0	76,5
TF	Technikfläche	1,00 m²	0,5	0,4
VF	Verkehrsfläche	19,60 m²	9,3	7,1
NRF	Netto-Raumfläche	231,18 m²	109,8	84,0
KGF	Konstruktions-Grundfläche	43,96 m²	20,9	16,0
BGF	Brutto-Grundfläche	275,14 m²	130,7	100,0

Brutto-Rauminhalt des Bauwerks		Menge Einheit	BRI/NUF (m)	BRI/BGF (m)
BRI	Brutto-Rauminhalt	756,57 m³	3,59	2,75

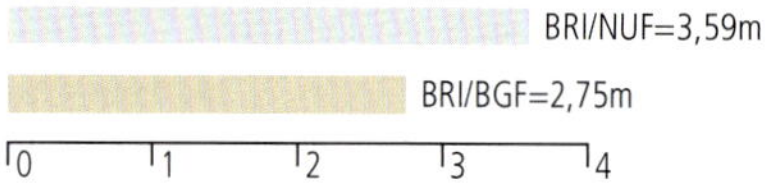

Kostenkennwerte für die Kostengruppen der 1.Ebene DIN 276

KG	Kostengruppen (1.Ebene)	Einheit	Kosten €	€/Einheit	€/m² BGF	€/m³ BRI	% 300+400
100	Grundstück	m² GF	–	–	–	–	–
200	Vorbereitende Maßnahmen	m² GF	–	–	–	–	–
300	Bauwerk – Baukonstruktionen	m² BGF	361.778	1.314,89	1.314,89	478,18	85,9
400	Bauwerk – Technische Anlagen	m² BGF	59.176	215,08	215,08	78,22	14,1
	Bauwerk 300+400	**m² BGF**	**420.955**	**1.529,96**	**1.529,96**	**556,40**	**100,0**
500	Außenanlagen und Freiflächen	m² AF	–	–	–	–	–
600	Ausstattung und Kunstwerke	m² BGF	–	–	–	–	–
700	Baunebenkosten	m² BGF	–	–	–	–	–
800	Finanzierung	m² BGF	–	–	–	–	–

KG	Kostengruppe	Menge Einheit	Kosten €	€/Einheit	%
3+4	**Bauwerk**				**100,0**
300	**Bauwerk – Baukonstruktionen**	275,14 m² BGF	361.778	**1.314,89**	85,9

- Abbrechen
  Abbruch von Bestandsanbau, Außenwänden, Fensteröffnungen, Garage; Innenwände, Innentüren; Deckenbalken, Bodenbelägen, Dachfläche für Anbau, Sparrendach; Entsorgung, Deponiegebühren

- Wiederherstellen
  Instandsetzen alter Deckenbalken

- Herstellen
  Baugrubenaushub; Baugrundverbesserung, Stb-Fundamente, Stb-Bodenplatte, Dämmung, Heizestrich, Parkett, Bodenfliesen, Kiesfilterschicht, Perimeterdämmung, Dränage; Holzrahmenwände, Kunststofffenster, Dreifachverglasung, Außenputz Bestand, Wärmedämmung, hinterlüftete Lärchenholzfassade, Beschichtung, Außenwandputz, Beschichtung, Alu-Sonnenschutzlamellen; GK-Wände, Wandputz, Wandfliesen, Beschichtung; Holz-Brettstapeldecken, Dämmung, Heizestrich, Parkett, Bodenfliesen, Beschichtung; Holz-Brettstapeldach, Oberlichter, Dämmung, Dachziegel, Abdichtung, Attika, Kies, Dachentwässerung, GK-Bekleidung, Eingangsüberdachung

KG	Kostengruppe	Menge Einheit	Kosten €	€/Einheit	%
400	**Bauwerk – Technische Anlagen**	275,14 m² BGF	59.176	**215,08**	14,1

- Abbrechen
  Abbruch von Ver- und Entsorgungsleitungen, Sanitärobjekten; Heizkörpern; Elektroinstallationen; Entsorgung, Deponiegebühren

- Herstellen
  Gebäudeentwässerung, Kalt- und Warmwasserleitungen, Sanitärobjekte; Solaranlage (5m²), Plattenheizkörper, Fußbodenheizung; Elektroinstallation, Beleuchtung; Fernseh- und Antennenanlagen, Rauchmelder

6100-1731
Einfamilienhaus

Erweiterung

Kostenkennwerte für die Kosten des Bauwerks (Kostengruppen 300+400 nach DIN 276)

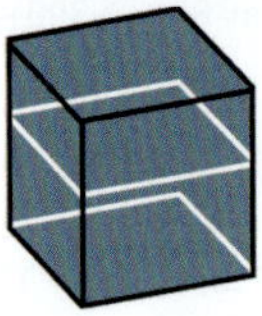

BRI 1.536 €/m^3

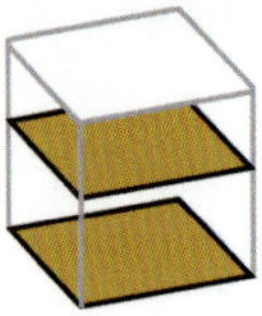

BGF 4.995 €/m^2

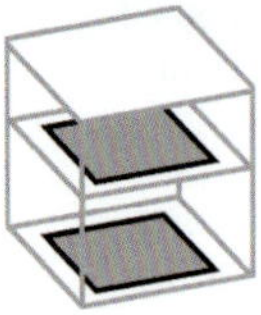

NUF 5.788 €/m^2

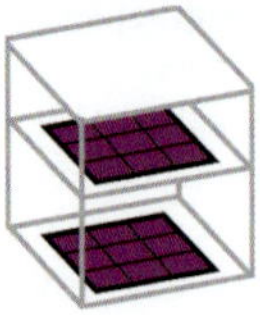

NE 5.206 €/NE

NE: Wohnfläche

Objekt:
Kennwerte: 1.Ebene DIN 276
BRI: 122 m^3
BGF: 38 m^2
NUF: 32 m^2
Bauzeit: 35 Wochen
Bauende: 2023
Standard: hoch
Bundesland: Nordrhein-Westfalen
Kreis: Köln, Stadt

Architekt*in:
nagy-architektur
Werderstraße 5
50672 Köln

Bauherr*in:
Dr. Anna Frontzek
Rodenkirchener Straße 95
50997 Köln

Ansicht Eingang

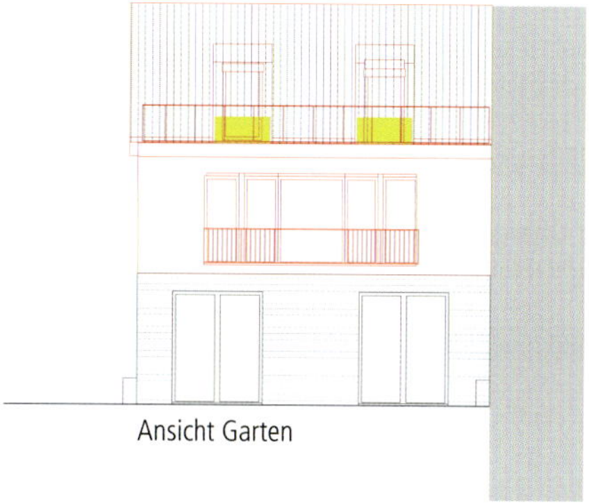

Ansicht Garten

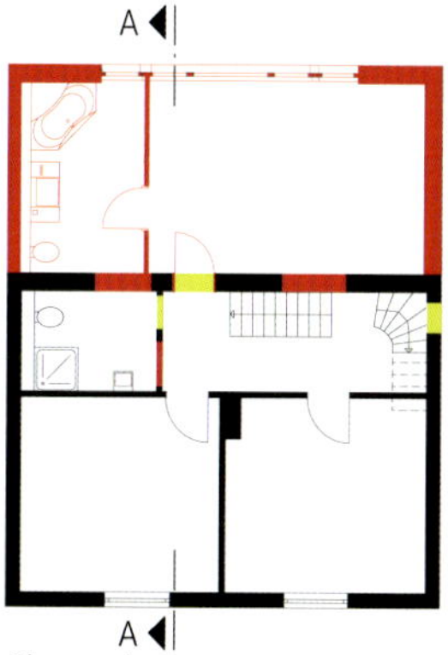

Obergeschoss

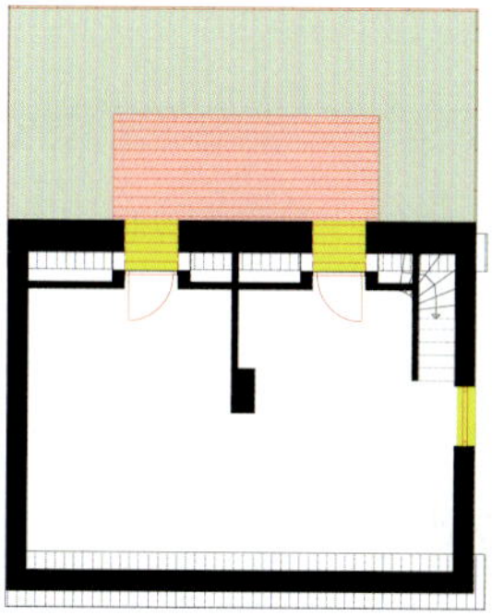

Dachgeschoss

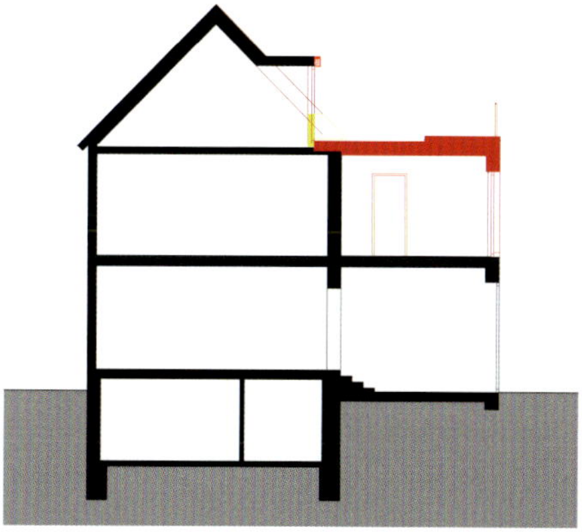

Schnitt A-A

Erweiterung

Objektbeschreibung

Allgemeine Objektinformationen

Auf ein bestehendes Erdgeschoss ist in Holzbauweise ein Schlafzimmer und ein Bad errichtet worden.

Nutzung

1 Obergeschoss
Schlafzimmer, Bad

Nutzeinheiten

Wohnfläche: 36 m^2

Grundstück

Bauraum: Beengter Bauraum
Neigung: Ebenes Gelände
Bodenklasse: BK 1 bis BK 3

Markt

Hauptvergabezeit: 3. Quartal 2022
Baubeginn: 3. Quartal 2022
Bauende: 2. Quartal 2023
Konjunkturelle Gesamtlage: über Durchschnitt
Regionaler Baumarkt: über Durchschnitt

Baubestand

Baujahr: 1930
Bauzustand: mittel
Aufwand: mittel
Grundrissänderungen: wenige
Tragwerkseingriffe: einige
Nutzungsänderung: nein
Nutzung während der Bauzeit: ja

Baukonstruktion

Auf das bestehende Stahlbetonflachdach wurde ein Geschoss in Holzbauweise aufgestockt. Die Außenwände in Holzrahmenkonstruktion sind zum Garten mit großen dreifachverglasten bodentiefen Kunststofffenstern versehen. Die Fassade ist mit Weichfaserplatten gedämmt und aus einer Kombination von Holzlattung und WDVS realisiert. Die Böden wurden mit Parkett und Bodenfliesen belegt. Das Flachdach ist mit sichtbaren, weiß beschichteten Holzsparren erstellt. Auf der Abdichtung ist das Dach teilweise extensive begrünt und im Bereich der Dachterrasse mit Terrassendielen belegt. Am Dachrand sind Geländern zur Absturzsicherung montiert.

Technische Anlagen

Beheizt werden die beiden neuen Räume über den bestehenden Brennwertkessel. Die Erweiterung des Sanitärbereiches ist an das bestehende Leitungsnetz angeschlossen.

Planungskennwerte für Flächen und Rauminhalte nach DIN 277

Flächen des Grundstücks		Menge Einheit	% an GF
BF	Bebaute Fläche	–	–
UF	Unbebaute Fläche	–	–
GF	Grundstücksfläche	–	–

Grundflächen des Bauwerks		Menge Einheit	% an NUF	% an BGF
NUF	Nutzungsfläche	32,38 m²	100,0	86,3
TF	Technikfläche	–	–	–
VF	Verkehrsfläche	–	–	–
NRF	Netto-Raumfläche	32,38 m²	100,0	86,3
KGF	Konstruktions-Grundfläche	5,14 m²	15,9	13,7
BGF	Brutto-Grundfläche	37,52 m²	115,9	100,0

Brutto-Rauminhalt des Bauwerks		Menge Einheit	BRI/NUF (m)	BRI/BGF (m)
BRI	Brutto-Rauminhalt	122,00 m³	3,77	3,25

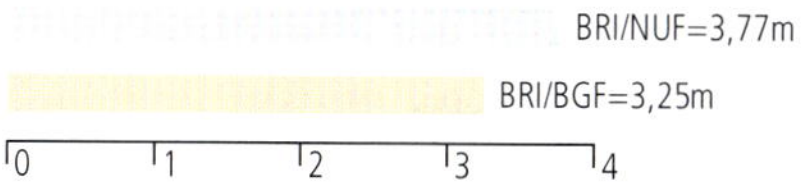

6100-1746
Einfamilienhaus
Aufstockung
Büro

Erweiterung

Kostenkennwerte für die Kosten des Bauwerks (Kostengruppen 300+400 nach DIN 276)

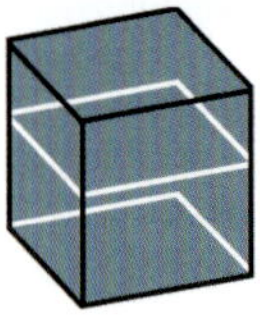

BRI 836 €/m³

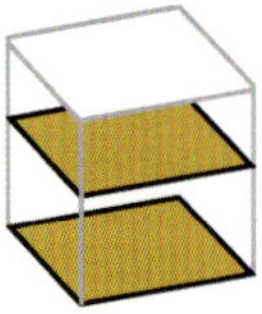

BGF 2.537 €/m²

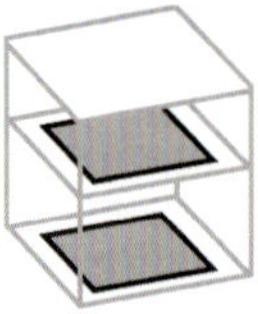

NUF 3.827 €/m²

Objekt:
Kennwerte: 1.Ebene DIN 276
BRI: 955 m³
BGF: 315 m²
NUF: 209 m²
Bauzeit: 35 Wochen
Bauende: 2022
Standard: hoch
Bundesland: Nordrhein-Westfalen
Kreis: Rhein-Sieg-Kreis

Architekt*in:
Gütig Architektur
Aegidiusstraße 11
53332 Bornholm-Hersel

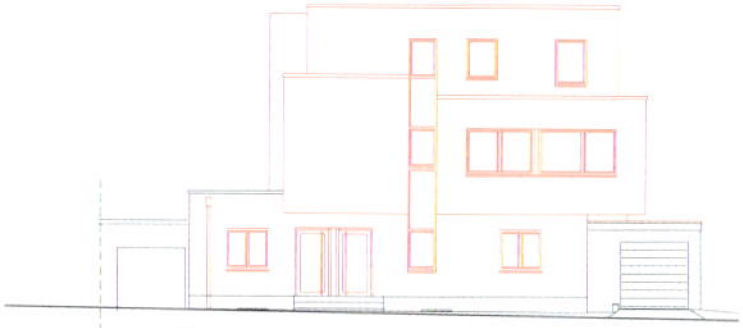

Ansicht Nord-Ost

Ansicht Süd-Ost

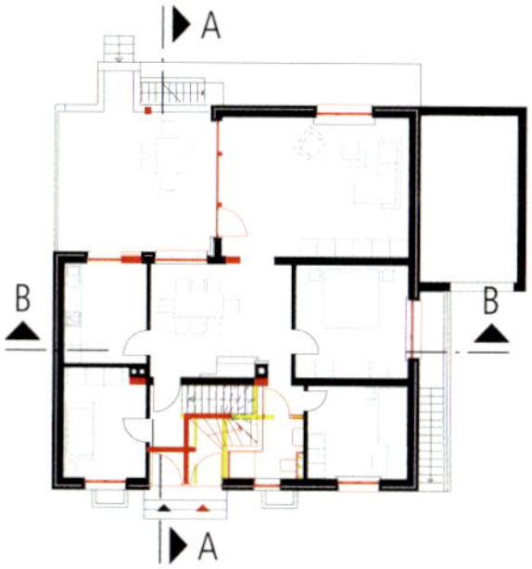

Erdgeschoss

1. Obergeschoss

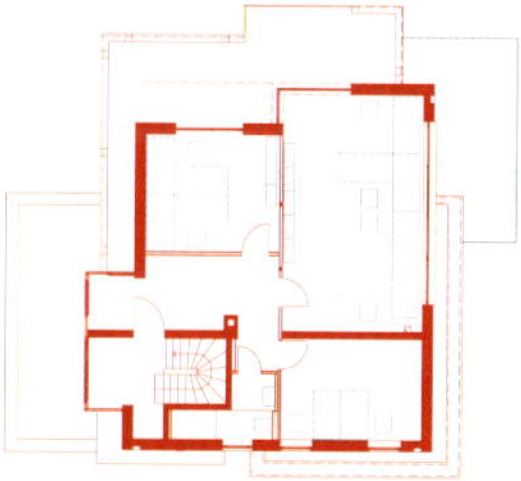

2. Obergeschoss

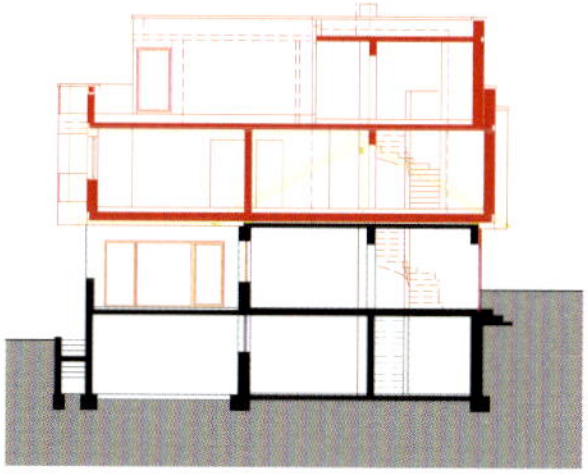

Schnitt A-A

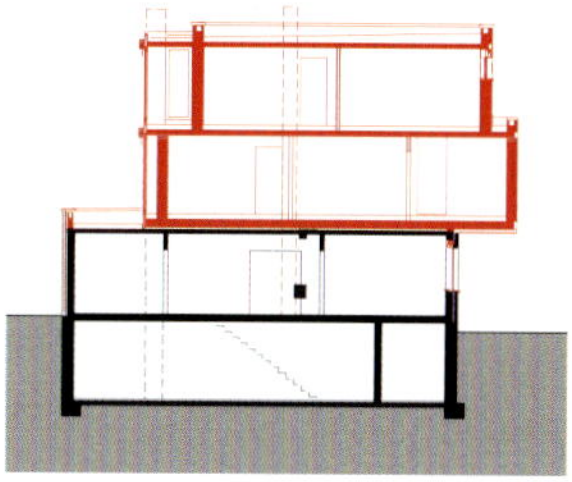

Schnitt B-B

Ansicht Süd-West

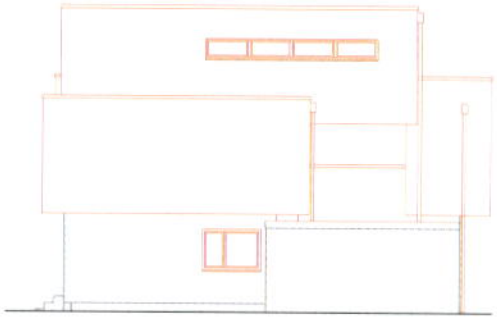

Ansicht Nord-West

Objektbeschreibung

Allgemeine Objektinformationen

Das Einfamilienhaus mit Keller und nicht ausgebautem Satteldach wurde 1977 errichtet. Im Jahr 2021 erfolgte innerhalb von acht Monaten die Aufstockung mit zwei weiteren Geschossen. Das Erdgeschoss bleibt als abgeschlossene Wohneinheit erhalten. In den beiden Obergeschossen wurden Büroräume geschaffen, die zum späteren Zeitpunkt als abgeschlossene Wohneinheiten genutzt werden können.

Nutzung

1 Erdgeschoss
Wohnzimmer, Esszimmer, Schlafzimmer, Küche, HWR, Bad, Flur, Treppe, Garage

1 Obergeschoss
Empfang, Büros, Besprechungsraum, Küche, Flur, WC, Treppe, Terrasse

1 Dachgeschoss
Büros, Flur, WC, Dachterrasse

Nutzeinheiten

Arbeitsplätze: 9
Bürofläche: 258 m^2
Wohneinheiten: 1

Grundstück

Bauraum: Beengter Bauraum
Neigung: Ebenes Gelände

Markt

Hauptvergabezeit: 3. Quartal 2021
Baubeginn: 3. Quartal 2021
Bauende: 2. Quartal 2022
Konjunkturelle Gesamtlage: Durchschnitt
Regionaler Baumarkt: Durchschnitt

Baubestand

Baujahr: 1977
Bauzustand: mittel
Aufwand: mittel
Grundrissänderungen: wenige
Tragwerkseingriffe: wenige
Nutzungsänderung: ja
Nutzung während der Bauzeit: ja

Baukonstruktion

Die Außenwände der Aufstockung bestehen aus Porenbeton-Mauerwerk und Stahlbeton. Die Decken aus Stahlbeton. Das bestehende Walmdach wurde abgebrochen. Das Gebäude ist mit Alufenstern mit Dreifachverglasung, Rollläden und Raffstoreanlagen ausgestattet. Die hinterlüftete Aluverbundplatten-Fassade ist konstruktiv und farblich so angeordnet, dass der Eindruck von ineinander verzahnten Kuben entsteht. Im Inneren sind klare Formen und Farben im Fokus. Alle gemauerten Innenwände sind verputzt und wie die GK-Wände weiß gestrichen. Alle Betonwände und Decken sind in Sichtbeton ausgeführt. Das Stb-Flachdach ist teilweise begrünt und mit einer PV-Anlage ausgestattet. Das Treppenhaus ist mit Naturstein belegt.

Technische Anlagen

Eine Luft-Wärmepumpe beheizt das Gebäude. Die Wärme wird mittels Fußbodenheizung in den Räumen verteilt. Auf dem Dach ist eine Photovoltaikanlage installiert.

Sonstiges

Insgesamt hat sich die Wohn- und Arbeitsfläche des gesamten Gebäudes nahezu vervierfacht. Das Gebäude wurde als Effizienzhaus 55 (EH 55) ausgeführt.

Energetische Kennwerte

Gesetzliche Grundlage: GEG 2020
Gebäudenutzfläche: 229,00 m^2
Gebäudevolumen: 715,00 m^3
Hüllfläche des beheizten Volumens: 456,00 m^2
Mittlerer U-Wert (opake Bauteile): 0,20 $W/(m^2 \cdot K)$
Mittlerer U-Wert (transparente Bauteile): 0,83 $W/(m^2 \cdot K)$
Spez. Jahresprimärenergiebedarf: 44,91 $kWh/(m^2 \cdot a)$

Planungskennwerte für Flächen und Rauminhalte nach DIN 277

Flächen des Grundstücks		Menge Einheit	% an GF
BF	Bebaute Fläche	–	–
UF	Unbebaute Fläche	–	–
GF	Grundstücksfläche	–	–

Grundflächen des Bauwerks		Menge Einheit	% an NUF	% an BGF
NUF	Nutzungsfläche	208,52 m²	100,0	66,3
TF	Technikfläche	–	–	–
VF	Verkehrsfläche	49,32 m²	23,7	15,7
NRF	Netto-Raumfläche	257,84 m²	123,7	82,0
KGF	Konstruktions-Grundfläche	56,66 m²	27,2	18,0
BGF	Brutto-Grundfläche	314,50 m²	150,8	100,0

Brutto-Rauminhalt des Bauwerks		Menge Einheit	BRI/NUF (m)	BRI/BGF (m)
BRI	Brutto-Rauminhalt	954,71 m³	4,58	3,04

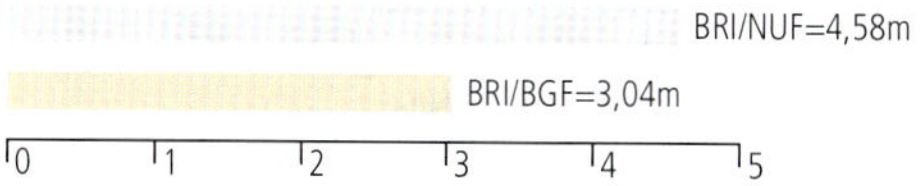

6100-1493
Dachgeschoss
(2 WE)

Umbau

Kostenkennwerte für die Kosten des Bauwerks (Kostengruppen 300+400 nach DIN 276)

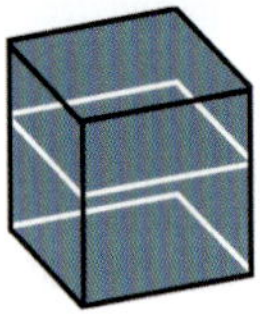
BRI 812 €/m³

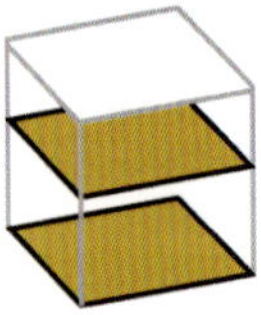
BGF 1.513 €/m²

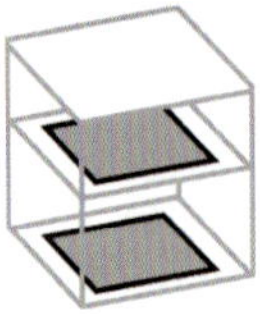
NUF 2.287 €/m²

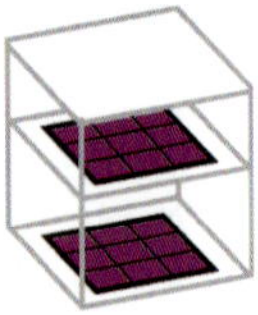
NE 2.456 €/NE

NE: Wohnfläche

Objekt:
Kennwerte: 3. Ebene DIN 276
BRI: 440 m³
BGF: 236 m²
NUF: 156 m²
Bauzeit: 26 Wochen
Bauende: 2017
Standard: hoch
Bundesland: Nordrhein-Westfalen
Kreis: Recklinghausen

Architekt*in:
KAPALAARCHITEKTUR
Carsten Kapala
Westring 303
44629 Herne

Bauherr*in:
Günter Bergmann
Kronenstraße 37
44625 Herne

vorher

nachher

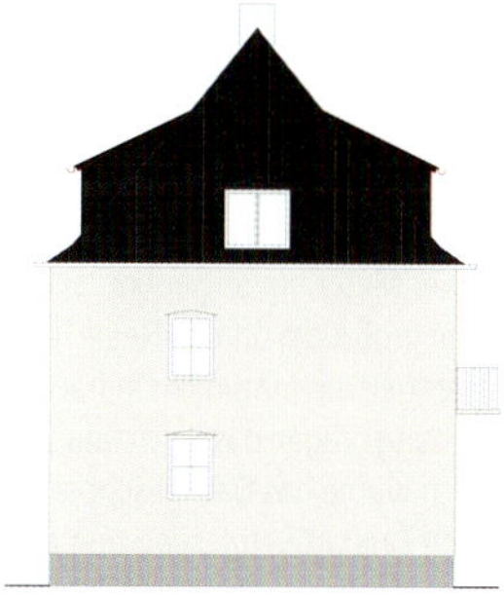

Ansicht Nord

Ansicht Ost

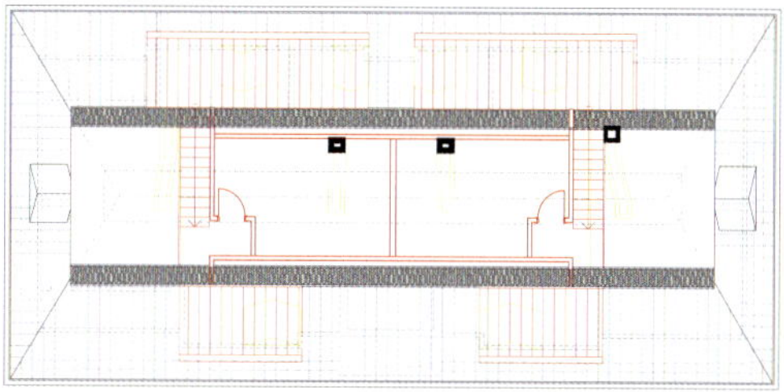

Spitzboden

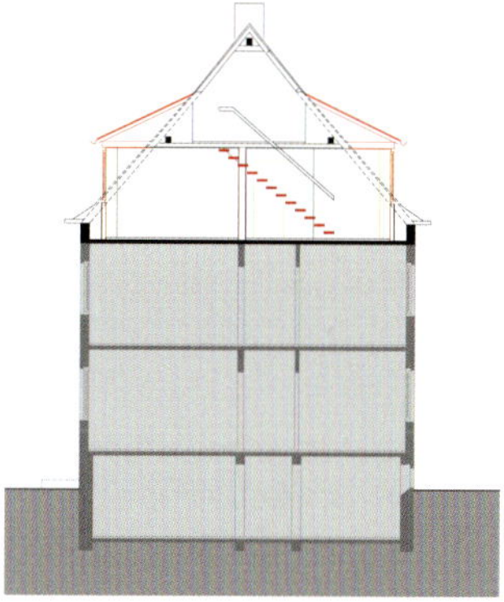

Schnitt A-A

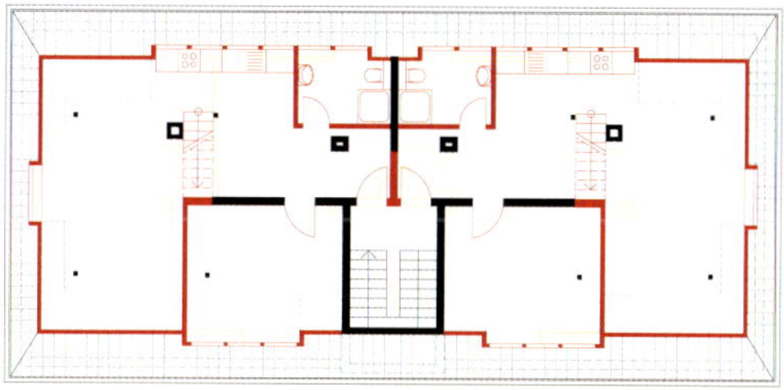

Dachgeschoss

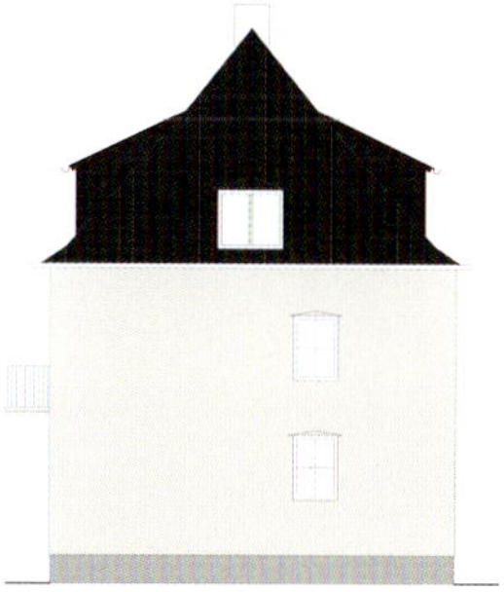

Ansicht Süd

Ansicht West

6100-1493
Dachgeschoss
(2 WE)

Umbau

Objektbeschreibung

Allgemeine Objektinformationen

Im Dachgeschoss des Wohnhauses aus den 1950er-Jahren entstanden zwei neue Wohnungen, die als helle, großzügige Atelierwohnungen mit Galerien und vier großformatigen Gauben gestaltet wurden. Zuvor befanden sich dort eine Wohnung auf der linken und ein Trockenraum auf der rechten Gebäudehälfte. Ziel der Maßnahme war es, den ursprünglichen Charakter des Hauses zu bewahren und so einen hohen Grad an Authentizität zu erhalten.

Nutzung

2 Dachgeschosse
1. DG: zwei Wohnungen mit Wohn-/Esszimmer, Küche, Schlafzimmern, Bäder, Flur, Treppenhaus
2. DG: Abstellraum, Luftraum

Nutzeinheiten

Wohneinheiten: 2
Wohnfläche: 146 m^2

Markt

Hauptvergabezeit: 2. Quartal 2017
Baubeginn: 2. Quartal 2017
Bauende: 4. Quartal 2017
Konjunkturelle Gesamtlage: Durchschnitt
Regionaler Baumarkt: über Durchschnitt

Baubestand

Baujahr: 1925
Bauzustand: mittel
Aufwand: mittel
Grundrissänderungen: einige
Tragwerkseingriffe: umfangreiche
Nutzungsänderung: ja
Nutzung während der Bauzeit: nein

Baukonstruktion

Zu Beginn wurden die bestehenden Wände der Wohnung sowie des Trockenraums zurückgebaut und fachgerecht entsorgt. Anstelle der sechs kleinen Dachgauben entstanden zwei großformatige, jeweils sechs Meter breite Gauben auf der Nordseite sowie zwei vier Meter breite Gauben auf der Südseite, die den Wohnraum großzügig öffnen. Neue Trockenbauwände und ein hochwertiger Laminatboden in harmonisch abgestimmter Farbgebung prägen das Erscheinungsbild der Wohnungen. Energetisch wurde das Dachgeschoss durch den Einbau von Fenstern mit Dreifachverglasung und einer zusätzlichen Dachdämmung deutlich aufgewertet. Zwei Holz-Wangentreppen erschließen die Galerien, während in jeder Wohnung ein modernes, gefliestes Bad realisiert wurde.

Technische Anlagen

Es wurden neue Heizkörper eingebaut. Die vorhandene haustechnische Infrastruktur wurde übernommen.

Sonstiges

Der Grundriss der Wohnungen musste an tragende Stützen angepasst werden. Brandschutzvorschriften wurden umgesetzt indem der zweite Rettungsweg über ein anleiterfähiges Notausstiegsfenster nachgewiesen wurde.

Energetische Kennwerte

Gesetzliche Grundlage: EnEV 2013
Gebäudenutzfläche: 588,00 m^2
Spez. Jahresprimärenergiebedarf: 81,70 kWh/(m^2·a)
Spez. Jahresendenergiebedarf: 73,80 kWh/(m^2·a)

Planungskennwerte für Flächen und Rauminhalte nach DIN 277

Flächen des Grundstücks		Menge Einheit	% an GF
BF	Bebaute Fläche	199,99 m²	21,3
UF	Unbebaute Fläche	738,01 m²	78,7
GF	Grundstücksfläche	938,00 m²	100,0

Grundflächen des Bauwerks		Menge Einheit	% an NUF	% an BGF
NUF	Nutzungsfläche	156,27 m²	100,0	66,2
TF	Technikfläche	–	–	–
VF	Verkehrsfläche	12,74 m²	8,2	5,4
NRF	Netto-Raumfläche	169,01 m²	108,2	71,6
KGF	Konstruktions-Grundfläche	67,17 m²	43,0	28,4
BGF	Brutto-Grundfläche	236,18 m²	151,1	100,0

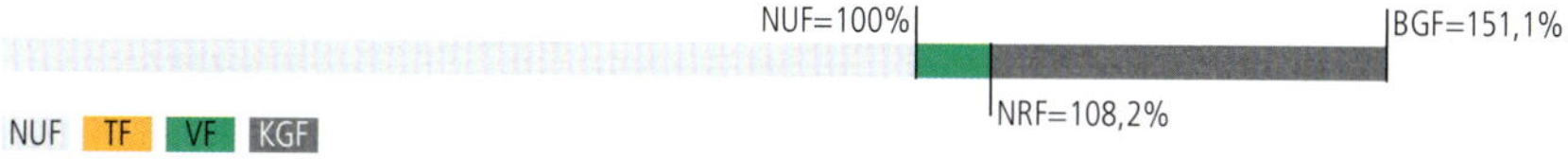

Brutto-Rauminhalt des Bauwerks		Menge Einheit	BRI/NUF (m)	BRI/BGF (m)
BRI	Brutto-Rauminhalt	440,35 m³	2,82	1,86

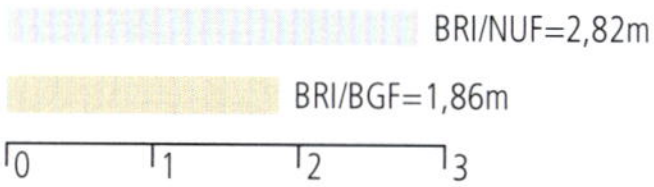

Lufttechnisch behandelte Flächen	Menge Einheit	% an NUF	% an BGF
Entlüftete Fläche	–	–	–
Be- und entlüftete Fläche	–	–	–
Teilklimatisierte Fläche	–	–	–
Klimatisierte Fläche	–	–	–

KG	Kostengruppen (2. Ebene)	Menge Einheit	Menge/NUF	Menge/BGF
310	Baugrube / Erdbau	–	–	–
320	Gründung, Unterbau	–	–	–
330	Außenwände/Vertikale Baukonstruktionen, außen	58,70 m² AWF	0,38	0,25
340	Innenwände/Vertikale Baukonstruktionen, innen	209,94 m² IWF	1,34	0,89
350	Decken/Horizontale Baukonstruktionen	248,12 m² DEF	1,59	1,05
360	Dächer	453,65 m² DAF	2,90	1,92

6100-1493
Dachgeschoss
(2 WE)

Umbau

Kostenkennwerte für die Kostengruppen der 1. Ebene DIN 276

KG	Kostengruppen (1. Ebene)	Einheit	Kosten €	€/Einheit	€/m² BGF	€/m³ BRI	% 300+400
100	Grundstück	m² GF	–	–	–	–	–
200	Vorbereitende Maßnahmen	m² GF	–	–	–	–	–
300	Bauwerk – Baukonstruktionen	m² BGF	289.911	1.227,50	1.227,50	658,37	81,1
400	Bauwerk – Technische Anlagen	m² BGF	67.450	285,59	285,59	153,17	18,9
	Bauwerk 300+400	**m² BGF**	**357.362**	**1.513,09**	**1.513,09**	**811,54**	**100,0**
500	Außenanlagen und Freiflächen	m² AF	–	–	–	–	–
600	Ausstattung und Kunstwerke	m² BGF	–	–	–	–	–
700	Baunebenkosten	m² BGF	–	–	–	–	–
800	Finanzierung	m² BGF	–	–	–	–	–

KG	Kostengruppe	Menge Einheit	Kosten €	€/Einheit	%
3+4	**Bauwerk**				**100,0**
300	**Bauwerk – Baukonstruktionen**	236,18 m² BGF	289.911	**1.227,50**	81,1

- Abbrechen (Kosten: 8,2%) 23.689
  Abbruch von Ziegelmauerwerk, Wandfliesen; Spanplatten, Bodenfliesen; Dachgauben, Dachdämmung, GK-Platten; Entsorgung, Deponiegebühren
- Herstellen (Kosten: 91,8%) 266.223
  Kunststofffenster, Vorsatzrollläden, Wandfliesen, GK-Bekleidung, GK-Wände, F90-Beplankung auf bestehende Wände, Holztüren, Wohnungseingangstüren, Raufaser, Beschichtung, GK-Vorsatzschalen, Wandfliesen; OSB-Platten, Bodenfliesen, Laminat, GK-Decken, Raufaser, Beschichtung; Kehlbalken, Stützen, Dachflächenfenster, Mineralwolldämmung, GK-Bekleidung, Raufaser, Beschichtung; Einbau Schleppdachgauben, Holzsparren, Zwischensparrendämmung, Ziegeldeckung, Seitenwände Blechverwahrung; Montagekran, Gerüst

KG	Kostengruppe	Menge Einheit	Kosten €	€/Einheit	%
400	**Bauwerk – Technische Anlagen**	236,18 m² BGF	67.450	**285,59**	18,9

- Abbrechen (Kosten: 16,6%) 11.209
  Abbruch von Abwasserleitungen; Wasserleitungen, Sanitärobjekten; Heizkörper; Schornsteinen; Entsorgung, Deponiegebühren
- Wiederherstellen (Kosten: 2,2%) 1.451
  Überprüfen vorhandener Installationen, Instandsetzen, Austausch defekter Leitungen
- Herstellen (Kosten: 81,2%) 54.790
  Kalt- und Warmwasserleitungen, Sanitärobjekte; Heizungsrohre, Heizkörper; Elektroinstallation

Kostenkennwerte für die Kostengruppen der 2.Ebene DIN 276

KG	Kostengruppe	Menge Einheit	Kosten €	€/Einheit	%
300	**Bauwerk – Baukonstruktionen**				**100,0**
330	**Außenwände/Vert. Baukonstrukt., außen**	58,70 m² AWF	34.202	**582,66**	11,8
	• Herstellen (Kosten: 100,0%) Kunststofffenster, Dreifachverglasung, Fensterbank, Vorsatzrollläden (39m²) * GK-Bekleidung, Spachtelung (13m²), Wandfliesen (7m²)	58,70 m² AWF	34.202	**582,66**	
340	**Innenwände/Vert. Baukonstrukt., innen**	209,94 m² IWF	52.004	**247,71**	17,9
	• Abbrechen (Kosten: 18,8%) Abbruch von Ziegelmauerwerk (72m²) * Wandfliesen (9m²); Entsorgung, Deponiegebühren	81,73 m² IWF	9.783	**119,70**	
	• Herstellen (Kosten: 81,2%) Türdurchbruch herstellen (4m²) * GK-Metallständerwände, beidseitig beplankt, Mineralwolldämmung (56m²), F90-Beplankung (64m²) * Holztüren, Oberflächen CPL-weiß (11m²), Wohnungseingangstüren, Holzzargen (4m²) * GK-Vorsatzschalen (59m²), Raufaser, Beschichtung (177m²), Wandfliesen 30x60cm (18m²)	209,94 m² IWF	42.221	**201,11**	
350	**Decken/Horizontale Baukonstruktionen**	248,12 m² DEF	36.866	**148,58**	12,7
	• Abbrechen (Kosten: 14,3%) Abbruch von Spanplatten (91m²), Bodenfliesen (98m²); Entsorgung, Deponiegebühren	189,27 m² DEF	5.283	**27,91**	
	• Herstellen (Kosten: 85,7%) OSB-Platten (90m²), Spachtelung (98m²), Bodenfliesen (9m²), Laminat (180m²), Holzsockel (154m) * GK-Decken, Raufaser, Beschichtung (59m²)	248,12 m² DEF	31.583	**127,29**	
360	**Dächer**	453,65 m² DAF	158.341	**349,04**	54,6
	• Abbrechen (Kosten: 5,4%) Abbruch von Dachgauben (7m²) * Dachschrägen, Dämmung, GK-Platten (69m²); Entsorgung, Deponiegebühren	69,48 m² DAF	8.623	**124,10**	
	• Herstellen (Kosten: 94,6%) Kehlbalken, Stützen (psch) * Dachflächenfenster (1m²) * Kaminöffnungen schließen (4St) * Mineralwolldämmung, d=200mm, Dampfbremse (286m²), GK-Bekleidung, Raufaser, Beschichtung (324m²) * Einbau von Schleppdachgauben, Holzsparren, Zwischensparrendämmung, Schalung, Folienbahn, Ziegeldeckung, Seitenwände Blechverwahrung (38m)	453,65 m² DAF	149.718	**330,03**	
390	**Sonst. Maßnahmen für Baukonstrukt.**	236,18 m² BGF	8.499	**35,98**	2,9
	• Herstellen (Kosten: 100,0%) Montagekran (1St) * Gerüst, Dachsicherung (psch)	236,18 m² BGF	8.499	**35,98**	
400	**Bauwerk – Technische Anlagen**				**100,0**
410	**Abwasser-, Wasser-, Gasanlagen**	236,18 m² BGF	32.195	**136,32**	47,7
	• Abbrechen (Kosten: 3,2%) Abbruch von Abwasserleitungen (psch) * Wasserleitungen (psch), Sanitärobjekten (psch); Entsorgung, Deponiegebühren	236,18 m² BGF	1.045	**4,42**	
	• Herstellen (Kosten: 96,8%) Leitungsentlüfter (3St) * Installationen von Gäste-WCs (2St), Badezimmer (2St), Steigleitungen rechte Wohnung (1St)	236,18 m² BGF	31.151	**131,89**	

KG	Kostengruppe	Menge Einheit	Kosten €	€/Einheit	%
420	**Wärmeversorgungsanlagen**	236,18 m²BGF	20.483	**86,73**	30,4
	• Abbrechen (Kosten: 49,6%) Abbruch von Heizkörpern (psch) * Schornsteinen (2St); Entsorgung, Deponiegebühren	236,18 m²BGF	10.164	**43,04**	
	• Herstellen (Kosten: 50,4%) Heizkörper inkl. Montage pro Wohneinheit (psch)	236,18 m²BGF	10.319	**43,69**	
440	**Elektrische Anlagen**	236,18 m²BGF	14.772	**62,54**	21,9
	• Wiederherstellen (Kosten: 9,8%) Überprüfen vorhandener Installationen, Instandsetzen, Austausch defekter Leitungen (16h)	236,18 m²BGF	1.451	**6,14**	
	• Herstellen (Kosten: 90,2%) FI-Schutzschalter (psch), Mantelleitungen (psch), Steckdosen (106St), Schalter/Taster (14St), Herdanschlüsse (4St), Spülmaschinenanschlüsse (2St), Jalousiesteuerung (6St) * Potenzialausgleich (2St)	236,18 m²BGF	13.321	**56,40**	

Kostenkennwerte für die Kostengruppen 300 der 2. und 3. Ebene DIN 276 (Übersicht)

KG	Kostengruppe	Menge Einheit	Kosten €	€/Einheit	% an 3+4
300	**Bauwerk – Baukonstruktionen**	**236,18 m²BGF**	**289.911,41**	**1.227,50**	**81,1**
310	**Baugrube / Erdbau**	**–**	**–**	**–**	**–**
311	Herstellung	–	–	–	–
312	Umschließung	–	–	–	–
313	Wasserhaltung	–	–	–	–
314	Vortrieb	–	–	–	–
319	Sonstiges zur KG 310	–	–	–	–
320	**Gründung, Unterbau**	**–**	**–**	**–**	**–**
321	Baugrundverbesserung	–	–	–	–
322	Flachgründungen und Bodenplatten	–	–	–	–
323	Tiefgründungen	–	–	–	–
324	Gründungsbeläge	–	–	–	–
325	Abdichtungen und Bekleidungen	–	–	–	–
326	Dränagen	–	–	–	–
329	Sonstiges zur KG 320	–	–	–	–
330	**Außenwände/Vert. Baukonstrukt., außen**	**58,70 m²AWF**	**34.202,14**	**582,66**	**9,6**
331	Tragende Außenwände	–	–	–	–
332	Nichttragende Außenwände	–	–	–	–
333	Außenstützen	–	–	–	–
334	Außenwandöffnungen	39,04 m²	30.658,26	785,30	8,6
335	Außenwandbekleidungen, außen	–	–	–	–
336	Außenwandbekleidungen, innen	19,66 m²	3.543,87	180,26	1,0
337	Element. Außenwandkonstruktionen	–	–	–	–
338	Lichtschutz zur KG 330	–	–	–	–
339	Sonstiges zur KG 330	–	–	–	–
340	**Innenwände/Vert. Baukonstrukt., innen**	**209,94 m²IWF**	**52.003,63**	**247,71**	**14,6**
341	Tragende Innenwände	4,00 m²	1.873,90	468,48	0,5
342	Nichttragende Innenwände	119,76 m²	17.459,20	145,78	4,9
343	Innenstützen	–	–	–	–
344	Innenwandöffnungen	14,73 m²	7.907,43	536,83	2,2
345	Innenwandbekleidungen	195,21 m²	24.763,12	126,85	6,9
346	Elementierte Innenwandkonstruktionen	–	–	–	–
347	Lichtschutz zur KG 340	–	–	–	–
349	Sonstiges zur KG 340	–	–	–	–
350	**Decken/Horizontale Baukonstruktionen**	**248,12 m²DEF**	**36.865,98**	**148,58**	**10,3**
351	Deckenkonstruktionen	–	–	–	–
352	Deckenöffnungen	–	–	–	–
353	Deckenbeläge	189,32 m²	31.158,09	164,58	8,7
354	Deckenbekleidungen	58,80 m²	5.707,89	97,07	1,6
355	Elementierte Deckenkonstruktionen	–	–	–	–
359	Sonstiges zur KG 350	–	–	–	–
360	**Dächer**	**453,65 m²DAF**	**158.340,90**	**349,04**	**44,3**
361	Dachkonstruktionen	–	14.349,24	–	4,0
362	Dachöffnungen	1,29 m²	3.083,67	2.390,44	0,9
363	Dachbeläge	–	4.036,11	–	1,1
364	Dachbekleidungen	324,11 m²	47.774,99	147,40	13,4
365	Elementierte Dachkonstruktionen	128,25 m²	89.096,91	694,71	24,9
366	Lichtschutz zur KG 360	–	–	–	–
369	Sonstiges zur KG 360	–	–	–	–
370	**Infrastrukturanlagen**	**–**	**–**	**–**	**–**
380	**Baukonstruktive Einbauten**	**–**	**–**	**–**	**–**
390	**Sonst. Maßnahmen für Baukonstrukt.**	**236,18 m²BGF**	**8.498,75**	**35,98**	**2,4**

6100-1493
Dachgeschoss
(2 WE)

Umbau

Kostenkennwerte für die Kostengruppen 400 der 2. und 3. Ebene DIN 276 (Übersicht)

KG	Kostengruppe	Menge Einheit	Kosten €	€/Einheit	% an 3+4
400	**Bauwerk – Technische Anlagen**	**236,18 m²BGF**	**67.450,17**	**285,59**	**18,9**
410	**Abwasser-, Wasser-, Gasanlagen**	**236,18 m²BGF**	**32.195,03**	**136,32**	**9,0**
411	Abwasseranlagen	236,18 m²BGF	1.023,48	4,33	0,3
412	Wasseranlagen	236,18 m²BGF	31.171,55	131,98	8,7
413	Gasanlagen	–	–	–	–
419	Sonstiges zur KG 410	–	–	–	–
420	**Wärmeversorgungsanlagen**	**236,18 m²BGF**	**20.483,35**	**86,73**	**5,7**
421	Wärmeerzeugungsanlagen	–	–	–	–
422	Wärmeverteilnetze	–	–	–	–
423	Raumheizflächen	236,18 m²BGF	10.801,84	45,74	3,0
424	Verkehrsheizflächen	–	–	–	–
429	Sonstiges zur KG 420	236,18 m²BGF	9.681,50	40,99	2,7
430	**Raumlufttechnische Anlagen**	**–**	**–**	**–**	**–**
431	Lüftungsanlagen	–	–	–	–
432	Teilklimaanlagen	–	–	–	–
433	Klimaanlagen	–	–	–	–
434	Kälteanlagen	–	–	–	–
439	Sonstiges zur KG 430	–	–	–	–
440	**Elektrische Anlagen**	**236,18 m²BGF**	**14.771,79**	**62,54**	**4,1**
441	Hoch- und Mittelspannungsanlagen	–	–	–	–
442	Eigenstromversorgungsanlagen	–	–	–	–
443	Niederspannungsschaltanlagen	–	–	–	–
444	Niederspannungsinstallationsanlagen	236,18 m²BGF	14.470,59	61,27	4,0
445	Beleuchtungsanlagen	–	–	–	–
446	Blitzschutz- und Erdungsanlagen	236,18 m²BGF	301,20	1,28	< 0,1
447	Fahrleitungssysteme	–	–	–	–
449	Sonstiges zur KG 440	–	–	–	–
450	**Kommunikationstechnische Anlagen**	**–**	**–**	**–**	**–**
451	Telekommunikationsanlagen	–	–	–	–
452	Such- und Signalanlagen	–	–	–	–
453	Zeitdienstanlagen	–	–	–	–
454	Elektroakustische Anlagen	–	–	–	–
455	Audiovisuelle Medien- u. Antennenanl.	–	–	–	–
456	Gefahrenmelde- und Alarmanlagen	–	–	–	–
457	Datenübertragungsnetze	–	–	–	–
458	Verkehrsbeeinflussungsanlagen	–	–	–	–
459	Sonstiges zur KG 450	–	–	–	–
460	**Förderanlagen**	**–**	**–**	**–**	**–**
461	Aufzugsanlagen	–	–	–	–
462	Fahrtreppen, Fahrsteige	–	–	–	–
463	Befahranlagen	–	–	–	–
464	Transportanlagen	–	–	–	–
465	Krananlagen	–	–	–	–
466	Hydraulikanlagen	–	–	–	–
469	Sonstiges zur KG 460	–	–	–	–
470	**Nutzungsspez. u. verfahrenstechn. Anl.**	**–**	**–**	**–**	**–**
480	**Gebäude- und Anlagenautomation**	**–**	**–**	**–**	**–**
490	**Sonst. Maßnahmen für techn. Anlagen**	**–**	**–**	**–**	**–**

Kostenkennwerte für die Kostengruppen der 3.Ebene DIN 276

KG	Kostengruppe	Menge Einheit	Kosten €	€/Einheit	%
330	**Außenwände/Vertikale Baukonstruktionen, außen**				**100,0**
334	**Außenwandöffnungen**	39,04 m²	30.658	**785,30**	89,6
	• Herstellen (Kosten: 100,0%)	39,04 m²	30.658	**785,30**	
	Kunststofffenster, Dreifachverglasung, Uw=0,74W/m²K, einflüglig, DK, Fensterbank, Vorsatzrollläden (39m²)				
336	**Außenwandbekleidungen, innen**	19,66 m²	3.544	**180,26**	10,4
	• Herstellen (Kosten: 100,0%)	19,66 m²	3.544	**180,26**	
	GK-Bekleidung, UK, Spachtelung (13m²), Abdichtung, Wandfliesen 30x60cm (7m²)				
340	**Innenwände/Vertikale Baukonstruktionen, innen**				**100,0**
341	**Tragende Innenwände**	4,00 m²	1.874	**468,48**	3,6
	• Herstellen (Kosten: 100,0%)	4,00 m²	1.874	**468,48**	
	Türdurchbruch herstellen (4m²)				
342	**Nichttragende Innenwände**	119,76 m²	17.459	**145,78**	33,6
	• Abbrechen (Kosten: 49,8%)	72,43 m²	8.695	**120,05**	
	Abbruch von Ziegelmauerwerk, d=11,5cm (72m²); Entsorgung, Deponiegebühren				
	• Herstellen (Kosten: 50,2%)	119,76 m²	8.764	**73,18**	
	GK-Metallständerwände, d=12,5cm, beidseitig beplankt, Mineralwolldämmung, d=60mm (56m²), F90, GK-doppelt beplankt (64m²)				
344	**Innenwandöffnungen**	14,73 m²	7.907	**536,83**	15,2
	• Herstellen (Kosten: 100,0%)	14,73 m²	7.907	**536,83**	
	Holztüren, Röhrenspaneinlage, Oberflächen CPL-weiß, Holzzargen (11m²), Wohnungseingangstüren, Holzzargen, WK2, Spione (4m²)				
345	**Innenwandbekleidungen**	195,21 m²	24.763	**126,85**	47,6
	• Abbrechen (Kosten: 4,4%)	9,30 m²	1.088	**116,94**	
	Abbruch von Wandfliesen (9m²); Entsorgung, Deponiegebühren				
	• Herstellen (Kosten: 95,6%)	195,21 m²	23.676	**121,28**	
	GK-Vorsatzschalen, UK (59m²), Grundierung, Raufaser, Beschichtung (177m²), Abdichtung, Wandfliesen 30x60cm (18m²)				
350	**Decken/Horizontale Baukonstruktionen**				**100,0**
353	**Deckenbeläge**	189,32 m²	31.158	**164,58**	84,5
	• Abbrechen (Kosten: 17,0%)	143,85 m²	5.283	**36,73**	
	Abbruch von Spanplatten, EPS-Dämmung trennen (45m²), Bodenfliesen (98m²); Entsorgung, Deponiegebühren				
	• Herstellen (Kosten: 83,0%)	189,32 m²	25.875	**136,67**	
	OSB-Platten, d=21mm (90m²), Spachtelung, Grundierung (98m²), TSD, Laminat-Beläge (180m²), Holzsockel (154m), Bodenfliesen (9m²)				

6100-1545
Einfamilienhaus

Kostenkennwerte für die Kosten des Bauwerks (Kostengruppen 300+400 nach DIN 276)

Umbau

BRI 469€/m³ | BGF 1.247€/m² | NUF 1.923€/m² | NE 2.764€/NE

NE: Wohnfläche

Objekt:
Kennwerte: 3.Ebene DIN 276
BRI: 1.302m³
BGF: 490m²
NUF: 318m²
Bauzeit: 113 Wochen
Bauende: 2020
Standard: mittel
Bundesland: Berlin
Kreis: Berlin, Stadt

Architekt*in:
TILIA-Innovation GmbH
Dipl. Ing. Christian Schulz
Architekt BDA
Mühlholzgasse 4
04277 Leipzig

vorher

nachher

nachher

Ansicht Nord

Ansicht Ost

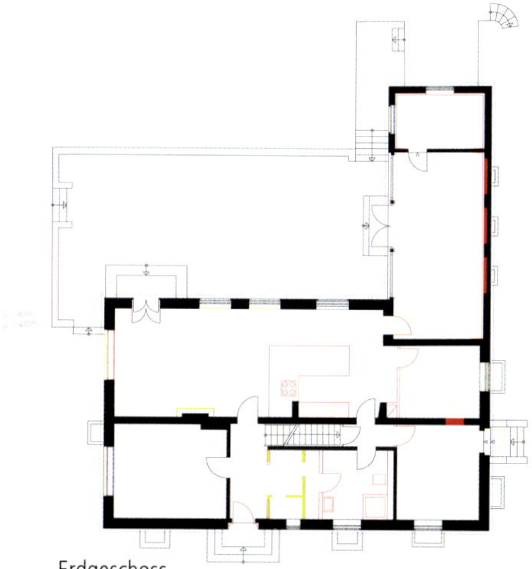

Erdgeschoss

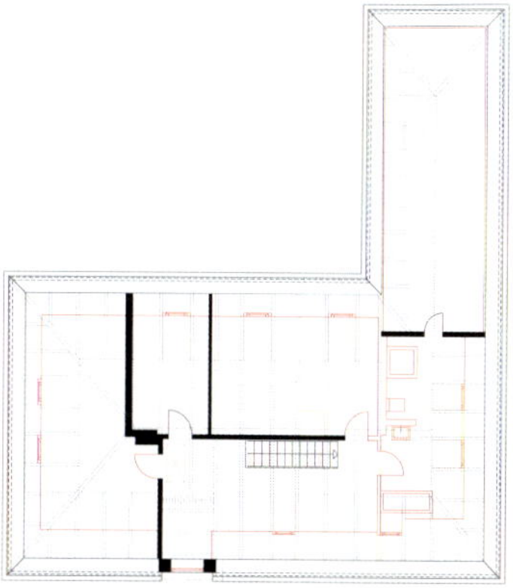

Dachgeschoss

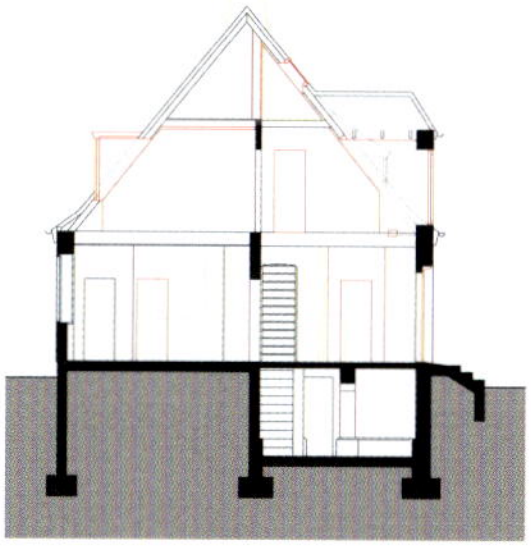

Schnitt A-A

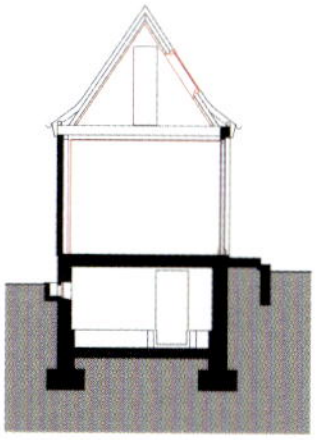

Schnitt B-B

Ansicht Süd

Ansicht West

Objektbeschreibung

Allgemeine Objektinformationen

Das Gebäude wurde im Jahr 1940 errichtet und aufgrund der damals knappen Ressourcen, insbesondere beim Baustoff Stahl, sehr materialökonomisch gebaut. Das Gebäude steht unter Denkmalschutz.

Nutzung

1 Untergeschoss
Abstellräume, Heizung, Bootslager

1 Erdgeschoss
Wohnraum, Küche/Esszimmer, Gästezimmer, Bad, Flur, Hauswirtschaft, Arbeitszimmer, Treppe

1 Dachgeschoss
Schlafzimmer, Kinderzimmer, Bad, Flur, Abstellraum

Nutzeinheiten

Wohneinheiten: 1
Wohnfläche: 221 m²

Grundstück

Bauraum: Freier Bauraum
Neigung: Geneigtes Gelände

Markt

Hauptvergabezeit: 1. Quartal 2018
Baubeginn: 1. Quartal 2018
Bauende: 1. Quartal 2020
Konjunkturelle Gesamtlage: Durchschnitt
Regionaler Baumarkt: Durchschnitt

Baubestand

Baujahr: 1940
Bauzustand: schlecht
Aufwand: hoch
Grundrissänderungen: einige
Tragwerkseingriffe: wenige
Nutzungsänderung: nein
Nutzung während der Bauzeit: nein

Baukonstruktion

Das Unter- und Erdgeschoss sind in Massivbauweise errichtet. Die historischen Kastenfenster wurden restauriert und am Innenflügel mit einer schlanken Zweifachverglasung modernisiert. Ein zusätzlich benötigtes Fenster konnte nach historischem Vorbild originalgetreu nachgefertigt werden. Der Außenputz wurde überarbeitet und überwiegend bewahrt. Die Dacheindeckung wurde in Abstimmung mit der Denkmalbehörde anhand alter Fotografien bemustert und wieder als Biberschwanz-Doppeldeckung ausgeführt. Teile des Dachtragwerks mussten statisch ertüchtigt werden; die Zwischensparrendämmung wurde vollständig erneuert. Drei neue Gauben schaffen mehr Raum und Tageslicht im Dachgeschoss. So konnte ein zusätzliches Kinderzimmer entstehen und das bestehende Bad vergrößert werden. Beide Bäder wurden zeitgemäß modernisiert. Im Innenraum wurden die alten Parkettböden freigelegt, ergänzt, abgeschliffen und geölt. Die äußeren Fensterklappläden wurden anhand historischer Aufnahmen originalgetreu nachgebildet. Die einheitliche Farbgebung aller Holzoberflächen wurde auf Basis eines restauratorischen Gutachtens ermittelt und bemustert.

Technische Anlagen

Eine moderne Brennwerttherme ersetzt die alte Erdgasheizung. Im Zuge der Sanierung wurden außerdem sämtliche Sanitär-, Heizungs- und Elektroleitungen vollständig erneuert.

Sonstiges

Im Zuge der Sanierung wurden einzelne nicht tragende Innenwände entfernt und an anderer Stelle in Trockenbau neu aufgebaut. Dadurch konnte der Grundriss im Erdgeschoss neu strukturiert werden: Die Küche wurde in den erweiterten Wohnbereich integriert, sodass Platz für ein Bad mit Dusche entstand. Die im Eingangsbereich gewonnene Fläche ermöglicht nun eine großzügige Garderobe, die den Bedürfnissen einer fünfköpfigen Familie gerecht wird.

Planungskennwerte für Flächen und Rauminhalte nach DIN 277

Flächen des Grundstücks		Menge Einheit	% an GF
BF	Bebaute Fläche	197,00 m²	15,9
UF	Unbebaute Fläche	1.043,00 m²	84,1
GF	Grundstücksfläche	1.240,00 m²	100,0

Grundflächen des Bauwerks		Menge Einheit	% an NUF	% an BGF
NUF	Nutzungsfläche	317,63 m²	100,0	64,9
TF	Technikfläche	15,50 m²	4,9	3,2
VF	Verkehrsfläche	54,92 m²	17,3	11,2
NRF	Netto-Raumfläche	388,05 m²	122,2	79,3
KGF	Konstruktions-Grundfläche	101,50 m²	32,0	20,7
BGF	Brutto-Grundfläche	489,55 m²	154,1	100,0

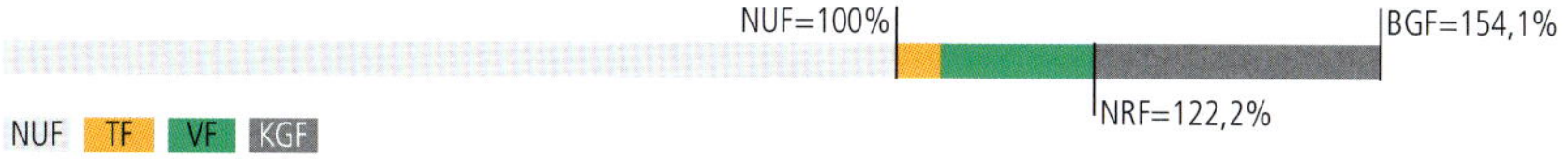

Brutto-Rauminhalt des Bauwerks		Menge Einheit	BRI/NUF (m)	BRI/BGF (m)
BRI	Brutto-Rauminhalt	1.301,60 m³	4,10	2,66

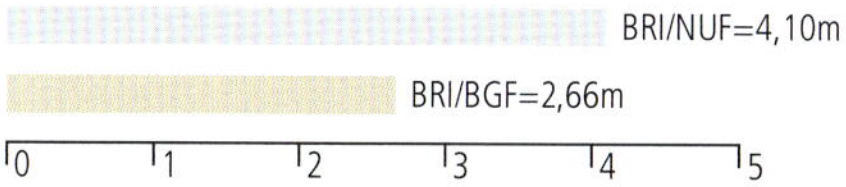

Lufttechnisch behandelte Flächen	Menge Einheit	% an NUF	% an BGF
Entlüftete Fläche	–	–	–
Be- und entlüftete Fläche	–	–	–
Teilklimatisierte Fläche	–	–	–
Klimatisierte Fläche	–	–	–

KG	Kostengruppen (2. Ebene)	Menge Einheit	Menge/NUF	Menge/BGF
310	Baugrube / Erdbau	–	–	–
320	Gründung, Unterbau	–	–	–
330	Außenwände/Vertikale Baukonstruktionen, außen	402,69 m² AWF	1,27	0,82
340	Innenwände/Vertikale Baukonstruktionen, innen	282,95 m² IWF	0,89	0,58
350	Decken/Horizontale Baukonstruktionen	326,07 m² DEF	1,03	0,67
360	Dächer	332,29 m² DAF	1,05	0,68

Umbau

Kostenkennwerte für die Kostengruppen der 1. Ebene DIN 276

KG	Kostengruppen (1. Ebene)	Einheit	Kosten €	€/Einheit	€/m² BGF	€/m³ BRI	% 300+400
100	Grundstück	m² GF	–	–	–	–	–
200	Vorbereitende Maßnahmen	m² GF	–	–	–	–	–
300	Bauwerk – Baukonstruktionen	m² BGF	499.054	1.019,41	1.019,41	383,42	81,7
400	Bauwerk – Technische Anlagen	m² BGF	111.621	228,01	228,01	85,76	18,3
	Bauwerk 300+400	**m² BGF**	**610.674**	**1.247,42**	**1.247,42**	**469,17**	**100,0**
500	Außenanlagen und Freiflächen	m² AF	443	0,43	0,91	0,34	< 0,1
600	Ausstattung und Kunstwerke	m² BGF	8.650	17,67	17,67	6,65	1,4
700	Baunebenkosten	m² BGF	–	–	–	–	–
800	Finanzierung	m² BGF	–	–	–	–	–

KG	Kostengruppe	Menge Einheit	Kosten €	€/Einheit	%
3+4	**Bauwerk**				**100,0**
300	**Bauwerk – Baukonstruktionen**	489,55 m² BGF	499.054	**1.019,41**	81,7

- Abbrechen (Kosten: 9,3%) 46.616
  Abbruch von Fensterelementen, Haustür, Außenputz, Holzbekleidung, Wandfliesen, Tapeten; Mauerwerk, Holztüren, Wandfliesen, Innenputz, Tapeten, Holzbekleidung, Dielenbelägen, Schlackeschüttung, Bodenfliesen, Teppichböden; Mineralwolldämmung, Dachbalken, Dachdeckung, Biberschwanzdeckung, Zinkblechdeckung, Dachentwässerung, Dachbekleidung

- Wiederherstellen (Kosten: 19,2%) 95.760
  Aufarbeiten von Doppelkastenfenstern, Türen, Verglasungen austauschen, beschichten, Hauseingangstüre, Tore aufarbeiten, Fassadenflächen instandsetzen, beschichten, Oberputz angleichen, Fensterziergitter sandstrahlen, lackieren, Geländer entrosten, beschichten; Türelemente mit Füllungen aufarbeiten, fehlende Holzteile ergänzen, abbrennen; Natursteinbelag instandsetzen, kaputte Platten ersetzen, Treppenlauf aufarbeiten; Sichtbare Holzteile glatt schleifen, ölen, Zierprofile, Faschenbretter aufarbeiten, Farbschichten entfernen, neu beschichten

- Herstellen (Kosten: 71,5%) 356.678
  Doppelkastenfenster, Kalklehmputz, Holzbekleidungen, Beschichtung, Silikatplatten, Silikatbeschichtung, Wandfliesen, Klappläden; GK-Wände, Innentüren, Beschichtung; Thermische Behandlung gegen Ungezieferbefall, Bodentreppe, KVH, OSB-Beläge, Trockenestrich, Ausgleichsestrich, Holzparkett, Bodenfliesen, GK-Decken; KVH an Sparren anlaschen, Dachgauben, Zelluloseeinblasdämmung, Dachfenster, Biberschwanzdeckung, First, Grate, Doppelstehfalzdeckung, GK-Bekleidung, Zierleisten

KG	Kostengruppe	Menge Einheit	Kosten €	€/Einheit	%
400	**Bauwerk – Technische Anlagen**	489,55 m² BGF	111.621	**228,01**	18,3

- Abbrechen (Kosten: 7,2%) 8.013
  Abbruch von Entwässerungsleitungen, Sanitärobjekten; Heizkessel, Heizungsleitungen, Heizkörper; Elektroinstallation; Entsorgung, Deponiegebühren

- Wiederherstellen (Kosten: 1,8%) 2.019
  Schornsteinkopf erneuern (1St)

- Herstellen (Kosten: 91,0%) 101.589
  Gebäudeentwässerung, Kleinhebeanlage, Sanitärobjekte; Gas-Brennwertgerät, Warmwasserspeicher, Heizleitungen, Heizkörper; Elektroinstallation, Beleuchtung; Telekommunikationsanlage, Gegensprechanlage, Antennenanlage, Rauchmelder, Datenverkabelung

KG	Kostengruppe	Menge Einheit	Kosten €	€/Einheit	%
500	**Außenanlagen und Freiflächen**	1.043,00 m² AF	443	**0,43**	< 0,1
	• Herstellen (Kosten: 100,0%) Bewegungsmelder, Elektroverkabelung		443		
600	**Ausstattung und Kunstwerke**	489,55 m² BGF	8.650	**17,67**	1,4
	• Herstellen (Kosten: 100,0%) Duschabtrennung (2St), Sitzablage (1St)		8.650		

Umbau

Kostenkennwerte für die Kostengruppen der 2. Ebene DIN 276

KG	Kostengruppe	Menge Einheit	Kosten €	€/Einheit	%
300	**Bauwerk – Baukonstruktionen**				**100,0**
330	**Außenwände/Vert. Baukonstrukt., außen**	402,69 m² AWF	167.755	**416,59**	33,6
	• Abbrechen (Kosten: 4,9%) Abbruch von Fensterelementen (7m²), Haustür (2m²) * Außenputz (165m²), Holzbekleidung (20m²) * Wandfliesen (8m²), Tapeten (98m²) * Eisengittern (2m²); Entsorgung, Deponiegebühren	193,94 m² AWF	8.296	**42,78**	
	• Wiederherstellen (Kosten: 35,2%) Doppelkastenfenster aufarbeiten, Verglasungen austauschen, Abschleifen, spachteln, beschichten (15m²), Doppelkastentüren, Teile in Echtholz ersetzen, Wetterschenkel erneuern, beschichten (2m²), Hauseingangstüren, Türrahmen/Oberlicht erneuern (6m²), Tore aufarbeiten, Beschichtung erneuern (13m²), Scharniere (12St) * Fassadenflächen instandsetzen, Farbschichten entfernen, beschichten (25m²), Schadstellen an Laibungen, Stürzen ausbessern, Oberputz angleichen (psch) * Fensterziergitter sandstrahlen, lackieren (1St), Gitterstäbe sandstrahlen, beschichten (6St), Geländer, Fenstergitter entrosten, beschichten (13m), Aufhängevorrichtung für Klappläden gangbar machen, beschichten (46St)	60,91 m² AWF	59.050	**969,47**	
	• Herstellen (Kosten: 59,9%) Schalung (26m²) * Doppelkastenfenster (3m²), Holzfenster (9m²), Stahlüberzug (1St) * Kalkunterputz, Kalklehmputz (165m²), Holzbekleidungen, Beschichtung (32m²) * Spachtelung, Beschichtung (173m²), Silikatplatten, Silikatbeschichtung (52m²), Gipsputz (98m²), GK-Bekleidung (20m²), Wandfliesen (3m²) * Klappläden (22m²)	278,42 m² AWF	100.409	**360,64**	
340	**Innenwände/Vert. Baukonstrukt., innen**	282,95 m² IWF	66.321	**234,39**	13,3
	• Abbrechen (Kosten: 18,2%) Abbruch von Mauerwerk (1m²) * Mauerwerk (216m²) * Holztüren (13m²) * GK-Vorwänden (10m²), Wandfliesen (15m²), Innenputz (44m²), Tapeten (98m²), Holzbekleidung (6m²); Entsorgung, Deponiegebühren	229,91 m² IWF	12.095	**52,61**	
	• Wiederherstellen (Kosten: 10,3%) Türelemente aufarbeiten, fehlende Holzteile ergänzen, beschichten (18m²)	17,80 m² IWF	6.847	**384,69**	
	• Herstellen (Kosten: 71,4%) GK-Metallständerwände (47m²) * Innentüren (9m²), Türelemente beschichten (27m²), Türgarnituren (15St) * Gipsputz (91m²), Spachtelung, Beschichtung (457m²), GK-Vorsatzschale (9m²), Wandfliesen (19m²) * Handlauf (6m)	265,15 m² IWF	47.379	**178,69**	

KG	Kostengruppe	Menge Einheit	Kosten €	€/Einheit	%
350	**Decken/Horizontale Baukonstruktionen**	326,07 m² DEF	82.378	**252,64**	16,5
	• Abbrechen (Kosten: 13,1%) Abbruch von Dielenbelägen (108m²), Schüttung (172m²), Dielenböden, Schlackeschüttung (41m²), Bodenfliesen (24m²), Teppichböden (5h); Entsorgung, Deponiegebühren, Parkettbelag aufnehmen (41m²), Holzsockel (84m); seitlich lagern	386,23 m² DEF	10.821	**28,02**	
	• Wiederherstellen (Kosten: 19,4%) Thermische Behandlung gegen Ungezieferbefall, Heizabschnitt: Zwischenboden, Kehlbalken (psch) * Bestandsparkett schleifen, ölen (141m²), Natursteinbelag instandsetzen, kaputte Platten ersetzen (12m²), Treppenlauf aufarbeiten, Lackschichten entfernen, ölen (3m²)	155,41 m² DEF	15.966	**102,73**	
	• Herstellen (Kosten: 67,5%) Lattung (35m), Höhenanpassung OSB-Platten (30m²) * Bodentreppe (1St) * KVH (57m), OSB-Beläge, Beschichtung (107m²), d=18mm, als Unterboden (118m²), Trockenestrich, Abdichtung (17m²), Ausgleichsestrich (11m²), Holzparkett (34m²), Bodenfliesen (29m²) * GK-Decken, doppelt beplankt (140m²), spachteln, beschichten (246m²)	311,23 m² DEF	55.591	**178,62**	
360	**Dächer**	332,29 m² DAF	159.978	**481,44**	32,1
	• Abbrechen (Kosten: 9,6%) Abbruch von Mineralwolldämmung (10m³), Dachbalken (40m) * Dachöffnung (1St) * Biberschwanzdeckung (317m²), Zinkblechdeckung (14m²), Regenrinnen (65m), Regenfallrohre (15m), Kehlen (65m), Firste, Grate (60m) * Dachbekleidung (93m²), Dachdämmung (16m²); Entsorgung, Deponiegebühren	330,81 m² DAF	15.404	**46,57**	
	• Wiederherstellen (Kosten: 8,7%) Thermische Behandlung gegen Ungezieferbefall, Heizabschnitte Dachkonstruktion, Kehlbalken (psch), sichtbare Holzteile schleifen, ölen (5m²) * Zierprofile, Faschenbretter aufarbeiten, Farbschichten entfernen, neu beschichten (26m²)	26,14 m² DAF	13.896	**531,60**	
	• Herstellen (Kosten: 81,7%) KVH (415m), Zelluloseeinblasdämmung (68m³), Dampfbremse (317m²) * Dachfenster (3m²) * Biberschwanzdeckung (317m²), Doppelstehfalzdeckung (12m²), Regenrinnen (65m), Fallrohre (15m) * GK-Bekleidung (248m²), Schalung (12m²), Zierleisten (21m) * Sicherheitsdachhaken (27St), Sicherheitstritt (1St)	332,29 m² DAF	130.677	**393,26**	
390	**Sonst. Maßnahmen für Baukonstrukt.**	489,55 m² BGF	22.622	**46,21**	4,5
	• Herstellen (Kosten: 100,0%) Baustelleneinrichtung (4St), Baustrom (psch), Baustellen-WC (1St) * Fassadengerüst (231m²) * Bauschutt (14m³) * Schutzabdeckungen von Fußböden (183m²), Fenstern, Türen (10St), Baureinigung (psch)	489,55 m² BGF	22.622	**46,21**	

Umbau

Umbau

Kostenkennwerte für die Kostengruppen 400 der 2. und 3. Ebene DIN 276 (Übersicht)

KG	Kostengruppe	Menge Einheit	Kosten €	€/Einheit	% an 3+4
400	**Bauwerk – Technische Anlagen**	**489,55 m² BGF**	**111.620,58**	**228,01**	**18,3**
410	**Abwasser-, Wasser-, Gasanlagen**	**489,55 m² BGF**	**15.721,72**	**32,11**	**2,6**
411	Abwasseranlagen	489,55 m² BGF	5.855,06	11,96	1,0
412	Wasseranlagen	489,55 m² BGF	9.009,46	18,40	1,5
413	Gasanlagen	–	–	–	–
419	Sonstiges zur KG 410	489,55 m² BGF	857,19	1,75	0,1
420	**Wärmeversorgungsanlagen**	**489,55 m² BGF**	**56.724,54**	**115,87**	**9,3**
421	Wärmeerzeugungsanlagen	489,55 m² BGF	9.926,37	20,28	1,6
422	Wärmeverteilnetze	489,55 m² BGF	13.832,41	28,26	2,3
423	Raumheizflächen	489,55 m² BGF	26.669,02	54,48	4,4
424	Verkehrsheizflächen	–	–	–	–
429	Sonstiges zur KG 420	489,55 m² BGF	6.296,75	12,86	1,0
430	**Raumlufttechnische Anlagen**	**–**	**–**	**–**	**–**
431	Lüftungsanlagen	–	–	–	–
432	Teilklimaanlagen	–	–	–	–
433	Klimaanlagen	–	–	–	–
434	Kälteanlagen	–	–	–	–
439	Sonstiges zur KG 430	–	–	–	–
440	**Elektrische Anlagen**	**489,55 m² BGF**	**28.882,56**	**59,00**	**4,7**
441	Hoch- und Mittelspannungsanlagen	–	–	–	–
442	Eigenstromversorgungsanlagen	–	–	–	–
443	Niederspannungsschaltanlagen	–	–	–	–
444	Niederspannungsinstallationsanlagen	489,55 m² BGF	27.061,80	55,28	4,4
445	Beleuchtungsanlagen	489,55 m² BGF	1.585,26	3,24	0,3
446	Blitzschutz- und Erdungsanlagen	489,55 m² BGF	235,51	0,48	< 0,1
447	Fahrleitungssysteme	–	–	–	–
449	Sonstiges zur KG 440	–	–	–	–
450	**Kommunikationstechnische Anlagen**	**489,55 m² BGF**	**10.291,75**	**21,02**	**1,7**
451	Telekommunikationsanlagen	489,55 m² BGF	553,88	1,13	< 0,1
452	Such- und Signalanlagen	489,55 m² BGF	677,46	1,38	0,1
453	Zeitdienstanlagen	–	–	–	–
454	Elektroakustische Anlagen	–	–	–	–
455	Audiovisuelle Medien- u. Antennenanl.	489,55 m² BGF	1.850,98	3,78	0,3
456	Gefahrenmelde- und Alarmanlagen	489,55 m² BGF	783,54	1,60	0,1
457	Datenübertragungsnetze	489,55 m² BGF	6.425,91	13,13	1,1
458	Verkehrsbeeinflussungsanlagen	–	–	–	–
459	Sonstiges zur KG 450	–	–	–	–
460	**Förderanlagen**	**–**	**–**	**–**	**–**
461	Aufzugsanlagen	–	–	–	–
462	Fahrtreppen, Fahrsteige	–	–	–	–
463	Befahranlagen	–	–	–	–
464	Transportanlagen	–	–	–	–
465	Krananlagen	–	–	–	–
466	Hydraulikanlagen	–	–	–	–
469	Sonstiges zur KG 460	–	–	–	–
470	**Nutzungsspez. u. verfahrenstechn. Anl.**	**–**	**–**	**–**	**–**
480	**Gebäude- und Anlagenautomation**	**–**	**–**	**–**	**–**
490	**Sonst. Maßnahmen für techn. Anlagen**	**–**	**–**	**–**	**–**

Kostenstand: 4. Quartal 2025, Bundesdurchschnitt, **inkl. 19% MwSt.**

Kostenkennwerte für die Kostengruppen der 3. Ebene DIN 276

KG	Kostengruppe	Menge Einheit	Kosten €	€/Einheit	%
330	**Außenwände/Vertikale Baukonstruktionen, außen**				**100,0**
331	**Tragende Außenwände**	26,44 m²	5.181	**195,95**	3,1
	• Herstellen (Kosten: 100,0%) Schalung, d=24mm, an Gaubenwänden, Grundierung (26m²)	26,44 m²	5.181	**195,95**	
334	**Außenwandöffnungen**	47,18 m²	69.902	**1.481,60**	41,7
	• Abbrechen (Kosten: 2,0%) Abbruch von Fensterelementen (7m²), Haustür (2m²), Fensterbänke (10St), Isolierglasscheiben (psch); Entsorgung, Deponiegebühren	8,75 m²	1.410	**161,09**	
	• Wiederherstellen (Kosten: 69,9%) Doppelkastenfenster aufarbeiten, 2x2 Drehflügel, mit Kämpfer, Pfosten, Sprossen, Fensterbank/ Wetterschenkel erneuern, Verglasungen austauschen, Dichtungen erneuern, abschleifen, spachteln, neu beschichten (15m²), Doppelkastentüren, Teile in Echtholz ersetzen, Wetterschenkel erneuern, beschichten (2m²), Hauseingangstüren, VSG-Füllung, Wiener Sprossen, Türrahmen/Oberlicht erneuern (6m²), Tore aufarbeiten, Farbschichten entfernen, neu beschichten (13m²), neue Scharniere, Feststeller erneuern (12St)	35,78 m²	48.855	**1.365,42**	
	• Herstellen (Kosten: 28,1%) Doppelkastenfenster aus 3x2 Drehflügeln, Kämpfer, Pfosten, Fensterbank, mit glasteilenden Sprossen gemäß Bestands-Fenster, beschichtet (3m²), Holzfenster als Gaubenfenster, Sprossen, Drehkippflügel, einflüglig (9m²), Fensterbänke, b=25cm (10m), b=8cm (2m), Überzug 2xHEA100, l=2,50m (1St), Fensterfalzlüfter (11St), Zinkblechabdeckung (6m)	11,40 m²	19.638	**1.722,60**	
335	**Außenwandbekleidungen, außen**	190,32 m²	48.489	**254,78**	28,9
	• Abbrechen (Kosten: 12,5%) Abbruch von Außenputz zum Mauerwerk (165m²), Holzbekleidung an Gaubenwänden (20m²); Entsorgung, Deponiegebühren	185,19 m²	6.075	**32,80**	
	• Wiederherstellen (Kosten: 14,3%) Fassadenflächen aus Holz instandsetzen, alte Farbschichten entfernen, neu beschichten (25m²), Schadstellen an Laibungen, Stürzen ausbessern, Oberputz angleichen (psch), Risse schließen (psch)	25,13 m²	6.927	**275,63**	
	• Herstellen (Kosten: 73,2%) Grundierung, Kalkunterputz, Kalklehmputz (165m²), in Fensterlaibungen (68m), Fensterrahmungen (69m), Holzbekleidungen, Beschichtung (32m²)	165,19 m²	35.488	**214,83**	
336	**Außenwandbekleidungen, innen**	267,02 m²	27.575	**103,27**	16,4
	• Abbrechen (Kosten: 2,6%) Abbruch von Wandfliesen (8m²), Tapeten (98m²); Entsorgung, Deponiegebühren	105,99 m²	709	**6,69**	
	• Herstellen (Kosten: 97,4%) Grundierung, Spachtelung mit Vlieseinbettung Q3, Beschichtung (173m²), Ausgleichsputz, Silikat-platten, Silikatbeschichtung (52m²), Gipsputz (98m²), GK-Bekleidung (20m²), in Laibungen (13m), Abdichtung, Wandfliesen (3m)	267,02 m²	26.867	**100,62**	

6100-1609
Dachgeschoss-
wohnung
Turmzimmer

Umbau

Kostenkennwerte für die Kosten des Bauwerks (Kostengruppen 300+400 nach DIN 276)

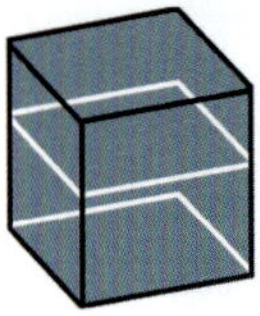

BRI 1.270€/m³

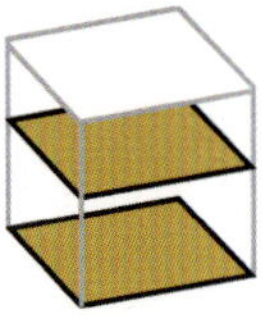

BGF 2.779€/m²

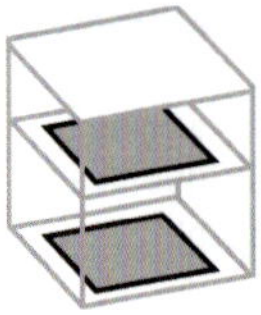

NUF 4.053€/m²

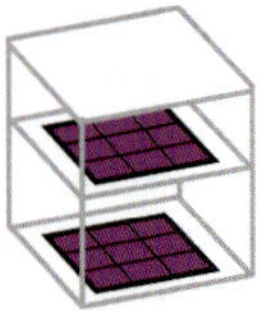

NE 5.001€/NE

NE: Wohnfläche

Objekt:
Kennwerte: 3.Ebene DIN 276
BRI: 434m³
BGF: 198m²
NUF: 136m²
Bauzeit: 65 Wochen
Bauende: 2021
Standard: hoch
Bundesland: Berlin
Kreis: Berlin, Stadt

Architekt*in:
werkArchitektur
Yvonne Werk
Berliner Straße 1
13507 Berlin

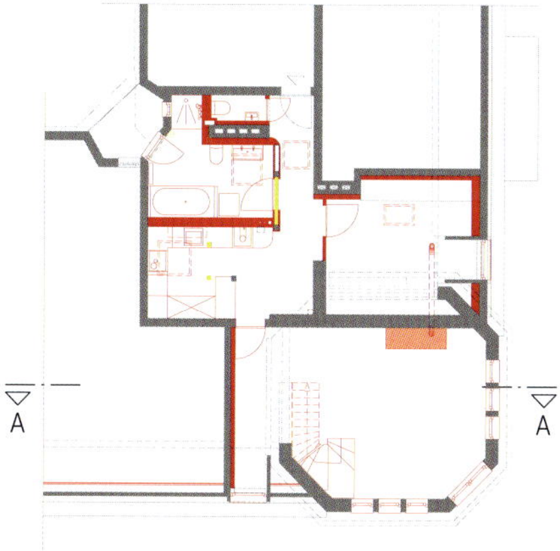

Dachgeschoss

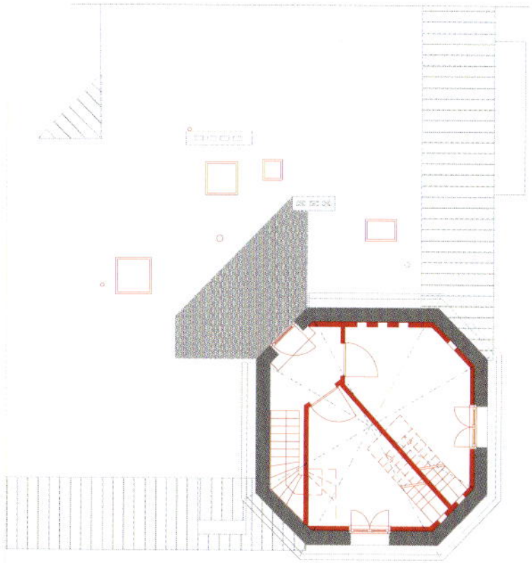

Turmzimmer & Terrasse

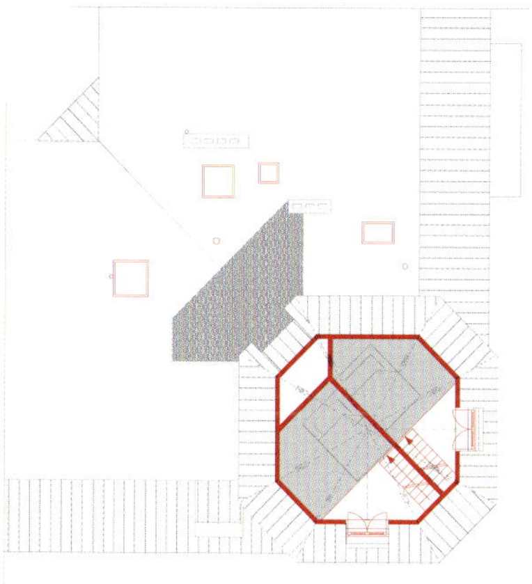

Schlafebene

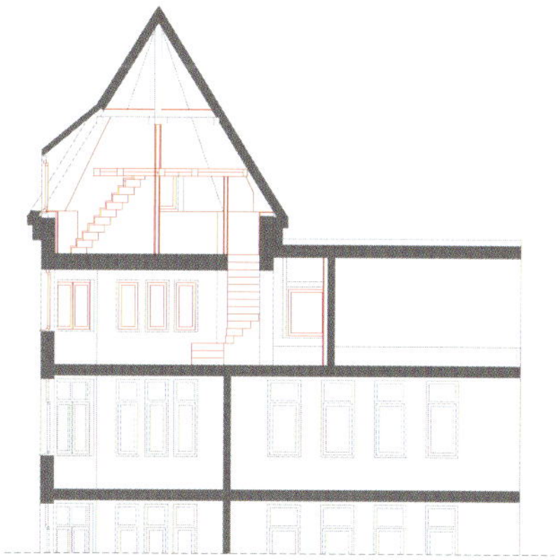

Schnitt A-A

6100-1609
Dachgeschoss-
wohnung
Turmzimmer

Umbau

Objektbeschreibung

Allgemeine Objektinformationen

Bei dem Bauvorhaben handelt es sich um ein bestehendes Wohn- und Geschäftshaus mit drei Vollgeschossen (EG, 1.OG, 2.OG) und ausgebautem Dachgeschoss. Das Gebäude ist denkmalgeschützt. Die Umbau- und Sanierungsmaßnahmen finden im Dachgeschoss inkl. Turmzimmer statt.

Nutzung

1 Obergeschoss
Wohnzimmer, Schlafzimmer, Küche, Badezimmer, WC, Loggia

2 Dachgeschosse
Turmzimmer mit Schlafebenen für Kinder (2St), Dachterrasse

Nutzeinheiten

Wohneinheiten: 1
Wohnfläche: 110 m^2

Markt

Hauptvergabezeit: 3. Quartal 2020
Baubeginn: 3. Quartal 2020
Bauende: 4. Quartal 2021
Konjunkturelle Gesamtlage: Durchschnitt
Regionaler Baumarkt: über Durchschnitt

Besonderer Kosteneinfluss Markt
Erschwerte Materiallieferung

Baubestand

Baujahr: 1901-1910
Bauzustand: gut
Aufwand: hoch
Grundrissänderungen: umfangreiche
Tragwerkseingriffe: wenige
Nutzungsänderung: nein
Nutzung während der Bauzeit: nein

Baukonstruktion

Es wurden neue Holzfenster eingebaut. Die neuen Innenwände wurden in Trockenbauweise errichtet. Bestehende Wohnungstrennwände wurden verputzt sowie mit Vorsatzschalen brand- und schallschutztechnisch ertüchtigt. Im Bad wurden die Wände teilweise gefliest. Eine Wangentreppe mit Holzstufen führt ins Turmgeschoss. In den Turmzimmern werden die, in Holzkonstruktion ausgeführten, Schlafebenen über Treppenschränke erschlossen. Die Böden sind im gesamten Objekt mit Trockenestrich, Fertigparkett, Fliesen und Teppichboden belegt. Der Dachspitz ist über eine Bodentreppe zugänglich. Durch die Entfernung einer Wand im OG mussten die Pfetten des Flachdachbereichs verstärkt werden, damit diese auch ohne Zwischenauflager halten. Das Turmdach und der gesamte Dachbereich der Wohnung wurden gedämmt und erhielten eine GK-Bekleidung. Im Flachdachbereich sorgen neue Flachdachfenster für Lichteinfall. Es wurden abgehängte Decken eingebaut. Wand- und Deckenflächen wurden beschichtet.

Technische Anlagen

Für das Bad wurden im darunterliegenden Geschoss neue Wasserleitungen unter der Decke verlegt, und die Sanitärobjekte erneuert. Eine Gastherme sowie eine Fußbodenheizung wurden eingebaut. Das Wohnzimmer erhielt zusätzlich einen Gaskamin. Die Wohnung wurde mit neuer Elektrotechnik, Beleuchtung und einer Alarmanlage ausgestattet.

Sonstiges

Die Kosten für die Bodentreppe sind nicht in der Doku enthalten.

Planungskennwerte für Flächen und Rauminhalte nach DIN 277

Flächen des Grundstücks		Menge Einheit	% an GF
BF	Bebaute Fläche	–	–
UF	Unbebaute Fläche	–	–
GF	Grundstücksfläche	–	–

Grundflächen des Bauwerks		Menge Einheit	% an NUF	% an BGF
NUF	Nutzungsfläche	135,95 m²	100,0	68,6
TF	Technikfläche	–	–	–
VF	Verkehrsfläche	6,56 m²	4,8	3,3
NRF	Netto-Raumfläche	142,51 m²	104,8	71,9
KGF	Konstruktions-Grundfläche	55,74 m²	41,0	28,1
BGF	Brutto-Grundfläche	198,25 m²	145,8	100,0

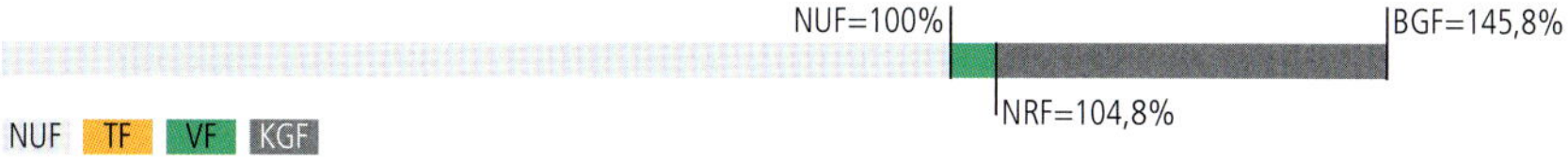

Brutto-Rauminhalt des Bauwerks		Menge Einheit	BRI/NUF (m)	BRI/BGF (m)
BRI	Brutto-Rauminhalt	434,00 m³	3,19	2,19

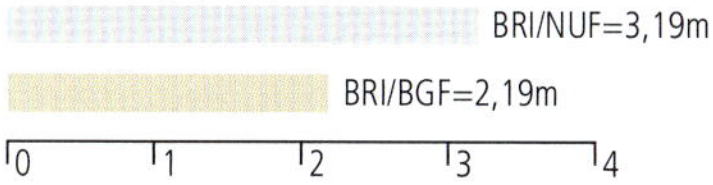

Lufttechnisch behandelte Flächen	Menge Einheit	% an NUF	% an BGF
Entlüftete Fläche	–	–	–
Be- und entlüftete Fläche	–	–	–
Teilklimatisierte Fläche	–	–	–
Klimatisierte Fläche	–	–	–

KG	Kostengruppen (2. Ebene)	Menge Einheit	Menge/NUF	Menge/BGF
310	Baugrube / Erdbau	–	–	–
320	Gründung, Unterbau	–	–	–
330	Außenwände/Vertikale Baukonstruktionen, außen	56,71 m² AWF	0,42	0,29
340	Innenwände/Vertikale Baukonstruktionen, innen	168,00 m² IWF	1,24	0,85
350	Decken/Horizontale Baukonstruktionen	131,46 m² DEF	0,97	0,66
360	Dächer	151,06 m² DAF	1,11	0,76

6100-1609
Dachgeschoss-
wohnung
Turmzimmer

Umbau

Kostenkennwerte für die Kostengruppen der 1.Ebene DIN 276

KG	Kostengruppen (1.Ebene)	Einheit	Kosten €	€/Einheit	€/m² BGF	€/m³ BRI	% 300+400
100	Grundstück	m² GF	–	–	–	–	–
200	Vorbereitende Maßnahmen	m² GF	–	–	–	–	–
300	Bauwerk – Baukonstruktionen	m² BGF	381.182	1.922,73	1.922,73	878,30	69,2
400	Bauwerk – Technische Anlagen	m² BGF	169.793	856,46	856,46	391,23	30,8
	Bauwerk 300+400	**m² BGF**	**550.975**	**2.779,19**	**2.779,19**	**1.269,53**	**100,0**
500	Außenanlagen und Freiflächen	m² AF	–	–	–	–	–
600	Ausstattung und Kunstwerke	m² BGF	6.099	30,76	30,76	14,05	1,1
700	Baunebenkosten	m² BGF	–	–	–	–	–
800	Finanzierung	m² BGF	–	–	–	–	–

KG	Kostengruppe	Menge Einheit	Kosten €	€/Einheit	%
3+4	**Bauwerk**				**100,0**
300	**Bauwerk – Baukonstruktionen**	198,25 m² BGF	381.182	**1.922,73**	69,2

• Abbrechen (Kosten: 10,1%) 38.376
Abbruch von Fenstern; GK-Vorsatzschalen; Fußbodenaufbauten; Lichtkuppeln, Dachschalung, Bitumenbahnen, Dunstrohr, Dachbekleidungen; Entkernung der Wohnung; Entsorgung, Deponiegebühren

• Wiederherstellen (Kosten: 2,4%) 9.270
Wohnungstür innenseitig neu beschichten; Loggiageländer säubern, lackieren; Holzbalken bebeilen, Holzschutzmittel auftragen, Dachgaube: Dachfläche aufdecken, Blech entfernen, Balken anpassen, Rinne, Kehle erstellen, Dach eindecken, Kopfband ändern, Dunstrohr eindichten, Dachziegel austauschen

• Herstellen (Kosten: 87,5%) 333.536
Holzfenster-/türen, Glasbausteine, Fassadenbeschichtung; GK-Ständerwände, Holztüren, Innenfenster, Putz, GK-Vorsatzschalen, Wandfliesen, Beschichtung; Schlafebenen, OSB-Platten, Wangentreppe, Stufen vor Tür, OSB-Platte im Dachspitz, Dämmausgleichsestrich, OSB-Platten, Trockenestrich, Fertigparkett, Bodenfliesen, Teppichboden, Terrassenfliesen, GKF-Decken, Treppenschränke; Zwischensparrendämmung, Flachdachfenster, Dachabdichtung, Titanzink-Bekleidung, GKF-Bekleidung, Beschichtung, Solar-Markisen; Einbaumöbel

KG	Kostengruppe	Menge Einheit	Kosten €	€/Einheit	%
400	**Bauwerk – Technische Anlagen**	198,25 m² BGF	169.793	**856,46**	30,8

• Abbrechen (Kosten: 1,7%) 2.803
Abbruch von Elektroinstallationen; Sat-Schüssel; Wandtherme, Heizkörper, Badausstattung, Wasser- und Heizungsleitungen; Entsorgung, Deponiegebühren

• Wiederherstellen (Kosten: 0,9%) 1.476
Gaszähler demontieren, lagern, wieder montieren, Kupferanschlussleitung zur Therme; Ändern von Leitungsführung, Schalter, Schalterdose; Türsprechstelle versetzen

• Herstellen (Kosten: 97,5%) 165.514
Abwasserleitungen, Kalt- und Warmwasserleitungen, Sanitärobjekte; Gastherme, Heizungsrohre, Fußbodenheizung, Heizkörper, Gaskamin; Einzelraumlüfter; Elektroinstallation, Beleuchtung; Wohnungssprechstellen, Sat-Anlage, Funk-Alarmanlage, Datenübertragungsnetz

KG	Kostengruppe	Menge Einheit	Kosten €	€/Einheit	%
600	**Ausstattung und Kunstwerke**	198,25 m² BGF	6.099	**30,76**	1,1

• Herstellen (Kosten: 100,0%) 6.099
Spiegelschrank, Waschtischunterbau, Dusch-Pendeltür, Spiegel

Kostenkennwerte für die Kostengruppen der 2.Ebene DIN 276

KG	Kostengruppe	Menge Einheit	Kosten €	€/Einheit	%
300	**Bauwerk – Baukonstruktionen**				**100,0**
330	**Außenwände/Vert. Baukonstrukt., außen**	56,71 m2 AWF	39.804	**701,90**	10,4
	• Abbrechen (Kosten: 2,5%) Abbruch von Fenstern (20m2); Entsorgung, Deponiegebühren	19,71 m2 AWF	1.009	**51,20**	
	• Herstellen (Kosten: 97,5%) Holzfenster (16m2), Holzfenstertür (2m2), mit Aufsatzrollladen (2m2), Reed-Kontakte (psch), abschließbare Oliven (14St), Insektenschutz-Spannrahmen (7m2), Insektenschutz-Drehtüren (2m2), Glasbausteine (1m2), Absturzsicherung herausnehmbar (1St), Fensterbänke (psch), Austrittsblech (1St) * Fassadenbeschichtung (14m2) * Putz (23m2), GK-Vorsatzschalen (3m2), Bekleidung von Holzbalken (7St), Wandfliesen (2m2), Beschichtung (35m2) * Aufsatzrollladen (2m2) * Handlauf (4m)	56,71 m2 AWF	38.795	**684,10**	
340	**Innenwände/Vert. Baukonstrukt., innen**	168,00 m2 IWF	71.116	**423,31**	18,7
	• Abbrechen (Kosten: 3,0%) Abbruch von GK-Vorsatzschalen (psch); Entsorgung, Deponiegebühren	–	2.100	–	
	• Wiederherstellen (Kosten: 0,1%) Wohnungstür innenseitig abschleifen, reinigen, beschichten, Weißlack (2m2)	1,88 m2 IWF	104	**55,38**	
	• Herstellen (Kosten: 96,9%) Kernbohrungen (13St) * GK-Ständerwände (33m2), GKF-Ständerwand (6m2), Laibungen in Nischen (41m), Türsturz einbauen (psch) * Holzzargen, Holztürblätter (11m2), Tür-Oberlicht (1m2), Kippfenster (1m2) * Putz (86m2), Abdichtung (17m2), Wandfliesen (26m2), GK-Vorsatzschalen (55m2), GK-Verkofferungen (18m), Beschichtung (139m2)	166,12 m2 IWF	68.912	**414,83**	
350	**Decken/Horizontale Baukonstruktionen**	131,46 m2 DEF	102.352	**778,58**	26,9
	• Abbrechen (Kosten: 8,4%) Abbruch von Fußbodenaufbauten (psch); Entsorgung, Deponiegebühren	105,73 m2 DEF	8.555	**80,91**	
	• Wiederherstellen (Kosten: 0,1%) Loggiageländer säubern, lackieren (psch)	–	144	–	
	• Herstellen (Kosten: 91,5%) Schlafebenen, KVH, OSB-Platten (14m2), Wangentreppe mit Zwischenpodest (4m2), Stufen vor Tür (1m2), OSB-Platte, Dachspitz (5m2) * PS-Dämmausgleichsestrich, OSB-Platten (82m2), Trockenestrichplatten (115m2), Gefälleestrich (1m2), Fertigparkett (82m2), Bodenfliesen (21m2), Teppichboden, bauseits (13m2), Stahl-Kaminblech (1St), Terrassenfliesen (3m2) * GKF-Decken (50m2), F30-Bekleidung (3m), Beschichtung (60m2) * Treppenschränke zu Schlafebenen (3m2)	131,46 m2 DEF	93.654	**712,41**	

6100-1609
Dachgeschoss-
wohnung
Turmzimmer

Umbau

KG	Kostengruppe	Menge Einheit	Kosten €	€/Einheit	%
360	**Dächer**	151,06 m² DAF	103.468	**684,95**	27,1
	• Abbrechen (Kosten: 5,8%) Abbruch von Lichtkuppeln (2m²) * Dachschalung, Bitumenbahnen (4St), Dunstrohr, Öffnung vergrößern (1St) * Dachbekleidungen (psch); Entsorgung, Deponiegebühren	–	5.959	–	
	• Wiederherstellen (Kosten: 8,7%) Holzbalken bebeilen, Holzschutzmittel auftragen (psch), Dachgaube: Dachfläche aufdecken, Blech entfernen, Balken abbrechen, neuen Balken zuschneiden, anpassen, Rinne, Kehle erstellen, Dach eindecken (1St), Kopfband ändern (1St) * Bestands-Dunstrohr eindichten (1St), Dachziegel austauschen (2St)	–	9.022	–	
	• Herstellen (Kosten: 85,5%) Zwischensparrendämmung, Mineralfaser (128m²), Wechsel einbauen (3St), Balken, KVH anlaschen (3St) * Kunststoff-Flachdachfenster (3m²), Bohlenkranz (15m) * Flachdachfenster eindichten (4St), Dachhaut öffnen, Dunstrohre montieren, eindichten (6St), Öffnung herstellen, eindichten (1St), Titanzink-Bekleidung, Gaubenlaibungen (psch) * Dampfsperre (127m²), GKF-Bekleidung (80m²), GK-Bekleidung (17m²), GKF-Decken (44m²), Beschichtung (148m²) * Solar-Hitzeschutzmarkisen (3m²)	151,06 m² DAF	88.487	**585,77**	
380	**Baukonstruktive Einbauten**	198,25 m² BGF	26.870	**135,54**	7,0
	• Herstellen (Kosten: 100,0%) Einbauschrank mit Schreibtisch (1St), Einbauregale, Unterschrank in Trockenbauwänden (psch), Holzkonstruktion, Waschmaschinenüberbau/Wickeltisch (psch), Einbaurahmen für Spiegelschrank (1St)	198,25 m² BGF	26.870	**135,54**	
390	**Sonst. Maßnahmen für Baukonstrukt.**	198,25 m² BGF	37.570	**189,51**	9,9
	• Abbrechen (Kosten: 55,2%) Entkernung von Wohnung (psch); Entsorgung, Deponiegebühren	198,25 m² BGF	20.754	**104,68**	
	• Herstellen (Kosten: 44,8%) Baustelleneinrichtung Hauptgewerk (1St), Nebengewerke (4St), Kran (1St), Hochlogistik (3h), Baustellen-WC (1St) * Doppelbockgerüst (1St), Balkonschrägschutz (1St) * Dachkonstruktion abfangen, Deckenstützen (psch) * Parkett abdecken (88m²), Treppenhaus reinigen (4h) * Bekleidung von neu verlegten Wasserleitungen im darunterliegenden Geschoss an der Decke: GK-Decken, Rohrdämmung (psch), GK-Abkofferung (psch), Beschichtung	198,25 m² BGF	16.817	**84,83**	
400	**Bauwerk – Technische Anlagen**				**100,0**
410	**Abwasser-, Wasser-, Gasanlagen**	198,25 m² BGF	24.141	**121,77**	14,2
	• Herstellen (Kosten: 100,0%) PP-MD-Rohre (psch), an Dachhaube anschließen (1St) * Edelstahl-Kaltwasserstrang, Strang in Gästebad verlängern, Rohrdämmung (1St), Gartensprengleitung, Gartensprengwasserzähler (1St), Absperr-Wasserzähler (1St), Waschmaschinenanschluss (1St), Küchenspülenanschluss (1St), Möbel-Waschtisch (1St), Handwaschbecken (1St), WCs (2St), Duschrinne (1St), Brauseset (1St), Badewanne (1St), Außenarmatur (1St) * Montagelemente (2St)	198,25 m² BGF	24.141	**121,77**	

KG	Kostengruppe	Menge Einheit	Kosten €	€/Einheit	%
420	**Wärmeversorgungsanlagen**	198,25 m²BGF	89.220	**450,04**	52,5
	• Wiederherstellen (Kosten: 0,6%) Gaszähler demontieren, lagern, wieder montieren, Kupferanschlussleitung zur Therme (1St)	198,25 m²BGF	532	**2,68**	
	• Herstellen (Kosten: 99,4%) Gastherme (1St), Kupferleitungen (1St), Steuerung, Bedienung per App (1St), Montageeinheit, Gaszweirohrzähler (1St) * Edelstahl-Rohre (1St) * Fußbodenheizung: EPS-Verlegeplatte (115m²), PE-Xc-Rohre (960m), Stellantriebe (8St), Raumregler, smart (8St), BUS/Funk-Hybridlösung (2St), Heizungsleitungen (25m), Heizkörper (1St), Gaskamineinsatz, Anbauwand isolieren, Kamineinsatz mit Brandschutzplatten ummauern, verputzen, Abgasrohr in F90 Kanal (psch) * AZ-Dachdurchführung (1St), Abgasanschluss, bauseitige Dachhaube (1St)	198,25 m²BGF	88.688	**447,35**	
430	**Raumlufttechnische Anlagen**	198,25 m²BGF	270	**1,36**	0,2
	• Herstellen (Kosten: 100,0%) Einzelraumlüfter (1St)	198,25 m²BGF	270	**1,36**	
440	**Elektrische Anlagen**	198,25 m²BGF	31.677	**159,78**	18,7
	• Abbrechen (Kosten: 2,5%) Abbruch von Elektroinstallationen (psch); Entsorgung, Deponiegebühren	198,25 m²BGF	801	**4,04**	
	• Wiederherstellen (Kosten: 2,8%) Ändern von Leitungsführung (9h), Schalter (psch), Schalterdose (1h)	198,25 m²BGF	883	**4,45**	
	• Herstellen (Kosten: 94,7%) Unterverteilung (1St), Kleinverteiler (1St), FI-Schutzschalter (3St), Sicherungen (21St), Lasttrennschalter (1St), Mantelleitung (18m), Erdkabel (psch), Installationsrohre (50m), Einziehdrähte (100m), Steckdosen (114St), Dimmer (6St), Schalter (26St), Decken-/Wandauslässe (30St), Stromkreiszuleitungen (13St), Herdanschlussdose (1St), Jalousieanschlüsse (4St), Anschlussarbeiten * Einbauspots (30St), Klemmleuchte (1St), Wandleuchte (1St) * Potenzialausgleich (1St)	198,25 m²BGF	29.994	**151,29**	
450	**Kommunikationstechnische Anlagen**	198,25 m²BGF	22.291	**112,44**	13,1
	• Abbrechen (Kosten: 0,7%) Abbruch von Sat-Schüssel (psch); Entsorgung, Deponiegebühren	198,25 m²BGF	160	**0,81**	
	• Wiederherstellen (Kosten: 0,3%) Türsprechstelle versetzen (1St)	198,25 m²BGF	62	**0,31**	
	• Herstellen (Kosten: 99,0%) Wohnungssprechstellen (2St), Verkabelung zweite Sprechstelle (1St) * Sat-Anlage (psch), Sat-Kabel (5St), Antennenanschlussdosen, Kabel (6St), Kabelzuleitung (psch), Netzwerkanschlusskabel (1St) * Funk-Alarmzentrale (1St), Bus-LCD-Bedienteil (1St), BUS-Innensirene (1St), Bus-Module (18St), Netzwerk-Videorekorder (1St), Festplatte (1St), Netzwerk-Kamera (1St), Verkabelung Fensterkontakte (18St), Rauchmelder (8St) * Netzwerkschrank (1St), Patchpanel (2St), Datenanschlussdosen Cat6, Netzwerkkabel, Leerrohre (25St), Kabelzuleitungen (psch)	198,25 m²BGF	22.069	**111,32**	

6100-1609
Dachgeschoss-
wohnung
Turmzimmer

Umbau

KG	Kostengruppe	Menge Einheit	Kosten €	€/Einheit	%
490	**Sonst. Maßnahmen für techn. Anlagen**	198,25 m² BGF	2.194	**11,07**	1,3
	• Abbrechen (Kosten: 84,0%) Abbruch von Wandtherme, Heizkörper, Badausstattung, Wasser- und Heizungsleitungen; Entsorgung, Deponiegebühren	198,25 m² BGF	1.842	**9,29**	
	• Herstellen (Kosten: 16,0%) Baustellenfassungen, LED-Lampen (16St)	198,25 m² BGF	352	**1,77**	
600	**Ausstattung und Kunstwerke**				**100,0**
610	**Allgemeine Ausstattung**	198,25 m² BGF	6.099	**30,76**	100,0
	• Herstellen (Kosten: 100,0%) LED-Spiegelschrank 100x70x16cm, zweitürig, zwei Steckdosen (1St), Waschtischunterbau 52x93,5x38,5cm, zwei Schubläden (1St), Dusch-Pendeltür, ESG, 80x200cm (1St), Spiegel 80x50cm (1St)	198,25 m² BGF	6.099	**30,76**	

Kostenkennwerte für die Kostengruppen 300 der 2. und 3.Ebene DIN 276 (Übersicht)

KG	Kostengruppe	Menge Einheit	Kosten €	€/Einheit	% an 3+4
300	**Bauwerk – Baukonstruktionen**	**198,25 m² BGF**	**381.181,72**	**1.922,73**	**69,2**
310	**Baugrube / Erdbau**	**–**	**–**	**–**	**–**
311	Herstellung	–	–	–	–
312	Umschließung	–	–	–	–
313	Wasserhaltung	–	–	–	–
314	Vortrieb	–	–	–	–
319	Sonstiges zur KG 310	–	–	–	–
320	**Gründung, Unterbau**	**–**	**–**	**–**	**–**
321	Baugrundverbesserung	–	–	–	–
322	Flachgründungen und Bodenplatten	–	–	–	–
323	Tiefgründungen	–	–	–	–
324	Gründungsbeläge	–	–	–	–
325	Abdichtungen und Bekleidungen	–	–	–	–
326	Dränagen	–	–	–	–
329	Sonstiges zur KG 320	–	–	–	–
330	**Außenwände/Vert. Baukonstrukt., außen**	**56,71 m² AWF**	**39.804,49**	**701,90**	**7,2**
331	Tragende Außenwände	–	–	–	–
332	Nichttragende Außenwände	–	–	–	–
333	Außenstützen	–	–	–	–
334	Außenwandöffnungen	19,71 m²	34.803,65	1.765,79	6,3
335	Außenwandbekleidungen, außen	13,95 m²	128,13	9,18	< 0,1
336	Außenwandbekleidungen, innen	37,00 m²	3.391,79	91,67	0,6
337	Element. Außenwandkonstruktionen	–	–	–	–
338	Lichtschutz zur KG 330	1,76 m²	1.128,53	641,21	0,2
339	Sonstiges zur KG 330	56,71 m² AWF	352,37	6,21	< 0,1
340	**Innenwände/Vert. Baukonstrukt., innen**	**168,00 m² IWF**	**71.116,10**	**423,31**	**12,9**
341	Tragende Innenwände	–	1.261,47	–	0,2
342	Nichttragende Innenwände	38,58 m²	13.318,04	345,21	2,4
343	Innenstützen	–	–	–	–
344	Innenwandöffnungen	13,65 m²	25.141,08	1.841,84	4,6
345	Innenwandbekleidungen	165,56 m²	31.395,49	189,63	5,7
346	Elementierte Innenwandkonstruktionen	–	–	–	–
347	Lichtschutz zur KG 340	–	–	–	–
349	Sonstiges zur KG 340	–	–	–	–
350	**Decken/Horizontale Baukonstruktionen**	**131,46 m² DEF**	**102.352,50**	**778,58**	**18,6**
351	Deckenkonstruktionen	23,16 m²	13.207,28	570,26	2,4
352	Deckenöffnungen	–	–	–	–
353	Deckenbeläge	119,08 m²	63.325,42	531,79	11,5
354	Deckenbekleidungen	60,40 m²	11.436,89	189,35	2,1
355	Elementierte Deckenkonstruktionen	2,78 m²	14.238,77	5.121,86	2,6
359	Sonstiges zur KG 350	131,46 m² DEF	144,16	1,10	< 0,1
360	**Dächer**	**151,06 m² DAF**	**103.467,92**	**684,95**	**18,8**
361	Dachkonstruktionen	127,21 m²	24.099,77	189,45	4,4
362	Dachöffnungen	2,99 m²	13.717,56	4.587,81	2,5
363	Dachbeläge	–	13.659,30	–	2,5
364	Dachbekleidungen	148,07 m²	49.259,01	332,67	8,9
365	Elementierte Dachkonstruktionen	–	–	–	–
366	Lichtschutz zur KG 360	2,99 m²	2.732,27	913,80	0,5
369	Sonstiges zur KG 360	–	–	–	–
370	**Infrastrukturanlagen**	**–**	**–**	**–**	**–**
380	**Baukonstruktive Einbauten**	**198,25 m² BGF**	**26.870,49**	**135,54**	**4,9**
390	**Sonst. Maßnahmen für Baukonstrukt.**	**198,25 m² BGF**	**37.570,24**	**189,51**	**6,8**

6100-1609
Dachgeschoss-
wohnung
Turmzimmer

Umbau

Kostenkennwerte für die Kostengruppen 400 der 2. und 3. Ebene DIN 276 (Übersicht)

KG	Kostengruppe	Menge Einheit	Kosten €	€/Einheit	% an 3+4
400	**Bauwerk – Technische Anlagen**	**198,25 m²BGF**	**169.793,27**	**856,46**	**30,8**
410	**Abwasser-, Wasser-, Gasanlagen**	**198,25 m²BGF**	**24.141,02**	**121,77**	**4,4**
411	Abwasseranlagen	198,25 m²BGF	2.679,28	13,51	0,5
412	Wasseranlagen	198,25 m²BGF	20.836,89	105,10	3,8
413	Gasanlagen	–	–	–	–
419	Sonstiges zur KG 410	198,25 m²BGF	624,84	3,15	0,1
420	**Wärmeversorgungsanlagen**	**198,25 m²BGF**	**89.220,31**	**450,04**	**16,2**
421	Wärmeerzeugungsanlagen	198,25 m²BGF	14.052,14	70,88	2,6
422	Wärmeverteilnetze	198,25 m²BGF	1.139,59	5,75	0,2
423	Raumheizflächen	198,25 m²BGF	73.266,76	369,57	13,3
424	Verkehrsheizflächen	–	–	–	–
429	Sonstiges zur KG 420	198,25 m²BGF	761,81	3,84	0,1
430	**Raumlufttechnische Anlagen**	**198,25 m²BGF**	**270,17**	**1,36**	**< 0,1**
431	Lüftungsanlagen	198,25 m²BGF	270,17	1,36	< 0,1
432	Teilklimaanlagen	–	–	–	–
433	Klimaanlagen	–	–	–	–
434	Kälteanlagen	–	–	–	–
439	Sonstiges zur KG 430	–	–	–	–
440	**Elektrische Anlagen**	**198,25 m²BGF**	**31.676,92**	**159,78**	**5,7**
441	Hoch- und Mittelspannungsanlagen	–	–	–	–
442	Eigenstromversorgungsanlagen	–	–	–	–
443	Niederspannungsschaltanlagen	–	–	–	–
444	Niederspannungsinstallationsanlagen	198,25 m²BGF	28.889,27	145,72	5,2
445	Beleuchtungsanlagen	198,25 m²BGF	2.715,58	13,70	0,5
446	Blitzschutz- und Erdungsanlagen	198,25 m²BGF	72,07	0,36	< 0,1
447	Fahrleitungssysteme	–	–	–	–
449	Sonstiges zur KG 440	–	–	–	–
450	**Kommunikationstechnische Anlagen**	**198,25 m²BGF**	**22.290,81**	**112,44**	**4,0**
451	Telekommunikationsanlagen	–	–	–	–
452	Such- und Signalanlagen	198,25 m²BGF	413,62	2,09	< 0,1
453	Zeitdienstanlagen	–	–	–	–
454	Elektroakustische Anlagen	–	–	–	–
455	Audiovisuelle Medien- u. Antennenanl.	198,25 m²BGF	4.327,73	21,83	0,8
456	Gefahrenmelde- und Alarmanlagen	198,25 m²BGF	10.222,54	51,56	1,9
457	Datenübertragungsnetze	198,25 m²BGF	7.326,90	36,96	1,3
458	Verkehrsbeeinflussungsanlagen	–	–	–	–
459	Sonstiges zur KG 450	–	–	–	–
460	**Förderanlagen**	**–**	**–**	**–**	**–**
461	Aufzugsanlagen	–	–	–	–
462	Fahrtreppen, Fahrsteige	–	–	–	–
463	Befahranlagen	–	–	–	–
464	Transportanlagen	–	–	–	–
465	Krananlagen	–	–	–	–
466	Hydraulikanlagen	–	–	–	–
469	Sonstiges zur KG 460	–	–	–	–
470	**Nutzungsspez. u. verfahrenstechn. Anl.**	**–**	**–**	**–**	**–**
480	**Gebäude- und Anlagenautomation**	**–**	**–**	**–**	**–**
490	**Sonst. Maßnahmen für techn. Anlagen**	**198,25 m²BGF**	**2.194,06**	**11,07**	**0,4**

Kostenkennwerte für die Kostengruppen der 3.Ebene DIN 276

KG	Kostengruppe	Menge Einheit	Kosten €	€/Einheit	%
330	**Außenwände/Vertikale Baukonstruktionen, außen**				**100,0**
334	**Außenwandöffnungen**	19,71 m²	34.804	**1.765,79**	87,4
	• Abbrechen (Kosten: 2,9%) Abbruch von Fenstern (20m²); Entsorgung, Deponiegebühren	19,71 m²	1.009	**51,20**	
	• Herstellen (Kosten: 97,1%) Holzfenster, Ug=0,7W/m²K, Drehkipp, ein-/zweiflüglig (11m²), mit Sonnenschutzglas, UG=0,6W/m²K (5m²), Holzfenstertür (2m²), mit Sonnenschutzglas, Aufsatzrollladen (2m²), Reed-Kontakte (psch), abschließbare Oliven (14St), Insektenschutz-Spannrahmen (7m²), Insektenschutz-Drehtüren (2m²), Glasbausteine (1m²), Absturzsicherung, l=1,47m, herausnehmbar (1St), Fensterbänke, außen, Alu (10St), innen, Holz (psch), Austritt, Alu-Riffelblech (1St)	19,71 m²	33.795	**1.714,59**	
335	**Außenwandbekleidungen, außen**	13,95 m²	128	**9,18**	0,3
	• Herstellen (Kosten: 100,0%) Fassadenbeschichtung, Loggia (14m²)	13,95 m²	128	**9,18**	
336	**Außenwandbekleidungen, innen**	37,00 m²	3.392	**91,67**	8,5
	• Herstellen (Kosten: 100,0%) Trockenputz (19m²), Innenputz (4m²), GK-Vorsatzschalen, doppelt beplankt, Dämmung, d=40mm, d=12,5cm (3m²), Bekleidung von Holzbalken (7St), Abdichtung, Wandfliesen (2m²), Dispersionsbeschichtung (35m²)	37,00 m²	3.392	**91,67**	
338	**Lichtschutz zur KG 330**	1,76 m²	1.129	**641,21**	2,8
	• Herstellen (Kosten: 100,0%) Aufsatzrollladen, Motorantrieb (2m²)	1,76 m²	1.129	**641,21**	
339	**Sonstiges zur KG 330**	56,71 m² AWF	352	**6,21**	0,9
	• Herstellen (Kosten: 100,0%) Holzhandlauf, D=40mm, Edelstahl-Wandhalter (4m)	56,71 m² AWF	352	**6,21**	
340	**Innenwände/Vertikale Baukonstruktionen, innen**				**100,0**
341	**Tragende Innenwände**	–	1.261	**–**	1,8
	• Herstellen (Kosten: 100,0%) Kernbohrungen, D=40-120mm (13St)	–	1.261	**–**	
342	**Nichttragende Innenwände**	38,58 m²	13.318	**345,21**	18,7
	• Herstellen (Kosten: 100,0%) GK-Ständerwände 53dB, d=12,5cm, beidseitig doppelt beplankt, Dämmung, d=60mm (33m²), GKF-Ständerwand, d=12,5cm, beidseitig doppelt beplankt, Dämmung, d=60mm (6m²), Laibungen in Nischen (41m), Türsturz einbauen (psch)	38,58 m²	13.318	**345,21**	

KG	Kostengruppe	Menge Einheit	Kosten €	€/Einheit	%
344	**Innenwandöffnungen**	13,65 m²	25.141	**1.841,84**	35,4
	• Wiederherstellen (Kosten: 0,4%) Wohnungstür innenseitig abschleifen, reinigen, beschichten, Weißlack (2m²)	1,88 m²	104	**55,38**	
	• Herstellen (Kosten: 99,6%) Holzzargen, Holztürblätter, Oberfläche Weißlack (3m²), als Schallschutztüren 37dB (8m²), Tür-Oberlicht (1m²), Kippfenster (1m²), Drückergarnituren (6St)	11,77 m²	25.037	**2.127,18**	
345	**Innenwandbekleidungen**	165,56 m²	31.395	**189,63**	44,1
	• Abbrechen (Kosten: 6,7%) Abbruch von GK-Vorsatzschalen (psch); Entsorgung, Deponiegebühren	–	2.100	**–**	
	• Herstellen (Kosten: 93,3%) Innenputz (86m²), Schornsteintiefenimprägnierung (1St), Abdichtung (17m²), Wandfliesen (26m²), GK-Vorsatzschalen, d=12,5cm, doppelt beplankt, Dämmung, d=40mm (55m²), GK-Verkofferungen, zwei-dreiseitig, doppelt beplankt, Dämmung, d=40mm (18m), Dispersionsbeschichtung (139m²)	165,56 m²	29.296	**176,95**	
350	**Decken/Horizontale Baukonstruktionen**				**100,0**
351	**Deckenkonstruktionen**	23,16 m²	13.207	**570,26**	12,9
	• Herstellen (Kosten: 100,0%) Schlafebenen, KVH, OSB-Platten, d=30mm (14m²), eingestemmte halbgewendelte Wangentreppe mit Zwischenpodest, 14Stg, b=80cm, Wangen, Verbundwerkstoff beschichtet, Tritt-/Setzstufen/Podest, Eiche, durchgehende Lamelle, geölt (4m²), Stufen vor Tür, 2Stg, b=95cm, Unterkonstruktion, Fertigparkett, Winkelschienen an Stufenvorderkante (1m²), OSB-Platte, d=28mm, im Dachspitz (5m²)	23,16 m²	13.207	**570,26**	
353	**Deckenbeläge**	119,08 m²	63.325	**531,79**	61,9
	• Abbrechen (Kosten: 13,5%) Abbruch von Fußbodenaufbauten (psch); Entsorgung, Deponiegebühren	105,73 m²	8.555	**80,91**	
	• Herstellen (Kosten: 86,5%) PS-Dämmausgleichsestrich, d=60mm, PE-Folie, OSB-Platten (82m²), Gipsfaser-Trockenestrichplatten, d=18mm (115m²), Gefälleestrich, d i.M 45mm (1m²), Fertigparkett (82m²), MDF-Sockel (110m), Abdichtung, Bodenfliesen (21m²), Fliesensockel (25m), Teppichboden, bauseits (13m²), Stahl-Kaminblech 48,5x145x1cm mit Ausschnitt (1St), Terrassenfliesen (3m²)	119,08 m²	54.771	**459,95**	
354	**Deckenbekleidungen**	60,40 m²	11.437	**189,35**	11,2
	• Herstellen (Kosten: 100,0%) GKF-Decken (25m²), zwischen Balkenlage mit Dämmauflage (25m²), F30 Stahlträger-Bekleidung, d=20mm (3m), GK-Deckenschürzen, h=44cm (16m), Revisionsklappen (2St), Dispersionsbeschichtung (60m²)	60,40 m²	11.437	**189,35**	
355	**Elementierte Deckenkonstruktionen**	2,78 m²	14.239	**5.121,86**	13,9
	• Herstellen (Kosten: 100,0%) Treppenschränke zu Schlafebenen, Holzwerkstoffplatten, beschichtet, je 11 Stg 20x21cm, b=60cm, Antrittspodest, sechs Schranktüren, vier Schubfächer, Stufen/Podest mit Holzbelag (3m²)	2,78 m²	14.239	**5.121,86**	
359	**Sonstiges zur KG 350**	131,46 m² DEF	144	**1,10**	0,1
	• Wiederherstellen (Kosten: 100,0%) Loggiageländer säubern, lackieren (psch)	–	144	**–**	

KG	Kostengruppe	Menge Einheit	Kosten €	€/Einheit	%
360	**Dächer**				**100,0**
361	**Dachkonstruktionen**	127,21 m²	24.100	**189,45**	23,3
	• Wiederherstellen (Kosten: 36,6%) Holzbalken bebeilen, Holzschutzmittel auftragen (psch), Dachgaube: Dachfläche aufdecken, Blech entfernen, Balken abbrechen, neuen Balken zuschneiden, anpassen, Rinne, Kehle erstellen, Dach eindecken (1St), Kopfband ändern (1St)	127,21 m²	8.821	**69,34**	
	• Herstellen (Kosten: 63,4%) Zwischensparrendämmung, Mineralfaser WLG 035, d=200mm (63m²), Zwischensparrendämmung, Mineralfaser WLG 035, d=200mm, und Sparren auffüllen, d=80mm (65m²), Wechsel einbauen, Füllhölzer 14x8cm (3St), Balken, KVH 10x20cm anlaschen (3St)	127,21 m²	15.278	**120,10**	
362	**Dachöffnungen**	2,99 m²	13.718	**4.587,81**	13,3
	• Abbrechen (Kosten: 9,1%) Abbruch von Lichtkuppeln 80x80cm (2m²); Entsorgung, Deponiegebühren	1,92 m²	1.249	**650,54**	
	• Herstellen (Kosten: 90,9%) Kunststoff-Flachdachfenster 60x90cm bis100x100cm (3m²), Randbohlen 24x14cm für Bohlenkranz (15m)	2,99 m²	12.469	**4.170,08**	
363	**Dachbeläge**	–	13.659	–	13,2
	• Abbrechen (Kosten: 28,8%) Abbruch von Dachschalung, Bitumenbahnen (4St), Dunstrohr, Öffnung vergrößern (1St); Entsorgung, Deponiegebühren	8,67 m²	3.929	**453,20**	
	• Wiederherstellen (Kosten: 1,5%) Bestands-Dunstrohr eindichten (1St), Dachziegel austauschen (2St)	–	201	–	
	• Herstellen (Kosten: 69,8%) Flachdachfenster eindichten, zweilagig, zusätzlich mit Flüssigkunststoff (4St), Dachhaut öffnen, Dunstrohre montieren, eindichten (6St), Öffnung herstellen für F90-Schacht, eindichten (1St), Titanzink-Bekleidung, Gaubenlaibungen (psch)	–	9.529	–	
364	**Dachbekleidungen**	148,07 m²	49.259	**332,67**	47,6
	• Abbrechen (Kosten: 1,6%) Abbruch von Dachbekleidungen (psch); Entsorgung, Deponiegebühren	–	781	–	
	• Herstellen (Kosten: 98,4%) Dampfsperre (127m²), GKF-Bekleidung, d=12,5mm (80m²), Laibungen (54m), GK-Bekleidung an Sparren und Pfetten (17m²), GKF-Decken (44m²), Revisionsklappen (2St), GK-Bekleidungen über Drempel (7St), Dispersionsbeschichtung (148m²)	148,07 m²	48.478	**327,40**	
366	**Lichtschutz zur KG 360**	2,99 m²	2.732	**913,80**	2,6
	• Herstellen (Kosten: 100,0%) Solar-Hitzeschutzmarkisen, vier Funk-Wandschalter (3m²)	2,99 m²	2.732	**913,80**	

6100-1609
Dachgeschoss-
wohnung
Turmzimmer

Umbau

KG	Kostengruppe	Menge Einheit	Kosten €	€/Einheit	%
380	**Baukonstruktive Einbauten**				**100,0**
381	**Allgemeine Einbauten**	198,25 m²BGF	26.870	**135,54**	100,0
	• Herstellen (Kosten: 100,0%) Schlafzimmer-Einbauschrank und Einbauschreibtisch, Schiebetüren, Drehtüren, Schubladen, Holzwerkstoffplatten, beschichtet (1St), Einbauregale, Unterschrank in Trockenbauwänden, Holzwerkstoffplatten, beschichtet (psch), Holzkonstruktion, Waschmaschinenüberbau/Wickeltisch (psch), Einbaurahmen für Spiegelschrank (1St)	198,25 m²BGF	26.870	**135,54**	
390	**Sonstige Maßnahmen für Baukonstruktionen**				**100,0**
391	**Baustelleneinrichtung**	198,25 m²BGF	8.113	**40,92**	21,6
	• Herstellen (Kosten: 100,0%) Baustelleneinrichtung Hauptgewerk (1St), Nebengewerke (4St), Kran (1St), Hochlogistik (3h), Baustellen-WC (1St)	198,25 m²BGF	8.113	**40,92**	
392	**Gerüste**	198,25 m²BGF	4.067	**20,52**	10,8
	• Herstellen (Kosten: 100,0%) Doppelbockgerüst (1St), Balkonschrägschutz (1St)	198,25 m²BGF	4.067	**20,52**	
393	**Sicherungsmaßnahmen**	198,25 m²BGF	468	**2,36**	1,2
	• Herstellen (Kosten: 100,0%) Dachkonstruktion abfangen, Deckenstützen (psch)	198,25 m²BGF	468	**2,36**	
394	**Abbruchmaßnahmen**	198,25 m²BGF	20.754	**104,68**	55,2
	• Abbrechen (Kosten: 100,0%) Entkernung von Wohnung (psch)	198,25 m²BGF	20.754	**104,68**	
397	**Zusätzliche Maßnahmen**	198,25 m²BGF	872	**4,40**	2,3
	• Herstellen (Kosten: 100,0%) Parkett abdecken (88m²), Treppenhaus reinigen (4h)	198,25 m²BGF	872	**4,40**	
399	**Sonstiges zur KG 390**	198,25 m²BGF	3.297	**16,63**	8,8
	• Herstellen (Kosten: 100,0%) Bekleidung von neu verlegten Wasserleitungen im darunterliegenden Geschoss an der Decke: GK-Decken, Mineralwollauflage, Rohrdämmung Abwasserrohr, Entlüftungsöffnungen (psch), GK-Abkofferung (psch), Dispersionsbeschichtung	198,25 m²BGF	3.297	**16,63**	
410	**Abwasser-, Wasser-, Gasanlagen**				**100,0**
411	**Abwasseranlagen**	198,25 m²BGF	2.679	**13,51**	11,1
	• Herstellen (Kosten: 100,0%) PP-MD-Rohre DN100, ab 2.OG, als Unterzug bis zur Therme, Strang zum Gästebad 3.OG, drei Brandschotts, DN50 Anschluss bodenebene Dusche (psch), DN70, an Dachhaube anschließen (1St)	198,25 m²BGF	2.679	**13,51**	

KG	Kostengruppe	Menge Einheit	Kosten €	€/Einheit	%
412	**Wasseranlagen**	198,25 m2 BGF	20.837	**105,10**	86,3
	• Herstellen (Kosten: 100,0%) Kaltwasserstrang ab 2.OG, Edelstahl DN25 als Unterzug zum neuen Standort Therme verlegen, Strang in Gästebad verlängern, Rohrdämmung (1St), Gartensprengleitung, Gartensprengwasserzähler (1St), Absperr-Wasserzähler (1St), Waschmaschinenanschluss (1St), Küchenspülenanschluss (1St), Möbel-Waschtisch (1St), Handwaschbecken (1St), WCs (2St), Duschrinne (1St), Brauseset mit Regendusche (1St), Badewanne (1St), Außenarmatur (1St)	198,25 m2 BGF	20.837	**105,10**	
419	**Sonstiges zur KG 410**	198,25 m2 BGF	625	**3,15**	2,6
	• Herstellen (Kosten: 100,0%) Montagelemente für WCs (2St)	198,25 m2 BGF	625	**3,15**	
420	**Wärmeversorgungsanlagen**				**100,0**
421	**Wärmeerzeugungsanlagen**	198,25 m2 BGF	14.052	**70,88**	15,7
	• Wiederherstellen (Kosten: 3,8%) Gaszähler demontieren, lagern, wieder montieren, Kupferanschlussleitung zur Therme (1St)	198,25 m2 BGF	532	**2,68**	
	• Herstellen (Kosten: 96,2%) Gastherme 25kW (1St), Kupfer-Gasleitungen DN25, Brandschutzdämmung (1St), Steuerung, Bedienung per App (1St), Montageeinheit für Gaszweirohrzähler (1St)	198,25 m2 BGF	13.520	**68,20**	
422	**Wärmeverteilnetze**	198,25 m2 BGF	1.140	**5,75**	1,3
	• Herstellen (Kosten: 100,0%) Edelstahl-Rohre DN20, Rohrdämmung, Brandschutzschale ab Therme als Unterzug (1St)	198,25 m2 BGF	1.140	**5,75**	
423	**Raumheizflächen**	198,25 m2 BGF	73.267	**369,57**	82,1
	• Herstellen (Kosten: 100,0%) Fußbodenheizung: EPS-Verlegeplatte WLG 035, d=30mm, Abdeckfolie (115m2), PE-Xc-Rohre (960m), Heizkreisverteiler, Verteilerschränke (2St), Stellantriebe (8St), Raumregler, smart (8St), Transformatoren (2St), BUS/Funk-Hybridlösung (2St), Heizungsleitungen (25m), Heizkörper (1St), dreiseitig verglaster Gaskamineinsatz, Fernbedienung, Anbauwand isolieren, Kamineinsatz mit Brandschutzplatten ummauern, verputzen, Kabelschächte isolieren, Abgasrohr 200/130mm in F90 Kanal 30x30cm (psch)	198,25 m2 BGF	73.267	**369,57**	
429	**Sonstiges zur KG 420**	198,25 m2 BGF	762	**3,84**	0,9
	• Herstellen (Kosten: 100,0%) AZ-Dachdurchführung, D=60/100mm (1St), Abgasanschluss an bauseitige Dachhaube (1St)	198,25 m2 BGF	762	**3,84**	
430	**Raumlufttechnische Anlagen**				**100,0**
431	**Lüftungsanlagen**	198,25 m2 BGF	270	**1,36**	100,0
	• Herstellen (Kosten: 100,0%) Einzelraumlüfter (1St)	198,25 m2 BGF	270	**1,36**	

6100-1623
Dachgeschoss-
wohnung

Umbau

Kostenkennwerte für die Kosten des Bauwerks (Kostengruppen 300+400 nach DIN 276)

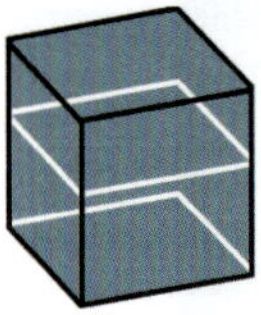

BRI 901 €/m³

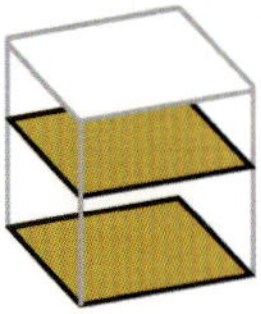

BGF 1.818 €/m²

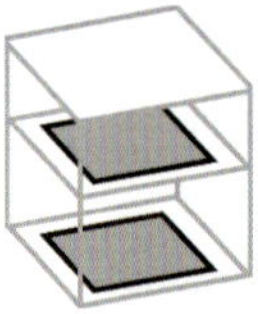

NUF 3.766 €/m²

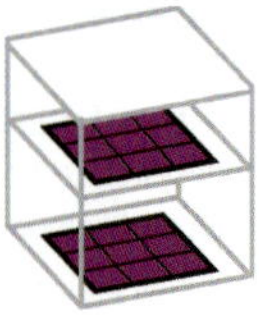

NE 5.280 €/NE

NE: Wohnfläche

Objekt:
Kennwerte: 3.Ebene DIN 276
BRI: 182 m³
BGF: 90 m²
NUF: 44 m²
Bauzeit: 31 Wochen
Bauende: 2022
Standard: einfach
Bundesland: Berlin
Kreis: Berlin, Stadt

Architekt*in:
werkArchitektur
Yvonne Werk
Berliner Straße 1
13507 Berlin

vorher

nachher

nachher

Umbau

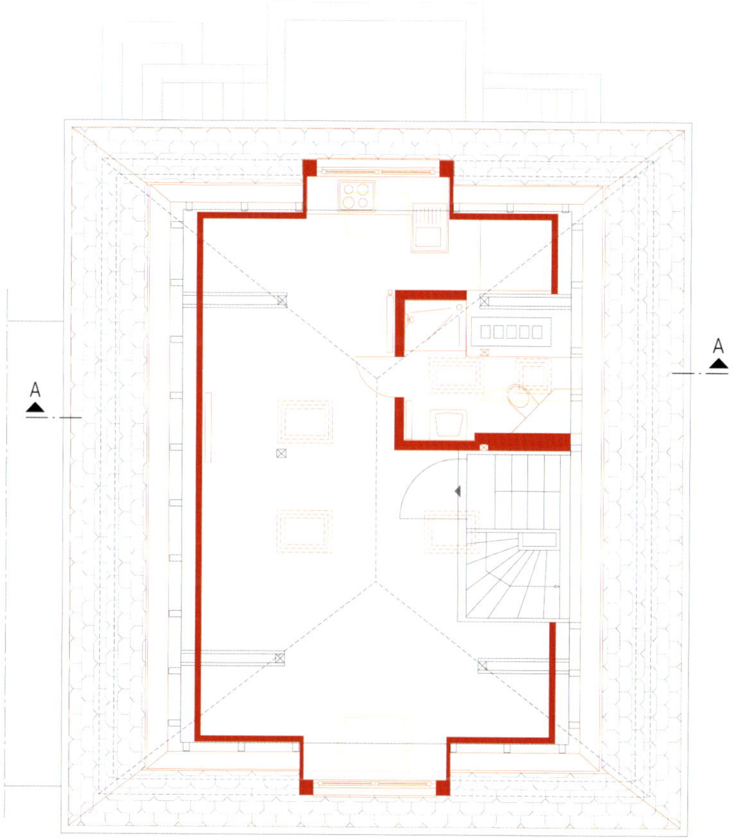

Dachgeschoss

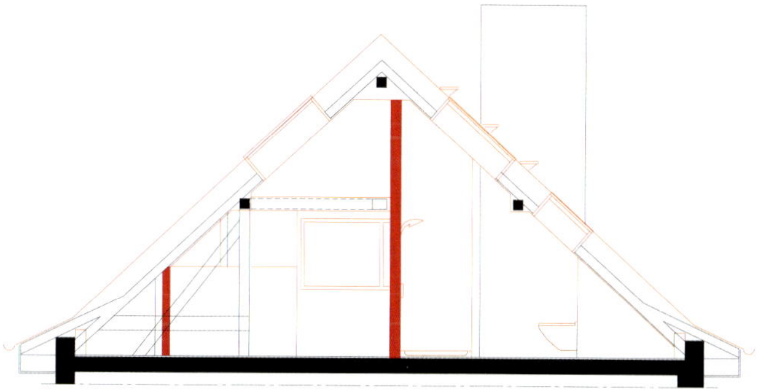

Schnitt A-A

6100-1623
Dachgeschoss-
wohnung

Umbau

Objektbeschreibung

Allgemeine Objektinformationen

Bei dem Bauvorhaben handelt es sich um den Ausbau eines Dachgeschosses zu einer Einraumwohnung mit Küche und Bad. Das Dachgeschoss ist Teil eines Einfamilienhauses aus den dreißiger Jahren mit Untergeschoss, Erdgeschoss und Obergeschoss.

Nutzung

1 Dachgeschoss
Wohnraum/Küche, Bad

Nutzeinheiten

Wohneinheiten: 1
Wohnfläche: 31 m²

Markt

Hauptvergabezeit: 1. Quartal 2022
Baubeginn: 1. Quartal 2022
Bauende: 4. Quartal 2022
Konjunkturelle Gesamtlage: über Durchschnitt
Regionaler Baumarkt: über Durchschnitt

Besonderer Kosteneinfluss Markt
Coronabedingt längere Bauzeit

Baubestand

Baujahr: 1936
Bauzustand: mittel
Aufwand: mittel
Grundrissänderungen: einige
Tragwerkseingriffe: einige
Nutzungsänderung: ja
Nutzung während der Bauzeit: ja

Baukonstruktion

Die neuen Innenwände wurden in Trockenbauweise errichtet. Die Wände wurden beschichtet und teilweise gefliest. Die vorhandene Fußbodendielung wurde abgebrochen, die Decke über dem 1.OG statisch ertüchtigt, höhenmäßig ausgeglichen und mit einem Unterboden aus OSB-Platten belegt. Im Wohnbereich kommt Fertigparkett, im Bad Bodenfliesen, zum Einsatz. Nach dem Abbruch der Ziegeleindeckung wurden Teile des Dachstuhls statisch verstärkt, mit einer Zwischensparren- und Aufdachdämmung energetisch ertüchtigt und mit Ziegeln neu eingedeckt. Zwei Gauben, straßenseitig als 2. Rettungsweg, gartenseitig als Raumgewinn für die Küche errichtet, erhalten Kunststofffenster und eine Stehfalzdeckung. Mehrere Dachflächenfenster bringen Tageslicht in die Räume. Über neue Dachrinnen und Fallrohre wird das Dach entwässert. Das gesamte Dachgeschoss wurde innenseitig mit Gipskarton bekleidet und beschichtet.

Technische Anlagen

Für Bad und Küchenbereich wurden Wasser- und Abwasserleitungen verlegt und an den Bestand angeschlossen sowie Sanitärobjekte eingebaut. Heizungsleitungen wurden verlegt und durch einen freigegebenen Schonsteinzug an die bestehende Heizanlage im Untergeschoss angeschlossen. Die Wärmeverteilung erfolgt über Heizkörper. Die Wohnung wurde mit neuer Elektrotechnik, einem TV-Anschluss und einer Datenanschlussdose ausgestattet. Ein Rauchmelder wurde angebracht.

Planungskennwerte für Flächen und Rauminhalte nach DIN 277

Flächen des Grundstücks		Menge Einheit	% an GF
BF	Bebaute Fläche	130,00 m²	16,0
UF	Unbebaute Fläche	683,00 m²	84,0
GF	Grundstücksfläche	813,00 m²	100,0

Grundflächen des Bauwerks		Menge Einheit	% an NUF	% an BGF
NUF	Nutzungsfläche	43,65 m²	100,0	48,3
TF	Technikfläche	–	–	–
VF	Verkehrsfläche	8,81 m²	20,2	9,7
NRF	Netto-Raumfläche	52,46 m²	120,2	58,0
KGF	Konstruktions-Grundfläche	37,99 m²	87,0	42,0
BGF	Brutto-Grundfläche	90,45 m²	207,2	100,0

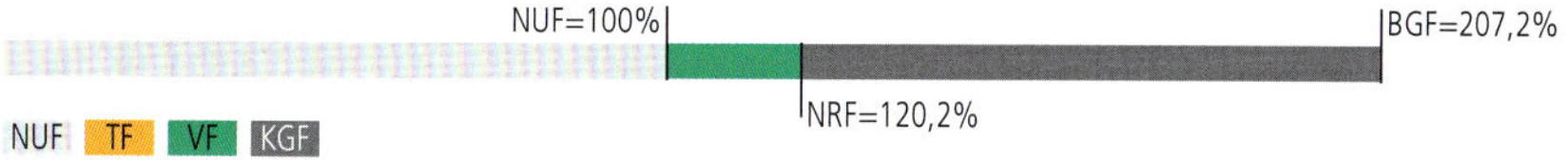

Brutto-Rauminhalt des Bauwerks		Menge Einheit	BRI/NUF (m)	BRI/BGF (m)
BRI	Brutto-Rauminhalt	182,48 m³	4,18	2,02

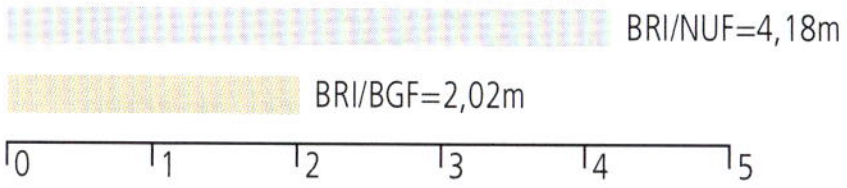

Lufttechnisch behandelte Flächen	Menge Einheit	% an NUF	% an BGF
Entlüftete Fläche	–	–	–
Be- und entlüftete Fläche	–	–	–
Teilklimatisierte Fläche	–	–	–
Klimatisierte Fläche	–	–	–

KG	Kostengruppen (2. Ebene)	Menge Einheit	Menge/NUF	Menge/BGF
310	Baugrube / Erdbau	–	–	–
320	Gründung, Unterbau	–	–	–
330	Außenwände/Vertikale Baukonstruktionen, außen	16,55 m² AWF	0,38	0,18
340	Innenwände/Vertikale Baukonstruktionen, innen	74,31 m² IWF	1,70	0,82
350	Decken/Horizontale Baukonstruktionen	72,94 m² DEF	1,67	0,81
360	Dächer	178,46 m² DAF	4,09	1,97

Umbau

KG	Kostengruppe	Menge Einheit	Kosten €	€/Einheit	%
390	**Sonst. Maßnahmen für Baukonstrukt.**	90,45 m²BGF	13.176	**145,67**	9,3
	• Abbrechen (Kosten: 8,4%) Abbruch von Gauben (2St); Entsorgung, Deponiegebühren	90,45 m²BGF	1.104	**12,20**	
	• Herstellen (Kosten: 91,6%) Baustelleneinrichtungen (psch) * Fassadengerüst, Dachdeckerfanggerüst (1St), Balkonüberbau, Gitterträger (1St) * Dachfläche mit Bauplanen abdecken (160m²), Schutzmaßnahmen für Boden, Fenster, Tür (psch)	90,45 m²BGF	12.072	**133,47**	
400	**Bauwerk – Technische Anlagen**				**100,0**
410	**Abwasser-, Wasser-, Gasanlagen**	90,45 m²BGF	9.287	**102,68**	41,6
	• Herstellen (Kosten: 100,0%) PP-Rohre (psch), HT-Rohre (7m) * Kupferrohre (psch), Tiefspül-WC (1St), Waschtisch (1St), Waschtischbatterie (1St), Duschwanne, Stahl (1St) * Montageelement für WC (1St)	90,45 m²BGF	9.287	**102,68**	
420	**Wärmeversorgungsanlagen**	90,45 m²BGF	9.180	**101,49**	41,2
	• Herstellen (Kosten: 100,0%) Installation Heizkörperversorgungsleitungen und Anbindung an vorhandene Heizungsinstallation im UG, mit Rohr-, Verbindungs- und Befestigungsmaterialien (psch), PE-Xa-Heizungsversorgungsleitung in freigegebenen Schornsteinzug (1St), Rohrdämmung (62m) * Flachheizkörper (3St), Handtuchheizkörper (1St), Thermostate (4St) * Schornstein-Einfassung, Zink-Titanblech (7m), Schürze, Zink-Titanblech (85m)	90,45 m²BGF	9.180	**101,49**	
440	**Elektrische Anlagen**	90,45 m²BGF	3.480	**38,47**	15,6
	• Herstellen (Kosten: 100,0%) Unterverteiler, bestückt (1St), Steckdosen (22St), Schalter/Taster (6St), Herdanschlussdose (1St), Deckenauslässe (15St), Zuleitungen	90,45 m²BGF	3.480	**38,47**	
450	**Kommunikationstechnische Anlagen**	90,45 m²BGF	353	**3,90**	1,6
	• Herstellen (Kosten: 100,0%) TV-Anschlussdose, Leitung (1St) * Rauchmelder EIB (1St) * Datenanschlussdose Cat6, Netzwerkkabel (1St)	90,45 m²BGF	353	**3,90**	
600	**Ausstattung und Kunstwerke**				**100,0**
610	**Allgemeine Ausstattung**	90,45 m²BGF	1.385	**15,31**	100,0
	• Herstellen (Kosten: 100,0%) Duschabtrennung 100x200cm, ESG, Flügeltür mit seitlichem Festfeld (1St)	90,45 m²BGF	1.385	**15,31**	

Kostenkennwerte für die Kostengruppen 300 der 2. und 3.Ebene DIN 276 (Übersicht)

KG	Kostengruppe	Menge Einheit	Kosten €	€/Einheit	% an 3+4
300	**Bauwerk – Baukonstruktionen**	**90,45 m² BGF**	**142.105,58**	**1.571,10**	**86,4**
310	**Baugrube / Erdbau**	**–**	**–**	**–**	**–**
311	Herstellung	–	–	–	–
312	Umschließung	–	–	–	–
313	Wasserhaltung	–	–	–	–
314	Vortrieb	–	–	–	–
319	Sonstiges zur KG 310	–	–	–	–
320	**Gründung, Unterbau**	**–**	**–**	**–**	**–**
321	Baugrundverbesserung	–	–	–	–
322	Flachgründungen und Bodenplatten	–	–	–	–
323	Tiefgründungen	–	–	–	–
324	Gründungsbeläge	–	–	–	–
325	Abdichtungen und Bekleidungen	–	–	–	–
326	Dränagen	–	–	–	–
329	Sonstiges zur KG 320	–	–	–	–
330	**Außenwände/Vert. Baukonstrukt., außen**	**16,55 m² AWF**	**11.130,74**	**672,55**	**6,8**
331	Tragende Außenwände	11,20 m²	3.437,69	306,94	2,1
332	Nichttragende Außenwände	–	–	–	–
333	Außenstützen	–	–	–	–
334	Außenwandöffnungen	5,35 m²	3.721,15	695,54	2,3
335	Außenwandbekleidungen, außen	11,20 m²	2.575,80	229,98	1,6
336	Außenwandbekleidungen, innen	9,00 m²	1.396,11	155,12	0,8
337	Element. Außenwandkonstruktionen	–	–	–	–
338	Lichtschutz zur KG 330	–	–	–	–
339	Sonstiges zur KG 330	–	–	–	–
340	**Innenwände/Vert. Baukonstrukt., innen**	**74,31 m² IWF**	**13.185,68**	**177,44**	**8,0**
341	Tragende Innenwände	–	–	–	–
342	Nichttragende Innenwände	34,00 m²	4.564,47	134,25	2,8
343	Innenstützen	–	–	–	–
344	Innenwandöffnungen	1,28 m²	414,65	323,94	0,3
345	Innenwandbekleidungen	106,13 m²	8.206,56	77,33	5,0
346	Elementierte Innenwandkonstruktionen	–	–	–	–
347	Lichtschutz zur KG 340	–	–	–	–
349	Sonstiges zur KG 340	–	–	–	–
350	**Decken/Horizontale Baukonstruktionen**	**72,94 m² DEF**	**21.716,41**	**297,73**	**13,2**
351	Deckenkonstruktionen	72,94 m²	9.037,59	123,90	5,5
352	Deckenöffnungen	–	–	–	–
353	Deckenbeläge	72,94 m²	12.678,82	173,83	7,7
354	Deckenbekleidungen	–	–	–	–
355	Elementierte Deckenkonstruktionen	–	–	–	–
359	Sonstiges zur KG 350	–	–	–	–
360	**Dächer**	**178,46 m² DAF**	**82.896,76**	**464,51**	**50,4**
361	Dachkonstruktionen	91,00 m²	9.393,88	103,23	5,7
362	Dachöffnungen	3,41 m²	7.058,59	2.069,97	4,3
363	Dachbeläge	175,05 m²	49.011,05	279,98	29,8
364	Dachbekleidungen	91,00 m²	14.680,66	161,33	8,9
365	Elementierte Dachkonstruktionen	–	–	–	–
366	Lichtschutz zur KG 360	2,33 m²	2.257,57	968,91	1,4
369	Sonstiges zur KG 360	178,46 m² DAF	494,99	2,77	0,3
370	**Infrastrukturanlagen**	**–**	**–**	**–**	**–**
380	**Baukonstruktive Einbauten**	**–**	**–**	**–**	**–**
390	**Sonst. Maßnahmen für Baukonstrukt.**	**90,45 m² BGF**	**13.175,98**	**145,67**	**8,0**

Kostenkennwerte für die Kostengruppen 400 der 2. und 3. Ebene DIN 276 (Übersicht)

KG	Kostengruppe	Menge Einheit	Kosten €	€/Einheit	% an 3+4
400	**Bauwerk – Technische Anlagen**	**90,45 m²BGF**	**22.299,31**	**246,54**	**13,6**
410	**Abwasser-, Wasser-, Gasanlagen**	**90,45 m²BGF**	**9.287,47**	**102,68**	**5,6**
411	Abwasseranlagen	90,45 m²BGF	1.828,96	20,22	1,1
412	Wasseranlagen	90,45 m²BGF	7.047,53	77,92	4,3
413	Gasanlagen	–	–	–	–
419	Sonstiges zur KG 410	90,45 m²BGF	410,97	4,54	0,2
420	**Wärmeversorgungsanlagen**	**90,45 m²BGF**	**9.179,67**	**101,49**	**5,6**
421	Wärmeerzeugungsanlagen	–	–	–	–
422	Wärmeverteilnetze	90,45 m²BGF	5.529,12	61,13	3,4
423	Raumheizflächen	90,45 m²BGF	2.593,23	28,67	1,6
424	Verkehrsheizflächen	–	–	–	–
429	Sonstiges zur KG 420	90,45 m²BGF	1.057,32	11,69	0,6
430	**Raumlufttechnische Anlagen**	**–**	**–**	**–**	**–**
431	Lüftungsanlagen	–	–	–	–
432	Teilklimaanlagen	–	–	–	–
433	Klimaanlagen	–	–	–	–
434	Kälteanlagen	–	–	–	–
439	Sonstiges zur KG 430	–	–	–	–
440	**Elektrische Anlagen**	**90,45 m²BGF**	**3.479,55**	**38,47**	**2,1**
441	Hoch- und Mittelspannungsanlagen	–	–	–	–
442	Eigenstromversorgungsanlagen	–	–	–	–
443	Niederspannungsschaltanlagen	–	–	–	–
444	Niederspannungsinstallationsanlagen	90,45 m²BGF	3.479,55	38,47	2,1
445	Beleuchtungsanlagen	–	–	–	–
446	Blitzschutz- und Erdungsanlagen	–	–	–	–
447	Fahrleitungssysteme	–	–	–	–
449	Sonstiges zur KG 440	–	–	–	–
450	**Kommunikationstechnische Anlagen**	**90,45 m²BGF**	**352,65**	**3,90**	**0,2**
451	Telekommunikationsanlagen	–	–	–	–
452	Such- und Signalanlagen	–	–	–	–
453	Zeitdienstanlagen	–	–	–	–
454	Elektroakustische Anlagen	–	–	–	–
455	Audiovisuelle Medien- u. Antennenanl.	90,45 m²BGF	117,16	1,30	< 0,1
456	Gefahrenmelde- und Alarmanlagen	90,45 m²BGF	52,52	0,58	< 0,1
457	Datenübertragungsnetze	90,45 m²BGF	182,97	2,02	0,1
458	Verkehrsbeeinflussungsanlagen	–	–	–	–
459	Sonstiges zur KG 450	–	–	–	–
460	**Förderanlagen**	**–**	**–**	**–**	**–**
461	Aufzugsanlagen	–	–	–	–
462	Fahrtreppen, Fahrsteige	–	–	–	–
463	Befahranlagen	–	–	–	–
464	Transportanlagen	–	–	–	–
465	Krananlagen	–	–	–	–
466	Hydraulikanlagen	–	–	–	–
469	Sonstiges zur KG 460	–	–	–	–
470	**Nutzungsspez. u. verfahrenstechn. Anl.**	**–**	**–**	**–**	**–**
480	**Gebäude- und Anlagenautomation**	**–**	**–**	**–**	**–**
490	**Sonst. Maßnahmen für techn. Anlagen**	**–**	**–**	**–**	**–**

Kostenkennwerte für die Kostengruppen der 3. Ebene DIN 276

KG	Kostengruppe	Menge Einheit	Kosten €	€/Einheit	%
330	**Außenwände/Vertikale Baukonstruktionen, außen**				**100,0**
331	**Tragende Außenwände**	11,20 m²	3.438	**306,94**	30,9
	• Herstellen (Kosten: 100,0%) Gaubenwände, KVH, Dämmung WLG 035, OSB-Schalung, d=25mm, beidseitig (11m²)	11,20 m²	3.438	**306,94**	
334	**Außenwandöffnungen**	5,35 m²	3.721	**695,54**	33,4
	• Herstellen (Kosten: 100,0%) Kunststofffenster, Ug=0,6W/m²K, zweiflüglig, Dreh, Drehkipp (5m²), Insektenschutzspannrahmen (2St), Fensterbänke, Titanzink, außen (4St), Regalbrett, innen (1St)	5,35 m²	3.721	**695,54**	
335	**Außenwandbekleidungen, außen**	11,20 m²	2.576	**229,98**	23,1
	• Herstellen (Kosten: 100,0%) Gaubenseiten, Vordeckung (11m²), Stehfalzbekleidung, Titanzink (4St), Stirnseitenbekleidungen (2St)	11,20 m²	2.576	**229,98**	
336	**Außenwandbekleidungen, innen**	9,00 m²	1.396	**155,12**	12,5
	• Herstellen (Kosten: 100,0%) GK-Bekleidung, Q3, Beschichtung (9m²)	9,00 m²	1.396	**155,12**	
340	**Innenwände/Vertikale Baukonstruktionen, innen**				**100,0**
342	**Nichttragende Innenwände**	34,00 m²	4.564	**134,25**	34,6
	• Herstellen (Kosten: 100,0%) GK-Metallständerwände, d=10-15cm (34m²)	34,00 m²	4.564	**134,25**	
344	**Innenwandöffnungen**	1,28 m²	415	**323,94**	3,1
	• Herstellen (Kosten: 100,0%) Tür, HPL-beschichtet (1m²)	1,28 m²	415	**323,94**	
345	**Innenwandbekleidungen**	106,13 m²	8.207	**77,33**	62,2
	• Herstellen (Kosten: 100,0%) GK-Bekleidung (15m²), Beschichtung (95m²), Abdichtung, Wandfliesen 60x30cm (12m²)	106,13 m²	8.207	**77,33**	
350	**Decken/Horizontale Baukonstruktionen**				**100,0**
351	**Deckenkonstruktionen**	72,94 m²	9.038	**123,90**	41,6
	• Wiederherstellen (Kosten: 100,0%) Deckenbalken einseitig verstärken, mit U 160 rostschutzgrundiert, l=4,50m (3St), mit KVH 10x24cm (3St), zweiseitig verstärken, mit U 160 rostschutzgrundiert, l=9,50m (1St), Deckenbalken zur Aufnahme Unterboden ausgleichen (73m²), Schüttung und Stakung in Teilbereichen ausbauen, lagern, nach Verstärkung der Deckenbalken wieder einbauen (39m²)	72,94 m²	9.038	**123,90**	
353	**Deckenbeläge**	72,94 m²	12.679	**173,83**	58,4
	• Abbrechen (Kosten: 9,5%) Abbruch von Dielenboden (73m²); Entsorgung, Deponiegebühren	72,94 m²	1.210	**16,59**	
	• Herstellen (Kosten: 90,5%) OSB-Platten, d=25cm (73m²), Dreischicht-Fertigparkett (44m²), Leistensockel (40m), Abdichtung, Bodenfliesen 60x30cm (3m²)	72,94 m²	11.469	**157,24**	

Umbau

KG	Kostengruppe	Menge Einheit	Kosten €	€/Einheit	%
360	**Dächer**				**100,0**
361	**Dachkonstruktionen**	91,00 m²	9.394	**103,23**	11,3
	• Wiederherstellen (Kosten: 16,6%) Mittelpfetten einseitig verstärken, U 100 (2St), zwei Stiele stellen, Sparren verstärken (4h)	–	1.563	–	
	• Herstellen (Kosten: 83,4%) Zwischensparrendämmung WLG 035, d=120mm (91m²), Gaubendächer, KVH, Holzschalung (15m²), Stirnbretter (50m)	91,00 m²	7.831	**86,05**	
362	**Dachöffnungen**	3,41 m²	7.059	**2.069,97**	8,5
	• Abbrechen (Kosten: 0,3%) Abbruch von Dachausstieg (1St); Entsorgung, Deponiegebühren	–	23	–	
	• Herstellen (Kosten: 99,7%) Wohndachfenster, Holzkern, kunststoffumhüllt, Uw=1,0W/m²K, Klapp-/Schwingfenster, 66x118cm, Alu-Eindeckrahmen (2m²), 55x78cm, Schwingfenster (1m²), als Wohn- und Ausstiegsfenster, Dauer-lüftungsklappe, 55x118cm (1m²)	3,41 m²	7.036	**2.063,34**	
363	**Dachbeläge**	175,05 m²	49.011	**279,98**	59,1
	• Abbrechen (Kosten: 9,3%) Abbruch von Dachziegeln, Dachlattung (160m²), Dachfirst (35m²), Bitumenbelag (2m²), Dachrinnen, Fallrohren (60m), Blechanschlüssen (45m); Entsorgung, Deponiegebühren	159,75 m²	4.537	**28,40**	
	• Herstellen (Kosten: 90,7%) PUR-Dämmung WLS 021, d=100mm, Unterdeckbahnen, Lattung, Dachziegel, verklammert (160m²), Grade, belüftet (31m), First, belüftet (3m), Dachschalung, d=24mm, Vordeckung, Stehfalzdeckung, Zink (15m²), Traufbleche, Dachrinnen, Titanzink (50m), Fallrohre DN100, Titanzink (20m)	175,05 m²	44.474	**254,07**	
364	**Dachbekleidungen**	91,00 m²	14.681	**161,33**	17,7
	• Herstellen (Kosten: 100,0%) Dampfsperre (91m²), Unterkonstruktion, GK-Bekleidung, Q3, Beschichtung (77m²)	91,00 m²	14.681	**161,33**	
366	**Lichtschutz zur KG 360**	2,33 m²	2.258	**968,91**	2,7
	• Herstellen (Kosten: 100,0%) Außen-Rollladen, Motorantrieb, Steuerzentrale (3St)	2,33 m²	2.258	**968,91**	
369	**Sonstiges zur KG 360**	178,46 m² DAF	495	**2,77**	0,6
	• Abbrechen (Kosten: 1,3%) Abbruch von Laufsteg (1m); Entsorgung, Deponiegebühren	159,75 m² DAF	6	**0,04**	
	• Herstellen (Kosten: 98,7%) Schneefanggitter, verzinkt (12m), Laufrost, verzinkt (1m)	178,46 m² DAF	489	**2,74**	
390	**Sonstige Maßnahmen für Baukonstruktionen**				**100,0**
391	**Baustelleneinrichtung**	90,45 m² BGF	428	**4,73**	3,2
	• Herstellen (Kosten: 100,0%) Baustelleneinrichtungen (psch)	90,45 m² BGF	428	**4,73**	

KG	Kostengruppe	Menge Einheit	Kosten €	€/Einheit	%
392	**Gerüste**	90,45 m² BGF	10.435	**115,37**	79,2
	• Herstellen (Kosten: 100,0%) Fassadengerüst, Lastklasse 3, Dachdeckerfanggerüst (1St), Balkonüberbau, Gitterträger (1St)	90,45 m² BGF	10.435	**115,37**	
394	**Abbruchmaßnahmen**	90,45 m² BGF	1.104	**12,20**	8,4
	• Abbrechen (Kosten: 100,0%) Abbruch von Gauben (2St); Entsorgung, Deponiegebühren	90,45 m² BGF	1.104	**12,20**	
397	**Zusätzliche Maßnahmen**	90,45 m² BGF	1.209	**13,37**	9,2
	• Herstellen (Kosten: 100,0%) Dachfläche mit Bauplanen abdecken (160m²), Schutzmaßnahmen für Boden, Fenster, Tür (psch)	90,45 m² BGF	1.209	**13,37**	
410	**Abwasser-, Wasser-, Gasanlagen**				**100,0**
411	**Abwasseranlagen**	90,45 m² BGF	1.829	**20,22**	19,7
	• Herstellen (Kosten: 100,0%) PP-Rohre, Formstücke, Rohrdämmung (psch), HT-Rohre DN100, Formstücke (7m)	90,45 m² BGF	1.829	**20,22**	
412	**Wasseranlagen**	90,45 m² BGF	7.048	**77,92**	75,9
	• Herstellen (Kosten: 100,0%) Kupferrohre, Formstücke, Rohrdämmung (psch), Tiefspül-WC (1St), Waschtisch (1St), Waschtischbatterie (1St), Duschwanne, Stahl, 100x80cm (1St), Brauseset (1St), Kopfbrause (1St), UP-Thermostat (1St)	90,45 m² BGF	7.048	**77,92**	
419	**Sonstiges zur KG 410**	90,45 m² BGF	411	**4,54**	4,4
	• Herstellen (Kosten: 100,0%) Montageelement für WC (1St)	90,45 m² BGF	411	**4,54**	
420	**Wärmeversorgungsanlagen**				**100,0**
422	**Wärmeverteilnetze**	90,45 m² BGF	5.529	**61,13**	60,2
	• Herstellen (Kosten: 100,0%) Installation Heizkörperversorgungsleitungen und Anbindung an vorhandene Heizungsinstallation im UG, mit Rohr-, Verbindungs- und Befestigungsmaterialien (psch), PE-Xa-Heizungsversorgungsleitung in freigegebenen Schornsteinzug (1St), Rohrdämmung (62m), Strangabsperrventil (1St), Strangregulierventil (1St)	90,45 m² BGF	5.529	**61,13**	
423	**Raumheizflächen**	90,45 m² BGF	2.593	**28,67**	28,2
	• Herstellen (Kosten: 100,0%) Flachheizkörper (3St), Handtuchheizkörper (1St), Thermostate (4St)	90,45 m² BGF	2.593	**28,67**	
429	**Sonstiges zur KG 420**	90,45 m² BGF	1.057	**11,69**	11,5
	• Herstellen (Kosten: 100,0%) Schornstein-Einfassung, Zink-Titanblech (7m), Schürze, Zink-Titanblech (85m)	90,45 m² BGF	1.057	**11,69**	
440	**Elektrische Anlagen**				**100,0**
444	**Niederspannungsinstallationsanlagen**	90,45 m² BGF	3.480	**38,47**	100,0
	• Herstellen (Kosten: 100,0%) Unterverteiler, bestückt (1St), Steckdosen (22St), Schalter/Taster (6St), Herdanschlussdose (1St), Deckenauslässe (15St), Zuleitungen	90,45 m² BGF	3.480	**38,47**	

Umbau

KG	Kostengruppe	Menge Einheit	Kosten €	€/Einheit	%
450	**Kommunikations-, sicherheits- und informationstechnische Anlagen**				**100,0**
455	**Audiovisuelle Medien- u. Antennenanl.**	90,45 m²BGF	117	**1,30**	33,2
	• Herstellen (Kosten: 100,0%) TV-Anschlussdose, Leitung (1St)	90,45 m²BGF	117	**1,30**	
456	**Gefahrenmelde- und Alarmanlagen**	90,45 m²BGF	53	**0,58**	14,9
	• Herstellen (Kosten: 100,0%) Rauchmelder EIB (1St)	90,45 m²BGF	53	**0,58**	
457	**Datenübertragungsnetze**	90,45 m²BGF	183	**2,02**	51,9
	• Herstellen (Kosten: 100,0%) Datenanschlussdose Cat6, Netzwerkkabel, Leerrohr (1St)	90,45 m²BGF	183	**2,02**	

Kostenkennwerte für Leistungsbereiche nach STLB (Kosten des Bauwerks nach DIN 276)

LB	Leistungsbereiche	Kosten €	€/m²BGF	€/m³BRI	% an 3+4
000	Baustellen-, Verkehrssich.- u. Sicherh.einr. inkl. 001	10.863	120,10	59,50	6,6
002	Erdarbeiten	–	–	–	–
006	Spezialtiefbauarbeiten inkl. 005	–	–	–	–
009	Entwässerungskanalarbeiten inkl. 011	–	–	–	–
010	Drän- und Versickerarbeiten	–	–	–	–
012	Mauerarbeiten	–	–	–	–
013	Betonarbeiten	–	–	–	–
014	Natur-, Betonwerksteinarbeiten	–	–	–	–
016	Zimmer- und Holzbauarbeiten	20.174	223,00	110,60	12,3
	Wiederherstellen	10.601	117,20	58,10	6,4
	Herstellen	9.574	105,80	52,50	5,8
017	Stahlbauarbeiten	–	–	–	–
018	Abdichtungsarbeiten	–	–	–	–
020	Dachdeckungsarbeiten	43.229	477,90	236,90	26,3
021	Dachabdichtungsarbeiten	–	–	–	–
022	Klempnerarbeiten	13.671	151,10	74,90	8,3
	Rohbau	**87.937**	**972,20**	**481,90**	**53,5**
	Wiederherstellen	10.601	117,20	58,10	6,4
	Herstellen	77.337	855,00	423,80	47,0
023	Putz- und Stuckarbeiten, Wärmedämmsysteme	–	–	–	–
024	Fliesen- und Plattenarbeiten	4.943	54,70	27,10	3,0
025	Estricharbeiten	–	–	–	–
026	Fenster, Außentüren inkl. 029, 032	3.468	38,30	19,00	2,1
027	Tischlerarbeiten	–	–	–	–
028	Parkett-, Holzpflasterarbeiten	7.174	79,30	39,30	4,4
030	Rollladenarbeiten	2.258	25,00	12,40	1,4
031	Metallbauarbeiten inkl. 035	–	–	–	–
034	Maler- und Lackiererarb. - Beschicht. inkl. 037	4.028	44,50	22,10	2,5
036	Bodenbelagarbeiten	–	–	–	–
038	Vorgehängte hinterlüftete Fassaden	–	–	–	–
039	Trockenbauarbeiten	26.476	292,70	145,10	16,1
	Ausbau	**48.347**	**534,50**	**264,90**	**29,4**
040	Wärmeversorgungsanl. - Betriebseinr. inkl. 041	7.327	81,00	40,20	4,5
042	Gas- u. Wasseranl. - Leitung., Armat. inkl. 043	2.930	32,40	16,10	1,8
044	Abwasseranl. - Leitungen, Abläufe, Armaturen	1.829	20,20	10,00	1,1
045	Gas, Wasser, Entwässerung - Ausstattung inkl. 046	4.529	50,10	24,80	2,8
047	Dämm- und Brandschutzarb. an techn. Anlagen	796	8,80	4,40	0,5
049	Feuerlöschanlagen, Feuerlöschgeräte	–	–	–	–
050	Blitzschutz-/Erdungsanlagen, Überspannungssch.	–	–	–	–
053	Niederspannungsanl. - Kabel inkl. 052, 054	3.480	38,50	19,10	2,1
055	Sicherheits- u. Ersatzstromversorgungsanl.	–	–	–	–
057	Gebäudesystemtechnik	–	–	–	–
058	Leuchten und Lampen inkl. 059	–	–	–	–
060	Such, Signal, Zeit, Anten., akust. Anl. inkl. 064	117	1,30	0,64	< 0,1
061	Kommunikations- u. Übertragungsnetze inkl. 063	235	2,60	1,30	0,1
069	Aufzüge	–	–	–	–
070	Gebäudeautomation	–	–	–	–
075	Raumlufttechnische Anlagen inkl. 078	–	–	–	–
	Gebäudetechnik	**21.242**	**234,80**	**116,40**	**12,9**

6100-1623
Dachgeschoss-
wohnung

LB	Leistungsbereiche	Kosten €	€/m²BGF	€/m³BRI	% an 3+4
084	Abbruch, Rückbau, Schadstoffsanierung	6.879	76,10	37,70	4,2
	Abbrechen	6.879	76,10	37,70	4,2
	Abbrucharbeiten	**6.879**	**76,10**	**37,70**	**4,2**
	Abbrechen	6.879	76,10	37,70	4,2
	Sonstige Leistungsbereiche	–	–	–	–

Umbau

6100-1636
Mehrfamilienhaus
(10 WE)

Umbau

Kostenkennwerte für die Kosten des Bauwerks (Kostengruppen 300+400 nach DIN 276)

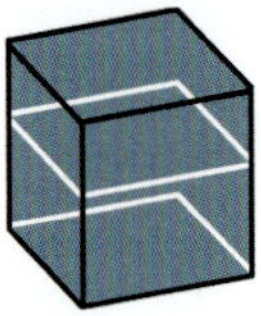
BRI 512 €/m³

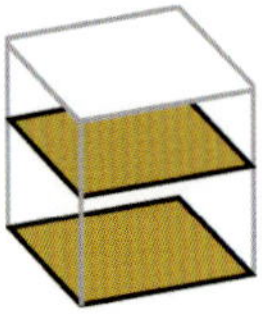
BGF 1.530 €/m²

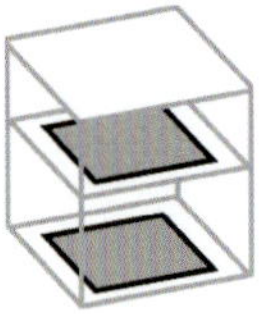
NUF 2.543 €/m²

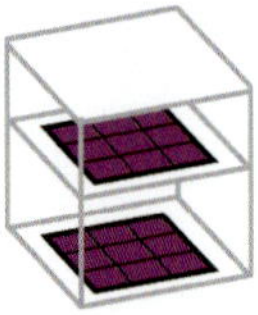
NE 2.522 €/NE
NE: Wohnfläche

Objekt:
Kennwerte: 3. Ebene DIN 276
BRI: 3.706 m³
BGF: 1.240 m²
NUF: 746 m²
Bauzeit: 74 Wochen
Bauende: 2022
Standard: mittel
Bundesland: Bayern
Kreis: Deggendorf

Architekt*in:
Neumeier Architekten
PartGmbB
Muth 2a
94104 Tittling

vorher

nachher

vorher

nachher

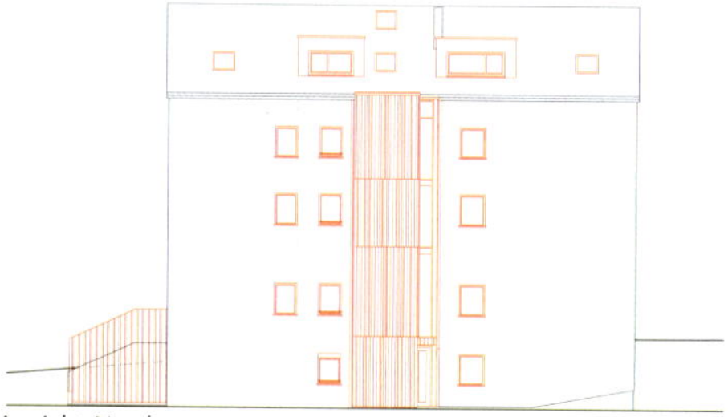

Ansicht Nord

Ansicht Ost

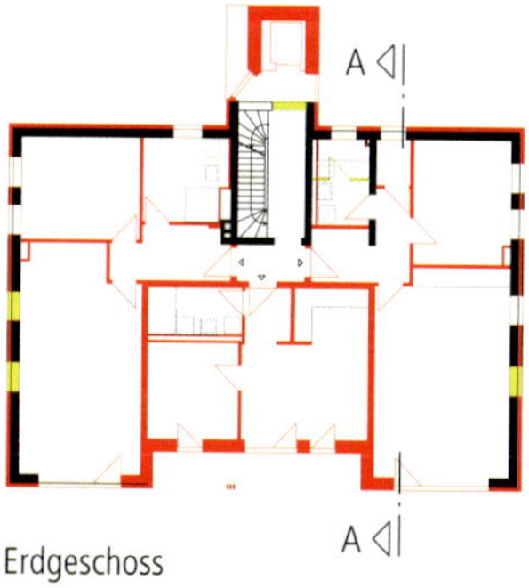

Erdgeschoss

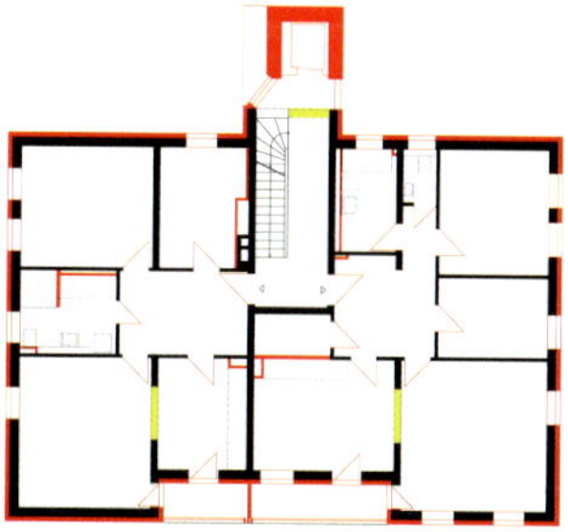

1. -2. Obergeschoss

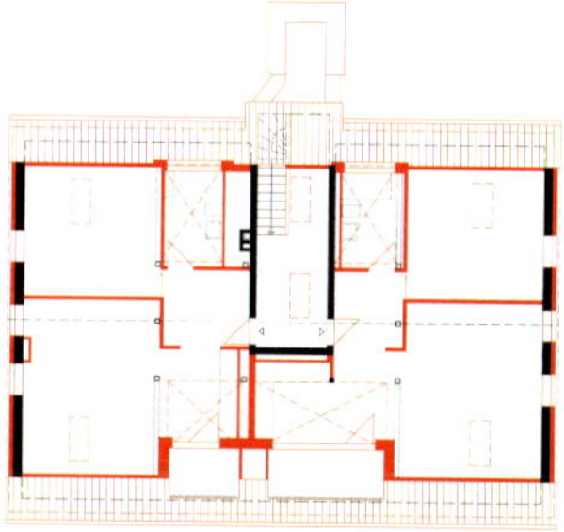

Dachgeschoss

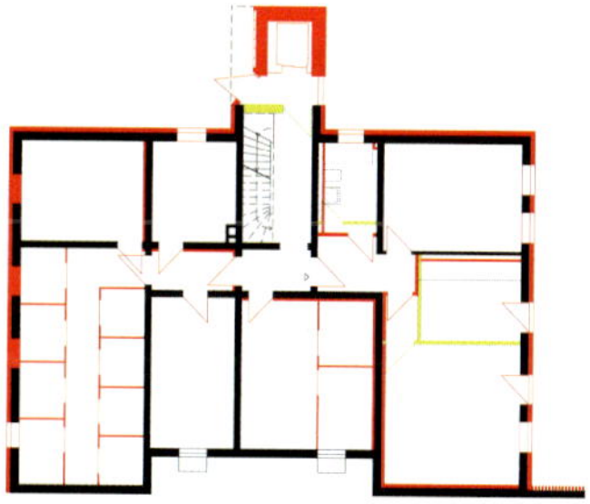

Untergeschoss

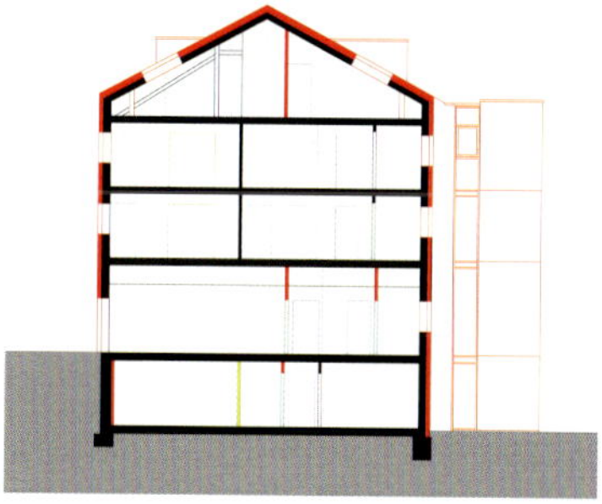

Schnitt A-A

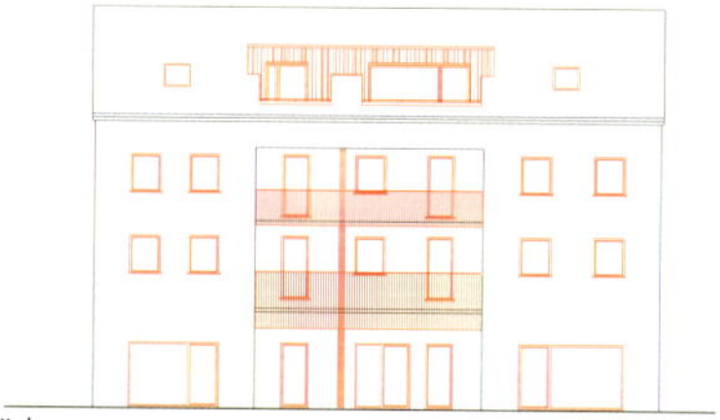

Ansicht Süd

Ansicht West

6100-1636
Mehrfamilienhaus
(10 WE)

Umbau

Objektbeschreibung

Allgemeine Objektinformationen

Ein gemischt genutztes Gebäude aus den 70er-Jahren wurde zur reinen Wohnnutzung umgebaut und energetisch saniert. Die ehemalige Ladenzone im Erdgeschoss ist in drei Wohnungen umgenutzt. Im neu ausgebauten Dachgeschoss sind zwei Wohnungen mit Dachgauben und Dachterrassen angeordnet.

Nutzung

1 Untergeschoss
2-Zimmer-Wohnung, Kellerräume, Technikräume, Pelletlager

1 Erdgeschoss
drei 2-Zimmer-Wohnungen

2 Obergeschosse
je zwei 4-Zimmer-Wohnungen

1 Dachgeschoss
zwei 3-Zimmer-Wohnungen

Nutzeinheiten

Wohneinheiten: 10
Wohnfläche: 752 m^2

Grundstück

Bauraum: Beengter Bauraum
Neigung: Geneigtes Gelände
Bodenklasse: BK 2 bis BK 3

Markt

Hauptvergabezeit: 1. Quartal 2021
Baubeginn: 1. Quartal 2021
Bauende: 3. Quartal 2022
Konjunkturelle Gesamtlage: über Durchschnitt
Regionaler Baumarkt: unter Durchschnitt

Baubestand

Baujahr: 1970
Bauzustand: mittel
Aufwand: mittel
Grundrissänderungen: einige
Tragwerkseingriffe: wenige
Nutzungsänderung: ja
Nutzung während der Bauzeit: nein

Baukonstruktion

Die Fassade des massiven Bestandsgebäudes wurde wärmegedämmt und wieder als Putzfassade gestaltet. Kunststofffenster mit Dreifachverglasung und erhöhtem Schallschutz zur Straße ersetzen die alten Fenster. Das Dach ist statisch ertüchtigt und neu mit Betondachsteinen gedeckt. Der Terrazzoboden im Treppenhaus samt Kragarmtreppe wurde aufbereitet und erhalten. Die Innenwandflächen wurden ausgebessert und beschichtet. Der neue Aufzugsanbau ist als Stahlbetonkonstruktion vor das Gebäude gestellt, die Gauben sind in Holzbauweise errichtet. Die Erweiterungsbauteile setzen sich mit vorvergrauten Holzbekleidungen zum Bestand ab.

Technische Anlagen

Die alte Ölheizung wurde durch eine moderne Pelletanlage mit Pelletlager in den vorhandenen Kellerräumen ersetzt. Die Heizungs- und Warmwasserversorgung erfolgt zentral. Die Wohnungen sind mit Heizkörpern ausgestattet. Der Mindestluftwechsel wird über Zuluft im Fensterfalz und Absaugung in den Bädern erreicht, eine Wärmerückgewinnung war nicht notwendig. Die Elektroinstallation erfolgte konventionell ohne Smart-Home Ausstattung. Zur barrierefreien Erreichbarkeit ist ein Außenaufzug angebaut.

Sonstiges

Im Treppenhaus sind die originalen Kragarmtreppenstufen erhalten, die sich heutzutage auf diese Weise nicht mehr so einfach realisieren lassen würden. Das Gebäude erreicht den Energiestandard KfW Effizienzhaus 55. Die Außenanlage zum Gebäude ist unter der BKI-Objektnummer 6100-1637 dokumentiert.

Energetische Kennwerte

Gesetzliche Grundlage: EnEV 2013
Gebäudenutzfläche: 1.043,90 m^2
Gebäudevolumen: 3.262,10 m^3
A/V_e-Verhältnis (Kompaktheit): 0,46 m^{-1}
Hüllfläche des beheizten Volumens: 1.488,70 m^2
Spez. Transmissionswärmeverlust: 0,30 $W/(m^2 \cdot K)$
Spez. Jahresprimärenergiebedarf: 19,77 $kWh/(m^2 \cdot a)$
Anlagenaufwandszahl: 0,46

Energetische Angaben zu Außenbauteilen

Bodenplatte

U-Wert: 0,41 W/(m²·K)

Gesamtdicke: 31,05 cm	d [cm]	λ [W/(m·K)]
Estrich	5,00	1,400
Dämmung	2,00	0,045
Dämmung	4,00	0,024
Bitumenbahn	0,05	0,170
Stahlbeton	20,00	2,000

Außenwand gegen Erdreich

U-Wert: 0,29 W/(m²·K)

Gesamtdicke: 41,50 cm	d [cm]	λ [W/(m·K)]
Innenputz	0,50	0,700
Dämmung	10,00	0,040
Mauerwerk Bestand	31,00	0,400

Außenwand Bestand Keller

U-Wert: 0,18 W/(m²·K)

Gesamtdicke: 49,50 cm	d [cm]	λ [W/(m·K)]
Mauerwerk	33,00	0,400
Dämmung	16,00	0,035
Außenputz	0,50	0,700

Kellerdecke

U-Wert: 0,23 W/(m²·K)

Gesamtdicke: 41,00 cm	d [cm]	λ [W/(m·K)]
Estrich	5,00	1,600
Dämmung	2,00	0,045
Dämmung	4,00	0,035
Stahlbeton Bestand	20,00	2,000
Dämmung	9,00	0,040
Holzfaserplatte zementgebunden	1,00	0,100

Außenwand Bestand

U-Wert: 0,18 W/(m²·K)

Gesamtdicke: 49,50 cm	d [cm]	λ [W/(m·K)]
Mauerwerk Bestand	33,00	0,400
Dämmung	16,00	0,035
Außenputz	0,50	0,700

Außenwand Gaube

U-Wert: 0,17 W/(m²·K)

Gesamtdicke: 31,05 cm	d [cm]	λ [W/(m·K)]
GK-Platte	2,50	0,250
Holz	3,00	0,300
Luftschicht ruhend	3,00	1,667
OSB-Platte	1,50	0,130
PE-Folie	0,05	0,330
Holz	20,00	0,130
Dämmung	20,00	0,035
Holzfaserplatte	4,00	0,047

Dach Gaube

U-Wert: 0,17 W/(m²·K)

Gesamtdicke: 28,57 cm	d [cm]	λ [W/(m·K)]
GK-Platte	2,50	0,250
PE-Folie	0,05	0,330
Holz	7,50	0,130
Dämmung	7,50	0,035
Holz	16,00	0,130
Dämmung	16,00	0,035
OSB-Platte	2,50	0,130
Unterspannbahn	0,02	0,500

Dach

U-Wert: 0,14 W/(m²·K)

Gesamtdicke: 31,57 cm	d [cm]	λ [W/(m·K)]
GK-Platte	2,50	0,250
PE-Folie	0,05	0,330
Holz	5,00	0,130
Dämmung	5,00	0,032
Holz	16,00	0,130
Dämmung	16,00	0,035
Holzfaserplatte	8,00	0,045
Unterspannbahn	0,02	0,500

6100-1636
Mehrfamilienhaus
(10 WE)

Umbau

Planungskennwerte für Flächen und Rauminhalte nach DIN 277

Flächen des Grundstücks		Menge Einheit	% an GF
BF	Bebaute Fläche	259,00 m^2	22,4
UF	Unbebaute Fläche	897,00 m^2	77,6
GF	Grundstücksfläche	1.156,00 m^2	100,0

Grundflächen des Bauwerks		Menge Einheit	% an NUF	% an BGF
NUF	Nutzungsfläche	745,94 m^2	100,0	60,2
TF	Technikfläche	42,00 m^2	5,6	3,4
VF	Verkehrsfläche	191,10 m^2	25,6	15,4
NRF	Netto-Raumfläche	979,04 m^2	131,2	79,0
KGF	Konstruktions-Grundfläche	260,49 m^2	34,9	21,0
BGF	Brutto-Grundfläche	1.239,53 m^2	166,2	100,0

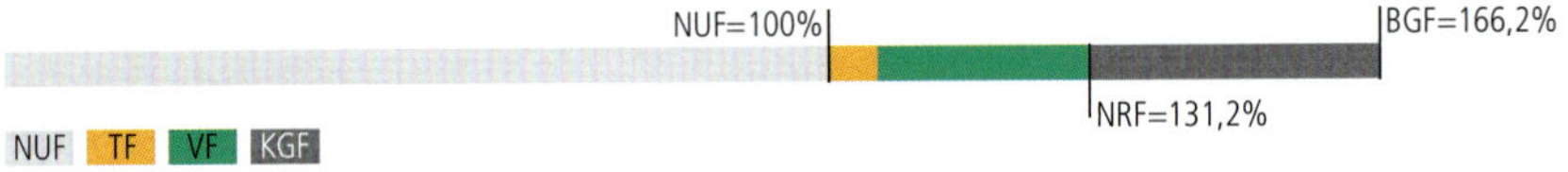

Brutto-Rauminhalt des Bauwerks		Menge Einheit	BRI/NUF (m)	BRI/BGF (m)
BRI	Brutto-Rauminhalt	3.706,17 m^3	4,97	2,99

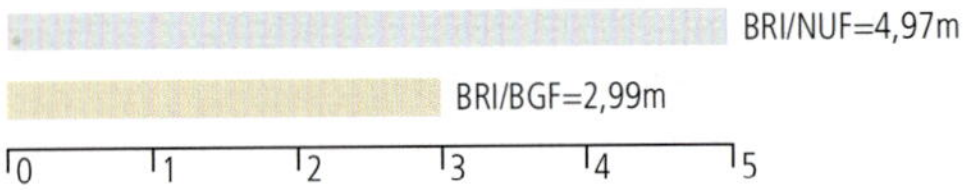

Lufttechnisch behandelte Flächen	Menge Einheit	% an NUF	% an BGF
Entlüftete Fläche	–	–	–
Be- und entlüftete Fläche	–	–	–
Teilklimatisierte Fläche	–	–	–
Klimatisierte Fläche	–	–	–

KG	Kostengruppen (2.Ebene)	Menge Einheit	Menge/NUF	Menge/BGF
310	Baugrube / Erdbau	114,83 m^3 BGI	0,15	0,09
320	Gründung, Unterbau	114,89 m^2 GRF	0,15	0,09
330	Außenwände/Vertikale Baukonstruktionen, außen	1.160,87 m^2 AWF	1,56	0,94
340	Innenwände/Vertikale Baukonstruktionen, innen	886,57 m^2 IWF	1,19	0,72
350	Decken/Horizontale Baukonstruktionen	811,44 m^2 DEF	1,09	0,66
360	Dächer	312,24 m^2 DAF	0,42	0,25

Kostenkennwerte für die Kostengruppen der 1. Ebene DIN 276

KG	Kostengruppen (1. Ebene)	Einheit	Kosten €	€/Einheit	€/m² BGF	€/m³ BRI	% 300+400
100	Grundstück	m² GF	–	–	–	–	–
200	Vorbereitende Maßnahmen	m² GF	796	0,69	0,64	0,21	< 0,1
300	Bauwerk – Baukonstruktionen	m² BGF	1.432.093	1.155,35	1.155,35	386,41	75,5
400	Bauwerk – Technische Anlagen	m² BGF	464.514	374,75	374,75	125,34	24,5
	Bauwerk 300+400	**m² BGF**	**1.896.607**	**1.530,10**	**1.530,10**	**511,74**	**100,0**
500	Außenanlagen und Freiflächen	m² AF	34.221	38,15	27,61	9,23	1,8
600	Ausstattung und Kunstwerke	m² BGF	7.369	5,95	5,95	1,99	0,4
700	Baunebenkosten	m² BGF	–	–	–	–	–
800	Finanzierung	m² BGF	–	–	–	–	–

KG	Kostengruppe	Menge Einheit	Kosten €	€/Einheit	%
200	**Vorbereitende Maßnahmen**	1.156,00 m² GF	796	**0,69**	< 0,1

- Abbrechen (Kosten: 100,0%) — 796
  Abbruch von bitumenhaltiger Befestigung; Entsorgung, Deponiegebühren

KG	Kostengruppe	Menge Einheit	Kosten €	€/Einheit	%
3+4	**Bauwerk**				**100,0**
300	**Bauwerk – Baukonstruktionen**	1.239,53 m² BGF	1.432.093	**1.155,35**	75,5

- Abbrechen (Kosten: 2,6%) — 36.675
  Abbruch von Betonfundamenten, Estrich; Mauerwerksbrüstungen, Glasbausteinen, Kunststofffenstern, Laibungsputz, Lichtschächten; Beschichtung; Holzbalken, Dachflächenfenstern, Betonsteindeckung, Dachentwässerung; Entsorgung, Deponiegebühren

- Wiederherstellen (Kosten: 7,8%) — 111.348
  Terrazzobelag aufarbeiten, Kellerboden ausbessern, Risse verpressen, Dränleitungen spülen; Fensterbankhöhen abgleichen, Wandoberfläche ausbessern, Putzfehlstellen schließen, Risse armieren, Beschichtung erneuern; Risse in Rohdecke verharzen, Stahl-Treppengeländer neu lackieren, Handlauf überarbeiten; Holzdachkonstruktion ertüchtigen

- Herstellen (Kosten: 89,7%) — 1.284.071
  Stb-Fundamentplatte, Bodenbeschichtung; Stb-Wände, Öffnungen herstellen, Holzrahmenwände, Kunststofffenster, WDVS, Holzfassade, Alu-Pfosten-Riegelfassade, Alu-Glastür, Sonnenschutz, Vordach; Ziegelmauerwerk, GK-Wände, Innentüren, Putz, Beschichtung, Wandfliesen, Kellertrennwände; Stb-Decken, Estrich, Vinyl, Bodenfliesen, Terrazzo, Deckendämmung, GK-Decken, Geländer; Dacheinschnitte herstellen, Gauben-Flachdächer, Dachdämmung, Stb-Flachdach, Dachflächenfenster, Betonsteindeckung, Dachabdichtung, Dachentwässerung, GK-Bekleidung

KG	Kostengruppe	Menge Einheit	Kosten €	€/Einheit	%
400	**Bauwerk – Technische Anlagen**	1.239,53 m² BGF	464.514	**374,75**	24,5

- Abbrechen (Kosten: 3,5%) — 16.102
  Abbruch von Betonrohren, Sanitäranlagen; Ölheizungsanlage, Öltank; Zähleranlage, Elektroinstallation; Entsorgung, Deponiegebühren

- Herstellen (Kosten: 96,5%) — 448.411
  Gebäudeentwässerung, Kalt- und Warmwasserleitungen, Sanitärobjekte; Pelletheizung, Heizungsrohre, Heizkörper, Kaminanlage; Einzelraumlüfter; Elektroinstallation, Beleuchtung, Erdung; Telefonverkabelung, Sprechanlage, Sat-Antennenanlage, Datenverkabelung; Personenaufzug

KG	Kostengruppe	Menge Einheit	Kosten €	€/Einheit	%
500	**Außenanlagen und Freiflächen**	897,00 m² AF	34.221	**38,15**	1,8
	• Abbrechen (Kosten: 33,1%) Abbruch von bitumenhaltiger Befestigung; Entsorgung, Deponiegebühren, Aufnehmen und Lagern von Frostschutzschicht, Naturbordsteinen		11.317		
	• Herstellen (Kosten: 66,9%) Grabenaushub; Holz-Stützwandbekleidung, Stahlgeländer; Gebäudeentwässerung, Elektroinstallation, Lichtmasten		22.904		
600	**Ausstattung und Kunstwerke**	1.239,53 m² BGF	7.369	**5,95**	0,4
	• Herstellen (Kosten: 100,0%) Sanitärausstattung		7.369		

Kostenkennwerte für die Kostengruppen der 2.Ebene DIN 276

KG	Kostengruppe	Menge Einheit	Kosten €	€/Einheit	%
200	**Vorbereitende Maßnahmen**				**100,0**
210	**Herrichten**	1.156,00 m²GF	796	**0,69**	100,0
	• Abbrechen (Kosten: 100,0%)	1.156,00 m²GF	796	**0,69**	
	Abbruch von bitumenhaltiger Befestigung (18m²); Entsorgung, Deponiegebühren				
300	**Bauwerk – Baukonstruktionen**				**100,0**
310	**Baugrube / Erdbau**	114,83 m³BGI	11.780	**102,59**	0,8
	• Herstellen (Kosten: 100,0%)	114,83 m³BGI	11.780	**102,59**	
	Außenwände freilegen, Bodenaushub, Bauschutt, abfahren (83m³), Baugrubenaushub, Bauschutt, entsorgen (32m³), Hinterfüllungen mit Liefermaterial (30m³)				
320	**Gründung, Unterbau**	114,89 m²GRF	39.517	**343,96**	2,8
	• Abbrechen (Kosten: 8,1%)	–	3.200	**–**	
	Abbruch von Betonfundamenten (psch) * Estrich (10m²); Entsorgung, Deponiegebühren				
	• Wiederherstellen (Kosten: 3,4%)	23,43 m²GRF	1.357	**57,91**	
	Terrazzobelag reinigen, polieren, imprägnieren (9m²), Kellerboden ausbessern, Risse verpressen (14m²) * Dränleitungen spülen, Schwemmmaterial entsorgen (75m)				
	• Herstellen (Kosten: 88,5%)	95,56 m²GRF	34.961	**365,85**	
	Stb-Fundamentplatte, WU (7m²) * Abdichtung, Dämmschüttung, PU-Dämmung, PE-TSD, Zementestrich (75m²), Vinylbelag (61m²), Verbundestrich, Epoxidharzbeschichtung (10m²), Bodenfliesen (5m²), Terrazzoplatten (3m²), Loggia: Verbundestrich, Bodenfliesen (12m²) * Kies-Schottertragschicht (6m³), XPS-Dämmung (11m²) * Sickerpackung (6m³)				
330	**Außenwände/Vert. Baukonstrukt., außen**	1.160,87 m²AWF	574.379	**494,78**	40,1
	• Abbrechen (Kosten: 3,9%)	107,13 m²AWF	22.412	**209,21**	
	Abbruch von Mauerwerksbrüstungen (13m²), Glasbausteinen (9m²) * Kunststofffenstern (82m²), Kellerfenstern (3m²) * Laibungsputz (psch) * Lichtschächten (3St); Entsorgung, Deponiegebühren				
	• Wiederherstellen (Kosten: 5,8%)	475,82 m²AWF	33.274	**69,93**	
	Fensterbankhöhen abstemmen, aufbetonieren (45h) * Wandoberfläche ausbessern, Putzfehlstellen schließen (36h) * Putzflächen überarbeiten, Fehlstellen ausbessern, Risse aufschneiden, armieren (103h), Wandflächen spachteln, neu beschichten (476m²)				
	• Herstellen (Kosten: 90,3%)	1.160,87 m²AWF	518.692	**446,81**	
	Stb-Wände (73m²), Fensteröffnungen herstellen (13m²), Holzrahmenwände (42m²) * Holzwände (40m²), HLz-Mauerwerk (24m²) * Kunststofffenster (142m²) * Perimeterdämmung (41m²), WDVS (795m²), Holzfassade (121m²), Titanzinkbekleidung (24m²) * GK-Bekleidung (50m²), Innenputz (42m²), Beschichtung (78m²), Wandfliesen (25m²) * Alu-Pfosten-Riegelfassade (24m²), Alu-Glastür (3m²) * Rollläden (38m²), Markisen (12m²) * Stb-Vordach, Blechabdeckung (1St), Absturzsicherungen (10m), Lichtschacht (1St)				

KG	Kostengruppe	Menge Einheit	Kosten €	€/Einheit	%
340	**Innenwände/Vert. Baukonstrukt., innen**	886,57 m² IWF	251.730	**283,94**	17,6
	• Abbrechen (Kosten: 0,4%) Abbruch von Beschichtung (14h); Entsorgung, Deponiegebühren	–	923	–	
	• Wiederherstellen (Kosten: 13,5%) Putzflächen überarbeiten, Fehlstellen ausbessern, Risse aufschneiden, armieren (135h), Wandflächen spachteln (624m²), neu beschichten (726m²)	725,65 m² IWF	34.025	**46,89**	
	• Herstellen (Kosten: 86,1%) Ziegelmauerwerk (96m²), Türöffnungen herstellen in Mauerwerk (15m²) * GK-Wände F30 (245m²), HLz-Mauerwerk (44m²) * Holztüren (92m²), Stahltüren T30 (7m²) * Wandputz (347m²), GK-Vorsatzschalen (248m²), Wanddämmung (44m²), Beschichtung (550m²), Wandfliesen (126m²) * Keller-Systemtrennwände (75m²)	873,52 m² IWF	216.783	**248,17**	
350	**Decken/Horizontale Baukonstruktionen**	811,44 m² DEF	239.059	**294,61**	16,7
	• Wiederherstellen (Kosten: 10,8%) Risse verharzen (11h) * Terrazzobelag reinigen, polieren, imprägnieren (46m²) * Risse schließen, armieren (16h), Deckenflächen spachteln, neu beschichten (461m²), Beschichtung erneuern (119m²) * Stahl-Treppengeländer schleifen, lackieren (42h), Handlauf reinigen, Stäbe einharzen (4h)	579,85 m² DEF	25.836	**44,56**	
	• Herstellen (Kosten: 89,2%) Stb-Decken (5m²), Kragstufen einspannen (2m²) * Dämmungen, Estrich (694m²), Vinyl (611m²), Bodenfliesen (58m²), Terrazzo (25m²), Kastenrinnen (15m) * Deckendämmungen (108m²), GK-Decken, Beschichtung (196m²), Zementbauplatten-Decke (8m²), Silikonharzbeschichtung (19m²) * Sicherungsnetz (32m²), Treppengeländer (2m²), Balkongeländer: Stahl-UK (15m), Holz-Lamellenfüllung (175m)	694,45 m² DEF	213.222	**307,04**	
360	**Dächer**	312,24 m² DAF	196.030	**627,82**	13,7
	• Abbrechen (Kosten: 5,2%) Abbruch von Holzbalken (2m³) * Dachflächenfenstern (2St) * Betonsteindeckung (325m²), Dachrinnen (38m), Fallrohren (37m); Entsorgung, Deponiegebühren	327,00 m² DAF	10.140	**31,01**	
	• Wiederherstellen (Kosten: 8,6%) Sparrenköpfe kürzen, aufdoppeln (45St), First-/Mittelpfetten unterstützen, mit Pfetten (18m), mit Holzstützen (12m), Ortgang aufdoppeln (87m), Schubhölzer ergänzen (40m), Windsogbefestigungen erneuern (psch) * Holzbalken schleifen, lasieren (10h)	–	16.856	–	
	• Herstellen (Kosten: 86,2%) Dachsparren abschneiden (14St), Koppelbalken (9m), Auswechslungen (26m), Gauben-Flachdächer (42m²), Zwischensparrendämmung (255m²), Stb-Flachdach (7m²) * Dachflächenfenster (5m²) * Aufdachdämmungen (214m²), Betonsteindeckung (250m²), Kunststoffabdichtung (57m²), Betonplatten (14m²), Entwässerungs-/Dachrinnen (41m), Fallrohre (50m) * Dämmung, GK-Bekleidung, Beschichtung (166m²), WDVS (10m²) * Schneefanghaken (500St), Trittroste (12St)	312,24 m² DAF	169.034	**541,36**	
390	**Sonst. Maßnahmen für Baukonstrukt.**	1.239,53 m² BGF	119.598	**96,49**	8,4
	• Herstellen (Kosten: 100,0%) Baustelleneinrichtungen (9St), Kran (1St) * Fassaden-/Arbeitsgerüste (992m²), Dachfanggerüst (72m), Treppenturm (11m), Gerüstplanen (800m²) * Bauteilabklebungen (349m²), Abdeckungen auf Stufen (70St), Schutzabdeckungen (psch), Baureinigung (psch) * Fallrohrprovisorium (50m) * Schließanlage (1St)	1.239,53 m² BGF	119.598	**96,49**	

KG	Kostengruppe	Menge Einheit	Kosten €	€/Einheit	%
400	**Bauwerk – Technische Anlagen**				**100,0**
410	**Abwasser-, Wasser-, Gasanlagen**	1.239,53 m²BGF	134.853	**108,79**	29,0
	• Abbrechen (Kosten: 2,0%) Abbruch von Betonrohren (1m³) * Sanitäranlagen (psch); Entsorgung, Deponiegebühren	1.239,53 m²BGF	2.741	**2,21**	
	• Herstellen (Kosten: 98,0%) PP-Schallschutzrohre (psch), Bodenabläufe (4St) * Edelstahlrohre, Zirkulationssystem (psch), Wasserzähler (11St), Wand-WCs (12St), Waschtische (12St), Badewannen (8St), Wannen-/Brausearmaturen (12St) * Montageelemente (12St)	1.239,53 m²BGF	132.112	**106,58**	
420	**Wärmeversorgungsanlagen**	1.239,53 m²BGF	170.716	**137,73**	36,8
	• Abbrechen (Kosten: 3,4%) Abbruch von Ölheizungsanlage (psch), Öltank (psch); Entsorgung, Deponiegebühren	1.239,53 m²BGF	5.810	**4,69**	
	• Herstellen (Kosten: 96,6%) Pelletkessel 48kW (1St), Pufferspeicher 800l (2St), Pelletbunker (psch) * Heizungsrohre (psch) * Profilheizkörper (45St), Badheizkörper (10St) * Kaminanlage, Rauchrohranlage (psch), Kaminbekleidung, Titanzink (7m²)	1.239,53 m²BGF	164.906	**133,04**	
430	**Raumlufttechnische Anlagen**	1.239,53 m²BGF	6.531	**5,27**	1,4
	• Herstellen (Kosten: 100,0%) Einzelraumlüfter (12St)	1.239,53 m²BGF	6.531	**5,27**	
440	**Elektrische Anlagen**	1.239,53 m²BGF	72.985	**58,88**	15,7
	• Abbrechen (Kosten: 10,3%) Abbruch von Zähleranlage (psch), Elektroinstallation (psch); Entsorgung, Deponiegebühren	1.239,53 m²BGF	7.551	**6,09**	
	• Herstellen (Kosten: 89,7%) Wandschränke (2St), Zählerfelder (4St), Verteilerfeld (1St), Sicherungsverteiler (10St), Mantelleitungen (3.182m), Starkstromkabel (138m), Steckdosen (441St), Herdanschlüsse (6St), Schalter/Taster (114St), Bewegungsmelder (20St) * LED-Leuchten (32St), LED-Strahler (14St), LED-Außenleuchten (12St) * Ringerder (16m), Erdungskabel (28m)	1.239,53 m²BGF	65.433	**52,79**	
450	**Kommunikationstechnische Anlagen**	1.239,53 m²BGF	20.028	**16,16**	4,3
	• Herstellen (Kosten: 100,0%) Telefonverteiler (1St), Telefonkabel (374m) * Audio-Sprechanlage (1St) * Sat-Antennenanlage (1St), Koaxialkabel (776m), Antennenanschlussdosen (20St) * Medienverteiler (10St), Datenkabel (494m), Datenanschlussdosen (30St)	1.239,53 m²BGF	20.028	**16,16**	
460	**Förderanlagen**	1.239,53 m²BGF	58.969	**47,57**	12,7
	• Herstellen (Kosten: 100,0%) Personenaufzug (1St)	1.239,53 m²BGF	58.969	**47,57**	
490	**Sonst. Maßnahmen für techn. Anlagen**	1.239,53 m²BGF	432	**0,35**	< 0,1
	• Herstellen (Kosten: 100,0%) Montagegerüst (1St)	1.239,53 m²BGF	432	**0,35**	

KG	Kostengruppe	Menge Einheit	Kosten €	€/Einheit	%
500	**Außenanlagen und Freiflächen**				**100,0**
510	**Erdbau**	84,65 m³EBR	7.244	**85,58**	21,2
	• Herstellen (Kosten: 100,0%) Kabelgrabenaushub, lagern, verfüllen (85m³)	84,65 m³EBR	7.244	**85,58**	
530	**Oberbau, Deckschichten**	–	11.317	–	33,1
	• Abbrechen (Kosten: 100,0%) Abbruch von bitumenhaltiger Befestigung (343m²); Entsorgung, Deponiegebühren, Aufnehmen und Lagern von Frostschutzschicht (28m²), Naturbordsteinen (19m)	342,87 m²BFF	11.317	**33,01**	
540	**Baukonstruktionen**	897,00 m²AF	7.586	**8,46**	22,2
	• Herstellen (Kosten: 100,0%) Stützwandbekleidung: Holz-UK (32m), Stahlgeländer, Mauerabdeckung (4m), Holzlamellenbekleidung (210m)	897,00 m²AF	7.586	**8,46**	
550	**Technische Anlagen**	897,00 m²AF	8.074	**9,00**	23,6
	• Herstellen (Kosten: 100,0%) PP-Rohre (55m) * Außenschrankverteiler (1St), Erdkabel (85m), Lichtmasten (3St)	897,00 m²AF	8.074	**9,00**	
600	**Ausstattung und Kunstwerke**				**100,0**
610	**Allgemeine Ausstattung**	1.239,53 m²BGF	7.369	**5,95**	100,0
	• Herstellen (Kosten: 100,0%) Spiegel, mit Beleuchtung (12St), WC-Bürstengarnituren (12St), WC-Papierrollenhalter (12St), Handtuchhalter (12St)	1.239,53 m²BGF	7.369	**5,95**	

Kostenkennwerte für die Kostengruppen 300 der 2. und 3. Ebene DIN 276 (Übersicht)

KG	Kostengruppe	Menge Einheit	Kosten €	€/Einheit	% an 3+4
300	**Bauwerk – Baukonstruktionen**	**1.239,53 m² BGF**	**1.432.093,38**	**1.155,35**	**75,5**
310	**Baugrube / Erdbau**	**114,83 m³ BGI**	**11.780,22**	**102,59**	**0,6**
311	Herstellung	114,83 m³ BGI	11.780,22	102,59	0,6
312	Umschließung	–	–	–	–
313	Wasserhaltung	–	–	–	–
314	Vortrieb	–	–	–	–
319	Sonstiges zur KG 310	–	–	–	–
320	**Gründung, Unterbau**	**114,89 m² GRF**	**39.517,00**	**343,96**	**2,1**
321	Baugrundverbesserung	–	–	–	–
322	Flachgründungen und Bodenplatten	7,52 m²	6.811,59	905,80	0,4
323	Tiefgründungen	–	–	–	–
324	Gründungsbeläge	114,89 m²	30.809,51	268,17	1,6
325	Abdichtungen und Bekleidungen	10,35 m²	1.208,27	116,74	< 0,1
326	Dränagen	114,89 m² GRF	687,63	5,99	< 0,1
329	Sonstiges zur KG 320	–	–	–	–
330	**Außenwände/Vert. Baukonstrukt., außen**	**1.160,87 m² AWF**	**574.378,80**	**494,78**	**30,3**
331	Tragende Außenwände	127,75 m²	76.263,72	596,98	4,0
332	Nichttragende Außenwände	58,68 m²	19.463,62	331,69	1,0
333	Außenstützen	–	–	–	–
334	Außenwandöffnungen	142,06 m²	107.454,68	756,40	5,7
335	Außenwandbekleidungen, außen	992,26 m²	224.981,60	226,74	11,9
336	Außenwandbekleidungen, innen	578,38 m²	59.296,01	102,52	3,1
337	Element. Außenwandkonstruktionen	26,55 m²	55.515,05	2.090,96	2,9
338	Lichtschutz zur KG 330	50,45 m²	13.771,47	272,97	0,7
339	Sonstiges zur KG 330	1.160,87 m² AWF	17.632,66	15,19	0,9
340	**Innenwände/Vert. Baukonstrukt., innen**	**886,57 m² IWF**	**251.729,92**	**283,94**	**13,3**
341	Tragende Innenwände	111,23 m²	38.336,71	344,66	2,0
342	Nichttragende Innenwände	159,28 m²	39.124,24	245,63	2,1
343	Innenstützen	–	–	–	–
344	Innenwandöffnungen	98,98 m²	57.023,36	576,11	3,0
345	Innenwandbekleidungen	1.425,21 m²	111.489,16	78,23	5,9
346	Elementierte Innenwandkonstruktionen	74,98 m²	5.756,46	76,77	0,3
347	Lichtschutz zur KG 340	–	–	–	–
349	Sonstiges zur KG 340	–	–	–	–
350	**Decken/Horizontale Baukonstruktionen**	**811,44 m² DEF**	**239.058,94**	**294,61**	**12,6**
351	Deckenkonstruktionen	–	13.744,33	–	0,7
352	Deckenöffnungen	–	–	–	–
353	Deckenbeläge	740,35 m²	162.917,84	220,06	8,6
354	Deckenbekleidungen	811,44 m²	41.476,23	51,11	2,2
355	Elementierte Deckenkonstruktionen	–	–	–	–
359	Sonstiges zur KG 350	811,44 m² DEF	20.920,54	25,78	1,1
360	**Dächer**	**312,24 m² DAF**	**196.030,44**	**627,82**	**10,3**
361	Dachkonstruktionen	261,95 m²	47.095,90	179,79	2,5
362	Dachöffnungen	4,67 m²	18.418,27	3.943,95	1,0
363	Dachbeläge	307,57 m²	92.092,58	299,42	4,9
364	Dachbekleidungen	178,95 m²	30.400,20	169,88	1,6
365	Elementierte Dachkonstruktionen	–	–	–	–
366	Lichtschutz zur KG 360	1,56 m²	2.170,49	1.391,34	0,1
369	Sonstiges zur KG 360	312,24 m² DAF	5.853,01	18,75	0,3
370	**Infrastrukturanlagen**	**–**	**–**	**–**	**–**
380	**Baukonstruktive Einbauten**	**–**	**–**	**–**	**–**
390	**Sonst. Maßnahmen für Baukonstrukt.**	**1.239,53 m² BGF**	**119.598,05**	**96,49**	**6,3**

Kostenkennwerte für die Kostengruppen 400 der 2. und 3.Ebene DIN 276 (Übersicht)

KG	Kostengruppe	Menge Einheit	Kosten €	€/Einheit	% an 3+4
400	**Bauwerk – Technische Anlagen**	**1.239,53 m²BGF**	**464.513,93**	**374,75**	**24,5**
410	**Abwasser-, Wasser-, Gasanlagen**	**1.239,53 m²BGF**	**134.852,80**	**108,79**	**7,1**
411	Abwasseranlagen	1.239,53 m²BGF	36.414,16	29,38	1,9
412	Wasseranlagen	1.239,53 m²BGF	93.330,36	75,29	4,9
413	Gasanlagen	–	–	–	–
419	Sonstiges zur KG 410	1.239,53 m²BGF	5.108,28	4,12	0,3
420	**Wärmeversorgungsanlagen**	**1.239,53 m²BGF**	**170.716,29**	**137,73**	**9,0**
421	Wärmeerzeugungsanlagen	1.239,53 m²BGF	74.057,42	59,75	3,9
422	Wärmeverteilnetze	1.239,53 m²BGF	31.377,45	25,31	1,7
423	Raumheizflächen	1.239,53 m²BGF	57.454,94	46,35	3,0
424	Verkehrsheizflächen	–	–	–	–
429	Sonstiges zur KG 420	1.239,53 m²BGF	7.826,48	6,31	0,4
430	**Raumlufttechnische Anlagen**	**1.239,53 m²BGF**	**6.531,15**	**5,27**	**0,3**
431	Lüftungsanlagen	1.239,53 m²BGF	6.531,15	5,27	0,3
432	Teilklimaanlagen	–	–	–	–
433	Klimaanlagen	–	–	–	–
434	Kälteanlagen	–	–	–	–
439	Sonstiges zur KG 430	–	–	–	–
440	**Elektrische Anlagen**	**1.239,53 m²BGF**	**72.984,70**	**58,88**	**3,8**
441	Hoch- und Mittelspannungsanlagen	–	–	–	–
442	Eigenstromversorgungsanlagen	–	–	–	–
443	Niederspannungsschaltanlagen	–	–	–	–
444	Niederspannungsinstallationsanlagen	1.239,53 m²BGF	67.416,22	54,39	3,6
445	Beleuchtungsanlagen	1.239,53 m²BGF	4.672,86	3,77	0,2
446	Blitzschutz- und Erdungsanlagen	1.239,53 m²BGF	895,62	0,72	< 0,1
447	Fahrleitungssysteme	–	–	–	–
449	Sonstiges zur KG 440	–	–	–	–
450	**Kommunikationstechnische Anlagen**	**1.239,53 m²BGF**	**20.028,23**	**16,16**	**1,1**
451	Telekommunikationsanlagen	1.239,53 m²BGF	967,51	0,78	< 0,1
452	Such- und Signalanlagen	1.239,53 m²BGF	5.485,64	4,43	0,3
453	Zeitdienstanlagen	–	–	–	–
454	Elektroakustische Anlagen	–	–	–	–
455	Audiovisuelle Medien- u. Antennenanl.	1.239,53 m²BGF	3.283,48	2,65	0,2
456	Gefahrenmelde- und Alarmanlagen	–	–	–	–
457	Datenübertragungsnetze	1.239,53 m²BGF	10.291,60	8,30	0,5
458	Verkehrsbeeinflussungsanlagen	–	–	–	–
459	Sonstiges zur KG 450	–	–	–	–
460	**Förderanlagen**	**1.239,53 m²BGF**	**58.968,66**	**47,57**	**3,1**
461	Aufzugsanlagen	1.239,53 m²BGF	58.968,66	47,57	3,1
462	Fahrtreppen, Fahrsteige	–	–	–	–
463	Befahranlagen	–	–	–	–
464	Transportanlagen	–	–	–	–
465	Krananlagen	–	–	–	–
466	Hydraulikanlagen	–	–	–	–
469	Sonstiges zur KG 460	–	–	–	–
470	**Nutzungsspez. u. verfahrenstechn. Anl.**	**–**	**–**	**–**	**–**
480	**Gebäude- und Anlagenautomation**	**–**	**–**	**–**	**–**
490	**Sonst. Maßnahmen für techn. Anlagen**	**1.239,53 m²BGF**	**432,10**	**0,35**	**< 0,1**

Kostenkennwerte für die Kostengruppen der 3.Ebene DIN 276

KG	Kostengruppe	Menge Einheit	Kosten €	€/Einheit	%
210	**Herrichten**				**100,0**
212	**Abbruchmaßnahmen**	1.156,00 m²GF	796	**0,69**	100,0
	• Abbrechen (Kosten: 100,0%) Abbruch von bitumenhaltiger Befestigung (18m²), Trennschnitte (13m); Entsorgung, Deponiegebühren	1.156,00 m²GF	796	**0,69**	
310	**Baugrube / Erdbau**				**100,0**
311	**Herstellung**	114,83 m³BGI	11.780	**102,59**	100,0
	• Herstellen (Kosten: 100,0%) Außenwände freilegen, Bodenaushub BK 3-4, Bauschutt, t bis 1,50m, lagern, laden, abfahren (83m³), Baugrubenaushub BK 3-4, Bauschutt, t=1,70m, lagern, laden, entsorgen (32m³), Hinterfüllungen mit Frostschutzkies, Liefermaterial (15m³), mit Boden BK 3-4, Liefermaterial (15m³), Planum (79m²)	114,83 m³BGI	11.780	**102,59**	
320	**Gründung, Unterbau**				**100,0**
322	**Flachgründungen und Bodenplatten**	7,52 m²	6.812	**905,80**	17,2
	• Abbrechen (Kosten: 40,9%) Abbruch von Betonfundamenten (psch); Entsorgung, Deponiegebühren	–	2.789	–	
	• Herstellen (Kosten: 59,1%) Stb-Fundamentplatte C25/30, WU, d=40cm, Schalung, Bewehrung (4m²), d=20cm (3m²)	7,52 m²	4.023	**534,97**	
324	**Gründungsbeläge**	114,89 m²	30.810	**268,17**	78,0
	• Abbrechen (Kosten: 1,3%) Abbruch von Estrich (10m²); Entsorgung, Deponiegebühren	10,44 m²	411	**39,37**	
	• Wiederherstellen (Kosten: 3,7%) Terrazzobelag reinigen, polieren, imprägnieren (9m²), Kellerboden ausbessern, Risse verpressen (14m²)	23,43 m²	1.143	**48,77**	
	• Herstellen (Kosten: 95,0%) Bitumenabdichtung, Dämmschüttung, d=20-40mm, PU-Dämmung, d=50mm, PE-TSD, Zementestrich, d=35-50mm, faserarmiert (75m²), Vinylbelag (61m²), Sockelleisten (45m), Verbundestrich, Epoxidharzbeschichtung (10m²), Abdichtung, Bodenfliesen (5m²), Fliesensockel (4m), Terrazzoplatten (3m²), Sauberlaufmatte 80x60cm (1St), Sockelleisten (16m), Loggia: Zement-Verbundestrich, d=50mm, Abdichtung, Bodenfliesen (12m²), Fliesensockel (15m)	91,46 m²	29.256	**319,87**	
325	**Abdichtungen und Bekleidungen**	10,35 m²	1.208	**116,74**	3,1
	• Herstellen (Kosten: 100,0%) Kies-Schottertragschicht 8/32mm, d=30cm (6m³), Sauberkeitsschicht C8/10, d=5cm (9m²), XPS-Dämmung WLG 040, d=100mm (8m²), vertikal (3m²)	10,35 m²	1.208	**116,74**	
326	**Dränagen**	114,89 m²GRF	688	**5,99**	1,7
	• Wiederherstellen (Kosten: 31,1%) Dränleitungen spülen, Schwemmmaterial entsorgen (75m)	23,43 m²GRF	214	**9,13**	
	• Herstellen (Kosten: 68,9%) Sickerpackung, Kies 8/16mm (6m³)	95,56 m²GRF	474	**4,96**	

KG	Kostengruppe	Menge Einheit	Kosten €	€/Einheit	%
344	**Innenwandöffnungen**	98,98 m²	57.023	**576,11**	22,7
	• Herstellen (Kosten: 100,0%) Holztüren, Röhrenspan, Holzumfassungszargen, Oberfläche CPL (66m²), als Schiebetür (4m²), Vollholztüren, Oberfläche HPL, R'w=27dB (13m²), R'w=37dB (6m²), T30 RS (2m²), RS (2m²), Stahltüren T30, Stahlzargen, Beschichtung (7m²)	98,98 m²	57.023	**576,11**	
345	**Innenwandbekleidungen**	1.425,21 m²	111.489	**78,23**	44,3
	• Abbrechen (Kosten: 0,8%) Abbruch von Beschichtung (14h); Entsorgung, Deponiegebühren	–	923	–	
	• Wiederherstellen (Kosten: 30,5%) Putzflächen überarbeiten, Fehlstellen ausbessern, Risse aufschneiden, armieren (135h), Wandflächen spachteln (624m²), neu beschichten (726m²)	725,65 m²	34.025	**46,89**	
	• Herstellen (Kosten: 68,7%) Gipsputz (192m²), Kalkzementputz (141m²), GK-Vorsatzschalen (214m²), als Schachtwand, Rw=36dB (34m²), Trägerbekleidung F90 (22m²), Mineralschaumdämmung WLG 040, d=100mm, Armierung, Kalk-Zementputz (14m²), Holzwolle-Mehrschichtdämmung WLG 040, d=100mm (9m²), Beschichtung (550m²), Abdichtung, Wandfliesen (126m²), Abschlussprofile, Edelstahl (34m), EPS-Dämmung WLG 035, d=100mm (23m²)	699,56 m²	76.542	**109,41**	
346	**Elementierte Innenwandkonstruktionen**	74,98 m²	5.756	**76,77**	2,3
	• Herstellen (Kosten: 100,0%) Keller-Systemtrennwände, Holzprofile an verzinkten Winkeleisen, Systemhöhe 2,20m, zehn Türen, zehn Oberlichter (75m²)	74,98 m²	5.756	**76,77**	
350	**Decken/Horizontale Baukonstruktionen**				**100,0**
351	**Deckenkonstruktionen**	–	13.744	–	5,7
	• Wiederherstellen (Kosten: 10,9%) Risse verharzen (11h)	–	1.503	–	
	• Herstellen (Kosten: 89,1%) Stb-Decken C25/30, d=16cm, Schalung, Bewehrung (5m²), Kragstufen einspannen, Stahlbeton (2m²)	7,31 m²	12.241	**1.674,62**	
353	**Deckenbeläge**	740,35 m²	162.918	**220,06**	68,1
	• Wiederherstellen (Kosten: 3,0%) Terrazzobelag reinigen, polieren, imprägnieren (46m²)	45,90 m²	4.949	**107,83**	
	• Herstellen (Kosten: 97,0%) EPS-Dämmung, d=10-50mm, TSD, OSB-Trockenestrich (257m²), Dämmschüttung, d=20-40mm (402m²), PE-TSD, Zementestrich, d=35-50mm, faserarmiert (235m²), Zement-Dünnestrich, d=10-12mm, faserarmiert (202m²), Vinylbelag (611m²), Sockelleisten (524m), Abdichtung, Bodenfliesen (48m²), Fliesensockel (43m), Terrazzoplatten (25m²), Sockelleisten (45m), Balkone: Zement-Verbundestrich, d=50mm, Abdichtung, Bodenfliesen (10m²), Fliesensockel (13m), Kastenrinnen (15m), Fallrohre (6m)	694,45 m²	157.968	**227,47**	

KG	Kostengruppe	Menge Einheit	Kosten €	€/Einheit	%
354	**Deckenbekleidungen**	811,44 m²	41.476	**51,11**	17,3
	• Wiederherstellen (Kosten: 35,7%) Risse schließen, armieren (16h), Bestandsdecken spachteln (461m²), neu beschichten , Beschichtung erneuern (559m²)	558,85 m²	14.798	**26,48**	
	• Herstellen (Kosten: 64,3%) EPS-Dämmung WLG 035, d=100mm (78m²), HWL-Dämmung WLG 040, d=100mm (30m²), GK-Decken, Abhängehöhe 15-70cm, Beschichtung (196m²), Balkonuntersicht: Zementbauplatten, Abhängehöhe 70cm, Stirnbekleidung (8m²), Silikatbeschichtung (19m²)	252,59 m²	26.678	**105,62**	
359	**Sonstiges zur KG 350**	811,44 m² DEF	20.921	**25,78**	8,8
	• Wiederherstellen (Kosten: 21,9%) Stahl-Treppengeländer schleifen, reinigen, lackieren (42h), Handlauf reinigen, Stäbe einharzen (4h)	579,85 m² DEF	4.586	**7,91**	
	• Herstellen (Kosten: 78,1%) Sicherungsnetz, Edelstahl, Spanner (32m²), Treppengeländer, h=1m (2m²), Balkongeländer: Stahl-Quadratrohre-UK (15m), Holzlamellenfüllung, KVH 40x40mm, l=1,18-1,84m (175m)	694,45 m² DEF	16.334	**23,52**	
360	**Dächer**				**100,0**
361	**Dachkonstruktionen**	261,95 m²	47.096	**179,79**	24,0
	• Abbrechen (Kosten: 0,6%) Abbruch von Holzbalken 10x12cm, l=5,00m (2m³); Entsorgung, Deponiegebühren	–	275	–	
	• Wiederherstellen (Kosten: 34,0%) Sparrenköpfe kürzen, l=40cm, aufdoppeln 10x7,4cm, l=35cm (45St), First-/Mittelpfetten unterstützen, mit Pfetten 16x12cm (18m), mit Holzstützen 16x16cm (12m), Ortgang aufdoppeln 7,5x10cm (87m), Schubhölzer ergänzen (40m), Windsogbefestigungen erneuern (psch)	–	16.004	–	
	• Herstellen (Kosten: 65,4%) Dachsparren abschneiden, Kragsparren rückverankern, für Dacheinschnitte (14St), Koppelbalken 10x10-15cm (9m), Auswechslungen (26m), Aufschieblinge (5St), Gauben-Flachdächer, Sparren 10x16cm, l=2,00m, Schalung, d=24mm (42m²), Holzfaser-Zwischensparrendämmung WLG 035, d=160mm (220m²), d=80mm (35m²), Stb-Flachdach C25/30, d=20cm, Schalung, Bewehrung (7m²), Stb-Attiken C25/30 (1m³)	261,95 m²	30.816	**117,64**	
362	**Dachöffnungen**	4,67 m²	18.418	**3.943,95**	9,4
	• Abbrechen (Kosten: 2,3%) Abbruch von Dachflächenfenstern (2St); Entsorgung, Deponiegebühren	2,00 m²	417	**208,70**	
	• Herstellen (Kosten: 97,7%) Dachflächenfenster, Uw=1,0W/m²K, 66x118cm, Alu-Eindeckrahmen (5St), als RWA (1St)	4,67 m²	18.001	**3.854,58**	

KG	Kostengruppe	Menge Einheit	Kosten €	€/Einheit	%
363	**Dachbeläge**	307,57 m^2	92.093	**299,42**	47,0
	• Abbrechen (Kosten: 10,3%) Abbruch von Betonsteindeckung (325m^2), Dachrinnen (38m), Fallrohren (37m), Verwahrungen (psch); Entsorgung, Deponiegebühren	325,00 m^2	9.447	**29,07**	
	• Herstellen (Kosten: 89,7%) Aufsparrendämmung WLG 045, d=100mm, Holzfaser (180m^2), WLS 036, Steinwolle (15m^2), Unterspannbahn (95m^2), Lattungen (200m^2), Trauf-/Ortgangschalung (74m^2), Betonsteindeckung (250m^2), Kunststoffabdichtung (57m^2), PUR-Dämmung WLS 024, d=100mm, TSD, Betonplatten (14m^2), EPS-Gefälledämmung WLG 035, d i.M. 160mm, Kies (5m^2), Attikaabdeckungen, Verbundblech (44m), Entwässerungsrinne (5m), Notüberläufe (9St), Dachabläufe (2St), Dachrinnen, Titanzink (36m), Fallrohre, Titanzink (50m)	307,57 m^2	82.645	**268,70**	
364	**Dachbekleidungen**	178,95 m^2	30.400	**169,88**	15,5
	• Wiederherstellen (Kosten: 2,8%) Holzbalken schleifen, reinigen, lasieren (10h)	–	852	–	
	• Herstellen (Kosten: 97,2%) Dampfsperre (250m^2), Mineralwolldämmung WLS 032, d=40mm, GK-Bekleidung, Beschichtung (166m^2), in Laibungen (52m), WDVS, Mineralwolldämmung WLG 035, d=80mm, Verdübelung, Armierungsspachtelung, Oberputz (10m^2), Lasur Sparrenköpfe (45St)	178,95 m^2	29.549	**165,12**	
366	**Lichtschutz zur KG 360**	1,56 m^2	2.170	**1.391,34**	1,1
	• Herstellen (Kosten: 100,0%) Markisetten 66x118cm, Motorantrieb (2St)	1,56 m^2	2.170	**1.391,34**	
369	**Sonstiges zur KG 360**	312,24 m^2DAF	5.853	**18,75**	3,0
	• Herstellen (Kosten: 100,0%) Schneefanghaken (500St), Trittroste (12St), Sicherheitsdachhaken (3St), Flachstahlhandläufe (6m)	312,24 m^2DAF	5.853	**18,75**	
390	**Sonstige Maßnahmen für Baukonstruktionen**				**100,0**
391	**Baustelleneinrichtung**	1.239,53 m^2BGF	58.031	**46,82**	48,5
	• Herstellen (Kosten: 100,0%) Baustelleneinrichtungen, Hauptgewerk (1St), Nebengewerke (8St), Kran (1St), Chemietoilette (1St), Absturzsicherungen (4St), Baustrom (psch), Schnurgerüst (psch), Meterrisse (10St), Bautür (1St)	1.239,53 m^2BGF	58.031	**46,82**	
392	**Gerüste**	1.239,53 m^2BGF	43.471	**35,07**	36,3
	• Herstellen (Kosten: 100,0%) Fassadengerüst, Lastklasse 4, b=90-120cm (746m^2), Arbeitsgerüst (176m^2), Konsolverbreiterungen, b=30cm (313m), Dachfanggerüst (72m), Treppenturm (11m), Gerüstplanen (800m^2)	1.239,53 m^2BGF	43.471	**35,07**	
397	**Zusätzliche Maßnahmen**	1.239,53 m^2BGF	15.481	**12,49**	12,9
	• Herstellen (Kosten: 100,0%) Bauteilabklebungen (349m^2), Hartfaserabdeckungen auf Terrazzostufen (70St), Schutzabdeckungen, Folie, Papier, Vlies (psch), Grobreinigung (17h), Feinreinigung (psch)	1.239,53 m^2BGF	15.481	**12,49**	

KG	Kostengruppe	Menge Einheit	Kosten €	€/Einheit	%
398	**Provisorische Baukonstruktionen**	1.239,53 m²BGF	165	**0,13**	0,1
	• Herstellen (Kosten: 100,0%) Fallrohrprovisorium, Schlauchfolie (50m)	1.239,53 m²BGF	165	**0,13**	
399	**Sonstiges zur KG 390**	1.239,53 m²BGF	2.450	**1,98**	2,0
	• Herstellen (Kosten: 100,0%) Schließanlage, Doppelzylinder, drei Schlüssel (16St), Zylinderverlängerungen (49St), Blindzylinder (1St), Generalhauptschlüssel (1St), Gruppenschlüssel (5St)	1.239,53 m²BGF	2.450	**1,98**	
410	**Abwasser-, Wasser-, Gasanlagen**				**100,0**
411	**Abwasseranlagen**	1.239,53 m²BGF	36.414	**29,38**	27,0
	• Abbrechen (Kosten: 1,5%) Abbruch von Betonrohren (1m³); Entsorgung, Deponiegebühren	1.239,53 m²BGF	536	**0,43**	
	• Herstellen (Kosten: 98,5%) PP-Schallschutzrohre DN50-100, Formstücke (psch), Brandschutzmanschetten (psch), Bodenabläufe (4St), Röhrensifons (12St), Ablaufgarnituren (8St)	1.239,53 m²BGF	35.878	**28,94**	
412	**Wasseranlagen**	1.239,53 m²BGF	93.330	**75,29**	69,2
	• Abbrechen (Kosten: 2,4%) Abbruch von Sanitäranlagen (psch); Entsorgung, Deponiegebühren	1.239,53 m²BGF	2.204	**1,78**	
	• Herstellen (Kosten: 97,6%) Edelstahlrohre, Formstücke, Rohrdämmung, Zirkulationssystem (psch), Rohrschotts (psch), Wasserzähler (11St), Waschtische (12St), Wand-WCs (12St), Stahl-Badewannen (8St), Brausearmaturen (12St), Außenarmatur (1St)	1.239,53 m²BGF	91.126	**73,52**	
419	**Sonstiges zur KG 410**	1.239,53 m²BGF	5.108	**4,12**	3,8
	• Herstellen (Kosten: 100,0%) Montageelemente für WCs (12St)	1.239,53 m²BGF	5.108	**4,12**	
420	**Wärmeversorgungsanlagen**				**100,0**
421	**Wärmeerzeugungsanlagen**	1.239,53 m²BGF	74.057	**59,75**	43,4
	• Abbrechen (Kosten: 7,8%) Abbruch von Ölheizungsanlage (psch), Öltank (psch); Entsorgung, Deponiegebühren	1.239,53 m²BGF	5.810	**4,69**	
	• Herstellen (Kosten: 92,2%) Pelletkessel 48kW, Zubehör (1St), Pufferspeicher 800l (2St), Pelletbunker (psch)	1.239,53 m²BGF	68.247	**55,06**	
422	**Wärmeverteilnetze**	1.239,53 m²BGF	31.377	**25,31**	18,4
	• Herstellen (Kosten: 100,0%) Heizungsrohre, Formstücke, Rohrdämmung, Brandschotts (psch), Kugelhähne (11St), Schlammabscheider (1St), Druckausdehnungsgefäß (1St), Kesselanschlussgruppe (1St), Ventile (2St), Entlüfter (4St), Kernbohrungen, D=70-100mm (800cm)	1.239,53 m²BGF	31.377	**25,31**	
423	**Raumheizflächen**	1.239,53 m²BGF	57.455	**46,35**	33,7
	• Herstellen (Kosten: 100,0%) Profilheizkörper (45St), Badheizkörper (10St)	1.239,53 m²BGF	57.455	**46,35**	

KG	Kostengruppe	Menge Einheit	Kosten €	€/Einheit	%
429	**Sonstiges zur KG 420**	1.239,53 m²BGF	7.826	**6,31**	4,6
	• Herstellen (Kosten: 100,0%) Kaminanlage, Rauchrohranlage, Zubehör (psch), Kaminbekleidung, Titanzink (7m²)	1.239,53 m²BGF	7.826	**6,31**	
430	**Raumlufttechnische Anlagen**				**100,0**
431	**Lüftungsanlagen**	1.239,53 m²BGF	6.531	**5,27**	100,0
	• Herstellen (Kosten: 100,0%) Einzelraumlüfter (10St), mit WRG (2St)	1.239,53 m²BGF	6.531	**5,27**	
440	**Elektrische Anlagen**				**100,0**
444	**Niederspannungsinstallationsanlagen**	1.239,53 m²BGF	67.416	**54,39**	92,4
	• Abbrechen (Kosten: 11,2%) Abbruch von Zähleranlage (psch), Elektroinstallation (psch); Entsorgung, Deponiegebühren	1.239,53 m²BGF	7.551	**6,09**	
	• Herstellen (Kosten: 88,8%) Wandschränke 140x130/80x21cm (2St), Zählerfelder (4St), Verteilerfeld (1St), SHU-Schalter (11St), Sicherungsverteiler, bestückt (10St), FI-Schalter (1St), LS-Schalter (8St), FI/LS-Schalter (7St), Mantelleitungen NYM (3.182m), Starkstromkabel NYY (138m), Leerrohre (639m), Kabelrinnen (21m), Kabelkanäle (18m), Brandschutzbandagen (16m), Steckdosen (441St), Herdanschlüsse (6St), Schalter/Taster (114St), Bewegungsmelder (20St), Kernbohrungen, D=100mm (240cm)	1.239,53 m²BGF	59.865	**48,30**	
445	**Beleuchtungsanlagen**	1.239,53 m²BGF	4.673	**3,77**	6,4
	• Herstellen (Kosten: 100,0%) LED-Rundleuchten (16St), LED-Außenwandleuchten (12St), LED-Einbaustrahler (11St), LED-Badleuchten (10St), LED-Wannenleuchten (6St), LED-Strahler (3St)	1.239,53 m²BGF	4.673	**3,77**	
446	**Blitzschutz- und Erdungsanlagen**	1.239,53 m²BGF	896	**0,72**	1,2
	• Herstellen (Kosten: 100,0%) Ringerder, Edelstahl, D=10mm (16m), Klemmen (5St), Potenzialausgleichsschienen (3St), Erdungskabel (28m)	1.239,53 m²BGF	896	**0,72**	
450	**Kommunikations-, sicherheits- und informationstechnische Anlagen**				**100,0**
451	**Telekommunikationsanlagen**	1.239,53 m²BGF	968	**0,78**	4,8
	• Herstellen (Kosten: 100,0%) Telefonverteilerkasten 60x60x20cm (1St), Telefonkabel (374m)	1.239,53 m²BGF	968	**0,78**	
452	**Such- und Signalanlagen**	1.239,53 m²BGF	5.486	**4,43**	27,4
	• Herstellen (Kosten: 100,0%) Audio-Sprechanlage. Türstation, zehn Innenstationen (1St)	1.239,53 m²BGF	5.486	**4,43**	
455	**Audiovisuelle Medien- u. Antennenanl.**	1.239,53 m²BGF	3.283	**2,65**	16,4
	• Herstellen (Kosten: 100,0%) Sat-Antennenanlage, Parabolspiegel 85cm, Dachhalterung, Multischalter (1St), Koaxialkabel (776m), Antennenanschlussdosen (20St)	1.239,53 m²BGF	3.283	**2,65**	
457	**Datenübertragungsnetze**	1.239,53 m²BGF	10.292	**8,30**	51,4
	• Herstellen (Kosten: 100,0%) Medienverteiler, bestückt (10St), Datenkabel Cat7 (494m), Datenanschlussdosen (30St)	1.239,53 m²BGF	10.292	**8,30**	

KG	Kostengruppe	Menge Einheit	Kosten €	€/Einheit	%
460	**Förderanlagen**				**100,0**
461	**Aufzugsanlagen**	1.239,53 m² BGF	58.969	**47,57**	100,0
	• Herstellen (Kosten: 100,0%)	1.239,53 m² BGF	58.969	**47,57**	
	Personenaufzug, Tragkraft 630kg, acht Personen, vier Haltestellen, getriebelos mit Permanentmagnet, Traggurte (1St), Terrazzobelag (2m²)				
490	**Sonstige Maßnahmen für technische Anlagen**				**100,0**
492	**Gerüste**	1.239,53 m² BGF	432	**0,35**	100,0
	• Herstellen (Kosten: 100,0%)	1.239,53 m² BGF	432	**0,35**	
	Montagegerüst (1St)				
510	**Erdbau**				**100,0**
511	**Herstellung**	84,65 m³ EBR	7.244	**85,58**	100,0
	• Herstellen (Kosten: 100,0%)	84,65 m³ EBR	7.244	**85,58**	
	Kabelgrabenaushub BK 3-5, t bis 1,25m, lagern, verfüllen (85m³)				
530	**Oberbau, Deckschichten**				**100,0**
533	**Plätze, Höfe, Terrassen**	–	11.317	–	100,0
	• Abbrechen (Kosten: 100,0%)	342,87 m²	11.317	**33,01**	
	Abbruch von bitumenhaltiger Befestigung (343m²), Trennschnitte (62m); Entsorgung, Deponiegebühren, Aufnehmen und Lagern von Frostschutzschicht, d=30-50cm (28m²), Naturbordsteinen (19m)				
540	**Baukonstruktionen**				**100,0**
543	**Wandkonstruktionen**	13,50 m²	7.586	**561,91**	100,0
	• Herstellen (Kosten: 100,0%)	13,50 m²	7.586	**561,91**	
	Stützwandbekleidung: Holz-UK, Kanthölzer 60x60mm (32m), Geländer, h=1,00m, Quadratrohr, Mauerabdeckung (4m), Holzlamellenbekleidung, KVH 60x40mm, l=0,98-3,35m (210m), Alu-Sockelblech (4m)				
550	**Technische Anlagen**				**100,0**
551	**Abwasseranlagen**	897,00 m² AF	2.530	**2,82**	31,3
	• Herstellen (Kosten: 100,0%)	897,00 m² AF	2.530	**2,82**	
	PP-Rohre DN100-125, Formstücke (55m)				
556	**Elektrische Anlagen**	897,00 m² AF	5.544	**6,18**	68,7
	• Herstellen (Kosten: 100,0%)	897,00 m² AF	5.544	**6,18**	
	Außenschrankverteiler 112x115x32cm (1St), Erdkabel NYY (85m), Lichtmasten, h=4m (3St)				

6100-1636
Mehrfamilienhaus
(10 WE)

Umbau

Kostenkennwerte für Leistungsbereiche nach STLB (Kosten des Bauwerks nach DIN 276)

LB	Leistungsbereiche	Kosten €	€/m² BGF	€/m³ BRI	% an 3+4
000	Baustellen-, Verkehrssich.- u. Sicherh.einr. inkl. 001	103.132	83,20	27,80	5,4
002	Erdarbeiten	12.294	9,90	3,30	0,6
006	Spezialtiefbauarbeiten inkl. 005	–	–	–	–
009	Entwässerungskanalarbeiten inkl. 011	552	0,45	0,15	< 0,1
010	Drän- und Versickerarbeiten	688	0,55	0,19	< 0,1
	Wiederherstellen	214	0,17	0,06	< 0,1
	Herstellen	474	0,38	0,13	< 0,1
012	Mauerarbeiten	77.578	62,60	20,90	4,1
013	Betonarbeiten	71.512	57,70	19,30	3,8
	Wiederherstellen	4.640	3,70	1,30	0,2
	Herstellen	66.872	53,90	18,00	3,5
014	Natur-, Betonwerksteinarbeiten	12.337	10,00	3,30	0,7
	Wiederherstellen	5.931	4,80	1,60	0,3
	Herstellen	6.407	5,20	1,70	0,3
016	Zimmer- und Holzbauarbeiten	122.869	99,10	33,20	6,5
	Wiederherstellen	16.004	12,90	4,30	0,8
	Herstellen	106.865	86,20	28,80	5,6
017	Stahlbauarbeiten	–	–	–	–
018	Abdichtungsarbeiten	9.153	7,40	2,50	0,5
019	Kampfmittelräumarbeiten	–	–	–	–
020	Dachdeckungsarbeiten	48.941	39,50	13,20	2,6
021	Dachabdichtungsarbeiten	30.487	24,60	8,20	1,6
022	Klempnerarbeiten	30.486	24,60	8,20	1,6
	Rohbau	**520.031**	**419,50**	**140,30**	**27,4**
	Wiederherstellen	26.789	21,60	7,20	1,4
	Herstellen	493.242	397,90	133,10	26,0
023	Putz- und Stuckarbeiten, Wärmedämmsysteme	225.077	181,60	60,70	11,9
	Wiederherstellen	31.308	25,30	8,40	1,7
	Herstellen	193.769	156,30	52,30	10,2
024	Fliesen- und Plattenarbeiten	54.382	43,90	14,70	2,9
025	Estricharbeiten	50.276	40,60	13,60	2,7
026	Fenster, Außentüren inkl. 029, 032	95.889	77,40	25,90	5,1
027	Tischlerarbeiten	46.189	37,30	12,50	2,4
028	Parkett-, Holzpflasterarbeiten	–	–	–	–
030	Rollladenarbeiten	13.771	11,10	3,70	0,7
031	Metallbauarbeiten inkl. 035	82.090	66,20	22,10	4,3
	Wiederherstellen	928	0,75	0,25	< 0,1
	Herstellen	81.162	65,50	21,90	4,3
034	Maler- und Lackiererarb. - Beschicht. inkl. 037	89.308	72,00	24,10	4,7
	Wiederherstellen	52.322	42,20	14,10	2,8
	Herstellen	36.986	29,80	10,00	2,0
036	Bodenbelagarbeiten	96.748	78,10	26,10	5,1
038	Vorgehängte hinterlüftete Fassaden	–	–	–	–
039	Trockenbauarbeiten	121.204	97,80	32,70	6,4
	Ausbau	**874.936**	**705,90**	**236,10**	**46,1**
	Wiederherstellen	84.559	68,20	22,80	4,5
	Herstellen	790.377	637,60	213,30	41,7
040	Wärmeversorgungsanl. - Betriebseinr. inkl. 041	151.355	122,10	40,80	8,0
042	Gas- u. Wasseranl. - Leitung., Armat. inkl. 043	47.319	38,20	12,80	2,5
044	Abwasseranl. - Leitungen, Abläufe, Armaturen	29.185	23,50	7,90	1,5

LB	Leistungsbereiche	Kosten €	€/m² BGF	€/m³ BRI	% an 3+4
045	Gas, Wasser, Entwässerung - Ausstattung inkl. 046	36.059	29,10	9,70	1,9
047	Dämm- und Brandschutzarb. an techn. Anlagen	32.685	26,40	8,80	1,7
049	Feuerlöschanlagen, Feuerlöschgeräte	–	–	–	–
050	Blitzschutz-/Erdungsanlagen, Überspannungssch.	896	0,72	0,24	< 0,1
053	Niederspannungsanl. - Kabel inkl. 052, 054	55.831	45,00	15,10	2,9
055	Sicherheits- u. Ersatzstromversorgungsanl.	–	–	–	–
057	Gebäudesystemtechnik	–	–	–	–
058	Leuchten und Lampen inkl. 059	4.673	3,80	1,30	0,2
060	Such, Signal, Zeit, Anten., akust. Anl. inkl. 064	8.769	7,10	2,40	0,5
061	Kommunikations- u. Übertragungsnetze inkl. 063	11.259	9,10	3,00	0,6
069	Aufzüge	58.588	47,30	15,80	3,1
070	Gebäudeautomation	–	–	–	–
075	Raumlufttechnische Anlagen inkl. 078	6.531	5,30	1,80	0,3
	Gebäudetechnik	**443.149**	**357,50**	**119,60**	**23,4**
084	Abbruch, Rückbau, Schadstoffsanierung	52.777	42,60	14,20	2,8
	Abbrechen	52.777	42,60	14,20	2,8
	Abbrucharbeiten	**52.777**	**42,60**	**14,20**	**2,8**
	Abbrechen	52.777	42,60	14,20	2,8
	Sonstige Leistungsbereiche	**5.714**	**4,60**	**1,50**	**0,3**

6200-0133
Pflegeheim
(22 Betten)

Umbau

Kostenkennwerte für die Kosten des Bauwerks (Kostengruppen 300+400 nach DIN 276)

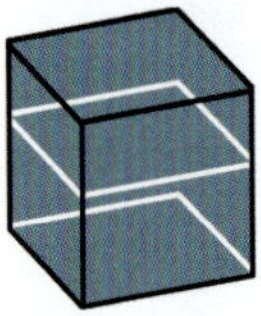

BRI 890 €/m³

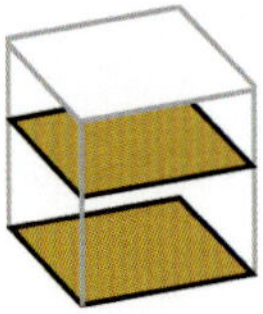

BGF 3.510 €/m²

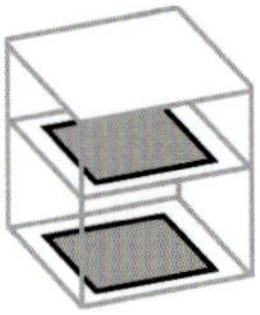

NUF 5.447 €/m²

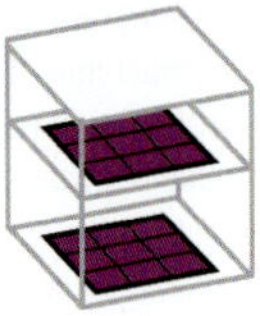

NE 328.976 €/NE

NE: Betten

Objekt:
Kennwerte: 1. Ebene DIN 276
BRI: 8.132 m³
BGF: 2.062 m²
NUF: 1.329 m²
Bauzeit: 156 Wochen
Bauende: 2023
Standard: mittel
Bundesland: Baden-Württemberg
Kreis: Konstanz

Architekt*in:
DIETRICH I UNTERTRIFALLER ARCHITEKTEN ZT GmbH
Bregenz

mit
werkgruppe drei I
Staiger Weltin I Freie Architekten PartGmbB
Fasanenweg 7a
78464 Konstanz

Bauherr*in:
CARITAS ALTENHILFE
f. d. R. KN. gGmbH
Uhlandstraße 15
78464 Konstanz

Umbau

Erdgeschoss

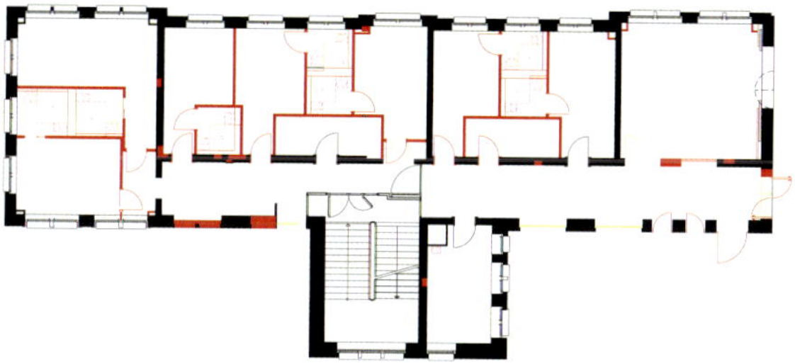

1. Obergeschoss

Dachgeschoss

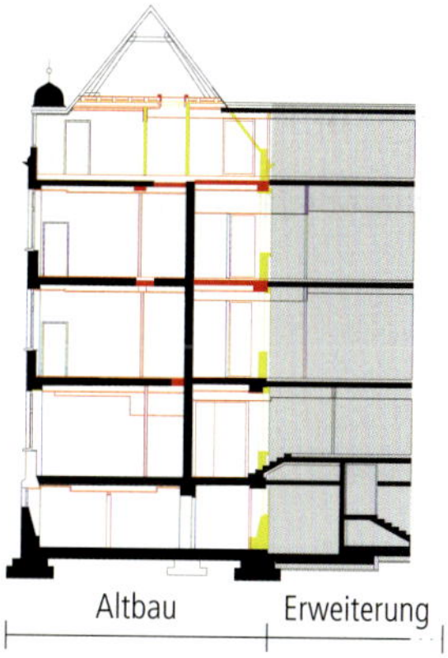

Schnitt A-A

Objektbeschreibung

Allgemeine Objektinformationen

Das Pflegeheim umfasst insgesamt 105 Betten in einem Bestandgebäude und zwei Erweiterungen. In dieser Dokumentation sind die Baumaßnahmen am denkmalgeschützten Altbau erfasst. Das ehemalige Schulgebäude wurde im Inneren vollständig umgebaut und saniert sowie mit den beiden Neubauten verbunden. Das fünfgeschossige Gebäude enthält im Hofgeschoss Personal- und Technikräume, im EG die Verwaltung und darüber Wohngeschosse für die Pflegegruppen.

Nutzung

1 Untergeschoss
Personalräume, WCs, Umkleideräume, Technikräume, Lager, Waschküche, Hausmeister, Flur

1 Erdgeschoss
Personal-/Verwaltungsräume, Bewegungsraum, Pflegebad, Teeküche, Flur

2 Obergeschosse
Gemeinschaftsräume, Pflegezimmer, Bäder, Stationszimmer, Abstellraum, Flur

1 Dachgeschoss
Gemeinschaftsräume, Pflegezimmer, Bäder, Stationszimmer

Nutzeinheiten

Betten: 22
Wohneinheiten: 22
Wohnfläche: 1.112m²

Grundstück

Bauraum: Beengter Bauraum
Neigung: Ebenes Gelände
Bodenklasse: BK 3 bis BK 4

Markt

Hauptvergabezeit: 2. Quartal 2020
Baubeginn: 3. Quartal 2020
Bauende: 3. Quartal 2023
Konjunkturelle Gesamtlage: über Durchschnitt
Regionaler Baumarkt: Durchschnitt

Baubestand

Baujahr: 1904
Bauzustand: mittel
Aufwand: hoch
Grundrissänderungen: umfangreiche
Tragwerkseingriffe: einige
Nutzungsänderung: ja
Nutzung während der Bauzeit: nein

Baukonstruktion

Der Mauerwerksbau mit Sandsteinschmuck an der Fassade hat Ziegeldecken, die zwischen Stahlträgern ein Gewölbe aus Hohlziegelkörpern bilden. Einige dieser Decken mussten durch Betondecken ersetzt werden. Zusätzliche Stahlträger und Zugstangen stabilisieren die Konstruktion nach früheren Setzungsschäden. In allen Geschossen erhielten die Decken und Stahlträger Brandschutzbekleidungen. Historische Fliesen, bauzeitliche Füllungstüren, Wandmalereien und Treppengeländer wurden besonders geschützt und restauriert. Auf den Decken wurden verschiedenste Aufbauten mit loser Schlacke, Estrich, Gussasphalt und Holzplatten mit Belägen aus Lino, PVC und Fliesen abgebrochen und neu belegt. Der Boden im Dachgeschoss wurde mit einer Leicht-Ausgleichsmasse begradigt. Türen und Verbindungstore wurden ausgetauscht, die Fenster rundum mit einer Dreifachverglasung ertüchtigt.

Technische Anlagen

Das Gebäude ist an die Heizungs-, und Lüftungsanlage in der Erweiterung angeschlossen. Sämtliche Wasser-, Abwasser- und Heizleitungen sowie die Sanitärobjekte, die Heizkörper und die komplette Elektroinstallation wurden abgebrochen und erneuert. Zusätzlich wurden neue Aufzüge eingebaut.

Sonstiges

Die Errichtung der beiden Erweiterungsbauten ist unter der BKI-Objektnummer 6100-0132 dokumentiert. Die Gesamtkosten wurden im Verhältnis der BGF auf die beiden Objekte aufgeteilt. 73% der Kosten betreffen die beiden Neubauten, 27% die Sanierung des Altbaus.

Planungskennwerte für Flächen und Rauminhalte nach DIN 277

Flächen des Grundstücks		Menge Einheit	% an GF
BF	Bebaute Fläche	482,22 m²	49,5
UF	Unbebaute Fläche	492,38 m²	50,5
GF	Grundstücksfläche	974,60 m²	100,0

Grundflächen des Bauwerks		Menge Einheit	% an NUF	% an BGF
NUF	Nutzungsfläche	1.328,80 m²	100,0	64,4
TF	Technikfläche	89,07 m²	6,7	4,3
VF	Verkehrsfläche	325,13 m²	24,5	15,8
NRF	Netto-Raumfläche	1.743,00 m²	131,2	84,5
KGF	Konstruktions-Grundfläche	319,15 m²	24,0	15,5
BGF	Brutto-Grundfläche	2.062,15 m²	155,2	100,0

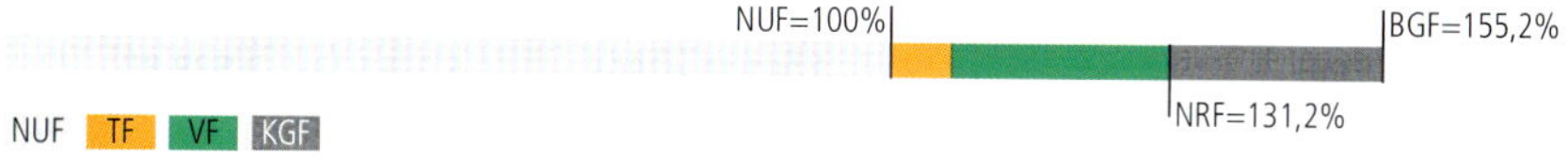

Brutto-Rauminhalt des Bauwerks		Menge Einheit	BRI/NUF (m)	BRI/BGF (m)
BRI	Brutto-Rauminhalt	8.132,22 m³	6,12	3,94

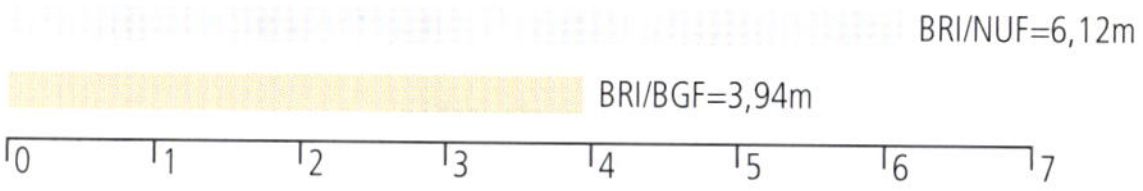

6100-1536
Mehrfamilienhaus
(12 WE)

Modernisierung

Kostenkennwerte für die Kosten des Bauwerks (Kostengruppen 300+400 nach DIN 276)

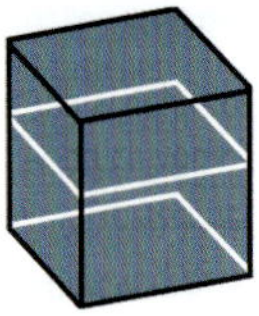

BRI 274 €/m³

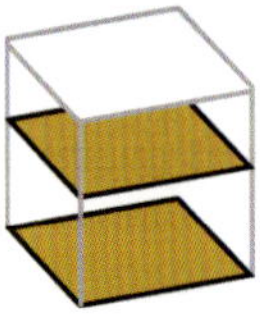

BGF 758 €/m²

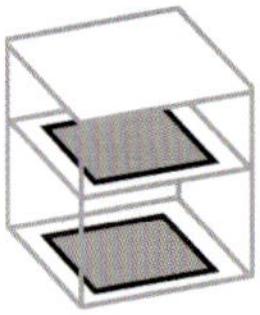

NUF 1.269 €/m²

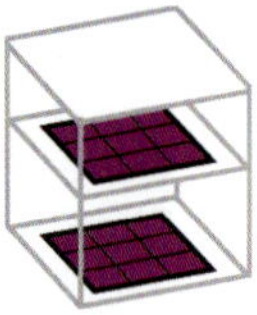

NE 1.402 €/NE

NE: Wohnfläche

Objekt:
Kennwerte: 3. Ebene DIN 276
BRI: 4.284 m³
BGF: 1.551 m²
NUF: 927 m²
Bauzeit: 39 Wochen
Bauende: 2020
Standard: mittel
Bundesland: Niedersachsen
Kreis: Osnabrück

Architekt*in:
Ingenieurbüro Gerdom
Westenseite 23
49152 Bad Essen

Bauherr*in:
Hausverwaltung Kleinfeld

vorher

nachher

Ansicht Nord

Ansicht Ost

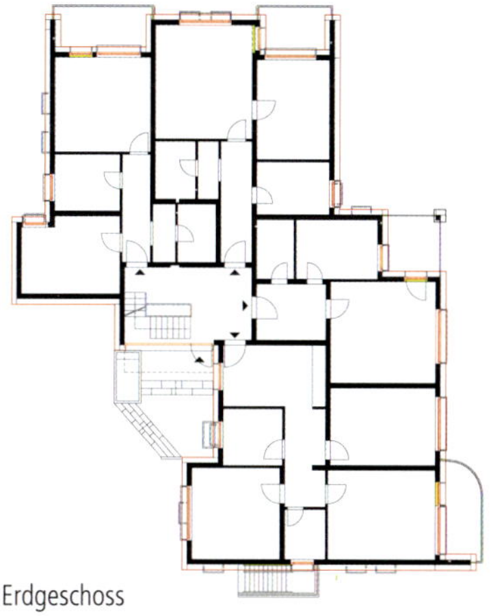

Erdgeschoss

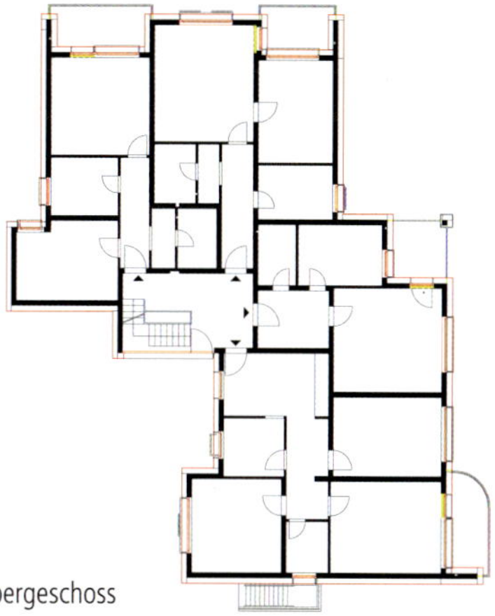

1. Obergeschoss

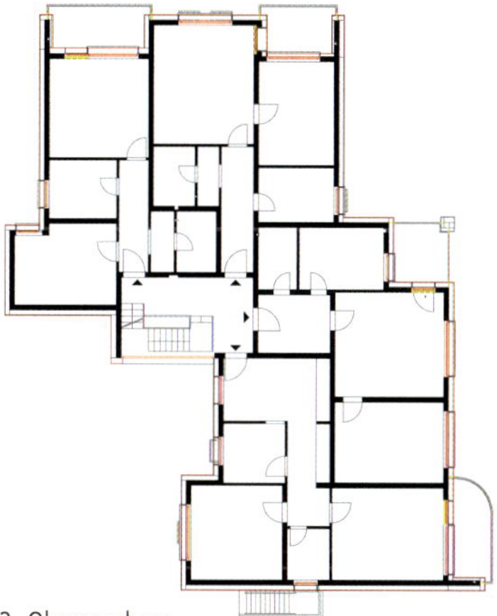

2. Obergeschoss

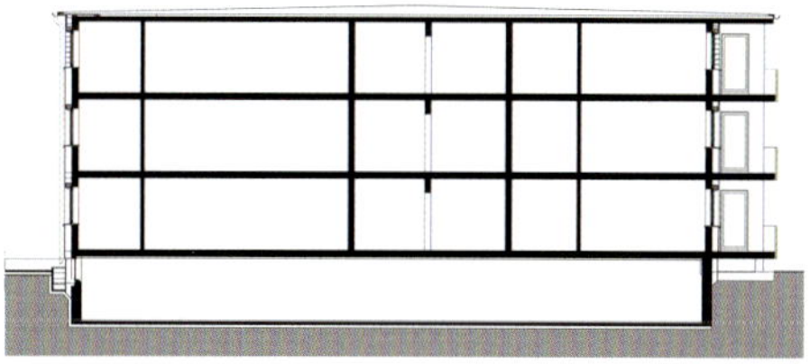

Schnitt A-A

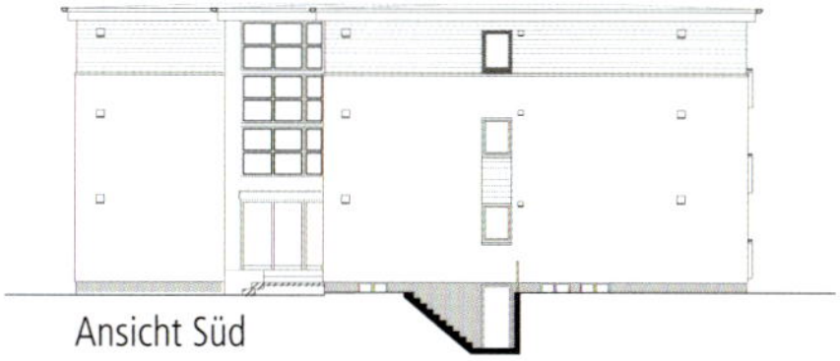

Ansicht Süd

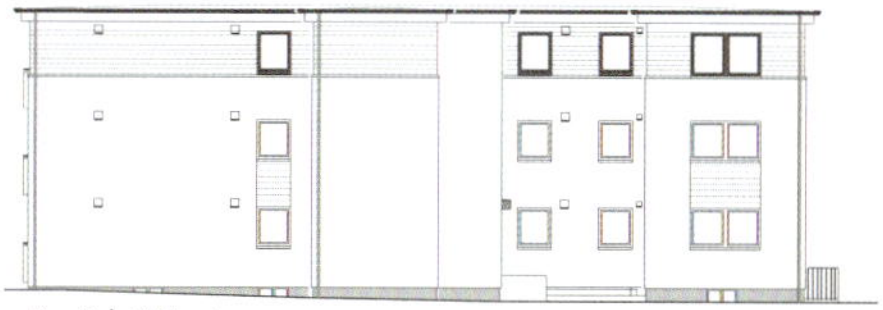

Ansicht West

6100-1536
Mehrfamilienhaus
(12 WE)

Modernisierung

Objektbeschreibung

Allgemeine Objektinformationen

Das dreigeschossige Wohngebäude mit zwölf Wohnungen war sowohl architektonisch als auch energetisch in die Jahre gekommen. Im Zuge der Sanierung wurde es umfassend modernisiert und erreicht nun den KfW-Effizienzhausstandard 70. Durch die abweichende Fassadengestaltung des obersten Geschosses wurde dieses optisch zurückgenommen, sodass das Gebäude insgesamt niedriger wirkt.

Nutzung

1 Untergeschoss
Abstellräume, Technik, Hausmeister, Fahrradabstellraum, Waschküche/Trockenraum

1 Erdgeschoss
vier WE: Wohnzimmer, Schlafzimmer, Küchen, Bäder, Flure

2 Obergeschosse
je vier WE: Wohnzimmer, Schlafzimmer, Küchen, Bäder, Flure

Nutzeinheiten

Wohneinheiten: 12
Wohnfläche: 838 m^2

Grundstück

Bauraum: Freier Bauraum
Neigung: Ebenes Gelände
Bodenklasse: BK 3 bis BK 4

Markt

Hauptvergabezeit: 1. Quartal 2020
Baubeginn: 1. Quartal 2020
Bauende: 4. Quartal 2020
Konjunkturelle Gesamtlage: über Durchschnitt
Regionaler Baumarkt: unter Durchschnitt

Baubestand

Baujahr: 1978
Bauzustand: mittel
Aufwand: hoch
Grundrissänderungen: wenige
Tragwerkseingriffe: wenige
Nutzungsänderung: nein
Nutzung während der Bauzeit: ja

Baukonstruktion

Das in den 1970er-Jahren errichtete Massivgebäude wurde umfassend instand gesetzt und energetisch modernisiert. Die asbesthaltige Außenhaut wurde entfernt und durch ein Wärmedämmverbundsystem ersetzt. Im oberen Geschoss erhielt die Fassade eine hinterlüftete HPL-Bekleidung, die in Kombination mit den neuen Dachüberständen eine klare horizontale Gliederung schafft. Die vorgesetzte HPL-Bekleidung wird im Brüstungsbereich der Fenster fortgeführt und verleiht dem Gebäude ein harmonisches Erscheinungsbild. Die neuen Kunststofffenster mit Zweifach-Isolierverglasung aus Wärmeschutzglas sowie die vor das Mauerwerk gesetzten Rollläden tragen zusätzlich zur energetischen Verbesserung bei. Auch die Kellerdecke und das Flachdach wurden neu gedämmt. Das Projekt verdeutlicht, wie eine energetische Sanierung Bestandsgebäude nicht nur technisch, sondern auch architektonisch deutlich aufwerten kann.

Technische Anlagen

Die bestehende Ölheizung wurde demontiert und die Wärmeversorgung vollständig auf eine moderne Holzpellet-Heizanlage umgestellt. In den Wohnungen sorgen nun dezentrale Lüftungsgeräte mit Wärmerückgewinnung, die in die Außenwände integriert sind, für eine effiziente Frischluftversorgung. Die Elektroinstallation wurde überprüft und die Zählerschränke auf den aktuellen Stand der Technik gebracht. Zudem erhielten die Balkone neue Beleuchtungsanschlüsse und Steckdosen. Das Gebäude wurde außerdem mit einer zeitgemäßen Klingel- und Satellitenanlage ausgestattet.

Sonstiges

Mit der gelungenen Sanierung erhielt das Gebäude die Auszeichnung "Landespreis Grüne Hausnummer" der Klimaschutz- und Energieagentur Niedersachsen. Innerhalb der Wohnungen fanden keine Sanierungsmaßnahmen statt, lediglich die Balkone erhielten zusätzliche Elektroanschlüsse und Beleuchtung. Die Bewohner konnten in ihren Wohnungen verbleiben.

Energetische Kennwerte

Gesetzliche Grundlage: EnEV 2013
Gebäudenutzfläche: 1.030,00 m^2
Spez. Transmissionswärmeverlust: 0,33 W/(m^2·K)
Spez. Jahresprimärenergiebedarf: 37,00 kWh/(m^2·a)
Spez. Jahresendenergiebedarf: 50,00 kWh/(m^2·a)
CO_2-Emissionen: 11,00 kg/(m^2·a)

Energetische Angaben zu Außenbauteilen

Kellerdecke

U-Wert: 0,36 W/(m²·K)

Gesamtdicke: 32,60 cm	d [cm]	λ [W/(m·K)]
Linoleum	0,10	0,170
Estrich	6,00	1,400
Dämmung	2,50	0,040
Stahlbeton	18,00	2,100
Dämmung	6,00	0,035

Außenwand

U-Wert: 0,14 W/(m²·K)

Gesamtdicke: 49,50 cm	d [cm]	λ [W/(m·K)]
Innenputz	1,50	0,870
Kalksandstein	24,00	0,990
Dämmung	24,00	0,035

Dach gegen Außenluft

U-Wert: 0,15 W/(m²·K)

Gesamtdicke: 41,73 cm	d [cm]	λ [W/(m·K)]
Innenputz	1,50	0,870
Stahlbeton	18,00	2,100
PE-Folie	0,03	0,200
Dämmung	22,00	0,035
Bitumenbahn	0,20	0,170

Planungskennwerte für Flächen und Rauminhalte nach DIN 277

Flächen des Grundstücks		Menge Einheit	% an GF
BF	Bebaute Fläche	361,37 m²	22,2
UF	Unbebaute Fläche	1.267,63 m²	77,8
GF	Grundstücksfläche	1.629,00 m²	100,0

Modernisierung

Grundflächen des Bauwerks		Menge Einheit	% an NUF	% an BGF
NUF	Nutzungsfläche	926,79 m²	100,0	59,8
TF	Technikfläche	27,26 m²	2,9	1,8
VF	Verkehrsfläche	263,92 m²	28,5	17,0
NRF	Netto-Raumfläche	1.217,97 m²	131,4	78,5
KGF	Konstruktions-Grundfläche	332,83 m²	35,9	21,5
BGF	Brutto-Grundfläche	1.550,80 m²	167,3	100,0

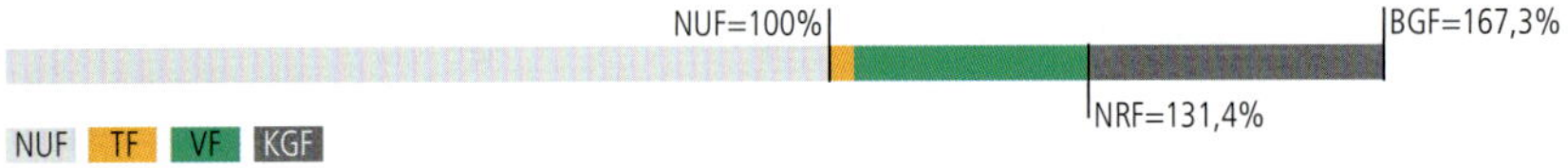

Brutto-Rauminhalt des Bauwerks		Menge Einheit	BRI/NUF (m)	BRI/BGF (m)
BRI	Brutto-Rauminhalt	4.284,09 m³	4,62	2,76

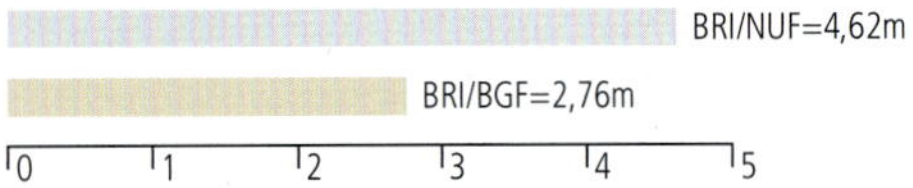

Lufttechnisch behandelte Flächen	Menge Einheit	% an NUF	% an BGF
Entlüftete Fläche	–	–	–
Be- und entlüftete Fläche	–	–	–
Teilklimatisierte Fläche	–	–	–
Klimatisierte Fläche	–	–	–

KG	Kostengruppen (2. Ebene)	Menge Einheit	Menge/NUF	Menge/BGF
310	Baugrube / Erdbau	11,25 m³ BGI	0,01	< 0,01
320	Gründung, Unterbau	15,60 m² GRF	0,02	0,01
330	Außenwände/Vertikale Baukonstruktionen, außen	1.219,88 m² AWF	1,32	0,79
340	Innenwände/Vertikale Baukonstruktionen, innen	35,05 m² IWF	0,04	0,02
350	Decken/Horizontale Baukonstruktionen	199,92 m² DEF	0,22	0,13
360	Dächer	423,69 m² DAF	0,46	0,27

Modernisierung

Kostenkennwerte für die Kostengruppen der 1.Ebene DIN 276

KG	Kostengruppen (1.Ebene)	Einheit	Kosten €	€/Einheit	€/m² BGF	€/m³ BRI	% 300+400
100	Grundstück	m² GF	–	–	–	–	–
200	Vorbereitende Maßnahmen	m² GF	–	–	–	–	–
300	Bauwerk – Baukonstruktionen	m² BGF	916.011	590,67	590,67	213,82	77,9
400	Bauwerk – Technische Anlagen	m² BGF	259.883	167,58	167,58	60,66	22,1
	Bauwerk 300+400	**m² BGF**	**1.175.893**	**758,25**	**758,25**	**274,48**	**100,0**
500	Außenanlagen und Freiflächen	m² AF	38.282	–	24,69	8,94	3,3
600	Ausstattung und Kunstwerke	m² BGF	–	–	–	–	–
700	Baunebenkosten	m² BGF	–	–	–	–	–
800	Finanzierung	m² BGF	–	–	–	–	–

KG	Kostengruppe	Menge Einheit	Kosten €	€/Einheit	%
3+4	**Bauwerk**				**100,0**
300	**Bauwerk – Baukonstruktionen**	1.550,80 m² BGF	916.011	**590,67**	77,9

- Abbrechen (Kosten: 9,7%) 88.947
  Abbruch von Außenfenstern, Fassadenbekleidung, asbesthaltig; Mauerwerk; Balkon-Betonplatten; Dachkies, Bitumenabdichtung, Dämmung, Dachblechen; Entsorgung, Deponiegebühren

- Wiederherstellen (Kosten: 4,1%) 37.116
  Haustürüberdachung instand setzen; Gewebespachtelung auf Wandoberflächen, glattfilzen; Anarbeiten von Estrich an Terrassentüren, Balkongeländer demontieren, Ausfachungen austauschen, Pfosten kürzen, lackieren, wieder montieren

- Herstellen (Kosten: 86,2%) 789.947
  Bodenaushub an Außenwänden lagern, wieder verfüllen; Holzboden, KVH, OSB; Kunststofffenster, Wärmeschutzverglasung, Haustüranlage; EPS-Dämmplatten, Putz, Beschichtung, hinterlüftete HPL-Bekleidung, Mineralwolldämmung, Sockelputz; T30-Rauchschutztüren, Mineralwolldämmung; Dachüberstände, Wärmedämmung, Bitumenabdichtung, Traufbleche, Dachentwässerung

KG	Kostengruppe	Menge Einheit	Kosten €	€/Einheit	%
400	**Bauwerk – Technische Anlagen**	1.550,80 m² BGF	259.883	**167,58**	22,1

- Abbrechen (Kosten: 1,4%) 3.767
  Abbruch von Öltank, Schornsteine; Entsorgung, Deponiegebühren

- Wiederherstellen (Kosten: 0,4%) 1.015
  Demontage der Kellerbeleuchtung, nach Dämmung der Kellerdecke, Wiedermontage der Beleuchtung

- Herstellen (Kosten: 98,2%) 255.101
  Abwasserrohre an Bestand anschließen; Pelletkessel, Saugsystem, Pumpe, Pufferspeicher; Heizleitungen, Ausdehnungsgefäß, Heizkreisverteiler, Thermostatköpfe, Ventilunterteile, Abgasrohr, Schornsteinpaket; Wandventilatoren, Abluft-Ventilatoren; Elektroinstallation in Treppenhaus, Balkone, Beleuchtung, Erdung; Klingelanlage, Sat-Anlage

KG	Kostengruppe	Menge Einheit	Kosten €	€/Einheit	%
500	**Außenanlagen und Freiflächen**	–	38.282	–	3,3

- Abbrechen (Kosten: 10,8%) 4.147
  Abbruch von Verbundpflaster; Treppenanlage; Entsorgung, Deponiegebühren

- Herstellen (Kosten: 89,2%) 34.134
  Betonrechteckpflaster, Verbundpflaster, Rasenkantensteine, Traufstreifen; Betonblockstufen, Betonpalisaden; KG-Rohre; Oberboden liefern, Bepflanzung

Kostenkennwerte für die Kostengruppen der 2. Ebene DIN 276

KG	Kostengruppe	Menge Einheit	Kosten €	€/Einheit	%
300	**Bauwerk – Baukonstruktionen**				**100,0**
310	**Baugrube / Erdbau**	11,25 m³BGI	3.150	**279,96**	0,3
	• Herstellen (Kosten: 100,0%) Außenwände freilegen, Bodenaushub lagern, wieder verfüllen (11m³)	11,25 m³BGI	3.150	**279,96**	
320	**Gründung, Unterbau**	15,60 m²GRF	1.030	**66,04**	0,1
	• Herstellen (Kosten: 100,0%) Holzboden: KVH (61m), OSB (16m²)	15,60 m²GRF	1.030	**66,04**	
330	**Außenwände/Vert. Baukonstrukt., außen**	1.219,88 m²AWF	609.588	**499,71**	66,5
	• Abbrechen (Kosten: 8,5%) Abbruch von Holz-Außenfenstern (175m²); Fassadenbekleidung, asbesthaltig, Mineralwolldämmung (904m²); Entsorgung, Deponiegebühren	1.078,70 m²AWF	51.670	**47,90**	
	• Wiederherstellen (Kosten: 0,3%) Haustürüberdachung instandsetzen (6m²)	6,00 m²AWF	1.938	**323,02**	
	• Herstellen (Kosten: 91,2%) KS-Mauerwerk (4m²) * Kunststofffenster, Wärmeschutzverglasung (137m²), Haustüranlage (10m²) * EPS-Dämmplatten, Putz, Beschichtung (643m²), Brandriegel (294m), hinterlüftete Holzbekleidung, Mineralwolldämmung (200m²), Sockelputz (75m²), Feinputz, Beschichtung (125m²) * Kalkzement-putz (5m²) * Handlauf (1St)	1.219,88 m²AWF	555.980	**455,77**	
340	**Innenwände/Vert. Baukonstrukt., innen**	35,05 m²IWF	22.978	**655,57**	2,5
	• Abbrechen (Kosten: 2,6%) Abbruch von Mauerwerk (1m²); Entsorgung, Deponiegebühren	0,81 m²IWF	599	**739,25**	
	• Wiederherstellen (Kosten: 3,7%) Gewebespachtelung auf Wandoberflächen, malerfertig gefilzt (12m²)	11,83 m²IWF	852	**71,98**	
	• Herstellen (Kosten: 93,7%) Porenbeton-Mauerwerk (5m²) * T30-Rauchschutztüren (7m²) * Mineralwolldämmung an Wand-flächen (56m²)	35,05 m²IWF	21.528	**614,19**	
350	**Decken/Horizontale Baukonstruktionen**	199,92 m²DEF	52.884	**264,53**	5,8
	• Abbrechen (Kosten: 4,2%) Abbruch von Betonplatten (91m²); Entsorgung, Deponiegebühren	90,61 m²DEF	2.231	**24,62**	
	• Wiederherstellen (Kosten: 64,9%) Anarbeiten Estrich an Terrassentüren (13m) * Balkongeländer demontieren, Ausfachungen austauschen, Pfosten kürzen, lackieren, wieder montieren (74m²)	–	34.327	–	
	• Herstellen (Kosten: 30,9%) Mineralwolldämmung (200m²)	199,92 m²DEF	16.327	**81,67**	

KG	Kostengruppe	Menge Einheit	Kosten €	€/Einheit	%
360	**Dächer**	423,69 m²DAF	176.301	**416,11**	19,2
	• Abbrechen (Kosten: 19,5%) Abbruch von Dachausstieg (1St) * Dachkies, Bitumenabdichtung, EPS-Dämmung (400m²), Dachblechen (110m), Attikabohlen (110m); Entsorgung, Deponiegebühren	401,23 m²DAF	34.448	**85,86**	
	• Herstellen (Kosten: 80,5%) Flachdachausstieg (1m²) * Dachüberstände (106m), PIR Wärmedämmung, EPS-Gefälledämmung, Bitumenabdichtung (422m²), Traufbleche (110m), Stirnbrett (106m), Hängedachrinnen (110m), Regenfallrohre (64m) * Absturzsicherungen (12St)	423,69 m²DAF	141.853	**334,80**	
390	**Sonst. Maßnahmen für Baukonstrukt.**	1.550,80 m²BGF	50.079	**32,29**	5,5
	• Herstellen (Kosten: 100,0%) Baustelleneinrichtung (psch), Baustrom, Bauwasser, Sanitärkabine (1St), Bauzaun (98m) * Fassadengerüst (1.104m²), Konsolverbreiterungen (560m), Treppenaufgang (1St) * Bauschutt (4m³) * Schutzabdeckungen mit Folien (21m²), Fensterreinigung (psch) * provisorische Dachentwässerung (psch)	1.550,80 m²BGF	50.079	**32,29**	
400	**Bauwerk – Technische Anlagen**				**100,0**
410	**Abwasser-, Wasser-, Gasanlagen**	1.550,80 m²BGF	3.755	**2,42**	1,4
	• Herstellen (Kosten: 100,0%) KG-Rohre (psch)	1.550,80 m²BGF	3.755	**2,42**	
420	**Wärmeversorgungsanlagen**	1.550,80 m²BGF	102.382	**66,02**	39,4
	• Abbrechen (Kosten: 3,7%) Abbruch von Öltank 9.500l (1St) * Schornstein, Schornsteinhaube (1St); Entsorgung, Deponiegebühren	1.550,80 m²BGF	3.767	**2,43**	
	• Herstellen (Kosten: 96,3%) Pelletkessel (1St), Saugsystem (1St), Befüllsystem, Effizienzpumpe (1St), Pufferspeicher 750l (1St) * Stahlrohre (56m), Kupferrohre (7m), Ausdehnungsgefäß (1St), Heizkreisverteiler (3St), Thermostatköpfe (39St), Ventilunterteile (43St), Strangregulierventile (12St), Einrohrverteiler (54St), Dreiwegemischer (1St) * Abgasrohr (1St), Schornsteinpaket (10m), Energiesparzugregler (1St), Schornsteinkopf (1St)	1.550,80 m²BGF	98.615	**63,59**	
430	**Raumlufttechnische Anlagen**	1.550,80 m²BGF	73.147	**47,17**	28,1
	• Herstellen (Kosten: 100,0%) Wandventilatoren (44St), Abluft-Ventilatoren (6St), Regler (12St), Wetterschutzhauben (42St), Rückschlagklappen (6St)	1.550,80 m²BGF	73.147	**47,17**	
440	**Elektrische Anlagen**	1.550,80 m²BGF	54.521	**35,16**	21,0
	• Wiederherstellen (Kosten: 1,9%) Demontage der Kellerbeleuchtung, Leitungen verlängern, Wiedermontage Beleuchtung nach Dämmung der Kellerdecke (psch)	1.550,80 m²BGF	1.015	**0,65**	
	• Herstellen (Kosten: 98,1%) FI-Schutzschalter (13St), Steuerleitungen (300m), Mantelleitungen (70m), Steckdosen (24St), Schalter/Taster (27St), Jalousienschalter (39St), Regler für Lüftungsanlage (12St), Taster, Leitungen für Flurverkabelung (psch), Arbeitsaufwand (442h) * Außenwandleuchten (12St), Deckenleuchte (1St) * Erdung Heizraum (psch)	1.550,80 m²BGF	53.506	**34,50**	

KG	Kostengruppe	Menge Einheit	Kosten €	€/Einheit	%
450	**Kommunikationstechnische Anlagen**	1.550,80 m²BGF	24.761	**15,97**	9,5
	• Herstellen (Kosten: 100,0%) Klingelanlage, freistehend, zwölf Briefkästen (1St) * Sat-Anlage (1St), BDA-Koaxialleitung (540m), Antennensteckdosen (12St)	1.550,80 m²BGF	24.761	**15,97**	
490	**Sonst. Maßnahmen für techn. Anlagen**	1.550,80 m²BGF	1.316	**0,85**	0,5
	• Herstellen (Kosten: 100,0%) Baustellenabfall (psch), Altöl aus Tanks (1.500l); Entsorgung, Deponiegebühren	1.550,80 m²BGF	1.316	**0,85**	
500	**Außenanlagen und Freiflächen**				**100,0**
530	**Oberbau, Deckschichten**	67,15 m²BFF	18.541	**276,12**	48,4
	• Abbrechen (Kosten: 11,0%) Abbruch von Verbundpflaster (61m²), Schnittkante Pflaster (19m); seitlich lagern	61,15 m²BFF	2.031	**33,21**	
	• Herstellen (Kosten: 89,0%) Schottertragschicht, Betonrechteckpflaster (14m²) * Schottertragschicht (5m³), Verbundpflaster (53m²) * Rasenkantensteine (80m), Traufstreifen, Kies (64m)	67,15 m²BFF	16.510	**245,87**	
540	**Baukonstruktionen**	–	9.447	–	24,7
	• Abbrechen (Kosten: 22,4%) Abbruch von Treppenanlage (psch); Entsorgung, Deponiegebühren	–	2.116	–	
	• Herstellen (Kosten: 77,6%) Betonblockstufen 35x15x100cm (17m), Betonpalisaden 15x12cm (8m)	–	7.331	–	
550	**Technische Anlagen**	–	3.542	–	9,3
	• Herstellen (Kosten: 100,0%) KG-Rohre (17m)	–	3.542	–	
570	**Vegetationsflächen**	2,00 m²PSF	4.660	**2.329,85**	12,2
	• Herstellen (Kosten: 100,0%) Oberboden liefern, auftragen (1m³) * Bepflanzung (2m²), Rindenmulch (1m³)	2,00 m²PSF	4.660	**2.329,85**	
590	**Sonst. Maßnahmen für Außenanlagen u. Freiflächen**	–	2.091	–	5,5
	• Herstellen (Kosten: 100,0%) Bauschutt, Stahlschrott (5m³); Entsorgung, Deponiegebühren	–	2.091	–	

Kostenkennwerte für die Kostengruppen 300 der 2. und 3.Ebene DIN 276 (Übersicht)

KG	Kostengruppe	Menge Einheit	Kosten €	€/Einheit	% an 3+4
300	**Bauwerk – Baukonstruktionen**	**1.550,80 m² BGF**	**916.010,53**	**590,67**	**77,9**
310	**Baugrube / Erdbau**	**11,25 m³ BGI**	**3.149,58**	**279,96**	**0,3**
311	Herstellung	11,25 m³ BGI	3.149,58	279,96	0,3
312	Umschließung	–	–	–	–
313	Wasserhaltung	–	–	–	–
314	Vortrieb	–	–	–	–
319	Sonstiges zur KG 310	–	–	–	–
320	**Gründung, Unterbau**	**15,60 m² GRF**	**1.030,27**	**66,04**	**< 0,1**
321	Baugrundverbesserung	–	–	–	–
322	Flachgründungen und Bodenplatten	–	–	–	–
323	Tiefgründungen	–	–	–	–
324	Gründungsbeläge	15,60 m²	1.030,27	66,04	< 0,1
325	Abdichtungen und Bekleidungen	–	–	–	–
326	Dränagen	–	–	–	–
329	Sonstiges zur KG 320	–	–	–	–
330	**Außenwände/Vert. Baukonstrukt., außen**	**1.219,88 m² AWF**	**609.588,31**	**499,71**	**51,8**
331	Tragende Außenwände	4,21 m²	1.900,43	451,41	0,2
332	Nichttragende Außenwände	–	–	–	–
333	Außenstützen	–	–	–	–
334	Außenwandöffnungen	166,96 m²	240.560,24	1.440,83	20,5
335	Außenwandbekleidungen, außen	978,31 m²	362.733,04	370,78	30,8
336	Außenwandbekleidungen, innen	4,86 m²	557,72	114,76	< 0,1
337	Element. Außenwandkonstruktionen	–	–	–	–
338	Lichtschutz zur KG 330	–	–	–	–
339	Sonstiges zur KG 330	1.219,88 m² AWF	3.836,86	3,15	0,3
340	**Innenwände/Vert. Baukonstrukt., innen**	**35,05 m² IWF**	**22.977,80**	**655,57**	**2,0**
341	Tragende Innenwände	–	–	–	–
342	Nichttragende Innenwände	4,92 m²	4.507,59	916,18	0,4
343	Innenstützen	–	–	–	–
344	Innenwandöffnungen	7,00 m²	12.275,89	1.753,70	1,0
345	Innenwandbekleidungen	67,94 m²	6.194,32	91,17	0,5
346	Elementierte Innenwandkonstruktionen	–	–	–	–
347	Lichtschutz zur KG 340	–	–	–	–
349	Sonstiges zur KG 340	–	–	–	–
350	**Decken/Horizontale Baukonstruktionen**	**199,92 m² DEF**	**52.884,36**	**264,53**	**4,5**
351	Deckenkonstruktionen	–	–	–	–
352	Deckenöffnungen	–	–	–	–
353	Deckenbeläge	–	5.798,11	–	0,5
354	Deckenbekleidungen	199,92 m²	16.326,69	81,67	1,4
355	Elementierte Deckenkonstruktionen	–	–	–	–
359	Sonstiges zur KG 350	199,92 m² DEF	30.759,54	153,86	2,6
360	**Dächer**	**423,69 m² DAF**	**176.300,94**	**416,11**	**15,0**
361	Dachkonstruktionen	–	–	–	–
362	Dachöffnungen	1,23 m²	5.759,32	4.682,37	0,5
363	Dachbeläge	422,46 m²	167.645,93	396,83	14,3
364	Dachbekleidungen	–	–	–	–
365	Elementierte Dachkonstruktionen	–	–	–	–
366	Lichtschutz zur KG 360	–	–	–	–
369	Sonstiges zur KG 360	423,69 m² DAF	2.895,70	6,83	0,2
370	**Infrastrukturanlagen**	**–**	**–**	**–**	**–**
380	**Baukonstruktive Einbauten**	**–**	**–**	**–**	**–**
390	**Sonst. Maßnahmen für Baukonstrukt.**	**1.550,80 m² BGF**	**50.079,28**	**32,29**	**4,3**

Kostenkennwerte für die Kostengruppen 400 der 2. und 3. Ebene DIN 276 (Übersicht)

KG	Kostengruppe	Menge Einheit	Kosten €	€/Einheit	% an 3+4
400	**Bauwerk – Technische Anlagen**	**1.550,80 m² BGF**	**259.882,69**	**167,58**	**22,1**
410	**Abwasser-, Wasser-, Gasanlagen**	**1.550,80 m² BGF**	**3.755,42**	**2,42**	**0,3**
411	Abwasseranlagen	1.550,80 m² BGF	3.755,42	2,42	0,3
412	Wasseranlagen	–	–	–	–
413	Gasanlagen	–	–	–	–
419	Sonstiges zur KG 410	–	–	–	–
420	**Wärmeversorgungsanlagen**	**1.550,80 m² BGF**	**102.381,53**	**66,02**	**8,7**
421	Wärmeerzeugungsanlagen	1.550,80 m² BGF	40.802,69	26,31	3,5
422	Wärmeverteilnetze	1.550,80 m² BGF	53.296,03	34,37	4,5
423	Raumheizflächen	–	–	–	–
424	Verkehrsheizflächen	–	–	–	–
429	Sonstiges zur KG 420	1.550,80 m² BGF	8.282,81	5,34	0,7
430	**Raumlufttechnische Anlagen**	**1.550,80 m² BGF**	**73.146,89**	**47,17**	**6,2**
431	Lüftungsanlagen	1.550,80 m² BGF	73.146,89	47,17	6,2
432	Teilklimaanlagen	–	–	–	–
433	Klimaanlagen	–	–	–	–
434	Kälteanlagen	–	–	–	–
439	Sonstiges zur KG 430	–	–	–	–
440	**Elektrische Anlagen**	**1.550,80 m² BGF**	**54.521,40**	**35,16**	**4,6**
441	Hoch- und Mittelspannungsanlagen	–	–	–	–
442	Eigenstromversorgungsanlagen	–	–	–	–
443	Niederspannungsschaltanlagen	–	–	–	–
444	Niederspannungsinstallationsanlagen	1.550,80 m² BGF	49.069,76	31,64	4,2
445	Beleuchtungsanlagen	1.550,80 m² BGF	4.484,24	2,89	0,4
446	Blitzschutz- und Erdungsanlagen	1.550,80 m² BGF	967,38	0,62	< 0,1
447	Fahrleitungssysteme	–	–	–	–
449	Sonstiges zur KG 440	–	–	–	–
450	**Kommunikationstechnische Anlagen**	**1.550,80 m² BGF**	**24.761,28**	**15,97**	**2,1**
451	Telekommunikationsanlagen	–	–	–	–
452	Such- und Signalanlagen	1.550,80 m² BGF	14.423,62	9,30	1,2
453	Zeitdienstanlagen	–	–	–	–
454	Elektroakustische Anlagen	–	–	–	–
455	Audiovisuelle Medien- u. Antennenanl.	1.550,80 m² BGF	10.337,64	6,67	0,9
456	Gefahrenmelde- und Alarmanlagen	–	–	–	–
457	Datenübertragungsnetze	–	–	–	–
458	Verkehrsbeeinflussungsanlagen	–	–	–	–
459	Sonstiges zur KG 450	–	–	–	–
460	**Förderanlagen**	**–**	**–**	**–**	**–**
461	Aufzugsanlagen	–	–	–	–
462	Fahrtreppen, Fahrsteige	–	–	–	–
463	Befahranlagen	–	–	–	–
464	Transportanlagen	–	–	–	–
465	Krananlagen	–	–	–	–
466	Hydraulikanlagen	–	–	–	–
469	Sonstiges zur KG 460	–	–	–	–
470	**Nutzungsspez. u. verfahrenstechn. Anl.**	**–**	**–**	**–**	**–**
480	**Gebäude- und Anlagenautomation**	**–**	**–**	**–**	**–**
490	**Sonst. Maßnahmen für techn. Anlagen**	**1.550,80 m² BGF**	**1.316,18**	**0,85**	**0,1**

Kostenkennwerte für die Kostengruppen der 3.Ebene DIN 276

KG	Kostengruppe	Menge Einheit	Kosten €	€/Einheit	%
310	**Baugrube / Erdbau**				**100,0**
311	**Herstellung**	11,25 m³BGI	3.150	**279,96**	100,0
	• Herstellen (Kosten: 100,0%) Außenwände freilegen, Bodenaushub BK 3-5, t bis 30cm, lagern, wieder verfüllen, verdichten (11m³)	11,25 m³BGI	3.150	**279,96**	
320	**Gründung, Unterbau**				**100,0**
324	**Gründungsbeläge**	15,60 m²	1.030	**66,04**	100,0
	• Herstellen (Kosten: 100,0%) Holzboden einbauen: KVH 10x10cm (61m), OSB, d=22mm (16m²)	15,60 m²	1.030	**66,04**	
330	**Außenwände/Vertikale Baukonstruktionen, außen**				**100,0**
331	**Tragende Außenwände**	4,21 m²	1.900	**451,41**	0,3
	• Herstellen (Kosten: 100,0%) KS-Mauerwerk an Fensterbrüstungen, d=24cm (4m²)	4,21 m²	1.900	**451,41**	
334	**Außenwandöffnungen**	166,96 m²	240.560	**1.440,83**	39,5
	• Abbrechen (Kosten: 7,9%) Abbruch von Holz-Außenfenstern (175m²), Innenfensterbänken (18m); Entsorgung, Deponiegebühren	175,00 m²	18.995	**108,54**	
	• Herstellen (Kosten: 92,1%) Kunststofffenster, Uw=0,9W/m²K, ein-zweiflüglig, festverglaste Seitenteile, Wärmeschutzverglasung (114m²), Festverglasung 4,50x5,00m, zwei Dreh-Kipp-Felder (23m²), Haustüranlage, festverglaste Seitenelemente (10m²), Fensterbänke innen, Naturstein, b=25-30cm (5m²), außen, Titanzink (64m)	166,96 m²	221.566	**1.327,06**	
335	**Außenwandbekleidungen, außen**	978,31 m²	362.733	**370,78**	59,5
	• Abbrechen (Kosten: 9,0%) Abbruch von Fassadenbekleidung, asbesthaltig, Unterkonstruktion, Mineralwolldämmung (904m²); Entsorgung, Deponiegebühren	903,70 m²	32.675	**36,16**	
	• Herstellen (Kosten: 91,0%) EPS-Dämmplatten WLG 035, d=240mm, verklebt, Putz, Kratzputzstruktur, armiert, Beschichtung (643m²), in Laibungen, b=24cm (159m), Brandriegel (294m), hinterlüftete HPL-Bekleidung, waagerechte Deckung, Unterkonstruktion, Mineralwolldämmung WLG 035, d=200mm (200m²), Feuchteschutzanstrich, Dämmplatten, d=200mm, b=90cm, Sockelputz, armiert, Beschichtung (75m²), Feinputz, Beschichtung (125m²), Sockelabschlussprofile (148m), Alu-Lüftungsprofil (176m), Kantprofile, Tropfprofile (88m), Bitumenabdichtung, Noppenbahn (24m²), Kantenschutzprofil (32m), Dämmung, Wandschutzprofil (10m²)	1.052,92 m²	330.058	**313,47**	
336	**Außenwandbekleidungen, innen**	4,86 m²	558	**114,76**	< 0,1
	• Herstellen (Kosten: 100,0%) Kalkzementputz, anputzen an Bestand (5m²), Hartschaumplatte aufdoppeln (1St)	4,86 m²	558	**114,76**	

Modernisierung

KG	Kostengruppe	Menge Einheit	Kosten €	€/Einheit	%
420	**Wärmeversorgungsanlagen**				**100,0**
421	**Wärmeerzeugungsanlagen**	1.550,80 m²BGF	40.803	**26,31**	39,9
	• Abbrechen (Kosten: 6,6%) Abbruch von Öltank 9.500l, Tankraumklappe (1St); Entsorgung, Deponiegebühren	1.550,80 m²BGF	2.680	**1,73**	
	• Herstellen (Kosten: 93,4%) Pelletkessel, 35kW, vollautomatisch (1St), Pellets-Saugsystem (1St), Befüllsystem, Effizienzpumpe (1St), Pufferspeicher 750l (1St), Anlegefühler, l=4,00m (4St)	1.550,80 m²BGF	38.123	**24,58**	
422	**Wärmeverteilnetze**	1.550,80 m²BGF	53.296	**34,37**	52,1
	• Herstellen (Kosten: 100,0%) Stahlrohre DN28, Formstücke, Rohrdämmung (56m), Kupferrohre DN15-22 (7m), Ausdehnungsgefäß 200l (1St), Heizkreisverteiler, vierfach (3St), Thermostatköpfe (39St), Ventilunterteile (43St), Strangregulierventile (12St), Einrohrverteiler (54St), Dreiwegemischer, Stellmotor (1St)	1.550,80 m²BGF	53.296	**34,37**	
429	**Sonstiges zur KG 420**	1.550,80 m²BGF	8.283	**5,34**	8,1
	• Abbrechen (Kosten: 13,1%) Abbruch von Schornstein, Schornsteinhaube (1St); Entsorgung, Deponiegebühren	1.550,80 m²BGF	1.087	**0,70**	
	• Herstellen (Kosten: 86,9%) Abgasrohr (1St), Schornsteinpaket, Edelstahl DN150mm (10m), Reinigungselement (1m), Energiesparzugregler (1St), Schornsteinkopf (1St)	1.550,80 m²BGF	7.196	**4,64**	
430	**Raumlufttechnische Anlagen**				**100,0**
431	**Lüftungsanlagen**	1.550,80 m²BGF	73.147	**47,17**	100,0
	• Herstellen (Kosten: 100,0%) Wandventilatoren, d bis 74cm, schallgedämmt, Innenblenden (44St), Abluft-Ventilatoren (6St), Regler (12St), Wetterschutzhauben (42St), Wandeinbauhülsen (36St), Rückschlagklappen (6St), Kernbohrungen DN22 (41St)	1.550,80 m²BGF	73.147	**47,17**	
440	**Elektrische Anlagen**				**100,0**
444	**Niederspannungsinstallationsanlagen**	1.550,80 m²BGF	49.070	**31,64**	90,0
	• Herstellen (Kosten: 100,0%) FI-Schutzschalter, vierpolig (13St), Steuerleitungen (300m), Mantelleitungen NYM, Schutzrohr (70m), Steckdosen (12St), Außensteckdosen (12St), Schalter/Taster (27St), Jalousienschalter (39St), Regler für Lüftungsanlage (12St), Taster, Leitungen für Flurverkabelung (psch), Arbeitsaufwand (442h)	1.550,80 m²BGF	49.070	**31,64**	
445	**Beleuchtungsanlagen**	1.550,80 m²BGF	4.484	**2,89**	8,2
	• Wiederherstellen (Kosten: 22,6%) Demontage der Kellerbeleuchtung, Leitungen verlängern, Wiedermontage Beleuchtung nach Dämmung der Kellerdecke (psch)	1.550,80 m²BGF	1.015	**0,65**	
	• Herstellen (Kosten: 77,4%) Außenwandleuchten, Teleskopträger (12St), Deckenleuchte (1St)	1.550,80 m²BGF	3.469	**2,24**	
446	**Blitzschutz- und Erdungsanlagen**	1.550,80 m²BGF	967	**0,62**	1,8
	• Herstellen (Kosten: 100,0%) Erdung Heizraum (psch)	1.550,80 m²BGF	967	**0,62**	

KG	Kostengruppe	Menge Einheit	Kosten €	€/Einheit	%
450	**Kommunikations-, sicherheits- und informationstechnische Anlagen**				**100,0**
452	**Such- und Signalanlagen**	1.550,80 m² BGF	14.424	**9,30**	58,3
	• Herstellen (Kosten: 100,0%) Klingelanlage, freistehend, zwölf Briefkästen, Audiomodul, Sprachmodul (1St)	1.550,80 m² BGF	14.424	**9,30**	
455	**Audiovisuelle Medien- u. Antennenanl.**	1.550,80 m² BGF	10.338	**6,67**	41,7
	• Herstellen (Kosten: 100,0%) Sat-Anlage, D=85cm (1St), BDA-Koaxialleitung (540m), Antennensteckdosen (12St), Spannungs-versorgung-Multischalter (1St)	1.550,80 m² BGF	10.338	**6,67**	
490	**Sonstige Maßnahmen für technische Anlagen**				**100,0**
496	**Materialentsorgung**	1.550,80 m² BGF	1.316	**0,85**	100,0
	• Herstellen (Kosten: 100,0%) Baustellenabfall (psch), Altöl aus Tanks (1.500l); Entsorgung, Deponiegebühren	1.550,80 m² BGF	1.316	**0,85**	
530	**Oberbau, Deckschichten**				**100,0**
531	**Wege**	13,92 m²	2.950	**211,92**	15,9
	• Herstellen (Kosten: 100,0%) Schottertragschicht 0/32mm, d=15cm, Betonrechteckpflaster 21x10x8cm (14m²)	13,92 m²	2.950	**211,92**	
533	**Plätze, Höfe, Terrassen**	53,23 m²	7.875	**147,95**	42,5
	• Abbrechen (Kosten: 25,8%) Abbruch von Verbundpflaster (61m²), Schnittkante Pflaster (19m); seitlich lagern	61,15 m²	2.031	**33,21**	
	• Herstellen (Kosten: 74,2%) Schottertragschicht, d=20cm (5m³), Verbundpflaster verlegen, Lagermaterial (53m²)	53,23 m²	5.844	**109,79**	
539	**Sonstiges zur KG 530**	67,15 m² BFF	7.716	**114,91**	41,6
	• Herstellen (Kosten: 100,0%) Rasenkantensteine 25x5cm (80m), Kies für Traufstreifen b=30cm, t=10cm (64m), Dränagematte (12m)	67,15 m² BFF	7.716	**114,91**	
540	**Baukonstruktionen**				**100,0**
544	**Rampen, Treppen, Tribünen**	5,95 m²	9.447	**1.587,74**	100,0
	• Abbrechen (Kosten: 22,4%) Abbruch von Treppenanlage (psch); Entsorgung, Deponiegebühren	–	2.116	–	
	• Herstellen (Kosten: 77,6%) Betonblockstufen 35x15x100cm (17m), Betonpalisaden 15x12cm (8m)	5,95 m²	7.331	**1.232,05**	
550	**Technische Anlagen**				**100,0**
551	**Abwasseranlagen**	–	3.542	–	100,0
	• Herstellen (Kosten: 100,0%) KG-Rohre DN110-125, Formstücke, Sandbett (17m)	–	3.542	–	
570	**Vegetationsflächen**				**100,0**
571	**Vegetationstechn. Bodenbearbeitung**	–	3.840	–	82,4
	• Herstellen (Kosten: 100,0%) Oberboden liefern, auftragen (1m³)	–	3.840	–	

6100-1536
Mehrfamilienhaus
(12 WE)

Modernisierung

KG	Kostengruppe	Menge Einheit	Kosten €	€/Einheit	%
573	**Pflanzflächen**	2,00 m²	819	**409,63**	17,6
	• Herstellen (Kosten: 100,0%) Bepflanzung liefern, pflanzen (2m²), Rindenmulch liefern (1m³)	2,00 m²	819	**409,63**	
590	**Sonstige Maßnahmen für Außenanlagen und Freiflächen**				**100,0**
596	**Materialentsorgung**	–	2.091	–	100,0
	• Herstellen (Kosten: 100,0%) Bauschutt, Stahlschrott (5m³); Entsorgung, Deponiegebühren	–	2.091	–	

Kostenkennwerte für Leistungsbereiche nach STLB (Kosten des Bauwerks nach DIN 276)

LB	Leistungsbereiche	Kosten €	€/m² BGF	€/m³ BRI	% an 3+4
000	Baustellen-, Verkehrssich.- u. Sicherh.einr. inkl. 001	47.256	30,50	11,00	4,0
002	Erdarbeiten	3.150	2,00	0,74	0,3
006	Spezialtiefbauarbeiten inkl. 005	–	–	–	–
009	Entwässerungskanalarbeiten inkl. 011	2.355	1,50	0,55	0,2
010	Drän- und Versickerarbeiten	–	–	–	–
012	Mauerarbeiten	9.213	5,90	2,20	0,8
013	Betonarbeiten	–	–	–	–
014	Natur-, Betonwerksteinarbeiten	4.095	2,60	0,96	0,3
016	Zimmer- und Holzbauarbeiten	1.030	0,66	0,24	< 0,1
017	Stahlbauarbeiten	29.916	19,30	7,00	2,5
	Wiederherstellen	28.017	18,10	6,50	2,4
	Herstellen	1.899	1,20	0,44	0,2
018	Abdichtungsarbeiten	12.313	7,90	2,90	1,0
019	Kampfmittelräumarbeiten	–	–	–	–
020	Dachdeckungsarbeiten	–	–	–	–
021	Dachabdichtungsarbeiten	129.204	83,30	30,20	11,0
	Wiederherstellen	1.785	1,20	0,42	0,2
	Herstellen	127.419	82,20	29,70	10,8
022	Klempnerarbeiten	19.061	12,30	4,40	1,6
	Wiederherstellen	153	0,10	0,04	< 0,1
	Herstellen	18.908	12,20	4,40	1,6
	Rohbau	**257.593**	**166,10**	**60,10**	**21,9**
	Wiederherstellen	29.955	19,30	7,00	2,5
	Herstellen	227.638	146,80	53,10	19,4
023	Putz- und Stuckarbeiten, Wärmedämmsysteme	173.621	112,00	40,50	14,8
	Wiederherstellen	851	0,55	0,20	< 0,1
	Herstellen	172.770	111,40	40,30	14,7
024	Fliesen- und Plattenarbeiten	1.056	0,68	0,25	< 0,1
	Wiederherstellen	1.056	0,68	0,25	< 0,1
025	Estricharbeiten	2.511	1,60	0,59	0,2
	Wiederherstellen	2.511	1,60	0,59	0,2
026	Fenster, Außentüren inkl. 029, 032	200.716	129,40	46,90	17,1
027	Tischlerarbeiten	1.904	1,20	0,44	0,2
028	Parkett-, Holzpflasterarbeiten	–	–	–	–
030	Rollladenarbeiten	7.608	4,90	1,80	0,6
031	Metallbauarbeiten inkl. 035	10.361	6,70	2,40	0,9
034	Maler- und Lackiererarb. - Beschicht. inkl. 037	2.743	1,80	0,64	0,2
	Wiederherstellen	2.743	1,80	0,64	0,2
036	Bodenbelagarbeiten	–	–	–	–
038	Vorgehängte hinterlüftete Fassaden	151.502	97,70	35,40	12,9
039	Trockenbauarbeiten	21.131	13,60	4,90	1,8
	Ausbau	**573.152**	**369,60**	**133,80**	**48,7**
	Wiederherstellen	7.162	4,60	1,70	0,6
	Herstellen	565.991	365,00	132,10	48,1
040	Wärmeversorgungsanl. - Betriebseinr. inkl. 041	88.124	56,80	20,60	7,5
042	Gas- u. Wasseranl. - Leitung., Armat. inkl. 043	7.685	5,00	1,80	0,7
044	Abwasseranl. - Leitungen, Abläufe, Armaturen	–	–	–	–
045	Gas, Wasser, Entwässerung - Ausstattung inkl. 046	–	–	–	–
047	Dämm- und Brandschutzarb. an techn. Anlagen	–	–	–	–
049	Feuerlöschanlagen, Feuerlöschgeräte	–	–	–	–

LB	Leistungsbereiche	Kosten €	€/m² BGF	€/m³ BRI	% an 3+4
050	Blitzschutz-/Erdungsanlagen, Überspannungssch.	967	0,62	0,23	< 0,1
053	Niederspannungsanl. - Kabel inkl. 052, 054	53.554	34,50	12,50	4,6
	Wiederherstellen	1.015	0,65	0,24	< 0,1
	Herstellen	52.539	33,90	12,30	4,5
055	Sicherheits- u. Ersatzstromversorgungsanl.	–	–	–	–
057	Gebäudesystemtechnik	–	–	–	–
058	Leuchten und Lampen inkl. 059	–	–	–	–
060	Such, Signal, Zeit, Anten., akust. Anl. inkl. 064	23.733	15,30	5,50	2,0
061	Kommunikations- u. Übertragungsnetze inkl. 063	–	–	–	–
069	Aufzüge	–	–	–	–
070	Gebäudeautomation	–	–	–	–
075	Raumlufttechnische Anlagen inkl. 078	73.767	47,60	17,20	6,3
	Gebäudetechnik	**247.831**	**159,80**	**57,80**	**21,1**
	Wiederherstellen	1.015	0,65	0,24	< 0,1
	Herstellen	246.816	159,20	57,60	21,0
084	Abbruch, Rückbau, Schadstoffsanierung	92.714	59,80	21,60	7,9
	Abbrechen	92.714	59,80	21,60	7,9
	Abbrucharbeiten	**92.714**	**59,80**	**21,60**	**7,9**
	Abbrechen	92.714	59,80	21,60	7,9
	Sonstige Leistungsbereiche	**4.603**	**3,00**	**1,10**	**0,4**

6100-1713
Einfamilienhaus

Modernisierung

Kostenkennwerte für die Kosten des Bauwerks (Kostengruppen 300+400 nach DIN 276)

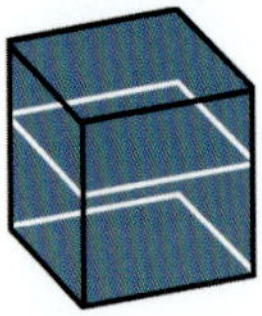

BRI 310€/m³

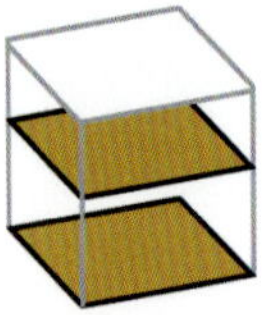

BGF 859€/m²

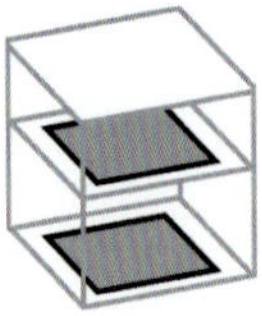

NUF 1.331€/m²

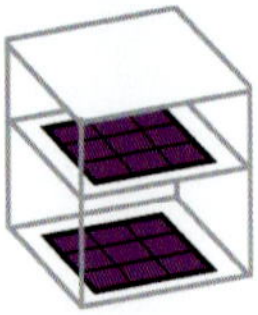

NE 1.320€/NE

NE: Wohnfläche

Objekt:
Kennwerte: 3. Ebene DIN 276
BRI: 542 m³
BGF: 196 m²
NUF: 126 m²
Bauzeit: 17 Wochen
Bauende: 2023
Standard: mittel
Bundesland: Bayern
Kreis: Rosenheim

Innenarchitekt*in:
Innenarchitekturinsel
Dipl. Ing. Innenarchitektin
Yvonne Habermann
Bernauer Straße 1
83209 Prien am Chiemsee

© Christian Tharovsky

© Christian Tharovsky

© Christian Tharovsky

© Christian Tharovsky

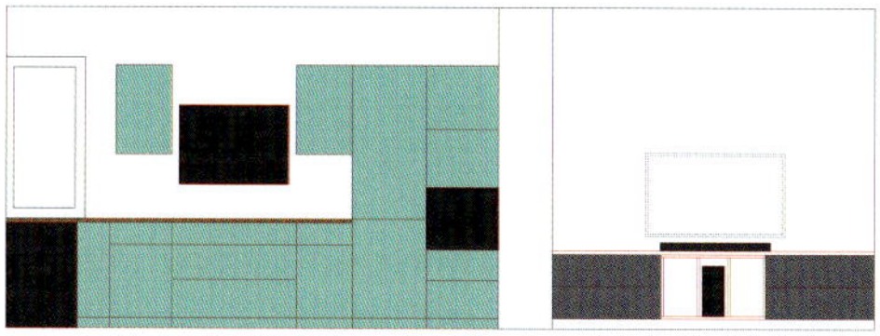

Ansicht A

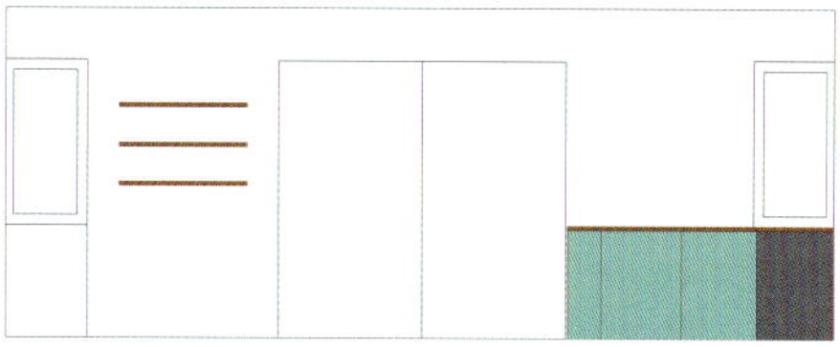

Ansicht B

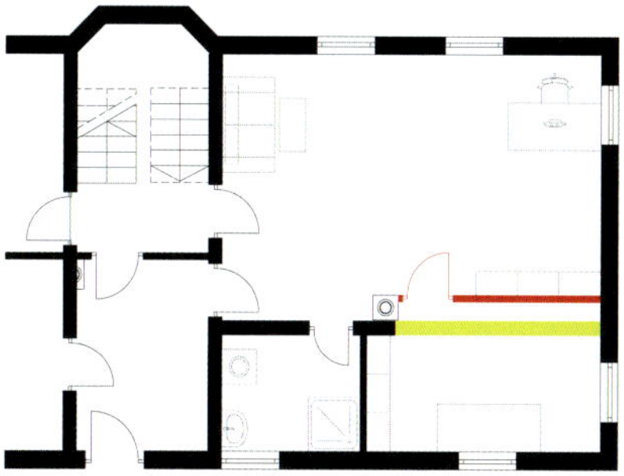

Untergeschoss

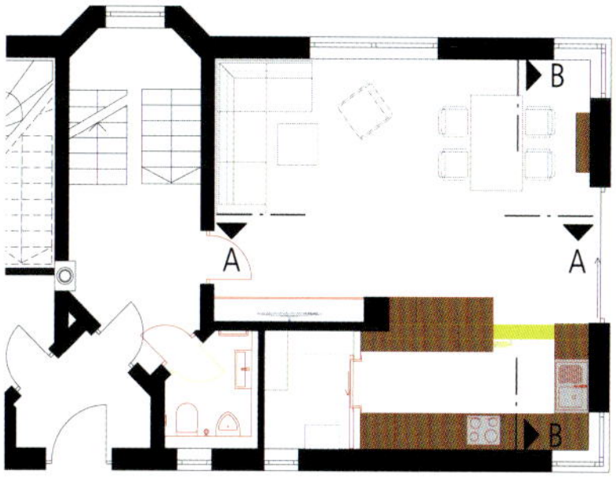

Erdgeschoss

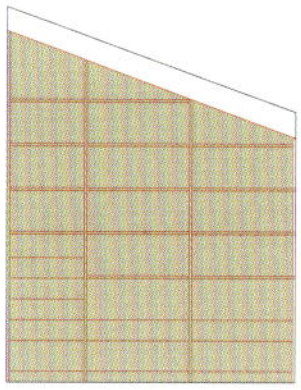

Ansicht C

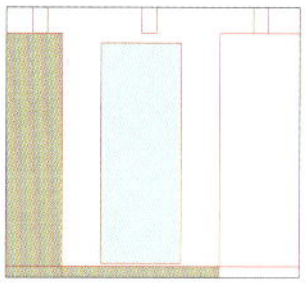

Ansicht D

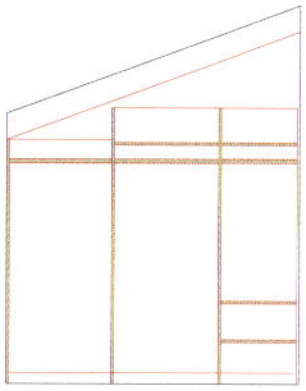

Ansicht E

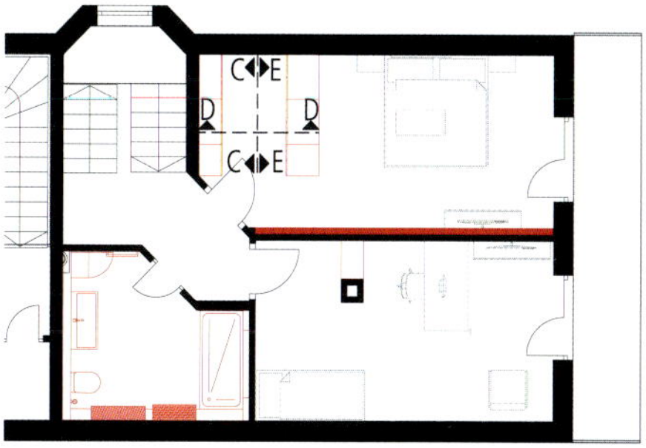

Dachgeschoss

Modernisierung

Objektbeschreibung

Allgemeine Objektinformationen

Modernisierung und Umbau eines Einfamilienhauses. Die Bäder wurden umgebaut und statt einer Badewanne wurde eine begehbare Dusche mit Glastür und integriertem Ablagefach geschaffen. Für die neue Küche wurde eine Wand versetzt, so dass zwei zusätzliche Küchenelemente Platz finden konnten. Das Gäste-WC wurde mit einer eleganten Tapete ausgestattet und alles mit einem stimmigen Lichtkonzept versehen. Hierzu sollte auch Raum geschaffen werden, um in Homeoffice arbeiten zu können.

Nutzung

1 Untergeschoss
Gästezimmer, Werkstatt

1 Erdgeschoss
Wohnen, Küche, WC, Abstellraum

1 Dachgeschoss
Schlafen, Büro, Bad

Nutzeinheiten

Wohneinheiten: 1
Wohnfläche: 127 m^2

Markt

Hauptvergabezeit: 2. Quartal 2023
Baubeginn: 3. Quartal 2023
Bauende: 4. Quartal 2023
Konjunkturelle Gesamtlage: Durchschnitt
Regionaler Baumarkt: unter Durchschnitt

Baubestand

Baujahr: 1996
Bauzustand: gut
Aufwand: mittel
Grundrissänderungen: wenige
Tragwerkseingriffe: keine
Nutzungsänderung: nein
Nutzung während der Bauzeit: nein

Baukonstruktion

Im Keller wurde der alte Teppichboden durch einen Vinylbelag ersetzt. Neue Gipskartonwand teilt die Räume in Werkstatt und Gästezimmer auf. Einige neue Innentüren wurden eingebaut. Die bestehenden Türen mit Zargen wurden geschliffen und beschichtet. In den Bädern wurden Vorsatzschalen aufgestellt und gefliest. Die Trockenbauwand im Obergeschoss zwischen den Zimmern wurde für den Schallschutz ertüchtigt. Die gesamten Wände wurden beschichtet, nur im Gäste-WC kam an eine Wand Vliestapete. Die Böden wurden mit Parkett oder Fliesen belegt. Die Decken wurden beschichtet. Auf die Holzdecken kam ein Lackanstrich. In der Küche wurden Schränke mit allen Elektrogeräten eingebaut. Im Schlafzimmer wurden die Einbauschränke an die Dachschrägen angepasst.

Technische Anlagen

Die Ab- und Wasserleitungen wurden erneuert. Ein Wasserenthärter kam dazu. In Bädern wurden Waschtische mit Unterschrank und Armatur, WCs und Urinal gegen alte Sanitärobjekte ausgetauscht. Alte Badewanne wurde durch große Duschtasse ersetzt. Neue Handtuchheizkörper kamen dazu. Eine Wallbox mit 6m Kabel wurde montiert. Die gesamte Elektroinstallation wurde erneuert und neue Beleuchtung installiert.

Sonstiges

Die Bauherrin wünschte zusätzlich eine Analyse nach Feng Shui, die durch das eingebrachte Farbkonzept widergespiegelt wird.

Planungskennwerte für Flächen und Rauminhalte nach DIN 277

Flächen des Grundstücks		Menge Einheit	% an GF
BF	Bebaute Fläche	132,02 m²	24,6
UF	Unbebaute Fläche	404,98 m²	75,4
GF	Grundstücksfläche	537,00 m²	100,0

Grundflächen des Bauwerks		Menge Einheit	% an NUF	% an BGF
NUF	Nutzungsfläche	126,29 m²	100,0	64,5
TF	Technikfläche	–	–	–
VF	Verkehrsfläche	41,14 m²	32,6	21,0
NRF	Netto-Raumfläche	167,43 m²	132,6	85,5
KGF	Konstruktions-Grundfläche	28,33 m²	22,4	14,5
BGF	Brutto-Grundfläche	195,76 m²	155,0	100,0

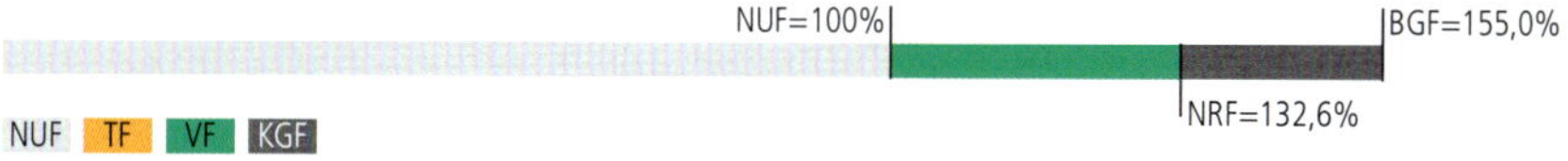

Brutto-Rauminhalt des Bauwerks		Menge Einheit	BRI/NUF (m)	BRI/BGF (m)
BRI	Brutto-Rauminhalt	541,51 m³	4,29	2,77

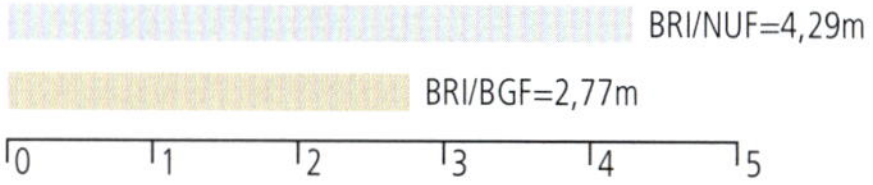

Lufttechnisch behandelte Flächen	Menge Einheit	% an NUF	% an BGF
Entlüftete Fläche	–	–	–
Be- und entlüftete Fläche	–	–	–
Teilklimatisierte Fläche	–	–	–
Klimatisierte Fläche	–	–	–

KG	Kostengruppen (2. Ebene)	Menge Einheit	Menge/NUF	Menge/BGF
310	Baugrube / Erdbau	–	–	–
320	Gründung, Unterbau	37,43 m² GRF	0,30	0,19
330	Außenwände/Vertikale Baukonstruktionen, außen	77,14 m² AWF	0,61	0,39
340	Innenwände/Vertikale Baukonstruktionen, innen	126,93 m² IWF	1,01	0,65
350	Decken/Horizontale Baukonstruktionen	77,53 m² DEF	0,61	0,40
360	Dächer	77,63 m² DAF	0,62	0,40

Modernisierung

Kostenkennwerte für die Kostengruppen der 1. Ebene DIN 276

KG	Kostengruppen (1. Ebene)	Einheit	Kosten €	€/Einheit	€/m² BGF	€/m³ BRI	% 300+400
100	Grundstück	m² GF	–	–	–	–	–
200	Vorbereitende Maßnahmen	m² GF	–	–	–	–	–
300	Bauwerk – Baukonstruktionen	m² BGF	98.652	503,94	503,94	182,18	58,7
400	Bauwerk – Technische Anlagen	m² BGF	69.465	354,85	354,85	128,28	41,3
	Bauwerk 300+400	**m² BGF**	**168.117**	**858,79**	**858,79**	**310,46**	**100,0**
500	Außenanlagen und Freiflächen	m² AF	–	–	–	–	–
600	Ausstattung und Kunstwerke	m² BGF	4.287	21,90	21,90	7,92	2,6
700	Baunebenkosten	m² BGF	–	–	–	–	–
800	Finanzierung	m² BGF	–	–	–	–	–

KG	Kostengruppe	Menge Einheit	Kosten €	€/Einheit	%
3+4	**Bauwerk**				**100,0**
300	**Bauwerk – Baukonstruktionen**	195,76 m² BGF	98.652	**503,94**	58,7

- Abbrechen (Kosten: 6,4%) — 6.352
  Abbruch von Teppichboden; Wandfliesen; GK-Wand, Mauerwerk, Wandfliesen; Bodenfliesen, Deckenleuchtkranz; Einbauküche, Elektrogeräten; Entsorgung, Deponiegebühren

- Wiederherstellen (Kosten: 3,3%) — 3.304
  Türen mit Zargen schleifen, vorlackieren, beschichten, Türzarge demontieren, lagern, anpassen, wieder montieren, Tür mit Zarge ausbauen, drehen, anpassen, wieder montieren

- Herstellen (Kosten: 90,2%) — 88.996
  Vinylbelag; GK-Vorsatzschalen, Beschichtung, Wandfliesen; Öffnungen zumauern, GK-Wände, Schiebetür, Holztür, GK-Wand als Aufdopplung, GK-Verkofferung für Schiebetür, Malervlies, Beschichtung, Vliestapete, Wandfliesen; Estrich ergänzen, Parkett, Bodenfliesen, Beschichtung, Wandfries; Lackbeschichtung; Einbauküche, Elektrogeräte, Einbaumöbel

KG	Kostengruppe	Menge Einheit	Kosten €	€/Einheit	%
400	**Bauwerk – Technische Anlagen**	195,76 m² BGF	69.465	**354,85**	41,3

- Abbrechen (Kosten: 3,4%) — 2.380
  Abbruch von Abwasserleitungen, Wasserleitungen, Badewanne, Waschbecken, WC, Bidet; Heizkörper; Steckdosen, Schalter; Entsorgung, Deponiegebühren

- Wiederherstellen (Kosten: 1,4%) — 948
  Heizkörper versetzen; Außensteckdose reparieren

- Herstellen (Kosten: 95,2%) — 66.137
  Abwasserleitungen, Kalt- und Warmwasserleitungen, Wasserenthärter, Sanitärobjekte, Installationselemente; Rohrleitungen, Handtuchheizkörper; Wallbox, Elektroinstallation, Beleuchtung; TAE-Steckdose, Antennensteckdose, Koaxialkabel, Datenkabel, Patchpanel, Datenanschlussdose

KG	Kostengruppe	Menge Einheit	Kosten €	€/Einheit	%
600	**Ausstattung und Kunstwerke**	195,76 m² BGF	4.287	**21,90**	2,6

- Abbrechen (Kosten: 2,0%) — 85
  Abbruch von Kellerregal; Entsorgung, Deponiegebühren

- Herstellen (Kosten: 98,0%) — 4.203
  Duschtrennwand, Lotionsspender, Handtuchhalter, Bürstengarnitur, Wand-Bürstengarnitur, Glashalter für Zahnbürsten, Papierrollenhalter, Wandseifenspender, Haken

Modernisierung

Kostenkennwerte für die Kostengruppen der 2.Ebene DIN 276

KG	Kostengruppe	Menge Einheit	Kosten €	€/Einheit	%
300	**Bauwerk – Baukonstruktionen**				**100,0**
320	**Gründung, Unterbau**	37,43 m2 GRF	3.444	**92,01**	3,5
	• Abbrechen (Kosten: 10,8%) Abbruch von Teppichboden (35m2); Entsorgung, Deponiegebühren	35,11 m2 GRF	370	**10,55**	
	• Herstellen (Kosten: 89,2%) Vinylbelag (37m2)	37,43 m2 GRF	3.074	**82,12**	
330	**Außenwände/Vert. Baukonstrukt., außen**	77,14 m2 AWF	3.200	**41,49**	3,2
	• Abbrechen (Kosten: 11,1%) Abbruch von Wandfliesen (8m2); Entsorgung, Deponiegebühren	7,60 m2 AWF	355	**46,77**	
	• Herstellen (Kosten: 88,9%) GK-Vorsatzschalen (3m2), Beschichtung (70m2), Wandfliesen (7m2)	77,14 m2 AWF	2.845	**36,88**	
340	**Innenwände/Vert. Baukonstrukt., innen**	126,93 m2 IWF	27.550	**217,05**	27,9
	• Abbrechen (Kosten: 7,1%) Abbruch von GK-Wand (9m2), Mauerwerk (5m2) * Wandfliesen (20m2); Entsorgung, Deponiegebühren	34,24 m2 IWF	1.963	**57,32**	
	• Wiederherstellen (Kosten: 12,0%) Türen mit Zargen schleifen, vorlackieren, beschichten (11m2), Türzarge demontieren, lagern, anpassen, wieder montieren (2m2), Tür mit Zarge ausbauen, drehen, anpassen, wieder montieren (2m2)	14,45 m2 IWF	3.304	**228,67**	
	• Herstellen (Kosten: 80,9%) Öffnungen zumauern (20m2), GK-Wände F30 (23m2) * Schiebetür, Holz (2m2), Holztür, Zarge (4m2) * GK-Vorsatzschalen (14m2), GK-Wand als Aufdopplung, Schallschutzverbesserung (15m2), GK-Verkofferung für Schiebetür (1St), Malervlies (14m2), Beschichtung (195m2), Vliestapete (3m2), Wandfliesen (16m2)	112,48 m2 IWF	22.283	**198,11**	
350	**Decken/Horizontale Baukonstruktionen**	77,53 m2 DEF	15.588	**201,05**	15,8
	• Abbrechen (Kosten: 17,4%) Abbruch von Bodenfliesen, Fliesenkleber abfräsen (50m2) * Deckenleuchtkranz (18m); Entsorgung, Deponiegebühren	49,85 m2 DEF	2.708	**54,32**	
	• Herstellen (Kosten: 82,6%) Estrich ergänzen (psch), Parkett (29m2), Bodenfliesen (21m2) * Beschichtung (78m2), Wandfries (35m)	77,53 m2 DEF	12.880	**166,13**	
360	**Dächer**	77,63 m2 DAF	3.662	**47,18**	3,7
	• Herstellen (Kosten: 100,0%) Lackbeschichtung (78m2)	77,63 m2 DAF	3.662	**47,18**	

Modernisierung

KG	Kostengruppe	Menge Einheit	Kosten €	€/Einheit	%
380	**Baukonstruktive Einbauten**	195,76 m²BGF	41.050	**209,69**	41,6
	• Abbrechen (Kosten: 2,3%) Abbruch von Einbauküche, Elektrogeräten (psch); Entsorgung, Deponiegebühren	195,76 m²BGF	956	**4,88**	
	• Herstellen (Kosten: 97,7%) Einbauküche, Elektrogeräte (psch), Ankleideschränke an Dachschräge anpassen (2St), TV-Möbel, Eiche (1St), Regalbretter (3St), mit LED-Beleuchtung (3St), Sitzbank, Eiche (1St), Ablagekästen, Eiche (2St), runde Unterkonstruktion für WC-Spiegel, Spiegel, Beleuchtung (1St), Spiegel (1St), Spiegel mit Rahmen, Eiche (1St)	195,76 m²BGF	40.094	**204,81**	
390	**Sonst. Maßnahmen für Baukonstrukt.**	195,76 m²BGF	4.158	**21,24**	4,2
	• Herstellen (Kosten: 100,0%) Baustelleneinrichtungen (4St), Baustromverteiler (psch), Bauschlösser (2St), Baustellen-WC (1St) * Abdeckvlies (psch), Bauendreinigung (psch)	195,76 m²BGF	4.158	**21,24**	
400	**Bauwerk – Technische Anlagen**				**100,0**
410	**Abwasser-, Wasser-, Gasanlagen**	195,76 m²BGF	23.371	**119,39**	33,6
	• Abbrechen (Kosten: 6,3%) Abbruch von Abwasserleitungen (psch) * Wasserleitungen, Badewanne, Waschbecken, WC, Bidet (psch); Entsorgung, Deponiegebühren	195,76 m²BGF	1.463	**7,47**	
	• Herstellen (Kosten: 93,7%) Abwasserleitungen (psch) * Kalt- und Warmwasserleitungen (psch), Wasserenthärter (1St), Waschtische mit Unterschrank, Armatur (2St), Duschtasse, Duscharmatur (1St), WCs (2St), Urinal mit Deckel (1St) * Installationselemente für Waschtisch (1St), für WCs (2St), für Urinal (1St)	195,76 m²BGF	21.908	**111,91**	
420	**Wärmeversorgungsanlagen**	195,76 m²BGF	5.666	**28,94**	8,2
	• Abbrechen (Kosten: 6,8%) Abbruch von Heizkörper (psch); Entsorgung, Deponiegebühren	195,76 m²BGF	385	**1,97**	
	• Wiederherstellen (Kosten: 15,7%) Heizkörper versetzen (psch)	195,76 m²BGF	888	**4,54**	
	• Herstellen (Kosten: 77,5%) Rohrleitungen, Handtuchheizkörper, Thermostate (2St)	195,76 m²BGF	4.393	**22,44**	
440	**Elektrische Anlagen**	195,76 m²BGF	38.704	**197,71**	55,7
	• Abbrechen (Kosten: 1,4%) Abbruch von Steckdosen, Schalter (psch); Entsorgung, Deponiegebühren	195,76 m²BGF	531	**2,71**	
	• Wiederherstellen (Kosten: 0,2%) Außensteckdose reparieren (1h)	195,76 m²BGF	61	**0,31**	
	• Herstellen (Kosten: 98,5%) Wallbox mit 6m Kabel (1St), Sicherungen (6St), FI/LS-Schalter (2St), Mantelleitung NYM (259m), Leitungen (295m), Leerrohre (28m), Steckdosen (47St), Taster/Schalter (26St), Steckdosendimmer (13St), Bewegungsmelder (1St), Herdanschlussdose (1St) * Beleuchtung (psch)	195,76 m²BGF	38.112	**194,69**	

KG	Kostengruppe	Menge Einheit	Kosten €	€/Einheit	%
450	**Kommunikationstechnische Anlagen**	195,76 m²BGF	1.725	**8,81**	2,5
	• Herstellen (Kosten: 100,0%) TAE-Steckdose (1St) * Antennensteckdose (1St), Koaxialkabel (39m) * Datenkabel Cat7 (78m), Patchpanel, achtfach (1St), Datenanschlussdose Cat6 (1St)	195,76 m²BGF	1.725	**8,81**	
600	**Ausstattung und Kunstwerke**				**100,0**
610	**Allgemeine Ausstattung**	195,76 m²BGF	4.287	**21,90**	100,0
	• Abbrechen (Kosten: 2,0%) Abbruch von Kellerregal (psch); Entsorgung, Deponiegebühren	195,76 m²BGF	85	**0,43**	
	• Herstellen (Kosten: 98,0%) ESG-Duschtrennwand, h=2,00m (1St), Lotionsspender (1St), Handtuchhalter (1St), Bürstengarnitur (1St), Wand-Bürstengarnitur (1St), Glashalter für Zahnbürsten (1St), Papierrollenhalter (2St), Wandseifenspender (1St), Haken (2St)	195,76 m²BGF	4.203	**21,47**	

Kostenkennwerte für die Kostengruppen 300 der 2. und 3. Ebene DIN 276 (Übersicht)

KG	Kostengruppe	Menge Einheit	Kosten €	€/Einheit	% an 3+4
300	**Bauwerk – Baukonstruktionen**	**195,76 m² BGF**	**98.652,22**	**503,94**	**58,7**
310	**Baugrube / Erdbau**	**–**	**–**	**–**	**–**
311	Herstellung	–	–	–	–
312	Umschließung	–	–	–	–
313	Wasserhaltung	–	–	–	–
314	Vortrieb	–	–	–	–
319	Sonstiges zur KG 310	–	–	–	–
320	**Gründung, Unterbau**	**37,43 m² GRF**	**3.443,94**	**92,01**	**2,0**
321	Baugrundverbesserung	–	–	–	–
322	Flachgründungen und Bodenplatten	–	–	–	–
323	Tiefgründungen	–	–	–	–
324	Gründungsbeläge	37,43 m²	3.443,94	92,01	2,0
325	Abdichtungen und Bekleidungen	–	–	–	–
326	Dränagen	–	–	–	–
329	Sonstiges zur KG 320	–	–	–	–
330	**Außenwände/Vert. Baukonstrukt., außen**	**77,14 m² AWF**	**3.200,35**	**41,49**	**1,9**
331	Tragende Außenwände	–	–	–	–
332	Nichttragende Außenwände	–	–	–	–
333	Außenstützen	–	–	–	–
334	Außenwandöffnungen	–	–	–	–
335	Außenwandbekleidungen, außen	–	–	–	–
336	Außenwandbekleidungen, innen	77,14 m²	3.200,35	41,49	1,9
337	Element. Außenwandkonstruktionen	–	–	–	–
338	Lichtschutz zur KG 330	–	–	–	–
339	Sonstiges zur KG 330	–	–	–	–
340	**Innenwände/Vert. Baukonstrukt., innen**	**126,93 m² IWF**	**27.550,26**	**217,05**	**16,4**
341	Tragende Innenwände	–	–	–	–
342	Nichttragende Innenwände	42,78 m²	5.386,00	125,90	3,2
343	Innenstützen	–	–	–	–
344	Innenwandöffnungen	19,84 m²	9.082,21	457,77	5,4
345	Innenwandbekleidungen	214,17 m²	13.082,04	61,08	7,8
346	Elementierte Innenwandkonstruktionen	–	–	–	–
347	Lichtschutz zur KG 340	–	–	–	–
349	Sonstiges zur KG 340	–	–	–	–
350	**Decken/Horizontale Baukonstruktionen**	**77,53 m² DEF**	**15.587,52**	**201,05**	**9,3**
351	Deckenkonstruktionen	–	–	–	–
352	Deckenöffnungen	–	–	–	–
353	Deckenbeläge	49,99 m²	13.603,41	272,12	8,1
354	Deckenbekleidungen	77,53 m²	1.984,11	25,59	1,2
355	Elementierte Deckenkonstruktionen	–	–	–	–
359	Sonstiges zur KG 350	–	–	–	–
360	**Dächer**	**77,63 m² DAF**	**3.662,37**	**47,18**	**2,2**
361	Dachkonstruktionen	–	–	–	–
362	Dachöffnungen	–	–	–	–
363	Dachbeläge	–	–	–	–
364	Dachbekleidungen	77,63 m²	3.662,37	47,18	2,2
365	Elementierte Dachkonstruktionen	–	–	–	–
366	Lichtschutz zur KG 360	–	–	–	–
369	Sonstiges zur KG 360	–	–	–	–
370	**Infrastrukturanlagen**	**–**	**–**	**–**	**–**
380	**Baukonstruktive Einbauten**	**195,76 m² BGF**	**41.049,86**	**209,69**	**24,4**
390	**Sonst. Maßnahmen für Baukonstrukt.**	**195,76 m² BGF**	**4.157,93**	**21,24**	**2,5**

Kostenkennwerte für die Kostengruppen 400 der 2. und 3. Ebene DIN 276 (Übersicht)

KG	Kostengruppe	Menge Einheit	Kosten €	€/Einheit	% an 3+4
400	**Bauwerk – Technische Anlagen**	**195,76 m² BGF**	**69.465,28**	**354,85**	**41,3**
410	**Abwasser-, Wasser-, Gasanlagen**	**195,76 m² BGF**	**23.370,89**	**119,39**	**13,9**
411	Abwasseranlagen	195,76 m² BGF	3.210,36	16,40	1,9
412	Wasseranlagen	195,76 m² BGF	19.606,04	100,15	11,7
413	Gasanlagen	–	–	–	–
419	Sonstiges zur KG 410	195,76 m² BGF	554,48	2,83	0,3
420	**Wärmeversorgungsanlagen**	**195,76 m² BGF**	**5.665,54**	**28,94**	**3,4**
421	Wärmeerzeugungsanlagen	–	–	–	–
422	Wärmeverteilnetze	–	–	–	–
423	Raumheizflächen	195,76 m² BGF	5.665,54	28,94	3,4
424	Verkehrsheizflächen	–	–	–	–
429	Sonstiges zur KG 420	–	–	–	–
430	**Raumlufttechnische Anlagen**	**–**	**–**	**–**	**–**
431	Lüftungsanlagen	–	–	–	–
432	Teilklimaanlagen	–	–	–	–
433	Klimaanlagen	–	–	–	–
434	Kälteanlagen	–	–	–	–
439	Sonstiges zur KG 430	–	–	–	–
440	**Elektrische Anlagen**	**195,76 m² BGF**	**38.703,96**	**197,71**	**23,0**
441	Hoch- und Mittelspannungsanlagen	–	–	–	–
442	Eigenstromversorgungsanlagen	–	–	–	–
443	Niederspannungsschaltanlagen	–	–	–	–
444	Niederspannungsinstallationsanlagen	195,76 m² BGF	14.068,46	71,87	8,4
445	Beleuchtungsanlagen	195,76 m² BGF	24.635,50	125,85	14,7
446	Blitzschutz- und Erdungsanlagen	–	–	–	–
447	Fahrleitungssysteme	–	–	–	–
449	Sonstiges zur KG 440	–	–	–	–
450	**Kommunikationstechnische Anlagen**	**195,76 m² BGF**	**1.724,90**	**8,81**	**1,0**
451	Telekommunikationsanlagen	195,76 m² BGF	38,41	0,20	< 0,1
452	Such- und Signalanlagen	–	–	–	–
453	Zeitdienstanlagen	–	–	–	–
454	Elektroakustische Anlagen	–	–	–	–
455	Audiovisuelle Medien- u. Antennenanl.	195,76 m² BGF	546,01	2,79	0,3
456	Gefahrenmelde- und Alarmanlagen	–	–	–	–
457	Datenübertragungsnetze	195,76 m² BGF	1.140,48	5,83	0,7
458	Verkehrsbeeinflussungsanlagen	–	–	–	–
459	Sonstiges zur KG 450	–	–	–	–
460	**Förderanlagen**	**–**	**–**	**–**	**–**
461	Aufzugsanlagen	–	–	–	–
462	Fahrtreppen, Fahrsteige	–	–	–	–
463	Befahranlagen	–	–	–	–
464	Transportanlagen	–	–	–	–
465	Krananlagen	–	–	–	–
466	Hydraulikanlagen	–	–	–	–
469	Sonstiges zur KG 460	–	–	–	–
470	**Nutzungsspez. u. verfahrenstechn. Anl.**	**–**	**–**	**–**	**–**
480	**Gebäude- und Anlagenautomation**	**–**	**–**	**–**	**–**
490	**Sonst. Maßnahmen für techn. Anlagen**	**–**	**–**	**–**	**–**

Modernisierung

Kostenkennwerte für die Kostengruppen der 3. Ebene DIN 276

KG	Kostengruppe	Menge Einheit	Kosten €	€/Einheit	%
320	**Gründung, Unterbau**				**100,0**
324	**Gründungsbeläge**	37,43 m²	3.444	**92,01**	100,0
	• Abbrechen (Kosten: 10,8%) Abbruch von Teppichboden (35m²); Entsorgung, Deponiegebühren	35,11 m²	370	**10,55**	
	• Herstellen (Kosten: 89,2%) Vinylbelag (37m²), Vinylsockel (32m)	37,43 m²	3.074	**82,12**	
330	**Außenwände/Vertikale Baukonstruktionen, außen**				**100,0**
336	**Außenwandbekleidungen, innen**	77,14 m²	3.200	**41,49**	100,0
	• Abbrechen (Kosten: 11,1%) Abbruch von Wandfliesen (8m²); Entsorgung, Deponiegebühren	7,60 m²	355	**46,77**	
	• Herstellen (Kosten: 88,9%) GK-Vorsatzschalen, d=20-30cm (3m²), Dispersionsbeschichtung (70m²), Wandfliesen (7m²)	77,14 m²	2.845	**36,88**	
340	**Innenwände/Vertikale Baukonstruktionen, innen**				**100,0**
342	**Nichttragende Innenwände**	42,78 m²	5.386	**125,90**	19,5
	• Abbrechen (Kosten: 15,0%) Abbruch von GK-Wand (9m²), Mauerwerk, d bis 28cm (5m²); Entsorgung, Deponiegebühren	14,02 m²	810	**57,78**	
	• Herstellen (Kosten: 85,0%) Öffnungen zumauern (20m²), GK-Wände F30 (23m²)	42,78 m²	4.576	**106,96**	
344	**Innenwandöffnungen**	19,84 m²	9.082	**457,77**	33,0
	• Wiederherstellen (Kosten: 36,4%) Türen mit Zargen schleifen, vorlackieren, beschichten (11m²), Türzarge demontieren, lagern, anpassen, wieder montieren (2m²), Tür mit Zarge ausbauen, drehen, anpassen, wieder montieren (2m²)	14,45 m²	3.304	**228,67**	
	• Herstellen (Kosten: 63,6%) Schiebetür, Holz (2m²), Holztür, Zarge (4m²), Drückergarnituren (2St)	5,39 m²	5.778	**1.071,97**	
345	**Innenwandbekleidungen**	214,17 m²	13.082	**61,08**	47,5
	• Abbrechen (Kosten: 8,8%) Abbruch von Wandfliesen (20m²); Entsorgung, Deponiegebühren	20,22 m²	1.153	**57,00**	
	• Herstellen (Kosten: 91,2%) GK-Vorsatzschalen, d=11,5-15cm (14m²), GK-Wand als Aufdopplung zur Schallschutzverbesserung, d=11,5cm (15m²), GK-Verkofferung für Schiebetür (1St), Spachtelung (32m²), Malervlies (14m²), Dispersionsbeschichtung (195m²), Vliestapete (3m²), Wandfliesen (16m²)	214,17 m²	11.930	**55,70**	

KG	Kostengruppe	Menge Einheit	Kosten €	€/Einheit	%
350	**Decken/Horizontale Baukonstruktionen**				**100,0**
353	**Deckenbeläge**	49,99 m²	13.603	**272,12**	87,3
	• Abbrechen (Kosten: 16,1%) Abbruch von Bodenfliesen, Fliesenkleber abfräsen (50m²); Entsorgung, Deponiegebühren	49,85 m²	2.191	**43,94**	
	• Herstellen (Kosten: 83,9%) Estrich ergänzen (psch), Parkett (29m²), Leistensockel (15m), Bodenfliesen (21m²), Fliesensockel (20m)	49,99 m²	11.413	**228,30**	
354	**Deckenbekleidungen**	77,53 m²	1.984	**25,59**	12,7
	• Abbrechen (Kosten: 26,1%) Abbruch von Deckenleuchtkranz (18m); Entsorgung, Deponiegebühren	28,83 m²	517	**17,94**	
	• Herstellen (Kosten: 73,9%) Dispersionsbeschichtung (78m²), Wandfries, h=6cm (35m)	77,53 m²	1.467	**18,92**	
360	**Dächer**				**100,0**
364	**Dachbekleidungen**	77,63 m²	3.662	**47,18**	100,0
	• Herstellen (Kosten: 100,0%) Lackbeschichtung (78m²)	77,63 m²	3.662	**47,18**	
380	**Baukonstruktive Einbauten**				**100,0**
381	**Allgemeine Einbauten**	195,76 m² BGF	41.050	**209,69**	100,0
	• Abbrechen (Kosten: 2,3%) Abbruch von Einbauküche, Elektrogeräten (psch); Entsorgung, Deponiegebühren	195,76 m² BGF	956	**4,88**	
	• Herstellen (Kosten: 97,7%) Einbauküche, Elektrogeräte (psch), Ankleideschränke an Dachschräge anpassen, 2,172x1,772-2,55x0,42m, drei offene Teile, fünf Schubladen, Fachböden, Tablarauszug, Eiche furniert, geölt (1St), 2,20x1,76-2,04x0,60m, drei Korpusse, weiß beschichtet mit ABS-Kante, Rückwand MDF-Platte (1St), TV-Möbel 160x61x40cm, Eiche (1St), Regalbretter 100x25cm, LED-Beleuchtung (3St), 70x30cm, Eiche (3St), Sitzbank 70x45cm, Eiche (1St), Ablagekästen 30x30cm, Eiche (2St), runde UK, Spiegel, Beleuchtung (1St), Spiegel 160x60cm (1St), Spiegel mit Rahmen, 100x70cm, Eiche (1St)	195,76 m² BGF	40.094	**204,81**	
390	**Sonstige Maßnahmen für Baukonstruktionen**				**100,0**
391	**Baustelleneinrichtung**	195,76 m² BGF	2.969	**15,17**	71,4
	• Herstellen (Kosten: 100,0%) Baustelleneinrichtungen (4St), Baustromverteiler (psch), Bauschlösser (2St), Baustellen-WC (1St)	195,76 m² BGF	2.969	**15,17**	
397	**Zusätzliche Maßnahmen**	195,76 m² BGF	1.189	**6,07**	28,6
	• Herstellen (Kosten: 100,0%) Abdeckvlies (psch), Bauendreinigung (psch)	195,76 m² BGF	1.189	**6,07**	
410	**Abwasser-, Wasser-, Gasanlagen**				**100,0**
411	**Abwasseranlagen**	195,76 m² BGF	3.210	**16,40**	13,7
	• Abbrechen (Kosten: 19,2%) Abbruch von Abwasserleitungen (psch); Entsorgung, Deponiegebühren	195,76 m² BGF	616	**3,15**	
	• Herstellen (Kosten: 80,8%) Abwasserleitungen, Formstücke (psch)	195,76 m² BGF	2.594	**13,25**	

Kostenkennwerte für Leistungsbereiche nach STLB (Kosten des Bauwerks nach DIN 276)

LB	Leistungsbereiche	Kosten €	€/m² BGF	€/m³ BRI	% an 3+4
000	Baustellen-, Verkehrssich.- u. Sicherh.einr. inkl. 001	4.158	21,20	7,70	2,5
002	Erdarbeiten	–	–	–	–
006	Spezialtiefbauarbeiten inkl. 005	–	–	–	–
009	Entwässerungskanalarbeiten inkl. 011	–	–	–	–
010	Drän- und Versickerarbeiten	–	–	–	–
012	Mauerarbeiten	–	–	–	–
013	Betonarbeiten	–	–	–	–
014	Natur-, Betonwerksteinarbeiten	–	–	–	–
016	Zimmer- und Holzbauarbeiten	–	–	–	–
017	Stahlbauarbeiten	–	–	–	–
018	Abdichtungsarbeiten	–	–	–	–
020	Dachdeckungsarbeiten	–	–	–	–
021	Dachabdichtungsarbeiten	–	–	–	–
022	Klempnerarbeiten	–	–	–	–
	Rohbau	**4.158**	**21,20**	**7,70**	**2,5**
023	Putz- und Stuckarbeiten, Wärmedämmsysteme	3.811	19,50	7,00	2,3
024	Fliesen- und Plattenarbeiten	9.644	49,30	17,80	5,7
025	Estricharbeiten	1.905	9,70	3,50	1,1
026	Fenster, Außentüren inkl. 029, 032	109	0,56	0,20	< 0,1
027	Tischlerarbeiten	47.332	241,80	87,40	28,2
	Wiederherstellen	1.569	8,00	2,90	0,9
	Herstellen	45.763	233,80	84,50	27,2
028	Parkett-, Holzpflasterarbeiten	3.689	18,80	6,80	2,2
030	Rollladenarbeiten	–	–	–	–
031	Metallbauarbeiten inkl. 035	–	–	–	–
034	Maler- und Lackiererarb. - Beschicht. inkl. 037	10.998	56,20	20,30	6,5
	Wiederherstellen	1.735	8,90	3,20	1,0
	Herstellen	9.262	47,30	17,10	5,5
036	Bodenbelagarbeiten	4.993	25,50	9,20	3,0
038	Vorgehängte hinterlüftete Fassaden	–	–	–	–
039	Trockenbauarbeiten	5.662	28,90	10,50	3,4
	Ausbau	**88.142**	**450,30**	**162,80**	**52,4**
	Wiederherstellen	3.304	16,90	6,10	2,0
	Herstellen	84.838	433,40	156,70	50,5
040	Wärmeversorgungsanl. - Betriebseinr. inkl. 041	5.280	27,00	9,80	3,1
	Wiederherstellen	888	4,50	1,60	0,5
	Herstellen	4.393	22,40	8,10	2,6
042	Gas- u. Wasseranl. - Leitung., Armat. inkl. 043	3.036	15,50	5,60	1,8
044	Abwasseranl. - Leitungen, Abläufe, Armaturen	2.594	13,30	4,80	1,5
045	Gas, Wasser, Entwässerung - Ausstattung inkl. 046	16.278	83,20	30,10	9,7
047	Dämm- und Brandschutzarb. an techn. Anlagen	–	–	–	–
049	Feuerlöschanlagen, Feuerlöschgeräte	–	–	–	–
050	Blitzschutz-/Erdungsanlagen, Überspannungssch.	–	–	–	–
053	Niederspannungsanl. - Kabel inkl. 052, 054	13.537	69,20	25,00	8,1
	Wiederherstellen	61	0,31	0,11	< 0,1
	Herstellen	13.477	68,80	24,90	8,0
055	Sicherheits- u. Ersatzstromversorgungsanl.	–	–	–	–
057	Gebäudesystemtechnik	–	–	–	–
058	Leuchten und Lampen inkl. 059	24.636	125,80	45,50	14,7
060	Such, Signal, Zeit, Anten., akust. Anl. inkl. 064	546	2,80	1,00	0,3

LB	Leistungsbereiche	Kosten €	€/m² BGF	€/m³ BRI	% an 3+4
061	Kommunikations- u. Übertragungsnetze inkl. 063	1.179	6,00	2,20	0,7
069	Aufzüge	–	–	–	–
070	Gebäudeautomation	–	–	–	–
075	Raumlufttechnische Anlagen inkl. 078	–	–	–	–
	Gebäudetechnik	**67.086**	**342,70**	**123,90**	**39,9**
	Wiederherstellen	948	4,80	1,80	0,6
	Herstellen	66.137	337,80	122,10	39,3
084	Abbruch, Rückbau, Schadstoffsanierung	8.732	44,60	16,10	5,2
	Abbrechen	8.732	44,60	16,10	5,2
	Abbrucharbeiten	**8.732**	**44,60**	**16,10**	**5,2**
	Abbrechen	8.732	44,60	16,10	5,2
	Sonstige Leistungsbereiche	**–**	**–**	**–**	**–**

6100-1599
Zweifamilienhaus

Kostenkennwerte für die Kosten des Bauwerks (Kostengruppen 300+400 nach DIN 276)

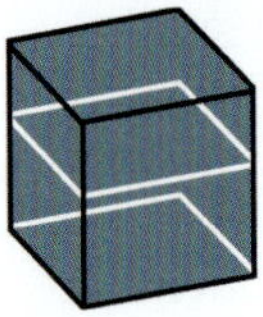

BRI 273 €/m³

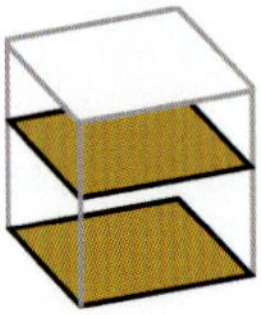

BGF 622 €/m²

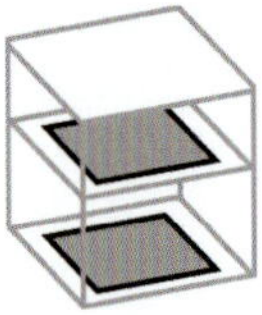

NUF 907 €/m²

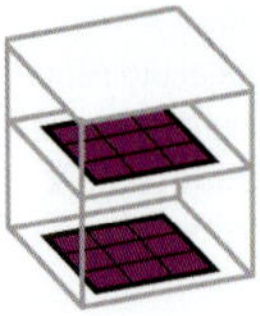

NE 1.591 €/NE
NE: Wohnfläche

Instandsetzung

Objekt:
Kennwerte: 3. Ebene DIN 276
BRI: 840 m³
BGF: 369 m²
NUF: 253 m²
Bauzeit: 39 Wochen
Bauende: 2021
Standard: einfach
Bundesland: Berlin
Kreis: Berlin, Stadt

Architekt*in:
werkArchitektur
Yvonne Werk
Berliner Straße 1
13507 Berlin

Bauherr*in:
Konradshöhe
13505 Berlin

vorher

nachher

vorher

nachher

Instandsetzung

Ansicht Nord

Ansicht West

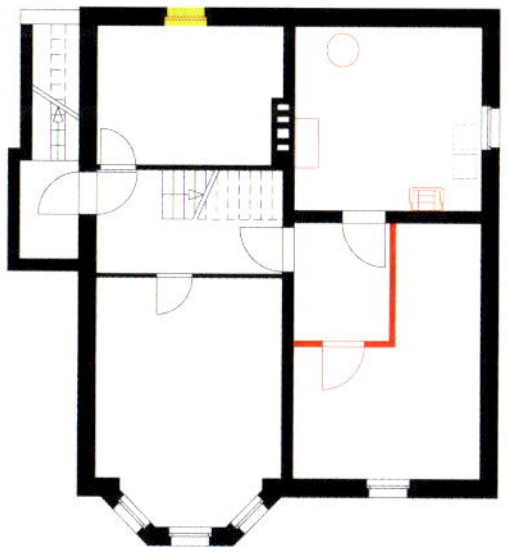

Untergeschoss

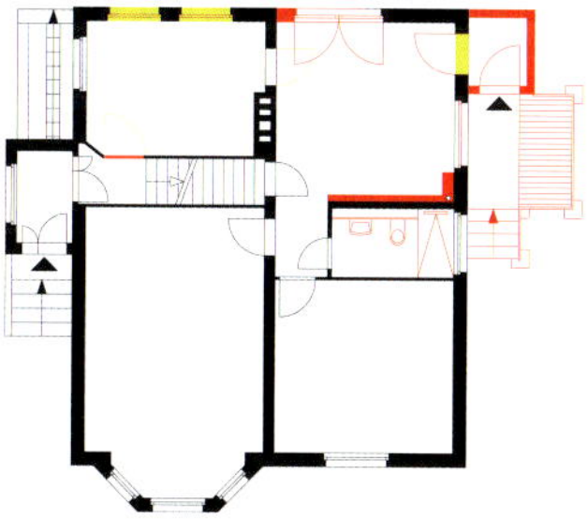

Erdgeschoss

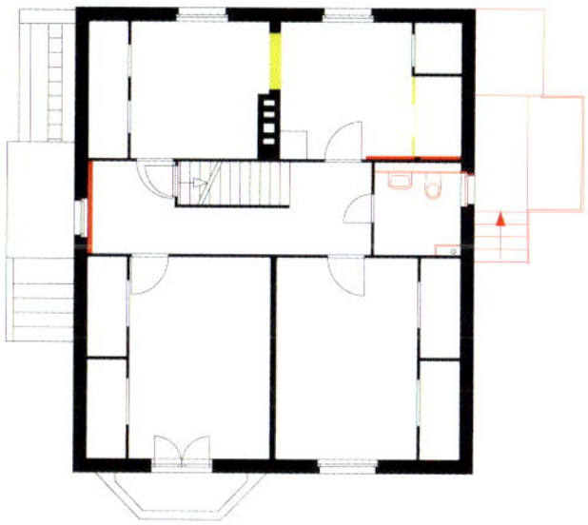

Dachgeschoss

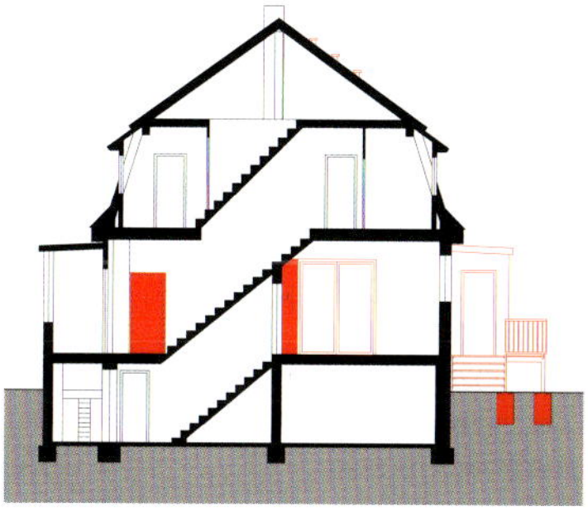

Schnitt A-A

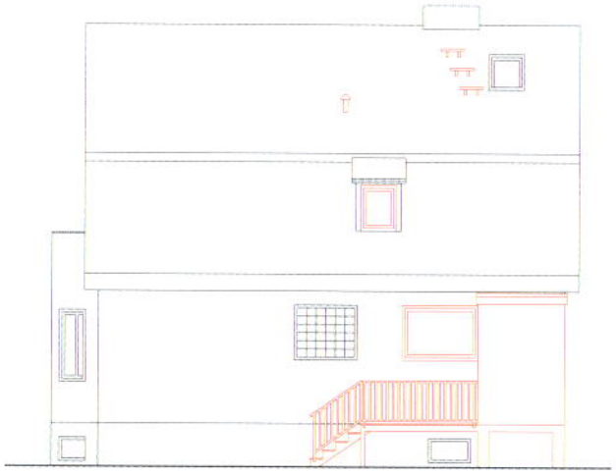

Ansicht Süd

Ansicht Ost

Instandsetzung

Kostenkennwerte für die Kostengruppen der 1. Ebene DIN 276

KG	Kostengruppen (1. Ebene)	Einheit	Kosten €	€/Einheit	€/m² BGF	€/m³ BRI	% 300+400
100	Grundstück	m² GF	–	–	–	–	–
200	Vorbereitende Maßnahmen	m² GF	–	–	–	–	–
300	Bauwerk – Baukonstruktionen	m² BGF	117.330	318,24	318,24	139,71	51,2
400	Bauwerk – Technische Anlagen	m² BGF	111.852	303,39	303,39	133,19	48,8
	Bauwerk 300+400	**m² BGF**	**229.182**	**621,63**	**621,63**	**272,90**	**100,0**
500	Außenanlagen und Freiflächen	m² AF	683	0,85	1,85	0,81	0,3
600	Ausstattung und Kunstwerke	m² BGF	–	–	–	–	–
700	Baunebenkosten	m² BGF	–	–	–	–	–
800	Finanzierung	m² BGF	–	–	–	–	–

KG	Kostengruppe	Menge Einheit	Kosten €	€/Einheit	%
3+4	**Bauwerk**				**100,0**
300	**Bauwerk – Baukonstruktionen**	368,68 m² BGF	117.330	**318,24**	51,2

- Abbrechen (Kosten: 4,3%) 5.068
  Abbruch von Holzfenstern; Fliesen; Estrich, PVC-Fliesen, PS-Dämmung; Dachrinne; Entsorgung, Deponiegebühren, Aufnehmen und Lagern von Traufziegeln

- Wiederherstellen (Kosten: 16,4%) 19.278
  Risse in Fassade ausbessern, Löcher schließen; Türen neu lackieren, Innenputz ausbessern; Holzdielen ausbessern, versiegeln, Holzstufen neu lackieren, Holzgeländer neu lackieren; Dachkasten überarbeiten; Wandschränke neu lackieren

- Herstellen (Kosten: 79,3%) 92.985
  Punktfundamente, Stahl-Terrassenpodest, Stahltreppe, Holz-Terrassenbelag; Mauerwerksöffnung anpassen, Kunststofffenster, Hauseingangstür, Außenputz, Beschichtung, Stahlgeländer, Fenstergitter, Sturzträger, Türöffnung schließen, Holztür, Trockenputz, Beschichtung, Wandfliesen; Estrich, Bodenfliesen, GK-Decke, Malervlies, Beschichtung, Dachentwässerung, GK-Bekleidung, Beschichtung; Windfang

KG	Kostengruppe	Menge Einheit	Kosten €	€/Einheit	%
400	**Bauwerk – Technische Anlagen**	368,68 m² BGF	111.852	**303,39**	48,8

- Abbrechen (Kosten: 8,0%) 8.903
  Abbruch von Heizkesselanlagen, Heizleitungen, Heizkörpern; Elektroinstallation; Entsorgung, Deponiegebühren

- Wiederherstellen (Kosten: 0,4%) 501
  Dunstrohre erneuern

- Herstellen (Kosten: 91,6%) 102.448
  Gebäudeentwässerung, Kalt- und Warmwasserleitungen, Sanitärobjekte; Gas-Brennwertgerät, Heizleitungen Heizkörper; Einzelraumlüfter; Elektroinstallation, Erdung; Klingeln, Rauchmelder, Datenübertragungsnetz

KG	Kostengruppe	Menge Einheit	Kosten €	€/Einheit	%
500	**Außenanlagen und Freiflächen**	801,00 m² AF	683	**0,85**	0,3

- Herstellen (Kosten: 100,0%) 683
  Gartensprengleitung

Kostenkennwerte für die Kostengruppen der 2.Ebene DIN 276

KG	Kostengruppe	Menge Einheit	Kosten €	€/Einheit	%
300	**Bauwerk – Baukonstruktionen**				**100,0**
320	**Gründung, Unterbau**	7,89 m² GRF	8.703	**1.102,98**	7,4
	• Herstellen (Kosten: 100,0%) Punktfundamente (8St), Stahl-Terrassenpodest, Handlauf (6m²), Stahltreppe, Handlauf (2m²) * Holz-Terrassenbelag (6m²)	7,89 m² GRF	8.703	**1.102,98**	
330	**Außenwände/Vert. Baukonstrukt., außen**	191,92 m² AWF	38.167	**198,87**	32,5
	• Abbrechen (Kosten: 0,7%) Abbruch von Holzfenstern (3m²); Entsorgung, Deponiegebühren	2,86 m² AWF	273	**95,46**	
	• Wiederherstellen (Kosten: 9,0%) Fensterbrett schleifen, montieren (1St) * Risse ausbessern, Löcher schließen (165m²) * Putz ausbessern (psch)	165,00 m² AWF	3.435	**20,82**	
	• Herstellen (Kosten: 90,3%) Mauerwerksöffnung anpassen (psch) * Kunststofffenster (10m²), Hauseingangstür (2m²) * Außenputz, Beschichtung (180m²) * Beschichtung (124m²), Wandfliesen (4m²) * Stahl-Fenstergeländer (1St), Stahl-Fenstergitter (1St)	191,92 m² AWF	34.459	**179,55**	
340	**Innenwände/Vert. Baukonstrukt., innen**	133,53 m² IWF	24.801	**185,73**	21,1
	• Abbrechen (Kosten: 0,8%) Abbruch von Fliesen (5m²); Entsorgung, Deponiegebühren	5,00 m² IWF	197	**39,44**	
	• Wiederherstellen (Kosten: 21,0%) Türen schleifen, lackieren (18m²) * Putz ausbessern (psch)	131,79 m² IWF	5.218	**39,59**	
	• Herstellen (Kosten: 78,2%) Sturzträger, l=1,5m, Ausmauerung (psch) * Türöffnung schließen (2m²) * Holztür (2m²) * Trockenputz (psch), Beschichtung (209m²), Wandfliesen (20m²)	116,03 m² IWF	19.386	**167,08**	
350	**Decken/Horizontale Baukonstruktionen**	152,50 m² DEF	21.412	**140,41**	18,2
	• Abbrechen (Kosten: 7,2%) Abbruch von Estrich (7m²), PVC-Fliesen (psch) * PS-Dämmung (psch); Entsorgung, Deponiegebühren	–	1.549	–	
	• Wiederherstellen (Kosten: 38,3%) Holzdielen schleifen, Fehlstellen ausbessern, versiegeln (123m²), schadhafte Holzdielen ersetzen (3m²), Holzstufen schleifen, lackieren (3m²) * Holzgeländer schleifen, lackieren (psch)	129,38 m² DEF	8.203	**63,40**	
	• Herstellen (Kosten: 54,5%) Estrich, Bodenfliesen (8m²) * GK-Decke, abgehängt (30m²), GK-Bekleidung (5m²), Malervlies (90m²), Beschichtung (153m²)	152,50 m² DEF	11.659	**76,46**	

Instandsetzung

Kostenkennwerte für die Kostengruppen 300 der 2. und 3.Ebene DIN 276 (Übersicht)

KG	Kostengruppe	Menge Einheit	Kosten €	€/Einheit	% an 3+4
300	**Bauwerk – Baukonstruktionen**	**368,68 m² BGF**	**117.330,07**	**318,24**	**51,2**
310	**Baugrube / Erdbau**	**–**	**–**	**–**	**–**
311	Herstellung	–	–	–	–
312	Umschließung	–	–	–	–
313	Wasserhaltung	–	–	–	–
314	Vortrieb	–	–	–	–
319	Sonstiges zur KG 310	–	–	–	–
320	**Gründung, Unterbau**	**7,89 m² GRF**	**8.702,50**	**1.102,98**	**3,8**
321	Baugrundverbesserung	–	–	–	–
322	Flachgründungen und Bodenplatten	7,89 m²	7.891,03	1.000,13	3,4
323	Tiefgründungen	–	–	–	–
324	Gründungsbeläge	6,00 m²	811,47	135,25	0,4
325	Abdichtungen und Bekleidungen	–	–	–	–
326	Dränagen	–	–	–	–
329	Sonstiges zur KG 320	–	–	–	–
330	**Außenwände/Vert. Baukonstrukt., außen**	**191,92 m² AWF**	**38.167,38**	**198,87**	**16,7**
331	Tragende Außenwände	–	720,47	–	0,3
332	Nichttragende Außenwände	–	–	–	–
333	Außenstützen	–	–	–	–
334	Außenwandöffnungen	11,92 m²	10.771,55	903,65	4,7
335	Außenwandbekleidungen, außen	180,00 m²	18.924,80	105,14	8,3
336	Außenwandbekleidungen, innen	128,09 m²	5.931,94	46,31	2,6
337	Element. Außenwandkonstruktionen	–	–	–	–
338	Lichtschutz zur KG 330	–	–	–	–
339	Sonstiges zur KG 330	191,92 m² AWF	1.818,61	9,48	0,8
340	**Innenwände/Vert. Baukonstrukt., innen**	**133,53 m² IWF**	**24.801,11**	**185,73**	**10,8**
341	Tragende Innenwände	–	1.228,59	–	0,5
342	Nichttragende Innenwände	2,00 m²	151,68	75,84	< 0,1
343	Innenstützen	–	–	–	–
344	Innenwandöffnungen	19,31 m²	4.368,31	226,22	1,9
345	Innenwandbekleidungen	228,51 m²	19.052,53	83,38	8,3
346	Elementierte Innenwandkonstruktionen	–	–	–	–
347	Lichtschutz zur KG 340	–	–	–	–
349	Sonstiges zur KG 340	–	–	–	–
350	**Decken/Horizontale Baukonstruktionen**	**152,50 m² DEF**	**21.411,82**	**140,41**	**9,3**
351	Deckenkonstruktionen	–	–	–	–
352	Deckenöffnungen	–	–	–	–
353	Deckenbeläge	136,96 m²	11.536,62	84,23	5,0
354	Deckenbekleidungen	152,50 m²	8.965,14	58,79	3,9
355	Elementierte Deckenkonstruktionen	–	–	–	–
359	Sonstiges zur KG 350	152,50 m² DEF	910,07	5,97	0,4
360	**Dächer**	**25,87 m² DAF**	**6.928,44**	**267,82**	**3,0**
361	Dachkonstruktionen	–	–	–	–
362	Dachöffnungen	–	–	–	–
363	Dachbeläge	–	2.479,28	–	1,1
364	Dachbekleidungen	25,87 m²	3.508,76	135,63	1,5
365	Elementierte Dachkonstruktionen	–	–	–	–
366	Lichtschutz zur KG 360	–	–	–	–
369	Sonstiges zur KG 360	25,87 m² DAF	940,40	36,35	0,4
370	**Infrastrukturanlagen**	**–**	**–**	**–**	**–**
380	**Baukonstruktive Einbauten**	**368,68 m² BGF**	**947,98**	**2,57**	**0,4**
390	**Sonst. Maßnahmen für Baukonstrukt.**	**368,68 m² BGF**	**16.370,83**	**44,40**	**7,1**

Kostenkennwerte für die Kostengruppen 400 der 2. und 3. Ebene DIN 276 (Übersicht)

KG	Kostengruppe	Menge Einheit	Kosten €	€/Einheit	% an 3+4
400	**Bauwerk – Technische Anlagen**	**368,68 m²BGF**	**111.852,40**	**303,39**	**48,8**
410	**Abwasser-, Wasser-, Gasanlagen**	**368,68 m²BGF**	**29.762,16**	**80,73**	**13,0**
411	Abwasseranlagen	368,68 m²BGF	6.194,51	16,80	2,7
412	Wasseranlagen	368,68 m²BGF	22.846,88	61,97	10,0
413	Gasanlagen	–	–	–	–
419	Sonstiges zur KG 410	368,68 m²BGF	720,77	1,96	0,3
420	**Wärmeversorgungsanlagen**	**368,68 m²BGF**	**51.082,73**	**138,56**	**22,3**
421	Wärmeerzeugungsanlagen	368,68 m²BGF	20.952,13	56,83	9,1
422	Wärmeverteilnetze	368,68 m²BGF	18.421,23	49,97	8,0
423	Raumheizflächen	368,68 m²BGF	10.038,63	27,23	4,4
424	Verkehrsheizflächen	–	–	–	–
429	Sonstiges zur KG 420	368,68 m²BGF	1.670,73	4,53	0,7
430	**Raumlufttechnische Anlagen**	**368,68 m²BGF**	**1.371,16**	**3,72**	**0,6**
431	Lüftungsanlagen	368,68 m²BGF	1.371,16	3,72	0,6
432	Teilklimaanlagen	–	–	–	–
433	Klimaanlagen	–	–	–	–
434	Kälteanlagen	–	–	–	–
439	Sonstiges zur KG 430	–	–	–	–
440	**Elektrische Anlagen**	**368,68 m²BGF**	**23.548,62**	**63,87**	**10,3**
441	Hoch- und Mittelspannungsanlagen	–	–	–	–
442	Eigenstromversorgungsanlagen	–	–	–	–
443	Niederspannungsschaltanlagen	–	–	–	–
444	Niederspannungsinstallationsanlagen	368,68 m²BGF	22.338,24	60,59	9,7
445	Beleuchtungsanlagen	368,68 m²BGF	703,78	1,91	0,3
446	Blitzschutz- und Erdungsanlagen	368,68 m²BGF	506,60	1,37	0,2
447	Fahrleitungssysteme	–	–	–	–
449	Sonstiges zur KG 440	–	–	–	–
450	**Kommunikationstechnische Anlagen**	**368,68 m²BGF**	**3.506,17**	**9,51**	**1,5**
451	Telekommunikationsanlagen	–	–	–	–
452	Such- und Signalanlagen	368,68 m²BGF	970,74	2,63	0,4
453	Zeitdienstanlagen	–	–	–	–
454	Elektroakustische Anlagen	–	–	–	–
455	Audiovisuelle Medien- u. Antennenanl.	–	–	–	–
456	Gefahrenmelde- und Alarmanlagen	368,68 m²BGF	478,69	1,30	0,2
457	Datenübertragungsnetze	368,68 m²BGF	2.056,75	5,58	0,9
458	Verkehrsbeeinflussungsanlagen	–	–	–	–
459	Sonstiges zur KG 450	–	–	–	–
460	**Förderanlagen**	**–**	**–**	**–**	**–**
461	Aufzugsanlagen	–	–	–	–
462	Fahrtreppen, Fahrsteige	–	–	–	–
463	Befahranlagen	–	–	–	–
464	Transportanlagen	–	–	–	–
465	Krananlagen	–	–	–	–
466	Hydraulikanlagen	–	–	–	–
469	Sonstiges zur KG 460	–	–	–	–
470	**Nutzungsspez. u. verfahrenstechn. Anl.**	**–**	**–**	**–**	**–**
480	**Gebäude- und Anlagenautomation**	**–**	**–**	**–**	**–**
490	**Sonst. Maßnahmen für techn. Anlagen**	**368,68 m²BGF**	**2.581,55**	**7,00**	**1,1**

Instandsetzung

KG	Kostengruppe	Menge Einheit	Kosten €	€/Einheit	%
360	**Dächer**				**100,0**
363	**Dachbeläge**	–	2.479	**–**	35,8
	• Abbrechen (Kosten: 12,6%) Aufnehmen und Lagern von Traufziegeln (11m), Abbruch von Dachrinne (psch); Entsorgung, Deponiegebühren	–	313	**–**	
	• Herstellen (Kosten: 87,4%) Dachrinne, Titanzink, Traufblech (11m), Fallrohre (8m)	–	2.166	**–**	
364	**Dachbekleidungen**	25,87 m²	3.509	**135,63**	50,6
	• Wiederherstellen (Kosten: 42,0%) Dachkasten überarbeiten, schleifen, lackieren (psch)	–	1.474	**–**	
	• Herstellen (Kosten: 58,0%) GK-Bekleidung (13m²), Beschichtung (26m²)	25,87 m²	2.035	**78,67**	
369	**Sonstiges zur KG 360**	25,87 m²DAF	940	**36,35**	13,6
	• Herstellen (Kosten: 100,0%) Laufrost (1m), Standsteine (2St)	25,87 m²DAF	940	**36,35**	
380	**Baukonstruktive Einbauten**				**100,0**
381	**Allgemeine Einbauten**	368,68 m²BGF	948	**2,57**	100,0
	• Wiederherstellen (Kosten: 100,0%) Wandschränke neu lackieren (25m²)	368,68 m²BGF	948	**2,57**	
390	**Sonstige Maßnahmen für Baukonstruktionen**				**100,0**
391	**Baustelleneinrichtung**	368,68 m²BGF	930	**2,52**	5,7
	• Herstellen (Kosten: 100,0%) Baustelleneinrichtung (psch), Baustellen-WC (1St)	368,68 m²BGF	930	**2,52**	
392	**Gerüste**	368,68 m²BGF	1.178	**3,19**	7,2
	• Herstellen (Kosten: 100,0%) Fassadengerüst (psch)	368,68 m²BGF	1.178	**3,19**	
394	**Abbruchmaßnahmen**	368,68 m²BGF	2.735	**7,42**	16,7
	• Abbrechen (Kosten: 100,0%) Abbruch von Wand, Vordach (psch); Entsorgung, Deponiegebühren	368,68 m²BGF	2.735	**7,42**	
397	**Zusätzliche Maßnahmen**	368,68 m²BGF	910	**2,47**	5,6
	• Herstellen (Kosten: 100,0%) Schutzabdeckungen (psch)	368,68 m²BGF	910	**2,47**	
399	**Sonstiges zur KG 390**	368,68 m²BGF	10.617	**28,80**	64,9
	• Herstellen (Kosten: 100,0%) Windfang: Streifenfundamente, KS-Aufmauerungen, Stb-Bodenplatte 1,50x1,85m, HLz-Mauerwerk, Ringanker, Holz-Flachdach (1St)	368,68 m²BGF	10.617	**28,80**	

Instandsetzung

KG	Kostengruppe	Menge Einheit	Kosten €	€/Einheit	%
410	**Abwasser-, Wasser-, Gasanlagen**				**100,0**
411	**Abwasseranlagen**	368,68 m² BGF	6.195	**16,80**	20,8
	• Wiederherstellen (Kosten: 8,1%) Dunstrohre erneuern (2St)	368,68 m² BGF	501	**1,36**	
	• Herstellen (Kosten: 91,9%) PP-Rohre DN50-100, Formstücke (psch), Duschrinne 60cm, Edelstahl (1St), Bodenablauf DN50 (1St)	368,68 m² BGF	5.694	**15,44**	
412	**Wasseranlagen**	368,68 m² BGF	22.847	**61,97**	76,8
	• Herstellen (Kosten: 100,0%) Kalt- und Warmwasserleitungen, Formstücke, Rohrdämmung (psch), Hauswasserstation (1St), Wasserzähleranschluss (1St), Wand-WCs (2St), Waschtische, Armaturen (2St), Duscharmaturen (2St), Außenarmaturen (2St)	368,68 m² BGF	22.847	**61,97**	
419	**Sonstiges zur KG 410**	368,68 m² BGF	721	**1,96**	2,4
	• Herstellen (Kosten: 100,0%) Montageelement für Waschtisch (1St), für Wasserzähler (2St)	368,68 m² BGF	721	**1,96**	
420	**Wärmeversorgungsanlagen**				**100,0**
421	**Wärmeerzeugungsanlagen**	368,68 m² BGF	20.952	**56,83**	41,0
	• Abbrechen (Kosten: 15,1%) Abbruch von Heizkesselanlagen (psch); Entsorgung, Deponiegebühren	368,68 m² BGF	3.155	**8,56**	
	• Herstellen (Kosten: 84,9%) Gas-Brennwertgerät 29,3kW, Regler (1St), Solarspeicher (1St), Schlammabscheider (1St), Luftabscheider (1St), Gasleitung, Formstücke (psch)	368,68 m² BGF	17.797	**48,27**	
422	**Wärmeverteilnetze**	368,68 m² BGF	18.421	**49,97**	36,1
	• Abbrechen (Kosten: 15,8%) Abbruch von Heizleitungen, Rohrdämmung (psch); Entsorgung, Deponiegebühren	368,68 m² BGF	2.905	**7,88**	
	• Herstellen (Kosten: 84,2%) Heizleitungen, Formstücke, Rohrdämmung (psch), Wand-/Deckendurchbrüche (psch)	368,68 m² BGF	15.517	**42,09**	
423	**Raumheizflächen**	368,68 m² BGF	10.039	**27,23**	19,7
	• Abbrechen (Kosten: 17,9%) Abbruch von Heizkörpern (13St); Entsorgung, Deponiegebühren	368,68 m² BGF	1.797	**4,88**	
	• Herstellen (Kosten: 82,1%) Plattenheizkörper, Thermostatventile (13St), Handtuchheizkörper (1St)	368,68 m² BGF	8.241	**22,35**	
429	**Sonstiges zur KG 420**	368,68 m² BGF	1.671	**4,53**	3,3
	• Herstellen (Kosten: 100,0%) Abgasrohre DN60/100, flexibel, raumluftunabhängig (15m)	368,68 m² BGF	1.671	**4,53**	
430	**Raumlufttechnische Anlagen**				**100,0**
431	**Lüftungsanlagen**	368,68 m² BGF	1.371	**3,72**	100,0
	• Herstellen (Kosten: 100,0%) Einzelraumlüfter (2St)	368,68 m² BGF	1.371	**3,72**	

Instandsetzung

KG	Kostengruppe	Menge Einheit	Kosten €	€/Einheit	%
440	**Elektrische Anlagen**				**100,0**
444	**Niederspannungsinstallationsanlagen**	368,68 m² BGF	22.338	**60,59**	94,9
	• Abbrechen (Kosten: 4,7%) Abbruch von Zähler/Verteiler (psch), Elektroinstallation (psch); Entsorgung, Deponiegebühren	368,68 m² BGF	1.047	**2,84**	
	• Herstellen (Kosten: 95,3%) Zähler-/Verteilerschrank (1St), Kleinverteiler (2St), Mantelleitungen NYM (psch), Hauptleitung NYM (31m), Leerrohre, Kabelkanäle (psch), Steckdosen, doppelt (29St), einfach (21St), Schalter/Taster (45St), Decken-/Wandauslässe (29St), Bewegungsmelder (2St), Schlitze (psch)	368,68 m² BGF	21.292	**57,75**	
445	**Beleuchtungsanlagen**	368,68 m² BGF	704	**1,91**	3,0
	• Herstellen (Kosten: 100,0%) LED-Hausnummernleuchten (2St), Leuchten montieren (8St)	368,68 m² BGF	704	**1,91**	
446	**Blitzschutz- und Erdungsanlagen**	368,68 m² BGF	507	**1,37**	2,2
	• Herstellen (Kosten: 100,0%) Potenzialausgleich, Erdschellen (5St), Mantelleitungen (10m), Tiefenerder (1St)	368,68 m² BGF	507	**1,37**	
450	**Kommunikations-, sicherheits- und informationstechnische Anlagen**				**100,0**
452	**Such- und Signalanlagen**	368,68 m² BGF	971	**2,63**	27,7
	• Herstellen (Kosten: 100,0%) Klingeln (2St), Klingeltrafo (1St), Zuleitungen (psch)	368,68 m² BGF	971	**2,63**	
456	**Gefahrenmelde- und Alarmanlagen**	368,68 m² BGF	479	**1,30**	13,7
	• Herstellen (Kosten: 100,0%) Rauchmelder (8St)	368,68 m² BGF	479	**1,30**	
457	**Datenübertragungsnetze**	368,68 m² BGF	2.057	**5,58**	58,7
	• Herstellen (Kosten: 100,0%) Datenverteiler (2St), Datenkabel (psch), Datenanschlussdosen (8St)	368,68 m² BGF	2.057	**5,58**	
490	**Sonstige Maßnahmen für technische Anlagen**				**100,0**
491	**Baustelleneinrichtung**	368,68 m² BGF	2.582	**7,00**	100,0
	• Herstellen (Kosten: 100,0%) Baustelleneinrichtungen (2St)	368,68 m² BGF	2.582	**7,00**	
550	**Technische Anlagen**				**100,0**
552	**Wasseranlagen**	801,00 m² AF	683	**0,85**	100,0
	• Herstellen (Kosten: 100,0%) Gartensprengleitung (psch)	801,00 m² AF	683	**0,85**	

Kostenkennwerte für Leistungsbereiche nach STLB (Kosten des Bauwerks nach DIN 276)

LB	Leistungsbereiche	Kosten €	€/m² BGF	€/m³ BRI	% an 3+4
000	Baustellen-, Verkehrssich.- u. Sicherh.einr. inkl. 001	5.075	13,80	6,00	2,2
002	Erdarbeiten	1.972	5,30	2,30	0,9
006	Spezialtiefbauarbeiten inkl. 005	3.377	9,20	4,00	1,5
009	Entwässerungskanalarbeiten inkl. 011	–	–	–	–
010	Drän- und Versickerarbeiten	–	–	–	–
012	Mauerarbeiten	4.057	11,00	4,80	1,8
013	Betonarbeiten	12.076	32,80	14,40	5,3
014	Natur-, Betonwerksteinarbeiten	–	–	–	–
016	Zimmer- und Holzbauarbeiten	751	2,00	0,89	0,3
	Wiederherstellen	751	2,00	0,89	0,3
017	Stahlbauarbeiten	–	–	–	–
018	Abdichtungsarbeiten	–	–	–	–
019	Kampfmittelräumarbeiten	–	–	–	–
020	Dachdeckungsarbeiten	940	2,60	1,10	0,4
021	Dachabdichtungsarbeiten	–	–	–	–
022	Klempnerarbeiten	2.667	7,20	3,20	1,2
	Wiederherstellen	501	1,40	0,60	0,2
	Herstellen	2.166	5,90	2,60	0,9
	Rohbau	**30.915**	**83,90**	**36,80**	**13,5**
	Wiederherstellen	1.251	3,40	1,50	0,5
	Herstellen	29.664	80,50	35,30	12,9
023	Putz- und Stuckarbeiten, Wärmedämmsysteme	22.437	60,90	26,70	9,8
	Wiederherstellen	5.203	14,10	6,20	2,3
	Herstellen	17.235	46,70	20,50	7,5
024	Fliesen- und Plattenarbeiten	6.719	18,20	8,00	2,9
025	Estricharbeiten	953	2,60	1,10	0,4
026	Fenster, Außentüren inkl. 029, 032	10.324	28,00	12,30	4,5
027	Tischlerarbeiten	1.608	4,40	1,90	0,7
	Wiederherstellen	516	1,40	0,61	0,2
	Herstellen	1.092	3,00	1,30	0,5
028	Parkett-, Holzpflasterarbeiten	7.536	20,40	9,00	3,3
	Wiederherstellen	6.724	18,20	8,00	2,9
	Herstellen	811	2,20	0,97	0,4
030	Rollladenarbeiten	–	–	–	–
031	Metallbauarbeiten inkl. 035	8.798	23,90	10,50	3,8
034	Maler- und Lackiererarb. - Beschicht. inkl. 037	21.842	59,20	26,00	9,5
	Wiederherstellen	6.085	16,50	7,20	2,7
	Herstellen	15.757	42,70	18,80	6,9
036	Bodenbelagarbeiten	–	–	–	–
038	Vorgehängte hinterlüftete Fassaden	–	–	–	–
039	Trockenbauarbeiten	10.244	27,80	12,20	4,5
	Ausbau	**90.461**	**245,40**	**107,70**	**39,5**
	Wiederherstellen	18.527	50,30	22,10	8,1
	Herstellen	71.934	195,10	85,70	31,4
040	Wärmeversorgungsanl. - Betriebseinr. inkl. 041	39.532	107,20	47,10	17,2
042	Gas- u. Wasseranl. - Leitung., Armat. inkl. 043	19.221	52,10	22,90	8,4
044	Abwasseranl. - Leitungen, Abläufe, Armaturen	5.694	15,40	6,80	2,5
045	Gas, Wasser, Entwässerung - Ausstattung inkl. 046	6.144	16,70	7,30	2,7
047	Dämm- und Brandschutzarb. an techn. Anlagen	1.896	5,10	2,30	0,8
049	Feuerlöschanlagen, Feuerlöschgeräte	–	–	–	–

LB	Leistungsbereiche	Kosten €	€/m² BGF	€/m³ BRI	% an 3+4
050	Blitzschutz-/Erdungsanlagen, Überspannungssch.	507	1,40	0,60	0,2
053	Niederspannungsanl. - Kabel inkl. 052, 054	15.261	41,40	18,20	6,7
055	Sicherheits- u. Ersatzstromversorgungsanl.	–	–	–	–
057	Gebäudesystemtechnik	–	–	–	–
058	Leuchten und Lampen inkl. 059	704	1,90	0,84	0,3
060	Such, Signal, Zeit, Anten., akust. Anl. inkl. 064	971	2,60	1,20	0,4
061	Kommunikations- u. Übertragungsnetze inkl. 063	2.535	6,90	3,00	1,1
069	Aufzüge	–	–	–	–
070	Gebäudeautomation	–	–	–	–
075	Raumlufttechnische Anlagen inkl. 078	1.371	3,70	1,60	0,6
	Gebäudetechnik	**93.836**	**254,50**	**111,70**	**40,9**
084	Abbruch, Rückbau, Schadstoffsanierung	13.971	37,90	16,60	6,1
	Abbrechen	13.971	37,90	16,60	6,1
	Abbrucharbeiten	**13.971**	**37,90**	**16,60**	**6,1**
	Abbrechen	13.971	37,90	16,60	6,1
	Sonstige Leistungsbereiche	**–**	**–**	**–**	**–**

6100-1733
Mehrfamilienhaus
(11 WE)

Instandsetzung

Kostenkennwerte für die Kosten des Bauwerks (Kostengruppen 300+400 nach DIN 276)

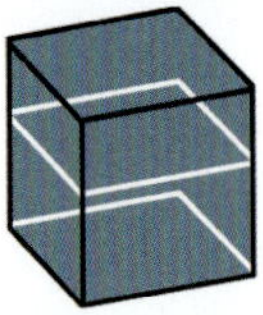

BRI 686 €/m³

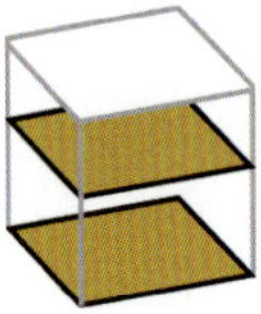

BGF 2.596 €/m²

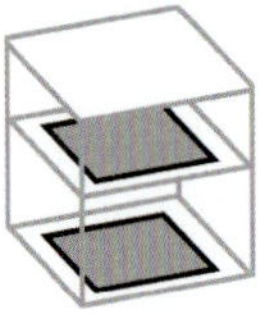

NUF 4.457 €/m²

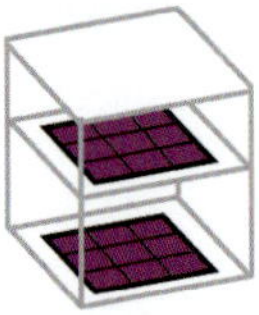

NE 4.444 €/NE
NE: Wohnfläche

Objekt:
Kennwerte: 3. Ebene DIN 276
BRI: 6.143 m³
BGF: 1.624 m²
NUF: 946 m²
Bauzeit: 96 Wochen
Bauende: 2024
Standard: mittel
Bundesland: Sachsen-Anhalt
Kreis: Halle (Saale), Stadt

Architekt*in:
Ahola Architekten
Schulstraße 8
06108 Halle

Ansicht West

Ansicht Nord

Erdgeschoss

Schnitt B-B

Dachgeschoss

Schnitt C-C

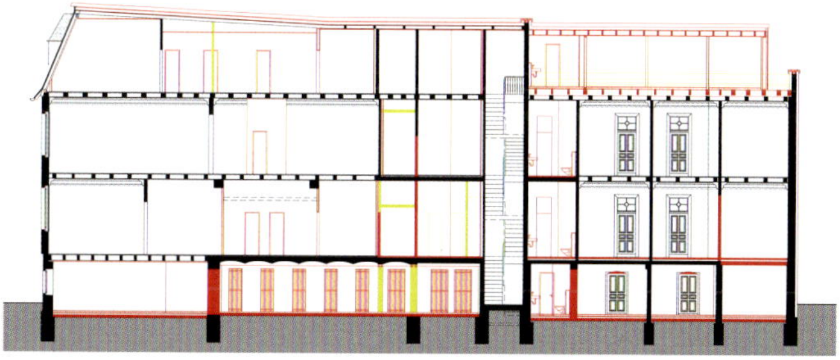

Schnitt A-A

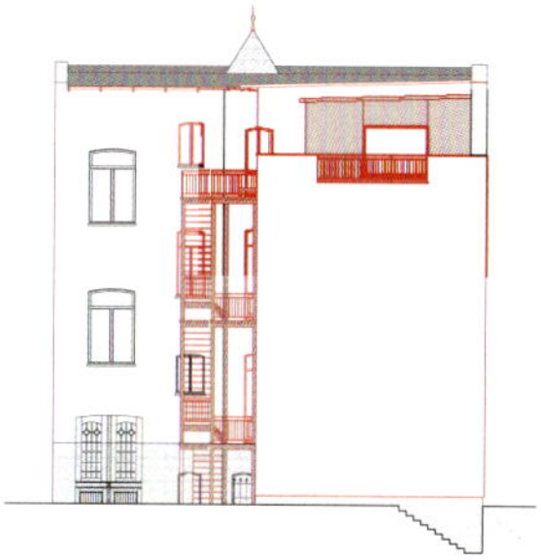

Ansicht Süd

6100-1733
Mehrfamilienhaus
(11 WE)

Instandsetzung

Objektbeschreibung

Allgemeine Objektinformationen

Das viergeschossige Einzeldenkmal mit insgesamt elf Mietwohnungen wurde komplett saniert. Auf dem Seitenflügel wurde ein neues Penthouse errichtet.

Nutzung

1 Untergeschoss
zwei Wohnungen, Eingangshalle, Kinderwagen-/Fahrradabstellraum, Mieterkeller, Müllraum, Technik, Flure

1 Erdgeschoss
drei Wohnungen, Treppenhäuser, Balkone

1 Obergeschoss
drei Wohnungen, Treppenhäuser, Balkone

1 Dachgeschoss
drei Wohnungen, Treppenhäuser, Balkone, Dachterrasse

Nutzeinheiten

Wohneinheiten: 11
Wohnfläche: 949 m^2

Grundstück

Bauraum: Beengter Bauraum
Neigung: Ebenes Gelände

Markt

Hauptvergabezeit: 1. Quartal 2022
Baubeginn: 2. Quartal 2022
Bauende: 1. Quartal 2024
Konjunkturelle Gesamtlage: unter Durchschnitt
Regionaler Baumarkt: Durchschnitt

Baubestand

Baujahr: 1880
Bauzustand: mittel
Aufwand: mittel
Grundrissänderungen: einige
Tragwerkseingriffe: einige
Nutzungsänderung: nein
Nutzung während der Bauzeit: nein

Baukonstruktion

Das Bestandsgebäude ist in Massivbauweise mit Holzbalkendecken errichtet. Die straßenseitige Klinkerfassade wurde instandgesetzt, hofseitig ist die Fassade mit einem WDVS bekleidet. Die Fenster wurden ausgetauscht oder instandgesetzt. Die Decken und die Dächer sind statisch ertüchtigt, die Dachbeläge wurden erneuert. Der erdschlüssige Boden wurde abgebrochen und durch Betonbodenplatten mit schwimmendem Heizestrich und Linoleumbelag ersetzt. In den Kellerräumer ist eine Epoxidharzbeschichtung aufgebracht. Das Parkett konnte teilweise ausgebessert werden. Als neue Beläge wurden Parkett, Linoleum und Bodenfliesen eingesetzt. Die Marmor- und Holztreppen sind instandgesetzt. Die historische Wandbekleidung im Treppenhaus wurde originalgetreu überarbeitet. Die Beschichtungen an Wänden und Decken wurden abgewaschen, der Putz ausgebessert und neu beschichtet. Die Instandsetzung der vorhandenen Stuckelemente war sehr kostenintensiv. Eine Schwammsanierung musste durchgeführt werden. Das neue Penthouse ist in Holzrahmenbauweise ausgeführt, die Brandwand zum Nachbarhof wurde gemauert. Eine Balkonanlage ist in Kombination mit dem zweiten Rettungsweg im Hof als Stahlkonstruktion vorgestellt.

Technische Anlagen

Die Wasserleitungen und die Sanitärobjekte wurden erneuert. Eine Gasheizung in Kombination mit Solarthermie ersetzt die alten Kachelöfen. Neu installierte Heizkörper und in Teilbereichen eine Fußbodenheizung erwärmen die Räume. Die Elektroinstallationen und die Allgemeinbeleuchtung wurden ersetzt. Das Gebäude ist mit einer Sprechanlage, Antennenverkabelung und einem Datennetzwerk ausgerüstet.

Sonstiges

Das Einzeldenkmal erfüllt den KfW-Standard "Effizienzhaus Denkmal".

Energetische Kennwerte

Gesetzliche Grundlage: GEG 2020
Gebäudenutzfläche: 1.039,50 m^2
Gebäudevolumen: 4.507,00 m^3
A/V_e-Verhältnis (Kompaktheit): 0,44 m^{-1}
Hüllfläche des beheizten Volumens: 1.980,20 m^2
Spez. Transmissionswärmeverlust: 0,56 $W/(m^2 \cdot K)$
Spez. Jahresprimärenergiebedarf: 118,50 $kWh/(m^2 \cdot a)$
CO_2-Emissionen: 26,04 $kg/(m^2 \cdot a)$
Anlagenaufwandszahl: 1,07

Energetische Angaben zu Außenbauteilen

Bodenplatte Keller

U-Wert: 0,31 W/(m²·K)

Gesamtdicke: 31,75 cm	d [cm]	λ [W/(m·K)]
Estrich	6,00	1,400
Dämmung	2,50	0,040
Dämmung	8,00	0,035
Abdichtung	0,25	0,170
Stahlbeton	15,00	2,300

Kellerdecke

U-Wert: 0,32 W/(m²·K)

Gesamtdicke: 28,00 cm	d [cm]	λ [W/(m·K)]
Ziegel	20,00	0,406
Dämmung	8,00	0,035

Außenwand Mauerwerk

U-Wert: 0,21 W/(m²·K)

Gesamtdicke: 55,00 cm	d [cm]	λ [W/(m·K)]
Ziegel	40,00	0,805
Dämmung	14,00	0,035
Außenputz	1,00	1,000

Außenwand Holz

U-Wert: 0,20 W/(m²·K)

Gesamtdicke: 25,45 cm	d [cm]	λ [W/(m·K)]
GK-Platte	1,25	0,210
OSB-Platte	2,20	0,130
Holz	16,00	0,130
Dämmung	16,00	0,038
Holzfaserplatte	6,00	0,047

Flachdach

U-Wert: 0,16 W/(m²·K)

Gesamtdicke: 16,96 cm	d [cm]	λ [W/(m·K)]
Holz	2,40	0,130
Dampfsperre	0,06	0,500
Dämmung	14,00	0,023
Abdichtung	0,50	0,170

Dach

U-Wert: 0,25 W/(m²·K)

Gesamtdicke: 25,35 cm	d [cm]	λ [W/(m·K)]
GK-Platte	1,25	0,250
Holz	4,00	0,130
Luftschicht	4,00	0,180
Holz	20,00	0,180
Dämmung	20,00	0,035
Abdichtung	0,10	0,270

Planungskennwerte für Flächen und Rauminhalte nach DIN 277

Flächen des Grundstücks		Menge Einheit	% an GF
BF	Bebaute Fläche	436,63 m²	78,7
UF	Unbebaute Fläche	118,37 m²	21,3
GF	Grundstücksfläche	555,00 m²	100,0

Grundflächen des Bauwerks		Menge Einheit	% an NUF	% an BGF
NUF	Nutzungsfläche	946,19 m²	100,0	58,2
TF	Technikfläche	27,39 m²	2,9	1,7
VF	Verkehrsfläche	293,36 m²	31,0	18,1
NRF	Netto-Raumfläche	1.266,94 m²	133,9	78,0
KGF	Konstruktions-Grundfläche	357,50 m²	37,8	22,0
BGF	Brutto-Grundfläche	1.624,44 m²	171,7	100,0

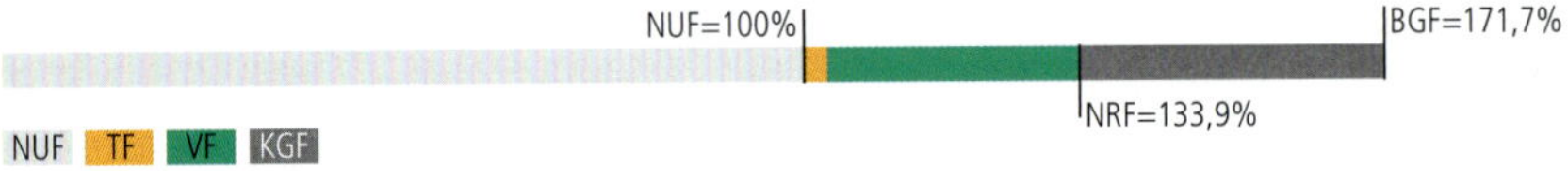

Brutto-Rauminhalt des Bauwerks		Menge Einheit	BRI/NUF (m)	BRI/BGF (m)
BRI	Brutto-Rauminhalt	6.143,30 m³	6,49	3,78

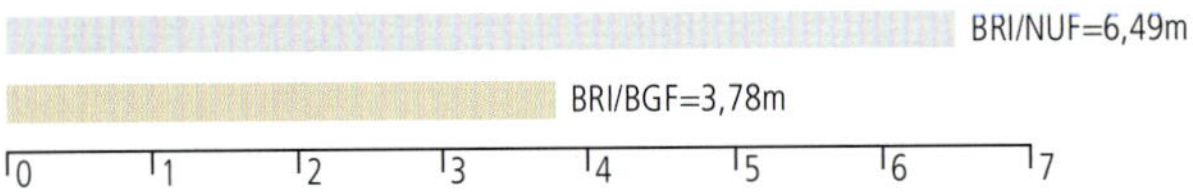

Lufttechnisch behandelte Flächen	Menge Einheit	% an NUF	% an BGF
Entlüftete Fläche	–	–	–
Be- und entlüftete Fläche	–	–	–
Teilklimatisierte Fläche	–	–	–
Klimatisierte Fläche	–	–	–

KG	Kostengruppen (2. Ebene)	Menge Einheit	Menge/NUF	Menge/BGF
310	Baugrube / Erdbau	111,03 m³ BGI	0,12	0,07
320	Gründung, Unterbau	263,33 m² GRF	0,28	0,16
330	Außenwände/Vertikale Baukonstruktionen, außen	1.304,77 m² AWF	1,38	0,80
340	Innenwände/Vertikale Baukonstruktionen, innen	3.632,09 m² IWF	3,84	2,24
350	Decken/Horizontale Baukonstruktionen	1.083,13 m² DEF	1,15	0,67
360	Dächer	426,92 m² DAF	0,45	0,26

Kostenkennwerte für die Kostengruppen der 1.Ebene DIN 276

KG	Kostengruppen (1.Ebene)	Einheit	Kosten €	€/Einheit	€/m² BGF	€/m³ BRI	% 300+400
100	Grundstück	m² GF	–	–	–	–	–
200	Vorbereitende Maßnahmen	m² GF	–	–	–	–	–
300	Bauwerk – Baukonstruktionen	m² BGF	3.419.629	2.105,11	2.105,11	556,64	81,1
400	Bauwerk – Technische Anlagen	m² BGF	797.635	491,02	491,02	129,84	18,9
	Bauwerk 300+400	**m² BGF**	**4.217.263**	**2.596,13**	**2.596,13**	**686,48**	**100,0**
500	Außenanlagen und Freiflächen	m² AF	107.110	664,66	65,94	17,44	2,5
600	Ausstattung und Kunstwerke	m² BGF	1.950	1,20	1,20	0,32	< 0,1
700	Baunebenkosten	m² BGF	–	–	–	–	–
800	Finanzierung	m² BGF	–	–	–	–	–

KG	Kostengruppe	Menge Einheit	Kosten €	€/Einheit	%
3+4	**Bauwerk**				**100,0**
300	**Bauwerk – Baukonstruktionen**	1.624,44 m² BGF	3.419.629	**2.105,11**	81,1

- Abbrechen (Kosten: 6,8%) 231.984
  Abbruch von Ziegelpflaster, Estrich/Terrazzo, Dielenboden; Aufnehmen und Lagern von Attika, Fenstern, Abbruch von Fenstern, Fassadenbewuchs; Mauerwerk, Holzständerwand, Holztüren, Beschichtung, Wandputz, Tapete, Wandfliesen, WC-Trennwänden; Aufnehmen und Lagern von Dielung, Abbruch von Dielung, Ziegel-Kappendecke, Balkon, Stahlträgern, Holztreppe, Parkett, Linoleum/PVC, GK-/Holzbekleidungen; Pultdach, Schalung, Bitumenabdichtung, Bitumenschindeln, Dachentwässerung, Deckenputz; Metallbriefkästen, Einbaumöbel; Entsorgung, Deponiegebühren

- Wiederherstellen (Kosten: 18,6%) 635.307
  Fundamente ausbessern; Horizontalabdichtung, Holzkastenfenster/Holzeingangstüren denkmalgerecht aufarbeiten, Klinkerfassade überarbeiten, Stuckornamente ausbessern, Schwammsanierung Mauerwerk; Holztüren aufarbeiten, Holztür mit Supraporte restaurieren, historische Wandbekleidung überarbeiten; Stahlträger entrosten, Deckenbalken verstärken, Dielung ergänzen, Schwammsanierung Holzbalkendecke, Parkett aufarbeiten, Holztreppe überarbeiten, Marmortreppe instandsetzen, Stuckfriese/-rosetten sanieren, Holztreppe; Sparren aufdoppeln, Gauben-Eckpfosten ersetzen, Schalung nachnageln, Schwammsanierung Sparrendach, Holztraufkasten neu beschichten, Gesimskasten/Zierbretter erneuern

- Herstellen (Kosten: 74,6%) 2.552.338
  Betonbodenplatten, Stb-Fundamente, Abdichtung, Dämmung, Heizestrich, Linoleum, Epoxidharzbeschichtung; HLz-Mauerwerk, Holzrahmenwände, Stahlstütze, Holzfenster, WDVS, HPL-Bekleidung, Textilscreens; GK-Wände, KS-Pfeiler, Holzstütze, Innentüren, Kalk-Zementputz, Spachtelung, Beschichtung, Wandfliesen, Kellertrennwände, Glaswände; Holzbalkendecke, Ziegel-Einhangdecke, Stahlunterzüge, Estrich, Parkett, Bodenfliesen, GK-Decken, Dämmung, Malervlies, Stahl-Fluchttreppen-/Balkonanlage; Holzbalken-Flachdach, Lichtkuppel, Dämmung, Dachabdichtung, Faserzementdeckung, Dachentwässerung; Einbauküchen

KG	Kostengruppe	Menge Einheit	Kosten €	€/Einheit	%
400	**Bauwerk – Technische Anlagen**	1.624,44 m²BGF	797.635	**491,02**	18,9
	• Abbrechen (Kosten: 3,8%) Abbruch von Wasserleitungen, Sanitärobjekten; Wandheizgerät, Heizungsrohren, Heizkörpern, Kachelöfen, Schornsteinen; Elektroinstallation, Leuchten; Antennenmast; Entsorgung, Deponiegebühren		29.943		
	• Herstellen (Kosten: 96,2%) Gebäudeentwässerung, Kalt- und Warmwasserleitungen, Sanitärobjekte; Gas-Brennwertkessel, Pufferspeicher, Frischwasserstation, Solaranlage, Heizungsrohre, Heizkörper, Fußbodenheizung, Abgasanlage; Einzelraumlüfter, Lüftungsrohre; Tragkonstruktion für Photovoltaikanlage, Elektroinstallation, Allgemeinbeleuchtung, Erdung; Sprechanlage, Antennenverkabelung, Datenübertragungsnetz		767.692		
500	**Außenanlagen und Freiflächen**	161,15 m²AF	107.110	**664,66**	2,5
	• Abbrechen (Kosten: 3,6%) Aufnehmen und Lagern von Ziegelpflaster (36m²), Abbruch von Ziegelpflaster (22m²) * Roden von Vegetation (psch); Entsorgung, Deponiegebühren		3.867		
	• Wiederherstellen (Kosten: 4,3%) Mosaikpflaster aufnehmen, lagern, neu verlegen (13m²)		4.610		
	• Herstellen (Kosten: 92,1%) Bodenarbeiten; Schottertragschicht; Trittplatten, Betonpflaster, Ziegelpflaster, Kiestraufe; Beton-Winkelstützwände, Betonblockstufen, Betonrampe; Gebäude-/Oberflächenentwässerung, Hebeanlage; Oberbodenauftrag		98.633		
600	**Ausstattung und Kunstwerke**	1.624,44 m²BGF	1.950	**1,20**	< 0,1
	• Abbrechen (Kosten: 1,1%) Abbau von Metallregal (1St); Entsorgung, Deponiegebühren		21		
	• Herstellen (Kosten: 98,9%) Eckvorhangstangen (3St)		1.930		

Kostenkennwerte für die Kostengruppen der 2.Ebene DIN 276

KG	Kostengruppe	Menge Einheit	Kosten €	€/Einheit	%
300	**Bauwerk – Baukonstruktionen**				**100,0**
310	**Baugrube / Erdbau**	111,03 m^3 BGI	33.314	**300,04**	1,0
	• Herstellen (Kosten: 100,0%) Aushub im Gebäude, lagern, verfüllen (63m^3), abfahren (38m^3), Planum, im Gebäude (251m^2), Baugrubenaushub, lagern (11m^3)	111,03 m^3 BGI	33.314	**300,04**	
320	**Gründung, Unterbau**	263,33 m^2 GRF	121.952	**463,12**	3,6
	• Abbrechen (Kosten: 12,1%) Abbruch von Ziegelpflaster (132m^2), Estrich-/Terrazzo (105m^2), Dielenboden (100m^2), Lagerhölzer (24m^2), Schüttung (5m^3); Entsorgung, Deponiegebühren	237,57 m^2 GRF	14.805	**62,32**	
	• Wiederherstellen (Kosten: 1,0%) Fundamente aus Bruchsteinmauerwerk ausbessern (36m^2)	36,16 m^2 GRF	1.205	**33,32**	
	• Herstellen (Kosten: 86,9%) Betonbodenplatten (251m^2), Stb-Einzelfundamente (12m^3) * Bitumenabdichtung (154m^2), EPS-Dämmung (160m^2), Heizestrich (182m^2), Linoleum (149m^2), Epoxidharzbeschichtung (77m^2), Bodenfliesen (33m^2), Sauberlaufmatten (5m^2) * Sauberkeitsschicht (12m^2), Ausgleichsputz, Bitumendickbeschichtung, vertikal (36m^2), Noppenbahn (48m^2)	263,33 m^2 GRF	105.943	**402,32**	
330	**Außenwände/Vert. Baukonstrukt., außen**	1.304,77 m^2 AWF	861.876	**660,56**	25,2
	• Abbrechen (Kosten: 2,3%) Aufnehmen und Lagern von Attika (16h) * Abbruch von Holzfenstern (24m^2), Ausbauen und Lagern von Holz-/Kunststofffenstern (12m^2) * Abbruch von Fassadenbewuchs (236m^2), Pflanzbeet (psch) * Beschichtung (402m^2), Wandputz (276m^2), Dämmtapete (40m^2) * Ausbauen und Lagern von Fenstergittern (6St), Abbruch von Außentreppe (2m^2), Fenstergitter (1St); Entsorgung, Deponiegebühren	753,68 m^2 AWF	19.766	**26,23**	
	• Wiederherstellen (Kosten: 27,3%) Horizontalabdichtung, Druckinjektionen (115m) * Holzkastenfenster denkmalgerecht aufarbeiten (23m^2), defekte Einfachgläser austauschen (12m^2), Holzeingangstüren denkmalgerecht aufarbeiten (12m^2), mit Oberlicht (8m^2), Kellerfenster einstellen (19m^2) * Fassade reinigen (120m^2), Klinkerfassade überarbeiten, hydrophobieren (95m^2), Klinkersteine austauschen/reparieren (34St), Stuckornamente/Putzflächen ausbessern, Farbfassung überarbeiten (psch) * Schwammsanierung Mauerwerk (43m^2)	181,78 m^2 AWF	235.510	**1.295,58**	
	• Herstellen (Kosten: 70,4%) HLz-Mauerwerk (44m^2), Holzrahmenwände (35m^2) * Stahlstütze F90 (3m) * Holzfenster-/türelemente, denkmalgerecht (81m^2), Holzfenstertüren (17m^2) * Ausgleichsputz, Bitumendickbeschichtung (11m^2), Sockeldämmung (94m^2), Sockelputz (64m^2), WDVS (792m^2), Beschichtung (857m^2), Dämmung, HPL-Bekleidung (36m^2), Faserzementbekleidung (4m^2) * Kalk-Zementputz (403m^2), Kalk-Zement-Pinselputz (19m^2), GK-Bekleidung (66m^2), Spachtelung Q3 (1.130m^2), Malervlies (22m^2), Beschichtung (1.110m^2), Wandfliesen (38m^2) * Vorbautextilscreens (17m^2) * Brüstungs-/Simsabdeckungen (17m)	1.242,99 m^2 AWF	606.600	**488,02**	

KG	Kostengruppe	Menge Einheit	Kosten €	€/Einheit	%
340	**Innenwände/Vert. Baukonstrukt., innen**	3.632,09 m^2 IWF	764.587	**210,51**	22,4
	• Abbrechen (Kosten: 11,8%) Abbruch von Mauerwerk, verputzt (200m^2) * Mauerwerk, verputzt (136m^2), Holzständerwand, verputzt (17m^2) * Holztüren (61m^2) * Beschichtung (840m^2), Wandputz (576m^2), Tapete (250m^2), GK-Bekleidung (41m^2), Wandfliesen (11m^2), Holzbekleidung (2m^2) * WC-Trennwänden (6m^2); Entsorgung, Deponiegebühren	1.280,74 m^2 IWF	89.854	**70,16**	
	• Wiederherstellen (Kosten: 16,2%) Horizontalabdichtung, Druckinjektionen (34m) * Holztüren aufarbeiten, Beschichtung erneuern, teilweise Glasfüllungen (50m^2), als Falttür (12m^2), als Wohnungseingangstüren (10m^2), als Schiebetür (7m^2), Drückergarnituren aufarbeiten (10St), erneuern (3St), Holzaufsatz überarbeiten (1St), Holztür originalgetreu restaurieren, mit Supraporte (4m^2) * historische Wandbekleidung überarbeiten, Schad-/Fehlstellen ersetzen (70m^2)	153,79 m^2 IWF	123.856	**805,36**	
	• Herstellen (Kosten: 72,0%) HLz-Mauerwerk (69m^2), Öffnungen/Nische schließen (24m^2), herstellen (28m^2) * GK-Wände (312m^2), GK-Installationswände (88m^2), GF-Wände (26m^2), HLz-Mauerwerk (72m^2) * KS-Pfeiler (11m), Holzstütze (3m) * Holztüren (48m^2), Kassettentüren (17m^2), Stahltüre T30 RS (5m^2) * Kalk-Zementputz (1.079m^2), Kalk-Zement-Pinselputz (38m^2), Spachtelung Q3 (3.016m^2), Malervlies (61m^2), Beschichtung (3.138m^2), Wandfliesen (194m^2) * Kellertrennwände (67m^2), Glaswände (13m^2)	1.815,38 m^2 IWF	550.877	**303,45**	
350	**Decken/Horizontale Baukonstruktionen**	1.083,13 m^2 DEF	992.466	**916,29**	29,0
	• Abbrechen (Kosten: 2,5%) Aufnehmen und Lagern von Dielung, Schüttung, Fehlböden (64m^2), Abbruch von Dielung, Schüttung, Fehlböden (60m^2), Ziegel-Kappendecke (22m^2), Balkon (6m^2), Stahlträgern (14m), Holztreppe (2m^2) * Parkett (54m^2), Linoleum/PVC (41m^2), Holzpodesten (8m^2), Bodenfliesen (4m^2), Aufnehmen und Lagern von Dielenboden (7m^2) * Abbruch von Beschichtung (386m^2), GK-/Holzbekleidungen (64m^2); Entsorgung, Deponiegebühren	451,10 m^2 DEF	24.533	**54,39**	
	• Wiederherstellen (Kosten: 24,2%) Stahlträger entrosten (20m), Deckenbalken verstärken (60m), Dielung ergänzen (29m^2), Schwammsanierung Holzbalkendecke (25m^2) * Parkett aufarbeiten (56m^2), schleifen, versiegeln (295m^2), Holztreppe überarbeiten (17m^2), Marmortreppe instandsetzen (6m^2) * Stuckfriese sanieren (225m), nachbilden (24m), Stuckrosetten sanieren (7St), nachbilden (3St), Deckenputz ausbessern (32m^2) * Holztreppe erneuern (3m^2) * Holz-Geländerstäbe ersetzen (4St), Geländer neu beschichten (20m)	421,48 m^2 DEF	239.896	**569,18**	
	• Herstellen (Kosten: 73,4%) Holzbalkendecke, OSB-Schalung (68m^2), Fehlböden (123m^2), Ziegel-Einhangdecke (22m^2), Stb-Decke (3m^2), Stahlunterzüge (31St), Holzunterzug (1St) * EPS-Dämmung (89m^2), TSD (311m^2), Estrich (398m^2), Parkett (306m^2), Linoleum (134m^2), Bodenfliesen (66m^2) * GK-Decken (339m^2), Dämmung (117m^2), Spachtelung Q3 (969m^2), Malervlies (370m^2), Beschichtung (827m^2), Silikatbeschichtung (969m^2) * Stahl-Fluchttreppen-/Balkonanlage (114m^2) * Stahl-Fluchttreppen-/Balkongeländer (105m)	1.083,13 m^2 DEF	728.037	**672,16**	

KG	Kostengruppe	Menge Einheit	Kosten €	€/Einheit	%
360	**Dächer**	426,92 m²DAF	348.319	**815,89**	10,2
	• Abbrechen (Kosten: 23,8%) Abbruch von Pultdach, Holzkonstruktion, Schalung (75m²), Holzschalung (126m²) * Bitumenabdichtung (383m²), Bitumenschindeln (88m²), Dachrinnen (42m), Fallrohren (42m), Blechabdeckungen (26m) * Putz, Schilfrohrmatten, Sparschalung (158m²) * Schneefanggitter (9m); Entsorgung, Deponiegebühren	383,12 m²DAF	82.749	**215,99**	
	• Wiederherstellen (Kosten: 10,0%) Sparren aufdoppeln (11m), fäulnisgeschädigte Gauben-Eckpfosten ersetzen (4St), Schalung nachnageln (276m²), Schalung ergänzen (8m²), Schwammsanierung Sparrendach: geschädigte Holzbalken ersetzen (14m), Schnittflächen chemisch schützen (1m²) * Holztraufkasten neu beschichten (20m), Gesimskasten nach historischem Vorbild erneuern (11m), Zierbretter erneuern (20m)	284,49 m²DAF	34.839	**122,46**	
	• Herstellen (Kosten: 66,2%) Holzbalken-Flachdach, OSB-Schalung (108m²), Schalung (34m²), Zwischensparrendämmung (50m²) * Lichtkuppel (1St) * PU-Dämmung (347m²), EPS-Gefälledämmung (35m²), Bitumenabdichtung (417m²), Attikaabdeckungen, Titanzink (66m), Dachrinnen, Titanzink (69m), Regenfallrohre (66m), Faserzementdeckung (84m²) * GK-Decken (214m²), GK-Bekleidung (48m²), Spachtelung Q3 (257m²), Malervlies (370m²), Beschichtung (267m²), Holzlasur (56m²) * Absturzsicherungen (2St)	417,19 m²DAF	230.731	**553,06**	
380	**Baukonstruktive Einbauten**	1.624,44 m²BGF	51.276	**31,57**	1,5
	• Abbrechen (Kosten: 0,5%) Abbruch von Metallbriefkästen (7St), Holzregalen (2St), Holzarbeitsplatte (1St), Hängeschrank (1St); Entsorgung, Deponiegebühren	1.624,44 m²BGF	277	**0,17**	
	• Herstellen (Kosten: 99,5%) Einbauküchen (4St), Briefkastenanlage (1St)	1.624,44 m²BGF	50.999	**31,39**	
390	**Sonst. Maßnahmen für Baukonstrukt.**	1.624,44 m²BGF	245.838	**151,34**	7,2
	• Herstellen (Kosten: 100,0%) Baustelleneinrichtungen (8St), Baustellen-WCs (3St), Bauzaun (28m), Verkehrssicherung (psch) * Standgerüste (1.112m²), Gerüstüberbauung (18m²), Dachstuhlgerüst (1St), Raumgerüste (238m³), in Treppenhäusern (3St) * Entsorgen von Schutt, Baumaterialien (16m³), Altholz (1m³) * Schutzabdeckungen (1.728m²), Witterungsschutz (276m²), Notdächer (3St), Öffnungen schließen (10St), Baureinigung (psch) * provisorisches Regenfallrohr (1St) * Schließanlage, Zylinder (16St)	1.624,44 m²BGF	245.838	**151,34**	
400	**Bauwerk – Technische Anlagen**				**100,0**
410	**Abwasser-, Wasser-, Gasanlagen**	1.624,44 m²BGF	187.879	**115,66**	23,6
	• Abbrechen (Kosten: 1,1%) Abbruch von Wasserleitungen (psch), WCs (6St), Spülkästen (5St), Waschbecken (5St), Badewannen (2St), Boilern (2St), Duschwanne (1St); Entsorgung, Deponiegebühren	1.624,44 m²BGF	2.083	**1,28**	
	• Herstellen (Kosten: 98,9%) PVC-Rohre (85m), PP-Rohre, schalloptimiert (207m), Bodenabläufe (2St), Ablaufrinnen, Duschelemente (11St) * Edelstahlrohre (394m), Mehrschichtverbundrohre (385m), Kernbohrungen (32St), Hauswasserstation (1St), Wand-WCs (14St), Waschtische (14St), Spülen (4St), Badewannen (3St), Brausebatterien (11St), Ausgussbecken (1St), Außenarmatur (1St) * Montageelemente (26St)	1.624,44 m²BGF	185.796	**114,38**	

Instandsetzung

KG	Kostengruppe	Menge Einheit	Kosten €	€/Einheit	%
420	**Wärmeversorgungsanlagen**	1.624,44 m²BGF	284.875	**175,37**	35,7
	• Abbrechen (Kosten: 9,2%) Abbruch von Wandheizgerät (psch) * Heizungsrohren, Dämmung, Messtechnik, Verteilern (psch) * Heizkörpern (16St), Kachelöfen (6St), Ofen (1St) * Schornsteinen (19m³); Entsorgung, Deponiegebühren	1.624,44 m²BGF	26.226	**16,14**	
	• Herstellen (Kosten: 90,8%) Gas-Brennwertkessel (1St), Pufferspeicher (1St), Heizkreisverteiler (1St), Frischwasserstation (1St), Nachspeisestation (1St), Zirkulationspumpe (1St), Flachdachkollektoren (24m²), Solarstation (1St), Kupfer-Solarrohre (85m), Gas-Edelstahlrohre (9m) * Stahlrohre (645m), Absperr-/Regulierventile (18St) * Badheizkörper (14St), Ventilheizkörper (34St), Fußbodenheizung, EPS-Verlegeplatten (253m²), PE-Xa-Rohre (1.333m), Verteiler (3St), Thermoantriebe (15St) * Abgassystem (1St), Abgasrohre (19m)	1.624,44 m²BGF	258.649	**159,22**	
430	**Raumlufttechnische Anlagen**	1.624,44 m²BGF	19.610	**12,07**	2,5
	• Herstellen (Kosten: 100,0%) Einzelraumlüfter (13St), Wickelfalzrohre (57m), Alu-Flexrohre (14m), Rohrschalldämpfer (13St)	1.624,44 m²BGF	19.610	**12,07**	
440	**Elektrische Anlagen**	1.624,44 m²BGF	258.223	**158,96**	32,4
	• Abbrechen (Kosten: 0,6%) Abbruch von Elektroleitungen, Installationsgeräten (psch) * Leuchtstoffröhren (13St), Deckenleuchten (11St); Entsorgung, Deponiegebühren	1.624,44 m²BGF	1.604	**0,99**	
	• Herstellen (Kosten: 99,4%) Tragkonstruktion für Photovoltaikanlage (psch) * Zählerschrank (1St), Kleinverteiler (12St), Mantelleitungen (7.557m), Starkstromkabel (37m), Steckdosen (461St), Schalter/Taster (207St), Lichtauslässe (156St), Herdanschlussdosen (12St), Raumthermostate (11St) * LED-Decken-/Wandleuchten (25St), LED-Außenwandleuchten (18St), Pendelleuchte (1St), LED-Lichtprofile (4St) * Tiefenerder (1St)	1.624,44 m²BGF	256.620	**157,97**	
450	**Kommunikationstechnische Anlagen**	1.624,44 m²BGF	47.048	**28,96**	5,9
	• Abbrechen (Kosten: < 0,1%) Abbruch von Antennenmast (1St); Entsorgung, Deponiegebühren	1.624,44 m²BGF	31	**0,02**	
	• Herstellen (Kosten: 99,9%) Sprechanlage (1St), Installationskabel (400m) * Stammleitungsverteiler (11St), Koaxialkabel (750m), BK-Antennendosen (26St) * Kommunikationsverteiler (11St), LAN-Kabel (1.100m), Datenanschlussdosen (72St), Anschlussmodule (94St)	1.624,44 m²BGF	47.017	**28,94**	
500	**Außenanlagen und Freiflächen**				**100,0**
510	**Erdbau**	82,12 m³EBR	16.621	**202,40**	15,5
	• Herstellen (Kosten: 100,0%) Bodenaushub, mit Bauschutt durchmischt, abfahren (42m³), Grabenaushub, lagern, verfüllen (36m²), abfahren (4m³)	82,12 m³EBR	16.621	**202,40**	
520	**Gründung, Unterbau**	161,15 m²AF	62	**0,39**	< 0,1
	• Herstellen (Kosten: 100,0%) Schottertragschicht (1m²)	161,15 m²AF	62	**0,39**	

KG	Kostengruppe	Menge Einheit	Kosten €	€/Einheit	%
530	**Oberbau, Deckschichten**	73,15 m²BFF	35.907	**490,86**	33,5
	• Abbrechen (Kosten: 6,8%) Aufnehmen und Lagern von Ziegelpflaster (36m²), Abbruch von Ziegelpflaster (22m²); Entsorgung, Deponiegebühren	57,99 m²BFF	2.450	**42,26**	
	• Wiederherstellen (Kosten: 12,8%) Mosaikpflaster aufnehmen, lagern, neu verlegen (13m²)	12,65 m²BFF	4.610	**364,45**	
	• Herstellen (Kosten: 80,3%) Trittplatten (2m²) * Schottertragschicht, Betonpflaster (50m²), Ziegelpflaster, Lagermaterial (8m²) * Kiestraufe (7m²)	60,50 m²BFF	28.846	**476,79**	
540	**Baukonstruktionen**	161,15 m²AF	3.646	**22,62**	3,4
	• Herstellen (Kosten: 100,0%) Beton-Winkelstützwände (2m²) * Betonblockstufen (3St), Ortbetonrampe (1St)	161,15 m²AF	3.646	**22,62**	
550	**Technische Anlagen**	161,15 m²AF	40.451	**251,01**	37,8
	• Herstellen (Kosten: 100,0%) PVC-Rohre (45m), Rückstau-Hebeanlage, PE-Schacht (1St), PE-Druckrohre (5m), PP-Schacht (1St), Entwässerungsrinnen (2St), Hofablauf (1St)	161,15 m²AF	40.451	**251,01**	
570	**Vegetationsflächen**	54,30 m²PSF	6.675	**122,93**	6,2
	• Abbrechen (Kosten: 21,2%) Roden von Vegetation (psch); Entsorgung, Deponiegebühren	–	1.416	**–**	
	• Herstellen (Kosten: 78,8%) Oberboden liefern, auftragen, d=30cm (16m³)	54,30 m²PSF	5.259	**96,85**	
590	**Sonst. Maßnahmen für Außenanlagen u. Freiflächen**	161,15 m²AF	3.749	**23,26**	3,5
	• Herstellen (Kosten: 100,0%) Baustelleneinrichtungen (3St)	161,15 m²AF	3.749	**23,26**	
600	**Ausstattung und Kunstwerke**				**100,0**
610	**Allgemeine Ausstattung**	1.624,44 m²BGF	1.950	**1,20**	100,0
	• Abbrechen (Kosten: 1,1%) Abbau von Metallregal (1St); Entsorgung, Deponiegebühren	1.624,44 m²BGF	21	**0,01**	
	• Herstellen (Kosten: 98,9%) Eckvorhangstangen, Decken-/Wandbefestigung (3St)	1.624,44 m²BGF	1.930	**1,19**	

6100-1733
Mehrfamilienhaus
(11 WE)

Instandsetzung

Kostenkennwerte für die Kostengruppen 300 der 2. und 3.Ebene DIN 276 (Übersicht)

KG	Kostengruppe	Menge Einheit	Kosten €	€/Einheit	% an 3+4
300	**Bauwerk – Baukonstruktionen**	**1.624,44 m² BGF**	**3.419.628,53**	**2.105,11**	**81,1**
310	**Baugrube / Erdbau**	**111,03 m³ BGI**	**33.313,64**	**300,04**	**0,8**
311	Herstellung	111,03 m³ BGI	33.313,64	300,04	0,8
312	Umschließung	–	–	–	–
313	Wasserhaltung	–	–	–	–
314	Vortrieb	–	–	–	–
319	Sonstiges zur KG 310	–	–	–	–
320	**Gründung, Unterbau**	**263,33 m² GRF**	**121.952,15**	**463,12**	**2,9**
321	Baugrundverbesserung	–	–	–	–
322	Flachgründungen und Bodenplatten	263,33 m²	39.110,05	148,52	0,9
323	Tiefgründungen	–	–	–	–
324	Gründungsbeläge	263,29 m²	72.499,42	275,36	1,7
325	Abdichtungen und Bekleidungen	299,49 m²	10.342,68	34,53	0,2
326	Dränagen	–	–	–	–
329	Sonstiges zur KG 320	–	–	–	–
330	**Außenwände/Vert. Baukonstrukt., außen**	**1.304,77 m² AWF**	**861.876,32**	**660,56**	**20,4**
331	Tragende Außenwände	82,54 m²	56.633,92	686,14	1,3
332	Nichttragende Außenwände	–	1.469,48	–	< 0,1
333	Außenstützen	3,25 m	916,35	281,95	< 0,1
334	Außenwandöffnungen	156,53 m²	255.586,66	1.632,83	6,1
335	Außenwandbekleidungen, außen	1.045,62 m²	409.577,31	391,71	9,7
336	Außenwandbekleidungen, innen	1.148,24 m²	118.912,02	103,56	2,8
337	Element. Außenwandkonstruktionen	–	–	–	–
338	Lichtschutz zur KG 330	16,62 m²	11.573,00	696,33	0,3
339	Sonstiges zur KG 330	1.304,77 m² AWF	7.207,60	5,52	0,2
340	**Innenwände/Vert. Baukonstrukt., innen**	**3.632,09 m² IWF**	**764.587,11**	**210,51**	**18,1**
341	Tragende Innenwände	–	81.599,09	–	1,9
342	Nichttragende Innenwände	498,47 m²	117.952,36	236,63	2,8
343	Innenstützen	14,35 m	1.468,59	102,34	< 0,1
344	Innenwandöffnungen	153,10 m²	211.838,66	1.383,66	5,0
345	Innenwandbekleidungen	3.402,30 m²	334.891,36	98,43	7,9
346	Elementierte Innenwandkonstruktionen	76,69 m²	16.837,05	219,55	0,4
347	Lichtschutz zur KG 340	–	–	–	–
349	Sonstiges zur KG 340	–	–	–	–
350	**Decken/Horizontale Baukonstruktionen**	**1.083,13 m² DEF**	**992.466,32**	**916,29**	**23,5**
351	Deckenkonstruktionen	–	137.990,68	–	3,3
352	Deckenöffnungen	–	–	–	–
353	Deckenbeläge	925,78 m²	215.019,81	232,26	5,1
354	Deckenbekleidungen	969,16 m²	211.751,19	218,49	5,0
355	Elementierte Deckenkonstruktionen	113,97 m²	332.446,44	2.916,96	7,9
359	Sonstiges zur KG 350	1.083,13 m² DEF	95.258,19	87,95	2,3
360	**Dächer**	**426,92 m² DAF**	**348.318,86**	**815,89**	**8,3**
361	Dachkonstruktionen	426,28 m²	76.638,73	179,78	1,8
362	Dachöffnungen	0,64 m²	3.898,21	6.090,96	< 0,1
363	Dachbeläge	416,55 m²	207.786,60	498,83	4,9
364	Dachbekleidungen	323,51 m²	59.254,07	183,16	1,4
365	Elementierte Dachkonstruktionen	–	–	–	–
366	Lichtschutz zur KG 360	–	–	–	–
369	Sonstiges zur KG 360	426,92 m² DAF	741,27	1,74	< 0,1
370	**Infrastrukturanlagen**	**–**	**–**	**–**	**–**
380	**Baukonstruktive Einbauten**	**1.624,44 m² BGF**	**51.276,09**	**31,57**	**1,2**
390	**Sonst. Maßnahmen für Baukonstrukt.**	**1.624,44 m² BGF**	**245.838,04**	**151,34**	**5,8**

Kostenkennwerte für die Kostengruppen 400 der 2. und 3. Ebene DIN 276 (Übersicht)

KG	Kostengruppe	Menge Einheit	Kosten €	€/Einheit	% an 3+4
400	**Bauwerk – Technische Anlagen**	**1.624,44 m² BGF**	**797.634,66**	**491,02**	**18,9**
410	**Abwasser-, Wasser-, Gasanlagen**	**1.624,44 m² BGF**	**187.878,97**	**115,66**	**4,5**
411	Abwasseranlagen	1.624,44 m² BGF	55.225,03	34,00	1,3
412	Wasseranlagen	1.624,44 m² BGF	125.807,65	77,45	3,0
413	Gasanlagen	–	–	–	–
419	Sonstiges zur KG 410	1.624,44 m² BGF	6.846,29	4,21	0,2
420	**Wärmeversorgungsanlagen**	**1.624,44 m² BGF**	**284.874,87**	**175,37**	**6,8**
421	Wärmeerzeugungsanlagen	1.624,44 m² BGF	93.970,24	57,85	2,2
422	Wärmeverteilnetze	1.624,44 m² BGF	73.071,05	44,98	1,7
423	Raumheizflächen	1.624,44 m² BGF	92.812,29	57,13	2,2
424	Verkehrsheizflächen	–	–	–	–
429	Sonstiges zur KG 420	1.624,44 m² BGF	25.021,29	15,40	0,6
430	**Raumlufttechnische Anlagen**	**1.624,44 m² BGF**	**19.609,64**	**12,07**	**0,5**
431	Lüftungsanlagen	1.624,44 m² BGF	19.609,64	12,07	0,5
432	Teilklimaanlagen	–	–	–	–
433	Klimaanlagen	–	–	–	–
434	Kälteanlagen	–	–	–	–
439	Sonstiges zur KG 430	–	–	–	–
440	**Elektrische Anlagen**	**1.624,44 m² BGF**	**258.223,20**	**158,96**	**6,1**
441	Hoch- und Mittelspannungsanlagen	–	–	–	–
442	Eigenstromversorgungsanlagen	1.624,44 m² BGF	13.514,33	8,32	0,3
443	Niederspannungsschaltanlagen	–	–	–	–
444	Niederspannungsinstallationsanlagen	1.624,44 m² BGF	221.944,37	136,63	5,3
445	Beleuchtungsanlagen	1.624,44 m² BGF	19.643,78	12,09	0,5
446	Blitzschutz- und Erdungsanlagen	1.624,44 m² BGF	3.120,72	1,92	< 0,1
447	Fahrleitungssysteme	–	–	–	–
449	Sonstiges zur KG 440	–	–	–	–
450	**Kommunikationstechnische Anlagen**	**1.624,44 m² BGF**	**47.047,97**	**28,96**	**1,1**
451	Telekommunikationsanlagen	–	–	–	–
452	Such- und Signalanlagen	1.624,44 m² BGF	12.391,94	7,63	0,3
453	Zeitdienstanlagen	–	–	–	–
454	Elektroakustische Anlagen	–	–	–	–
455	Audiovisuelle Medien- u. Antennenanl.	1.624,44 m² BGF	9.720,82	5,98	0,2
456	Gefahrenmelde- und Alarmanlagen	–	–	–	–
457	Datenübertragungsnetze	1.624,44 m² BGF	24.935,22	15,35	0,6
458	Verkehrsbeeinflussungsanlagen	–	–	–	–
459	Sonstiges zur KG 450	–	–	–	–
460	**Förderanlagen**	**–**	**–**	**–**	**–**
461	Aufzugsanlagen	–	–	–	–
462	Fahrtreppen, Fahrsteige	–	–	–	–
463	Befahranlagen	–	–	–	–
464	Transportanlagen	–	–	–	–
465	Krananlagen	–	–	–	–
466	Hydraulikanlagen	–	–	–	–
469	Sonstiges zur KG 460	–	–	–	–
470	**Nutzungsspez. u. verfahrenstechn. Anl.**	**–**	**–**	**–**	**–**
480	**Gebäude- und Anlagenautomation**	**–**	**–**	**–**	**–**
490	**Sonst. Maßnahmen für techn. Anlagen**	**–**	**–**	**–**	**–**

Instandsetzung

Kostenkennwerte für die Kostengruppen der 3. Ebene DIN 276

KG	Kostengruppe	Menge Einheit	Kosten €	€/Einheit	%
310	**Baugrube / Erdbau**				**100,0**
311	**Herstellung**	111,03 m³BGI	33.314	**300,04**	100,0
	• Herstellen (Kosten: 100,0%) Aushub im Gebäude, BK 3-5, t=73-113cm, für Gräben/Schächte, lagern, verfüllen (63m³), t=10cm, für Bodenplatte, abfahren (38m³), Planum, im Gebäude (251m²), Baugrubenaushub BK 3-5, lagern (11m³)	111,03 m³BGI	33.314	**300,04**	
320	**Gründung, Unterbau**				**100,0**
322	**Flachgründungen und Bodenplatten**	263,33 m²	39.110	**148,52**	32,1
	• Herstellen (Kosten: 100,0%) Betonbodenplatten C20/25, d=15cm (251m²), Bodendurchführungen DN100 (14St), Fundamentaushub BK 3-5, t=1,00m (28m³), Stb-Einzelfundamente, Schalung, Bewehrung (12m³)	263,33 m²	39.110	**148,52**	
324	**Gründungsbeläge**	263,29 m²	72.499	**275,36**	59,4
	• Abbrechen (Kosten: 20,4%) Abbruch von Ziegelpflaster (132m²), Estrich/Terrazzo, d=8cm (105m²), Dielenboden (100m²), Lagerhölzer (24m²), Schüttung (5m³), Bodenfliesen (3m²); Entsorgung, Deponiegebühren	240,69 m²	14.805	**61,51**	
	• Herstellen (Kosten: 79,6%) Bitumenabdichtung (154m²), EPS-Dämmung WLG 035, d=80-100mm (160m²), Zement-Heizestrich, d=60-65mm (182m²), Linoleum (149m²), Holzsockel (164m), Epoxidharzbeschichtung, Versiegelung (77m²), Abdichtung, Bodenfliesen (33m²), Fliesensockel (33m), Sauberlaufmatten (5m²), Blockstufen (4St)	263,29 m²	57.695	**219,13**	
325	**Abdichtungen und Bekleidungen**	299,49 m²	10.343	**34,53**	8,5
	• Wiederherstellen (Kosten: 11,6%) Fundamente aus Bruchsteinmauerwerk reinigen, Fugen ausbessern, Fehlstellen schließen (36m²)	36,16 m²	1.205	**33,32**	
	• Herstellen (Kosten: 88,4%) PE-Folie (251m²), Sauberkeitsschicht C20/25, d=5cm, unter Fundamenten (12m²), Ausgleichsputz, Füllspachtelung, Bitumendickbeschichtung, vertikal (36m²), Noppenbahn (48m²)	299,49 m²	9.138	**30,51**	
330	**Außenwände/Vertikale Baukonstruktionen, außen**				**100,0**
331	**Tragende Außenwände**	82,54 m²	56.634	**686,14**	6,6
	• Wiederherstellen (Kosten: 51,6%) Horizontalabdichtung, Druckinjektionen, Mauerwerk, d=42cm (115m), Brüstungen anpassen (37m), Mauerwerk ausbessern (psch)	–	29.215	**–**	
	• Herstellen (Kosten: 48,4%) HLz-Mauerwerk, d=24cm (44m²), Stb-Ringanker (38m), Holzrahmenwände, KVH 6-10x16cm, Holzfaserdämmung, d=16cm, außen OSB-Schalung, d=15mm (35m²), BSH-Riegel 16x16/32cm (8m), Mauerwerksöffnung vergrößern, Ziegelstürze einbauen (4m²)	82,54 m²	27.419	**332,20**	
332	**Nichttragende Außenwände**	–	1.469	**–**	0,2
	• Abbrechen (Kosten: 100,0%) Aufnehmen und Lagern von Attika, Klinkermauerwerk (16h)	–	1.469	**–**	

KG	Kostengruppe	Menge Einheit	Kosten €	€/Einheit	%
333	**Außenstützen**	3,25 m	916	**281,95**	0,1
	• Herstellen (Kosten: 100,0%) Stahlstütze F90, HEB100, einbetoniert C25/30, 19x19cm, Schalung (3m)	3,25 m	916	**281,95**	
334	**Außenwandöffnungen**	156,53 m²	255.587	**1.632,83**	29,7
	• Abbrechen (Kosten: 0,8%) Abbruch von Holzfenstern (24m²); Entsorgung, Deponiegebühren, Ausbauen und Lagern von Holz-/Kunststofffenstern (12m²)	35,28 m²	2.041	**57,85**	
	• Wiederherstellen (Kosten: 35,9%) Holzkastenfenster denkmalgerecht aufarbeiten, mehrteilig, Dreh-/Kippflügel: Beschichtung entfernen, Schadstellen ausbessern, Flügel gangbar machen, neu lackieren, Oliven aufarbeiten (23m²), defekte Einfachgläser austauschen (12m²), Holzeingangstüren denkmalgerecht aufarbeiten, ein-/zweiflüglig, mit Zarge: Beschichtung entfernen, Schadstellen ausbessern, Türblätter gangbar machen, Schlösser erneuern, Dichtung ergänzen, neu lackieren (12m²), mit Oberlicht (8m²), Wechselgarnituren erneuern (2St), Kellerfenster prüfen, einstellen (19m²), Fensterbänke erneuern (2St)	61,78 m²	91.631	**1.483,18**	
	• Herstellen (Kosten: 63,4%) Holzfensterelemente, denkmalgerecht, Uw=1,1W/m²K, zwei-/dreiflüglig, Drehkipp/Dreh, teilweise Oberlichter, mit Stichbogen (46m²), als Fenstertüren, mit glasteilenden Sprossen (29m²), einflüglig (6m²), Fenstergriffe (84St), Holzfenstertüren, Uw=1,1W/m²K, ein-/zweiflüglig, Festverglasungen (17m²), Fensterbänke innen, Holz (47m), außen, Zink (8m), denkmalgerecht (44m), Balkonaustritte, Granit (10m)	94,75 m²	161.915	**1.708,87**	
335	**Außenwandbekleidungen, außen**	1.045,62 m²	409.577	**391,71**	47,5
	• Abbrechen (Kosten: 0,8%) Abbruch von Fassadenbewuchs (236m²), Pflanzbeet (psch); Entsorgung, Deponiegebühren	235,60 m²	3.481	**14,78**	
	• Wiederherstellen (Kosten: 26,3%) Fassade reinigen (120m²), Klinkerfassade überarbeiten, Fugen öffnen, schlämmen, Klinkerflächen nachreinigen, hydrophobieren (95m²), Klinkersteine austauschen/reparieren (34St), Fehlstellen farblich nacharbeiten (17h), Stuckornamente ausbessern, Risse schließen, lose Teile nachdübeln, fehlende Teile ergänzen (psch), Putz ausbessern, Risse schließen (psch), Farbfassung von Putzflächen/Stuckelementen überarbeiten (psch), Fensterbänke/Gesimse aus Klinker überarbeiten (29m)	120,00 m²	107.598	**896,65**	
	• Herstellen (Kosten: 72,9%) Ausgleichsputz, Füllspachtelung, Bitumendickbeschichtung (11m²), Noppenbahn (14m²), Sockeldämmung WLG 035, d=60-120mm (94m²), Armierung, Sockelputz (64m²), Dichtschlämme (46m²), Mineralwolldämmung WLG 035, d=60-120mm, Verdübelung, Armierung, mineralischer Oberputz (792m²), in Laibungen (227m), Silikatbeschichtung (857m²), in Laibungen (244m), Holzfaserdämmung WLS 046, d=60mm, HPL-Bekleidung (36m²), Faserzementbekleidung (4m²), Laibungsbekleidung, Porenbeton, d=2-6cm, t=22cm (186m), Blechabdeckungen (29m)	925,62 m²	298.498	**322,48**	

KG	Kostengruppe	Menge Einheit	Kosten €	€/Einheit	%
336	**Außenwandbekleidungen, innen**	1.148,24 m²	118.912	**103,56**	13,8
	• Abbrechen (Kosten: 8,6%) Abbruch von Leimfarbbeschichtung (402m²), Wandputz (276m²), Laibungsputz (85m), Dämmtapete (40m²); Entsorgung, Deponiegebühren	718,40 m²	10.213	**14,22**	
	• Wiederherstellen (Kosten: 5,9%) Schwammsanierung Mauerwerk: Putz entfernen, Fugen auskratzen, Mauerwerk abflammen, Myzel entfernen, Bohrlochinjektage, Oberfläche fluten (43m²)	42,62 m²	7.067	**165,82**	
	• Herstellen (Kosten: 85,5%) Armierungsgewebe (42m²), Kalk-Zementputz (403m²), auf Kleinflächen (18St), in Laibungen (174m), Kalk-Zement-Pinselputz (19m²), in Laibungen (53m), GK-Vorsatzschalen (69m²), GK-Bekleidung (66m²), Spachtelung Q3 (1.130m²), in Laibungen (87m), Malervlies (22m²), Dispersionsbeschichtung (956m²), in Laibungen (85m), Silikatbeschichtung (154m²), in Laibungen (36m), Abdichtung, Wandfliesen 30x60cm (38m²)	1.148,24 m²	101.632	**88,51**	
338	**Lichtschutz zur KG 330**	16,62 m²	11.573	**696,33**	1,3
	• Herstellen (Kosten: 100,0%) Vorbautextilscreens (17m²)	16,62 m²	11.573	**696,33**	
339	**Sonstiges zur KG 330**	1.304,77 m² AWF	7.208	**5,52**	0,8
	• Abbrechen (Kosten: 35,5%) Ausbauen und Lagern von Fenstergittern (6St), Abbruch von Außentreppe, Ziegelmauerwerk (2m²), Fenstergitter (1St); Entsorgung, Deponiegebühren	753,68 m² AWF	2.562	**3,40**	
	• Herstellen (Kosten: 64,5%) Brüstungsabdeckung, Zink (9m), Simsabdeckungen, Titanzink (8m)	1.242,99 m² AWF	4.646	**3,74**	
340	**Innenwände/Vertikale Baukonstruktionen, innen**				**100,0**
341	**Tragende Innenwände**	–	81.599	–	10,7
	• Abbrechen (Kosten: 51,2%) Abbruch von Mauerwerk, verputzt, d=18-42cm (200m²); Entsorgung, Deponiegebühren	200,33 m²	41.773	**208,52**	
	• Wiederherstellen (Kosten: 6,3%) Horizontalabdichtung, Druckinjektionen, Mauerwerk, d=24-39cm (34m)	–	5.144	–	
	• Herstellen (Kosten: 42,5%) HLz-Mauerwerk, d=17,5-24cm (62m²), d=36-42cm (7m²), Stb-Ringanker (34m), Öffnungen schließen, HLz-Mauerwerk, d=24-42cm (21m²), Nische schließen, HLz-Mauerwerk, d=30cm (3m²), Öffnungen herstellen, Mauerwerk, d=17,5-24cm, Laibungen aufmauern, Betonstürze (20m²), d=32-42cm (7m²), Nischen in Mauerwerk herstellen, 70x33x20cm (1m²)	121,78 m²	34.682	**284,79**	

KG	Kostengruppe	Menge Einheit	Kosten €	€/Einheit	%
342	**Nichttragende Innenwände**	498,47 m²	117.952	**236,63**	15,4
	• Abbrechen (Kosten: 16,3%) Abbruch von Mauerwerk, verputzt, d=12-15cm (136m²), Holzständerwand, verputzt (17m²); Entsorgung, Deponiegebühren	153,28 m²	19.168	**125,05**	
	• Herstellen (Kosten: 83,7%) GK-Metallständerwände Q3, d=12-15cm, beidseitig doppelt beplankt, Mineralwolldämmung, d=80mm (280m²), d=15cm, als Installationswand (88m²), GK-Metallständerwände, d=10cm, beidseitig einfach beplankt, Mineralwolldämmung, d=80mm (32m²), GF-Holzständerwände, d=13cm, beidseitig einfach beplankt, Holzwolledämmung, d=100mm (26m²), Öffnungen schließen, HLz-Mauerwerk, d=15cm (38m²), HLz-Mauerwerk, d=11,5cm, Kleinflächen (34m²)	498,47 m²	98.784	**198,17**	
343	**Innenstützen**	14,35 m	1.469	**102,34**	0,2
	• Herstellen (Kosten: 100,0%) KS-Pfeiler 36,5x30cm (11m), Holzstütze, KVH 10x16cm (3m)	14,35 m	1.469	**102,34**	
344	**Innenwandöffnungen**	153,10 m²	211.839	**1.383,66**	27,7
	• Abbrechen (Kosten: 2,9%) Abbruch von Holztüren (55m²), Holzlattentüren (6m²); Entsorgung, Deponiegebühren	61,06 m²	6.102	**99,93**	
	• Wiederherstellen (Kosten: 46,7%) Holztüren aufarbeiten, prüfen, gangbar machen, Schadstellen ausbessern, Schlösser tauschen, Beschichtung erneuern: zweiflüglig (25m²), einflüglig, teilweise mit Oberlicht (25m²), als Falttür, sechs Türblätter, vier Glasausschnitte (12m²), als Wohnungseingangstüren, mit Glasfüllungen (10m²), als Schiebetür, zweiflüglig (7m²), Drückergarnituren aufarbeiten (10St), erneuern (3St), Türblätter umarbeiten (7St), defekte Verglasungen erneuern (4St), Füllungen reparieren (2St), Glasfüllung durch Holzfüllung ersetzen (1St), Sockelstücke ergänzen (14St), Holzaufsatz überarbeiten (1St), Holztür originalgetreu restaurieren, mit Supraporte (4m²)	83,33 m²	98.880	**1.186,60**	
	• Herstellen (Kosten: 50,4%) Holztüren, Röhrenspan, Oberfläche HPL, Holzumfassungszargen (29m²), Holz-Wohnungseingangstüren nach historischem Vorbild, mit Holzfüllungen, Holzzargen (19m²), Kassettentüren, formgepresst, Röhrenspan, Holz-Profilzargen (17m²), Blendrahmen (psch), Stahltüren T30 RS, Stahlzargen (5m²), OTS (10St), Wechsel-Türbeschläge (8St), Zimmer-/WC-Türbeschläge (31St)	69,77 m²	106.857	**1.531,56**	

KG	Kostengruppe	Menge Einheit	Kosten €	€/Einheit	%
345	**Innenwandbekleidungen**	3.402,30 m²	334.891	**98,43**	43,8
	• Abbrechen (Kosten: 6,8%) Abbruch von Leimfarbbeschichtung (840m²), Wandputz (576m²), Laibungsputz (47m), Tapete (250m²), GK-Bekleidung, Unterkonstruktion (25m²), GK-Verkofferung, b=25cm (16m²), Wandfliesen (11m²), Holzbekleidung (2m²); Entsorgung, Deponiegebühren	1.720,14 m²	22.685	**13,19**	
	• Wiederherstellen (Kosten: 5,9%) Historische Wandbekleidung zerlegen, schadhafte Bauteile profilgleich erneuern (35m²), vier Füllleisten ergänzen, 22 Schwundrisse ausleimen, Holzschäden reparieren, 15 Zierkappen ergänzen (35m²)	70,46 m²	19.833	**281,47**	
	• Herstellen (Kosten: 87,3%) Armierungsgewebe (88m²), Kalk-Zementputz (1.079m²), auf Kleinflächen (48St), in Laibungen (32m), Kalk-Zement-Pinselputz (38m²), in Laibungen (111m), Installationsschlitze schließen (377m), GK-Vorsatzschalen (260m²), seitlicher Abschluss (122m), Spachtelung Q3 (3.016m²), in Laibungen (40m), Malervlies (61m²), Dispersionsbeschichtung (2.633m²), in Laibungen (50m), Silikatbeschichtung (505m²), in Laibungen (36m), Abdichtung, Wandfliesen 30x60cm (194m²)	3.331,84 m²	292.374	**87,75**	
346	**Elementierte Innenwandkonstruktionen**	76,69 m²	16.837	**219,55**	2,2
	• Abbrechen (Kosten: 0,7%) Abbruch von WC-Trennwänden, zwei Türen (6m²); Entsorgung, Deponiegebühren	6,00 m²	125	**20,82**	
	• Herstellen (Kosten: 99,3%) Kellertrennwände, neun Türen (67m²), Glaswände, eine Tür (13m²)	79,69 m²	16.712	**209,71**	
350	**Decken/Horizontale Baukonstruktionen**				**100,0**
351	**Deckenkonstruktionen**	–	137.991	–	13,9
	• Abbrechen (Kosten: 10,9%) Aufnehmen und Lagern von Dielung, Schüttung, Fehlböden (64m²), Abbruch von Dielung, Schüttung, Fehlböden (60m²), Ziegel-Kappendecke (22m²), Balkon (6m²), Stahlträgern (14m), Holztreppe (2m²); Entsorgung, Deponiegebühren	154,17 m²	15.081	**97,82**	
	• Wiederherstellen (Kosten: 41,0%) Stahlträger entrosten, Korrosionsschutz aufbringen (20m), Deckenbalken verstärken mit U180 (41m), mit U140 (19m), Fehlstellen in Dielung ergänzen (29m²), Schwammsanierung Holzbalkendecke: Dielenboden absaugen, aufnehmen, Schüttung entfernen (22m²), anhaftendes Myzel entfernen (15m²), geschädigte Holzbalken gesund schneiden, ersetzen (29m), Schnittflächen chemisch schützen (2m²), Balkenköpfe anschuhen, luftumspülte Auflager herstellen (11St), neue Schüttung einbauen, Blindboden verlegen (25m²)	–	56.538	–	
	• Herstellen (Kosten: 48,1%) Holzbalkendecke, KVH (4m³), OSB-Schalung (68m²), Schüttung, Lagermaterial (64m²), Fehlböden, Dielen (123m²), Ziegel-Einhangdecke, d=18cm, Aufbeton C25/30, d=3cm (22m²), Stb-Decke C25/30, d=20cm, Schalung, Bewehrung (3m²), Stahlunterzüge HEB120-160, l=1,50-2,43m (25St), IPE180-240, l=2,70-3,66m (6St), Holzunterzug 14x20cm, l=4,5m (1St)	–	66.372	–	

KG	Kostengruppe	Menge Einheit	Kosten €	€/Einheit	%
353	**Deckenbeläge**	925,78 m2	215.020	**232,26**	21,7
	• Abbrechen (Kosten: 1,6%)	132,86 m2	3.381	**25,45**	
	Abbruch von Parkett (54m2), Linoleum/PVC (41m2), Ausgleichsmassen (14m2), Holzpodesten (8m2), Bodenfliesen (4m2), Fliesensockel (10m), Holzschwelle (1m2); Entsorgung, Deponiegebühren, Aufnehmen und Lagern von Dielenboden (7m2)				
	• Wiederherstellen (Kosten: 27,1%)	418,85 m2	58.203	**138,96**	
	Parkett aufarbeiten, Schadstellen herauslösen, mit Altparkett ergänzen (33m2), Dielung schleifen, Parkett ergänzen (23m2), Parkett schleifen, versiegeln (295m2), Holztreppe überarbeiten, schleifen, neu beschichten von Trittstufen (17m2), von Setzstufen (8m2), von Wangen (56m), von Holzsockeln (38m), Marmortreppe instandsetzen (6m2), Schadstellen aufarbeiten (15St), Risse verschließen (16St), Setzstufe erneuern (1m2), Tritt-/Setzstufen reinigen, schleifen, imprägnieren (10m2), Silikonfugen ergänzen (53m)				
	• Herstellen (Kosten: 71,4%)	506,93 m2	153.436	**302,68**	
	EPS-Dämmung WLG 035, d=20-30mm (89m2), Trittschalldämmung (311m2), Zementestrich, d=50mm (81m2), Trockenestrich (227m2), Dünnestrich (90m2), Ausgleichsschüttung, d=5-25cm (38m2), Dreischichtparkett, geölt (306m2), Linoleum (105m2), auf Podesten (15m2), auf Trittstufen (14m2), Holzsockel (625m), Massivholzschwellen (14St), Abdichtung, Bodenfliesen (60m2), im Gefälle (6m2), Fliesensockel (62m)				
354	**Deckenbekleidungen**	969,16 m2	211.751	**218,49**	21,3
	• Abbrechen (Kosten: 2,9%)	451,10 m2	6.071	**13,46**	
	Abbruch von Leimfarbbeschichtung (386m2), GK-Bekleidung (40m2), GK-Decke (21m2), Holzbekleidung (3m2); Entsorgung, Deponiegebühren				
	• Wiederherstellen (Kosten: 53,9%)	309,08 m2	114.202	**369,49**	
	Stuckelemente sanieren, prüfen, reinigen, Farbschichten entfernen, Fehlstellen ergänzen, Risse schließen, neu beschichten: umlaufende Stuckfriese (225m), Stuckrosetten (7St), Friese nachbilden (24m), Stuckrosetten nachbilden (3St), schadhaften Deckenputz ausbessern (32m2)				
	• Herstellen (Kosten: 43,2%)	969,16 m2	91.479	**94,39**	
	GK-Decken, Abhängehöhe 25-50cm (339m2), GK-Verkofferung (23m2), Wärmedämmung WLG 035 (117m2), Spachtelung Q3 (969m2), Malervlies (370m2), Dispersionsbeschichtung (827m2), Silikat-beschichtung (142m2)				
355	**Elementierte Deckenkonstruktionen**	113,97 m2	332.446	**2.916,96**	33,5
	• Wiederherstellen (Kosten: 2,4%)	2,63 m2	7.937	**3.017,79**	
	Holztreppe demontieren, Geländer bergen, säubern, aufgesattelte Holztreppe entsprechend Bestand herstellen, einbauen, Geländer montieren (3m2)				
	• Herstellen (Kosten: 97,6%)	113,97 m2	324.510	**2.847,33**	
	Stahl-Fluchttreppen-/Balkonanlage, Quadratrohrstützen 12x12cm, Kastenprofilrahmen 10x20cm, Tragriegel 20x12cm, Holzbelag, Gitterroststufen, Flachstahlwangen (114m2)				

Instandsetzung

KG	Kostengruppe	Menge Einheit	Kosten €	€/Einheit	%
359	**Sonstiges zur KG 350**	1.083,13 m² DEF	95.258	**87,95**	9,6
	• Wiederherstellen (Kosten: 3,2%) Defekte Holz-Geländerstäbe ersetzen (3St), Baluster mit Schnitzwerk ersetzen (1St), Holz-Treppengeländer neu beschichten (20m)	421,48 m² DEF	3.017	**7,16**	
	• Herstellen (Kosten: 96,8%) Stahl-Fluchttreppen-/Balkongeländer, Quadratrohr-Pfosten/Ober-/Untergurte 40x40mm, Handlauf, Rundrohr 42mm, Flachstahlfüllung 60x5mm (105m)	1.083,13 m² DEF	92.241	**85,16**	
360	**Dächer**				**100,0**
361	**Dachkonstruktionen**	426,28 m²	76.639	**179,78**	22,0
	• Abbrechen (Kosten: 30,2%) Abbruch von Pultdach, Holzkonstruktion, Schalung (75m²), Holzschalung (126m²); Entsorgung, Deponiegebühren	201,21 m²	23.152	**115,06**	
	• Wiederherstellen (Kosten: 28,8%) Sparren aufdoppeln, KVH 4x22cm (11m), fäulnisgeschädigte Gauben-Eckpfosten ersetzen (4St), Schalung reinigen, entnageln, nachnageln (276m²), Schalung ergänzen (8m²), Schwammsanierung Sparrendach: geschädigte Holzbalken gesund schneiden, ersetzen (14m), Schnittflächen chemisch schützen (1m²)	284,49 m²	22.073	**77,59**	
	• Herstellen (Kosten: 41,0%) Holzbalken-Flachdach, KVH (5m³), OSB-Schalung (108m²), Rauspundschalung, Dachüberstände (34m²), Mineralwoll-Zwischensparrendämmung WLG 035, d=200mm (50m²)	141,79 m²	31.414	**221,56**	
362	**Dachöffnungen**	0,64 m²	3.898	**6.090,96**	1,1
	• Herstellen (Kosten: 100,0%) Lichtkuppel (1St)	0,64 m²	3.898	**6.090,96**	
363	**Dachbeläge**	416,55 m²	207.787	**498,83**	59,7
	• Abbrechen (Kosten: 23,9%) Abbruch von Bitumenabdichtung, vierlagig (383m²), vertikal (52m), Bitumenschindeln (88m²), Wandanschlüssen (53m), Dachrinnen, Trauf-/Tropfblechen (42m), Fallrohren (42m), Blechabdeckungen (26m)	383,12 m²	49.699	**129,72**	
	• Herstellen (Kosten: 76,1%) Dampfsperre (455m²), PU-Dämmung WLS 023, d=140mm (347m²), d=60mm, an Attika (81m), EPS-Gefälledämmung, d i.M. 8cm (35m²), Bitumenabdichtung, zweilagig (382m²), beschiefert (35m²), Attikaabdichtung (63m), Attikaabdeckungen, Titanzink (66m), Anschlussbleche, Titanzink (65m), Walzblei (29m), Sanitärlüfter (9St), Traufbleche, Dachrinnen, Titanzink (69m), Regenfallrohre, Titanzink (66m), Dachrandprofile, Alu (16m), Faserzementdeckung (84m²)	416,55 m²	158.088	**379,52**	

KG	Kostengruppe	Menge Einheit	Kosten €	€/Einheit	%
364	**Dachbekleidungen**	323,51 m²	59.254	**183,16**	17,0
	• Abbrechen (Kosten: 16,7%) Abbruch von Putz, Schilfrohrmatten, Sparschalung (158m²); Entsorgung, Deponiegebühren	158,44 m²	9.872	**62,30**	
	• Wiederherstellen (Kosten: 21,5%) Holztraufkasten schleifen, neu beschichten (20m), Gesimskasten nach historischem Vorbild erneuern (11m), Zierbretter erneuern, beschichten (20m)	–	12.766	–	
	• Herstellen (Kosten: 61,8%) GK-Decken, Abhängehöhe 25-50cm (214m²), GK-Bekleidung (48m²), Spachtelung Q3 (257m²), Malervlies (370m²), Dispersionsbeschichtung (239m²), Silikatbeschichtung (28m²), Holzlasur (56m²)	323,51 m²	36.616	**113,19**	
369	**Sonstiges zur KG 360**	426,92 m² DAF	741	**1,74**	0,2
	• Abbrechen (Kosten: 3,6%) Abbruch von Schneefanggitter (9m); Entsorgung, Deponiegebühren	383,12 m² DAF	27	**0,07**	
	• Herstellen (Kosten: 96,4%) Absturzsicherungen (2St), Sicherheitsdachhaken (6St)	417,19 m² DAF	714	**1,71**	
380	**Baukonstruktive Einbauten**				**100,0**
381	**Allgemeine Einbauten**	1.624,44 m² BGF	51.276	**31,57**	100,0
	• Abbrechen (Kosten: 0,5%) Abbruch von Metallbriefkästen (7St), Holzregalen (2St), Holzarbeitsplatte (1St), Hängeschrank (1St); Entsorgung, Deponiegebühren	1.624,44 m² BGF	277	**0,17**	
	• Herstellen (Kosten: 99,5%) Einbauküchen, mit Spülmaschine, Herd, Kühlschrank (4St), Briefkastenanlage, elf Briefkästen, ein Mitteilungskasten (1St)	1.624,44 m² BGF	50.999	**31,39**	
390	**Sonstige Maßnahmen für Baukonstruktionen**				**100,0**
391	**Baustelleneinrichtung**	1.624,44 m² BGF	114.377	**70,41**	46,5
	• Herstellen (Kosten: 100,0%) Baustelleneinrichtungen, Hauptgewerk (1St), Nebengewerke (7St), Baustellen-WCs (3St), Bauzaun (28m), Verkehrssicherung (psch), Schrägaufzug (1St), Bauwasseranschluss (psch), Baustellenleuchten (36St), Schotterfläche (31m²)	1.624,44 m² BGF	114.377	**70,41**	
392	**Gerüste**	1.624,44 m² BGF	71.369	**43,93**	29,0
	• Herstellen (Kosten: 100,0%) Standgerüste, Lastklasse 4 (905m²), Lastklasse 3 (207m²), Gerüstüberbauung (18m²), Gerüstverbreiterungen (159m), Dachfanggerüst (10m), Dachstuhlgerüst (1St), Gerüsttreppen (12m), Leiterturm (12m), Gitterträger (18m), Staubnetz (150m²), Geländer (42m), Absturzsicherung Penthouse (psch), Raumgerüste (238m³), in Treppenhäusern (3St)	1.624,44 m² BGF	71.369	**43,93**	
396	**Materialentsorgung**	1.624,44 m² BGF	4.832	**2,97**	2,0
	• Herstellen (Kosten: 100,0%) Entsorgen von Schutt, Baumaterialien (16m³), Altholz (1m³), Sperrmüll (psch), lagernden Glaselementen (12St)	1.624,44 m² BGF	4.832	**2,97**	

KG	Kostengruppe	Menge Einheit	Kosten €	€/Einheit	%
397	**Zusätzliche Maßnahmen**	1.624,44 m²BGF	52.319	**32,21**	21,3
	• Herstellen (Kosten: 100,0%) Schutzabdeckungen (1.722m²), Witterungsschutz mit Planen (276m²), OSB-Abdeckung von Stufen (6m²), Notdächer (3St), Öffnungen mit Folie schließen (10St), Baureinigung (psch), Innenhof beräumen (18h)	1.624,44 m²BGF	52.319	**32,21**	
398	**Provisorische Baukonstruktionen**	1.624,44 m²BGF	677	**0,42**	0,3
	• Herstellen (Kosten: 100,0%) Provisorisches Regenfallrohr (1St)	1.624,44 m²BGF	677	**0,42**	
399	**Sonstiges zur KG 390**	1.624,44 m²BGF	2.265	**1,39**	0,9
	• Herstellen (Kosten: 100,0%) Schließanlage, Zylinder (16St), Schlüssel (45St)	1.624,44 m²BGF	2.265	**1,39**	
410	**Abwasser-, Wasser-, Gasanlagen**				**100,0**
411	**Abwasseranlagen**	1.624,44 m²BGF	55.225	**34,00**	29,4
	• Herstellen (Kosten: 100,0%) PVC-Rohre DN110, Formstücke, Sandbett (85m), PP-Rohre DN50-100, schalloptimiert, Formstücke (207m), Brandschotts (29St), Bodenabläufe (2St), Ablaufrinnen, Duschelemente (11St), Designroste (4St), Sifons (31St)	1.624,44 m²BGF	55.225	**34,00**	
412	**Wasseranlagen**	1.624,44 m²BGF	125.808	**77,45**	67,0
	• Abbrechen (Kosten: 1,7%) Abbruch von Wasserleitungen (psch), WCs (6St), Spülkästen (5St), Waschbecken (5St), Badewannen (2St), Boilern (2St), Duschwanne (1St); Entsorgung, Deponiegebühren	1.624,44 m²BGF	2.083	**1,28**	
	• Herstellen (Kosten: 98,3%) Edelstahlrohre DN12-32, Formstücke, Rohrdämmung (394m), Mehrschichtverbundrohre DN12-25, Formstücke, gedämmt (385m), Kernbohrungen (32St), Hauswasserstation (1St), Freistromventile (11St), Regulierventile (5St), Wasserzählerblöcke (15St), Wand-WCs (14St), Möbelwaschtische (14St), Spülen (4St), Badewannen (3St), Brausebatterien (11St), Brausesets (8St), Ausgussbecken (1St), Außenarmatur (1St), Armaturen	1.624,44 m²BGF	123.725	**76,16**	
419	**Sonstiges zur KG 410**	1.624,44 m²BGF	6.846	**4,21**	3,6
	• Herstellen (Kosten: 100,0%) Montageelemente für Wand-WCs (14St), für Waschtische (12St)	1.624,44 m²BGF	6.846	**4,21**	
420	**Wärmeversorgungsanlagen**				**100,0**
421	**Wärmeerzeugungsanlagen**	1.624,44 m²BGF	93.970	**57,85**	33,0
	• Abbrechen (Kosten: < 0,1%) Abbruch von Wandheizgerät (psch); Entsorgung, Deponiegebühren	1.624,44 m²BGF	94	**0,06**	
	• Herstellen (Kosten: 99,9%) Gas-Brennwertkessel 69kW (1St), Pufferspeicher 965l (1St), Ausdehnungsgefäß 250l (1St), Heizkreisverteiler, drei Heizkreise (1St), Frischwasserstation (1St), Systemregler (1St), Nachspeisestation (1St), Zirkulationspumpe (1St), Flachdachkollektoren (24m²), Solarstation (1St), Reglermodul (1St), Vorschaltgefäß 40l (1St), Ausdehnungsgefäß 140l (1St), Kupfer-Solarrohre DN20-25, Formstücke, Rohrdämmung (85m), Gas-Edelstahlrohre, Formstücke (9m)	1.624,44 m²BGF	93.877	**57,79**	

KG	Kostengruppe	Menge Einheit	Kosten €	€/Einheit	%
422	**Wärmeverteilnetze**	1.624,44 m² BGF	73.071	**44,98**	25,7
	• Abbrechen (Kosten: 1,1%) Abbruch von Heizungsrohren, Dämmung, Messtechnik, Verteilern (psch); Entsorgung, Deponiegebühren	1.624,44 m² BGF	800	**0,49**	
	• Herstellen (Kosten: 98,9%) Stahlrohre DN12-50, Formstücke, Rohrdämmung (645m), Kernbohrungen (12St), Schlitze (35m), Absperr-/Regulierventile (18St)	1.624,44 m² BGF	72.271	**44,49**	
423	**Raumheizflächen**	1.624,44 m² BGF	92.812	**57,13**	32,6
	• Abbrechen (Kosten: 5,0%) Abbruch von Heizkörpern (16St), Kachelöfen (6St), Ofen (1St); Entsorgung, Deponiegebühren	1.624,44 m² BGF	4.655	**2,87**	
	• Herstellen (Kosten: 95,0%) Badheizkörper (14St), Ventilheizkörper (34St), Fußbodenheizung, EPS-Klettplatten WLS 032, d=25mm (192m²), PE-Xa-Rohre 16x2mm (1.026m), Verteiler, sechs Heizkreise (3St), Thermoantriebe (15St), EPS-Systemverlegeplatten, d=25mm (61m²), Alu-Wärmeleitlamellen (293St), PE-Xa-Rohre 14x2mm (307m)	1.624,44 m² BGF	88.158	**54,27**	
429	**Sonstiges zur KG 420**	1.624,44 m² BGF	25.021	**15,40**	8,8
	• Abbrechen (Kosten: 82,6%) Abbruch von Schornsteinen (19m³); Entsorgung, Deponiegebühren	1.624,44 m² BGF	20.678	**12,73**	
	• Herstellen (Kosten: 17,4%) Abgassystem für Gas-Brennwertkesselanlage (1St), Abgasrohre, D=110mm (19m)	1.624,44 m² BGF	4.343	**2,67**	
430	**Raumlufttechnische Anlagen**				**100,0**
431	**Lüftungsanlagen**	1.624,44 m² BGF	19.610	**12,07**	100,0
	• Herstellen (Kosten: 100,0%) Einzelraumlüfter (13St), Wickelfalzrohre DN80-125, Formstücke (57m), Alu-Flexrohre DN80 (14m), Rohrschalldämpfer (13St), Brandschotts (12St), Kondensatleitungen DN15 (3St)	1.624,44 m² BGF	19.610	**12,07**	
440	**Elektrische Anlagen**				**100,0**
442	**Eigenstromversorgungsanlagen**	1.624,44 m² BGF	13.514	**8,32**	5,2
	• Herstellen (Kosten: 100,0%) Vorbereitung für Photovoltaikanlage, Trägerschienen, Ständer (psch)	1.624,44 m² BGF	13.514	**8,32**	
444	**Niederspannungsinstallationsanlagen**	1.624,44 m² BGF	221.944	**136,63**	86,0
	• Abbrechen (Kosten: 0,6%) Abbruch von Elektroleitungen, Installationsgeräten (psch); Entsorgung, Deponiegebühren	1.624,44 m² BGF	1.250	**0,77**	
	• Herstellen (Kosten: 99,4%) Zählerschrank (1St), Kleinverteiler (12St), SLS Schalter (12St), Kombiableiter (1St), FI-Schalter (3St), Sicherungen (36St), Astroschaltuhr (1St), Mantelleitungen NYM (7.557m), Starkstromkabel NYY (37m), Leerrohre (100m), Kabelrinnen (33m), Schlitze (749m), Durchbohrungen (231St), Steckdosen (461St), Schalter/Taster (207St), Lichtauslässe (156St), Herdanschlussdosen (12St), Raumthermostate (11St)	1.624,44 m² BGF	220.695	**135,86**	

KG	Kostengruppe	Menge Einheit	Kosten €	€/Einheit	%
445	**Beleuchtungsanlagen**	1.624,44 m² BGF	19.644	**12,09**	7,6
	• Abbrechen (Kosten: 1,8%) Abbruch von Leuchtstoffröhren (13St), Deckenleuchten (7St), Rasterdeckenleuchten (4St); Entsorgung, Deponiegebühren	1.624,44 m² BGF	354	**0,22**	
	• Herstellen (Kosten: 98,2%) LED-Decken-/Wandleuchten (21St), LED-Außenwandleuchten (18St), Pendelleuchte, fünfflammig (1St), LED-Ovalleuchten (4St), LED-Lichtprofile, l=3m (4St)	1.624,44 m² BGF	19.290	**11,87**	
446	**Blitzschutz- und Erdungsanlagen**	1.624,44 m² BGF	3.121	**1,92**	1,2
	• Herstellen (Kosten: 100,0%) Tiefenerder V4A (1St), Haupterdungsschiene (1St), Schutzausgleichsverbindung Heizung (psch)	1.624,44 m² BGF	3.121	**1,92**	
450	**Kommunikations-, sicherheits- und informationstechnische Anlagen**				**100,0**
452	**Such- und Signalanlagen**	1.624,44 m² BGF	12.392	**7,63**	26,3
	• Herstellen (Kosten: 100,0%) Sprechanlage, elf Wohnungsstationen, zwei Türstationen, elf Etagenrufe (1St), Installationskabel J-Y(ST)Y (400m)	1.624,44 m² BGF	12.392	**7,63**	
455	**Audiovisuelle Medien- u. Antennenanl.**	1.624,44 m² BGF	9.721	**5,98**	20,7
	• Abbrechen (Kosten: 0,3%) Abbruch von Antennenmast (1St); Entsorgung, Deponiegebühren	1.624,44 m² BGF	31	**0,02**	
	• Herstellen (Kosten: 99,7%) Stammleitungsverteiler (11St), Koaxialkabel (750m), BK-Antennendosen (26St)	1.624,44 m² BGF	9.690	**5,97**	
457	**Datenübertragungsnetze**	1.624,44 m² BGF	24.935	**15,35**	53,0
	• Herstellen (Kosten: 100,0%) Kommunikationsverteiler (11St), LAN-Kabel Cat7 (1.100m), Datenanschlussdosen Cat6a (72St), Anschlussmodule Cat6a (94St), LAN-Verbinder Cat6a (8St)	1.624,44 m² BGF	24.935	**15,35**	
510	**Erdbau**				**100,0**
511	**Herstellung**	82,12 m³ EBR	16.621	**202,40**	100,0
	• Herstellen (Kosten: 100,0%) Bodenaushub BK 3-4, mit Bauschutt durchmischt, abfahren (42m³), Grabenaushub BK 3-5, t bis 1,54m, lagern, verfüllen (36m²), abfahren (4m³)	82,12 m³ EBR	16.621	**202,40**	
520	**Gründung, Unterbau**				**100,0**
524	**Abdichtungen und Bekleidungen**	1,44 m²	62	**43,11**	100,0
	• Herstellen (Kosten: 100,0%) Schottertragschicht, d=30cm, für Rampe, Treppe, L-Steine (1m²)	1,44 m²	62	**43,11**	
530	**Oberbau, Deckschichten**				**100,0**
531	**Wege**	14,75 m²	5.185	**351,53**	14,4
	• Wiederherstellen (Kosten: 88,9%) Mosaikpflaster aufnehmen, lagern, neu verlegen (13m²)	12,65 m²	4.610	**364,45**	
	• Herstellen (Kosten: 11,1%) Trittplatten 35x60x4cm (2m²)	2,10 m²	575	**273,71**	

KG	Kostengruppe	Menge Einheit	Kosten €	€/Einheit	%
533	**Plätze, Höfe, Terrassen**	58,40 m²	27.178	**465,38**	75,7
	• Abbrechen (Kosten: 9,0%) Aufnehmen und Lagern von Ziegelpflaster (36m²), Abbruch von Ziegelpflaster (22m²); Entsorgung, Deponiegebühren	57,99 m²	2.450	**42,26**	
	• Herstellen (Kosten: 91,0%) Feinplanum, Schottertragschicht, d=30cm, Splittbett, d=4cm, Betonpflaster (50m²), Ziegelpflaster, Lagermaterial (8m²), Randeinfassungen, Betonpflaster (44m), Ziegelpflaster (16m), Betonbordsteine (8m)	58,40 m²	24.728	**423,42**	
539	**Sonstiges zur KG 530**	73,15 m² BFF	3.543	**48,44**	9,9
	• Herstellen (Kosten: 100,0%) Kiestraufe 8/16mm, b=30cm (7m², Betonbordsteine (24m)	60,50 m² BFF	3.543	**58,57**	
540	**Baukonstruktionen**				**100,0**
543	**Wandkonstruktionen**	2,00 m²	980	**489,93**	26,9
	• Herstellen (Kosten: 100,0%) Beton-Winkelstützwände, h=40-60cm (2m²)	2,00 m²	980	**489,93**	
544	**Rampen, Treppen, Tribünen**	1,44 m²	2.666	**1.851,20**	73,1
	• Herstellen (Kosten: 100,0%) Betonblockstufen, b=90cm (3St), Ortbetonrampe C20/25, 90x70cm (1St)	1,44 m²	2.666	**1.851,20**	
550	**Technische Anlagen**				**100,0**
551	**Abwasseranlagen**	161,15 m² AF	40.451	**251,01**	100,0
	• Herstellen (Kosten: 100,0%) PVC-Rohre DN110-200, Formstücke, Sandbett (45m), Rückstau-Hebeanlage, PE-Schacht LW1.000 (1St), PE-Druckrohre DN80, Formstücke (5m), PP-Schacht DN600, t=1,50m, Schachtabdeckung (1St), Entwässerungsrinnen, Polymerbeton, l=1m, Stegroste (2St), Hofablauf (1St)	161,15 m² AF	40.451	**251,01**	
570	**Vegetationsflächen**				**100,0**
571	**Vegetationstechn. Bodenbearbeitung**	54,30 m²	5.259	**96,85**	78,8
	• Herstellen (Kosten: 100,0%) Oberboden liefern, auftragen, d=30cm (16m³)	54,30 m²	5.259	**96,85**	
573	**Pflanzflächen**	–	1.416	**–**	21,2
	• Abbrechen (Kosten: 100,0%) Roden von Vegetation (psch); Entsorgung, Deponiegebühren	–	1.416	**–**	
590	**Sonstige Maßnahmen für Außenanlagen und Freiflächen**				**100,0**
591	**Baustelleneinrichtung**	161,15 m² AF	3.749	**23,26**	100,0
	• Herstellen (Kosten: 100,0%) Baustelleneinrichtungen (3St)	161,15 m² AF	3.749	**23,26**	

6100-1753
Mehrfamilienhaus
(8 WE)

Instandsetzung

Kostenkennwerte für die Kosten des Bauwerks (Kostengruppen 300+400 nach DIN 276)

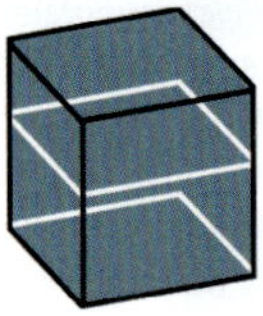

BRI 357€/m³

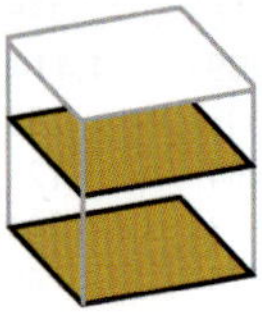

BGF 1.124€/m²

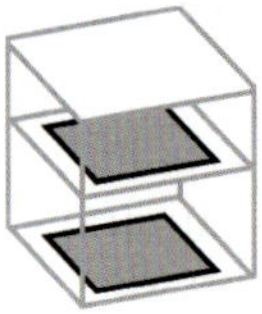

NUF 1.706€/m²

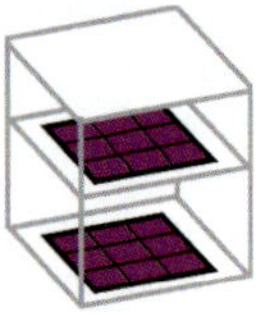

NE 2.249€/NE

NE: Wohnfläche

Objekt:
Kennwerte: 3. Ebene DIN 276
BRI: 3.468 m³
BGF: 1.102 m²
NUF: 726 m²
Bauzeit: 83 Wochen
Bauende: 2023
Standard: mittel
Bundesland: Niedersachsen
Kreis: Braunschweig, Stadt

Architekt*in:
Ahola Architekten
Steinweg 4
38100 Braunschweig

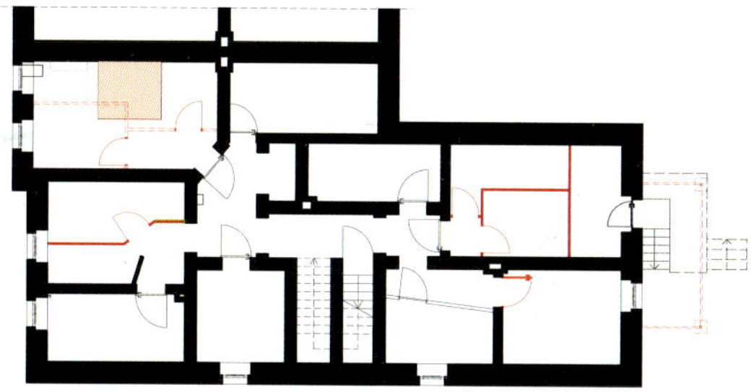

Untergeschoss

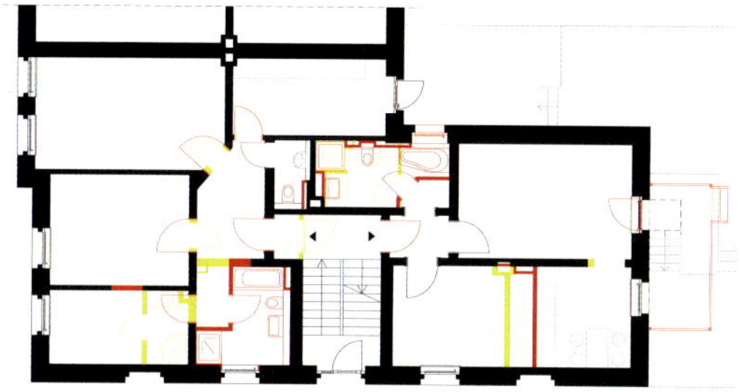

Erdgeschoss

1. Obergeschoss

2. Obergeschoss

3. Obergeschoss

6100-1753
Mehrfamilienhaus
(8 WE)

Instandsetzung

Objektbeschreibung

Allgemeine Objektinformationen

In einem Mehrfamilienhaus aus der Gründerzeit wurden sechs von acht Wohnungen und das Treppenhaus saniert. Kleinere Grundrissveränderungen verbessern die Wohnqualität. Bei den straßenseitigen Wohnungen entstanden neue Bäder mit Tageslicht, die alten Bäder wurden zu Gäste-WCs umgebaut. Die gartenseitigen Wohnungen erhielten großzügige Balkone. Zwei Wohnungen sind bewohnt und wurden nicht saniert.

Nutzung

1 Untergeschoss
Abstellräume, Technikräume

1 Erdgeschoss
zwei Wohnungen, ein Balkon

3 Obergeschosse
je zwei Wohnungen, ein Balkon

1 Dachgeschoss
Kaltboden

Nutzeinheiten

Wohneinheiten: 8
Wohnfläche: 551 m²

Grundstück

Bauraum: Beengter Bauraum
Neigung: Ebenes Gelände

Markt

Hauptvergabezeit: 1. Quartal 2022
Baubeginn: 2. Quartal 2022
Bauende: 4. Quartal 2023
Konjunkturelle Gesamtlage: über Durchschnitt
Regionaler Baumarkt: Durchschnitt

Besonderer Kosteneinfluss Markt
Die Abbrucharbeiten wurden vorgezogen Ende 2021 durchgeführt.

Baubestand

Baujahr: 1892
Bauzustand: mittel
Aufwand: hoch
Grundrissänderungen: einige
Tragwerkseingriffe: wenige
Nutzungsänderung: nein
Nutzung während der Bauzeit: ja

Baukonstruktion

Das Bestandsgebäude ist in Massivbauweise mit Holzbalkendecken errichtet. Wenige Wände wurden abgebrochen und neue GK-Wände errichtet. Nach Entfernen der Tapeten und Altbeschichtungen sowie nach Ausbesserungen am Putz erhielten die Wandflächen eine neue Beschichtung. Holztüren wurden überarbeitet und neu lackiert, die Wohnungseingangstüren erneuert. Vinylbeläge und Bodenfliesen ersetzen die alten Bodenbeläge. Die Deckenbekleidungen wurden entfernt und neue GK-Decken eingebaut. Die neuen Vorstellbalkone sind aus verzinktem Stahl, für den Zugang wurden drei Fenster zu Balkontüren vergrößert. An der Klinkerfassade wurden Fehlstellen ausgebessert.

Technische Anlagen

Die Abwasser- und Wasserleitungen sowie die Sanitärobjekte wurden erneuert. Das Warmwasser wird dezentral mit Durchlauferhitzern in den Wohnungen erzeugt. Die Zentralheizung wurde erst nach Beendigung dieser Maßnahme auf Fernwärme umgestellt. Alle Bestandsleitungen sind überprüft und größtenteils erneuert. Teilweise sind neue Heizkörper installiert. Die Elektroinstallation wurde neu verlegt. Das Gebäude ist mit einer Sprechanlage, Telefon- und Antennenverkabelung sowie einem Datenübertragungsnetz ausgerüstet.

Sonstiges

Die Schwierigkeit bei der Planung und Ausführung waren die zwei bewohnten Wohnungen. Für einen späteren Ausbau des Dachgeschosses wurden alle Leitungen und die Anschlüsse vorbereitet.

Energetische Kennwerte

Gesetzliche Grundlage: GEG 2020
Spez. Jahresprimärenergiebedarf: 174,30 kWh/(m²·a)
Spez. Jahresendenergiebedarf: 147,30 kWh/(m²·a)
CO_2-Emissionen: 40,96 kg/(m²·a)

Planungskennwerte für Flächen und Rauminhalte nach DIN 277

Flächen des Grundstücks		Menge Einheit	% an GF
BF	Bebaute Fläche	205,00 m²	41,0
UF	Unbebaute Fläche	295,00 m²	59,0
GF	Grundstücksfläche	500,00 m²	100,0

Grundflächen des Bauwerks		Menge Einheit	% an NUF	% an BGF
NUF	Nutzungsfläche	726,36 m²	100,0	65,9
TF	Technikfläche	23,04 m²	3,2	2,1
VF	Verkehrsfläche	133,42 m²	18,4	12,1
NRF	Netto-Raumfläche	882,82 m²	121,5	80,1
KGF	Konstruktions-Grundfläche	219,22 m²	30,2	19,9
BGF	Brutto-Grundfläche	1.102,04 m²	151,7	100,0

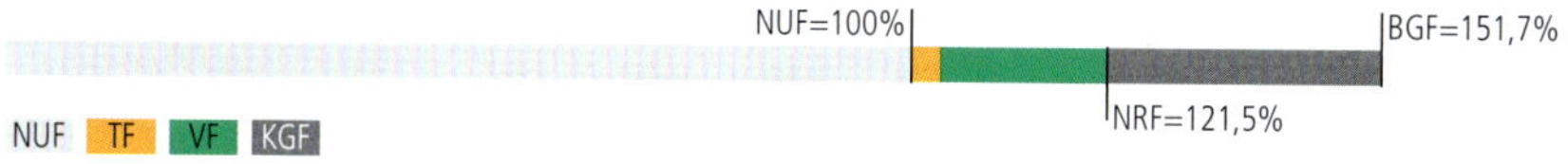

Brutto-Rauminhalt des Bauwerks		Menge Einheit	BRI/NUF (m)	BRI/BGF (m)
BRI	Brutto-Rauminhalt	3.467,72 m³	4,77	3,15

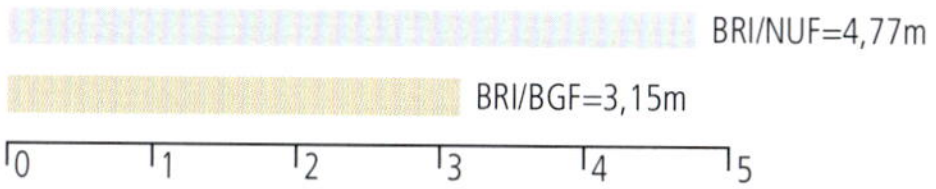

Lufttechnisch behandelte Flächen	Menge Einheit	% an NUF	% an BGF
Entlüftete Fläche	–	–	–
Be- und entlüftete Fläche	–	–	–
Teilklimatisierte Fläche	–	–	–
Klimatisierte Fläche	–	–	–

KG	Kostengruppen (2. Ebene)	Menge Einheit	Menge/NUF	Menge/BGF
310	Baugrube / Erdbau	–	–	–
320	Gründung, Unterbau	9,00 m² GRF	0,01	< 0,01
330	Außenwände/Vertikale Baukonstruktionen, außen	516,29 m² AWF	0,71	0,47
340	Innenwände/Vertikale Baukonstruktionen, innen	577,56 m² IWF	0,80	0,52
350	Decken/Horizontale Baukonstruktionen	447,68 m² DEF	0,62	0,41
360	Dächer	–	–	–

6100-1753
Mehrfamilienhaus
(8 WE)

Instandsetzung

Kostenkennwerte für die Kostengruppen der 1. Ebene DIN 276

KG	Kostengruppen (1. Ebene)	Einheit	Kosten €	€/Einheit	€/m² BGF	€/m³ BRI	% 300+400
100	Grundstück	m² GF	–	–	–	–	–
200	Vorbereitende Maßnahmen	m² GF	–	–	–	–	–
300	Bauwerk – Baukonstruktionen	m² BGF	707.455	641,95	641,95	204,01	57,1
400	Bauwerk – Technische Anlagen	m² BGF	531.447	482,24	482,24	153,26	42,9
	Bauwerk 300+400	**m² BGF**	**1.238.902**	**1.124,19**	**1.124,19**	**357,27**	**100,0**
500	Außenanlagen und Freiflächen	m² AF	–	–	–	–	–
600	Ausstattung und Kunstwerke	m² BGF	17.555	15,93	15,93	5,06	1,4
700	Baunebenkosten	m² BGF	–	–	–	–	–
800	Finanzierung	m² BGF	–	–	–	–	–

KG	Kostengruppe	Menge Einheit	Kosten €	€/Einheit	%
3+4	**Bauwerk**				**100,0**
300	**Bauwerk – Baukonstruktionen**	1.102,04 m² BGF	707.455	**641,95**	57,1

- Abbrechen (Kosten: 13,5%) 95.567
  Abbruch von Brüstungen, Fenstern; Mauerwerk, GK-Wänden, Holztüren, Tapete, Wandfliesen; Laminat, Parkett, PVC, Linoleum, Bodenfliesen, Teppich, Holzdecken, GK-Decken; Einbauküche; Entsorgung, Deponiegebühren
- Wiederherstellen (Kosten: 12,2%) 86.314
  Sockelmauerwerk ertüchtigen, Haustür mit Glaseinsätzen instandsetzen, Terrassen-Fenstertür neu beschichten, Holzfensterleisten/-bänke neu beschichten, Klinkerfassade ausbessern, Putz überarbeiten; Fehlstellen im Mauerwerk ergänzen, Türen überarbeiten, neu beschichten, Gipsputz ausbessern, Wandflächen ausbessern, Flecken überarbeiten; Span-/OSB-Platten nachschrauben, schadhafte Holzdielen/OSB-Platten erneuern, Estrich ausbessern, Türschwellen ergänzen, Deckenflächen ausbessern
- Herstellen (Kosten: 74,3%) 525.575
  Stb-Einzelfundamente; Holzfenster; Öffnungen herstellen, schließen, GK-Wände, Holztüren, Wohnungseingangstüren, Gipsputz, Spachtelung Q3, Dispersionsbeschichtung, Wandfliesen; Deckendurchbrüche, Trockenestrich, Vinylbelag, Bodenfliesen, GK-Decken, Stahlbalkonanlage, Stahltreppe

KG	Kostengruppe	Menge Einheit	Kosten €	€/Einheit	%
400	**Bauwerk – Technische Anlagen**	1.102,04 m² BGF	531.447	**482,24**	42,9

- Abbrechen (Kosten: 3,6%) 18.870
  Abbruch von Schmutzwasserleitungen, Trinkwasserleitungen, Sanitärobjekten; Heizleitungen, Heizkörpern, Schornstein; Entsorgung, Deponiegebühren
- Wiederherstellen (Kosten: 7,8%) 41.446
  Druck und Dichtheit von Bestandsleitungen prüfen, Schellen erneuern, Heizungsrohre neu lackieren
- Herstellen (Kosten: 88,7%) 471.131
  Gebäudeentwässerung, Kaltwasserleitungen, Sanitärobjekte, Durchlauferhitzer; Heizungsrohre, Heizkörper; Einzelraumlüfter; Elektroinstallation, Außenbeleuchtung; Telefonverkabelung, Sprechanlage, Antennenverkabelung, Rauchmelder, Datenübertragungsnetz

KG	Kostengruppe	Menge Einheit	Kosten €	€/Einheit	%
600	**Ausstattung und Kunstwerke**	1.102,04 m² BGF	17.555	**15,93**	1,4

- Abbrechen (Kosten: 0,9%) 155
  Abbruch von Duschtrennwand; Entsorgung, Deponiegebühren
- Herstellen (Kosten: 99,1%) 17.401
  WC-Papierhalter, Duschtrennwände

Kostenkennwerte für die Kostengruppen der 2.Ebene DIN 276

KG	Kostengruppe	Menge Einheit	Kosten €	€/Einheit	%
300	**Bauwerk – Baukonstruktionen**				**100,0**
320	**Gründung, Unterbau**	9,00 m^2 GRF	2.702	**300,19**	0,4
	• Herstellen (Kosten: 100,0%) Stb-Einzelfundamente, für Balkone (2St)	9,00 m^2 GRF	2.702	**300,19**	
330	**Außenwände/Vert. Baukonstrukt., außen**	516,29 m^2 AWF	112.601	**218,10**	15,9
	• Abbrechen (Kosten: 20,9%) Abbruch von Brüstungsmauerwerk (5m^2) * Holz-/Kunststofffenstern (13m^2) * Tapete (410m^2), Wandfliesen (5m^2); Entsorgung, Deponiegebühren	432,94 m^2 AWF	23.514	**54,31**	
	• Wiederherstellen (Kosten: 25,4%) Sockelmauerwerk ertüchtigen (psch) * Haustür mit Glaseinsätzen instandsetzen, Beschichtung erneuern, Glasfüllung tauschen (4m^2), Terrassen-Fenstertür neu beschichten (2m^2), Holzfensterleisten/-bänke neu beschichten (15h) * einzelne Klinker instandsetzen (12h), schadhafte Klinker erneuern (25h), Fugen erneuern (9h) * Putz ausbessern, Risse schließen, losen Putz erneuern (85h), Wandflächen ausbessern (429m^2), Flecken überarbeiten (36h)	482,60 m^2 AWF	28.562	**59,18**	
	• Herstellen (Kosten: 53,8%) Holzfenstertüren (12m^2), Holzfenster (4m^2) * Spachtelung Q3, Dispersionsbeschichtung (439m^2), GK-Vorsatzschalen (4m^2), Wandfliesen (8m^2)	446,71 m^2 AWF	60.525	**135,49**	
340	**Innenwände/Vert. Baukonstrukt., innen**	577,56 m^2 IWF	301.024	**521,20**	42,6
	• Abbrechen (Kosten: 13,5%) Abbruch von Mauerwerk (26m^2) * GK-Wänden (77m^2) * Holztüren (22m^2), Wohnungseingangstür (2m^2), Holztürblatt (2m^2) * Tapete (639m^2), Wandfliesen (45m^2); Entsorgung, Deponiegebühren	471,33 m^2 IWF	40.745	**86,45**	
	• Wiederherstellen (Kosten: 15,5%) Fehlstellen im Mauerwerk ergänzen (5h) * Türblatt verlängern, Bänder erneuern (1St), Türblätter kürzen (5St), Holztürblätter überarbeiten, Beschichtung erneuern (28m^2), Holzzargen überarbeiten, Beschichtung erneuern (26St) * Risse schließen, losen Putz erneuern (146h), Gipsputz ausbessern (148m^2), Wandflächen ausbessern (635m^2), Flecken überarbeiten (49h)	345,34 m^2 IWF	46.790	**135,49**	
	• Herstellen (Kosten: 70,9%) Öffnungen herstellen (24m^2), Öffnungen schließen, Ziegelmauerwerk (11m^2) * GK-Wände (78m^2), Öffnungen schließen, Ziegelmauerwerk (10m^2) * Holztüren (22m^2), Wohnungseingangstüren (17m^2) * Gipsputz (69m^2), Spachtelung Q3 (707m^2), GK-Vorsatzschalen (71m^2), GK-Bekleidungen (22m^2), Dispersionsbeschichtung (950m^2), Wandfliesen (73m^2)	549,85 m^2 IWF	213.489	**388,27**	

Instandsetzung

Instandsetzung

KG	Kostengruppe	Menge Einheit	Kosten €	€/Einheit	%
350	**Decken/Horizontale Baukonstruktionen**	447,68 m²DEF	279.950	**625,33**	39,6
	• Abbrechen (Kosten: 11,1%) Abbruch von Laminat, Parkett (222m²), PVC, Linoleum (168m²), Bodenfliesen (77m²), Teppich (65m²) * Tapete (257m²), Holzdecken (90m²), GK-Decken (22m²); Entsorgung, Deponiegebühren	531,58 m²DEF	31.205	**58,70**	
	• Wiederherstellen (Kosten: 3,9%) Span-/OSB-Platten nachschrauben (181m²), schadhafte Holzdielen/OSB-Platten erneuern (47h) * Estrich ausbessern (8h), Türschwellen ergänzen (8h) * Deckenflächen ausbessern (54m²)	–	10.962	–	
	• Herstellen (Kosten: 84,9%) Deckendurchbrüche, Brandschutzauskleidung (16St), Deckendurchbrüche ausbetonieren (58h) * OSB-Platten (85m²), Trockenestrich (20m²), Vinylbelag (357m²), Holzsockel (353m), Bodenfliesen (23m²) * GK-Decken, Dämmauflage (357m²), Spachtelung Q3 (54m²), Dispersionsbeschichtung (411m²) * Stahlbalkonanlage, Stahlstützen, vier Einzelbalkone, Werksteinbelag, Alu-Glasgeländer (36m²), Stahl-Wangentreppe, Geländer (1m²)	447,68 m²DEF	237.783	**531,14**	
380	**Baukonstruktive Einbauten**	1.102,04 m²BGF	103	**0,09**	< 0,1
	• Abbrechen (Kosten: 100,0%) Abbruch von Einbauküche (1St); Entsorgung, Deponiegebühren	1.102,04 m²BGF	103	**0,09**	
390	**Sonst. Maßnahmen für Baukonstrukt.**	1.102,04 m²BGF	11.076	**10,05**	1,6
	• Herstellen (Kosten: 100,0%) Baustelleneinrichtung (1St), Straßensperrung (psch), Bauleuchten (10St) * Gerüst (4Wo) * Notunterstützung für Stahlbetondecke (8m²) * Container für Abfall (2St), für Bauschutt (2St) * Staubwände (17m²), Abdeckungen (36m²)	1.102,04 m²BGF	11.076	**10,05**	
400	**Bauwerk – Technische Anlagen**				**100,0**
410	**Abwasser-, Wasser-, Gasanlagen**	1.102,04 m²BGF	254.863	**231,26**	48,0
	• Abbrechen (Kosten: 4,4%) Abbruch von Schmutzwasserleitungen (111m) * Trinkwasserleitungen (121m), Waschtischen, Armaturen (8St), WCs (3St), Badewanne (1St), Duschwannen (5St), Spüle (1St); Entsorgung, Deponiegebühren	1.102,04 m²BGF	11.091	**10,06**	
	• Herstellen (Kosten: 95,6%) PP-Rohre (152m) * Mehrschichtverbundrohre (266m), Edelstahlrohre (193m), Hauswasserstation (1St), Wand-WCs (8St), Waschtische (7St), Badewannen (6St), Duschwannen (6St), Durchlauferhitzer (12St), Außenarmatur (1St) * Montageelemente (20St)	1.102,04 m²BGF	243.772	**221,20**	
420	**Wärmeversorgungsanlagen**	1.102,04 m²BGF	121.013	**109,81**	22,8
	• Abbrechen (Kosten: 6,4%) Abbruch von Heizleitungen (46m) * Heizkörpern (27St) * Schornstein (3m³); Entsorgung, Deponiegebühren	1.102,04 m²BGF	7.779	**7,06**	
	• Wiederherstellen (Kosten: 34,2%) Druck und Dichtheit von Bestandsleitungen prüfen (14St), von Strängen (14St), Schellen erneuern (56St), Heizungsrohre neu lackieren (20h)	1.102,04 m²BGF	41.446	**37,61**	
	• Herstellen (Kosten: 59,3%) Kupferrohre (46m), Mehrschichtverbundrohre (46m), Rohrdämmung (396m) * Flachheizkörper (21St), Badheizkörper (7St), Dekorativheizkörper (4St)	1.102,04 m²BGF	71.788	**65,14**	

KG	Kostengruppe	Menge Einheit	Kosten €	€/Einheit	%
430	**Raumlufttechnische Anlagen**	1.102,04 m2 BGF	3.752	**3,40**	0,7
	• Herstellen (Kosten: 100,0%) Einzelraumlüfter (3St), Alu-Flexrohre (7m), Wickelfalzrohr (3m)	1.102,04 m2 BGF	3.752	**3,40**	
440	**Elektrische Anlagen**	1.102,04 m2 BGF	106.532	**96,67**	20,0
	• Herstellen (Kosten: 100,0%) Verteilerschrank (1St), Zählerschrank (1St), Kleinverteiler (9St), Mantelleitungen (342m), Stromkreiszuleitungen, l bis 10m (53St), Aderleitungen (38m), Geräteanschlussleitungen (20St), Steckdosen (363St), Schalter (83St), Herdanschlussdosen (8St), Bewegungsmelder (1St) * LED-Außenwandleuchten (5St) * Potenzialausgleich (1St), Mantelleitung (1m)	1.102,04 m2 BGF	106.532	**96,67**	
450	**Kommunikationstechnische Anlagen**	1.102,04 m2 BGF	29.627	**26,88**	5,6
	• Herstellen (Kosten: 100,0%) Fernmeldekabel (30m), Telefonanschlussdosen (8St), GF-Teilnehmeranschluss (1St) * Bus-Sprechanlage, Türstation (1St), BUS-Haustelefone (8St), Freisprechstellen (8St), Taster (21St), Türlautsprecher (2St), Installationskabel (68m) * Koaxialkabel (45m), Antennenanschlussdosen (20St) * Rauchmelder (7St) * Multimediaverteiler (7St), LWL-Kabel (30m), Datenanschlussdosen RJ45 (19St)	1.102,04 m2 BGF	29.627	**26,88**	
490	**Sonst. Maßnahmen für techn. Anlagen**	1.102,04 m2 BGF	15.660	**14,21**	2,9
	• Herstellen (Kosten: 100,0%) Baustelleneinrichtung, Rüstzeiten (psch) * Abdeckungen mit Schutzvlies (98m2)	1.102,04 m2 BGF	15.660	**14,21**	
600	**Ausstattung und Kunstwerke**				**100,0**
610	**Allgemeine Ausstattung**	1.102,04 m2 BGF	17.555	**15,93**	100,0
	• Abbrechen (Kosten: 0,9%) Abbruch von Duschtrennwand (1St); Entsorgung, Deponiegebühren	1.102,04 m2 BGF	155	**0,14**	
	• Herstellen (Kosten: 99,1%) WC-Papierhalter (9St), Duschtrennwände mit Pendeltüren (6St), mit Seitenwand (1St), mit Eckeinstieg (1St)	1.102,04 m2 BGF	17.401	**15,79**	

Kostenkennwerte für die Kostengruppen 300 der 2. und 3. Ebene DIN 276 (Übersicht)

KG	Kostengruppe	Menge Einheit	Kosten €	€/Einheit	% an 3+4
300	**Bauwerk – Baukonstruktionen**	**1.102,04 m² BGF**	**707.455,37**	**641,95**	**57,1**
310	**Baugrube / Erdbau**	**–**	**–**	**–**	**–**
311	Herstellung	–	–	–	–
312	Umschließung	–	–	–	–
313	Wasserhaltung	–	–	–	–
314	Vortrieb	–	–	–	–
319	Sonstiges zur KG 310	–	–	–	–
320	**Gründung, Unterbau**	**9,00 m² GRF**	**2.701,67**	**300,19**	**0,2**
321	Baugrundverbesserung	–	–	–	–
322	Flachgründungen und Bodenplatten	9,00 m²	2.701,67	300,19	0,2
323	Tiefgründungen	–	–	–	–
324	Gründungsbeläge	–	–	–	–
325	Abdichtungen und Bekleidungen	–	–	–	–
326	Dränagen	–	–	–	–
329	Sonstiges zur KG 320	–	–	–	–
330	**Außenwände/Vert. Baukonstrukt., außen**	**516,29 m² AWF**	**112.601,33**	**218,10**	**9,1**
331	Tragende Außenwände	–	7.057,73	–	0,6
332	Nichttragende Außenwände	–	–	–	–
333	Außenstützen	–	–	–	–
334	Außenwandöffnungen	69,58 m²	28.096,61	403,80	2,3
335	Außenwandbekleidungen, außen	–	5.489,42	–	0,4
336	Außenwandbekleidungen, innen	446,71 m²	71.957,56	161,08	5,8
337	Element. Außenwandkonstruktionen	–	–	–	–
338	Lichtschutz zur KG 330	–	–	–	–
339	Sonstiges zur KG 330	–	–	–	–
340	**Innenwände/Vert. Baukonstrukt., innen**	**577,56 m² IWF**	**301.023,53**	**521,20**	**24,3**
341	Tragende Innenwände	34,45 m²	35.074,66	1.018,13	2,8
342	Nichttragende Innenwände	87,55 m²	19.443,38	222,08	1,6
343	Innenstützen	–	–	–	–
344	Innenwandöffnungen	65,95 m²	79.996,32	1.212,98	6,5
345	Innenwandbekleidungen	1.023,22 m²	166.509,19	162,73	13,4
346	Elementierte Innenwandkonstruktionen	–	–	–	–
347	Lichtschutz zur KG 340	–	–	–	–
349	Sonstiges zur KG 340	–	–	–	–
350	**Decken/Horizontale Baukonstruktionen**	**447,68 m² DEF**	**279.949,69**	**625,33**	**22,6**
351	Deckenkonstruktionen	–	22.860,17	–	1,8
352	Deckenöffnungen	–	–	–	–
353	Deckenbeläge	380,20 m²	82.647,81	217,38	6,7
354	Deckenbekleidungen	410,68 m²	78.693,48	191,62	6,4
355	Elementierte Deckenkonstruktionen	37,00 m²	95.748,25	2.587,79	7,7
359	Sonstiges zur KG 350	–	–	–	–
360	**Dächer**	**–**	**–**	**–**	**–**
361	Dachkonstruktionen	–	–	–	–
362	Dachöffnungen	–	–	–	–
363	Dachbeläge	–	–	–	–
364	Dachbekleidungen	–	–	–	–
365	Elementierte Dachkonstruktionen	–	–	–	–
366	Lichtschutz zur KG 360	–	–	–	–
369	Sonstiges zur KG 360	–	–	–	–
370	**Infrastrukturanlagen**	**–**	**–**	**–**	**–**
380	**Baukonstruktive Einbauten**	**1.102,04 m² BGF**	**103,02**	**0,09**	**< 0,1**
390	**Sonst. Maßnahmen für Baukonstrukt.**	**1.102,04 m² BGF**	**11.076,14**	**10,05**	**0,9**

Kostenkennwerte für die Kostengruppen 400 der 2. und 3. Ebene DIN 276 (Übersicht)

KG	Kostengruppe	Menge Einheit	Kosten €	€/Einheit	% an 3+4
400	**Bauwerk – Technische Anlagen**	**1.102,04 m²BGF**	**531.447,03**	**482,24**	**42,9**
410	**Abwasser-, Wasser-, Gasanlagen**	**1.102,04 m²BGF**	**254.862,85**	**231,26**	**20,6**
411	Abwasseranlagen	1.102,04 m²BGF	61.906,28	56,17	5,0
412	Wasseranlagen	1.102,04 m²BGF	184.431,85	167,35	14,9
413	Gasanlagen	–	–	–	–
419	Sonstiges zur KG 410	1.102,04 m²BGF	8.524,73	7,74	0,7
420	**Wärmeversorgungsanlagen**	**1.102,04 m²BGF**	**121.013,36**	**109,81**	**9,8**
421	Wärmeerzeugungsanlagen	–	–	–	–
422	Wärmeverteilnetze	1.102,04 m²BGF	80.901,34	73,41	6,5
423	Raumheizflächen	1.102,04 m²BGF	37.529,49	34,05	3,0
424	Verkehrsheizflächen	–	–	–	–
429	Sonstiges zur KG 420	1.102,04 m²BGF	2.582,50	2,34	0,2
430	**Raumlufttechnische Anlagen**	**1.102,04 m²BGF**	**3.752,32**	**3,40**	**0,3**
431	Lüftungsanlagen	1.102,04 m²BGF	3.752,32	3,40	0,3
432	Teilklimaanlagen	–	–	–	–
433	Klimaanlagen	–	–	–	–
434	Kälteanlagen	–	–	–	–
439	Sonstiges zur KG 430	–	–	–	–
440	**Elektrische Anlagen**	**1.102,04 m²BGF**	**106.531,83**	**96,67**	**8,6**
441	Hoch- und Mittelspannungsanlagen	–	–	–	–
442	Eigenstromversorgungsanlagen	–	–	–	–
443	Niederspannungsschaltanlagen	–	–	–	–
444	Niederspannungsinstallationsanlagen	1.102,04 m²BGF	103.784,30	94,17	8,4
445	Beleuchtungsanlagen	1.102,04 m²BGF	2.412,72	2,19	0,2
446	Blitzschutz- und Erdungsanlagen	1.102,04 m²BGF	334,82	0,30	< 0,1
447	Fahrleitungssysteme	–	–	–	–
449	Sonstiges zur KG 440	–	–	–	–
450	**Kommunikationstechnische Anlagen**	**1.102,04 m²BGF**	**29.627,14**	**26,88**	**2,4**
451	Telekommunikationsanlagen	1.102,04 m²BGF	3.238,38	2,94	0,3
452	Such- und Signalanlagen	1.102,04 m²BGF	11.446,24	10,39	0,9
453	Zeitdienstanlagen	–	–	–	–
454	Elektroakustische Anlagen	–	–	–	–
455	Audiovisuelle Medien- u. Antennenanl.	1.102,04 m²BGF	6.128,31	5,56	0,5
456	Gefahrenmelde- und Alarmanlagen	1.102,04 m²BGF	625,99	0,57	< 0,1
457	Datenübertragungsnetze	1.102,04 m²BGF	8.188,25	7,43	0,7
458	Verkehrsbeeinflussungsanlagen	–	–	–	–
459	Sonstiges zur KG 450	–	–	–	–
460	**Förderanlagen**	**–**	**–**	**–**	**–**
461	Aufzugsanlagen	–	–	–	–
462	Fahrtreppen, Fahrsteige	–	–	–	–
463	Befahranlagen	–	–	–	–
464	Transportanlagen	–	–	–	–
465	Krananlagen	–	–	–	–
466	Hydraulikanlagen	–	–	–	–
469	Sonstiges zur KG 460	–	–	–	–
470	**Nutzungsspez. u. verfahrenstechn. Anl.**	**–**	**–**	**–**	**–**
480	**Gebäude- und Anlagenautomation**	**–**	**–**	**–**	**–**
490	**Sonst. Maßnahmen für techn. Anlagen**	**1.102,04 m²BGF**	**15.659,50**	**14,21**	**1,3**

Kostenkennwerte für die Kostengruppen der 3. Ebene DIN 276

KG	Kostengruppe	Menge Einheit	Kosten €	€/Einheit	%
320	**Gründung, Unterbau**				**100,0**
322	**Flachgründungen und Bodenplatten**	9,00 m²	2.702	**300,19**	100,0
	• Herstellen (Kosten: 100,0%) Fundamentaushub, Stb-Einzelfundamente, Schalung, Bewehrung, für Balkone (2St)	9,00 m²	2.702	**300,19**	
330	**Außenwände/Vertikale Baukonstruktionen, außen**				**100,0**
331	**Tragende Außenwände**	–	7.058	–	6,3
	• Abbrechen (Kosten: 73,5%) Abbruch von Brüstungsmauerwerk, d=57cm, Trennschnitte (5m²); Entsorgung, Deponiegebühren	4,73 m²	5.185	**1.096,19**	
	• Wiederherstellen (Kosten: 26,5%) Sockelmauerwerk ertüchtigen (psch)	–	1.873	–	
334	**Außenwandöffnungen**	69,58 m²	28.097	**403,80**	25,0
	• Abbrechen (Kosten: 8,6%) Abbruch von Holz-/Kunststofffenstern (13m²); Entsorgung, Deponiegebühren	13,17 m²	2.411	**183,05**	
	• Wiederherstellen (Kosten: 14,1%) Haustür mit Glaseinsätzen instandsetzen, beidseitig Altbeschichtung abschleifen, Fehlstellen spachteln, lackieren, defekte Glasfüllung tauschen (4m²), Terrassen-Fenstertür anschleifen, Beschichtung beidseitig erneuern (2m²), Holzfensterleisten/-bänke überarbeiten, anschleifen, neu beschichten (15h)	53,54 m²	3.948	**73,73**	
	• Herstellen (Kosten: 77,4%) Stichbogen-Holzfenstertüren, Ug=1,1W/m²K, Drehkipp (12m²), Stichbogen-Holzfenster, Ug=1,1W/m²K, Drehkipp (4m²), Fensterbänke außen, Granit (3St)	16,04 m²	21.738	**1.355,24**	
335	**Außenwandbekleidungen, außen**	–	5.489	–	4,9
	• Wiederherstellen (Kosten: 100,0%) Klinker einzeln ausstemmen, Verzahnung herstellen, Klinker reinigen, wieder einbauen (12h), 35 schadhafte Klinker erneuern (25h), Fugen erneuern (9h)	–	5.489	–	
336	**Außenwandbekleidungen, innen**	446,71 m²	71.958	**161,08**	63,9
	• Abbrechen (Kosten: 22,1%) Abbruch von Tapete (410m²), Wandfliesen (5m²); Entsorgung, Deponiegebühren	415,04 m²	15.919	**38,35**	
	• Wiederherstellen (Kosten: 24,0%) Putz ausbessern, Risse schließen, losen Putz abschlagen, ergänzen (85h), Wandflächen reinigen, lose Farbteile entfernen, Fehlstellen ausbessern (429m²), Flecken überarbeiten (36h)	429,06 m²	17.252	**40,21**	
	• Herstellen (Kosten: 53,9%) Spachtelung Q3, Dispersionsbeschichtung (439m²), in Laibungen (183m), GK-Vorsatzschalen (4m²), GK-Nische (1St), GK-Laibungsaufdopplungen (11m), Abdichtung, Wandfliesen (8m²), als Fensterbank (4m), Tapete (12h)	446,71 m²	38.787	**86,83**	

KG	Kostengruppe	Menge Einheit	Kosten €	€/Einheit	%
340	**Innenwände/Vertikale Baukonstruktionen, innen**				**100,0**
341	**Tragende Innenwände**	34,45 m2	35.075	**1.018,13**	11,7
	• Abbrechen (Kosten: 14,6%) Abbruch von Mauerwerk, d=15cm (25m2), Türlaibungen (1m2); Entsorgung, Deponiegebühren	25,55 m2	5.117	**200,26**	
	• Wiederherstellen (Kosten: 2,5%) Fehlstellen im Mauerwerk ergänzen (5h)	–	879	–	
	• Herstellen (Kosten: 82,9%) Öffnungen herstellen, d=24cm, Trennschnitte, mit Sturzträger 2xHEB100, Ausmauerungen, Streckmetallumspannungen (18m2), mit Betonstürzen (6m2), Öffnungen schließen, Ziegelmauerwerk, d=24cm (11m2)	35,45 m2	29.079	**820,27**	
342	**Nichttragende Innenwände**	87,55 m2	19.443	**222,08**	6,5
	• Abbrechen (Kosten: 23,2%) Abbruch von GK-Wänden (77m2); Entsorgung, Deponiegebühren	76,97 m2	4.520	**58,72**	
	• Herstellen (Kosten: 76,8%) GK-Metallständerwände, d=12,5cm, beidseitig doppelt beplankt, Mineralwolldämmung, d=60mm (78m2), Öffnungen schließen, Ziegelmauerwerk, d=11,5cm (10m2)	87,55 m2	14.923	**170,45**	
344	**Innenwandöffnungen**	65,95 m2	79.996	**1.212,98**	26,6
	• Abbrechen (Kosten: 4,9%) Abbruch von Holztüren, Zargen (22m2), Wohnungseingangstür (2m2), Holztürblatt (2m2); Entsorgung, Deponiegebühren	26,45 m2	3.925	**148,40**	
	• Wiederherstellen (Kosten: 14,0%) Türblatt verlängern, Bänder erneuern (1St), Türblätter kürzen (5St), Holztürblätter überarbeiten, beidseitig Altbeschichtung anschleifen, Fehlstellen spachteln, lackieren (28m2), Holzzargen überarbeiten, anschleifen, Fehlstellen spachteln, lackieren (26St)	27,71 m2	11.203	**404,30**	
	• Herstellen (Kosten: 81,1%) Holztüren, Vollspaneinlage, Oberfläche lackiert, Profilzargen (20m2), mit drei Glasfeldern (2m2), Wohnungseingangstüren, Holz, Vollspaneinlage, R'w=30-34dB, Oberfläche lackiert, Holzzargen (17m2), Türdrücker (27St), Türschwellen (7St)	38,24 m2	64.868	**1.696,34**	
345	**Innenwandbekleidungen**	1.023,22 m2	166.509	**162,73**	55,3
	• Abbrechen (Kosten: 16,3%) Abbruch von Tapete (639m2), Wandfliesen (45m2); Entsorgung, Deponiegebühren	684,72 m2	27.182	**39,70**	
	• Wiederherstellen (Kosten: 20,8%) Risse schließen, losen Putz abschlagen, ergänzen (146h), Gipsputz ausbessern (148m2), Wandflächen reinigen, lose Farbteile entfernen, Fehlstellen ausbessern (635m2), Flecken überarbeiten (49h)	635,26 m2	34.707	**54,63**	
	• Herstellen (Kosten: 62,8%) Gipsputz (69m2), Installationsschlitze schließen (235m), Spachtelung Q3 (707m2), GK-Vorsatzschalen (71m2), GK-Bekleidungen (22m2), Dispersionsbeschichtung (950m2), Zierprofile (12m), Abdichtung, Wandfliesen (73m2), GK-Verkofferung (3m2), GK-Nische (1St), Tapete (16h)	1.023,22 m2	104.620	**102,25**	

Instandsetzung

KG	Kostengruppe	Menge Einheit	Kosten €	€/Einheit	%
350	**Decken/Horizontale Baukonstruktionen**				**100,0**
351	**Deckenkonstruktionen**	–	22.860	–	8,2
	• Wiederherstellen (Kosten: 39,0%) Span-/OSB-Platten nachschrauben (181m²), schadhafte Holzdielen/OSB-Platten ausbauen, OSB-Schalung einbauen, d=12-22mm (47h)	–	8.919	–	
	• Herstellen (Kosten: 61,0%) Deckendurchbrüche, Holzbalkendecken, Brandschutzauskleidung (16St), Deckendurchbrüche ausbetonieren, Schalung (58h)	–	13.941	–	
353	**Deckenbeläge**	380,20 m²	82.648	**217,38**	29,5
	• Abbrechen (Kosten: 21,6%) Abbruch von Laminat, Parkett (222m²), PVC, Linoleum (168m²), Bodenfliesen (77m²), Teppich (65m²), Holzsockeln (282m); Entsorgung, Deponiegebühren	531,58 m²	17.822	**33,53**	
	• Wiederherstellen (Kosten: 2,3%) Estrich ausbessern (8h), Türschwellen ergänzen (8h)	55,55 m²	1.910	**34,38**	
	• Herstellen (Kosten: 76,1%) OSB-Platten (85m²), Gipsfaser-Trockenestrich (20m²), Spachtelung (250m²), Abdichtung (7m²), Vinylbelag (357m²), Holzsockel (353m), Abdichtung, Bodenfliesen (23m²), Sockelfliesen (14m)	380,20 m²	62.916	**165,48**	
354	**Deckenbekleidungen**	410,68 m²	78.693	**191,62**	28,1
	• Abbrechen (Kosten: 17,0%) Abbruch von Tapete (257m²), abgehängten Holzdecken (90m²), GK-Decken (22m²); Entsorgung, Deponiegebühren	369,31 m²	13.382	**36,24**	
	• Wiederherstellen (Kosten: 0,2%) Deckenflächen reinigen, lose Farbteile entfernen, Fehlstellen ausbessern (54m²)	53,98 m²	133	**2,47**	
	• Herstellen (Kosten: 82,8%) GK-Decken, Mineralwoll-Dämmauflage, d=40mm (357m²), Spachtelung Q3 (54m²), Dispersionsbeschichtung (411m²)	410,68 m²	65.178	**158,71**	
355	**Elementierte Deckenkonstruktionen**	37,00 m²	95.748	**2.587,79**	34,2
	• Herstellen (Kosten: 100,0%) Stahlbalkonanlage, feuerverzinkt, Stahlstützen QR80, vier Einzelbalkone 4,50x2,00m, Stahlblechrahmen, Glattprofilblech, unterseitig Pulverbeschichtung, Werksteinbelag 40x40x4cm, Geländer, h=1,00m, Alu-Pfosten/Handläufe, Milchglasfüllungen (36m²), Austrittsbleche 100x35cm (psch), Alu-Wandanschlussprofile (18m), Stahl-Wangentreppe, feuerverzinkt, vier Steigungen, Stufenrahmen, Werksteinbelag, einseitig Geländer, Handlauf (1m²)	37,00 m²	95.748	**2.587,79**	
380	**Baukonstruktive Einbauten**				**100,0**
381	**Allgemeine Einbauten**	1.102,04 m² BGF	103	**0,09**	100,0
	• Abbrechen (Kosten: 100,0%) Abbruch von Einbauküche (1St); Entsorgung, Deponiegebühren	1.102,04 m² BGF	103	**0,09**	

KG	Kostengruppe	Menge Einheit	Kosten €	€/Einheit	%
390	**Sonstige Maßnahmen für Baukonstruktionen**				**100,0**
391	**Baustelleneinrichtung**	1.102,04 m²BGF	4.334	**3,93**	39,1
	• Herstellen (Kosten: 100,0%) Baustelleneinrichtung (1St), Straßensperrung (psch), Baufassungen, Leuchtmittel (10St)	1.102,04 m²BGF	4.334	**3,93**	
392	**Gerüste**	1.102,04 m²BGF	2.133	**1,94**	19,3
	• Herstellen (Kosten: 100,0%) Gerüst (4Wo)	1.102,04 m²BGF	2.133	**1,94**	
393	**Sicherungsmaßnahmen**	1.102,04 m²BGF	1.131	**1,03**	10,2
	• Herstellen (Kosten: 100,0%) Notunterstützung für Stahlbetondecke, Jochträger, Stahlsprieße (8m²)	1.102,04 m²BGF	1.131	**1,03**	
396	**Materialentsorgung**	1.102,04 m²BGF	2.640	**2,40**	23,8
	• Herstellen (Kosten: 100,0%) Container für Abfall (2St), für Bauschutt (2St); Entsorgung, Deponiegebühren	1.102,04 m²BGF	2.640	**2,40**	
397	**Zusätzliche Maßnahmen**	1.102,04 m²BGF	838	**0,76**	7,6
	• Herstellen (Kosten: 100,0%) Staubwände, Kanthölzer, PE-Folie (17m²), Abdeckungen mit PE-Folie (31m²), mit Malervlies (5m²)	1.102,04 m²BGF	838	**0,76**	
410	**Abwasser-, Wasser-, Gasanlagen**				**100,0**
411	**Abwasseranlagen**	1.102,04 m²BGF	61.906	**56,17**	24,3
	• Abbrechen (Kosten: 7,9%) Abbruch von Schmutzwasserleitungen DN50-100 (111m); Entsorgung, Deponiegebühren	1.102,04 m²BGF	4.864	**4,41**	
	• Herstellen (Kosten: 92,1%) PP-Rohre DN50-100, Formstücke, Rohrdämmung (152m), Rohrschotts (22St), Sifons (12St), Ablaufgarnituren (7St), Kernbohrungen (12St)	1.102,04 m²BGF	57.042	**51,76**	
412	**Wasseranlagen**	1.102,04 m²BGF	184.432	**167,35**	72,4
	• Abbrechen (Kosten: 3,4%) Abbruch von Trinkwasserleitungen bis DN50 (121m), Waschtischen, Armaturen (8St), WCs, Spülkästen (3St), Stahl-Badewanne (1St), Duschwannen (5St), Spüle, Unterschrank (1St); Entsorgung, Deponiegebühren	1.102,04 m²BGF	6.227	**5,65**	
	• Herstellen (Kosten: 96,6%) Mehrschichtverbundrohre DN12-15, Formstücke, Rohrdämmung (266m), Edelstahlrohre DN15-40, Formstücke, Rohrdämmung (193m), Brandschutzschalen (33m), Kernbohrungen (13St), Hauswasserstation (1St), Systemtrenner-Auslaufventile (2St), Freistromventile (15St), Wand-WCs (8St), Waschtische, Armaturen (7St), Badewannen (6St), Duschwannen (6St), Thermostate (11St), Wannen / Brausegarnituren (13St), Durchlauferhitzer 24kW (6St), 5,7kW (6St), Außenarmatur (1St)	1.102,04 m²BGF	178.205	**161,70**	
419	**Sonstiges zur KG 410**	1.102,04 m²BGF	8.525	**7,74**	3,3
	• Herstellen (Kosten: 100,0%) Montageelemente für WCs (6St), für Waschtische (6St), für Wasserzähler (8St)	1.102,04 m²BGF	8.525	**7,74**	

6100-1760
Mehrfamilienhaus (4 WE)

Instandsetzung

Kostenkennwerte für die Kosten des Bauwerks (Kostengruppen 300+400 nach DIN 276)

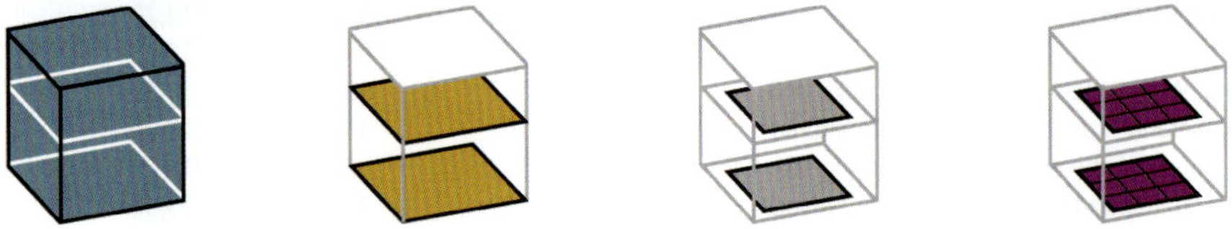

BRI	BGF	NUF	NE
396 €/m³	1.274 €/m²	2.145 €/m²	2.351 €/NE

NE: Wohnfläche

Objekt:
Kennwerte: 3.Ebene DIN 276
BRI: 3.157 m³
BGF: 981 m²
NUF: 582 m²
Bauzeit: 61 Wochen
Bauende: 2024
Standard: mittel
Bundesland: Sachsen-Anhalt
Kreis: Dessau-Roßlau, Stadt

Architekt*in:
ding.fest dessau
architektur & energieberatung
Kantstraße 7
06844 Dessau-Roßlau

Bauherr*in:
Faehre Immobilien GmbH
Heinrich-Heine-Straße 12
15537 Erkner

vorher

nachher

vorher

nachher

Ansicht Ost

Ansicht West

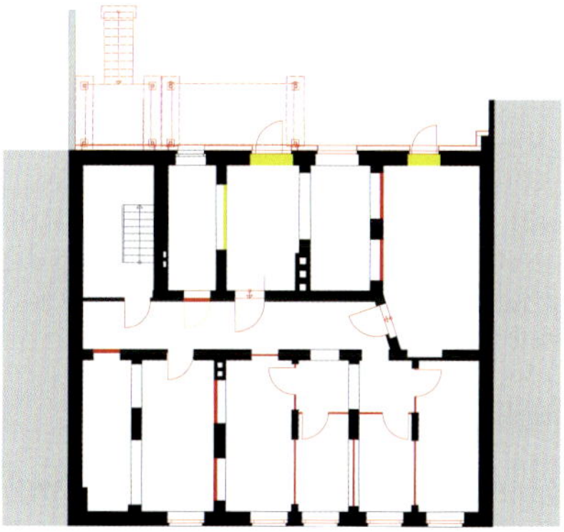

Untergeschoss

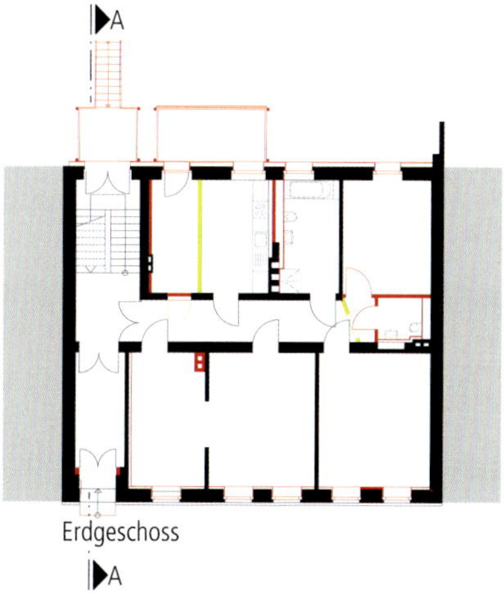

Erdgeschoss

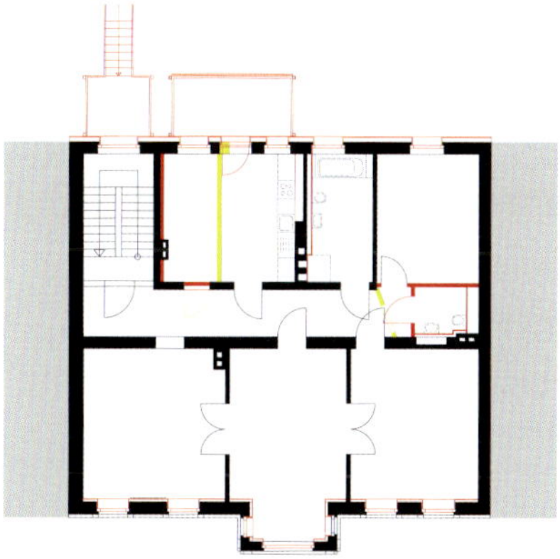

1.-2. Obergeschoss

Schnitt A-A

6100-1760
Mehrfamilienhaus
(4 WE)

Instandsetzung

Objektbeschreibung

Allgemeine Objektinformationen

Das Mehrfamilienhaus mit vier Wohngeschossen und Keller stammt aus dem Jugendstil. Der Mauerwerksbau mit einer Kappendecke über dem Keller, Holzbalkendecken und einem Mansarddach mit Flachdach wurde umfassend saniert und im Bauverlauf zum Einzeldenkmal erklärt.

Nutzung

1 Untergeschoss
Mieterkeller, Technikraum, Werkstatt, Fahrradkeller

1 Erdgeschoss
1 WE: Wohnzimmer, Küche, Schlafzimmer, Kinderzimmer, Arbeitszimmer, Bad, WC, Flur, Balkon

2 Obergeschosse
je 1 WE: Wohnzimmer, Küche, Schlafzimmer, Kinderzimmer, Arbeitszimmer, Bad, WC, Flur, Balkon

1 Dachgeschoss
1 WE: Wohnzimmer, Schlafzimmer, Kinderzimmer, Küche, Bad, WC, Flur, Balkon

Nutzeinheiten

Wohneinheiten: 4
Wohnfläche: 531 m²

Grundstück

Bauraum: Freier Bauraum
Neigung: Ebenes Gelände
Bodenklasse: BK 3 bis BK 4

Markt

Hauptvergabezeit: 4. Quartal 2022
Baubeginn: 1. Quartal 2023
Bauende: 1. Quartal 2024
Konjunkturelle Gesamtlage: über Durchschnitt
Regionaler Baumarkt: Durchschnitt

Besonderer Kosteneinfluss Markt
Starke Preissteigerungen bei Material, Einflüsse der Corona-Maßnahmen, Lieferengpässe

Baubestand

Baujahr: 1910
Bauzustand: mittel
Aufwand: hoch
Grundrissänderungen: einige
Tragwerkseingriffe: einige
Nutzungsänderung: nein
Nutzung während der Bauzeit: nein

Baukonstruktion

Die Straßenfassade mit Stuck- und Klinkerflächen wurde ausgebessert, neu beschichtet und innenseitig gedämmt. Hofseitig erhielt die Ziegelfassade ein Wärmedämmverbundsystem. Moderne Holzfenster mit Wärmeschutzverglasung ersetzen die alten Holzfenster. Hofseitig sind die Holzbalkone abgebrochen und durch eine Stahl-Balkonanlage ersetzt worden. Die Dachkonstruktion wurde verstärkt und mit Zellulosefasern gedämmt. Das Flachdach erhielt zusätzlich eine Aufdachdämmung mit Bitumenabdichtung. Die Biberschwanzdeckung am Mansarddach ist erneuert. Die Kappendecke über dem Kellergeschoss wurde teilweise mit armiertem Aufbeton stabilisiert. Im Inneren wurden die historischen Türen, die Dielenböden und die Holztreppe soweit möglich erhalten und aufwendig aufgearbeitet. In einem Teil der Wohnungen konnte der Deckenstuck vollständig erhalten bleiben.

Technische Anlagen

Die Wärmeversorgung erfolgt über eine Luft-Wasser-Wärmepumpe in Kombination mit einem Gasbrennwertgerät zur Abdeckung von Spitzenlasten. Die Beheizung der Räume übernehmen Planheizkörper. Die Elektroinstallation wurde vollständig erneuert. Auf dem Gebäude ist eine Photovoltaikanlage mit einer Leistung von 10kWp installiert, ergänzt durch einen Batteriespeicher und eine Mieterstromlösung zur direkten Versorgung der Bewohner. Die Warmwasserbereitung erfolgt dezentral über elektrische Durchlauferhitzer.

Energetische Kennwerte

Gesetzliche Grundlage: GEG 2020
Gebäudenutzfläche: 665,00 m²
Spez. Jahresprimärenergiebedarf: 34,30 kWh/(m²·a)
Spez. Jahresendenergiebedarf: 32,30 kWh/(m²·a)
CO_2-Emissionen: 10,70 kg/(m²·a)

Planungskennwerte für Flächen und Rauminhalte nach DIN 277

Flächen des Grundstücks		Menge Einheit	% an GF
BF	Bebaute Fläche	206,04 m²	28,4
UF	Unbebaute Fläche	520,23 m²	71,6
GF	Grundstücksfläche	726,27 m²	100,0

Grundflächen des Bauwerks		Menge Einheit	% an NUF	% an BGF
NUF	Nutzungsfläche	582,35 m²	100,0	59,4
TF	Technikfläche	20,70 m²	3,6	2,1
VF	Verkehrsfläche	145,53 m²	25,0	14,8
NRF	Netto-Raumfläche	748,58 m²	128,5	76,3
KGF	Konstruktions-Grundfläche	231,94 m²	39,8	23,7
BGF	Brutto-Grundfläche	980,52 m²	168,4	100,0

Brutto-Rauminhalt des Bauwerks		Menge Einheit	BRI/NUF (m)	BRI/BGF (m)
BRI	Brutto-Rauminhalt	3.156,68 m³	5,42	3,22

Lufttechnisch behandelte Flächen	Menge Einheit	% an NUF	% an BGF
Entlüftete Fläche	–	–	–
Be- und entlüftete Fläche	–	–	–
Teilklimatisierte Fläche	–	–	–
Klimatisierte Fläche	–	–	–

KG	Kostengruppen (2. Ebene)	Menge Einheit	Menge/NUF	Menge/BGF
310	Baugrube / Erdbau	88,60 m³ BGI	0,15	0,09
320	Gründung, Unterbau	145,80 m² GRF	0,25	0,15
330	Außenwände/Vertikale Baukonstruktionen, außen	705,83 m² AWF	1,21	0,72
340	Innenwände/Vertikale Baukonstruktionen, innen	762,19 m² IWF	1,31	0,78
350	Decken/Horizontale Baukonstruktionen	547,71 m² DEF	0,94	0,56
360	Dächer	234,15 m² DAF	0,40	0,24

6100-1760
Mehrfamilienhaus
(4 WE)

Instandsetzung

Kostenkennwerte für die Kostengruppen der 1. Ebene DIN 276

KG	Kostengruppen (1. Ebene)	Einheit	Kosten €	€/Einheit	€/m² BGF	€/m³ BRI	% 300+400
100	Grundstück	m² GF	–	–	–	–	–
200	Vorbereitende Maßnahmen	m² GF	12.181	16,77	12,42	3,86	1,0
300	Bauwerk – Baukonstruktionen	m² BGF	984.734	1.004,30	1.004,30	311,95	78,8
400	Bauwerk – Technische Anlagen	m² BGF	264.424	269,68	269,68	83,77	21,2
	Bauwerk 300+400	**m² BGF**	**1.249.158**	**1.273,97**	**1.273,97**	**395,72**	**100,0**
500	Außenanlagen und Freiflächen	m² AF	1.039	1,92	1,06	0,33	< 0,1
600	Ausstattung und Kunstwerke	m² BGF	–	–	–	–	–
700	Baunebenkosten	m² BGF	–	–	–	–	–
800	Finanzierung	m² BGF	–	–	–	–	–

KG	Kostengruppe	Menge Einheit	Kosten €	€/Einheit	%
200	**Vorbereitende Maßnahmen**	726,27 m² GF	12.181	**16,77**	1,0
	• Abbrechen (Kosten: 100,0%) Abbruch von massivem Werkstattgebäude; Entsorgung, Deponiegebühren		12.181		
3+4	**Bauwerk**				**100,0**
300	**Bauwerk – Baukonstruktionen**	980,52 m² BGF	984.734	**1.004,30**	78,8
	• Abbrechen (Kosten: 4,6%) Abbruch von Fundamenten, Ziegelpflaster, Schwellen; Brüstungsmauerwerk, Holzfenstern, Beschichtung, Tapeten, Innenputz, Wandfliesen; Mauerwerk, Trockenbauwänden, Kellertrennwänden; Dielenböden, Linoleum, PVC-Boden, Teppich, Rohrputzdecken; Sparren, Dachfenstern, Biberschwanzdeckung; Holzbalkonen, massivem Vorbau; Entsorgung, Deponiegebühren		45.147		
	• Wiederherstellen (Kosten: 20,1%) Mauerwerk ausbessern, Holzhaustür neu beschichten, Putz ausbessern; historische Holztüren instandsetzen; Stahlsteindecke aufbetonieren, Dielung nachschrauben, Stahlträger entrosten, Dielenböden schleifen, ölen, Holztreppe überarbeiten, Holz-Geländerstäbe erneuern, Holz-Treppengeländer/-wangen überarbeiten; Sparren/Pfetten verstärken, historische Dachkästen überarbeiten		198.272		
	• Herstellen (Kosten: 75,3%) Aushub im Gebäude, Außenmauerwerk freilegen; Stb-Fundamente, Stb-Bodenplatten im Gebäude; Öffnungen vergrößern, Stahlstützen, Holzfenster, Haustüren, WDVS, Innendämmung, Rollläden; GK-Wände, Öffnungen schließen, Innentüren, Kalkputz, GK-Bekleidung, Beschichtung, Wandfliesen; Stahlbalkone, Stahltreppe, Trockenestrich, Bodenfliesen, GK-Decken, Deckendämmung, Spachtelung, Stahlgeländer; Dachdämmungen, RWA-Lichtkuppel, Dachflächenfenster, Abdichtung, Ziegeldeckung, Dachentwässerung		741.315		
400	**Bauwerk – Technische Anlagen**	980,52 m² BGF	264.424	**269,68**	21,2
	• Abbrechen (Kosten: 3,7%) Abbruch von Sanitärobjekten; Kachelöfen, Öfen, Rückbauen und Lagern von Kachelöfen, Abbruch von Schornsteinen; Elektroinstallation; Entsorgung, Deponiegebühren		9.726		
	• Herstellen (Kosten: 96,3%) Gebäudeentwässerung, Kalt- und Warmwasserleitungen, Sanitärobjekte; Luft-Wasser-Wärmepumpe, Gas-Brennwertgerät, Heizungsrohre, Heizkörper; Einzelraumlüfter; Photovoltaikanlage, Stromspeicher, Elektroinstallation, Beleuchtung; Telefonverkabelung, Audio-Sprechanlage, Antennenverkabelung		254.698		

KG	Kostengruppe	Menge Einheit	Kosten €	€/Einheit	%
500	**Außenanlagen und Freiflächen**	540,36 m² AF	1.039	**1,92**	< 0,1
	• Abbrechen (Kosten: 76,7%) Aufnehmen und Lagern von Betonplatten, Abbruch von Terrassenplatten, Pflaster; Roden von Sträuchern, Gehölzen; Entsorgung, Deponiegebühren		797		
	• Herstellen (Kosten: 23,3%) Betonplatten, Lagermaterial		242		

Instandsetzung

Kostenkennwerte für die Kostengruppen der 2. Ebene DIN 276

KG	Kostengruppe	Menge Einheit	Kosten €	€/Einheit	%
200	**Vorbereitende Maßnahmen**				**100,0**
210	**Herrichten**	726,27 m²GF	12.181	**16,77**	100,0
	• Abbrechen (Kosten: 100,0%) Abbruch von Werkstattgebäude, massiv (395m³); Entsorgung, Deponiegebühren	726,27 m²GF	12.181	**16,77**	
300	**Bauwerk – Baukonstruktionen**				**100,0**
310	**Baugrube / Erdbau**	88,60 m³BGI	15.690	**177,09**	1,6
	• Herstellen (Kosten: 100,0%) Aushub im Gebäude (77m³), Außenmauerwerk freilegen, lagern (12m³)	88,60 m³BGI	15.690	**177,09**	
320	**Gründung, Unterbau**	145,80 m²GRF	32.383	**222,11**	3,3
	• Abbrechen (Kosten: 21,0%) Abbruch von Fundamenten (psch) * Ziegelpflaster (140m²), Schwellen (14St); Entsorgung, Deponiegebühren	140,33 m²GRF	6.798	**48,44**	
	• Herstellen (Kosten: 79,0%) Stb-Fundamente (13m³), Stb-Bodenplatten im Gebäude (137m²), Betonstufe (1St)	145,80 m²GRF	25.585	**175,48**	
330	**Außenwände/Vert. Baukonstrukt., außen**	705,83 m²AWF	302.146	**428,07**	30,7
	• Abbrechen (Kosten: 3,7%) Abbruch von Brüstungsmauerwerk (4m²) * Holzfenstern (51m²) * Beschichtung (182m²) * Tapeten (182m²), Innenputz (85m²), Wandfliesen (18m²); Entsorgung, Deponiegebühren	254,03 m²AWF	11.150	**43,89**	
	• Wiederherstellen (Kosten: 8,2%) Mauerwerk ausbessern (65h) * Holzhaustür mit Glaseinsätzen instandsetzen, neu beschichten (4m²) * Putz ausbessern (182m²) * losen Putz abschlagen, Kalkschlämme aufbringen (74m²)	365,41 m²AWF	24.646	**67,45**	
	• Herstellen (Kosten: 88,2%) Mauerwerksöffnungen vergrößern (2m²) * Nischen ausmauern (8m²) * Balkone/Podest: Stahlstützen (70m) * Holzfenster (117m²), Stichbogen-Holzhaustüren (10m²) * Beschichtung (182m²), WDVS (149m²) * Kalkputz (111m²), Dampfsperre, Zellulose-Einblasdämmung (162m²), GK-Bekleidung (221m²), Silikatbeschichtung (477m²), Wandfliesen (26m²) * Alu-Rollläden (12m²) * Eingangsstufe, Lagermaterial (1St)	628,11 m²AWF	266.350	**424,05**	

KG	Kostengruppe	Menge Einheit	Kosten €	€/Einheit	%
340	**Innenwände/Vert. Baukonstrukt., innen**	762,19 m²IWF	249.742	**327,66**	25,4
	• Abbrechen (Kosten: 5,6%)	365,32 m²IWF	13.949	**38,18**	
	Abbruch von Mauerwerk (92m²) * Trockenbauwänden (51m²), Kellertrennwänden (32m²) * Tapeten (364m²), Innenputz (169m²), Wandfliesen (18m²); Entsorgung, Deponiegebühren				
	• Wiederherstellen (Kosten: 39,1%)	155,18 m²IWF	97.642	**629,22**	
	Mauerwerk ausbessern (50h) * historische Füllungstüren instandsetzen: Zimmertüren (803h), Wohnungseingangstüren (174h), Pendeltür, Verglasung erneuern (25h), Glasleisten erneuern (46h), Glasfüllungen ersetzen (6m²), Holztüren neu beschichten (114m²) * losen Putz abschlagen, Kalkschlämme aufbringen (83m²)				
	• Herstellen (Kosten: 55,3%)	607,02 m²IWF	138.151	**227,59**	
	Mauerwerksöffnungen vergrößern (2m²), Rauchrohranschlüsse schließen (47St) * GK-Wände (219m²), Öffnungen schließen (48m²) * Holztürelemente (11m²), Stahltüren (8m²) * Kalkputz (241m²), Dampfsperre, Zellulose-Einblasdämmung (14m²), GK-Bekleidung (101m²), Silikatbeschichtung (1.057m²), Wandfliesen (72m²) * Kellertrennwände, Lagermaterial (23m²)				
350	**Decken/Horizontale Baukonstruktionen**	547,71 m²DEF	202.189	**369,15**	20,5
	• Abbrechen (Kosten: 2,9%)	215,00 m²DEF	5.821	**27,07**	
	Abbruch von Dielung (36m²) * Linoleum, PVC-Boden, Teppich (215m²), Dielenböden (68m²) * Rohrputzdecken (80m²); Entsorgung, Deponiegebühren				
	• Wiederherstellen (Kosten: 29,5%)	415,71 m²DEF	59.661	**143,52**	
	Stahlsteindecke aufbetonieren (28m²), Dielung nachschrauben (108m²), Holzbalkendecke dämmen (11m²), Stahlträger entrosten, Korrosionsschutz aufbringen (7m) * Dielenböden schleifen, ölen (361m²), Trittstufenkanten erneuern (66St), Holztreppe überarbeiten (54m²), Holzsockel ausbessern, neu beschichten (67m), Türschwellen erneuern (2St) * Holz-Geländerstäbe erneuern (15St), Holz-Treppengeländer/-wangen überarbeiten, neu beschichten (29m²)				
	• Herstellen (Kosten: 67,6%)	524,37 m²DEF	136.707	**260,71**	
	OSB-Schalung (41m²), Balkone: Stahlträger (75m), Flachpressplatten (32m²), Podest: Stahlträger (15m), Gitterrost (5m²), Stahl-Wangentreppe (2m²) * Trockenestrich (170m²), Bodenfliesen (51m²) * GK-Decken (158m²), Silikatbeschichtung (414m²), Mineralwolldämmung, Spachtelung (71m²) * Stahlgeländer (45m)				
360	**Dächer**	234,15 m²DAF	130.152	**555,85**	13,2
	• Abbrechen (Kosten: 3,3%)	58,40 m²DAF	4.307	**73,75**	
	Abbruch von Sparren (15m) * Dachfenstern (4m²) * Biberschwanzdeckung (54m²); Entsorgung, Deponiegebühren				
	• Wiederherstellen (Kosten: 12,5%)	223,80 m²DAF	16.323	**72,93**	
	Sparren/Pfetten verstärken, mit KVH (5m³), mit Profilstahl (301kg) * historische Dachkästen überarbeiten, neu beschichten (22m²), Dachkasten reparieren (2h)				
	• Herstellen (Kosten: 84,1%)	232,85 m²DAF	109.522	**470,35**	
	Zellulose-Einblasdämmung (205m²), Wechselhölzer (14St), Rahmenhölzer (27m) * RWA-Lichtkuppel (1m²), Dachflächenfenster (9m²) * Dampfbremse, PUR-Dämmung (156m²), Bitumenabdichtung (169m²), Attikaabdeckungen (10m), Biberschwanz-Doppeldeckung (54m²), Dachrinnen (14m), Fallrohre (15m) * Dampfbremse (195m²), GF-Bekleidung, Silikatbeschichtung (212m²), Kunstharzbeschichtung (8m²) * Laufroste (2St)				

Instandsetzung

KG	Kostengruppe	Menge Einheit	Kosten €	€/Einheit	%
380	**Baukonstruktive Einbauten**	980,52 m2 BGF	127	**0,13**	< 0,1
	• Herstellen (Kosten: 100,0%) Briefkasten montieren (2h)	980,52 m2 BGF	127	**0,13**	
390	**Sonst. Maßnahmen für Baukonstrukt.**	980,52 m2 BGF	52.304	**53,34**	5,3
	• Abbrechen (Kosten: 6,0%) Abbruch von Holzbalkonen (61m3), Vorbau, massiv (43m3); Entsorgung, Deponiegebühren	980,52 m2 BGF	3.122	**3,18**	
	• Herstellen (Kosten: 94,0%) Baustelleneinrichtungen (3St), Bauzaun (30m), Baustraße (90m2) * Fassadengerüst (445m2), Dachfanggerüste (33m), Gerüstbekleidung (187m2) * Entrümpelung, Container für Mischabfälle (45m3), für Bauschutt (35m2), für Holz (34m2) * Schutzabdeckungen, Folie (434m2), Fenster schützen (41m2)	980,52 m2 BGF	49.183	**50,16**	
400	**Bauwerk – Technische Anlagen**				**100,0**
410	**Abwasser-, Wasser-, Gasanlagen**	980,52 m2 BGF	62.029	**63,26**	23,5
	• Abbrechen (Kosten: 8,5%) Abbruch von Sanitärobjekten (23St); Entsorgung, Deponiegebühren	980,52 m2 BGF	5.272	**5,38**	
	• Herstellen (Kosten: 91,5%) Abwasserrohre (40m) * Verbundrohre (psch), Wand-WCs (8St), Duschkabinen (4St), Badewannen (4St), Waschtische (3St), Außenarmatur (1St), Durchlauferhitzer (4St), Kleinspeicher (4St) * Montageelemente (16St), Montageblöcke (8St)	980,52 m2 BGF	56.758	**57,89**	
420	**Wärmeversorgungsanlagen**	980,52 m2 BGF	88.622	**90,38**	33,5
	• Abbrechen (Kosten: 3,6%) Abbruch von Kachelöfen (6St), Öfen (6St), Rückbauen und Lagern von Kachelöfen (3St) * Abbruch von Schornsteinen (3m3); Entsorgung, Deponiegebühren	980,52 m2 BGF	3.216	**3,28**	
	• Herstellen (Kosten: 96,4%) Luft-Wasser-Wärmepumpe (1St), Gas-Brennwertgerät (1St), Gasleitung (psch) * Edelstahlrohre (300m), Kupferrohre (12m), Strangabsperrventile (4St), Wärmemengenzähler (8St) * Flachheizkörper (27St), Badheizkörper (4St) * Abgassystem (1St)	980,52 m2 BGF	85.406	**87,10**	
430	**Raumlufttechnische Anlagen**	980,52 m2 BGF	4.770	**4,86**	1,8
	• Herstellen (Kosten: 100,0%) Einzelraumlüfter (4St), Wickelfalzrohre (14m), Entlüftungsrohr (1St)	980,52 m2 BGF	4.770	**4,86**	
440	**Elektrische Anlagen**	980,52 m2 BGF	103.967	**106,03**	39,3
	• Abbrechen (Kosten: 1,2%) Abbruch von Elektroinstallation (psch); Entsorgung, Deponiegebühren	980,52 m2 BGF	1.238	**1,26**	
	• Herstellen (Kosten: 98,8%) Photovoltaikanlage, Stromspeicher (1St), Solarmodule (48St), Wechselrichter (1St) * Zählerschrank (1St), Kleinverteiler (4St), Mantelleitungen (2.289m), Starkstromkabel (42m), Brandmeldekabel (32m), Schalter/Taster (70St), Steckdosen (241St) * Ovalleuchten (14St), Wannenleuchten (2St) * Potenzialausgleich (1St)	980,52 m2 BGF	102.729	**104,77**	

KG	Kostengruppe	Menge Einheit	Kosten €	€/Einheit	%
450	**Kommunikationstechnische Anlagen**	980,52 m² BGF	4.074	**4,16**	1,5
	• Herstellen (Kosten: 100,0%) Fernmeldekabel (247m), Telefonanschlussdosen (4St) * Audio-Sprechanlage (1St) * Koaxialkabel (270m). Antennenanschlussdosen (11St)	980,52 m² BGF	4.074	**4,16**	
490	**Sonst. Maßnahmen für techn. Anlagen**	980,52 m² BGF	961	**0,98**	0,4
	• Herstellen (Kosten: 100,0%) Baustelleneinrichtung (1St), Kran für Photovoltaikanlage (psch)	980,52 m² BGF	961	**0,98**	
500	**Außenanlagen und Freiflächen**				**100,0**
530	**Oberbau, Deckschichten**	–	846	–	81,5
	• Abbrechen (Kosten: 71,4%) Aufnehmen und Lagern von Betonplatten (psch) * Abbruch von Terrassenplatten, Pflaster (52m²); Entsorgung, Deponiegebühren	52,00 m² BFF	604	**11,62**	
	• Herstellen (Kosten: 28,6%) Betonplatten, Lagermaterial (psch)	–	242	–	
570	**Vegetationsflächen**	–	192	–	18,5
	• Abbrechen (Kosten: 100,0%) Roden von Sträuchern, Gehölzen (10St); Entsorgung, Deponiegebühren	–	192	–	

Instandsetzung

Kostenkennwerte für die Kostengruppen 300 der 2. und 3. Ebene DIN 276 (Übersicht)

KG	Kostengruppe	Menge Einheit	Kosten €	€/Einheit	% an 3+4
300	**Bauwerk – Baukonstruktionen**	**980,52 m² BGF**	**984.734,00**	**1.004,30**	**78,8**
310	**Baugrube / Erdbau**	**88,60 m³ BGI**	**15.690,35**	**177,09**	**1,3**
311	Herstellung	88,60 m³ BGI	15.690,35	177,09	1,3
312	Umschließung	–	–	–	–
313	Wasserhaltung	–	–	–	–
314	Vortrieb	–	–	–	–
319	Sonstiges zur KG 310	–	–	–	–
320	**Gründung, Unterbau**	**145,80 m² GRF**	**32.383,35**	**222,11**	**2,6**
321	Baugrundverbesserung	–	–	–	–
322	Flachgründungen und Bodenplatten	145,80 m²	26.624,05	182,61	2,1
323	Tiefgründungen	–	–	–	–
324	Gründungsbeläge	–	5.759,30	–	0,5
325	Abdichtungen und Bekleidungen	–	–	–	–
326	Dränagen	–	–	–	–
329	Sonstiges zur KG 320	–	–	–	–
330	**Außenwände/Vert. Baukonstrukt., außen**	**705,83 m² AWF**	**302.146,18**	**428,07**	**24,2**
331	Tragende Außenwände	179,48 m²	5.738,05	31,97	0,5
332	Nichttragende Außenwände	8,40 m²	2.216,43	263,86	0,2
333	Außenstützen	69,61 m	14.436,71	207,39	1,2
334	Außenwandöffnungen	128,80 m²	126.568,45	982,67	10,1
335	Außenwandbekleidungen, außen	361,35 m²	59.992,87	166,02	4,8
336	Außenwandbekleidungen, innen	577,03 m²	88.195,94	152,84	7,1
337	Element. Außenwandkonstruktionen	–	–	–	–
338	Lichtschutz zur KG 330	11,62 m²	4.294,82	369,61	0,3
339	Sonstiges zur KG 330	705,83 m² AWF	702,92	1,00	< 0,1
340	**Innenwände/Vert. Baukonstrukt., innen**	**762,19 m² IWF**	**249.742,06**	**327,66**	**20,0**
341	Tragende Innenwände	–	18.733,71	–	1,5
342	Nichttragende Innenwände	266,19 m²	41.358,87	155,37	3,3
343	Innenstützen	–	–	–	–
344	Innenwandöffnungen	132,64 m²	102.483,84	772,65	8,2
345	Innenwandbekleidungen	1.212,23 m²	85.130,92	70,23	6,8
346	Elementierte Innenwandkonstruktionen	23,44 m²	2.034,71	86,81	0,2
347	Lichtschutz zur KG 340	–	–	–	–
349	Sonstiges zur KG 340	–	–	–	–
350	**Decken/Horizontale Baukonstruktionen**	**547,71 m² DEF**	**202.188,78**	**369,15**	**16,2**
351	Deckenkonstruktionen	226,75 m²	59.138,14	260,81	4,7
352	Deckenöffnungen	–	–	–	–
353	Deckenbeläge	547,11 m²	76.750,13	140,28	6,1
354	Deckenbekleidungen	485,71 m²	40.859,19	84,12	3,3
355	Elementierte Deckenkonstruktionen	–	–	–	–
359	Sonstiges zur KG 350	547,71 m² DEF	25.441,30	46,45	2,0
360	**Dächer**	**234,15 m² DAF**	**130.151,99**	**555,85**	**10,4**
361	Dachkonstruktionen	223,80 m²	28.457,98	127,16	2,3
362	Dachöffnungen	9,67 m²	20.547,81	2.124,90	1,6
363	Dachbeläge	223,18 m²	48.553,14	217,55	3,9
364	Dachbekleidungen	224,48 m²	32.111,73	143,05	2,6
365	Elementierte Dachkonstruktionen	–	–	–	–
366	Lichtschutz zur KG 360	–	–	–	–
369	Sonstiges zur KG 360	234,15 m² DAF	481,31	2,06	< 0,1
370	**Infrastrukturanlagen**	**–**	**–**	**–**	**–**
380	**Baukonstruktive Einbauten**	**980,52 m² BGF**	**127,17**	**0,13**	**< 0,1**
390	**Sonst. Maßnahmen für Baukonstrukt.**	**980,52 m² BGF**	**52.304,13**	**53,34**	**4,2**

Kostenkennwerte für die Kostengruppen 400 der 2. und 3. Ebene DIN 276 (Übersicht)

KG	Kostengruppe	Menge Einheit	Kosten €	€/Einheit	% an 3+4
400	**Bauwerk – Technische Anlagen**	**980,52 m²BGF**	**264.423,83**	**269,68**	**21,2**
410	**Abwasser-, Wasser-, Gasanlagen**	**980,52 m²BGF**	**62.029,27**	**63,26**	**5,0**
411	Abwasseranlagen	980,52 m²BGF	3.663,66	3,74	0,3
412	Wasseranlagen	980,52 m²BGF	50.270,05	51,27	4,0
413	Gasanlagen	–	–	–	–
419	Sonstiges zur KG 410	980,52 m²BGF	8.095,56	8,26	0,6
420	**Wärmeversorgungsanlagen**	**980,52 m²BGF**	**88.622,09**	**90,38**	**7,1**
421	Wärmeerzeugungsanlagen	980,52 m²BGF	38.355,22	39,12	3,1
422	Wärmeverteilnetze	980,52 m²BGF	21.680,90	22,11	1,7
423	Raumheizflächen	980,52 m²BGF	25.811,53	26,32	2,1
424	Verkehrsheizflächen	–	–	–	–
429	Sonstiges zur KG 420	980,52 m²BGF	2.774,44	2,83	0,2
430	**Raumlufttechnische Anlagen**	**980,52 m²BGF**	**4.770,01**	**4,86**	**0,4**
431	Lüftungsanlagen	980,52 m²BGF	4.770,01	4,86	0,4
432	Teilklimaanlagen	–	–	–	–
433	Klimaanlagen	–	–	–	–
434	Kälteanlagen	–	–	–	–
439	Sonstiges zur KG 430	–	–	–	–
440	**Elektrische Anlagen**	**980,52 m²BGF**	**103.966,93**	**106,03**	**8,3**
441	Hoch- und Mittelspannungsanlagen	–	–	–	–
442	Eigenstromversorgungsanlagen	980,52 m²BGF	44.393,32	45,28	3,6
443	Niederspannungsschaltanlagen	–	–	–	–
444	Niederspannungsinstallationsanlagen	980,52 m²BGF	58.451,90	59,61	4,7
445	Beleuchtungsanlagen	980,52 m²BGF	793,81	0,81	< 0,1
446	Blitzschutz- und Erdungsanlagen	980,52 m²BGF	327,89	0,33	< 0,1
447	Fahrleitungssysteme	–	–	–	–
449	Sonstiges zur KG 440	–	–	–	–
450	**Kommunikationstechnische Anlagen**	**980,52 m²BGF**	**4.074,36**	**4,16**	**0,3**
451	Telekommunikationsanlagen	980,52 m²BGF	920,40	0,94	< 0,1
452	Such- und Signalanlagen	980,52 m²BGF	1.655,09	1,69	0,1
453	Zeitdienstanlagen	–	–	–	–
454	Elektroakustische Anlagen	–	–	–	–
455	Audiovisuelle Medien- u. Antennenanl.	980,52 m²BGF	1.498,88	1,53	0,1
456	Gefahrenmelde- und Alarmanlagen	–	–	–	–
457	Datenübertragungsnetze	–	–	–	–
458	Verkehrsbeeinflussungsanlagen	–	–	–	–
459	Sonstiges zur KG 450	–	–	–	–
460	**Förderanlagen**	–	–	–	–
461	Aufzugsanlagen	–	–	–	–
462	Fahrtreppen, Fahrsteige	–	–	–	–
463	Befahranlagen	–	–	–	–
464	Transportanlagen	–	–	–	–
465	Krananlagen	–	–	–	–
466	Hydraulikanlagen	–	–	–	–
469	Sonstiges zur KG 460	–	–	–	–
470	**Nutzungsspez. u. verfahrenstechn. Anl.**	–	–	–	–
480	**Gebäude- und Anlagenautomation**	–	–	–	–
490	**Sonst. Maßnahmen für techn. Anlagen**	**980,52 m²BGF**	**961,16**	**0,98**	**< 0,1**

7200-0103
Büro- und Ausstellungsgebäude (8 AP)
Garage (2 STP)

Erweiterung

Kostenkennwerte für die Kosten des Bauwerks (Kostengruppen 300+400 nach DIN 276)

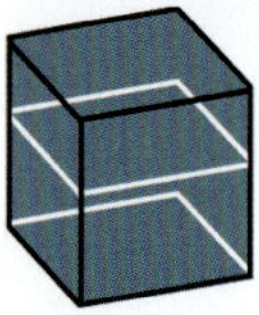

BRI 528 €/m³

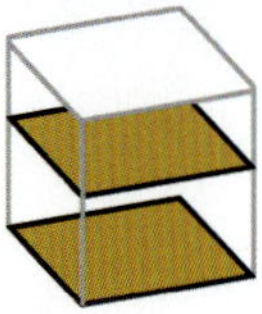

BGF 1.774 €/m²

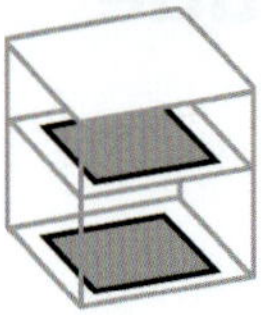

NUF 2.460 €/m²

Objekt:
Kennwerte: 1.Ebene DIN 276
BRI: 1.902 m³
BGF: 567 m²
NUF: 409 m²
Bauzeit: 17 Wochen
Bauende: 2021
Standard: einfach
Bundesland: Hessen
Kreis: Main-Kinzig-Kreis

Architekt*in:
CCM GmbH
Würzburger Straße 26
63639 Flörsbachtal

Bauherr*in:
Tanja Dietrich
Am Hüttberg 1A
63639 Flörsbachtal

© Jörg Hempel

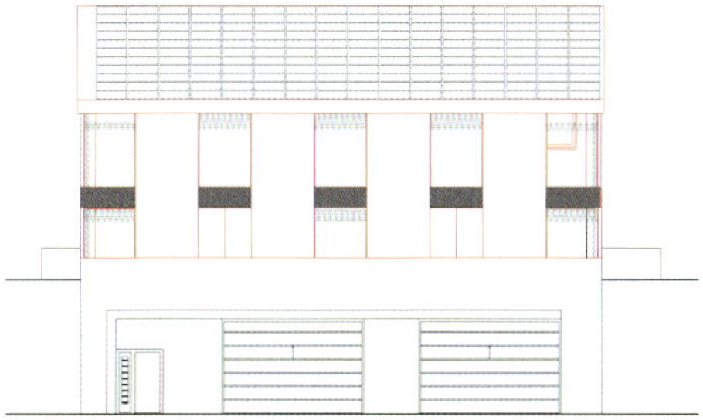
Ansicht Süd-West

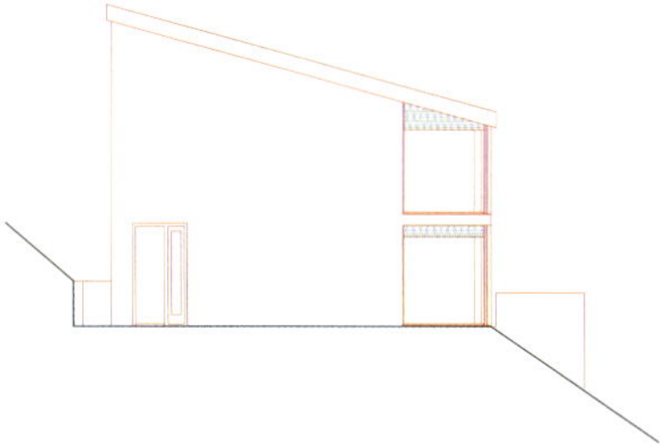
Ansicht Nord-West

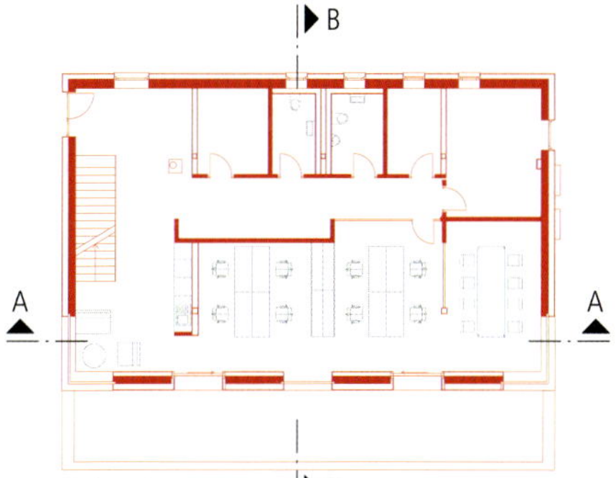

Erdgeschoss

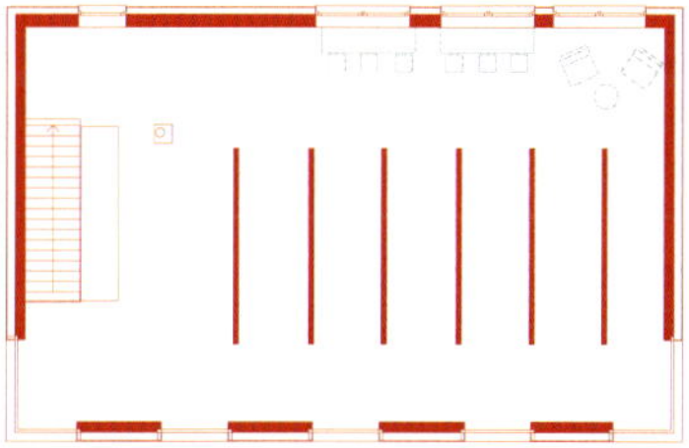
Obergeschoss

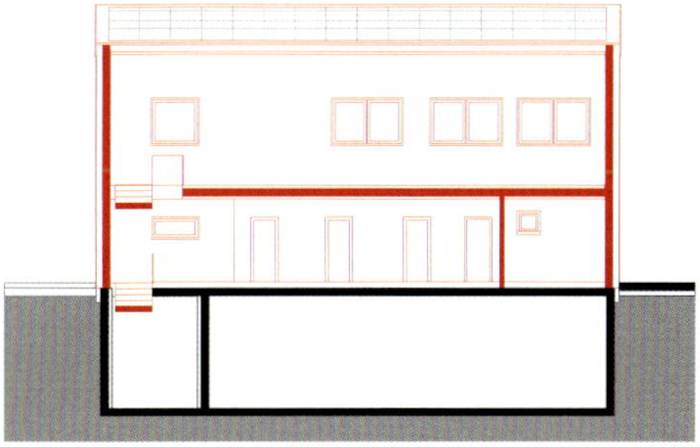
Schnitt A-A

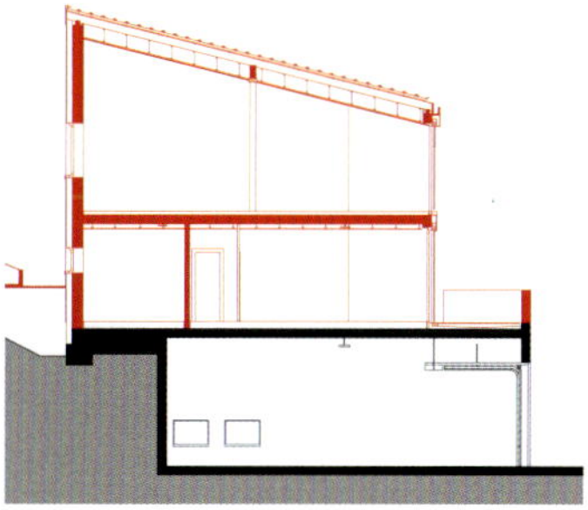
Schnitt B-B

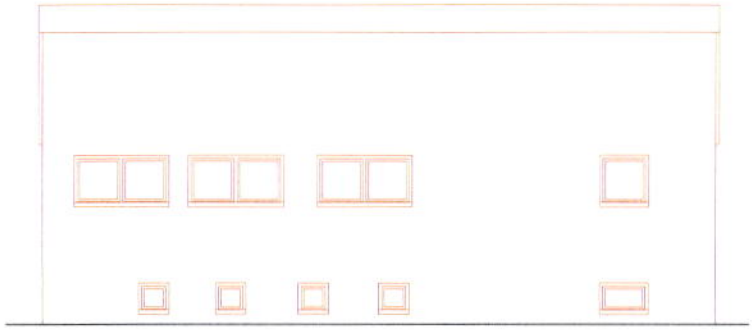
Ansicht Nord-Ost

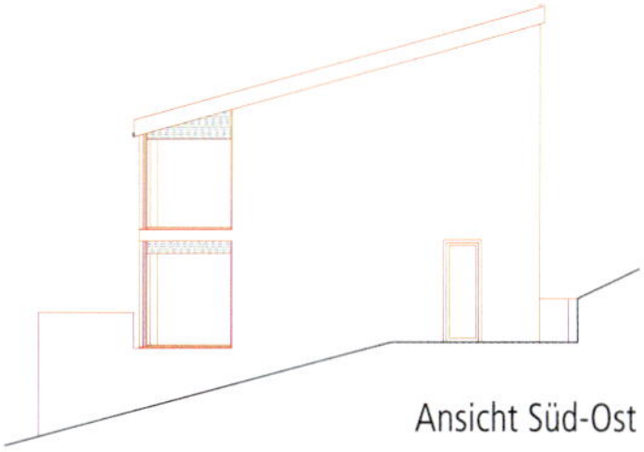
Ansicht Süd-Ost

7200-0103
Büro- und Ausstellungsgebäude (8 AP)
Garage (2 STP)

Erweiterung

Objektbeschreibung

Allgemeine Objektinformationen

Für eine Firma im Heizung-, Sanitär-, und Elektrohandel wurde ein Büro- und Ausstellungsgebäude auf einer schon bestehenden Garage errichtet. Das UG wird als Garage genutzt, das darüberliegende Geschoss als Bürofläche und das Dachgeschoss als Ausstellungsfläche. Die vorgelagerte Terrasse auf der Garage ermöglicht neben einer hohen Aufenthaltsqualität in Pausen und Besprechungen, auch Kundenveranstaltungen im Freien.

Nutzung

1 Untergeschoss
Garage, Schleuse, Treppenhaus

1 Erdgeschoss
Büroräume, Besprechungsraum, Teeküche, WCs, Technik, Ausstellungsraum, Treppe, Terrasse

1 Obergeschoss
Ausstellungsraum, Treppe

Nutzeinheiten

Arbeitsplätze: 8
Stellplätze: 2

Grundstück

Bauraum: Freier Bauraum
Neigung: Hanglage
Bodenklasse: BK 3

Markt

Hauptvergabezeit: 1. Quartal 2021
Baubeginn: 1. Quartal 2021
Bauende: 3. Quartal 2021
Konjunkturelle Gesamtlage: unter Durchschnitt
Regionaler Baumarkt: unter Durchschnitt

Baubestand

Baujahr: 2018
Bauzustand: gut
Aufwand: mittel
Grundrissänderungen: keine
Tragwerkseingriffe: wenige
Nutzungsänderung: nein
Nutzung während der Bauzeit: nein

Baukonstruktion

Eine bestehende Stahlbetongarage wurde mit zwei Geschossen in Massivbauweise aufgestockt und dabei 2,60m nach hinten versetzt. Um einen möglichst freien Grundriss zu schaffen, befinden sich zwei freistehende Stahlstützen im EG und 1.OG. Das Pultdach besteht aus einer Holzkonstruktion. Die Alufenster sind zum Teil festverglast und können mit Alu-Lamellen verschattet werden.

Technische Anlagen

Die Wärmeversorgung erfolgt mittels einer Wärmepumpe. Eine Fußbodenheizung verteilt die Wärme in den Räumen. Teilbereiche werden mit Wandheizungen unterstützt. Eine zentrale Lüftungsanlage entfeuchtet und sorgt für Frischluftaustausch inklusive Wärmerückgewinnung. Für die Stromversorgung wurde auf dem Dach eine Photovoltaikanlage mit 38kWp inklusive Akkusystem installiert. Zudem wurde eine Smart-Home-Steuerung realisiert, die alle Komponenten maximal effizient steuert. Das Gebäude ist vollständig autark.

Energetische Kennwerte

Gesetzliche Grundlage: GEG 2020
Gebäudenutzfläche: 323,00 m²
Hüllfläche des beheizten Volumens: 832,70 m²
Mittlerer U-Wert (opake Bauteile): 0,21 W/(m²·K)
Mittlerer U-Wert (transparente Bauteile): 0,95 W/(m²·K)
Spez. Jahresprimärenergiebedarf: 83,61 kWh/(m²·a)
Spez. Jahresendenergiebedarf: 46,45 kWh/(m²·a)
PV-Anlage: 8,20 kWp

Energetische Angaben zu Außenbauteilen

Bodenplatte (Bestand)

U-Wert: 0,45 W/(m²·K)

Gesamtdicke: 32,40 cm	d [cm]	λ [W/(m·K)]
GK-Platte	6,00	0,250
Trittschalldämmung	2,00	0,038
Dämmung	4,00	0,035
Bitumenbahn	0,40	0,170
Stahlbeton	20,00	2,100

Decke über Garage

U-Wert: 0,20 W/(m²·K)

Gesamtdicke: 37,82 cm	d [cm]	λ [W/(m·K)]
GK-Platte	2,00	0,250
Trittschalldämmung	1,00	0,050
PE-Folie	0,02	0,500
OSB-Platte	2,40	0,130
OSB-Platte	2,40	0,130
Dämmung	10,00	0,025
Stahlbeton	20,00	2,100

Bodenplatte EG

U-Wert: 0,20 W/(m²·K)

Gesamtdicke: 37,82 cm	d [cm]	λ [W/(m·K)]
GK-Platte	2,00	0,250
Trittschalldämmung	1,00	0,050
PE-Folie	0,02	0,500
OSB-Platte	2,40	0,130
OSB-Platte	2,40	0,130
Dämmung	10,00	0,025
Stahlbeton	20,00	2,100

Außenwand

U-Wert: 0,16 W/(m²·K)

Gesamtdicke: 47,00 cm	d [cm]	λ [W/(m·K)]
Innenputz	1,50	0,700
Kalksandstein	24,00	0,990
Dämmung	20,00	0,035
Außenputz	1,50	0,380

Dach

U-Wert: 0,14 W/(m²·K)

Gesamtdicke: 38,60 cm	d [cm]	λ [W/(m·K)]
GK-Platte	12,50	0,250
Dampfbremse	0,10	0,130
Holz	20,00	0,130
Dämmung	20,00	0,032
Holzfaserplatte	6,00	0,045

7200-0096
Geschäftshaus
Foyer

Umbau

Kostenkennwerte für die Kosten des Bauwerks (Kostengruppen 300+400 nach DIN 276)

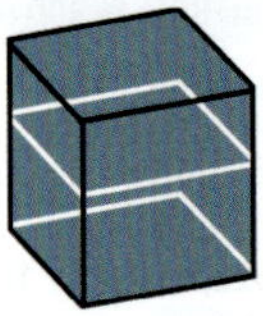

BRI 297 €/m³

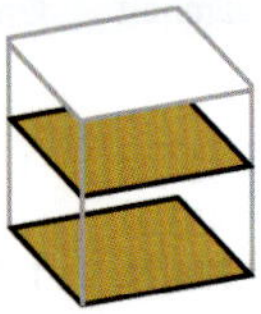

BGF 1.393 €/m²

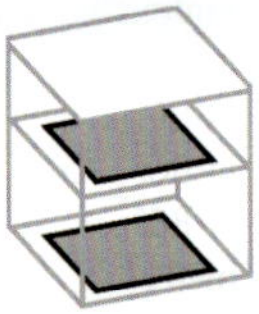

NUF 4.305 €/m²

Objekt:
Kennwerte: 3. Ebene DIN 276
BRI: 1.033 m³
BGF: 220 m²
NUF: 71 m²
Bauzeit: 9 Wochen
Bauende: 2019
Standard: hoch
Bundesland: Sachsen
Kreis: Leipzig, Stadt

Innenarchitekt*in:
Katrin Reinhold
Dipl.-Innenarchitektin
Otto-Schill-Straße 1
04109 Leipzig

Bauherr*in:
LÖWENSTEIN INVEST ZWEI GmbH
Rabensteinplatz 1
04103 Leipzig

© Lutz Zimmermann

© Lutz Zimmermann

© Lutz Zimmermann

Kostenstand: 4. Quartal 2025, Bundesdurchschnitt, **inkl. 19% MwSt.**

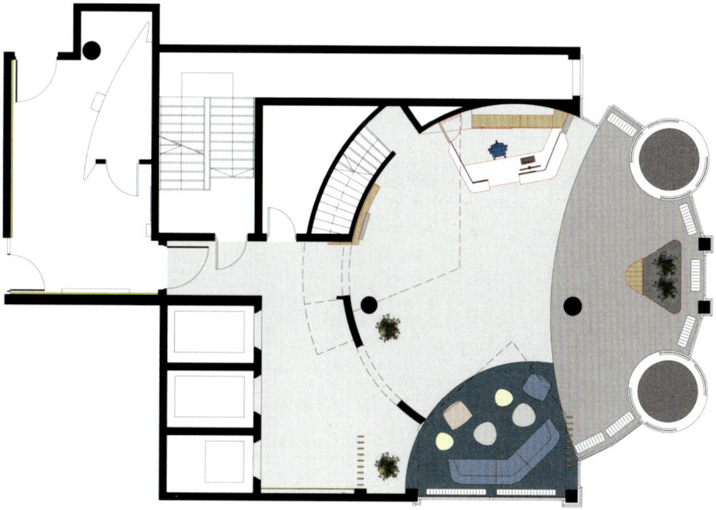

Erdgeschoss

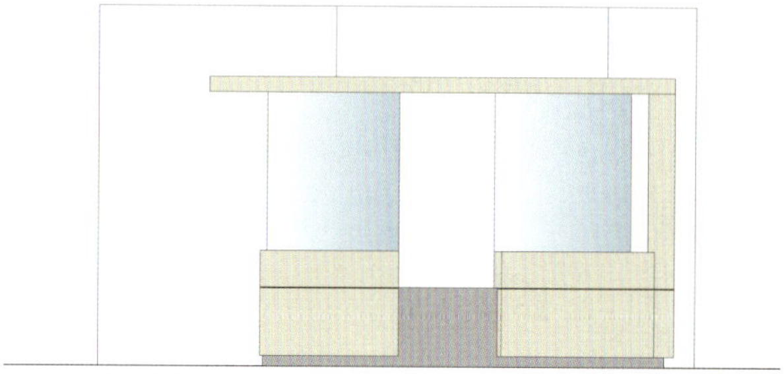

Ansicht Empfangstresen

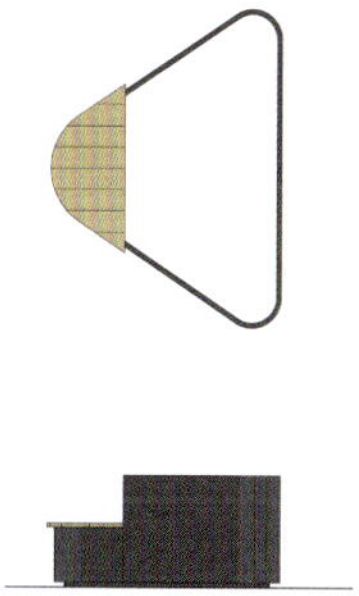

Ansicht/Grundriss Pflanzeninsel

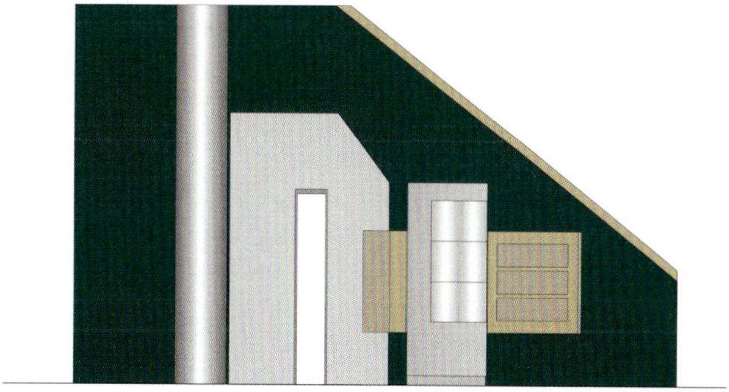

Ansicht Flyerbox

Objektbeschreibung

Allgemeine Objektinformationen

In dem bestehenden Geschäftshaus aus den 90er Jahren wurden das Foyer und der Treppenaufgang zur Galerieebene in einen modernen und visuell einladenden Empfangsbereich umgestaltet.

Nutzung

1 Erdgeschoss
Foyer, Wartezone

1 Obergeschoss
Treppe zu Galerie

Markt

Hauptvergabezeit: 1. Quartal 2019
Baubeginn: 1. Quartal 2019
Bauende: 2. Quartal 2019
Konjunkturelle Gesamtlage: über Durchschnitt
Regionaler Baumarkt: Durchschnitt

Baubestand

Baujahr: 1996
Bauzustand: mittel
Aufwand: hoch
Grundrissänderungen: wenige
Tragwerkseingriffe: wenige
Nutzungsänderung: nein
Nutzung während der Bauzeit: ja

Baukonstruktion

Zentraler Anlaufpunkt ist ein individuell gefertigter Empfangstresen in skulpturaler Form. Vertikale Holzlamellen mit Raumteilerwirkung zonieren den Loungebereich. Loungemöbel sowie ein modulares Sofa sind auf farblich akzentuiertem Teppichboden gruppiert worden. Das Foyer erhielt einen Vinylbodenbelag. Im Zentrum des Eingangsbereiches befindet sich eine Pflanzeninsel mit Sitzmöglichkeit. Eine neue Flyerbox wurde an der Treppenwand zur Galerie platziert.

Technische Anlagen

Im Empfangsdienst wurde Klimatechnik eingebaut. Spielerisch platzierte Einbau-, Aufbau- und Pendelleuchten prägen das Lichtkonzept. Die freistehende Säule wird durch einen Baldachin mit indirekter Beleuchtung inszeniert. Ein raumhohes Digitalbild mit Hinterleuchtung gibt dem Vorraum einen dynamischen, stimmungsvollen Charakter.

Planungskennwerte für Flächen und Rauminhalte nach DIN 277

Flächen des Grundstücks		Menge Einheit	% an GF
BF	Bebaute Fläche	–	–
UF	Unbebaute Fläche	–	–
GF	Grundstücksfläche	–	–

Grundflächen des Bauwerks		Menge Einheit	% an NUF	% an BGF
NUF	Nutzungsfläche	71,29 m²	100,0	32,4
TF	Technikfläche	0,80 m²	1,1	0,4
VF	Verkehrsfläche	123,75 m²	173,6	56,2
NRF	Netto-Raumfläche	195,84 m²	274,7	88,9
KGF	Konstruktions-Grundfläche	24,39 m²	34,2	11,1
BGF	Brutto-Grundfläche	220,23 m²	308,9	100,0

Brutto-Rauminhalt des Bauwerks		Menge Einheit	BRI/NUF (m)	BRI/BGF (m)
BRI	Brutto-Rauminhalt	1.033,48 m³	14,50	4,69

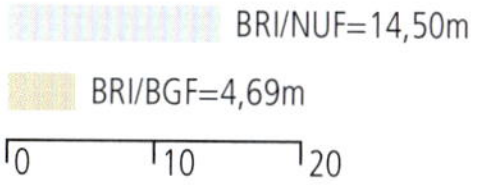

Lufttechnisch behandelte Flächen	Menge Einheit	% an NUF	% an BGF
Entlüftete Fläche	–	–	–
Be- und entlüftete Fläche	–	–	–
Teilklimatisierte Fläche	–	–	–
Klimatisierte Fläche	–	–	–

KG	Kostengruppen (2. Ebene)	Menge Einheit	Menge/NUF	Menge/BGF
310	Baugrube / Erdbau	–	–	–
320	Gründung, Unterbau	–	–	–
330	Außenwände/Vertikale Baukonstruktionen, außen	75,92 m² AWF	1,07	0,35
340	Innenwände/Vertikale Baukonstruktionen, innen	311,45 m² IWF	4,37	1,41
350	Decken/Horizontale Baukonstruktionen	220,00 m² DEF	3,09	1,00
360	Dächer	–	–	–

Kostenkennwerte für die Kostengruppen der 1. Ebene DIN 276

KG	Kostengruppen (1. Ebene)	Einheit	Kosten €	€/Einheit	€/m² BGF	€/m³ BRI	% 300+400
100	Grundstück	m² GF	–	–	–	–	–
200	Vorbereitende Maßnahmen	m² GF	–	–	–	–	–
300	Bauwerk – Baukonstruktionen	m² BGF	193.112	876,86	876,86	186,86	62,9
400	Bauwerk – Technische Anlagen	m² BGF	113.773	516,61	516,61	110,09	37,1
	Bauwerk 300+400	**m² BGF**	**306.884**	**1.393,47**	**1.393,47**	**296,94**	**100,0**
500	Außenanlagen und Freiflächen	m² AF	–	–	–	–	–
600	Ausstattung und Kunstwerke	m² BGF	30.066	136,52	136,52	29,09	9,8
700	Baunebenkosten	m² BGF	–	–	–	–	–
800	Finanzierung	m² BGF	–	–	–	–	–

KG	Kostengruppe	Menge Einheit	Kosten €	€/Einheit	%
3+4	**Bauwerk**				**100,0**
300	**Bauwerk – Baukonstruktionen**	220,23 m² BGF	193.112	**876,86**	62,9

- Abbrechen (Kosten: 0,7%) — 1.311
  Abbruch von Trockenbauwand; Entsorgung, Deponiegebühren
- Wiederherstellen (Kosten: 2,2%) — 4.186
  Befestigungen von Leuchten entfernen, GK-Decke schließen, Auslässe in GK-Decke schließen, Deckenrisse verfugen, Verstärkungen für Leuchtenabhängungen, Lüftungsgitter lackieren
- Herstellen (Kosten: 97,2%) — 187.614
  Dispersionsbeschichtung, GK-Verkofferung, Fensterfolie, Seitenzugrollos, Sichtschutzvorhang; Säulenfüße lackieren, GK-Beplankung; Ausgleichsspachtelung, Vinylbodenbelag, Sauberlaufzone, Teppichfliesen, Dispersionsbeschichtung, GK-Deckensegel; Raumteiler, Pflanzkübel mit Sitzfläche, Empfangstresenanlage, Winkelelement Fahrkartenschalter, LED-Spann-/Leuchtrahmen, Wegweiser, Flyerbox, Logo

KG	Kostengruppe	Menge Einheit	Kosten €	€/Einheit	%
400	**Bauwerk – Technische Anlagen**	220,23 m² BGF	113.773	**516,61**	37,1

- Abbrechen (Kosten: 3,0%) — 3.416
  Abbruch von Elektroinstallationen; Entsorgung, Deponiegebühren
- Wiederherstellen (Kosten: 0,8%) — 883
  Heizkörper reinigen, beschichten
- Herstellen (Kosten: 96,2%) — 109.474
  Klimaanlage Empfangstresen; Elektroinstallation, Beleuchtung

KG	Kostengruppe	Menge Einheit	Kosten €	€/Einheit	%
600	**Ausstattung und Kunstwerke**	220,23 m² BGF	30.066	**136,52**	9,8

- Herstellen (Kosten: 100,0%) — 30.066
  Modulares Sofaelement, Sessel mit Kufengestell, Sitzpoufs, Tisch, Pflanzgefäße, Granulat, Bepflanzung Solitär; individuelle Wandgestaltung, Wandbild als abstrahierter Verkehrs-Netzplan

Umbau

Kostenkennwerte für die Kostengruppen der 2.Ebene DIN 276

KG	Kostengruppe	Menge Einheit	Kosten €	€/Einheit	%
300	**Bauwerk – Baukonstruktionen**				**100,0**
330	**Außenwände/Vert. Baukonstrukt., außen**	75,92 m² AWF	7.535	**99,25**	3,9
	• Herstellen (Kosten: 100,0%) Dispersionsbeschichtung (43m²), GK-Verkofferung (5m) * Fensterfolie, innen, hochauflösender Digitaldruck, mit Schutzlaminat (5m²) * Seitenzugrollos (15m²), Sichtschutzvorhang, Deckenschienen (psch)	75,92 m² AWF	7.535	**99,25**	
340	**Innenwände/Vert. Baukonstrukt., innen**	311,45 m² IWF	11.889	**38,17**	6,2
	• Abbrechen (Kosten: 11,0%) Abbruch von Trockenbauwand (13m²); Entsorgung, Deponiegebühren	13,00 m² IWF	1.311	**100,83**	
	• Herstellen (Kosten: 89,0%) Dispersionsbeschichtung (374m²), GK-Verkofferung (5m), Säulenfüße lackieren (1m²), GK-Beplankung (8m²)	311,45 m² IWF	10.578	**33,96**	
350	**Decken/Horizontale Baukonstruktionen**	220,00 m² DEF	44.973	**204,42**	23,3
	• Wiederherstellen (Kosten: 9,3%) Befestigungen von Leuchten entfernen, GK-Decke schließen, spachteln (27St), Auslässe in GK-Decke schließen, spachteln (1St), Deckenrisse verfugen, Glasfugendeckstreifen einsetzen (4h), Verstärkungen für Leuchtenabhängungen (16St), Lüftungsgitter reinigen, lackieren (1St)	–	4.186	**–**	
	• Herstellen (Kosten: 90,7%) Vorhandenen Fliesenboden reinigen, Ausgleichsspachtelung (146m²), Vinylbodenbelag (90m²), Sauberlaufzone, Teppichfliesen, verklebt (39m²), Teppichfliesen, schwimmend verlegt (21m²), Alu-Trennschienen (23m) * Dispersionsbeschichtung (220m²), GK-Deckensegel, oval, asymmetrisch, an Säule (1St), Ausschnitte in GK-Decke vergrößern (35St), Revisionsklappen (5St)	220,00 m² DEF	40.786	**185,39**	
380	**Baukonstruktive Einbauten**	220,23 m² BGF	121.123	**549,98**	62,7
	• Herstellen (Kosten: 100,0%) Raumteiler, vertikale Holzlamellen hintereinander stehend, an Flachstahl (9m²), Pflanzkübel mit Sitzfläche, dreieckig, Sitzfläche Holzabdeckung, Bepflanzung (1St) * Empfangstresenanlage, Freiform, Verglasungen, Decke mit Ausschnitten (1St), Winkelelement Fahrkartenschalter (1St) * LED-Spann-/Leuchtrahmen, Direktdruck, Ausleuchtung (8m²), Wegweiser, Edelstahl, Acrylglas, Vinylfolie, Ausleuchtung (2m²), ohne Ausleuchtung (1m²), Flyerbox (1St), Logo auf Vinylfolie (1St)	220,23 m² BGF	121.123	**549,98**	
390	**Sonst. Maßnahmen für Baukonstrukt.**	220,23 m² BGF	7.593	**34,48**	3,9
	• Herstellen (Kosten: 100,0%) Arbeitsgerüste (4St), Rollgerüste (2St) * Abdeck-/Abklebearbeiten (psch) * provisorische Beleuchtung (1St)	220,23 m² BGF	7.593	**34,48**	
400	**Bauwerk – Technische Anlagen**				**100,0**
420	**Wärmeversorgungsanlagen**	220,23 m² BGF	883	**4,01**	0,8
	• Wiederherstellen (Kosten: 100,0%) Heizkörper reinigen, beschichten (9St)	220,23 m² BGF	883	**4,01**	

KG	Kostengruppe	Menge Einheit	Kosten €	€/Einheit	%
430	**Raumlufttechnische Anlagen**	220,23 m²BGF	9.683	**43,97**	8,5
	• Herstellen (Kosten: 100,0%) Klimaanlage für Arbeitsplatz Empfangstresen (psch)	220,23 m²BGF	9.683	**43,97**	
440	**Elektrische Anlagen**	220,23 m²BGF	103.207	**468,63**	90,7
	• Abbrechen (Kosten: 3,3%) Abbruch von Elektroinstallationen (psch); Entsorgung, Deponiegebühren	220,23 m²BGF	3.416	**15,51**	
	• Herstellen (Kosten: 96,7%) Unterverteiler, Schalter/Taster, Steckdosen, Leitungen (psch), DALI-Dimmer (7St) * Einbauleuchten (35St), Aufbauleuchten (14St), Ringleuchten, direkt, indirekt strahlend, Seilabhängungen (3St), LED-Flexschlauch, indirekte Säulenbeleuchtung (1St), Anbauleuchten (4St), Einbaustrahler (5St), Einbaulicht (1St)	220,23 m²BGF	99.791	**453,12**	
600	**Ausstattung und Kunstwerke**				**100,0**
610	**Allgemeine Ausstattung**	220,23 m²BGF	21.296	**96,70**	70,8
	• Herstellen (Kosten: 100,0%) Modulares Sofaelement, Kunstleder (1St), Sessel mit Kufengestell (2St), Sitzpoufs (2St), Tisch, HPL-Platte, D=70cm, auf Metallgestell, h=50cm (1St), Pflanzgefäße, h=120cm, D=50cm, Granulat, Bepflanzung Solitär, h=1,40m (2St),	220,23 m²BGF	21.296	**96,70**	
640	**Künstlerische Ausstattung**	220,23 m²BGF	8.770	**39,82**	29,2
	• Herstellen (Kosten: 100,0%) Individuelle Wandgestaltung, Wandbild als abstrahierter Verkehrs-Netzplan, Entwurf, Konzeption, Ausführung	220,23 m²BGF	8.770	**39,82**	

Kostenkennwerte für die Kostengruppen 300 der 2. und 3. Ebene DIN 276 (Übersicht)

KG	Kostengruppe	Menge Einheit	Kosten €	€/Einheit	% an 3+4
300	**Bauwerk – Baukonstruktionen**	**220,23 m² BGF**	**193.111,69**	**876,86**	**62,9**
310	**Baugrube / Erdbau**	**–**	**–**	**–**	**–**
311	Herstellung	–	–	–	–
312	Umschließung	–	–	–	–
313	Wasserhaltung	–	–	–	–
314	Vortrieb	–	–	–	–
319	Sonstiges zur KG 310	–	–	–	–
320	**Gründung, Unterbau**	**–**	**–**	**–**	**–**
321	Baugrundverbesserung	–	–	–	–
322	Flachgründungen und Bodenplatten	–	–	–	–
323	Tiefgründungen	–	–	–	–
324	Gründungsbeläge	–	–	–	–
325	Abdichtungen und Bekleidungen	–	–	–	–
326	Dränagen	–	–	–	–
329	Sonstiges zur KG 320	–	–	–	–
330	**Außenwände/Vert. Baukonstrukt., außen**	**75,92 m² AWF**	**7.534,77**	**99,25**	**2,5**
331	Tragende Außenwände	–	–	–	–
332	Nichttragende Außenwände	–	–	–	–
333	Außenstützen	–	–	–	–
334	Außenwandöffnungen	–	–	–	–
335	Außenwandbekleidungen, außen	–	–	–	–
336	Außenwandbekleidungen, innen	43,38 m²	1.182,55	27,26	0,4
337	Element. Außenwandkonstruktionen	5,10 m²	998,12	195,71	0,3
338	Lichtschutz zur KG 330	27,44 m²	5.354,09	195,12	1,7
339	Sonstiges zur KG 330	–	–	–	–
340	**Innenwände/Vert. Baukonstrukt., innen**	**311,45 m² IWF**	**11.888,84**	**38,17**	**3,9**
341	Tragende Innenwände	–	–	–	–
342	Nichttragende Innenwände	–	1.310,83	–	0,4
343	Innenstützen	–	–	–	–
344	Innenwandöffnungen	–	–	–	–
345	Innenwandbekleidungen	373,86 m²	10.578,01	28,29	3,4
346	Elementierte Innenwandkonstruktionen	–	–	–	–
347	Lichtschutz zur KG 340	–	–	–	–
349	Sonstiges zur KG 340	–	–	–	–
350	**Decken/Horizontale Baukonstruktionen**	**220,00 m² DEF**	**44.972,71**	**204,42**	**14,7**
351	Deckenkonstruktionen	–	–	–	–
352	Deckenöffnungen	–	–	–	–
353	Deckenbeläge	150,00 m²	32.592,51	217,28	10,6
354	Deckenbekleidungen	220,00 m²	12.380,20	56,27	4,0
355	Elementierte Deckenkonstruktionen	–	–	–	–
359	Sonstiges zur KG 350	–	–	–	–
360	**Dächer**	**–**	**–**	**–**	**–**
361	Dachkonstruktionen	–	–	–	–
362	Dachöffnungen	–	–	–	–
363	Dachbeläge	–	–	–	–
364	Dachbekleidungen	–	–	–	–
365	Elementierte Dachkonstruktionen	–	–	–	–
366	Lichtschutz zur KG 360	–	–	–	–
369	Sonstiges zur KG 360	–	–	–	–
370	**Infrastrukturanlagen**	**–**	**–**	**–**	**–**
380	**Baukonstruktive Einbauten**	**220,23 m² BGF**	**121.122,70**	**549,98**	**39,5**
390	**Sonst. Maßnahmen für Baukonstrukt.**	**220,23 m² BGF**	**7.592,67**	**34,48**	**2,5**

Kostenkennwerte für die Kostengruppen 400 der 2. und 3.Ebene DIN 276 (Übersicht)

KG	Kostengruppe	Menge Einheit	Kosten €	€/Einheit	% an 3+4
400	**Bauwerk – Technische Anlagen**	**220,23 m²BGF**	**113.772,73**	**516,61**	**37,1**
410	**Abwasser-, Wasser-, Gasanlagen**	**–**	**–**	**–**	**–**
411	Abwasseranlagen	–	–	–	–
412	Wasseranlagen	–	–	–	–
413	Gasanlagen	–	–	–	–
419	Sonstiges zur KG 410	–	–	–	–
420	**Wärmeversorgungsanlagen**	**220,23 m²BGF**	**882,73**	**4,01**	**0,3**
421	Wärmeerzeugungsanlagen	–	–	–	–
422	Wärmeverteilnetze	–	–	–	–
423	Raumheizflächen	220,23 m²BGF	882,73	4,01	0,3
424	Verkehrsheizflächen	–	–	–	–
429	Sonstiges zur KG 420	–	–	–	–
430	**Raumlufttechnische Anlagen**	**220,23 m²BGF**	**9.683,08**	**43,97**	**3,2**
431	Lüftungsanlagen	–	–	–	–
432	Teilklimaanlagen	–	–	–	–
433	Klimaanlagen	220,23 m²BGF	9.683,08	43,97	3,2
434	Kälteanlagen	–	–	–	–
439	Sonstiges zur KG 430	–	–	–	–
440	**Elektrische Anlagen**	**220,23 m²BGF**	**103.206,92**	**468,63**	**33,6**
441	Hoch- und Mittelspannungsanlagen	–	–	–	–
442	Eigenstromversorgungsanlagen	–	–	–	–
443	Niederspannungsschaltanlagen	–	–	–	–
444	Niederspannungsinstallationsanlagen	220,23 m²BGF	36.561,28	166,01	11,9
445	Beleuchtungsanlagen	220,23 m²BGF	66.645,66	302,62	21,7
446	Blitzschutz- und Erdungsanlagen	–	–	–	–
447	Fahrleitungssysteme	–	–	–	–
449	Sonstiges zur KG 440	–	–	–	–
450	**Kommunikationstechnische Anlagen**	**–**	**–**	**–**	**–**
451	Telekommunikationsanlagen	–	–	–	–
452	Such- und Signalanlagen	–	–	–	–
453	Zeitdienstanlagen	–	–	–	–
454	Elektroakustische Anlagen	–	–	–	–
455	Audiovisuelle Medien- u. Antennenanl.	–	–	–	–
456	Gefahrenmelde- und Alarmanlagen	–	–	–	–
457	Datenübertragungsnetze	–	–	–	–
458	Verkehrsbeeinflussungsanlagen	–	–	–	–
459	Sonstiges zur KG 450	–	–	–	–
460	**Förderanlagen**	**–**	**–**	**–**	**–**
461	Aufzugsanlagen	–	–	–	–
462	Fahrtreppen, Fahrsteige	–	–	–	–
463	Befahranlagen	–	–	–	–
464	Transportanlagen	–	–	–	–
465	Krananlagen	–	–	–	–
466	Hydraulikanlagen	–	–	–	–
469	Sonstiges zur KG 460	–	–	–	–
470	**Nutzungsspez. u. verfahrenstechn. Anl.**	**–**	**–**	**–**	**–**
480	**Gebäude- und Anlagenautomation**	**–**	**–**	**–**	**–**
490	**Sonst. Maßnahmen für techn. Anlagen**	**–**	**–**	**–**	**–**

Kostenkennwerte für die Kostengruppen der 3.Ebene DIN 276

KG	Kostengruppe	Menge Einheit	Kosten €	€/Einheit	%
330	**Außenwände/Vertikale Baukonstruktionen, außen**				**100,0**
336	**Außenwandbekleidungen, innen**	43,38 m²	1.183	**27,26**	15,7
	• Herstellen (Kosten: 100,0%) Dispersionsbeschichtung (39m²), getönt (4m²), GK-Verkofferung, Q3 (5m)	43,38 m²	1.183	**27,26**	
337	**Element. Außenwandkonstruktionen**	5,10 m²	998	**195,71**	13,2
	• Herstellen (Kosten: 100,0%) Fensterfolie, innen, hochauflösender Digitaldruck 3,40x1,50m, mit Schutzlaminat (5m²)	5,10 m²	998	**195,71**	
338	**Lichtschutz zur KG 330**	27,44 m²	5.354	**195,12**	71,1
	• Herstellen (Kosten: 100,0%) Seitenzugrollos 2,20x3,38m (15m²), Sichtschutzvorhang, l=3,70m, Deckenschienen (psch)	27,44 m²	5.354	**195,12**	
340	**Innenwände/Vertikale Baukonstruktionen, innen**				**100,0**
342	**Nichttragende Innenwände**	–	1.311	–	11,0
	• Abbrechen (Kosten: 100,0%) Abbruch von Trockenbauwand (13m²); Entsorgung, Deponiegebühren	13,00 m²	1.311	**100,83**	
345	**Innenwandbekleidungen**	373,86 m²	10.578	**28,29**	89,0
	• Herstellen (Kosten: 100,0%) Dispersionsbeschichtung (116m²), getönt (257m²), GK-Verkofferung, Q3 (5m), Säulenfüße lackieren, h=30cm, D=66cm (1m²), GK-Beplankung, Q3 (8m²)	373,86 m²	10.578	**28,29**	
350	**Decken/Horizontale Baukonstruktionen**				**100,0**
353	**Deckenbeläge**	150,00 m²	32.593	**217,28**	72,5
	• Herstellen (Kosten: 100,0%) Vorhandenen Fliesenboden reinigen, Risse, Arbeitsfugen schließen, Ausgleichsspachtelung, an Übergänge Renovierungsspachtel (146m²), Vinylbodenbelag (90m²), Sauberlaufzone, Teppichfliesen, verklebt (39m²), Teppichfliesen 50x50cm, schwimmend verlegt (21m²), Alu-Trennschienen (23m)	150,00 m²	32.593	**217,28**	
354	**Deckenbekleidungen**	220,00 m²	12.380	**56,27**	27,5
	• Wiederherstellen (Kosten: 33,8%) Befestigungen von Leuchten entfernen, GK-Decke schließen, spachteln, Q3 (27St), Auslässe in GK-Decke schließen, spachteln, Q3 (1St), Deckenrisse verfugen, Glasfugendeckstreifen einsetzen, spachteln Q3 (4h), Verstärkungen für Leuchtenabhängungen (16St), Lüftungsgitter reinigen, grundieren, lackieren (1St)	–	4.186	–	
	• Herstellen (Kosten: 66,2%) Dispersionsbeschichtung (220m²), GK-Deckensegel, oval, asymmetrisch, an Säule, Q3 (1St), Ausschnitte in GK-Decke vergrößern (35St), Revisionsklappen (5St)	220,00 m²	8.194	**37,24**	

Umbau

KG	Kostengruppe	Menge Einheit	Kosten €	€/Einheit	%
380	**Baukonstruktive Einbauten**				**100,0**
381	**Allgemeine Einbauten**	220,23 m²BGF	34.292	**155,71**	28,3
	• Herstellen (Kosten: 100,0%)	220,23 m²BGF	34.292	**155,71**	
	Raumteiler, l=1,40m, h=3,42m, neun vertikale Holzlamellen 20x5cm, HPL-beschichtet, Holzdekor, mit Abstand hintereinander stehend, oben und unten an Flachstahl, b=14cm, beschichtet, befestigt (5m²), h=2,80m (4m²), Pflanzkübel mit Sitzfläche 212/232cm, h=40-70cm, dreieckig mit gerundeten Ecken, HPL-beschichtet, Sitzfläche Holzabdeckung, lackiert (1St), Bepflanzung: Solitär, h=2m (1St), Unterbepflanzung (psch), Pflanzarbeiten, Folien, Wasserstandsanzeiger (psch)				
382	**Besondere Einbauten**	220,23 m²BGF	64.238	**291,68**	53,0
	• Herstellen (Kosten: 100,0%)	220,23 m²BGF	64.238	**291,68**	
	Empfangstresenanlage, Freiform, Arbeitsfläche aus Mineralwerkstoffplatten, Frontflächen gebogen, HPL-beschichtet, Tresenplatte, Dekor Holzoptik, Festverglasungen, ein Schiebeelement, ESG, d=8mm, Decke mit Ausschnitten für Klimagerät, Lüftung, Beleuchtung, lackiert (1St), Winkelelement Fahrkartenschalter 167x68x56cm (1St)				
386	**Orientierungs- und Informationssysteme**	220,23 m²BGF	22.593	**102,59**	18,7
	• Herstellen (Kosten: 100,0%)	220,23 m²BGF	22.593	**102,59**	
	LED-Spann-/Leuchtrahmen 250x305x12cm, hochauflösender Direktdruck, LED-Ausleuchtung auf Rückwand (8m²), Wegweiser 210x90x8cm, Edelstahl gebürstet, Acrylglas, Hochleistungs-Vinylfolie, ablösbar, LED-Ausleuchtung auf Rückwand (2m²), 70x50x1,5cm, Edelstahl gebürstet, Acrylglas, Hochleistungs-Vinylfolie, ablösbar (1m²), Flyerbox, HPL, gebogener Wand folgend, 201x80x6-20cm, Winkelelement 100x80x6cm (1St), Logo auf Vinylfolie (1St)				
390	**Sonstige Maßnahmen für Baukonstruktionen**				**100,0**
392	**Gerüste**	220,23 m²BGF	4.685	**21,27**	61,7
	• Herstellen (Kosten: 100,0%)	220,23 m²BGF	4.685	**21,27**	
	Arbeitsgerüste (4St), Rollgerüste (2St)				
397	**Zusätzliche Maßnahmen**	220,23 m²BGF	2.077	**9,43**	27,4
	• Herstellen (Kosten: 100,0%)	220,23 m²BGF	2.077	**9,43**	
	Abdeck-/Abklebearbeiten (psch)				
398	**Provisorische Baukonstruktionen**	220,23 m²BGF	831	**3,77**	10,9
	• Herstellen (Kosten: 100,0%)	220,23 m²BGF	831	**3,77**	
	Provisorische Beleuchtung (1St)				
420	**Wärmeversorgungsanlagen**				**100,0**
423	**Raumheizflächen**	220,23 m²BGF	883	**4,01**	100,0
	• Wiederherstellen (Kosten: 100,0%)	220,23 m²BGF	883	**4,01**	
	Heizkörper reinigen, grundieren, beschichten (9St)				
430	**Raumlufttechnische Anlagen**				**100,0**
433	**Klimaanlagen**	220,23 m²BGF	9.683	**43,97**	100,0
	• Herstellen (Kosten: 100,0%)	220,23 m²BGF	9.683	**43,97**	
	Klimaanlage für Arbeitsplatz Empfangstresen (psch)				

KG	Kostengruppe	Menge Einheit	Kosten €	€/Einheit	%
440	**Elektrische Anlagen**				**100,0**
444	**Niederspannungsinstallationsanlagen**	220,23 m²BGF	36.561	**166,01**	35,4
	• Abbrechen (Kosten: 9,3%) Abbruch von Elektroinstallationen (psch); Entsorgung, Deponiegebühren	220,23 m²BGF	3.416	**15,51**	
	• Herstellen (Kosten: 90,7%) Unterverteiler, Schalter/Taster, Steckdosen, Leitungen (psch), DALI-Dimmer, Potentiometer mit Netzteil (7St)	220,23 m²BGF	33.146	**150,51**	
445	**Beleuchtungsanlagen**	220,23 m²BGF	66.646	**302,62**	64,6
	• Herstellen (Kosten: 100,0%) Einbauleuchten, D=23,6cm (35St), Aufbauleuchten (14St), Ringleuchten, D=1,20-1,50m, direkt, indirekt strahlend, Seilabhängungen (3St), LED-Flexschlauch, indirekte Säulenbeleuchtung (1St), Anbauleuchten (4St), Einbaustrahler (5St), Einbaulicht, l=2,00m (1St)	220,23 m²BGF	66.646	**302,62**	
640	**Künstlerische Ausstattung**				**100,0**
642	**Künstl. Gestaltung des Bauwerks**	220,23 m²BGF	8.770	**39,82**	100,0
	• Herstellen (Kosten: 100,0%) Individuelle Wandgestaltung, Wandbild als abstrahierter Verkehrs-Netzplan, Entwurf, Konzeption, Ausführung (32m²)	220,23 m²BGF	8.770	**39,82**	

7200-0096
Geschäftshaus
Foyer

Umbau

Kostenkennwerte für Leistungsbereiche nach STLB (Kosten des Bauwerks nach DIN 276)

LB	Leistungsbereiche	Kosten €	€/m² BGF	€/m³ BRI	% an 3+4
000	Baustellen-, Verkehrssich.- u. Sicherh.einr. inkl. 001	4.685	21,30	4,50	1,5
002	Erdarbeiten	–	–	–	–
006	Spezialtiefbauarbeiten inkl. 005	–	–	–	–
009	Entwässerungskanalarbeiten inkl. 011	–	–	–	–
010	Drän- und Versickerarbeiten	–	–	–	–
012	Mauerarbeiten	–	–	–	–
013	Betonarbeiten	–	–	–	–
014	Natur-, Betonwerksteinarbeiten	–	–	–	–
016	Zimmer- und Holzbauarbeiten	–	–	–	–
017	Stahlbauarbeiten	–	–	–	–
018	Abdichtungsarbeiten	–	–	–	–
020	Dachdeckungsarbeiten	–	–	–	–
021	Dachabdichtungsarbeiten	–	–	–	–
022	Klempnerarbeiten	–	–	–	–
	Rohbau	**4.685**	**21,30**	**4,50**	**1,5**
023	Putz- und Stuckarbeiten, Wärmedämmsysteme	–	–	–	–
024	Fliesen- und Plattenarbeiten	–	–	–	–
025	Estricharbeiten	–	–	–	–
026	Fenster, Außentüren inkl. 029, 032	–	–	–	–
027	Tischlerarbeiten	99.231	450,60	96,00	32,3
028	Parkett-, Holzpflasterarbeiten	–	–	–	–
030	Rollladenarbeiten	5.354	24,30	5,20	1,7
031	Metallbauarbeiten inkl. 035	–	–	–	–
034	Maler- und Lackiererarb. - Beschicht. inkl. 037	15.189	69,00	14,70	4,9
	Wiederherstellen	1.690	7,70	1,60	0,6
	Herstellen	13.499	61,30	13,10	4,4
036	Bodenbelagarbeiten	32.593	148,00	31,50	10,6
038	Vorgehängte hinterlüftete Fassaden	–	–	–	–
039	Trockenbauarbeiten	10.148	46,10	9,80	3,3
	Wiederherstellen	3.379	15,30	3,30	1,1
	Herstellen	6.770	30,70	6,60	2,2
	Ausbau	**162.515**	**737,90**	**157,30**	**53,0**
	Wiederherstellen	5.069	23,00	4,90	1,7
	Herstellen	157.446	714,90	152,30	51,3
040	Wärmeversorgungsanl. - Betriebseinr. inkl. 041	–	–	–	–
042	Gas- u. Wasseranl. - Leitung., Armat. inkl. 043	–	–	–	–
044	Abwasseranl. - Leitungen, Abläufe, Armaturen	–	–	–	–
045	Gas, Wasser, Entwässerung - Ausstattung inkl. 046	–	–	–	–
047	Dämm- und Brandschutzarb. an techn. Anlagen	–	–	–	–
049	Feuerlöschanlagen, Feuerlöschgeräte	–	–	–	–
050	Blitzschutz-/Erdungsanlagen, Überspannungssch.	–	–	–	–
053	Niederspannungsanl. - Kabel inkl. 052, 054	33.146	150,50	32,10	10,8
055	Sicherheits- u. Ersatzstromversorgungsanl.	–	–	–	–
057	Gebäudesystemtechnik	–	–	–	–
058	Leuchten und Lampen inkl. 059	67.476	306,40	65,30	22,0
060	Such, Signal, Zeit, Anten., akust. Anl. inkl. 064	–	–	–	–
061	Kommunikations- u. Übertragungsnetze inkl. 063	–	–	–	–
069	Aufzüge	–	–	–	–
070	Gebäudeautomation	–	–	–	–
075	Raumlufttechnische Anlagen inkl. 078	9.683	44,00	9,40	3,2
	Gebäudetechnik	**110.305**	**500,90**	**106,70**	**35,9**

Kostenstand: 4. Quartal 2025, Bundesdurchschnitt, **inkl. 19% MwSt.**

LB	Leistungsbereiche	Kosten €	€/m² BGF	€/m³ BRI	% an 3+4
084	Abbruch, Rückbau, Schadstoffsanierung	4.726	21,50	4,60	1,5
	Abbrechen	4.726	21,50	4,60	1,5
	Abbrucharbeiten	**4.726**	**21,50**	**4,60**	**1,5**
	Abbrechen	4.726	21,50	4,60	1,5
	Sonstige Leistungsbereiche	**24.653**	**111,90**	**23,90**	**8,0**

Kulturgebäude

9

- 9100 Gebäude für kulturelle und musische Zwecke
  9200 Empfangsgebäude bei Verkehrsanlagen
  9300 Gebäude für Tierhaltung
  9400 Gebäude für Pflanzenhaltung
  9500 Schutzbauwerke, Schutzbauten
  9600 Justizvollzugsanstalten
- 9700 Friedhofsanlagen
  9900 Gebäude sonstiger Art

9100-0222
Ausstellungsgebäude

Kostenkennwerte für die Kosten des Bauwerks (Kostengruppen 300+400 nach DIN 276)

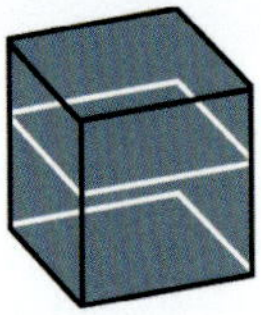
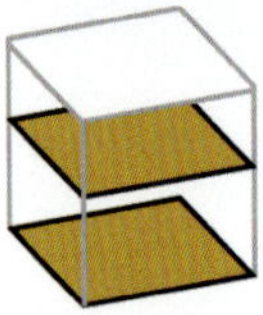
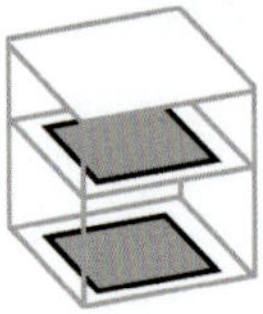

Erweiterung

BRI 569 €/m³ | **BGF** 2.669 €/m² | **NUF** 3.826 €/m²

Objekt:
Kennwerte: 1. Ebene DIN 276
BRI: 26.611 m³
BGF: 5.675 m²
NUF: 3.958 m²
Bauzeit: 87 Wochen
Bauende: 2021
Standard: mittel
Bundesland: Bremen
Kreis: Bremerhaven, Stadt

Architekt*in:
Andreas Heller
Architects & Designers
Am Sandtorkai 48
20457 Hamburg

Bauherr*in:
BEAN - Bremerhavener
Entwicklungsgesellschaft
Alter/Neuer Hafen mbH
& Co. KG
Barkhausenstraße 4
27568 Bremerhaven

© Werner Huthmacher

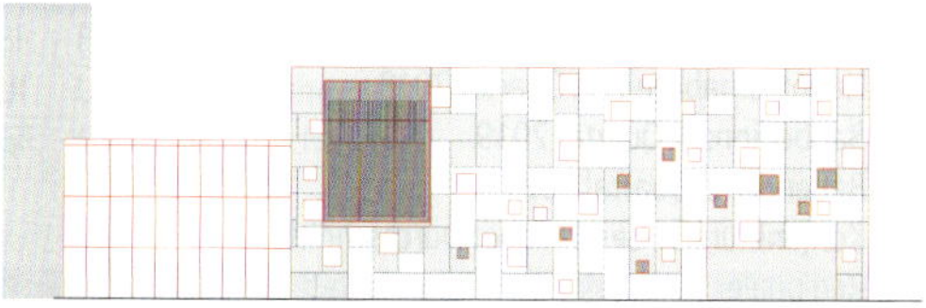

Ansicht Nord-Ost

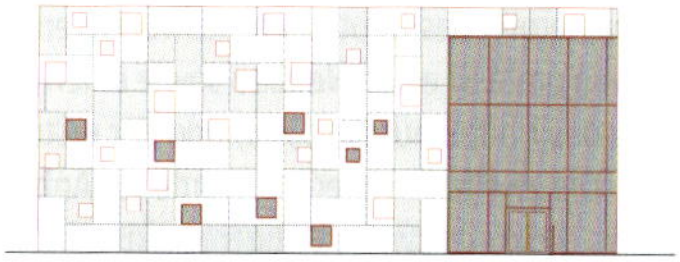

Ansicht Nord-West

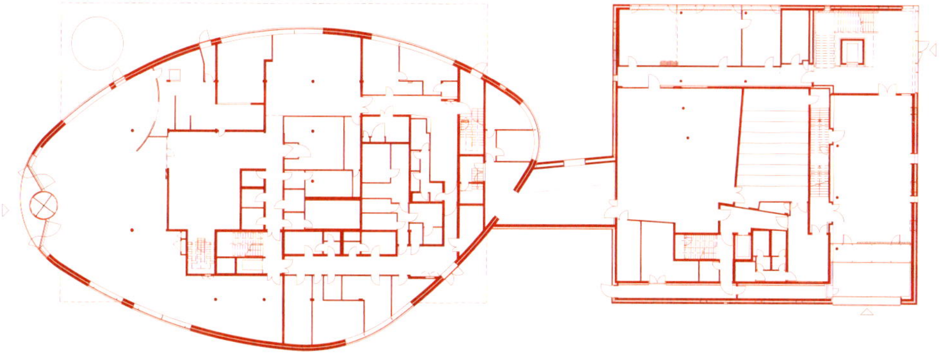

Erdgeschoss

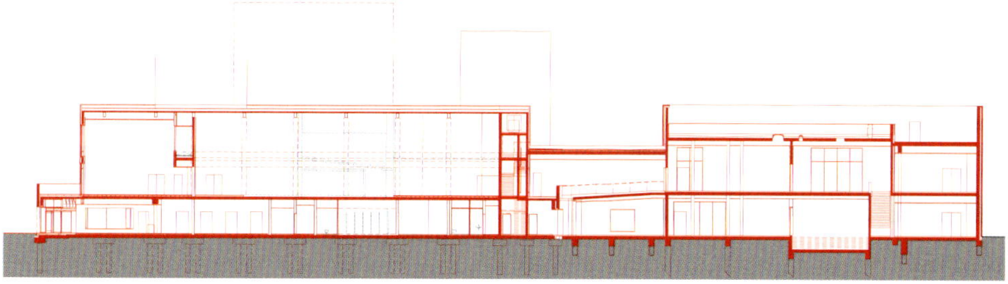

Längsschnitt

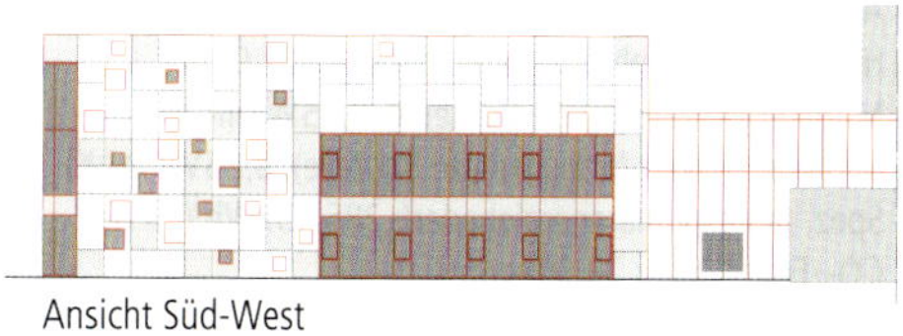

Ansicht Süd-West

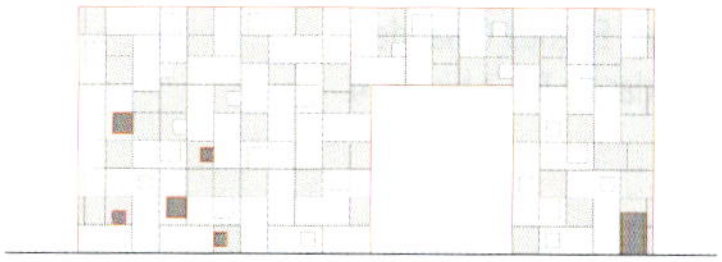

Ansicht Süd-Ost

9100-0228
Kammermusiksaal
(80 Sitzplätze)

Erweiterung

Kostenkennwerte für die Kosten des Bauwerks (Kostengruppen 300+400 nach DIN 276)

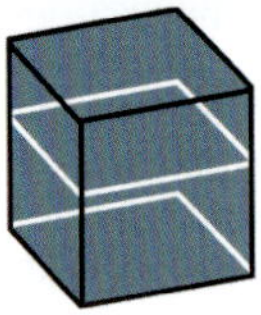

BRI 2.613 €/m³

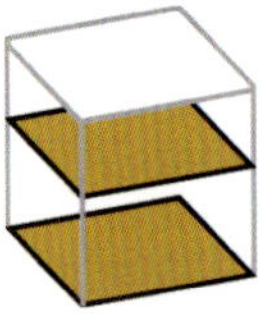

BGF 12.235 €/m²

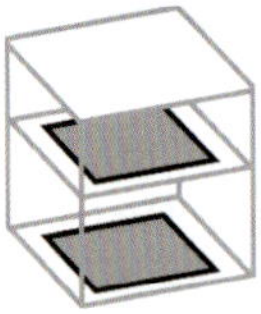

NUF 23.622 €/m²

Objekt:
Kennwerte: 1. Ebene DIN 276
BRI: 1.175 m³
BGF: 251 m²
NUF: 130 m²
Bauzeit: 70 Wochen
Bauende: 2023
Standard: hoch
Bundesland: Rheinland-Pfalz
Kreis: Mainz, Stadt

Architekt*in:
mamuth I
Dipl.Ing. Timm Helbach I
freier Architekt dwb BDA
Gartenfeldplatz 4
55118 Mainz

Bauherr*in:
Kalkof-Rose Stiftung
Geschwister-Scholl-Straße 2
55131 Mainz

© Seweryn Zelazny

© Jochen Veith

© Seweryn Zelazny

Kostenstand: 4. Quartal 2025, Bundesdurchschnitt, **inkl. 19% MwSt.**

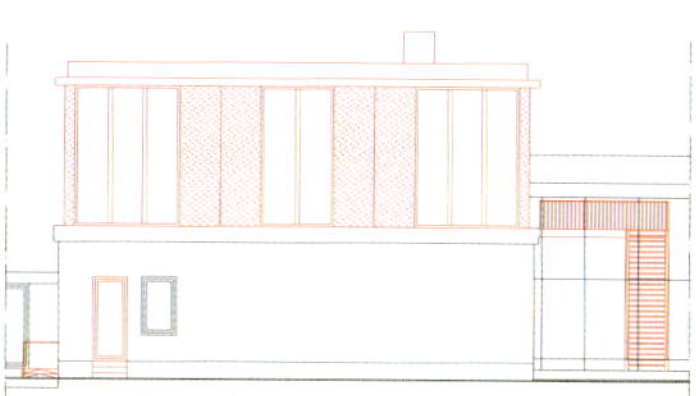
Ansicht Süd

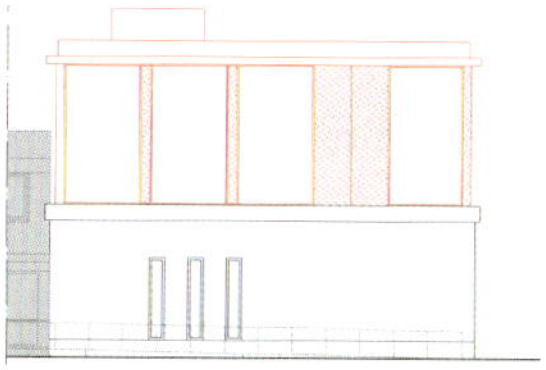
Ansicht West

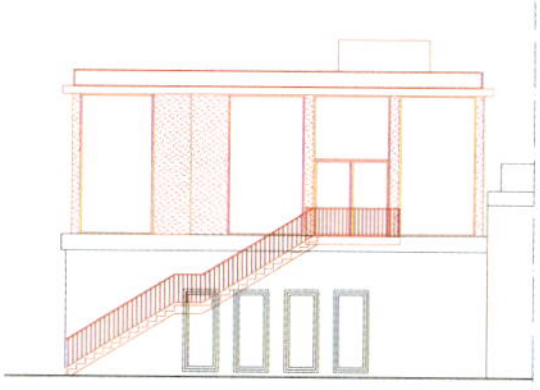
Ansicht Ost

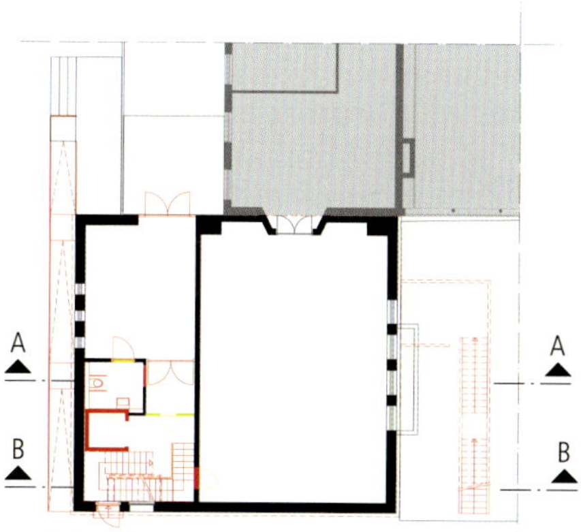

Erdgeschoss

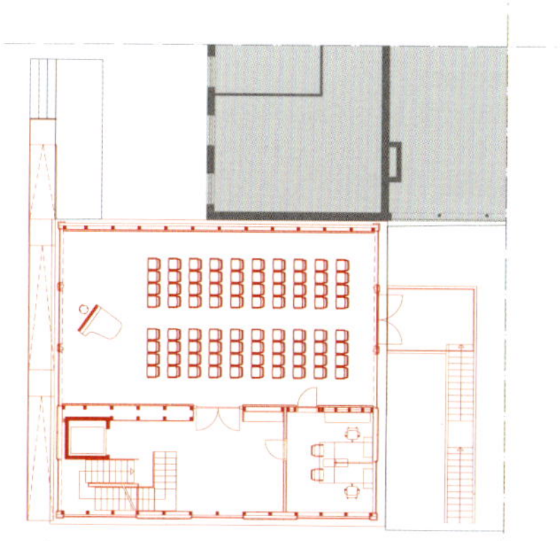
Obergeschoss

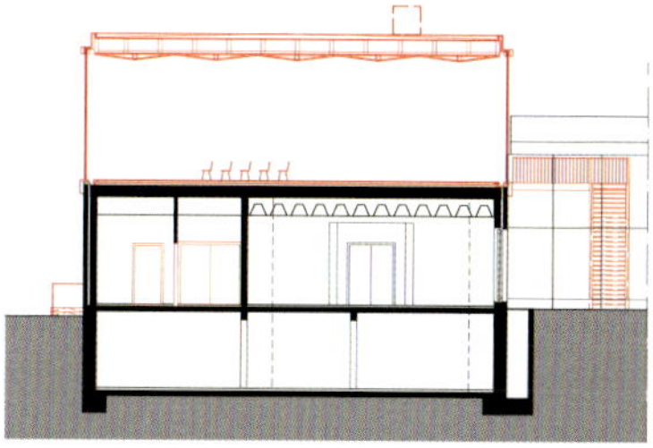
Schnitt A-A

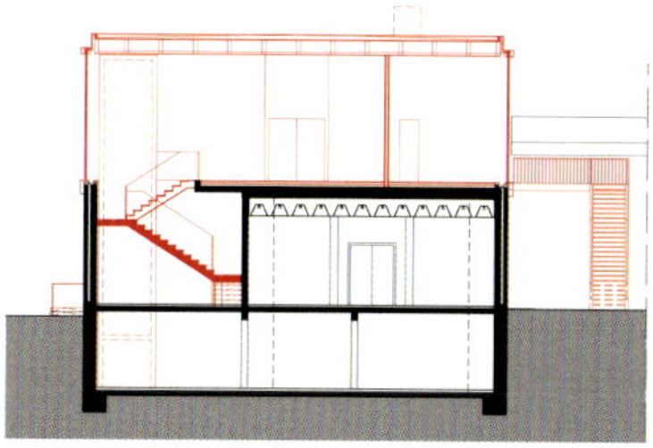
Schnitt B-B

9100-0228
Kammermusiksaal
(80 Sitzplätze)

Erweiterung

Objektbeschreibung

Allgemeine Objektinformationen

Mit der Aufstockung wurde Deutschlands erster Kammermusiksaal in Holzbauweise realisiert. Noch nie wurde ein Musiksaal in Deutschland auch konstruktiv in Holzbau umgesetzt – darüber hinaus als Aufstockung eines bestehenden Ensembles. Hierbei mussten die architektonischen Gesetze der Konzerthausarchitektur grundsätzlich neu gedacht und entwickelt werden. Speziell entwickelte Akustikpaneele garantieren ein einmaliges Klangerlebnis.

Nutzung

1 Untergeschoss
Bestand

1 Erdgeschoss
Bestand: Eingang, WC, Aufzug, Treppe

1 Obergeschoss
Kammermusiksaal, Büro, Foyer, Aufzug, Treppe

Nutzeinheiten

Zuschauerplätze: 80

Grundstück

Bauraum: Freier Bauraum
Neigung: Ebenes Gelände
Bodenklasse: BK 1 bis BK 3

Markt

Hauptvergabezeit: 2.Quartal 2021
Baubeginn: 1.Quartal 2022
Bauende: 3.Quartal 2023
Konjunkturelle Gesamtlage: Durchschnitt
Regionaler Baumarkt: Durchschnitt

Baubestand

Baujahr: 1960
Bauzustand: mittel
Aufwand: mittel
Grundrissänderungen: wenige
Tragwerkseingriffe: einige
Nutzungsänderung: nein
Nutzung während der Bauzeit: ja

Baukonstruktion

Die Außenwände der aufgestockten Etage sind als Holzrahmenwände errichtet. Die Fenster als Alu-Pfosten-Riegelfassade sind mit einer Dreifachverglasung ausgestattet. Die Fassade ist gedämmt und mit hinterlüfteten Blechelementen bekleidet. Im Inneren sind die maßgeschneiderten Wand- und Deckenpaneele eigens für das Projekt konzipiert worden und bilden eine ideale, diffuse Oberfläche für diesen Kulturort. Gleichzeitig mussten höchste Anforderungen an die akustische Trennung vom Außenraum realisiert werden. Das Holzbalken-Flachdach ist mit einer Stehfalzdeckung gedeckt.

Technische Anlagen

Technisch ist der Neubau an das bestehende Gebäude angeschlossen. Die Raumbelüftung erfolgt durch Quellluftauslässe im Bühnenbereich, Während des Konzertbetriebs schiebt sich kontinuierlich eine Frischluftwelle durch den Raum. Eine der schallgedämmten Abluft vorgelagerte Pufferkammer verhindert Zuglufterscheinungen und technische Störgeräusche.

Sonstiges

Die bauliche Umsetzung des Projekts erfolgte bei uneingeschränkt laufendem Akademiebetrieb mit lokalen Unternehmen.

Energetische Kennwerte

Gesetzliche Grundlage: GEG 2020
Gebäudenutzfläche: 159,20 m^2
Hüllfläche des beheizten Volumens: 505,20 m^2
Mittlerer U-Wert (opake Bauteile): 0,20 W/(m^2·K)
Mittlerer U-Wert (transparente Bauteile): 1,00 W/(m^2·K)

Energetische Angaben zu Außenbauteilen

Außenwand

U-Wert: 0,17 W/(m²·K)

Gesamtdicke: 30,87 cm	d [cm]	λ [W/(m·K)]
Dampfsperre	0,03	2,300
GK-Platte	1,25	0,320
GK-Platte	1,25	0,320
Holz	24,00	0,130
Dämmung	24,00	0,035
Dampfsperre	0,04	0,170
OSB-Platte	1,80	0,130
GK-Platte	1,25	0,320
GK-Platte	1,25	0,320

Dach Konzertsaal

U-Wert: 0,20 W/(m²·K)

Gesamtdicke: 22,27 cm	d [cm]	λ [W/(m·K)]
Dampfsperre	0,03	2,300
OSB-Platte	2,20	0,130
Holz	20,00	0,130
Dämmung	20,00	0,035
Dampfsperre	0,04	0,170

Dach Vorraum

U-Wert: 0,18 W/(m²·K)

Gesamtdicke: 34,72 cm	d [cm]	λ [W/(m·K)]
GK-Platte	1,25	0,320
Holz	3,00	0,130
Luft	3,00	0,156
Dampfsperre	0,04	0,170
Holz	14,00	0,130
Dampfsperre	0,03	2,300
Dämmung	16,00	0,040
Bitumenbahn	0,40	0,170

9100-0230
Kreisarchiv

Kostenkennwerte für die Kosten des Bauwerks (Kostengruppen 300+400 nach DIN 276)

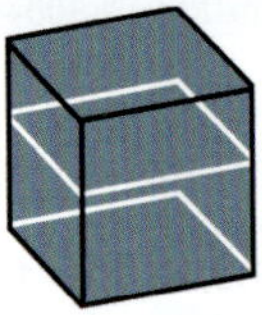
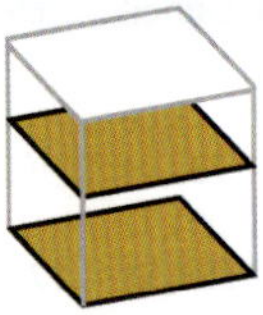
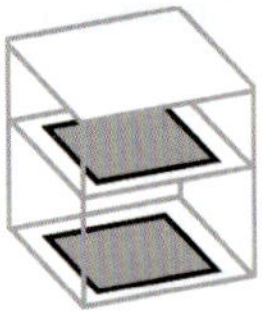

Erweiterung

BRI 693 €/m³ **BGF 3.874 €/m²** **NUF 5.126 €/m²**

Objekt:
Kennwerte: 1.Ebene DIN 276
BRI: 14.980 m³
BGF: 2.678 m²
NUF: 2.024 m²
Bauzeit: 108 Wochen
Bauende: 2023
Standard: einfach
Bundesland: Brandenburg
Kreis: Barnim

Architekt*in:
Dr.-Ing. Formazin
& Partner GbR
Dorfstraße 1A
16356 Ahrensfelde

Bauherr*in:
Barnimer Energiebeteiligungs-
gesellschaft mbH
Ostender Höhen 70
16225 Eberswalde

vorher

nachher

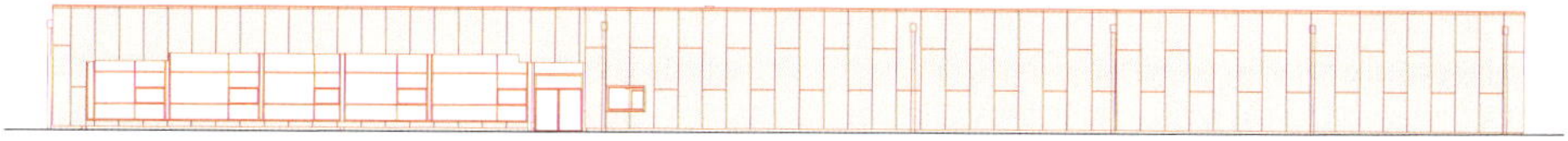
Ansicht Nord-Ost

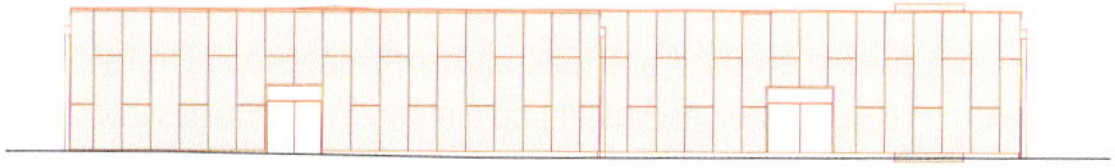
Ansicht Nord-West

Erdgeschoss

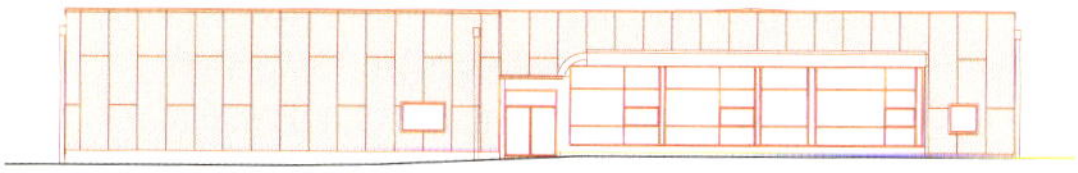
Ansicht Süd-Ost

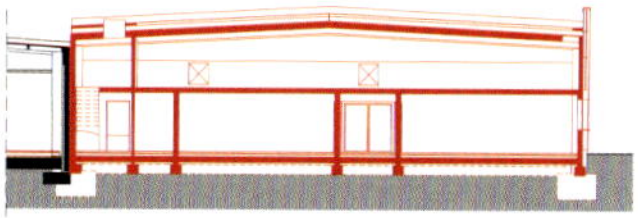
Schnitt A-A

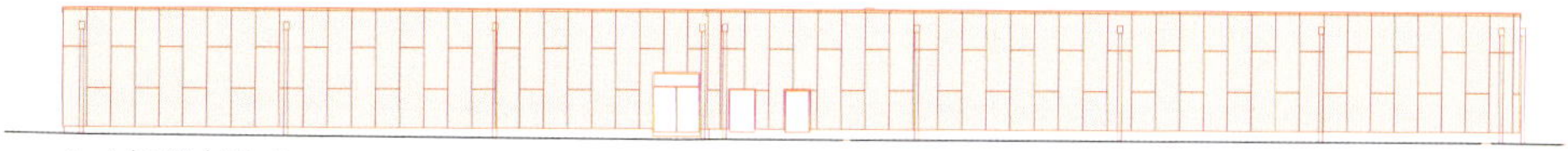
Ansicht Süd-West

Objektbeschreibung

Allgemeine Objektinformationen

Eine bestehende Halle mit einer Grundfläche von 820m² wurde zu Archivräumen für das Kreisarchiv umgebaut. Im Bestandsgebäude befinden sich nach dem Umbau die Bibliothek sowie die Sammlung. Im Zuge der Nutzungsänderung wurden zwei Anbauten mit insgesamt 1.640m² Grundfläche errichtet, um zusätzliche Flächen zu schaffen. Im Norden entstand ein erweiterter Verwaltungstrakt mit Büroräumen und einem großzügigen Lesesaal. Im Westen schließt eine zweite Erweiterung in Form einer Halle an, die zwei große Zwischenarchive aufnimmt.

Nutzung

1 Erdgeschoss
Verwaltungsräume, Bibliothek, Archive, HLS-Technik, BMZ, Serverraum

1 Obergeschoss
Technikzentrale, Treppenraum

Grundstück

Bauraum: Freier Bauraum
Neigung: Ebenes Gelände
Bodenklasse: BK 1 bis BK 3

Markt

Hauptvergabezeit: 1. Quartal 2021
Baubeginn: 1. Quartal 2021
Bauende: 1. Quartal 2023
Konjunkturelle Gesamtlage: Durchschnitt
Regionaler Baumarkt: Durchschnitt

Baubestand

Baujahr: 1997
Bauzustand: mittel
Aufwand: hoch
Grundrissänderungen: umfangreiche
Tragwerkseingriffe: wenige
Nutzungsänderung: ja
Nutzung während der Bauzeit: nein

Baukonstruktion

Die Bestandshalle in Fertigteilbauweise mit Stahlbetonfundamenten, -stützen und Spannbetondachbindern blieb in der Rohbaukonstruktion erhalten, während sämtliche Ausbauten zurückgebaut wurden. Im Zuge des Umbaus entstanden zwei Zwischendecken sowie neue Innenwände. Die Erweiterungsbauten wurden massiv errichtet. Die neue Halle besteht aus Stahlbetonstützen, Spannbetondachbindern, Porenbetonplatten als Dach und Kalksandsteinmauerwerk. Ein Teilbereich ist zweigeschossig und nimmt ein Technikgeschoss auf. Das Verwaltungsgebäude wurde in konventioneller Bauweise mit Stahlbetonwänden und -decken sowie einer Bodenplatte mit Frostschürze errichtet. Die Fassaden erhielten eine hinterlüftete HPL-Bekleidung, am Verwaltungstrakt sorgt eine Aluminium-Pfosten-Riegelfassade für Belichtung. Oberlichter und Lichtbänder versorgen die Halle mit Tageslicht. Die Böden sind beschichtet oder mit Vinyl oder Teppich belegt.

Technische Anlagen

Das Kreisarchiv wird über einen Fernwärmehausanschluss beheizt. Teilweise wurde eine Fußbodenheizung installiert, ansonsten erfolgt die Temperierung der Räume über die Lüftungsanlage. Im gesamten Gebäude ist ein Bussystem verlegt, das in Kombination mit einem DALI-Gateway zur gezielten Steuerung der Lichtbänder in den Archivhallen genutzt wird. Auf dem Dach ist eine Photovoltaikanlage installiert. Auf den neuen Bauteilen kommen Retentionsdächer zur Regenwasserrückhaltung zum Einsatz.

Energetische Kennwerte

Gesetzliche Grundlage: EnEV 2013
Gebäudenutzfläche: 4.608,00 m²
Gebäudevolumen: 14.401,00 m³
A/V_e-Verhältnis (Kompaktheit): 0,44 m⁻¹
Hüllfläche des beheizten Volumens: 6.341,00 m²
Mittlerer U-Wert (opake Bauteile): 0,14 W/(m²·K)
Mittlerer U-Wert (transparente Bauteile): 0,86 W/(m²·K)
Mittlerer U-Wert (Vorhangfassade): 0,75 W/(m²·K)
Spez. Jahresprimärenergiebedarf: 113,00 kWh/(m²·a)
CO_2-Emissionen: 39,20 kg/(m²·a)

Planungskennwerte für Flächen und Rauminhalte nach DIN 277

Flächen des Grundstücks		Menge Einheit	% an GF
BF	Bebaute Fläche	2.457,01 m²	40,3
UF	Unbebaute Fläche	3.642,99 m²	59,7
GF	Grundstücksfläche	6.100,00 m²	100,0

Grundflächen des Bauwerks		Menge Einheit	% an NUF	% an BGF
NUF	Nutzungsfläche	2.024,05 m²	100,0	75,6
TF	Technikfläche	228,27 m²	11,3	8,5
VF	Verkehrsfläche	192,38 m²	9,5	7,2
NRF	Netto-Raumfläche	2.444,70 m²	120,8	91,3
KGF	Konstruktions-Grundfläche	233,63 m²	11,5	8,7
BGF	Brutto-Grundfläche	2.678,33 m²	132,3	100,0

Brutto-Rauminhalt des Bauwerks		Menge Einheit	BRI/NUF (m)	BRI/BGF (m)
BRI	Brutto-Rauminhalt	14.980,20 m³	7,40	5,59

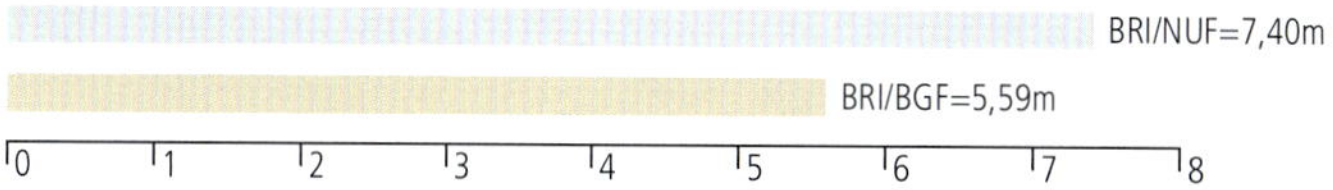

Erweiterung

Kostenkennwerte für die Kostengruppen der 1. Ebene DIN 276

KG	Kostengruppen (1. Ebene)	Einheit	Kosten €	€/Einheit	€/m² BGF	€/m³ BRI	% 300+400
100	Grundstück	m² GF	–	–	–	–	–
200	Vorbereitende Maßnahmen	m² GF	234.029	38,37	87,38	15,62	2,3
300	Bauwerk – Baukonstruktionen	m² BGF	7.751.368	2.894,10	2.894,10	517,44	74,7
400	Bauwerk – Technische Anlagen	m² BGF	2.623.608	979,57	979,57	175,14	25,3
	Bauwerk 300+400	**m² BGF**	**10.374.975**	**3.873,67**	**3.873,67**	**692,58**	**100,0**
500	Außenanlagen und Freiflächen	m² AF	1.641.882	701,36	613,02	109,60	15,8
600	Ausstattung und Kunstwerke	m² BGF	–	–	–	–	–
700	Baunebenkosten	m² BGF	–	–	–	–	–
800	Finanzierung	m² BGF	–	–	–	–	–

KG	Kostengruppe	Menge Einheit	Kosten €	€/Einheit	%
200	**Vorbereitende Maßnahmen**	6.100,00 m² GF	234.029	**38,37**	2,3

- Abbrechen
  Abbruch von Estrich, Bodenbelägen; Fenstern, Toren; Zwischenwänden, Türen, Wandbelägen; Dachaufbauten, Dachentwässerung, abgehängten Decken; Abbruch von sämtlichen Installationen, Abwasserleitungen, Wasserleitungen, Lüftungsanlage, Heizungsanlagen mit Heizkörpern, Heizkanälen; Entsorgung, Deponiegebühren

KG	Kostengruppe	Menge Einheit	Kosten €	€/Einheit	%
3+4	**Bauwerk**				**100,0**
300	**Bauwerk – Baukonstruktionen**	2.678,33 m² BGF	7.751.368	**2.894,10**	74,7

- Herstellen
  Baugrubenaushub, Stb-Fundamente, Stb-Bodenplatte, Wärmedämmung, Zementestrich, Bodenbeschichtung, Teppichböden, Vinyl; Stb-Wände, KS-Mauerwerk, Porenbeton-Mauerwerk, Stb-Stützen, Durchbrüche zum Bestand, Alu-Außentüren, hinterlüftete HPL-Fassade, WDVS, Alu-Pfosten-Riegelfassaden, Dreifachverglasung, Sonnenschutz; KS-Mauerwerk, Türen, Holztüren, Brandschutztüren, Stahltüren, Zwischentore, GK-Beplankung innen, Glastrennwände mit Funktionspanel; Stb-Zwischendecken, Stb-Treppen, Dämmung, Heizestrich, Bodenbeschichtung, Kautschuk, Bodenfliesen, abgehängte Akustikdecken; Stahlbeton-Spannbinder, Porenbeton-Dachkonstruktion, Lichtkuppeln, Lichtband mit RWA, Flachdachdämmung, Bitumenabdichtung, Retentionsdach, Dachentwässerung, OSB/GK-Beplankung, Akustikdecken

KG	Kostengruppe	Menge Einheit	Kosten €	€/Einheit	%
400	**Bauwerk – Technische Anlagen**	2.678,33 m² BGF	2.623.608	**979,57**	25,3

- Herstellen
  Gebäudeentwässerung, Kalt- und Warmwasserleitungen, Sanitärobjekte; Fernwärmeanschluss, Handtuchheizkörper, Fußbodenheizung; Lüftungsanlagen mit WRG, Lüftungskanäle, Kühl-/Heizregister; Photovoltaikanlage, Elektroinstallation, Beleuchtung, Lichtbänder mit Bussystem, DALI-Steuerung, Blitzschutz; Telekommunikation, Türsprechanlage, EDV-Verkabelung, Einbruchmeldeanlage, Brandmeldeanlage; Gebäudeautomation

KG	Kostengruppe	Menge Einheit	Kosten €	€/Einheit	%
500	**Außenanlagen und Freiflächen**	2.341,00 m² AF	1.641.882	**701,36**	15,8

- Abbrechen
  Abbruch von Pflasterbelägen, Asphaltbelägen; Fundamentresten; Pflanzbeeten, Bepflanzung; Entsorgung, Deponiegebühren

- Herstellen
  Pflasterbeläge auf Wegen, Zufahrten, Pkw-Stellplätze (35St), Fahrradstellplätze; Müllplätze, überdacht; Oberflächenentwässerung mit Rigolen in Mulden; Ladepunkte für Pkws (4St), Beleuchtung; Pflanzflächen, heimische Bepflanzung: Spitzahorn, Hundsrose, Kriechginster, Ilex

9100-0237
Dorfsaal

Erweiterung

Kostenkennwerte für die Kosten des Bauwerks (Kostengruppen 300+400 nach DIN 276)

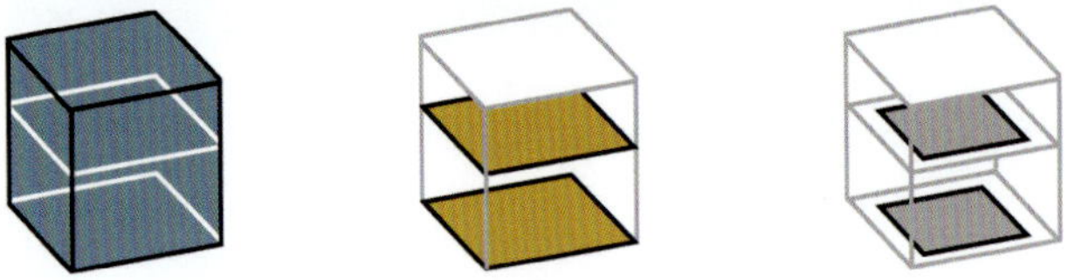

BRI 1.159 €/m³ **BGF** 4.478 €/m² **NUF** 7.048 €/m²

Objekt:
Kennwerte: 1. Ebene DIN 276
BRI: 746 m³
BGF: 193 m²
NUF: 123 m²
Bauzeit: 56 Wochen
Bauende: 2024
Standard: mittel
Bundesland: Nordrhein-Westfalen
Kreis: Rhein-Sieg-Kreis

Architekt*in:
NC ARCHITEKTEN
Nicolaus-Chatterjee
PartGmbB
Austraße 85
53343 Wachtberg

Bauherr*in:
Gemeinde Wachtberg

Ansicht Nord

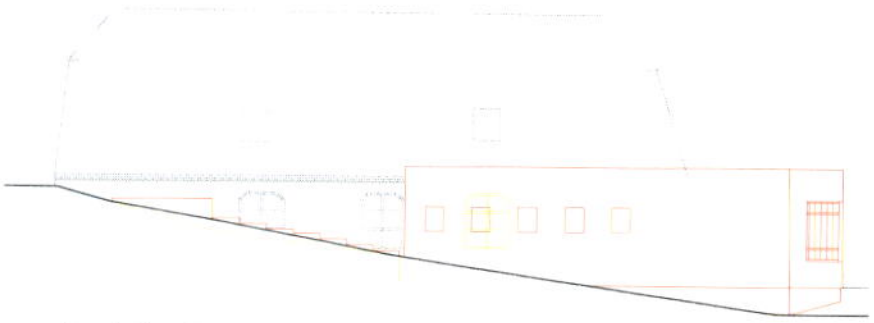
Ansicht Ost

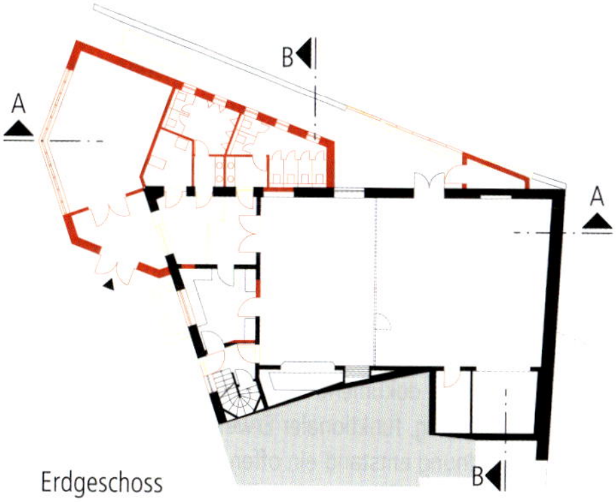

Erdgeschoss

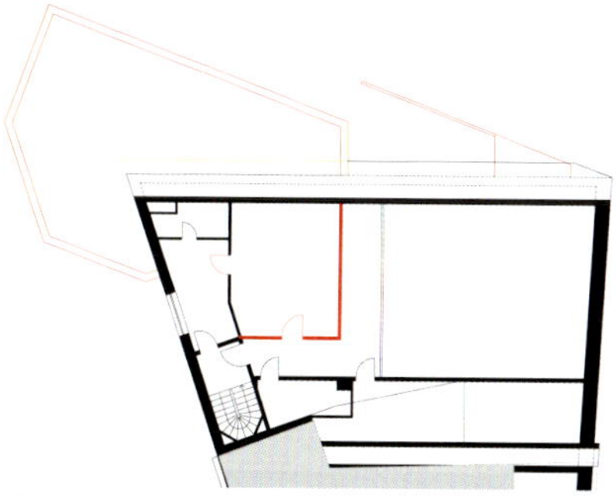
Obergeschoss

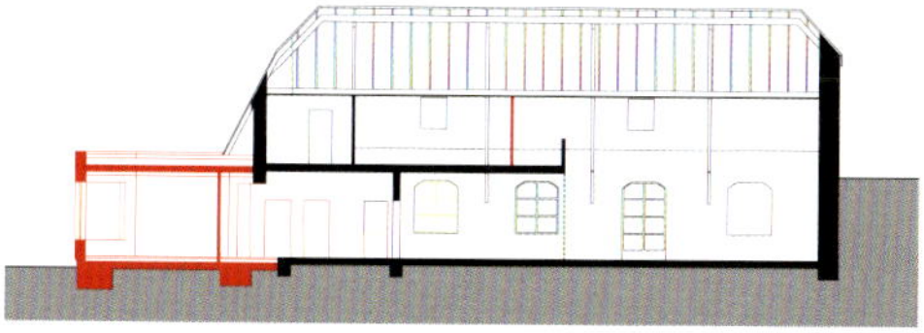
Schnitt A-A

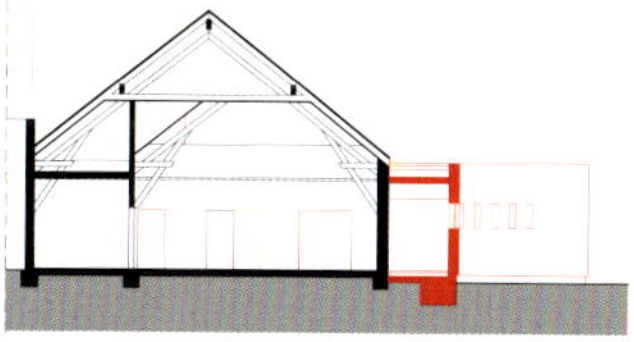
Schnitt B-B

9100-0173
Bibliothek
Lernzentrum

Umbau

Kostenkennwerte für die Kosten des Bauwerks (Kostengruppen 300+400 nach DIN 276)

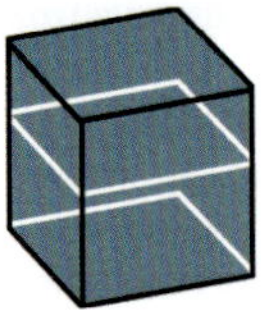

BRI 717 €/m³

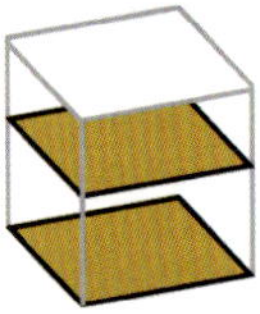

BGF 3.434 €/m²

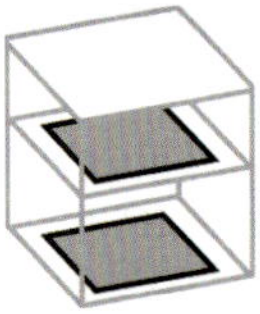

NUF 4.345 €/m²

Objekt:
Kennwerte: 3. Ebene DIN 276
BRI: 3.638 m³
BGF: 760 m²
NUF: 601 m²
Bauzeit: 52 Wochen
Bauende: 2019
Standard: mittel
Bundesland: Rheinland-Pfalz
Kreis: Mainz, Stadt

Architekt*in:
grüningerarchitekten | BDA
Grüninger · Kunt · Muntermann PartG mbB
Havelstraße 16
64295 Darmstadt
in Kooperation mit
Innenarchitektinnen
Simone Ferrari
Claudia Witte

Bauherr*in:
Johannes Gutenberg-Universität Mainz
Abteilung Immobilien
Ackermannweg 7-11
55128 Mainz

© Lars Gruber Architekturfotografie

© grüningerarchitekten | BDA

© Lars Gruber Architekturfotografie

© Lars Gruber Architekturfotografie

© Lars Gruber Architekturfotografie

© Lars Gruber Architekturfotografie

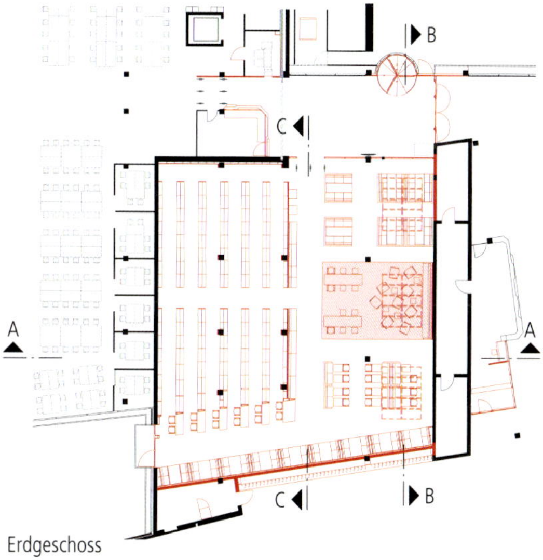

Erdgeschoss

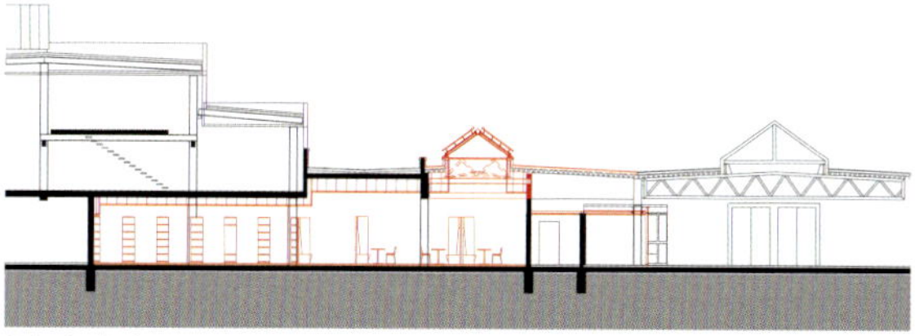

Schnitt A-A

Schnitt B-B

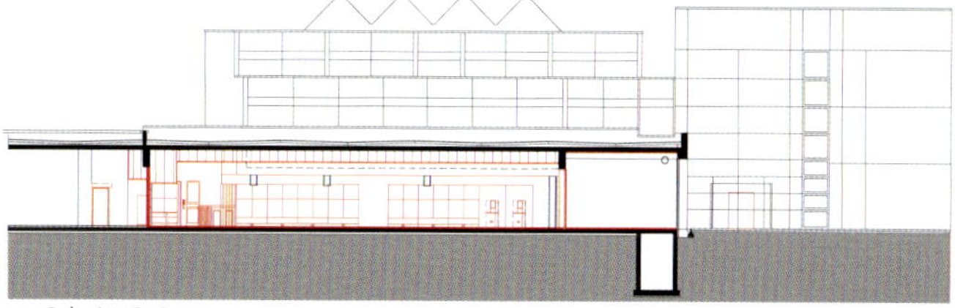

Schnitt C-C

9100-0173
Bibliothek
Lernzentrum

Umbau

Objektbeschreibung

Allgemeine Objektinformationen

Aufgrund des erhöhten Bedarfs an zusätzlichen studentischen Arbeitsplätzen an der Universität wurde in der Fachbereichsbibliothek der Rechts- und Wirtschaftswissenschaften am Standort der ehemaligen Schließfachanlage ein Lernzentrum eingerichtet. Durch die besondere Geometrie des Gebäudes bildeten sich im Inneren des Lernzentrums zwei Flächen, die durch unterschiedliche Raumhöhen gekennzeichnet sind, was maßgeblich für die Verteilung der Funktionsbereiche war. Zudem erfolgte die einzige natürliche Belichtung des Raumes über die Nordfassade des Gebäudes, wodurch die Optimierung der Belichtung ein wesentlicher Bestandteil der Planung wurde. Drei großzügige Oberlichter bringen nun ausreichend Licht in das Lernzentrum und werten den ehemals dunklen Raum deutlich auf. Raumbildende Sitzelemente, die aus unterschiedlich großen gepolsterten Kuben und Nischen bestehen, unterteilen die großzügige Fläche. Diese Lerninseln bieten insgesamt 150 Arbeitsplätze, private Bereiche zum stillen Studieren sowie Arbeitsräume für Gruppen und flexible Begegnungszonen. Durch den Einsatz von ergänzenden Loungemöbel können die Arbeitsplätze individuell ausgerichtet werden.

Nutzung

1 Erdgeschoss
Lernzentrum, Foyer, Infoschalter, Poststelle, Schließfächer, Rückgabeautomat, Lagerräume, Technikraum

Nutzeinheiten

Studierende: 150

Grundstück

Neigung: Ebenes Gelände
Bodenklasse: BK 3 bis BK 5

Markt

Hauptvergabezeit: 3. Quartal 2018
Baubeginn: 1. Quartal 2018
Bauende: 1. Quartal 2019
Konjunkturelle Gesamtlage: über Durchschnitt
Regionaler Baumarkt: Durchschnitt

Baubestand

Baujahr: 1991
Bauzustand: mittel
Aufwand: mittel
Grundrissänderungen: umfangreiche
Tragwerkseingriffe: einige
Nutzungsänderung: ja
Nutzung während der Bauzeit: ja

Baukonstruktion

Das Gebäude wurde in Massivbauweise errichtet. Die Struktur aus Stahlbeton-Stützen und Mauerwerk wurde zur Abtrennung des neuen Lernbereichs aufgegriffen. Es wurde ein neuer Estrich eingebracht und mit textilem Bodenbelag, Bodenfliesen sowie mit Linoleum belegt. Die neu hergestellten Fassadenöffnungen wurden entsprechend der bestehenden Materialität mit Alu-Glas-Elementen als Türen und Pfosten-Riegel-Fassaden ergänzt. Die Innenwände wurden in Mauerwerk mit Ringbalken und Trockenbauweise realisiert. Putz sowie GK-Vorsatzschalen und Bekleidungen wurden eingebaut, alle Wände gespachtelt und beschichtet. Die Innenfassaden sind ebenfalls als Alu-Pfosten-Riegel-Konstruktionen ausgeführt. Abgehängte akustisch wirksame Decken sorgen für eine angenehme Lernatmosphäre. Im bestehenden Flachdach wurden drei Öffnungen hergestellt und Stahl-Fachwerkträger als Auswechslungen eingebaut. Die Kunststoff-Satteldachlichtbänder mit außenliegendem Sonnenschutz erhellen den Lernbereich. Das Dach wurde teilweise neu gedämmt, abgedichtet und mit Kies belegt.

Technische Anlagen

Die Haustechnische Versorgung des Bestandsgebäude wurde ergänzt. Die Beheizung des Gebäudes erfolgt weiterhin über Fernwärme. Im neuen Lernbereich wurden Heizkörper sowie Zu- und Abluftöffnungen im Deckenbereich ergänzt. Zusätzlich sind Deckenkühlgeräte zur Verbesserung der Temperatursituation im Lernzentrum vorgesehen. Im Außenbereich wurde hierfür eine Kältemaschine aufgestellt. Die Elektroinstallation wurde erweitert, neue Beleuchtung und eine Brandmeldeanlage eingebaut. Eine Netzwerkverkabelung mit entsprechenden Anschlussmöglichkeiten gewährleistet ein komfortables Lernen. Die Beleuchtung erhält eine zentrale Steuerungsmöglichkeit.

Planungskennwerte für Flächen und Rauminhalte nach DIN 277

Flächen des Grundstücks		Menge Einheit	% an GF
BF	Bebaute Fläche	–	–
UF	Unbebaute Fläche	–	–
GF	Grundstücksfläche	–	–

Grundflächen des Bauwerks		Menge Einheit	% an NUF	% an BGF
NUF	Nutzungsfläche	600,51 m²	100,0	79,0
TF	Technikfläche	16,56 m²	2,8	2,2
VF	Verkehrsfläche	68,22 m²	11,4	9,0
NRF	Netto-Raumfläche	685,29 m²	114,1	90,2
KGF	Konstruktions-Grundfläche	74,40 m²	12,4	9,8
BGF	Brutto-Grundfläche	759,69 m²	126,5	100,0

Brutto-Rauminhalt des Bauwerks		Menge Einheit	BRI/NUF (m)	BRI/BGF (m)
BRI	Brutto-Rauminhalt	3.638,08 m³	6,06	4,79

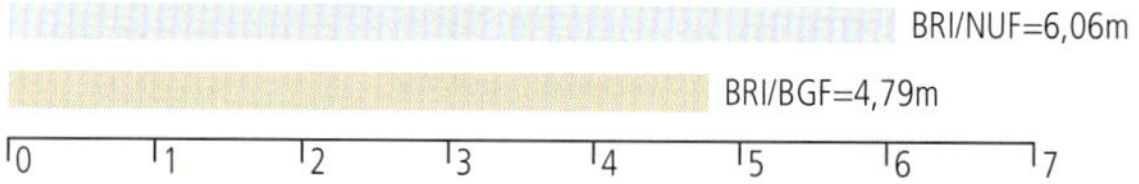

Lufttechnisch behandelte Flächen	Menge Einheit	% an NUF	% an BGF
Entlüftete Fläche	–	–	–
Be- und entlüftete Fläche	–	–	–
Teilklimatisierte Fläche	–	–	–
Klimatisierte Fläche	–	–	–

KG	Kostengruppen (2. Ebene)	Menge Einheit	Menge/NUF	Menge/BGF
310	Baugrube / Erdbau	15,47 m³ BGI	0,03	0,02
320	Gründung, Unterbau	598,98 m² GRF	1,00	0,79
330	Außenwände/Vertikale Baukonstruktionen, außen	82,64 m² AWF	0,14	0,11
340	Innenwände/Vertikale Baukonstruktionen, innen	443,21 m² IWF	0,74	0,58
350	Decken/Horizontale Baukonstruktionen	190,70 m² DEF	0,32	0,25
360	Dächer	685,29 m² DAF	1,14	0,90

Kostenkennwerte für die Kostengruppen der 1. Ebene DIN 276

KG	Kostengruppen (1. Ebene)	Einheit	Kosten €	€/Einheit	€/m² BGF	€/m³ BRI	% 300+400
100	Grundstück	m² GF	–	–	–	–	–
200	Vorbereitende Maßnahmen	m² GF	469	–	0,62	0,13	< 0,1
300	Bauwerk – Baukonstruktionen	m² BGF	1.677.107	2.207,62	2.207,62	460,99	64,3
400	Bauwerk – Technische Anlagen	m² BGF	931.974	1.226,78	1.226,78	256,17	35,7
	Bauwerk 300+400	**m² BGF**	**2.609.081**	**3.434,40**	**3.434,40**	**717,16**	**100,0**
500	Außenanlagen und Freiflächen	m² AF	61.285	–	80,67	16,85	2,3
600	Ausstattung und Kunstwerke	m² BGF	19.948	26,26	26,26	5,48	0,8
700	Baunebenkosten	m² BGF	–	–	–	–	–
800	Finanzierung	m² BGF	–	–	–	–	–

KG	Kostengruppe	Menge Einheit	Kosten €	€/Einheit	%
200	**Vorbereitende Maßnahmen**	–	469	–	< 0,1

- Herstellen (Kosten: 100,0%) 469
  Suchschachtungen

KG	Kostengruppe	Menge Einheit	Kosten €	€/Einheit	%
3+4	**Bauwerk**				**100,0**
300	**Bauwerk – Baukonstruktionen**	759,69 m² BGF	1.677.107	**2.207,62**	64,3

- Abbrechen (Kosten: 10,0%) 167.273
  Abbruch von Estrich, Linoleum, Fliesen; Stb-Wand, Sichtbetonaußenschale für Türöffnung, Metall-Glasfassade, Kiesstreifen, Teilabbruch Beton-Lichtschacht; Stb-Wand, GK-Wandscheiben, Holztür, Holzbekleidung, Metall-Glaselement; KMF-haltiger Dämmung, Metallpaneel-Decken; Trapezblech, Dämmung, Bitumenabdichtung, Kies, Bewuchs, Faserzementplatten, GK-Decken, Abbrechen, Lagern von Welldrahtgitter; Abbruch von Metallspinden, Theke, Aufsichtsloge; Entsorgung, Deponiegebühren

- Wiederherstellen (Kosten: 2,6%) 43.336
  Wandflächen aus Beton oder Putz abbürsten, lose Stellen entfernen, schleifen; Bitumenvoranstrich ausbessern, Attikaabdeckung demontieren, lagern, wieder montieren, Dampfsperre aufschneiden, eindichten, Metall-Lamellendecke demontieren, lagern, wieder einbauen, Dämmauflage entsorgen, Mineralfaserdämmung einbauen

- Herstellen (Kosten: 87,4%) 1.466.497
  Stb-Bodenplatte, Estrich, Teppichboden, Fliesen, Linoleum; Öffnung ausmauern, Alu-Türen, Festverglasungen, Alu-Fenster-Fassade, Karussell-Türanlage, Holzrahmenwände; KS-Mauerwerk, Stb-Ringbalken, GK-Holz-/Metallständerwände, F90-Wand, Stb-Stützen, Holztüren, Stahltür, Innenputz, GK-Vorsatzschalen, GK-Bekleidungen, Beschichtung, Alu-Pfosten-Riegel-Fassaden, OSB-Bodenbelag, Akustikdecken; Stahlträger, Hohlprofil-Fachwerkträger, Alu-Riegelkonstruktion als oberer Abschluss Infoschalter im Gebäude, Satteldachlichtbänder, Dachdämmung, Abdichtung, Kies; Akustikdecken, Kassettendecken, GK-Decken, F90 Bekleidung, Sonnenschutz; Einbaumöbel, Briefkastenanlage

KG	Kostengruppe	Menge Einheit	Kosten €	€/Einheit	%
400	**Bauwerk – Technische Anlagen**	759,69 m²BGF	931.974	**1.226,78**	35,7
	• Abbrechen (Kosten: 2,9%) Abbruch von KMF-haltiger Regenrohrdämmung, Flachdachabläufen; Rohrleitungen, mineralfaserhaltiger Dämmung; Elektroinstallationen; Beleuchtung; Entsorgung, Deponiegebühren		26.946		
	• Wiederherstellen (Kosten: 0,7%) Grundleitung spülen, Videodokumentation, defekte Dachentwässerung instand setzen, Dachabläufe umbauen		6.338		
	• Herstellen (Kosten: 96,4%) Gebäudeentwässerung ergänzen; Fernwärmeanlage ergänzen, Heizkörper; Lüftungsanlage erweitern, Kälteanlage; Elektroinstallation, Beleuchtung, Blitzschutz; Brandmeldeanlage, Rettungswegzentralen; Netzwerkverkabelung; Lichtsteuerung		898.691		
500	**Außenanlagen und Freiflächen**	–	61.285	**–**	2,3
	• Wiederherstellen (Kosten: 4,1%) Rasengittersteine aufnehmen, lagern, nach Rohrverlegung wieder einbauen; Fahrradanlehnbügel, demontieren, transportieren, wieder einbauen		2.533		
	• Herstellen (Kosten: 95,9%) Rohrgrabenaushub; Entwässerungsrohre einführen in vorhandenen Revisionsschacht, Kälteanlage: Außeneinheiten Wärmepumpen, Protektorwannen, Kältemittelleitungen, Maschinenfundament		58.751		
600	**Ausstattung und Kunstwerke**	759,69 m²BGF	19.948	**26,26**	0,8
	• Abbrechen (Kosten: 0,6%) Abfalleimer demontieren, lagern		117		
	• Herstellen (Kosten: 99,4%) Tische, Sitzkissen, Sitz-/Tischwürfel		19.831		

KG	Kostengruppe	Menge Einheit	Kosten €	€/Einheit	%
390	**Sonst. Maßnahmen für Baukonstrukt.**	759,69 m2 BGF	153.387	**201,91**	9,1
	• Herstellen (Kosten: 100,0%) Baustelleneinrichtungen (8St), Baustraße (423m2), Sanitärcontainer (1St), Bauzaun (148m) * Fassadengerüst (126m2), Rollgerüste (2St), Gerüsttreppenturm (1St) * Decke abstützen: Kanthölzer (19St), Stahlstützen (25St), Abhangdecke sichern (1St) * Staub-/Schallschutzwände (270m2), Staubschutzfolie (73m2), Witterungsschutz von Dachöffnungen (42m2), von Fassadenöffnungen (18m2), Böden schützen (168m2), Baureinigung* behelfsmäßiger Dachrand (48m)	759,69 m2 BGF	153.387	**201,91**	
400	**Bauwerk – Technische Anlagen**				**100,0**
410	**Abwasser-, Wasser-, Gasanlagen**	759,69 m2 BGF	14.424	**18,99**	1,5
	• Abbrechen (Kosten: 3,8%) Abbruch von KMF-haltiger Regenrohrdämmung (12m2), Flachdachabläufen (6St), Blechbekleidungen an Dacheinläufen (2h); Entsorgung, Deponiegebühren	759,69 m2 BGF	553	**0,73**	
	• Wiederherstellen (Kosten: 43,9%) Grundleitung spülen, Videodokumentation (psch), Instandsetzung der defekten Dachentwässerung (3h), Umbau der Dachabläufe (14h)	759,69 m2 BGF	6.338	**8,34**	
	• Herstellen (Kosten: 52,2%) Gussrohre (17m), Grundleitungsanschlüsse (4St), Flachdachabläufe (6St), Anschluss von Dacheinläufen (4St), Anschluss an Bestandsleitungen (2St), Rohrdämmung Regenwasserleitungen (17m), Bodenablauf (1St)	759,69 m2 BGF	7.534	**9,92**	
420	**Wärmeversorgungsanlagen**	759,69 m2 BGF	65.444	**86,15**	7,0
	• Abbrechen (Kosten: 2,1%) Abbruch von Rohrleitungen (9h)	759,69 m2 BGF	1.392	**1,83**	
	• Herstellen (Kosten: 97,9%) Ergänzung Fernwärmeanlage: Kombi-/Absperrventile (2St), Kugelhähne (16St), Füll-Entleerungshähne (14St), Stellantriebe (2St), Lufttöpfe (2St), Kabelzuglisten (40St), Heizleitungen anschließen (7h), Einregulierung Heizungsanlage (1St) * Stahlrohre (108m), Alu-Verbundrohre (17St), Heizkörperanschlüsse umbauen (26h), Anschlüsse herstellen (34h) * Stahl-Röhrenheizkörper (8St), Radiavektoren (2St), Thermostate (10St)	759,69 m2 BGF	64.052	**84,31**	
430	**Raumlufttechnische Anlagen**	759,69 m2 BGF	227.873	**299,96**	24,5
	• Abbrechen (Kosten: 3,8%) Abbruch von mineralfaserhaltiger Dämmung (384m2); Entsorgung, Deponiegebühren	759,69 m2 BGF	8.723	**11,48**	
	• Herstellen (Kosten: 96,2%) Wickelfalzrohre (213m), Flexrohre (66m), Rechteckblechkanäle (198m2), Formstückblechkanäle (103m2), Schalldämpfer (16St), Volumenstromregler (17St), Dralldurchlässe (23St), Tellerventile (8St), Schlitzschienen (16St), Dämmung (543m2) * Kälteanlage: Inneneinheiten, Deckenkassette (12St), Kupferrohre (406m), KM-Rohrverteiler, bauseits (18St), Trafo-Stellantrieb (1St), Comfort-Controller (1St)	759,69 m2 BGF	219.150	**288,47**	

KG	Kostengruppe	Menge Einheit	Kosten €	€/Einheit	%
440	**Elektrische Anlagen**	759,69 m²BGF	411.784	**542,04**	44,2
	• Abbrechen (Kosten: 4,0%) Abbruch von Kabel/Leitungen (1.596m), Leitungskanälen (291m), Installationsrohren (293m), Brandschutzkanal (16m²), Kabelrinnen (45m), Unterverteiler (1St), Verteiler (1St), Abklemmen von Kabel/Leitungen (64St) * Lichtbändern (11St), Anbauleuchten (26St), Strahlern (8St), Pendelleuchten (7St); Entsorgung, Deponiegebühren	759,69 m²BGF	16.277	**21,43**	
	• Herstellen (Kosten: 96,0%) Standschränke (2St), Verteiler (2St), Mantelleitungen (11.523m), Fernmeldekabel (482m), Bodentank (1St), Kommunikations-Stele (1St), Steckdosen (138St), Schalter/Taster (23St), DALI-Lichtsteuerung (1St), Bewegungsmelder (2St), Präsenzmelder (9St) * Lichtkanalsystem (37St), Einbauleuchten (30St), Downlights (25St), Außenleuchten (6St), Hängeleuchten (12St), Sicherheitsleuchten (21St) * Kombiableiter (7St), Rundleiter (56m), Potenzialausgleichsschienen (3St), Erdkabel (128m)	759,69 m²BGF	395.507	**520,62**	
450	**Kommunikationstechnische Anlagen**	759,69 m²BGF	163.732	**215,52**	17,6
	• Herstellen (Kosten: 100,0%) Brandmeldeanlage: RWA-Modulzentralen, KNX (3St), Notstromakkus (6St), Touchbildschirm (1St), KNX-Interface (1St), Kleinverteiler (2St), RWA-Auslösetaster (2St), Wetterstation (1St), Programmierung (1St), Rettungswegzentralen (2St), Brandmeldekabel (985m), Steuerleitungen (2.779m), Sicherheitskabel (1.288m) * Netzwerkschrank (1St), Staubfilter (1St), Rangierpanels (10St), Rangierverteiler (4St), Patchfelder (2St), Datenanschlussdosen (120St), HDMI/USB3.0, Anschlussdosen (18St), Datenkabel (3.313m), LWL-Kabel (328m), Datenkabel (90St), Fernmeldekabel (187m), WLAN-Access-Points (4St)	759,69 m²BGF	163.732	**215,52**	
480	**Gebäude- und Anlagenautomation**	759,69 m²BGF	9.956	**13,11**	1,1
	• Herstellen (Kosten: 100,0%) Steuertableau (1St), Meldegeräte (19St), Befehlsgeräte (23St), Rangierverteiler (1St), Netzgerät (1St), Binäreingänge, achtfach (2St), Schaltaktor, achtfach (1St), DALI-Eingangskontroller (1St), Multifunktions-Zeitrelais (2St), Leitungsschutzschalter (1St) * Bus-Leitungen (678m)	759,69 m²BGF	9.956	**13,11**	
490	**Sonst. Maßnahmen für techn. Anlagen**	759,69 m²BGF	38.761	**51,02**	4,2
	• Herstellen (Kosten: 100,0%) Baustelleneinrichtungen (3St), Baustromverteiler (2St), Gummischlauchleitungen (92m), befahrbare Kabelbrücken (15St), Baubeleuchtung (37St), Leitungen umverlegen (200m) * Rollgerüst (1St), Montagegerüste (2St) * Schutz EDV-Schränke während Bauphase (2St) * Strom- und ELA-Anschluss für provisorische Aufsicht im Empfang (psch)	759,69 m²BGF	38.761	**51,02**	
500	**Außenanlagen und Freiflächen**				**100,0**
510	**Erdbau**	–	4.617	–	7,5
	• Herstellen (Kosten: 100,0%) Rohrgrabenaushub (14m³), Aushub für Hauseinführung (15h)	–	4.617	–	
530	**Oberbau, Deckschichten**	4,12 m²BFF	466	**113,00**	0,8
	• Wiederherstellen (Kosten: 100,0%) Rasengittersteine aufnehmen, lagern, nach Rohrverlegung wieder einbauen, Splittbett, mit Oberboden verfüllen (4m²)	4,12 m²BFF	466	**113,00**	

KG	Kostengruppe	Menge Einheit	Kosten €	€/Einheit	%
550	**Technische Anlagen**	–	54.134	–	88,3
	• Herstellen (Kosten: 100,0%) KG-Rohre (36m), einführen in vorhandenen Revisionsschacht (psch) * Kälteanlage: Außeneinheiten Wärmepumpen, Protektorwannen (2St), Kältemittelleitungen, gedämmt (psch), Maschinenfundament, Stb-Bodenplatte (2m²), Frostschürzen (6m)	–	54.134	–	
560	**Einbauten Außenanlagen u. Freiflächen**	–	2.068	–	3,4
	• Wiederherstellen (Kosten: 100,0%) Fahrradanlehnbügel demontieren, transportieren, wieder einbauen (6St)	–	2.068	–	
600	**Ausstattung und Kunstwerke**				**100,0**
610	**Allgemeine Ausstattung**	759,69 m²BGF	19.948	**26,26**	100,0
	• Abbrechen (Kosten: 0,6%) Abfalleimer demontieren, lagern (1h)	759,69 m²BGF	117	**0,15**	
	• Herstellen (Kosten: 99,4%) Tische 70x60x73cm, Holz-/Holzwerkstoff, HPL-Beschichtung (12St), Sitzkissen 50x50x10cm, Kaltschaum (8St), Sitz-/Tischwürfel 45x45x45cm, MDF, HPL-Beschichtung (4St), Leichtmetall-Blenden an Stahlregalen, b=7-11cm (7St)	759,69 m²BGF	19.831	**26,10**	

Kostenkennwerte für die Kostengruppen 300 der 2. und 3.Ebene DIN 276 (Übersicht)

KG	Kostengruppe	Menge Einheit	Kosten €	€/Einheit	% an 3+4
300	**Bauwerk – Baukonstruktionen**	**759,69 m² BGF**	**1.677.106,75**	**2.207,62**	**64,3**
310	**Baugrube / Erdbau**	**15,47 m³ BGI**	**4.210,37**	**272,16**	**0,2**
311	Herstellung	15,47 m³ BGI	4.210,37	272,16	0,2
312	Umschließung	–	–	–	–
313	Wasserhaltung	–	–	–	–
314	Vortrieb	–	–	–	–
319	Sonstiges zur KG 310	–	–	–	–
320	**Gründung, Unterbau**	**598,98 m² GRF**	**157.992,88**	**263,77**	**6,1**
321	Baugrundverbesserung	–	–	–	–
322	Flachgründungen und Bodenplatten	5,78 m²	4.372,41	756,47	0,2
323	Tiefgründungen	–	–	–	–
324	Gründungsbeläge	598,98 m²	153.386,02	256,08	5,9
325	Abdichtungen und Bekleidungen	2,50 m²	234,46	93,78	< 0,1
326	Dränagen	–	–	–	–
329	Sonstiges zur KG 320	–	–	–	–
330	**Außenwände/Vert. Baukonstrukt., außen**	**82,64 m² AWF**	**169.274,31**	**2.048,33**	**6,5**
331	Tragende Außenwände	0,15 m²	6.968,11	46.454,10	0,3
332	Nichttragende Außenwände	–	–	–	–
333	Außenstützen	–	–	–	–
334	Außenwandöffnungen	7,69 m²	25.330,81	3.293,99	1,0
335	Außenwandbekleidungen, außen	–	2.478,69	–	< 0,1
336	Außenwandbekleidungen, innen	22,00 m²	1.405,14	63,87	< 0,1
337	Element. Außenwandkonstruktionen	52,95 m²	131.303,23	2.479,76	5,0
338	Lichtschutz zur KG 330	–	–	–	–
339	Sonstiges zur KG 330	82,64 m² AWF	1.788,31	21,64	< 0,1
340	**Innenwände/Vert. Baukonstrukt., innen**	**443,21 m² IWF**	**283.759,43**	**640,24**	**10,9**
341	Tragende Innenwände	132,45 m²	49.160,04	371,16	1,9
342	Nichttragende Innenwände	78,29 m²	12.924,30	165,08	0,5
343	Innenstützen	9,20 m	10.726,46	1.165,92	0,4
344	Innenwandöffnungen	6,29 m²	6.696,32	1.064,60	0,3
345	Innenwandbekleidungen	441,03 m²	36.054,58	81,75	1,4
346	Elementierte Innenwandkonstruktionen	63,55 m²	168.197,72	2.646,70	6,4
347	Lichtschutz zur KG 340	–	–	–	–
349	Sonstiges zur KG 340	–	–	–	–
350	**Decken/Horizontale Baukonstruktionen**	**190,70 m² DEF**	**35.739,67**	**187,41**	**1,4**
351	Deckenkonstruktionen	–	–	–	–
352	Deckenöffnungen	–	–	–	–
353	Deckenbeläge	18,12 m²	798,75	44,08	< 0,1
354	Deckenbekleidungen	190,70 m²	34.940,92	183,22	1,3
355	Elementierte Deckenkonstruktionen	–	–	–	–
359	Sonstiges zur KG 350	–	–	–	–
360	**Dächer**	**685,29 m² DAF**	**572.801,39**	**835,85**	**22,0**
361	Dachkonstruktionen	83,12 m²	160.620,57	1.932,39	6,2
362	Dachöffnungen	48,72 m²	69.860,11	1.433,91	2,7
363	Dachbeläge	424,20 m²	140.658,88	331,59	5,4
364	Dachbekleidungen	729,46 m²	163.317,19	223,89	6,3
365	Elementierte Dachkonstruktionen	–	–	–	–
366	Lichtschutz zur KG 360	46,32 m²	37.052,70	799,93	1,4
369	Sonstiges zur KG 360	685,29 m² DAF	1.291,93	1,89	< 0,1
370	**Infrastrukturanlagen**	**–**	**–**	**–**	**–**
380	**Baukonstruktive Einbauten**	**759,69 m² BGF**	**299.941,24**	**394,82**	**11,5**
390	**Sonst. Maßnahmen für Baukonstrukt.**	**759,69 m² BGF**	**153.387,46**	**201,91**	**5,9**

Kostenkennwerte für die Kostengruppen 400 der 2. und 3.Ebene DIN 276 (Übersicht)

KG	Kostengruppe	Menge Einheit	Kosten €	€/Einheit	% an 3+4
400	**Bauwerk – Technische Anlagen**	**759,69 m²BGF**	**931.974,19**	**1.226,78**	**35,7**
410	**Abwasser-, Wasser-, Gasanlagen**	**759,69 m²BGF**	**14.424,39**	**18,99**	**0,6**
411	Abwasseranlagen	759,69 m²BGF	14.424,39	18,99	0,6
412	Wasseranlagen	–	–	–	–
413	Gasanlagen	–	–	–	–
419	Sonstiges zur KG 410	–	–	–	–
420	**Wärmeversorgungsanlagen**	**759,69 m²BGF**	**65.444,15**	**86,15**	**2,5**
421	Wärmeerzeugungsanlagen	759,69 m²BGF	8.205,15	10,80	0,3
422	Wärmeverteilnetze	759,69 m²BGF	29.423,21	38,73	1,1
423	Raumheizflächen	759,69 m²BGF	27.815,79	36,61	1,1
424	Verkehrsheizflächen	–	–	–	–
429	Sonstiges zur KG 420	–	–	–	–
430	**Raumlufttechnische Anlagen**	**759,69 m²BGF**	**227.873,01**	**299,96**	**8,7**
431	Lüftungsanlagen	759,69 m²BGF	132.858,87	174,89	5,1
432	Teilklimaanlagen	–	–	–	–
433	Klimaanlagen	–	–	–	–
434	Kälteanlagen	759,69 m²BGF	95.014,13	125,07	3,6
439	Sonstiges zur KG 430	–	–	–	–
440	**Elektrische Anlagen**	**759,69 m²BGF**	**411.784,08**	**542,04**	**15,8**
441	Hoch- und Mittelspannungsanlagen	–	–	–	–
442	Eigenstromversorgungsanlagen	–	–	–	–
443	Niederspannungsschaltanlagen	–	–	–	–
444	Niederspannungsinstallationsanlagen	759,69 m²BGF	275.073,72	362,09	10,5
445	Beleuchtungsanlagen	759,69 m²BGF	129.163,47	170,02	5,0
446	Blitzschutz- und Erdungsanlagen	759,69 m²BGF	7.546,90	9,93	0,3
447	Fahrleitungssysteme	–	–	–	–
449	Sonstiges zur KG 440	–	–	–	–
450	**Kommunikationstechnische Anlagen**	**759,69 m²BGF**	**163.731,76**	**215,52**	**6,3**
451	Telekommunikationsanlagen	–	–	–	–
452	Such- und Signalanlagen	–	–	–	–
453	Zeitdienstanlagen	–	–	–	–
454	Elektroakustische Anlagen	–	–	–	–
455	Audiovisuelle Medien- u. Antennenanl.	–	–	–	–
456	Gefahrenmelde- und Alarmanlagen	759,69 m²BGF	108.278,62	142,53	4,2
457	Datenübertragungsnetze	759,69 m²BGF	55.453,14	72,99	2,1
458	Verkehrsbeeinflussungsanlagen	–	–	–	–
459	Sonstiges zur KG 450	–	–	–	–
460	**Förderanlagen**	**–**	**–**	**–**	**–**
461	Aufzugsanlagen	–	–	–	–
462	Fahrtreppen, Fahrsteige	–	–	–	–
463	Befahranlagen	–	–	–	–
464	Transportanlagen	–	–	–	–
465	Krananlagen	–	–	–	–
466	Hydraulikanlagen	–	–	–	–
469	Sonstiges zur KG 460	–	–	–	–
470	**Nutzungsspez. u. verfahrenstechn. Anl.**	**–**	**–**	**–**	**–**
480	**Gebäude- und Anlagenautomation**	**759,69 m²BGF**	**9.955,76**	**13,11**	**0,4**
490	**Sonst. Maßnahmen für techn. Anlagen**	**759,69 m²BGF**	**38.761,05**	**51,02**	**1,5**

Kostenkennwerte für die Kostengruppen der 3.Ebene DIN 276

KG	Kostengruppe	Menge Einheit	Kosten €	€/Einheit	%
210	**Herrichten**				**100,0**
211	**Sicherungsmaßnahmen**	–	469	–	100,0
	• Herstellen (Kosten: 100,0%) Suchschachtungen (6h)	–	469	–	
310	**Baugrube / Erdbau**				**100,0**
311	**Herstellung**	15,47 m³BGI	4.210	**272,16**	100,0
	• Herstellen (Kosten: 100,0%) Fundamentaushub BK 3-5, t bis 90cm, teilweise wieder einbauen, laden, entsorgen (15m³)	15,47 m³BGI	4.210	**272,16**	
320	**Gründung, Unterbau**				**100,0**
322	**Flachgründungen und Bodenplatten**	5,78 m²	4.372	**756,47**	2,8
	• Abbrechen (Kosten: 8,1%) Bodenplatte aufstemmen, Fundament freilegen (6h)	–	355	–	
	• Herstellen (Kosten: 91,9%) Stb-Bodenplatten C20/25, d=30cm, Schalung, Bewehrung (6m²), Wandanschluss, Gewindestäbe einkleben (12St), Frostschürzen, Magerbeton 15x80cm (9m)	5,78 m²	4.017	**695,06**	
324	**Gründungsbeläge**	598,98 m²	153.386	**256,08**	97,1
	• Abbrechen (Kosten: 34,6%) Abbruch von Zementestrich, Dämmlagen, d=10cm (608m²), Linoleum (535m²), Bodenfliesen (73m²); Entsorgung, Deponiegebühren	607,89 m²	53.118	**87,38**	
	• Herstellen (Kosten: 65,4%) Bitumenbahnen (577m²), EPS-TSD WLG 035, d=20mm, Mineralwoll-TSD WLG 035, d=10mm, Zementestrich CT-C40-F6, d=55mm (563m²), Zementestrich, d=70mm (36m²), Spachtelung, textiler Bodenbelag (470m²), Teppichsockel (43m), Bodenfliesen 30x60cm (69m²), bauseits 30x30cm (52St), Linoleum (15m²), PVC-Sockel (17m)	598,98 m²	100.268	**167,40**	
325	**Abdichtungen und Bekleidungen**	2,50 m²	234	**93,78**	0,1
	• Herstellen (Kosten: 100,0%) Sauberkeitsschicht C12/15, d=10cm (3m²)	2,50 m²	234	**93,78**	
330	**Außenwände/Vertikale Baukonstruktionen, außen**				**100,0**
331	**Tragende Außenwände**	0,15 m²	6.968	**46.454,10**	4,1
	• Abbrechen (Kosten: 94,6%) Abbruch von Stb-Außenwand, d=30cm, Mineralwolldämmung, d=40-60mm, für Türöffnung 3,61x3,32m (12m²); Entsorgung, Deponiegebühren	11,99 m²	6.591	**549,75**	
	• Herstellen (Kosten: 5,4%) Fensteröffnung ausmauern 50x30cm, Bitumendickbeschichtung, Perimeterdämmung WLG 035, d=80mm, ergänzen, an Bestand anarbeiten (1m²)	0,15 m²	377	**2.511,08**	

KG	Kostengruppe	Menge Einheit	Kosten €	€/Einheit	%
334	**Außenwandöffnungen**	7,69 m²	25.331	**3.293,99**	15,0
	• Herstellen (Kosten: 100,0%) Fluchttür, Alu-Rahmentür T30 DS, zweiflüglig, Antipanik-Druckstange (6m²), G90 Festverglasungen (2m²)	7,69 m²	25.331	**3.293,99**	
335	**Außenwandbekleidungen, außen**	–	2.479	–	1,5
	• Abbrechen (Kosten: 100,0%) Abbruch von Sichtbetonaußenschale für Türöffnung, 3,15x3,02m (10m²), Perimeterdämmung, Bitumendickbeschichtung (1m²); Entsorgung, Deponiegebühren	10,96 m²	2.479	**226,16**	
336	**Außenwandbekleidungen, innen**	22,00 m²	1.405	**63,87**	0,8
	• Herstellen (Kosten: 100,0%) GK-Vorsatzschale, d=5,5cm, dreiseitig, doppelt beplankt, Q3 (10m²), GK-Laibung, doppelt beplankt (4m²), Dispersions-Silikatbeschichtung (22m²)	22,00 m²	1.405	**63,87**	
337	**Element. Außenwandkonstruktionen**	52,95 m²	131.303	**2.479,76**	77,6
	• Abbrechen (Kosten: 4,2%) Abbruch von Metall-Glasfassade, Kipp-Oberlicht (27m²); Entsorgung, Deponiegebühren	26,64 m²	5.456	**204,80**	
	• Herstellen (Kosten: 95,8%) Alu-Fenster-Fassade, Uw=1,1W/m²K, Zweifachverglasung, vier Festverglasungen, sechs Blindpaneele, Karussell-Türanlage, VSG, dreiflüglig, D=3,16m, Alu-Dachkonstruktion, gedämmt, wasserdicht außen, Staubdach, Spanplatte, innen, Flucht-Alu-Rahmentür, einflüglig, Antipanik-Druckstange, Motorantrieb, barrierefrei (38m²), Giebelwände Satteldachlichtbänder, Holzrahmenkonstruktion 10x16cm, Mineralwolldämmung WLG 035, d=160mm, Dampfsperre, beidseitig OSB-Beplankung, d=18mm, Stahlblech, beschichtet (15m²)	52,95 m²	125.847	**2.376,72**	
339	**Sonstiges zur KG 330**	82,64 m² AWF	1.788	**21,64**	1,1
	• Abbrechen (Kosten: 41,4%) Abbruch von Kiesstreifen (1m³), Tiefborden (10m), Teilabbruch Beton-Lichtschacht, 110x65x130cm, h=50cm (1St); Entsorgung, Deponiegebühren	38,63 m² AWF	740	**19,16**	
	• Herstellen (Kosten: 58,6%) Lichtschachtaufsätze 101x35x43cm (3St), Pressgitterrost 101x43cm (1St)	82,64 m² AWF	1.048	**12,68**	
340	**Innenwände/Vertikale Baukonstruktionen, innen**				**100,0**
341	**Tragende Innenwände**	132,45 m²	49.160	**371,16**	17,3
	• Abbrechen (Kosten: 3,3%) Abbruch von Stb-Wand, d=25cm, für Türöffnung (3m²); Entsorgung, Deponiegebühren	2,53 m²	1.601	**632,72**	
	• Herstellen (Kosten: 96,7%) KS-Mauerwerk, d=20cm (68m²), d=25cm (55m²), Stb-Ringbalken 25x40cmm Schalung, Bewehrung (9m²), Anschlüsse Mauerwerk an Stahlbetonwände, verzinkte Anschlussschienen, Edelstahlanker (33m), F90 Anschlüsse an Trapezblechdach (23m), Brandschotts (54St)	132,45 m²	47.559	**359,07**	

KG	Kostengruppe	Menge Einheit	Kosten €	€/Einheit	%
342	**Nichttragende Innenwände**	78,29 m²	12.924	**165,08**	4,6
	• Abbrechen (Kosten: 2,6%) Abbruch von GK-Wandscheiben (2St); Entsorgung, Deponiegebühren	–	330	–	
	• Herstellen (Kosten: 97,4%) Metallständerwände, d=20cm, beidseitig beplankt, OSB, d=12mm mit GK, d=12,5mm (32m²), schräg zulaufend, d=16-37cm (8m²), F90, d=16cm, Mineralwolldämmung, d=80mm, beidseitig doppelt beplankt (17m²), GK-Holzständerwand, d=10cm, beidseitig doppelt beplankt (17m²), als Metallständerwand (4m²), als Türsturz, h=1,25 (1m²)	78,29 m²	12.595	**160,87**	
343	**Innenstützen**	9,20 m	10.726	**1.165,92**	3,8
	• Herstellen (Kosten: 100,0%) Stb-Stützen 40x25cm, l=1,10m, Schalung, Bewehrung (6m), l=3,70 (4m)	9,20 m	10.726	**1.165,92**	
344	**Innenwandöffnungen**	6,29 m²	6.696	**1.064,60**	2,4
	• Abbrechen (Kosten: 3,4%) Abbruch von Holztür, Stahlzarge (2m²); Entsorgung, Deponiegebühren	1,85 m²	226	**122,14**	
	• Herstellen (Kosten: 96,6%) Holztüren, HPL-beschichtet, Stahlzargen (4m²), Stahltür T30-RS, Stahlzarge, beschichtet (2m²), Bodentürpuffer (4St)	6,29 m²	6.470	**1.028,67**	
345	**Innenwandbekleidungen**	441,03 m²	36.055	**81,75**	12,7
	• Abbrechen (Kosten: 2,1%) Abbruch von Holzbekleidung (16m²); Entsorgung, Deponiegebühren	16,00 m²	753	**47,08**	
	• Wiederherstellen (Kosten: 8,1%) Wandflächen aus Beton oder Gipsputz abbürsten, abkehren, lose Stellen entfernen, grundieren, spachteln, schleifen (142m²)	141,55 m²	2.932	**20,72**	
	• Herstellen (Kosten: 89,8%) Gipsputz (250m²), Innenputz, mehrlagig (25m²), GK-Vorsatzschalen, d=10cm, doppelt beplankt, einseitig, Q3 (81m²), d=7,5cm, dreiseitig (16m²), dreiseitig beplankt, OSB, d=12mm, GK, d=12,5mm (22m²), GK-Schacht 30x40cm, zweiseitig doppelt beplankt (4m²), GK-Bekleidung, zweilagig, einseitig (18m²), GK-Abkofferung (13m²), Dispersions-Silikatbeschichtung (441m²)	441,03 m²	32.369	**73,39**	
346	**Elementierte Innenwandkonstruktionen**	63,55 m²	168.198	**2.646,70**	59,3
	• Abbrechen (Kosten: 2,8%) Abbruch von Metall-Glaselement mit Schiebetür (23m²); Entsorgung, Deponiegebühren	23,06 m²	4.736	**205,40**	
	• Herstellen (Kosten: 97,2%) Alu-Pfosten-Riegel-Fassaden, ein- bis sechsteilig, Festverglasungen, Oberlichter Blindpaneel, zwei Eckpaneele, eine Alu-Rahmentür (53m²), Unterkonstruktion Innenfassade, Stahl-Hohlprofile 100x100x6,3mm (49m), Alu-Rahmentür T30-RS, zweiflüglig, Feststellanlage, OTS, Rauchmelder (7m²), Festverglasung F90 (3m²), Sichtschutzfolie (7m²)	63,55 m²	163.461	**2.572,17**	
350	**Decken/Horizontale Baukonstruktionen**				**100,0**
353	**Deckenbeläge**	18,12 m²	799	**44,08**	2,2
	• Herstellen (Kosten: 100,0%) OSB-Bodenplatten, d=22mm, begehbarer Bodenbelag über frei gespannten Decken (18m²)	18,12 m²	799	**44,08**	

Umbau

KG	Kostengruppe	Menge Einheit	Kosten €	€/Einheit	%
354	**Deckenbekleidungen**	190,70 m²	34.941	**183,22**	97,8
	• Abbrechen (Kosten: 30,2%) Abbruch von KMF-haltiger Dämmung, Metallpaneel-Decken (194m²); Entsorgung, Deponiegebühren	194,15 m²	10.564	**54,41**	
	• Herstellen (Kosten: 69,8%) GK-Akustikdecken, Mineralwollauflage, d=40mm (191m²), GK-Deckensprung, h=74cm (21m²), Beschichtung (212m²)	190,70 m²	24.377	**127,83**	
360	**Dächer**				**100,0**
361	**Dachkonstruktionen**	83,12 m²	160.621	**1.932,39**	28,0
	• Abbrechen (Kosten: 4,4%) Abbruch von Trapezblech, Mineralwolldämmung, Bitumenbahn (42m²); Entsorgung, Deponiegebühren	41,96 m²	7.143	**170,23**	
	• Herstellen (Kosten: 95,6%) Wechsel, HEA260, l=5,05-5,25m, Querschnitt gedämmt (6St), Rahmen 3,32x4,30x1,00m, vier Fachwerkträger aus Stahl-Hohlprofilen 180/100/4mm (3St), Druckrohraussteifungen 76,1x4mm, l=2,45-2,65m (14m), Auflager Trapezdach, Stahlwinkel 100/100mm (47m), Anschluss Wände an Trapezblech, Stahlwinkel 200/200/16mm (22m), Verlängerungen 200/500/16mm (24St), Sickendämmung (4m²), im Gebäude, über Infoschalter: Alu-Riegelkonstruktion 5,20x3,55m+2,83x0,50m, fünfteilig, Blindpaneele (20m²)	83,12 m²	153.478	**1.846,46**	
362	**Dachöffnungen**	48,72 m²	69.860	**1.433,91**	12,2
	• Herstellen (Kosten: 100,0%) Drei glasfaserverstärkte Kunststoff-Satteldachlichtbänder, Uw1,4W/m²K, 4,06x2,03m, zehnteilig, acht Festverglasungen, zwei RWA, Motorantrieb (49m²), Traufbekleidung innen, l=4,05m, Stahlblech beschichtet (6St)	48,72 m²	69.860	**1.433,91**	
363	**Dachbeläge**	424,20 m²	140.659	**331,59**	24,6
	• Abbrechen (Kosten: 34,0%) Abbruch von Dampfsperre, PS-Dämmung, d=120mm, Bitumenabdichtung, zweilagig (492m²), an vertikalen Bauteilen (90m²), Schutzlage, Kiesschüttung, d=5cm, Pflanzenbewuchs (424m²), Faserzementplatten unter Attikablech (28m); Entsorgung, Deponiegebühren	491,82 m²	47.795	**97,18**	
	• Wiederherstellen (Kosten: 7,0%) Bitumenvoranstrich ausbessern (424m²), Attikaabdeckung demontieren, b=30cm, lagern, wieder montieren (61m), Dampfsperre aufschneiden, eindichten, Übergang Dämmung (8h)	424,20 m²	9.814	**23,14**	
	• Herstellen (Kosten: 59,0%) Dampfsperre, Bitumenbahnen, EPS-Dämmung WLG 035, d=120mm, Bitumenabdichtung, zweilagig (382m²), an vertikalen Bauteilen (134m), Gummigranulatmatten, Rollkiesschüttung 16/32mm, d=5cm (382m²)	382,11 m²	83.049	**217,34**	

KG	Kostengruppe	Menge Einheit	Kosten €	€/Einheit	%
364	**Dachbekleidungen**	729,46 m²	163.317	**223,89**	28,5
	• Abbrechen (Kosten: 11,0%) Abbruch von KMF-haltiger Dämmung (364m²), Metallpaneel-Decken (115m²), GK-Decken (70m²), Scheinunterzug 80x40cm (6m); Entsorgung, Deponiegebühren, Abbrechen und Lagern von Welldrahtgitter (29m²)	464,72 m²	17.896	**38,51**	
	• Wiederherstellen (Kosten: 18,7%) Metall-Lamellendecke demontieren, lagern, wieder einbauen, KMF-haltige Dämmauflage demontieren, entsorgen (256m²), Deckenauflage, Mineralfaserdämmung, d=30mm (217m²)	256,47 m²	30.590	**119,27**	
	• Herstellen (Kosten: 70,3%) GK-Akustikdecken, Mineralwollauflage, d=40mm (268m²), Kassettendecken, vlieskaschierte Mineralplatten (137m²), GK-Decke Q3 (67m²), GK-Abkofferungen, h=34-125cm (98m²), GK-Laibungen, Oberlicht (79m²), F90 Bekleidung an Fachwerkträgern, d=20mm, zweilagig (44m²), Grundierung, Beschichtung (462m²), Akustik-Deckensegel, D=80cm (12St), D=120cm (10St)	472,99 m²	114.832	**242,78**	
366	**Lichtschutz zur KG 360**	46,32 m²	37.053	**799,93**	6,5
	• Herstellen (Kosten: 100,0%) Sonnenschutz Satteldachlichtbänder, Alu-Kassetten, Tuchwelle, Polyestertuch, halbtransparent, Reißverschlussführung, Motorantrieb, Steuerung (46m²)	46,32 m²	37.053	**799,93**	
369	**Sonstiges zur KG 360**	685,29 m² DAF	1.292	**1,89**	0,2
	• Herstellen (Kosten: 100,0%) Sekuranten (2St), Sicherheitsseil, l=13,00m (1St)	521,71 m² DAF	1.292	**2,48**	
380	**Baukonstruktive Einbauten**				**100,0**
381	**Allgemeine Einbauten**	759,69 m² BGF	35.296	**46,46**	11,8
	• Abbrechen (Kosten: 17,9%) Abbruch von Doppel-Metallspinden 55x40x180cm (838St)	759,69 m² BGF	6.313	**8,31**	
	• Herstellen (Kosten: 82,1%) Podest 7,40x5,88x0,38m, Holz/Holzwerkstoff, Linoleum, zwei Treppenstufen, Dämmung, Unterkonstruktion (1St)	759,69 m² BGF	28.984	**38,15**	

Umbau

KG	Kostengruppe	Menge Einheit	Kosten €	€/Einheit	%
382	**Besondere Einbauten**	759,69 m²BGF	249.521	**328,45**	83,2
	• Abbrechen (Kosten: 0,5%) Abbruch von Theke, Aufsichtsloge, Tischplatte, Thekenüberbau (psch), Holz-Glas-Thekenaufbau (6m²), Unterschränken (2St); Entsorgung, Deponiegebühren	759,69 m²BGF	1.177	**1,55**	
	• Herstellen (Kosten: 99,5%) Arbeitskojen 2,20x2,20x1,88m, Holz/Holzwerkstoff, zwei Sitzbänke, je drei Sitzplätze, zweiteilige Rückenpolster, Sitzpolster, Stoffbezug, drei Wände, Sockel, Linoleum, MDF-Tischplatten, HPL (6St), Sitzbankkojen 1,80x0,735x2,29m, zwei Wangen, Rückwand, 2er Sitzplätze, Rückenpolster, Sitzpolster (6St), Sitzbänke in Nischen, je 2er Sitzplätze, Rückenpolster, h=1,82m, zweiteilig, Sitzpolster, Stoffbezug (18St), MDF-Tischplatten 1,40x0,925m, HPL, ein Tischbein (9St), Rückwände Sitzbänke, Holz-UK, beidseitig MDF, HPL (33m²), 8er Sitzbänke (1St), 6er Sitzbänke (1St), 8er Sitzbank auf Podest (1St), Tische 3,00x0,80m, unterschiedlich hohe Wangen, an Podest (2St), Arbeitstheken: Anschlusswange, h=2,29m, schräg zulaufend, Tischfläche 1,63x0,60m, Wange, h=1,10m, MDF-Platten, HPL (6St), Aufsichtsloge: Thekenaufbau, Holz-Glas-Konstruktion, h=1,78m, l=5,50m, Festverglasungen, Schiebefenster, Ganzglastür (1St), Arbeitsplatten Furnierspanplatten 1,11x0,30m (2St)	759,69 m²BGF	248.344	**326,90**	
389	**Sonstiges zur KG 380**	759,69 m²BGF	15.124	**19,91**	5,0
	• Herstellen (Kosten: 100,0%) Briefkastenanlage 260x198cm, Stahlblech, 94 Postverteilfächer, Rückseite offen, Vorderseite mit Entnahmetür (1St)	759,69 m²BGF	15.124	**19,91**	
390	**Sonstige Maßnahmen für Baukonstruktionen**				**100,0**
391	**Baustelleneinrichtung**	759,69 m²BGF	81.572	**107,38**	53,2
	• Herstellen (Kosten: 100,0%) Baustelleneinrichtung Hauptgewerk (1St), Nebengewerke (7St), Baustraße: Oberboden abtragen, lagern, Geotextil, Kies-Schotter-Tragschicht 0/45mm, d=20cm, einbauen, nach Bauende ausbauen, Oberboden wieder einbauen (423m²), Sanitärcontainer (1St), Trinkwasserzuleitungen (65m), Begleitheizung, Rohrdämmung (30m), Trinkwasseranschlüsse (2St), Baustellenschild (1St), Bauzaun (148m), Bautüren, einflüglig (2St), zweiflüglig (1St)	759,69 m²BGF	81.572	**107,38**	
392	**Gerüste**	759,69 m²BGF	9.614	**12,66**	6,3
	• Herstellen (Kosten: 100,0%) Fassadengerüst, Lastklasse 3 (126m²), Rollgerüste, Lastklasse 3 (2St), Gerüsttreppenturm, Lastklasse 3, oberste Lage 5,50m (1St)	759,69 m²BGF	9.614	**12,66**	
393	**Sicherungsmaßnahmen**	759,69 m²BGF	2.372	**3,12**	1,5
	• Herstellen (Kosten: 100,0%) Decke abstützen: Kanthölzer (19St), Stahlstützen (25St), Abhangdecke gegen herunterfallen sichern, Abhänger (1St)	759,69 m²BGF	2.372	**3,12**	

KG	Kostengruppe	Menge Einheit	Kosten €	€/Einheit	%
397	**Zusätzliche Maßnahmen**	759,69 m²BGF	58.410	**76,89**	38,1
	• Herstellen (Kosten: 100,0%) Staub-/Schallschutzwände, Holz-Ständer-Konstruktion, OSB-Beplankung, Folienabdichtung, Luftpolster-Wärmeschutzfolie (270m²), Staubschutzfolie (73m²), Witterungsschutz von Dachöffnungen (42m²), von Fassadenöffnungen (18m²), Böden schützen (168m²), Reinigen von Bodenbelägen (963m²), Alu-Glas-Fassaden (97m²), Oberlichtern (38m²), Sonnenschutz (50m²), Regalen (1.412m²), Möbeln (411m²), Fachwerkträgern (33m²), Leuchten	759,69 m²BGF	58.410	**76,89**	
398	**Provisorische Baukonstruktionen**	759,69 m²BGF	1.419	**1,87**	0,9
	• Herstellen (Kosten: 100,0%) Behelfsmäßiger Dachrand an Dachöffnungen: Kanthölzer umlaufend, Anschlussbahn Dampfsperre nach oben führen, liefern, montieren, rückbauen (48m)	759,69 m²BGF	1.419	**1,87**	
410	**Abwasser-, Wasser-, Gasanlagen**				**100,0**
411	**Abwasseranlagen**	759,69 m²BGF	14.424	**18,99**	100,0
	• Abbrechen (Kosten: 3,8%) Abbruch von KMF-haltiger Regenrohrdämmung, d=50mm (12m²), Flachdachabläufen (6St), Blechbekleidungen an Dacheinläufen (2h); Entsorgung, Deponiegebühren	759,69 m²BGF	553	**0,73**	
	• Wiederherstellen (Kosten: 43,9%) Grundleitung spülen, Videodokumentation (psch), Instandsetzung der defekten Dachentwässerung (3h), Umbau der Dachabläufe (14h)	759,69 m²BGF	6.338	**8,34**	
	• Herstellen (Kosten: 52,2%) Gussrohre DN100, Formstücke, Rohrdämmung (17m), Grundleitungsanschlüsse (4St), Flachdachabläufe (6St), Anschluss von Dacheinläufen (4St), Anschluss an Bestandsleitungen (2St), Rohrdämmung Regenwasserleitungen (17m), Bodenablauf (1St), Revisionsplan (1St)	759,69 m²BGF	7.534	**9,92**	
420	**Wärmeversorgungsanlagen**				**100,0**
421	**Wärmeerzeugungsanlagen**	759,69 m²BGF	8.205	**10,80**	12,5
	• Herstellen (Kosten: 100,0%) Ergänzung bestehender Fernwärmeanlage: Kombi-/Absperrventile (2St), Kugelhähne (16St), Füll-Entleerungshähne (14St), Stellantriebe (2St), Lufttöpfe (2St), Kabelzuglisten (40St), Heizleitungen anschließen (7h), Einregulierung Heizungsanlage, Druckprobe (1St)	759,69 m²BGF	8.205	**10,80**	
422	**Wärmeverteilnetze**	759,69 m²BGF	29.423	**38,73**	45,0
	• Abbrechen (Kosten: 4,7%) Abbruch von bereits montierten Rohrleitungen (9h)	759,69 m²BGF	1.392	**1,83**	
	• Herstellen (Kosten: 95,3%) Stahlrohre, Formstücke (108m), Rohrdämmung (180m), Brandschutzrohrdurchführungen (9St), Alu-Verbundrohre (17St), Heizkörperanschlüsse umbauen (26h), Anschlüsse herstellen (34h), Kernlochbohrungen (15St)	759,69 m²BGF	28.031	**36,90**	
423	**Raumheizflächen**	759,69 m²BGF	27.816	**36,61**	42,5
	• Herstellen (Kosten: 100,0%) Stahl-Röhrenheizkörper (8St), Radiavektoren (2St), Thermostate (10St)	759,69 m²BGF	27.816	**36,61**	

KG	Kostengruppe	Menge Einheit	Kosten €	€/Einheit	%
430	**Raumlufttechnische Anlagen**				**100,0**
431	**Lüftungsanlagen**	759,69 m² BGF	132.859	**174,89**	58,3
	• Abbrechen (Kosten: 6,6%) Abbruch von mineralfaserhaltiger Dämmung (384m²); Entsorgung, Deponiegebühren	759,69 m² BGF	8.723	**11,48**	
	• Herstellen (Kosten: 93,4%) Wickelfalzrohre DN100-400, Formstücke (213m), Flexrohre DN125-250 (66m), Rechteckblechkanäle (198m²), Formstückblechkanäle (103m²), Kanalschalldämpfer (6St), Telefonieschalldämpfer (10St), Brandschutzklappen (6St), Volumenstromregler (17St), Dralldurchlässe (23St), Tellerventile (8St), Schlitzschienen Zuluft, l=1,20m (4St), Abluft (2St), Schlitzschienen, Brandschutzklappen (10St), Wärmedämmung (543m²)	759,69 m² BGF	124.136	**163,40**	
434	**Kälteanlagen**	759,69 m² BGF	95.014	**125,07**	41,7
	• Herstellen (Kosten: 100,0%) Kälteanlage: Inneneinheiten, Deckenkassette 5,6-6,3kW (12St), Einzelverteilersets (11St), Kupferrohre DN10-42, Formstücke, Rohrdämmung (406m), KM-Rohrverteiler, bauseits (18St), Durchflussregler (1St), Differenzdruckregler (1St), Trafo-Stellantrieb (1St), Comfort-Controller (1St), Brandschutzdurchführungen (8St), vorhandenes Maschinenfundament erweitern (psch)	759,69 m² BGF	95.014	**125,07**	
440	**Elektrische Anlagen**				**100,0**
444	**Niederspannungsinstallationsanlagen**	759,69 m² BGF	275.074	**362,09**	66,8
	• Abbrechen (Kosten: 5,3%) Abbruch von Kabel/Leitungen (1.596m), Leitungskanälen (291m), Installationsrohren (293m), Brandschutzkanal (16m²), Kabelrinnen (45m), Unterverteiler (1St), Verteiler (1St), Abklemmen von Kabel/Leitungen (64St); Entsorgung, Deponiegebühren	759,69 m² BGF	14.450	**19,02**	
	• Herstellen (Kosten: 94,7%) Standschränke (2St), Verteiler (2St), Kompaktleistungsschalter (2St), Trennschalter (4St), Überspannungsschutzgeräte (2St) Überspannungsschutz (19St), Leitungsschutzschalter (227St), Drehstromzähler (4St), FI-Schalter (21St), Netzwächter (2St), Zeitrelais (1St), Mantelleitungen (11.523m), Fernmeldekabel (482m), Installationsrohre (525m), Leitungskanäle (106m), Kabelrinnen (63m), Bodentank (1St), Fensterbankkanal (16m), Kommunikations-Stele (1St), Steckdosen (138St), Schalter/Taster (23St), DALI-Lichtsteuerung (1St), Bewegungsmelder (2St), DALI-Präsenzmelder (9St)	759,69 m² BGF	260.624	**343,07**	
445	**Beleuchtungsanlagen**	759,69 m² BGF	129.163	**170,02**	31,4
	• Abbrechen (Kosten: 1,4%) Abbruch von Lichtbändern (11St), Anbauleuchten (26St), Strahlern (8St), Pendelleuchten (7St); Entsorgung, Deponiegebühren	759,69 m² BGF	1.827	**2,41**	
	• Herstellen (Kosten: 98,6%) Lichtkanalsystem, l=1,35-8,00m (37St), Einbauleuchten, rahmenlos (18St), Einbauleuchten (12St), Downlights (25St), Außenleuchten (6St), Pendelleuchten (6St), Hängeleuchten (6St), Verteiler, Sicherheitsbeleuchtung (1St), Piktogrammleuchten (6St), Rettungszeichenleuchte (1St), Bereitschaftsleuchten (10St), als Flächenscheinwerfer (4St)	759,69 m² BGF	127.336	**167,62**	
446	**Blitzschutz- und Erdungsanlagen**	759,69 m² BGF	7.547	**9,93**	1,8
	• Herstellen (Kosten: 100,0%) Kombiableiter (7St), Rundleiter, Edelstahl (56m), Potenzialausgleichsschienen (3St), Erdungsbandrohrschellen (9St), Erdkabel (128m), NYM-Kabel (48m)	759,69 m² BGF	7.547	**9,93**	

KG	Kostengruppe	Menge Einheit	Kosten €	€/Einheit	%
450	**Kommunikations-, sicherheits- und informationstechnische Anlagen**				**100,0**
456	**Gefahrenmelde- und Alarmanlagen**	759,69 m²BGF	108.279	**142,53**	66,1
	• Herstellen (Kosten: 100,0%)	759,69 m²BGF	108.279	**142,53**	
	Brandmeldeanlage: RWA-Modulzentralen, KNX (3St), Notstromakkus (6St), Touchbildschirm (1St), KNX-Interface (1St), Kleinverteiler, bestückt (2St), RWA-Auslösetaster (2St), Wetterstation (1St), Programmierung (1St), Rettungswegzentralen (2St), Türterminal-Gehäuse (2St), Terminal-Anschlussplatinen (2St), Verteiler (2St), Brandmeldekabel (985m), Steuerleitungen (2.779m), Sicherheitskabel (1.288m), Brandschutzkanal (psch)				
457	**Datenübertragungsnetze**	759,69 m²BGF	55.453	**72,99**	33,9
	• Herstellen (Kosten: 100,0%)	759,69 m²BGF	55.453	**72,99**	
	Netzwerkschrank (1St), Staubfilter, Sockeleinbau (1St), Rangierpanels, 1HE (10St), Rangierverteiler 1HE (4St), Modulträger 24 Ports (4St), Anschlusseinheiten (74St), Patchfelder (2St), Datenanschlussdosen Cat6 (120St), HDMI/USB3.0, Anschlussdosen (18St), HDMI-Anschluss-Kabel (6St), D-Link-Switch (1St), Datenkabel (3.313m), LWL-Kabel (328m), konfektioniertes Datenkabel (90St), Fernmeldekabel (187m), WLAN-Access-Points (4St)				
480	**Gebäude- und Anlagenautomation**				**100,0**
481	**Automationseinrichtungen**	759,69 m²BGF	6.537	**8,60**	65,7
	• Herstellen (Kosten: 100,0%)	759,69 m²BGF	6.537	**8,60**	
	Steuertableau (1St), Meldegeräte (19St), Befehlsgeräte (23St), Rangierverteiler (1St), Netzgerät (1St), Binäreingänge, achtfach (2St), Schaltaktor, achtfach (1St), DALI-Eingangskontroller (1St), Multifunktions-Zeitrelais (2St), Leitungsschutzschalter (1St)				
484	**Kabel, Leitungen und Verlegesysteme**	759,69 m²BGF	3.419	**4,50**	34,3
	• Herstellen (Kosten: 100,0%)	759,69 m²BGF	3.419	**4,50**	
	Bus-Leitungen (678m)				
490	**Sonstige Maßnahmen für technische Anlagen**				**100,0**
491	**Baustelleneinrichtung**	759,69 m²BGF	33.200	**43,70**	85,7
	• Herstellen (Kosten: 100,0%)	759,69 m²BGF	33.200	**43,70**	
	Baustelleneinrichtungen (3St), Baustromverteiler (2St), Gummischlauchleitungen (92m), befahrbare Kabelbrücken (15St), Baubeleuchtung, Anbauleuchten (37St), Leitungen umverlegen (200m)				
492	**Gerüste**	759,69 m²BGF	2.147	**2,83**	5,5
	• Herstellen (Kosten: 100,0%)	759,69 m²BGF	2.147	**2,83**	
	Rollgerüst (1St), Montagegerüste (2St)				
497	**Zusätzliche Maßnahmen**	759,69 m²BGF	2.484	**3,27**	6,4
	• Herstellen (Kosten: 100,0%)	759,69 m²BGF	2.484	**3,27**	
	Schutz der EDV-Schränke während der Bauphase (2St)				
498	**Provisorische technische Anlagen**	759,69 m²BGF	930	**1,22**	2,4
	• Herstellen (Kosten: 100,0%)	759,69 m²BGF	930	**1,22**	
	Strom- und ELA-Anschluss für provisorische Aufsicht im Empfang (psch)				

9100-0173
Bibliothek
Lernzentrum

Umbau

LB	Leistungsbereiche	Kosten €	€/m2 BGF	€/m3 BRI	% an 3+4
050	Blitzschutz-/Erdungsanlagen, Überspannungssch.	7.547	9,90	2,10	0,3
053	Niederspannungsanl. - Kabel inkl. 052, 054	260.623	343,10	71,60	10,0
055	Sicherheits- u. Ersatzstromversorgungsanl.	–	–	–	–
057	Gebäudesystemtechnik	–	–	–	–
058	Leuchten und Lampen inkl. 059	127.336	167,60	35,00	4,9
060	Such, Signal, Zeit, Anten., akust. Anl. inkl. 064	3.205	4,20	0,88	0,1
061	Kommunikations- u. Übertragungsnetze inkl. 063	159.421	209,80	43,80	6,1
069	Aufzüge	–	–	–	–
070	Gebäudeautomation	9.956	13,10	2,70	0,4
075	Raumlufttechnische Anlagen inkl. 078	200.930	264,50	55,20	7,7
	Gebäudetechnik	**875.708**	**1.152,70**	**240,70**	**33,6**
	Wiederherstellen	6.338	8,30	1,70	0,2
	Herstellen	869.370	1.144,40	239,00	33,3
084	Abbruch, Rückbau, Schadstoffsanierung	194.219	255,70	53,40	7,4
	Abbrechen	194.219	255,70	53,40	7,4
	Abbrucharbeiten	**194.219**	**255,70**	**53,40**	**7,4**
	Abbrechen	194.219	255,70	53,40	7,4
	Sonstige Leistungsbereiche	**13.643**	**18,00**	**3,80**	**0,5**

9100-0215
Stiftsgebäude
Gemeindesaal
(120 Sitzplätze)
Pfarrbüros (6 AP)

Umbau

Kostenkennwerte für die Kosten des Bauwerks (Kostengruppen 300+400 nach DIN 276)

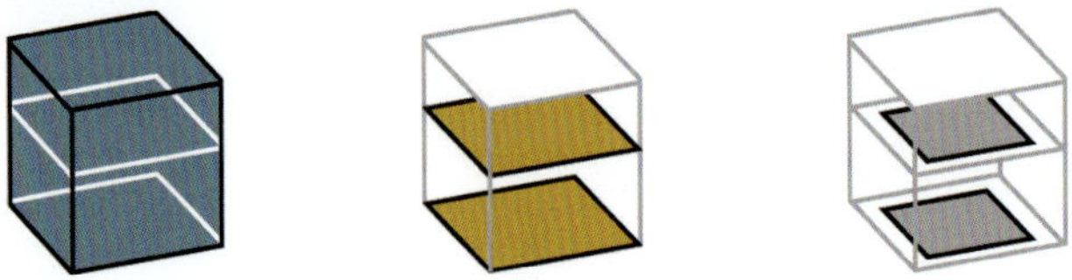

BRI 578 €/m³ | BGF 2.134 €/m² | NUF 3.118 €/m²

Objekt:
Kennwerte: 3. Ebene DIN 276
BRI: 9.784 m³
BGF: 2.650 m²
NUF: 1.814 m²
Bauzeit: 174 Wochen
Bauende: 2021
Standard: hoch
Bundesland: Hessen
Kreis: Schwalm-Eder-Kreis

Architekt*in:
Bieling Architekten AG
Baunsbergstraße 37
34131 Kassel

Bauherr*in:
Katholische Domgemeinde
St. Peter
Dr.-Jestädt-Platz 11
34560 Fritzlar

vorher

nachher

vorher

nachher

Ansicht West

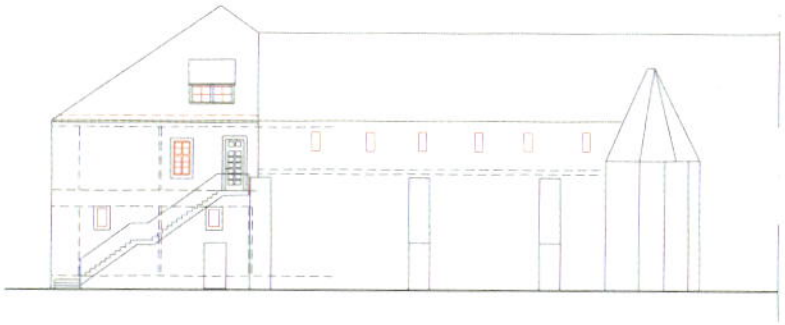

Ansicht Ost

Erdgeschoss

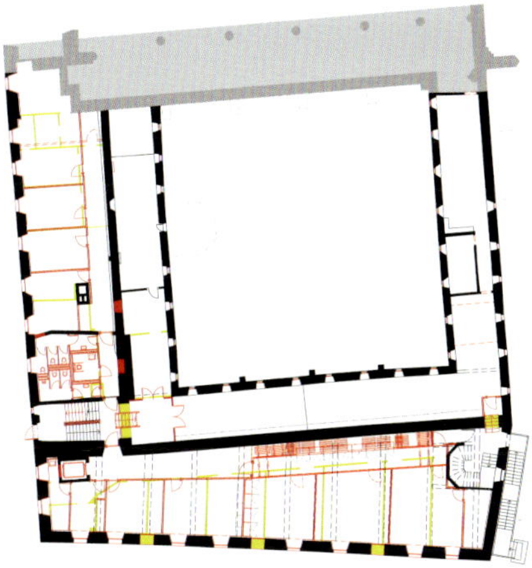

1. Obergeschoss

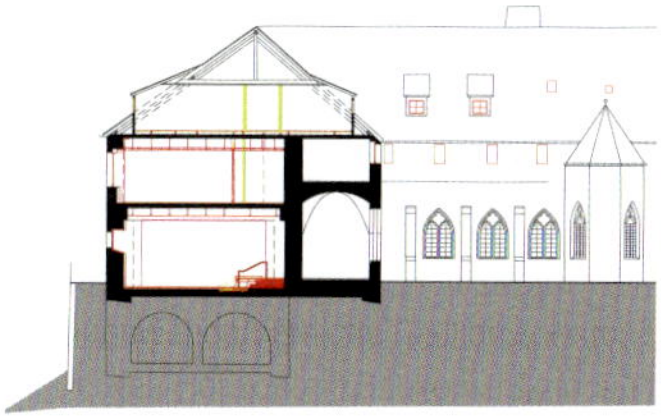

Schnitt A-A

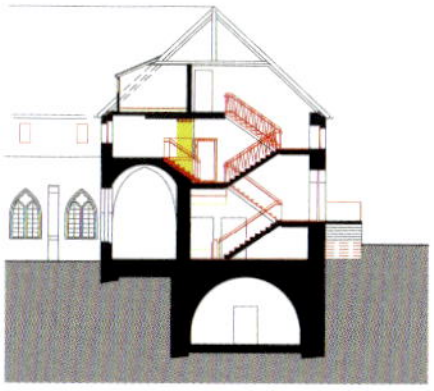

Schnitt B-B

Ansicht Süd

9100-0215
Stiftsgebäude
Gemeindesaal
(120 Sitzplätze)
Pfarrbüros (6 AP)

Umbau

Objektbeschreibung

Allgemeine Objektinformationen

Das historische Stiftsgebäude am Kreuzgang des Doms beherbergt das Dommuseum mit dem Domschatz sowie die Stiftsbibliothek und wurde bis 2007 als Alten- und Pflegeheim genutzt. Im Jahr 2011 wurde die Unterbringung eines Gemeindesaals und Büros für die Kirchengemeinde beschlossen. Mit finanzieller Unterstützung durch das Bistum Fulda wurde das Stiftsgebäude grundsaniert und in Teilen umgebaut. Die Süd- und Westflügel wurden vollständig entkernt und nehmen zukünftig die Räume für die Stiftsgemeinde auf.

Nutzung

1 Untergeschoss
Technik, Lapidarium

1 Erdgeschoss
Ausstellungsräume Museum, Domladen, Medien-/Sozialraum

1 Obergeschoss
Büros, Gemeindesaal, Jugendräume, Teeküche, Bibliothek

1 Dachgeschoss
Technik, BMZ, Lagerraum

Nutzeinheiten

Arbeitsplätze: 6
Sitzplätze: 120

Grundstück

Bauraum: Beengter Bauraum
Neigung: Geneigtes Gelände
Bodenklasse: BK 3 bis BK 5

Markt

Hauptvergabezeit: 3.Quartal 2019
Baubeginn: 2.Quartal 2018
Bauende: 4.Quartal 2021
Konjunkturelle Gesamtlage: Durchschnitt
Regionaler Baumarkt: unter Durchschnitt

Besonderer Kosteneinfluss Markt
- Fördermittel des Landesamts für Denkmalpflege Hessen
- Bauzeit teilweise unter Corona-Maßnahmen

Baubestand

Baujahr: 1323/1955
Bauzustand: mittel
Aufwand: hoch
Grundrissänderungen: umfangreiche
Tragwerkseingriffe: einige
Nutzungsänderung: ja
Nutzung während der Bauzeit: nein

Baukonstruktion

Die Fassade und das Dach wurden vollständig nach denkmalpflegerischen Vorgaben saniert. Die Eingriffe beschränkten sich dabei auf die Erneuerung der Dachgauben und Dachfenster sowie das Aufbrechen und Schließen von einzelnen Öffnungen in der Fassade. Ergänzungen der historischen Bausubstanz wurden vorwiegend als Mauerwerkskonstruktionen vorgenommen, kaputte Natursteine wurden ersetzt. Die Putzarbeiten an der Fassade wurden mit durchgefärbten Sanden im Trockenstrahlverfahren ohne Anstriche ausgeführt. Die Fenster und Eingangstüren wurden ausgetauscht. Im Innenbereich bekamen die Wände und Böden neue Beläge. Die Toilettenanlagen wurden saniert. Im OG trennen jetzt Trockenbauwände die Verwaltungsräume. Die Linoleumböden des nicht ausgebauten Dachgeschosses wurden entfernt, gedämmt und mit Spanplatten belegt.

Technische Anlagen

Die existierende Gas-Luftheizung des Doms wurde um eine Gas-Brennwertheizung mit minimaler Größe ergänzt. Die Temperierung der Museumsräume arbeitet mit einer feuchtegesteuerten Lüftung und einer Wandheizung zur Begrenzung der Feuchte- und Temperaturschwankungen. Der Personenaufzug wurde erneuert. Durch eine Hebebühne kann der Niveauunterschied zum Museum barrierefrei überwunden werden. Die Brandmeldeanlage wurde instandgesetzt und erweitert sowie eine neue Video-Überwachungsanlage eingebaut.

Sonstiges

Das Dommuseum wurde umgestaltet und erhielt eine neue Ausstellungsausstattung. Der Zugang zum Dommuseum erfolgt über einen neuen barrierefreien Eingang und einen neu gestalteten Vorhof. Die Räume der Museumsbibliothek werden direkt aus dem allgemein zugänglichen Treppenhaus erschlossen.

Planungskennwerte für Flächen und Rauminhalte nach DIN 277

Flächen des Grundstücks		Menge Einheit	% an GF
BF	Bebaute Fläche	1.043,00 m²	21,4
UF	Unbebaute Fläche	3.835,00 m²	78,6
GF	Grundstücksfläche	4.878,00 m²	100,0

Grundflächen des Bauwerks		Menge Einheit	% an NUF	% an BGF
NUF	Nutzungsfläche	1.813,79 m²	100,0	68,5
TF	Technikfläche	97,38 m²	5,4	3,7
VF	Verkehrsfläche	299,36 m²	16,5	11,3
NRF	Netto-Raumfläche	2.210,53 m²	121,9	83,4
KGF	Konstruktions-Grundfläche	439,03 m²	24,2	16,6
BGF	Brutto-Grundfläche	2.649,56 m²	146,1	100,0

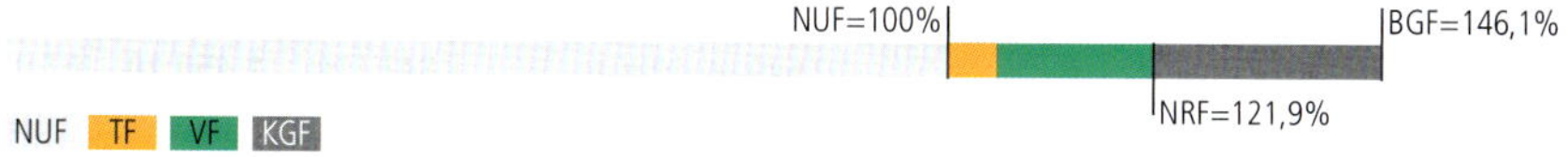

Brutto-Rauminhalt des Bauwerks		Menge Einheit	BRI/NUF (m)	BRI/BGF (m)
BRI	Brutto-Rauminhalt	9.784,00 m³	5,39	3,69

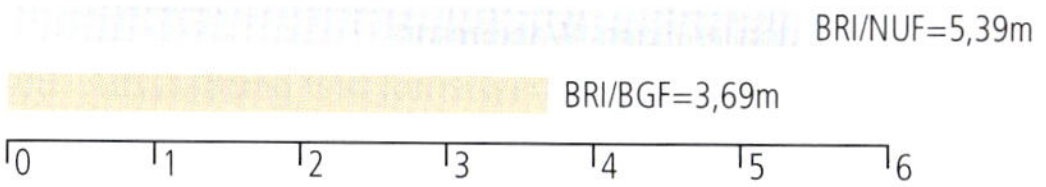

Lufttechnisch behandelte Flächen	Menge Einheit	% an NUF	% an BGF
Entlüftete Fläche	–	–	–
Be- und entlüftete Fläche	–	–	–
Teilklimatisierte Fläche	–	–	–
Klimatisierte Fläche	–	–	–

KG	Kostengruppen (2. Ebene)	Menge Einheit	Menge/NUF	Menge/BGF
310	Baugrube / Erdbau	226,23 m³ BGI	0,13	0,09
320	Gründung, Unterbau	299,63 m² GRF	0,17	0,11
330	Außenwände/Vertikale Baukonstruktionen, außen	1.411,35 m² AWF	0,78	0,53
340	Innenwände/Vertikale Baukonstruktionen, innen	1.176,00 m² IWF	0,65	0,44
350	Decken/Horizontale Baukonstruktionen	1.462,98 m² DEF	0,81	0,55
360	Dächer	1.142,17 m² DAF	0,63	0,43

9100-0215
Stiftsgebäude
Gemeindesaal
(120 Sitzplätze)
Pfarrbüros (6 AP)

Umbau

Kostenkennwerte für die Kostengruppen der 2. Ebene DIN 276

KG	Kostengruppe	Menge Einheit	Kosten €	€/Einheit	%
300	**Bauwerk – Baukonstruktionen**				**100,0**
310	**Baugrube / Erdbau**	226,23 m³ BGI	31.289	**138,31**	0,8
	• Herstellen (Kosten: 100,0%) Bodenaushub im Gebäude, laden, abfahren (86m³), Grabenaushub (140m³)	226,23 m³ BGI	31.289	**138,31**	
320	**Gründung, Unterbau**	299,63 m² GRF	237.209	**791,67**	6,2
	• Abbrechen (Kosten: 13,9%) Abbruch von Stb-Bodenplatte (16m³), Stb-Treppenpodest (10m²), Stb-Treppen (4m²) * Naturwerkstein (171m²), Bodenfliesen (36m²), PVC (32m²), Bodenfliesen, Estrich (72m²); Entsorgung, Deponiegebühren	310,42 m² GRF	32.916	**106,04**	
	• Herstellen (Kosten: 86,1%) Stb-Bodenplatte (110m²), Stb-Treppen (10m²), Stb-Sockel (6m) * Dämmung, Estrich (101m²), Naturwerkstein, Sandstein (282m²), als Tritt-/Setzstufen (11m²), Sauberlaufmatte (2m²), Trittplatte (1St), Messingscheiben (31St) * Sauberkeitsschicht (109m²)	299,63 m² GRF	204.293	**681,82**	
330	**Außenwände/Vert. Baukonstrukt., außen**	1.411,35 m² AWF	1.120.189	**793,70**	29,2
	• Abbrechen (Kosten: 7,3%) Abbruch von Stahl-Schiebetor (2m²), Rolltor (4m²), Holztüren (12m²), Holzfenstern (31m²) * losem Putz- und Fugenmörtel, Reinigung (850m²), Holzschindelbekleidung (143m²) * Tapeten (228m²); Entsorgung, Deponiegebühren	1.042,69 m² AWF	81.811	**78,46**	
	• Wiederherstellen (Kosten: 16,3%) Kleineisenteile entfernen (362St), lose Mörtelstücke abnehmen (409St), Mauerwerk austauschen (44m²), Fugenmörtel ersetzen (170m), Mauersteine austauschen (318St), Mauerwerksinjektionen (30St), Vierungssteine ergänzen (57St), Fehlstellen mit Steinersatz/Originalsteinen ausbessern (974St), Strumpfanker einbauen (30St), horizontales Zugband (1St) * Putz verfestigen (7m²)	734,93 m² AWF	182.139	**247,83**	
	• Herstellen (Kosten: 76,4%) Türöffnungen herstellen (4m²), Stahl-Türstürze (16St), Notausstieg ausmauern (2m³), Fensterlaibungen, Bruchsteinmauerwerk (15m²) * Holzfenster (96m²), Haustüren (15m²), Stahlschiebetor (11m²) * Oberputz (850m²), Schieferbekleidung (154m²) * Kalkdämmputz (927m²), Kalkfeinputz (854m²), Kalk-Gipsputz (87m²), Kalk-Zementputz (107m²), Beschichtung (358m²), Wandfliesen (8m²) * Alu-Pfosten-Riegelfassade (9m²) * Kellerlichtschacht (1St), Fenstergitter (1St), Schachtabdeckung (1St)	1.411,35 m² AWF	856.239	**606,68**	

KG	Kostengruppe	Menge Einheit	Kosten €	€/Einheit	%
340	**Innenwände/Vert. Baukonstrukt., innen**	1.176,00 m2 IWF	906.752	**771,05**	23,6
	• Abbrechen (Kosten: 26,1%)	2.203,95 m2 IWF	237.014	**107,54**	
	Abbruch von Mauerwerk (103m2), Natursteinwänden (7m2) * Leichtbetonwänden (1.263m2), GK-Wänden (36m2), Ziegelmauerwerk (23m2) * Holztüren (104m2), Stahltüren (20m2) * Tapeten (337m2), Putz (214m2), Beschichtungen (500m2), Wandfliesen (65m2), GK-Vorsatzschalen (142m2) * Sanitärtrennwänden (18m2) * Handläufen (128m); Entsorgung, Deponiegebühren				
	• Wiederherstellen (Kosten: 3,2%)	224,91 m2 IWF	29.171	**129,70**	
	Aufzugtüren verbreitern, neuen Sturz einbauen, verputzen (3St) * Altputze entfernen, Schadstellen spachteln, Sanierputz, Malervlies, Beschichtung (126m2), Beschichtungen entfernen, Haftputz, Putzträgerplatten, Sanierputz Q2 (49m2), Unebenheiten spachteln, Gipsputz Q2 (50m2)				
	• Herstellen (Kosten: 70,6%)	1.113,05 m2 IWF	640.567	**575,51**	
	Ziegelmauerwerk (13m2), Türöffnungen herstellen (51m2) * GK-Wände (419m2), Porenbeton-Mauerwerk (71m2) * Holztüren (76m2), Ganzglastüren (5m2), Brandschutztüren (8m2), elektromechanisches Drehtürsystem (1St) * Kalk-Gipsputz (324m2), GK-Vorsatzschalen (187m2), Malervlies (922m2), Beschichtung (1.990m2), Wandfliesen (16m2) * Sanitärtrennwände (22m2) * Treppenhandlauf (22m)				
350	**Decken/Horizontale Baukonstruktionen**	1.462,98 m2 DEF	745.777	**509,77**	19,4
	• Abbrechen (Kosten: 19,1%)	1.272,68 m2 DEF	142.647	**112,08**	
	Abbruch von Holzbalken (161m), Dämmung (196m2) * Zementestrich (539m2), Holzböden (388m2), Dämmung, Stroh-Lehm-Kiesgemisch, Handarbeit (469m2), Linoleum (942m2), Werksteinbelägen (161m2), Bodenfliesen (96m2), PVC (27m2), Natursteinbelägen (18m2), Küchenpodest (2m2) * Rippendecken, Schilfrohrmatten (811m2), Holzdecken (73m2), Tapeten (54m2), GK-Bekleidung (22m2); Entsorgung, Deponiegebühren				
	• Wiederherstellen (Kosten: 1,9%)	65,70 m2 DEF	13.811	**210,21**	
	Deckenbalken reparieren, auswechseln, Rauspundschalung erneuern, Balkenköpfe reparieren (40m2) * Akustikplatten entfernen, GK-Platten ergänzen, Revisionsklappen, Lichtleisten, Notleuchten austauschen (26m2)				
	• Herstellen (Kosten: 79,0%)	1.437,00 m2 DEF	589.318	**410,10**	
	Fachwerkträger (16St), Treppenkonstruktion (psch) * Schüttung, Dämmung, Spanplatten (683m2), Trockenestrich (54m2), Schüttung (34m3), Dämmung, Estrich (394m2), Linoleum (389m2), Kautschuk (98m2), Naturwerkstein (80m2) Bodenfliesen (27m2) * Gipsputz (324m2), GK-Bekleidung (289m2), Akustikbekleidung, Dämmung (214m2), GK-Brandschutzdecke (15m2), Beschichtung (1.437m2) * Stahlblech-/Glasgeländer (7m2), Stabgeländer (18m), Stahlgeländer (36m2), Handlauf (19m)				

KG	Kostengruppe	Menge Einheit	Kosten €	€/Einheit	%
360	**Dächer**	1.142,17 m² DAF	303.413	**265,65**	7,9
	• Abbrechen (Kosten: 10,0%) Betontrennschnitt (3m²) * Abbruch von Dachflächenfenstern (6m²) * Ziegeldeckung (280m²), Betonsteindeckung (45m²), Dachrinnen (144m), Regenfallrohren (68m) * Dachhaken (9St); Entsorgung, Deponiegebühren	474,17 m² DAF	30.349	**64,00**	
	• Wiederherstellen (Kosten: 7,0%) Firstpfette erneuern (psch) * einzelne Dachziegel austauschen (1.142m²)	1.142,17 m² DAF	21.092	**18,47**	
	• Herstellen (Kosten: 83,0%) Dachsparren (5m), Stahlträger (psch), Dachöffnungen schließen (15St) * Biberschwanzziegel (567m²), Dachrinnen (144m), Regenfallrohre (68m) * GK-Kehlbalkenbekleidung (14m²), GK-Verkofferung (1m²) * Schneefanggitter (212m), Leiterhaken (184St)	566,78 m² DAF	251.972	**444,57**	
380	**Baukonstruktive Einbauten**	2.649,56 m² BGF	18.468	**6,97**	0,5
	• Abbrechen (Kosten: 26,6%) Abbruch von Vitrinen (54m²), Einbaumöbeln (1t), Wandtresor (1St); Entsorgung, Deponiegebühren	2.649,56 m² BGF	4.905	**1,85**	
	• Herstellen (Kosten: 73,4%) Möbel einbauen (psch), Unterbau aus Sandstein (2St) * Informationstafel (1St), Türbeschriftungsschilder (10St), Fluchtwegpläne (12St), Edelstahl-Schriftzug (1St)	2.649,56 m² BGF	13.563	**5,12**	
390	**Sonst. Maßnahmen für Baukonstrukt.**	2.649,56 m² BGF	479.018	**180,79**	12,5
	• Herstellen (Kosten: 100,0%) Baustelleneinrichtung (1St), Bürocontainer (4St), Bauzaun (112m), Baustromverteiler (2St), Bauwasser (1St), Autokran (1St), Baustellen-WC (334Wo), Beleuchtung (63St) * Fassadengerüst (1.583m²), Treppenturmaufgänge (4St), Dachfanggerüst (183m), Gerüstschutznetze (998m²), Wetterschutzdach (140m) * Unterfangung, Fundament (5m), Einbau Spannanker (4St) * Entsorgung von Bauschutt (116t) * Staubschutzwände (55m²), Schutzabdeckungen (1.760m²), Dachflächen (45m²), Baureinigung (psch) * Schließanlage (psch)	2.649,56 m² BGF	479.018	**180,79**	
400	**Bauwerk – Technische Anlagen**				**100,0**
410	**Abwasser-, Wasser-, Gasanlagen**	2.649,56 m² BGF	101.829	**38,43**	5,6
	• Abbrechen (Kosten: 6,6%) Abbruch von Gussrohren (41m), Entlüftungsrohren (11St) * Stahlrohren (239m), Leitungen (165m); Entsorgung, Deponiegebühren	2.649,56 m² BGF	6.683	**2,52**	
	• Wiederherstellen (Kosten: 0,3%) Außenzapfstelle erneuern (1St)	2.649,56 m² BGF	338	**0,13**	
	• Herstellen (Kosten: 93,1%) Gussrohre (48m), PP-Rohre (45m), KG-Rohre (4m), Bodenablauf (1St) * Verbundrohre (154m), Edelstahlrohre (20m), Alu-Systemrohre (25m), HD-Druckrohre (25m), Waschtische (5St), Tiefspül-WCs (7St), Urinal (1St), Ausgussbecken (2St), Durchlauferhitzer (5St), Kleinspeicher (1St), Heizbänder (30m), Außenwasserhahn (1St) * Edelstahlrohre (33m) * Montageelemente (16St)	2.649,56 m² BGF	94.807	**35,78**	

KG	Kostengruppe	Menge Einheit	Kosten €	€/Einheit	%
420	**Wärmeversorgungsanlagen**	2.649,56 m² BGF	362.070	**136,65**	20,0
	• Abbrechen (Kosten: 8,2%) Abbruch von Heizungsanlage (psch) * Heizleitungen (psch) * Heizkörpern (psch); Entsorgung, Deponiegebühren	2.649,56 m² BGF	29.750	**11,23**	
	• Wiederherstellen (Kosten: 0,7%) Gussofen reparieren, Verschraubungen erneuern (29h)	2.649,56 m² BGF	2.483	**0,94**	
	• Herstellen (Kosten: 91,1%) Gasbrennwertgeräte (2St), Umwälzpumpen (5St), Regelgerät (1St), Hocheffizienzkreiselpumpe (1St), Entsalzungsmodul (1St), Neutralisationseinrichtung (1St), Siederohre (45m) * C-Stahl-Rohre (1.558m), Verteilerschränke (3St), Ventile (32St), Rückschlagklappen (4St), Schmutzfänger (4St) * Kompaktheizkörper (27St), Wandheizung (1.341m)	2.649,56 m² BGF	329.837	**124,49**	
430	**Raumlufttechnische Anlagen**	2.649,56 m² BGF	153.042	**57,76**	8,4
	• Herstellen (Kosten: 100,0%) Zu-/Abluftgerät (1St), Wickelfalzrohre (150m), Brandschutzklappen (15St), Heizregister (3St), Luftentfeuchter (1St), Ventilatoren (6St), Volumenstromregler (18St), Kanalluftfilter (1St), Kanalschalldämpfer (9St), Kleinlüfter (1St), Luftdurchlässe (27St)	2.649,56 m² BGF	153.042	**57,76**	
440	**Elektrische Anlagen**	2.649,56 m² BGF	639.933	**241,52**	35,3
	• Abbrechen (Kosten: 0,2%) Abbruch von Elektroinstallation (9h); Entsorgung, Deponiegebühren * Ausbauen und Lagern von Strahlern (2St)	2.649,56 m² BGF	1.014	**0,38**	
	• Wiederherstellen (Kosten: 3,7%) Elektroinstallation instandsetzen, Steuerung Außenstrom umsetzen, neu verkabeln, Raumfühler neu verkabeln, Installationen in Abbruchwänden umlegen, anschließen (280h) * Außenbeleuchtung instandsetzen (4h)	2.649,56 m² BGF	23.676	**8,94**	
	• Herstellen (Kosten: 96,1%) Schaltschränke (9St), Mantelleitungen (11.817m), Brandmeldekabel (6.222m), Installationskabel (1.255m), Starkstromkabel (822m), Steckdosen (135St), Schalter/Taster (126St), Präsenz-/Bewegungsmelder (27St), Bodentanks (4St), Energiesäule (1St) * Strahler (139St), Anbauleuchten (103St), Einbauleuchten (120St), LED-Strips (11m), Wireless-Touch-Zentrale (1St), Sicherheitsleuchten (47St), Rettungszeichen-Leuchten (30St) * Überspannungsableiter (6St), Erdringleitung (571m)	2.649,56 m² BGF	615.243	**232,21**	
450	**Kommunikationstechnische Anlagen**	2.649,56 m² BGF	311.792	**117,68**	17,2
	• Abbrechen (Kosten: 1,1%) Abbruch von Antennenanlage (1St) * Brandmeldeanlage, Verkabelung (39h); Entsorgung, Deponiegebühren	2.649,56 m² BGF	3.367	**1,27**	
	• Herstellen (Kosten: 98,9%) Gegensprechanlage, Videokamera (2St), Video-Innenstationen (3St), Notrufset (1St) * Brandmeldezentrale (1St), Feuerwehrbediensystem (1St), PVC-Ansaugrohre (353m), Rauchansaugsysteme (8St), Melder (153St), Video-Überwachungssystem (1St), Kameras (25St), Workstation (1St), Überfall-Handtaster (1St) * Netzwerkschränke (2St), Datenkabel (3.333m), Module Cat6a (276St)	2.649,56 m² BGF	308.425	**116,41**	

KG	Kostengruppe	Menge Einheit	Kosten €	€/Einheit	%
460	**Förderanlagen**	2.649,56 m²BGF	145.307	**54,84**	8,0
	• Abbrechen (Kosten: 12,1%) Abbruch der Aufzugsanlage (1St), Versorgungsfahrstuhl (1St), Schachtkopfträger (psch); Entsorgung, Deponiegebühren	2.649,56 m²BGF	17.620	**6,65**	
	• Wiederherstellen (Kosten: 2,0%) Schachtgrube nach Wasserschaden instandsetzen (psch)	2.649,56 m²BGF	2.956	**1,12**	
	• Herstellen (Kosten: 85,8%) Personenaufzug (1St), Schachtentrauchungssystem (1St), Notrufleitsystem (1St) * hydraulische Hebebühne (1St)	2.649,56 m²BGF	124.730	**47,08**	
480	**Gebäude- und Anlagenautomation**	2.649,56 m²BGF	98.712	**37,26**	5,4
	• Herstellen (Kosten: 100,0%) Automationsstation (1St), Bediengerät (1St), Ein-Ausgabe-Module (3St), Sensoren/Aktoren (31St), Transformator (1St), Überspannungsschutz (1St) * Standschrank (1St), Wandschrank (1St), Sicherungsautomaten (4St), Phasenüberwachungen (2St), Steuerungen (28St), Netzwiederkehrschaltungen (2St), Elektroerhitzer (1St)	2.649,56 m²BGF	98.712	**37,26**	
500	**Außenanlagen und Freiflächen**				**100,0**
540	**Baukonstruktionen**	1.370,00 m²AF	11.055	**8,07**	9,5
	• Wiederherstellen (Kosten: 100,0%) Natursteinblock sanieren, mit Bruchsteinen ergänzen, Trass-Natursteinmörtel (9t), Kern mit Beton hinterfüllen (1m³), mit Betonsteinen hintermauern (48St)	1.370,00 m²AF	11.055	**8,07**	
550	**Technische Anlagen**	1.370,00 m²AF	88.713	**64,75**	76,3
	• Wiederherstellen (Kosten: 0,5%) Pollerleuchte demontieren, lagern, wieder anschließen (5h)	1.370,00 m²AF	419	**0,31**	
	• Herstellen (Kosten: 99,5%) Erdkabel (350m), Datenkabel (490m), Maststrahler (8St), Strahler (15St), Pollerleuchten (12St), Bodeneinbaustrahler (10St)	1.370,00 m²AF	88.294	**64,45**	
590	**Sonst. Maßnahmen für Außenanlagen u. Freiflächen**	1.370,00 m²AF	16.565	**12,09**	14,2
	• Herstellen (Kosten: 100,0%) Entsorgung von Baustellenabfällen (2t), Bauschutt (7t); Deponiegebühren * Schutzabdeckungen von Wegen (44m), Grünflächen, Seekieferplatten (81m)	1.370,00 m²AF	16.565	**12,09**	
600	**Ausstattung und Kunstwerke**				**100,0**
610	**Allgemeine Ausstattung**	2.649,56 m²BGF	5.508	**2,08**	100,0
	• Herstellen (Kosten: 100,0%) WC-Bürstengarnituren (7St), WC-Papierhalter (7St), Wandspiegel (4St), Seifenspender (4St), Hygieneabfallsammler, Hygienebeutelspender (3St), Handtuchspender (4St), Abfallbehälter (3St), Haltegriffe (5St)	2.649,56 m²BGF	5.508	**2,08**	

Kostenkennwerte für die Kostengruppen 300 der 2. und 3. Ebene DIN 276 (Übersicht)

KG	Kostengruppe	Menge Einheit	Kosten €	€/Einheit	% an 3+4
300	**Bauwerk – Baukonstruktionen**	**2.649,56 m² BGF**	**3.842.114,08**	**1.450,10**	**67,9**
310	**Baugrube / Erdbau**	**226,23 m³ BGI**	**31.289,27**	**138,31**	**0,6**
311	Herstellung	226,23 m³ BGI	31.289,27	138,31	0,6
312	Umschließung	–	–	–	–
313	Wasserhaltung	–	–	–	–
314	Vortrieb	–	–	–	–
319	Sonstiges zur KG 310	–	–	–	–
320	**Gründung, Unterbau**	**299,63 m² GRF**	**237.208,62**	**791,67**	**4,2**
321	Baugrundverbesserung	–	–	–	–
322	Flachgründungen und Bodenplatten	119,96 m²	65.156,91	543,16	1,2
323	Tiefgründungen	–	–	–	–
324	Gründungsbeläge	299,63 m²	168.173,05	561,27	3,0
325	Abdichtungen und Bekleidungen	108,56 m²	3.878,67	35,73	< 0,1
326	Dränagen	–	–	–	–
329	Sonstiges zur KG 320	–	–	–	–
330	**Außenwände/Vert. Baukonstrukt., außen**	**1.411,35 m² AWF**	**1.120.188,85**	**793,70**	**19,8**
331	Tragende Außenwände	746,07 m²	282.337,75	378,43	5,0
332	Nichttragende Außenwände	–	–	–	–
333	Außenstützen	–	–	–	–
334	Außenwandöffnungen	121,27 m²	238.406,71	1.965,92	4,2
335	Außenwandbekleidungen, außen	960,95 m²	319.406,60	332,39	5,6
336	Außenwandbekleidungen, innen	1.281,08 m²	243.001,17	189,68	4,3
337	Element. Außenwandkonstruktionen	9,00 m²	20.405,36	2.267,26	0,4
338	Lichtschutz zur KG 330	–	–	–	–
339	Sonstiges zur KG 330	1.411,35 m² AWF	16.631,28	11,78	0,3
340	**Innenwände/Vert. Baukonstrukt., innen**	**1.176,00 m² IWF**	**906.751,85**	**771,05**	**16,0**
341	Tragende Innenwände	64,62 m²	147.798,76	2.287,20	2,6
342	Nichttragende Innenwände	489,85 m²	228.642,52	466,76	4,0
343	Innenstützen	–	–	–	–
344	Innenwandöffnungen	88,22 m²	242.089,90	2.744,16	4,3
345	Innenwandbekleidungen	2.131,07 m²	263.798,24	123,79	4,7
346	Elementierte Innenwandkonstruktionen	22,25 m²	13.279,71	596,84	0,2
347	Lichtschutz zur KG 340	–	–	–	–
349	Sonstiges zur KG 340	1.176,00 m² IWF	11.142,72	9,48	0,2
350	**Decken/Horizontale Baukonstruktionen**	**1.462,98 m² DEF**	**745.776,65**	**509,77**	**13,2**
351	Deckenkonstruktionen	193,01 m²	76.346,51	395,56	1,4
352	Deckenöffnungen	–	–	–	–
353	Deckenbeläge	1.276,75 m²	421.326,12	330,00	7,5
354	Deckenbekleidungen	1.462,98 m²	211.748,58	144,74	3,7
355	Elementierte Deckenkonstruktionen	–	–	–	–
359	Sonstiges zur KG 350	1.462,98 m² DEF	36.355,44	24,85	0,6
360	**Dächer**	**1.142,17 m² DAF**	**303.412,93**	**265,65**	**5,4**
361	Dachkonstruktionen	–	10.541,48	–	0,2
362	Dachöffnungen	–	3.324,94	–	< 0,1
363	Dachbeläge	1.142,17 m²	241.188,89	211,17	4,3
364	Dachbekleidungen	15,18 m²	2.369,22	156,07	< 0,1
365	Elementierte Dachkonstruktionen	–	–	–	–
366	Lichtschutz zur KG 360	–	–	–	–
369	Sonstiges zur KG 360	1.142,17 m² DAF	45.988,40	40,26	0,8
370	**Infrastrukturanlagen**	**–**	**–**	**–**	**–**
380	**Baukonstruktive Einbauten**	**2.649,56 m² BGF**	**18.468,30**	**6,97**	**0,3**
390	**Sonst. Maßnahmen für Baukonstrukt.**	**2.649,56 m² BGF**	**479.017,65**	**180,79**	**8,5**

9100-0215
Stiftsgebäude
Gemeindesaal
(120 Sitzplätze)
Pfarrbüros (6 AP)

Umbau

Kostenkennwerte für die Kostengruppen 400 der 2. und 3. Ebene DIN 276 (Übersicht)

KG	Kostengruppe	Menge Einheit	Kosten €	€/Einheit	% an 3+4
400	**Bauwerk – Technische Anlagen**	**2.649,56 m²BGF**	**1.812.685,52**	**684,15**	**32,1**
410	**Abwasser-, Wasser-, Gasanlagen**	**2.649,56 m²BGF**	**101.828,80**	**38,43**	**1,8**
411	Abwasseranlagen	2.649,56 m²BGF	15.152,97	5,72	0,3
412	Wasseranlagen	2.649,56 m²BGF	57.685,71	21,77	1,0
413	Gasanlagen	2.649,56 m²BGF	20.394,11	7,70	0,4
419	Sonstiges zur KG 410	2.649,56 m²BGF	8.596,01	3,24	0,2
420	**Wärmeversorgungsanlagen**	**2.649,56 m²BGF**	**362.070,35**	**136,65**	**6,4**
421	Wärmeerzeugungsanlagen	2.649,56 m²BGF	108.424,76	40,92	1,9
422	Wärmeverteilnetze	2.649,56 m²BGF	148.292,11	55,97	2,6
423	Raumheizflächen	2.649,56 m²BGF	105.353,49	39,76	1,9
424	Verkehrsheizflächen	–	–	–	–
429	Sonstiges zur KG 420	–	–	–	–
430	**Raumlufttechnische Anlagen**	**2.649,56 m²BGF**	**153.041,99**	**57,76**	**2,7**
431	Lüftungsanlagen	2.649,56 m²BGF	153.041,99	57,76	2,7
432	Teilklimaanlagen	–	–	–	–
433	Klimaanlagen	–	–	–	–
434	Kälteanlagen	–	–	–	–
439	Sonstiges zur KG 430	–	–	–	–
440	**Elektrische Anlagen**	**2.649,56 m²BGF**	**639.933,20**	**241,52**	**11,3**
441	Hoch- und Mittelspannungsanlagen	–	–	–	–
442	Eigenstromversorgungsanlagen	–	–	–	–
443	Niederspannungsschaltanlagen	–	–	–	–
444	Niederspannungsinstallationsanlagen	2.649,56 m²BGF	319.631,46	120,64	5,7
445	Beleuchtungsanlagen	2.649,56 m²BGF	279.444,99	105,47	4,9
446	Blitzschutz- und Erdungsanlagen	2.649,56 m²BGF	40.856,75	15,42	0,7
447	Fahrleitungssysteme	–	–	–	–
449	Sonstiges zur KG 440	–	–	–	–
450	**Kommunikationstechnische Anlagen**	**2.649,56 m²BGF**	**311.791,95**	**117,68**	**5,5**
451	Telekommunikationsanlagen	–	–	–	–
452	Such- und Signalanlagen	2.649,56 m²BGF	28.431,54	10,73	0,5
453	Zeitdienstanlagen	–	–	–	–
454	Elektroakustische Anlagen	–	–	–	–
455	Audiovisuelle Medien- u. Antennenanl.	2.649,56 m²BGF	97,53	0,04	< 0,1
456	Gefahrenmelde- und Alarmanlagen	2.649,56 m²BGF	248.307,53	93,72	4,4
457	Datenübertragungsnetze	2.649,56 m²BGF	34.955,36	13,19	0,6
458	Verkehrsbeeinflussungsanlagen	–	–	–	–
459	Sonstiges zur KG 450	–	–	–	–
460	**Förderanlagen**	**2.649,56 m²BGF**	**145.306,84**	**54,84**	**2,6**
461	Aufzugsanlagen	2.649,56 m²BGF	112.239,99	42,36	2,0
462	Fahrtreppen, Fahrsteige	–	–	–	–
463	Befahranlagen	–	–	–	–
464	Transportanlagen	–	–	–	–
465	Krananlagen	–	–	–	–
466	Hydraulikanlagen	2.649,56 m²BGF	33.066,84	12,48	0,6
469	Sonstiges zur KG 460	–	–	–	–
470	**Nutzungsspez. u. verfahrenstechn. Anl.**	**–**	**–**	**–**	**–**
480	**Gebäude- und Anlagenautomation**	**2.649,56 m²BGF**	**98.712,36**	**37,26**	**1,7**
490	**Sonst. Maßnahmen für techn. Anlagen**	**–**	**–**	**–**	**–**

Kostenkennwerte für die Kostengruppen der 3.Ebene DIN 276

KG	Kostengruppe	Menge Einheit	Kosten €	€/Einheit	%
310	**Baugrube / Erdbau**				**100,0**
311	**Herstellung**	226,23 m³BGI	31.289	**138,31**	100,0
	• Herstellen (Kosten: 100,0%) Bodenaushub im Gebäude, t bis 0,75m, Handarbeit, laden, abfahren (86m³), Grabenaushub, wieder verfüllen (140m³)	226,23 m³BGI	31.289	**138,31**	
320	**Gründung, Unterbau**				**100,0**
322	**Flachgründungen und Bodenplatten**	119,96 m²	65.157	**543,16**	27,5
	• Abbrechen (Kosten: 28,5%) Abbruch von Stb-Bodenplatte, d=20cm (16m³), Stb-Treppenpodest, d=17cm (10m²), Stb-Treppen, 3x1,50x0,35m, 7x1,10x0,28m (4m²), Betonboden schneiden, d=25cm (3m²); Entsorgung, Deponiegebühren	94,64 m²	18.577	**196,29**	
	• Herstellen (Kosten: 71,5%) Stb-Bodenplatte C25/30, d=16cm, Schalung, Bewehrung (110m²), Stb-Treppen C25/30, d=18-20cm (10m²), Stb-Sockel, b=1,25m, h=0,40m (6m)	119,96 m²	46.580	**388,29**	
324	**Gründungsbeläge**	299,63 m²	168.173	**561,27**	70,9
	• Abbrechen (Kosten: 8,5%) Abbruch von Naturwerkstein, d=30mm (171m²), Bodenfliesen, d=15mm (36m²), PVC-Belägen (32m²), Bodenfliesen, Gussasphaltestrich, d=6cm (72m²), Fliesensockel (11m), Holzsockel (82m); Entsorgung, Deponiegebühren	310,42 m²	14.338	**46,19**	
	• Herstellen (Kosten: 91,5%) EPS-Dämmung WLS 035, d=100mm, Zementestrich, d=65mm, Glasfaserbewehrung (101m²), Ausgleichsmörtel (10m³), Naturwerkstein 90x30x3cm, Sandstein imprägniert (282m²), Natursteinsockel (180m), Natursteinstufen, l=1,40m, Tritt-/Setzstufen (11m²), Sauberlaufmatte 1,95x0,98m (2m²), Trittplatte 99x20x2cm, roter Sandstein (1St), Stufenmarkierungen, Messingscheiben, D=20mm (31St), Messingstreifen (6m)	299,63 m²	153.835	**513,42**	
325	**Abdichtungen und Bekleidungen**	108,56 m²	3.879	**35,73**	1,6
	• Herstellen (Kosten: 100,0%) Sauberkeitsschicht, d=15cm (109m²)	108,56 m²	3.879	**35,73**	

KG	Kostengruppe	Menge Einheit	Kosten €	€/Einheit	%
330	**Außenwände/Vertikale Baukonstruktionen, außen**				**100,0**
331	**Tragende Außenwände**	746,07 m²	282.338	**378,43**	25,2
	• Wiederherstellen (Kosten: 63,6%) Kleineisenteile entfernen (362St), lose Mörtelstücke abnehmen (409St), Mauerwerk austauschen (44m²), geschädigten Fugenmörtel auskratzen, erneuern (170m), Mauersteine austauschen (318St), Mauerwerksinjektionen (30St), Vierungssteine mit Profilierungen ergänzen (32St), ohne Profilierungen (25St), Fehlstellen mit Steinersatz/Originalsteinen ausbessern (974St), Strumpfanker einbauen (30St), horizontales Zugband (1St), Fehlstellen ausmauern (42St)	728,07 m²	179.509	**246,55**	
	• Herstellen (Kosten: 36,4%) Türöffnungen herstellen, in Mauerwerk, d=150cm, Stahlstürze 5x HEB140 (2m²), d bis 90cm, Sturz (2m²), Fensteröffnungen herstellen, in Mauerwerk, Stürze (32m), Stahlträger für Türstürze, b=1,80m (12St), b=3,10m (4St), Notausstieg ausmauern (2m³), Mauerdurchbrüche schließen, Ziegelmauerwerk, t=25cm, bis 2m² (3St), Fensterlaibungen, Bruchsteinmauerwerk (15m²), Dämmung Gaubenwände (18m²)	746,07 m²	102.829	**137,83**	
334	**Außenwandöffnungen**	121,27 m²	238.407	**1.965,92**	21,3
	• Abbrechen (Kosten: 1,3%) Abbruch von Stahl-Schiebetor 1,00x2,13m (2m²), Rolltor 1,65x2,13m (4m²), Holztüren 1,00x2,00m, Umfassungszargen (12m²), Holzfenstern (31m²); Entsorgung, Deponiegebühren	50,12 m²	3.105	**61,94**	
	• Herstellen (Kosten: 98,7%) Holzfenster, Uw=1,7W/m²K, einflüglig (75m²), zweiflüglig (19m²), dreiflüglig (2m²), Haustüren, Festverglasung, nach historischem Vorbild, Motorschloss, Selbstverriegelung (4m²), in Spitzbogenform, Drehflügelantrieb, zweiflüglig (6m²), einflüglig, mit Oberlicht (3m²), Nebeneingangstür (2m²), Stahlschiebetor T30, zweiflüglig, Motor, Alubekleidung (11m²), Deckleisten (60m), Alu-Laibungsbekleidung (15m), Alu-Fensterbänke, Unterkonstruktion (46St), Sichtschutzfolien (19St)	121,27 m²	235.302	**1.940,32**	
335	**Außenwandbekleidungen, außen**	960,95 m²	319.407	**332,39**	28,5
	• Abbrechen (Kosten: 23,2%) Entfernen von losem Putz- und Fugenmörtel, b=4-9cm, t bis 14cm, Reinigung mit Druckluft (850m²), Holzschindelbekleidung an Gaubenwänden (143m²); Entsorgung, Deponiegebühren	992,57 m²	74.127	**74,68**	
	• Wiederherstellen (Kosten: 0,8%) Putz verfestigen (7m²)	6,86 m²	2.630	**383,37**	
	• Herstellen (Kosten: 76,0%) Putz-Ausgleichsschicht, Oberputz (850m²), Reinigung mit Dampf (1.160m²), Trockenreinigung, Nassreinigung der Fassade (psch), Verfugung Natursteinmauerwerk an Strebepfeilern (44m²), Putzanschlüsse an Fenster-/Türgewände (55St), hinterlüftete Gaubenbekleidung, Unterkonstruktion, Schalung, Abdichtung, Schieferbekleidung (154m²), Bleieinfassungen, d=1,5mm, Dachgauben (225m)	954,09 m²	242.650	**254,33**	

KG	Kostengruppe	Menge Einheit	Kosten €	€/Einheit	%
336	**Außenwandbekleidungen, innen**	1.281,08 m²	243.001	**189,68**	21,7
	• Abbrechen (Kosten: 1,9%) Abbruch von Tapeten (228m²), Laibungsputz, b=60-105cm (17m²); Entsorgung, Deponiegebühren	228,37 m²	4.580	**20,06**	
	• Herstellen (Kosten: 98,1%) Putzträger, verdübelt (381m²), Kalkdämmputz (927m²), Kalkfeinputz (854m²), Kalk-Gipsputz (87m²), Kalk-Zementputz (107m²), Dispersionsspachtelung Q3 (61m²), Dispersionsbeschichtung (358m²), Wandfliesen 30x60cm (8m²)	1.281,08 m²	238.421	**186,11**	
337	**Element. Außenwandkonstruktionen**	9,00 m²	20.405	**2.267,26**	1,8
	• Herstellen (Kosten: 100,0%) Alu-Pfosten-Riegelfassade 2,50x3,60m, VSG, zwei feststehende Felder, Oberlicht, Türelement als Holztüre, OTS (9m²)	9,00 m²	20.405	**2.267,26**	
339	**Sonstiges zur KG 330**	1.411,35 m² AWF	16.631	**11,78**	1,5
	• Herstellen (Kosten: 100,0%) Alu-Steigleiter, b=0,50m, l=3,00m (1St), Kellerlichtschacht (1St), Fenstergitter (1St), Schachtabdeckung, Gitterrost für Notausstieg, 1,15x0,75m (1St)	1.411,35 m² AWF	16.631	**11,78**	
340	**Innenwände/Vertikale Baukonstruktionen, innen**				**100,0**
341	**Tragende Innenwände**	64,62 m²	147.799	**2.287,20**	16,3
	• Abbrechen (Kosten: 38,2%) Abbruch von Mauerwerk, d=36cm (103m²), Natursteinwänden, d=36cm (7m²), Pfeiler abstemmen, b=40cm (4m); Entsorgung, Deponiegebühren	110,19 m²	56.426	**512,08**	
	• Wiederherstellen (Kosten: 4,3%) Aufzugtüren beidseitig verbreitern, neuen Sturz einbauen, verputzen (3St)	–	6.341	–	
	• Herstellen (Kosten: 57,5%) Ziegelmauerwerk, d=24cm (13m²), Türöffnungen herstellen, Natursteinmauerwerk, d=30-40cm, Stürze (10m²), d=50-60cm (10m²), d=95cm (30m²), Türöffnungen herstellen, Ziegelmauerwerk, d=35cm (1m²), Durchgänge verbreitern, d=30cm (1m²), Wandanschlüsse (40m), Öffnungen schließen (5St)	64,62 m²	85.031	**1.315,87**	
342	**Nichttragende Innenwände**	489,85 m²	228.643	**466,76**	25,2
	• Abbrechen (Kosten: 58,9%) Abbruch von Leichtbetonwänden, d=12-15cm (1.263m²), GK-Wänden (36m²), Ziegelmauerwerk, d=24cm (23m²); Entsorgung, Deponiegebühren	1.322,78 m²	134.682	**101,82**	
	• Herstellen (Kosten: 41,1%) GK-Wände, Mineralwolldämmung, d=12,5cm, doppelt beplankt (419m²), Porenbeton-Mauerwerk, d=11,5-30cm (71m²), Wandanschlüsse (37m), Stürze (4m), Durchbrüche schließen, 24x24x10cm (17St), Wanddurchbruch vergrößern, Sturz höher setzen (psch)	489,85 m²	93.961	**191,82**	

KG	Kostengruppe	Menge Einheit	Kosten €	€/Einheit	%
344	**Innenwandöffnungen**	88,22 m²	242.090	**2.744,16**	26,7
	• Abbrechen (Kosten: 5,8%) Abbruch von Holztüren, teilweise verglast, Umfassungszargen (104m²), Stahltüren (20m²), Türanschlag in Naturstein, t=10cm (3m); Entsorgung, Deponiegebühren	124,00 m²	14.081	**113,56**	
	• Herstellen (Kosten: 94,2%) Holztüren, Röhrenspaneinlage, Stahlzargen (23m²), mit Oberlicht (13m²), Ganzglastüren, Blockzargen (5m²), Blockrahmentüren, Massivholzrahmen (40m²), Brandschutztüren T30 RS (8m²), elektromechanisches Drehtürsystem (1St), Automatik-Drehtürantriebe (2St), Obentürschließer (12St), Türschließer, verdeckt (6St), externe Rauchschalterzentrale (3St), Drückergarnituren (40St), Paniktürverschlüsse (9St), Bodentürstopper (17St), Beschichtung Stahlzargen (26St), Folienbeklebungen (4St)	88,22 m²	228.009	**2.584,55**	
345	**Innenwandbekleidungen**	2.131,07 m²	263.798	**123,79**	29,1
	• Abbrechen (Kosten: 11,2%) Abbruch von Tapeten (337m²), Putz (145m²), in Laibungen, t bis 105cm (69m²), Dispersionsbeschichtung (500m²), Mineralwolldämmung (79kg), Wandfliesen (65m²), GK-Vorsatzschalen, d=12mm (95m²), mit Holz-Unterkonstruktion (47m²); Entsorgung, Deponiegebühren	1.258,29 m²	29.503	**23,45**	
	• Wiederherstellen (Kosten: 8,7%) Altputze entfernen, Schadstellen spachteln, Sanierputz, Malervlies, Dispersionsbeschichtung (126m²), nichttragende Beschichtungen entfernen, Haftputz, Putzträgerplatten, Sanierputz Q2 (49m²), Unebenheiten spachteln, Eckschutzschienen, Gipsputz, t=5mm, Q2 (50m²)	224,91 m²	22.830	**101,51**	
	• Herstellen (Kosten: 80,2%) Grundierung, Kalk-Gipsputz, armiert, Q3 (324m²), an Laibungen (64m), GK-Vorsatzschalen (145m²), mit OSB verstärkt (24m²), mit Feuerschutzplatten (18m²), Wandanschlüsse (46m), Nische 1,71x0,80m, t=23cm (1St), GK-Verkofferungen, Abwicklung 50cm (18m), Malervlies (922m²), Dispersionsbeschichtung (1.990m²), in Laibungen, t<80cm (250m), Abdichtung, Wandfliesen 30x60cm (16m²)	2.005,16 m²	211.466	**105,46**	
346	**Elementierte Innenwandkonstruktionen**	22,25 m²	13.280	**596,84**	1,5
	• Abbrechen (Kosten: 4,0%) Abbruch von Sanitärtrennwänden (18m²); Entsorgung, Deponiegebühren	17,83 m²	536	**30,09**	
	• Herstellen (Kosten: 96,0%) WC-Sanitärtrennwände, fünf Kabinen, h=2,30-2,50m (22m²)	22,25 m²	12.743	**572,73**	
349	**Sonstiges zur KG 340**	1.176,00 m² IWF	11.143	**9,48**	1,2
	• Abbrechen (Kosten: 16,0%) Abbruch von Handläufen (128m); Entsorgung, Deponiegebühren	2.203,95 m² IWF	1.786	**0,81**	
	• Herstellen (Kosten: 84,0%) Treppenhandlauf, Eiche (22m), Brüstungsabdeckungen 90x20x3cm, Naturstein (8St)	1.113,05 m² IWF	9.357	**8,41**	

KG	Kostengruppe	Menge Einheit	Kosten €	€/Einheit	%
350	**Decken/Horizontale Baukonstruktionen**				**100,0**
351	**Deckenkonstruktionen**	193,01 m²	76.347	**395,56**	10,2
	• Abbrechen (Kosten: 15,6%)	196,21 m²	11.880	**60,55**	
	Abbruch von Holzbalken 10-14x10cm (161m), Mineralwolldämmung (196m²), Treppenstufenüberstand, d=3,5cm, abschneiden (14m); Entsorgung, Deponiegebühren				
	• Wiederherstellen (Kosten: 10,3%)	39,72 m²	7.828	**197,08**	
	Deckenbalken reparieren, auswechseln, Rauspundschalung erneuern, Balkenköpfe reparieren (40m²)				
	• Herstellen (Kosten: 74,2%)	153,29 m²	56.638	**369,48**	
	Fachwerkträger HEA120, l=9,80m (2St), l=17,20m (1St), l=1,40-1,70m (11St), HEA160, l=6,00m (2St), Treppenkonstruktion (psch), Deckendurchbrüche 30x30x20cm schließen (45St)				
353	**Deckenbeläge**	1.276,75 m²	421.326	**330,00**	56,5
	• Abbrechen (Kosten: 22,6%)	1.272,68 m²	95.182	**74,79**	
	Abbruch von Zementestrich, d=6cm (539m²), Holzböden, d=10cm, Handarbeit (388m²), Dämmung, Stroh-Lehm-Kiesgemisch, d=10cm, Handarbeit (469m²), Linoleum (962m²), Werkstein-Treppenbelägen (161m²), Bodenfliesen (96m²), PVC-Belägen (27m²), Natursteinbelägen (18m²), Dielen (7m²), Küchenpodest, Beton, d=10cm (2m²), Holzsockeln (337m), Fliesensockeln (119m), Trittstufen (8m); Entsorgung, Deponiegebühren				
	• Herstellen (Kosten: 77,4%)	1.276,75 m²	326.144	**255,45**	
	Holzunterkonstruktion 6x18cm, Ausgleichsschüttung, d=30mm, Mineralwolldämmung WLG 035, d=180mm, Spanplatten (683m²), Trockenestrich, Abdichtung (54m²), Ausgleichsschüttung, Leichtbeton (34m³), EPS-Dämmung WLG 040, d=30-50mm, Zementestrich, d=65mm (394m²), Linoleum (389m²), Kautschuk (98m²), PVC-Belag (40m²), Holzsockel (347m), Naturwerkstein, imprägniert (40m²), als Tritt-/Setzstufen, b=130-150cm (40m²), Natursteinsockel (39m), an Stufen (25St), Bodenfliesen (27m²), Fliesensockel (25m)				
354	**Deckenbekleidungen**	1.462,98 m²	211.749	**144,74**	28,4
	• Abbrechen (Kosten: 16,8%)	959,62 m²	35.585	**37,08**	
	Abbruch von Rippendecken, Schilfrohrmatten, d=30mm (811m²), Holzdecken, Unterkonstruktion (73m²), Tapeten (54m²), GK-Bekleidung (22m²); Entsorgung, Deponiegebühren				
	• Wiederherstellen (Kosten: 2,8%)	25,98 m²	5.983	**230,29**	
	Akustikplatten entfernen, GK-Platten ergänzen, Revisionsklappen, Lichtleisten, Notleuchten austauschen (26m²)				
	• Herstellen (Kosten: 80,4%)	1.437,00 m²	170.180	**118,43**	
	Gipsputz, d=5mm (324m²), GK-Bekleidung, d=12,5mm (289m²), Akustikbekleidung, Mineralwolldämmung (214m²), Spachtelung Q3 (361m²), GK-Brandschutzdecke (15m²), Schattenfugen (167m), Lichtleistenausschnitte, b=6cm (168m), Revisionsklappen 40x40cm (37St), GK-Verkofferung (4m²), Deckenfries (423m), Malervlies (407m²), Dispersionsbeschichtung (1.437m²), Blechbekleidungen 350x450x4mm (2St)				
359	**Sonstiges zur KG 350**	1.462,98 m² DEF	36.355	**24,85**	4,9
	• Herstellen (Kosten: 100,0%)	1.437,00 m² DEF	36.355	**25,30**	
	Stahlblechgeländer, VSG-Verglasung, beidseitig Handlauf (7m²), Stabgeländer, Stahl, grundiert, h=1,00m (18m), Flachstahlgeländer an Blechwangen (36m²), Rohrhandlauf, d=3,5cm (19m)				

9100-0215
Stiftsgebäude
Gemeindesaal
(120 Sitzplätze)
Pfarrbüros (6 AP)

Umbau

KG	Kostengruppe	Menge Einheit	Kosten €	€/Einheit	%
360	**Dächer**				**100,0**
361	**Dachkonstruktionen**	–	10.541	–	3,5
	• Abbrechen (Kosten: 13,0%) Betontrennschnitt Garagendach, t=25cm (3m²)	2,62 m²	1.370	**523,01**	
	• Wiederherstellen (Kosten: 32,0%) Firstpfette ausbauen, erneuern (psch)	–	3.369	–	
	• Herstellen (Kosten: 55,0%) Dachsparren 8x18cm (5m), Stahlträger HEA180, l=6,52m, Rechteckrohr-Stütze 120x120mm (psch), Dachöffnungen 55x78cm schließen (15St)	–	5.802	–	
362	**Dachöffnungen**	–	3.325	–	1,1
	• Abbrechen (Kosten: 100,0%) Abbruch von Dachflächenfenstern 55x78cm (6m²); Entsorgung, Deponiegebühren	6,43 m²	3.325	**517,10**	
363	**Dachbeläge**	1.142,17 m²	241.189	**211,17**	79,5
	• Abbrechen (Kosten: 10,6%) Abbruch von Dach-/Konterlattung (325m²), Ziegeldeckung (280m²), Betonsteindeckung (45m²), Wandanschlussblechen, b=65cm (225m), Dachrinnen (144m), Regenfallrohren (68m); Entsorgung, Deponiegebühren, Ausbau und Lagern von Regenfallrohren (63m)	325,06 m²	25.494	**78,43**	
	• Wiederherstellen (Kosten: 7,3%) Einzelne Dachziegel austauschen (1.142m²)	1.142,17 m²	17.722	**15,52**	
	• Herstellen (Kosten: 82,1%) Traglattung 40x60mm, Biberschwanzziegel, Doppeldeckung (522m²), Lagermaterial (45m²), Firstziegel (42m), Ortgangziegel (194m), Traufschalung, b=33cm (39m), Traufbleche, Zink (78m), Traufstreifen, PVC (157m), Lüftungsleisten (39m), Abschlussbleche, Abtropfkante, Zink (194m), Kehlbleche, b=60cm (25m), Ziegel anpassen an Dachgauben (225m), Gaubenanschluss, Blei, d=1,5mm (9m), Dachrinnen DN70-100 (144m), Regenfallrohre DN100 (68m)	566,78 m²	197.972	**349,29**	
364	**Dachbekleidungen**	15,18 m²	2.369	**156,07**	0,8
	• Herstellen (Kosten: 100,0%) GK-Kehlbalkenbekleidung, d=12mm (14m²), GK-Verkofferung, d=20mm (1m²)	15,18 m²	2.369	**156,07**	
369	**Sonstiges zur KG 360**	1.142,17 m² DAF	45.988	**40,26**	15,2
	• Abbrechen (Kosten: 0,3%) Abbruch von Sicherheitsdachhaken (9St); Entsorgung, Deponiegebühren	474,17 m² DAF	160	**0,34**	
	• Herstellen (Kosten: 99,7%) Schneefanggitter, Stahl (212m), Leiterhaken, Stahl (184St)	566,78 m² DAF	45.829	**80,86**	
380	**Baukonstruktive Einbauten**				**100,0**
381	**Allgemeine Einbauten**	2.649,56 m² BGF	7.861	**2,97**	42,6
	• Abbrechen (Kosten: 62,4%) Abbruch von Vitrinen, verglast (54m²), Einbaumöbeln (1t), Wandtresor 30x20x20cm (1St); Entsorgung, Deponiegebühren	2.649,56 m² BGF	4.905	**1,85**	
	• Herstellen (Kosten: 37,6%) Möbel einbauen (psch), Unterbau aus Sandstein 75x28x10cm (2St)	2.649,56 m² BGF	2.956	**1,12**	

KG	Kostengruppe	Menge Einheit	Kosten €	€/Einheit	%
386	**Orientierungs- und Informationssysteme**	2.649,56 m²BGF	10.607	**4,00**	57,4
	• Herstellen (Kosten: 100,0%) Informationstafel 84x118cm (1St), Türbeschriftungsschilder (10St), Fluchtwegpläne (12St), Edelstahl-Schriftzug (1St)	2.649,56 m²BGF	10.607	**4,00**	
390	**Sonstige Maßnahmen für Baukonstruktionen**				**100,0**
391	**Baustelleneinrichtung**	2.649,56 m²BGF	76.455	**28,86**	16,0
	• Herstellen (Kosten: 100,0%) Baustelleneinrichtung (1St), Bürocontainer (4St), Bauzaun (112m), Tor (1St), Baustromverteiler (2St), Bauwasser (1St), Autokran (1St), Baustellen-WC (334Wo), Baustellenbeleuchtung (60St), Baustrahler (3St)	2.649,56 m²BGF	76.455	**28,86**	
392	**Gerüste**	2.649,56 m²BGF	229.958	**86,79**	48,0
	• Herstellen (Kosten: 100,0%) Fassadengerüst, Lastklasse 4 (1.583m²), Konsolverbreiterungen, b= 30cm (560m), Treppenturmaufgänge, h=15,00m (4St), Dachfanggerüst, h=2,00m (183m), Gerüstschutznetze (998m²), Wetterschutzdach (140m), fahrbare Gerüste (3St)	2.649,56 m²BGF	229.958	**86,79**	
393	**Sicherungsmaßnahmen**	2.649,56 m²BGF	5.862	**2,21**	1,2
	• Herstellen (Kosten: 100,0%) Unterfangung, Fundament 0,80x0,30x1,00m, Handschachtung (5m), Einbau/Rückbau der Spannanker zur Kantholzsicherung (4St)	2.649,56 m²BGF	5.862	**2,21**	
396	**Materialentsorgung**	2.649,56 m²BGF	61.660	**23,27**	12,9
	• Herstellen (Kosten: 100,0%) Entsorgung von Bauschutt, Müll, schadstoffbelastet (88t), unbelastet (28t), Behälter bereitstellen (22St); Deponiegebühren	2.649,56 m²BGF	61.660	**23,27**	
397	**Zusätzliche Maßnahmen**	2.649,56 m²BGF	61.666	**23,27**	12,9
	• Herstellen (Kosten: 100,0%) Staubschutzwände, Latten/Folien (55m²), Sicherung Schachttüren (4St), historische Balken schützen (14m), Schutzabdeckungen an Fenstern, Folien (403m²), Bodenflächen, Folien (68m²), Vlies (1.652m²), Dachflächen, Folie (45m²), Baureinigung (psch), Grundreinigung Dachboden (429m²), Zwischenreinigung (169h), Luftentfeuchter (3St)	2.649,56 m²BGF	61.666	**23,27**	
399	**Sonstiges zur KG 390**	2.649,56 m²BGF	43.416	**16,39**	9,1
	• Herstellen (Kosten: 100,0%) Schließanlage: Doppelzylinder (7St), Schlüsselschalter (2St), Transponder-Schlüsselanhänger, Gravuren (100St), digitale Schließanlage, 30 Zylinder, Blindzylinder (1St)	2.649,56 m²BGF	43.416	**16,39**	
410	**Abwasser-, Wasser-, Gasanlagen**				**100,0**
411	**Abwasseranlagen**	2.649,56 m²BGF	15.153	**5,72**	14,9
	• Abbrechen (Kosten: 8,2%) Abbruch von Gussrohren DN80-100 (41m), Entlüftungsrohren (11St); Entsorgung, Deponiegebühren	2.649,56 m²BGF	1.239	**0,47**	
	• Herstellen (Kosten: 91,8%) Gussrohre DN50-100, Formstücke, Rohrdämmung (48m), PP-Rohre DN50-110 (41m), KG-Rohre DN110 (4m), Gummimanschetten DN50-100 (73St), Rohrbelüfter DN70 (2St), Bodenablauf (1St)	2.649,56 m²BGF	13.914	**5,25**	

KG	Kostengruppe	Menge Einheit	Kosten €	€/Einheit	%
412	**Wasseranlagen**	2.649,56 m²BGF	57.686	**21,77**	56,6
	• Abbrechen (Kosten: 9,4%) Abbruch von Stahlrohren DN15-32 (239m), Leitungen, Kupfer, Guss (165m), Trennen der Wasserleitungen; Entsorgung, Deponiegebühren	2.649,56 m²BGF	5.444	**2,05**	
	• Wiederherstellen (Kosten: 0,6%) Außenzapfstelle erneuern (1St)	2.649,56 m²BGF	338	**0,13**	
	• Herstellen (Kosten: 90,0%) Verbundrohre DN20-25, Formstücke, Rohrdämmung (154m), Edelstahlrohre DN35-42, Formstücke (20m), Alu-Systemrohre DN25, Verbinder (25m), HD-Druckrohre (25m), Waschtische (5St), Tiefspül-WCs (7St), Stützklappgriff (1St), Urinal (1St), Ausgussbecken (2St), Waschtischmischer (5St), Rückspülfilter (1St), Durchlauferhitzer 3,5kW (5St), Kleinspeicher 5l (1St), Heizbänder (30m), Außenwasserhahn (1St)	2.649,56 m²BGF	51.904	**19,59**	
413	**Gasanlagen**	2.649,56 m²BGF	20.394	**7,70**	20,0
	• Herstellen (Kosten: 100,0%) Edelstahlrohre DN54-108, Formstücke (33m), Gas-Kugelhähne (5St), Kapselfedermanometer (1St)	2.649,56 m²BGF	20.394	**7,70**	
419	**Sonstiges zur KG 410**	2.649,56 m²BGF	8.596	**3,24**	8,4
	• Herstellen (Kosten: 100,0%) Montageelemente für Waschtische (6St), für WCs (7St), für Urinal (1St), für Ausgussbecken (1St), für Haltegriffe (1St)	2.649,56 m²BGF	8.596	**3,24**	
420	**Wärmeversorgungsanlagen**				**100,0**
421	**Wärmeerzeugungsanlagen**	2.649,56 m²BGF	108.425	**40,92**	29,9
	• Abbrechen (Kosten: 11,6%) Abbruch von Heizungsanlage (psch); Entsorgung, Deponiegebühren	2.649,56 m²BGF	12.567	**4,74**	
	• Wiederherstellen (Kosten: 2,3%) Gussofen reparieren, schweißen, Verschraubungen erneuern (29h)	2.649,56 m²BGF	2.483	**0,94**	
	• Herstellen (Kosten: 86,1%) Gasbrennwertgeräte 80kW, digitale Steuerung (2St), Kaskadenunit (1St), Umwälzpumpen (5St), Regelungserweiterung (1St), Regelgerät (1St), Pumpengruppen (2St), Hocheffizienzkreiselpumpe (1St), hydraulische Weiche (1St), Entsalzungsmodul (1St), Neutralisationseinrichtung (1St), Ausdehnungsgefäße (4St), Siederohre DN70 (45m)	2.649,56 m²BGF	93.374	**35,24**	
422	**Wärmeverteilnetze**	2.649,56 m²BGF	148.292	**55,97**	41,0
	• Abbrechen (Kosten: 8,8%) Abbruch von Heizleitungen (psch); Entsorgung, Deponiegebühren	2.649,56 m²BGF	13.080	**4,94**	
	• Herstellen (Kosten: 91,2%) C-Stahl-Rohre DN12-32, Formstücke, Rohrdämmung (1.558m), Fühlertaschen (22St), Messfühler (12St), Entleerarmaturen (20St), Verteilerschränke (3St), Absperrventile (16St), Strangregulierventile (14St), Rückschlagklappen (4St), Schmutzfänger (4St), Dreiwegeventile (2St), Luftabscheider DN100 (8St)	2.649,56 m²BGF	135.212	**51,03**	

KG	Kostengruppe	Menge Einheit	Kosten €	€/Einheit	%
423	**Raumheizflächen**	2.649,56 m²BGF	105.353	**39,76**	29,1
	• Abbrechen (Kosten: 3,9%) Abbruch von Heizkörpern (psch); Entsorgung, Deponiegebühren	2.649,56 m²BGF	4.102	**1,55**	
	• Herstellen (Kosten: 96,1%) Kompaktheizkörper, Thermostatventile (27St), Wandheizung, Kupferrohre 18-22x1,0mm, Formstücke, einputzen (1.341m), Halteschienen, l=1,00m (840St), Heizungsverteiler für 2-4 Gruppen (3St), Stellantriebe (10St), hydraulische Abgleiche (11St)	2.649,56 m²BGF	101.251	**38,21**	
430	**Raumlufttechnische Anlagen**				**100,0**
431	**Lüftungsanlagen**	2.649,56 m²BGF	153.042	**57,76**	100,0
	• Herstellen (Kosten: 100,0%) Zu-/Abluftgerät, Volumenstrom 3.000m³/h, wetterfest, Stahlunterkonstruktion (1St), Dachhaube DN250 (1St), Wickelfalzrohre DN125-400, Rohrdämmung (150m), Volumenstromregler (18St), Brandschutzklappen (15St), Zuluftventile (15St), Dralluftdurchlässe (12St), Segeltuchstutzen (16St), Kanalschalldämpfer (9St), Rohrventilatoren (5St), Heizregister (3St), Kondensationsluftentfeuchter (1St), Kanalventilator (1St), Kanalluftfilter (1St), Kleinlüfter (1St), Wetterschutzgitter (5St)	2.649,56 m²BGF	153.042	**57,76**	
440	**Elektrische Anlagen**				**100,0**
444	**Niederspannungsinstallationsanlagen**	2.649,56 m²BGF	319.631	**120,64**	49,9
	• Abbrechen (Kosten: 0,2%) Abbruch von Elektroinstallation (9h); Entsorgung, Deponiegebühren	2.649,56 m²BGF	713	**0,27**	
	• Wiederherstellen (Kosten: 7,3%) Elektroinstallation instandsetzen, Steuerung Außenstrom umsetzen, neu verkabeln, Raumfühler neu verkabeln, Installationen von Abbruchwänden umlegen, anschließen (280h)	2.649,56 m²BGF	23.341	**8,81**	
	• Herstellen (Kosten: 92,5%) Schaltschränke (9St), Installationsschütze (62St), FI/LS-Schutzschalter (25St), Spannungsversorgung (2St), Linienkoppler (1St), KNX-Binärausgänge (13St), Gateways (3t), Drehstromzähler (1St), Mantelleitungen (11.817m), Brandmeldekabel (6.222m), Installationskabel (1.255m), Starkstromkabel (822m), Leerrohre (2.323m), Kabeltrassen (209m), Kabelkanäle (63m), Steckdosen (135St), Schalter/Taster (110St), KNX-Taster (16St), Präsenz-/Bewegungsmelder (27St), Bodentanks (4St), Energiesäule (1St)	2.649,56 m²BGF	295.578	**111,56**	
445	**Beleuchtungsanlagen**	2.649,56 m²BGF	279.445	**105,47**	43,7
	• Abbrechen (Kosten: 0,1%) Ausbauen und Lagern von Strahlern (2St)	2.649,56 m²BGF	301	**0,11**	
	• Wiederherstellen (Kosten: 0,1%) Außenbeleuchtung instandsetzen (4h)	2.649,56 m²BGF	335	**0,13**	
	• Herstellen (Kosten: 99,8%) Stromschienenstrahler (94St), Stromschienen (118m), Anbauleuchten (57St), Strahler, Niederspannungsschienen (45St), Einbauleuchten (41St), Wannenleuchten (33St), LED-Deckeneinbauspots (35St), LED-Einbaudownlights (32St), Bodeneinbauleuchten (12St), LED-Pendelleuchten (8St), Spiegelleuchten (3St), Außen-Anbauleuchten (2St), LED-Strips (11m), Wireless-Touch-Zentrale (1St), Sicherheitsleuchten (47St), Rettungszeichen-Leuchten (30St)	2.649,56 m²BGF	278.808	**105,23**	

KG	Kostengruppe	Menge Einheit	Kosten €	€/Einheit	%
446	**Blitzschutz- und Erdungsanlagen**	2.649,56 m² BGF	40.857	**15,42**	6,4
	• Herstellen (Kosten: 100,0%)	2.649,56 m² BGF	40.857	**15,42**	
	Überspannungsableiter (6St), Potenzialausgleichsschienen (5St), Erdungsschienenset (1St), Erdringleitungen, Edelstahl (571m), Stangenhalter (45St)				
450	**Kommunikations-, sicherheits- und informationstechnische Anlagen**				**100,0**
452	**Such- und Signalanlagen**	2.649,56 m² BGF	28.432	**10,73**	9,1
	• Herstellen (Kosten: 100,0%)	2.649,56 m² BGF	28.432	**10,73**	
	Türstationen mit Klingeltaster, Gegensprechanlage, Videokamera (2St), Video-Innenstationen (3St), Sprechanlage in Telefonanlage einbinden (psch), Video-Steuergerät, Netzgerät (1St), Schaltgerät, Schaltaktor (1St), Notrufset für barrierefreies WC (1St)				
455	**Audiovisuelle Medien- u. Antennenanl.**	2.649,56 m² BGF	98	**0,04**	< 0,1
	• Abbrechen (Kosten: 100,0%)	2.649,56 m² BGF	98	**0,04**	
	Abbruch von Antennenanlage, l=2,00m (1St); Entsorgung, Deponiegebühren				
456	**Gefahrenmelde- und Alarmanlagen**	2.649,56 m² BGF	248.308	**93,72**	79,6
	• Abbrechen (Kosten: 1,3%)	2.649,56 m² BGF	3.269	**1,23**	
	Abbruch von Brandmeldeanlage, Verkabelung (39h); Entsorgung, Deponiegebühren				
	• Herstellen (Kosten: 98,7%)	2.649,56 m² BGF	245.038	**92,48**	
	Brandmeldezentrale (1St), Feuerwehrbediensystem (1St), PVC-Ansaugrohre (353m), Rauchansaugsysteme (8St), Brandrauchmelder (132St), linear (6St), Druckknopfmelder (16St), Bewegungsmelder (5St), Farb-Touch-Panel (1St), Kameras (25St), Workstation (1St), Tischmonitore (2St), Video-Überwachungssystem (1St), Überfall-Handtaster (1St), Ein-/Ausgangsmodule (2St), Linienauswertmodule (3St), Sperrelement (1St), Energieversorgungen (3St), Blitzleuchte (1St)				
457	**Datenübertragungsnetze**	2.649,56 m² BGF	34.955	**13,19**	11,2
	• Herstellen (Kosten: 100,0%)	2.649,56 m² BGF	34.955	**13,19**	
	Netzwerkschrank (1St), EDV-Schrank 42HE (1St), Datenkabel Cat7 (3.333m), Schalter (2St), Module Cat6a (276St), Belüftungseinheit (1St), 19"Beleuchtungseinheit (1St)				
460	**Förderanlagen**				**100,0**
461	**Aufzugsanlagen**	2.649,56 m² BGF	112.240	**42,36**	77,2
	• Abbrechen (Kosten: 15,7%)	2.649,56 m² BGF	17.620	**6,65**	
	Abbruch von Aufzugsanlage (1St), Versorgungsfahrstuhl (1St), Schachtkopfträger (psch); Entsorgung, Deponiegebühren				
	• Wiederherstellen (Kosten: 2,6%)	2.649,56 m² BGF	2.956	**1,12**	
	Schachtgrube nach Wasserschaden instandsetzen (psch)				
	• Herstellen (Kosten: 81,7%)	2.649,56 m² BGF	91.664	**34,60**	
	Personenaufzug, Nutzlast 630kg (1St), Schachtentrauchungssystem (1St), Notrufleitsystem GSM (1St)				
466	**Hydraulikanlagen**	2.649,56 m² BGF	33.067	**12,48**	22,8
	• Herstellen (Kosten: 100,0%)	2.649,56 m² BGF	33.067	**12,48**	
	Hydraulische Hebebühne 1,53x1,23m, Hubhöhe 53cm, Nutzlast 300kg (1St)				

KG	Kostengruppe	Menge Einheit	Kosten €	€/Einheit	%
480	**Gebäude- und Anlagenautomation**				**100,0**
481	**Automationseinrichtungen**	2.649,56 m²BGF	67.241	**25,38**	68,1
	• Herstellen (Kosten: 100,0%) Automationsstation (1St), Bediengerät (1St), Ein-Ausgabe-Module (3St), Anzeige- und Bediengerät (1St), Dreiwegeventile (2St), Rauchmelder (1St), Stellantrieb (1St), Kanalrauchmelder (1St), Strömungswächter (2St), Messwertgeber (16St), Lufterhitzer-Thermostat (1St), Präsenzmelder (3St), Temperaturwächter (1St), Differenzdruckwächter (4St), Temperatursensor (1St), Netzgerät (1St), Transformator (1St), Koppelrelais (40St), Überspannungsschutz (1St), Reparaturschalter (7St)	2.649,56 m²BGF	67.241	**25,38**	
482	**Schaltschränke, Automation**	2.649,56 m²BGF	31.471	**11,88**	31,9
	• Herstellen (Kosten: 100,0%) Standschrank 80x180x40cm (1St), Wandschrank 80x80x40cm (1St), Sicherungsautomaten (4St), Netz-ÜS-Ableiter (2St), Phasenüberwachungen (2St), Schaltschrankbeleuchtungen (2St), Netzabgänge (9St), Steuerungen (28St), Netzwiederkehrschaltungen (2St), Elektroerhitzer (1St), Überwachungen (15St), Leistungssteller (3St), Aufschaltungen (44St)	2.649,56 m²BGF	31.471	**11,88**	
540	**Baukonstruktionen**				**100,0**
543	**Wandkonstruktionen**	–	11.055	–	100,0
	• Wiederherstellen (Kosten: 100,0%) Natursteinblock sanieren, mit Bruchsteinen ergänzen, Trass-Natursteinmörtel (9t), Kern mit Beton hinterfüllen (1m³), mit Betonsteinen hintermauern (48St)	–	11.055	–	
550	**Technische Anlagen**				**100,0**
556	**Elektrische Anlagen**	1.370,00 m²AF	88.713	**64,75**	100,0
	• Wiederherstellen (Kosten: 0,5%) Pollerleuchte demontieren, lagern, wieder anschließen (5h)	1.370,00 m²AF	419	**0,31**	
	• Herstellen (Kosten: 99,5%) Erdkabel (350m), Datenkabel (490m), PVC-Warnband (500m), Maststrahler, Erdmast, Kabelübergangskästen (8St), Strahler (7St), mit Bügel (8St), Pollerleuchten, h=65cm (12St), Bodeneinbaustrahler (10St)	1.370,00 m²AF	88.294	**64,45**	
590	**Sonstige Maßnahmen für Außenanlagen und Freiflächen**				**100,0**
596	**Materialentsorgung**	1.370,00 m²AF	1.459	**1,06**	8,8
	• Herstellen (Kosten: 100,0%) Entsorgung von Baustellenabfällen (2t), Bauschutt (7t); Deponiegebühren	1.370,00 m²AF	1.459	**1,06**	
597	**Zusätzliche Maßnahmen**	1.370,00 m²AF	15.106	**11,03**	91,2
	• Herstellen (Kosten: 100,0%) Schutzabdeckungen von Wegen, b=1,40m (44m), von Grünflächen, Geovlies, Seekieferplatten (81m)	1.370,00 m²AF	15.106	**11,03**	

9100-0215
Stiftsgebäude
Gemeindesaal
(120 Sitzplätze)
Pfarrbüros (6 AP)

Umbau

Kostenkennwerte für Leistungsbereiche nach STLB (Kosten des Bauwerks nach DIN 276)

LB	Leistungsbereiche	Kosten €	€/m² BGF	€/m³ BRI	% an 3+4
000	Baustellen-, Verkehrssich.- u. Sicherh.einr. inkl. 001	309.800	116,90	31,70	5,5
002	Erdarbeiten	35.168	13,30	3,60	0,6
006	Spezialtiefbauarbeiten inkl. 005	–	–	–	–
009	Entwässerungskanalarbeiten inkl. 011	–	–	–	–
010	Drän- und Versickerarbeiten	–	–	–	–
012	Mauerarbeiten	156.799	59,20	16,00	2,8
	Wiederherstellen	46.242	17,50	4,70	0,8
	Herstellen	110.557	41,70	11,30	2,0
013	Betonarbeiten	164.892	62,20	16,90	2,9
014	Natur-, Betonwerksteinarbeiten	458.905	173,20	46,90	8,1
	Wiederherstellen	142.050	53,60	14,50	2,5
	Herstellen	316.855	119,60	32,40	5,6
016	Zimmer- und Holzbauarbeiten	139.893	52,80	14,30	2,5
	Wiederherstellen	11.197	4,20	1,10	0,2
	Herstellen	128.696	48,60	13,20	2,3
017	Stahlbauarbeiten	237.818	89,80	24,30	4,2
018	Abdichtungsarbeiten	–	–	–	–
020	Dachdeckungsarbeiten	157.001	59,30	16,00	2,8
	Wiederherstellen	17.722	6,70	1,80	0,3
	Herstellen	139.278	52,60	14,20	2,5
021	Dachabdichtungsarbeiten	–	–	–	–
022	Klempnerarbeiten	81.906	30,90	8,40	1,4
	Rohbau	**1.742.182**	**657,50**	**178,10**	**30,8**
	Wiederherstellen	217.212	82,00	22,20	3,8
	Herstellen	1.524.971	575,60	155,90	27,0
023	Putz- und Stuckarbeiten, Wärmedämmsysteme	478.479	180,60	48,90	8,5
	Wiederherstellen	16.676	6,30	1,70	0,3
	Herstellen	461.803	174,30	47,20	8,2
024	Fliesen- und Plattenarbeiten	31.550	11,90	3,20	0,6
025	Estricharbeiten	171.643	64,80	17,50	3,0
026	Fenster, Außentüren inkl. 029, 032	350.409	132,30	35,80	6,2
027	Tischlerarbeiten	14.108	5,30	1,40	0,2
028	Parkett-, Holzpflasterarbeiten	–	–	–	–
030	Rollladenarbeiten	–	–	–	–
031	Metallbauarbeiten inkl. 035	–	–	–	–
034	Maler- und Lackiererarb. - Beschicht. inkl. 037	197.768	74,60	20,20	3,5
	Wiederherstellen	5.012	1,90	0,51	< 0,1
	Herstellen	192.757	72,80	19,70	3,4
036	Bodenbelagarbeiten	53.924	20,40	5,50	1,0
038	Vorgehängte hinterlüftete Fassaden	–	–	–	–
039	Trockenbauarbeiten	242.752	91,60	24,80	4,3
	Wiederherstellen	7.313	2,80	0,75	0,1
	Herstellen	235.439	88,90	24,10	4,2
	Ausbau	**1.540.632**	**581,50**	**157,50**	**27,2**
	Wiederherstellen	29.001	10,90	3,00	0,5
	Herstellen	1.511.632	570,50	154,50	26,7
040	Wärmeversorgungsanl. - Betriebseinr. inkl. 041	296.651	112,00	30,30	5,2
	Wiederherstellen	2.483	0,94	0,25	< 0,1
	Herstellen	294.168	111,00	30,10	5,2

LB	Leistungsbereiche	Kosten €	€/m²BGF	€/m³BRI	% an 3+4
042	Gas- u. Wasseranl. - Leitung., Armat. inkl. 043	72.680	27,40	7,40	1,3
	Wiederherstellen	338	0,13	0,03	< 0,1
	Herstellen	72.341	27,30	7,40	1,3
044	Abwasseranl. - Leitungen, Abläufe, Armaturen	7.066	2,70	0,72	0,1
045	Gas, Wasser, Entwässerung - Ausstattung inkl. 046	6.547	2,50	0,67	0,1
047	Dämm- und Brandschutzarb. an techn. Anlagen	51.381	19,40	5,30	0,9
049	Feuerlöschanlagen, Feuerlöschgeräte	–	–	–	–
050	Blitzschutz-/Erdungsanlagen, Überspannungssch.	40.778	15,40	4,20	0,7
053	Niederspannungsanl. - Kabel inkl. 052, 054	295.358	111,50	30,20	5,2
	Wiederherstellen	23.592	8,90	2,40	0,4
	Herstellen	271.766	102,60	27,80	4,8
055	Sicherheits- u. Ersatzstromversorgungsanl.	–	–	–	–
057	Gebäudesystemtechnik	–	–	–	–
058	Leuchten und Lampen inkl. 059	278.892	105,30	28,50	4,9
	Wiederherstellen	84	0,03	< 0,01	< 0,1
	Herstellen	278.808	105,20	28,50	4,9
060	Such, Signal, Zeit, Anten., akust. Anl. inkl. 064	28.432	10,70	2,90	0,5
061	Kommunikations- u. Übertragungsnetze inkl. 063	266.510	100,60	27,20	4,7
069	Aufzüge	128.742	48,60	13,20	2,3
	Wiederherstellen	2.956	1,10	0,30	< 0,1
	Herstellen	125.786	47,50	12,90	2,2
070	Gebäudeautomation	98.712	37,30	10,10	1,7
075	Raumlufttechnische Anlagen inkl. 078	134.286	50,70	13,70	2,4
	Gebäudetechnik	**1.706.035**	**643,90**	**174,40**	**30,2**
	Wiederherstellen	29.454	11,10	3,00	0,5
	Herstellen	1.676.581	632,80	171,40	29,6
084	Abbruch, Rückbau, Schadstoffsanierung	588.076	222,00	60,10	10,4
	Abbrechen	588.076	222,00	60,10	10,4
	Abbrucharbeiten	**588.076**	**222,00**	**60,10**	**10,4**
	Abbrechen	588.076	222,00	60,10	10,4
	Sonstige Leistungsbereiche	**77.874**	**29,40**	**8,00**	**1,4**

9700-0038
Kolumbarium

Umbau

Kostenkennwerte für die Kosten des Bauwerks (Kostengruppen 300+400 nach DIN 276)

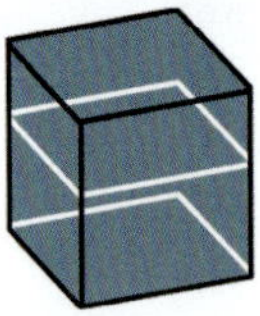

BRI 301 €/m³

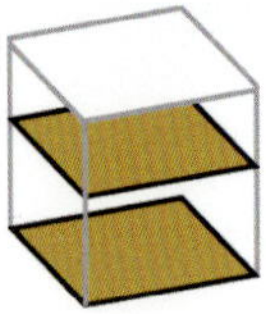

BGF 2.149 €/m²

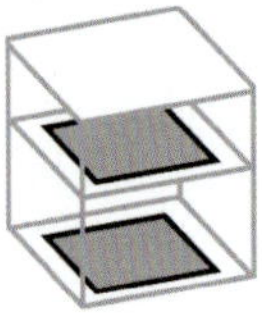

NUF 2.813 €/m²

Objekt:
Kennwerte: 3. Ebene DIN 276
BRI: 6.850 m³
BGF: 960 m²
NUF: 733 m²
Bauzeit: 39 Wochen
Bauende: 2022
Standard: hoch
Bundesland: Niedersachsen
Kreis: Osnabrück

Architekt*in:
B-WERK ARCHITEKTEN BDA
Adam-Opel-Straße 3
48480 Spelle

© Hartwig Wachsmann

© Hartwig Wachsmann

© Hartwig Wachsmann

© Hartwig Wachsmann

Zeichnungen

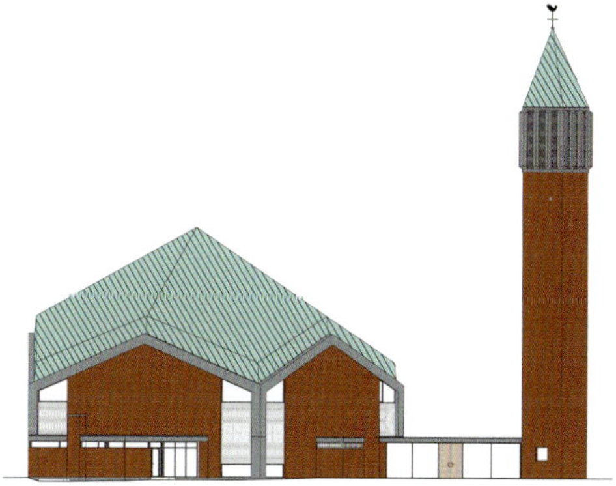

Ansicht Süd-West

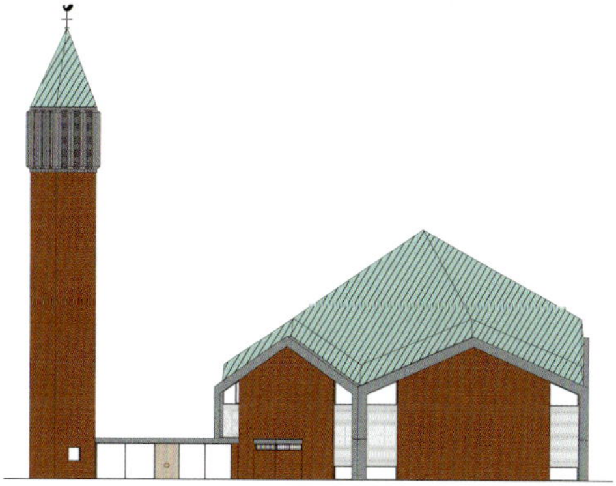

Ansicht Nord-Ost

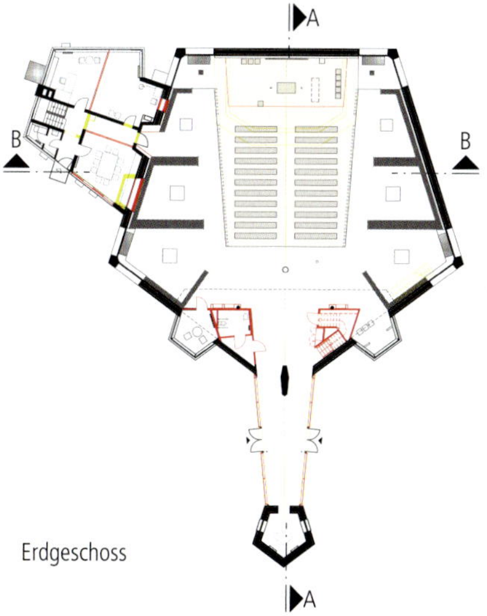

Erdgeschoss

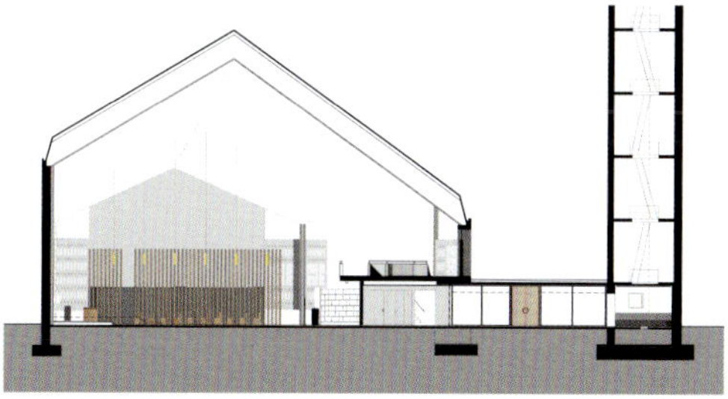

Schnitt A-A

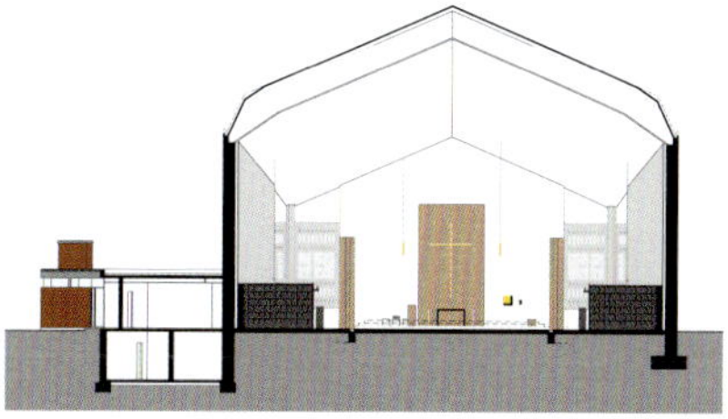

Schnitt B-B

Umbau

Objektbeschreibung

Allgemeine Objektinformationen

Die katholische Kirche aus dem Jahr 1965 wurde zu einem Kolumbarium mit Feierraum umgebaut. Die äußere Hülle blieb erhalten, während der Innenraum neu strukturiert wurde. Die Kolumbariumswände mit 1.400 Urnenkammern bilden sechs Höfe mit Sitzinsel und umschließen den zentralen Gottesdienstraum mit 130 Sitzplätzen. Semitransparente Stelenreihen trennen die Bereiche voneinander und schaffen gleichzeitig eine Durchlässigkeit.

Nutzung

1 Untergeschoss
Kellerräume, Heizraum, Öllager

1 Erdgeschoss
Kolumbarium, Eingangsbereich/Vorzone, Feierraum, Gesprächsräume, Andachtsraum, Sakristei, Ewiges Grab, Büro, Flur, WCs

1 Obergeschoss
Orgelboden

Nutzeinheiten

Sitzplätze: 130

Grundstück

Bauraum: Freier Bauraum
Neigung: Ebenes Gelände
Bodenklasse: BK 2 bis BK 5

Markt

Hauptvergabezeit: 1. Quartal 2021
Baubeginn: 2. Quartal 2021
Bauende: 1. Quartal 2022
Konjunkturelle Gesamtlage: über Durchschnitt
Regionaler Baumarkt: Durchschnitt

Baubestand

Baujahr: 1965
Bauzustand: gut
Aufwand: hoch
Grundrissänderungen: einige
Tragwerkseingriffe: wenige
Nutzungsänderung: ja
Nutzung während der Bauzeit: nein

Baukonstruktion

Die Außenabmessungen des Massivbaus aus zweischaligem Mauerwerk sind nicht verändert worden. Lediglich im Eingangsbereich und im Gesprächsraum sind Brüstungswände durch Glasfassaden ersetzt worden. Die künstlerisch gestaltete Betonfenster mit Glasausfachung wurden gereinigt. Der neue Ausbau des Kolumbariumbereichs erfolgte mit Urnenwänden aus eingefärbten Sichtbeton-Fertigteilen und Sichtestrich mit Hartkorneinstreuung. Der Feierraum wird durch hohe Holzstelen definiert und ist komplett aus Weißtannenholz gestaltet. Der Treppenaufgang wurde unter die Empore verlegt.

Technische Anlagen

Die ursprüngliche Warmluftheizung der Kirche ist erhalten geblieben. Im Feierraum wurde zusätzlich eine Fußbodenheizung unter den Holzdielen eingebaut. Das WC im Nebentrakt ist erneuert und durch ein barrierefreies WC unter der Empore ergänzt. Die Elektroinstallation und die Beleuchtung wurden neu installiert. Der Feierraum verfügt über eine Beschallungsanlage mit induktiver Höranlage, Projektor und Liedanzeigetafel.

Planungskennwerte für Flächen und Rauminhalte nach DIN 277

Flächen des Grundstücks		Menge Einheit	% an GF
BF	Bebaute Fläche	–	–
UF	Unbebaute Fläche	–	–
GF	Grundstücksfläche	–	–

Grundflächen des Bauwerks		Menge Einheit	% an NUF	% an BGF
NUF	Nutzungsfläche	733,38 m²	100,0	76,4
TF	Technikfläche	39,24 m²	5,4	4,1
VF	Verkehrsfläche	99,06 m²	13,5	10,3
NRF	Netto-Raumfläche	871,68 m²	118,9	90,8
KGF	Konstruktions-Grundfläche	88,32 m²	12,0	9,2
BGF	Brutto-Grundfläche	960,00 m²	130,9	100,0

Brutto-Rauminhalt des Bauwerks		Menge Einheit	BRI/NUF (m)	BRI/BGF (m)
BRI	Brutto-Rauminhalt	6.850,00 m³	9,34	7,14

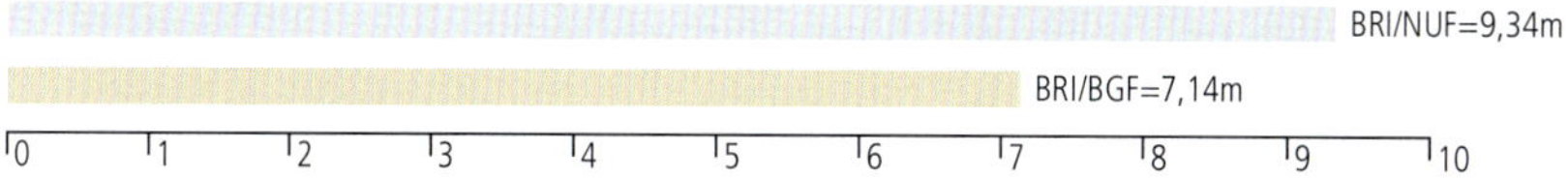

Lufttechnisch behandelte Flächen	Menge Einheit	% an NUF	% an BGF
Entlüftete Fläche	–	–	–
Be- und entlüftete Fläche	–	–	–
Teilklimatisierte Fläche	–	–	–
Klimatisierte Fläche	–	–	–

KG	Kostengruppen (2. Ebene)	Menge Einheit	Menge/NUF	Menge/BGF
310	Baugrube / Erdbau	36,10 m³ BGI	0,05	0,04
320	Gründung, Unterbau	588,06 m² GRF	0,80	0,61
330	Außenwände/Vertikale Baukonstruktionen, außen	715,87 m² AWF	0,98	0,75
340	Innenwände/Vertikale Baukonstruktionen, innen	277,04 m² IWF	0,38	0,29
350	Decken/Horizontale Baukonstruktionen	172,76 m² DEF	0,24	0,18
360	Dächer	822,20 m² DAF	1,12	0,86

Umbau

Kostenkennwerte für die Kostengruppen der 1. Ebene DIN 276

KG	Kostengruppen (1. Ebene)	Einheit	Kosten €	€/Einheit	€/m² BGF	€/m³ BRI	% 300+400
100	Grundstück	m² GF	–	–	–	–	–
200	Vorbereitende Maßnahmen	m² GF	–	–	–	–	–
300	Bauwerk – Baukonstruktionen	m² BGF	1.692.158	1.762,66	1.762,66	247,03	82,0
400	Bauwerk – Technische Anlagen	m² BGF	370.716	386,16	386,16	54,12	18,0
	Bauwerk 300+400	**m² BGF**	**2.062.875**	**2.148,83**	**2.148,83**	**301,15**	**100,0**
500	Außenanlagen und Freiflächen	m² AF	12.545	–	13,07	1,83	0,6
600	Ausstattung und Kunstwerke	m² BGF	37.385	38,94	38,94	5,46	1,8
700	Baunebenkosten	m² BGF	–	–	–	–	–
800	Finanzierung	m² BGF	–	–	–	–	–

KG	Kostengruppe	Menge Einheit	Kosten €	€/Einheit	%
3+4	**Bauwerk**				**100,0**
300	**Bauwerk – Baukonstruktionen**	960,00 m² BGF	1.692.158	**1.762,66**	82,0

- Abbrechen (Kosten: 4,7%) 80.000
  Abbruch von Stb-Bodenplatte, Stb-Schachtabdeckplatten, Verbundestrich, Natursteinbelag, Altarpodest, Teppich; Brüstungsmauerwerk, Stahl-Oberlichtern, Ziegelverblendschale, Akustikbeschichtung; Mauerwerk, Holztüren, Stahl-Glastüren, Beschichtung, Wandfliesen; Hohlkörperdecke, Estrich, Linoleum/PVC, Bodenfliesen, Holzbekleidung, Holztreppe, Stahlgeländer; Einbauschrank, Altar, Tabernakel, Apostelleuchtern, Weihwasserbecken, Kreuz, Taufbecken; Entsorgung, Deponiegebühren

- Wiederherstellen (Kosten: 5,0%) 84.833
  Stb-Bodenplatte egalisieren, Stb-Schachtabdeckplatten austauschen; Stahlstützen instandsetzen, Oberlicht-Motorantriebe erneuern, Eingangstüren instandsetzen, Türschwellen erneuern, Putzflächen ausbessern, schalldurchlässige Beschichtung erneuern, GK-Vorsatzschale verankern, Stahlstützen neu beschichten; Stahlzargen neu beschichten; Stahl-Treppengeländer überarbeiten; Holzdecke neu beschichten; Tresortür überarbeiten, neu beschichten, Triumphkreuz umarbeiten

- Herstellen (Kosten: 90,3%) 1.527.326
  Stb-Streifenfundamente, Stb-Bodenplatte, Abdichtung, Zement-Sichtestrich, Holzdielen, Altarpodest, Teppich, Bodenfliesen; Alu-Pfosten-Riegelfassaden, Kalkzementputz, Akustikbeschichtung; KS-Mauerwerk, GK-Brüstungen/-Wände, Holztüren, Glastürblatt, Stahlgittertür, Zementputz, Beschichtung, Wandfliesen; Stb-Treppe, Stb-Decke, Epoxidharzbeschichtung, GK-Decken, Akustikdecken; Holzstelen als Raumteiler, Kirchenbänke, Einbaumöbel, Urnenwände, Sakraleinbaumöbel, Infotafel

KG	Kostengruppe	Menge Einheit	Kosten €	€/Einheit	%
400	**Bauwerk – Technische Anlagen**	960,00 m² BGF	370.716	**386,16**	18,0
	• Abbrechen (Kosten: 1,5%) Abbruch von Abwasserleitungen, Wasserleitungen, Sanitärobjekten; Heizleitungen, Heizkörpern; Entsorgung, Deponiegebühren		5.529		
	• Wiederherstellen (Kosten: 2,0%) Zuluftkanal überprüfen, Brandschutzklappen warten; Blitzschutzanlage überprüfen, Durchgangswiderstand über Dach verbessern, mangelhafte Ableitungen richten; Orgelgehäuse reinigen, Zungenpfeifen stimmen		7.338		
	• Herstellen (Kosten: 96,5%) Gebäudeentwässerung, Kalt- und Warmwasserleitungen, Sanitärobjekte, Durchlauferhitzer; Festwert-Regelstation, Heizungssteuerung, Heizungsrohre, Hohlraum-Fußbodenheizung, Heizkörper, Elektro-Konvektoren; dezentrales Lüftungsgerät, Einzelraumlüfter; Elektroinstallation, Beleuchtung, Erdung; Sprechanlage, audiovisuelle Anlagen, Datennetzwerk		357.850		
500	**Außenanlagen und Freiflächen**	–	12.545	–	0,6
	• Abbrechen (Kosten: 1,8%) Aufnehmen und Lagern von Betonplatten		222		
	• Herstellen (Kosten: 98,2%) Grabenaushub; Gebäudeentwässerung, Türöffnersäule; Wiederherrichtung Außenanlagen		12.323		
600	**Ausstattung und Kunstwerke**	960,00 m² BGF	37.385	**38,94**	1,8
	• Herstellen (Kosten: 100,0%) Sitzinseln, Sitzhocker, mobiler Aufstieg, Sanitärausstattung; Sedilien, Kredenztisch, Bodenleuchter, Handleuchter, Osterkerzenständer; Funkmikrofone, Mikrofonständer, Head-Set		37.385		

Umbau

Kostenkennwerte für die Kostengruppen der 2. Ebene DIN 276

KG	Kostengruppe	Menge Einheit	Kosten €	€/Einheit	%
300	**Bauwerk – Baukonstruktionen**				**100,0**
310	**Baugrube / Erdbau**	36,10 m^3 BGI	10.734	**297,35**	0,6
	• Herstellen (Kosten: 100,0%) Außenwände freilegen, verfüllen (22m³), Sockel freilegen (3m³), Grabenaushub, verfüllen, im Gebäude (6m³), Erdaushub unter Sohlplatte, abfahren, für Ewiges Grab (5m³)	36,10 m^3 BGI	10.734	**297,35**	
320	**Gründung, Unterbau**	588,06 m^2 GRF	254.130	**432,15**	15,0
	• Abbrechen (Kosten: 15,7%) Abbruch von Stb-Bodenplatte (20m²), Stb-Schachtabdeckplatten (4m²) * Verbundestrich, Natursteinbelag (376m²), Altarpodest, Stb-Platte, Verbundestrich, Natursteinbelag, drei Steigungen (91m²), Teppich (10m²), Sauberlaufmatten (2m²); Entsorgung, Deponiegebühren	478,32 m^2 GRF	39.803	**83,21**	
	• Wiederherstellen (Kosten: 3,6%) Stb-Bodenplatte egalisieren, fräsen, schleifen (542m²), schadhafte Stb-Schachtabdeckplatten austauschen (4St)	541,56 m^2 GRF	9.134	**16,87**	
	• Herstellen (Kosten: 80,7%) Stb-Streifenfundamente im Gebäude für Holzstelen (7m³), Stb-Bodenplatte (6m²), Aufbeton (4m²) * Bitumenabdichtung (588m²), Zement-Sichtestrich, Hartkorneinstreuung (354m²), Zementestrich (28m²), Holzdielen (147m²), als Altarpodest (42m²), als Altarstufen (18m), Kopffriese (86St), Teppich (10m²), Bodenfliesen (9m²), Epoxidharzbeschichtung (6m²), Stahlabdeckungen (5m²), Sauberlaufmatten (4m²), Gitterroste (2m²)	588,06 m^2 GRF	205.193	**348,93**	
330	**Außenwände/Vert. Baukonstrukt., außen**	715,87 m^2 AWF	156.738	**218,95**	9,3
	• Abbrechen (Kosten: 10,9%) Abbruch von Brüstungsmauerwerk, Innenbekleidung (52m²), Stb-Sockel (17m) * Stahl-Oberlichtern (11m²) * Ziegelverblendschale (2m²) * Akustikbeschichtung (123m²), Vormauerung (11m²), Wandfliesen (4m²); Entsorgung, Deponiegebühren	201,25 m^2 AWF	17.023	**84,59**	
	• Wiederherstellen (Kosten: 18,7%) Stahlstützen instandsetzen (23m) * Oberlicht-Motorantriebe erneuern, defekte Scherengestänge ersetzen (13m²), Eingangstüren instandsetzen, Beschläge erneuern (13m²), rostige Türschwellen erneuern (4m) * losen Putz erneuern (21h) * Putzflächen prüfen, Fehlstellen ausbessern (286m²), schalldurchlässige Beschichtung erneuern (162m²), GK-Vorsatzschale verankern (123m²), Nikotinflecken entfernen (1m²), Stahlstützen neu beschichten (2m²)	600,25 m^2 AWF	29.319	**48,84**	
	• Herstellen (Kosten: 70,4%) Alu-Pfosten-Riegelfassaden (61m²) * Bitumendickbeschichtung (18m²), Sockelabdichtung (18m²), Fensterlaibung, Verblendmauerwerk (3m) * Zementputz (26m²), Kalkzementputz (71m²), Silikatbeschichtung (338m²), Spachtelung, Silikat-Strukturbeschichtung (123m²) * Glasblenden (2St), Blendschutz, innen (psch) * Stahl-Treppenhandlauf (3m)	530,48 m^2 AWF	110.396	**208,11**	

KG	Kostengruppe	Menge Einheit	Kosten €	€/Einheit	%
340	**Innenwände/Vert. Baukonstrukt., innen**	277,04 m² IWF	130.312	**470,37**	7,7
	• Abbrechen (Kosten: 3,3%) Abbruch von Mauerwerk (19m²) * Holztüren (17m²), Stahl-Glastüren (11m²) * Beschichtung (16m²), Wandfliesen (8m²); Entsorgung, Deponiegebühren	58,99 m² IWF	4.360	**73,92**	
	• Wiederherstellen (Kosten: 5,1%) Stahlzargen prüfen, lose Beschichtung entfernen, neu beschichten (10m²) * Putzflächen prüfen, Schadstellen markieren, Fehlstellen ausbessern (181m²), schalldurchlässige Beschichtung reinigen, lose Partikel entfernen, neu beschichten (24m²)	112,15 m² IWF	6.681	**59,57**	
	• Herstellen (Kosten: 91,5%) KS-Mauerwerk (34m²), Türöffnung herstellen (2m²) * KS-Mauerwerk (82m²), GK-Brüstungswände Q3 (33m²), GK-Wände Q3 (24m²) * Holztüren (14m²), Holztürblätter (6m²), Stahltüren T30 RS (5m²), Ganzglastürblatt (2m²), Stahlgittertür (2m²) * Zementputz (168m²), Kalkzementputz (33m²), Silikat-beschichtung (456m²), Wandfliesen (14m²), Spiegel, fliesengleich (1m²) * Stahl-Treppenhandläufe (12m)	265,04 m² IWF	119.271	**450,01**	
350	**Decken/Horizontale Baukonstruktionen**	172,76 m² DEF	77.080	**446,17**	4,6
	• Abbrechen (Kosten: 12,5%) Abbruch von Hohlkörperdecke, Estrich (15m²) * Linoleum/PVC (72m²), Verbundestrich, Bodenfliesen (13m²) * Holzbekleidung (10m²) * Holzwangentreppe, Stahlgeländer (5m²), Holzbalkenkonstruktion, Auflagebretter, Einschubtreppe, Umwehrung (2m²) * Holz-Brüstungsbekleidung, Holz-Brüstungsauf-sätze (20m); Entsorgung, Deponiegebühren	92,64 m² DEF	9.627	**103,91**	
	• Wiederherstellen (Kosten: 0,7%) Putzflächen prüfen, schadhafte Beschichtung entfernen, neu beschichten (3m²) * Stahl-Treppen-geländer überarbeiten, lose Beschichtung entfernen, Schadstellen entrosten, neu beschichten (6m²)	–	551	–	
	• Herstellen (Kosten: 86,8%) Stb-Treppe, oberseitig SB3 (7m²), Stb-Decke (3m²), Holzbalkendecke (2m²) * TSD, Zementestrich (15m²), Epoxidharzbeschichtung (89m²), Linoleum (79m²), Bodenfliesen (4m²), Sauberlaufmatte (1m²) * GK-Decken Q3 (47m²), GK-Akustikdecke (3m²), Silikatbeschichtung (91m²), Akustik-Raster-decke (9m²) * Stahl-Brüstungsaufsätze (31m)	185,35 m² DEF	66.902	**360,95**	
360	**Dächer**	822,20 m² DAF	60.458	**73,53**	3,6
	• Wiederherstellen (Kosten: 49,2%) Holzdecke abbürsten, Fehlstellen schließen, neu beschichten (670m²), Schattenfugen überarbeiten, neu beschichten (12m²)	682,32 m² DAF	29.752	**43,60**	
	• Herstellen (Kosten: 50,8%) Stahlunterzüge (10m) * GK-Decke Q3 (47m²), GK-Akustikdecke (7m²), Lichtvouten (22m), Akustik-Rasterdecke (76m²), Silikatbeschichtung (64m²)	139,88 m² DAF	30.706	**219,52**	

Umbau

KG	Kostengruppe	Menge Einheit	Kosten €	€/Einheit	%
380	**Baukonstruktive Einbauten**	960,00 m² BGF	933.749	**972,66**	55,2
	• Abbrechen (Kosten: 1,0%) Abbruch von Einbauschrank (1St) * Altar, Tabernakel (psch), Apostelleuchtern, Weihwasserbecken, Kreuz, Taufbecken (psch); Entsorgung, Deponiegebühren	960,00 m² BGF	9.187	**9,57**	
	• Wiederherstellen (Kosten: 1,0%) Tresortür überarbeiten, neu beschichten (1St) * Triumphkreuz umarbeiten zu Kubus für Ewiges Grab (1St)	960,00 m² BGF	9.396	**9,79**	
	• Herstellen (Kosten: 98,0%) Holzstelen (86St), Kirchenbänke (73m), Hochschränke (7St), mit Einbauspüle (1St), Ankleidetisch, Unter-/Oberschränke (1St), Waschtischschrank (1St), Wandvorlagen mit Ablagen (2St), Kniebänke (22m), Eckbank (1St), Garderobenleiste (1St), Möbeleinbauleuchten (3St) * Stb-Sockel (2m³), Stb-Urnenwände, einseitig Urnenkammern (25m), beidseitig Urnenkammern (20m), Altarrückwand mit Kreuz (psch), Altar (1St), Ambo (1St), Tabernakel (1St), Standsockel für Heiligenfiguren (2St), Urnenstele (1St), Ewiges Licht (1St), Opferkerzenregal, Opferstock (1St), Apostelleuchter (12St), Stahlkonsole für Pieta (1St) * Infowand (1St), Magnettafel (1St)	960,00 m² BGF	915.166	**953,30**	
390	**Sonst. Maßnahmen für Baukonstrukt.**	960,00 m² BGF	68.956	**71,83**	4,1
	• Herstellen (Kosten: 100,0%) Baustelleneinrichtung (psch), Bauzaun (88m), Baustellen-WC (7Wo), Bauwasseranschluss (psch), Baustromverteiler (1St), Kabel (202m), Lichtleisten (20St), Scheinwerfer (4St) * Innenraumgerüste (psch), Raupenarbeitsbühnen (psch), Rollgerüste (psch) * Schuttcontainer (7m³) * Schutzabdeckungen (355m²), Türflügel beidseitig schützen (4St), Fensteröffnung schließen (1St), Bauendreinigung (psch), Fensterreinigung (185m²), Reinigung Urnenwände (psch)	960,00 m² BGF	68.956	**71,83**	
400	**Bauwerk – Technische Anlagen**				**100,0**
410	**Abwasser-, Wasser-, Gasanlagen**	960,00 m² BGF	32.721	**34,08**	8,8
	• Abbrechen (Kosten: 8,6%) Abbruch von Abwasserleitungen (9m) * Stahl-/Kupferleitungen (39m), Waschtischen (3St), WC (1St); Entsorgung, Deponiegebühren	960,00 m² BGF	2.799	**2,92**	
	• Herstellen (Kosten: 91,4%) PP-Rohre (36m), PVC-Rohre (15m), PE-Rohre (4m) * Edelstahlrohre (58m), PE-Druckrohre (41m), Kupferrohre (2m), Wand-WCs (2St), Waschtische (3St), Ausgussbecken (1St), Durchlauferhitzer (3St) * Montageelemente (3St)	960,00 m² BGF	29.922	**31,17**	
420	**Wärmeversorgungsanlagen**	960,00 m² BGF	50.352	**52,45**	13,6
	• Abbrechen (Kosten: 5,4%) Abbruch von Heizleitungen (65m) * Heizkörpern (5St); Entsorgung, Deponiegebühren	960,00 m² BGF	2.730	**2,84**	
	• Herstellen (Kosten: 94,6%) Festwert-Regelstation (1St), Nassläuferpumpe (1St), Ausdehnungsgefäß (1St), Heizungssteuerung: Kleinverteiler (1St), Ethernet-Thermostat (1St), Ethernet-Switch (1St) * C-Stahlrohre (108m) * Hohlraum-Fußbodenheizung, Kupferrohre (340m), Alu-Wärmeverteiler (1.652St), Heizkreisverteiler (1St), Stellantriebe (3St), Kompaktheizkörper (4St), Elektro-Wandkonvektoren (4St)	960,00 m² BGF	47.623	**49,61**	

KG	Kostengruppe	Menge Einheit	Kosten €	€/Einheit	%
430	**Raumlufttechnische Anlagen**	960,00 m²BGF	10.588	**11,03**	2,9
	• Wiederherstellen (Kosten: 4,1%) Zuluftkanal überprüfen (3h), Brandschutzklappen warten (2St)	960,00 m²BGF	432	**0,45**	
	• Herstellen (Kosten: 95,9%) Lüftungsgerät mit WRG (1St), Einzelraumlüfter (1St), Hygrostat (1St), Wickelfalzrohre (13m), Alu-Flexrohr (1m), Abluftventile (5St), Außenluftblende (1St), Wetterschutzgitter (1St)	960,00 m²BGF	10.156	**10,58**	
440	**Elektrische Anlagen**	960,00 m²BGF	183.724	**191,38**	49,6
	• Wiederherstellen (Kosten: 2,7%) Blitzschutzanlage prüfen (psch), Durchgangswiderstand über Dach verbessern: Fang-/Ableitungen erneuern (59m), Leitungshalter ergänzen (73St), Oberflächenerder ergänzen (8m), mangelhafte Ableitungen richten, neu befestigen (8m)	960,00 m²BGF	5.010	**5,22**	
	• Herstellen (Kosten: 97,3%) Zählerverteilung (1St), Wandverteiler (1St), Mantelleitungen (2.472m), Starkstromkabel (438m), Steuerleitungen (27m), Installationskabel (20m), DALI-Steuergeräte (3St), Steckdosen (71St), Bodentanks (3St), Schalter/Taster/Dimmer (16St), Geräteanschlussdosen (9St), Jalousieaktoren (6St), Präsenzmelder (5St) * Ein-/Anbauleuchten (51St), Stromschienen-Strahler (26St), Lichtbänder (7St), Hängeleuchten (2St), Einbaudownlights (2St), Pendelleuchten (2St) * Tiefenerder (69m), Oberflächenerder (23m)	960,00 m²BGF	178.715	**186,16**	
450	**Kommunikationstechnische Anlagen**	960,00 m²BGF	72.173	**75,18**	19,5
	• Herstellen (Kosten: 100,0%) Bus-Haustelefone (2St), Klingeltaster (1St), Gong (1St) * Audio-Controller (1St), Verstärker (1St), Master-Steuereinheit (1St), Touchpanel (1St), DALI-Gateway (1St), Lautsprecherkabel (242m), Lautsprecher (2St), Zwei-Wege-Linienstrahler (2St), Mikrofonkabel (233m), Mikrofone (2St), Touch-Monitor-PC (1St), Projektor (1St), Anzeigetafel (1St), induktive Höranlage, Ringschleife (60m) * Netzwerkschrank (1St), Rangierfelder (2St), Datenkabel (795m), Fernmeldekabel (286m), LWL-Kabel (65m), Datenanschlussdosen (19St)	960,00 m²BGF	72.173	**75,18**	
470	**Nutzungsspez. u. verfahrenstechn. Anl.**	960,00 m²BGF	1.895	**1,97**	0,5
	• Wiederherstellen (Kosten: 100,0%) Orgel aushausen, Gehäuse teilweise reinigen, Datenlogger prüfen, Zungenpfeifen stimmen (1St)	960,00 m²BGF	1.895	**1,97**	
490	**Sonst. Maßnahmen für techn. Anlagen**	960,00 m²BGF	19.261	**20,06**	5,2
	• Herstellen (Kosten: 100,0%) Baustelleneinrichtung (psch) * Montagegerüste (psch), Hubarbeitsbühne (11d), Lastverteilungsplatten (45m²), Hubsteiger (1d)	960,00 m²BGF	19.261	**20,06**	
500	**Außenanlagen und Freiflächen**				**100,0**
510	**Erdbau**	23,12 m³EBR	3.239	**140,09**	25,8
	• Herstellen (Kosten: 100,0%) Grabenaushub, lagern, verfüllen (23m³)	23,12 m³EBR	3.239	**140,09**	
530	**Oberbau, Deckschichten**	–	222	**–**	1,8
	• Abbrechen (Kosten: 100,0%) Aufnehmen und Lagern von Betonplatten (17m)	8,42 m²BFF	222	**26,39**	

KG	Kostengruppe	Menge Einheit	Kosten €	€/Einheit	%
550	**Technische Anlagen**	–	5.228	–	41,7
	• Herstellen (Kosten: 100,0%) PVC-Rohre (47m), PP-Kontrollschächte (2St) * Standsäule, Türöffner (1St)	–	5.228	–	
590	**Sonst. Maßnahmen für Außenanlagen u. Freiflächen**	–	3.856	–	30,7
	• Herstellen (Kosten: 100,0%) Wiederherrichtung Außenanlagen (psch)	–	3.856	–	
600	**Ausstattung und Kunstwerke**				**100,0**
610	**Allgemeine Ausstattung**	960,00 m² BGF	23.720	**24,71**	63,4
	• Herstellen (Kosten: 100,0%) Sitzinseln 100x100x45cm, MDF, lackiert, Sitzpolsteraufsätze (6St), 50x50x48cm (2St), Namensfräsungen (6St), Sitzhocker (psch), mobiler Aufstieg, drei Stufen, Handlauf, für Urnenkammern (1St), WC-Bürstengarnituren (2St), WC-Papierhalter (2St), Ersatzrollenhalter (2St), Doppelhaken (2St), Seifenspender (2St), Papierhandtuchspender (2St), Papierkorb (2St), Abfallbehälter (1St)	960,00 m² BGF	23.720	**24,71**	
620	**Besondere Ausstattung**	960,00 m² BGF	8.601	**8,96**	23,0
	• Herstellen (Kosten: 100,0%) Sedilien 48x48x48cm, Holz, geölt, Filzleinlagen, Buchablage (6St), 48x52x63cm, mit Rückenlehne (1St), Kredenztisch 70x48x75cm, Holz, geölt (1St), Bodenleuchter (2St), Handleuchter (2St), Osterkerzenständer (1St)	960,00 m² BGF	8.601	**8,96**	
630	**Informationstechnische Ausstattung**	960,00 m² BGF	5.064	**5,28**	13,5
	• Herstellen (Kosten: 100,0%) Funkmikrofone (3St), Mikrofonständer (3St), Head-Set (1St)	960,00 m² BGF	5.064	**5,28**	

Kostenkennwerte für die Kostengruppen 300 der 2. und 3. Ebene DIN 276 (Übersicht)

KG	Kostengruppe	Menge Einheit	Kosten €	€/Einheit	% an 3+4
300	**Bauwerk – Baukonstruktionen**	**960,00 m² BGF**	**1.692.158,36**	**1.762,66**	**82,0**
310	**Baugrube / Erdbau**	**36,10 m³ BGI**	**10.734,41**	**297,35**	**0,5**
311	Herstellung	36,10 m³ BGI	10.734,41	297,35	0,5
312	Umschließung	–	–	–	–
313	Wasserhaltung	–	–	–	–
314	Vortrieb	–	–	–	–
319	Sonstiges zur KG 310	–	–	–	–
320	**Gründung, Unterbau**	**588,06 m² GRF**	**254.130,01**	**432,15**	**12,3**
321	Baugrundverbesserung	–	–	–	–
322	Flachgründungen und Bodenplatten	541,56 m²	24.403,30	45,06	1,2
323	Tiefgründungen	–	–	–	–
324	Gründungsbeläge	588,06 m²	229.726,71	390,65	11,1
325	Abdichtungen und Bekleidungen	–	–	–	–
326	Dränagen	–	–	–	–
329	Sonstiges zur KG 320	–	–	–	–
330	**Außenwände/Vert. Baukonstrukt., außen**	**715,87 m² AWF**	**156.738,27**	**218,95**	**7,6**
331	Tragende Außenwände	–	–	–	–
332	Nichttragende Außenwände	–	12.119,68	–	0,6
333	Außenstützen	23,20 m	1.338,87	57,71	< 0,1
334	Außenwandöffnungen	90,00 m²	90.929,29	1.010,33	4,4
335	Außenwandbekleidungen, außen	–	7.114,71	–	0,3
336	Außenwandbekleidungen, innen	625,87 m²	37.918,21	60,58	1,8
337	Element. Außenwandkonstruktionen	–	–	–	–
338	Lichtschutz zur KG 330	–	5.594,42	–	0,3
339	Sonstiges zur KG 330	715,87 m² AWF	1.723,09	2,41	< 0,1
340	**Innenwände/Vert. Baukonstrukt., innen**	**277,04 m² IWF**	**130.311,98**	**470,37**	**6,3**
341	Tragende Innenwände	36,61 m²	12.104,69	330,64	0,6
342	Nichttragende Innenwände	140,35 m²	40.280,93	287,00	2,0
343	Innenstützen	–	–	–	–
344	Innenwandöffnungen	29,64 m²	35.966,69	1.213,45	1,7
345	Innenwandbekleidungen	494,80 m²	33.137,07	66,97	1,6
346	Elementierte Innenwandkonstruktionen	–	–	–	–
347	Lichtschutz zur KG 340	–	–	–	–
349	Sonstiges zur KG 340	277,04 m² IWF	8.822,60	31,85	0,4
350	**Decken/Horizontale Baukonstruktionen**	**172,76 m² DEF**	**77.079,85**	**446,17**	**3,7**
351	Deckenkonstruktionen	12,59 m²	27.417,00	2.177,68	1,3
352	Deckenöffnungen	–	–	–	–
353	Deckenbeläge	172,76 m²	22.712,94	131,47	1,1
354	Deckenbekleidungen	103,68 m²	12.971,94	125,12	0,6
355	Elementierte Deckenkonstruktionen	–	1.081,90	–	< 0,1
359	Sonstiges zur KG 350	172,76 m² DEF	12.896,07	74,65	0,6
360	**Dächer**	**822,20 m² DAF**	**60.458,16**	**73,53**	**2,9**
361	Dachkonstruktionen	–	4.617,87	–	0,2
362	Dachöffnungen	–	–	–	–
363	Dachbeläge	–	–	–	–
364	Dachbekleidungen	822,20 m²	55.840,29	67,92	2,7
365	Elementierte Dachkonstruktionen	–	–	–	–
366	Lichtschutz zur KG 360	–	–	–	–
369	Sonstiges zur KG 360	–	–	–	–
370	**Infrastrukturanlagen**	**–**	**–**	**–**	**–**
380	**Baukonstruktive Einbauten**	**960,00 m² BGF**	**933.749,28**	**972,66**	**45,3**
390	**Sonst. Maßnahmen für Baukonstrukt.**	**960,00 m² BGF**	**68.956,41**	**71,83**	**3,3**

Umbau

Kostenkennwerte für die Kostengruppen 400 der 2. und 3. Ebene DIN 276 (Übersicht)

KG	Kostengruppe	Menge Einheit	Kosten €	€/Einheit	% an 3+4
400	**Bauwerk – Technische Anlagen**	**960,00 m2 BGF**	**370.716,37**	**386,16**	**18,0**
410	**Abwasser-, Wasser-, Gasanlagen**	**960,00 m2 BGF**	**32.720,71**	**34,08**	**1,6**
411	Abwasseranlagen	960,00 m2 BGF	8.911,76	9,28	0,4
412	Wasseranlagen	960,00 m2 BGF	22.214,75	23,14	1,1
413	Gasanlagen	–	–	–	–
419	Sonstiges zur KG 410	960,00 m2 BGF	1.594,20	1,66	< 0,1
420	**Wärmeversorgungsanlagen**	**960,00 m2 BGF**	**50.352,48**	**52,45**	**2,4**
421	Wärmeerzeugungsanlagen	960,00 m2 BGF	7.442,83	7,75	0,4
422	Wärmeverteilnetze	960,00 m2 BGF	13.777,42	14,35	0,7
423	Raumheizflächen	960,00 m2 BGF	29.132,23	30,35	1,4
424	Verkehrsheizflächen	–	–	–	–
429	Sonstiges zur KG 420	–	–	–	–
430	**Raumlufttechnische Anlagen**	**960,00 m2 BGF**	**10.588,44**	**11,03**	**0,5**
431	Lüftungsanlagen	960,00 m2 BGF	10.588,44	11,03	0,5
432	Teilklimaanlagen	–	–	–	–
433	Klimaanlagen	–	–	–	–
434	Kälteanlagen	–	–	–	–
439	Sonstiges zur KG 430	–	–	–	–
440	**Elektrische Anlagen**	**960,00 m2 BGF**	**183.724,38**	**191,38**	**8,9**
441	Hoch- und Mittelspannungsanlagen	–	–	–	–
442	Eigenstromversorgungsanlagen	–	–	–	–
443	Niederspannungsschaltanlagen	–	–	–	–
444	Niederspannungsinstallationsanlagen	960,00 m2 BGF	111.794,45	116,45	5,4
445	Beleuchtungsanlagen	960,00 m2 BGF	56.826,87	59,19	2,8
446	Blitzschutz- und Erdungsanlagen	960,00 m2 BGF	15.103,06	15,73	0,7
447	Fahrleitungssysteme	–	–	–	–
449	Sonstiges zur KG 440	–	–	–	–
450	**Kommunikationstechnische Anlagen**	**960,00 m2 BGF**	**72.173,41**	**75,18**	**3,5**
451	Telekommunikationsanlagen	–	–	–	–
452	Such- und Signalanlagen	960,00 m2 BGF	1.617,18	1,68	< 0,1
453	Zeitdienstanlagen	–	–	–	–
454	Elektroakustische Anlagen	–	–	–	–
455	Audiovisuelle Medien- u. Antennenanl.	960,00 m2 BGF	53.948,49	56,20	2,6
456	Gefahrenmelde- und Alarmanlagen	–	–	–	–
457	Datenübertragungsnetze	960,00 m2 BGF	16.607,74	17,30	0,8
458	Verkehrsbeeinflussungsanlagen	–	–	–	–
459	Sonstiges zur KG 450	–	–	–	–
460	**Förderanlagen**	**–**	**–**	**–**	**–**
461	Aufzugsanlagen	–	–	–	–
462	Fahrtreppen, Fahrsteige	–	–	–	–
463	Befahranlagen	–	–	–	–
464	Transportanlagen	–	–	–	–
465	Krananlagen	–	–	–	–
466	Hydraulikanlagen	–	–	–	–
469	Sonstiges zur KG 460	–	–	–	–
470	**Nutzungsspez. u. verfahrenstechn. Anl.**	**960,00 m2 BGF**	**1.895,45**	**1,97**	**< 0,1**
480	**Gebäude- und Anlagenautomation**	**–**	**–**	**–**	**–**
490	**Sonst. Maßnahmen für techn. Anlagen**	**960,00 m2 BGF**	**19.261,50**	**20,06**	**0,9**

Kostenkennwerte für die Kostengruppen der 3.Ebene DIN 276

KG	Kostengruppe	Menge Einheit	Kosten €	€/Einheit	%
310	**Baugrube / Erdbau**				**100,0**
311	**Herstellung**	36,10 m³BGI	10.734	**297,35**	100,0
	• Herstellen (Kosten: 100,0%) Außenwände freilegen, Boden BK 2-5, t=3,50m, lagern, verfüllen (22m³), Sockel freilegen, t=40cm (3m³), Grabenaushub, t=80cm, lagern, verfüllen, im Gebäude (6m³), Erdaushub unter Sohlplatte, abfahren, für Ewiges Grab (5m³)	36,10 m³BGI	10.734	**297,35**	
320	**Gründung, Unterbau**				**100,0**
322	**Flachgründungen und Bodenplatten**	541,56 m²	24.403	**45,06**	9,6
	• Abbrechen (Kosten: 19,6%) Abbruch von Stb-Bodenplatte, d=16cm, b=40cm (19m²), d=28cm, 80x80cm, für Ewiges Grab (1m²), Stb-Schachtabdeckplatten (4m²); Entsorgung, Deponiegebühren	24,05 m²	4.780	**198,76**	
	• Wiederherstellen (Kosten: 37,4%) Stb-Bodenplatte egalisieren, fräsen, schleifen (542m²), schadhafte Stb-Schachtabdeckplatten austauschen (4St)	541,56 m²	9.134	**16,87**	
	• Herstellen (Kosten: 43,0%) Fundamentaushub, Stb-Streifenfundamente 40x60cm, Bewehrung, im Gebäude, für Holzstelen (7m³), Stb-Bodenplatte, d=16cm, b=50cm (6m²), Aufbeton, d=6cm (4m²)	–	10.489	–	
324	**Gründungsbeläge**	588,06 m²	229.727	**390,65**	90,4
	• Abbrechen (Kosten: 15,2%) Abbruch von Verbundestrich, Natursteinbelag, d=5-7cm (376m²), Altarpodest, h=47cm, Stb-Platte, d=13-16cm, Verbundestrich, Natursteinbelag, d=6cm, drei Steigungen (91m²), Trennschnitte (51m), Teppich (10m²), Sauberlaufmatten (2m²), Lüftungsrosten 30x30cm (2St); Entsorgung, Deponiegebühren	478,32 m²	35.023	**73,22**	
	• Herstellen (Kosten: 84,8%) Bitumenabdichtung (588m²), Zement-Sichtestrich, d=60-70mm, geglättet, Hartkorneinstreuung, Imprägnierung (354m²), Zementestrich, d=50mm (28m²), Holzdielen, geölt, Holz-UK 3x5cm (147m²), als Altarpodest, Holz-UK 6x22cm, Mineralwolldämmung, d=220mm (42m²), als Altarstufen (18m), Kopffriese 20x20cm (82St), 20x100-260cm (4St), Teppich (10m²), Holzsockel (8m), Bodenfliesen (9m²), Fliesensockel (13m), Epoxidharzbeschichtung (6m²), Stahlabdeckungen, d=25mm (5m²), Sauberlaufmatten (4m²), Gitterroste (2m²), Messingleitprofil (37m)	588,06 m²	194.704	**331,10**	
330	**Außenwände/Vertikale Baukonstruktionen, außen**				**100,0**
332	**Nichttragende Außenwände**	–	12.120	–	7,7
	• Abbrechen (Kosten: 100,0%) Abbruch von Brüstungsmauerwerk, d=28-36,5cm, Innenbekleidung (52m²), Stb-Sockel (17m); Entsorgung, Deponiegebühren	51,70 m²	12.120	**234,42**	
333	**Außenstützen**	23,20 m	1.339	**57,71**	0,9
	• Wiederherstellen (Kosten: 100,0%) Stahlstützen instandsetzen, entrosten, Korrosionsschutz auftragen (23m)	23,20 m	1.339	**57,71**	

Umbau

KG	Kostengruppe	Menge Einheit	Kosten €	€/Einheit	%
334	**Außenwandöffnungen**	90,00 m²	90.929	**1.010,33**	58,0
	• Abbrechen (Kosten: 2,9%) Abbruch von Stahl-Oberlichtern, h=50cm (11m²); Entsorgung, Deponiegebühren	11,00 m²	2.639	**239,89**	
	• Wiederherstellen (Kosten: 9,6%) Oberlicht-Motorantriebe erneuern, defekte Scherengestänge ersetzen (13m²), Eingangstüren instandsetzen, defektes Riegelschloss austauschen, Treibriegel ergänzen, Feststellkolben erneuern (11m²), rostige Türschwellen abbrechen, Beton wegstemmen, Edelstahlschwellen einbauen, Estrich ergänzen (4m), Nebeneingangstür ertüchtigen, Beschläge ausbauen, Panikbeschlag einbauen (2m²)	26,80 m²	8.703	**324,73**	
	• Herstellen (Kosten: 87,5%) Alu-Pfosten-Riegelfassaden, VSG, Ug=1,0W/m²K, acht Festverglasungen, zwei Verbundpaneele (48m²), sechs Festverglasungen, zwei Drehkippflügel, Sonnenschutzverglasung, ein Verbundpaneel (13m²), Natursteinschwellen (2St), Holzfensterbänke innen (2m), Drehtürantrieb (1St)	68,91 m²	79.588	**1.154,95**	
335	**Außenwandbekleidungen, außen**	–	7.115	–	4,5
	• Abbrechen (Kosten: 3,7%) Abbruch von Ziegelverblendschale, d=11,5cm (2m²); Entsorgung, Deponiegebühren	2,00 m²	264	**131,94**	
	• Wiederherstellen (Kosten: 34,2%) Losen Putz abstemmen, neu verputzen (21h)	–	2.430	–	
	• Herstellen (Kosten: 62,1%) Bitumendickbeschichtung, Noppenbahn (18m²), Sockelabdichtung, Bitumenbahnen (18m²), Fensterlaibung, Verblendmauerwerk (3m)	–	4.421	–	
336	**Außenwandbekleidungen, innen**	625,87 m²	37.918	**60,58**	24,2
	• Abbrechen (Kosten: 5,3%) Abbruch von Akustikbeschichtung (123m²), Vormauerung, Ziegel, d=11,5cm (11m²), Wandfliesen (4m²); Entsorgung, Deponiegebühren	138,55 m²	2.001	**14,44**	
	• Wiederherstellen (Kosten: 44,4%) Putzflächen prüfen, Schadstellen markieren, Fehlstellen ausbessern, Löcher schließen, Risse verfüllen (286m²), schalldurchlässige Beschichtung reinigen, lose Partikel entfernen, neu beschichten (162m²), GK-Vorsatzschale an Außenwand verankern, Öffnungen schließen, Sockelbereich ergänzen, h=80cm (123m²), Nikotinflecken entfernen (1m²), Stahlstützen reinigen, lose Beschichtung entfernen, Schadstellen ausbessern, neu beschichten (2m²)	573,45 m²	16.847	**29,38**	
	• Herstellen (Kosten: 50,3%) Zementputz (26m²), Kalkzementputz, Gewebeeinlage (71m²), Silikatbeschichtung (338m²), Spachtelung, Silikat-Strukturbeschichtung (123m²)	461,57 m²	19.070	**41,32**	
338	**Lichtschutz zur KG 330**	–	5.594	–	3,6
	• Herstellen (Kosten: 100,0%) Glasblenden 120x124cm, 2xVSG, PVB-Folien, vier Punkthalter (2St), Blendschutz, innen (psch)	–	5.594	–	
339	**Sonstiges zur KG 330**	715,87 m²AWF	1.723	**2,41**	1,1
	• Herstellen (Kosten: 100,0%) Treppenhandlauf, Flachstahl 40x6mm, Beschichtung (3m)	530,48 m²AWF	1.723	**3,25**	

KG	Kostengruppe	Menge Einheit	Kosten €	€/Einheit	%
340	**Innenwände/Vertikale Baukonstruktionen, innen**				**100,0**
341	**Tragende Innenwände**	36,61 m²	12.105	**330,64**	9,3
	• Abbrechen (Kosten: 22,3%) Abbruch von Mauerwerk, d=24cm (19m²), Trennschnitte (11m); Entsorgung, Deponiegebühren	19,20 m²	2.703	**140,79**	
	• Herstellen (Kosten: 77,7%) KS-Mauerwerk, d=17,5cm (34m²), Fertigteilstürze (2St), Türöffnung herstellen, Mauerwerk, d=24cm, Laibungsschnitte, Beton-Fertigteilsturz (2m²), Auflagertaschen herstellen, ausmauern (8St)	36,61 m²	9.401	**256,80**	
342	**Nichttragende Innenwände**	140,35 m²	40.281	**287,00**	30,9
	• Herstellen (Kosten: 100,0%) KS-Mauerwerk, d=11,5cm (78m²), d=24cm (4m²), Fertigteilstürze (2St), GK-Brüstungswände Q3, beidseitig doppelt beplankt, Stahl-Unterkonstruktion, QR50-80 (33m²), GK-Wände Q3, d=12,5cm, R'w=59dB, beidseitig doppelt beplankt, Mineralwolldämmung, d=60mm (24m²)	140,35 m²	40.281	**287,00**	
344	**Innenwandöffnungen**	29,64 m²	35.967	**1.213,45**	27,6
	• Abbrechen (Kosten: 3,1%) Abbruch von Holztüren (17m²), Stahl-Glastüren (11m²); Entsorgung, Deponiegebühren	27,89 m²	1.116	**40,03**	
	• Wiederherstellen (Kosten: 1,3%) Stahlzargen prüfen, lose Beschichtung entfernen, neu beschichten (10m²)	10,06 m²	473	**46,97**	
	• Herstellen (Kosten: 95,6%) Holztüren, Röhrenspaneinlage, Oberfläche HPL, Stahlzargen (9m²), mit Schallschutzeinlage (2m²), mit Vollspaneinlage (2m²), Holztürblätter, Röhrenspaneinlage, Oberfläche HPL (6m²), Stahltüren T30 RS, pulverbeschichtet, Stahlzargen (5m²), Ganzglastürblatt (2m²), Stahlgittertür, Flachstahlrahmen 60x12mm, horizontale Füllstäbe 60x4mm, Kastenschloss (2m²)	29,64 m²	34.378	**1.159,84**	
345	**Innenwandbekleidungen**	494,80 m²	33.137	**66,97**	25,4
	• Abbrechen (Kosten: 1,6%) Abbruch von Beschichtung (16m²), Wandfliesen (8m²); Entsorgung, Deponiegebühren	23,80 m²	541	**22,72**	
	• Wiederherstellen (Kosten: 18,7%) Putzflächen prüfen, Schadstellen markieren, Fehlstellen ausbessern (181m²), schalldurchlässige Beschichtung reinigen, lose Partikel entfernen, neu beschichten (24m²)	204,18 m²	6.208	**30,40**	
	• Herstellen (Kosten: 79,6%) Zement-Ausgleichsputz (62m²), Zementputz (168m²), Kalkzementputz, Gewebeeinlage (33m²), GK-Vorsatzschalen (12m²), KS-Vormauerungen, d=11,5cm (2m²), Silikatbeschichtung (456m²), Wandfliesen (14m²), Spiegel, fliesengleich (1m²)	470,80 m²	26.388	**56,05**	
349	**Sonstiges zur KG 340**	277,04 m² IWF	8.823	**31,85**	6,8
	• Herstellen (Kosten: 100,0%) Treppenhandläufe, Flachstahl 40x6mm, Beschichtung (12m)	265,04 m² IWF	8.823	**33,29**	

Umbau

KG	Kostengruppe	Menge Einheit	Kosten €	€/Einheit	%
350	**Decken/Horizontale Baukonstruktionen**				**100,0**
351	**Deckenkonstruktionen**	12,59 m²	27.417	**2.177,68**	35,6
	• Abbrechen (Kosten: 21,7%) Abbruch von Hohlkörperdecke, d=27cm, Estrich, d=8cm, Trennschnitte, Kernbohrungen (15m²); Entsorgung, Deponiegebühren	14,74 m²	5.937	**402,80**	
	• Herstellen (Kosten: 78,3%) Stb-Treppe C25/30, d=18cm, oberseitig SB3, Laufbreite 110cm, 18 Steigungen, Zwischenpodest, Schalung, Bewehrung (7m²), Stb-Decke C25/30, d=18cm (3m²), Stb-Unterzug C25/30, 17,5x17,5cm, l=5,10m (1St), Holzbalkendecke, KVH 8x20cm, OSB-Schalung (2m²)	12,59 m²	21.480	**1.706,10**	
353	**Deckenbeläge**	172,76 m²	22.713	**131,47**	29,5
	• Abbrechen (Kosten: 5,8%) Abbruch von Linoleum/PVC (72m²), Verbundestrich, Bodenfliesen (13m²); Entsorgung, Deponiegebühren	85,24 m²	1.312	**15,39**	
	• Herstellen (Kosten: 94,2%) Mineralwoll-TSD, d=25mm, Zementestrich, d=50mm (15m²), Alu-Estrichwinkel 55x55-250mm (52m), Epoxidharzbeschichtung (89m²), Linoleum (79m²), Holzsockel (55m), Bodenfliesen (4m²), Fliesensockel (6m), Sauberlaufmatte (1m²)	172,76 m²	21.401	**123,88**	
354	**Deckenbekleidungen**	103,68 m²	12.972	**125,12**	16,8
	• Abbrechen (Kosten: 2,9%) Abbruch von Holzbekleidung (10m²); Entsorgung, Deponiegebühren	10,18 m²	382	**37,55**	
	• Wiederherstellen (Kosten: 0,5%) Putzflächen prüfen, Schadstellen markieren, schadhafte Beschichtung entfernen, neu beschichten (3m²)	2,71 m²	64	**23,43**	
	• Herstellen (Kosten: 96,6%) GK-Decken Q3, Abhängehöhe 8-31cm (47m²), GK-Akustikdecke, Abhängehöhe 31cm (3m²), Silikatbeschichtung (91m²), Akustik-Rasterdecke, Abhängehöhe 46cm (9m²), Schattenfugen (46m), GK-Verkofferungen, h=31cm (8m)	100,97 m²	12.526	**124,06**	
355	**Elementierte Deckenkonstruktionen**	–	1.082	–	1,4
	• Abbrechen (Kosten: 100,0%) Abbruch von Holzwangentreppe, b=120cm, beidseitig Stahlgeländer (5m²), Holzbalkenkonstruktion, Auflagebretter, Einschubtreppe, Umwehrung (2m²); Entsorgung, Deponiegebühren	7,40 m²	1.082	**146,20**	

KG	Kostengruppe	Menge Einheit	Kosten €	€/Einheit	%
359	**Sonstiges zur KG 350**	172,76 m²DEF	12.896	**74,65**	16,7
	• Abbrechen (Kosten: 7,1%) Abbruch von Holz-Brüstungsbekleidung, h=100cm, Holzabdeckungen, b=25cm, Holz-Brüstungsaufsätze (20m); Entsorgung, Deponiegebühren	92,64 m²DEF	913	**9,86**	
	• Wiederherstellen (Kosten: 3,8%) Stahl-Treppengeländer überarbeiten, lose Beschichtung entfernen, Schadstellen entrosten, neu beschichten (6m²)	–	487	–	
	• Herstellen (Kosten: 89,1%) Brüstungsaufsätze, h=34cm, Flachstahl 50x6mm, Pfosten, drei Horizontalgurte, Beschichtung (20m), h=12cm, ein Horizontalgurt, teilweise gebogen (11m)	185,35 m²DEF	11.495	**62,02**	
360	**Dächer**				**100,0**
361	**Dachkonstruktionen**	–	4.618	–	7,6
	• Herstellen (Kosten: 100,0%) Stahlunterzüge HEB200, l=5,20m (1St), HEA120, l=1,90m (2St), HEA140, l=0,90m (1St)	–	4.618	–	
364	**Dachbekleidungen**	822,20 m²	55.840	**67,92**	92,4
	• Wiederherstellen (Kosten: 53,3%) Holzdecke reinigen, abbürsten, Fehlstellen schließen, neu beschichten (670m²), Schattenfugen überarbeiten, b=30-50cm, Beschichtung entfernen, neu beschichten (12m²)	682,32 m²	29.752	**43,60**	
	• Herstellen (Kosten: 46,7%) GK-Decke Q3, Abhängehöhe 8-53cm (47m²), GK-Akustikdecke, Abhängehöhe 8cm (7m²), Lichtvouten (22m), Akustik-Rasterdecke, Abhängehöhe 22cm (76m²), GK-Deckenabschlüsse, h=22cm (23m), Silikatbeschichtung (64m²), Schattenfugen (118m), GK-Stahlträgerbekleidungen F30, dreiseitig (10m)	139,88 m²	26.088	**186,50**	
380	**Baukonstruktive Einbauten**				**100,0**
381	**Allgemeine Einbauten**	960,00 m²BGF	211.482	**220,29**	22,6
	• Abbrechen (Kosten: < 0,1%) Abbruch von Einbauschrank 200x270x40cm (1St); Entsorgung, Deponiegebühren	960,00 m²BGF	152	**0,16**	
	• Wiederherstellen (Kosten: < 0,1%) Tresortür überarbeiten, lose Beschichtung entfernen, Schadstellen entrosten, neu beschichten (1St)	960,00 m²BGF	59	**0,06**	
	• Herstellen (Kosten: 99,9%) Holzstelen 10x20cm, h=5,00m, geölt, freistehend, als Raumteiler, Stahlschwerter 40x100mm, Fußplatten (86St), Kirchenbänke, Holz, geölt, Kniebänke, Armauflagen (73m), Haken (108St), Einbaumöbel, MDF, lackiert: Hochschränke, b=62cm (4St), b=124cm (2St), b=162cm (1St), b=166cm, mit Einbauspüle (1St), Ankleidetisch, HPL-Ablagefläche 227x100cm, Unter-/Oberschränke, Frontauszüge, Stiftablage (1St), Unterschrank mit Waschtisch, Abfallsystem (1St), Wandvorlage 165x297cm, mit zwei Regalböden, Geldbox (1St), mit Ablagebord (1St), Kniebänke (22m), Eckbank mit Rückenlehne, Filzauflage, l=5,23m (1St), Garderobenleiste 160x20cm (1St), LED-Möbeleinbauleuchten, l=83cm (3St)	960,00 m²BGF	211.270	**220,07**	

Umbau

KG	Kostengruppe	Menge Einheit	Kosten €	€/Einheit	%
382	**Besondere Einbauten**	960,00 m²BGF	718.770	**748,72**	77,0
	• Abbrechen (Kosten: 1,3%) Abbruch von Altar, Tabernakel (psch), Apostelleuchtern, Weihwasserbecken, Kreuz, Taufbecken (psch), Kreuzverankerungen (2St); Entsorgung, Deponiegebühren	960,00 m²BGF	9.035	**9,41**	
	• Wiederherstellen (Kosten: 1,3%) Triumphkreuz umarbeiten zu Kubus für Ewiges Grab (1St)	960,00 m²BGF	9.337	**9,73**	
	• Herstellen (Kosten: 97,4%) Stb-Sockel C25/30, h=24cm, Schalung, Bewehrung (2m³), Stahl-Abfangungen, D=48mm, l=80cm (8St), Stb-Urnenwände C50/60, Sichtbeton, farbig, h=2,27m, t=41cm, einseitig Urnenkammern (25m), t=78cm, beidseitig Urnenkammern (20m), Altarrückwand, Holzbekleidung mit Kreuz (psch), Altar 143x86x97cm, Holz, geölt (1St), Ambo 50x48x119cm, Holz, geölt (1St), Tabernakel 45x65x48cm, Stahl (1St), Standsockel 45x45x100cm, für Heiligenfiguren (2St), Urnenstele (1St), Ewiges Licht, Halterung (1St), Opferkerzenregal, Opferstock (1St), Geldbox (1St), Apostelleuchter (12St), Stahlkonsole für Pieta (1St)	960,00 m²BGF	700.398	**729,58**	
386	**Orientierungs- und Informationssysteme**	960,00 m²BGF	3.497	**3,64**	0,4
	• Herstellen (Kosten: 100,0%) Infowand 95x237x8cm, MDF, HPL-Magnettafel, zwei Regalnischen (1St), HPL-Magnettafel 235x124cm (1St), Folienbeschriftungen (psch)	960,00 m²BGF	3.497	**3,64**	
390	**Sonstige Maßnahmen für Baukonstruktionen**				**100,0**
391	**Baustelleneinrichtung**	960,00 m²BGF	18.641	**19,42**	27,0
	• Herstellen (Kosten: 100,0%) Baustelleneinrichtung (psch), Bauzaun (88m), Bautür, zweiflüglig (1St), Baustellen-WC (7Wo), Bauwasseranschluss (psch), Baustromverteiler (1St), Kabel (202m), Lichtleisten (20St), Scheinwerfer (4St)	960,00 m²BGF	18.641	**19,42**	
392	**Gerüste**	960,00 m²BGF	28.353	**29,53**	41,1
	• Herstellen (Kosten: 100,0%) Innenraumgerüste, Wandhöhen bis 10,70m (psch), Raupenarbeitsbühnen, Raumhöhe bis 17,30m (psch), Rollgerüste (psch)	960,00 m²BGF	28.353	**29,53**	
396	**Materialentsorgung**	960,00 m²BGF	300	**0,31**	0,4
	• Herstellen (Kosten: 100,0%) Schuttcontainer (7m³); Entsorgung, Deponiegebühren	960,00 m²BGF	300	**0,31**	
397	**Zusätzliche Maßnahmen**	960,00 m²BGF	21.662	**22,56**	31,4
	• Herstellen (Kosten: 100,0%) Schutzabdeckungen mit Verbundkarton (230m²), mit Holzwerkstoff (125m²), Eckschutzwinkel, Pappe, l=2,00m (16St), Türflügel beidseitig schützen, mit OSB-Platten (3St), mit Polsterfolie (1St), Fensteröffnung schließen mit Schaltafeln (1St), Bauendreinigung (psch), Fensterreinigung, innen (185m²), außen (psch), Reinigung Urnenwände (psch), Ersatz-Wand-/Bodenfliesen (104St), Ersatz-Akustik-Rasterdeckenplatten (22St)	960,00 m²BGF	21.662	**22,56**	

Umbau

KG	Kostengruppe	Menge Einheit	Kosten €	€/Einheit	%
410	**Abwasser-, Wasser-, Gasanlagen**				**100,0**
411	**Abwasseranlagen**	960,00 m² BGF	8.912	**9,28**	27,2
	• Abbrechen (Kosten: 10,3%) Abbruch von Abwasserleitungen (9m); Entsorgung, Deponiegebühren	960,00 m² BGF	916	**0,95**	
	• Herstellen (Kosten: 89,7%) PP-Rohre DN50-100, Formstücke (36m), PVC-Rohre DN100, Formstücke (15m), PE-Rohre DN56-100, Formstücke (4m), Rohrschotts (6St), Kernbohrungen (6St), Sifons (8St)	960,00 m² BGF	7.996	**8,33**	
412	**Wasseranlagen**	960,00 m² BGF	22.215	**23,14**	67,9
	• Abbrechen (Kosten: 8,5%) Abbruch von Stahl-/Kupferleitungen bis DN40, Rohrdämmung (39m), Waschtischen (3St), WC (1St); Entsorgung, Deponiegebühren	960,00 m² BGF	1.883	**1,96**	
	• Herstellen (Kosten: 91,5%) Edelstahlrohre DN12-25, Formstücke, Rohrdämmung (58m), PE-Druckrohre DN15-26, Formstücke (41m), Kupferrohre DN12, Formstücke (2m), Absperrventile (8St), Druckminderer-/Filtereinheit (1St), Wand-WC (1St), barrierefrei, Spülautomatik (1St), Waschtische (2St), barrierefrei (1St), Ausgussbecken (1St), Durchlauferhitzer 6,5kW (2St), 13,5kW (1St)	960,00 m² BGF	20.332	**21,18**	
419	**Sonstiges zur KG 410**	960,00 m² BGF	1.594	**1,66**	4,9
	• Herstellen (Kosten: 100,0%) Montageelemente für Wand-WCs (2St), für Waschtische (1St)	960,00 m² BGF	1.594	**1,66**	
420	**Wärmeversorgungsanlagen**				**100,0**
421	**Wärmeerzeugungsanlagen**	960,00 m² BGF	7.443	**7,75**	14,8
	• Herstellen (Kosten: 100,0%) Festwert-Regelstation (1St), Nassläuferpumpe (1St), Ausdehnungsgefäß 50l (1St), Rückschlagventil (1St), Kugelhähne (6St), Entleerungsventile (10St), Kappenventil (1St), Heizungssteuerung: Kleinverteiler (1St), Ethernet-Thermostat (1St), Ethernet-Switch (1St)	960,00 m² BGF	7.443	**7,75**	
422	**Wärmeverteilnetze**	960,00 m² BGF	13.777	**14,35**	27,4
	• Abbrechen (Kosten: 19,0%) Abbruch von Heizleitungen, Rohrdämmung (65m); Entsorgung, Deponiegebühren	960,00 m² BGF	2.623	**2,73**	
	• Herstellen (Kosten: 81,0%) C-Stahlrohre DN12-25, Formstücke, Rohrdämmung (108m)	960,00 m² BGF	11.154	**11,62**	
423	**Raumheizflächen**	960,00 m² BGF	29.132	**30,35**	57,9
	• Abbrechen (Kosten: 0,4%) Abbruch von Plattenheizkörpern (5St); Entsorgung, Deponiegebühren	960,00 m² BGF	106	**0,11**	
	• Herstellen (Kosten: 99,6%) Hohlraum-Fußbodenheizung, Kupferrohre DN15, Formstücke (340m), Alu-Wärmeverteiler (1.652St), Heizkreisverteiler, drei Heizkreise, Verteilerschrank (1St), Stellantriebe (3St), Kompaktheizkörper (4St), Elektro-Wandkonvektoren 1,0-1,5kW (4St)	960,00 m² BGF	29.026	**30,24**	

Umbau

KG	Kostengruppe	Menge Einheit	Kosten €	€/Einheit	%
430	**Raumlufttechnische Anlagen**				**100,0**
431	**Lüftungsanlagen**	960,00 m² BGF	10.588	**11,03**	100,0
	• Wiederherstellen (Kosten: 4,1%) Zuluftkanal überprüfen, reinigen (3h), Brandschutzklappen warten (2St)	960,00 m² BGF	432	**0,45**	
	• Herstellen (Kosten: 95,9%) Lüftungsgerät, Volumenstrom 100m³/h, mit WRG, Fernbedienung (1St), Einzelraumlüfter 60m³/h (1St), Hygrostat (1St), Wickelfalzrohre DN80-100, Formstücke, Rohrdämmung (13m), Alu-Flexrohr DN80 (1m), Abluftventile (5St), Außenluftblende (1St), Wetterschutzgitter (1St)	960,00 m² BGF	10.156	**10,58**	
440	**Elektrische Anlagen**				**100,0**
444	**Niederspannungsinstallationsanlagen**	960,00 m² BGF	111.794	**116,45**	60,8
	• Herstellen (Kosten: 100,0%) Zählerverteilung, bestückt (1St), Wandverteiler, bestückt (1St), Mantelleitungen (2.472m), Starkstromkabel (438m), Steuerleitungen (27m), Installationskabel (20m), Leerrohre (130m), Kabelkanäle (30m), Kabelrinnen (9m), Ringraumdichtungen (8St), DALI-Steuergeräte (3St), Steckdosen (71St), Bodentanks (3St), Schalter/Taster (13St), DALI-Dimmer (3St), Geräteanschlussdosen (9St), Jalousieaktoren (6St), Präsenzmelder (5St)	960,00 m² BGF	111.794	**116,45**	
445	**Beleuchtungsanlagen**	960,00 m² BGF	56.827	**59,19**	30,9
	• Herstellen (Kosten: 100,0%) LED-Einbauleuchten (40St), LED-Stromschienen-Strahler, mit Weichzeichenlinsen (24St), mit Zoom-Vorsatz (2St), Stromschienen, l=4m (18St), l=1m (6St), LED-Lichtbänder (7St), LED-Steuerungen (2St), LED-Wandleuchten (4St), Feuchtraum-Wannenleuchten (3St), Hängeleuchten, l=1,13m, Seilabhängungen, l=2m (2St), LED-Einbaudownlights (2St), Anbauleuchten (2St), LED-Pendelleuchten (2St), LED-Unterbauleuchten (2St)	960,00 m² BGF	56.827	**59,19**	
446	**Blitzschutz- und Erdungsanlagen**	960,00 m² BGF	15.103	**15,73**	8,2
	• Wiederherstellen (Kosten: 33,2%) Blitzschutzanlage prüfen (psch), Durchgangswiderstand über Dach verbessern: Fang-/Ableitungen erneuern (59m), Leitungshalter ergänzen (73St), Klemmen ersetzen (16St), Oberflächenerder ergänzen (8m), mangelhafte Ableitungen richten, neu befestigen (8m)	960,00 m² BGF	5.010	**5,22**	
	• Herstellen (Kosten: 66,8%) Tiefenerder, Edelstahl, D=20mm, l=1,50m (69m), Oberflächenerder, Edelstahl, D=10mm (23m), Erdungsschellen (17St), Verbinder (17St), Erdungsanschlüsse (6St), Potenzialausgleichsschiene (1St)	960,00 m² BGF	10.093	**10,51**	
450	**Kommunikations-, sicherheits- und informationstechnische Anlagen**				**100,0**
452	**Such- und Signalanlagen**	960,00 m² BGF	1.617	**1,68**	2,2
	• Herstellen (Kosten: 100,0%) Bus-Haustelefone (2St), Netzgerät, Tischkonsole (1St), Klingeltaster (1St), Gong (1St)	960,00 m² BGF	1.617	**1,68**	

KG	Kostengruppe	Menge Einheit	Kosten €	€/Einheit	%
455	**Audiovisuelle Medien- u. Antennenanl.**	960,00 m² BGF	53.948	**56,20**	74,7
	• Herstellen (Kosten: 100,0%) Audio-Controller (1St), Verstärker (1St), Master-Steuereinheit (1St), Touchpanel (1St), DALI-Gateway (1St), POE-Switch (1St), Lautsprecherkabel (242m), Lautsprecher (2St), Zwei-Wege-Linienstrahler (2St), Mikrofonkabel (233m), Richtantennen (2St), Antennenverstärker (1St), Antennensplitter (1St), Schwanenhals-Mikrofone (2St), Touch-Monitor-PC (1St), Audio-Interface (1St), LED-Projektor (1St), Liedanzeigetafel (1St), induktive Höranlage, Ringschleife (60m), Ringschleifen-Verstärker (1St)	960,00 m² BGF	53.948	**56,20**	
457	**Datenübertragungsnetze**	960,00 m² BGF	16.608	**17,30**	23,0
	• Herstellen (Kosten: 100,0%) Netzwerkschrank (1St), 19"-Rangierfelder (2St), POE-Switch (1St), Datenkabel (795m), Fernmeldekabel (286m), LWL-Kabel (65m), Datenanschlussdosen 2xRJ45 (8St), 1xRJ45 (3St)	960,00 m² BGF	16.608	**17,30**	
470	**Nutzungsspezifische und verfahrenstechnische Anlagen**				**100,0**
476	**Weitere nutzungsspezifische Anlagen**	960,00 m² BGF	1.895	**1,97**	100,0
	• Wiederherstellen (Kosten: 100,0%) Orgel aushausen, Gehäuse teilweise reinigen, Datenlogger prüfen, Zungenpfeifen stimmen (1St)	960,00 m² BGF	1.895	**1,97**	
490	**Sonstige Maßnahmen für technische Anlagen**				**100,0**
491	**Baustelleneinrichtung**	960,00 m² BGF	99	**0,10**	0,5
	• Herstellen (Kosten: 100,0%) Baustelleneinrichtung (psch)	960,00 m² BGF	99	**0,10**	
492	**Gerüste**	960,00 m² BGF	19.163	**19,96**	99,5
	• Herstellen (Kosten: 100,0%) Montagegerüste, Montagehöhe bis 3,50m (psch), Hubarbeitsbühne (11d), Lastverteilungsplatten (45m²), Hubsteiger (1d)	960,00 m² BGF	19.163	**19,96**	
510	**Erdbau**				**100,0**
511	**Herstellung**	23,12 m³ EBR	3.239	**140,09**	100,0
	• Herstellen (Kosten: 100,0%) Grabenaushub BK 2-5, t bis 160cm, lagern, verfüllen (23m³)	23,12 m³ EBR	3.239	**140,09**	
530	**Oberbau, Deckschichten**				**100,0**
539	**Sonstiges zur KG 530**	–	222	–	100,0
	• Abbrechen (Kosten: 100,0%) Aufnehmen und Lagern von Betonplatten 50x50cm (17m)	8,42 m² BFF	222	**26,39**	
550	**Technische Anlagen**				**100,0**
551	**Abwasseranlagen**	–	3.647	–	69,8
	• Herstellen (Kosten: 100,0%) PVC-Rohre DN100, Formstücke (47m), PP-Kontrollschächte DN400, t=1,25m (2St)	–	3.647	–	
556	**Elektrische Anlagen**	–	1.581	–	30,2
	• Herstellen (Kosten: 100,0%) Standsäule, Türöffner (1St)	–	1.581	–	

KG	Kostengruppe	Menge Einheit	Kosten €	€/Einheit	%
590	**Sonstige Maßnahmen für Außenanlagen und Freiflächen**				**100,0**
595	**Instandsetzungen**	–	3.856	–	100,0
	• Herstellen (Kosten: 100,0%) Wiederherrichtung Außenanlagen (psch)	–	3.856	–	

Kostenkennwerte für Leistungsbereiche nach STLB (Kosten des Bauwerks nach DIN 276)

LB	Leistungsbereiche	Kosten €	€/m² BGF	€/m³ BRI	% an 3+4
000	Baustellen-, Verkehrssich.- u. Sicherh.einr. inkl. 001	68.702	71,60	10,00	3,3
002	Erdarbeiten	11.931	12,40	1,70	0,6
006	Spezialtiefbauarbeiten inkl. 005	–	–	–	–
009	Entwässerungskanalarbeiten inkl. 011	2.512	2,60	0,37	0,1
010	Drän- und Versickerarbeiten	–	–	–	–
012	Mauerarbeiten	35.506	37,00	5,20	1,7
	Wiederherstellen	8.207	8,50	1,20	0,4
	Herstellen	27.299	28,40	4,00	1,3
013	Betonarbeiten	660.704	688,20	96,50	32,0
	Wiederherstellen	1.015	1,10	0,15	< 0,1
	Herstellen	659.689	687,20	96,30	32,0
014	Natur-, Betonwerksteinarbeiten	1.482	1,50	0,22	< 0,1
016	Zimmer- und Holzbauarbeiten	878	0,91	0,13	< 0,1
017	Stahlbauarbeiten	10.131	10,60	1,50	0,5
018	Abdichtungsarbeiten	28.201	29,40	4,10	1,4
020	Dachdeckungsarbeiten	–	–	–	–
021	Dachabdichtungsarbeiten	–	–	–	–
022	Klempnerarbeiten	–	–	–	–
	Rohbau	**820.047**	**854,20**	**119,70**	**39,8**
	Wiederherstellen	9.222	9,60	1,30	0,4
	Herstellen	810.825	844,60	118,40	39,3
023	Putz- und Stuckarbeiten, Wärmedämmsysteme	21.637	22,50	3,20	1,0
	Wiederherstellen	5.734	6,00	0,84	0,3
	Herstellen	15.903	16,60	2,30	0,8
024	Fliesen- und Plattenarbeiten	7.371	7,70	1,10	0,4
025	Estricharbeiten	80.639	84,00	11,80	3,9
026	Fenster, Außentüren inkl. 029, 032	90.221	94,00	13,20	4,4
	Wiederherstellen	4.482	4,70	0,65	0,2
	Herstellen	85.738	89,30	12,50	4,2
027	Tischlerarbeiten	252.773	263,30	36,90	12,3
	Wiederherstellen	1.132	1,20	0,17	< 0,1
	Herstellen	251.641	262,10	36,70	12,2
028	Parkett-, Holzpflasterarbeiten	71.076	74,00	10,40	3,4
030	Rollladenarbeiten	2.739	2,90	0,40	0,1
031	Metallbauarbeiten inkl. 035	117.804	122,70	17,20	5,7
	Wiederherstellen	13.520	14,10	2,00	0,7
	Herstellen	104.284	108,60	15,20	5,1
034	Maler- und Lackiererarb. - Beschicht. inkl. 037	81.665	85,10	11,90	4,0
	Wiederherstellen	44.879	46,70	6,60	2,2
	Herstellen	36.786	38,30	5,40	1,8
036	Bodenbelagarbeiten	13.857	14,40	2,00	0,7
038	Vorgehängte hinterlüftete Fassaden	–	–	–	–
039	Trockenbauarbeiten	60.917	63,50	8,90	3,0
	Wiederherstellen	5.863	6,10	0,86	0,3
	Herstellen	55.054	57,30	8,00	2,7
	Ausbau	**800.699**	**834,10**	**116,90**	**38,8**
	Wiederherstellen	75.611	78,80	11,00	3,7
	Herstellen	725.088	755,30	105,90	35,1
040	Wärmeversorgungsanl. - Betriebseinr. inkl. 041	46.142	48,10	6,70	2,2
042	Gas- u. Wasseranl. - Leitung., Armat. inkl. 043	8.748	9,10	1,30	0,4

9100-0204
Stadtbücherei
(120 Plätze)

Modernisierung

Objektbeschreibung

Allgemeine Objektinformationen

Die Stadtbücherei befindet sich in einem Gründerstilbau aus dem Jahr 1902 und ist als Kulturdenkmal eingetragen. Entsprechend erforderten die Sanierungs- und Modernisierungsarbeiten an der historischen Bausubstanz ein besonders hohes Maß an denkmalpflegerischer Sorgfalt in Planung und Ausführung. Zu Beginn wurde ein Sanierungskonzept erstellt, das die Maßnahmen nach ihrer Dringlichkeit priorisierte.

Nutzung

1 Untergeschoss
Abstellräume, Lager

1 Erdgeschoss
Bibliothek, Foyer,Treppenhaus, Nebenräume, WCs, Treppenhaus

1 Dachgeschoss
Wohnung Hausmeister, Lagerräume, Treppenhaus

Nutzeinheiten

Wohneinheiten: 1

Grundstück

Bauraum: Freier Bauraum
Neigung: Ebenes Gelände

Markt

Hauptvergabezeit: 3.Quartal 2018
Baubeginn: 3.Quartal 2017
Bauende: 1.Quartal 2020
Konjunkturelle Gesamtlage: Durchschnitt
Regionaler Baumarkt: Durchschnitt

Baubestand

Baujahr: 1902
Bauzustand: gut
Aufwand: hoch
Grundrissänderungen: wenige
Tragwerkseingriffe: einige
Nutzungsänderung: nein
Nutzung während der Bauzeit: ja

Baukonstruktion

Im ersten Bauabschnitt wurden die Dach- und Kanalarbeiten ausgeführt. Die historische Dachdeckung konnte weitgehend erhalten bleiben; lediglich einzelne schadhafte Schieferplatten wurden ersetzt. In den folgenden beiden Bauabschnitten wurden Teile des Dachs sowie die Fassade saniert. Die denkmalgeschützte Eule an der Spitze der Frontfassade wurde sorgfältig restauriert. Die Dachgeschossdecke im nördlichen Gebäudebereich erhielt eine energetische Ertüchtigung. Das Fachwerk der Fassaden wurde behutsam instand gesetzt und, wo erforderlich, partiell erneuert, um die Tragfähigkeit zu sichern. Alle denkmalgeschützten Holzfenster wurden ausgebaut, fachgerecht aufgearbeitet und wieder eingebaut. Die Holzschalung im Giebel konnte nach der Sanierung erneut angebracht werden. Die historischen Dachaufbauten blieben vollständig erhalten.

Technische Anlagen

Die Grund- und Fallleitungen für das anfallende Regenwasser wurden erneuert und in einen neuen Kontrollschacht geführt. Die Dachentwässerung wurde an den Blitzschutz angebunden und dieser im Zuge der Maßnahme erweitert. Weitere technische Anlagen wurden nicht installiert.

Sonstiges

Aufgrund der bautechnischen und baugeschichtlichen Bedeutung des Gebäudes sind alle Arbeiten mit größter Sorgfalt und Vorsicht unter weitestgehender Erhaltung der "Originalsubstanz" durchgeführt worden. So mussten die Dachrinnen und Fallrohre gemäß dem historischen Bestand saniert werden.

Planungskennwerte für Flächen und Rauminhalte nach DIN 277

Flächen des Grundstücks		Menge Einheit	% an GF
BF	Bebaute Fläche	–	–
UF	Unbebaute Fläche	–	–
GF	Grundstücksfläche	–	–

Grundflächen des Bauwerks		Menge Einheit	% an NUF	% an BGF
NUF	Nutzungsfläche	727,82 m²	100,0	80,3
TF	Technikfläche	–	–	–
VF	Verkehrsfläche	52,18 m²	7,2	5,8
NRF	Netto-Raumfläche	780,00 m²	107,2	86,0
KGF	Konstruktions-Grundfläche	126,72 m²	17,4	14,0
BGF	Brutto-Grundfläche	906,72 m²	124,6	100,0

Brutto-Rauminhalt des Bauwerks		Menge Einheit	BRI/NUF (m)	BRI/BGF (m)
BRI	Brutto-Rauminhalt	4.242,05 m³	5,83	4,68

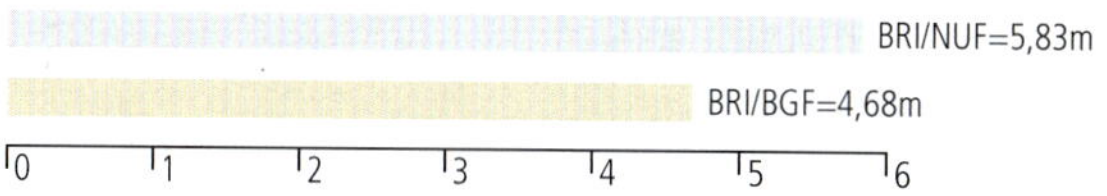

Lufttechnisch behandelte Flächen	Menge Einheit	% an NUF	% an BGF
Entlüftete Fläche	–	–	–
Be- und entlüftete Fläche	–	–	–
Teilklimatisierte Fläche	–	–	–
Klimatisierte Fläche	–	–	–

KG	Kostengruppen (2. Ebene)	Menge Einheit	Menge/NUF	Menge/BGF
310	Baugrube / Erdbau	–	–	–
320	Gründung, Unterbau	–	–	–
330	Außenwände/Vertikale Baukonstruktionen, außen	1.193,63 m² AWF	1,64	1,32
340	Innenwände/Vertikale Baukonstruktionen, innen	–	–	–
350	Decken/Horizontale Baukonstruktionen	213,60 m² DEF	0,29	0,24
360	Dächer	149,49 m² DAF	0,21	0,17

Kostenkennwerte für die Kostengruppen der 1. Ebene DIN 276

KG	Kostengruppen (1. Ebene)	Einheit	Kosten €	€/Einheit	€/m² BGF	€/m³ BRI	% 300+400
100	Grundstück	m² GF	–	–	–	–	–
200	Vorbereitende Maßnahmen	m² GF	–	–	–	–	–
300	Bauwerk – Baukonstruktionen	m² BGF	976.021	1.076,43	1.076,43	230,08	98,8
400	Bauwerk – Technische Anlagen	m² BGF	11.813	13,03	13,03	2,78	1,2
	Bauwerk 300+400	**m² BGF**	**987.834**	**1.089,46**	**1.089,46**	**232,87**	**100,0**
500	Außenanlagen und Freiflächen	m² AF	94.219	–	103,91	22,21	9,5
600	Ausstattung und Kunstwerke	m² BGF	–	–	–	–	–
700	Baunebenkosten	m² BGF	–	–	–	–	–
800	Finanzierung	m² BGF	–	–	–	–	–

KG	Kostengruppe	Menge Einheit	Kosten €	€/Einheit	%
3+4	**Bauwerk**				**100,0**
300	**Bauwerk – Baukonstruktionen**	906,72 m² BGF	976.021	**1.076,43**	98,8

- Abbrechen (Kosten: 14,9%) — 145.795
  Abbruch von Fensterbänken, Beschichtung auf Fachwerkbalken; Schieferdeckung, Dachschalung, Dachverwahrungen, Dachentwässerungen; Entsorgung, Deponiegebühren
- Wiederherstellen (Kosten: 53,5%) — 521.915
  Grundschwelle auswechseln, Schlitze neu ausspanen; Bleiverglasungen instandsetzen, Holzfenster, ein- bis achtflüglig, neu beschichten, Profile der Rahmenhölzer aus Altholz nach Originalvorlage rekonstruieren, Eckverbinder erneuern; Türflügel überarbeiten; Holzschnitzerei Eule, instandsetzen, zerstörte Verzierungen ausbauen, ersetzen, kaputte Zierhölzer rekonstruieren; defekte Schieferplatten auswechseln, Dachrinnen reparieren, Fallrohrbögen erneuern
- Herstellen (Kosten: 31,6%) — 308.311
  Beschichtungen, Kalkputz, Leinölbeschichtung der Fachwerkbalken, Holzverzierungen; Holzbalken, Mineralwolldämmung, Rauspundschalung; Dachflächenfenster, Schieferdeckung, Dachentwässerung

KG	Kostengruppe	Menge Einheit	Kosten €	€/Einheit	%
400	**Bauwerk – Technische Anlagen**	906,72 m² BGF	11.813	**13,03**	1,2

- Abbrechen (Kosten: 6,4%) — 755
  Abbruch von Blitzableiter; Entsorgung, Deponiegebühren
- Herstellen (Kosten: 93,6%) — 11.058
  Erweiterung Blitzschutz

KG	Kostengruppe	Menge Einheit	Kosten €	€/Einheit	%
500	**Außenanlagen und Freiflächen**	–	94.219	–	9,5

- Abbrechen (Kosten: 12,1%) — 11.385
  Abbruch von Betonbelag, Asphalt; Kontrollschacht, Abwasserrohren, Hofabläufen; Entsorgung, Deponiegebühren
- Wiederherstellen (Kosten: 1,2%) — 1.111
  Deckschicht lagern, wieder einbauen
- Herstellen (Kosten: 86,7%) — 81.723
  Rohrgrabenaushub; Betonpflaster, Basaltpflaster; Abwasserleitungen, Entwässerungsrinnen

Kostenkennwerte für die Kostengruppen der 2.Ebene DIN 276

KG	Kostengruppe	Menge Einheit	Kosten €	€/Einheit	%
300	**Bauwerk – Baukonstruktionen**				**100,0**
330	**Außenwände/Vert. Baukonstrukt., außen**	1.193,63 m² AWF	754.548	**632,15**	77,3
	• Abbrechen (Kosten: 17,9%) Abbruch von Fensterbänken (50m), Türbeschichtung (4m²); Beschichtung auf Fachwerkbalken (508m²), im Mikropartikelstrahlverfahren (431m²); Entsorgung, Deponiegebühren	950,44 m² AWF	134.947	**141,98**	
	• Wiederherstellen (Kosten: 67,7%) Grundschwelle ausbauen, neue Schwelle einbauen (9m), Schlitze von Spachtelmasse, Acryl, Ausspänungen befreien, neu ausspanen (770m) * Bleiverglasungen instandsetzen, ausglasen, neu verkitten (46m²), Holzfenster, ein-bis achtflüglig, Fensterflügel ausbauen, Altanstriche entfernen, Profile der Rahmenhölzer nach Originalvorlage rekonstruieren, Eckverbinder erneuern, Beschläge abbeizen, gangbar machen, Leinölbeschichtung, wieder einbauen (153m²), Fensterbänke abschleifen, beschichten (46m), Türflügel überarbeiten, Leinölbeschichtung (4m²) * Holzschnitzerei Eule, instandsetzen, zerstörte Verzierungen ausbauen, ersetzen (4m²), kaputte Zierhölzer an Brüstungen ersetzen (23m)	206,74 m² AWF	510.510	**2.469,34**	
	• Herstellen (Kosten: 14,5%) Beschichtung Außentüren (3m²), Holzfenster (16m²) * Kalkputz (196m²), Silikatbeschichtung (405m²), Leinölbeschichtung der Fachwerkbalken, Gesimse (557m²), Holzverzierungen herstellen, einbauen (87St)	981,03 m² AWF	109.091	**111,20**	
350	**Decken/Horizontale Baukonstruktionen**	213,60 m² DEF	16.182	**75,76**	1,7
	• Herstellen (Kosten: 100,0%) Holzbalken (3m³), Mineralwolldämmung, d=140mm, Unterspannbahn (214m²), Rauspundschalung (52m²)	213,60 m² DEF	16.182	**75,76**	
360	**Dächer**	149,49 m² DAF	94.956	**635,20**	9,7
	• Abbrechen (Kosten: 11,4%) Abbruch von Schieferdeckung, Dachschalung (149m²), Blechen (58m), Traufbleche (8m), Fallrohren (30m), Dachrinnen (26m); Beschichtung (35m²); Entsorgung, Deponiegebühren	183,79 m² DAF	10.848	**59,02**	
	• Wiederherstellen (Kosten: 12,0%) Defekte Schieferplatten entfernen, neue einbauen, Bleistreifen verlegen (221St), Dachrinnen kontrollieren, reparieren (130m), Fallrohrbögen erneuern (20St)	1.000,00 m² DAF	11.404	**11,40**	
	• Herstellen (Kosten: 76,6%) Dachflächenfenster (1St) * Rauspundschalung, d=24mm, Schieferdeckung (149m²), Schieferdeckung in Kehlen (35m), Graten (28m), First (27m), Ortgang (5m), Traufe (54m), Dachrinnen (26m), Fallrohre DN100 (30m)	149,49 m² DAF	72.704	**486,34**	
390	**Sonst. Maßnahmen für Baukonstrukt.**	906,72 m² BGF	110.335	**121,69**	11,3
	• Herstellen (Kosten: 100,0%) Baustelleneinrichtung (7St), Bauzaun (210m), Baustellen-WC, Bautür (1St) * Fassadengerüst (1.220m²), Gerüstverbreiterungen (240m), Schutzdach (111m), Auffangschutz (135m), Hubarbeitsbühne (2d), Hubsteiger (psch) * Bauschutt (9t); Entsorgung, Deponiegebühren * Fensteröffnungen provisorisch verschließen (72St), Staubschutzwand (11m²)	906,72 m² BGF	110.335	**121,69**	

Modernisierung

KG	Kostengruppe	Menge Einheit	Kosten €	€/Einheit	%
400	**Bauwerk – Technische Anlagen**				**100,0**
440	**Elektrische Anlagen**	906,72 m²BGF	11.813	**13,03**	100,0
	• Abbrechen (Kosten: 6,4%) Abbruch von Blitzableiter; Entsorgung, Deponiegebühren	906,72 m²BGF	755	**0,83**	
	• Herstellen (Kosten: 93,6%) Fundamenterder (118m), Tiefenerder (4St), Fangstange (1St), Ableitungen (223m)	906,72 m²BGF	11.058	**12,20**	
500	**Außenanlagen und Freiflächen**				**100,0**
510	**Erdbau**	279,23 m³EBR	43.253	**154,90**	45,9
	• Herstellen (Kosten: 100,0%) Rohrgrabenaushub, lösen, laden, verfüllen (106m²), entsorgen (63m³), Rohrgrabenaushub, einschl. Verbau, lösen, laden, verfüllen (144m³), Auffüllmaterial (124t)	279,23 m³EBR	43.253	**154,90**	
530	**Oberbau, Deckschichten**	82,65 m²BFF	18.592	**224,94**	19,7
	• Abbrechen (Kosten: 49,1%) Abbruch von Betonbelag (60m²), Asphalt (1m²); Entsorgung, Deponiegebühren; Basaltpflaster, seitlich lagern (6m²)	67,70 m²BFF	9.138	**134,97**	
	• Wiederherstellen (Kosten: 6,0%) Wege-Deckschicht ausbauen, lagern, wieder einbauen (47m²)	47,16 m²BFF	1.111	**23,57**	
	• Herstellen (Kosten: 44,9%) Betonpflaster (33m²), Basaltpflaster (2m²), Bordsteine (47m)	35,49 m²BFF	8.343	**235,07**	
550	**Technische Anlagen**	–	32.374	–	34,4
	• Abbrechen (Kosten: 6,9%) Abbruch von Kontrollschacht (1St), Abwasserrohren (66m), Hofabläufen (2St); Entsorgung, Deponiegebühren	–	2.247	–	
	• Herstellen (Kosten: 93,1%) KG-Rohre (163m), Hofabläufe (2St), Entwässerungsrinnen (39m), Kontrollschacht (1St)	–	30.127	–	

Kostenkennwerte für die Kostengruppen 300 der 2. und 3. Ebene DIN 276 (Übersicht)

KG	Kostengruppe	Menge Einheit	Kosten €	€/Einheit	% an 3+4
300	**Bauwerk – Baukonstruktionen**	**906,72 m² BGF**	**976.020,80**	**1.076,43**	**98,8**
310	**Baugrube / Erdbau**	**–**	**–**	**–**	**–**
311	Herstellung	–	–	–	–
312	Umschließung	–	–	–	–
313	Wasserhaltung	–	–	–	–
314	Vortrieb	–	–	–	–
319	Sonstiges zur KG 310	–	–	–	–
320	**Gründung, Unterbau**	**–**	**–**	**–**	**–**
321	Baugrundverbesserung	–	–	–	–
322	Flachgründungen und Bodenplatten	–	–	–	–
323	Tiefgründungen	–	–	–	–
324	Gründungsbeläge	–	–	–	–
325	Abdichtungen und Bekleidungen	–	–	–	–
326	Dränagen	–	–	–	–
329	Sonstiges zur KG 320	–	–	–	–
330	**Außenwände/Vert. Baukonstrukt., außen**	**1.193,63 m² AWF**	**754.548,34**	**632,15**	**76,4**
331	Tragende Außenwände	456,02 m²	74.742,64	163,90	7,6
332	Nichttragende Außenwände	–	–	–	–
333	Außenstützen	–	–	–	–
334	Außenwandöffnungen	221,63 m²	399.462,05	1.802,38	40,4
335	Außenwandbekleidungen, außen	972,00 m²	280.343,66	288,42	28,4
336	Außenwandbekleidungen, innen	–	–	–	–
337	Element. Außenwandkonstruktionen	–	–	–	–
338	Lichtschutz zur KG 330	–	–	–	–
339	Sonstiges zur KG 330	–	–	–	–
340	**Innenwände/Vert. Baukonstrukt., innen**	**–**	**–**	**–**	**–**
341	Tragende Innenwände	–	–	–	–
342	Nichttragende Innenwände	–	–	–	–
343	Innenstützen	–	–	–	–
344	Innenwandöffnungen	–	–	–	–
345	Innenwandbekleidungen	–	–	–	–
346	Elementierte Innenwandkonstruktionen	–	–	–	–
347	Lichtschutz zur KG 340	–	–	–	–
349	Sonstiges zur KG 340	–	–	–	–
350	**Decken/Horizontale Baukonstruktionen**	**213,60 m² DEF**	**16.181,86**	**75,76**	**1,6**
351	Deckenkonstruktionen	–	–	–	–
352	Deckenöffnungen	–	–	–	–
353	Deckenbeläge	213,60 m²	16.181,86	75,76	1,6
354	Deckenbekleidungen	–	–	–	–
355	Elementierte Deckenkonstruktionen	–	–	–	–
359	Sonstiges zur KG 350	–	–	–	–
360	**Dächer**	**149,49 m² DAF**	**94.955,87**	**635,20**	**9,6**
361	Dachkonstruktionen	–	–	–	–
362	Dachöffnungen	0,42 m²	1.879,81	4.475,75	0,2
363	Dachbeläge	149,07 m²	90.707,32	608,49	9,2
364	Dachbekleidungen	–	2.368,72	–	0,2
365	Elementierte Dachkonstruktionen	–	–	–	–
366	Lichtschutz zur KG 360	–	–	–	–
369	Sonstiges zur KG 360	–	–	–	–
370	**Infrastrukturanlagen**	**–**	**–**	**–**	**–**
380	**Baukonstruktive Einbauten**	**–**	**–**	**–**	**–**
390	**Sonst. Maßnahmen für Baukonstrukt.**	**906,72 m² BGF**	**110.334,73**	**121,69**	**11,2**

9100-0204
Stadtbücherei
(120 Plätze)

Modernisierung

Kostenkennwerte für die Kostengruppen 400 der 2. und 3. Ebene DIN 276 (Übersicht)

KG	Kostengruppe	Menge Einheit	Kosten €	€/Einheit	% an 3+4
400	**Bauwerk – Technische Anlagen**	**906,72 m²BGF**	**11.813,27**	**13,03**	**1,2**
410	**Abwasser-, Wasser-, Gasanlagen**	**–**	**–**	**–**	**–**
411	Abwasseranlagen	–	–	–	–
412	Wasseranlagen	–	–	–	–
413	Gasanlagen	–	–	–	–
419	Sonstiges zur KG 410	–	–	–	–
420	**Wärmeversorgungsanlagen**	**–**	**–**	**–**	**–**
421	Wärmeerzeugungsanlagen	–	–	–	–
422	Wärmeverteilnetze	–	–	–	–
423	Raumheizflächen	–	–	–	–
424	Verkehrsheizflächen	–	–	–	–
429	Sonstiges zur KG 420	–	–	–	–
430	**Raumlufttechnische Anlagen**	**–**	**–**	**–**	**–**
431	Lüftungsanlagen	–	–	–	–
432	Teilklimaanlagen	–	–	–	–
433	Klimaanlagen	–	–	–	–
434	Kälteanlagen	–	–	–	–
439	Sonstiges zur KG 430	–	–	–	–
440	**Elektrische Anlagen**	**906,72 m²BGF**	**11.813,27**	**13,03**	**1,2**
441	Hoch- und Mittelspannungsanlagen	–	–	–	–
442	Eigenstromversorgungsanlagen	–	–	–	–
443	Niederspannungsschaltanlagen	–	–	–	–
444	Niederspannungsinstallationsanlagen	–	–	–	–
445	Beleuchtungsanlagen	–	–	–	–
446	Blitzschutz- und Erdungsanlagen	906,72 m²BGF	11.813,27	13,03	1,2
447	Fahrleitungssysteme	–	–	–	–
449	Sonstiges zur KG 440	–	–	–	–
450	**Kommunikationstechnische Anlagen**	**–**	**–**	**–**	**–**
451	Telekommunikationsanlagen	–	–	–	–
452	Such- und Signalanlagen	–	–	–	–
453	Zeitdienstanlagen	–	–	–	–
454	Elektroakustische Anlagen	–	–	–	–
455	Audiovisuelle Medien- u. Antennenanl.	–	–	–	–
456	Gefahrenmelde- und Alarmanlagen	–	–	–	–
457	Datenübertragungsnetze	–	–	–	–
458	Verkehrsbeeinflussungsanlagen	–	–	–	–
459	Sonstiges zur KG 450	–	–	–	–
460	**Förderanlagen**	**–**	**–**	**–**	**–**
461	Aufzugsanlagen	–	–	–	–
462	Fahrtreppen, Fahrsteige	–	–	–	–
463	Befahranlagen	–	–	–	–
464	Transportanlagen	–	–	–	–
465	Krananlagen	–	–	–	–
466	Hydraulikanlagen	–	–	–	–
469	Sonstiges zur KG 460	–	–	–	–
470	**Nutzungsspez. u. verfahrenstechn. Anl.**	**–**	**–**	**–**	**–**
480	**Gebäude- und Anlagenautomation**	**–**	**–**	**–**	**–**
490	**Sonst. Maßnahmen für techn. Anlagen**	**–**	**–**	**–**	**–**

Kostenkennwerte für die Kostengruppen der 3.Ebene DIN 276

KG	Kostengruppe	Menge Einheit	Kosten €	€/Einheit	%
330	**Außenwände/Vertikale Baukonstruktionen, außen**				**100,0**
331	**Tragende Außenwände**	456,02 m²	74.743	**163,90**	9,9
	• Wiederherstellen (Kosten: 100,0%) Grundschwelle auswechseln (9m), Verbindungsstücke ausbauen, wieder einbauen (138St), Schlitze, d>8mm in Fachwerkbalken freilegen, von Spachtelmasse, Acryl, Ausspänungen befreien, neu ausspanen (770m)	456,02 m²	74.743	**163,90**	
334	**Außenwandöffnungen**	221,63 m²	399.462	**1.802,38**	52,9
	• Abbrechen (Kosten: 2,3%) Abbruch von Fensterbänken, b=15cm, verzinkt (50m), Türbeschichtung (4m²); Entsorgung, Deponiegebühren	11,50 m²	9.149	**795,55**	
	• Wiederherstellen (Kosten: 96,7%) Bleiverglasungen instandsetzen, ausglasen, Bleinetze neu verkitten, teilweise neu verlöten, defekte Gläser austauschen, Glasoberflächen entrosten, Windeisen einbringen (46m²), Glastausch (26St), zusätzliche Windeisen einbringen (25St), Holzfenster, ein-und zweiflüglig, Fensterflügel ausbauen, Altanstriche entfernen, Profile der Rahmenhölzer aus Altholz nach Originalvorlage rekonstruieren, verleimen, Eckverbinder erneuern, Beschläge abbeizen, gangbar machen, Leinölbeschichtung, wieder einbauen (69m²), drei-bis achtflüglige Fenster, wie vor (84m²), Fensterbänke abschleifen, beschichten (46m), Türflügel überarbeiten, Bänder, Beschläge reparieren, Leinölbeschichtung (4m²)	202,98 m²	386.178	**1.902,54**	
	• Herstellen (Kosten: 1,0%) Beschichtung Außentüren (3m²), Holzfenster (16m²)	18,65 m²	4.135	**221,72**	
335	**Außenwandbekleidungen, außen**	972,00 m²	280.344	**288,42**	37,2
	• Abbrechen (Kosten: 44,9%) Abbruch von Beschichtung auf Fachwerkbalken, d=20cm (508m²), im Mikropartikelstrahlverfahren (431m²)	938,94 m²	125.798	**133,98**	
	• Wiederherstellen (Kosten: 17,7%) Holzschnitzerei Eule, 2,20x1,30m, Eiche, instandsetzen, zerstörte Verzierungen ausbauen, ersetzen (4m²), kaputte Zierhölzer an Brüstungen entfernen, rekonstruieren, einbauen (23m), Putz in Kleinflächen entfernen, neu verputzen (60h)	9,62 m²	49.590	**5.154,83**	
	• Herstellen (Kosten: 37,4%) Drahtgeflecht-Putzträger, Kalkgrundputz, Oberputz (196m²), Silikatbeschichtung Außenputz (405m²), Leinölbeschichtung der Fachwerkbalken, Stützen (456m²), der Gesimse, profilierten Balken, b bis 40cm (101m²), Holzverzierungen 10x20x5cm herstellen, einbauen (87St)	962,38 m²	104.956	**109,06**	
350	**Decken/Horizontale Baukonstruktionen**				**100,0**
353	**Deckenbeläge**	213,60 m²	16.182	**75,76**	100,0
	• Herstellen (Kosten: 100,0%) Holzbalken 6x14cm, l=8m (3m³), Mineralwolldämmung WLG 035, d=140mm, Unterspannbahn, einlagig (214m²), Rauspundschalung, d=22mm (52m²)	213,60 m²	16.182	**75,76**	

9100-0204
Stadtbücherei
(120 Plätze)

Modernisierung

KG	Kostengruppe	Menge Einheit	Kosten €	€/Einheit	%
360	**Dächer**				**100,0**
362	**Dachöffnungen**	0,42 m²	1.880	**4.475,75**	2,0
	• Herstellen (Kosten: 100,0%) Dachflächenfenster (1St)	0,42 m²	1.880	**4.475,75**	
363	**Dachbeläge**	149,07 m²	90.707	**608,49**	95,5
	• Abbrechen (Kosten: 9,3%) Abbruch von Schieferdeckung, Dachschalung, d=24mm, Bitumenbahn (149m²), Bleche, b bis 60cm (58m), Fallrohre DN100 (30m), Traufbleche (8m), Dachrinnen (26m); Entsorgung, Deponiegebühren	149,07 m²	8.479	**56,88**	
	• Wiederherstellen (Kosten: 12,6%) Defekte Schieferplatten entfernen, neue einbauen, Bleistreifen verlegen, verdeckt nageln (221St), Dachrinnen kontrollieren, reparieren (130m), Rinneneinhangstutzen auswechseln (5St), Fallrohrbögen erneuern (20St)	1.000,00 m²	11.404	**11,40**	
	• Herstellen (Kosten: 78,1%) Rauspundschalung, d=24mm, Unterspannbahn, Schieferdeckung (149m²), Schieferdeckung in Kehlen, b=50cm (35m), Grate an Hauptdach (28m), Firstausbildung (27m), Ortgangdeckung (5m), Traufdeckung (54m), Dachrinnen (26m), Fallrohre DN100 (30m)	149,07 m²	70.824	**475,10**	
364	**Dachbekleidungen**	–	2.369	**–**	2,5
	• Abbrechen (Kosten: 100,0%) Entfernen von Beschichtung im Mikropartikelstrahlverfahren (35m²); Entsorgung, Deponiegebühren	34,72 m²	2.369	**68,22**	
390	**Sonstige Maßnahmen für Baukonstruktionen**				**100,0**
391	**Baustelleneinrichtung**	906,72 m² BGF	21.720	**23,95**	19,7
	• Herstellen (Kosten: 100,0%) Baustelleneinrichtung, Hauptgewerk (1St), Nebengewerke (6St), Bauzaun, h=2,00m (210m), Baustellen-WC (1St), Bautür (1St)	906,72 m² BGF	21.720	**23,95**	
392	**Gerüste**	906,72 m² BGF	67.704	**74,67**	61,4
	• Herstellen (Kosten: 100,0%) Fassadengerüst, Lastklasse 3 (1.220m²), Konsolen (107m), Planen unter Gerüst (264m²), Gerüstverbreiterungen (240m), Schutzdach (111m), Auffangschutz (135m), Podesttreppe (1St), Hubarbeitsbühne (2d), Hubsteiger (psch)	906,72 m² BGF	67.704	**74,67**	
396	**Materialentsorgung**	906,72 m² BGF	4.198	**4,63**	3,8
	• Herstellen (Kosten: 100,0%) Bauschutt (4t), Holzabfälle (5t); Entsorgung, Deponiegebühren	906,72 m² BGF	4.198	**4,63**	
397	**Zusätzliche Maßnahmen**	906,72 m² BGF	16.714	**18,43**	15,1
	• Herstellen (Kosten: 100,0%) Fensteröffnungen provisorisch verschließen mit Doppelstegplatten (45St), mit OSB Platten (27St), Staubschutzwand aus Spanplatten (11m²), Schutzfolien (190m²)	906,72 m² BGF	16.714	**18,43**	

KG	Kostengruppe	Menge Einheit	Kosten €	€/Einheit	%
440	**Elektrische Anlagen**				**100,0**
446	**Blitzschutz- und Erdungsanlagen**	906,72 m² BGF	11.813	**13,03**	100,0
	• Abbrechen (Kosten: 6,4%) Abbruch von Blitzableiter, Befestigungen; Entsorgung, Deponiegebühren	906,72 m² BGF	755	**0,83**	
	• Herstellen (Kosten: 93,6%) Fundamenterder, Bandstahl, 30x3,5mm (118m), Tiefenerder (4St), Fangstange, l=1,50m (1St), Ableitungen, Alu, D=8mm (223m), Dachrinnenklemmen (32St)	906,72 m² BGF	11.058	**12,20**	
510	**Erdbau**				**100,0**
511	**Herstellung**	279,23 m³ EBR	43.253	**154,90**	100,0
	• Herstellen (Kosten: 100,0%) Rohrgrabenaushub, t=1,25m, lösen, laden, verfüllen (106m²), lösen, laden, entsorgen (63m³), Rohrgrabenaushub BK 3-4, t bis 3,00m, einschl. Verbau, lösen, laden, verfüllen (144m³), Auffüllmaterial 0/32mm (124t)	279,23 m³ EBR	43.253	**154,90**	
530	**Oberbau, Deckschichten**				**100,0**
531	**Wege**	82,65 m²	18.592	**224,94**	100,0
	• Abbrechen (Kosten: 49,1%) Abbruch von Betonbelag, d=10cm (60m²), Asphaltbelag, d=5cm (1m²), Bordsteinen 6x30cm (51m); Entsorgung, Deponiegebühren; Basaltpflaster, seitlich lagern (6m²)	67,70 m²	9.138	**134,97**	
	• Wiederherstellen (Kosten: 6,0%) Deckschicht 0/22mm, ohne Bindemittel aufnehmen, lagern, wieder einbauen (47m²)	47,16 m²	1.111	**23,57**	
	• Herstellen (Kosten: 44,9%) Betonpflastersteine, Splitt 0/8mm (33m²), Basaltpflaster (2m²), Bordsteine 5x25cm (39m), Bordsteine, Lagermaterial (8m)	35,49 m²	8.343	**235,07**	
550	**Technische Anlagen**				**100,0**
551	**Abwasseranlagen**	–	32.374	**–**	100,0
	• Abbrechen (Kosten: 6,9%) Abbruch von Kontrollschacht, t=1,50m (1St), Abwasserrohren DN100-150, Formstücken (66m), Hofabläufen (2St); Entsorgung, Deponiegebühren	–	2.247	**–**	
	• Herstellen (Kosten: 93,1%) KG-Rohre DN100-150, Formstücke (163m), Hofabläufe (2St), Entwässerungsrinnen DN100 (39m), Kontrollschacht DN1.000, t=1,50m (1St)	–	30.127	**–**	

9100-0204
Stadtbücherei
(120 Plätze)

Modernisierung

Kostenkennwerte für Leistungsbereiche nach STLB (Kosten des Bauwerks nach DIN 276)

LB	Leistungsbereiche	Kosten €	€/m² BGF	€/m³ BRI	% an 3+4
000	Baustellen-, Verkehrssich.- u. Sicherh.einr. inkl. 001	91.044	100,40	21,50	9,2
002	Erdarbeiten	–	–	–	–
006	Spezialtiefbauarbeiten inkl. 005	–	–	–	–
009	Entwässerungskanalarbeiten inkl. 011	–	–	–	–
010	Drän- und Versickerarbeiten	–	–	–	–
012	Mauerarbeiten	–	–	–	–
013	Betonarbeiten	–	–	–	–
014	Natur-, Betonwerksteinarbeiten	–	–	–	–
016	Zimmer- und Holzbauarbeiten	182.440	201,20	43,00	18,5
	Wiederherstellen	120.378	132,80	28,40	12,2
	Herstellen	62.062	68,40	14,60	6,3
017	Stahlbauarbeiten	–	–	–	–
018	Abdichtungsarbeiten	–	–	–	–
019	Kampfmittelräumarbeiten	–	–	–	–
020	Dachdeckungsarbeiten	54.765	60,40	12,90	5,5
	Wiederherstellen	2.264	2,50	0,53	0,2
	Herstellen	52.500	57,90	12,40	5,3
021	Dachabdichtungsarbeiten	–	–	–	–
022	Klempnerarbeiten	14.011	15,50	3,30	1,4
	Wiederherstellen	9.140	10,10	2,20	0,9
	Herstellen	4.872	5,40	1,10	0,5
	Rohbau	**342.260**	**377,50**	**80,70**	**34,6**
	Wiederherstellen	131.782	145,30	31,10	13,3
	Herstellen	210.478	232,10	49,60	21,3
023	Putz- und Stuckarbeiten, Wärmedämmsysteme	24.399	26,90	5,80	2,5
	Wiederherstellen	2.554	2,80	0,60	0,3
	Herstellen	21.845	24,10	5,10	2,2
024	Fliesen- und Plattenarbeiten	–	–	–	–
025	Estricharbeiten	–	–	–	–
026	Fenster, Außentüren inkl. 029, 032	394.029	434,60	92,90	39,9
	Wiederherstellen	381.014	420,20	89,80	38,6
	Herstellen	13.015	14,40	3,10	1,3
027	Tischlerarbeiten	–	–	–	–
028	Parkett-, Holzpflasterarbeiten	–	–	–	–
030	Rollladenarbeiten	–	–	–	–
031	Metallbauarbeiten inkl. 035	–	–	–	–
034	Maler- und Lackiererarb. - Beschicht. inkl. 037	68.473	75,50	16,10	6,9
	Wiederherstellen	6.565	7,20	1,50	0,7
	Herstellen	61.909	68,30	14,60	6,3
036	Bodenbelagarbeiten	–	–	–	–
038	Vorgehängte hinterlüftete Fassaden	–	–	–	–
039	Trockenbauarbeiten	–	–	–	–
	Ausbau	**486.902**	**537,00**	**114,80**	**49,3**
	Wiederherstellen	390.133	430,30	92,00	39,5
	Herstellen	96.769	106,70	22,80	9,8
040	Wärmeversorgungsanl. - Betriebseinr. inkl. 041	–	–	–	–
042	Gas- u. Wasseranl. - Leitung., Armat. inkl. 043	–	–	–	–
044	Abwasseranl. - Leitungen, Abläufe, Armaturen	–	–	–	–
045	Gas, Wasser, Entwässerung - Ausstattung inkl. 046	–	–	–	–
047	Dämm- und Brandschutzarb. an techn. Anlagen	–	–	–	–

LB	Leistungsbereiche	Kosten €	€/m² BGF	€/m³ BRI	% an 3+4
049	Feuerlöschanlagen, Feuerlöschgeräte	–	–	–	–
050	Blitzschutz-/Erdungsanlagen, Überspannungssch.	11.058	12,20	2,60	1,1
053	Niederspannungsanl. - Kabel inkl. 052, 054	–	–	–	–
055	Sicherheits- u. Ersatzstromversorgungsanl.	–	–	–	–
057	Gebäudesystemtechnik	–	–	–	–
058	Leuchten und Lampen inkl. 059	–	–	–	–
060	Such, Signal, Zeit, Anten., akust. Anl. inkl. 064	–	–	–	–
061	Kommunikations- u. Übertragungsnetze inkl. 063	–	–	–	–
069	Aufzüge	–	–	–	–
070	Gebäudeautomation	–	–	–	–
075	Raumlufttechnische Anlagen inkl. 078	–	–	–	–
	Gebäudetechnik	**11.058**	**12,20**	**2,60**	**1,1**
084	Abbruch, Rückbau, Schadstoffsanierung	146.550	161,60	34,50	14,8
	Abbrechen	146.550	161,60	34,50	14,8
	Abbrucharbeiten	**146.550**	**161,60**	**34,50**	**14,8**
	Abbrechen	146.550	161,60	34,50	14,8
	Sonstige Leistungsbereiche	**1.064**	**1,20**	**0,25**	**0,1**

9100-0213
Stadtbücherei

Modernisierung

Kostenkennwerte für die Kosten des Bauwerks (Kostengruppen 300+400 nach DIN 276)

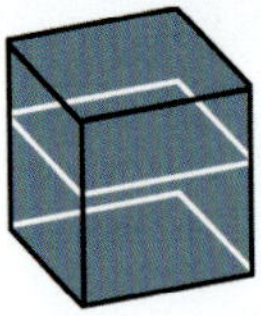

BRI 450 €/m³

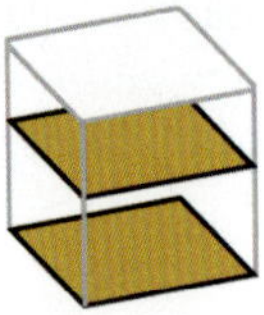

BGF 1.671 €/m²

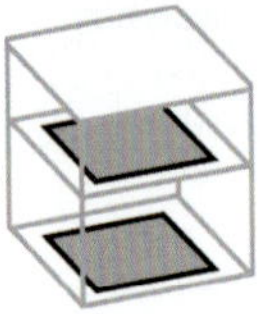

NUF 2.209 €/m²

Objekt:
Kennwerte: 3. Ebene DIN 276
BRI: 3.691 m³
BGF: 995 m²
NUF: 752 m²
Bauzeit: 35 Wochen
Bauende: 2021
Standard: mittel
Bundesland: Nordrhein-Westfalen
Kreis: Gütersloh

Innenarchitekt*in:
UKW Innenarchitekten PartGmbB
Baackesweg 77
47804 Krefeld

© Jens Kirchner

Schnitt A-A

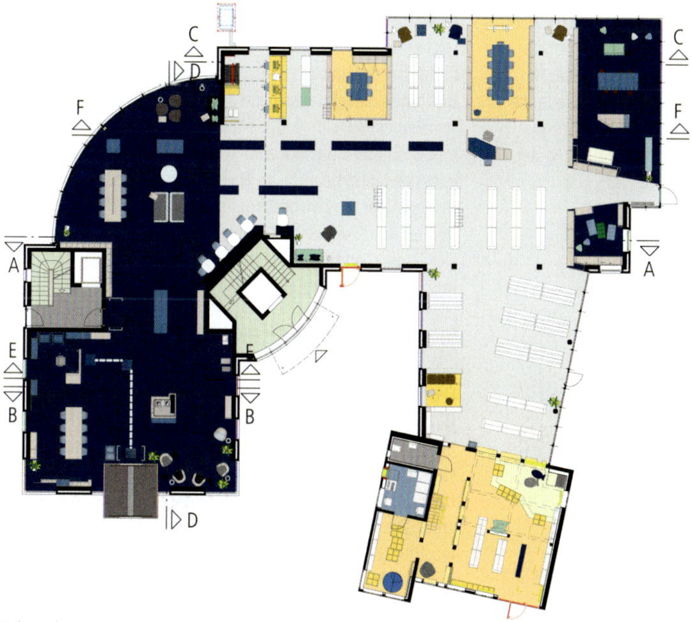

Erdgeschoss

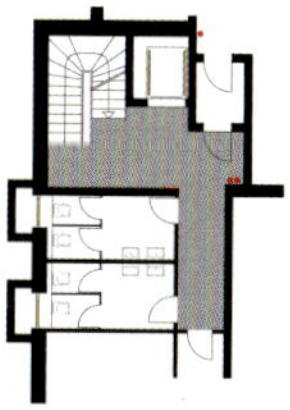

Untergeschoss

Obergeschoss

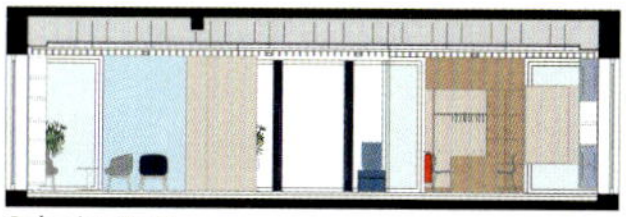

Schnitt B-B

Schnitt C-C

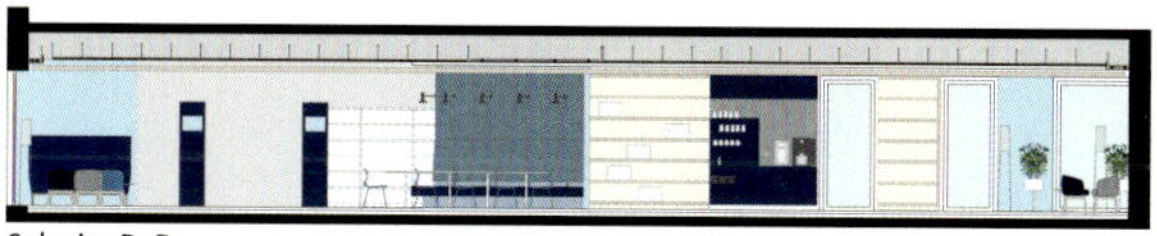

Schnitt D-D

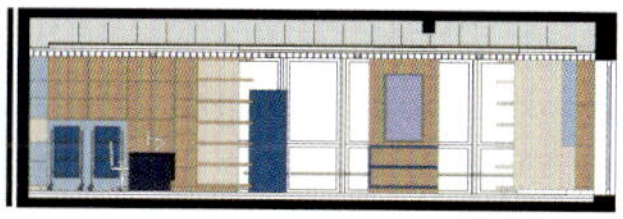

Schnitt E-E

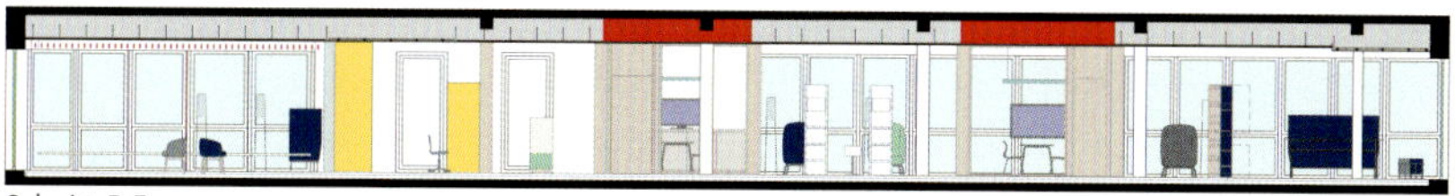

Schnitt F-F

Objektbeschreibung

Allgemeine Objektinformationen

Die etwa 730m² große Stadtbücherei setzt sich zusammen aus einem aus den 90ern stammenden Neubau und einem historischen Fachwerkhaus. Die Bibliothek wurde modernisiert und das Angebot um Ruhe- und Arbeitszonen, Gruppenarbeitsräume, einen Gamingbereich und einen Makerspace erweitert. Die Bibliotheksfläche ist mit teilweise verschiebbaren Regalanlagen auch für größere Veranstaltungen nutzbar. Zudem wurde die technische Infrastruktur erneuert und für das „Open-Library-Konzept" optimiert. Der leitende Gedanke des Innenraum-Konzepts beruht auf einer funktionsbezogenen Zonierung und Farbgestaltung, die die Orientierung der Besuchenden im Raum erleichtert.

Nutzung

1 Untergeschoss
WCs, Zugang Tiefgarage

1 Erdgeschoss
Bibliothek mit Café, Gruppenräume, Jugend- und Kinderbereich, Gamingraum, Lagerräume

1 Obergeschoss
Kinderbereich, Sondernutzung Lesenetz, Büroräume, barrierefreies WC

Markt

Hauptvergabezeit: 4. Quartal 2020
Baubeginn: 4. Quartal 2020
Bauende: 3. Quartal 2021
Konjunkturelle Gesamtlage: Durchschnitt
Regionaler Baumarkt: unter Durchschnitt

Baubestand

Baujahr: 90er Jahre
Bauzustand: gut
Aufwand: mittel
Grundrissänderungen: wenige
Tragwerkseingriffe: wenige
Nutzungsänderung: nein
Nutzung während der Bauzeit: nein

Baukonstruktion

Im Erdgeschoss wurde der Bodenbelag mit blauem Kautschuk im Eingangs-, Jugend- und Gamingbereich, einem hellen cradle-to-cradle Gussboden im Medienbereich und Parkettboden im Kinderbereich erneuert. Der Zugang erfolgt über eine Glas-Doppelschiebetüranlage. Die vorhandenen Glasfasertapeten wurden gespachtelt und beschichtet. In Teilbereichen wurde eine neue Holzlamellendecke abgehängt, hinter der die Haustechnik zurücktritt. Der Innenausbau der Bibliothek besteht aus hochwertigen Tischlerarbeiten, darunter zwei eingestellte Gruppenräume und diverse Bibliotheksmöbel. Ein SB-Café lädt zum Verweilen ein. Das neue Lesenetz des Kinderbereichs im Fachwerkgebälk ist ein besonderes Highlight. Im zweigeschossigen Bereich darf nun über den Köpfen der Anwesenden gespielt und geschmökert werden. Der Zugang erfolgt über eine Treppe und einen Kletterturm aus Birke-Multiplexplatten.

Technische Anlagen

Die Haustechnik des Bestandsgebäudes wurde ergänzt. In der Bücherei wurden Heizkörper sowie Luftöffnungen und Leitungen im Deckenbereich ergänzt. Zusätzlich sind Deckenkühlgeräte zur Sicherung einer guten Temperatursituation eingebaut. Im Außenbereich ist hierfür eine Kältemaschine aufgestellt. Die Elektroinstallation wurde erweitert, ein neues Beleuchtungskonzept umgesetzt. Zur Ausstattung gehören ein digitales Media-Präsentationssystem sowie Brandmeldeanlage, Einbruchmeldeanlage, Buchsicherungssysteme, Bezahlterminals und ein Zutrittskontrollsystem für die Open-Library Nutzung. Eine Netzwerkverkabelung ist eingerichtet. Die Steuerung einzelner Komponenten erfolgt über eine Gebäudeautomation.

Sonstiges

Das Objekt ist barrierefrei ausgeführt.

Planungskennwerte für Flächen und Rauminhalte nach DIN 277

Flächen des Grundstücks		Menge Einheit	% an GF
BF	Bebaute Fläche	867,00 m²	46,6
UF	Unbebaute Fläche	995,00 m²	53,4
GF	Grundstücksfläche	1.862,00 m²	100,0

Grundflächen des Bauwerks		Menge Einheit	% an NUF	% an BGF
NUF	Nutzungsfläche	752,40 m²	100,0	75,6
TF	Technikfläche	–	–	–
VF	Verkehrsfläche	120,30 m²	16,0	12,1
NRF	Netto-Raumfläche	872,70 m²	116,0	87,7
KGF	Konstruktions-Grundfläche	121,90 m²	16,2	12,3
BGF	Brutto-Grundfläche	994,60 m²	132,2	100,0

Brutto-Rauminhalt des Bauwerks		Menge Einheit	BRI/NUF (m)	BRI/BGF (m)
BRI	Brutto-Rauminhalt	3.690,90 m³	4,91	3,71

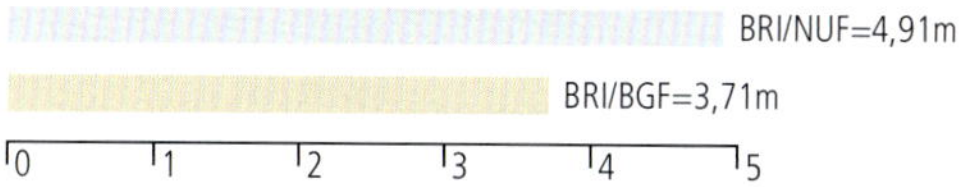

Lufttechnisch behandelte Flächen	Menge Einheit	% an NUF	% an BGF
Entlüftete Fläche	–	–	–
Be- und entlüftete Fläche	–	–	–
Teilklimatisierte Fläche	–	–	–
Klimatisierte Fläche	–	–	–

KG	Kostengruppen (2. Ebene)	Menge Einheit	Menge/NUF	Menge/BGF
310	Baugrube / Erdbau	–	–	–
320	Gründung, Unterbau	–	–	–
330	Außenwände/Vertikale Baukonstruktionen, außen	367,99 m² AWF	0,49	0,37
340	Innenwände/Vertikale Baukonstruktionen, innen	323,57 m² IWF	0,43	0,33
350	Decken/Horizontale Baukonstruktionen	786,29 m² DEF	1,05	0,79
360	Dächer	–	–	–

Modernisierung

Kostenkennwerte für die Kostengruppen der 1. Ebene DIN 276

KG	Kostengruppen (1. Ebene)	Einheit	Kosten €	€/Einheit	€/m² BGF	€/m³ BRI	% 300+400
100	Grundstück	m² GF	–	–	–	–	–
200	Vorbereitende Maßnahmen	m² GF	–	–	–	–	–
300	Bauwerk – Baukonstruktionen	m² BGF	952.844	958,02	958,02	258,16	57,3
400	Bauwerk – Technische Anlagen	m² BGF	708.835	712,68	712,68	192,05	42,7
	Bauwerk 300+400	**m² BGF**	**1.661.678**	**1.670,70**	**1.670,70**	**450,21**	**100,0**
500	Außenanlagen und Freiflächen	m² AF	51.906	51,49	52,19	14,06	3,1
600	Ausstattung und Kunstwerke	m² BGF	337.300	339,13	339,13	91,39	20,3
700	Baunebenkosten	m² BGF	–	–	–	–	–
800	Finanzierung	m² BGF	–	–	–	–	–

KG	Kostengruppe	Menge Einheit	Kosten €	€/Einheit	%
3+4	**Bauwerk**				**100,0**
300	**Bauwerk – Baukonstruktionen**	994,60 m² BGF	952.844	**958,02**	57,3

- Abbrechen (Kosten: 2,1%) 20.075
  Abbruch von Mauerwerk im Gefach für Öffnung, Verglasung, Kunststofffenster; Gefach in Innenwänden, Holztür, Stahlzarge; Teppichboden, Mineralfaserplatten

- Wiederherstellen (Kosten: 5,0%) 47.581
  Rundbogenfenster neu verleisten, Fensterbänke lackieren, Tapeten säubern, beschichten; Holzfachwerk nachschleifen, Zargen beschichten, Türdichtungen erneuern, Schlupftürelement austauschen; Bodenfliesen ausstemmen, Estrichrisse schließen, bauseitige Fliesen verlegen, Eichendielen aufarbeiten, Deckenfriese reinigen, beschichten, Putz säubern, beschichten, Deckenplatten Rasterdecke, herausnehmen, lagern, wieder einsetzen

- Herstellen (Kosten: 92,9%) 885.188
  Glas-Schiebetür, Holz-Glas-Türelement, Alu-Glas-Türelement, Buch-Rückgabeöffnung, Beschichtung, Rollos; Holztür; Gussboden, Kautschukbelag, Parkett, abgehängte Holzlamellendecke, Akustik-Rasterdecken, Deckensegel; Regale, Spielgerät/Lesenetz, Bibliotheks-Einbaumöbel

KG	Kostengruppe	Menge Einheit	Kosten €	€/Einheit	%
400	**Bauwerk – Technische Anlagen**	994,60 m² BGF	708.835	**712,68**	42,7

- Abbrechen (Kosten: 2,0%) 14.265
  Abbruch von Sanitärobjekten, Außenzapfstelle, Stahlrohren; Heizungsleitungen, Heizkörpern; Luftauslässen; Elektroinstallationen, Beleuchtung; EDV-Wandschrank

- Wiederherstellen (Kosten: 0,7%) 4.859
  Warmwassergerät reparieren; Heizkörper, Wärmetauscher, entlüften; GK-Decke öffnen, Lüftungsrohre dämmen, alte Drallauslässe neu montieren, Rohrleitungen dämmen, Lüftungsrohranschlüsse abdichten

- Herstellen (Kosten: 97,3%) 689.710
  Schmutzwasseranschluss, Sanitärobjekte; Pumpe, Heizkörper; Kälteanlage; Elektroinstallation, Beleuchtung; Türsprechanlage, Ruf-Kompaktset, digitale Funksysteme, digitales Media-Präsentationssystem, Monitore, HD-Player, Raumbuchungssystem, Brandmeldeanlage, Einbruchmeldeanlage, Buchsicherungssysteme, Bezahlterminals, Zutrittskontrolle Open-Library, Datenübertragungsnetz; Feuerlöscher; Gebäudeautomation

KG	Kostengruppe	Menge Einheit	Kosten €	€/Einheit	%
500	**Außenanlagen und Freiflächen**	1.008,00 m²AF	51.906	**51,49**	3,1
	• Herstellen (Kosten: 100,0%) Einhausung Kühlgerät; Außeneinheit Kälte-/Klimagerät, Heizmatte, Hebepumpen; mobile Pflanztröge, Personenleitsystem		51.906		
600	**Ausstattung und Kunstwerke**	994,60 m²BGF	337.300	**339,13**	20,3
	• Herstellen (Kosten: 100,0%) Möblierung, Bepflanzung; Bibliothekseinrichtungen; Graffiti, Folierung; Feuerwehrpläne, Flucht- und Rettungspläne, taktiles Leitsystem, Beschilderungen		337.300		

Modernisierung

Kostenkennwerte für die Kostengruppen der 2. Ebene DIN 276

KG	Kostengruppe	Menge Einheit	Kosten €	€/Einheit	%
300	**Bauwerk – Baukonstruktionen**				**100,0**
330	**Außenwände/Vert. Baukonstrukt., außen**	367,99 m²AWF	62.755	**170,53**	6,6
	• Abbrechen (Kosten: 4,4%)	8,78 m²AWF	2.748	**312,96**	
	Abbruch von Gefachmauerwerk für 24h-Rückgabe, Öffnung erstellen (1St) * bodentiefer Festverglasung, Holz (5m²), bodentiefem Kunststofffenster, Oberlicht, Sonnenschutz (3m²); Entsorgung, Deponiegebühren				
	• Wiederherstellen (Kosten: 2,8%)	54,95 m²AWF	1.744	**31,74**	
	Vorhandenes Rundbogenfenster neu verleisten, vorh. Schaum entfernen, Steinwolle einbringen, Leisten und Dichtbänder montieren (3m²), Fensterbänke abwaschen, anschleifen, weiß lackieren (8m) * Glasfasertapete säubern, Dispersionsbeschichtung (44m²)				
	• Herstellen (Kosten: 92,8%)	313,04 m²AWF	58.263	**186,12**	
	Glas-Doppelschiebetür, Antrieb, Fluchttür (7m²), Holz-Glas-Türelement, einflüglig, Fluchttür (5m²), Alu-Glas-Türelement, einflüglig, Oberlicht, Antipanikschloss (3m²), E-Türöffner (2St) * Öffnung herstellen in Innenwandbekleidung, Gipsfaserplatten, Rahmen V2A (1St), Glasfasertapete spachteln, Dispersionsbeschichtung (213m²), Tapete (32m²) * Kettenzugrollos (4St)				
340	**Innenwände/Vert. Baukonstrukt., innen**	323,57 m²IWF	69.037	**213,36**	7,2
	• Abbrechen (Kosten: 8,1%)	11,79 m²IWF	5.560	**471,59**	
	Abbruch von Gefachmauerwerk, Fachwerk schleifen (10m²) * Brandschutztür (2m²); Entsorgung, Deponiegebühren				
	• Wiederherstellen (Kosten: 43,3%)	165,59 m²IWF	29.897	**180,55**	
	Türkloben demontieren, Holznagel kürzen, Stellen nachschleifen, Material für Lesenetz an Fachwerk montieren (14h) * OTS ersetzen (1St), Zargen überarbeiten (3St), Türabsenkdichtung einbauen (1St), Zargendichtung (1St), Türdichtung (4m), Griffgarnituren ersetzen (3St) * Glasfasertapete säubern, Dispersionsbeschichtung (145m²) * Schlupftürelement austauschen (1St), Laufwägen ersetzen (7St)				
	• Herstellen (Kosten: 48,6%)	123,27 m²IWF	33.580	**272,41**	
	Glas-Doppelschiebetür, Fluchttür (7m²), Holztür T30 RS, Drehflügelantrieb (2m²) * Glasfasertapete spachteln (113m²), an Säulen (10St), Dispersionsbeschichtung (138m²) * Kettenzugrollo, Textilscreen, 2,03x2,99m (1St), 2,15x2,99m (1St)				

KG	Kostengruppe	Menge Einheit	Kosten €	€/Einheit	%
350	**Decken/Horizontale Baukonstruktionen**	786,29 m²DEF	330.218	**419,97**	34,7
	• Abbrechen (Kosten: 3,6%) Abbruch von Teppichboden (702m²) * Mineralfaserplatten (60m²); Entsorgung, Deponiegebühren	701,75 m²DEF	11.767	**16,77**	
	• Wiederherstellen (Kosten: 3,5%) Fliesen ausstemmen, Estrichrisse schließen, Bodenfliesen verlegen (8h), Dielen reinigen, Pflegeöl (11m²), Estrichöffnungen schließen (6m²) * GK-Deckenfriese neu beschichten (232m²), Putz säubern, Dispersionsbeschichtung (53m²), Einlegeplatten Rasterdecke herausnehmen, lagern, wieder einsetzen (19h), Leinwandöffnung vergrößern: Decke öffnen, UK verstärken, Decke schließen (1St), Lüfteröffnungen herstellen, verschließen (4m²)	–	11.641	–	
	• Herstellen (Kosten: 92,9%) Untergrund spachteln, Gussboden, naturharzgebunden (340m²), Untergrund spachteln (374m²), Kautschukbelag (267m²), Parkett (107m²), Bodentanks belegen (40St) * Unterkonstruktion, in Stahlbetondecke verankert, Holzlamellen Esche furniert (200m²), Akustik-Rasterdecke (60m²), Akustikdeckenplatten in vorh. UK (52m²), Akustikschotts, Deckenhohlraum (28m), Akustik-Deckensegel (5St)	722,96 m²DEF	306.809	**424,38**	
380	**Baukonstruktive Einbauten**	994,60 m²BGF	458.789	**461,28**	48,1
	• Wiederherstellen (Kosten: 0,9%) Holzsitzbänke auf Heizkörpern ersetzen, Holzwerkstoff (40m), Lenkrollen austauschen (16St) * Litfaßsäule werkseitig neu beschichten (1St)	994,60 m²BGF	4.298	**4,32**	
	• Herstellen (Kosten: 99,1%) Doppelregale, HPL, Kopfseiten melaminbeschichtet (14St), Kinderwandregal (1St) * Lesenetz, Zugangsturm, Treppe, Multiplex (psch), raumbildende Möbel, Regalreihen, Festverglasungen, Holztüren (2St), Großmöbel, überdachte Einhausung, sechs Wandregale (1St), winkelförmiges Doppelregal (1St), Ausleihtheke (1St), Informationstheke (1St), Rückraumschrank (1St), Gaming-Großmöbel, Regale (1St), Schließfachschrank, Garderobe (1St), Sideboard (1St), Wandregale (7St), PC-Arbeitsplätze (3St), Sideboard (1St), Bestsellermöbel (1St), Arbeitstisch (1St), Themenmöbel (2St), Zeitschriftenmöbel (1St), Zeitungsregal (1St), Stauraumkorpus, Glasvitrine (1St), Bilderbuchtröge (5St), Kopiereinhausung (1St), Wandbekleidung, Hörstation (1St), Wandeinhausungen (2St), Stützeneinhausung, Nischen für Monitore, Regal (1St), Café-Sitzbank, Rückenpolster (2St), Sitzbänke (2St), Teeküche (1St) * Frontkasten mit Beleuchtung (1St), Frontpräsentation Regale, Stahlblech (63St), Beschriftungswürfel (231St), Fachbodenschilder (419St), CD-DVD-Einteiler, Stahlblech (62St)	994,60 m²BGF	454.491	**456,96**	
390	**Sonst. Maßnahmen für Baukonstrukt.**	994,60 m²BGF	32.045	**32,22**	3,4
	• Herstellen (Kosten: 100,0%) Baustelleneinrichtung (psch), Bauzaun (67m), Baustellen-WCs (2St) * Treppengerüst (psch) * Feuchtemessung Wasserschaden (3h) * Container (1St) * Schutz von Böden (714m²), Filzpappen (60m²), Folien, Abdeckpapier (58m²), Erstreinigung (272m²), Feinreinigung (807m²), Nachreinigung (psch) * Tür demontieren, entsorgen, Wand einbauen, wieder ausbauen (9h) * Schließzylinder, Schlösser (25St)	994,60 m²BGF	32.045	**32,22**	

Modernisierung

KG	Kostengruppe	Menge Einheit	Kosten €	€/Einheit	%
400	**Bauwerk – Technische Anlagen**				**100,0**
410	**Abwasser-, Wasser-, Gasanlagen**	994,60 m²BGF	7.127	**7,17**	1,0
	• Abbrechen (Kosten: 10,1%) Abbruch von Waschtisch (1St), Spültisch (1St), Außenzapfstelle (1St), Stahlrohren (2m); Entsorgung, Deponiegebühren	994,60 m²BGF	723	**0,73**	
	• Wiederherstellen (Kosten: 5,7%) Warmwassergerät reparieren (4h)	994,60 m²BGF	403	**0,41**	
	• Herstellen (Kosten: 84,2%) PP-Rohre (9m), Schmutzwasseranschluss (1St) * Stahlrohre (10m), Waschtische (2St), WC-Sitz (1St), Zapfhahnwasserzähler (1St), Küchenanschluss (1St)	994,60 m²BGF	6.001	**6,03**	
420	**Wärmeversorgungsanlagen**	994,60 m²BGF	17.792	**17,89**	2,5
	• Abbrechen (Kosten: 11,5%) Heizungsleitungen außer Betrieb nehmen (1St), Abbruch von Rohren (6m) * Heizkörpern (4St); Entsorgung, Deponiegebühren	994,60 m²BGF	2.043	**2,05**	
	• Wiederherstellen (Kosten: 5,4%) Heizgruppe, Heizkörper, Wärmetauscher entlüften (1St)	994,60 m²BGF	960	**0,97**	
	• Herstellen (Kosten: 83,1%) Umwälzpumpe (1St) * Kupferrohre (8m), Anschlüsse an vorh. Leitungen (3St), Druckproben (2St) * Plattenheizkörper (3St)	994,60 m²BGF	14.788	**14,87**	
430	**Raumlufttechnische Anlagen**	994,60 m²BGF	72.397	**72,79**	10,2
	• Abbrechen (Kosten: 2,1%) Abbruch von Luftauslässen (11h); Entsorgung, Deponiegebühren	994,60 m²BGF	1.536	**1,54**	
	• Wiederherstellen (Kosten: 4,8%) GK-Decke öffnen, Rohre dämmen (11h), vorh. Drallauslässe neu montieren, Rohrleitungen dämmen (22St), Rohranschlüsse abdichten (4h)	994,60 m²BGF	3.496	**3,51**	
	• Herstellen (Kosten: 93,0%) Rohrventilatoren (2St), Wickelfalzrohre (21m), Luftleitungen (20m), ovales Rohr (6m), Dralleinlässe (2St), Volumenstrombegrenzer (2St) * Deckenkassetten (9St), Kältemittelleitungen (232m), Kältemittel (12kg), PVC-Hartrohre (83m), Außenwanddurchführungen (3St), Steuerung (1St), Diagnoseeinheiten (2St)	994,60 m²BGF	67.365	**67,73**	
440	**Elektrische Anlagen**	994,60 m²BGF	251.949	**253,32**	35,5
	• Abbrechen (Kosten: 3,2%) Freischalten von Unterverteilern (2St), Bedientableau (1St), Abbruch von Elektroinstallation (750m²), Schaltrelais (1St), Steuerung (1St) * Downlights (71St), Einlegeleuchten (76St), Einbaustrahler (28St), Lichtrohrsystem (1St); Entsorgung, Deponiegebühren	994,60 m²BGF	8.069	**8,11**	
	• Herstellen (Kosten: 96,8%) Sicherungen (43St), Installationsleitungen (2.746m), Steckdosen (140St), Taster, Schalter (25St), Bewegungswächter (30St) * Pendelleuchten (60St), Einbaustrahler (59St), Hängeleuchten (8St), Aufbau-Downlights (28St), Wandleuchten (12St), Aufbauleuchten (10St), Bodeneinbauleuchten (2St), Sicherheitsleuchten (46St) * Erdungsanschlüsse (10St), Potenzialausgleichsschiene (1St)	994,60 m²BGF	243.880	**245,20**	

KG	Kostengruppe	Menge Einheit	Kosten €	€/Einheit	%
450	**Kommunikationstechnische Anlagen**	994,60 m² BGF	322.212	**323,96**	45,5
	• Abbrechen (Kosten: 0,6%) Abbruch von EDV-Wandschrank (1St); Entsorgung, Deponiegebühren	994,60 m² BGF	1.894	**1,90**	
	• Herstellen (Kosten: 99,4%) Türsprechanlage (1St), Ruf-Kompaktset (1St) * digitale Funksysteme (2St), Antennenkabel (60m), Deckenlautsprecher (5St), Induktionsschleife, Hörgeräteträger (135m), Hörstationen (12St) * Projektor (1St), Leinwand (1St), Media-Präsentationssystem (1St), Audio-Video-Sender (1St), Präsentationssystem (1St), Schaufenster-Monitor (1St), HD-Player (3St), Displays (3St), PC (1St), Raumbuchungssysteme (2St) * Brandmeldezentrale (1St), Signalgeber (14St), Brandmeldekabel (1.650m), Einbruchmeldeanlage (1St), Bewegungsmelder (10St), Türwächter (1St), Buchsicherung (2St), Verbuchungstechnik (5St), Selbstverbucher (2St), 24h-Rückgabe-Box (1St), Bezahlterminals (3St), RFID-Dropbox (1St), Zutrittskontrolle (1St), Videokameras (19St), Audiosystem (1St), Lautsprecher (6St) * Verteilerschrank (1St), Datenleitung (3.500m), Datenanschlussdosen (50St)	994,60 m² BGF	320.318	**322,06**	
470	**Nutzungsspez. u. verfahrenstechn. Anl.**	994,60 m² BGF	1.932	**1,94**	0,3
	• Herstellen (Kosten: 100,0%) Schaum-Aufladelöscher (8St), CO_2-Dauerdrucklöscher (1St)	994,60 m² BGF	1.932	**1,94**	
480	**Gebäude- und Anlagenautomation**	994,60 m² BGF	33.824	**34,01**	4,8
	• Herstellen (Kosten: 100,0%) Spannungsversorgung (1St), Aktoren, vier-/achtfach (11St), DALI-Gateways, zweifach (3St), Binäreingänge, achtfach (1St), Tastsensoren ein-/dreifach (10St) * EIB-Komponenten anlegen (43St), Parametrierung (258St), Programmierung Gebäudefunktionen, Datenpunkte (120St), Vergabe Adressen (233St), Gruppenadressen (140St), Präsenzmelder (15St), Wetterzentrale (1St) * Fernmeldeleitungen (950m), Busleitung (450m), Steuerleitungen (95m), Schlauchleitungen (150m)	994,60 m² BGF	33.824	**34,01**	
490	**Sonst. Maßnahmen für techn. Anlagen**	994,60 m² BGF	1.601	**1,61**	0,2
	• Herstellen (Kosten: 100,0%) Baustelleneinrichtung (1St) * Arbeitsbühnen (2St)	994,60 m² BGF	1.601	**1,61**	
500	**Außenanlagen und Freiflächen**				**100,0**
540	**Baukonstruktionen**	1.008,00 m² AF	9.185	**9,11**	17,7
	• Herstellen (Kosten: 100,0%) Einhausung Kühlgerät, Alu-Winkelrahmen, Alu-Streckgitterfüllung (11m²)	1.008,00 m² AF	9.185	**9,11**	
550	**Technische Anlagen**	1.008,00 m² AF	34.184	**33,91**	65,9
	• Herstellen (Kosten: 100,0%) Außeneinheit Kälte-/Klimagerät (1St), Auffang-, Rückhaltesystem (1St), Heizmatte, Steuerung (1St), Hebepumpen (3St), Metallkanalrinne (3m)	1.008,00 m² AF	34.184	**33,91**	
560	**Einbauten Außenanlagen u. Freiflächen**	1.008,00 m² AF	8.537	**8,47**	16,4
	• Herstellen (Kosten: 100,0%) Mobile Pflanztröge, Stahlblech, je drei Pflanztöpfe (5St), Personenleitsystem, zwei Poller, ein Gurt (1St)	1.008,00 m² AF	8.537	**8,47**	

Modernisierung

Kostenkennwerte für die Kostengruppen 400 der 2. und 3.Ebene DIN 276 (Übersicht)

KG	Kostengruppe	Menge Einheit	Kosten €	€/Einheit	% an 3+4
400	**Bauwerk – Technische Anlagen**	**994,60 m² BGF**	**708.834,50**	**712,68**	**42,7**
410	**Abwasser-, Wasser-, Gasanlagen**	**994,60 m² BGF**	**7.127,50**	**7,17**	**0,4**
411	Abwasseranlagen	994,60 m² BGF	783,62	0,79	< 0,1
412	Wasseranlagen	994,60 m² BGF	6.343,88	6,38	0,4
413	Gasanlagen	–	–	–	–
419	Sonstiges zur KG 410	–	–	–	–
420	**Wärmeversorgungsanlagen**	**994,60 m² BGF**	**17.791,63**	**17,89**	**1,1**
421	Wärmeerzeugungsanlagen	994,60 m² BGF	3.220,90	3,24	0,2
422	Wärmeverteilnetze	994,60 m² BGF	4.751,29	4,78	0,3
423	Raumheizflächen	994,60 m² BGF	9.819,42	9,87	0,6
424	Verkehrsheizflächen	–	–	–	–
429	Sonstiges zur KG 420	–	–	–	–
430	**Raumlufttechnische Anlagen**	**994,60 m² BGF**	**72.396,55**	**72,79**	**4,4**
431	Lüftungsanlagen	994,60 m² BGF	20.930,82	21,04	1,3
432	Teilklimaanlagen	–	–	–	–
433	Klimaanlagen	–	–	–	–
434	Kälteanlagen	994,60 m² BGF	51.465,74	51,75	3,1
439	Sonstiges zur KG 430	–	–	–	–
440	**Elektrische Anlagen**	**994,60 m² BGF**	**251.948,96**	**253,32**	**15,2**
441	Hoch- und Mittelspannungsanlagen	–	–	–	–
442	Eigenstromversorgungsanlagen	–	–	–	–
443	Niederspannungsschaltanlagen	–	–	–	–
444	Niederspannungsinstallationsanlagen	994,60 m² BGF	57.771,27	58,08	3,5
445	Beleuchtungsanlagen	994,60 m² BGF	193.927,03	194,98	11,7
446	Blitzschutz- und Erdungsanlagen	994,60 m² BGF	250,66	0,25	< 0,1
447	Fahrleitungssysteme	–	–	–	–
449	Sonstiges zur KG 440	–	–	–	–
450	**Kommunikationstechnische Anlagen**	**994,60 m² BGF**	**322.212,17**	**323,96**	**19,4**
451	Telekommunikationsanlagen	–	–	–	–
452	Such- und Signalanlagen	994,60 m² BGF	3.910,94	3,93	0,2
453	Zeitdienstanlagen	–	–	–	–
454	Elektroakustische Anlagen	994,60 m² BGF	28.761,45	28,92	1,7
455	Audiovisuelle Medien- u. Antennenanl.	994,60 m² BGF	47.361,15	47,62	2,9
456	Gefahrenmelde- und Alarmanlagen	994,60 m² BGF	215.597,12	216,77	13,0
457	Datenübertragungsnetze	994,60 m² BGF	26.581,51	26,73	1,6
458	Verkehrsbeeinflussungsanlagen	–	–	–	–
459	Sonstiges zur KG 450	–	–	–	–
460	**Förderanlagen**	**–**	**–**	**–**	**–**
461	Aufzugsanlagen	–	–	–	–
462	Fahrtreppen, Fahrsteige	–	–	–	–
463	Befahranlagen	–	–	–	–
464	Transportanlagen	–	–	–	–
465	Krananlagen	–	–	–	–
466	Hydraulikanlagen	–	–	–	–
469	Sonstiges zur KG 460	–	–	–	–
470	**Nutzungsspez. u. verfahrenstechn. Anl.**	**994,60 m² BGF**	**1.932,42**	**1,94**	**0,1**
480	**Gebäude- und Anlagenautomation**	**994,60 m² BGF**	**33.823,94**	**34,01**	**2,0**
490	**Sonst. Maßnahmen für techn. Anlagen**	**994,60 m² BGF**	**1.601,34**	**1,61**	**< 0,1**

Modernisierung

Kostenkennwerte für die Kostengruppen der 3.Ebene DIN 276

KG	Kostengruppe	Menge Einheit	Kosten €	€/Einheit	%
330	**Außenwände/Vertikale Baukonstruktionen, außen**				**100,0**
332	**Nichttragende Außenwände**	–	1.632	–	2,6
	• Abbrechen (Kosten: 100,0%) Abbruch von Gefachmauerwerk für Öffnung 53x44cm, d=15cm (1St); Entsorgung, Deponiegebühren	0,23 m²	1.632	**7.096,27**	
334	**Außenwandöffnungen**	27,15 m²	32.506	**1.197,27**	51,8
	• Abbrechen (Kosten: 3,4%) Abbruch von bodentiefer Festverglasung, Holz (5m²), bodentiefem Kunststofffenster, festverglast, Oberlicht, Sonnenschutz Alulamellen (3m²); Entsorgung, Deponiegebühren	8,55 m²	1.116	**130,48**	
	• Wiederherstellen (Kosten: 3,8%) Vorhandenes Rundbogenfenster neu verleisten, Leisten demontieren, neue Leisten nach Schablone fertigen, alten Schaum entfernen, Steinwolle einbringen, Leisten und Dichtbänder montieren (3m²), Fensterbänke abwaschen, schleifen, weiß lackieren (8m)	11,35 m²	1.222	**107,64**	
	• Herstellen (Kosten: 92,8%) Glas-Doppelschiebetür, Fluchtwegantrieb, Feuerwehrschlüsselschalter (7m²), Holz-Glas-Türelement 1,8W/m²K, einflüglig, beidseitig Festverglasung, Brüstungsbereiche geschlossen, als Fluchttür (5m²), Alu-Glas-Türelement 1,8W/m²K, einflüglig, Oberlicht festverglast, Antipanikschloss (3m²), E-Türöffner (2St), Türfeststeller (1St)	15,80 m²	30.168	**1.909,40**	
336	**Außenwandbekleidungen, innen**	340,84 m²	25.265	**74,13**	40,3
	• Wiederherstellen (Kosten: 2,1%) Glasfasertapete prüfen, säubern, Dispersionsbeschichtung (44m²)	43,60 m²	523	**11,99**	
	• Herstellen (Kosten: 97,9%) Herstellen von Öffnung 53x44x33cm, in Innenwandbekleidung, Gipsfaserbekleidung, zweilagig, Ecke dämmen, winddicht anschließen, Rahmen V2A (1St), vorh. Glasfasertapete spachteln, Q3, Dispersionsbeschichtung (213m²), an Laibungen (53m²), Tapete (32m²), Heizkörperverstärkung mit GK-Bekleidung, zweilagig (8m²), OSB-Platte, d=12mm, Dampfbremse, GK-Platte, d=12,5mm (2m²), GK-Verkofferung (2m²)	297,24 m²	24.743	**83,24**	
338	**Lichtschutz zur KG 330**	9,04 m²	3.352	**370,77**	5,3
	• Herstellen (Kosten: 100,0%) Kettenzugrollos, Textilscreen 1,25x2,51m (3St), 2,22x2,66m (1St)	9,04 m²	3.352	**370,77**	
340	**Innenwände/Vertikale Baukonstruktionen, innen**				**100,0**
341	**Tragende Innenwände**	–	1.516	–	2,2
	• Wiederherstellen (Kosten: 100,0%) Türkloben an Holzfachwerk demontieren, lagern, Holznagel kürzen, Stelle nachschleifen, raue Stelle an Riegel schleifen, Kanten fasen, Nagelspitze entfernen, bauseitiges Lesenetz montieren (14h)	–	1.516	–	
342	**Nichttragende Innenwände**	–	5.368	–	7,8
	• Abbrechen (Kosten: 100,0%) Abbruch von Gefachmauerwerk, d=20cm, Fachwerk abbürsten, schleifen (10m²); Entsorgung, Deponiegebühren	9,64 m²	5.368	**556,85**	

Modernisierung

KG	Kostengruppe	Menge Einheit	Kosten €	€/Einheit	%
386	**Orientierungs- und Informationssysteme**	994,60 m² BGF	35.834	**36,03**	7,8
	• Wiederherstellen (Kosten: 2,7%) Litfaßsäule, D=0,80m, h=2,00m, demontieren, werkseitig neu beschichten, Holzsockel abschleifen, beschichten (1St)	994,60 m² BGF	960	**0,97**	
	• Herstellen (Kosten: 97,3%) Frontkasten mit Beleuchtung 328x45x10cm, Buchstaben ausgeschnitten, hinterlegt, durchgesteckt, Acrylglas, Frontseite foliert (1St), Frontpräsentation Regale, Stahlblech beschichtet 35x24,7x19cm (23St), 16x24,7x19cm (40St), Beschriftungswürfel, Korpus Holzwerkstoff, beschichtet, Klarsicht-Acryltasche 6x24,8-26,5x28,2cm (210St), 21x24,8-26,5x28,2cm (21St), Fachbodenschilder 12x15x2,8cm, Stahlblech beschichtet (419St), CD-DVD-Einteiler, Stahlblech (62St)	994,60 m² BGF	34.874	**35,06**	
390	**Sonstige Maßnahmen für Baukonstruktionen**				**100,0**
391	**Baustelleneinrichtung**	994,60 m² BGF	6.118	**6,15**	19,1
	• Herstellen (Kosten: 100,0%) Baustelleneinrichtung (psch), Bauzaun (67m), Baustellen-WCs (2St)	994,60 m² BGF	6.118	**6,15**	
392	**Gerüste**	994,60 m² BGF	288	**0,29**	0,9
	• Herstellen (Kosten: 100,0%) Treppengerüst (psch)	994,60 m² BGF	288	**0,29**	
395	**Instandsetzungen**	994,60 m² BGF	370	**0,37**	1,2
	• Herstellen (Kosten: 100,0%) Feuchtemessung des Bodens nach Wasserschaden, Probebohrung, vergießen mit Schnellestrich (3h)	994,60 m² BGF	370	**0,37**	
396	**Materialentsorgung**	994,60 m² BGF	952	**0,96**	3,0
	• Herstellen (Kosten: 100,0%) Container 10m³ (1St)	994,60 m² BGF	952	**0,96**	
397	**Zusätzliche Maßnahmen**	994,60 m² BGF	12.662	**12,73**	39,5
	• Herstellen (Kosten: 100,0%) Schutz von Gussboden (340m²), Kautschukboden (374m²), Filzpappen für Teppichboden (60m²), Folien, Abdeckpapier (58m²), Erstreinigung Böden (272m²), Feinreinigung: Böden, Einrichtungsgegenstände (731m²), Treppenhaus (53m²), WCs (23m²), Nachreinigung: Medienbereich (psch), Bauabschlussreinigung (340m²)	994,60 m² BGF	12.662	**12,73**	
398	**Provisorische Baukonstruktionen**	994,60 m² BGF	1.066	**1,07**	3,3
	• Herstellen (Kosten: 100,0%) Dielentür zur Sichtung von Bodendetails demontieren, entsorgen, provisorische Wand einbauen, vor Einbau des neuen Elements demontieren (9h)	994,60 m² BGF	1.066	**1,07**	
399	**Sonstiges zur KG 390**	994,60 m² BGF	10.588	**10,65**	33,0
	• Herstellen (Kosten: 100,0%) Schließanlage mit Doppelzylinder (15St), Halbzylinder (4St), Blindzylinder (1St), Elektro-Türöffner (1St), Vorhangschlösser (4St)	994,60 m² BGF	10.588	**10,65**	

KG	Kostengruppe	Menge Einheit	Kosten €	€/Einheit	%
410	**Abwasser-, Wasser-, Gasanlagen**				**100,0**
411	**Abwasseranlagen**	994,60 m²BGF	784	**0,79**	11,0
	• Herstellen (Kosten: 100,0%) PP-Rohre DN50, Formstücke (9m), Schmutzwasseranschluss (1St)	994,60 m²BGF	784	**0,79**	
412	**Wasseranlagen**	994,60 m²BGF	6.344	**6,38**	89,0
	• Abbrechen (Kosten: 11,4%) Abbruch von Waschtisch (1St), Spültisch (1St), Außenzapfstelle (1St), Stahlrohren (2m); Entsorgung, Deponiegebühren	994,60 m²BGF	723	**0,73**	
	• Wiederherstellen (Kosten: 6,4%) Warmwassergerät reparieren (4h)	994,60 m²BGF	403	**0,41**	
	• Herstellen (Kosten: 82,2%) Stahlrohre, Formstücke (10m), Waschtische (2St), WC-Sitz (1St), Zapfhahnwasserzähler (1St), Küchenanschluss (1St), Außenzapfstelle (1St)	994,60 m²BGF	5.218	**5,25**	
420	**Wärmeversorgungsanlagen**				**100,0**
421	**Wärmeerzeugungsanlagen**	994,60 m²BGF	3.221	**3,24**	18,1
	• Wiederherstellen (Kosten: 29,8%) Heizgruppe, Heizkörper, Wärmetauscher, entlüften, wieder befüllen (1St)	994,60 m²BGF	960	**0,97**	
	• Herstellen (Kosten: 70,2%) Umwälzpumpe (1St), Revisionsunterlagen (1St), Einweisung (1St)	994,60 m²BGF	2.261	**2,27**	
422	**Wärmeverteilnetze**	994,60 m²BGF	4.751	**4,78**	26,7
	• Abbrechen (Kosten: 30,9%) Heizungsleitungen außer Betrieb nehmen (1St), Abbruch von Rohren (6m), Armaturen (2St), Heizkörper-Anbindeleitungen (3St); Entsorgung, Deponiegebühren	994,60 m²BGF	1.467	**1,47**	
	• Herstellen (Kosten: 69,1%) Kupferrohre, Formstücke, Rohrdämmung (8m), Anschlüsse an vorhandene Leitungen (3St), Druckproben (2St), Spülen, entleeren (2St)	994,60 m²BGF	3.284	**3,30**	
423	**Raumheizflächen**	994,60 m²BGF	9.819	**9,87**	55,2
	• Abbrechen (Kosten: 5,9%) Abbruch von Heizkörpern (4St); Entsorgung, Deponiegebühren	994,60 m²BGF	576	**0,58**	
	• Herstellen (Kosten: 94,1%) Plattenheizkörper, Thermostate (3St)	994,60 m²BGF	9.243	**9,29**	

Modernisierung

KG	Kostengruppe	Menge Einheit	Kosten €	€/Einheit	%
430	**Raumlufttechnische Anlagen**				**100,0**
431	**Lüftungsanlagen**	994,60 m²BGF	20.931	**21,04**	28,9
	• Abbrechen (Kosten: 7,3%) Abbruch von Luftauslässen (11h), Abluftanschlüsse verschließen (5h); Entsorgung, Deponiegebühren	994,60 m²BGF	1.536	**1,54**	
	• Wiederherstellen (Kosten: 16,7%) GK-Decke öffnen, Lüftungsrohre dämmen (11h), vorh. Drallauslässe neu montieren, Rohrleitungen dämmen (22St), Steinwollmatten (9m²), Lüftungsrohranschlüsse abdichten (4h)	994,60 m²BGF	3.496	**3,51**	
	• Herstellen (Kosten: 76,0%) Rohrventilatoren (2St), Multifunktionsregler, Anzeige (2St), Ausschalter (2St), Rohrschalldämpfer (4St), Wickelfalzrohre DN100-200, Formstücke (21m), Luftleitungen (20m), ovales Rohr, Formstücke (6m), Dralleinlässe (2St), Volumenstrombegrenzer (2St), Lüftungsleitungen isolieren (7h)	994,60 m²BGF	15.899	**15,99**	
434	**Kälteanlagen**	994,60 m²BGF	51.466	**51,75**	71,1
	• Herstellen (Kosten: 100,0%) Deckenkassetten (9St), Kupfer-Kältemittelleitungen DN6-28 (232m), Kältemittel (12kg), PVC-Hartrohre DN25 (83m), Außenwanddurchführungen (3St), Steuerung (1St), Fernbedienungs-Diagnose-einheiten (2St)	994,60 m²BGF	51.466	**51,75**	
440	**Elektrische Anlagen**				**100,0**
444	**Niederspannungsinstallationsanlagen**	994,60 m²BGF	57.771	**58,08**	22,9
	• Abbrechen (Kosten: 10,6%) Freischalten von Unterverteilern (2St), Bedientableau (1St), Abbruch von Elektroinstallation (750m²), Schaltrelais (1St), SPS-Steuerung (1St); Entsorgung, Deponiegebühren	994,60 m²BGF	6.110	**6,14**	
	• Herstellen (Kosten: 89,4%) FI-Schutzschalter (4St), Sicherungen (37St), Überspannungsableiter (2St), Installationsleitungen (2.746m), Leerrohre (100m), Installationskanäle (69m), Unterflur-Leerdosen (7St), Geräteeinsätze, fußbodeneben (16St), Steckdosen (140St), Taster, Schalter (25St), Bewegungswächter (30St), DALI-Potentiometer (1St)	994,60 m²BGF	51.662	**51,94**	
445	**Beleuchtungsanlagen**	994,60 m²BGF	193.927	**194,98**	77,0
	• Abbrechen (Kosten: 1,0%) Abbruch von Einbau-Downlights (71St), Rastereinlegeleuchten (76St), Halogeneinbaustrahlern (28St), Lichtrohrsystem (1St); Entsorgung, Deponiegebühren	994,60 m²BGF	1.959	**1,97**	
	• Herstellen (Kosten: 99,0%) Pendelleuchten (60St), Einbaustrahler (59St), Hängeleuchten (8St), Aufbau-Downlights (28St), Wandleuchten (12St), Aufbauleuchten (10St), Bodeneinbauleuchten (2St), Sicherheitsleuchten (46St), Notlichtzentrale (1St), Phasenüberwachung (2St), Fernmeldetableau (1St)	994,60 m²BGF	191.968	**193,01**	
446	**Blitzschutz- und Erdungsanlagen**	994,60 m²BGF	251	**0,25**	< 0,1
	• Herstellen (Kosten: 100,0%) Erdungsanschlüsse (10St), Potenzialausgleichsschiene (1St)	994,60 m²BGF	251	**0,25**	

KG	Kostengruppe	Menge Einheit	Kosten €	€/Einheit	%
450	**Kommunikations-, sicherheits- und informationstechnische Anlagen**				**100,0**
452	**Such- und Signalanlagen**	994,60 m² BGF	3.911	**3,93**	1,2
	• Herstellen (Kosten: 100,0%) Bus-Türsprechanlage, Tasten-, Lautsprechermodul, Eingangs-Controller, Innenstation, Aufschaltung auf Telefonanlage (1St), Ruf-Kompaktset für barrierefreies WC (1St)	994,60 m² BGF	3.911	**3,93**	
454	**Elektroakustische Anlagen**	994,60 m² BGF	28.761	**28,92**	8,9
	• Herstellen (Kosten: 100,0%) Digitale Funksysteme, Mikrofone, Stative (2St), Antennenbooster (1St), Antennensplitter (1St), Antennenkabel (60m), Deckeneinbaulautsprecher (5St), digitaler Soundprozessor, Verstärker (2St), Kupferflachbandkabel, Induktionsschleife für Hörgeräteträger (135m), Programmierung (psch), Hörstationen: Headboxen (3St), CD-Boxen (3St), Designboxen (3St), Streamboxen (3St), Kopfhörer (3St)	994,60 m² BGF	28.761	**28,92**	
455	**Audiovisuelle Medien- u. Antennenanl.**	994,60 m² BGF	47.361	**47,62**	14,7
	• Herstellen (Kosten: 100,0%) Projektor (1St), Leinwand, Steuerung (1St), digitales Media-Präsentationssystem (1St), Audio-Video-Sender (1St), multimediales Touchpanel (1St), KNX/EIB Interface (1St), Netzwerk-Switch, 16 Port (1St), drahtloses Präsentationssystem (1St), Schaufenster-Monitor (1St), Multizonen HD-Player (3St), Displays 43" (2St), 55" (1St), All-in-One-PC (1St), elektrische Wandhalterungen (2St), Programmierung (psch), Raumbuchungssysteme: 10" Displays, als Türschild (2St)	994,60 m² BGF	47.361	**47,62**	
456	**Gefahrenmelde- und Alarmanlagen**	994,60 m² BGF	215.597	**216,77**	66,9
	• Herstellen (Kosten: 100,0%) Brandmeldezentrale (1St), Mehrfachsensormelder (48St), Handmelder (5St), Schlüsseldepot (1St), Freischaltelement (1St), akustisch/optische Signalgeber (14St), Feuerwehrlaufkarten (10St), Brandmeldekabel (1.650m), Einbruchmeldeanlage (1St), Touchcenter (1St), Leser mit Tastatur (1St), Transponder, Schlüssel (5St), Blitzleuchte (1St), akustischer Signalgeber (1St), Bewegungsmelder (8St), Deckenmelder (2St), Türwächter, Exitalarm (1St), Buchsicherung; Einzelgateanlagen (2St), Verbuchungstechnik, Theken (2St), Büros (5St), Selbstverbucher (2St), 24h-Rückgabebox (1St), Steuerungsbox (1St), EC-Kartenterminals (2St), Münzterminal (1St), RFID-Tags (24.000St), Transponder-Etiketten (28St), Ringetiketten (7St), RFID-Dropbox (1St), Benutzerausweise (10.000St), Zutrittskontrolle Open Library: Zutrittsterminal (1St), Videokameras (19St), Audiosystem (1St), Lautsprecher (6St)	994,60 m² BGF	215.597	**216,77**	
457	**Datenübertragungsnetze**	994,60 m² BGF	26.582	**26,73**	8,2
	• Abbrechen (Kosten: 7,1%) Abbruch von EDV-Wandschrank (1St); Entsorgung, Deponiegebühren	994,60 m² BGF	1.894	**1,90**	
	• Herstellen (Kosten: 92,9%) Verteilerschrank 19", 42HE (1St), Patchpanels Cat6 (5St), Datenleitung (3.500m), Datenanschlussdosen Cat6, 2xRJ45 (50St), Messen von neuen Anschlüssen (100St), bestehenden Anschlüssen (94St)	994,60 m² BGF	24.688	**24,82**	
470	**Nutzungsspezifische und verfahrenstechnische Anlagen**				**100,0**
474	**Feuerlöschanlagen**	994,60 m² BGF	1.932	**1,94**	100,0
	• Herstellen (Kosten: 100,0%) Schaum-Aufladelöscher 6l (8St), CO_2-Dauerdrucklöscher 5kg (1St), Brandschutzkennzeichen (17St)	994,60 m² BGF	1.932	**1,94**	

Modernisierung

KG	Kostengruppe	Menge Einheit	Kosten €	€/Einheit	%
480	**Gebäude- und Anlagenautomation**				**100,0**
481	**Automationseinrichtungen**	994,60 m²BGF	14.284	**14,36**	42,2
	• Herstellen (Kosten: 100,0%) KNX/EIB Spannungsversorgung (1St), Schnittstellen (2St), Schaltaktoren, vierfach (2St), Jalousieaktoren, achtfach (9St), DALI-Gateways, zweifach (3St), Binäreingänge, achtfach (1St), Tastsensoren, einfach (5St), dreifach (5St)	994,60 m²BGF	14.284	**14,36**	
483	**Automationsmanagement**	994,60 m²BGF	15.799	**15,89**	46,7
	• Herstellen (Kosten: 100,0%) EIB-Komponenten anlegen (43St), Parametrierung (258St), Programmierung der Gebäudefunktionen je Datenpunkte (120St), Vergabe physikalischer Adressen (233St), Gruppenadressen (140St), Präsenzmelder (15St), Wetterzentrale (1St), Wettersensor (1St)	994,60 m²BGF	15.799	**15,89**	
484	**Kabel, Leitungen und Verlegesysteme**	994,60 m²BGF	3.740	**3,76**	11,1
	• Herstellen (Kosten: 100,0%) Fernmeldeleitungen (950m), Busleitung (450m), Steuerleitungen (95m), Schlauchleitungen (150m)	994,60 m²BGF	3.740	**3,76**	
490	**Sonstige Maßnahmen für technische Anlagen**				**100,0**
491	**Baustelleneinrichtung**	994,60 m²BGF	960	**0,97**	60,0
	• Herstellen (Kosten: 100,0%) Baustelleneinrichtung (1St)	994,60 m²BGF	960	**0,97**	
492	**Gerüste**	994,60 m²BGF	641	**0,64**	40,0
	• Herstellen (Kosten: 100,0%) Arbeitsbühnen (2St)	994,60 m²BGF	641	**0,64**	
540	**Baukonstruktionen**				**100,0**
542	**Schutzkonstruktionen**	10,87 m²	9.185	**845,00**	100,0
	• Herstellen (Kosten: 100,0%) Einhausung Kühlgerät, h=1,99m, Alu-Winkelrahmen, Alu-Streckgitterfüllung, Pfosten (11m²)	10,87 m²	9.185	**845,00**	
550	**Technische Anlagen**				**100,0**
555	**Raumlufttechnische Anlagen**	1.008,00 m²AF	34.184	**33,91**	100,0
	• Herstellen (Kosten: 100,0%) Außeneinheit Kälte-/Klimagerät (1St), Grundgestell (1St), Auffang-, Rückhaltesystem (1St), Hochleistungs-Heizmatte, Steuerung (1St), Hebepumpen (3St), Metallkanalrinne (3m)	1.008,00 m²AF	34.184	**33,91**	
560	**Einbauten in Außenanlagen und Freiflächen**				**100,0**
561	**Allgemeine Einbauten**	1.008,00 m²AF	8.537	**8,47**	100,0
	• Herstellen (Kosten: 100,0%) Mobile Pflanztröge 123x40x41cm, Stahlblech, je drei Pflanztöpfe (5St), Personenleitsystem, zwei Poller, Gurt (1St)	1.008,00 m²AF	8.537	**8,47**	
640	**Künstlerische Ausstattung**				**100,0**
642	**Künstl. Gestaltung des Bauwerks**	994,60 m²BGF	5.283	**5,31**	100,0
	• Herstellen (Kosten: 100,0%) Wand- und Fenstergestaltung, Graffiti, Folierung (16m²)	994,60 m²BGF	5.283	**5,31**	

Kostenkennwerte für Leistungsbereiche nach STLB (Kosten des Bauwerks nach DIN 276)

LB	Leistungsbereiche	Kosten €	€/m² BGF	€/m³ BRI	% an 3+4
000	Baustellen-, Verkehrssich.- u. Sicherh.einr. inkl. 001	7.720	7,80	2,10	0,5
002	Erdarbeiten	–	–	–	–
006	Spezialtiefbauarbeiten inkl. 005	–	–	–	–
009	Entwässerungskanalarbeiten inkl. 011	–	–	–	–
010	Drän- und Versickerarbeiten	–	–	–	–
012	Mauerarbeiten	–	–	–	–
013	Betonarbeiten	–	–	–	–
014	Natur-, Betonwerksteinarbeiten	–	–	–	–
016	Zimmer- und Holzbauarbeiten	–	–	–	–
017	Stahlbauarbeiten	–	–	–	–
018	Abdichtungsarbeiten	–	–	–	–
020	Dachdeckungsarbeiten	–	–	–	–
021	Dachabdichtungsarbeiten	–	–	–	–
022	Klempnerarbeiten	–	–	–	–
	Rohbau	**7.720**	**7,80**	**2,10**	**0,5**
023	Putz- und Stuckarbeiten, Wärmedämmsysteme	3.400	3,40	0,92	0,2
024	Fliesen- und Plattenarbeiten	1.586	1,60	0,43	< 0,1
	Wiederherstellen	1.586	1,60	0,43	< 0,1
025	Estricharbeiten	115.623	116,30	31,30	7,0
	Wiederherstellen	2.007	2,00	0,54	0,1
	Herstellen	113.616	114,20	30,80	6,8
026	Fenster, Außentüren inkl. 029, 032	41.643	41,90	11,30	2,5
	Wiederherstellen	1.659	1,70	0,45	< 0,1
	Herstellen	39.984	40,20	10,80	2,4
027	Tischlerarbeiten	484.471	487,10	131,30	29,2
	Wiederherstellen	31.091	31,30	8,40	1,9
	Herstellen	453.379	455,80	122,80	27,3
028	Parkett-, Holzpflasterarbeiten	14.902	15,00	4,00	0,9
030	Rollladenarbeiten	6.042	6,10	1,60	0,4
031	Metallbauarbeiten inkl. 035	22.641	22,80	6,10	1,4
034	Maler- und Lackiererarb. - Beschicht. inkl. 037	31.626	31,80	8,60	1,9
	Wiederherstellen	6.276	6,30	1,70	0,4
	Herstellen	25.349	25,50	6,90	1,5
036	Bodenbelagarbeiten	55.590	55,90	15,10	3,3
038	Vorgehängte hinterlüftete Fassaden	–	–	–	–
039	Trockenbauarbeiten	40.649	40,90	11,00	2,4
	Wiederherstellen	4.961	5,00	1,30	0,3
	Herstellen	35.688	35,90	9,70	2,1
	Ausbau	**818.172**	**822,60**	**221,70**	**49,2**
	Wiederherstellen	47.581	47,80	12,90	2,9
	Herstellen	770.592	774,80	208,80	46,4
040	Wärmeversorgungsanl. - Betriebseinr. inkl. 041	15.470	15,60	4,20	0,9
	Wiederherstellen	960	0,97	0,26	< 0,1
	Herstellen	14.509	14,60	3,90	0,9
042	Gas- u. Wasseranl. - Leitung., Armat. inkl. 043	3.325	3,30	0,90	0,2
044	Abwasseranl. - Leitungen, Abläufe, Armaturen	784	0,79	0,21	< 0,1
045	Gas, Wasser, Entwässerung - Ausstattung inkl. 046	2.295	2,30	0,62	0,1
	Wiederherstellen	403	0,41	0,11	< 0,1
	Herstellen	1.892	1,90	0,51	0,1

Modernisierung

LB	Leistungsbereiche	Kosten €	€/m² BGF	€/m³ BRI	% an 3+4
047	Dämm- und Brandschutzarb. an techn. Anlagen	7.303	7,30	2,00	0,4
	Wiederherstellen	3.160	3,20	0,86	0,2
	Herstellen	4.143	4,20	1,10	0,2
049	Feuerlöschanlagen, Feuerlöschgeräte	2.018	2,00	0,55	0,1
050	Blitzschutz-/Erdungsanlagen, Überspannungssch.	251	0,25	0,07	< 0,1
053	Niederspannungsanl. - Kabel inkl. 052, 054	51.662	51,90	14,00	3,1
055	Sicherheits- u. Ersatzstromversorgungsanl.	–	–	–	–
057	Gebäudesystemtechnik	–	–	–	–
058	Leuchten und Lampen inkl. 059	191.968	193,00	52,00	11,6
060	Such, Signal, Zeit, Anten., akust. Anl. inkl. 064	46.299	46,60	12,50	2,8
061	Kommunikations- u. Übertragungsnetze inkl. 063	270.250	271,70	73,20	16,3
069	Aufzüge	–	–	–	–
070	Gebäudeautomation	33.824	34,00	9,20	2,0
075	Raumlufttechnische Anlagen inkl. 078	68.398	68,80	18,50	4,1
	Wiederherstellen	336	0,34	0,09	< 0,1
	Herstellen	68.062	68,40	18,40	4,1
	Gebäudetechnik	**693.846**	**697,60**	**188,00**	**41,8**
	Wiederherstellen	4.859	4,90	1,30	0,3
	Herstellen	688.987	692,70	186,70	41,5
084	Abbruch, Rückbau, Schadstoffsanierung	34.340	34,50	9,30	2,1
	Abbrechen	34.340	34,50	9,30	2,1
	Abbrucharbeiten	**34.340**	**34,50**	**9,30**	**2,1**
	Abbrechen	34.340	34,50	9,30	2,1
	Sonstige Leistungsbereiche	**107.600**	**108,20**	**29,20**	**6,5**

Kostenkennwerte für die Kosten des Bauwerks (Kostengruppen 300+400 nach DIN 276)

Instandsetzung

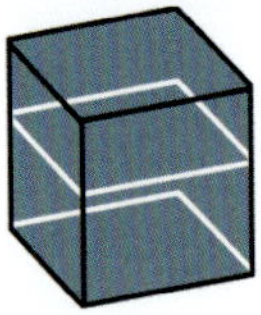
BRI 370 €/m³

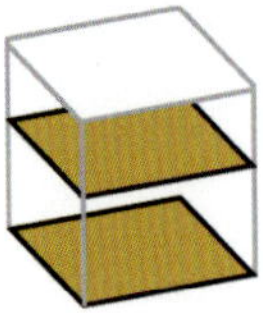
BGF 2.639 €/m²

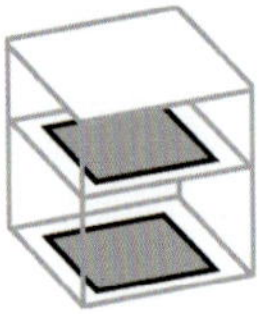
NUF 3.389 €/m²

Objekt:
Kennwerte: 3. Ebene DIN 276
BRI: 1.689 m³
BGF: 237 m²
NUF: 184 m²
Bauzeit: 35 Wochen
Bauende: 2018
Standard: mittel
Bundesland: Hamburg
Kreis: Hamburg, Stadt

Architekt*in:
Dohse und Partner
Architekten mbB
Brennerstraße 90
20099 Hamburg

Bauherr*in:
Hamburger Friedhöfe -AöR-
Fuhlsbüttler Straße 756
22337 Hamburg

© Dorfmüller | Klier

© Dorfmüller | Klier

Kostenstand: 4. Quartal 2025, Bundesdurchschnitt, **inkl. 19% MwSt.**

Ansicht Nord

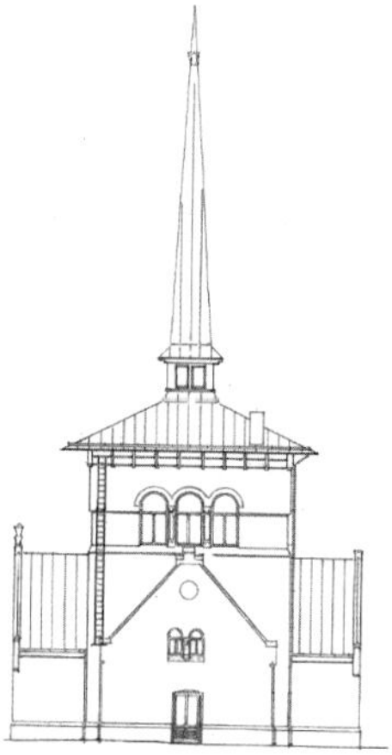
Ansicht Ost

Ansicht Süd

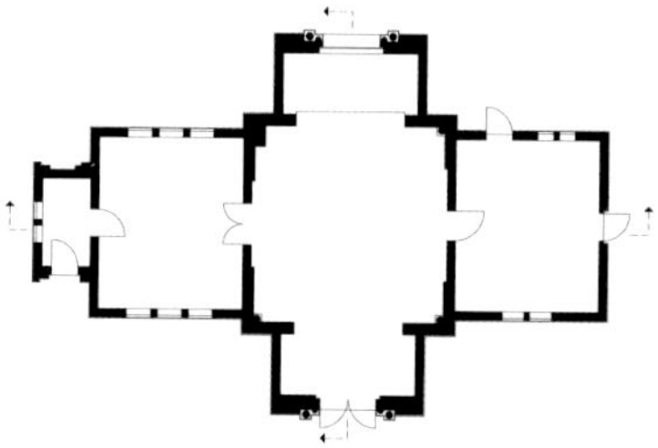
Erdgeschoss

Ansicht West

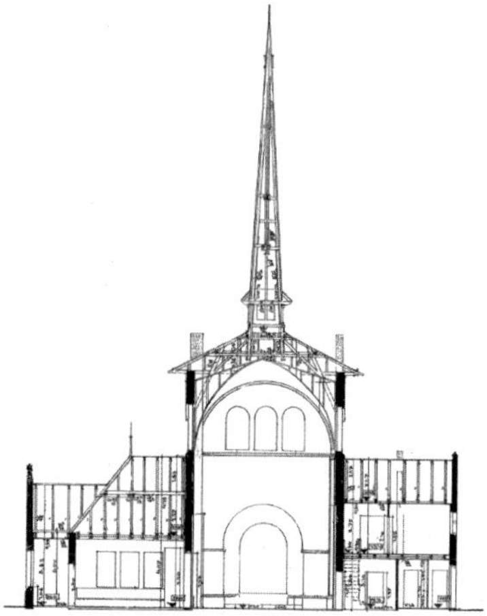
Längsschnitt

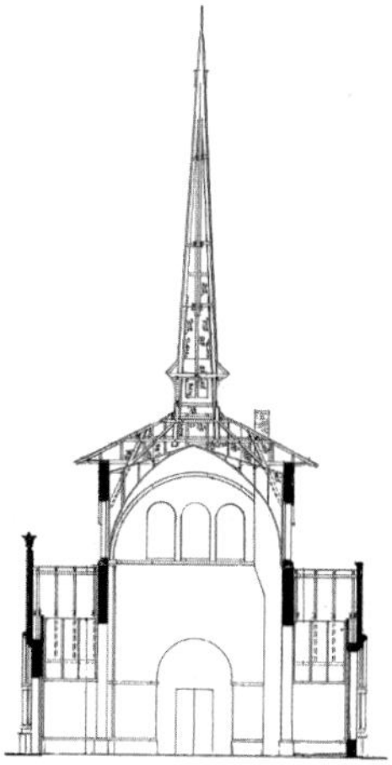
Querschnitt

Objektbeschreibung

Allgemeine Objektinformationen

Die Kapelle ist eine von 13 Kapellen auf dem Gelände und das älteste steinerne Gebäude des Friedhofs. Sie wurde 1886 nach Plänen von Wilhelm Cordes im Stil der Neugotik der Hannoverschen Schule errichtet und ist ein geschütztes Baudenkmal von bedeutendem historischen Wert. An der Kapelle bestand aufgrund des Alters Sanierungsbedarf, insbesondere wegen Schäden und drohendem weiteren Verfall durch Abnutzung und Verwitterung. Darüber hinaus war es aus Sicht der Denkmalpflege wünschenswert, in der Vergangenheit vorgenommene gestalterische und technische Änderungen am Bauwerk zu korrigieren. Es handelt sich um einen kreuzförmig organisierten Backsteinbau aus gelblichem Hartbrandklinker mit historisierenden, gliedernden und schmückenden Elementen aus roten Mainsandstein und einer in jüngerer Vergangenheit sanierten Metalldachdeckung.

Nutzung

1 Erdgeschoss
Kapelle, Feierraum

Grundstück

Bauraum: Freier Bauraum
Neigung: Ebenes Gelände

Markt

Hauptvergabezeit: 2. Quartal 2017
Baubeginn: 3. Quartal 2017
Bauende: 1. Quartal 2018
Konjunkturelle Gesamtlage: Durchschnitt
Regionaler Baumarkt: über Durchschnitt

Baubestand

Baujahr: 1886
Bauzustand: schlecht
Aufwand: hoch
Grundrissänderungen: wenige
Tragwerkseingriffe: wenige
Nutzungsänderung: nein
Nutzung während der Bauzeit: nein

Baukonstruktion

Die Fassade wurde umfassend saniert, wobei sich insbesondere die Restaurierung des Mainsandsteins als anspruchsvoll erwies – nicht zuletzt aufgrund eines früher aufgebrachten, ungeeigneten Reparaturmörtels. Auch die Mörtelfugen des Mauerwerks mussten in großem Umfang nach genauer Bemusterung erneuert werden; teilweise wurden Backsteine passgenau neu hergestellt. Sämtliche Fenster, Holzbauteile sowie die Dachlaterne wurden mit einer Leinölbeschichtung nach historischer Originalrezeptur restauriert, wobei die ursprüngliche Farbigkeit wiederhergestellt wurde. Beschläge wurden durch Sonderanfertigungen nach historischem Original ersetzt. Im Gebäudeinneren zeigte sich ein erheblicher Eingriff aus der Vergangenheit: Der Einbau eines Ofens und das in einer Ecke der Feierhalle hochgemauerte Kaminrohr verdeckten eine tragende Säule bzw. einen Eckdienst und beeinträchtigten die Symmetrie des Raumes deutlich. Zudem war dadurch ein Teil der gegliederten Holzdecke verloren gegangen. Diese Veränderungen mussten restauratorisch rückgebaut und originalgetreu rekonstruiert werden. Zwei Wandgemälde mit figürlichen Darstellungen in den Rundbogenfeldern über den Innentüren wurden wieder freigelegt, aufwendig restauriert und tragen nun erneut wesentlich zur historischen Raumwirkung bei. Der Bodenbelag aus Terrazzofliesen war teilweise abgängig und wurde nach einem langwierigen Bemusterungsprozess durch individuell hergestellte Fliesen ergänzt sowie insgesamt geschliffen und beschichtet.

Technische Anlagen

Bei der Sanierung der Kapelle wurden die Radiatoren erneuert und in Wandfarbe beschichtet. Die bestehende Elektroinstallation wurde überprüft und anschließend teilweise ergänzt bzw. erneuert. In Abstimmung mit der Denkmalpflege wurde ein völlig neues Lichtkonzept entwickelt und respektvoll unauffällig mit moderner Technik umgesetzt.

Sonstiges

In enger Zusammenarbeit mit dem Denkmalamt wurde auf Grundlage eines restauratorischen Befunds ein Farb- und Gestaltungskonzept für den Innenraum entwickelt, das die ursprüngliche Entwurfshaltung und Originalanmutung aufgreift und zugleich behutsam an heutige Anforderungen anpasst sowie Innenraum und Außengestaltung des Bauwerks wieder wie im Urzustand zu einer gestalterischen Einheit verbindet. Die Möblierung, inklusive Podium und Katafalk, wurde passend zum gesamten Gestaltungskonzept entworfen und individuell angefertigt.

Planungskennwerte für Flächen und Rauminhalte nach DIN 277

Flächen des Grundstücks		Menge Einheit	% an GF
BF	Bebaute Fläche	–	–
UF	Unbebaute Fläche	–	–
GF	Grundstücksfläche	38.900,00 m²	100,0

Grundflächen des Bauwerks		Menge Einheit	% an NUF	% an BGF
NUF	Nutzungsfläche	184,39 m²	100,0	77,9
TF	Technikfläche	–	–	–
VF	Verkehrsfläche	7,61 m²	4,1	3,2
NRF	Netto-Raumfläche	192,00 m²	104,1	81,1
KGF	Konstruktions-Grundfläche	44,82 m²	24,3	18,9
BGF	Brutto-Grundfläche	236,82 m²	128,4	100,0

Brutto-Rauminhalt des Bauwerks		Menge Einheit	BRI/NUF (m)	BRI/BGF (m)
BRI	Brutto-Rauminhalt	1.689,00 m³	9,16	7,13

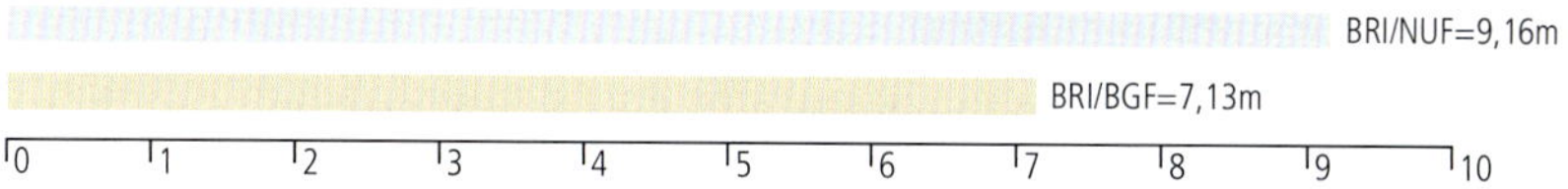

Lufttechnisch behandelte Flächen	Menge Einheit	% an NUF	% an BGF
Entlüftete Fläche	–	–	–
Be- und entlüftete Fläche	–	–	–
Teilklimatisierte Fläche	–	–	–
Klimatisierte Fläche	–	–	–

KG	Kostengruppen (2. Ebene)	Menge Einheit	Menge/NUF	Menge/BGF
310	Baugrube / Erdbau	–	–	–
320	Gründung, Unterbau	104,01 m² GRF	0,56	0,44
330	Außenwände/Vertikale Baukonstruktionen, außen	1.452,44 m² AWF	7,88	6,13
340	Innenwände/Vertikale Baukonstruktionen, innen	106,04 m² IWF	0,58	0,45
350	Decken/Horizontale Baukonstruktionen	–	–	–
360	Dächer	253,78 m² DAF	1,38	1,07

Instandsetzung

Kostenkennwerte für die Kostengruppen der 1. Ebene DIN 276

KG	Kostengruppen (1. Ebene)	Einheit	Kosten €	€/Einheit	€/m²BGF	€/m³BRI	% 300+400
100	Grundstück	m²GF	–	–	–	–	–
200	Vorbereitende Maßnahmen	m²GF	–	–	–	–	–
300	Bauwerk – Baukonstruktionen	m²BGF	590.482	2.493,38	2.493,38	349,60	94,5
400	Bauwerk – Technische Anlagen	m²BGF	34.415	145,32	145,32	20,38	5,5
	Bauwerk 300+400	**m²BGF**	**624.896**	**2.638,70**	**2.638,70**	**369,98**	**100,0**
500	Außenanlagen und Freiflächen	m²AF	–	–	–	–	–
600	Ausstattung und Kunstwerke	m²BGF	5.593	23,62	23,62	3,31	0,9
700	Baunebenkosten	m²BGF	–	–	–	–	–
800	Finanzierung	m²BGF	–	–	–	–	–

KG	Kostengruppe	Menge Einheit	Kosten €	€/Einheit	%
3+4	**Bauwerk**				**100,0**
300	**Bauwerk – Baukonstruktionen**	236,82 m²BGF	590.482	**2.493,38**	94,5

- Abbrechen (Kosten: 17,0%) 100.284
  Abbruch von Terrazzofliesen; Entfernen von Fassadenbewuchs, Farbe auf Zinkblech an Laterne entfernen; Wandbeschichtungen vollständig restauratorisch unter schonendem Erhalt der darunterliegenden Bauteile entfernen, Fassadenleiter, Ankerpunkte; Wandbeschichtungen, Abbeizen in Handarbeit; Entsorgung, Deponiegebühren

- Wiederherstellen (Kosten: 38,1%) 224.725
  Terrazzofliesen, neu verfugen, Unebenheiten ausgleichen, beschichten; Restaurieren der Außentüren, Holzfenster, Gläser auswechseln, alle Holzteile inkl. Sprossen komplett entschichten, Oberfläche sanieren und ergänzen sowie in Leinöltechnik nach Originalrezeptur beschichten, Metallfenster sandstrahlen, neu beschichten, Verglasungen auswechseln; lockere Steine auswechseln, Sandsteinlaibungen nachmodellieren, Zahnfries verfugen; Putz, Stuck ausbessern, Holzprofile, Stuckelemente beschichten, Bogeneinfassungen aufarbeiten; historisch bemaltes Bogenfeld freilegen und Wandgemälde restaurieren, konservieren, Stuck an Gurtgesimsen, Sockelgesims vervollständigen, Fenstereinfassungen aufarbeiten; Reparatur Dachlaterne; Rückbau Holzbauteile der Deckenkassette, originalgetreues Herstellen der entfernten Bauteile, an Ränder der Bauteile anfügen, Holzgefache der Gewölbedecke denkmalgerecht aufarbeiten, dabei teilweise originalgetreu neu herstellen, Holzbekleidungen sanieren

- Herstellen (Kosten: 45,0%) 265.473
  Fassadenreinigung im Niederdruck-Rotationsverfahren mit genau eingestellten Strahlmitteln, Leinölbeschichtung auf Außentüren, Innentüren, Beschichtung der Fenster, Malervlies, Silikatbeschichtung, Begleitbänder an Gewölbebögen, Gebäudeecken anbringen; Bodentreppe; Lichtkuppeln, Dachfenster; Holzflächen der Dachuntersichten beschichten, Bleifugen in historischer Technik herstellen; Schornsteinabdeckung, -einfassung

KG	Kostengruppe	Menge Einheit	Kosten €	€/Einheit	%
400	**Bauwerk – Technische Anlagen**	236,82 m²BGF	34.415	**145,32**	5,5

- Abbrechen (Kosten: 14,3%) 4.912
  Abbruch von Rohrleitungen; Kamin, Schornstein; Entsorgung, Deponiegebühren

- Herstellen (Kosten: 85,7%) 29.503
  Heizleitungen, Radiatoren beschichten, Sonderfarben; Elektroinstallation, Beleuchtung montieren

KG	Kostengruppe	Menge Einheit	Kosten €	€/Einheit	%
600	**Ausstattung und Kunstwerke**	236,82 m² BGF	5.593	**23,62**	0,9
	• Herstellen (Kosten: 100,0%) Rednerpult, Sargbahre, Bestuhlung		5.593		

Instandsetzung

Kostenkennwerte für die Kostengruppen der 2. Ebene DIN 276

KG	Kostengruppe	Menge Einheit	Kosten €	€/Einheit	%
300	**Bauwerk – Baukonstruktionen**				**100,0**
320	**Gründung, Unterbau**	104,01 m² GRF	66.882	**643,04**	11,3
	• Abbrechen (Kosten: 25,4%) Abbruch von Fliesen (101m²); Entsorgung, Deponiegebühren	101,13 m² GRF	16.973	**167,83**	
	• Wiederherstellen (Kosten: 74,6%) Unebenheiten entfernen, Löcher verfüllen, Terrazzofliesen auf Ausgleichsschicht ergänzen (15m²), bestehende Terrazzofliesen neu verfugen (127m), Unebenheiten ausgleichen (98St), Terrazzofliesen schleifen, versiegeln (104m²)	104,01 m² GRF	49.910	**479,85**	
330	**Außenwände/Vert. Baukonstrukt., außen**	1.452,44 m² AWF	305.449	**210,30**	51,7
	• Abbrechen (Kosten: 22,9%) Entfernen von Haken, Dübeln, Nägeln (657m²), Bewuchs (102m²), Farbe auf Zinkblech an Laterne entfernen (53h) * Wandbeschichtung, von Hand (329m²) * Fassadenleiter (1St), Ankerpunkte (6St); Entsorgung, Deponiegebühren	1.023,75 m² AWF	69.998	**68,37**	
	• Wiederherstellen (Kosten: 40,7%) Holzbauteile der Laterne sanieren (22m²), Antragungen an Sandsteinlaibungen mit Steinergänzungsmörtel (31m), an Klinker (65St), an Sandsteinflächen (5m²), Austausch einzelner Steine (19St) * Fensterflügel restaurieren, Altbeschichtung entfernen, Holzrisse füllen, schleifen, beschichten (78m²), Fensterrahmen restaurieren, Altbeschichtung entfernen, beschichten, Fensterkitt erneuern (37m²), Sprossenfenster spachteln, beschichten (9m²), Außentüren restaurieren (22m²), Verglasungen auswechseln (70h), Fensterbeschläge reparieren, sandstrahlen, verzinken (psch) * Putz, Stuck rekonstruieren, ausbessern, beschichten (492m²), Holzprofile, denkmalgerecht nacharbeiten, beschichten (83m²), Bogeneinfassungen beschichten (14m²) * Lüftungsgitter überarbeiten, beschichten (10St)	685,30 m² AWF	124.313	**181,40**	
	• Herstellen (Kosten: 36,4%) Fassadenreinigung Heißdampf (1.315m²), Sandstrahlreinigung (45m²), Verfugung erneuern (264m²), Steinoberflächen schleifen (40m²), Anschlussfugen herstellen (492m) * Leinölbeschichtung auf Fenstern, Rahmen (54m²), auf Außentüren, Rahmen (22m²) * Holzbekleidung beschichten (15m²) * Malervlies (330m²), Silikatbeschichtung (492m²), Beschichtung der Randeinfassung, b=11,5-23cm (52m²)	1.390,82 m² AWF	111.137	**79,91**	
340	**Innenwände/Vert. Baukonstrukt., innen**	106,04 m² IWF	39.825	**375,57**	6,7
	• Abbrechen (Kosten: 21,9%) Abbruch von Wandbeschichtungen, Abbeizen in Handarbeit (55m²); Entsorgung, Deponiegebühren	27,50 m² IWF	8.741	**317,84**	
	• Wiederherstellen (Kosten: 75,5%) Innentüren, Zargen überarbeiten, neu beschichten (17m²), Drückergarnitur reparieren (3h) * Putz, Stuck ausbessern, rekonstruieren, beschichten (137m²), historisch bemaltes Bogenfeld restaurieren, Schlitze schließen, farbiges Angleichen der Fehlstellen, konservieren (6m²/110h), Holzprofile denkmalgerecht aufarbeiten, beschichten (7m²), Bogenflächen, Fenstereinfassungen aufarbeiten, beschichten (15m²), Fenstereinfassungen, b=45cm (14m²), Stuck an Gesimsen (3St)	106,04 m² IWF	30.056	**283,44**	
	• Herstellen (Kosten: 2,6%) Malervlies (55m²), Silikatbeschichtung (82m²)	41,04 m² IWF	1.028	**25,06**	

KG	Kostengruppe	Menge Einheit	Kosten €	€/Einheit	%
350	**Decken/Horizontale Baukonstruktionen**	–	4.242	–	0,7
	• Abbrechen (Kosten: 9,4%) Abbruch von Deckenbeschwerung (1St); Entsorgung, Deponiegebühren	–	398	–	
	• Wiederherstellen (Kosten: 21,3%) Beschichtung Brüstungsgeländer (9m²)	8,64 m² DEF	903	**104,53**	
	• Herstellen (Kosten: 69,3%) Wechsel, Rahmenverbreiterung für Bodentreppe (1m²) * Bodentreppe (1m²)	0,96 m² DEF	2.941	**3.063,19**	
360	**Dächer**	253,78 m² DAF	41.745	**164,49**	7,1
	• Abbrechen (Kosten: 10,0%) Entfernen Zinkblechbeschichtung (72m²) * schadhaften Holzbauteile der Deckenkassette (psch); Entsorgung, Deponiegebühren	72,48 m² DAF	4.174	**57,59**	
	• Wiederherstellen (Kosten: 43,7%) Dachlaterne reparieren, schadhaftes Zinkblech ausbessern (72m²) * Entfernen der schadhaften Holzbauteile der Deckenkassette, originalgetreue Rekonstruktion der entfernten Bauteile, mehrteilige, gebogene Kassettenfüllung, ca. 3,00x1,00m, angrenzende Profile abnehmen, an Rändern anfügen (psch), Holzbekleidungen sanieren (8m²)	175,69 m² DAF	18.249	**103,87**	
	• Herstellen (Kosten: 46,3%) Lichtkuppeln, Dachfenster (4St) * Gewölbedecke reinigen, lasieren (168m²), Holzflächen der Dachuntersichten beschichten (85m²)	253,79 m² DAF	19.322	**76,13**	
380	**Baukonstruktive Einbauten**	236,82 m² BGF	1.293	**5,46**	0,2
	• Wiederherstellen (Kosten: 100,0%) Aufarbeiten Sitzbank (psch)	236,82 m² BGF	1.293	**5,46**	
390	**Sonst. Maßnahmen für Baukonstrukt.**	236,82 m² BGF	131.045	**553,35**	22,2
	• Herstellen (Kosten: 100,0%) Baustelleneinrichtung (3St), Mobiltoilette (1St), Aufenthaltscontainer (1St), Bauzaun (91m), Baustromanschluss (psch) * Fassadengerüst (987m²), Gerüstrahmen zur Dachüberbrückung (4St), Raumgerüst (704m³), Schutznetze (801m²), Wetterschutzplanen (1.135m²) * Bauschuttcontainer (20m³), Baumischabfälle (1St); Entsorgung, Deponiegebühren * Schutz Bodenbeläge (150m²), Fassadenschutz mit Folie (210m²), Folienzelt (psch), Baureinigung (psch)	236,82 m² BGF	131.045	**553,35**	
400	**Bauwerk – Technische Anlagen**				**100,0**
420	**Wärmeversorgungsanlagen**	236,82 m² BGF	27.034	**114,16**	78,6
	• Abbrechen (Kosten: 18,2%) Abbruch von Rohrleitungen (10St) * Schornstein (6m³); Entsorgung, Deponiegebühren	236,82 m² BGF	4.912	**20,74**	
	• Herstellen (Kosten: 81,8%) Kupferrohre (15m) * Radiavektoren, h=28cm (7St), Thermostatköpfe, Ventile, Verschraubungen (7St)	236,82 m² BGF	22.123	**93,42**	
440	**Elektrische Anlagen**	236,82 m² BGF	7.380	**31,16**	21,4
	• Herstellen (Kosten: 100,0%) Steckdosen (3St), Mantelleitungen NYM-J, Schutzrohre (80m), Steckdosen (3St) * Beleuchtung abhängen, wieder montieren (30h)	236,82 m² BGF	7.380	**31,16**	

KG	Kostengruppe	Menge Einheit	Kosten €	€/Einheit	%
600	**Ausstattung und Kunstwerke**				**100,0**
610	**Allgemeine Ausstattung**	236,82 m²BGF	5.593	**23,62**	100,0
	• Herstellen (Kosten: 100,0%) Rednerpult (1St), Sargbahre, versenkbare Rollen (1St)	236,82 m²BGF	5.593	**23,62**	

Kostenkennwerte für die Kostengruppen 300 der 2. und 3. Ebene DIN 276 (Übersicht)

KG	Kostengruppe	Menge Einheit	Kosten €	€/Einheit	% an 3+4
300	**Bauwerk – Baukonstruktionen**	**236,82 m² BGF**	**590.481,54**	**2.493,38**	**94,5**
310	**Baugrube / Erdbau**	**–**	**–**	**–**	**–**
311	Herstellung	–	–	–	–
312	Umschließung	–	–	–	–
313	Wasserhaltung	–	–	–	–
314	Vortrieb	–	–	–	–
319	Sonstiges zur KG 310	–	–	–	–
320	**Gründung, Unterbau**	**104,01 m² GRF**	**66.882,38**	**643,04**	**10,7**
321	Baugrundverbesserung	–	–	–	–
322	Flachgründungen und Bodenplatten	–	–	–	–
323	Tiefgründungen	–	–	–	–
324	Gründungsbeläge	104,01 m²	66.882,38	643,04	10,7
325	Abdichtungen und Bekleidungen	–	–	–	–
326	Dränagen	–	–	–	–
329	Sonstiges zur KG 320	–	–	–	–
330	**Außenwände/Vert. Baukonstrukt., außen**	**1.452,44 m² AWF**	**305.448,60**	**210,30**	**48,9**
331	Tragende Außenwände	1.342,04 m²	133.249,99	99,29	21,3
332	Nichttragende Außenwände	–	–	–	–
333	Außenstützen	–	–	–	–
334	Außenwandöffnungen	95,04 m²	73.090,77	769,05	11,7
335	Außenwandbekleidungen, außen	15,36 m²	1.601,49	104,26	0,3
336	Außenwandbekleidungen, innen	588,89 m²	95.254,59	161,75	15,2
337	Element. Außenwandkonstruktionen	–	–	–	–
338	Lichtschutz zur KG 330	–	–	–	–
339	Sonstiges zur KG 330	1.452,44 m² AWF	2.251,76	1,55	0,4
340	**Innenwände/Vert. Baukonstrukt., innen**	**106,04 m² IWF**	**39.825,03**	**375,57**	**6,4**
341	Tragende Innenwände	–	–	–	–
342	Nichttragende Innenwände	–	–	–	–
343	Innenstützen	–	–	–	–
344	Innenwandöffnungen	16,55 m²	1.534,70	92,73	0,2
345	Innenwandbekleidungen	178,99 m²	38.290,33	213,92	6,1
346	Elementierte Innenwandkonstruktionen	–	–	–	–
347	Lichtschutz zur KG 340	–	–	–	–
349	Sonstiges zur KG 340	–	–	–	–
350	**Decken/Horizontale Baukonstruktionen**	**–**	**4.241,51**	**–**	**0,7**
351	Deckenkonstruktionen	0,96 m²	946,72	986,16	0,2
352	Deckenöffnungen	0,96 m²	1.993,95	2.077,03	0,3
353	Deckenbeläge	–	397,73	–	< 0,1
354	Deckenbekleidungen	–	–	–	–
355	Elementierte Deckenkonstruktionen	–	–	–	–
359	Sonstiges zur KG 350	–	903,13	–	0,1
360	**Dächer**	**253,78 m² DAF**	**41.745,24**	**164,49**	**6,7**
361	Dachkonstruktionen	–	–	–	–
362	Dachöffnungen	0,99 m²	2.931,45	2.961,06	0,5
363	Dachbeläge	72,48 m²	5.717,35	78,88	0,9
364	Dachbekleidungen	252,80 m²	33.096,46	130,92	5,3
365	Elementierte Dachkonstruktionen	–	–	–	–
366	Lichtschutz zur KG 360	–	–	–	–
369	Sonstiges zur KG 360	–	–	–	–
370	**Infrastrukturanlagen**	**–**	**–**	**–**	**–**
380	**Baukonstruktive Einbauten**	**236,82 m² BGF**	**1.293,34**	**5,46**	**0,2**
390	**Sonst. Maßnahmen für Baukonstrukt.**	**236,82 m² BGF**	**131.045,42**	**553,35**	**21,0**

Instandsetzung

KG	Kostengruppe	Menge Einheit	Kosten €	€/Einheit	%
336	**Außenwandbekleidungen, innen**	588,89 m²	95.255	**161,75**	31,2
	• Abbrechen (Kosten: 54,9%) Abbruch von Wandbeschichtung, von Hand (329m²); Entsorgung, Deponiegebühren	328,96 m²	52.279	**158,92**	
	• Wiederherstellen (Kosten: 27,9%) Putz, Stuck in Teilbereichen ausbessern, Stuck rekonstruieren, ausbessern, beschichten (492m²), Holzprofile, teilweise Stuckelemente, denkmalgerecht nacharbeiten, anschleifen, säubern, spachteln, beschichten (83m²), Bogeneinfassungen aufarbeiten, anschleifen, spachteln, beschichten, b=45cm (14m²), Acrylfugen entfernen, neu verfugen (250m)	588,89 m²	26.617	**45,20**	
	• Herstellen (Kosten: 17,2%) Malervlies (330m²), Silikatbeschichtung (492m²), Beschichtung der Randeinfassung um Fenster, b=11,5cm (9m²), der Begleitbänder an Gewölbebögen, b=11,5cm (7m²), an Gebäudeecken, b=23cm (14m²), in Bogenfelder (22m²)	544,77 m²	16.359	**30,03**	
339	**Sonstiges zur KG 330**	1.452,44 m² AWF	2.252	**1,55**	0,7
	• Abbrechen (Kosten: 61,7%) Abbruch von Fassadenleiter (1St), Ankerpunkten (6St); Entsorgung, Deponiegebühren	1.023,75 m² AWF	1.389	**1,36**	
	• Wiederherstellen (Kosten: 38,3%) Lüftungsgitter 10x10cm, entrosten, überarbeiten, beschichten (10St)	685,30 m² AWF	862	**1,26**	
340	**Innenwände/Vertikale Baukonstruktionen, innen**				**100,0**
344	**Innenwandöffnungen**	16,55 m²	1.535	**92,73**	3,9
	• Wiederherstellen (Kosten: 100,0%) Innentüren, Zargen überarbeiten, neu beschichten (17m²), Drückergarnitur reparieren (3h)	16,55 m²	1.535	**92,73**	
345	**Innenwandbekleidungen**	178,99 m²	38.290	**213,92**	96,1
	• Abbrechen (Kosten: 22,8%) Abbruch von Wandbeschichtungen, Abbeizen in Handarbeit (55m²); Entsorgung, Deponiegebühren	55,00 m²	8.741	**158,92**	
	• Wiederherstellen (Kosten: 74,5%) Putz, Stuck in Teilbereichen ausbessern, rekonstruieren, beschichten (137m²), historisch bemaltes Bogenfeld in Handarbeit restaurieren, deckende Übermalungen entfernen, Schlitze schließen, farbiges Angleichen der Fehlstellen, Anarbeiten an Umgebung, konservieren (6m²/110h), Holzprofile, b=30cm denkmalgerecht aufarbeiten, beschichten (7m²), Bogenflächen, Fenstereinfassungen restauratorisch aufarbeiten, beschichten (15m²), Fenstereinfassungen, b=45cm (14m²), Stuck an Gurtgesimsen vervollständigen (2St), an Sockelgesims (1St)	178,99 m²	28.521	**159,35**	
	• Herstellen (Kosten: 2,7%) Malervlies (55m²), Silikatbeschichtung (82m²)	82,08 m²	1.028	**12,53**	
350	**Decken/Horizontale Baukonstruktionen**				**100,0**
351	**Deckenkonstruktionen**	0,96 m²	947	**986,16**	22,3
	• Herstellen (Kosten: 100,0%) Wechsel, Rahmenverbreiterung für Bodentreppe (1m²)	0,96 m²	947	**986,16**	
352	**Deckenöffnungen**	0,96 m²	1.994	**2.077,03**	47,0
	• Herstellen (Kosten: 100,0%) Bodentreppe (1m²)	0,96 m²	1.994	**2.077,03**	

KG	Kostengruppe	Menge Einheit	Kosten €	€/Einheit	%
353	**Deckenbeläge**	–	398	–	9,4
	• Abbrechen (Kosten: 100,0%) Abbruch von Deckenbeschwerung (1St); Entsorgung, Deponiegebühren	–	398	–	
359	**Sonstiges zur KG 350**	–	903	–	21,3
	• Wiederherstellen (Kosten: 100,0%) Beschichtung Brüstungsgeländer (9m²)	8,64 m² DEF	903	**104,53**	
360	**Dächer**				**100,0**
362	**Dachöffnungen**	0,99 m²	2.931	**2.961,06**	7,0
	• Herstellen (Kosten: 100,0%) Lichtkuppeln, Dachfenster (2St), Dachfenster, Kupfer (2St)	0,99 m²	2.931	**2.961,06**	
363	**Dachbeläge**	72,48 m²	5.717	**78,88**	13,7
	• Abbrechen (Kosten: 69,0%) Entfernen Zinkblechbeschichtung (72m²); Entsorgung, Deponiegebühren	72,48 m²	3.944	**54,41**	
	• Wiederherstellen (Kosten: 31,0%) Dachlaterne reparieren, schadhaftes Zinkblech ausbessern (72m²)	72,48 m²	1.774	**24,47**	
364	**Dachbekleidungen**	252,80 m²	33.096	**130,92**	79,3
	• Abbrechen (Kosten: 0,7%) Abbruch von schadhaften Holzbauteile der Deckenkassette (psch)	–	230	–	
	• Wiederherstellen (Kosten: 49,8%) Entfernen der schadhaften Holzbauteile der Deckenkassette, originalgetreue Rekonstruktion der entfernten Bauteile, ca. 3,00x1,00m, angrenzende Profile abnehmen, als Vorlage nacharbeiten, an Ränder der erhaltenen Bauteile anfügen (168m²), alte Dichtungsfugen, d bis 30mm erneuern (200m), Holzbekleidungen sanieren (8m²)	175,69 m²	16.476	**93,78**	
	• Herstellen (Kosten: 49,5%) Gewölbedecke lasieren (168m²), Holzflächen der Dachuntersichten beschichten (85m²)	252,80 m²	16.390	**64,84**	
380	**Baukonstruktive Einbauten**				**100,0**
381	**Allgemeine Einbauten**	236,82 m² BGF	1.293	**5,46**	100,0
	• Wiederherstellen (Kosten: 100,0%) Aufarbeiten Sitzbank, Risse mit Holzspachtel schließen, schleifen, beschichten (psch)	236,82 m² BGF	1.293	**5,46**	
390	**Sonstige Maßnahmen für Baukonstruktionen**				**100,0**
391	**Baustelleneinrichtung**	236,82 m² BGF	22.941	**96,87**	17,5
	• Herstellen (Kosten: 100,0%) Baustelleneinrichtungen (3St), Baustellen-WC (1St), Aufenthaltscontainer (1St), Bauzaun (91m), Baustromanschluss (psch)	236,82 m² BGF	22.941	**96,87**	
392	**Gerüste**	236,82 m² BGF	86.521	**365,34**	66,0
	• Herstellen (Kosten: 100,0%) Fassadengerüst, Lastklasse 4 (987m²), Gerüstrahmen zur Dachüberbrückung, l=11,00m (4St), Giebelüberbrückung, l=8,50m (4St), Raumgerüst, Lastklasse 4, mit Aufgängen, 8,00x8,00m, h=10,00m (704m³), Rollgerüst (2St), Schutznetze (801m²), Arbeitsbühne (2d), Wetterschutzplanen (1.135m²)	236,82 m² BGF	86.521	**365,34**	

Instandsetzung

KG	Kostengruppe	Menge Einheit	Kosten €	€/Einheit	%
396	**Materialentsorgung**	236,82 m² BGF	2.736	**11,55**	2,1
	• Herstellen (Kosten: 100,0%) Bauschuttcontainer (20m³), Baumischabfälle (1St); Entsorgung, Deponiegebühren	236,82 m² BGF	2.736	**11,55**	
397	**Zusätzliche Maßnahmen**	236,82 m² BGF	18.848	**79,59**	14,4
	• Herstellen (Kosten: 100,0%) Schutz bestehender Bodenbeläge, Hartfaserplatten, d=6mm (150m²), Fassadenschutz mit Folie (210m²), Folienzelt (psch), Baureinigung, Zwischenreinigung (psch), provisorische Auffangrinne (150m)	236,82 m² BGF	18.848	**79,59**	
420	**Wärmeversorgungsanlagen**				**100,0**
422	**Wärmeverteilnetze**	236,82 m² BGF	2.400	**10,14**	8,9
	• Abbrechen (Kosten: 5,4%) Abbruch von Rohrleitungen (10St); Entsorgung, Deponiegebühren	236,82 m² BGF	128	**0,54**	
	• Herstellen (Kosten: 94,6%) Kupferrohre, Formstücke, Rohrdämmung (15m)	236,82 m² BGF	2.272	**9,59**	
423	**Raumheizflächen**	236,82 m² BGF	19.851	**83,82**	73,4
	• Herstellen (Kosten: 100,0%) Radiavektoren, h=28cm, l=1,00-2,00m, lackiert (7St), Thermostatköpfe, Ventile, Verschraubungen (7St)	236,82 m² BGF	19.851	**83,82**	
429	**Sonstiges zur KG 420**	236,82 m² BGF	4.783	**20,20**	17,7
	• Abbrechen (Kosten: 100,0%) Abbruch von Schornstein (6m³); Entsorgung, Deponiegebühren	236,82 m² BGF	4.783	**20,20**	
440	**Elektrische Anlagen**				**100,0**
444	**Niederspannungsinstallationsanlagen**	236,82 m² BGF	5.135	**21,68**	69,6
	• Herstellen (Kosten: 100,0%) Steckdosen (3St), Mantelleitungen NYM-J, Schutzrohre (80m), Kontrolle Stromkreise (32St), Steckdosen (3St)	236,82 m² BGF	5.135	**21,68**	
445	**Beleuchtungsanlagen**	236,82 m² BGF	2.246	**9,48**	30,4
	• Herstellen (Kosten: 100,0%) Beleuchtung abhängen, lagern, nach Sanierung wieder montieren (30h)	236,82 m² BGF	2.246	**9,48**	

Kostenkennwerte für Leistungsbereiche nach STLB (Kosten des Bauwerks nach DIN 276)

LB	Leistungsbereiche	Kosten €	€/m² BGF	€/m³ BRI	% an 3+4
000	Baustellen-, Verkehrssich.- u. Sicherh.einr. inkl. 001	109.492	462,30	64,80	17,5
002	Erdarbeiten	–	–	–	–
006	Spezialtiefbauarbeiten inkl. 005	–	–	–	–
009	Entwässerungskanalarbeiten inkl. 011	–	–	–	–
010	Drän- und Versickerarbeiten	–	–	–	–
012	Mauerarbeiten	16.356	69,10	9,70	2,6
	Wiederherstellen	2.638	11,10	1,60	0,4
	Herstellen	13.718	57,90	8,10	2,2
013	Betonarbeiten	140	0,59	0,08	< 0,1
014	Natur-, Betonwerksteinarbeiten	99.526	420,30	58,90	15,9
	Wiederherstellen	30.606	129,20	18,10	4,9
	Herstellen	68.921	291,00	40,80	11,0
016	Zimmer- und Holzbauarbeiten	2.941	12,40	1,70	0,5
017	Stahlbauarbeiten	–	–	–	–
018	Abdichtungsarbeiten	–	–	–	–
019	Kampfmittelräumarbeiten	–	–	–	–
020	Dachdeckungsarbeiten	–	–	–	–
021	Dachabdichtungsarbeiten	–	–	–	–
022	Klempnerarbeiten	4.675	19,70	2,80	0,7
	Wiederherstellen	1.744	7,40	1,00	0,3
	Herstellen	2.931	12,40	1,70	0,5
	Rohbau	**233.130**	**984,40**	**138,00**	**37,3**
	Wiederherstellen	34.988	147,70	20,70	5,6
	Herstellen	198.143	836,70	117,30	31,7
023	Putz- und Stuckarbeiten, Wärmedämmsysteme	28.623	120,90	16,90	4,6
	Wiederherstellen	19.642	82,90	11,60	3,1
	Herstellen	8.981	37,90	5,30	1,4
024	Fliesen- und Plattenarbeiten	50.788	214,50	30,10	8,1
	Wiederherstellen	48.548	205,00	28,70	7,8
	Herstellen	2.239	9,50	1,30	0,4
025	Estricharbeiten	1.361	5,70	0,81	0,2
	Wiederherstellen	1.361	5,70	0,81	0,2
026	Fenster, Außentüren inkl. 029, 032	64.485	272,30	38,20	10,3
	Wiederherstellen	60.842	256,90	36,00	9,7
	Herstellen	3.643	15,40	2,20	0,6
027	Tischlerarbeiten	15.086	63,70	8,90	2,4
	Wiederherstellen	14.891	62,90	8,80	2,4
	Herstellen	195	0,82	0,12	< 0,1
028	Parkett-, Holzpflasterarbeiten	–	–	–	–
030	Rollladenarbeiten	–	–	–	–
031	Metallbauarbeiten inkl. 035	–	–	–	–
034	Maler- und Lackiererarb. - Beschicht. inkl. 037	92.316	389,80	54,70	14,8
	Wiederherstellen	44.422	187,60	26,30	7,1
	Herstellen	47.893	202,20	28,40	7,7
036	Bodenbelagarbeiten	–	–	–	–
038	Vorgehängte hinterlüftete Fassaden	–	–	–	–
039	Trockenbauarbeiten	–	–	–	–
	Ausbau	**252.658**	**1.066,90**	**149,60**	**40,4**
	Wiederherstellen	189.707	801,10	112,30	30,4
	Herstellen	62.951	265,80	37,30	10,1

9700-0032
Friedhofskapelle

Instandsetzung

LB	Leistungsbereiche	Kosten €	€/m² BGF	€/m³ BRI	% an 3+4
040	Wärmeversorgungsanl. - Betriebseinr. inkl. 041	19.704	83,20	11,70	3,2
042	Gas- u. Wasseranl. - Leitung., Armat. inkl. 043	–	–	–	–
044	Abwasseranl. - Leitungen, Abläufe, Armaturen	–	–	–	–
045	Gas, Wasser, Entwässerung - Ausstattung inkl. 046	–	–	–	–
047	Dämm- und Brandschutzarb. an techn. Anlagen	–	–	–	–
049	Feuerlöschanlagen, Feuerlöschgeräte	–	–	–	–
050	Blitzschutz-/Erdungsanlagen, Überspannungssch.	–	–	–	–
053	Niederspannungsanl. - Kabel inkl. 052, 054	6.013	25,40	3,60	1,0
055	Sicherheits- u. Ersatzstromversorgungsanl.	–	–	–	–
057	Gebäudesystemtechnik	–	–	–	–
058	Leuchten und Lampen inkl. 059	2.246	9,50	1,30	0,4
060	Such, Signal, Zeit, Anten., akust. Anl. inkl. 064	–	–	–	–
061	Kommunikations- u. Übertragungsnetze inkl. 063	–	–	–	–
069	Aufzüge	–	–	–	–
070	Gebäudeautomation	–	–	–	–
075	Raumlufttechnische Anlagen inkl. 078	–	–	–	–
	Gebäudetechnik	**27.963**	**118,10**	**16,60**	**4,5**
084	Abbruch, Rückbau, Schadstoffsanierung	105.195	444,20	62,30	16,8
	Abbrechen	105.195	444,20	62,30	16,8
	Abbrucharbeiten	**105.195**	**444,20**	**62,30**	**16,8**
	Abbrechen	105.195	444,20	62,30	16,8
	Sonstige Leistungsbereiche	**5.949**	**25,10**	**3,50**	**1,0**
	Wiederherstellen	30	0,13	0,02	< 0,1
	Herstellen	5.920	25,00	3,50	0,9

Kostenkennwerte 3. Ebene DIN 276
für die Kostengruppen 200 bis 600

Kostenkennwerte für die Kostengruppen 200 der 3. Ebene DIN 276

KG	Kostengruppe	Menge Einheit	Kosten €	€/Einheit	%
211	**Sicherungsmaßnahmen**				
	1300-0324 Gründerzentrum (20 AP)				
	• Herstellen (Kosten: 100,0%) Suchschachtung (1St)	4.654,00 m²GF	397	**0,09**	12,8
	3200-0032 Palliativstation (12 Betten)				
	• Herstellen (Kosten: 100,0%) Trinkwasserleitung freilegen (3St)	56.467,00 m²GF	1.737	**0,03**	8,8
	4200-0037 Fachakademie, Berufsfachschule (200 Schüler)				
	• Herstellen (Kosten: 100,0%) Baumschutz, Brettermantel, h=2,00m (1St)	1.738,81 m²GF	43	**0,02**	100,0
	9100-0173 Bibliothek, Lernzentrum				
	• Herstellen (Kosten: 100,0%) Suchschachtungen (6h)	–	469	**–**	100,0
212	**Abbruchmaßnahmen**				
	3200-0032 Palliativstation (12 Betten)				
	• Abbrechen (Kosten: 100,0%) Abbruch von Pflastersteinen, Unterbau, Pflaster lagern (309m²), Abbruch von achteckigem Stahl-Glas-Raucherpavillon (8m²), Volleyballfeld mit Netz, Gummigranulat (72m²), Kies (13m³); Entsorgung, Deponiegebühren	56.467,00 m²GF	17.971	**0,32**	91,2
	6100-1636 Mehrfamilienhaus (10 WE)				
	• Abbrechen (Kosten: 100,0%) Abbruch von bitumenhaltiger Befestigung (18m²), Trennschnitte (13m); Entsorgung, Deponiegebühren	1.156,00 m²GF	796	**0,69**	100,0
	6100-1760 Mehrfamilienhaus (4 WE)				
	• Abbrechen (Kosten: 100,0%) Abbruch von Werkstattgebäude, massiv (395m³); Entsorgung, Deponiegebühren	726,27 m²GF	12.181	**16,77**	100,0
214	**Herrichten der Geländeoberfläche**				
	1300-0324 Gründerzentrum (20 AP)				
	• Herstellen (Kosten: 100,0%) Gelände abräumen von Bewuchs, anfallende Stoffe entsorgen (55m²)	4.654,00 m²GF	2.716	**0,58**	87,2

Kostenkennwerte für die Kostengruppen 200 der 3. Ebene DIN 276

KG	Kostengruppe	Menge Einheit	Kosten €	€/Einheit	%
222	**Wasserversorgung**				
	1300-0303 Bürogebäude, TG, Brandschutzsanierung				
	• Herstellen (Kosten: 100,0%) Hausanschluss (psch), Hausanschlussleitungen (37m)	4.005,00 m² GF	5.906	**1,47**	100,0

Kostenkennwerte für die Kostengruppen 300 der 3.Ebene DIN 276

KG	Kostengruppe	Menge Einheit	Kosten €	€/Einheit	%
311	**Herstellung**				
	1300-0270 Verwaltungsgebäude (75 AP)				
	• Herstellen (Kosten: 100,0%) Boden BK 4, d=20-30cm, abtragen, laden, fördern, lagern (14m³), Baugrubenaushub, t bis 3,00m, lösen, lagern (90m³), Füllboden liefern, verfüllen, verdichten (51m³), Planum (13m²)	104,32 m³BGI	21.005	**201,35**	100,0
	1300-0324 Gründerzentrum (20 AP)				
	• Herstellen (Kosten: 100,0%) Baugrubenaushub BK 3-5, t bis 2,50m, laden, abfahren, entsorgen (40m³), Arbeitsräume verfüllen, Kies-Sand-Gemisch 0/32mm (17m³), Füllstoff liefern, einbauen (7m³), Planum (23m²)	39,65 m³BGI	7.898	**199,20**	90,9
	3200-0032 Palliativstation (12 Betten)				
	• Herstellen (Kosten: 100,0%) Boden lösen, laden, abfahren (1.696m³), Baugrubenaushub BK 4, t=0,30-1,25m, abfahren (1.026m³), Rohrgrabenaushub, t=0,80-1,20m, lagern, verfüllen (74m³), Planum (916m²), Hinterfüllungen, Lieferkies (360m³)	2.795,89 m³BGI	143.184	**51,21**	100,0
	4200-0037 Fachakademie, Berufsfachschule (200 Schüler)				
	• Herstellen (Kosten: 100,0%) Bodenaushub BK 3-5, t bis 1,50m, als Handaushub im Gebäudeinneren, entsorgen (11m³), Arbeitsraum verfüllen, verdichten (2m³)	13,24 m³BGI	2.568	**193,99**	100,0
	6100-1536 Mehrfamilienhaus (12 WE)				
	• Herstellen (Kosten: 100,0%) Außenwände freilegen, Bodenaushub BK 3-5, t bis 30cm, lagern, wieder verfüllen, verdichten (11m³)	11,25 m³BGI	3.150	**279,96**	100,0
	6100-1636 Mehrfamilienhaus (10 WE)				
	• Herstellen (Kosten: 100,0%) Außenwände freilegen, Bodenaushub BK 3-4, Bauschutt, t bis 1,50m, lagern, laden, abfahren (83m³), Baugrubenaushub BK 3-4, Bauschutt, t=1,70m, lagern, laden, entsorgen (32m³), Hinterfüllungen mit Frostschutzkies, Liefermaterial (15m³), mit Boden BK 3-4, Liefermaterial (15m³), Planum (79m²)	114,83 m³BGI	11.780	**102,59**	100,0

KG	Kostengruppe	Menge Einheit	Kosten €	€/Einheit	%
	6100-1733 Mehrfamilienhaus (11 WE)				
	• Herstellen (Kosten: 100,0%) Aushub im Gebäude, BK 3-5, t=73-113cm, für Gräben/Schächte, lagern, verfüllen (63m³), t=10cm, für Bodenplatte, abfahren (38m³), Planum, im Gebäude (251m²), Baugrubenaushub BK 3-5, lagern (11m³)	111,03 m³BGI	33.314	**300,04**	100,0
	6100-1760 Mehrfamilienhaus (4 WE)				
	• Herstellen (Kosten: 100,0%) Aushub im Gebäude, t (77m³), Feinplanum (16h), Außenmauerwerk freilegen, BK 3-5, t bis 1,50m, lagern (12m³)	88,60 m³BGI	15.690	**177,09**	100,0
	9100-0173 Bibliothek, Lernzentrum				
	• Herstellen (Kosten: 100,0%) Fundamentaushub BK 3-5, t bis 90cm, teilweise wieder einbauen, laden, entsorgen (15m³)	15,47 m³BGI	4.210	**272,16**	100,0
	9100-0215 Stiftsgebäude, Gemeindesaal, Pfarrbüros				
	• Herstellen (Kosten: 100,0%) Bodenaushub im Gebäude, t bis 0,75m, Handarbeit, laden, abfahren (86m³), Grabenaushub, wieder verfüllen (140m³)	226,23 m³BGI	31.289	**138,31**	100,0
	9700-0038 Kolumbarium				
	• Herstellen (Kosten: 100,0%) Außenwände freilegen, Boden BK 2-5, t=3,50m, lagern, verfüllen (22m³), Sockel freilegen, t=40cm (3m³), Grabenaushub, t=80cm, lagern, verfüllen, im Gebäude (6m³), Erdaushub unter Sohlplatte, abfahren, für Ewiges Grab (5m³)	36,10 m³BGI	10.734	**297,35**	100,0
313	**Wasserhaltung**				
	1300-0324 Gründerzentrum (20 AP)				
	• Herstellen (Kosten: 100,0%) Baugrube abpumpen (psch)	–	794	–	9,1

Kostenkennwerte für die Kostengruppen 300 der 3.Ebene DIN 276

KG	Kostengruppe	Menge Einheit	Kosten €	€/Einheit	%
321	**Baugrundverbesserung**				
	3200-0032 Palliativstation (12 Betten)				
	• Herstellen (Kosten: 100,0%) Bodensanierung, Kiessand, d=30-65cm (87m³)	189,00 m²	3.534	**18,70**	0,9
322	**Flachgründungen und Bodenplatten**				
	1300-0270 Verwaltungsgebäude (75 AP)				
	• Herstellen (Kosten: 100,0%) Stb-Bodenplatte C30/37, WU, d=30cm, Schalung, Bewehrung (5m²)	4,82 m²	6.999	**1.452,17**	59,3
	1300-0324 Gründerzentrum (20 AP)				
	• Abbrechen (Kosten: 1,4%) Abbruch von gemauerten Schächten, Mauerresten, Fundamentteilen (1m³); Entsorgung, Deponiegebühren	–	197	**–**	1,3
	• Herstellen (Kosten: 98,6%) Unterfangung, Beton C25/30, unbewehrt (4m³), Stb-Fundamentplatte C25/30, WU, d=30cm, Schalung, Bewehrung (14m²), Fertigfundament (1St)	13,97 m²	14.288	**1.022,79**	92,7
	3200-0032 Palliativstation (12 Betten)				
	• Herstellen (Kosten: 100,0%) Stb-Bodenplatte C20/25, d=20cm, Schalung, Bewehrung (901m²), Streifenfundamente 70-80x80cm (55m³), Einzelfundamente C20/25, 200x200-210x210x60cm (20m³),150x150-180x180x60cm (11m³), 250x80x50cm (1m³), 350x70x80cm (2m³), 80x80x60cm (1m³), 330x130x50cm (2m³), 245x140x50cm (2m³)	901,35 m²	147.114	**163,22**	36,1
	4200-0037 Fachakademie, Berufsfachschule (200 Schüler)				
	• Abbrechen (Kosten: 25,5%) Abbruch von Stb-Bodenplatte, im Gebäude (4m²), Stampfbeton-Bodenplatte (62m²), Betonschneidearbeiten, d=30cm (8m); Entsorgung, Deponiegebühren	65,30 m²	12.712	**194,67**	9,6
	• Herstellen (Kosten: 74,5%) Fundamentaushub von Hand, lagern (111m³), entsorgen (25m³), verdichten (15m³), Stb-Streifenfundamente C35/45, gegen Erdreich betoniert, Bewehrung (11m³), Stb-Bodenplatte C25/30, d=30cm, WU, Schalung, Bewehrung (10m²), Fugenbleche, h=17cm (8m), Kernbohrungen (5St)	10,47 m²	37.228	**3.555,67**	28,1

KG	Kostengruppe	Menge Einheit	Kosten €	€/Einheit	%
	6100-1599 Zweifamilienhaus				
	• Herstellen (Kosten: 100,0%) Punktfundamente 40x40cm (8St), Stahl-Terrassenpodest, Handlauf (6m²), Stahltreppe, fünf Steigungen, Laufbreite 139cm, Handlauf (2m²)	7,89 m²	7.891	**1.000,13**	90,7
	6100-1636 Mehrfamilienhaus (10 WE)				
	• Abbrechen (Kosten: 40,9%) Abbruch von Betonfundamenten (psch); Entsorgung, Deponiegebühren	–	2.789	–	7,1
	• Herstellen (Kosten: 59,1%) Stb-Fundamentplatte C25/30, WU, d=40cm, Schalung, Bewehrung (4m²), d=20cm (3m²)	7,52 m²	4.023	**534,97**	10,2
	6100-1733 Mehrfamilienhaus (11 WE)				
	• Herstellen (Kosten: 100,0%) Betonbodenplatten C20/25, d=15cm (251m²), Bodendurchführungen DN100 (14St), Fundamentaushub BK 3-5, t=1,00m (28m³), Stb-Einzelfundamente, Schalung, Bewehrung (12m³)	263,33 m²	39.110	**148,52**	32,1
	6100-1753 Mehrfamilienhaus (8 WE)				
	• Herstellen (Kosten: 100,0%) Fundamentaushub, Stb-Einzelfundamente, Schalung, Bewehrung, für Balkone (2St)	9,00 m²	2.702	**300,19**	100,0
	6100-1760 Mehrfamilienhaus (4 WE)				
	• Abbrechen (Kosten: 3,9%) Abbruch von Fundamenten (psch); Entsorgung, Deponiegebühren	–	1.039	–	3,2
	• Herstellen (Kosten: 96,1%) Stb-Fundamente C20/25, 60x60x80cm, Bewehrung, Erdarbeiten (13m³), Stb-Bodenplatten C20/25, d=12-16cm, Bewehrung, im Gebäude (137m²), Betonstufe (1St)	145,80 m²	25.585	**175,48**	79,0
	9100-0173 Bibliothek, Lernzentrum				
	• Abbrechen (Kosten: 8,1%) Bodenplatte aufstemmen, Fundament freilegen (6h)	–	355	–	0,2
	• Herstellen (Kosten: 91,9%) Stb-Bodenplatten C20/25, d=30cm, Schalung, Bewehrung (6m²), Wandanschluss, Gewindestäbe einkleben (12St), Frostschürzen, Magerbeton 15x80cm (9m)	5,78 m²	4.017	**695,06**	2,5

KG	Kostengruppe	Menge Einheit	Kosten €	€/Einheit	%
	9100-0215 Stiftsgebäude, Gemeindesaal, Pfarrbüros				
	• Abbrechen (Kosten: 28,5%) Abbruch von Stb-Bodenplatte, d=20cm (16m³), Stb-Treppenpodest, d=17cm (10m²), Stb-Treppen, 3x1,50x0,35m, 7x1,10x0,28m (4m²), Betonboden schneiden, d=25cm (3m²); Entsorgung, Deponiegebühren	94,64 m²	18.577	**196,29**	7,8
	• Herstellen (Kosten: 71,5%) Stb-Bodenplatte C25/30, d=16cm, Schalung, Bewehrung (110m²), Stb-Treppen C25/30, d=18-20cm (10m²), Stb-Sockel, b=1,25m, h=0,40m (6m)	119,96 m²	46.580	**388,29**	19,6
	9700-0038 Kolumbarium				
	• Abbrechen (Kosten: 19,6%) Abbruch von Stb-Bodenplatte, d=16cm, b=40cm (19m²), d=28cm, 80x80cm, für Ewiges Grab (1m²), Stb-Schachtabdeckplatten (4m²); Entsorgung, Deponiegebühren	24,05 m²	4.780	**198,76**	1,9
	• Wiederherstellen (Kosten: 37,4%) Stb-Bodenplatte egalisieren, fräsen, schleifen (542m²), schadhafte Stb-Schachtabdeckplatten austauschen (4St)	541,56 m²	9.134	**16,87**	3,6
	• Herstellen (Kosten: 43,0%) Fundamentaushub, Stb-Streifenfundamente 40x60cm, Bewehrung, im Gebäude, für Holzstelen (7m³), Stb-Bodenplatte, d=16cm, b=50cm (6m²), Aufbeton, d=6cm (4m²)	–	10.489	**–**	4,1
324	**Gründungsbeläge**				
	1300-0270 Verwaltungsgebäude (75 AP)				
	• Abbrechen (Kosten: 5,7%) Abbruch von Betonwerksteinplatten, teils lagern, Ausgleichsestrich, d=35mm (23m²); Entsorgung, Deponiegebühren	23,12 m²	257	**11,14**	2,2
	• Herstellen (Kosten: 94,3%) Betonwerksteinplatten, gelagert (15m²), Werksteinsockel, gelagert (40m), Betonwerksteinplatten versiegeln (50m²)	50,00 m²	4.240	**84,80**	35,9
	3200-0032 Palliativstation (12 Betten)				
	• Herstellen (Kosten: 100,0%) Bitumenabdichtung (879m²), EPS-Dämmung WLG 035, d=2x60mm, PE-Folie, Zementheizestrich CT C40 F5, d=70mm (820m²), Bodenausgleich, Klebevinyl, d=2mm (766m²), Vinylsockel (542m), Abdichtung, Bodenfliesen (68m²), Duschtassensteine (40m), Bodenbeschichtung (4m²), Sockelstrich (12m)	837,74 m²	217.400	**259,51**	53,3

KG	Kostengruppe	Menge Einheit	Kosten €	€/Einheit	%
	4200-0037 Fachakademie, Berufsfachschule (200 Schüler)				
	• Wiederherstellen (Kosten: 10,4%) Bodenbelag aus Solnhofer Marmor im Nassverfahren reinigen, Zementschleier entfernen, imprägnieren (psch), Fugen neu verfugen (10h), Treppenstufen neu verfugen (28hd)	29,00 m²	7.427	**256,10**	5,6
	• Herstellen (Kosten: 89,6%) Haftgrundierung, TSD, Zementestrich, d=45-55mm (182m²), Grundierung, Abdichtung (67m²), Bodenfliesen 60x60cm (135m²), Dekorfliesen 120x60cm (15St), Fliesensockel, h=7cm (151m), PVC (69m²), Epoxid-Bodenversiegelung (10m²), Schuhabstreifermatte 50x75cm (1St), Solnhofer Sockelfliesen 60x7,5cm (40St)	214,04 m²	64.166	**299,79**	48,4
	6100-1536 Mehrfamilienhaus (12 WE)				
	• Herstellen (Kosten: 100,0%) Holzboden einbauen: KVH 10x10cm (61m), OSB, d=22mm (16m²)	15,60 m²	1.030	**66,04**	100,0
	6100-1599 Zweifamilienhaus				
	• Herstellen (Kosten: 100,0%) Holz-Terrassenbelag (6m²), Schwelle (1St)	6,00 m²	811	**135,25**	9,3
	6100-1636 Mehrfamilienhaus (10 WE)				
	• Abbrechen (Kosten: 1,3%) Abbruch von Estrich (10m²); Entsorgung, Deponiegebühren	10,44 m²	411	**39,37**	1,0
	• Wiederherstellen (Kosten: 3,7%) Terrazzobelag reinigen, polieren, imprägnieren (9m²), Kellerboden ausbessern, Risse verpressen (14m²)	23,43 m²	1.143	**48,77**	2,9
	• Herstellen (Kosten: 95,0%) Bitumenabdichtung, Dämmschüttung, d=20-40mm, PU-Dämmung, d=50mm, PE-TSD, Zementestrich, d=35-50mm, faserarmiert (75m²), Vinylbelag (61m²), Sockelleisten (45m), Verbundestrich, Epoxidharzbeschichtung (10m²), Abdichtung, Bodenfliesen (5m²), Fliesensockel (4m), Terrazzoplatten (3m²), Sauberlaufmatte 80x60cm (1St), Sockelleisten (16m), Loggia: Zement-Verbundestrich, d=50mm, Abdichtung, Bodenfliesen (12m²), Fliesensockel (15m)	91,46 m²	29.256	**319,87**	74,0
	6100-1713 Einfamilienhaus				
	• Abbrechen (Kosten: 10,8%) Abbruch von Teppichboden (35m²); Entsorgung, Deponiegebühren	35,11 m²	370	**10,55**	10,8
	• Herstellen (Kosten: 89,2%) Vinylbelag (37m²), Vinylsockel (32m)	37,43 m²	3.074	**82,12**	89,2

KG	Kostengruppe	Menge Einheit	Kosten €	€/Einheit	%
	6100-1733 Mehrfamilienhaus (11 WE)				
	• Abbrechen (Kosten: 20,4%)	240,69 m²	14.805	**61,51**	12,1
	Abbruch von Ziegelpflaster (132m²), Estrich/Terrazzo, d=8cm (105m²), Dielenboden (100m²), Lagerhölzer (24m²), Schüttung (5m³), Bodenfliesen (3m²); Entsorgung, Deponiegebühren				
	• Herstellen (Kosten: 79,6%)	263,29 m²	57.695	**219,13**	47,3
	Bitumenabdichtung (154m²), EPS-Dämmung WLG 035, d=80-100mm (160m²), Zement-Heizestrich, d=60-65mm (182m²), Linoleum (149m²), Holzsockel (164m), Epoxidharz-beschichtung, Versiegelung (77m²), Abdichtung, Bodenfliesen (33m²), Fliesensockel (33m), Sauberlaufmatten (5m²), Blockstufen (4St)				
	6100-1760 Mehrfamilienhaus (4 WE)				
	• Abbrechen (Kosten: 100,0%)	140,33 m²	5.759	**41,04**	17,8
	Abbruch von Ziegelpflaster (140m²), Schwellen (14St); Entsorgung, Deponiegebühren				
	9100-0173 Bibliothek, Lernzentrum				
	• Abbrechen (Kosten: 34,6%)	607,89 m²	53.118	**87,38**	33,6
	Abbruch von Zementestrich, Dämmlagen, d=10cm (608m²), Linoleum (535m²), Bodenfliesen (73m²); Entsorgung, Deponiegebühren				
	• Herstellen (Kosten: 65,4%)	598,98 m²	100.268	**167,40**	63,5
	Bitumenbahnen (577m²), EPS-TSD WLG 035, d=20mm, Mineralwoll-TSD WLG 035, d=10mm, Zementestrich CT-C40-F6, d=55mm (563m²), Zementestrich, d=70mm (36m²), Spachtelung, textiler Bodenbelag (470m²), Teppichsockel (43m), Bodenfliesen 30x60cm (69m²), bauseits 30x30cm (52St), Linoleum (15m²), PVC-Sockel (17m)				
	9100-0215 Stiftsgebäude, Gemeindesaal, Pfarrbüros				
	• Abbrechen (Kosten: 8,5%)	310,42 m²	14.338	**46,19**	6,0
	Abbruch von Naturwerkstein, d=30mm (171m²), Bodenfliesen, d=15mm (36m²), PVC-Belägen (32m²), Bodenfliesen, Gussasphaltestrich, d=6cm (72m²), Fliesensockel (11m), Holzsockel (82m); Entsorgung, Deponiegebühren				
	• Herstellen (Kosten: 91,5%)	299,63 m²	153.835	**513,42**	64,9
	EPS-Dämmung WLS 035, d=100mm, Zementestrich, d=65mm, Glasfaserbewehrung (101m²), Ausgleichsmörtel (10m³), Naturwerkstein 90x30x3cm, Sandstein imprägniert (282m²), Natursteinsockel (180m), Natursteinstufen, l=1,40m, Tritt-/Setzstufen (11m²), Sauberlaufmatte 1,95x0,98m (2m²), Trittplatte 99x20x2cm, roter Sandstein (1St), Stufen-markierungen, Messingscheiben, D=20mm (31St), Messingstreifen (6m)				

KG	Kostengruppe	Menge Einheit	Kosten €	€/Einheit	%
	9700-0032 Friedhofskapelle				
	• Abbrechen (Kosten: 25,4%) Abbruch von Fliesen und Mörtel auf zu erhaltenden Terrazzobelägen, d=15mm (89m²), Terrazzobelägen mit darauf liegenden Fliesen, d=50mm (12m²); Entsorgung, Deponiegebühren	101,13 m²	16.973	**167,83**	25,4
	• Wiederherstellen (Kosten: 74,6%) Unebenheiten des Estrichs entfernen, Löcher verfüllen, grundieren mit Verfestiger, bestehende Terrazzofliesen schleifen, versiegeln (89m²); Terrazzofliesen auf Ausgleichsschicht ergänzen (15m²), Terrazzofliesen verfugen (127m), Unebenheiten mit Marmorkitt ausgleichen (98St)	104,01 m²	49.910	**479,85**	74,6
	9700-0038 Kolumbarium				
	• Abbrechen (Kosten: 15,2%) Abbruch von Verbundestrich, Natursteinbelag, d=5-7cm (376m²), Altarpodest, h=47cm, Stb-Platte, d=13-16cm, Verbundestrich, Natursteinbelag, d=6cm, drei Steigungen (91m²), Trennschnitte (51m), Teppich (10m²), Sauberlaufmatten (2m²), Lüftungsrosten 30x30cm (2St); Entsorgung, Deponiegebühren	478,32 m²	35.023	**73,22**	13,8
	• Herstellen (Kosten: 84,8%) Bitumenabdichtung (588m²), Zement-Sichtestrich, d=60-70mm, geglättet, Hartkorneinstreuung, Imprägnierung (354m²), Zementestrich, d=50mm (28m²), Holzdielen, geölt, Holz-UK 3x5cm (147m²), als Altarpodest, Holz-UK 6x22cm, Mineralwolldämmung, d=220mm (42m²), als Altarstufen (18m), Kopffriese 20x20cm (82St), 20x100-260cm (4St), Teppich (10m²), Holzsockel (8m), Bodenfliesen (9m²), Fliesensockel (13m), Epoxidharzbeschichtung (6m²), Stahlabdeckungen, d=25mm (5m²), Sauberlaufmatten (4m²), Gitterroste (2m²), Messingleitprofil (37m)	588,06 m²	194.704	**331,10**	76,6
325	**Abdichtungen und Bekleidungen**				
	1300-0270 Verwaltungsgebäude (75 AP)				
	• Herstellen (Kosten: 100,0%) Sauberkeitsschicht, d=5cm, Folie (6m²)	4,82 m²	308	**63,87**	2,6
	1300-0324 Gründerzentrum (20 AP)				
	• Herstellen (Kosten: 100,0%) Sauberkeitsschicht C25/30, d=5cm (23m²)	22,50 m²	929	**41,30**	6,0
	3200-0032 Palliativstation (12 Betten)				
	• Herstellen (Kosten: 100,0%) Kiesschicht 8/16mm, d=15cm (1.201m²), Sauberkeitsschicht C12/15, d=5cm (916m²), vertikal: Bitumendickbeschichtung (29m²), XPS-Dämmung WLG 035, d=100mm, h=100cm (144m²)	1.045,40 m²	38.629	**36,95**	9,5

KG	Kostengruppe	Menge Einheit	Kosten €	€/Einheit	%
	4200-0037 Fachakademie, Berufsfachschule (200 Schüler)				
	• Abbrechen (Kosten: 4,3%) Abbruch von Kiesfilterschicht, d=25-50cm (4m²); Lagern	4,47 m²	482	**107,89**	0,4
	• Herstellen (Kosten: 95,7%) Kiesfilterschicht 16/32mm, d=30cm, zwischen Fundamenten (6m²), Sauberkeitsschicht C12/15, d=10cm, im Gebäude (4m³), Schaumglasschotter (22m³)	35,25 m²	10.626	**301,43**	8,0
	6100-1636 Mehrfamilienhaus (10 WE)				
	• Herstellen (Kosten: 100,0%) Kies-Schottertragschicht 8/32mm, d=30cm (6m³), Sauberkeitsschicht C8/10, d=5cm (9m²), XPS-Dämmung WLG 040, d=100mm (8m²), vertikal (3m²)	10,35 m²	1.208	**116,74**	3,1
	6100-1733 Mehrfamilienhaus (11 WE)				
	• Wiederherstellen (Kosten: 11,6%) Fundamente aus Bruchsteinmauerwerk reinigen, Fugen ausbessern, Fehlstellen schließen (36m²)	36,16 m²	1.205	**33,32**	1,0
	• Herstellen (Kosten: 88,4%) PE-Folie (251m²), Sauberkeitsschicht C20/25, d=5cm, unter Fundamenten (12m²), Ausgleichsputz, Füllspachtelung, Bitumendickbeschichtung, vertikal (36m²), Noppenbahn (48m²)	299,49 m²	9.138	**30,51**	7,5
	9100-0173 Bibliothek, Lernzentrum				
	• Herstellen (Kosten: 100,0%) Sauberkeitsschicht C12/15, d=10cm (3m²)	2,50 m²	234	**93,78**	0,1
	9100-0215 Stiftsgebäude, Gemeindesaal, Pfarrbüros				
	• Herstellen (Kosten: 100,0%) Sauberkeitsschicht, d=15cm (109m²)	108,56 m²	3.879	**35,73**	1,6
326	**Dränagen**				
	3200-0032 Palliativstation (12 Betten)				
	• Herstellen (Kosten: 100,0%) Dränage im Übergang zum Bestandsgebäude aufnehmen, wieder verlegen (psch)	901,35 m² GRF	880	**0,98**	0,2
	6100-1636 Mehrfamilienhaus (10 WE)				
	• Wiederherstellen (Kosten: 31,1%) Dränleitungen spülen, Schwemmmaterial entsorgen (75m)	23,43 m² GRF	214	**9,13**	0,5
	• Herstellen (Kosten: 68,9%) Sickerpackung, Kies 8/16mm (6m³)	95,56 m² GRF	474	**4,96**	1,2

Kostenkennwerte für die Kostengruppen 300 der 3.Ebene DIN 276

KG	Kostengruppe	Menge Einheit	Kosten €	€/Einheit	%
331	**Tragende Außenwände**				
	1300-0270 Verwaltungsgebäude (75 AP)				
	• Wiederherstellen (Kosten: 81,2%) Ringbalken C20/25, Bestandsreste stemmen, Fehlstellen betonieren, Längsbewehrung liefern, einbauen (18m²), Sturz versetzen, Laibungen nacharbeiten (0,50m²)	17,96 m²	53.836	**2.997,54**	3,3
	• Herstellen (Kosten: 18,8%) Stb-Wand C30/37, d=25cm, Schalung, Bewehrung (22m²)	22,19 m²	12.470	**561,95**	0,8
	1300-0324 Gründerzentrum (20 AP)				
	• Abbrechen (Kosten: 5,0%) Abbruch von Mauerwerk, d=40cm (4m²); Entsorgung, Deponiegebühren	3,91 m²	3.820	**976,92**	2,6
	• Herstellen (Kosten: 95,0%) Stb-Wand C25/30, WU, d=24cm, Schalung, Bewehrung (106m²)	105,92 m²	73.061	**689,78**	50,3
	3200-0032 Palliativstation (12 Betten)				
	• Herstellen (Kosten: 100,0%) Stb-Wände C25/30, d=24cm, Sichtbeton, Schalung, Bewehrung (238m²), Stb-Unter/-Überzüge/-Attika C30/37, Sichtbeton, b=24cm, h=78-103cm (146m²), KS-Wand, d=24cm, Öffnung schließen (5m²)	388,46 m²	153.288	**394,60**	24,8
	4200-0037 Fachakademie, Berufsfachschule (200 Schüler)				
	• Abbrechen (Kosten: 5,4%) Abbruch von Mauerwerk für Fensteröffnungen, inkl. Putz, Fliesen, d bis 45cm (13m²), Mauerwerk schneiden, t bis 45cm (29m); Entsorgung, Deponiegebühren	12,98 m²	2.361	**181,88**	0,3
	• Wiederherstellen (Kosten: 10,2%) Injektionsabdichtung gegen aufsteigende Feuchtigkeit (10m)	–	4.444	–	0,5
	• Herstellen (Kosten: 84,4%) Stb-Grubenwände C25/30, WU, d=24cm, Schalung, Bewehrung (5m²), Auflagernischen für Stahlträger herstellen, aufstemmen, Auflagerpolster 80x50cm herstellen, HEB einbringen, wieder zumauern (24St)	5,41 m²	36.886	**6.818,03**	4,4
	6100-1536 Mehrfamilienhaus (12 WE)				
	• Herstellen (Kosten: 100,0%) KS-Mauerwerk an Fensterbrüstungen, d=24cm (4m²)	4,21 m²	1.900	**451,41**	0,3

KG	Kostengruppe	Menge Einheit	Kosten €	€/Einheit	%
	6100-1545 Einfamilienhaus				
	• Herstellen (Kosten: 100,0%) Schalung, d=24mm, an Gaubenwänden, Grundierung (26m²)	26,44 m²	5.181	**195,95**	3,1
	6100-1599 Zweifamilienhaus				
	• Herstellen (Kosten: 100,0%) Mauerwerksöffnung anpassen (psch)	–	720	–	1,9
	6100-1623 Dachgeschosswohnung				
	• Herstellen (Kosten: 100,0%) Gaubenwände, KVH, Dämmung WLG 035, OSB-Schalung, d=25mm, beidseitig (11m²)	11,20 m²	3.438	**306,94**	30,9
	6100-1636 Mehrfamilienhaus (10 WE)				
	• Herstellen (Kosten: 100,0%) Stb-Wände C25/30, d=24cm, Schalung, Bewehrung (73m²), Fensteröffnungen herstellen in Mauerwerk, d=30cm, Trennschnitte, Auflagertaschen, Ziegel-/Stahlstürze, beschichtet (13m²), Stahlstürze IPB260, l bis 4m (2St), Holzrahmenwände, d=24cm, KVH 6x20cm, Holzfaserdämmung WLG 035, d=200mm, innen OSB-Schalung, d=15mm, außen Holzfaser-Unterdeckplatten WLS 047, d=40mm (42m²)	127,75 m²	76.264	**596,98**	13,3
	6100-1733 Mehrfamilienhaus (11 WE)				
	• Wiederherstellen (Kosten: 51,6%) Horizontalabdichtung, Druckinjektionen, Mauerwerk, d=42cm (115m), Brüstungen anpassen (37m), Mauerwerk ausbessern (psch)	–	29.215	–	3,4
	• Herstellen (Kosten: 48,4%) HLz-Mauerwerk, d=24cm (44m²), Stb-Ringanker (38m), Holzrahmenwände, KVH 6-10x16cm, Holzfaserdämmung, d=16cm, außen OSB-Schalung, d=15mm (35m²), BSH-Riegel 16x16/32cm (8m), Mauerwerksöffnung vergrößern, Ziegelstürze einbauen (4m²)	82,54 m²	27.419	**332,20**	3,2
	6100-1753 Mehrfamilienhaus (8 WE)				
	• Abbrechen (Kosten: 73,5%) Abbruch von Brüstungsmauerwerk, d=57cm, Trennschnitte (5m²); Entsorgung, Deponiegebühren	4,73 m²	5.185	**1.096,19**	4,6
	• Wiederherstellen (Kosten: 26,5%) Sockelmauerwerk ertüchtigen (psch)	–	1.873	–	1,7

KG	Kostengruppe	Menge Einheit	Kosten €	€/Einheit	%
	6100-1760 Mehrfamilienhaus (4 WE)				
	• Wiederherstellen (Kosten: 82,1%) Mauerwerk ausbessern, Fugen erneuern, Fehlstellen schließen (65h)	179,48 m²	4.710	**26,24**	1,6
	• Herstellen (Kosten: 17,9%) Mauerwerksöffnungen vergrößern, h=60cm, d=24cm, Laibungen einschneiden, Ziegelflachstürze einsetzen (2m²)	1,68 m²	1.028	**612,12**	0,3
	9100-0173 Bibliothek, Lernzentrum				
	• Abbrechen (Kosten: 94,6%) Abbruch von Stb-Außenwand, d=30cm, Mineralwolldämmung, d=40-60mm, für Türöffnung 3,61x3,32m (12m²); Entsorgung, Deponiegebühren	11,99 m²	6.591	**549,75**	3,9
	• Herstellen (Kosten: 5,4%) Fensteröffnung ausmauern 50x30cm, Bitumendickbeschichtung, Perimeterdämmung WLG 035, d=80mm, ergänzen, an Bestand anarbeiten (1m²)	0,15 m²	377	**2.511,08**	0,2
	9100-0204 Stadtbücherei (120 Plätze)				
	• Wiederherstellen (Kosten: 100,0%) Grundschwelle auswechseln (9m), Verbindungsstücke ausbauen, wieder einbauen (138St), Schlitze, d>8mm in Fachwerkbalken freilegen, von Spachtelmasse, Acryl, Ausspänungen befreien, neu ausspanen (770m)	456,02 m²	74.743	**163,90**	9,9
	9100-0215 Stiftsgebäude, Gemeindesaal, Pfarrbüros				
	• Wiederherstellen (Kosten: 63,6%) Kleineisenteile entfernen (362St), lose Mörtelstücke abnehmen (409St), Mauerwerk austauschen (44m²), geschädigten Fugenmörtel auskratzen, erneuern (170m), Mauersteine austauschen (318St), Mauerwerksinjektionen (30St), Vierungssteine mit Profilierungen ergänzen (32St), ohne Profilierungen (25St), Fehlstellen mit Steinersatz/Originalsteinen ausbessern (974St), Strumpfanker einbauen (30St), horizontales Zugband (1St), Fehlstellen ausmauern (42St)	728,07 m²	179.509	**246,55**	16,0
	• Herstellen (Kosten: 36,4%) Türöffnungen herstellen, in Mauerwerk, d=150cm, Stahlstürze 5x HEB140 (2m²), d bis 90cm, Sturz (2m²), Fensteröffnungen herstellen, in Mauerwerk, Stürze (32m), Stahlträger für Türstürze, b=1,80m (12St), b=3,10m (4St), Notausstieg ausmauern (2m³), Mauerdurchbrüche schließen, Ziegelmauerwerk, t=25cm, bis 2m² (3St), Fensterlaibungen, Bruchsteinmauerwerk (15m²), Dämmung Gaubenwände (18m²)	746,07 m²	102.829	**137,83**	9,2

KG	Kostengruppe	Menge Einheit	Kosten €	€/Einheit	%
	9700-0032 Friedhofskapelle				
	• Abbrechen (Kosten: 12,3%) Entfernen von Haken, Dübeln, Nägeln (657m²), Bewuchs, Veralgungen, Flechten (102m²), Fugen von Klinkermauerwerk entfernen (264m²), Anschlussfugen, Fugen an Zahnfries entfernen (406m); Entsorgung, Deponiegebühren	1.023,75 m²	16.330	**15,95**	5,3
	• Wiederherstellen (Kosten: 25,7%) Holzbauteile der Laterne sanieren (22m²), Antragungen an Sandsteinlaibungen mit Steinergänzungsmörtel (31m), an Klinker (65St), an Sandsteinflächen (5m²), Austausch einzelner Steine (19St), Fugen mit Bleiwolle abdichten (16m)	27,38 m²	34.281	**1.252,05**	11,2
	• Herstellen (Kosten: 62,0%) Fassadenreinigung Heißdampf (1.315m²), Sandstrahlreinigung (45m²), Verfugungen (264m²), Steinoberflächen schleifen (40m²), Anschlussfugen (492m)	1.314,66 m²	82.639	**62,86**	27,1
332	**Nichttragende Außenwände**				
	1300-0270 Verwaltungsgebäude (75 AP)				
	• Abbrechen (Kosten: 10,7%) Abbruch von Stb-Wänden, Stahlrahmen, GK-Platten, Dämmung, d=80mm (1.191m²), Mauerwerk, d=11,5cm, mit Zementputz, Wandfliesen, Korkplatten (35m²), d=36,5cm (4m²); Entsorgung, Deponiegebühren	1.230,27 m²	50.006	**40,65**	3,1
	• Herstellen (Kosten: 89,3%) Holzrahmenwände, d=24cm, mit Aufhängeriegeln (1.176m²), Versorgungskanäle zumauern (10m²), Fassadensockel aufmauern, d=11,5cm (1m²), Fensteröffnung ausmauern, d=11,5cm (0,50m²)	1.188,54 m²	416.357	**350,31**	25,7
	6100-1636 Mehrfamilienhaus (10 WE)				
	• Abbrechen (Kosten: 25,5%) Abbruch von Mauerwerksbrüstungen, d=15-35cm, Trennschnitte (13m²), Glasbausteinen (9m²); Entsorgung, Deponiegebühren	22,07 m²	4.966	**225,02**	0,9
	• Wiederherstellen (Kosten: 16,1%) Fensterbankhöhen abstemmen, aufbetonieren (45h)	–	3.138	–	0,5
	• Herstellen (Kosten: 58,4%) Abseitenwände, KVH 16x16cm, einseitig OSB-Schalung (33m²), Holzrahmenwand, d=11,5cm (7m²), HLz-Mauerwerk, d=30cm (19m²), Öffnungen schließen, HLz-Mauerwerk, d=30cm (2m²), Heizkörpernischen ausmauern (3m²)	58,68 m²	11.360	**193,59**	2,0
	6100-1733 Mehrfamilienhaus (11 WE)				
	• Abbrechen (Kosten: 100,0%) Aufnehmen und Lagern von Attika, Klinkermauerwerk (16h)	–	1.469	–	0,2

KG	Kostengruppe	Menge Einheit	Kosten €	€/Einheit	%
	6100-1760 Mehrfamilienhaus (4 WE)				
	• Abbrechen (Kosten: 43,1%) Abbruch von Brüstungsmauerwerk, d bis 53cm (4m²); Entsorgung, Deponiegebühren	3,80 m²	955	**251,40**	0,3
	• Herstellen (Kosten: 56,9%) Nischen ausmauern, HLz-Mauerwerk, d=11,5cm (8m²)	8,40 m²	1.261	**150,13**	0,4
	9100-0213 Stadtbücherei				
	• Abbrechen (Kosten: 100,0%) Abbruch von Gefachmauerwerk für Öffnung 53x44cm, d=15cm (1St); Entsorgung, Deponiegebühren	0,23 m²	1.632	**7.096,27**	2,6
	9700-0038 Kolumbarium				
	• Abbrechen (Kosten: 100,0%) Abbruch von Brüstungsmauerwerk, d=28-36,5cm, Innenbekleidung (52m²), Stb-Sockel (17m); Entsorgung, Deponiegebühren	51,70 m²	12.120	**234,42**	7,7
333	**Außenstützen**				
	6100-1733 Mehrfamilienhaus (11 WE)				
	• Herstellen (Kosten: 100,0%) Stahlstütze F90, HEB100, einbetoniert C25/30, 19x19cm, Schalung (3m)	3,25 m	916	**281,95**	0,1
	6100-1760 Mehrfamilienhaus (4 WE)				
	• Herstellen (Kosten: 100,0%) Balkone/Podest: Stahlstützen 10x10cm (70m)	69,61 m	14.437	**207,39**	4,8
	9700-0038 Kolumbarium				
	• Wiederherstellen (Kosten: 100,0%) Stahlstützen instandsetzen, entrosten, Korrosionsschutz auftragen (23m)	23,20 m	1.339	**57,71**	0,9

KG	Kostengruppe	Menge Einheit	Kosten €	€/Einheit	%
334	**Außenwandöffnungen**				
	1300-0270 Verwaltungsgebäude (75 AP)				
	• Abbrechen (Kosten: 0,8%) Abbruch von Alu-Eingangstüren (27m²), Eingangstüren, Doppelflügeltüren, einflügligen Tür, Alu-Rahmenkonstruktion (43m²), Stahlfenstern (13m²), Kunststofffenstern (5m²), Fensterbänken, innen (267m), Werksteineinfassungen (8m); Entsorgung, Deponiegebühren	87,07 m²	3.210	**36,87**	0,2
	• Herstellen (Kosten: 99,2%) Holz-Alufenster, Uw=1,1W/m²K, Dreifachverglasung, zweiflüglig (330m²), dreiflüglig (50m²), einflüglig (15m²), vierteilig (7m²), Fensterbänke, innen, HPL (236m), außen, Alu (235m), Alu-Eingangstüren, einflüglig, Seitenteil, Oberlicht (6m²), Magnetkontakte zur Überwachung (3St)	427,40 m²	409.899	**959,05**	25,3
	1300-0303 Bürogebäude, TG, Brandschutzsanierung				
	• Herstellen (Kosten: 100,0%) Fenster-Absturzsicherungen 100x30cm, VSG, d=12mm, Edelstahl-Kantenschutz (4St)	1,20 m²	3.747	**3.122,83**	69,9
	1300-0322 Wohn-/Geschäftshaus, Fassadensanierung				
	• Abbrechen (Kosten: 5,3%) Abbruch von Holzfenstern (25m²), Fensterbänken (45m); Entsorgung, Deponiegebühren	25,06 m²	1.330	**53,07**	1,0
	• Herstellen (Kosten: 94,7%) Kunststofffensterelemente, dreifach Wärmeschutzverglasung, Ug=0,7W/m²K, Sprossen, Drehkipp, zweiflüglig, teilweise mit Oberlicht (25m²), Zink-Fensterbänke (44m)	25,06 m²	23.838	**951,23**	18,2
	1300-0324 Gründerzentrum (20 AP)				
	• Herstellen (Kosten: 100,0%) Alutür, Ud=1,3W/m²K, barrierefrei, bodentiefe Glasfüllung (4m²), Alufenster, Drehkipp, Uw=1,3W/m²K, perforierte Blechbekleidung (1m²), Fensterumrandung außen, Cortenstahl (5m), Beschichtung best. Holzfenster (71m²), best. Fensterbänke (15m²), Briefkastenanlage, zehn Briefkästen, frontseitige Entnahme (1St)	76,21 m²	19.617	**257,40**	13,5

KG	Kostengruppe	Menge Einheit	Kosten €	€/Einheit	%
	3200-0032 Palliativstation (12 Betten)				
	• Abbrechen (Kosten: 0,8%) Abbruch von Stahl-Glas-Element (12m²), Fassadenelement (6m²), mit Fensterbank, Sonnenschutzanlage (4m²); Entsorgung, Deponiegebühren	21,29 m²	1.467	**68,91**	0,2
	• Herstellen (Kosten: 99,2%) Kunststoff-Fassaden-/Fensterelemente, Dreifachverglasung, Wärmeschutzglas, bis fünfteilig, Drehtür, Drehkipptür, Festverglasung, Oberlichter (22m²), mit Außenluftdurchlass (95m²), vierzehnteilig, mit Haustür (21m²), vierteilig, mit Haustüren (11m²), Kunststofffenster, vierteilig, Drehkipp, Dreh, Festverglasung, Oberlichter (50m²), Alu-Bekleidungen außen, an Fensterlaibungen, b=21-32cm (140m), an Stürzen, b=21cm (84m), Fensterbänke innen, Kunststein (26m), außen, Alu (25m)	199,18 m²	174.292	**875,05**	28,2
	4200-0037 Fachakademie, Berufsfachschule (200 Schüler)				
	• Abbrechen (Kosten: 7,1%) Abbruch von mehrteiligen Holzfenstern (250m²), Holztüren (12m²), Fensterbänken, Zink, b bis 48cm (155m), Laibungsputz außen, b bis 30cm (700m), Laibungsputz innen, b bis 7cm (604m); Entsorgung, Deponiegebühren	262,29 m²	24.886	**94,88**	3,0
	• Herstellen (Kosten: 92,9%) Kunststofffenster, Uw=1,10W/m²K, ein- bis zweiflüglig, Oberlichter mit Kippfenster (287m²), oval, Drehflügel (1m²), als Fluchttüren, DK, Oberlichter festverglast, Panikschlösser, OTS (16m²), Holz-Eingangstüren, zweiflüglig, Oberlicht festverglast, oben Segmentbogen (5m²), einflüglig (7m²), elektrischer Türöffner (1St), Schrägglattstrich in Fensterlaibungen, b=32-53cm, Fensterbänke, außen, verzinkt, b bis 53cm (135m), innen, b bis 40cm, Holz, Laminatbeschichtung (115m), b=40-60cm (41m), Aufmauern Fensterbrüstungen innen, h=5cm (152m)	332,32 m²	326.948	**983,84**	39,4
	6100-1493 Dachgeschoss (2 WE)				
	• Herstellen (Kosten: 100,0%) Kunststofffenster, Dreifachverglasung, Uw=0,74W/m²K, einflüglig, DK, Fensterbank, Vorsatzrollläden (39m²)	39,04 m²	30.658	**785,30**	89,6
	6100-1536 Mehrfamilienhaus (12 WE)				
	• Abbrechen (Kosten: 7,9%) Abbruch von Holz-Außenfenstern (175m²), Innenfensterbänken (18m); Entsorgung, Deponiegebühren	175,00 m²	18.995	**108,54**	3,1
	• Herstellen (Kosten: 92,1%) Kunststofffenster, Uw=0,9W/m²K, ein-zweiflüglig, festverglaste Seitenteile, Wärmeschutzverglasung (114m²), Festverglasung 4,50x5,00m, zwei Dreh-Kipp-Felder (23m²), Haustüranlage, festverglaste Seitenelemente (10m²), Fensterbänke innen, Naturstein, b=25-30cm (5m²), außen, Titanzink (64m)	166,96 m²	221.566	**1.327,06**	36,3

KG	Kostengruppe	Menge Einheit	Kosten €	€/Einheit	%
	6100-1545 Einfamilienhaus				
	• Abbrechen (Kosten: 2,0%) Abbruch von Fensterelementen (7m²), Haustür (2m²), Fensterbänke (10St), Isolierglasscheiben (psch); Entsorgung, Deponiegebühren	8,75 m²	1.410	**161,09**	0,8
	• Wiederherstellen (Kosten: 69,9%) Doppelkastenfenster aufarbeiten, 2x2 Drehflügel, mit Kämpfer, Pfosten, Sprossen, Fensterbank/Wetterschenkel erneuern, Verglasungen austauschen, Dichtungen erneuern, abschleifen, spachteln, neu beschichten (15m²), Doppelkastentüren, Teile in Echtholz ersetzen, Wetterschenkel erneuern, beschichten (2m²), Hauseingangstüren, VSG-Füllung, Wiener Sprossen, Türrahmen/Oberlicht erneuern (6m²), Tore aufarbeiten, Farbschichten entfernen, neu beschichten (13m²), neue Scharniere, Feststeller erneuern (12St)	35,78 m²	48.855	**1.365,42**	29,1
	• Herstellen (Kosten: 28,1%) Doppelkastenfenster aus 3x2 Drehflügeln, Kämpfer, Pfosten, Fensterbank, mit glasteilenden Sprossen gemäß Bestands-Fenster, beschichtet (3m²), Holzfenster als Gaubenfenster, Sprossen, Drehkippflügel, einflüglig (9m²), Fensterbänke, b=25cm (10m), b=8cm (2m), Überzug 2xHEA100, l=2,50m (1St), Fensterfalzlüfter (11St), Zinkblechabdeckung (6m)	11,40 m²	19.638	**1.722,60**	11,7
	6100-1599 Zweifamilienhaus				
	• Abbrechen (Kosten: 2,5%) Abbruch von Holzfenstern (3m²); Entsorgung, Deponiegebühren	2,86 m²	273	**95,46**	0,7
	• Wiederherstellen (Kosten: 1,6%) Fensterbrett schleifen, montieren (1St)	–	174	**–**	0,5
	• Herstellen (Kosten: 95,8%) Kunststofffenster, Zweifachverglasung, zweiteilig, Drehkipp (9m²), einteilig (1m²), Hauseingangstür, Festverglasung, VSG (2m²)	11,92 m²	10.324	**866,12**	27,0
	6100-1609 Dachgeschosswohnung, Turmzimmer				
	• Abbrechen (Kosten: 2,9%) Abbruch von Fenstern (20m²); Entsorgung, Deponiegebühren	19,71 m²	1.009	**51,20**	2,5
	• Herstellen (Kosten: 97,1%) Holzfenster, Ug=0,7W/m²K, Drehkipp, ein-/zweiflüglig (11m²), mit Sonnenschutzglas, UG=0,6W/m²K (5m²), Holzfenstertür (2m²), mit Sonnenschutzglas, Aufsatzrollladen (2m²), Reed-Kontakte (psch), abschließbare Oliven (14St), Insektenschutz-Spannrahmen (7m²), Insektenschutz-Drehtüren (2m²), Glasbausteine (1m²), Absturzsicherung, l=1,47m, herausnehmbar (1St), Fensterbänke, außen, Alu (10St), innen, Holz (psch), Austritt, Alu-Riffelblech (1St)	19,71 m²	33.795	**1.714,59**	84,9

KG	Kostengruppe	Menge Einheit	Kosten €	€/Einheit	%
	6100-1623 Dachgeschosswohnung				
	• Herstellen (Kosten: 100,0%) Kunststofffenster, Ug=0,6W/m²K, zweiflüglig, Dreh, Drehkipp (5m²), Insektenschutz-spannrahmen (2St), Fensterbänke, Titanzink, außen (4St), Regalbrett, innen (1St)	5,35 m²	3.721	**695,54**	33,4
	6100-1636 Mehrfamilienhaus (10 WE)				
	• Abbrechen (Kosten: 12,6%) Abbruch von Kunststofffenstern (82m²), Kellerfenstern (3m²); Entsorgung, Deponiegebühren	85,06 m²	13.556	**159,37**	2,4
	• Herstellen (Kosten: 87,4%) Kunststofffenster/-türen, Uw<0,75W/m²K, einteilig, Drehkipp, teilw. Schallschutzverglasung (103m²), zweiteilig, Drehkipp/fest, VSG (31m²), Dreh/Drehkipp (4m²), Kunststoff-Kellerfenster, UW<1,3W/m²K, einteilig, Drehkipp (4m²), Fensterfalzlüfter (91St), Fensterbänke außen, Alu (70m), Titanzink (4m), innen, HPL (60m), Türbleche (5m)	142,06 m²	93.899	**660,98**	16,3
	6100-1733 Mehrfamilienhaus (11 WE)				
	• Abbrechen (Kosten: 0,8%) Abbruch von Holzfenstern (24m²); Entsorgung, Deponiegebühren, Ausbauen und Lagern von Holz-/Kunststofffenstern (12m²)	35,28 m²	2.041	**57,85**	0,2
	• Wiederherstellen (Kosten: 35,9%) Holzkastenfenster denkmalgerecht aufarbeiten, mehrteilig, Dreh-/Kippflügel: Beschichtung entfernen, Schadstellen ausbessern, Flügel gangbar machen, neu lackieren, Oliven aufarbeiten (23m²), defekte Einfachgläser austauschen (12m²), Holzeingangstüren denkmalgerecht aufarbeiten, ein-/zweiflüglig, mit Zarge: Beschichtung entfernen, Schadstellen ausbessern, Türblätter gangbar machen, Schlösser erneuern, Dichtung ergänzen, neu lackieren (12m²), mit Oberlicht (8m²), Wechselgarnituren erneuern (2St), Kellerfenster prüfen, einstellen (19m²), Fensterbänke erneuern (2St)	61,78 m²	91.631	**1.483,18**	10,6
	• Herstellen (Kosten: 63,4%) Holzfensterelemente, denkmalgerecht, Uw=1,1W/m²K, zwei-/dreiflüglig, Drehkipp/Dreh, teilweise Oberlichter, mit Stichbogen (46m²), als Fenstertüren, mit glasteilenden Sprossen (29m²), einflüglig (6m²), Fenstergriffe (84St), Holzfenstertüren, Uw=1,1W/m²K, ein-/zweiflüglig, Festverglasungen (17m²), Fensterbänke innen, Holz (47m), außen, Zink (8m), denkmalgerecht (44m), Balkonaustritte, Granit (10m)	94,75 m²	161.915	**1.708,87**	18,8

KG	Kostengruppe	Menge Einheit	Kosten €	€/Einheit	%
	6100-1753 Mehrfamilienhaus (8 WE)				
	• Abbrechen (Kosten: 8,6%) Abbruch von Holz-/Kunststofffenstern (13m²); Entsorgung, Deponiegebühren	13,17 m²	2.411	**183,05**	2,1
	• Wiederherstellen (Kosten: 14,1%) Haustür mit Glaseinsätzen instandsetzen, beidseitig Altbeschichtung abschleifen, Fehlstellen spachteln, lackieren, defekte Glasfüllung tauschen (4m²), Terrassen-Fenstertür anschleifen, Beschichtung beidseitig erneuern (2m²), Holzfensterleisten/-bänke überarbeiten, anschleifen, neu beschichten (15h)	53,54 m²	3.948	**73,73**	3,5
	• Herstellen (Kosten: 77,4%) Stichbogen-Holzfenstertüren, Ug=1,1W/m²K, Drehkipp (12m²), Stichbogen-Holzfenster, Ug=1,1W/m²K, Drehkipp (4m²), Fensterbänke außen, Granit (3St)	16,04 m²	21.738	**1.355,24**	19,3
	6100-1760 Mehrfamilienhaus (4 WE)				
	• Abbrechen (Kosten: 2,8%) Abbruch von Holzfenstern (51m²); Entsorgung, Deponiegebühren	50,71 m²	3.604	**71,08**	1,2
	• Wiederherstellen (Kosten: 4,5%) Holzhaustür mit Glaseinsätzen instandsetzen, Schließbleche/Schlosskasten erneuern, Drückergarnitur gangbar machen, Fehlstellen ausbessern, zwölf Schlüssel erneuern, beidseitig schleifen, spachteln, neu beschichten (4m²)	4,06 m²	5.665	**1.395,28**	1,9
	• Herstellen (Kosten: 92,7%) Holzfenster, Uw=0,95W/m²K, ein-bis sechsteilig, teilweise mit Stichbogen (117m²), Fensterbänke innen, Multiplex (63m), außen, Alu (28m), Stichbogen-Holzhaustüren mit Glaseinsätzen, Ud=1,30W/m²K, zweiteilig (10m²)	124,74 m²	117.299	**940,35**	38,8
	9100-0173 Bibliothek, Lernzentrum				
	• Herstellen (Kosten: 100,0%) Fluchttür, Alu-Rahmentür T30 DS, zweiflüglig, Antipanik-Druckstange (6m²), G90 Festverglasungen (2m²)	7,69 m²	25.331	**3.293,99**	15,0

KG	Kostengruppe	Menge Einheit	Kosten €	€/Einheit	%
	9100-0204 Stadtbücherei (120 Plätze)				
	• Abbrechen (Kosten: 2,3%) Abbruch von Fensterbänken, b=15cm, verzinkt (50m), Türbeschichtung (4m²); Entsorgung, Deponiegebühren	11,50 m²	9.149	**795,55**	1,2
	• Wiederherstellen (Kosten: 96,7%) Bleiverglasungen instandsetzen, ausglasen, Bleinetze neu verkitten, teilweise neu verlöten, defekte Gläser austauschen, Glasoberflächen entrosten, Windeisen einbringen (46m²), Glastausch (26St), zusätzliche Windeisen einbringen (25St), Holzfenster, ein-und zweiflüglig, Fensterflügel ausbauen, Altanstriche entfernen, Profile der Rahmenhölzer aus Altholz nach Originalvorlage rekonstruieren, verleimen, Eckverbinder erneuern, Beschläge abbeizen, gangbar machen, Leinölbeschichtung, wieder einbauen (69m²), drei-bis achtflüglige Fenster, wie vor (84m²), Fensterbänke abschleifen, beschichten (46m), Türflügel überarbeiten, Bänder, Beschläge reparieren, Leinölbeschichtung (4m²)	202,98 m²	386.178	**1.902,54**	51,2
	• Herstellen (Kosten: 1,0%) Beschichtung Außentüren (3m²), Holzfenster (16m²)	18,65 m²	4.135	**221,72**	0,5
	9100-0213 Stadtbücherei				
	• Abbrechen (Kosten: 3,4%) Abbruch von bodentiefer Festverglasung, Holz (5m²), bodentiefem Kunststofffenster, festverglast, Oberlicht, Sonnenschutz Alulamellen (3m²); Entsorgung, Deponiegebühren	8,55 m²	1.116	**130,48**	1,8
	• Wiederherstellen (Kosten: 3,8%) Vorhandenes Rundbogenfenster neu verleisten, Leisten demontieren, neue Leisten nach Schablone fertigen, alten Schaum entfernen, Steinwolle einbringen, Leisten und Dichtbänder montieren (3m²), Fensterbänke abwaschen, schleifen, weiß lackieren (8m)	11,35 m²	1.222	**107,64**	1,9
	• Herstellen (Kosten: 92,8%) Glas-Doppelschiebetür, Fluchtwegantrieb, Feuerwehrschlüsselschalter (7m²), Holz-Glas-Türelement 1,8W/m²K, einflüglig, beidseitig Festverglasung, Brüstungsbereiche geschlossen, als Fluchttür (5m²), Alu-Glas-Türelement 1,8W/m²K, einflüglig, Oberlicht festverglast, Antipanikschloss (3m²), E-Türöffner (2St), Türfeststeller (1St)	15,80 m²	30.168	**1.909,40**	48,1

KG	Kostengruppe	Menge Einheit	Kosten €	€/Einheit	%
	9100-0215 Stiftsgebäude, Gemeindesaal, Pfarrbüros				
	• Abbrechen (Kosten: 1,3%) Abbruch von Stahl-Schiebetor 1,00x2,13m ($2m^2$), Rolltor 1,65x2,13m ($4m^2$), Holztüren 1,00x2,00m, Umfassungszargen ($12m^2$), Holzfenstern ($31m^2$); Entsorgung, Deponiegebühren	50,12 m^2	3.105	**61,94**	0,3
	• Herstellen (Kosten: 98,7%) Holzfenster, Uw=1,7W/m^2K, einflüglig ($75m^2$), zweiflüglig ($19m^2$), dreiflüglig ($2m^2$), Haustüren, Festverglasung, nach historischem Vorbild, Motorschloss, Selbstverriegelung ($4m^2$), in Spitzbogenform, Drehflügelantrieb, zweiflüglig ($6m^2$), einflüglig, mit Oberlicht ($3m^2$), Nebeneingangstür ($2m^2$), Stahlschiebetor T30, zweiflüglig, Motor, Alubekleidung ($11m^2$), Deckleisten (60m), Alu-Laibungsbekleidung (15m), Alu-Fensterbänke, Unterkonstruktion (46St), Sichtschutzfolien (19St)	121,27 m^2	235.302	**1.940,32**	21,0
	9700-0032 Friedhofskapelle				
	• Wiederherstellen (Kosten: 85,6%) Fensterflügel restaurieren, Altbeschichtung entfernen, Holzrisse mit Holzspachtel füllen, schleifen, beschichten mit Leinölfarbe, Fensterkitt erneuern ($78m^2$), Fensterrahmen von festverglasten Fenstern restaurieren, Altbeschichtung entfernen, spachteln, beschichten, Fensterkitt erneuern ($37m^2$), Sprossenfenster spachteln, beschichten ($9m^2$), Außentüren restaurieren, beschichten, Türbänder reparieren ($22m^2$), Verglasungen auswechseln (70h), Wetterschenkel erneuern (8m), Fensterbeschläge reparieren, sandstrahlen, verzinken (psch)	95,04 m^2	62.553	**658,17**	20,5
	• Herstellen (Kosten: 14,4%) Leinölbeschichtung auf Fenstern, Rahmen ($45m^2$), auf Außentüren, Rahmen ($16m^2$)	60,80 m^2	10.538	**173,32**	3,5
	9700-0038 Kolumbarium				
	• Abbrechen (Kosten: 2,9%) Abbruch von Stahl-Oberlichtern, h=50cm ($11m^2$); Entsorgung, Deponiegebühren	11,00 m^2	2.639	**239,89**	1,7
	• Wiederherstellen (Kosten: 9,6%) Oberlicht-Motorantriebe erneuern, defekte Scherengestänge ersetzen ($13m^2$), Eingangstüren instandsetzen, defektes Riegelschloss austauschen, Treibriegel ergänzen, Feststellkolben erneuern ($11m^2$), rostige Türschwellen abbrechen, Beton wegstemmen, Edelstahlschwellen einbauen, Estrich ergänzen (4m), Nebeneingangstür ertüchtigen, Beschläge ausbauen, Panikbeschlag einbauen ($2m^2$)	26,80 m^2	8.703	**324,73**	5,6
	• Herstellen (Kosten: 87,5%) Alu-Pfosten-Riegelfassaden, VSG, Ug=1,0W/m^2K, acht Festverglasungen, zwei Verbundpaneele ($48m^2$), sechs Festverglasungen, zwei Drehkippflügel, Sonnenschutzverglasung, ein Verbundpaneel ($13m^2$), Natursteinschwellen (2St), Holzfensterbänke innen (2m), Drehtürantrieb (1St)	68,91 m^2	79.588	**1.154,95**	50,8

KG	Kostengruppe	Menge Einheit	Kosten €	€/Einheit	%
335	**Außenwandbekleidungen, außen**				

1300-0270 Verwaltungsgebäude (75 AP)

	Menge Einheit	Kosten €	€/Einheit	%
• Abbrechen (Kosten: 13,6%) Abbruch von Stb-Wetterschalen, Stahl-UK, Spritzputz, Asbestzementplatten (1.191m²), Stb-Wetterschalen, HWL-Platten, Gipsputz (260m²), Fugendichtungsmasse (1.664m), Bekleidung an Laibungen, Alublech (234St), Sockelblech (103m); Entsorgung, Deponiegebühren	1.451,29 m²	59.592	**41,06**	3,7
• Wiederherstellen (Kosten: 1,4%) Ablagerungen an Wänden entfernen, Untergrund reinigen, grundieren, beschichten (195m²)	195,15 m²	6.052	**31,01**	0,4
• Herstellen (Kosten: 85,0%) Hinterlüftete Fassade, Zellulosedämmung, Holzschalung, lasiertes Lärchenholz (1.101m²), Putzfassade (119m²), Stahlblech (260m), Alublech (347m), Bekleidung an Laibungen, Alu (349m), Perimeterdämmung, d=80mm (3m²)	1.223,28 m²	371.132	**303,39**	22,9

1300-0303 Bürogebäude, TG, Brandschutzsanierung

	Menge Einheit	Kosten €	€/Einheit	%
• Wiederherstellen (Kosten: 100,0%) Armierungsgewebe entfernen, im Bereich bauseitig eingebautem Feuerwehrschlüsseldepot, Wärmedämmung ergänzen, PU-Schaum verfüllen, Armierungsschicht, Oberputz an Bestand anpassen, Fassadenbeschichtung (psch)	–	1.246	–	23,3

1300-0322 Wohn-/Geschäftshaus, Fassadensanierung

	Menge Einheit	Kosten €	€/Einheit	%
• Herstellen (Kosten: 100,0%) Hochdruckreinigung, EPS-Dämmung WLG 035, d=160mm, Silikat-Reibeputz (388m²), in Laibungen WLG 025, t=15cm, d=20mm (200m), Brandbarrieren, b=30cm, Mineralwolldämmung (97m), EPS-Dämmkeile an Fensterbänken (45m)	388,27 m²	100.922	**259,93**	77,0

1300-0324 Gründerzentrum (20 AP)

	Menge Einheit	Kosten €	€/Einheit	%
• Abbrechen (Kosten: 1,4%) Abbruch von Dämmung (19m²); Entsorgung, Deponiegebühren	18,60 m²	561	**30,15**	0,4
• Herstellen (Kosten: 98,6%) Noppenbahn (8m²), Gewebearmierung, Fassadenbeschichtung, Cortenoptik (110m²), Laibungen, Alublech (4m), WDVS WLG 035, d=100mm (17m²)	126,72 m²	39.230	**309,58**	27,0

KG	Kostengruppe	Menge Einheit	Kosten €	€/Einheit	%
	6100-1733 Mehrfamilienhaus (11 WE)				
	• Abbrechen (Kosten: 0,8%) Abbruch von Fassadenbewuchs (236m²), Pflanzbeet (psch); Entsorgung, Deponiegebühren	235,60 m²	3.481	**14,78**	0,4
	• Wiederherstellen (Kosten: 26,3%) Fassade reinigen (120m²), Klinkerfassade überarbeiten, Fugen öffnen, schlämmen, Klinkerflächen nachreinigen, hydrophobieren (95m²), Klinkersteine austauschen/reparieren (34St), Fehlstellen farblich nacharbeiten (17h), Stuckornamente ausbessern, Risse schließen, lose Teile nachdübeln, fehlende Teile ergänzen (psch), Putz ausbessern, Risse schließen (psch), Farbfassung von Putzflächen/Stuckelementen überarbeiten (psch), Fensterbänke/Gesimse aus Klinker überarbeiten (29m)	120,00 m²	107.598	**896,65**	12,5
	• Herstellen (Kosten: 72,9%) Ausgleichsputz, Füllspachtelung, Bitumendickbeschichtung (11m²), Noppenbahn (14m²), Sockeldämmung WLG 035, d=60-120mm (94m²), Armierung, Sockelputz (64m²), Dichtschlämme (46m²), Mineralwolldämmung WLG 035, d=60-120mm, Verdübelung, Armierung, mineralischer Oberputz (792m²), in Laibungen (227m), Silikatbeschichtung (857m²), in Laibungen (244m), Holzfaserdämmung WLS 046, d=60mm, HPL-Bekleidung (36m²), Faserzementbekleidung (4m²), Laibungsbekleidung, Porenbeton, d=2-6cm, t=22cm (186m), Blechabdeckungen (29m)	925,62 m²	298.498	**322,48**	34,6
	6100-1753 Mehrfamilienhaus (8 WE)				
	• Wiederherstellen (Kosten: 100,0%) Klinker einzeln ausstemmen, Verzahnung herstellen, Klinker reinigen, wieder einbauen (12h), 35 schadhafte Klinker erneuern (25h), Fugen erneuern (9h)	–	5.489	–	4,9
	6100-1760 Mehrfamilienhaus (4 WE)				
	• Abbrechen (Kosten: 5,6%) Abbruch von Beschichtung (182m²); Entsorgung, Deponiegebühren	181,87 m²	3.372	**18,54**	1,1
	• Wiederherstellen (Kosten: 21,1%) Untergrund prüfen, Fehlstellen kennzeichnen, Putz ausbessern (182m²)	181,87 m²	12.632	**69,46**	4,2
	• Herstellen (Kosten: 73,3%) Beschichtung auf Putzflächen 50%, Ziegelsichtmauerwerk 30%, Stuckfassade 20% (182m²), Mineralwolldämmung WLG 035, d=160mm, Armierung, mineralischer Leichtputz, Egalisationsbeschichtung (149m²), in Laibungen (128m)	361,35 m²	43.988	**121,73**	14,6
	9100-0173 Bibliothek, Lernzentrum				
	• Abbrechen (Kosten: 100,0%) Abbruch von Sichtbetonaußenschale für Türöffnung, 3,15x3,02m (10m²), Perimeterdämmung, Bitumendickbeschichtung (1m²); Entsorgung, Deponiegebühren	10,96 m²	2.479	**226,16**	1,5

KG Kostengruppe	Menge Einheit	Kosten €	€/Einheit	%
9100-0204 Stadtbücherei (120 Plätze)				
• Abbrechen (Kosten: 44,9%) Abbruch von Beschichtung auf Fachwerkbalken, d=20cm (508m2), im Mikropartikelstrahlverfahren (431m2)	938,94 m2	125.798	**133,98**	16,7
• Wiederherstellen (Kosten: 17,7%) Holzschnitzerei Eule, 2,20x1,30m, Eiche, instandsetzen, zerstörte Verzierungen ausbauen, ersetzen (4m2), kaputte Zierhölzer an Brüstungen entfernen, rekonstruieren, einbauen (23m), Putz in Kleinflächen entfernen, neu verputzen (60h)	9,62 m2	49.590	**5.154,83**	6,6
• Herstellen (Kosten: 37,4%) Drahtgeflecht-Putzträger, Kalkgrundputz, Oberputz (196m2), Silikatbeschichtung Außenputz (405m2), Leinölbeschichtung der Fachwerkbalken, Stützen (456m2), der Gesimse, profilierten Balken, b bis 40cm (101m2), Holzverzierungen 10x20x5cm herstellen, einbauen (87St)	962,38 m2	104.956	**109,06**	13,9
9100-0215 Stiftsgebäude, Gemeindesaal, Pfarrbüros				
• Abbrechen (Kosten: 23,2%) Entfernen von losem Putz- und Fugenmörtel, b=4-9cm, t bis 14cm, Reinigung mit Druckluft (850m2), Holzschindelbekleidung an Gaubenwänden (143m2); Entsorgung, Deponiegebühren	992,57 m2	74.127	**74,68**	6,6
• Wiederherstellen (Kosten: 0,8%) Putz verfestigen (7m2)	6,86 m2	2.630	**383,37**	0,2
• Herstellen (Kosten: 76,0%) Putz-Ausgleichsschicht, Oberputz (850m2), Reinigung mit Dampf (1.160m2), Trockenreinigung, Nassreinigung der Fassade (psch), Verfugung Natursteinmauerwerk an Strebepfeilern (44m2), Putzanschlüsse an Fenster-/Türgewände (55St), hinterlüftete Gaubenbekleidung, Unterkonstruktion, Schalung, Abdichtung, Schieferbekleidung (154m2), Bleieinfassungen, d=1,5mm, Dachgauben (225m)	954,09 m2	242.650	**254,33**	21,7
9700-0032 Friedhofskapelle				
• Herstellen (Kosten: 100,0%) Holzbekleidung beschichten (15m2)	15,36 m2	1.601	**104,26**	0,5

KG	Kostengruppe	Menge Einheit	Kosten €	€/Einheit	%
	9700-0038 Kolumbarium				
	• Abbrechen (Kosten: 3,7%) Abbruch von Ziegelverblendschale, d=11,5cm (2m²); Entsorgung, Deponiegebühren	2,00 m²	264	**131,94**	0,2
	• Wiederherstellen (Kosten: 34,2%) Losen Putz abstemmen, neu verputzen (21h)	–	2.430	–	1,6
	• Herstellen (Kosten: 62,1%) Bitumendickbeschichtung, Noppenbahn (18m²), Sockelabdichtung, Bitumenbahnen (18m²), Fensterlaibung, Verblendmauerwerk (3m)	–	4.421	–	2,8
336	**Außenwandbekleidungen, innen**				
	1300-0270 Verwaltungsgebäude (75 AP)				
	• Herstellen (Kosten: 100,0%) Gipsfaserplatten, d=12,5mm, einlagig, Q3, Dispersionsbeschichtung (982m²), an Laibungen (599m)	981,90 m²	56.424	**57,46**	3,5
	1300-0289 Bürogebäude (342 AP)				
	• Abbrechen (Kosten: 1,2%) Abbruch von Wandfliesen (26m²); Entsorgung, Deponiegebühren	26,00 m²	733	**28,19**	0,3
	• Wiederherstellen (Kosten: 4,9%) Silikonfugen entfernen, entsorgen, Fugenflanken reinigen, grundieren, neu verfugen (206m)	–	2.963	–	1,4
	• Herstellen (Kosten: 93,9%) Dispersionsbeschichtung (6.017m²), Wandfliesen (81m²)	6.098,00 m²	56.642	**9,29**	26,7
	1300-0312 Büro (7 AP)				
	• Herstellen (Kosten: 100,0%) Überholungsbeschichtung, Acrylfugen (77m²), Laibungen streichen (86m)	76,67 m²	1.399	**18,24**	100,0
	1300-0324 Gründerzentrum (20 AP)				
	• Abbrechen (Kosten: 1,5%) Abbruch von Tapete (34m²); Entsorgung, Deponiegebühren	33,82 m²	129	**3,81**	< 0,1
	• Herstellen (Kosten: 98,5%) Gewebearmierung (29m²), Innenputz Q2 (2m²), Spachtelung, Malervlies, Dispersionsbeschichtung (192m²), Lasur (27m²)	219,38 m²	8.209	**37,42**	5,6

KG	Kostengruppe	Menge Einheit	Kosten €	€/Einheit	%
	3200-0032 Palliativstation (12 Betten)				
	• Herstellen (Kosten: 100,0%) Gipsputz, Oberfläche Q3 (237m²), an Laibungen (59m²), Vliestapeten, Dispersions-beschichtung (154m²), an Laibungen (293m), Abdichtung, Wandfliesen (10m²), GK-Vorsatzschalen, d=15cm, doppelt beplankt, Dämmung, d=40mm (15m²)	237,62 m²	25.586	**107,67**	4,1
	4200-0037 Fachakademie, Berufsfachschule (200 Schüler)				
	• Abbrechen (Kosten: 32,3%) Abbruch von Innenputz (1.047m²), Wandbekleidungen (70m²), Wandfliesen (57m²), in Laibungen (700m); Entsorgung, Deponiegebühren	1.173,77 m²	41.498	**35,35**	5,0
	• Wiederherstellen (Kosten: 1,6%) Neu verputzte Wände stellenweise ausbessern (111m²), Wandflächen reinigen, ausbessern, grundieren (100m²)	210,51 m²	2.060	**9,78**	0,2
	• Herstellen (Kosten: 66,1%) Spritzbewurf aus Sulfat-Haftgrund, Kalkgrundputz, Kalkfeinputz, armiert (849m²), auf Naturstein (21m²), Putz in Fensterlaibungen, schräg zulaufend, herstellen (188m), Dispersionsbeschichtung (843m²), in Laibungen (188m²), Wandfliesen 60x60cm (11m²)	1.041,75 m²	84.930	**81,53**	10,2
	6100-1493 Dachgeschoss (2 WE)				
	• Herstellen (Kosten: 100,0%) GK-Bekleidung, UK, Spachtelung (13m²), Abdichtung, Wandfliesen 30x60cm (7m²)	19,66 m²	3.544	**180,26**	10,4
	6100-1536 Mehrfamilienhaus (12 WE)				
	• Herstellen (Kosten: 100,0%) Kalkzementputz, anputzen an Bestand (5m²), Hartschaumplatte aufdoppeln (1St)	4,86 m²	558	**114,76**	< 0,1
	6100-1545 Einfamilienhaus				
	• Abbrechen (Kosten: 2,6%) Abbruch von Wandfliesen (8m²), Tapeten (98m²); Entsorgung, Deponiegebühren	105,99 m²	709	**6,69**	0,4
	• Herstellen (Kosten: 97,4%) Grundierung, Spachtelung mit Vlieseinbettung Q3, Beschichtung (173m²), Ausgleichsputz, Silikatplatten, Silikatbeschichtung (52m²), Gipsputz (98m²), GK-Bekleidung (20m²), in Laibungen (13m), Abdichtung, Wandfliesen (3m)	267,02 m²	26.867	**100,62**	16,0
	6100-1599 Zweifamilienhaus				
	• Wiederherstellen (Kosten: 18,4%) Putz ausbessern (psch)	128,09 m²	1.092	**8,53**	2,9
	• Herstellen (Kosten: 81,6%) Beschichtung (124m²), Abdichtung, Wandfliesen (4m²), GK-Vorsatzschale (2m²)	128,09 m²	4.840	**37,78**	12,7

KG	Kostengruppe	Menge Einheit	Kosten €	€/Einheit	%
	6100-1609 Dachgeschosswohnung, Turmzimmer				
	• Herstellen (Kosten: 100,0%) Trockenputz (19m²), Innenputz (4m²), GK-Vorsatzschalen, doppelt beplankt, Dämmung, d=40mm, d=12,5cm (3m²), Bekleidung von Holzbalken (7St), Abdichtung, Wandfliesen (2m²), Dispersionsbeschichtung (35m²)	37,00 m²	3.392	**91,67**	8,5
	6100-1623 Dachgeschosswohnung				
	• Herstellen (Kosten: 100,0%) GK-Bekleidung, Q3, Beschichtung (9m²)	9,00 m²	1.396	**155,12**	12,5
	6100-1636 Mehrfamilienhaus (10 WE)				
	• Abbrechen (Kosten: 4,2%) Abbruch von Laibungsputz (psch); Entsorgung, Deponiegebühren	–	2.504	**–**	0,4
	• Wiederherstellen (Kosten: 42,3%) Putzflächen überarbeiten, Fehlstellen ausbessern, Risse aufschneiden, armieren (103h), Wandflächen spachteln, neu beschichten (476m²)	475,82 m²	25.075	**52,70**	4,4
	• Herstellen (Kosten: 53,5%) GK-Bekleidung (50m²), in Laibungen (249m), Gipsputz (27m²), in Laibungen (46m), Kalkzementputz, in Laibungen (165m), Mineralschaumdämmung WLG 040, d=100mm, Armierung, Kalk-Zementputz (15m²), Trägerbekleidung F90 (5m²), Beschichtung (78m²), Abdichtung, Wandfliesen (25m²), in Laibungen (17m), Abschlussprofile, Edelstahl (7m)	102,56 m²	31.717	**309,25**	5,5
	6100-1713 Einfamilienhaus				
	• Abbrechen (Kosten: 11,1%) Abbruch von Wandfliesen (8m²); Entsorgung, Deponiegebühren	7,60 m²	355	**46,77**	11,1
	• Herstellen (Kosten: 88,9%) GK-Vorsatzschalen, d=20-30cm (3m²), Dispersionsbeschichtung (70m²), Wandfliesen (7m²)	77,14 m²	2.845	**36,88**	88,9

KG	Kostengruppe	Menge Einheit	Kosten €	€/Einheit	%
	6100-1733 Mehrfamilienhaus (11 WE)				
	• Abbrechen (Kosten: 8,6%) Abbruch von Leimfarbbeschichtung (402m²), Wandputz (276m²), Laibungsputz (85m), Dämmtapete (40m²); Entsorgung, Deponiegebühren	718,40 m²	10.213	**14,22**	1,2
	• Wiederherstellen (Kosten: 5,9%) Schwammsanierung Mauerwerk: Putz entfernen, Fugen auskratzen, Mauerwerk abflammen, Myzel entfernen, Bohrlochinjektage, Oberfläche fluten (43m²)	42,62 m²	7.067	**165,82**	0,8
	• Herstellen (Kosten: 85,5%) Armierungsgewebe (42m²), Kalk-Zementputz (403m²), auf Kleinflächen (18St), in Laibungen (174m), Kalk-Zement-Pinselputz (19m²), in Laibungen (53m), GK-Vorsatzschalen (69m²), GK-Bekleidung (66m²), Spachtelung Q3 (1.130m²), in Laibungen (87m), Malervlies (22m²), Dispersionsbeschichtung (956m²), in Laibungen (85m), Silikatbeschichtung (154m²), in Laibungen (36m), Abdichtung, Wandfliesen 30x60cm (38m²)	1.148,24 m²	101.632	**88,51**	11,8
	6100-1753 Mehrfamilienhaus (8 WE)				
	• Abbrechen (Kosten: 22,1%) Abbruch von Tapete (410m²), Wandfliesen (5m²); Entsorgung, Deponiegebühren	415,04 m²	15.919	**38,35**	14,1
	• Wiederherstellen (Kosten: 24,0%) Putz ausbessern, Risse schließen, losen Putz abschlagen, ergänzen (85h), Wandflächen reinigen, lose Farbteile entfernen, Fehlstellen ausbessern (429m²), Flecken überarbeiten (36h)	429,06 m²	17.252	**40,21**	15,3
	• Herstellen (Kosten: 53,9%) Spachtelung Q3, Dispersionsbeschichtung (439m²), in Laibungen (183m), GK-Vorsatzschalen (4m²), GK-Nische (1St), GK-Laibungsaufdopplungen (11m), Abdichtung, Wandfliesen (8m²), als Fensterbank (4m), Tapete (12h)	446,71 m²	38.787	**86,83**	34,4
	6100-1760 Mehrfamilienhaus (4 WE)				
	• Abbrechen (Kosten: 3,6%) Abbruch von Tapeten (182m²), Innenputz (85m²), Laibungsputz (psch), Wandfliesen (18m²); Entsorgung, Deponiegebühren	199,52 m²	3.218	**16,13**	1,1
	• Wiederherstellen (Kosten: 1,9%) Losen Putz abschlagen, Kalkschlämme aufbringen (74m²)	73,66 m²	1.639	**22,25**	0,5
	• Herstellen (Kosten: 94,5%) Kalkputz (111m²), in Laibungen (87m²), Holz-UK, Dampfsperre, Zellulose-Einblasdämmung WLG 040, d=100mm (162m²), GK-Bekleidung (221m²), in Laibungen (119m), GK-Vorsatzschalen (37m²), Silikatbeschichtung (477m²), Abdichtung, Wandfliesen (26m²)	503,37 m²	83.338	**165,56**	27,6

KG	Kostengruppe	Menge Einheit	Kosten €	€/Einheit	%
	7200-0096 Geschäftshaus, Foyer				
	• Herstellen (Kosten: 100,0%) Dispersionsbeschichtung (39m²), getönt (4m²), GK-Verkofferung, Q3 (5m)	43,38 m²	1.183	**27,26**	15,7
	9100-0173 Bibliothek, Lernzentrum				
	• Herstellen (Kosten: 100,0%) GK-Vorsatzschale, d=5,5cm, dreiseitig, doppelt beplankt, Q3 (10m²), GK-Laibung, doppelt beplankt (4m²), Dispersions-Silikatbeschichtung (22m²)	22,00 m²	1.405	**63,87**	0,8
	9100-0213 Stadtbücherei				
	• Wiederherstellen (Kosten: 2,1%) Glasfasertapete prüfen, säubern, Dispersionsbeschichtung (44m²)	43,60 m²	523	**11,99**	0,8
	• Herstellen (Kosten: 97,9%) Herstellen von Öffnung 53x44x33cm, in Innenwandbekleidung, Gipsfaserbekleidung, zweilagig, Ecke dämmen, winddicht anschließen, Rahmen V2A (1St), vorh. Glasfasertapete spachteln, Q3, Dispersionsbeschichtung (213m²), an Laibungen (53m²), Tapete (32m²), Heizkörperverstärkung mit GK-Bekleidung, zweilagig (8m²), OSB-Platte, d=12mm, Dampfbremse, GK-Platte, d=12,5mm (2m²), GK-Verkofferung (2m²)	297,24 m²	24.743	**83,24**	39,4
	9100-0215 Stiftsgebäude, Gemeindesaal, Pfarrbüros				
	• Abbrechen (Kosten: 1,9%) Abbruch von Tapeten (228m²), Laibungsputz, b=60-105cm (17m²); Entsorgung, Deponiegebühren	228,37 m²	4.580	**20,06**	0,4
	• Herstellen (Kosten: 98,1%) Putzträger, verdübelt (381m²), Kalkdämmputz (927m²), Kalkfeinputz (854m²), Kalk-Gipsputz (87m²), Kalk-Zementputz (107m²), Dispersionsspachtelung Q3 (61m²), Dispersionsbeschichtung (358m²), Wandfliesen 30x60cm (8m²)	1.281,08 m²	238.421	**186,11**	21,3
	9700-0032 Friedhofskapelle				
	• Abbrechen (Kosten: 54,9%) Abbruch von Wandbeschichtung, von Hand (329m²); Entsorgung, Deponiegebühren	328,96 m²	52.279	**158,92**	17,1
	• Wiederherstellen (Kosten: 27,9%) Putz, Stuck in Teilbereichen ausbessern, Stuck rekonstruieren, ausbessern, beschichten (492m²), Holzprofile, teilweise Stuckelemente, denkmalgerecht nacharbeiten, anschleifen, säubern, spachteln, beschichten (83m²), Bogeneinfassungen aufarbeiten, anschleifen, spachteln, beschichten, b=45cm (14m²), Acrylfugen entfernen, neu verfugen (250m)	588,89 m²	26.617	**45,20**	8,7
	• Herstellen (Kosten: 17,2%) Malervlies (330m²), Silikatbeschichtung (492m²), Beschichtung der Randeinfassung um Fenster, b=11,5cm (9m²), der Begleitbänder an Gewölbebögen, b=11,5cm (7m²), an Gebäudeecken, b=23cm (14m²), in Bogenfelder (22m²)	544,77 m²	16.359	**30,03**	5,4

KG	Kostengruppe	Menge Einheit	Kosten €	€/Einheit	%
	9700-0038 Kolumbarium				
	• Abbrechen (Kosten: 5,3%) Abbruch von Akustikbeschichtung (123m²), Vormauerung, Ziegel, d=11,5cm (11m²), Wandfliesen (4m²); Entsorgung, Deponiegebühren	138,55 m²	2.001	**14,44**	1,3
	• Wiederherstellen (Kosten: 44,4%) Putzflächen prüfen, Schadstellen markieren, Fehlstellen ausbessern, Löcher schließen, Risse verfüllen (286m²), schalldurchlässige Beschichtung reinigen, lose Partikel entfernen, neu beschichten (162m²), GK-Vorsatzschale an Außenwand verankern, Öffnungen schließen, Sockelbereich ergänzen, h=80cm (123m²), Nikotinflecken entfernen (1m²), Stahlstützen reinigen, lose Beschichtung entfernen, Schadstellen ausbessern, neu beschichten (2m²)	573,45 m²	16.847	**29,38**	10,7
	• Herstellen (Kosten: 50,3%) Zementputz (26m²), Kalkzementputz, Gewebeeinlage (71m²), Silikatbeschichtung (338m²), Spachtelung, Silikat-Strukturbeschichtung (123m²)	461,57 m²	19.070	**41,32**	12,2
337	**Elementierte Außenwandkonstruktionen**				
	1300-0270 Verwaltungsgebäude (75 AP)				
	• Herstellen (Kosten: 100,0%) Aufzugsschacht 1,65x1,95m, h=11,35m, Winkelprofile, I-Profile, vierseitige Horizontalrahmen, dreiseitiges VSG mit Folie, verdeckte Lüftungsschlitze im Schachtkopf, Dachrahmen mit Montageträger für Aufzug, Titanzink-Stehfalzdeckung, Rinne, Fallrohr, Sockelabdeckung, Titanzink (63m²)	62,99 m²	89.899	**1.427,20**	5,5
	6100-1636 Mehrfamilienhaus (10 WE)				
	• Herstellen (Kosten: 100,0%) Alu-Pfosten-Riegelfassade, Uw<1,3W/m²K, Dreifachverglasung, innen VSG (24m²), Öffnungsflügel, Drehkipp, Alu-Fensterbank (1St), Alu-Glasrahmentür, Uw<1,7W/m²K, VSG (3m²)	26,55 m²	55.515	**2.090,96**	9,7
	7200-0096 Geschäftshaus, Foyer				
	• Herstellen (Kosten: 100,0%) Fensterfolie, innen, hochauflösender Digitaldruck 3,40x1,50m, mit Schutzlaminat (5m²)	5,10 m²	998	**195,71**	13,2

KG	Kostengruppe	Menge Einheit	Kosten €	€/Einheit	%
	9100-0173 Bibliothek, Lernzentrum				
	• Abbrechen (Kosten: 4,2%) Abbruch von Metall-Glasfassade, Kipp-Oberlicht (27m²); Entsorgung, Deponiegebühren	26,64 m²	5.456	**204,80**	3,2
	• Herstellen (Kosten: 95,8%) Alu-Fenster-Fassade, Uw=1,1W/m²K, Zweifachverglasung, vier Festverglasungen, sechs Blindpaneele, Karussell-Türanlage, VSG, dreiflüglig, D=3,16m, Alu-Dachkonstruktion, gedämmt, wasserdicht außen, Staubdach, Spanplatte, innen, Flucht-Alu-Rahmentür, einflüglig, Antipanik-Druckstange, Motorantrieb, barrierefrei (38m²), Giebelwände Satteldachlichtbänder, Holzrahmenkonstruktion10x16cm, Mineralwolldämmung WLG 035, d=160mm, Dampfsperre, beidseitig OSB-Beplankung, d=18mm, Stahlblech, beschichtet (15m²)	52,95 m²	125.847	**2.376,72**	74,3
	9100-0215 Stiftsgebäude, Gemeindesaal, Pfarrbüros				
	• Herstellen (Kosten: 100,0%) Alu-Pfosten-Riegelfassade 2,50x3,60m, VSG, zwei feststehende Felder, Oberlicht, Türelement als Holztüre, OTS (9m²)	9,00 m²	20.405	**2.267,26**	1,8
338	**Lichtschutz zur KG 330**				
	1300-0270 Verwaltungsgebäude (75 AP)				
	• Herstellen (Kosten: 100,0%) Raffstores, U-Blenden, Alu (358m²)	358,02 m²	92.765	**259,10**	5,7
	1300-0289 Bürogebäude (342 AP)				
	• Abbrechen (Kosten: 3,2%) Abbruch von textilen Einzellamellen (2.250m²); Entsorgung, Deponiegebühren	2.250,22 m²	4.913	**2,18**	2,3
	• Herstellen (Kosten: 96,8%) Vertikallamellen (2.524m²), Jalousien, Glasleisten (299m²)	2.823,03 m²	147.079	**52,10**	69,3
	1300-0303 Bürogebäude, TG, Brandschutzsanierung				
	• Wiederherstellen (Kosten: 100,0%) Anschlag Feuerschutzvorhang ertüchtigen (1St)	–	367	**–**	6,8
	3200-0032 Palliativstation (12 Betten)				
	• Herstellen (Kosten: 100,0%) Fassadenmarkisen, Motorantrieb (100m²)	100,22 m²	28.870	**288,07**	4,7
	4200-0037 Fachakademie, Berufsfachschule (200 Schüler)				
	• Herstellen (Kosten: 100,0%) Vorbautextilscreens (85m²), Motorantriebe (30St), Unterkonstruktion Vorhangschiene (153m)	85,40 m²	44.063	**515,96**	5,3

KG	Kostengruppe	Menge Einheit	Kosten €	€/Einheit	%
	6100-1545 Einfamilienhaus				
	• Herstellen (Kosten: 100,0%) Fenster-Klappläden nach historischem Vorbild, zweiflüglig, beschichtet (16m²), dreiflüglig (6m²)	21,74 m²	13.236	**608,84**	7,9
	6100-1609 Dachgeschosswohnung, Turmzimmer				
	• Herstellen (Kosten: 100,0%) Aufsatzrollladen, Motorantrieb (2m²)	1,76 m²	1.129	**641,21**	2,8
	6100-1636 Mehrfamilienhaus (10 WE)				
	• Herstellen (Kosten: 100,0%) Aufsatzrollläden, Kunststoff (27m²), Vorbaurollläden, Kunststoff (11m²), Senkrechtmarkisen, Alublende (12m²)	50,45 m²	13.771	**272,97**	2,4
	6100-1733 Mehrfamilienhaus (11 WE)				
	• Herstellen (Kosten: 100,0%) Vorbautextilscreens (17m²)	16,62 m²	11.573	**696,33**	1,3
	6100-1760 Mehrfamilienhaus (4 WE)				
	• Herstellen (Kosten: 100,0%) Alu-Rollläden, Motorantriebe (12m²)	11,62 m²	4.295	**369,61**	1,4
	7200-0096 Geschäftshaus, Foyer				
	• Herstellen (Kosten: 100,0%) Seitenzugrollos 2,20x3,38m (15m²), Sichtschutzvorhang, l=3,70m, Deckenschienen (psch)	27,44 m²	5.354	**195,12**	71,1
	9100-0213 Stadtbücherei				
	• Herstellen (Kosten: 100,0%) Kettenzugrollos, Textilscreen 1,25x2,51m (3St), 2,22x2,66m (1St)	9,04 m²	3.352	**370,77**	5,3
	9700-0038 Kolumbarium				
	• Herstellen (Kosten: 100,0%) Glasblenden 120x124cm, 2xVSG, PVB-Folien, vier Punkthalter (2St), Blendschutz, innen (psch)	–	5.594	–	3,6

KG	Kostengruppe	Menge Einheit	Kosten €	€/Einheit	%
339	**Sonstiges zur KG 330**				
	1300-0301 Bürogebäude, Dachsanierung				
	• Abbrechen (Kosten: 21,7%) Abbruch von Dachaufbau zweier Eingangsvordächer (8m²); Entsorgung, Deponiegebühren	–	2.762	**–**	21,7
	• Herstellen (Kosten: 78,3%) Vordächer: Bitumenbahn, KVH mit Mineralwoll-Zwischendämmung WLG 035, Multiplex-platten, d=24mm, Unterdeckbahn, Alu-Doppelstehfalzdeckung (8m²), Wandanschlüsse (19m), Stirnbretter, Alu-Bekleidungen (7m²), Kastenrinnen (13m), Regenfallrohr DN80 (3m)	–	9.938	**–**	78,3
	1300-0322 Wohn-/Geschäftshaus, Fassadensanierung				
	• Herstellen (Kosten: 100,0%) Schmiedeeisernes Fenstergitter (1St)	413,33 m² AWF	5.017	**12,14**	3,8
	1300-0324 Gründerzentrum (20 AP)				
	• Herstellen (Kosten: 100,0%) Befestigungsschienen im Aufzugsschacht (15m)	295,59 m² AWF	722	**2,44**	0,5
	4200-0037 Fachakademie, Berufsfachschule (200 Schüler)				
	• Wiederherstellen (Kosten: 54,8%) Fenstergitter abnehmen, abschleifen, entrosten, lackieren, wieder anbringen (56m²)	–	14.908	**–**	1,8
	• Herstellen (Kosten: 45,2%) Treppengeländer, h=85cm, Flachstahl 80/15mm, senkrechte Füllstäbe, d=12mm, Stahl-rundrohr-Handlauf, D=42mm (5m), Edelstahlrohr, D=30mm, Absturzsicherungen (2St)	2.197,29 m² AWF	12.286	**5,59**	1,5
	6100-1536 Mehrfamilienhaus (12 WE)				
	• Wiederherstellen (Kosten: 50,5%) Haustürüberdachung instandsetzen, Gefälledämmung, Abdichtung, Verwahrungen entfernen, erneuern (6m²)	6,00 m² AWF	1.938	**323,02**	0,3
	• Herstellen (Kosten: 49,5%) Handlauf Edelstahl, h=90cm (1St)	1.219,88 m² AWF	1.899	**1,56**	0,3

KG	Kostengruppe	Menge Einheit	Kosten €	€/Einheit	%
	6100-1545 Einfamilienhaus				
	• Abbrechen (Kosten: 3,1%) Abbruch von Eisengittern an Fensterelement (2m²); Entsorgung, Deponiegebühren	193,94 m² AWF	103	**0,53**	< 0,1
	• Wiederherstellen (Kosten: 96,9%) Fensterziergitter sandstrahlen, grundieren, lackieren (1St), Gitterstäbe für Haustüre sandstrahlen, grundieren, beschichten (6St), Geländer, Fenstergitter entrosten, neu beschichten (13m), Aufhängevorrichtung für Klappläden entrosten, reinigen, gangbar machen, neu beschichten (46St)	60,91 m² AWF	3.269	**53,67**	1,9
	6100-1599 Zweifamilienhaus				
	• Herstellen (Kosten: 100,0%) Stahl-Fenstergeländer 180x90cm, Stahlrahmen, Füllstäbe (1St), Stahl-Fenstergitter 110x55cm, Flachprofilgurte, Füllstäbe (1St)	191,92 m² AWF	1.819	**9,48**	4,8
	6100-1609 Dachgeschosswohnung, Turmzimmer				
	• Herstellen (Kosten: 100,0%) Holzhandlauf, D=40mm, Edelstahl-Wandhalter (4m)	56,71 m² AWF	352	**6,21**	0,9
	6100-1636 Mehrfamilienhaus (10 WE)				
	• Abbrechen (Kosten: 7,9%) Abbruch von Lichtschächten (3St); Entsorgung, Deponiegebühren	107,13 m² AWF	1.386	**12,94**	0,2
	• Herstellen (Kosten: 92,1%) Stb-Fertigteil-Vordach C25/30, WU, 1,00x3,32m, Schalung, Bewehrung, Kunststoff-abdichtung, Verbundblechabdeckung (1St), tragende Wärmedämmelemente (3St), Absturzsicherungen, Vierkantprofile (10m), Fertigteil-Lichtschacht 1,25x0,60x1,40m, Gitterrost (1St), Lichtschachtabdeckungen, Aufsetzrahmen, Gitterrost (2St)	1.160,87 m² AWF	16.246	**13,99**	2,8
	6100-1733 Mehrfamilienhaus (11 WE)				
	• Abbrechen (Kosten: 35,5%) Ausbauen und Lagern von Fenstergittern (6St), Abbruch von Außentreppe, Ziegelmauer-werk (2m²), Fenstergitter (1St); Entsorgung, Deponiegebühren	753,68 m² AWF	2.562	**3,40**	0,3
	• Herstellen (Kosten: 64,5%) Brüstungsabdeckung, Zink (9m), Simsabdeckungen, Titanzink (8m)	1.242,99 m² AWF	4.646	**3,74**	0,5
	6100-1760 Mehrfamilienhaus (4 WE)				
	• Herstellen (Kosten: 100,0%) Eingangsstufe, Lagermaterial, Mörtelbett (1St)	628,11 m² AWF	703	**1,12**	0,2

KG	Kostengruppe	Menge Einheit	Kosten €	€/Einheit	%
	9100-0173 Bibliothek, Lernzentrum				
	• Abbrechen (Kosten: 41,4%) Abbruch von Kiesstreifen (1m³), Tiefborden (10m), Teilabbruch Beton-Lichtschacht, 110x65x130cm, h=50cm (1St); Entsorgung, Deponiegebühren	38,63 m² AWF	740	**19,16**	0,4
	• Herstellen (Kosten: 58,6%) Lichtschachtaufsätze 101x35x43cm (3St), Pressgitterrost 101x43cm (1St)	82,64 m² AWF	1.048	**12,68**	0,6
	9100-0215 Stiftsgebäude, Gemeindesaal, Pfarrbüros				
	• Herstellen (Kosten: 100,0%) Alu-Steigleiter, b=0,50m, l=3,00m (1St), Kellerlichtschacht (1St), Fenstergitter (1St), Schachtabdeckung, Gitterrost für Notausstieg, 1,15x0,75m (1St)	1.411,35 m² AWF	16.631	**11,78**	1,5
	9700-0032 Friedhofskapelle				
	• Abbrechen (Kosten: 61,7%) Abbruch von Fassadenleiter (1St), Ankerpunkten (6St); Entsorgung, Deponiegebühren	1.023,75 m² AWF	1.389	**1,36**	0,5
	• Wiederherstellen (Kosten: 38,3%) Lüftungsgitter 10x10cm, entrosten, überarbeiten, beschichten (10St)	685,30 m² AWF	862	**1,26**	0,3
	9700-0038 Kolumbarium				
	• Herstellen (Kosten: 100,0%) Treppenhandlauf, Flachstahl 40x6mm, Beschichtung (3m)	530,48 m² AWF	1.723	**3,25**	1,1

Kostenkennwerte für die Kostengruppen 300 der 3.Ebene DIN 276

KG	Kostengruppe	Menge Einheit	Kosten €	€/Einheit	%
341	**Tragende Innenwände**				
	1300-0270 Verwaltungsgebäude (75 AP)				
	• Herstellen (Kosten: 100,0%) KS-Mauerwerk, d=17,5cm (67m²), Öffnungen schließen mit Mauerwerk, d bis 15cm (1m²), mit Beton C20/25, d=20-25cm (1m²), KS-Stürze, l=2,00m (3St)	68,45 m²	22.330	**326,22**	3,6
	1300-0303 Bürogebäude, TG, Brandschutzsanierung				
	• Abbrechen (Kosten: 15,7%) Abbruch von unzulässigem Material im Bereich der Brandschutzschotts (103St), in Spannlöchern (796St), Ringspalt an Brandschutzklappen freistemmen (4St); Entsorgung, Deponiegebühren	–	7.465	–	3,1
	• Herstellen (Kosten: 84,3%) Brandabschottungen: in Spannlöchern, Steinwollstopfung, rauchdichte Versiegelung mit Brandschutzfarbe (796St), für nichtbrennbare Rohre mit nichtbrennbarer Isolierung: Steinwollstopfung, rauchdichte Versiegelung mit Brandschutzfarbe (21St), für Einzelkabel (43St), für brennbare Rohre: intumeszierende Manschetten (8St), intumeszierender Brandschutzschaum (16St), intumeszierender Brandschutzkit (4St), intumeszierende Brandschutzstopfen, zwei Stück je Abschottung (35St), Ringspaltverpressungen, b bis 10cm, Brandschutzmörtel (6St), Abschottungen, Brandschutzmörtel (33St), Brandschutzstein (1St), Brandschutzboxen, zwei Brandschutzsteine (2St), Brandschutzfugen, Steinwolle (54m), Brandschutzschnur (21m)	–	39.957	–	16,8
	1300-0324 Gründerzentrum (20 AP)				
	• Abbrechen (Kosten: 93,7%) Abbruch von Stb-Wänden, beidseitig verputzt, für Türöffnungen im Bestand, d=25cm, Betonsägearbeiten (29m²); Entsorgung, Deponiegebühren	28,79 m²	17.401	**604,42**	13,4
	• Herstellen (Kosten: 6,3%) KS-Mauerwerk, d=22-24cm (4m²), Schalung für Türöffnungen (2St)	3,63 m²	1.174	**323,47**	0,9
	3200-0032 Palliativstation (12 Betten)				
	• Herstellen (Kosten: 100,0%) KS-Wand, d=24cm, Fensteröffnungen Treppenhaus schließen, Gerüststellung, KS-Pfeiler mauern (96h)	–	11.646	–	2,2

KG	Kostengruppe	Menge Einheit	Kosten €	€/Einheit	%
	4200-0037 Fachakademie, Berufsfachschule (200 Schüler)				
	• Abbrechen (Kosten: 37,8%) Abbruch von Ziegelmauerwerk, Wandbekleidungen, d bis 25cm (307m²), d=30-40cm (229m²), d=60-80cm (43m²), Schneidearbeiten, t bis 80cm (92m), Beton-Fertigteilstürze (8St); Entsorgung, Deponiegebühren	579,04 m²	119.133	**205,74**	11,8
	• Wiederherstellen (Kosten: 0,7%) Injektionsabdichtung gegen aufsteigende Feuchtigkeit (5m)	–	2.133	–	0,2
	• Herstellen (Kosten: 61,5%) Aufzugsschachtwände, Verfüll-Planziegel, d=24cm, Verfüllung Beton C12/15, Bewehrung (100m²), Ringanker aus Ziegel-U-Schalung 24x24cm, C25/30, Bewehrung (61m), HLz-Wände, d=24cm (136m²), d=17,5cm (38m²), d=20-40cm (14m²), Auflagernischen für Stahlträger herstellen, aufstemmen, Auflagerpolster 80x50cm herstellen, HEB einbringen, wieder zumauern (24St), Türöffnungen herstellen, Stürze, d=24-40cm einbauen, MW abbrechen (32m²)	291,59 m²	193.781	**664,57**	19,3
	6100-1493 Dachgeschoss (2 WE)				
	• Herstellen (Kosten: 100,0%) Türdurchbruch herstellen (4m²)	4,00 m²	1.874	**468,48**	3,6
	6100-1545 Einfamilienhaus				
	• Abbrechen (Kosten: 100,0%) Abbruch von Mauerwerk, d=24-28cm (1m²); Entsorgung, Deponiegebühren	1,25 m²	169	**135,19**	0,3
	6100-1599 Zweifamilienhaus				
	• Herstellen (Kosten: 100,0%) Sturzträger, l=1,5m, Ausmauerung (psch)	–	1.229	–	5,0
	6100-1609 Dachgeschosswohnung, Turmzimmer				
	• Herstellen (Kosten: 100,0%) Kernbohrungen, D=40-120mm (13St)	–	1.261	–	1,8
	6100-1636 Mehrfamilienhaus (10 WE)				
	• Herstellen (Kosten: 100,0%) Ziegelmauerwerk, d=24cm, Anschluss an Bestandsmauerwerk (95m²), Ziegelstürze (3m), Maueranschlussschienen (27m), Öffnungen schließen, Mauerwerk, d=36,5cm (1m²), Türöffnungen herstellen, in Mauerwerk, d=24cm, Trennschnitte, Auflagertaschen, Stahlstürze (15m²)	111,23 m²	38.337	**344,66**	15,2

KG	Kostengruppe	Menge Einheit	Kosten €	€/Einheit	%
	6100-1733 Mehrfamilienhaus (11 WE)				
	• Abbrechen (Kosten: 51,2%) Abbruch von Mauerwerk, verputzt, d=18-42cm (200m²); Entsorgung, Deponiegebühren	200,33 m²	41.773	**208,52**	5,5
	• Wiederherstellen (Kosten: 6,3%) Horizontalabdichtung, Druckinjektionen, Mauerwerk, d=24-39cm (34m)	–	5.144	–	0,7
	• Herstellen (Kosten: 42,5%) HLz-Mauerwerk, d=17,5-24cm (62m²), d=36-42cm (7m²), Stb-Ringanker (34m), Öffnungen schließen, HLz-Mauerwerk, d=24-42cm (21m²), Nische schließen, HLz-Mauerwerk, d=30cm (3m²), Öffnungen herstellen, Mauerwerk, d=17,5-24cm, Laibungen aufmauern, Betonstürze (20m²), d=32-42cm (7m²), Nischen in Mauerwerk herstellen, 70x33x20cm (1m²)	121,78 m²	34.682	**284,79**	4,5
	6100-1753 Mehrfamilienhaus (8 WE)				
	• Abbrechen (Kosten: 14,6%) Abbruch von Mauerwerk, d=15cm (25m²), Türlaibungen (1m²); Entsorgung, Deponiegebühren	25,55 m²	5.117	**200,26**	1,7
	• Wiederherstellen (Kosten: 2,5%) Fehlstellen im Mauerwerk ergänzen (5h)	–	879	–	0,3
	• Herstellen (Kosten: 82,9%) Öffnungen herstellen, d=24cm, Trennschnitte, mit Sturzträger 2xHEB100, Ausmauerungen, Streckmetallumspannungen (18m²), mit Betonstürzen (6m²), Öffnungen schließen, Ziegelmauerwerk, d=24cm (11m²)	35,45 m²	29.079	**820,27**	9,7
	6100-1760 Mehrfamilienhaus (4 WE)				
	• Abbrechen (Kosten: 35,9%) Abbruch von Mauerwerk, d bis 42cm (92m²); Entsorgung, Deponiegebühren	91,84 m²	6.725	**73,22**	2,7
	• Wiederherstellen (Kosten: 19,3%) Mauerwerk ausbessern, Fugen erneuern, Fehlstellen schließen (50h)	–	3.614	–	1,4
	• Herstellen (Kosten: 44,8%) Mauerwerksöffnungen vergrößern, h=60cm, d=24cm, Laibungen einschneiden, Ziegelflachstürze einsetzen (2m²), Rauchrohranschlüsse schließen, D bis 18cm (47St), Öffnungen schließen, verkleinern (19h)	–	8.395	–	3,4

KG	Kostengruppe	Menge Einheit	Kosten €	€/Einheit	%
	9100-0173 Bibliothek, Lernzentrum				
	• Abbrechen (Kosten: 3,3%) Abbruch von Stb-Wand, d=25cm, für Türöffnung (3m²); Entsorgung, Deponiegebühren	2,53 m²	1.601	**632,72**	0,6
	• Herstellen (Kosten: 96,7%) KS-Mauerwerk, d=20cm (68m²), d=25cm (55m²), Stb-Ringbalken 25x40cmm Schalung, Bewehrung (9m²), Anschlüsse Mauerwerk an Stahlbetonwände, verzinkte Anschlussschienen, Edelstahlanker (33m), F90 Anschlüsse an Trapezblechdach (23m), Brandschotts (54St)	132,45 m²	47.559	**359,07**	16,8
	9100-0213 Stadtbücherei				
	• Wiederherstellen (Kosten: 100,0%) Türkloben an Holzfachwerk demontieren, lagern, Holznagel kürzen, Stelle nachschleifen, raue Stelle an Riegel schleifen, Kanten fasen, Nagelspitze entfernen, bauseitiges Lesenetz montieren (14h)	–	1.516	–	2,2
	9100-0215 Stiftsgebäude, Gemeindesaal, Pfarrbüros				
	• Abbrechen (Kosten: 38,2%) Abbruch von Mauerwerk, d=36cm (103m²), Natursteinwänden, d=36cm (7m²), Pfeiler abstemmen, b=40cm (4m); Entsorgung, Deponiegebühren	110,19 m²	56.426	**512,08**	6,2
	• Wiederherstellen (Kosten: 4,3%) Aufzugtüren beidseitig verbreitern, neuen Sturz einbauen, verputzen (3St)	–	6.341	–	0,7
	• Herstellen (Kosten: 57,5%) Ziegelmauerwerk, d=24cm (13m²), Türöffnungen herstellen, Natursteinmauerwerk, d=30-40cm, Stürze (10m²), d=50-60cm (10m²), d=95cm (30m²), Türöffnungen herstellen, Ziegelmauerwerk, d=35cm (1m²), Durchgänge verbreitern, d=30cm (1m²), Wandanschlüsse (40m), Öffnungen schließen (5St)	64,62 m²	85.031	**1.315,87**	9,4
	9700-0038 Kolumbarium				
	• Abbrechen (Kosten: 22,3%) Abbruch von Mauerwerk, d=24cm (19m²), Trennschnitte (11m); Entsorgung, Deponiegebühren	19,20 m²	2.703	**140,79**	2,1
	• Herstellen (Kosten: 77,7%) KS-Mauerwerk, d=17,5cm (34m²), Fertigteilstürze (2St), Türöffnung herstellen, Mauerwerk, d=24cm, Laibungsschnitte, Beton-Fertigteilsturz (2m²), Auflagertaschen herstellen, ausmauern (8St)	36,61 m²	9.401	**256,80**	7,2

KG	Kostengruppe	Menge Einheit	Kosten €	€/Einheit	%
342	**Nichttragende Innenwände**				
	1300-0270 Verwaltungsgebäude (75 AP)				
	• Abbrechen (Kosten: 13,8%) Abbruch von Mauerwerk, d bis 25cm (419m²), d=11,5cm (19m²), für Öffnungen, d=11,5-20cm (18m²); Entsorgung, Deponiegebühren	455,26 m²	15.398	**33,82**	2,5
	• Wiederherstellen (Kosten: 6,6%) Mauerwerkswände ertüchtigen, mehrere Auftragsschichten Mörtel, in Teilflächen mit HLz, d=11,5cm (141m²)	140,85 m²	7.431	**52,75**	1,2
	• Herstellen (Kosten: 79,6%) GK-Metallständerwände, d=12,5cm, doppelt beplankt, Mineralwolldämmung WLG 039, d=60mm (64m²), als Schachtwand, d=7,5cm (127m²), als Installationswand, d=7,5cm (53m²), d=35cm (36m²), als Türsturz, d=10cm, h=100cm (10m²), Öffnungen zumauern, Blockziegeln, d=11,5cm (21m²), Sturz übermauern, Mauerziegel, d=11,5-24cm (5m²), Türöffnung herstellen, Ziegelsturz, l=1,50m (9St), Stb-Stürze, l=2,98m (3St), l=1,25m (1St)	316,40 m²	89.028	**281,38**	14,5
	1300-0289 Bürogebäude (342 AP)				
	• Abbrechen (Kosten: 16,7%) Abbruch von GK-Wänden (457m²), GK-Beplankung, KMF-Mineralwolle für Türöffnungen (172m²); Entsorgung, Deponiegebühren	629,03 m²	43.854	**69,72**	5,1
	• Herstellen (Kosten: 83,3%) GK-Metallständerwände, beidseitig doppelt beplankt (1.862m²), F90 (103m²), GK-Wände öffnen, Stahlprofile einbauen, beplanken, spachteln (178m²), KG-Sturz F90 (1St), Öffnungen schließen, Stahlprofile, GK-Bekleidung (79m²)	2.220,94 m²	219.523	**98,84**	25,6
	1300-0303 Bürogebäude, TG, Brandschutzsanierung				
	• Abbrechen (Kosten: 15,4%) Abbruch von Trockenbauwänden (35m²); Entsorgung, Deponiegebühren	35,00 m²	1.909	**54,53**	0,8
	• Herstellen (Kosten: 84,6%) GK-Metallständerwände F90, d=12,5-17,5cm, beidseitig doppelt beplankt, Mineralwolldämmung (21m²), Fugenverspachtelungen, Deckenanschluss feuerbeständiger Trockenbauwände (105m)	–	10.523	**–**	4,4
	1300-0312 Büro (7 AP)				
	• Abbrechen (Kosten: 53,9%) Abbruch von Trockenbauwänden (145m²); Entsorgung, Deponiegebühren	145,00 m²	3.559	**24,54**	2,9
	• Herstellen (Kosten: 46,1%) GK-Metallständerwände, d=15cm, OSB-Verstärkung, mit Wasser- und Abwasseranschlüssen (7m²), d=10cm (7m²)	14,21 m²	3.045	**214,27**	2,5

KG Kostengruppe	Menge Einheit	Kosten €	€/Einheit	%
1300-0324 Gründerzentrum (20 AP)				
• Herstellen (Kosten: 100,0%) GK-Wände, d=22-25cm (46m²), d=10cm (16m²), d=15cm (13m²), F30 (8m²), für Installationen (12m²), KS-Mauerwerk, d=11,5cm (7m²), KS-Sturz, d=11,5, h=25cm (1St)	102,71 m²	18.152	**176,73**	13,9
3200-0032 Palliativstation (12 Betten)				
• Herstellen (Kosten: 100,0%) GK-Metallständerwände F30, d=15cm, beidseitig doppelt beplankt, Mineralwolldämmung WLG 040, d=80mm, Oberfläche Q3, 56dB (701m²), F90, 57dB (229m²), Brandwand, Stahlblecheinlage, F90 (15m²), Türöffnungen (43St), Durchbrüche herstellen, schließen (244St), UA-Profil-Verstärkungen (50St)	945,93 m²	132.681	**140,27**	25,2
4200-0037 Fachakademie, Berufsfachschule (200 Schüler)				
• Abbrechen (Kosten: 34,2%) Abbruch von Porenbetonwänden (148m²); Entsorgung, Deponiegebühren	147,57 m²	18.707	**126,77**	1,9
• Herstellen (Kosten: 65,8%) GK-Wände, d=11,5cm, doppelt beplankt (35m²), HLz-Wände, d=11,5cm (9m²), Abmauerung unter Treppe (psch), Ziegelstürze, d=11,5cm (31m), Quadratrohre (12m), Mineralwolldämmung, d=15mm (43m²), Brüstungsabdeckungen, b=36cm, Eiche (12m)	43,37 m²	35.988	**829,80**	3,6
6100-1493 Dachgeschoss (2 WE)				
• Abbrechen (Kosten: 49,8%) Abbruch von Ziegelmauerwerk, d=11,5cm (72m²); Entsorgung, Deponiegebühren	72,43 m²	8.695	**120,05**	16,7
• Herstellen (Kosten: 50,2%) GK-Metallständerwände, d=12,5cm, beidseitig beplankt, Mineralwolldämmung, d=60mm (56m²), F90, GK-doppelt beplankt (64m²)	119,76 m²	8.764	**73,18**	16,9
6100-1536 Mehrfamilienhaus (12 WE)				
• Abbrechen (Kosten: 13,3%) Abbruch von Mauerwerk, d=24cm (1m²); Entsorgung, Deponiegebühren	0,81 m²	599	**739,25**	2,6
• Herstellen (Kosten: 86,7%) Porenbeton-Mauerwerk, d=24cm (5m²)	4,92 m²	3.909	**794,47**	17,0

KG	Kostengruppe	Menge Einheit	Kosten €	€/Einheit	%
	6100-1545 Einfamilienhaus				
	• Abbrechen (Kosten: 56,3%) Abbruch von Mauerwerk (216m²); Entsorgung, Deponiegebühren	215,56 m²	8.723	**40,47**	13,2
	• Herstellen (Kosten: 43,7%) GK-Metallständerwände, d=10-15cm, Mineralwolldämmung WLG 040, doppelt beplankt (38m²), d=27cm, als Installationswand (9m²), OSB-Platten verstärkt (2m²), Wanddurchbrüche schließen bis 30x30cm (18St)	47,60 m²	6.767	**142,16**	10,2
	6100-1599 Zweifamilienhaus				
	• Herstellen (Kosten: 100,0%) Türöffnung schließen, GK-Wand (2m²)	2,00 m²	152	**75,84**	0,6
	6100-1609 Dachgeschosswohnung, Turmzimmer				
	• Herstellen (Kosten: 100,0%) GK-Ständerwände 53dB, d=12,5cm, beidseitig doppelt beplankt, Dämmung, d=60mm (33m²), GKF-Ständerwand, d=12,5cm, beidseitig doppelt beplankt, Dämmung, d=60mm (6m²), Laibungen in Nischen (41m), Türsturz einbauen (psch)	38,58 m²	13.318	**345,21**	18,7
	6100-1623 Dachgeschosswohnung				
	• Herstellen (Kosten: 100,0%) GK-Metallständerwände, d=10-15cm (34m²)	34,00 m²	4.564	**134,25**	34,6
	6100-1636 Mehrfamilienhaus (10 WE)				
	• Herstellen (Kosten: 100,0%) GK-Wände F30, d=12,5cm, beidseitig doppelt beplankt, Mineralwolldämmung (231m²), d=25cm (14m²), Türöffnungen (13St), Nischen (8St), HLz-Mauerwerk, d=11,5cm (44m²), Ziegelsturz (1m)	159,28 m²	39.124	**245,63**	15,5
	6100-1713 Einfamilienhaus				
	• Abbrechen (Kosten: 15,0%) Abbruch von GK-Wand (9m²), Mauerwerk, d bis 28cm (5m²); Entsorgung, Deponiegebühren	14,02 m²	810	**57,78**	2,9
	• Herstellen (Kosten: 85,0%) Öffnungen zumauern (20m²), GK-Wände F30 (23m²)	42,78 m²	4.576	**106,96**	16,6

KG	Kostengruppe	Menge Einheit	Kosten €	€/Einheit	%
	6100-1733 Mehrfamilienhaus (11 WE)				
	• Abbrechen (Kosten: 16,3%) Abbruch von Mauerwerk, verputzt, d=12-15cm (136m²), Holzständerwand, verputzt (17m²); Entsorgung, Deponiegebühren	153,28 m²	19.168	**125,05**	2,5
	• Herstellen (Kosten: 83,7%) GK-Metallständerwände Q3, d=12-15cm, beidseitig doppelt beplankt, Mineralwoll-dämmung, d=80mm (280m²), d=15cm, als Installationswand (88m²), GK-Metallständer-wände, d=10cm, beidseitig einfach beplankt, Mineralwolldämmung, d=80mm (32m²), GF-Holzständerwände, d=13cm, beidseitig einfach beplankt, Holzwolledämmung, d=100mm (26m²), Öffnungen schließen, HLz-Mauerwerk, d=15cm (38m²), HLz-Mauer-werk, d=11,5cm, Kleinflächen (34m²)	498,47 m²	98.784	**198,17**	12,9
	6100-1753 Mehrfamilienhaus (8 WE)				
	• Abbrechen (Kosten: 23,2%) Abbruch von GK-Wänden (77m²); Entsorgung, Deponiegebühren	76,97 m²	4.520	**58,72**	1,5
	• Herstellen (Kosten: 76,8%) GK-Metallständerwände, d=12,5cm, beidseitig doppelt beplankt, Mineralwolldämmung, d=60mm (78m²), Öffnungen schließen, Ziegelmauerwerk, d=11,5cm (10m²)	87,55 m²	14.923	**170,45**	5,0
	6100-1760 Mehrfamilienhaus (4 WE)				
	• Abbrechen (Kosten: 5,8%) Abbruch von Trockenbauwänden, d bis 14cm (51m²), Kellertrennwänden (32m²); Entsorgung, Deponiegebühren	82,73 m²	2.393	**28,93**	1,0
	• Herstellen (Kosten: 94,2%) GK-Wände, d=12,5cm, beidseitig doppelt beplankt, Mineralwolldämmung, d=60mm (219m²), Öffnungen schließen, HLz-Mauerwerk, d=11,5cm (48m²)	266,19 m²	38.966	**146,38**	15,6
	7200-0096 Geschäftshaus, Foyer				
	• Abbrechen (Kosten: 100,0%) Abbruch von Trockenbauwand (13m²); Entsorgung, Deponiegebühren	13,00 m²	1.311	**100,83**	11,0
	9100-0173 Bibliothek, Lernzentrum				
	• Abbrechen (Kosten: 2,6%) Abbruch von GK-Wandscheiben (2St); Entsorgung, Deponiegebühren	–	330	–	0,1
	• Herstellen (Kosten: 97,4%) Metallständerwände, d=20cm, beidseitig beplankt, OSB, d=12mm mit GK, d=12,5mm (32m²), schräg zulaufend, d=16-37cm (8m²), F90, d=16cm, Mineralwolldämmung, d=80mm, beidseitig doppelt beplankt (17m²), GK-Holzständerwand, d=10cm, beidseitig doppelt beplankt (17m²), als Metallständerwand (4m²), als Türsturz, h=1,25 (1m²)	78,29 m²	12.595	**160,87**	4,4

KG	Kostengruppe	Menge Einheit	Kosten €	€/Einheit	%
	9100-0213 Stadtbücherei				
	• Abbrechen (Kosten: 100,0%) Abbruch von Gefachmauerwerk, d=20cm, Fachwerk abbürsten, schleifen (10m²); Entsorgung, Deponiegebühren	9,64 m²	5.368	**556,85**	7,8
	9100-0215 Stiftsgebäude, Gemeindesaal, Pfarrbüros				
	• Abbrechen (Kosten: 58,9%) Abbruch von Leichtbetonwänden, d=12-15cm (1.263m²), GK-Wänden (36m²), Ziegelmauerwerk, d=24cm (23m²); Entsorgung, Deponiegebühren	1.322,78 m²	134.682	**101,82**	14,9
	• Herstellen (Kosten: 41,1%) GK-Wände, Mineralwolldämmung, d=12,5cm, doppelt beplankt (419m²), Porenbeton-Mauerwerk, d=11,5-30cm (71m²), Wandanschlüsse (37m), Stürze (4m), Durchbrüche schließen, 24x24x10cm (17St), Wanddurchbruch vergrößern, Sturz höher setzen (psch)	489,85 m²	93.961	**191,82**	10,4
	9700-0038 Kolumbarium				
	• Herstellen (Kosten: 100,0%) KS-Mauerwerk, d=11,5cm (78m²), d=24cm (4m²), Fertigteilstürze (2St), GK-Brüstungswände Q3, beidseitig doppelt beplankt, Stahl-Unterkonstruktion, QR50-80 (33m²), GK-Wände Q3, d=12,5cm, R'w=59dB, beidseitig doppelt beplankt, Mineralwolldämmung, d=60mm (24m²)	140,35 m²	40.281	**287,00**	30,9
343	**Innenstützen**				
	1300-0270 Verwaltungsgebäude (75 AP)				
	• Abbrechen (Kosten: 6,8%) Abbruch von Stb-Stütze 30x30cm (3m); Entsorgung, Deponiegebühren	2,64 m	420	**158,92**	< 0,1
	• Herstellen (Kosten: 93,2%) Mauerwerkspfeiler 40x30cm (19m)	18,60 m	5.746	**308,91**	0,9
	1300-0324 Gründerzentrum (20 AP)				
	• Herstellen (Kosten: 100,0%) Stahlstützen HEA160, mit KS ausmauern (5m)	5,40 m	3.412	**631,86**	2,6
	3200-0032 Palliativstation (12 Betten)				
	• Herstellen (Kosten: 100,0%) Stb-Stützen C25/30, l=3,20m, 35x35cm, Schalung, Bewehrung (45m), 30x30 (10m), 44,5x24 (6m), 45x45cm (3m), KS-Pfeiler (3m)	67,20 m	23.599	**351,18**	4,5
	4200-0037 Fachakademie, Berufsfachschule (200 Schüler)				
	• Herstellen (Kosten: 100,0%) Granitpfeiler 26x30cm, dreiseitig stocken (71m)	71,40 m	7.574	**106,07**	0,8

KG	Kostengruppe	Menge Einheit	Kosten €	€/Einheit	%
	6100-1733 Mehrfamilienhaus (11 WE)				
	• Herstellen (Kosten: 100,0%) KS-Pfeiler 36,5x30cm (11m), Holzstütze, KVH 10x16cm (3m)	14,35 m	1.469	**102,34**	0,2
	9100-0173 Bibliothek, Lernzentrum				
	• Herstellen (Kosten: 100,0%) Stb-Stützen 40x25cm, l=1,10m, Schalung, Bewehrung (6m), l=3,70 (4m)	9,20 m	10.726	**1.165,92**	3,8
344	**Innenwandöffnungen**				
	1300-0270 Verwaltungsgebäude (75 AP)				
	• Abbrechen (Kosten: 0,4%) Abbruch von Holztüren, Stahlzargen (33m²), Rahmentüren, Holz mit Glasfüllungen, zweiflüglig (30m²), Schiebetür, Holz mit Glasfüllung (4m²), Durchreiche, Holz (0,50m²); Entsorgung, Deponiegebühren	66,95 m²	776	**11,59**	0,1
	• Wiederherstellen (Kosten: 10,7%) Türen reinigen, schleifen, lackieren (162m²), Türblätter gang- und schließbar machen, Fehlstellen leimen, anschleifen, Bänder richten, ölen (56St), kürzen (39St), Türflügel überarbeiten, einjustieren, Kantenriegel gang- und schließbar machen, Fehlstellen leimen (1St), Reparaturverglasung, Ornamentglas (1St)	162,38 m²	21.283	**131,07**	3,5
	• Herstellen (Kosten: 88,9%) Holztüren, mit Stahlzargen (10m²), T30 (15m²), Einbruchhemmung RC 2 N (4m²), mit Glasfüllung (2m²), T30 RS (2m²), mit Holzzargen (8m²), TGL-Holztüren (18m²), Alu-Glas-Brandschutztüren T30 RS (52m²), Stahl-Feuerschutztüren (6m²), Stahltür T30 RS (4m²), Fluchttüröffner (3St)	120,91 m²	177.452	**1.467,64**	29,0
	1300-0289 Bürogebäude (342 AP)				
	• Abbrechen (Kosten: 6,0%) Abbruch von Türen, Stahlzargen (140m²), Stahltüren, zweiflüglig (27m²), Brandschutztüren, Stahlzargen (18m²), Türen mit Glaselementen, Oberlicht (17m²), Stahlzargen, KMF-Hohlraumdämmung (26St), Fenstern (10m²); Entsorgung, Deponiegebühren	212,28 m²	21.498	**101,27**	2,5
	• Wiederherstellen (Kosten: 18,0%) Türen einstellen, Dichtung ergänzen (836m²), schleifen, lackieren (171m²), gang- und schließbar machen (32m²), retuschieren (169m²), T30 ausbauen, lagern, wieder einbauen (2m²), Metallinnenfenster schleifen, lackieren (56m²), Stahlzargen aufrauen, beschichten (2.266m), Dichtungen austauschen (421St), Bodentürstopper gelagert, reinigen, am Boden befestigen (300St), Türdrückergarnituren ausbauen, lagern, wieder einbauen (45St)	1.265,36 m²	64.892	**51,28**	7,6
	• Herstellen (Kosten: 76,0%) Holztüren, Stahlzargen (257m²), T30 (12m²), RS (37m²), T90 (24m²), OTS (91St), Bodentürstopper (314St), Stahlzargen beschichten (516m)	326,03 m²	273.485	**838,83**	31,9

KG	Kostengruppe	Menge Einheit	Kosten €	€/Einheit	%
	1300-0303 Bürogebäude, TG, Brandschutzsanierung				
	• Abbrechen (Kosten: 9,4%) Abbruch von Türen und Zargen, Vorbereitung für Türeinbau, einflüglig (55m^2), zweiflüglig (17m^2); Entsorgung, Deponiegebühren	72,49 m^2	15.532	**214,26**	6,5
	• Wiederherstellen (Kosten: 0,3%) Brandschutztüren warten, in Betrieb nehmen, Prüfprotokoll (7St)	–	530	–	0,2
	• Herstellen (Kosten: 90,3%) Alu/Glastürelemente T30 RS, Oberlichter, Seitenverglasung, Auflaufschienen, Obentürschließer OTS, E-Öffner, Panikfunktion (17m^2), Stahltüren T90 RS, OTS (9m^2), OTS mit integrierter FSE (11m^2), T30 RS, OTS, Panikfunktion (8m^2), T30, OTS, Panikfunktion (5m^2), Holztüren, Röhrenspan, Oberfläche CPL (2m^2), T30, Stahlzargen, OTS (22m^2), mit Panikfunktion (2m^2), Holztürblatt, vollwandig, Oberfläche CPL (2m^2), Türschwellen nachrüsten, Feuerschutztüren, l bis 1,20m (6St), Türschwellen herstellen (2St), OTS (1St)	78,52 m^2	149.882	**1.908,84**	63,0
	1300-0324 Gründerzentrum (20 AP)				
	• Herstellen (Kosten: 100,0%) Holztüren, Stahlzargen (27m^2), Klapptür, vierflüglig (10m^2), T30/RS (5m^2), Schiebetür, zweiflüglig (4m^2), Alu-Windfangtür, einflüglig, barrierefrei, bodentiefe Glasfüllung (4m^2), Bodentürpuffer, Edelstahl (12St), Wandtürpuffer, Edelstahl (4St)	49,65 m^2	40.042	**806,50**	30,8
	3200-0032 Palliativstation (12 Betten)				
	• Abbrechen (Kosten: 2,6%) Abbruch von Tür-/Fensterelement (6m^2), Stahlzarge, Türblatt (2m^2); Entsorgung, Deponiegebühren	8,40 m^2	5.466	**650,72**	1,0
	• Herstellen (Kosten: 97,4%) Alu-Glas-Brandschutzelement T90 RS, zweiflüglige Tür, Oberlicht, Feststellanlage (7m^2), Stahl-Glas-Brandschutzelemente T30 RS, zweiflüglige Tür, Oberlicht (13m^2), RS (6m^2), Teleskop-Schiebetür, Glas, elektromechanisch, Notöffnungssystem, programmierbar (6m^2), Holztüren, Oberfläche HPL, Stahlzargen, Beschichtung (63m^2), zweiflüglig (4m^2), als Feuchtraumtüren (26m^2), T30, Rw=37dB (16m^2), T30 RS, Rw=37dB (3m^2), T30, Rw=42dB (2m^2)	144,39 m^2	208.655	**1.445,08**	39,6
	4200-0037 Fachakademie, Berufsfachschule (200 Schüler)				
	• Abbrechen (Kosten: 3,3%) Abbruch von Innentüren, einflüglig (8m^2), Stahlumfassungszargen (22St), Innenfenster (1m^2), Holzlaibungen 1,13x2,10m (7St); Entsorgung, Deponiegebühren	9,81 m^2	4.917	**501,25**	0,5
	• Herstellen (Kosten: 96,7%) Alu-Innentür-Element, festverglaste Seitenteile, Oberlicht (9m^2), als Rauchschutztüren, bis zu vier festverglaste Seitenteile (53m^2), Holztüren, Röhrenspaneinlage, Umfassungszarge (22m^2), mit Schallschutzklasse 2 (44m^2), Stahlblechtüren T30, Stahlzargen (35m^2), Obentürschließer (5St)	162,62 m^2	145.540	**894,97**	14,5

KG	Kostengruppe	Menge Einheit	Kosten €	€/Einheit	%
	6100-1493 Dachgeschoss (2 WE)				
	• Herstellen (Kosten: 100,0%) Holztüren, Röhrenspaneinlage, Oberflächen CPL-weiß, Holzzargen (11m²), Wohnungseingangstüren, Holzzargen, WK2, Spione (4m²)	14,73 m²	7.907	**536,83**	15,2
	6100-1536 Mehrfamilienhaus (12 WE)				
	• Herstellen (Kosten: 100,0%) T30-Rauchschutztüren, Zargen, Obentürschließer (7m²)	7,00 m²	12.276	**1.753,70**	53,4
	6100-1545 Einfamilienhaus				
	• Abbrechen (Kosten: 2,3%) Abbruch von Holztüren (13m²); Entsorgung, Deponiegebühren	13,10 m²	492	**37,53**	0,7
	• Wiederherstellen (Kosten: 32,5%) Türelemente mit vier Füllungen aufarbeiten, fehlende Holzteile ergänzen, abbrennen, beschichtet (18m²)	17,80 m²	6.847	**384,69**	10,3
	• Herstellen (Kosten: 65,2%) Innentüren, vier Füllungen, Umfassungszargen, beschichtet (9m²), Türgarnituren (12St), WC-Garnituren (3St)	27,15 m²	13.756	**506,68**	20,7
	6100-1599 Zweifamilienhaus				
	• Wiederherstellen (Kosten: 75,0%) Türen schleifen, lackieren (18m²)	17,53 m²	3.276	**186,89**	13,2
	• Herstellen (Kosten: 25,0%) Holztür, Vollspan, Oberfläche beschichtet, Holzzarge (2m²)	1,78 m²	1.092	**613,53**	4,4
	6100-1609 Dachgeschosswohnung, Turmzimmer				
	• Wiederherstellen (Kosten: 0,4%) Wohnungstür innenseitig abschleifen, reinigen, beschichten, Weißlack (2m²)	1,88 m²	104	**55,38**	0,1
	• Herstellen (Kosten: 99,6%) Holzzargen, Holztürblätter, Oberfläche Weißlack (3m²), als Schallschutztüren 37dB (8m²), Tür-Oberlicht (1m²), Kippfenster (1m²), Drückergarnituren (6St)	11,77 m²	25.037	**2.127,18**	35,2
	6100-1623 Dachgeschosswohnung				
	• Herstellen (Kosten: 100,0%) Tür, HPL-beschichtet (1m²)	1,28 m²	415	**323,94**	3,1

KG	Kostengruppe	Menge Einheit	Kosten €	€/Einheit	%
	6100-1636 Mehrfamilienhaus (10 WE)				
	• Herstellen (Kosten: 100,0%) Holztüren, Röhrenspan, Holzumfassungszargen, Oberfläche CPL (66m²), als Schiebetür (4m²), Vollholztüren, Oberfläche HPL, R'w=27dB (13m²), R'w=37dB (6m²), T30 RS (2m²), RS (2m²), Stahltüren T30, Stahlzargen, Beschichtung (7m²)	98,98 m²	57.023	**576,11**	22,7
	6100-1713 Einfamilienhaus				
	• Wiederherstellen (Kosten: 36,4%) Türen mit Zargen schleifen, vorlackieren, beschichten (11m²), Türzarge demontieren, lagern, anpassen, wieder montieren (2m²), Tür mit Zarge ausbauen, drehen, anpassen, wieder montieren (2m²)	14,45 m²	3.304	**228,67**	12,0
	• Herstellen (Kosten: 63,6%) Schiebetür, Holz (2m²), Holztür, Zarge (4m²), Drückergarnituren (2St)	5,39 m²	5.778	**1.071,97**	21,0
	6100-1733 Mehrfamilienhaus (11 WE)				
	• Abbrechen (Kosten: 2,9%) Abbruch von Holztüren (55m²), Holzlattentüren (6m²); Entsorgung, Deponiegebühren	61,06 m²	6.102	**99,93**	0,8
	• Wiederherstellen (Kosten: 46,7%) Holztüren aufarbeiten, prüfen, gangbar machen, Schadstellen ausbessern, Schlösser tauschen, Beschichtung erneuern: zweiflüglig (25m²), einflüglig, teilweise mit Oberlicht (25m²), als Falttür, sechs Türblätter, vier Glasausschnitte (12m²), als Wohnungseingangstüren, mit Glasfüllungen (10m²), als Schiebetür, zweiflüglig (7m²), Drückergarnituren aufarbeiten (10St), erneuern (3St), Türblätter umarbeiten (7St), defekte Verglasungen erneuern (4St), Füllungen reparieren (2St), Glasfüllung durch Holzfüllung ersetzen (1St), Sockelstücke ergänzen (14St), Holzaufsatz überarbeiten (1St), Holztür originalgetreu restaurieren, mit Supraporte (4m²)	83,33 m²	98.880	**1.186,60**	12,9
	• Herstellen (Kosten: 50,4%) Holztüren, Röhrenspan, Oberfläche HPL, Holzumfassungszargen (29m²), Holz-Wohnungseingangstüren nach historischem Vorbild, mit Holzfüllungen, Holzzargen (19m²), Kassettentüren, formgepresst, Röhrenspan, Holz-Profilzargen (17m²), Blendrahmen (psch), Stahltüren T30 RS, Stahlzargen (5m²), OTS (10St), Wechsel-Türbeschläge (8St), Zimmer-/WC-Türbeschläge (31St)	69,77 m²	106.857	**1.531,56**	14,0

KG	Kostengruppe	Menge Einheit	Kosten €	€/Einheit	%
	6100-1753 Mehrfamilienhaus (8 WE)				
	• Abbrechen (Kosten: 4,9%) Abbruch von Holztüren, Zargen (22m²), Wohnungseingangstür (2m²), Holztürblatt (2m²); Entsorgung, Deponiegebühren	26,45 m²	3.925	**148,40**	1,3
	• Wiederherstellen (Kosten: 14,0%) Türblatt verlängern, Bänder erneuern (1St), Türblätter kürzen (5St), Holztürblätter überarbeiten, beidseitig Altbeschichtung anschleifen, Fehlstellen spachteln, lackieren (28m²), Holzzargen überarbeiten, anschleifen, Fehlstellen spachteln, lackieren (26St)	27,71 m²	11.203	**404,30**	3,7
	• Herstellen (Kosten: 81,1%) Holztüren, Vollspaneinlage, Oberfläche lackiert, Profilzargen (20m²), mit drei Glasfeldern (2m²), Wohnungseingangstüren, Holz, Vollspaneinlage, R'w=30-34dB, Oberfläche lackiert, Holzzargen (17m²), Türdrücker (27St), Türschwellen (7St)	38,24 m²	64.868	**1.696,34**	21,5
	6100-1760 Mehrfamilienhaus (4 WE)				
	• Wiederherstellen (Kosten: 89,9%) Historische profilierte Füllungstüren ausbessern, Holztürblätter ausrichten, Schadstellen verkitten, Beschläge erneuern, Türfutter ausbessern: Zimmertüren, stark beschädigt (405h), leicht beschädigt (398h), Wohnungseingangstüren, leicht beschädigt, OTS ergänzen, Dichtungen einfräsen (174h), Pendeltür, leicht beschädigt, Verglasung erneuern (25h), Glasleisten erneuern (46h), Glasfüllungen ersetzen (6m²), Holztüren schleifen, spachteln, neu beschichten (114m²)	113,54 m²	92.175	**811,83**	36,9
	• Herstellen (Kosten: 10,1%) Holztürelemente (9m²), als Wohnungseingangstür (2m²), Stahltüren (6m²), T30 (2m²)	19,10 m²	10.309	**539,73**	4,1
	9100-0173 Bibliothek, Lernzentrum				
	• Abbrechen (Kosten: 3,4%) Abbruch von Holztür, Stahlzarge (2m²); Entsorgung, Deponiegebühren	1,85 m²	226	**122,14**	< 0,1
	• Herstellen (Kosten: 96,6%) Holztüren, HPL-beschichtet, Stahlzargen (4m²), Stahltür T30-RS, Stahlzarge, beschichtet (2m²), Bodentürpuffer (4St)	6,29 m²	6.470	**1.028,67**	2,3

KG	Kostengruppe	Menge Einheit	Kosten €	€/Einheit	%
	9100-0213 Stadtbücherei				
	• Abbrechen (Kosten: 0,8%) Abbruch von Brandschutztür, Stahlzarge, Holztürblatt (2m²); Entsorgung, Deponiegebühren	2,15 m²	192	**89,31**	0,3
	• Wiederherstellen (Kosten: 7,1%) Obentürschließer ersetzen (1St), Türzargen überarbeiten, beschichten (3St), Einbauen von Türabsenkdichtung (1St), Stahlzargenabdichtung (1St), Türdichtung (4m), Wechselgarnitur ersetzen (2St), WC-Garnitur ersetzen (1St)	5,90 m²	1.617	**274,13**	2,3
	• Herstellen (Kosten: 92,1%) Glas-Doppelschiebetür, Fluchtwegantrieb (7m²), Holztür, Stahlzarge T30 RS, beschichtet, automatischer Drehflügelantrieb (2m²)	9,36 m²	21.081	**2.252,19**	30,5
	9100-0215 Stiftsgebäude, Gemeindesaal, Pfarrbüros				
	• Abbrechen (Kosten: 5,8%) Abbruch von Holztüren, teilweise verglast, Umfassungszargen (104m²), Stahltüren (20m²), Türanschlag in Naturstein, t=10cm (3m); Entsorgung, Deponiegebühren	124,00 m²	14.081	**113,56**	1,6
	• Herstellen (Kosten: 94,2%) Holztüren, Röhrenspaneinlage, Stahlzargen (23m²), mit Oberlicht (13m²), Ganzglastüren, Blockzargen (5m²), Blockrahmentüren, Massivholzrahmen (40m²), Brandschutztüren T30 RS (8m²), elektromechanisches Drehtürsystem (1St), Automatik-Drehtürantriebe (2St), Obentürschließer (12St), Türschließer, verdeckt (6St), externe Rauchschalterzentrale (3St), Drückergarnituren (40St), Paniktürverschlüsse (9St), Bodentürstopper (17St), Beschichtung Stahlzargen (26St), Folienbeklebungen (4St)	88,22 m²	228.009	**2.584,55**	25,1
	9700-0032 Friedhofskapelle				
	• Wiederherstellen (Kosten: 100,0%) Innentüren, Zargen überarbeiten, neu beschichten (17m²), Drückergarnitur reparieren (3h)	16,55 m²	1.535	**92,73**	3,9
	9700-0038 Kolumbarium				
	• Abbrechen (Kosten: 3,1%) Abbruch von Holztüren (17m²), Stahl-Glastüren (11m²); Entsorgung, Deponiegebühren	27,89 m²	1.116	**40,03**	0,9
	• Wiederherstellen (Kosten: 1,3%) Stahlzargen prüfen, lose Beschichtung entfernen, neu beschichten (10m²)	10,06 m²	473	**46,97**	0,4
	• Herstellen (Kosten: 95,6%) Holztüren, Röhrenspaneinlage, Oberfläche HPL, Stahlzargen (9m²), mit Schallschutzeinlage (2m²), mit Vollspaneinlage (2m²), Holztürblätter, Röhrenspaneinlage, Oberfläche HPL (6m²), Stahltüren T30 RS, pulverbeschichtet, Stahlzargen (5m²), Ganzglastürblatt (2m²), Stahlgittertür, Flachstahlrahmen 60x12mm, horizontale Füllstäbe 60x4mm, Kastenschloss (2m²)	29,64 m²	34.378	**1.159,84**	26,4

KG	Kostengruppe	Menge Einheit	Kosten €	€/Einheit	%
345	**Innenwandbekleidungen**				
	1300-0270 Verwaltungsgebäude (75 AP)				
	• Abbrechen (Kosten: 10,7%) Abbruch von Putz (692m²), Tapeten (449m²), Strukturbeschichtungen (430m²), Glaswolldämmung (362m²), Wandfliesen (325m²), mit asbesthaltigem Kleber (15m²), GK-Vorsatzschalen (130m²), HWL-Platten (11m²); Entsorgung, Deponiegebühren	2.413,46 m²	27.575	**11,43**	4,5
	• Wiederherstellen (Kosten: 1,8%) Laibungen ertüchtigen, verrostete Abschlussschienen entfernen, angrenzende Putzbereiche abklopfen, an Bestandsputz anarbeiten, beidseitig verputzen, grundieren (4St)	–	4.641	–	0,8
	• Herstellen (Kosten: 87,5%) Kalkzementputz (1.222m²), GK-Vorsatzschalen (175m²), Grundierung, Spachtelung, zweilagige Überholungsbeschichtung (2.223m²), Dispersionsbeschichtung (1.578m²), Abdichtung, Wandfliesen (188m²), Spiegel, fliesenbündig (4m²)	3.992,14 m²	224.847	**56,32**	36,7
	1300-0289 Bürogebäude (342 AP)				
	• Abbrechen (Kosten: 1,5%) Abbruch von Wandfliesen (151m²); Entsorgung, Deponiegebühren	150,96 m²	3.478	**23,04**	0,4
	• Wiederherstellen (Kosten: 10,0%) Tapete entfernen, Wand spachteln (909m²), Wand mit F90-Platten ertüchtigen (22m²), GK-Vorsatzschale abbrechen, neue herstellen (5m²), beschädigte Wandfliesen entfernen, Untergrund reinigen, neu verfliesen (1m²), Silikonfugen erneuern (404m)	936,55 m²	23.311	**24,89**	2,7
	• Herstellen (Kosten: 88,6%) GK-Vorsatzschalen (103m²), GK-Bekleidung (97m²), F90-Abkofferungen (69m²), F90-Bekleidung (16m²), Raufasertapete (3.721m²), Glasgewebe-Tapete (197m²), Dispersionsbeschichtung (19.616m²), Wandfliesen (159m²)	19.775,08 m²	207.401	**10,49**	24,2
	1300-0301 Bürogebäude, Dachsanierung				
	• Herstellen (Kosten: 100,0%) Dispersionsbeschichtung (624m²)	623,58 m²	5.088	**8,16**	100,0
	1300-0303 Bürogebäude, TG, Brandschutzsanierung				
	• Herstellen (Kosten: 100,0%) GKF-Bekleidung, d=15mm, einseitig auf Bestandswand (35m²), Wandaufdopplung, Feuerschutzplatten, b=10cm, h bis 10cm, Bereich Abschottungen (18m), feuerbeständige Bekleidung an Brandschutzklappen, rauchgasdichte Verspachtelung (18St), Anarbeiten von Wandfliesen nach Türeneinbau (44h), Schachtwandbekleidungen, Feuerschutzplatten, Unterkonstruktion (5m²), Revisionstüren 80x80cm (3St)	–	12.198	–	5,1

KG	Kostengruppe	Menge Einheit	Kosten €	€/Einheit	%
	1300-0312 Büro (7 AP)				
	• Abbrechen (Kosten: 3,7%) Abbruch von Putz (11m²); Entsorgung, Deponiegebühren	11,00 m²	864	**78,56**	0,7
	• Herstellen (Kosten: 96,3%) MDF-Bekleidung (75m²), GKB-Platten (24m²), Faserplatten (16m²), Überholungsbeschichtung, Acrylfugen (155m²)	270,28 m²	22.675	**83,89**	18,5
	1300-0324 Gründerzentrum (20 AP)				
	• Abbrechen (Kosten: 0,8%) Abbruch von Tapete (99m²); Entsorgung, Deponiegebühren	99,00 m²	377	**3,81**	0,3
	• Herstellen (Kosten: 99,2%) GK-Vorsatzschalen (50m²), GK-Bekleidungen (36m²), Innenputz Q2 (30m²), Spachtelung, Malervlies, Dispersionsbeschichtung (747m²), Latexbeschichtung (21m²), Wandbekleidung, Linoleum (19m²), Spiegel, fliesenbündig (3m²)	790,51 m²	45.354	**57,37**	34,8
	3200-0032 Palliativstation (12 Betten)				
	• Herstellen (Kosten: 100,0%) GK-Vorsatzschalen, d=20cm, doppelt beplankt, Mineralwolldämmung, d=80mm (131m²), d=15cm, Dämmung, d=40mm (99m²), Gipsputz, Oberfläche Q3 (5m²), Vliestapeten, Dispersionsbeschichtung (1.384m²), Renovierungsbeschichtung auf Anstrich (237m²), Dispersionsbeschichtung (35m²), Abdichtung (51m²), Wandfliesen (146m²), Spiegel, fliesengleich (8m²), Fototapeten (42m²), Mustertapeten (13m²), Wandschutz HPL (22m²)	1.888,42 m²	110.433	**58,48**	21,0
	4200-0037 Fachakademie, Berufsfachschule (200 Schüler)				
	• Abbrechen (Kosten: 20,2%) Abbruch von Innenputz, d=30mm (2.100m²), in Laibungen (188m), Tapeten (212m²), Fliesen (166m²), Wandbekleidungen wie Fliesen, Styropor, Putz (139m²); Entsorgung, Deponiegebühren	2.617,00 m²	69.192	**26,44**	6,9
	• Wiederherstellen (Kosten: 0,6%) Putze ausbessern, grundieren, Silikatbeschichtung (211m²), Natursteinmauerwerk, Bruchsteinmauerwerk reinigen, Risse schließen, grundieren (16m²)	226,72 m²	2.177	**9,60**	0,2
	• Herstellen (Kosten: 79,1%) Spritzbewurf aus Sulfat-Haftgrund, Kalkgrundputz, Kalkfeinputz, armiert (2.633m²), Glasgewebe einkleben (208m²), an Treppenstufen (179m), GK-Vorsatzschale, doppelt beplankt (99m²), Brandschutzputz (11m²), Dispersionsbeschichtung (2.202m²), auf Laibungen (36m²), Wandfliesen (53m²), Kristallspiegel (12m²)	2.303,46 m²	270.410	**117,39**	26,9

KG	Kostengruppe	Menge Einheit	Kosten €	€/Einheit	%
	6100-1493 Dachgeschoss (2 WE)				
	• Abbrechen (Kosten: 4,4%) Abbruch von Wandfliesen (9m²); Entsorgung, Deponiegebühren	9,30 m²	1.088	**116,94**	2,1
	• Herstellen (Kosten: 95,6%) GK-Vorsatzschalen, UK (59m²), Grundierung, Raufaser, Beschichtung (177m²), Abdichtung, Wandfliesen 30x60cm (18m²)	195,21 m²	23.676	**121,28**	45,5
	6100-1536 Mehrfamilienhaus (12 WE)				
	• Wiederherstellen (Kosten: 13,7%) Gewebespachtelung auf Wandoberflächen, malerfertig gefilzt (12m²)	11,83 m²	852	**71,98**	3,7
	• Herstellen (Kosten: 86,3%) Mineralwolldämmung WLG 035, d=40mm, an Wandflächen, 50cm ab UK Decke (56m²), Türlaibungen verputzt (psch)	56,11 m²	5.343	**95,22**	23,3
	6100-1545 Einfamilienhaus				
	• Abbrechen (Kosten: 9,3%) Abbruch von GK-Vorsatzschalen (10m²), Wandfliesen (15m²), Innenputz (44m²), Tapeten (98m²), Holzbekleidung (6m²); Entsorgung, Deponiegebühren	173,65 m²	2.711	**15,61**	4,1
	• Herstellen (Kosten: 90,7%) Gipsputz (91m²), Grundierung, Spachtelung mit Vlieseinbettung Q3, Beschichtung (457m²), in Laibungen, d=12cm (45m), GK-Vorsatzschale (9m²), Abdichtung, Wandfliesen (19m²)	476,00 m²	26.487	**55,65**	39,9
	6100-1599 Zweifamilienhaus				
	• Abbrechen (Kosten: 1,0%) Abbruch von Fliesen (5m²); Entsorgung, Deponiegebühren	5,00 m²	197	**39,44**	0,8
	• Wiederherstellen (Kosten: 10,2%) Putz ausbessern (psch)	228,51 m²	1.941	**8,50**	7,8
	• Herstellen (Kosten: 88,8%) Trockenputz (psch), Beschichtung (209m²), GK-Vorsatzschalen (19m²), GK-Verkofferungen (5m), F90 (8m), Revisionsklappen (4St), Abdichtung, Wandfliesen (20m²)	228,51 m²	16.914	**74,02**	68,2

KG	Kostengruppe	Menge Einheit	Kosten €	€/Einheit	%
	6100-1609 Dachgeschosswohnung, Turmzimmer				
	• Abbrechen (Kosten: 6,7%) Abbruch von GK-Vorsatzschalen (psch); Entsorgung, Deponiegebühren	–	2.100	–	3,0
	• Herstellen (Kosten: 93,3%) Innenputz (86m²), Schornsteintiefenimprägnierung (1St), Abdichtung (17m²), Wandfliesen (26m²), GK-Vorsatzschalen, d=12,5cm, doppelt beplankt, Dämmung, d=40mm (55m²), GK-Verkofferungen, zwei-dreiseitig, doppelt beplankt, Dämmung, d=40mm (18m), Dispersionsbeschichtung (139m²)	165,56 m²	29.296	**176,95**	41,2
	6100-1623 Dachgeschosswohnung				
	• Herstellen (Kosten: 100,0%) GK-Bekleidung (15m²), Beschichtung (95m²), Abdichtung, Wandfliesen 60x30cm (12m²)	106,13 m²	8.207	**77,33**	62,2
	6100-1636 Mehrfamilienhaus (10 WE)				
	• Abbrechen (Kosten: 0,8%) Abbruch von Beschichtung (14h); Entsorgung, Deponiegebühren	–	923	–	0,4
	• Wiederherstellen (Kosten: 30,5%) Putzflächen überarbeiten, Fehlstellen ausbessern, Risse aufschneiden, armieren (135h), Wandflächen spachteln (624m²), neu beschichten (726m²)	725,65 m²	34.025	**46,89**	13,5
	• Herstellen (Kosten: 68,7%) Gipsputz (192m²), Kalkzementputz (141m²), GK-Vorsatzschalen (214m²), als Schachtwand, Rw=36dB (34m²), Trägerbekleidung F90 (22m²), Mineralschaumdämmung WLG 040, d=100mm, Armierung, Kalk-Zementputz (14m²), Holzwolle-Mehrschichtdämmung WLG 040, d=100mm (9m²), Beschichtung (550m²), Abdichtung, Wandfliesen (126m²), Abschlussprofile, Edelstahl (34m), EPS-Dämmung WLG 035, d=100mm (23m²)	699,56 m²	76.542	**109,41**	30,4
	6100-1713 Einfamilienhaus				
	• Abbrechen (Kosten: 8,8%) Abbruch von Wandfliesen (20m²); Entsorgung, Deponiegebühren	20,22 m²	1.153	**57,00**	4,2
	• Herstellen (Kosten: 91,2%) GK-Vorsatzschalen, d=11,5-15cm (14m²), GK-Wand als Aufdopplung zur Schallschutzverbesserung, d=11,5cm (15m²), GK-Verkofferung für Schiebetür (1St), Spachtelung (32m²), Malervlies (14m²), Dispersionsbeschichtung (195m²), Vliestapete (3m²), Wandfliesen (16m²)	214,17 m²	11.930	**55,70**	43,3

KG	Kostengruppe	Menge Einheit	Kosten €	€/Einheit	%
	6100-1733 Mehrfamilienhaus (11 WE)				
	• Abbrechen (Kosten: 6,8%) Abbruch von Leimfarbbeschichtung (840m²), Wandputz (576m²), Laibungsputz (47m), Tapete (250m²), GK-Bekleidung, Unterkonstruktion (25m²), GK-Verkofferung, b=25cm (16m²), Wandfliesen (11m²), Holzbekleidung (2m²); Entsorgung, Deponiegebühren	1.720,14 m²	22.685	**13,19**	3,0
	• Wiederherstellen (Kosten: 5,9%) Historische Wandbekleidung zerlegen, schadhafte Bauteile profilgleich erneuern (35m²), vier Füllleisten ergänzen, 22 Schwundrisse ausleimen, Holzschäden reparieren, 15 Zierkappen ergänzen (35m²)	70,46 m²	19.833	**281,47**	2,6
	• Herstellen (Kosten: 87,3%) Armierungsgewebe (88m²), Kalk-Zementputz (1.079m²), auf Kleinflächen (48St), in Laibungen (32m), Kalk-Zement-Pinselputz (38m²), in Laibungen (111m), Installationsschlitze schließen (377m), GK-Vorsatzschalen (260m²), seitlicher Abschluss (122m), Spachtelung Q3 (3.016m²), in Laibungen (40m), Malervlies (61m²), Dispersionsbeschichtung (2.633m²), in Laibungen (50m), Silikatbeschichtung (505m²), in Laibungen (36m), Abdichtung, Wandfliesen 30x60cm (194m²)	3.331,84 m²	292.374	**87,75**	38,2
	6100-1753 Mehrfamilienhaus (8 WE)				
	• Abbrechen (Kosten: 16,3%) Abbruch von Tapete (639m²), Wandfliesen (45m²); Entsorgung, Deponiegebühren	684,72 m²	27.182	**39,70**	9,0
	• Wiederherstellen (Kosten: 20,8%) Risse schließen, losen Putz abschlagen, ergänzen (146h), Gipsputz ausbessern (148m²), Wandflächen reinigen, lose Farbteile entfernen, Fehlstellen ausbessern (635m²), Flecken überarbeiten (49h)	635,26 m²	34.707	**54,63**	11,5
	• Herstellen (Kosten: 62,8%) Gipsputz (69m²), Installationsschlitze schließen (235m), Spachtelung Q3 (707m²), GK-Vorsatzschalen (71m²), GK-Bekleidungen (22m²), Dispersionsbeschichtung (950m²), Zierprofile (12m), Abdichtung, Wandfliesen (73m²), GK-Verkofferung (3m²), GK-Nische (1St), Tapete (16h)	1.023,22 m²	104.620	**102,25**	34,8
	6100-1760 Mehrfamilienhaus (4 WE)				
	• Abbrechen (Kosten: 5,7%) Abbruch von Tapeten (364m²), Innenputz (169m²), Wandfliesen (18m²); Entsorgung, Deponiegebühren	381,50 m²	4.831	**12,66**	1,9
	• Wiederherstellen (Kosten: 2,2%) Losen Putz abschlagen, Kalkschlämme aufbringen (83m²)	83,27 m²	1.853	**22,25**	0,7
	• Herstellen (Kosten: 92,1%) Kalkputz (241m²), Holz-UK, Dampfsperre, Zellulose-Einblasdämmung WLG 040, d=100mm (14m²), GK-Bekleidung (101m²), GK-Vorsatzschalen (68m²), Schlitze schließen (168m), Silikatbeschichtung (1.057m²), Abdichtung, Wandfliesen (72m²)	1.128,96 m²	78.447	**69,49**	31,4

KG	Kostengruppe	Menge Einheit	Kosten €	€/Einheit	%
	7200-0096 Geschäftshaus, Foyer				
	• Herstellen (Kosten: 100,0%) Dispersionsbeschichtung (116m²), getönt (257m²), GK-Verkofferung, Q3 (5m), Säulenfüße lackieren, h=30cm, D=66cm (1m²), GK-Beplankung, Q3 (8m²)	373,86 m²	10.578	**28,29**	89,0
	9100-0173 Bibliothek, Lernzentrum				
	• Abbrechen (Kosten: 2,1%) Abbruch von Holzbekleidung (16m²); Entsorgung, Deponiegebühren	16,00 m²	753	**47,08**	0,3
	• Wiederherstellen (Kosten: 8,1%) Wandflächen aus Beton oder Gipsputz abbürsten, abkehren, lose Stellen entfernen, grundieren, spachteln, schleifen (142m²)	141,55 m²	2.932	**20,72**	1,0
	• Herstellen (Kosten: 89,8%) Gipsputz (250m²), Innenputz, mehrlagig (25m²), GK-Vorsatzschalen, d=10cm, doppelt beplankt, einseitig, Q3 (81m²), d=7,5cm, dreiseitig (16m²), dreiseitig beplankt, OSB, d=12mm, GK, d=12,5mm (22m²), GK-Schacht 30x40cm, zweiseitig doppelt beplankt (4m²), GK-Bekleidung, zweilagig, einseitig (18m²), GK-Abkofferung (13m²), Dispersions-Silikatbeschichtung (441m²)	441,03 m²	32.369	**73,39**	11,4
	9100-0213 Stadtbücherei				
	• Wiederherstellen (Kosten: 14,1%) Glasfasertapete prüfen, säubern, Dispersionsbeschichtung (145m²)	144,98 m²	1.615	**11,14**	2,3
	• Herstellen (Kosten: 85,9%) Vorh. Glasfasertapete spachteln, Q3 (113m²), an Stützen (10St), Dispersionsbeschichtung (138m²)	137,58 m²	9.809	**71,30**	14,2

KG	Kostengruppe	Menge Einheit	Kosten €	€/Einheit	%
	9100-0215 Stiftsgebäude, Gemeindesaal, Pfarrbüros				
	• Abbrechen (Kosten: 11,2%) Abbruch von Tapeten (337m²), Putz (145m²), in Laibungen, t bis 105cm (69m²), Dispersionsbeschichtung (500m²), Mineralwolldämmung (79kg), Wandfliesen (65m²), GK-Vorsatzschalen, d=12mm (95m²), mit Holz-Unterkonstruktion (47m²); Entsorgung, Deponiegebühren	1.258,29 m²	29.503	**23,45**	3,3
	• Wiederherstellen (Kosten: 8,7%) Altputze entfernen, Schadstellen spachteln, Sanierputz, Malervlies, Dispersionsbeschichtung (126m²), nichttragende Beschichtungen entfernen, Haftputz, Putzträgerplatten, Sanierputz Q2 (49m²), Unebenheiten spachteln, Eckschutzschienen, Gipsputz, t=5mm, Q2 (50m²)	224,91 m²	22.830	**101,51**	2,5
	• Herstellen (Kosten: 80,2%) Grundierung, Kalk-Gipsputz, armiert, Q3 (324m²), an Laibungen (64m), GK-Vorsatzschalen (145m²), mit OSB verstärkt (24m²), mit Feuerschutzplatten (18m²), Wandanschlüsse (46m), Nische 1,71x0,80m, t=23cm (1St), GK-Verkofferungen, Abwicklung 50cm (18m), Malervlies (922m²), Dispersionsbeschichtung (1.990m²), in Laibungen, t<80cm (250m), Abdichtung, Wandfliesen 30x60cm (16m²)	2.005,16 m²	211.466	**105,46**	23,3
	9700-0032 Friedhofskapelle				
	• Abbrechen (Kosten: 22,8%) Abbruch von Wandbeschichtungen, Abbeizen in Handarbeit (55m²); Entsorgung, Deponiegebühren	55,00 m²	8.741	**158,92**	21,9
	• Wiederherstellen (Kosten: 74,5%) Putz, Stuck in Teilbereichen ausbessern, rekonstruieren, beschichten (137m²), historisch bemaltes Bogenfeld in Handarbeit restaurieren, deckende Übermalungen entfernen, Schlitze schließen, farbiges Angleichen der Fehlstellen, Anarbeiten an Umgebung, konservieren (6m²/110h), Holzprofile, b=30cm denkmalgerecht aufarbeiten, beschichten (7m²), Bogenflächen, Fenstereinfassungen restauratorisch aufarbeiten, beschichten (15m²), Fenstereinfassungen, b=45cm (14m²), Stuck an Gurtgesimsen vervollständigen (2St), an Sockelgesims (1St)	178,99 m²	28.521	**159,35**	71,6
	• Herstellen (Kosten: 2,7%) Malervlies (55m²), Silikatbeschichtung (82m²)	82,08 m²	1.028	**12,53**	2,6

KG	Kostengruppe	Menge Einheit	Kosten €	€/Einheit	%
	9700-0038 Kolumbarium				
	• Abbrechen (Kosten: 1,6%) Abbruch von Beschichtung (16m²), Wandfliesen (8m²); Entsorgung, Deponiegebühren	23,80 m²	541	**22,72**	0,4
	• Wiederherstellen (Kosten: 18,7%) Putzflächen prüfen, Schadstellen markieren, Fehlstellen ausbessern (181m²), schalldurchlässige Beschichtung reinigen, lose Partikel entfernen, neu beschichten (24m²)	204,18 m²	6.208	**30,40**	4,8
	• Herstellen (Kosten: 79,6%) Zement-Ausgleichsputz (62m²), Zementputz (168m²), Kalkzementputz, Gewebeeinlage (33m²), GK-Vorsatzschalen (12m²), KS-Vormauerungen, d=11,5cm (2m²), Silikatbeschichtung (456m²), Wandfliesen (14m²), Spiegel, fliesengleich (1m²)	470,80 m²	26.388	**56,05**	20,3
346	**Elementierte Innenwandkonstruktionen**				
	1300-0270 Verwaltungsgebäude (75 AP)				
	• Abbrechen (Kosten: 2,4%) Abbruch von WC-Trennwandanlagen, Holzwerkstoffplatten (64m²); Entsorgung, Deponiegebühren	63,78 m²	362	**5,67**	< 0,1
	• Herstellen (Kosten: 97,6%) WC-Trennwandanlagen, melaminharzbeschichtete Spanplatten, Frontwand mit Türen, Seiten- und Innenwand (53m²)	52,95 m²	14.845	**280,35**	2,4
	1300-0312 Büro (7 AP)				
	• Herstellen (Kosten: 100,0%) Stahl-Glaselemente, Sprossenrahmen aus Flach- und Vierkantstahl, ESG: Trennwandelemente, zwölfteilig, Schallschutzfolie (21m²), Türelemente, Flügel dreiteilig, Schallschutzfolie, absenkbare Bodendichtung (8m²)	39,77 m²	92.459	**2.324,85**	75,4
	1300-0324 Gründerzentrum (20 AP)				
	• Herstellen (Kosten: 100,0%) Sanitärtrennwände, Vollspanplatten, Oberfläche HPL, Vorderwände mit Tür (11m²), mit Seitenwand (5m²), Urinal-Sichtschutztrennwand (1m²)	17,19 m²	4.300	**250,14**	3,3
	3200-0032 Palliativstation (12 Betten)				
	• Herstellen (Kosten: 100,0%) Alu-Glastrennwand, VSG, gebogen, geschlossene Brüstung, Festverglasungen, einflüglige Tür (23m²)	22,95 m²	22.098	**962,89**	4,2

KG	Kostengruppe	Menge Einheit	Kosten €	€/Einheit	%
	4200-0037 Fachakademie, Berufsfachschule (200 Schüler)				
	• Herstellen (Kosten: 100,0%)	138,78 m²	111.732	**805,10**	11,1
	Systemtrennwände 5,80x3,03m, festverglaste Elemente, Türelement mit Oberlicht (70m²), WC-Trennwandanlagen, Oberfläche HPL, h=2,10m, 11 Türe (47m²), Schamwände (2St), mobile Trennwand, sechs Elemente 6,57x3,20m, elektrische Bedienung, Stahlrahmen, Oberfläche HPL (21m²)				
	6100-1636 Mehrfamilienhaus (10 WE)				
	• Herstellen (Kosten: 100,0%)	74,98 m²	5.756	**76,77**	2,3
	Keller-Systemtrennwände, Holzprofile an verzinkten Winkeleisen, Systemhöhe 2,20m, zehn Türen, zehn Oberlichter (75m²)				
	6100-1733 Mehrfamilienhaus (11 WE)				
	• Abbrechen (Kosten: 0,7%)	6,00 m²	125	**20,82**	< 0,1
	Abbruch von WC-Trennwänden, zwei Türen (6m²); Entsorgung, Deponiegebühren				
	• Herstellen (Kosten: 99,3%)	79,69 m²	16.712	**209,71**	2,2
	Kellertrennwände, neun Türen (67m²), Glaswände, eine Tür (13m²)				
	6100-1760 Mehrfamilienhaus (4 WE)				
	• Herstellen (Kosten: 100,0%)	23,44 m²	2.035	**86,81**	0,8
	Kellertrennwände, Lagermaterial (23m²)				
	9100-0173 Bibliothek, Lernzentrum				
	• Abbrechen (Kosten: 2,8%)	23,06 m²	4.736	**205,40**	1,7
	Abbruch von Metall-Glaselement mit Schiebetür (23m²); Entsorgung, Deponiegebühren				
	• Herstellen (Kosten: 97,2%)	63,55 m²	163.461	**2.572,17**	57,6
	Alu-Pfosten-Riegel-Fassaden, ein- bis sechsteilig, Festverglasungen, Oberlichter Blindpaneel, zwei Eckpaneel, eine Alu-Rahmentür (53m²), Unterkonstruktion Innenfassade, Stahl-Hohlprofile 100x100x6,3mm (49m), Alu-Rahmentür T30-RS, zweiflüglig, Feststellanlage, OTS, Rauchmelder (7m²), Festverglasung F90 (3m²), Sichtschutzfolie (7m²)				
	9100-0213 Stadtbücherei				
	• Wiederherstellen (Kosten: 100,0%)	25,75 m²	25.149	**976,67**	36,4
	Schlupftürelement in mobiler Trennwand austauschen, 1,21x3,00m (1St), Laufwägen demontieren, entsorgen, neue Laufwägen einbauen (7St)				

KG	Kostengruppe	Menge Einheit	Kosten €	€/Einheit	%
	9100-0215 Stiftsgebäude, Gemeindesaal, Pfarrbüros				
	• Abbrechen (Kosten: 4,0%) Abbruch von Sanitärtrennwänden (18m²); Entsorgung, Deponiegebühren	17,83 m²	536	**30,09**	< 0,1
	• Herstellen (Kosten: 96,0%) WC-Sanitärtrennwände, fünf Kabinen, h=2,30-2,50m (22m²)	22,25 m²	12.743	**572,73**	1,4
347	**Lichtschutz zur KG 340**				
	9100-0213 Stadtbücherei				
	• Herstellen (Kosten: 100,0%) Kettenzugrollo, Textilscreen, Seilverspannung, 2,03x2,99m (1St), 2,15x2,99m (1St)	12,50 m²	2.691	**215,25**	3,9
349	**Sonstiges zur KG 340**				
	3200-0032 Palliativstation (12 Betten)				
	• Herstellen (Kosten: 100,0%) Edelstahl-Handlaufsystem, gebogene Enden (31m), Handlaufstützen (47St)	1.113,27 m² IWF	11.778	**10,58**	2,2
	4200-0037 Fachakademie, Berufsfachschule (200 Schüler)				
	• Abbrechen (Kosten: 2,3%) Abbruch von Handläufen (58m); Entsorgung, Deponiegebühren	2.044,92 m² IWF	577	**0,28**	< 0,1
	• Herstellen (Kosten: 97,7%) Holz-Handlauf, Wandmontage (86m)	1.432,10 m² IWF	24.704	**17,25**	2,5
	6100-1545 Einfamilienhaus				
	• Herstellen (Kosten: 100,0%) Handlauf (6m)	265,15 m² IWF	369	**1,39**	0,6
	9100-0215 Stiftsgebäude, Gemeindesaal, Pfarrbüros				
	• Abbrechen (Kosten: 16,0%) Abbruch von Handläufen (128m); Entsorgung, Deponiegebühren	2.203,95 m² IWF	1.786	**0,81**	0,2
	• Herstellen (Kosten: 84,0%) Treppenhandlauf, Eiche (22m), Brüstungsabdeckungen 90x20x3cm, Naturstein (8St)	1.113,05 m² IWF	9.357	**8,41**	1,0
	9700-0038 Kolumbarium				
	• Herstellen (Kosten: 100,0%) Treppenhandläufe, Flachstahl 40x6mm, Beschichtung (12m)	265,04 m² IWF	8.823	**33,29**	6,8

KG	Kostengruppe	Menge Einheit	Kosten €	€/Einheit	%
	6100-1733 Mehrfamilienhaus (11 WE)				
	• Abbrechen (Kosten: 10,9%)	154,17 m²	15.081	**97,82**	1,5
	Aufnehmen und Lagern von Dielung, Schüttung, Fehlböden (64m²), Abbruch von Dielung, Schüttung, Fehlböden (60m²), Ziegel-Kappendecke (22m²), Balkon (6m²), Stahlträgern (14m), Holztreppe (2m²); Entsorgung, Deponiegebühren				
	• Wiederherstellen (Kosten: 41,0%)	–	56.538	–	5,7
	Stahlträger entrosten, Korrosionsschutz aufbringen (20m), Deckenbalken verstärken mit U180 (41m), mit U140 (19m), Fehlstellen in Dielung ergänzen (29m²), Schwammsanierung Holzbalkendecke: Dielenboden absaugen, aufnehmen, Schüttung entfernen (22m²), anhaftendes Myzel entfernen (15m²), geschädigte Holzbalken gesund schneiden, ersetzen (29m), Schnittflächen chemisch schützen (2m²), Balkenköpfe anschuhen, luftumspülte Auflager herstellen (11St), neue Schüttung einbauen, Blindboden verlegen (25m²)				
	• Herstellen (Kosten: 48,1%)	–	66.372	–	6,7
	Holzbalkendecke, KVH (4m³), OSB-Schalung (68m²), Schüttung, Lagermaterial (64m²), Fehlböden, Dielen (123m²), Ziegel-Einhangdecke, d=18cm, Aufbeton C25/30, d=3cm (22m²), Stb-Decke C25/30, d=20cm, Schalung, Bewehrung (3m²), Stahlunterzüge HEB120-160, l=1,50-2,43m (25St), IPE180-240, l=2,70-3,66m (6St), Holzunterzug 14x20cm, l=4,5m (1St)				
	6100-1753 Mehrfamilienhaus (8 WE)				
	• Wiederherstellen (Kosten: 39,0%)	–	8.919	–	3,2
	Span-/OSB-Platten nachschrauben (181m²), schadhafte Holzdielen/OSB-Platten ausbauen, OSB-Schalung einbauen, d=12-22mm (47h)				
	• Herstellen (Kosten: 61,0%)	–	13.941	–	5,0
	Deckendurchbrüche, Holzbalkendecken, Brandschutzauskleidung (16St), Deckendurchbrüche ausbetonieren, Schalung (58h)				
	6100-1760 Mehrfamilienhaus (4 WE)				
	• Abbrechen (Kosten: 2,8%)	35,67 m²	1.660	**46,52**	0,8
	Abbruch von Dielung (36m²); Entsorgung, Deponiegebühren				
	• Wiederherstellen (Kosten: 31,8%)	147,23 m²	18.821	**127,84**	9,3
	Stahlsteindecke aufbetonieren, Beton D25/30, d=10cm, Bewehrung (28m²), Dielung nachschrauben (108m²), Holzbalkendecke freilegen, b=25cm, Schüttung aufnehmen, Dämmung einbringen, Holzbalkendecke schließen (11m²), Stahlträger entrosten, Korrosionsschutz aufbringen (7m)				
	• Herstellen (Kosten: 65,4%)	79,52 m²	38.657	**486,13**	19,1
	OSB-Schalung (41m²), Balkone: Stahlträger HEA120 (75m), zementgebundene Flachpressplatten, d=30mm (32m²), Podest: Stahlträger HEA120 (15m), Gitterrost (5m²), Stahl-Wangentreppe, acht Gitterroststufen, Laufbreite 1,00m (2m²)				

KG	Kostengruppe	Menge Einheit	Kosten €	€/Einheit	%
	9100-0215 Stiftsgebäude, Gemeindesaal, Pfarrbüros				
	• Abbrechen (Kosten: 15,6%) Abbruch von Holzbalken 10-14x10cm (161m), Mineralwolldämmung (196m²), Treppenstufenüberstand, d=3,5cm, abschneiden (14m); Entsorgung, Deponiegebühren	196,21 m²	11.880	**60,55**	1,6
	• Wiederherstellen (Kosten: 10,3%) Deckenbalken reparieren, auswechseln, Rauspundschalung erneuern, Balkenköpfe reparieren (40m²)	39,72 m²	7.828	**197,08**	1,0
	• Herstellen (Kosten: 74,2%) Fachwerkträger HEA120, l=9,80m (2St), l=17,20m (1St), l=1,40-1,70m (11St), HEA160, l=6,00m (2St), Treppenkonstruktion (psch), Deckendurchbrüche 30x30x20cm schließen (45St)	153,29 m²	56.638	**369,48**	7,6
	9700-0032 Friedhofskapelle				
	• Herstellen (Kosten: 100,0%) Wechsel, Rahmenverbreiterung für Bodentreppe (1m²)	0,96 m²	947	**986,16**	22,3
	9700-0038 Kolumbarium				
	• Abbrechen (Kosten: 21,7%) Abbruch von Hohlkörperdecke, d=27cm, Estrich, d=8cm, Trennschnitte, Kernbohrungen (15m²); Entsorgung, Deponiegebühren	14,74 m²	5.937	**402,80**	7,7
	• Herstellen (Kosten: 78,3%) Stb-Treppe C25/30, d=18cm, oberseitig SB3, Laufbreite 110cm, 18 Steigungen, Zwischenpodest, Schalung, Bewehrung (7m²), Stb-Decke C25/30, d=18cm (3m²), Stb-Unterzug C25/30, 17,5x17,5cm, l=5,10m (1St), Holzbalkendecke, KVH 8x20cm, OSB-Schalung (2m²)	12,59 m²	21.480	**1.706,10**	27,9
352	**Deckenöffnungen**				
	6100-1545 Einfamilienhaus				
	• Herstellen (Kosten: 100,0%) Bodentreppe 0,73x1,00m, dreiteilig, als Auszugstreppe (1St)	0,73 m²	1.635	**2.239,73**	2,0
	9700-0032 Friedhofskapelle				
	• Herstellen (Kosten: 100,0%) Bodentreppe (1m²)	0,96 m²	1.994	**2.077,03**	47,0

KG	Kostengruppe	Menge Einheit	Kosten €	€/Einheit	%
353	**Deckenbeläge**				
	1300-0270 Verwaltungsgebäude (75 AP)				
	• Abbrechen (Kosten: 4,8%) Abbruch von Teppichboden (1.449m²), Linoleum (151m²), PVC-Bodenbelag (145m²), Bodenfliesen, Estrich (115m²), Laminat (21m²), Bodenfliesen (19m²); Entsorgung, Deponiegebühren	1.899,43 m²	18.692	**9,84**	3,7
	• Herstellen (Kosten: 95,2%) Abdichtung, Ausgleichsmörtel, d=25-35mm (212m²), Kunstharzestrich, d=35mm (128m²), Schnellzementestrich, d=55mm (100m²), Ausgleichsspachtelung, d=5mm, TSD WLG 045, d=20mm, PE-Folie, Schnellzementestrich, d=45mm (70m²), Grundierung, Spachtelung, fünflagige Isolierfolie (1.531m²), Nadelvliesboden (1.304m²), Linoleum (411m²), Teppichboden (206m²), MDF-Sockelleisten (1.563m), Ausgleich, d=5mm, Abdichtung, Bodenfliesen (100m²), Sockelfliesen (75m), Sauberlaufmatte, Rauhaarrips (3m²)	2.023,82 m²	372.970	**184,29**	73,4
	1300-0289 Bürogebäude (342 AP)				
	• Abbrechen (Kosten: 13,6%) Abbruch von Teppichboden (8.091m²), PVC-Belag (97m²), Bodenfliesen (45m²); Entsorgung, Deponiegebühren	8.233,60 m²	92.868	**11,28**	6,5
	• Wiederherstellen (Kosten: 3,1%) Parkett schleifen, grundieren, zweimal mit Acryllack versiegeln (210m²), Viertelstäbe demontieren, lagern, wieder montieren (41m), Parkettstäbe austauschen (3St), Sockelleisten austauschen (7m), Estrichrisse schließen (20St), brüchige Estrichflächen erneuern (45St), Abplatzungen und Vertiefungen in Spachtelmasse reparieren (500m²), beschädigte Bodenfliesen entfernen, Untergrund reinigen, neu verfliesen (1m²)	711,23 m²	21.123	**29,70**	1,5
	• Herstellen (Kosten: 83,3%) Ausgleichsmasse (8.149m²), Teppichfliesen 50x50cm (7.820m²), Linoleum (500m²), Teppichboden (280m²), ESD-Kautschukbelag (36m²), Sockelleisten (7.955m), Abdichtung (49m²), Bodenfliesen (66m²), Sockelfliesen (46m)	8.702,43 m²	569.850	**65,48**	39,7
	1300-0303 Bürogebäude, TG, Brandschutzsanierung				
	• Herstellen (Kosten: 100,0%) Anarbeiten von Bodenfliesen nach Türeneinbau (6h)	–	467	**–**	2,6
	1300-0312 Büro (7 AP)				
	• Herstellen (Kosten: 100,0%) Haftgrundierung, Teppichboden (228m²), Einfassprofile (39m), Übergangsprofile (6St)	228,00 m²	15.552	**68,21**	79,1

KG	Kostengruppe	Menge Einheit	Kosten €	€/Einheit	%
	1300-0324 Gründerzentrum (20 AP)				
	• Abbrechen (Kosten: 2,6%) Abbruch von Ausgleichsmasse, d=3cm (101m²); Entsorgung, Deponiegebühren	101,34 m²	1.264	**12,47**	1,2
	• Herstellen (Kosten: 97,4%) Ausgleichsmasse, d bis 10cm (223m²), Risse verharzen, vernadeln (70m), Zementestrich, TSD 30mm (50m²), Spachtelung (376m²), Teppichfliesen (190m²), Linoleum (189m²), Sockelleisten, Holz (293m), Sauberlaufmatte, Rauhaarrips (2m²)	381,16 m²	47.164	**123,74**	44,3
	4200-0037 Fachakademie, Berufsfachschule (200 Schüler)				
	• Abbrechen (Kosten: 16,4%) Abbruch von OSB-Platten mit PVC-Belägen (819m²), OSB mit Nadelvlies (388m²), OSB-Schalung (99m²), Schüttung, d=10cm (844m²), Schalungsbretter, d=30mm (876m²), PVC-Belag (58m²), Nadelvlies (30m²), Bodenfliesen (136m²), Sockelfliesen (128m); Entsorgung, Deponiegebühren	1.531,65 m²	66.244	**43,25**	4,2
	• Wiederherstellen (Kosten: 7,1%) Bodenschalung mit neuen Schalbrettern ergänzen (67m²), einebnen mit faserverstärkter Ausgleichsmasse (147m²), Risse in Estrich verfüllen (12m²), Granittreppen sandstrahlen (109m²), Unterböden angleichen (44m²)	378,68 m²	28.651	**75,66**	1,8
	• Herstellen (Kosten: 76,5%) Grundierung, Trockenestrich, d=35mm, GF-Platten (1.050m²), Mineralwolldämmung WLG 032, d=120mm (476m²), OSB-Platten, d=21mm, b=84-165cm (156m²), PVC-Designböden (1.203m²), Teppichböden (61m²), Bodenfliesen (43m²), Holzsockel (475m), Installationssockel (206m), Teppichsockel (12m), Eingangsmatte 1,80x1,50m (1St), Laufsteg, Holzunterkonstruktion, OSB-Platten (62m²)	1.369,06 m²	308.970	**225,68**	19,5
	6100-1493 Dachgeschoss (2 WE)				
	• Abbrechen (Kosten: 17,0%) Abbruch von Spanplatten, EPS-Dämmung trennen (45m²), Bodenfliesen (98m²); Entsorgung, Deponiegebühren	143,85 m²	5.283	**36,73**	14,3
	• Herstellen (Kosten: 83,0%) OSB-Platten, d=21mm (90m²), Spachtelung, Grundierung (98m²), TSD, Laminat-Beläge (180m²), Holzsockel (154m), Bodenfliesen (9m²)	189,32 m²	25.875	**136,67**	70,2
	6100-1536 Mehrfamilienhaus (12 WE)				
	• Abbrechen (Kosten: 38,5%) Abbruch von Betonplatten 50x50cm (91m²); Entsorgung, Deponiegebühren	90,61 m²	2.231	**24,62**	4,2
	• Wiederherstellen (Kosten: 61,5%) Anarbeiten Estrich an Terrassentüren, d=60mm (13m)	–	3.567	–	6,7

KG	Kostengruppe	Menge Einheit	Kosten €	€/Einheit	%
	6100-1545 Einfamilienhaus				
	• Abbrechen (Kosten: 20,1%) Abbruch von Dielenbelägen (108m²), Schüttung, d=4cm (172m²), Dielenböden mit Lagerhölzern, Schlackeschüttung (41m²), Bodenfliesen (24m²), Teppichböden (5h), Schutzbelägen (188m²); Entsorgung, Deponiegebühren, Aufnehmen und lagern von Parkettbelag (41m²), Holzsockeln (84m)	386,23 m²	10.821	**28,02**	13,1
	• Wiederherstellen (Kosten: 17,1%) Bestandsparkett schleifen, ölen (141m²), Natursteinbelag instandsetzen, kaputte Platten ersetzen, neu verfugen (12m²), Treppenlauf inkl. Wangen aufarbeiten, Lackschichten entfernen, ölen (3m²)	155,41 m²	9.198	**59,18**	11,2
	• Herstellen (Kosten: 62,7%) Unterkonstruktion, KVH 6x12cm (57m), OSB-Beläge, d=25mm, Beschichtung (107m²), d=18mm, als Unterboden (97m²), zwischen Sparren (21m²), Trockenestrich, d=33mm, Abdichtung (17m²), Ausgleichsestrich (11m²), Holzparkett, Fischgrätmuster neu verlegen (34m²), Holzsockel (156m), Abdichtung, Bodenfliesen (29m²), Fliesensockel (20m)	169,94 m²	33.699	**198,30**	40,9
	6100-1599 Zweifamilienhaus				
	• Abbrechen (Kosten: 10,5%) Abbruch von Estrich (7m²), PVC-Fliesen (psch); Entsorgung, Deponiegebühren	–	1.216	–	5,7
	• Wiederherstellen (Kosten: 63,2%) Holzdielen schleifen, Fehlstellen ausbessern, versiegeln (123m²), schadhafte Holzdielen ersetzen (3m²), Schwellen schleifen, versiegeln (4St), Holzsockel erneuern (99m), Holzstufen schleifen, lackieren (3m²)	129,38 m²	7.293	**56,37**	34,1
	• Herstellen (Kosten: 26,2%) Estrich, Abdichtung, Bodenfliesen (8m²)	7,58 m²	3.028	**399,47**	14,1
	6100-1609 Dachgeschosswohnung, Turmzimmer				
	• Abbrechen (Kosten: 13,5%) Abbruch von Fußbodenaufbauten (psch); Entsorgung, Deponiegebühren	105,73 m²	8.555	**80,91**	8,4
	• Herstellen (Kosten: 86,5%) PS-Dämmausgleichsestrich, d=60mm, PE-Folie, OSB-Platten (82m²), Gipsfaser-Trockenestrichplatten, d=18mm (115m²), Gefälleestrich, d i.M 45mm (1m²), Fertigparkett (82m²), MDF-Sockel (110m), Abdichtung, Bodenfliesen (21m²), Fliesensockel (25m), Teppichboden, bauseits (13m²), Stahl-Kaminblech 48,5x145x1cm mit Ausschnitt (1St), Terrassenfliesen (3m²)	119,08 m²	54.771	**459,95**	53,5

KG	Kostengruppe	Menge Einheit	Kosten €	€/Einheit	%
	6100-1623 Dachgeschosswohnung				
	• Abbrechen (Kosten: 9,5%) Abbruch von Dielenboden (73m²); Entsorgung, Deponiegebühren	72,94 m²	1.210	**16,59**	5,6
	• Herstellen (Kosten: 90,5%) OSB-Platten, d=25cm (73m²), Dreischicht-Fertigparkett (44m²), Leistensockel (40m), Abdichtung, Bodenfliesen 60x30cm (3m²)	72,94 m²	11.469	**157,24**	52,8
	6100-1636 Mehrfamilienhaus (10 WE)				
	• Wiederherstellen (Kosten: 3,0%) Terrazzobelag reinigen, polieren, imprägnieren (46m²)	45,90 m²	4.949	**107,83**	2,1
	• Herstellen (Kosten: 97,0%) EPS-Dämmung, d=10-50mm, TSD, OSB-Trockenestrich (257m²), Dämmschüttung, d=20-40mm (402m²), PE-TSD, Zementestrich, d=35-50mm, faserarmiert (235m²), Zement-Dünnestrich, d=10-12mm, faserarmiert (202m²), Vinylbelag (611m²), Sockelleisten (524m), Abdichtung, Bodenfliesen (48m²), Fliesensockel (43m), Terrazzoplatten (25m²), Sockelleisten (45m), Balkone: Zement-Verbundestrich, d=50mm, Abdichtung, Bodenfliesen (10m²), Fliesensockel (13m), Kastenrinnen (15m), Fallrohre (6m)	694,45 m²	157.968	**227,47**	66,1
	6100-1713 Einfamilienhaus				
	• Abbrechen (Kosten: 16,1%) Abbruch von Bodenfliesen, Fliesenkleber abfräsen (50m²); Entsorgung, Deponiegebühren	49,85 m²	2.191	**43,94**	14,1
	• Herstellen (Kosten: 83,9%) Estrich ergänzen (psch), Parkett (29m²), Leistensockel (15m), Bodenfliesen (21m²), Fliesensockel (20m)	49,99 m²	11.413	**228,30**	73,2

KG	Kostengruppe	Menge Einheit	Kosten €	€/Einheit	%
	6100-1733 Mehrfamilienhaus (11 WE)				
	• Abbrechen (Kosten: 1,6%) Abbruch von Parkett (54m²), Linoleum/PVC (41m²), Ausgleichsmassen (14m²), Holzpodesten (8m²), Bodenfliesen (4m²), Fliesensockel (10m), Holzschwelle (1m²); Entsorgung, Deponiegebühren, Aufnehmen und Lagern von Dielenboden (7m²)	132,86 m²	3.381	**25,45**	0,3
	• Wiederherstellen (Kosten: 27,1%) Parkett aufarbeiten, Schadstellen herauslösen, mit Altparkett ergänzen (33m²), Dielung schleifen, Parkett ergänzen (23m²), Parkett schleifen, versiegeln (295m²), Holztreppe überarbeiten, schleifen, neu beschichten von Trittstufen (17m²), von Setzstufen (8m²), von Wangen (56m), von Holzsockeln (38m), Marmortreppe instandsetzen (6m²), Schadstellen aufarbeiten (15St), Risse verschließen (16St), Setzstufe erneuern (1m²), Tritt-/Setzstufen reinigen, schleifen, imprägnieren (10m²), Silikonfugen ergänzen (53m)	418,85 m²	58.203	**138,96**	5,9
	• Herstellen (Kosten: 71,4%) EPS-Dämmung WLG 035, d=20-30mm (89m²), Trittschalldämmung (311m²), Zementestrich, d=50mm (81m²), Trockenestrich (227m²), Dünnestrich (90m²), Ausgleichsschüttung, d=5-25cm (38m²), Dreischichtparkett, geölt (306m²), Linoleum (105m²), auf Podesten (15m²), auf Trittstufen (14m²), Holzsockel (625m), Massivholzschwellen (14St), Abdichtung, Bodenfliesen (60m²), im Gefälle (6m²), Fliesensockel (62m)	506,93 m²	153.436	**302,68**	15,5
	6100-1753 Mehrfamilienhaus (8 WE)				
	• Abbrechen (Kosten: 21,6%) Abbruch von Laminat, Parkett (222m²), PVC, Linoleum (168m²), Bodenfliesen (77m²), Teppich (65m²), Holzsockeln (282m); Entsorgung, Deponiegebühren	531,58 m²	17.822	**33,53**	6,4
	• Wiederherstellen (Kosten: 2,3%) Estrich ausbessern (8h), Türschwellen ergänzen (8h)	55,55 m²	1.910	**34,38**	0,7
	• Herstellen (Kosten: 76,1%) OSB-Platten (85m²), Gipsfaser-Trockenestrich (20m²), Spachtelung (250m²), Abdichtung (7m²), Vinylbelag (357m²), Holzsockel (353m), Abdichtung, Bodenfliesen (23m²), Sockelfliesen (14m)	380,20 m²	62.916	**165,48**	22,5

KG	Kostengruppe	Menge Einheit	Kosten €	€/Einheit	%
	6100-1760 Mehrfamilienhaus (4 WE)				
	• Abbrechen (Kosten: 2,5%) Abbruch von Linoleum, PVC-Boden, Teppich, Holzsockeln (215m²), Dielenböden (68m²); Entsorgung, Deponiegebühren	283,00 m²	1.914	**6,76**	0,9
	• Wiederherstellen (Kosten: 43,0%) Dielenböden schleifen, ölen (361m²), Trittstufenkanten erneuern, ausgetretene Kanten ausstemmen, Hartholzkanten einpassen (66St), Holztreppe schleifen, Fehlstellen spachteln, Kunstharzbeschichtung aufbringen (54m²), Holzsockel schleifen, ausbessern, neu beschichten (67m), Türschwellen erneuern, 100x28cm (2St)	415,71 m²	33.029	**79,45**	16,3
	• Herstellen (Kosten: 54,5%) Trockenestrich (131m²), Holzsockel (375m), Unterboden, Abdichtung, Bodenfliesen (51m²), Fliesensockel (32m)	131,40 m²	41.808	**318,17**	20,7
	7200-0096 Geschäftshaus, Foyer				
	• Herstellen (Kosten: 100,0%) Vorhandenen Fliesenboden reinigen, Risse, Arbeitsfugen schließen, Ausgleichsspachtelung, an Übergänge Renovierungsspachtel (146m²), Vinylbodenbelag (90m²), Sauberlaufzone, Teppichfliesen, verklebt (39m²), Teppichfliesen 50x50cm, schwimmend verlegt (21m²), Alu-Trennschienen (23m)	150,00 m²	32.593	**217,28**	72,5
	9100-0173 Bibliothek, Lernzentrum				
	• Herstellen (Kosten: 100,0%) OSB-Bodenplatten, d=22mm, begehbarer Bodenbelag über frei gespannten Decken (18m²)	18,12 m²	799	**44,08**	2,2
	9100-0204 Stadtbücherei (120 Plätze)				
	• Herstellen (Kosten: 100,0%) Holzbalken 6x14cm, l=8m (3m³), Mineralwolldämmung WLG 035, d=140mm, Unterspannbahn, einlagig (214m²), Rauspundschalung, d=22mm (52m²)	213,60 m²	16.182	**75,76**	100,0

KG	Kostengruppe	Menge Einheit	Kosten €	€/Einheit	%
	9100-0213 Stadtbücherei				
	• Abbrechen (Kosten: 5,1%) Abbruch von Teppichboden, Teppichsockel (702m²); Entsorgung, Deponiegebühren	701,75 m²	10.106	**14,40**	3,1
	• Wiederherstellen (Kosten: 2,1%) Fliesen ausstemmen, Klebereste entfernen, Estrichrisse verharzen, verdübeln, bauseitige Bodenfliesen verlegen, Bodenfliesen in Türschwelle neu verlegen, Edelstahlschiene einbauen (8h), Fliesensockel instandsetzen (3h), Eichendielen reinigen, mit Pflegemittel auffrischen (11m²), Estrichöffnungen schließen (6m²)	24,66 m²	4.163	**168,83**	1,3
	• Herstellen (Kosten: 92,8%) Untergrund schleifen, spachteln, Gussboden, naturharzgebunden (340m²), Bodentanks belegen (11St), Holzwerkstoff-Sockel (95m), Untergrund schleifen, spachteln, grundieren (374m²), Kautschukbelag (267m²), Bodentanks belegen (20St), Parkett (107m²), Bodentanks belegen (9St), Sauberlaufmatten (9m²)	722,96 m²	183.320	**253,57**	55,5
	9100-0215 Stiftsgebäude, Gemeindesaal, Pfarrbüros				
	• Abbrechen (Kosten: 22,6%) Abbruch von Zementestrich, d=6cm (539m²), Holzböden, d=10cm, Handarbeit (388m²), Dämmung, Stroh-Lehm-Kiesgemisch, d=10cm, Handarbeit (469m²), Linoleum (962m²), Werkstein-Treppenbelägen (161m²), Bodenfliesen (96m²), PVC-Belägen (27m²), Natursteinbelägen (18m²), Dielen (7m²), Küchenpodest, Beton, d=10cm (2m²), Holzsockeln (337m), Fliesensockeln (119m), Trittstufen (8m); Entsorgung, Deponiegebühren	1.272,68 m²	95.182	**74,79**	12,8
	• Herstellen (Kosten: 77,4%) Holzunterkonstruktion 6x18cm, Ausgleichsschüttung, d=30mm, Mineralwolldämmung WLG 035, d=180mm, Spanplatten (683m²), Trockenestrich, Abdichtung (54m²), Ausgleichsschüttung, Leichtbeton (34m³), EPS-Dämmung WLG 040, d=30-50mm, Zementestrich, d=65mm (394m²), Linoleum (389m²), Kautschuk (98m²), PVC-Belag (40m²), Holzsockel (347m), Naturwerkstein, imprägniert (40m²), als Tritt-/Setzstufen, b=130-150cm (40m²), Natursteinsockel (39m), an Stufen (25St), Bodenfliesen (27m²), Fliesensockel (25m)	1.276,75 m²	326.144	**255,45**	43,7
	9700-0032 Friedhofskapelle				
	• Abbrechen (Kosten: 100,0%) Abbruch von Deckenbeschwerung (1St); Entsorgung, Deponiegebühren	–	398	**–**	9,4

KG	Kostengruppe	Menge Einheit	Kosten €	€/Einheit	%
	9700-0038 Kolumbarium				
	• Abbrechen (Kosten: 5,8%) Abbruch von Linoleum/PVC (72m²), Verbundestrich, Bodenfliesen (13m²); Entsorgung, Deponiegebühren	85,24 m²	1.312	**15,39**	1,7
	• Herstellen (Kosten: 94,2%) Mineralwoll-TSD, d=25mm, Zementestrich, d=50mm (15m²), Alu-Estrichwinkel 55x55-250mm (52m), Epoxidharzbeschichtung (89m²), Linoleum (79m²), Holzsockel (55m), Bodenfliesen (4m²), Fliesensockel (6m), Sauberlaufmatte (1m²)	172,76 m²	21.401	**123,88**	27,8
354	**Deckenbekleidungen**				
	1300-0270 Verwaltungsgebäude (75 AP)				
	• Abbrechen (Kosten: 20,9%) Abbruch von abgehängten Decken (1.400m²), Akustikdecken (91m²), Rabitzdecken (62m²), Unterdecke (9m²); Entsorgung, Deponiegebühren	1.562,07 m²	16.347	**10,46**	3,2
	• Herstellen (Kosten: 79,1%) Überholungsbeschichtung (1.291m²), abgehängte GK-Decken, Abhängehöhe, h=10,7-27cm (442m²), GK-Deckenstreifen, b=20-25cm (196m²), GK-Verkofferungen, Abhängehöhe, h bis 65cm (60m), Revisionsklappen 20x20cm (18St), Dispersionsbeschichtung (354m²)	1.929,22 m²	62.021	**32,15**	12,2
	1300-0289 Bürogebäude (342 AP)				
	• Abbrechen (Kosten: 33,2%) Abbruch von Rasterdecken, UK, KMF-Mineralplatten (7.570m²), GK-Decke (8m²), GK-Schürzen (110m); Entsorgung, Deponiegebühren	7.578,20 m²	247.512	**32,66**	17,2
	• Wiederherstellen (Kosten: 1,5%) Akustikdecken reinigen, desinfizieren, beschichten (165m²), Mineralplatten mit UK demontieren, lagern, wieder montieren (30m²), GK-Decke öffnen, nach Bauarbeiten wieder schließen (7m²), MF-Decke öffnen, Brandanschluss anarbeiten (4St), GK-Schürzen öffnen, GK-Schürze F90 herstellen (4St)	202,00 m²	10.874	**53,83**	0,8
	• Herstellen (Kosten: 65,4%) Rasterdecken, Stahlblech-UK, Mineralplatten, Abhängehöhe 35cm (7.417m²), abgehängte GK-Decken (690m²), GK-Schürzen (110m), Elektrokanal E90, Silikat-Brandschutzbauplatten (75m), Dispersionsbeschichtung (626m²)	8.758,27 m²	487.837	**55,70**	34,0
	1300-0303 Bürogebäude, TG, Brandschutzsanierung				
	• Herstellen (Kosten: 100,0%) Revisionsöffnungen 40x40cm, in GK-Decken (27St), in Paneeldecken (10St)	–	7.907	**–**	43,4

KG	Kostengruppe	Menge Einheit	Kosten €	€/Einheit	%
	1300-0312 Büro (7 AP)				
	• Herstellen (Kosten: 100,0%) Überholungsbeschichtung, Acrylfugen (286m²)	285,60 m²	4.112	**14,40**	20,9
	1300-0324 Gründerzentrum (20 AP)				
	• Herstellen (Kosten: 100,0%) GK-Decken, Abhänghöhe bis 50cm (294m²), imprägnierte Gipsplatten (25m²), Akustikdecken, gelochte Gipsplatten, Abhänghöhe 20-40cm (65m²), Mineralfaserdecke (13m²), Malervlies, Dispersionsbeschichtung (209m²), Latexbeschichtung (23m²), Lasur (4m²)	401,22 m²	41.257	**102,83**	38,8
	4200-0037 Fachakademie, Berufsfachschule (200 Schüler)				
	• Abbrechen (Kosten: 10,9%) Abbruch von Deckenschalung, sägerau, d=30mm, Schilfrohrmatten, Deckenputz (1.407m²), Fehlbodenschüttung, Holzschalung, Schüttung, d=10cm (425m²), Putz um Stahlträger, dreiseitig bis 0,82m, Porenbeton, Rabitzputz (41m), dreiseitig bis 1,00m, Holzschalung, Schilfrohr, Putz (107m), Vliestapeten (41m²); Entsorgung, Deponiegebühren	1.832,16 m²	52.930	**28,89**	3,3
	• Wiederherstellen (Kosten: 0,4%) Putz ausbessern, grundieren, Silikatbeschichtung (107m²)	106,55 m²	1.986	**18,64**	0,1
	• Herstellen (Kosten: 88,7%) Abgehängte GK-Decken, zweilagig, 2x20mm, Mineralwolldämmung WLG 035, d=120mm (1.421m²), einlagig, 1x12,5mm (148m²), GK-Bekleidung (61m²), abgehängte Akustikdecken, gelocht (194m²), Deckenfries (221m), Mineralwolldämmung WLG 035, d=120mm, zwischen Deckenbalken (1.394m²), Dispersionsbeschichtung (1.550m²), eckige Akustikdeckensegel, Glaswolle, d=40mm, Seilabhängung (378m²), runde Akustikdeckensegel (31m²), Revisionsklappen (19St), F90-Bekleidung an Stahl-/Holzträger (77m²), Stahlblechplatten Beamerbefestigungen (27St)	1.959,52 m²	432.884	**220,91**	27,3
	6100-1493 Dachgeschoss (2 WE)				
	• Herstellen (Kosten: 100,0%) GK-Decken, Spachtelung, Grundierung, Raufaser, Beschichtung (59m²)	58,80 m²	5.708	**97,07**	15,5
	6100-1536 Mehrfamilienhaus (12 WE)				
	• Herstellen (Kosten: 100,0%) Mineralwolldämmung WLG 035, d=80mm, verklebt (200m²)	199,92 m²	16.327	**81,67**	30,9
	6100-1545 Einfamilienhaus				
	• Herstellen (Kosten: 100,0%) GK-Decken, doppelt beplankt (140m²), Spachtelung, Beschichtung (246m²)	246,19 m²	19.641	**79,78**	23,8

KG	Kostengruppe	Menge Einheit	Kosten €	€/Einheit	%
	6100-1599 Zweifamilienhaus				
	• Abbrechen (Kosten: 3,7%) Abbruch von PS-Dämmung (psch); Entsorgung, Deponiegebühren	–	334	–	1,6
	• Herstellen (Kosten: 96,3%) GK-Decke, abgehängt (30m²), GK-Bekleidung (5m²), Spachtelung, Malervlies (90m²), Beschichtung (153m²)	152,50 m²	8.631	**56,60**	40,3
	6100-1609 Dachgeschosswohnung, Turmzimmer				
	• Herstellen (Kosten: 100,0%) GKF-Decken (25m²), zwischen Balkenlage mit Dämmauflage (25m²), F30 Stahlträger-Bekleidung, d=20mm (3m), GK-Deckenschürzen, h=44cm (16m), Revisionsklappen (2St), Dispersionsbeschichtung (60m²)	60,40 m²	11.437	**189,35**	11,2
	6100-1636 Mehrfamilienhaus (10 WE)				
	• Wiederherstellen (Kosten: 35,7%) Risse schließen, armieren (16h), Bestandsdecken spachteln (461m²), neu beschichten, Beschichtung erneuern (559m²)	558,85 m²	14.798	**26,48**	6,2
	• Herstellen (Kosten: 64,3%) EPS-Dämmung WLG 035, d=100mm (78m²), HWL-Dämmung WLG 040, d=100mm (30m²), GK-Decken, Abhängehöhe 15-70cm, Beschichtung (196m²), Balkonuntersicht: Zementbauplatten, Abhängehöhe 70cm, Stirnbekleidung (8m²), Silikatbeschichtung (19m²)	252,59 m²	26.678	**105,62**	11,2
	6100-1713 Einfamilienhaus				
	• Abbrechen (Kosten: 26,1%) Abbruch von Deckenleuchtkranz (18m); Entsorgung, Deponiegebühren	28,83 m²	517	**17,94**	3,3
	• Herstellen (Kosten: 73,9%) Dispersionsbeschichtung (78m²), Wandfries, h=6cm (35m)	77,53 m²	1.467	**18,92**	9,4

KG	Kostengruppe	Menge Einheit	Kosten €	€/Einheit	%
	6100-1733 Mehrfamilienhaus (11 WE)				
	• Abbrechen (Kosten: 2,9%) Abbruch von Leimfarbbeschichtung (386m²), GK-Bekleidung (40m²), GK-Decke (21m²), Holzbekleidung (3m²); Entsorgung, Deponiegebühren	451,10 m²	6.071	**13,46**	0,6
	• Wiederherstellen (Kosten: 53,9%) Stuckelemente sanieren, prüfen, reinigen, Farbschichten entfernen, Fehlstellen ergänzen, Risse schließen, neu beschichten: umlaufende Stuckfriese (225m), Stuckrosetten (7St), Friese nachbilden (24m), Stuckrosetten nachbilden (3St), schadhaften Deckenputz ausbessern (32m²)	309,08 m²	114.202	**369,49**	11,5
	• Herstellen (Kosten: 43,2%) GK-Decken, Abhängehöhe 25-50cm (339m²), GK-Verkofferung (23m²), Wärmedämmung WLG 035 (117m²), Spachtelung Q3 (969m²), Malervlies (370m²), Dispersionsbeschichtung (827m²), Silikatbeschichtung (142m²)	969,16 m²	91.479	**94,39**	9,2
	6100-1753 Mehrfamilienhaus (8 WE)				
	• Abbrechen (Kosten: 17,0%) Abbruch von Tapete (257m²), abgehängten Holzdecken (90m²), GK-Decken (22m²); Entsorgung, Deponiegebühren	369,31 m²	13.382	**36,24**	4,8
	• Wiederherstellen (Kosten: 0,2%) Deckenflächen reinigen, lose Farbteile entfernen, Fehlstellen ausbessern (54m²)	53,98 m²	133	**2,47**	< 0,1
	• Herstellen (Kosten: 82,8%) GK-Decken, Mineralwoll-Dämmauflage, d=40mm (357m²), Spachtelung Q3 (54m²), Dispersionsbeschichtung (411m²)	410,68 m²	65.178	**158,71**	23,3
	6100-1760 Mehrfamilienhaus (4 WE)				
	• Abbrechen (Kosten: 5,5%) Abbruch von Rohrputzdecken (80m²); Entsorgung, Deponiegebühren	80,00 m²	2.248	**28,10**	1,1
	• Herstellen (Kosten: 94,5%) Abgehängte GK-Decken (158m²), Silikatbeschichtung (414m²), Mineralwolldämmung WLS 041, d=100mm, Armierungsspachtelung (71m²)	485,71 m²	38.612	**79,50**	19,1

KG	Kostengruppe	Menge Einheit	Kosten €	€/Einheit	%
	7200-0096 Geschäftshaus, Foyer				
	• Wiederherstellen (Kosten: 33,8%) Befestigungen von Leuchten entfernen, GK-Decke schließen, spachteln, Q3 (27St), Auslässe in GK-Decke schließen, spachteln, Q3 (1St), Deckenrisse verfugen, Glasfugendeckstreifen einsetzen, spachteln Q3 (4h), Verstärkungen für Leuchtenabhängungen (16St), Lüftungsgitter reinigen, grundieren, lackieren (1St)	–	4.186	–	9,3
	• Herstellen (Kosten: 66,2%) Dispersionsbeschichtung (220m²), GK-Deckensegel, oval, asymmetrisch, an Säule, Q3 (1St), Ausschnitte in GK-Decke vergrößern (35St), Revisionsklappen (5St)	220,00 m²	8.194	**37,24**	18,2
	9100-0173 Bibliothek, Lernzentrum				
	• Abbrechen (Kosten: 30,2%) Abbruch von KMF-haltiger Dämmung, Metallpaneel-Decken (194m²); Entsorgung, Deponiegebühren	194,15 m²	10.564	**54,41**	29,6
	• Herstellen (Kosten: 69,8%) GK-Akustikdecken, Mineralwollauflage, d=40mm (191m²), GK-Deckensprung, h=74cm (21m²), Beschichtung (212m²)	190,70 m²	24.377	**127,83**	68,2
	9100-0213 Stadtbücherei				
	• Abbrechen (Kosten: 1,3%) Abbruch von Mineralfaserplatten (60m²); Entsorgung, Deponiegebühren	60,40 m²	1.661	**27,50**	0,5
	• Wiederherstellen (Kosten: 5,6%) GK-Deckenfriese prüfen, reinigen, Dispersionsbeschichtung (232m²), Putz prüfen, säubern, Dispersionsbeschichtung (53m²), Einlegeplatten aus abgehängter Rasterdecke herausnehmen, lagern (10h), wieder einsetzen (9h), Leinwandöffnung vergrößern, UK verstärken, Decke schließen (1St), Lüfteröffnungen herstellen, verschließen (4m²)	321,85 m²	7.478	**23,23**	2,3
	• Herstellen (Kosten: 93,1%) Holz-Unterkonstruktion, mit Gewindestangen in Stahlbetondecke verankern, Holzlamellen, 10x2-2,5cm, Tischlerplatte, d=19mm, Esche furniert (200m²), Revisionsöffnungen (5St), Akustik-Rasterdecke, Abhanghöhe 50cm (60m²), Akustikdeckenplatten in bestehende UK einhängen (52m²), Akustikschotts 54x7cm, in Deckenhohlraum (28m), Akustik-Deckensegel 120x160cm (5St)	311,96 m²	123.489	**395,85**	37,4

KG	Kostengruppe	Menge Einheit	Kosten €	€/Einheit	%
	9100-0215 Stiftsgebäude, Gemeindesaal, Pfarrbüros				
	• Abbrechen (Kosten: 16,8%) Abbruch von Rippendecken, Schilfrohrmatten, d=30mm (811m²), Holzdecken, Unterkonstruktion (73m²), Tapeten (54m²), GK-Bekleidung (22m²); Entsorgung, Deponiegebühren	959,62 m²	35.585	**37,08**	4,8
	• Wiederherstellen (Kosten: 2,8%) Akustikplatten entfernen, GK-Platten ergänzen, Revisionsklappen, Lichtleisten, Notleuchten austauschen (26m²)	25,98 m²	5.983	**230,29**	0,8
	• Herstellen (Kosten: 80,4%) Gipsputz, d=5mm (324m²), GK-Bekleidung, d=12,5mm (289m²), Akustikbekleidung, Mineralwolldämmung (214m²), Spachtelung Q3 (361m²), GK-Brandschutzdecke (15m²), Schattenfugen (167m), Lichtleistenausschnitte, b=6cm (168m), Revisionsklappen 40x40cm (37St), GK-Verkofferung (4m²), Deckenfries (423m), Malervlies (407m²), Dispersionsbeschichtung (1.437m²), Blechbekleidungen 350x450x4mm (2St)	1.437,00 m²	170.180	**118,43**	22,8
	9700-0038 Kolumbarium				
	• Abbrechen (Kosten: 2,9%) Abbruch von Holzbekleidung (10m²); Entsorgung, Deponiegebühren	10,18 m²	382	**37,55**	0,5
	• Wiederherstellen (Kosten: 0,5%) Putzflächen prüfen, Schadstellen markieren, schadhafte Beschichtung entfernen, neu beschichten (3m²)	2,71 m²	64	**23,43**	< 0,1
	• Herstellen (Kosten: 96,6%) GK-Decken Q3, Abhängehöhe 8-31cm (47m²), GK-Akustikdecke, Abhängehöhe 31cm (3m²), Silikatbeschichtung (91m²), Akustik-Rasterdecke, Abhängehöhe 46cm (9m²), Schattenfugen (46m), GK-Verkofferungen, h=31cm (8m)	100,97 m²	12.526	**124,06**	16,3
355	**Elementierte Deckenkonstruktionen**				
	4200-0037 Fachakademie, Berufsfachschule (200 Schüler)				
	• Herstellen (Kosten: 100,0%) Stahl-Treppenturm 3,28x6,10m, h=11,60m, vier Läufe á 11 Stufen, fünf Quadratrohre als Eckständer 200x200mm, Flachstahlwangen, feuerverzinkt, Konstruktion Rampenanlage (20t), Beschichtung (1St), Gitterroststufen 125x27cm, Maschenweite 10/30mm (44St), Gitterrostbeläge Rampen (53m²), Geländerfüllungen, h=1,20m, Rundrohre, D=20mm (91m), Handlauf, D=42mm (102m), umlaufende Rundrohrstäbe, D=34mm, h=11,60m (1.408m), Gitterrostaustritte 122x20cm (3St)	94,13 m²	371.556	**3.947,26**	23,4

KG	Kostengruppe	Menge Einheit	Kosten €	€/Einheit	%
	6100-1609 Dachgeschosswohnung, Turmzimmer				
	• Herstellen (Kosten: 100,0%) Treppenschränke zu Schlafebenen, Holzwerkstoffplatten, beschichtet, je 11 Stg 20x21cm, b=60cm, Antrittspodest, sechs Schranktüren, vier Schubfächer, Stufen/Podest mit Holzbelag (3m²)	2,78 m²	14.239	**5.121,86**	13,9
	6100-1733 Mehrfamilienhaus (11 WE)				
	• Wiederherstellen (Kosten: 2,4%) Holztreppe demontieren, Geländer bergen, säubern, aufgesattelte Holztreppe entsprechend Bestand herstellen, einbauen, Geländer montieren (3m²)	2,63 m²	7.937	**3.017,79**	0,8
	• Herstellen (Kosten: 97,6%) Stahl-Fluchttreppen-/Balkonanlage, Quadratrohrstützen 12x12cm, Kastenprofilrahmen 10x20cm, Tragriegel 20x12cm, Holzbelag, Gitterroststufen, Flachstahlwangen (114m²)	113,97 m²	324.510	**2.847,33**	32,7
	6100-1753 Mehrfamilienhaus (8 WE)				
	• Herstellen (Kosten: 100,0%) Stahlbalkonanlage, feuerverzinkt, Stahlstützen QR80, vier Einzelbalkone 4,50x2,00m, Stahlblechrahmen, Glattprofilblech, unterseitig Pulverbeschichtung, Werksteinbelag 40x40x4cm, Geländer, h=1,00m, Alu-Pfosten/Handläufe, Milchglasfüllungen (36m²), Austrittsbleche 100x35cm (psch), Alu-Wandanschlussprofile (18m), Stahl-Wangentreppe, feuerverzinkt, vier Steigungen, Stufenrahmen, Werksteinbelag, einseitig Geländer, Handlauf (1m²)	37,00 m²	95.748	**2.587,79**	34,2
	9700-0038 Kolumbarium				
	• Abbrechen (Kosten: 100,0%) Abbruch von Holzwangentreppe, b=120cm, beidseitig Stahlgeländer (5m²), Holzbalkenkonstruktion, Auflagebretter, Einschubtreppe, Umwehrung (2m²); Entsorgung, Deponiegebühren	7,40 m²	1.082	**146,20**	1,4
359	**Sonstiges zur KG 350**				
	1300-0270 Verwaltungsgebäude (75 AP)				
	• Wiederherstellen (Kosten: 100,0%) Stahl-Treppengeländer schleifen, reinigen, lackieren (65m)	–	2.624	**–**	0,5
	1300-0289 Bürogebäude (342 AP)				
	• Wiederherstellen (Kosten: 100,0%) Treppen-/Brüstungsgeländer aufrauen, beschichten (264St), Holzhandläufe schleifen, lackieren (150m), Balkongeländer 6,00x1,10m, demontieren, lagern, nach Bauarbeiten wieder montieren (5St)	711,23 m² DEF	6.615	**9,30**	0,5

KG	Kostengruppe	Menge Einheit	Kosten €	€/Einheit	%
	6100-1536 Mehrfamilienhaus (12 WE)				
	• Wiederherstellen (Kosten: 100,0%) Balkongeländer demontieren, Ausfachungen entsorgen, Pfosten kürzen, lackieren, neue HPL-Platten, t=8mm, einspannen, wieder montieren (74m²)	–	30.760	–	58,2
	6100-1599 Zweifamilienhaus				
	• Wiederherstellen (Kosten: 100,0%) Holzgeländer schleifen, lackieren (psch)	129,38 m² DEF	910	**7,03**	4,3
	6100-1609 Dachgeschosswohnung, Turmzimmer				
	• Wiederherstellen (Kosten: 100,0%) Loggiageländer säubern, lackieren (psch)	–	144	–	0,1
	6100-1636 Mehrfamilienhaus (10 WE)				
	• Wiederherstellen (Kosten: 21,9%) Stahl-Treppengeländer schleifen, reinigen, lackieren (42h), Handlauf reinigen, Stäbe einharzen (4h)	579,85 m² DEF	4.586	**7,91**	1,9
	• Herstellen (Kosten: 78,1%) Sicherungsnetz, Edelstahl, Spanner (32m²), Treppengeländer, h=1m (2m²), Balkongeländer: Stahl-Quadratrohre-UK (15m), Holzlamellenfüllung, KVH 40x40mm, l=1,18-1,84m (175m)	694,45 m² DEF	16.334	**23,52**	6,8
	6100-1733 Mehrfamilienhaus (11 WE)				
	• Wiederherstellen (Kosten: 3,2%) Defekte Holz-Geländerstäbe ersetzen (3St), Baluster mit Schnitzwerk ersetzen (1St), Holz-Treppengeländer neu beschichten (20m)	421,48 m² DEF	3.017	**7,16**	0,3
	• Herstellen (Kosten: 96,8%) Stahl-Fluchttreppen-/Balkongeländer, Quadratrohr-Pfosten/Ober-/Untergurte 40x40mm, Handlauf, Rundrohr 42mm, Flachstahlfüllung 60x5mm (105m)	1.083,13 m² DEF	92.241	**85,16**	9,3
	6100-1760 Mehrfamilienhaus (4 WE)				
	• Wiederherstellen (Kosten: 30,7%) Holz-Geländerstäbe erneuern, nach vorhandenem Muster drechseln (15St), Holz-Treppengeländer/-wangen schleifen, Fehlstellen spachteln, neu beschichten (29m²)	415,71 m² DEF	7.811	**18,79**	3,9
	• Herstellen (Kosten: 69,3%) Stahlgeländer, verzinkt, Ober-/Untergurte 50x10mm, Füllstäbe, D=10mm, Handläufe, D=40mm (45m)	524,37 m² DEF	17.630	**33,62**	8,7

KG	Kostengruppe	Menge Einheit	Kosten €	€/Einheit	%
	9100-0215 Stiftsgebäude, Gemeindesaal, Pfarrbüros				
	• Herstellen (Kosten: 100,0%) Stahlblechgeländer, VSG-Verglasung, beidseitig Handlauf (7m²), Stabgeländer, Stahl, grundiert, h=1,00m (18m), Flachstahlgeländer an Blechwangen (36m²), Rohrhandlauf, d=3,5cm (19m)	1.437,00 m² DEF	36.355	**25,30**	4,9
	9700-0032 Friedhofskapelle				
	• Wiederherstellen (Kosten: 100,0%) Beschichtung Brüstungsgeländer (9m²)	8,64 m² DEF	903	**104,53**	21,3
	9700-0038 Kolumbarium				
	• Abbrechen (Kosten: 7,1%) Abbruch von Holz-Brüstungsbekleidung, h=100cm, Holzabdeckungen, b=25cm, Holz-Brüstungsaufsätze (20m); Entsorgung, Deponiegebühren	92,64 m² DEF	913	**9,86**	1,2
	• Wiederherstellen (Kosten: 3,8%) Stahl-Treppengeländer überarbeiten, lose Beschichtung entfernen, Schadstellen entrosten, neu beschichten (6m²)	–	487	**–**	0,6
	• Herstellen (Kosten: 89,1%) Brüstungsaufsätze, h=34cm, Flachstahl 50x6mm, Pfosten, drei Horizontalgurte, Beschichtung (20m), h=12cm, ein Horizontalgurt, teilweise gebogen (11m)	185,35 m² DEF	11.495	**62,02**	14,9

Kostenkennwerte für die Kostengruppen 300 der 3. Ebene DIN 276

KG	Kostengruppe	Menge Einheit	Kosten €	€/Einheit	%
361	**Dachkonstruktionen**				
	1300-0270 Verwaltungsgebäude (75 AP)				
	• Abbrechen (Kosten: 23,5%) Abbruch von Stb-Kragbalken Vordach (1St), Vordach, Stahl, zwei Stahlstützen (30m²); Entsorgung, Deponiegebühren	29,52 m²	1.936	**65,57**	1,2
	• Herstellen (Kosten: 76,5%) Vordach, Holz (11m²)	10,69 m²	6.307	**589,99**	3,8
	1300-0303 Bürogebäude, TG, Brandschutzsanierung				
	• Herstellen (Kosten: 100,0%) Brandabschottungen für nichtbrennbare Rohre mit einer nichtbrennbarer Isolierung: Steinwollstopfung, rauchdichte Versiegelung mit Brandschutzfarbe (1St), Brandabschottung, Brandschutzmörtel (1St)	–	125	**–**	0,9
	1300-0324 Gründerzentrum (20 AP)				
	• Herstellen (Kosten: 100,0%) Stb-Flachdach C25/30, d=20cm, Schalung, Bewehrung (8m²)	8,44 m²	4.973	**589,24**	39,1
	3200-0032 Palliativstation (12 Betten)				
	• Herstellen (Kosten: 100,0%) Stb-Flachdach C30/37, d=28cm, Schalung, Bewehrung (937m²)	936,49 m²	213.279	**227,74**	32,0
	4200-0037 Fachakademie, Berufsfachschule (200 Schüler)				
	• Wiederherstellen (Kosten: 100,0%) Sichtprüfung bestehender Dachkonstruktion (541m), Wechselbalken einbauen, Blechformteile (6m), beschädigte Sparren lösen, Dachstuhlbauteile, neuer Sparren 12x16cm abbinden (102m)	773,22 m²	13.793	**17,84**	5,7
	6100-1493 Dachgeschoss (2 WE)				
	• Abbrechen (Kosten: 17,5%) Abbruch von Dachgauben, b=1,20-1,60m (7m²); Entsorgung, Deponiegebühren	6,84 m²	2.516	**367,88**	1,6
	• Herstellen (Kosten: 82,5%) Kehlbalken, Stützen, Verstärkungseisen (psch)	–	11.833	**–**	7,5

KG	Kostengruppe	Menge Einheit	Kosten €	€/Einheit	%
	6100-1545 Einfamilienhaus				
	• Abbrechen (Kosten: 6,5%) Abbruch von Mineralwolldämmung (10m³), Dachbalken (40m); Entsorgung, Deponiegebühren	–	2.386	–	1,5
	• Wiederherstellen (Kosten: 26,6%) Thermische Behandlung gegen Ungezieferbefall, Heizabschnitte Dachkonstruktion, Kehlbalken (psch), sichtbare Holzteile schleifen, ölen (5m²)	4,97 m²	9.798	**1.971,42**	6,1
	• Herstellen (Kosten: 66,9%) KVH 140x40mm, seitlich an Sparren zur Begradigung (370m), für Dachgauben (45m), Zelluloseeinblasdämmung WLG 042, d=160mm (68m³), Dampfbremse (317m²)	317,31 m²	24.625	**77,60**	15,4
	6100-1609 Dachgeschosswohnung, Turmzimmer				
	• Wiederherstellen (Kosten: 36,6%) Holzbalken bebeilen, Holzschutzmittel auftragen (psch), Dachgaube: Dachfläche aufdecken, Blech entfernen, Balken abbrechen, neuen Balken zuschneiden, anpassen, Rinne, Kehle erstellen, Dach eindecken (1St), Kopfband ändern (1St)	127,21 m²	8.821	**69,34**	8,5
	• Herstellen (Kosten: 63,4%) Zwischensparrendämmung, Mineralfaser WLG 035, d=200mm (63m²), Zwischensparrendämmung, Mineralfaser WLG 035, d=200mm, und Sparren auffüllen, d=80mm (65m²), Wechsel einbauen, Füllhölzer 14x8cm (3St), Balken, KVH 10x20cm anlaschen (3St)	127,21 m²	15.278	**120,10**	14,8
	6100-1623 Dachgeschosswohnung				
	• Wiederherstellen (Kosten: 16,6%) Mittelpfetten einseitig verstärken, U 100 (2St), zwei Stiele stellen, Sparren verstärken (4h)	–	1.563	–	1,9
	• Herstellen (Kosten: 83,4%) Zwischensparrendämmung WLG 035, d=120mm (91m²), Gaubendächer, KVH, Holzschalung (15m²), Stirnbretter (50m)	91,00 m²	7.831	**86,05**	9,4

KG	Kostengruppe	Menge Einheit	Kosten €	€/Einheit	%
	6100-1636 Mehrfamilienhaus (10 WE)				
	• Abbrechen (Kosten: 0,6%) Abbruch von Holzbalken 10x12cm, l=5,00m (2m³); Entsorgung, Deponiegebühren	–	275	–	0,1
	• Wiederherstellen (Kosten: 34,0%) Sparrenköpfe kürzen, l=40cm, aufdoppeln 10x7,4cm, l=35cm (45St), First-/Mittelpfetten unterstützen, mit Pfetten 16x12cm (18m), mit Holzstützen 16x16cm (12m), Ortgang aufdoppeln 7,5x10cm (87m), Schubhölzer ergänzen (40m), Windsogbefestigungen erneuern (psch)	–	16.004	–	8,2
	• Herstellen (Kosten: 65,4%) Dachsparren abschneiden, Kragsparren rückverankern, für Dacheinschnitte (14St), Koppelbalken 10x10-15cm (9m), Auswechslungen (26m), Aufschieblinge (5St), Gauben-Flachdächer, Sparren 10x16cm, l=2,00m, Schalung, d=24mm (42m²), Holzfaser-Zwischensparrendämmung WLG 035, d=160mm (220m²), d=80mm (35m²), Stb-Flachdach C25/30, d=20cm, Schalung, Bewehrung (7m²), Stb-Attiken C25/30 (1m³)	261,95 m²	30.816	**117,64**	15,7
	6100-1733 Mehrfamilienhaus (11 WE)				
	• Abbrechen (Kosten: 30,2%) Abbruch von Pultdach, Holzkonstruktion, Schalung (75m²), Holzschalung (126m²); Entsorgung, Deponiegebühren	201,21 m²	23.152	**115,06**	6,6
	• Wiederherstellen (Kosten: 28,8%) Sparren aufdoppeln, KVH 4x22cm (11m), fäulnisgeschädigte Gauben-Eckpfosten ersetzen (4St), Schalung reinigen, entnageln, nachnageln (276m²), Schalung ergänzen (8m²), Schwammsanierung Sparrendach: geschädigte Holzbalken gesund schneiden, ersetzen (14m), Schnittflächen chemisch schützen (1m²)	284,49 m²	22.073	**77,59**	6,3
	• Herstellen (Kosten: 41,0%) Holzbalken-Flachdach, KVH (5m³), OSB-Schalung (108m²), Rauspundschalung, Dachüberstände (34m²), Mineralwoll-Zwischensparrendämmung WLG 035, d=200mm (50m²)	141,79 m²	31.414	**221,56**	9,0
	6100-1760 Mehrfamilienhaus (4 WE)				
	• Abbrechen (Kosten: 2,5%) Abbruch von Sparren (15m); Entsorgung, Deponiegebühren	–	698	–	0,5
	• Wiederherstellen (Kosten: 53,5%) Sparren/Pfetten verstärken, mit KVH (5m³), Abbund (275m), mit Profilstahl (301kg)	223,80 m²	15.211	**67,97**	11,7
	• Herstellen (Kosten: 44,1%) Zellulose-Einblasdämmung WLG 040, d bis 160mm (205m²), Wechselhölzer (14St), Rahmenhölzer 10x12cm (27m), Fußschwelle (14m), Traufbohle (14m)	205,11 m²	12.548	**61,18**	9,6

KG	Kostengruppe	Menge Einheit	Kosten €	€/Einheit	%
	9100-0173 Bibliothek, Lernzentrum				
	• Abbrechen (Kosten: 4,4%) Abbruch von Trapezblech, Mineralwolldämmung, Bitumenbahn (42m²); Entsorgung, Deponiegebühren	41,96 m²	7.143	**170,23**	1,2
	• Herstellen (Kosten: 95,6%) Wechsel, HEA260, l=5,05-5,25m, Querschnitt gedämmt (6St), Rahmen 3,32x4,30x1,00m vier Fachwerkträger aus Stahl-Hohlprofilen 180/100/4mm (3St), Druckrohraussteifungen 76,1x4mm, l=2,45-2,65m (14m), Auflager Trapezdach, Stahlwinkel 100/100mm (47m), Anschluss Wände an Trapezblech, Stahlwinkel 200/200/16mm (22m), Verlängerungen 200/500/16mm (24St), Sickendämmung (4m²), im Gebäude, über Infoschalter: Alu-Riegelkonstruktion 5,20x3,55m+2,83x0,50m, fünfteilig, Blindpaneele (20m²)	83,12 m²	153.478	**1.846,46**	26,8
	9100-0215 Stiftsgebäude, Gemeindesaal, Pfarrbüros				
	• Abbrechen (Kosten: 13,0%) Betontrennschnitt Garagendach, t=25cm (3m²)	2,62 m²	1.370	**523,01**	0,5
	• Wiederherstellen (Kosten: 32,0%) Firstpfette ausbauen, erneuern (psch)	–	3.369	**–**	1,1
	• Herstellen (Kosten: 55,0%) Dachsparren 8x18cm (5m), Stahlträger HEA180, l=6,52m, Rechteckrohr-Stütze 120x120mm (psch), Dachöffnungen 55x78cm schließen (15St)	–	5.802	**–**	1,9
	9700-0038 Kolumbarium				
	• Herstellen (Kosten: 100,0%) Stahlunterzüge HEB200, l=5,20m (1St), HEA120, l=1,90m (2St), HEA140, l=0,90m (1St)	–	4.618	**–**	7,6
362	**Dachöffnungen**				
	1300-0270 Verwaltungsgebäude (75 AP)				
	• Herstellen (Kosten: 100,0%) Dachausstieg 0,90x0,70m, Uw=0,32W/m²K (1m²)	0,63 m²	2.138	**3.392,92**	1,3

KG	Kostengruppe	Menge Einheit	Kosten €	€/Einheit	%
	1300-0301 Bürogebäude, Dachsanierung				
	• Abbrechen (Kosten: 1,5%) Abbruch von Lichtkuppeln 116x116cm (31m²), 94x140cm (21m²), 94x118cm (9m²), Lichtkuppel, Pfettenkranz bleibt erhalten (9m²); Entsorgung, Deponiegebühren	69,97 m²	3.146	**44,97**	0,3
	• Herstellen (Kosten: 98,5%) Lichtkuppeln 100x100cm, Acryl, dreischalig, Uw=1,1W/m²K, öffenbar, Motorantrieb, Aufsetzkranz (22m²), öffenbar, mit Leiterhalterung (1m²), Klapp-Schwingfenster 94x160cm, Dreifachverglasung, Alu-Kunststoff, Uw=0,99W/m²K, 37dB, Blendrahmen (30m²), 94x140cm (21m²), 94x118cm (7m²), 94x160cm als Schwingfenster (30m²), Aufsetzrahmen für DFF, KVH 8x18cm, teilweise zweilagig (337m), 12x18cm (251m), Lichtkuppel, Holzkonstruktion, Dachfenster, Eindeckrahmen, Pfettenkranz Bestand (4m²)	114,64 m²	212.292	**1.851,81**	18,2
	3200-0032 Palliativstation (12 Betten)				
	• Herstellen (Kosten: 100,0%) Lichtkuppeln 1,00x2,00m (4m²), Aufsetzkranz, Holzbohlen 12x16cm (24m)	4,00 m²	8.350	**2.087,59**	1,3
	4200-0037 Fachakademie, Berufsfachschule (200 Schüler)				
	• Abbrechen (Kosten: 7,6%) Abbruch von Dreiecksfenstern (2m²), Dachausstiegsluke (1m²); Entsorgung, Deponiegebühren	2,32 m²	309	**133,38**	0,1
	• Herstellen (Kosten: 92,4%) Dachluken 60x60cm einbauen, Dacheindeckung anarbeiten, Anschlussschienensets (2m²)	2,16 m²	3.766	**1.743,49**	1,6
	6100-1493 Dachgeschoss (2 WE)				
	• Herstellen (Kosten: 100,0%) Dachflächenfenster 55x118cm (1m²)	1,29 m²	3.084	**2.390,44**	1,9
	6100-1536 Mehrfamilienhaus (12 WE)				
	• Abbrechen (Kosten: 3,0%) Abbruch von Dachausstieg mit Einschiebeleiter 0,85x1,45m (1St); Entsorgung, Deponiegebühren	1,23 m²	171	**139,02**	< 0,1
	• Herstellen (Kosten: 97,0%) Flachdachausstieg 85x145cm, Scherentreppe (1m²)	1,23 m²	5.588	**4.543,35**	3,2
	6100-1545 Einfamilienhaus				
	• Abbrechen (Kosten: 0,1%) Abbruch von Dachöffnung (1St); Entsorgung, Deponiegebühren	–	19	**–**	< 0,1
	• Herstellen (Kosten: 99,9%) Dachfenster 60x70cm (1m²), 72x112cm, gebogen (2m²), Bleischürze (6m)	2,83 m²	13.437	**4.748,10**	8,4

KG	Kostengruppe	Menge Einheit	Kosten €	€/Einheit	%
	6100-1609 Dachgeschosswohnung, Turmzimmer				
	• Abbrechen (Kosten: 9,1%) Abbruch von Lichtkuppeln 80x80cm (2m²); Entsorgung, Deponiegebühren	1,92 m²	1.249	**650,54**	1,2
	• Herstellen (Kosten: 90,9%) Kunststoff-Flachdachfenster 60x90cm bis100x100cm (3m²), Randbohlen 24x14cm für Bohlenkranz (15m)	2,99 m²	12.469	**4.170,08**	12,1
	6100-1623 Dachgeschosswohnung				
	• Abbrechen (Kosten: 0,3%) Abbruch von Dachausstieg (1St); Entsorgung, Deponiegebühren	–	23	–	< 0,1
	• Herstellen (Kosten: 99,7%) Wohndachfenster, Holzkern, kunststoffumhüllt, Uw=1,0W/m²K, Klapp-/Schwingfenster, 66x118cm, Alu-Eindeckrahmen (2m²), 55x78cm, Schwingfenster (1m²), als Wohn- und Ausstiegsfenster, Dauerlüftungsklappe, 55x118cm (1m²)	3,41 m²	7.036	**2.063,34**	8,5
	6100-1636 Mehrfamilienhaus (10 WE)				
	• Abbrechen (Kosten: 2,3%) Abbruch von Dachflächenfenstern (2St); Entsorgung, Deponiegebühren	2,00 m²	417	**208,70**	0,2
	• Herstellen (Kosten: 97,7%) Dachflächenfenster, Uw=1,0W/m²K, 66x118cm, Alu-Eindeckrahmen (5St), als RWA (1St)	4,67 m²	18.001	**3.854,58**	9,2
	6100-1733 Mehrfamilienhaus (11 WE)				
	• Herstellen (Kosten: 100,0%) Lichtkuppel (1St)	0,64 m²	3.898	**6.090,96**	1,1
	6100-1760 Mehrfamilienhaus (4 WE)				
	• Abbrechen (Kosten: 3,0%) Abbruch von Dachfenstern (4m²); Entsorgung, Deponiegebühren	3,95 m²	612	**154,98**	0,5
	• Herstellen (Kosten: 97,0%) RWA-Lichtkuppel 1,20x1,20m (1St), Dachflächen-Schwingfenster 0,94-1,14x1,40m (5St), als Dachausstieg (1St)	9,67 m²	19.936	**2.061,60**	15,3
	9100-0173 Bibliothek, Lernzentrum				
	• Herstellen (Kosten: 100,0%) Drei glasfaserverstärkte Kunststoff-Satteldachlichtbänder, Uw1,4W/m²K, 4,06x2,03m, zehnteilig, acht Festverglasungen, zwei RWA, Motorantrieb (49m²), Traufbekleidung innen, l=4,05m, Stahlblech beschichtet (6St)	48,72 m²	69.860	**1.433,91**	12,2

KG	Kostengruppe	Menge Einheit	Kosten €	€/Einheit	%
	9100-0204 Stadtbücherei (120 Plätze)				
	• Herstellen (Kosten: 100,0%) Dachflächenfenster (1St)	0,42 m²	1.880	**4.475,75**	2,0
	9100-0215 Stiftsgebäude, Gemeindesaal, Pfarrbüros				
	• Abbrechen (Kosten: 100,0%) Abbruch von Dachflächenfenstern 55x78cm (6m²); Entsorgung, Deponiegebühren	6,43 m²	3.325	**517,10**	1,1
	9700-0032 Friedhofskapelle				
	• Herstellen (Kosten: 100,0%) Lichtkuppeln, Dachfenster (2St), Dachfenster, Kupfer (2St)	0,99 m²	2.931	**2.961,06**	7,0
363	**Dachbeläge**				
	1300-0270 Verwaltungsgebäude (75 AP)				
	• Abbrechen (Kosten: 24,5%) Abbruch von Gefällebetonstreifen, b=30cm (148m), Abdichtung, teerhaltig, mehrlagig (319m²), Wärmedämmung, d=120mm (235m²), Attikaabdeckung, Zinkblech, UK (59m²); Entsorgung, Deponiegebühren	378,28 m²	29.647	**78,37**	18,1
	• Wiederherstellen (Kosten: 5,8%) Dach- und Dämmstoffpaket bis zur Dampfsperre/Gefälleestrich öffnen, Öffnung umlaufend abschotten, Dämmstoffpaket zwischenlagern, nicht verwendbare Dämmstoffe entsorgen, Grundplatte zur Dampfsperre hin abschotten, dichten, Dämmstoffpaket wieder einarbeiten, mit Ausgleichschüttung ergänzen, Montageöffnungen schließen (13St)	–	7.082	–	4,3
	• Herstellen (Kosten: 69,7%) Bitumenabdichtung, Glasvlies-Bitumenschweißbahn, Wärmedämmung WLG 035, d=180mm, Polymerbitumen-Schweißbahn mit Wurzelschutz (321m²), Gefällebeton C20/25, unbewehrt, d i.M. 22cm, als umlaufender Streifen (15m³), Attikaabdeckung, Alu (59m²), Speier DN100, Stahlblech (6St), Traufstreifen, Titan-Zinkblech (11m), Kastenrinne, Titan-Zinkblech (11m)	379,80 m²	84.363	**222,13**	51,5

KG	Kostengruppe	Menge Einheit	Kosten €	€/Einheit	%
	1300-0301 Bürogebäude, Dachsanierung				
	• Abbrechen (Kosten: 15,4%) Abbruch von Kiesschüttung (592m²), Bitumendachabdichtung, PS-Dämmung (578m²), Dachrandbohlen (140m), Dachziegeln, Lattung, Wärmedämmung, Dampfsperre (1.161m²), First-/Gradeindeckungen (44m), Dachrinnen, Traufblechen (183m), Ablaufrohren (16St), Blechverwahrungen (151m); Entsorgung, Deponiegebühren	1.752,83 m²	125.208	**71,43**	10,7
	• Herstellen (Kosten: 84,6%) Bitumenbahn, PIR-Dämmung WLS 023, d=100mm, PIR-Gefälledämmung WLS 023, d i.M. 72mm, Bitumenabdichtung, zweilagig (578m²), Brandabschottung, Schaumglasdämmung WLG 050, d=120-240mm (11m²), d=120-220mm, Brandschutzplatte, d=25mm (17m²), Schutzvlies, Kiesschüttung 16/32mm, d=5cm (592m²), Attika-Randbohle, KVH 12x18cm, Bohlen 6x10cm, PIR-Dämmung, d=2x60mm, Abdichtung, zweilagig (140m), Alu-Attikaabdeckungen, b=25cm (35m²), Steildach: Bitumenbahn, PIR-Aufdachdämmung WLS 023, d=180mm (1.355m²), Schubsicherung/Dachknick, Bohlen 6x10cm, PIR-Dämmung, d=2x60mm, b=1,20m (244m²), Konterlattung, Holzschalung, d=24mm, Unterdeckbahn (1.418m²), Alu-Doppelstehfalzdeckung (1.421m²), vertikal (62m²), an Holz-Lichtkuppel (7m²), Einfassungen DFF (32St), Attikagullys, Wasserfangkästen (16St), Fallrohre auf Blechdach DN100 (122m), Notüberläufe (12St), Dachrinnen, Alu (179m), Rinnenkessel (16St), Regenfallrohre DN120, Alu (123m), Standrohre (16St)	2.082,78 m²	689.071	**330,84**	58,9
	1300-0303 Bürogebäude, TG, Brandschutzsanierung				
	• Wiederherstellen (Kosten: 31,3%) Sockelmauerwerk von Aufzugsschachtabdeckungen abstemmen, abtransportieren, entsorgen, neuen Schachtsockel aufmörteln, Schutzmaßnahmen im Aufzugsschacht (2St)	–	3.400	–	23,4
	• Herstellen (Kosten: 68,7%) Schachtabdeckungen, Schienenkonstruktion, Stahl-Blechabdeckung, Durchführungen zwei Lüftungskanäle, ein SML-Rohr (2St)	–	7.447	–	51,3
	1300-0322 Wohn-/Geschäftshaus, Fassadensanierung				
	• Abbrechen (Kosten: 5,3%) Abbruch von Regenfallleitungen (34m), seitlich lagern	–	385	–	5,3
	• Wiederherstellen (Kosten: 18,4%) Rinnenstutzen ersetzen (2St), Regenfallrohre, Formstücke entfernen, auf WDVS neu befestigen, anschließen (psch)	–	1.346	–	18,4
	• Herstellen (Kosten: 76,3%) Dachbegrünung (30m²), Blechverwahrung auf Brandwand, b=90cm, Titanzink (10m), Gesimsbleche, b=70cm, Titanzink (22m), Abschlussbleche an Kamineinfassung (psch), Regenfallrohre, Lagerware (34m)	30,00 m²	5.581	**186,03**	76,3

KG	Kostengruppe	Menge Einheit	Kosten €	€/Einheit	%
	1300-0324 Gründerzentrum (20 AP)				
	• Wiederherstellen (Kosten: 8,2%) Fallrohr versetzen (1St)	–	637	–	5,0
	• Herstellen (Kosten: 91,8%) Bitumenschweißbahn, Polymerbitumen-Schweißbahn (20m²), Kappleiste Wandanschluss, Alu (4m), Dämmkeil EPS 50/50mm (15m), Gefälledämmung, d i.M. 40mm (8m²), Attika-Tropfblech, Cortenstahlblech (16m), Tropfblech, Einlaufblech, Titanzink (1m), Dachrinne, kastenförmig, Titanzink (1m)	20,22 m²	7.104	**351,35**	55,9
	3200-0032 Palliativstation (12 Betten)				
	• Herstellen (Kosten: 100,0%) Dampfsperre (1.015m²), EPS-Gefälledämmung WLG 035, d i.M. 250mm (777m²), Mineralwoll-Gefälledämmung WLG 035, d i.M. 250mm, oberseitig bitumenkaschiert (114m²), vertikal: h bis 75cm, d=160mm, EPS-Dämmung (120m), Mineralwolldämmung (47m), Bitumenabdichtung, zweilagig (891m²), Schutzlage, Kiesschüttung (114m²), Bautenschutzmatten, Betonplatten 50x50cm (40m²), Attikaabläufe (7St), Notüberläufe (7St), Regenfallrohre, Stahl (25m), Standrohre (7St), Attikakrone: Dämmung, b=56cm, Aluabdeckungen, b=68cm (155m)	950,70 m²	297.839	**313,28**	44,7
	4200-0037 Fachakademie, Berufsfachschule (200 Schüler)				
	• Abbrechen (Kosten: 16,4%) Abbruch von Biberschwanzdachdeckung, Dachlattung (612m²), Metalldachdeckung (145m²), Dachrinnen (96m); Entsorgung, Deponiegebühren	756,70 m²	33.572	**44,37**	13,9
	• Herstellen (Kosten: 83,6%) Dampfsperre, Dachschalung, d=24mm (612m²), Alu-Schindeldeckung 42x24cm (771m²), Bitumenabdichtung (147m²), Kehlausbildung (32m), Ortgangstreifen (11m), Dachknick (80m), Stehfalzleisten, Firstentlüfter (76m), Traufstreifen, Einlaufblech (96m), Entlüftungs-hauben (4St), Entlüftungsschindeln (12St), Dachrinnen, Titanzink (97m), Regenfallrohre DN150 (85m)	771,06 m²	170.557	**221,20**	70,4
	6100-1493 Dachgeschoss (2 WE)				
	• Abbrechen (Kosten: 68,0%) Abbruch von Boden-, Wand-, Deckenbelägen (30h); Entsorgung, Deponiegebühren	–	2.743	–	1,7
	• Herstellen (Kosten: 32,0%) Kaminöffnungen schließen (4St)	–	1.293	–	0,8

KG	Kostengruppe	Menge Einheit	Kosten €	€/Einheit	%
	6100-1536 Mehrfamilienhaus (12 WE)				
	• Abbrechen (Kosten: 20,4%) Abbruch von Dachkies, d=5cm, Bitumenabdichtung, vierlagig, EPS-Dämmung, d=60mm (400m²), Dachblechen, b=15cm (110m), Attikabohlen 6x25cm (110m); Entsorgung, Deponiegebühren	400,00 m²	34.277	**85,69**	19,4
	• Herstellen (Kosten: 79,6%) Dachüberstand, b=50cm, Holzwerkstoffplatten, d=30mm mit Randbohlen befestigt (106m), PIR Wärmedämmung WLS 024, d=80mm, EPS-Gefälledämmung WLG 035, d=300-400mm, Bitumenabdichtung, zweilagig (422m²), Traufbleche, Einlaufbleche (110m), Stirnbrett (106m), Hängedachrinnen, kastenförmig, Zink (110m), Regenfallrohre, quadratisch (64m)	422,46 m²	133.369	**315,70**	75,6
	6100-1545 Einfamilienhaus				
	• Abbrechen (Kosten: 14,6%) Abbruch von Biberschwanzdeckung, Lattung (317m²), Zinkblechdeckung (14m²), Regenrinnen (65m), Regenfallrohre (15m), Kehlen (65m), Firste, Grate (60m); Entsorgung, Deponiegebühren	330,81 m²	10.793	**32,63**	6,7
	• Herstellen (Kosten: 85,4%) Unterlattungen, Biberschwanzdeckung, verschraubt (317m²), First, Grate (60m), Trauf-, Rinneneinlauf-, Ortgangbleche (15m), Doppelstehfalzdeckung (12m²), Wandanschlussbleche (56m), Laubfangvorrichtungen (4St), Regenrinnen (65m), Fallrohre (15m)	329,46 m²	63.038	**191,34**	39,4
	6100-1599 Zweifamilienhaus				
	• Abbrechen (Kosten: 12,6%) Aufnehmen und Lagern von Traufziegeln (11m), Abbruch von Dachrinne (psch); Entsorgung, Deponiegebühren	–	313	–	4,5
	• Herstellen (Kosten: 87,4%) Dachrinne, Titanzink, Traufblech (11m), Fallrohre (8m)	–	2.166	–	31,3
	6100-1609 Dachgeschosswohnung, Turmzimmer				
	• Abbrechen (Kosten: 28,8%) Abbruch von Dachschalung, Bitumenbahnen (4St), Dunstrohr, Öffnung vergrößern (1St); Entsorgung, Deponiegebühren	8,67 m²	3.929	**453,20**	3,8
	• Wiederherstellen (Kosten: 1,5%) Bestands-Dunstrohr eindichten (1St), Dachziegel austauschen (2St)	–	201	–	0,2
	• Herstellen (Kosten: 69,8%) Flachdachfenster eindichten, zweilagig, zusätzlich mit Flüssigkunststoff (4St), Dachhaut öffnen, Dunstrohre montieren, eindichten (6St), Öffnung herstellen für F90-Schacht, eindichten (1St), Titanzink-Bekleidung, Gaubenlaibungen (psch)	–	9.529	–	9,2

KG	Kostengruppe	Menge Einheit	Kosten €	€/Einheit	%
	6100-1623 Dachgeschosswohnung				
	• Abbrechen (Kosten: 9,3%) Abbruch von Dachziegeln, Dachlattung (160m²), Dachfirst (35m²), Bitumenbelag (2m²), Dachrinnen, Fallrohren (60m), Blechanschlüssen (45m); Entsorgung, Deponiegebühren	159,75 m²	4.537	**28,40**	5,5
	• Herstellen (Kosten: 90,7%) PUR-Dämmung WLS 021, d=100mm, Unterdeckbahnen, Lattung, Dachziegel, verklammert (160m²), Grade, belüftet (31m), First, belüftet (3m), Dachschalung, d=24mm, Vordeckung, Stehfalzdeckung, Zink (15m²), Traufbleche, Dachrinnen, Titanzink (50m), Fallrohre DN100, Titanzink (20m)	175,05 m²	44.474	**254,07**	53,7
	6100-1636 Mehrfamilienhaus (10 WE)				
	• Abbrechen (Kosten: 10,3%) Abbruch von Betonsteindeckung (325m²), Dachrinnen (38m), Fallrohren (37m), Verwahrungen (psch); Entsorgung, Deponiegebühren	325,00 m²	9.447	**29,07**	4,8
	• Herstellen (Kosten: 89,7%) Aufsparrendämmung WLG 045, d=100mm, Holzfaser (180m²), WLS 036, Steinwolle (15m²), Unterspannbahn (95m²), Lattungen (200m²), Trauf-/Ortgangschalung (74m²), Betonsteindeckung (250m²), Kunststoffabdichtung (57m²), PUR-Dämmung WLS 024, d=100mm, TSD, Betonplatten (14m²), EPS-Gefälledämmung WLG 035, d i.M. 160mm, Kies (5m²), Attikaabdeckungen, Verbundblech (44m), Entwässerungsrinne (5m), Notüberläufe (9St), Dachabläufe (2St), Dachrinnen, Titanzink (36m), Fallrohre, Titanzink (50m)	307,57 m²	82.645	**268,70**	42,2
	6100-1733 Mehrfamilienhaus (11 WE)				
	• Abbrechen (Kosten: 23,9%) Abbruch von Bitumenabdichtung, vierlagig (383m²), vertikal (52m), Bitumenschindeln (88m²), Wandanschlüssen (53m), Dachrinnen, Trauf-/Tropfblechen (42m), Fallrohren (42m), Blechabdeckungen (26m)	383,12 m²	49.699	**129,72**	14,3
	• Herstellen (Kosten: 76,1%) Dampfsperre (455m²), PU-Dämmung WLS 023, d=140mm (347m²), d=60mm, an Attika (81m), EPS-Gefälledämmung, d i.M. 8cm (35m²), Bitumenabdichtung, zweilagig (382m²), beschiefert (35m²), Attikaabdichtung (63m), Attikaabdeckungen, Titanzink (66m), Anschlussbleche, Titanzink (65m), Walzblei (29m), Sanitärlüfter (9St), Traufbleche, Dachrinnen, Titanzink (69m), Regenfallrohre, Titanzink (66m), Dachrandprofile, Alu (16m), Faserzementdeckung (84m²)	416,55 m²	158.088	**379,52**	45,4

KG	Kostengruppe	Menge Einheit	Kosten €	€/Einheit	%
	6100-1760 Mehrfamilienhaus (4 WE)				
	• Abbrechen (Kosten: 6,2%) Abbruch von Biberschwanzdeckung, Lattungen (54m²), Wandanschlüssen, Blei (8m); Entsorgung, Deponiegebühren	54,45 m²	2.997	**55,04**	2,3
	• Herstellen (Kosten: 93,8%) Dampfbremse, PUR-Dämmung WLS 023, d=120mm (156m²), Bitumenabdichtung (169m²), Wandanschlussbleche (31m), Sanitärlüfter (3St), Kabeldurchführung (1St), Attikaabdeckungen (10m), Unterspannbahn, Lattungen, Biberschwanz-Doppeldeckung (54m²), Dachrinnen, Einhangblech, Titanzink (14m), Fallrohre DN100 (15m)	223,18 m²	45.556	**204,12**	35,0
	9100-0173 Bibliothek, Lernzentrum				
	• Abbrechen (Kosten: 34,0%) Abbruch von Dampfsperre, PS-Dämmung, d=120mm, Bitumenabdichtung, zweilagig (492m²), an vertikalen Bauteilen (90m²), Schutzlage, Kiesschüttung, d=5cm, Pflanzenbewuchs (424m²), Faserzementplatten unter Attikablech (28m); Entsorgung, Deponiegebühren	491,82 m²	47.795	**97,18**	8,3
	• Wiederherstellen (Kosten: 7,0%) Bitumenvoranstrich ausbessern (424m²), Attikaabdeckung demontieren, b=30cm, lagern, wieder montieren (61m), Dampfsperre aufschneiden, eindichten, Übergang Dämmung (8h)	424,20 m²	9.814	**23,14**	1,7
	• Herstellen (Kosten: 59,0%) Dampfsperre, Bitumenbahnen, EPS-Dämmung WLG 035, d=120mm, Bitumenabdichtung, zweilagig (382m²), an vertikalen Bauteilen (134m), Gummigranulatmatten, Rollkiesschüttung 16/32mm, d=5cm (382m²)	382,11 m²	83.049	**217,34**	14,5
	9100-0204 Stadtbücherei (120 Plätze)				
	• Abbrechen (Kosten: 9,3%) Abbruch von Schieferdeckung, Dachschalung, d=24mm, Bitumenbahn (149m²), Bleche, b bis 60cm (58m), Fallrohre DN100 (30m), Traufbleche (8m), Dachrinnen (26m); Entsorgung, Deponiegebühren	149,07 m²	8.479	**56,88**	8,9
	• Wiederherstellen (Kosten: 12,6%) Defekte Schieferplatten entfernen, neue einbauen, Bleistreifen verlegen, verdeckt nageln (221St), Dachrinnen kontrollieren, reparieren (130m), Rinneneinhangstutzen auswechseln (5St), Fallrohrbögen erneuern (20St)	1.000,00 m²	11.404	**11,40**	12,0
	• Herstellen (Kosten: 78,1%) Rauspundschalung, d=24mm, Unterspannbahn, Schieferdeckung (149m²), Schieferdeckung in Kehlen, b=50cm (35m), Grate an Hauptdach (28m), Firstausbildung (27m), Ortgangdeckung (5m), Traufdeckung (54m), Dachrinnen (26m), Fallrohre DN100 (30m)	149,07 m²	70.824	**475,10**	74,6

KG	Kostengruppe	Menge Einheit	Kosten €	€/Einheit	%
	9100-0215 Stiftsgebäude, Gemeindesaal, Pfarrbüros				
	• Abbrechen (Kosten: 10,6%)	325,06 m²	25.494	**78,43**	8,4
	Abbruch von Dach-/Konterlattung (325m²), Ziegeldeckung (280m²), Betonsteindeckung (45m²), Wandanschlussblechen, b=65cm (225m), Dachrinnen (144m), Regenfallrohren (68m); Entsorgung, Deponiegebühren, Ausbau und Lagern von Regenfallrohren (63m)				
	• Wiederherstellen (Kosten: 7,3%)	1.142,17 m²	17.722	**15,52**	5,8
	Einzelne Dachziegel austauschen (1.142m²)				
	• Herstellen (Kosten: 82,1%)	566,78 m²	197.972	**349,29**	65,2
	Traglattung 40x60mm, Biberschwanzziegel, Doppeldeckung (522m²), Lagermaterial (45m²), Firstziegel (42m), Ortgangziegel (194m), Traufschalung, b=33cm (39m), Traufbleche, Zink (78m), Traufstreifen, PVC (157m), Lüftungsleisten (39m), Abschlussbleche, Abtropfkante, Zink (194m), Kehlbleche, b=60cm (25m), Ziegel anpassen an Dachgauben (225m), Gaubenanschluss, Blei, d=1,5mm (9m), Dachrinnen DN70-100 (144m), Regenfallrohre DN100 (68m)				
	9700-0032 Friedhofskapelle				
	• Abbrechen (Kosten: 69,0%)	72,48 m²	3.944	**54,41**	9,4
	Entfernen Zinkblechbeschichtung (72m²); Entsorgung, Deponiegebühren				
	• Wiederherstellen (Kosten: 31,0%)	72,48 m²	1.774	**24,47**	4,2
	Dachlaterne reparieren, schadhaftes Zinkblech ausbessern (72m²)				
364	**Dachbekleidungen**				
	1300-0270 Verwaltungsgebäude (75 AP)				
	• Herstellen (Kosten: 100,0%)	760,00 m²	22.646	**29,80**	13,8
	Überholungsbeschichtung (505m²), abgehängte GK-Decken, Abhängehöhe, h=10,7-25cm (147m²), GK-Deckenstreifen, b=20-30cm (108m²), GK-Verkofferungen, Abhängehöhe, h bis 65cm (38m), Revisionsklappen 20x20cm (5St)				
	1300-0289 Bürogebäude (342 AP)				
	• Abbrechen (Kosten: 38,0%)	1.514,00 m²	47.144	**31,14**	38,0
	Abbruch von Rasterdecken, UK, KMF-Mineralplatten (1.514m²); Entsorgung, Deponiegebühren				
	• Herstellen (Kosten: 62,0%)	1.514,00 m²	77.057	**50,90**	62,0
	Rasterdecken, Stahlblech-UK, Mineralplatten, Abhängehöhe 35cm (1.514m²), Brandschutzgehäuse F30 (22St), Sprinklerausgänge schließen, spachteln, streichen (6St)				

KG	Kostengruppe	Menge Einheit	Kosten €	€/Einheit	%
	1300-0301 Bürogebäude, Dachsanierung				
	• Herstellen (Kosten: 100,0%) Laibungen, Kniestock-Abkofferungen an Kombinationen von vier DFF 94x160cm, Unterkonstruktion, Dämmung, Dampfbremse, GK-Bekleidung, Oberfläche Q3 (10St), Laibungen DFF 94x140cm (16St), 94x118cm (6St), an Holzlichtkuppel, Dampfsperre, Zwischensparrendämmung, GK-Bekleidung, Oberfläche Q3 (psch), Dispersionsbeschichtung (507m²)	506,74 m²	64.378	**127,04**	5,5
	1300-0303 Bürogebäude, TG, Brandschutzsanierung				
	• Herstellen (Kosten: 100,0%) Revisionsöffnungen 40x40cm, in GK-Decken (20St), in Paneeldecken (7St)	–	3.536	–	24,4
	3200-0032 Palliativstation (12 Betten)				
	• Herstellen (Kosten: 100,0%) Abgehängte GK-Decken, Vliestapete, Dispersionsbeschichtung (438m²), abgehängte GK-Lochdecken, Mineralwollauflage, Dispersionsbeschichtung (42m²), GK-Deckenfries F30, Oberfläche Q3, Beschichtung (37m²), GKF-Deckenfriesformteile F30, b=20cm, Beschichtung (32m²), Langfeld-Metalldecken F30 (125m²), Akustikdecken, Mineralfaserplatten (117m²), abgehängte Alu-Steckpaneel-Decke, außen (16m²), GK-Bekleidungen, Lichtkuppeln (2St), Brandschutzbekleidung (5m)	806,98 m²	117.815	**145,99**	17,7
	6100-1493 Dachgeschoss (2 WE)				
	• Abbrechen (Kosten: 7,0%) Abbruch von Belägen in Dachschräge, Dämmung, d bis 10cm, GK-Platten (69m²); Entsorgung, Deponiegebühren	69,48 m²	3.363	**48,41**	2,1
	• Herstellen (Kosten: 93,0%) Mineralwolldämmung WLG 035, d=200mm, Dampfbremse (286m²), GK-Bekleidung, einlagig, Spachtelung, Grundierung, Raufaser, Beschichtung (324m²)	324,11 m²	44.412	**137,03**	28,0
	6100-1545 Einfamilienhaus				
	• Abbrechen (Kosten: 6,7%) Abbruch von Dachbekleidung (93m²), Dachdämmung (16m²); Entsorgung, Deponiegebühren	109,40 m²	2.206	**20,16**	1,4
	• Wiederherstellen (Kosten: 12,4%) Zierprofile, Faschenbretter aufarbeiten, Farbschichten entfernen, neu beschichten (26m²)	26,14 m²	4.098	**156,77**	2,6
	• Herstellen (Kosten: 80,9%) GK-Bekleidung, d=15mm, Holz-UK (248m²), Schalung Gaubenunterseiten (12m²), Zierleisten 8x8cm, an Gaubentraufen (21m)	260,16 m²	26.780	**102,94**	16,7

KG	Kostengruppe	Menge Einheit	Kosten €	€/Einheit	%
	6100-1599 Zweifamilienhaus				
	• Wiederherstellen (Kosten: 42,0%) Dachkasten überarbeiten, schleifen, lackieren (psch)	–	1.474	–	21,3
	• Herstellen (Kosten: 58,0%) GK-Bekleidung (13m²), Beschichtung (26m²)	25,87 m²	2.035	**78,67**	29,4
	6100-1609 Dachgeschosswohnung, Turmzimmer				
	• Abbrechen (Kosten: 1,6%) Abbruch von Dachbekleidungen (psch); Entsorgung, Deponiegebühren	–	781	–	0,8
	• Herstellen (Kosten: 98,4%) Dampfsperre (127m²), GKF-Bekleidung, d=12,5mm (80m²), Laibungen (54m), GK-Bekleidung an Sparren und Pfetten (17m²), GKF-Decken (44m²), Revisionsklappen (2St), GK-Bekleidungen über Drempel (7St), Dispersionsbeschichtung (148m²)	148,07 m²	48.478	**327,40**	46,9
	6100-1623 Dachgeschosswohnung				
	• Herstellen (Kosten: 100,0%) Dampfsperre (91m²), Unterkonstruktion, GK-Bekleidung, Q3, Beschichtung (77m²)	91,00 m²	14.681	**161,33**	17,7
	6100-1636 Mehrfamilienhaus (10 WE)				
	• Wiederherstellen (Kosten: 2,8%) Holzbalken schleifen, reinigen, lasieren (10h)	–	852	–	0,4
	• Herstellen (Kosten: 97,2%) Dampfsperre (250m²), Mineralwolldämmung WLS 032, d=40mm, GK-Bekleidung, Beschichtung (166m²), in Laibungen (52m), WDVS, Mineralwolldämmung WLG 035, d=80mm, Verdübelung, Armierungsspachtelung, Oberputz (10m²), Lasur Sparrenköpfe (45St)	178,95 m²	29.549	**165,12**	15,1
	6100-1713 Einfamilienhaus				
	• Herstellen (Kosten: 100,0%) Lackbeschichtung (78m²)	77,63 m²	3.662	**47,18**	100,0

KG	Kostengruppe	Menge Einheit	Kosten €	€/Einheit	%
	6100-1733 Mehrfamilienhaus (11 WE)				
	• Abbrechen (Kosten: 16,7%) Abbruch von Putz, Schilfrohrmatten, Sparschalung (158m²); Entsorgung, Deponiegebühren	158,44 m²	9.872	**62,30**	2,8
	• Wiederherstellen (Kosten: 21,5%) Holztraufkasten schleifen, neu beschichten (20m), Gesimskasten nach historischem Vorbild erneuern (11m), Zierbretter erneuern, beschichten (20m)	–	12.766	–	3,7
	• Herstellen (Kosten: 61,8%) GK-Decken, Abhängehöhe 25-50cm (214m²), GK-Bekleidung (48m²), Spachtelung Q3 (257m²), Malervlies (370m²), Dispersionsbeschichtung (239m²), Silikatbeschichtung (28m²), Holzlasur (56m²)	323,51 m²	36.616	**113,19**	10,5
	6100-1760 Mehrfamilienhaus (4 WE)				
	• Wiederherstellen (Kosten: 3,5%) Historische Dachkästen schleifen, Fehlstellen spachteln, neu beschichten (22m²), Dachkasten reparieren (2h)	21,60 m²	1.111	**51,45**	0,9
	• Herstellen (Kosten: 96,5%) Dampfbremse (195m²), Hartfaser-Pressleisten (278m), GF-Bekleidung, Silikatbeschichtung (212m²), in Laibungen (9m²), Kunstharzbeschichtung, außen (8m²)	202,88 m²	31.000	**152,80**	23,8
	9100-0173 Bibliothek, Lernzentrum				
	• Abbrechen (Kosten: 11,0%) Abbruch von KMF-haltiger Dämmung (364m²), Metallpaneel-Decken (115m²), GK-Decken (70m²), Scheinunterzug 80x40cm (6m); Entsorgung, Deponiegebühren, Abbrechen und Lagern von Welldrahtgitter (29m²)	464,72 m²	17.896	**38,51**	3,1
	• Wiederherstellen (Kosten: 18,7%) Metall-Lamellendecke demontieren, lagern, wieder einbauen, KMF-haltige Dämmauflage demontieren, entsorgen (256m²), Deckenauflage, Mineralfaserdämmung, d=30mm (217m²)	256,47 m²	30.590	**119,27**	5,3
	• Herstellen (Kosten: 70,3%) GK-Akustikdecken, Mineralwollauflage, d=40mm (268m²), Kassettendecken, vlieskaschierte Mineralplatten (137m²), GK-Decke Q3 (67m²), GK-Abkofferungen, h=34-125cm (98m²), GK-Laibungen, Oberlicht (79m²), F90 Bekleidung an Fachwerkträgern, d=20mm, zweilagig (44m²), Grundierung, Beschichtung (462m²), Akustik-Deckensegel, D=80cm (12St), D=120cm (10St)	472,99 m²	114.832	**242,78**	20,0
	9100-0204 Stadtbücherei (120 Plätze)				
	• Abbrechen (Kosten: 100,0%) Entfernen von Beschichtung im Mikropartikelstrahlverfahren (35m²); Entsorgung, Deponiegebühren	34,72 m²	2.369	**68,22**	2,5

KG	Kostengruppe	Menge Einheit	Kosten €	€/Einheit	%
	7200-0096 Geschäftshaus, Foyer				
	• Herstellen (Kosten: 100,0%) Raumteiler, l=1,40m, h=3,42m, neun vertikale Holzlamellen 20x5cm, HPL-beschichtet, Holzdekor, mit Abstand hintereinander stehend, oben und unten an Flachstahl, b=14cm, beschichtet, befestigt (5m2), h=2,80m (4m2), Pflanzkübel mit Sitzfläche 212/232cm, h=40-70cm, dreieckig mit gerundeten Ecken, HPL-beschichtet, Sitzfläche Holzabdeckung, lackiert (1St), Bepflanzung: Solitär, h=2m (1St), Unterbepflanzung (psch), Pflanzarbeiten, Folien, Wasserstandsanzeiger (psch)	220,23 m2 BGF	34.292	**155,71**	28,3
	9100-0173 Bibliothek, Lernzentrum				
	• Abbrechen (Kosten: 17,9%) Abbruch von Doppel-Metallspinden 55x40x180cm (838St)	759,69 m2 BGF	6.313	**8,31**	2,1
	• Herstellen (Kosten: 82,1%) Podest 7,40x5,88x0,38m, Holz/Holzwerkstoff, Linoleum, zwei Treppenstufen, Dämmung, Unterkonstruktion (1St)	759,69 m2 BGF	28.984	**38,15**	9,7
	9100-0213 Stadtbücherei				
	• Herstellen (Kosten: 100,0%) Doppelregale, b=54cm, HPL, Kopfseiten melaminbeschichtet, h=205cm (9St), h=166cm (2St), h=127-140cm (2St), h=140cm, Vorrichtung für höhenverstellbaren Monitor (1St), Kinderwandregal (1St), Ersatzfachböden, HPL, l=87,5cm (14St), l=107,5cm (14St)	994,60 m2 BGF	43.895	**44,13**	9,6
	9100-0215 Stiftsgebäude, Gemeindesaal, Pfarrbüros				
	• Abbrechen (Kosten: 62,4%) Abbruch von Vitrinen, verglast (54m2), Einbaumöbeln (1t), Wandtresor 30x20x20cm (1St); Entsorgung, Deponiegebühren	2.649,56 m2 BGF	4.905	**1,85**	26,6
	• Herstellen (Kosten: 37,6%) Möbel einbauen (psch), Unterbau aus Sandstein 75x28x10cm (2St)	2.649,56 m2 BGF	2.956	**1,12**	16,0
	9700-0032 Friedhofskapelle				
	• Wiederherstellen (Kosten: 100,0%) Aufarbeiten Sitzbank, Risse mit Holzspachtel schließen, schleifen, beschichten (psch)	236,82 m2 BGF	1.293	**5,46**	100,0

KG	Kostengruppe	Menge Einheit	Kosten €	€/Einheit	%
	9700-0038 Kolumbarium				
	• Abbrechen (Kosten: < 0,1%) Abbruch von Einbauschrank 200x270x40cm (1St); Entsorgung, Deponiegebühren	960,00 m² BGF	152	**0,16**	< 0,1
	• Wiederherstellen (Kosten: < 0,1%) Tresortür überarbeiten, lose Beschichtung entfernen, Schadstellen entrosten, neu beschichten (1St)	960,00 m² BGF	59	**0,06**	< 0,1
	• Herstellen (Kosten: 99,9%) Holzstelen 10x20cm, h=5,00m, geölt, freistehend, als Raumteiler, Stahlschwerter 40x100mm, Fußplatten (86St), Kirchenbänke, Holz, geölt, Kniebänke, Armauflagen (73m), Haken (108St), Einbaumöbel, MDF, lackiert: Hochschränke, b=62cm (4St), b=124cm (2St), b=162cm (1St), b=166cm, mit Einbauspüle (1St), Ankleidetisch, HPL-Ablagefläche 227x100cm, Unter-/Oberschränke, Frontauszüge, Stiftablage (1St), Unterschrank mit Waschtisch, Abfallsystem (1St), Wandvorlage 165x297cm, mit zwei Regalböden, Geldbox (1St), mit Ablagebord (1St), Kniebänke (22m), Eckbank mit Rückenlehne, Filzauflage, l=5,23m (1St), Garderobenleiste 160x20cm (1St), LED-Möbeleinbauleuchten, l=83cm (3St)	960,00 m² BGF	211.270	**220,07**	22,6
382	**Besondere Einbauten**				
	1300-0270 Verwaltungsgebäude (75 AP)				
	• Abbrechen (Kosten: 100,0%) Abbruch von Laborarbeitsplatte, Beton, gefliest, d=13cm, mit Ausgussbecken, Steingut, Wandscheiben, Mauerwerk (4m²); Entsorgung, Deponiegebühren	3.555,91 m² BGF	57	**0,02**	0,1
	7200-0096 Geschäftshaus, Foyer				
	• Herstellen (Kosten: 100,0%) Empfangstresenanlage, Freiform, Arbeitsfläche aus Mineralwerkstoffplatten, Frontflächen gebogen, HPL-beschichtet, Tresenplatte, Dekor Holzoptik, Festverglasungen, ein Schiebeelement, ESG, d=8mm, Decke mit Ausschnitten für Klimagerät, Lüftung, Beleuchtung, lackiert (1St), Winkelelement Fahrkartenschalter 167x68x56cm (1St)	220,23 m² BGF	64.238	**291,68**	53,0

KG	Kostengruppe	Menge Einheit	Kosten €	€/Einheit	%
	9100-0215 Stiftsgebäude, Gemeindesaal, Pfarrbüros				
	• Herstellen (Kosten: 100,0%)	2.649,56 m²BGF	76.455	**28,86**	16,0
	Baustelleneinrichtung (1St), Bürocontainer (4St), Bauzaun (112m), Tor (1St), Baustromverteiler (2St), Bauwasser (1St), Autokran (1St), Baustellen-WC (334Wo), Baustellenbeleuchtung (60St), Baustrahler (3St)				
	9700-0032 Friedhofskapelle				
	• Herstellen (Kosten: 100,0%)	236,82 m²BGF	22.941	**96,87**	17,5
	Baustelleneinrichtungen (3St), Baustellen-WC (1St), Aufenthaltscontainer (1St), Bauzaun (91m), Baustromanschluss (psch)				
	9700-0038 Kolumbarium				
	• Herstellen (Kosten: 100,0%)	960,00 m²BGF	18.641	**19,42**	27,0
	Baustelleneinrichtung (psch), Bauzaun (88m), Bautür, zweiflüglig (1St), Baustellen-WC (7Wo), Bauwasseranschluss (psch), Baustromverteiler (1St), Kabel (202m), Lichtleisten (20St), Scheinwerfer (4St)				
392	**Gerüste**				
	1300-0270 Verwaltungsgebäude (75 AP)				
	• Herstellen (Kosten: 100,0%)	3.555,91 m²BGF	77.700	**21,85**	17,4
	Fassadengerüst Lastklasse 3 (2.132m²), Überbrückungen (4St), Treppenaufgang (1St), Arbeitsbühne (1St), Gelenkteleskop (1St), Standgerüst, Abdeckung (24m²), Treppenturm (1St), Arbeitsgerüste (2St)				
	1300-0289 Bürogebäude (342 AP)				
	• Herstellen (Kosten: 100,0%)	11.501,16 m²BGF	15.230	**1,32**	5,4
	Fassadengerüst, Lastklasse 4 (160m²), Treppenaufgang (1St), Rollgerüst (1St)				
	1300-0301 Bürogebäude, Dachsanierung				
	• Herstellen (Kosten: 100,0%)	1.799,21 m²BGF	57.305	**31,85**	57,0
	Arbeitsgerüst, Lastklasse 3, Dachfanggerüst, Podest-Treppenturm, Passanten-Schutzdach (psch)				
	1300-0322 Wohn-/Geschäftshaus, Fassadensanierung				
	• Herstellen (Kosten: 100,0%)	2.404,55 m²BGF	21.159	**8,80**	75,7
	Fassadengerüst, Lastklasse 4 (328m²), Gerüstnetz (1St), Überbrückung mit Gitterträger, h=3,20m (8m)				

KG	Kostengruppe	Menge Einheit	Kosten €	€/Einheit	%
	1300-0324 Gründerzentrum (20 AP)				
	• Herstellen (Kosten: 100,0%) Arbeits- und Schutzgerüst, Lastklasse 3 (132m²), Konsolen (8St)	454,70 m² BGF	10.474	**23,04**	30,8
	3200-0032 Palliativstation (12 Betten)				
	• Herstellen (Kosten: 100,0%) Arbeitsgerüst (609m²), Dachfanggerüst mit Innenschutz (144m), Raumgerüst (1St)	985,28 m² BGF	39.762	**40,36**	20,1
	4200-0037 Fachakademie, Berufsfachschule (200 Schüler)				
	• Herstellen (Kosten: 100,0%) Fassadengerüst, Lastklasse 3 (1.499m²), Gerüstverbreiterung (296m), Dachfanggerüst (103m), Schutzwand Dachfläche (166m), Überbrückung Durchfahrt (24m), Treppenturm, h bis 17m (1St), Gerüstschutznetze (849m²), Arbeitsgerüst, fahrbar (psch)	2.251,21 m² BGF	79.647	**35,38**	24,7
	6100-1493 Dachgeschoss (2 WE)				
	• Herstellen (Kosten: 100,0%) Gerüst, Dachsicherung (psch)	236,18 m² BGF	4.788	**20,27**	56,3
	6100-1536 Mehrfamilienhaus (12 WE)				
	• Herstellen (Kosten: 100,0%) Fassadengerüst, Lastklasse 3 (1.104m²), Konsolverbreiterungen (560m), Treppenaufgang, h=9,50 m (1St)	1.550,80 m² BGF	40.387	**26,04**	80,6
	6100-1545 Einfamilienhaus				
	• Herstellen (Kosten: 100,0%) Fassadengerüst, Lastklasse 3 (231m²), Dachfanggerüst (78m), Konsolverbreiterungen, b=30cm (71m)	489,55 m² BGF	7.031	**14,36**	31,1
	6100-1599 Zweifamilienhaus				
	• Herstellen (Kosten: 100,0%) Fassadengerüst (psch)	368,68 m² BGF	1.178	**3,19**	7,2
	6100-1609 Dachgeschosswohnung, Turmzimmer				
	• Herstellen (Kosten: 100,0%) Doppelbockgerüst (1St), Balkonschrägschutz (1St)	198,25 m² BGF	4.067	**20,52**	10,8
	6100-1623 Dachgeschosswohnung				
	• Herstellen (Kosten: 100,0%) Fassadengerüst, Lastklasse 3, Dachdeckerfanggerüst (1St), Balkonüberbau, Gitterträger (1St)	90,45 m² BGF	10.435	**115,37**	79,2

KG	Kostengruppe	Menge Einheit	Kosten €	€/Einheit	%
	6100-1636 Mehrfamilienhaus (10 WE)				
	• Herstellen (Kosten: 100,0%)	1.239,53 m² BGF	43.471	**35,07**	36,3
	Fassadengerüst, Lastklasse 4, b=90-120cm (746m²), Arbeitsgerüst (176m²), Konsolverbreiterungen, b=30cm (313m), Dachfanggerüst (72m), Treppenturm (11m), Gerüstplanen (800m²)				
	6100-1733 Mehrfamilienhaus (11 WE)				
	• Herstellen (Kosten: 100,0%)	1.624,44 m² BGF	71.369	**43,93**	29,0
	Standgerüste, Lastklasse 4 (905m²), Lastklasse 3 (207m²), Gerüstüberbauung (18m²), Gerüstverbreiterungen (159m), Dachfanggerüst (10m), Dachstuhlgerüst (1St), Gerüsttreppen (12m), Leiterturm (12m), Gitterträger (18m), Staubnetz (150m²), Geländer (42m), Absturzsicherung Penthouse (psch), Raumgerüste (238m³), in Treppenhäusern (3St)				
	6100-1753 Mehrfamilienhaus (8 WE)				
	• Herstellen (Kosten: 100,0%)	1.102,04 m² BGF	2.133	**1,94**	19,3
	Gerüst (4Wo)				
	6100-1760 Mehrfamilienhaus (4 WE)				
	• Herstellen (Kosten: 100,0%)	980,52 m² BGF	11.801	**12,03**	22,6
	Fassadengerüst, Lastklasse 2 (445m²), Gerüstverbreiterungen (31m), Dachfanggerüst (33m), Gerüstbekleidung (187m²)				
	7200-0096 Geschäftshaus, Foyer				
	• Herstellen (Kosten: 100,0%)	220,23 m² BGF	4.685	**21,27**	61,7
	Arbeitsgerüste (4St), Rollgerüste (2St)				
	9100-0173 Bibliothek, Lernzentrum				
	• Herstellen (Kosten: 100,0%)	759,69 m² BGF	9.614	**12,66**	6,3
	Fassadengerüst, Lastklasse 3 (126m²), Rollgerüste, Lastklasse 3 (2St), Gerüsttreppenturm, Lastklasse 3, oberste Lage 5,50m (1St)				
	9100-0204 Stadtbücherei (120 Plätze)				
	• Herstellen (Kosten: 100,0%)	906,72 m² BGF	67.704	**74,67**	61,4
	Fassadengerüst, Lastklasse 3 (1.220m²), Konsolen (107m), Planen unter Gerüst (264m²), Gerüstverbreiterungen (240m), Schutzdach (111m), Auffangschutz (135m), Podesttreppe (1St), Hubarbeitsbühne (2d), Hubsteiger (psch)				
	9100-0213 Stadtbücherei				
	• Herstellen (Kosten: 100,0%)	994,60 m² BGF	288	**0,29**	0,9
	Treppengerüst (psch)				

KG	Kostengruppe	Menge Einheit	Kosten €	€/Einheit	%
	9100-0215 Stiftsgebäude, Gemeindesaal, Pfarrbüros				
	• Herstellen (Kosten: 100,0%)	2.649,56 m² BGF	229.958	**86,79**	48,0
	Fassadengerüst, Lastklasse 4 (1.583m²), Konsolverbreiterungen, b= 30cm (560m), Treppenturmaufgänge, h=15,00m (4St), Dachfanggerüst, h=2,00m (183m), Gerüstschutznetze (998m²), Wetterschutzdach (140m), fahrbare Gerüste (3St)				
	9700-0032 Friedhofskapelle				
	• Herstellen (Kosten: 100,0%)	236,82 m² BGF	86.521	**365,34**	66,0
	Fassadengerüst, Lastklasse 4 (987m²), Gerüstrahmen zur Dachüberbrückung, l=11,00m (4St), Giebelüberbrückung, l=8,50m (4St), Raumgerüst, Lastklasse 4, mit Aufgängen, 8,00x8,00m, h=10,00m (704m³), Rollgerüst (2St), Schutznetze (801m²), Arbeitsbühne (2d), Wetterschutzplanen (1.135m²)				
	9700-0038 Kolumbarium				
	• Herstellen (Kosten: 100,0%)	960,00 m² BGF	28.353	**29,53**	41,1
	Innenraumgerüste, Wandhöhen bis 10,70m (psch), Raupenarbeitsbühnen, Raumhöhe bis 17,30m (psch), Rollgerüste (psch)				
393	**Sicherungsmaßnahmen**				
	4200-0037 Fachakademie, Berufsfachschule (200 Schüler)				
	• Herstellen (Kosten: 100,0%)	2.251,21 m² BGF	1.329	**0,59**	0,4
	Abstützkonstruktion für Gewölbekeller 3,50x0,35m (10m)				
	6100-1609 Dachgeschosswohnung, Turmzimmer				
	• Herstellen (Kosten: 100,0%)	198,25 m² BGF	468	**2,36**	1,2
	Dachkonstruktion abfangen, Deckenstützen (psch)				
	6100-1753 Mehrfamilienhaus (8 WE)				
	• Herstellen (Kosten: 100,0%)	1.102,04 m² BGF	1.131	**1,03**	10,2
	Notunterstützung für Stahlbetondecke, Jochträger, Stahlsprieße (8m²)				
	9100-0173 Bibliothek, Lernzentrum				
	• Herstellen (Kosten: 100,0%)	759,69 m² BGF	2.372	**3,12**	1,5
	Decke abstützen: Kanthölzer (19St), Stahlstützen (25St), Abhangdecke gegen herunterfallen sichern, Abhänger (1St)				
	9100-0215 Stiftsgebäude, Gemeindesaal, Pfarrbüros				
	• Herstellen (Kosten: 100,0%)	2.649,56 m² BGF	5.862	**2,21**	1,2
	Unterfangung, Fundament 0,80x0,30x1,00m, Handschachtung (5m), Einbau/Rückbau der Spannanker zur Kantholzsicherung (4St)				

KG	Kostengruppe	Menge Einheit	Kosten €	€/Einheit	%
394	**Abbruchmaßnahmen**				
	1300-0301 Bürogebäude, Dachsanierung				
	• Abbrechen (Kosten: 100,0%) Abbruch von Dachgauben mit Blechdach, komplett (16St); Entsorgung, Deponiegebühren	1.799,21 m²BGF	15.219	**8,46**	15,2
	6100-1599 Zweifamilienhaus				
	• Abbrechen (Kosten: 100,0%) Abbruch von Wand, Vordach (psch); Entsorgung, Deponiegebühren	368,68 m²BGF	2.735	**7,42**	16,7
	6100-1609 Dachgeschosswohnung, Turmzimmer				
	• Abbrechen (Kosten: 100,0%) Entkernung von Wohnung (psch)	198,25 m²BGF	20.754	**104,68**	55,2
	6100-1623 Dachgeschosswohnung				
	• Abbrechen (Kosten: 100,0%) Abbruch von Gauben (2St); Entsorgung, Deponiegebühren	90,45 m²BGF	1.104	**12,20**	8,4
	6100-1760 Mehrfamilienhaus (4 WE)				
	• Abbrechen (Kosten: 100,0%) Abbruch von Holzbalkonen: Punktfundamente, Balkenlage, Dielen, Fachwerkwände, Faserzement-Brüstung, Holzdach, Abdichtung, Blechdeckung (61m³), Vorbau: Streifenfundamente, Ziegelpflaster, Mauerwerk, Betondecke (43m³); Entsorgung, Deponiegebühren	980,52 m²BGF	3.122	**3,18**	6,0
395	**Instandsetzungen**				
	3200-0032 Palliativstation (12 Betten)				
	• Herstellen (Kosten: 100,0%) Austausch Türzarge (1St), durch bauseitigen Steinschlag beschädigte Isolierglasscheibe 677x2.080mm austauschen (1St)	985,28 m²BGF	2.103	**2,13**	1,1
	9100-0213 Stadtbücherei				
	• Herstellen (Kosten: 100,0%) Feuchtemessung des Bodens nach Wasserschaden, Probebohrung, vergießen mit Schnellestrich (3h)	994,60 m²BGF	370	**0,37**	1,2
396	**Materialentsorgung**				
	1300-0270 Verwaltungsgebäude (75 AP)				
	• Herstellen (Kosten: 100,0%) Entsorgung von Bausubstanzen (242t), asbesthaltig (10m³), Container (1St)	3.555,91 m²BGF	38.053	**10,70**	8,5

KG	Kostengruppe	Menge Einheit	Kosten €	€/Einheit	%
	4200-0037 Fachakademie, Berufsfachschule (200 Schüler)				
	• Herstellen (Kosten: 100,0%) Entsorgung von Bauschutt (80m³), Porenbeton (24t), Restmüll (14m³), Holzbauteile (1m³), Bauabfälle DK 2 (93t); Deponiegebühren	2.251,21 m²BGF	22.719	**10,09**	7,0
	6100-1536 Mehrfamilienhaus (12 WE)				
	• Herstellen (Kosten: 100,0%) Bauschutt (4m³); Entsorgung, Deponiegebühren	1.550,80 m²BGF	1.756	**1,13**	3,5
	6100-1545 Einfamilienhaus				
	• Herstellen (Kosten: 100,0%) Bauschutt (14m³), Baumischabfälle (1m³); Entsorgung, Deponiegebühren	489,55 m²BGF	2.473	**5,05**	10,9
	6100-1733 Mehrfamilienhaus (11 WE)				
	• Herstellen (Kosten: 100,0%) Entsorgen von Schutt, Baumaterialien (16m³), Altholz (1m³), Sperrmüll (psch), lagernden Glaselementen (12St)	1.624,44 m²BGF	4.832	**2,97**	2,0
	6100-1753 Mehrfamilienhaus (8 WE)				
	• Herstellen (Kosten: 100,0%) Container für Abfall (2St), für Bauschutt (2St); Entsorgung, Deponiegebühren	1.102,04 m²BGF	2.640	**2,40**	23,8
	6100-1760 Mehrfamilienhaus (4 WE)				
	• Herstellen (Kosten: 100,0%) Entrümpelung, Container für Mischabfälle (45m³), für Bauschutt (35m²), für Holz (34m²); Entsorgung, Deponiegebühren	980,52 m²BGF	14.123	**14,40**	27,0
	9100-0204 Stadtbücherei (120 Plätze)				
	• Herstellen (Kosten: 100,0%) Bauschutt (4t), Holzabfälle (5t); Entsorgung, Deponiegebühren	906,72 m²BGF	4.198	**4,63**	3,8
	9100-0213 Stadtbücherei				
	• Herstellen (Kosten: 100,0%) Container 10m³ (1St)	994,60 m²BGF	952	**0,96**	3,0
	9100-0215 Stiftsgebäude, Gemeindesaal, Pfarrbüros				
	• Herstellen (Kosten: 100,0%) Entsorgung von Bauschutt, Müll, schadstoffbelastet (88t), unbelastet (28t), Behälter bereitstellen (22St); Deponiegebühren	2.649,56 m²BGF	61.660	**23,27**	12,9

KG	Kostengruppe	Menge Einheit	Kosten €	€/Einheit	%
	9700-0032 Friedhofskapelle				
	• Herstellen (Kosten: 100,0%) Bauschuttcontainer (20m³), Baumischabfälle (1St); Entsorgung, Deponiegebühren	236,82 m²BGF	2.736	**11,55**	2,1
	9700-0038 Kolumbarium				
	• Herstellen (Kosten: 100,0%) Schuttcontainer (7m³); Entsorgung, Deponiegebühren	960,00 m²BGF	300	**0,31**	0,4
397	**Zusätzliche Maßnahmen**				
	1300-0270 Verwaltungsgebäude (75 AP)				
	• Herstellen (Kosten: 100,0%) Schutzfolie (451m²), Absturzsicherung (372m), Schutzbeläge (1.180m²), Baureinigung (3.030m²), Reinigung von Fenstern (620m²), Warmwasser-Lufterhitzer (1St), Baustellenbeheizung (psch), Schwarz-Weißanlage (psch), Unterdruckgerät mit Schwebstofffilter (1St), Ein-Kammer-Schleusen (5St), Zwei-Kammer-Schleusen (4St), Industriestaubsauger (2St), Raumluftfilteranlage (1St), Schutzausrüstung (psch), Luft- und staubdichter Verschluss (380m²), Handlaufschutz (81m)	3.555,91 m²BGF	114.983	**32,34**	25,8
	1300-0289 Bürogebäude (342 AP)				
	• Herstellen (Kosten: 100,0%) Bauschutzwände (197m²), Bauschutzwand-Türen (23St), Schutzabdeckungen Folie (31.293m²), Holzspanplatten (762m²), KMF-Kammerschleusen (2St), KMF-Feinreinigung (13.627m²), Baufeinreinigung (psch)	11.501,16 m²BGF	227.393	**19,77**	80,4
	1300-0301 Bürogebäude, Dachsanierung				
	• Herstellen (Kosten: 100,0%) Abdeckvlies (600m²), Abdeckfolie (400m²), Bodenfläche abdecken (313m²), Sockelleisten abkleben (251m)	1.799,21 m²BGF	3.399	**1,89**	3,4
	1300-0303 Bürogebäude, TG, Brandschutzsanierung				
	• Herstellen (Kosten: 100,0%) Schutzabdeckungen, Folie (1.500m²), Staubschutzwände (120m²)	7.378,72 m²BGF	17.125	**2,32**	39,6
	1300-0312 Büro (7 AP)				
	• Herstellen (Kosten: 100,0%) Schutzabdeckung (psch)	277,35 m²BGF	1.414	**5,10**	100,0
	1300-0322 Wohn-/Geschäftshaus, Fassadensanierung				
	• Herstellen (Kosten: 100,0%) Erstellen einer Staubwand (8h)	2.404,55 m²BGF	407	**0,17**	1,5

KG	Kostengruppe	Menge Einheit	Kosten €	€/Einheit	%
	1300-0324 Gründerzentrum (20 AP)				
	• Herstellen (Kosten: 100,0%) Staubschutzwand (8m²), Türöffnung mit Holz, Wärmedämmung verschließen (4m²), Öffnungen abkleben (25m²), Schutzfolie (120m²)	454,70 m² BGF	1.435	**3,16**	4,2
	3200-0032 Palliativstation (12 Betten)				
	• Herstellen (Kosten: 100,0%) Bauendreinigung (psch), Notverglasung, Holzunterkonstruktion, OSB-Bekleidung als Einbruchschutz (43m²), Schutzabdeckungen (828m²), Folienabklebungen (202m²), Abklebungen von Bauteilen (1.122m), Baureinigung, besenrein (37h)	985,28 m² BGF	23.441	**23,79**	11,9
	4200-0037 Fachakademie, Berufsfachschule (200 Schüler)				
	• Herstellen (Kosten: 100,0%) Schutzabdeckungen von Fenstern, Türen (711m²), Bodenflächen (1.325m²), Treppenbelägen (24m²), Notplanen für Dachflächen (612m²), Schutzwände (68m²), Absturzsicherungen (6St), Baureinigung des gesamten Gebäudes (9.718m²)	2.251,21 m² BGF	58.302	**25,90**	18,1
	6100-1536 Mehrfamilienhaus (12 WE)				
	• Herstellen (Kosten: 100,0%) Schutzabdeckungen mit Folien (21m²), Fensterreinigung, Treppenhaus (psch)	1.550,80 m² BGF	799	**0,52**	1,6
	6100-1545 Einfamilienhaus				
	• Herstellen (Kosten: 100,0%) Schutzabdeckungen von Fußböden (183m²), Wege-und Terrassensteinen (psch), Fenstern, Türen (10St), Baureinigung (psch)	489,55 m² BGF	5.759	**11,76**	25,5
	6100-1599 Zweifamilienhaus				
	• Herstellen (Kosten: 100,0%) Schutzabdeckungen (psch)	368,68 m² BGF	910	**2,47**	5,6
	6100-1609 Dachgeschosswohnung, Turmzimmer				
	• Herstellen (Kosten: 100,0%) Parkett abdecken (88m²), Treppenhaus reinigen (4h)	198,25 m² BGF	872	**4,40**	2,3
	6100-1623 Dachgeschosswohnung				
	• Herstellen (Kosten: 100,0%) Dachfläche mit Bauplanen abdecken (160m²), Schutzmaßnahmen für Boden, Fenster, Tür (psch)	90,45 m² BGF	1.209	**13,37**	9,2

KG	Kostengruppe	Menge Einheit	Kosten €	€/Einheit	%
	6100-1636 Mehrfamilienhaus (10 WE)				
	• Herstellen (Kosten: 100,0%) Bauteilabklebungen (349m²), Hartfaserabdeckungen auf Terrazzostufen (70St), Schutzabdeckungen, Folie, Papier, Vlies (psch), Grobreinigung (17h), Feinreinigung (psch)	1.239,53 m² BGF	15.481	**12,49**	12,9
	6100-1713 Einfamilienhaus				
	• Herstellen (Kosten: 100,0%) Abdeckvlies (psch), Bauendreinigung (psch)	195,76 m² BGF	1.189	**6,07**	28,6
	6100-1733 Mehrfamilienhaus (11 WE)				
	• Herstellen (Kosten: 100,0%) Schutzabdeckungen (1.722m²), Witterungsschutz mit Planen (276m²), OSB-Abdeckung von Stufen (6m²), Notdächer (3St), Öffnungen mit Folie schließen (10St), Baureinigung (psch), Innenhof beräumen (18h)	1.624,44 m² BGF	52.319	**32,21**	21,3
	6100-1753 Mehrfamilienhaus (8 WE)				
	• Herstellen (Kosten: 100,0%) Staubwände, Kanthölzer, PE-Folie (17m²), Abdeckungen mit PE-Folie (31m²), mit Malervlies (5m²)	1.102,04 m² BGF	838	**0,76**	7,6
	6100-1760 Mehrfamilienhaus (4 WE)				
	• Herstellen (Kosten: 100,0%) Schutzabdeckungen, Folie (410m²), Vlies (24m²), Fenster schützen (41m²), Auffangvorrichtung für Schmutzwasser (psch)	980,52 m² BGF	2.135	**2,18**	4,1
	7200-0096 Geschäftshaus, Foyer				
	• Herstellen (Kosten: 100,0%) Abdeck-/Abklebearbeiten (psch)	220,23 m² BGF	2.077	**9,43**	27,4
	9100-0173 Bibliothek, Lernzentrum				
	• Herstellen (Kosten: 100,0%) Staub-/Schallschutzwände, Holz-Ständer-Konstruktion, OSB-Beplankung, Folienabdichtung, Luftpolster-Wärmeschutzfolie (270m²), Staubschutzfolie (73m²), Witterungsschutz von Dachöffnungen (42m²), von Fassadenöffnungen (18m²), Böden schützen (168m²), Reinigen von Bodenbelägen (963m²), Alu-Glas-Fassaden (97m²), Oberlichtern (38m²), Sonnenschutz (50m²), Regalen (1.412m²), Möbeln (411m²), Fachwerkträgern (33m²), Leuchten	759,69 m² BGF	58.410	**76,89**	38,1

KG	Kostengruppe	Menge Einheit	Kosten €	€/Einheit	%
	9100-0204 Stadtbücherei (120 Plätze)				
	• Herstellen (Kosten: 100,0%) Fensteröffnungen provisorisch verschließen mit Doppelstegplatten (45St), mit OSB Platten (27St), Staubschutzwand aus Spanplatten (11m2), Schutzfolien (190m2)	906,72 m2 BGF	16.714	**18,43**	15,1
	9100-0213 Stadtbücherei				
	• Herstellen (Kosten: 100,0%) Schutz von Gussboden (340m2), Kautschukboden (374m2), Filzpappen für Teppichboden (60m2), Folien, Abdeckpapier (58m2), Erstreinigung Böden (272m2), Feinreinigung: Böden, Einrichtungsgegenstände (731m2), Treppenhaus (53m2), WCs (23m2), Nachreinigung: Medienbereich (psch), Bauabschlussreinigung (340m2)	994,60 m2 BGF	12.662	**12,73**	39,5
	9100-0215 Stiftsgebäude, Gemeindesaal, Pfarrbüros				
	• Herstellen (Kosten: 100,0%) Staubschutzwände, Latten/Folien (55m2), Sicherung Schachttüren (4St), historische Balken schützen (14m), Schutzabdeckungen an Fenstern, Folien (403m2), Bodenflächen, Folien (68m2), Vlies (1.652m2), Dachflächen, Folie (45m2), Baureinigung (psch), Grundreinigung Dachboden (429m2), Zwischenreinigung (169h), Luftentfeuchter (3St)	2.649,56 m2 BGF	61.666	**23,27**	12,9
	9700-0032 Friedhofskapelle				
	• Herstellen (Kosten: 100,0%) Schutz bestehender Bodenbeläge, Hartfaserplatten, d=6mm (150m2), Fassadenschutz mit Folie (210m2), Folienzelt (psch), Baureinigung, Zwischenreinigung (psch), provisorische Auffangrinne (150m)	236,82 m2 BGF	18.848	**79,59**	14,4
	9700-0038 Kolumbarium				
	• Herstellen (Kosten: 100,0%) Schutzabdeckungen mit Verbundkarton (230m2), mit Holzwerkstoff (125m2), Eckschutzwinkel, Pappe, l=2,00m (16St), Türflügel beidseitig schützen, mit OSB-Platten (3St), mit Polsterfolie (1St), Fensteröffnung schließen mit Schaltafeln (1St), Bauendreinigung (psch), Fensterreinigung, innen (185m2), außen (psch), Reinigung Urnenwände (psch), Ersatz-Wand-/Bodenfliesen (104St), Ersatz-Akustik-Rasterdeckenplatten (22St)	960,00 m2 BGF	21.662	**22,56**	31,4
398	**Provisorische Baukonstruktionen**				
	1300-0270 Verwaltungsgebäude (75 AP)				
	• Herstellen (Kosten: 100,0%) Flachdachrand provisorisch abdichten, Rückbau, Entsorgung (145m)	3.555,91 m2 BGF	4.080	**1,15**	0,9
	1300-0322 Wohn-/Geschäftshaus, Fassadensanierung				
	• Herstellen (Kosten: 100,0%) Provisorium Regenfallleitungen (34m)	2.404,55 m2 BGF	827	**0,34**	3,0

KG	Kostengruppe	Menge Einheit	Kosten €	€/Einheit	%
	1300-0324 Gründerzentrum (20 AP)				
	• Herstellen (Kosten: 100,0%) Temporärer Verbau für Betonpumpe (3m²), provisorische Regenentwässerung, Fallrohr (psch)	454,70 m² BGF	1.516	**3,33**	4,5
	6100-1536 Mehrfamilienhaus (12 WE)				
	• Herstellen (Kosten: 100,0%) provisorische Dachentwässerung (psch)	1.550,80 m² BGF	268	**0,17**	0,5
	6100-1636 Mehrfamilienhaus (10 WE)				
	• Herstellen (Kosten: 100,0%) Fallrohrprovisorium, Schlauchfolie (50m)	1.239,53 m² BGF	165	**0,13**	0,1
	6100-1733 Mehrfamilienhaus (11 WE)				
	• Herstellen (Kosten: 100,0%) Provisorisches Regenfallrohr (1St)	1.624,44 m² BGF	677	**0,42**	0,3
	7200-0096 Geschäftshaus, Foyer				
	• Herstellen (Kosten: 100,0%) Provisorische Beleuchtung (1St)	220,23 m² BGF	831	**3,77**	10,9
	9100-0173 Bibliothek, Lernzentrum				
	• Herstellen (Kosten: 100,0%) Behelfsmäßiger Dachrand an Dachöffnungen: Kanthölzer umlaufend, Anschlussbahn Dampfsperre nach oben führen, liefern, montieren, rückbauen (48m)	759,69 m² BGF	1.419	**1,87**	0,9
	9100-0213 Stadtbücherei				
	• Herstellen (Kosten: 100,0%) Dielentür zur Sichtung von Bodendetails demontieren, entsorgen, provisorische Wand einbauen, vor Einbau des neuen Elements demontieren (9h)	994,60 m² BGF	1.066	**1,07**	3,3

KG	Kostengruppe	Menge Einheit	Kosten €	€/Einheit	%
399	**Sonstiges zur KG 390**				
	1300-0303 Bürogebäude, TG, Brandschutzsanierung				
	• Herstellen (Kosten: 100,0%) Schließanlage: Profildoppelzylinder mit Not- und Gefahrsituation (60St), Profilhalbzylinder (3St), Zylinderverlängerungen (151St), Blindzylinder (17St), Vorhangschlösser (33St), Panikschlösser (5St), Einsteckschlösser (3St), Notschlüsselkasten (1St), Hauptschlüssel (4St), Gruppen-, Haupt-/Generalhauptschlüssel (325St), Malerarbeiten: Abdeckungen, Abklebungen, Wände ausbessern, Türstöcke schleifen, grundieren, Trockenbauwände grundieren, Dispersionsbeschichtung, Abdeckungen wieder entfernen, Baustellenreinigung (171h)	7.378,72 m²BGF	25.375	**3,44**	58,7
	6100-1599 Zweifamilienhaus				
	• Herstellen (Kosten: 100,0%) Windfang: Streifenfundamente, KS-Aufmauerungen, Stb-Bodenplatte 1,50x1,85m, HLz-Mauerwerk, Ringanker, Holz-Flachdach (1St)	368,68 m²BGF	10.617	**28,80**	64,9
	6100-1609 Dachgeschosswohnung, Turmzimmer				
	• Herstellen (Kosten: 100,0%) Bekleidung von neu verlegten Wasserleitungen im darunterliegenden Geschoss an der Decke: GK-Decken, Mineralwollauflage, Rohrdämmung Abwasserrohr, Entlüftungsöffnungen (psch), GK-Abkofferung (psch), Dispersionsbeschichtung	198,25 m²BGF	3.297	**16,63**	8,8
	6100-1636 Mehrfamilienhaus (10 WE)				
	• Herstellen (Kosten: 100,0%) Schließanlage, Doppelzylinder, drei Schlüssel (16St), Zylinderverlängerungen (49St), Blindzylinder (1St), Generalhauptschlüssel (1St), Gruppenschlüssel (5St)	1.239,53 m²BGF	2.450	**1,98**	2,0
	6100-1733 Mehrfamilienhaus (11 WE)				
	• Herstellen (Kosten: 100,0%) Schließanlage, Zylinder (16St), Schlüssel (45St)	1.624,44 m²BGF	2.265	**1,39**	0,9
	9100-0213 Stadtbücherei				
	• Herstellen (Kosten: 100,0%) Schließanlage mit Doppelzylinder (15St), Halbzylinder (4St), Blindzylinder (1St), Elektro-Türöffner (1St), Vorhangschlösser (4St)	994,60 m²BGF	10.588	**10,65**	33,0
	9100-0215 Stiftsgebäude, Gemeindesaal, Pfarrbüros				
	• Herstellen (Kosten: 100,0%) Schließanlage: Doppelzylinder (7St), Schlüsselschalter (2St), Transponder-Schlüsselanhänger, Gravuren (100St), digitale Schließanlage, 30 Zylinder, Blindzylinder (1St)	2.649,56 m²BGF	43.416	**16,39**	9,1

Kostenkennwerte für die Kostengruppen 400 der 3.Ebene DIN 276

KG	Kostengruppe	Menge Einheit	Kosten €	€/Einheit	%
411	**Abwasseranlagen**				
	1300-0270 Verwaltungsgebäude (75 AP)				
	• Abbrechen (Kosten: 10,1%) Abbruch von Abwasserleitungen DN40-150, Formstücken, Stahl (564m), Kunststoff (119m), Rohrdämmung (313m), Bodenabläufen, Guss (15St); Entsorgung, Deponiegebühren	3.555,91 m²BGF	6.855	**1,93**	3,9
	• Herstellen (Kosten: 89,9%) Abwasserrohre DN50-150, schallgedämmtes Kunststoffrohr, Formstücke (296m), Bodenabläufe DN100 (1St), DN50 (1St), Ablaufgarnituren für Ausgussbecken (2St), Kondensatsiphon für Hebepumpe (1St), für Klimagerät (1St), Flachdachgullys DN100 (6St), Fallrohre (4m), Auszugsicherungen für Regenrohre DN100-150 (181St)	3.555,91 m²BGF	60.987	**17,15**	35,1
	1300-0303 Bürogebäude, TG, Brandschutzsanierung				
	• Abbrechen (Kosten: 16,5%) Abbruch von unzulässiger Rohrdämmung (17m); Entsorgung, Deponiegebühren	7.378,72 m²BGF	542	**0,07**	1,5
	• Herstellen (Kosten: 83,5%) Schmutzwasserentlüftungsleitungen, SML-Rohre DN100, l=3,00m (2St), nichtbrennbare Rohrdämmungen (25St)	7.378,72 m²BGF	2.750	**0,37**	7,6
	1300-0324 Gründerzentrum (20 AP)				
	• Abbrechen (Kosten: 1,1%) Abbruch von Schmutzwasserleitungen DN100, Formstücke (17m); Entsorgung, Deponiegebühren	454,70 m²BGF	144	**0,32**	0,2
	• Herstellen (Kosten: 98,9%) Abflussrohre DN70-100, Formstücke (27m), DN50-110, schallgedämmt (65m), Dachentlüftungshaube DN100 (1St), Flachdachablauf (1St), Notablauf (1St), Wasserfangkasten, Stahl (1St), Fallrohr, rechteckig, Zinkblech (8m), Standrohr (1St)	454,70 m²BGF	12.541	**27,58**	19,1
	3200-0032 Palliativstation (12 Betten)				
	• Herstellen (Kosten: 100,0%) KG-Rohre DN100-150, Formstücke (196m), HT-Rohre DN50-100, Formstücke, Rohrdämmung (35m), Gussrohre DN100, Formstücke (8m), Bodeneinläufe DN70 (12St), Anschlüsse an Grundleitung (59St)	985,28 m²BGF	62.512	**63,45**	22,0

KG	Kostengruppe	Menge Einheit	Kosten €	€/Einheit	%
	4200-0037 Fachakademie, Berufsfachschule (200 Schüler)				
	• Abbrechen (Kosten: 2,5%) Abbruch von Abwasserleitungen DN40-150 (200m), Entlüftungsrohren (13St); Entsorgung, Deponiegebühren	2.251,21 m²BGF	1.811	**0,80**	0,9
	• Herstellen (Kosten: 97,5%) PP-Rohre DN50-100, Formstücke, Rohrdämmung (368m), Dunstrohreinfassungen (8St), Edelstahl-Pumpensumpf 30x30x60cm (1St), Tauchpumpe (1St)	2.251,21 m²BGF	70.337	**31,24**	36,1
	6100-1493 Dachgeschoss (2 WE)				
	• Abbrechen (Kosten: 27,4%) Abbruch von Abwasserleitungen (psch); Entsorgung, Deponiegebühren	236,18 m²BGF	281	**1,19**	0,9
	• Herstellen (Kosten: 72,6%) Leitungsentlüfter über Dach (3St)	236,18 m²BGF	743	**3,14**	2,3
	6100-1536 Mehrfamilienhaus (12 WE)				
	• Herstellen (Kosten: 100,0%) KG-Rohre, Formstücke (psch), Dunstrohre über Dach (7St)	1.550,80 m²BGF	3.755	**2,42**	100,0
	6100-1545 Einfamilienhaus				
	• Abbrechen (Kosten: 0,5%) Abbruch von Stahlrohren (10m); Entsorgung, Deponiegebühren	489,55 m²BGF	32	**0,06**	0,2
	• Herstellen (Kosten: 99,5%) Schallschutzrohre DN100, Formstücke (30m), Fäkalien-Rückstauautomat (1St), Kleinhebeanlage (1St)	489,55 m²BGF	5.823	**11,90**	37,0
	6100-1599 Zweifamilienhaus				
	• Wiederherstellen (Kosten: 8,1%) Dunstrohre erneuern (2St)	368,68 m²BGF	501	**1,36**	1,7
	• Herstellen (Kosten: 91,9%) PP-Rohre DN50-100, Formstücke (psch), Duschrinne 60cm, Edelstahl (1St), Bodenablauf DN50 (1St)	368,68 m²BGF	5.694	**15,44**	19,1
	6100-1609 Dachgeschosswohnung, Turmzimmer				
	• Herstellen (Kosten: 100,0%) PP-MD-Rohre DN100, ab 2.OG, als Unterzug bis zur Therme, Strang zum Gästebad 3.OG, drei Brandschotts, DN50 Anschluss bodenebene Dusche (psch), DN70, an Dachhaube anschließen (1St)	198,25 m²BGF	2.679	**13,51**	11,1

KG	Kostengruppe	Menge Einheit	Kosten €	€/Einheit	%
	6100-1623 Dachgeschosswohnung				
	• Herstellen (Kosten: 100,0%) PP-Rohre, Formstücke, Rohrdämmung (psch), HT-Rohre DN100, Formstücke (7m)	90,45 m²BGF	1.829	**20,22**	19,7
	6100-1636 Mehrfamilienhaus (10 WE)				
	• Abbrechen (Kosten: 1,5%) Abbruch von Betonrohren (1m³); Entsorgung, Deponiegebühren	1.239,53 m²BGF	536	**0,43**	0,4
	• Herstellen (Kosten: 98,5%) PP-Schallschutzrohre DN50-100, Formstücke (psch), Brandschutzmanschetten (psch), Bodenabläufe (4St), Röhrensifons (12St), Ablaufgarnituren (8St)	1.239,53 m²BGF	35.878	**28,94**	26,6
	6100-1713 Einfamilienhaus				
	• Abbrechen (Kosten: 19,2%) Abbruch von Abwasserleitungen (psch); Entsorgung, Deponiegebühren	195,76 m²BGF	616	**3,15**	2,6
	• Herstellen (Kosten: 80,8%) Abwasserleitungen, Formstücke (psch)	195,76 m²BGF	2.594	**13,25**	11,1
	6100-1733 Mehrfamilienhaus (11 WE)				
	• Herstellen (Kosten: 100,0%) PVC-Rohre DN110, Formstücke, Sandbett (85m), PP-Rohre DN50-100, schalloptimiert, Formstücke (207m), Brandschotts (29St), Bodenabläufe (2St), Ablaufrinnen, Duschelemente (11St), Designroste (4St), Sifons (31St)	1.624,44 m²BGF	55.225	**34,00**	29,4
	6100-1753 Mehrfamilienhaus (8 WE)				
	• Abbrechen (Kosten: 7,9%) Abbruch von Schmutzwasserleitungen DN50-100 (111m); Entsorgung, Deponiegebühren	1.102,04 m²BGF	4.864	**4,41**	1,9
	• Herstellen (Kosten: 92,1%) PP-Rohre DN50-100, Formstücke, Rohrdämmung (152m), Rohrschotts (22St), Sifons (12St), Ablaufgarnituren (7St), Kernbohrungen (12St)	1.102,04 m²BGF	57.042	**51,76**	22,4
	6100-1760 Mehrfamilienhaus (4 WE)				
	• Herstellen (Kosten: 100,0%) Abwasserrohre, Formstücke (40m)	980,52 m²BGF	3.664	**3,74**	5,9

KG	Kostengruppe	Menge Einheit	Kosten €	€/Einheit	%
	9100-0173 Bibliothek, Lernzentrum				
	• Abbrechen (Kosten: 3,8%) Abbruch von KMF-haltiger Regenrohrdämmung, d=50mm (12m²), Flachdachabläufen (6St), Blechbekleidungen an Dacheinläufen (2h); Entsorgung, Deponiegebühren	759,69 m² BGF	553	**0,73**	3,8
	• Wiederherstellen (Kosten: 43,9%) Grundleitung spülen, Videodokumentation (psch), Instandsetzung der defekten Dachentwässerung (3h), Umbau der Dachabläufe (14h)	759,69 m² BGF	6.338	**8,34**	43,9
	• Herstellen (Kosten: 52,2%) Gussrohre DN100, Formstücke, Rohrdämmung (17m), Grundleitungsanschlüsse (4St), Flachdachabläufe (6St), Anschluss von Dacheinläufen (4St), Anschluss an Bestandsleitungen (2St), Rohrdämmung Regenwasserleitungen (17m), Bodenablauf (1St), Revisionsplan (1St)	759,69 m² BGF	7.534	**9,92**	52,2
	9100-0213 Stadtbücherei				
	• Herstellen (Kosten: 100,0%) PP-Rohre DN50, Formstücke (9m), Schmutzwasseranschluss (1St)	994,60 m² BGF	784	**0,79**	11,0
	9100-0215 Stiftsgebäude, Gemeindesaal, Pfarrbüros				
	• Abbrechen (Kosten: 8,2%) Abbruch von Gussrohren DN80-100 (41m), Entlüftungsrohren (11St); Entsorgung, Deponiegebühren	2.649,56 m² BGF	1.239	**0,47**	1,2
	• Herstellen (Kosten: 91,8%) Gussrohre DN50-100, Formstücke, Rohrdämmung (48m), PP-Rohre DN50-110 (41m), KG-Rohre DN110 (4m), Gummimanschetten DN50-100 (73St), Rohrbelüfter DN70 (2St), Bodenablauf (1St)	2.649,56 m² BGF	13.914	**5,25**	13,7
	9700-0038 Kolumbarium				
	• Abbrechen (Kosten: 10,3%) Abbruch von Abwasserleitungen (9m); Entsorgung, Deponiegebühren	960,00 m² BGF	916	**0,95**	2,8
	• Herstellen (Kosten: 89,7%) PP-Rohre DN50-100, Formstücke (36m), PVC-Rohre DN100, Formstücke (15m), PE-Rohre DN56-100, Formstücke (4m), Rohrschotts (6St), Kernbohrungen (6St), Sifons (8St)	960,00 m² BGF	7.996	**8,33**	24,4

KG	Kostengruppe	Menge Einheit	Kosten €	€/Einheit	%
412	**Wasseranlagen**				
	1300-0270 Verwaltungsgebäude (75 AP)				
	• Abbrechen (Kosten: 6,0%) Abbruch von Kalt- und Warmwasserleitungen, Formstücken, Stahl (616m), Rohrdämmung (367m), Waschtischen (43St), WCs, Urinalen (21St), Ausgussbecken (6St); Entsorgung, Deponiegebühren	3.555,91 m² BGF	5.854	**1,65**	3,4
	• Herstellen (Kosten: 94,0%) Kalt- und Warmwasserleitungen DN15-35, Formstücke (343m), Hygienespüleinrichtung (1St), Strömungsteiler, dynamisch (6St), Durchlauferhitzer 6,9kW (7St), Übertischspeicher 2,0kW (2St), rückspülbarer Wasserfilter (1St), Waschbecken (16St), barrierefrei (1St), Ausgussbecken, Edelstahl (2St), Tiefspül-WCs (13St), barrierefrei (1St), Urinale (7St), Wand-Stützklappgriffe (2St), Armaturen	3.555,91 m² BGF	92.174	**25,92**	53,0
	1300-0289 Bürogebäude (342 AP)				
	• Herstellen (Kosten: 100,0%) Rohrdämmung ergänzen (8h)	11.501,16 m² BGF	715	**0,06**	100,0
	1300-0303 Bürogebäude, TG, Brandschutzsanierung				
	• Abbrechen (Kosten: 20,5%) Abbruch von Trinkwasserleitungen DN80, Rohrdämmung (112m), bis DN32 (37m), Komponenten Hausanschlussraum, Druckmindereinheit, Rückschlagventile, Schmutzfänger (psch), unzulässiger Rohrdämmung (15m); Entsorgung, Deponiegebühren	7.378,72 m² BGF	6.736	**0,91**	18,6
	• Herstellen (Kosten: 79,5%) Hauswasserstation (1St), Automatik-Nachrüstsatz (1St), KRV-Ventile (7St), Edelstahlrohre DN25-32, Formstücke, Rohrdämmung (125m), Begleitheizungen (2St), Anschlüsse an Bestandsrohre DN25 (7St), Brandschutzrohrschalen (7St), Füllstrecke (1St), nichtbrennbare Rohrdämmungen (37St)	7.378,72 m² BGF	26.091	**3,54**	72,2
	1300-0322 Wohn-/Geschäftshaus, Fassadensanierung				
	• Herstellen (Kosten: 100,0%) Hahnverlängerungen Gartenarmatur (2St), Auslaufventil (1St)	2.404,55 m² BGF	274	**0,11**	100,0
	1300-0324 Gründerzentrum (20 AP)				
	• Abbrechen (Kosten: 0,3%) Abbruch von Wasserleitungen (23m); Entsorgung, Deponiegebühren	454,70 m² BGF	144	**0,32**	0,2
	• Herstellen (Kosten: 99,7%) Verbundrohre, Formstücke, Rohrdämmung (97m), Hygienespülung (psch), Einbauwaschtischanlage, zwei Becken (2St), Armaturen mit Händetrockner (4St), Waschtisch, barrierefrei (1St), Tiefspül-WCs (4St), Stützklappgriffe (2St), Rückenstütze (1St), WC-Steuerung (1St), Urinal, Steuerung (1St), Durchlauferhitzer 5,7kW (1St)	454,70 m² BGF	44.421	**97,69**	67,7

KG	Kostengruppe	Menge Einheit	Kosten €	€/Einheit	%
	3200-0032 Palliativstation (12 Betten)				
	• Herstellen (Kosten: 100,0%)	985,28 m²BGF	202.116	**205,14**	71,3
	Edelstahlrohre DN15-35, Formstücke, Rohrdämmung (798m), Rohrdurchführungen R90 (104St), Zirkulationspumpe (1St), Wasserzähler (1St), Anschlüsse an bauseitigen Speicher (2St), Absperrventile (10St), Entnahmeventile (7St), Regelventile (40St), Tiefspül-WCs, Stützklappgriffe (13St), barrierefrei, Stützklappgriffe, Rückenstütze, Spülung Infrarotauslösung (2St), Waschtische (18St), Brausegarnituren (12St), Ausgussbecken (1St), Küchenspülenanschlüsse (3St)				
	4200-0037 Fachakademie, Berufsfachschule (200 Schüler)				
	• Herstellen (Kosten: 100,0%)	2.251,21 m²BGF	116.416	**51,71**	59,7
	Edelstahlrohre DN15-42, Formstücke, Rohrdämmung (439m), Wasserfilter, Druckminderer (1St), Freistromventile (14St), Außenarmatur (1St), Tiefspül-WCs, WC-Sitze, Betätigungsplatten (10St), WC-Steuerung (1St), Urinale (6St), Stützklappgriffe (2St), Waschtische (6St), barrierefrei (1St), Schulwaschbecken (10St), Gipsfangbecken (1St), Doppelspüle (1St), Spültischarmaturen (6St), Selbstschluss-Standhähne (17St), Ausgussbecken (3St), Warmwasserspeicher 50l (3St), 15l (1St)				
	6100-1493 Dachgeschoss (2 WE)				
	• Abbrechen (Kosten: 2,4%)	236,18 m²BGF	764	**3,23**	2,4
	Abbruch von Wasserleitungen (psch), Sanitärobjekten (psch); Entsorgung, Deponiegebühren				
	• Herstellen (Kosten: 97,6%)	236,18 m²BGF	30.408	**128,75**	94,4
	Installationen von zwei Gäste-WCs mit WC, Handwaschbecken, Leitungen (2St), zwei Badezimmer mit Dusche, Handwaschbecken, WCs, Leitungen (2St), Steigleitungen rechte WE (1St)				
	6100-1545 Einfamilienhaus				
	• Abbrechen (Kosten: 4,5%)	489,55 m²BGF	404	**0,82**	2,6
	Abbruch von Badewanne (1St), WC (1St), Waschtisch (1St), Duschtasse (1St); Entsorgung, Deponiegebühren				
	• Herstellen (Kosten: 95,5%)	489,55 m²BGF	8.606	**17,58**	54,7
	Wand-Tiefspül-WCs (2St), Waschtische (2St), Badewanne 180x80cm (1St), Duschwannen 90x90cm (2St), Ausgussbecken (1St), Waschmaschinenanschluss (1St), Gartenarmaturen (2St), Garten-Wasserzähler (1St)				
	6100-1599 Zweifamilienhaus				
	• Herstellen (Kosten: 100,0%)	368,68 m²BGF	22.847	**61,97**	76,8
	Kalt- und Warmwasserleitungen, Formstücke, Rohrdämmung (psch), Hauswasserstation (1St), Wasserzähleranschluss (1St), Wand-WCs (2St), Waschtische, Armaturen (2St), Duscharmaturen (2St), Außenarmaturen (2St)				

KG	Kostengruppe	Menge Einheit	Kosten €	€/Einheit	%
	6100-1609 Dachgeschosswohnung, Turmzimmer				
	• Herstellen (Kosten: 100,0%)	198,25 m² BGF	20.837	**105,10**	86,3
	Kaltwasserstrang ab 2.OG, Edelstahl DN25 als Unterzug zum neuen Standort Therme verlegen, Strang in Gästebad verlängern, Rohrdämmung (1St), Gartensprengleitung, Gartensprengwasserzähler (1St), Absperr-Wasserzähler (1St), Waschmaschinenanschluss (1St), Küchenspülenanschluss (1St), Möbel-Waschtisch (1St), Handwaschbecken (1St), WCs (2St), Duschrinne (1St), Brauseset mit Regendusche (1St), Badewanne (1St), Außenarmatur (1St)				
	6100-1623 Dachgeschosswohnung				
	• Herstellen (Kosten: 100,0%)	90,45 m² BGF	7.048	**77,92**	75,9
	Kupferrohre, Formstücke, Rohrdämmung (psch), Tiefspül-WC (1St), Waschtisch (1St), Waschtischbatterie (1St), Duschwanne, Stahl, 100x80cm (1St), Brauseset (1St), Kopfbrause (1St), UP-Thermostat (1St)				
	6100-1636 Mehrfamilienhaus (10 WE)				
	• Abbrechen (Kosten: 2,4%)	1.239,53 m² BGF	2.204	**1,78**	1,6
	Abbruch von Sanitäranlagen (psch); Entsorgung, Deponiegebühren				
	• Herstellen (Kosten: 97,6%)	1.239,53 m² BGF	91.126	**73,52**	67,6
	Edelstahlrohre, Formstücke, Rohrdämmung, Zirkulationssystem (psch), Rohrschotts (psch), Wasserzähler (11St), Waschtische (12St), Wand-WCs (12St), Stahl-Badewannen (8St), Brausearmaturen (12St), Außenarmatur (1St)				
	6100-1713 Einfamilienhaus				
	• Abbrechen (Kosten: 4,3%)	195,76 m² BGF	847	**4,33**	3,6
	Abbruch von Wasserleitungen, Badewanne, Waschbecken, WC, Bidet (psch); Entsorgung, Deponiegebühren				
	• Herstellen (Kosten: 95,7%)	195,76 m² BGF	18.759	**95,83**	80,3
	Kalt- und Warmwasserleitungen, Formstücke (psch), Wasserenthärter (1St), Waschtische mit Unterschrank, Armatur (2St), Duschtasse 1,70x0,80m, Duscharmatur (1St), WCs, wandhängend, spülrandlos, Sitz mit Deckel, Betätigungstasten (2St), Urinal mit Deckel, Betätigungstaste (1St)				

KG	Kostengruppe	Menge Einheit	Kosten €	€/Einheit	%
	6100-1733 Mehrfamilienhaus (11 WE)				
	• Abbrechen (Kosten: 1,7%)	1.624,44 m2 BGF	2.083	**1,28**	1,1
	Abbruch von Wasserleitungen (psch), WCs (6St), Spülkästen (5St), Waschbecken (5St), Badewannen (2St), Boilern (2St), Duschwanne (1St); Entsorgung, Deponiegebühren				
	• Herstellen (Kosten: 98,3%)	1.624,44 m2 BGF	123.725	**76,16**	65,9
	Edelstahlrohre DN12-32, Formstücke, Rohrdämmung (394m), Mehrschichtverbundrohre DN12-25, Formstücke, gedämmt (385m), Kernbohrungen (32St), Hauswasserstation (1St), Freistromventile (11St), Regulierventile (5St), Wasserzählerblöcke (15St), Wand-WCs (14St), Möbelwaschtische (14St), Spülen (4St), Badewannen (3St), Brausebatterien (11St), Brausesets (8St), Ausgussbecken (1St), Außenarmatur (1St), Armaturen				
	6100-1753 Mehrfamilienhaus (8 WE)				
	• Abbrechen (Kosten: 3,4%)	1.102,04 m2 BGF	6.227	**5,65**	2,4
	Abbruch von Trinkwasserleitungen bis DN50 (121m), Waschtischen, Armaturen (8St), WCs, Spülkästen (3St), Stahl-Badewanne (1St), Duschwannen (5St), Spüle, Unterschrank (1St); Entsorgung, Deponiegebühren				
	• Herstellen (Kosten: 96,6%)	1.102,04 m2 BGF	178.205	**161,70**	69,9
	Mehrschichtverbundrohre DN12-15, Formstücke, Rohrdämmung (266m), Edelstahlrohre DN15-40, Formstücke, Rohrdämmung (193m), Brandschutzschalen (33m), Kernbohrungen (13St), Hauswasserstation (1St), Systemtrenner-Auslaufventile (2St), Freistromventile (15St), Wand-WCs (8St), Waschtische, Armaturen (7St), Badewannen (6St), Duschwannen (6St), Thermostate (11St), Wannen-/Brausegarnituren (13St), Durchlauferhitzer 24kW (6St), 5,7kW (6St), Außenarmatur (1St)				
	6100-1760 Mehrfamilienhaus (4 WE)				
	• Abbrechen (Kosten: 10,5%)	980,52 m2 BGF	5.272	**5,38**	8,5
	Abbruch von WCs (8St), Badewannen (4St), Duschen (4St), Durchlauferhitzern (4St), Waschbecken (3St); Entsorgung, Deponiegebühren				
	• Herstellen (Kosten: 89,5%)	980,52 m2 BGF	44.998	**45,89**	72,5
	Verbundrohre, Formstücke, Rohrdämmung (psch), Wand-WCs (8St), Duschkabinen (4St), Badewannen (4St), Waschmaschinenanschlüsse (4St), Waschtische (3St), Außenarmatur (1St), Durchlauferhitzer 24kW (4St), Kleinspeicher 5l (4St)				

KG	Kostengruppe	Menge Einheit	Kosten €	€/Einheit	%
	9100-0213 Stadtbücherei				
	• Abbrechen (Kosten: 11,4%)	994,60 m²BGF	723	**0,73**	10,1
	Abbruch von Waschtisch (1St), Spültisch (1St), Außenzapfstelle (1St), Stahlrohren (2m); Entsorgung, Deponiegebühren				
	• Wiederherstellen (Kosten: 6,4%)	994,60 m²BGF	403	**0,41**	5,7
	Warmwassergerät reparieren (4h)				
	• Herstellen (Kosten: 82,2%)	994,60 m²BGF	5.218	**5,25**	73,2
	Stahlrohre, Formstücke (10m), Waschtische (2St), WC-Sitz (1St), Zapfhahnwasserzähler (1St), Küchenanschluss (1St), Außenzapfstelle (1St)				
	9100-0215 Stiftsgebäude, Gemeindesaal, Pfarrbüros				
	• Abbrechen (Kosten: 9,4%)	2.649,56 m²BGF	5.444	**2,05**	5,3
	Abbruch von Stahlrohren DN15-32 (239m), Leitungen, Kupfer, Guss (165m), Trennen der Wasserleitungen; Entsorgung, Deponiegebühren				
	• Wiederherstellen (Kosten: 0,6%)	2.649,56 m²BGF	338	**0,13**	0,3
	Außenzapfstelle erneuern (1St)				
	• Herstellen (Kosten: 90,0%)	2.649,56 m²BGF	51.904	**19,59**	51,0
	Verbundrohre DN20-25, Formstücke, Rohrdämmung (154m), Edelstahlrohre DN35-42, Formstücke (20m), Alu-Systemrohre DN25, Verbinder (25m), HD-Druckrohre (25m), Waschtische (5St), Tiefspül-WCs (7St), Stützklappgriff (1St), Urinal (1St), Ausgussbecken (2St), Waschtischmischer (5St), Rückspülfilter (1St), Durchlauferhitzer 3,5kW (5St), Kleinspeicher 5l (1St), Heizbänder (30m), Außenwasserhahn (1St)				
	9700-0038 Kolumbarium				
	• Abbrechen (Kosten: 8,5%)	960,00 m²BGF	1.883	**1,96**	5,8
	Abbruch von Stahl-/Kupferleitungen bis DN40, Rohrdämmung (39m), Waschtischen (3St), WC (1St); Entsorgung, Deponiegebühren				
	• Herstellen (Kosten: 91,5%)	960,00 m²BGF	20.332	**21,18**	62,
	Edelstahlrohre DN12-25, Formstücke, Rohrdämmung (58m), PE-Druckrohre DN15-26, Formstücke (41m), Kupferrohre DN12, Formstücke (2m), Absperrventile (8St), Druckminderer-/Filtereinheit (1St), Wand-WC (1St), barrierefrei, Spülautomatik (1St), Waschtische (2St), barrierefrei (1St), Ausgussbecken (1St), Durchlauferhitzer 6,5kW (2St), 13,5kW (1St)				
413	**Gasanlagen**				
	9100-0215 Stiftsgebäude, Gemeindesaal, Pfarrbüros				
	• Herstellen (Kosten: 100,0%)	2.649,56 m²BGF	20.394	**7,70**	20,0
	Edelstahlrohre DN54-108, Formstücke (33m), Gas-Kugelhähne (5St), Kapselfedermanometer (1St)				

KG	Kostengruppe	Menge Einheit	Kosten €	€/Einheit	%
419	**Sonstiges zur KG 410**				
	1300-0270 Verwaltungsgebäude (75 AP)				
	• Abbrechen (Kosten: 5,0%) Abbruch von Vorwandelementen (26St); Entsorgung, Deponiegebühren	3.555,91 m²BGF	399	**0,11**	0,2
	• Herstellen (Kosten: 95,0%) Montageelemente für Waschbecken (5St), für WCs (14St), barrierefrei (1St), für Wand-Stützklappgriffe (2St)	3.555,91 m²BGF	7.622	**2,14**	4,4
	1300-0324 Gründerzentrum (20 AP)				
	• Herstellen (Kosten: 100,0%) Montageelemente für Waschtische (5St), für WCs (4St), für Stützklappgriffe (2St), für Urinal (1St)	454,70 m²BGF	8.328	**18,31**	12,7
	3200-0032 Palliativstation (12 Betten)				
	• Herstellen (Kosten: 100,0%) Montagelemente für Waschtische (17St), für WCs (12St), barrierefrei (2St), für Ausgussbecken (1St)	985,28 m²BGF	18.905	**19,19**	6,7
	4200-0037 Fachakademie, Berufsfachschule (200 Schüler)				
	• Herstellen (Kosten: 100,0%) Montageelemente für WCs (10St), Waschtisch (1St), Griff-Haltesystem (1St)	2.251,21 m²BGF	6.504	**2,89**	3,3
	6100-1545 Einfamilienhaus				
	• Herstellen (Kosten: 100,0%) Montageelemente für Wand-WCs (2St)	489,55 m²BGF	857	**1,75**	5,5
	6100-1599 Zweifamilienhaus				
	• Herstellen (Kosten: 100,0%) Montageelement für Waschtisch (1St), für Wasserzähler (2St)	368,68 m²BGF	721	**1,96**	2,4
	6100-1609 Dachgeschosswohnung, Turmzimmer				
	• Herstellen (Kosten: 100,0%) Montagelemente für WCs (2St)	198,25 m²BGF	625	**3,15**	2,6
	6100-1623 Dachgeschosswohnung				
	• Herstellen (Kosten: 100,0%) Montageelement für WC (1St)	90,45 m²BGF	411	**4,54**	4,4

KG	Kostengruppe	Menge Einheit	Kosten €	€/Einheit	%
	6100-1636 Mehrfamilienhaus (10 WE)				
	• Herstellen (Kosten: 100,0%) Montageelemente für WCs (12St)	1.239,53 m²BGF	5.108	**4,12**	3,8
	6100-1713 Einfamilienhaus				
	• Herstellen (Kosten: 100,0%) Installationselemente für Waschtisch (1St), für WCs (2St), für Urinal (1St)	195,76 m²BGF	554	**2,83**	2,4
	6100-1733 Mehrfamilienhaus (11 WE)				
	• Herstellen (Kosten: 100,0%) Montageelemente für Wand-WCs (14St), für Waschtische (12St)	1.624,44 m²BGF	6.846	**4,21**	3,6
	6100-1753 Mehrfamilienhaus (8 WE)				
	• Herstellen (Kosten: 100,0%) Montageelemente für WCs (6St), für Waschtische (6St), für Wasserzähler (8St)	1.102,04 m²BGF	8.525	**7,74**	3,3
	6100-1760 Mehrfamilienhaus (4 WE)				
	• Herstellen (Kosten: 100,0%) Montageelemente für WCs (8St), für Waschtische (8St), Montageblöcke für Wasserzähler (8St)	980,52 m²BGF	8.096	**8,26**	13,1
	9100-0215 Stiftsgebäude, Gemeindesaal, Pfarrbüros				
	• Herstellen (Kosten: 100,0%) Montageelemente für Waschtische (6St), für WCs (7St), für Urinal (1St), für Ausgussbecken (1St), für Haltegriffe (1St)	2.649,56 m²BGF	8.596	**3,24**	8,4
	9700-0038 Kolumbarium				
	• Herstellen (Kosten: 100,0%) Montageelemente für Wand-WCs (2St), für Waschtische (1St)	960,00 m²BGF	1.594	**1,66**	4,9

Kostenkennwerte für die Kostengruppen 400 der 3.Ebene DIN 276

KG	Kostengruppe	Menge Einheit	Kosten €	€/Einheit	%
421	**Wärmeerzeugungsanlagen**				
	1300-0270 Verwaltungsgebäude (75 AP)				
	• Abbrechen (Kosten: 0,3%) Abbruch von Ausdehnungsgefäßen (2St), Warmwasserspeicher (1St); Entsorgung, Deponiegebühren	3.555,91 m2 BGF	109	**0,03**	< 0,1
	• Herstellen (Kosten: 99,7%) Fernwärme-Kompaktstation (1St), Lufterhitzerkreis, Dreiwegekugelhahn, Umwälzpumpe (1St), Anschluss an bestehende Übergabestation (psch), Magnet- und Schlammabscheider (1St), Membransicherheitsventil (1St)	3.555,91 m2 BGF	34.078	**9,58**	20,3
	1300-0303 Bürogebäude, TG, Brandschutzsanierung				
	• Herstellen (Kosten: 100,0%) Heizungskugelhähne (2St)	7.378,72 m2 BGF	54	**< 0,01**	0,6
	3200-0032 Palliativstation (12 Betten)				
	• Herstellen (Kosten: 100,0%) Plattenwärmeaustauscher 80kW (1St), 30kW (1St), Verteiler (1St), Pumpen (5St), Ausdehnungsgefäß 80l (1St), Luftgefäße (3St), Kugelhähne (12St), Strangabsperrventile (18St), Motorstellantriebe (4St), Durchgangsregelventile (5St), Ultraschall- Wärmezähler (1St), Stahlrohre DN15-50, Formstücke, Rohrdämmung (71m), Anschlüsse an bestehende Rohre (2St)	985,28 m2 BGF	47.474	**48,18**	29,4
	4200-0037 Fachakademie, Berufsfachschule (200 Schüler)				
	• Abbrechen (Kosten: 1,0%) Demontage von Heizkessel, Ausdehnungsgefäß (1St); Entsorgung, Deponiegebühren	2.251,21 m2 BGF	355	**0,16**	0,2
	• Wiederherstellen (Kosten: 1,5%) Wiederinbetriebnahme von Heizkesselanlage, Kundendienst (1St)	2.251,21 m2 BGF	538	**0,24**	0,2
	• Herstellen (Kosten: 97,4%) Gasbrenner erneuert, Inbetriebnahme (1St), Bedienmodul (1St), Sprührohrentgasung (1St), Umwälzpumpen (2St), Heizungsverteiler (1St), Membran-Ausdehnungsgefäß 300l (1St), Entleerungsrinne (1St), Nachspeisearmatur (1St), Schmutz- und Schlammabscheider (1St), Schnellentlüfter (15St), Wärmemengenzähler (2St), Durchflussregler (13St), Absperrklappen (8St), Kugelhähne (29St), Entleerungshähne (22St), Kappenventil (1St), Stellantriebe (13St)	2.251,21 m2 BGF	33.877	**15,05**	14,6

KG	Kostengruppe	Menge Einheit	Kosten €	€/Einheit	%
	6100-1536 Mehrfamilienhaus (12 WE)				
	• Abbrechen (Kosten: 6,6%) Abbruch von Öltank 9.500l, Tankraumklappe (1St); Entsorgung, Deponiegebühren	1.550,80 m² BGF	2.680	**1,73**	2,6
	• Herstellen (Kosten: 93,4%) Pelletkessel, 35kW, vollautomatisch (1St), Pellets-Saugsystem (1St), Befüllsystem, Effizienzpumpe (1St), Pufferspeicher 750l (1St), Anlegefühler, l=4,00m (4St)	1.550,80 m² BGF	38.123	**24,58**	37,2
	6100-1545 Einfamilienhaus				
	• Abbrechen (Kosten: 5,1%) Abbruch von Heizkessel (1St); Entsorgung, Deponiegebühren	489,55 m² BGF	511	**1,04**	0,9
	• Herstellen (Kosten: 94,9%) Gas-Brennwertgerät, Wärmetauscher (1St), Warmwasserspeicher 115l (1St), Ausdehnungsgefäß (1St), Brauchwasserpumpe (1St), Gaszähler (1St)	489,55 m² BGF	9.415	**19,23**	16,6
	6100-1599 Zweifamilienhaus				
	• Abbrechen (Kosten: 15,1%) Abbruch von Heizkesselanlagen (psch); Entsorgung, Deponiegebühren	368,68 m² BGF	3.155	**8,56**	6,2
	• Herstellen (Kosten: 84,9%) Gas-Brennwertgerät 29,3kW, Regler (1St), Solarspeicher (1St), Schlammabscheider (1St), Luftabscheider (1St), Gasleitung, Formstücke (psch)	368,68 m² BGF	17.797	**48,27**	34,8
	6100-1609 Dachgeschosswohnung, Turmzimmer				
	• Wiederherstellen (Kosten: 3,8%) Gaszähler demontieren, lagern, wieder montieren, Kupferanschlussleitung zur Therme (1St)	198,25 m² BGF	532	**2,68**	0,6
	• Herstellen (Kosten: 96,2%) Gastherme 25kW (1St), Kupfer-Gasleitungen DN25, Brandschutzdämmung (1St), Steuerung, Bedienung per App (1St), Montageeinheit für Gaszweirohrzähler (1St)	198,25 m² BGF	13.520	**68,20**	15,2
	6100-1636 Mehrfamilienhaus (10 WE)				
	• Abbrechen (Kosten: 7,8%) Abbruch von Ölheizungsanlage (psch), Öltank (psch); Entsorgung, Deponiegebühren	1.239,53 m² BGF	5.810	**4,69**	3,4
	• Herstellen (Kosten: 92,2%) Pelletkessel 48kW, Zubehör (1St), Pufferspeicher 800l (2St), Pelletbunker (psch)	1.239,53 m² BGF	68.247	**55,06**	40,0

KG	Kostengruppe	Menge Einheit	Kosten €	€/Einheit	%
	6100-1733 Mehrfamilienhaus (11 WE)				
	• Abbrechen (Kosten: < 0,1%) Abbruch von Wandheizgerät (psch); Entsorgung, Deponiegebühren	1.624,44 m2 BGF	94	**0,06**	< 0,1
	• Herstellen (Kosten: 99,9%) Gas-Brennwertkessel 69kW (1St), Pufferspeicher 965l (1St), Ausdehnungsgefäß 250l (1St), Heizkreisverteiler, drei Heizkreise (1St), Frischwasserstation (1St), Systemregler (1St), Nachspeisestation (1St), Zirkulationspumpe (1St), Flachdachkollektoren (24m2), Solar-station (1St), Reglermodul (1St), Vorschaltgefäß 40l (1St), Ausdehnungsgefäß 140l (1St), Kupfer-Solarrohre DN20-25, Formstücke, Rohrdämmung (85m), Gas-Edelstahlrohre, Formstücke (9m)	1.624,44 m2 BGF	93.877	**57,79**	33,0
	6100-1760 Mehrfamilienhaus (4 WE)				
	• Herstellen (Kosten: 100,0%) Luft-Wasser-Wärmepumpe 12,2kW (1St), Dämpfungssockel (1St), Gas-Brennwertgerät 20kW, Zubehör (1St), Magnetfilter (1St), Internetmodul (1St), Rohrgruppe, Dreiwege-mischer (1St), Gasleitung (psch)	980,52 m2 BGF	38.355	**39,12**	43,3
	9100-0173 Bibliothek, Lernzentrum				
	• Herstellen (Kosten: 100,0%) Ergänzung bestehender Fernwärmeanlage: Kombi-/Absperrventile (2St), Kugelhähne (16St), Füll-Entleerungshähne (14St), Stellantriebe (2St), Lufttöpfe (2St), Kabelzuglisten (40St), Heizleitungen anschließen (7h), Einregulierung Heizungsanlage, Druckprobe (1St)	759,69 m2 BGF	8.205	**10,80**	12,5
	9100-0213 Stadtbücherei				
	• Wiederherstellen (Kosten: 29,8%) Heizgruppe, Heizkörper, Wärmetauscher, entlüften, wieder befüllen (1St)	994,60 m2 BGF	960	**0,97**	5,4
	• Herstellen (Kosten: 70,2%) Umwälzpumpe (1St), Revisionsunterlagen (1St), Einweisung (1St)	994,60 m2 BGF	2.261	**2,27**	12,7
	9100-0215 Stiftsgebäude, Gemeindesaal, Pfarrbüros				
	• Abbrechen (Kosten: 11,6%) Abbruch von Heizungsanlage (psch); Entsorgung, Deponiegebühren	2.649,56 m2 BGF	12.567	**4,74**	3,5
	• Wiederherstellen (Kosten: 2,3%) Gussofen reparieren, schweißen, Verschraubungen erneuern (29h)	2.649,56 m2 BGF	2.483	**0,94**	0,7
	• Herstellen (Kosten: 86,1%) Gasbrennwertgeräte 80kW, digitale Steuerung (2St), Kaskadenunit (1St), Umwälzpumpen (5St), Regelungserweiterung (1St), Regelgerät (1St), Pumpengruppen (2St), Hocheffizienz-kreiselpumpe (1St), hydraulische Weiche (1St), Entsalzungsmodul (1St), Neutralisations-einrichtung (1St), Ausdehnungsgefäße (4St), Siederohre DN70 (45m)	2.649,56 m2 BGF	93.374	**35,24**	25,8

KG	Kostengruppe	Menge Einheit	Kosten €	€/Einheit	%
	9700-0038 Kolumbarium				
	• Herstellen (Kosten: 100,0%) Festwert-Regelstation (1St), Nassläuferpumpe (1St), Ausdehnungsgefäß 50l (1St), Rückschlagventil (1St), Kugelhähne (6St), Entleerungsventile (10St), Kappenventil (1St), Heizungssteuerung: Kleinverteiler (1St), Ethernet-Thermostat (1St), Ethernet-Switch (1St)	960,00 m²BGF	7.443	**7,75**	14,8
422	**Wärmeverteilnetze**				
	1300-0270 Verwaltungsgebäude (75 AP)				
	• Abbrechen (Kosten: 1,6%) Abbruch von Rohrleitungen, Kupfer (125m); Entsorgung, Deponiegebühren	3.555,91 m²BGF	1.274	**0,36**	0,8
	• Herstellen (Kosten: 98,4%) C-Stahlrohre DN18-42, Formstücke, Rohrdämmung (1.051m), Strangregulierventile (7St), Absperrventile (7St), Hahnblöcke (102St), Stahlrohre grundieren, lackieren (540m)	3.555,91 m²BGF	79.815	**22,45**	47,6
	1300-0303 Bürogebäude, TG, Brandschutzsanierung				
	• Herstellen (Kosten: 100,0%) Heizungsrohre DN20, Formstücke, Rohrdämmung (54m), Anschluss an Bestand (psch), Brandschutzschalen bis DN20 (2St), Kernbohrungen (2St), Leitungen befüllen, entlüften (psch)	7.378,72 m²BGF	6.363	**0,86**	76,8
	1300-0324 Gründerzentrum (20 AP)				
	• Abbrechen (Kosten: 4,3%) Abbruch von Kupferrohren (62m); Entsorgung, Deponiegebühren	454,70 m²BGF	458	**1,01**	1,6
	• Herstellen (Kosten: 95,7%) C-Stahlrohre DN15, Formstücke (152m), Heizungsrohre beschichten (34m)	454,70 m²BGF	10.290	**22,63**	36,4
	3200-0032 Palliativstation (12 Betten)				
	• Herstellen (Kosten: 100,0%) Kupferrohre DN15-50, Formstücke, Rohrdämmung (408m), Rohrdurchführungen, rauchdicht verschließen (68St), Mehrschichtverbundrohre (15m)	985,28 m²BGF	49.411	**50,15**	30,6
	4200-0037 Fachakademie, Berufsfachschule (200 Schüler)				
	• Abbrechen (Kosten: 3,7%) Demontage von Rohrleitungen DN15-65, Formstücke, Rohrdämmung (572m), Heizungsverteileranlage (psch), Warmwasserbereiter (psch); Entsorgung, Deponiegebühren	2.251,21 m²BGF	3.267	**1,45**	1,4
	• Herstellen (Kosten: 96,3%) Stahlrohre DN15-50, Formstücke, Rohrdämmung (1.201m), Gewinderohre DN50-65 (68m), Verteilerschränke (13St), Brandschutzmanschetten (43St)	2.251,21 m²BGF	85.943	**38,18**	37,1

KG	Kostengruppe	Menge Einheit	Kosten €	€/Einheit	%
	6100-1536 Mehrfamilienhaus (12 WE)				
	• Herstellen (Kosten: 100,0%) Stahlrohre DN28, Formstücke, Rohrdämmung (56m), Kupferrohre DN15-22 (7m), Ausdehnungsgefäß 200l (1St), Heizkreisverteiler, vierfach (3St), Thermostatköpfe (39St), Ventilunterteile (43St), Strangregulierventile (12St), Einrohrverteiler (54St), Dreiwege-mischer, Stellmotor (1St)	1.550,80 m2 BGF	53.296	**34,37**	52,1
	6100-1545 Einfamilienhaus				
	• Abbrechen (Kosten: 19,8%) Abbruch von Stahlrohren (psch); Entsorgung, Deponiegebühren	489,55 m2 BGF	2.737	**5,59**	4,8
	• Herstellen (Kosten: 80,2%) Kupferrohre, Formstücke, Rohrdämmung (32m), Metallverbundrohre DN16-32 (230m)	489,55 m2 BGF	11.095	**22,66**	19,6
	6100-1599 Zweifamilienhaus				
	• Abbrechen (Kosten: 15,8%) Abbruch von Heizleitungen, Rohrdämmung (psch); Entsorgung, Deponiegebühren	368,68 m2 BGF	2.905	**7,88**	5,7
	• Herstellen (Kosten: 84,2%) Heizleitungen, Formstücke, Rohrdämmung (psch), Wand-/Deckendurchbrüche (psch)	368,68 m2 BGF	15.517	**42,09**	30,4
	6100-1609 Dachgeschosswohnung, Turmzimmer				
	• Herstellen (Kosten: 100,0%) Edelstahl-Rohre DN20, Rohrdämmung, Brandschutzschale ab Therme als Unterzug (1St)	198,25 m2 BGF	1.140	**5,75**	1,3
	6100-1623 Dachgeschosswohnung				
	• Herstellen (Kosten: 100,0%) Installation Heizkörperversorgungsleitungen und Anbindung an vorhandene Heizungs-installation im UG, mit Rohr-, Verbindungs- und Befestigungsmaterialien (psch), PE-Xa-Heizungsversorgungsleitung in freigegebenen Schornsteinzug (1St), Rohrdämmung (62m), Strangabsperrventil (1St), Strangregulierventil (1St)	90,45 m2 BGF	5.529	**61,13**	60,2
	6100-1636 Mehrfamilienhaus (10 WE)				
	• Herstellen (Kosten: 100,0%) Heizungsrohre, Formstücke, Rohrdämmung, Brandschotts (psch), Kugelhähne (11St), Schlammabscheider (1St), Druckausdehnungsgefäß (1St), Kesselanschlussgruppe (1St), Ventile (2St), Entlüfter (4St), Kernbohrungen, D=70-100mm (800cm)	1.239,53 m2 BGF	31.377	**25,31**	18,4

KG	Kostengruppe	Menge Einheit	Kosten €	€/Einheit	%
	6100-1733 Mehrfamilienhaus (11 WE)				
	• Abbrechen (Kosten: 1,1%) Abbruch von Heizungsrohren, Dämmung, Messtechnik, Verteilern (psch); Entsorgung, Deponiegebühren	1.624,44 m² BGF	800	**0,49**	0,3
	• Herstellen (Kosten: 98,9%) Stahlrohre DN12-50, Formstücke, Rohrdämmung (645m), Kernbohrungen (12St), Schlitze (35m), Absperr-/Regulierventile (18St)	1.624,44 m² BGF	72.271	**44,49**	25,4
	6100-1753 Mehrfamilienhaus (8 WE)				
	• Abbrechen (Kosten: 2,5%) Abbruch von Heizleitungen bis DN40 (46m); Entsorgung, Deponiegebühren	1.102,04 m² BGF	2.063	**1,87**	1,7
	• Wiederherstellen (Kosten: 51,2%) Anlagensystem entleeren, Druck und Dichtheit von Bestandsleitungen prüfen, wieder befüllen (14St), Druck und Dichtheit von Strängen kontrollieren (14St), Schellen erneuern (56St), Heizungsrohre neu lackieren (20h)	1.102,04 m² BGF	41.446	**37,61**	34,2
	• Herstellen (Kosten: 46,2%) Kupferrohre DN12-25, Formstücke (46m), Mehrschichtverbundrohre DN12-15, Formstücke (46m), Rohrdämmung (396m)	1.102,04 m² BGF	37.392	**33,93**	30,9
	6100-1760 Mehrfamilienhaus (4 WE)				
	• Herstellen (Kosten: 100,0%) Edelstahlrohre, Formstücke, Rohrdämmung (300m), Kupferrohre, Formstücke (12m), Strangabsperrventile (4St), Wärmemengenzähler (8St), Differenzdruckregler (2St)	980,52 m² BGF	21.681	**22,11**	24,5
	9100-0173 Bibliothek, Lernzentrum				
	• Abbrechen (Kosten: 4,7%) Abbruch von bereits montierten Rohrleitungen (9h)	759,69 m² BGF	1.392	**1,83**	2,1
	• Herstellen (Kosten: 95,3%) Stahlrohre, Formstücke (108m), Rohrdämmung (180m), Brandschutzrohrdurchführungen (9St), Alu-Verbundrohre (17St), Heizkörperanschlüsse umbauen (26h), Anschlüsse herstellen (34h), Kernlochbohrungen (15St)	759,69 m² BGF	28.031	**36,90**	42,8
	9100-0213 Stadtbücherei				
	• Abbrechen (Kosten: 30,9%) Heizungsleitungen außer Betrieb nehmen (1St), Abbruch von Rohren (6m), Armaturen (2St), Heizkörper-Anbindeleitungen (3St); Entsorgung, Deponiegebühren	994,60 m² BGF	1.467	**1,47**	8,2
	• Herstellen (Kosten: 69,1%) Kupferrohre, Formstücke, Rohrdämmung (8m), Anschlüsse an vorhandene Leitungen (3St), Druckproben (2St), Spülen, entleeren (2St)	994,60 m² BGF	3.284	**3,30**	18,5

KG	Kostengruppe	Menge Einheit	Kosten €	€/Einheit	%
	9100-0215 Stiftsgebäude, Gemeindesaal, Pfarrbüros				
	• Abbrechen (Kosten: 8,8%) Abbruch von Heizleitungen (psch); Entsorgung, Deponiegebühren	2.649,56 m2BGF	13.080	**4,94**	3,6
	• Herstellen (Kosten: 91,2%) C-Stahl-Rohre DN12-32, Formstücke, Rohrdämmung (1.558m), Fühlertaschen (22St), Messfühler (12St), Entleerarmaturen (20St), Verteilerschränke (3St), Absperrventile (16St), Strangregulierventile (14St), Rückschlagklappen (4St), Schmutzfänger (4St), Dreiwege-ventile (2St), Luftabscheider DN100 (8St)	2.649,56 m2BGF	135.212	**51,03**	37,3
	9700-0032 Friedhofskapelle				
	• Abbrechen (Kosten: 5,4%) Abbruch von Rohrleitungen (10St); Entsorgung, Deponiegebühren	236,82 m2BGF	128	**0,54**	0,5
	• Herstellen (Kosten: 94,6%) Kupferrohre, Formstücke, Rohrdämmung (15m)	236,82 m2BGF	2.272	**9,59**	8,4
	9700-0038 Kolumbarium				
	• Abbrechen (Kosten: 19,0%) Abbruch von Heizleitungen, Rohrdämmung (65m); Entsorgung, Deponiegebühren	960,00 m2BGF	2.623	**2,73**	5,2
	• Herstellen (Kosten: 81,0%) C-Stahlrohre DN12-25, Formstücke, Rohrdämmung (108m)	960,00 m2BGF	11.154	**11,62**	22,2
423	**Raumheizflächen**				
	1300-0270 Verwaltungsgebäude (75 AP)				
	• Abbrechen (Kosten: 3,0%) Abbruch von Heizkörpern, Guss (98St), Heizkörperbekleidungen (10St); Entsorgung, Deponiegebühren	3.555,91 m2BGF	1.589	**0,45**	0,9
	• Herstellen (Kosten: 97,0%) Plattenheizkörper (104St)	3.555,91 m2BGF	50.874	**14,31**	30,3
	1300-0303 Bürogebäude, TG, Brandschutzsanierung				
	• Herstellen (Kosten: 100,0%) Flachheizkörper (1St)	7.378,72 m2BGF	1.868	**0,25**	22,5
	1300-0324 Gründerzentrum (20 AP)				
	• Abbrechen (Kosten: 7,2%) Abbruch von Plattenheizkörpern (18St); Entsorgung, Deponiegebühren	454,70 m2BGF	1.272	**2,80**	4,5
	• Herstellen (Kosten: 92,8%) Plattenheizkörper, Thermostate (19St), Heizkörper beschichten (3St)	454,70 m2BGF	16.281	**35,81**	57,5

KG	Kostengruppe	Menge Einheit	Kosten €	€/Einheit	%
	3200-0032 Palliativstation (12 Betten)				
	• Herstellen (Kosten: 100,0%) Fußbodenheizung, Trägerelemente (601m²), PE-Xa-Rohre (4.025m), Edelstahlverteiler, sechs bis zehn Heizkreise, Verteilerschränke (5St), Thermoantriebe (40St), Raumtemperaturfühler (25St), Regelmodule (7St), Heizkörper, Thermostate (12St)	985,28 m² BGF	64.496	**65,46**	40,0
	4200-0037 Fachakademie, Berufsfachschule (200 Schüler)				
	• Herstellen (Kosten: 100,0%) Ventilheizkörper, Typ 21-33 (76m²), Thermostate (104St), Kugel-Absperrventile (104St), Rücklaufverschraubungen (24St)	2.251,21 m² BGF	90.786	**40,33**	39,2
	6100-1493 Dachgeschoss (2 WE)				
	• Abbrechen (Kosten: 4,5%) Abbruch von Heizkörpern (psch); Entsorgung, Deponiegebühren	236,18 m² BGF	483	**2,04**	2,4
	• Herstellen (Kosten: 95,5%) Heizkörper inkl. Montage pro Wohneinheit (psch)	236,18 m² BGF	10.319	**43,69**	50,4
	6100-1545 Einfamilienhaus				
	• Abbrechen (Kosten: 3,6%) Abbruch von Guss-Heizkörpern (21St), Handtuchheizkörper (1St); Entsorgung, Deponiegebühren	489,55 m² BGF	966	**1,97**	1,7
	• Herstellen (Kosten: 96,4%) Flachheizkörper in Planausführung (26St), Konvektoren, h=14cm (2St), Badheizkörper (2St), Elektro-Heizstäbe 800W (2St)	489,55 m² BGF	25.703	**52,50**	45,3
	6100-1599 Zweifamilienhaus				
	• Abbrechen (Kosten: 17,9%) Abbruch von Heizkörpern (13St); Entsorgung, Deponiegebühren	368,68 m² BGF	1.797	**4,88**	3,5
	• Herstellen (Kosten: 82,1%) Plattenheizkörper, Thermostatventile (13St), Handtuchheizkörper (1St)	368,68 m² BGF	8.241	**22,35**	16,1
	6100-1609 Dachgeschosswohnung, Turmzimmer				
	• Herstellen (Kosten: 100,0%) Fußbodenheizung: EPS-Verlegeplatte WLG 035, d=30mm, Abdeckfolie (115m²), PE-Xc-Rohre (960m), Heizkreisverteiler, Verteilerschränke (2St), Stellantriebe (8St), Raumregler, smart (8St), Transformatoren (2St), BUS/Funk-Hybridlösung (2St), Heizungsleitungen (25m), Heizkörper (1St), dreiseitig verglaster Gaskamineinsatz, Fernbedienung, Anbauwand isolieren, Kamineinsatz mit Brandschutzplatten ummauern, verputzen, Kabelschächte isolieren, Abgasrohr 200/130mm in F90 Kanal 30x30cm (psch)	198,25 m² BGF	73.267	**369,57**	82,1

KG	Kostengruppe	Menge Einheit	Kosten €	€/Einheit	%
	6100-1623 Dachgeschosswohnung				
	• Herstellen (Kosten: 100,0%) Flachheizkörper (3St), Handtuchheizkörper (1St), Thermostate (4St)	90,45 m2 BGF	2.593	**28,67**	28,2
	6100-1636 Mehrfamilienhaus (10 WE)				
	• Herstellen (Kosten: 100,0%) Profilheizkörper (45St), Badheizkörper (10St)	1.239,53 m2 BGF	57.455	**46,35**	33,7
	6100-1713 Einfamilienhaus				
	• Abbrechen (Kosten: 6,8%) Abbruch von Heizkörper (psch); Entsorgung, Deponiegebühren	195,76 m2 BGF	385	**1,97**	6,8
	• Wiederherstellen (Kosten: 15,7%) Heizkörper versetzen (psch)	195,76 m2 BGF	888	**4,54**	15,7
	• Herstellen (Kosten: 77,5%) Rohrleitungen, Handtuchheizkörper, Thermostate (2St)	195,76 m2 BGF	4.393	**22,44**	77,5
	6100-1733 Mehrfamilienhaus (11 WE)				
	• Abbrechen (Kosten: 5,0%) Abbruch von Heizkörpern (16St), Kachelöfen (6St), Ofen (1St); Entsorgung, Deponiegebühren	1.624,44 m2 BGF	4.655	**2,87**	1,6
	• Herstellen (Kosten: 95,0%) Badheizkörper (14St), Ventilheizkörper (34St), Fußbodenheizung, EPS-Klettplatten WLS 032, d=25mm (192m2), PE-Xa-Rohre 16x2mm (1.026m), Verteiler, sechs Heizkreise (3St), Thermoantriebe (15St), EPS-Systemverlegeplatten, d=25mm (61m2), Alu-Wärmeleit-lamellen (293St), PE-Xa-Rohre 14x2mm (307m)	1.624,44 m2 BGF	88.158	**54,27**	30,9
	6100-1753 Mehrfamilienhaus (8 WE)				
	• Abbrechen (Kosten: 8,4%) Abbruch von Heizkörpern (27St); Entsorgung, Deponiegebühren	1.102,04 m2 BGF	3.134	**2,84**	2,6
	• Herstellen (Kosten: 91,6%) Flachheizkörper (21St), Badheizkörper (7St), Dekorativheizkörper (4St), Ventilunterteile (27St), Fühlerelemente (17St), automatische Durchflussregelungen (9St)	1.102,04 m2 BGF	34.396	**31,21**	28,4
	6100-1760 Mehrfamilienhaus (4 WE)				
	• Abbrechen (Kosten: 10,3%) Abbruch von Kachelöfen (6St), Öfen (6St); Entsorgung, Deponiegebühren, Rückbauen und Lagern von Kachelöfen (3St)	980,52 m2 BGF	2.657	**2,71**	3,0
	• Herstellen (Kosten: 89,7%) Flachheizkörper (27St), Badheizkörper, E-Heizstäbe (4St), Standkonsolen (2St)	980,52 m2 BGF	23.154	**23,61**	26,1

KG	Kostengruppe	Menge Einheit	Kosten €	€/Einheit	%
	7200-0096 Geschäftshaus, Foyer				
	• Wiederherstellen (Kosten: 100,0%) Heizkörper reinigen, grundieren, beschichten (9St)	220,23 m²BGF	883	**4,01**	100,0
	9100-0173 Bibliothek, Lernzentrum				
	• Herstellen (Kosten: 100,0%) Stahl-Röhrenheizkörper (8St), Radiavektoren (2St), Thermostate (10St)	759,69 m²BGF	27.816	**36,61**	42,5
	9100-0213 Stadtbücherei				
	• Abbrechen (Kosten: 5,9%) Abbruch von Heizkörpern (4St); Entsorgung, Deponiegebühren	994,60 m²BGF	576	**0,58**	3,2
	• Herstellen (Kosten: 94,1%) Plattenheizkörper, Thermostate (3St)	994,60 m²BGF	9.243	**9,29**	52,0
	9100-0215 Stiftsgebäude, Gemeindesaal, Pfarrbüros				
	• Abbrechen (Kosten: 3,9%) Abbruch von Heizkörpern (psch); Entsorgung, Deponiegebühren	2.649,56 m²BGF	4.102	**1,55**	1,1
	• Herstellen (Kosten: 96,1%) Kompaktheizkörper, Thermostatventile (27St), Wandheizung, Kupferrohre 18-22x1,0mm, Formstücke, einputzen (1.341m), Halteschienen, l=1,00m (840St), Heizungsverteiler für 2-4 Gruppen (3St), Stellantriebe (10St), hydraulische Abgleiche (11St)	2.649,56 m²BGF	101.251	**38,21**	28,0
	9700-0032 Friedhofskapelle				
	• Herstellen (Kosten: 100,0%) Radiavektoren, h=28cm, l=1,00-2,00m, lackiert (7St), Thermostatköpfe, Ventile, Verschraubungen (7St)	236,82 m²BGF	19.851	**83,82**	73,4
	9700-0038 Kolumbarium				
	• Abbrechen (Kosten: 0,4%) Abbruch von Plattenheizkörpern (5St); Entsorgung, Deponiegebühren	960,00 m²BGF	106	**0,11**	0,2
	• Herstellen (Kosten: 99,6%) Hohlraum-Fußbodenheizung, Kupferrohre DN15, Formstücke (340m), Alu-Wärmeverteiler (1.652St), Heizkreisverteiler, drei Heizkreise, Verteilerschrank (1St), Stellantriebe (3St), Kompaktheizkörper (4St), Elektro-Wandkonvektoren 1,0-1,5kW (4St)	960,00 m²BGF	29.026	**30,24**	57,6

KG	Kostengruppe	Menge Einheit	Kosten €	€/Einheit	%
429	**Sonstiges zur KG 420**				
	1300-0301 Bürogebäude, Dachsanierung				
	• Abbrechen (Kosten: 22,6%) Abbruch von Schornsteinbekleidung (1St); Entsorgung, Deponiegebühren	1.799,21 m² BGF	156	**0,09**	22,6
	• Herstellen (Kosten: 77,4%) Schornsteinbekleidung, h bis 2,00m, Alu-Doppelstehfalzdeckung (2St)	1.799,21 m² BGF	534	**0,30**	77,4
	4200-0037 Fachakademie, Berufsfachschule (200 Schüler)				
	• Abbrechen (Kosten: 30,3%) Abbruch von Schornsteinmauerwerk, Schornsteinköpfen (6m³), Blechbekleidung (psch), Entlüftungsrohre (7St); Entsorgung, Deponiegebühren	2.251,21 m² BGF	5.029	**2,23**	2,2
	• Herstellen (Kosten: 69,7%) Kaminbekleidung 2,38x0,58m (8m²), Kaminkopfabdeckung (1St), Kaminhut (1St), Rauchrohr DN200, Formstücke (7m), Feuerungsanschluss (1St), Flexrohre DN150 (25m), Prüföffnungen (2St), Kondensatschale (1St)	2.251,21 m² BGF	11.549	**5,13**	5,0
	6100-1493 Dachgeschoss (2 WE)				
	• Abbrechen (Kosten: 100,0%) Abbruch von Schornsteinen (2St); Entsorgung, Deponiegebühren	236,18 m² BGF	9.681	**40,99**	47,3
	6100-1536 Mehrfamilienhaus (12 WE)				
	• Abbrechen (Kosten: 13,1%) Abbruch von Schornstein, Schornsteinhaube (1St); Entsorgung, Deponiegebühren	1.550,80 m² BGF	1.087	**0,70**	1,1
	• Herstellen (Kosten: 86,9%) Abgasrohr (1St), Schornsteinpaket, Edelstahl DN150mm (10m), Reinigungselement (1m), Energiesparzugregler (1St), Schornsteinkopf (1St)	1.550,80 m² BGF	7.196	**4,64**	7,0
	6100-1545 Einfamilienhaus				
	• Abbrechen (Kosten: 45,3%) Abbruch von Schornstein 80x80cm (5m³); Entsorgung, Deponiegebühren	489,55 m² BGF	2.853	**5,83**	5,0
	• Wiederherstellen (Kosten: 32,1%) Schornsteinkopf erneuern (1St)	489,55 m² BGF	2.019	**4,12**	3,6
	• Herstellen (Kosten: 22,6%) Ausmauern Schornsteinzüge (8m), Abgasanlage (1St)	489,55 m² BGF	1.425	**2,91**	2,5
	6100-1599 Zweifamilienhaus				
	• Herstellen (Kosten: 100,0%) Abgasrohre DN60/100, flexibel, raumluftunabhängig (15m)	368,68 m² BGF	1.671	**4,53**	3,3

KG	Kostengruppe	Menge Einheit	Kosten €	€/Einheit	%
	6100-1609 Dachgeschosswohnung, Turmzimmer				
	• Herstellen (Kosten: 100,0%) AZ-Dachdurchführung, D=60/100mm (1St), Abgasanschluss an bauseitige Dachhaube (1St)	198,25 m²BGF	762	**3,84**	0,9
	6100-1623 Dachgeschosswohnung				
	• Herstellen (Kosten: 100,0%) Schornstein-Einfassung, Zink-Titanblech (7m), Schürze, Zink-Titanblech (85m)	90,45 m²BGF	1.057	**11,69**	11,5
	6100-1636 Mehrfamilienhaus (10 WE)				
	• Herstellen (Kosten: 100,0%) Kaminanlage, Rauchrohranlage, Zubehör (psch), Kaminbekleidung, Titanzink (7m²)	1.239,53 m²BGF	7.826	**6,31**	4,6
	6100-1733 Mehrfamilienhaus (11 WE)				
	• Abbrechen (Kosten: 82,6%) Abbruch von Schornsteinen (19m³); Entsorgung, Deponiegebühren	1.624,44 m²BGF	20.678	**12,73**	7,3
	• Herstellen (Kosten: 17,4%) Abgassystem für Gas-Brennwertkesselanlage (1St), Abgasrohre, D=110mm (19m)	1.624,44 m²BGF	4.343	**2,67**	1,5
	6100-1753 Mehrfamilienhaus (8 WE)				
	• Abbrechen (Kosten: 100,0%) Abbruch von Schornstein (3m³); Entsorgung, Deponiegebühren	1.102,04 m²BGF	2.583	**2,34**	2,1
	6100-1760 Mehrfamilienhaus (4 WE)				
	• Abbrechen (Kosten: 20,1%) Abbruch von Schornsteinen (3m³); Entsorgung, Deponiegebühren	980,52 m²BGF	558	**0,57**	0,6
	• Herstellen (Kosten: 79,9%) Abgassystem für Gas-Brennwertgerät (1St)	980,52 m²BGF	2.216	**2,26**	2,5
	9700-0032 Friedhofskapelle				
	• Abbrechen (Kosten: 100,0%) Abbruch von Schornstein (6m³); Entsorgung, Deponiegebühren	236,82 m²BGF	4.783	**20,20**	17,7

KG	Kostengruppe	Menge Einheit	Kosten €	€/Einheit	%
431	**Lüftungsanlagen**				
	1300-0270 Verwaltungsgebäude (75 AP)				
	• Abbrechen (Kosten: 0,3%) Abbruch von Axialventilator (1St), Luftleitung (5m); Entsorgung, Deponiegebühren	3.555,91 m² BGF	163	**0,05**	0,3
	• Herstellen (Kosten: 99,7%) Zu- und Abluftgerät mit WRG (1St), Wickelfalzrohre DN100-224, Stahl, Formstücke, Dämmung (117m), Aluflexrohre DN100, Dämmung (46m), Kanalrauchmelder (1St), Tellerventile DN100 (48St), Fortluft-Deflektorhaube DN224 (2St), Einraumventilator (1St)	3.555,91 m² BGF	50.184	**14,11**	99,7
	1300-0303 Bürogebäude, TG, Brandschutzsanierung				
	• Abbrechen (Kosten: 44,6%) Abbruch von TG-Abluftanlage, Schaltschrank, Lüftungskanäle, doppelte Ventilatorausführung, Verkabelung (psch), RTL-Anlage, Schaltschrank, Lüftungsgerät, Lüftungskanäle, Verkabelung (psch), Fortluft-Deflektorhaube (1St), Brandschutzklappen (3St); Entsorgung, Deponiegebühren	7.378,72 m² BGF	9.949	**1,35**	38,4
	• Wiederherstellen (Kosten: 3,4%) RLT-Anlagen prüfen/bewerten (2St), Filter auswechseln (2St)	7.378,72 m² BGF	756	**0,10**	2,9
	• Herstellen (Kosten: 52,0%) Lüftungskanäle, Formstücke, alukaschierter Mineralfaserdämmung (34m²), Mineralwolldämmung (20m²), Deflektorhauben 500x500mm (2St), Brandschutzklappe (1St), Be-/Entlüftung Aufzugsschächte, Stahlblechkästen 1.000x1.000x800mm, Wetterschutzbleche (2St), Regenkragen (3St), Ansaugbögen (2St), Schwanenhals-Dachdurchführung (1St)	7.378,72 m² BGF	11.601	**1,57**	44,8
	1300-0324 Gründerzentrum (20 AP)				
	• Herstellen (Kosten: 100,0%) Einzelraumlüfter (1St), Rohrventilator DN100, Rückluftsperrklappe (1St), Wickelfalzrohre DN100-125, Formstücke (35m), Alu-Flexrohre DN80-100 (6m), Drehzahl-Potentiometer (1St), Nachlaufschalter (1St), Tellerventile (2St), Dachentlüftungshaube DN100 (1St), Lüftungsgitter beschichten (3m²)	454,70 m² BGF	6.103	**13,42**	21,8
	3200-0032 Palliativstation (12 Betten)				
	• Herstellen (Kosten: 100,0%) Zu- und Abluftgerät 2.500m³/h, WRG, Außenaufstellung, Dach (1St), Unterkonstruktion Lüftungsgerät, Schutzmatte, Gehwegplatten, Gerätesockel, Edelstahlsockelblende (1St), Luftkanäle, Formstücke (70m²), Lüftungsrohre DN100-200, Formstücke (130m), Alu-Flexrohre DN100-200 (24m), Rohrventilatoren (2St), Schalldämpfer (33St), Brandschutzklappen (27St), Volumenstromregler (20St), Drosselklappen (21St), Tellerventile (39St), Drallauslässe (13St), Wetterschutzgitter (2St)	985,28 m² BGF	205.400	**208,47**	100,0

KG	Kostengruppe	Menge Einheit	Kosten €	€/Einheit	%
	1300-0303 Bürogebäude, TG, Brandschutzsanierung				
	• Herstellen (Kosten: 100,0%) Intumeszierende Brandschutzmanschetten DN150, für Kabel (6St), eckige Manschetten bis 20x20cm (3St), Halterungen, Montageschienen (23St), Kabeltrassen (2St), feuerbeständige Bekleidung, rauchgasdichte Verspachtelung (6m)	7.378,72 m2 BGF	3.549	**0,48**	91,
	1300-0312 Büro (7 AP)				
	• Abbrechen (Kosten: 34,9%) Abbruch von Elektroinstallation (psch); Entsorgung, Deponiegebühren	277,35 m2 BGF	6.285	**22,66**	12,
	• Herstellen (Kosten: 65,1%) Elektroinstallation (psch), Kabelkanäle (5m), Bodendosen (psch), Steckdosen (8St), Jalousieschalter/Taster (9St), Jalousiewippe (18St), Universalwippen (10St), Taster (2St), Aufputzgehäuse (16St)	277,35 m2 BGF	11.736	**42,32**	24,
	1300-0324 Gründerzentrum (20 AP)				
	• Abbrechen (Kosten: 2,0%) Abbruch von Verteiler (1St), Leitungen (130m), Schaltern, Steckdosen (39St); Entsorgung, Deponiegebühren	454,70 m2 BGF	789	**1,74**	1,
	• Herstellen (Kosten: 98,0%) Verteiler (1St), Lastschalter (1St), LS-Schalter (17St), Sicherungssockel, dreipolig (6St), FI-Schalter (36St), DALI-Steuergeräte (4St), Überspannungsschutz (1St), Erdkabel NYY (2.331m), Mantelleitungen NYM (2.111m), Leerrohre (55m), Stahlblechkanal (38m), Wechselschalter (17St), Taster mit Leuchte (2St), Steckdosen (63St), Präsenzmelder (7St), Infrarot-Bewegungsmelder (2St)	454,70 m2 BGF	39.039	**85,86**	53,
	3200-0032 Palliativstation (12 Betten)				
	• Abbrechen (Kosten: 0,3%) Abbruch von Schaltern, Telefon-/Datendosen, Steckdosen (14St), Kabeln (6m); Entsorgung, Deponiegebühren	985,28 m2 BGF	599	**0,61**	0,
	• Herstellen (Kosten: 99,7%) Standverteiler (2St), Erweiterung Drehstromzähler (2St), LS-Schalter (86St), FI-Schutzschalter (31St), Trennschalter (5St), Schütze (87St), Überspannungsschutz (1St), Stromstoßschalter (12St), Starkstromkabel (8.676m), Installationskabel (972m), Steuerleitungen (443m), Kabelrinnen (196m), Leerrohre (136m), Brüstungskanäle (26m), Brandschutzbekleidungen I90 (13m), Steckdosen (297St), Schalter/Taster (105St), Jalousieschalter (13St), Dimmer (6St), Präsenzmelder (10St), Bewegungsmelder (2St), Lichtsignale (12St), Anschlüsse an vorhandene NSHV (2St)	985,28 m2 BGF	181.265	**183,97**	66,

KG	Kostengruppe	Menge Einheit	Kosten €	€/Einheit	%
	4200-0037 Fachakademie, Berufsfachschule (200 Schüler)				
	• Herstellen (Kosten: 100,0%) Kleinverteiler (7St), Mantelleitungen (16.580m), Erdkabel (100m), Schalter/Taster (76St), Steckdosen (280St), Bewegungsmelder (25St), Herdanschlussdosen (5St), Mediensäulen (17St), Bodenkassette (1St), Kabeltrassen (300m), Kabelrinnen (478m), Kabelkanal (16m), Isolierrohre (1.669m), Geräteeinbaukanal (42m), Brandschotts (99St), Kabelsammelhalterungen (370St)	2.251,21 m2 BGF	237.625	**105,55**	52,7
	6100-1493 Dachgeschoss (2 WE)				
	• Wiederherstellen (Kosten: 10,0%) Überprüfen vorhandener Installation, Instandsetzen, Austausch defekter Leitungen (16h)	236,18 m2 BGF	1.451	**6,14**	9,8
	• Herstellen (Kosten: 90,0%) FI-Schutzschalter (psch), Mantelleitungen (psch), Verkabeln von Steckdosen (106St), Schalter/Taster (14St), Herdanschlüsse (4St), Spülmaschinenanschlüsse (2St), Jalousiesteuerungen (6St)	236,18 m2 BGF	13.020	**55,13**	88,1
	6100-1536 Mehrfamilienhaus (12 WE)				
	• Herstellen (Kosten: 100,0%) FI-Schutzschalter, vierpolig (13St), Steuerleitungen (300m), Mantelleitungen NYM, Schutzrohr (70m), Steckdosen (12St), Außensteckdosen (12St), Schalter/Taster (27St), Jalousienschalter (39St), Regler für Lüftungsanlage (12St), Taster, Leitungen für Flurverkabelung (psch), Arbeitsaufwand (442h)	1.550,80 m2 BGF	49.070	**31,64**	90,0
	6100-1545 Einfamilienhaus				
	• Abbrechen (Kosten: 1,9%) Abbruch von Elektroinstallation (psch); Entsorgung, Deponiegebühren	489,55 m2 BGF	511	**1,04**	1,8
	• Herstellen (Kosten: 98,1%) Zählerschrank, bestückt (1St), Unterverteiler, bestückt (1St), FI-Schutzschalter (5St), Leitungsschutzschalter (2St), LS-Sicherungsautomaten (19St), Mantelleitungen NYM (1.999m), Leerrohre (80m), Steckdosen einfach (29St), zweifach (86St), dreifach (5St), Schalter/Taster (54St), Deckenauslässe (15St), Wandauslässe (7St), Schlitze (266m)	489,55 m2 BGF	26.551	**54,24**	91,9
	6100-1599 Zweifamilienhaus				
	• Abbrechen (Kosten: 4,7%) Abbruch von Zähler/Verteiler (psch), Elektroinstallation (psch); Entsorgung, Deponiegebühren	368,68 m2 BGF	1.047	**2,84**	4,4
	• Herstellen (Kosten: 95,3%) Zähler-/Verteilerschrank (1St), Kleinverteiler (2St), Mantelleitungen NYM (psch), Hauptleitung NYM (31m), Leerrohre, Kabelkanäle (psch), Steckdosen, doppelt (29St), einfach (21St), Schalter/Taster (45St), Decken-/Wandauslässe (29St), Bewegungsmelder (2St), Schlitze (psch)	368,68 m2 BGF	21.292	**57,75**	90,4

KG	Kostengruppe	Menge Einheit	Kosten €	€/Einheit	%
	6100-1609 Dachgeschosswohnung, Turmzimmer				
	• Abbrechen (Kosten: 2,8%) Abbruch von Elektroinstallationen (psch); Entsorgung, Deponiegebühren	198,25 m² BGF	801	**4,04**	2,5
	• Wiederherstellen (Kosten: 3,1%) Ändern von Leitungsführung (9h), Schalter (psch), Schalterdose (1h)	198,25 m² BGF	883	**4,45**	2,8
	• Herstellen (Kosten: 94,2%) Unterverteilung (1St), Kleinverteiler (1St), FI-Schutzschalter (3St), Sicherungen (21St), Lasttrennschalter (1St), Mantelleitung (18m), Erdkabel zur Terrasse (psch), Installationsrohre (50m), Einziehdrähte (100m), Leerrohr (2m), Steckdosen (21St), mit Kinderschutz (90St), geschaltete Steckdosen (3St), Dimmer (6St), Schalter (26St), Decken-/Wandauslässe (30St), Stromkreiszuleitungen (13St), Herdanschlussdose (1St), Jalousieanschlüsse (4St), Anschlussarbeiten	198,25 m² BGF	27.206	**137,23**	85,9
	6100-1623 Dachgeschosswohnung				
	• Herstellen (Kosten: 100,0%) Unterverteiler, bestückt (1St), Steckdosen (22St), Schalter/Taster (6St), Herdanschlussdose (1St), Deckenauslässe (15St), Zuleitungen	90,45 m² BGF	3.480	**38,47**	100,0
	6100-1636 Mehrfamilienhaus (10 WE)				
	• Abbrechen (Kosten: 11,2%) Abbruch von Zähleranlage (psch), Elektroinstallation (psch); Entsorgung, Deponiegebühren	1.239,53 m² BGF	7.551	**6,09**	10,3
	• Herstellen (Kosten: 88,8%) Wandschränke 140x130/80x21cm (2St), Zählerfelder (4St), Verteilerfeld (1St), SHU-Schalter (11St), Sicherungsverteiler, bestückt (10St), FI-Schalter (1St), LS-Schalter (8St), FI/LS-Schalter (7St), Mantelleitungen NYM (3.182m), Starkstromkabel NYY (138m), Leerrohre (639m), Kabelrinnen (21m), Kabelkanäle (18m), Brandschutzbandagen (16m), Steckdosen (441St), Herdanschlüsse (6St), Schalter/Taster (114St), Bewegungsmelder (20St), Kernbohrungen, D=100mm (240cm)	1.239,53 m² BGF	59.865	**48,30**	82,0
	6100-1713 Einfamilienhaus				
	• Abbrechen (Kosten: 3,8%) Abbruch von Steckdosen, Schalter (psch); Entsorgung, Deponiegebühren	195,76 m² BGF	531	**2,71**	1,4
	• Wiederherstellen (Kosten: 0,4%) Außensteckdose reparieren (1h)	195,76 m² BGF	61	**0,31**	0,2
	• Herstellen (Kosten: 95,8%) Wallbox mit 6m Kabel (1St), Sicherungen (6St), FI/LS-Schalter (2St), Mantelleitung NYM (259m), Leitungen (295m), Leerrohre (28m), Steckdosen (47St), Taster/Schalter (26St), Steckdosendimmer (13St), Bewegungsmelder (1St), Herdanschlussdose (1St)	195,76 m² BGF	13.476	**68,84**	34,8

KG	Kostengruppe	Menge Einheit	Kosten €	€/Einheit	%
	6100-1733 Mehrfamilienhaus (11 WE)				
	• Abbrechen (Kosten: 0,6%) Abbruch von Elektroleitungen, Installationsgeräten (psch); Entsorgung, Deponiegebühren	1.624,44 m2 BGF	1.250	**0,77**	0,5
	• Herstellen (Kosten: 99,4%) Zählerschrank (1St), Kleinverteiler (12St), SLS-Schalter (12St), Kombiableiter (1St), FI-Schalter (3St), Sicherungen (36St), Astroschaltuhr (1St), Mantelleitungen NYM (7.557m), Starkstromkabel NYY (37m), Leerrohre (100m), Kabelrinnen (33m), Schlitze (749m), Durchbohrungen (231St), Steckdosen (461St), Schalter/Taster (207St), Lichtauslässe (156St), Herdanschlussdosen (12St), Raumthermostate (11St)	1.624,44 m2 BGF	220.695	**135,86**	85,5
	6100-1753 Mehrfamilienhaus (8 WE)				
	• Herstellen (Kosten: 100,0%) Verteilerschrank (1St), Zählerschrank (1St), Kleinverteiler (9St), LS-Schalter, dreipolig (23St), einpolig (96St), FI-Schalter (19St), SLS-Schalter (2St), Überspannungsschutz (1St), Überspannungsableiter (1St), Mantelleitungen NYM (342m), Stromkreiszuleitungen, l bis 10m (53St), Aderleitungen (38m), Geräteanschlussleitungen (20St), Leerrohre (72m), Schlitze (531St), Steckdosen (363St), Schalter (83St), Brennstellen (70St), Herdanschlussdosen (8St), Bewegungsmelder (1St)	1.102,04 m2 BGF	103.784	**94,17**	97,4
	6100-1760 Mehrfamilienhaus (4 WE)				
	• Abbrechen (Kosten: 2,1%) Abbruch von Elektroinstallation (psch); Entsorgung, Deponiegebühren	980,52 m2 BGF	1.238	**1,26**	1,2
	• Herstellen (Kosten: 97,9%) Zählerschrank, vier Zählerplätze, bestückt (1St), Kleinverteiler (4St), Überspannungsschutz (4St), LS-Schalter (70St), FI-Schalter (19St), Fernschalter (4St), Zeitschalter (2St), Mantelleitungen NYM (2.289m), Starkstromkabel NYY (42m), Brandmeldekabel (32m), Schlitze (289m), Kernbohrungen (90St), Leerrohre (174m), Kabelbahnen (13m), Ausleger (18St), Brandschotts (4St), Schalter/Taster (66St), Klingeltaster (4St), Leuchtenauslässe (71St), Steckdosen (237St), Herdanschlussdosen (4St)	980,52 m2 BGF	57.214	**58,35**	55,0
	7200-0096 Geschäftshaus, Foyer				
	• Abbrechen (Kosten: 9,3%) Abbruch von Elektroinstallationen (psch); Entsorgung, Deponiegebühren	220,23 m2 BGF	3.416	**15,51**	3,3
	• Herstellen (Kosten: 90,7%) Unterverteiler, Schalter/Taster, Steckdosen, Leitungen (psch), DALI-Dimmer, Potentiometer mit Netzteil (7St)	220,23 m2 BGF	33.146	**150,51**	32,1

KG	Kostengruppe	Menge Einheit	Kosten €	€/Einheit	%
	9100-0173 Bibliothek, Lernzentrum				
	• Abbrechen (Kosten: 5,3%) Abbruch von Kabel/Leitungen (1.596m), Leitungskanälen (291m), Installationsrohren (293m), Brandschutzkanal (16m²), Kabelrinnen (45m), Unterverteiler (1St), Verteiler (1St), Abklemmen von Kabel/Leitungen (64St); Entsorgung, Deponiegebühren	759,69 m² BGF	14.450	**19,02**	3,5
	• Herstellen (Kosten: 94,7%) Standschränke (2St), Verteiler (2St), Kompaktleistungsschalter (2St), Trennschalter (4St), Überspannungsschutzgeräte (2St) Überspannungsschutz (19St), Leitungsschutzschalter (227St), Drehstromzähler (4St), FI-Schalter (21St), Netzwächter (2St), Zeitrelais (1St), Mantelleitungen (11.523m), Fernmeldekabel (482m), Installationsrohre (525m), Leitungskanäle (106m), Kabelrinnen (63m), Bodentank (1St), Fensterbankkanal (16m), Kommunikations-Stele (1St), Steckdosen (138St), Schalter/Taster (23St), DALI-Lichtsteuerung (1St), Bewegungsmelder (2St), DALI-Präsenzmelder (9St)	759,69 m² BGF	260.624	**343,07**	63,3
	9100-0213 Stadtbücherei				
	• Abbrechen (Kosten: 10,6%) Freischalten von Unterverteilern (2St), Bedientableau (1St), Abbruch von Elektroinstallation (750m²), Schaltrelais (1St), SPS-Steuerung (1St); Entsorgung, Deponiegebühren	994,60 m² BGF	6.110	**6,14**	2,4
	• Herstellen (Kosten: 89,4%) FI-Schutzschalter (4St), Sicherungen (37St), Überspannungsableiter (2St), Installationsleitungen (2.746m), Leerrohre (100m), Installationskanäle (69m), Unterflur-Leerdosen (7St), Geräteeinsätze, fußbodeneben (16St), Steckdosen (140St), Taster, Schalter (25St), Bewegungswächter (30St), DALI-Potentiometer (1St)	994,60 m² BGF	51.662	**51,94**	20,5
	9100-0215 Stiftsgebäude, Gemeindesaal, Pfarrbüros				
	• Abbrechen (Kosten: 0,2%) Abbruch von Elektroinstallation (9h); Entsorgung, Deponiegebühren	2.649,56 m² BGF	713	**0,27**	0,1
	• Wiederherstellen (Kosten: 7,3%) Elektroinstallation instandsetzen, Steuerung Außenstrom umsetzen, neu verkabeln, Raumfühler neu verkabeln, Installationen von Abbruchwänden umlegen, anschließen (280h)	2.649,56 m² BGF	23.341	**8,81**	3,6
	• Herstellen (Kosten: 92,5%) Schaltschränke (9St), Installationsschütze (62St), FI/LS-Schutzschalter (25St), Spannungsversorgung (2St), Linienkoppler (1St), KNX-Binärausgänge (13St), Gateways (3t), Drehstromzähler (1St), Mantelleitungen (11.817m), Brandmeldekabel (6.222m), Installationskabel (1.255m), Starkstromkabel (822m), Leerrohre (2.323m), Kabeltrassen (209m), Kabelkanäle (63m), Steckdosen (135St), Schalter/Taster (110St), KNX-Taster (16St), Präsenz-/Bewegungsmelder (27St), Bodentanks (4St), Energiesäule (1St)	2.649,56 m² BGF	295.578	**111,56**	46,2

KG	Kostengruppe	Menge Einheit	Kosten €	€/Einheit	%
	9700-0032 Friedhofskapelle				
	• Herstellen (Kosten: 100,0%) Steckdosen (3St), Mantelleitungen NYM-J, Schutzrohre (80m), Kontrolle Stromkreise (32St), Steckdosen (3St)	236,82 m² BGF	5.135	**21,68**	69,6
	9700-0038 Kolumbarium				
	• Herstellen (Kosten: 100,0%) Zählerverteilung, bestückt (1St), Wandverteiler, bestückt (1St), Mantelleitungen (2.472m), Starkstromkabel (438m), Steuerleitungen (27m), Installationskabel (20m), Leerrohre (130m), Kabelkanäle (30m), Kabelrinnen (9m), Ringraumdichtungen (8St), DALI-Steuergeräte (3St), Steckdosen (71St), Bodentanks (3St), Schalter/Taster (13St), DALI-Dimmer (3St), Geräteanschlussdosen (9St), Jalousieaktoren (6St), Präsenzmelder (5St)	960,00 m² BGF	111.794	**116,45**	60,8
445	**Beleuchtungsanlagen**				
	1300-0270 Verwaltungsgebäude (75 AP)				
	• Abbrechen (Kosten: 3,0%) Abbruch von Langfeldleuchten (433St), Leuchten (28St), Leuchtschriftzug (1St); Entsorgung, Deponiegebühren	3.555,91 m² BGF	4.096	**1,15**	0,9
	• Herstellen (Kosten: 97,0%) LED-Anbauleuchten (319St), LED-Einbauleuchten (63St), Rettungszeichenleuchten (27St), Spiegelleuchten (16St), Anbau-Pendelleuchten (5St), LED-Einbaudownlights (3St)	3.555,91 m² BGF	133.545	**37,56**	30,1
	1300-0303 Bürogebäude, TG, Brandschutzsanierung				
	• Herstellen (Kosten: 100,0%) LED-Rettungszeichenleuchte (1St), Leuchte bauseits (1St)	7.378,72 m² BGF	329	**0,04**	8,5
	1300-0312 Büro (7 AP)				
	• Herstellen (Kosten: 100,0%) Schienensystem (65m), Downlights (28St), Arbeitsplatzbeleuchtung (8St), Pendelleuchten (5St), LED-Unterbauleuchten (5St), LED-Lichtband (10m)	277,35 m² BGF	30.805	**111,07**	63,1
	1300-0322 Wohn-/Geschäftshaus, Fassadensanierung				
	• Herstellen (Kosten: 100,0%) Wandleuchten (2St), Ovalleuchten (2St)	2.404,55 m² BGF	959	**0,40**	100,0

KG	Kostengruppe	Menge Einheit	Kosten €	€/Einheit	%
	9100-0173 Bibliothek, Lernzentrum				
	• Abbrechen (Kosten: 1,4%) Abbruch von Lichtbändern (11St), Anbauleuchten (26St), Strahlern (8St), Pendelleuchten (7St); Entsorgung, Deponiegebühren	759,69 m²BGF	1.827	**2,41**	0,4
	• Herstellen (Kosten: 98,6%) Lichtkanalsystem, l=1,35-8,00m (37St), Einbauleuchten, rahmenlos (18St), Einbauleuchten (12St), Downlights (25St), Außenleuchten (6St), Pendelleuchten (6St), Hängeleuchten (6St), Verteiler, Sicherheitsbeleuchtung (1St), Piktogrammleuchten (6St), Rettungszeichenleuchte (1St), Bereitschaftsleuchten (10St), als Flächenscheinwerfer (4St)	759,69 m²BGF	127.336	**167,62**	30,9
	9100-0213 Stadtbücherei				
	• Abbrechen (Kosten: 1,0%) Abbruch von Einbau-Downlights (71St), Rastereinlegeleuchten (76St), Halogeneinbaustrahlern (28St), Lichtrohrsystem (1St); Entsorgung, Deponiegebühren	994,60 m²BGF	1.959	**1,97**	0,8
	• Herstellen (Kosten: 99,0%) Pendelleuchten (60St), Einbaustrahler (59St), Hängeleuchten (8St), Aufbau-Downlights (28St), Wandleuchten (12St), Aufbauleuchten (10St), Bodeneinbauleuchten (2St), Sicherheitsleuchten (46St), Notlichtzentrale (1St), Phasenüberwachung (2St), Fernmeldetableau (1St)	994,60 m²BGF	191.968	**193,01**	76,2
	9100-0215 Stiftsgebäude, Gemeindesaal, Pfarrbüros				
	• Abbrechen (Kosten: 0,1%) Ausbauen und Lagern von Strahlern (2St)	2.649,56 m²BGF	301	**0,11**	< 0,1
	• Wiederherstellen (Kosten: 0,1%) Außenbeleuchtung instandsetzen (4h)	2.649,56 m²BGF	335	**0,13**	< 0,1
	• Herstellen (Kosten: 99,8%) Stromschienenstrahler (94St), Stromschienen (118m), Anbauleuchten (57St), Strahler, Niederspannungsschienen (45St), Einbauleuchten (41St), Wannenleuchten (33St), LED-Deckeneinbauspots (35St), LED-Einbaudownlights (32St), Bodeneinbauleuchten (12St), LED-Pendelleuchten (8St), Spiegelleuchten (3St), Außen-Anbauleuchten (2St), LED-Strips (11m), Wireless-Touch-Zentrale(1St), Sicherheitsleuchten (47St), Rettungszeichen-Leuchten (30St)	2.649,56 m²BGF	278.808	**105,23**	43,6
	9700-0032 Friedhofskapelle				
	• Herstellen (Kosten: 100,0%) Beleuchtung abhängen, lagern, nach Sanierung wieder montieren (30h)	236,82 m²BGF	2.246	**9,48**	30,4

KG	Kostengruppe	Menge Einheit	Kosten €	€/Einheit	%
	9700-0038 Kolumbarium				
	• Herstellen (Kosten: 100,0%) LED-Einbauleuchten (40St), LED-Stromschienen-Strahler, mit Weichzeichenlinsen (24St), mit Zoom-Vorsatz (2St), Stromschienen, l=4m (18St), l=1m (6St), LED-Lichtbänder (7St), LED-Steuerungen (2St), LED-Wandleuchten (4St), Feuchtraum-Wannenleuchten (3St), Hängeleuchten, l=1,13m, Seilabhängungen, l=2m (2St), LED-Einbaudownlights (2St), Anbauleuchten (2St), LED-Pendelleuchten (2St), LED-Unterbauleuchten (2St)	960,00 m² BGF	56.827	**59,19**	30,9
446	**Blitzschutz- und Erdungsanlagen**				
	1300-0270 Verwaltungsgebäude (75 AP)				
	• Herstellen (Kosten: 100,0%) Tiefenerder, V4A-Stahl (60St), Ableitungen (187m), Mantelleitungen NHXMH-J (544m), Fangleitungen (122m), Aderleitungen H07V-U (145m), Potenzialausgleichsschienen (15St)	3.555,91 m² BGF	26.698	**7,51**	6,0
	1300-0324 Gründerzentrum (20 AP)				
	• Herstellen (Kosten: 100,0%) Brandschutzleitungen (62m), Potenzialausgleiche (4St)	454,70 m² BGF	394	**0,87**	0,5
	3200-0032 Palliativstation (12 Betten)				
	• Herstellen (Kosten: 100,0%) Potenzialausgleichsschienen (16St), Potenzialausgleichsdosen (12St), Erdungsschellen (24St), Mantelleitungen (738m)	985,28 m² BGF	6.716	**6,82**	2,5
	4200-0037 Fachakademie, Berufsfachschule (200 Schüler)				
	• Herstellen (Kosten: 100,0%) Fundamenterder, D=10mm (10m), Fangstangen, l=1,00m (6St), l=3,50m (1St), Ableitungen, Alu, D=8mm (319m), Mantelleitungen NYM-J (50m)	2.251,21 m² BGF	7.252	**3,22**	1,6
	6100-1493 Dachgeschoss (2 WE)				
	• Herstellen (Kosten: 100,0%) Potenzialausgleich (2St)	236,18 m² BGF	301	**1,28**	2,0
	6100-1536 Mehrfamilienhaus (12 WE)				
	• Herstellen (Kosten: 100,0%) Erdung Heizraum (psch)	1.550,80 m² BGF	967	**0,62**	1,8
	6100-1545 Einfamilienhaus				
	• Herstellen (Kosten: 100,0%) Hauptpotenzialausgleich (psch), Potenzialausgleich (2St)	489,55 m² BGF	236	**0,48**	0,8

KG	Kostengruppe	Menge Einheit	Kosten €	€/Einheit	%
	6100-1599 Zweifamilienhaus				
	• Herstellen (Kosten: 100,0%) Potenzialausgleich, Erdschellen (5St), Mantelleitungen (10m), Tiefenerder (1St)	368,68 m²BGF	507	**1,37**	2,2
	6100-1609 Dachgeschosswohnung, Turmzimmer				
	• Herstellen (Kosten: 100,0%) Potenzialausgleich (1St)	198,25 m²BGF	72	**0,36**	0,2
	6100-1636 Mehrfamilienhaus (10 WE)				
	• Herstellen (Kosten: 100,0%) Ringerder, Edelstahl, D=10mm (16m), Klemmen (5St), Potenzialausgleichsschienen (3St), Erdungskabel (28m)	1.239,53 m²BGF	896	**0,72**	1,2
	6100-1733 Mehrfamilienhaus (11 WE)				
	• Herstellen (Kosten: 100,0%) Tiefenerder V4A (1St), Haupterdungsschiene (1St), Schutzausgleichsverbindung Heizung (psch)	1.624,44 m²BGF	3.121	**1,92**	1,2
	6100-1753 Mehrfamilienhaus (8 WE)				
	• Herstellen (Kosten: 100,0%) Potenzialausgleich ab Anschlussfahne (1St), Mantelleitung NYM (1m)	1.102,04 m²BGF	335	**0,30**	0,3
	6100-1760 Mehrfamilienhaus (4 WE)				
	• Herstellen (Kosten: 100,0%) Potenzialausgleich (1St)	980,52 m²BGF	328	**0,33**	0,3
	9100-0173 Bibliothek, Lernzentrum				
	• Herstellen (Kosten: 100,0%) Kombiableiter (7St), Rundleiter, Edelstahl (56m), Potenzialausgleichsschienen (3St), Erdungsbandrohrschellen (9St), Erdkabel (128m), NYM-Kabel (48m)	759,69 m²BGF	7.547	**9,93**	1,8
	9100-0204 Stadtbücherei (120 Plätze)				
	• Abbrechen (Kosten: 6,4%) Abbruch von Blitzableiter, Befestigungen; Entsorgung, Deponiegebühren	906,72 m²BGF	755	**0,83**	6,4
	• Herstellen (Kosten: 93,6%) Fundamenterder, Bandstahl, 30x3,5mm (118m), Tiefenerder (4St), Fangstange, l=1,50m (1St), Ableitungen, Alu, D=8mm (223m), Dachrinnenklemmen (32St)	906,72 m²BGF	11.058	**12,20**	93,6

KG	Kostengruppe	Menge Einheit	Kosten €	€/Einheit	%
	9100-0213 Stadtbücherei				
	• Herstellen (Kosten: 100,0%) Erdungsanschlüsse (10St), Potenzialausgleichsschiene (1St)	994,60 m2 BGF	251	**0,25**	< 0,1
	9100-0215 Stiftsgebäude, Gemeindesaal, Pfarrbüros				
	• Herstellen (Kosten: 100,0%) Überspannungsableiter (6St), Potenzialausgleichsschienen (5St), Erdungsschienenset (1St), Erdringleitungen, Edelstahl (571m), Stangenhalter (45St)	2.649,56 m2 BGF	40.857	**15,42**	6,4
	9700-0038 Kolumbarium				
	• Wiederherstellen (Kosten: 33,2%) Blitzschutzanlage prüfen (psch), Durchgangswiderstand über Dach verbessern: Fang-/Ableitungen erneuern (59m), Leitungshalter ergänzen (73St), Klemmen ersetzen (16St), Oberflächenerder ergänzen (8m), mangelhafte Ableitungen richten, neu befestigen (8m)	960,00 m2 BGF	5.010	**5,22**	2,7
	• Herstellen (Kosten: 66,8%) Tiefenerder, Edelstahl, D=20mm, l=1,50m (69m), Oberflächenerder, Edelstahl, D=10mm (23m), Erdungsschellen (17St), Verbinder (17St), Erdungsanschlüsse (6St), Potenzialausgleichsschiene (1St)	960,00 m2 BGF	10.093	**10,51**	5,5

Kostenkennwerte für die Kostengruppen 400 der 3. Ebene DIN 276

KG	Kostengruppe	Menge Einheit	Kosten €	€/Einheit	%
451	**Telekommunikationsanlagen**				
	1300-0270 Verwaltungsgebäude (75 AP)				
	• Abbrechen (Kosten: 100,0%) Abbruch von Telefon-Anschlussdosen (143St); Entsorgung, Deponiegebühren	3.555,91 m²BGF	307	**0,09**	0,1
	1300-0312 Büro (7 AP)				
	• Herstellen (Kosten: 100,0%) Telefonleitung (psch)	277,35 m²BGF	786	**2,83**	4,5
	1300-0324 Gründerzentrum (20 AP)				
	• Herstellen (Kosten: 100,0%) Fernmeldeleitungen (228m)	454,70 m²BGF	547	**1,20**	1,7
	4200-0037 Fachakademie, Berufsfachschule (200 Schüler)				
	• Herstellen (Kosten: 100,0%) Verteilerkasten (2St), Fernmeldekabel J-Y(ST)Y (1.368m)	2.251,21 m²BGF	3.709	**1,65**	2,2
	6100-1545 Einfamilienhaus				
	• Herstellen (Kosten: 100,0%) Kommunikationsverteiler (1St), Fernmeldekabel J-Y(St)Y (25m), UP-Leerdosen (23St)	489,55 m²BGF	554	**1,13**	5,4
	6100-1636 Mehrfamilienhaus (10 WE)				
	• Herstellen (Kosten: 100,0%) Telefonverteilerkasten 60x60x20cm (1St), Telefonkabel (374m)	1.239,53 m²BGF	968	**0,78**	4,8
	6100-1713 Einfamilienhaus				
	• Herstellen (Kosten: 100,0%) TAE-Steckdose (1St)	195,76 m²BGF	38	**0,20**	2,2
	6100-1753 Mehrfamilienhaus (8 WE)				
	• Herstellen (Kosten: 100,0%) Fernmeldekabel J-Y(ST)Y (30m), Telefonanschlussdosen, Schlitze (8St), GF-Teilnehmeranschluss (1St)	1.102,04 m²BGF	3.238	**2,94**	10,9
	6100-1760 Mehrfamilienhaus (4 WE)				
	• Herstellen (Kosten: 100,0%) Fernmeldekabel J-Y(ST)Y (247m), Telefonanschlussdosen (4St)	980,52 m²BGF	920	**0,94**	22,6

KG	Kostengruppe	Menge Einheit	Kosten €	€/Einheit	%
452	**Such- und Signalanlagen**				
	1300-0270 Verwaltungsgebäude (75 AP)				
	• Abbrechen (Kosten: 1,0%) Abbruch von Signalgebern (47St); Entsorgung, Deponiegebühren	3.555,91 m²BGF	150	**0,04**	< 0,1
	• Herstellen (Kosten: 99,0%) Gegensprechanlage, vier Klingeltaster, Mikrofon, Lautsprecher (1St), Funk-Türmodul-Sets (8St), Ruf-Kompaktset für barrierefreies WC (1St), Optisch-Akustischer Signalgeber (1St)	3.555,91 m²BGF	14.890	**4,19**	6,9
	1300-0324 Gründerzentrum (20 AP)				
	• Herstellen (Kosten: 100,0%) Video-Freisprechstationen (9St), BUS-Kamera (1St), Transformator (1St), Bus-Video-Netzgerät (1St), Bus-Video-Verteiler (9St), BUS-Tastenmodule mit Namensschildtasche (4St), BUS-Türlautsprecher-Modul (1St), Türcodeschloss (1St), Türöffner-Relais (1St)	454,70 m²BGF	10.756	**23,66**	34,0
	3200-0032 Palliativstation (12 Betten)				
	• Herstellen (Kosten: 100,0%) Licht-/Schwesternrufanlage: Zimmerterminals, Display, Arztruf (24St), Bettenmodul, Patientenhandgerät, Rufeinheit (12St), Informationsdisplay (1St), Zimmersignalleuchten (25St), Ruftaster, Zugschnur (26St), Abstelltaster (13St), Stations-Management-Controller (1St), Netzgerät (1St), Stationsabfrage (1St), Dienstzimmer-Interface (1St), Bus-Anschlusseinheiten (3St), Schnittstelle (1St), Busleitungen (365m), Installationsleitungen (583m), Gegensprechanlage: Tischkonsole (1St), Türsprechmodule (2St), Freisprechstelle (1St), Digital-IO-Modul (1St), Störmeldeaufschaltung Außentüren (psch), Bus-Netzgerät (1St)	985,28 m²BGF	67.970	**68,99**	39,7
	6100-1536 Mehrfamilienhaus (12 WE)				
	• Herstellen (Kosten: 100,0%) Klingelanlage, freistehend, zwölf Briefkästen, Audiomodul, Sprachmodul (1St)	1.550,80 m²BGF	14.424	**9,30**	58,3
	6100-1545 Einfamilienhaus				
	• Herstellen (Kosten: 100,0%) Gegensprechanlage (1St), Installationskabel J-Y(St)Y (22m), Bussteuergerät (1St)	489,55 m²BGF	677	**1,38**	6,6
	6100-1599 Zweifamilienhaus				
	• Herstellen (Kosten: 100,0%) Klingeln (2St), Klingeltrafo (1St), Zuleitungen (psch)	368,68 m²BGF	971	**2,63**	27,7

KG	Kostengruppe	Menge Einheit	Kosten €	€/Einheit	%
	6100-1609 Dachgeschosswohnung, Turmzimmer				
	• Wiederherstellen (Kosten: 14,9%) Türsprechstelle versetzen (1St)	198,25 m²BGF	62	**0,31**	0,3
	• Herstellen (Kosten: 85,1%) Freisprechanlage, Wohnungssprechstellen (2St), Verkabelung zweite Sprechstelle (1St)	198,25 m²BGF	352	**1,78**	1,6
	6100-1636 Mehrfamilienhaus (10 WE)				
	• Herstellen (Kosten: 100,0%) Audio-Sprechanlage. Türstation, zehn Innenstationen (1St)	1.239,53 m²BGF	5.486	**4,43**	27,4
	6100-1733 Mehrfamilienhaus (11 WE)				
	• Herstellen (Kosten: 100,0%) Sprechanlage, elf Wohnungsstationen, zwei Türstationen, elf Etagenrufe (1St), Installationskabel J-Y(ST)Y (400m)	1.624,44 m²BGF	12.392	**7,63**	26,3
	6100-1753 Mehrfamilienhaus (8 WE)				
	• Herstellen (Kosten: 100,0%) Bus-Sprechanlage, Türstation (1St), Steuergerät (1St), Schaltgerät, Programmierung (1St), BUS-Haustelefone (8St), Freisprechstellen (8St), Taster (21St), Türlautsprecher (2St), Installationskabel J-Y(ST)Y (68m)	1.102,04 m²BGF	11.446	**10,39**	38,6
	6100-1760 Mehrfamilienhaus (4 WE)				
	• Herstellen (Kosten: 100,0%) Audio-Sprechanlage, vier Teilnehmer (1St)	980,52 m²BGF	1.655	**1,69**	40,6
	9100-0213 Stadtbücherei				
	• Herstellen (Kosten: 100,0%) Bus-Türsprechanlage, Tasten-, Lautsprechermodul, Eingangs-Controller, Innenstation, Aufschaltung auf Telefonanlage (1St), Ruf-Kompaktset für barrierefreies WC (1St)	994,60 m²BGF	3.911	**3,93**	1,2
	9100-0215 Stiftsgebäude, Gemeindesaal, Pfarrbüros				
	• Herstellen (Kosten: 100,0%) Türstationen mit Klingeltaster, Gegensprechanlage, Videokamera (2St), Video-Innenstationen (3St), Sprechanlage in Telefonanlage einbinden (psch), Video-Steuergerät, Netzgerät (1St), Schaltgerät, Schaltaktor (1St), Notrufset für barrierefreies WC (1St)	2.649,56 m²BGF	28.432	**10,73**	9,1
	9700-0038 Kolumbarium				
	• Herstellen (Kosten: 100,0%) Bus-Haustelefone (2St), Netzgerät, Tischkonsole (1St), Klingeltaster (1St), Gong (1St)	960,00 m²BGF	1.617	**1,68**	2,2

KG	Kostengruppe	Menge Einheit	Kosten €	€/Einheit	%
454	**Elektroakustische Anlagen**				
	4200-0037 Fachakademie, Berufsfachschule (200 Schüler)				
	• Herstellen (Kosten: 100,0%) 19"-Schrank, 18HE (1St), Lautsprecher (54St), Kompakt-Verstärker (1St), Hauptuhr (1St), Nebenuhr (1St), Digitale-Mikrofon-Sprechstelle (1St), Lüftungsfeld, Blindplatte (1St), Funkempfänger DCF77 (1St), CD-MP3-Abspielgerät (1St), Digital-Textmodul (1St)	2.251,21 m² BGF	17.785	**7,90**	10,5
	9100-0213 Stadtbücherei				
	• Herstellen (Kosten: 100,0%) Digitale Funksysteme, Mikrofone, Stative (2St), Antennenbooster (1St), Antennensplitter (1St), Antennenkabel (60m), Deckeneinbaulautsprecher (5St), digitaler Soundprozessor, Verstärker (2St), Kupferflachbandkabel, Induktionsschleife für Hörgeräteträger (135m), Programmierung (psch), Hörstationen: Headboxen (3St), CD-Boxen (3St), Designboxen (3St), Streamboxen (3St), Kopfhörer (3St)	994,60 m² BGF	28.761	**28,92**	8,9
455	**Audiovisuelle Medien- und Antennenanlagen**				
	1300-0270 Verwaltungsgebäude (75 AP)				
	• Abbrechen (Kosten: 12,5%) Abbruch von Antenne (1St); Entsorgung, Deponiegebühren	3.555,91 m² BGF	82	**0,02**	< 0,1
	• Herstellen (Kosten: 87,5%) Antennenmast, h=2,00m (1St), Dachdurchführung, Gummi-Press-Dichtung (1St)	3.555,91 m² BGF	572	**0,16**	0,3
	3200-0032 Palliativstation (12 Betten)				
	• Herstellen (Kosten: 100,0%) Hausanschluss-/Verteilnetzverstärker (1St), Antennenverteiler, bis vierfach (5St), Koaxialkabel (537m), Antennensteckdosen (12St)	985,28 m² BGF	4.188	**4,25**	2,4
	4200-0037 Fachakademie, Berufsfachschule (200 Schüler)				
	• Herstellen (Kosten: 100,0%) HDMI-Anschlussdosen (17St), Verkabelung Beamer (18St)	2.251,21 m² BGF	4.703	**2,09**	2,8
	6100-1536 Mehrfamilienhaus (12 WE)				
	• Herstellen (Kosten: 100,0%) Sat-Anlage, D=85cm (1St), BDA-Koaxialleitung (540m), Antennensteckdosen (12St), Spannungsversorgung-Multischalter (1St)	1.550,80 m² BGF	10.338	**6,67**	41,7

KG	Kostengruppe	Menge Einheit	Kosten €	€/Einheit	%
	1300-0303 Bürogebäude, TG, Brandschutzsanierung				
	• Herstellen (Kosten: 100,0%) Brandmeldecomputer (1St), Bedien-/Anzeigefeld (1St), Akkus 12V (4St), Interfaces (5St), Buskoppler, Alarmierungskoppler (1St), Feuerwehrschlüsseldepot (1St), Feuerwehrinformationssystem (1St), optische Rauchmelder (111St), mit Sounder (110St), Multisensor Melder (6St), Druckknopfmelder (4St), Deckenmelder (6St), Feuerwehrlaufkarten (80St), Brandmeldeleitungen (1.025m), Installationsleitungen (513m), Mantelleitungen (84m), Leitungsführungskanäle (227m), CO-Gaswarnanlage (1St)	7.378,72 m² BGF	82.842	**11,23**	100,0
	1300-0324 Gründerzentrum (20 AP)				
	• Herstellen (Kosten: 100,0%) Loop-Interface (1St), Modul E7A (1St), optisch thermischer Melder (18St), Sockelsirenen (14St), Handmelder (2St), Thermodifferenzialmelder (1St), Meldesockel (19St), Brandmeldekabel (241m)	454,70 m² BGF	11.317	**24,89**	35,8
	3200-0032 Palliativstation (12 Betten)				
	• Abbrechen (Kosten: 0,6%) Vorhandene automatische/nichtautomatische Brandmelder freischalten, demontieren (4St); Entsorgung, Deponiegebühren	985,28 m² BGF	317	**0,32**	0,2
	• Herstellen (Kosten: 99,4%) Erweiterung Brandmeldeanlage: automatische Melder für Control-Zentrale (55St), mit Blitzleuchte (6St), nichtautomatischer Handmelder (4St), Analogringmodul (1St), Erweiterungsmodul mit drei zusätzlichen Micromodulsteckplätzen (1St), Kontakt-Ein-/Ausgangselement (1St), Fluchttürterminals (3St), Feuerwehrlaufkarten (15St), Brandmeldekabel (488m), Installationskabel (48m), Schließzylinder mit Zutrittskontrolle (19St)	985,28 m² BGF	48.544	**49,27**	28,3
	4200-0037 Fachakademie, Berufsfachschule (200 Schüler)				
	• Herstellen (Kosten: 100,0%) Brandmeldezentrale (1St), Bedien- und Informationseinheit (1St), Multisensormelder (77St), Ringlinien-Module (5St), Akkus (2St), Standardmeldesockel (80St), Handmelder (20St), Brandfallsteuerkoppler (1St), FSD, FSE (1St), Feuerwehrlaufkarten (29St), ISDN-Übertragungsgerät (1St), Überspannungsschutz-Module (6St), WC-Notrufset (1St), Rufmodul (1St), digitale Schließanlage, Doppelknaufzylinder (46St), Transponder (80St), Feuerwehrtransponder (1St), Programmiergerät (1St), Software (1St)	2.251,21 m² BGF	101.558	**45,11**	60,1
	6100-1545 Einfamilienhaus				
	• Herstellen (Kosten: 100,0%) Rauchmelder (13St)	489,55 m² BGF	784	**1,60**	7,6
	6100-1599 Zweifamilienhaus				
	• Herstellen (Kosten: 100,0%) Rauchmelder (8St)	368,68 m² BGF	479	**1,30**	13,7

KG	Kostengruppe	Menge Einheit	Kosten €	€/Einheit	%
	6100-1609 Dachgeschosswohnung, Turmzimmer				
	• Herstellen (Kosten: 100,0%) Funk-Alarmzentrale (1St), Bus-LCD-Bedienteil (1St), BUS-Innensirene (1St), Bus-Module (18St), Netzwerk-Videorekorder (1St), Festplatte (1St), Netzwerk-Kamera (1St), Verkabelung Fensterkontakte (18St), Rauchmelder (8St)	198,25 m2BGF	10.223	**51,56**	45,9
	6100-1623 Dachgeschosswohnung				
	• Herstellen (Kosten: 100,0%) Rauchmelder EIB (1St)	90,45 m2BGF	53	**0,58**	14,9
	6100-1753 Mehrfamilienhaus (8 WE)				
	• Herstellen (Kosten: 100,0%) Rauchmelder (7St)	1.102,04 m2BGF	626	**0,57**	2,1
	9100-0173 Bibliothek, Lernzentrum				
	• Herstellen (Kosten: 100,0%) Brandmeldeanlage: RWA-Modulzentralen, KNX (3St), Notstromakkus (6St), Touchbildschirm (1St), KNX-Interface (1St), Kleinverteiler, bestückt (2St), RWA-Auslösetaster (2St), Wetterstation (1St), Programmierung (1St), Rettungswegzentralen (2St), Türterminal-Gehäuse (2St), Terminal-Anschlussplatinen (2St), Verteiler (2St), Brandmeldekabel (985m), Steuerleitungen (2.779m), Sicherheitskabel (1.288m), Brandschutzkanal (psch)	759,69 m2BGF	108.279	**142,53**	66,1
	9100-0213 Stadtbücherei				
	• Herstellen (Kosten: 100,0%) Brandmeldezentrale (1St), Mehrfachsensormelder (48St), Handmelder (5St), Schlüsseldepot (1St), Freischaltelement (1St), akustisch/optische Signalgeber (14St), Feuerwehrlaufkarten (10St), Brandmeldekabel (1.650m), Einbruchmeldeanlage (1St), Touchcenter (1St), Leser mit Tastatur (1St), Transponder, Schlüssel (5St), Blitzleuchte (1St), akustischer Signalgeber (1St), Bewegungsmelder (8St), Deckenmelder (2St), Türwächter, Exitalarm (1St), Buchsicherung; Einzelgateanlagen (2St), Verbuchungstechnik, Theken (2St), Büros (5St), Selbstverbucher (2St), 24h-Rückgabebox (1St), Steuerungsbox (1St), EC-Kartenterminals (2St), Münzterminal (1St), RFID-Tags (24.000St), Transponder-Etiketten (28St), Ringetiketten (7St), RFID-Dropbox (1St), Benutzerausweise (10.000St), Zutrittskontrolle Open Library: Zutrittsterminal (1St), Videokameras (19St), Audiosystem (1St), Lautsprecher (6St)	994,60 m2BGF	215.597	**216,77**	66,9

KG	Kostengruppe	Menge Einheit	Kosten €	€/Einheit	%
	9100-0215 Stiftsgebäude, Gemeindesaal, Pfarrbüros				
	• Abbrechen (Kosten: 1,3%) Abbruch von Brandmeldeanlage, Verkabelung (39h); Entsorgung, Deponiegebühren	2.649,56 m² BGF	3.269	**1,23**	1,0
	• Herstellen (Kosten: 98,7%) Brandmeldezentrale (1St), Feuerwehrbediensystem (1St), PVC-Ansaugrohre (353m), Rauchansaugsysteme (8St), Brandrauchmelder (132St), linear (6St), Druckknopfmelder (16St), Bewegungsmelder (5St), Farb-Touch-Panel (1St), Kameras (25St), Workstation (1St), Tischmonitore (2St), Video-Überwachungssystem (1St), Überfall-Handtaster (1St), Ein-/Ausgangsmodule (2St), Linienauswertmodule (3St), Sperrelement (1St), Energieversorgungen (3St), Blitzleuchte (1St)	2.649,56 m² BGF	245.038	**92,48**	78,6
457	**Datenübertragungsnetze**				
	1300-0270 Verwaltungsgebäude (75 AP)				
	• Herstellen (Kosten: 100,0%) Verteiler (7St), Datenkabel (7.637m), Cat7 (466St), Busleitungen (3.010m), LWL-Kabel (738m), Installationskabel J-H(ST)H (349m), Displayports (7St), Patchfelder (34St), Datendosen (199St), Messung Kupferkabel (515St), Messung LWL-Kabel (288St)	3.555,91 m² BGF	137.655	**38,71**	64,2
	1300-0312 Büro (7 AP)				
	• Herstellen (Kosten: 100,0%) Datenkabel Cat7 (25m), TV-, Video-, Netzwerkinstallation (psch)	277,35 m² BGF	16.538	**59,63**	95,5
	1300-0322 Wohn-/Geschäftshaus, Fassadensanierung				
	• Herstellen (Kosten: 100,0%) Datenkabel (100m), Telefondose (1St)	2.404,55 m² BGF	1.242	**0,52**	100,0
	1300-0324 Gründerzentrum (20 AP)				
	• Herstellen (Kosten: 100,0%) Datenkabel Cat7 (1.042m), Datendosen 2xRJ45 (25St), 1xRJ45 (3St), Patchfelder 19", 24 Ports (3St), Patchkabel Cat6/7 (53St), Cat6a (9St), Accesspoints, bauseits, montieren (9St)	454,70 m² BGF	9.013	**19,82**	28,5
	3200-0032 Palliativstation (12 Betten)				
	• Herstellen (Kosten: 100,0%) Netzwerkschrank, bestückt (1St), Patchfelder Cat3, 50 Port (2St), Cat6 (6St), Datenanschlussdosen Cat6, 2xRJ45 (63St), 1xRJ45 (12St), Datenkabel Cat7 (6.568m), WLAN-Access-Router, bauseits (9St)	985,28 m² BGF	50.219	**50,97**	29,3

KG	Kostengruppe	Menge Einheit	Kosten €	€/Einheit	%
	4200-0037 Fachakademie, Berufsfachschule (200 Schüler)				
•	Herstellen (Kosten: 100,0%) LAN-Verteilerschrank, 42 HE (1St), Datenkabel S/STP (5.781m), Schwachstromanschlussdosen (79St), USB-Anschlussdosen (17St), UAE-Anschlussdosen (17St), Patch-Panel Cat3 (1St), Verteilerfeld Cat6 (8St)	2.251,21 m²BGF	41.118	**18,26**	24,3
	6100-1545 Einfamilienhaus				
•	Herstellen (Kosten: 100,0%) Datenkabel Cat7 (649m), Einzelmodule (31St), Netzwerkanschlussdosen (22St)	489,55 m²BGF	6.426	**13,13**	62,4
	6100-1599 Zweifamilienhaus				
•	Herstellen (Kosten: 100,0%) Datenverteiler (2St), Datenkabel (psch), Datenanschlussdosen (8St)	368,68 m²BGF	2.057	**5,58**	58,7
	6100-1609 Dachgeschosswohnung, Turmzimmer				
•	Herstellen (Kosten: 100,0%) Netzwerkschrank (1St), Patchpanel 24 Port (2St), Datenanschlussdosen Cat6, einfach, Netzwerkkabel, Leerrohre (13St), zweifach (6St), Kabelzuleitungen, UG bis DG (psch)	198,25 m²BGF	7.327	**36,96**	32,9
	6100-1623 Dachgeschosswohnung				
•	Herstellen (Kosten: 100,0%) Datenanschlussdose Cat6, Netzwerkkabel, Leerrohr (1St)	90,45 m²BGF	183	**2,02**	51,9
	6100-1636 Mehrfamilienhaus (10 WE)				
•	Herstellen (Kosten: 100,0%) Medienverteiler, bestückt (10St), Datenkabel Cat7 (494m), Datenanschlussdosen (30St)	1.239,53 m²BGF	10.292	**8,30**	51,4
	6100-1713 Einfamilienhaus				
•	Herstellen (Kosten: 100,0%) Datenkabel Cat7 (78m), Patchpanel, achtfach (1St), Datenanschlussdose Cat6 (1St)	195,76 m²BGF	1.140	**5,83**	66,1
	6100-1733 Mehrfamilienhaus (11 WE)				
•	Herstellen (Kosten: 100,0%) Kommunikationsverteiler (11St), LAN-Kabel Cat7 (1.100m), Datenanschlussdosen Cat6a (72St), Anschlussmodule Cat6a (94St), LAN-Verbinder Cat6a (8St)	1.624,44 m²BGF	24.935	**15,35**	53,0
	6100-1753 Mehrfamilienhaus (8 WE)				
•	Herstellen (Kosten: 100,0%) Multimediaverteiler (7St), LWL-Kabel (30m), Datenanschlussdosen RJ45, mit Zuleitung, Schlitze (19St)	1.102,04 m²BGF	8.188	**7,43**	27,6

KG	Kostengruppe	Menge Einheit	Kosten €	€/Einheit	%
	9100-0173 Bibliothek, Lernzentrum				
	• Herstellen (Kosten: 100,0%) Netzwerkschrank (1St), Staubfilter, Sockeleinbau (1St), Rangierpanels, 1HE (10St), Rangierverteiler 1HE (4St), Modulträger 24 Ports (4St), Anschlusseinheiten (74St), Patchfelder (2St), Datenanschlussdosen Cat6 (120St), HDMI/USB3.0, Anschlussdosen (18St), HDMI-Anschluss-Kabel (6St), D-Link-Switch (1St), Datenkabel (3.313m), LWL-Kabel (328m), konfektioniertes Datenkabel (90St), Fernmeldekabel (187m), WLAN-Access-Points (4St)	759,69 m²BGF	55.453	**72,99**	33,9
	9100-0213 Stadtbücherei				
	• Abbrechen (Kosten: 7,1%) Abbruch von EDV-Wandschrank (1St); Entsorgung, Deponiegebühren	994,60 m²BGF	1.894	**1,90**	0,6
	• Herstellen (Kosten: 92,9%) Verteilerschrank 19", 42HE (1St), Patchpanels Cat6 (5St), Datenleitung (3.500m), Datenanschlussdosen Cat6, 2xRJ45 (50St), Messen von neuen Anschlüssen (100St), bestehenden Anschlüssen (94St)	994,60 m²BGF	24.688	**24,82**	7,7
	9100-0215 Stiftsgebäude, Gemeindesaal, Pfarrbüros				
	• Herstellen (Kosten: 100,0%) Netzwerkschrank (1St), EDV-Schrank 42HE (1St), Datenkabel Cat7 (3.333m), Schalter (2St), Module Cat6a (276St), Belüftungseinheit (1St), 19"Beleuchtungseinheit (1St)	2.649,56 m²BGF	34.955	**13,19**	11,2
	9700-0038 Kolumbarium				
	• Herstellen (Kosten: 100,0%) Netzwerkschrank (1St), 19"-Rangierfelder (2St), POE-Switch (1St), Datenkabel (795m), Fernmeldekabel (286m), LWL-Kabel (65m), Datenanschlussdosen 2xRJ45 (8St), 1xRJ45 (3St)	960,00 m²BGF	16.608	**17,30**	23,0

Kostenkennwerte für die Kostengruppen 400 der 3.Ebene DIN 276

KG	Kostengruppe	Menge Einheit	Kosten €	€/Einheit	%
461	**Aufzugsanlagen**				
	1300-0270 Verwaltungsgebäude (75 AP)				
	• Herstellen (Kosten: 100,0%) Personenaufzug, Traglast 630kg, acht Personen, Förderhöhe 9,75m, Kabinenmaß 1,10x1,40m, getriebeloser, frequenzgeregelter Synchronantrieb (1St)	3.555,91 m²BGF	45.034	**12,66**	100,0
	1300-0324 Gründerzentrum (20 AP)				
	• Herstellen (Kosten: 100,0%) Personenaufzug, neun Personen, Nennlast 675kg, zwei Haltestellen, Förderhöhe 3,82m, Aufzugstür-Edelstahlschwelle, l=130cm, t=25cm (1St)	454,70 m²BGF	66.765	**146,83**	100,0
	4200-0037 Fachakademie, Berufsfachschule (200 Schüler)				
	• Herstellen (Kosten: 100,0%) Personenaufzug, Tragkraft 630kg, Förderhöhe 11,27m, vier Haltestellen (1St), RWA-Lamellenfenster (1St), Portaleinfassungen, Edelstahl (4St)	2.251,21 m²BGF	108.018	**47,98**	100,0
	6100-1636 Mehrfamilienhaus (10 WE)				
	• Herstellen (Kosten: 100,0%) Personenaufzug, Tragkraft 630kg, acht Personen, vier Haltestellen, getriebelos mit Permanentmagnet, Traggurte (1St), Terrazzobelag (2m²)	1.239,53 m²BGF	58.969	**47,57**	100,0
	9100-0215 Stiftsgebäude, Gemeindesaal, Pfarrbüros				
	• Abbrechen (Kosten: 15,7%) Abbruch von Aufzugsanlage (1St), Versorgungsfahrstuhl (1St), Schachtkopfträger (psch); Entsorgung, Deponiegebühren	2.649,56 m²BGF	17.620	**6,65**	12,1
	• Wiederherstellen (Kosten: 2,6%) Schachtgrube nach Wasserschaden instandsetzen (psch)	2.649,56 m²BGF	2.956	**1,12**	2,0
	• Herstellen (Kosten: 81,7%) Personenaufzug, Nutzlast 630kg (1St), Schachtentrauchungssystem (1St), Notrufleitsystem GSM (1St)	2.649,56 m²BGF	91.664	**34,60**	63,1
466	**Hydraulikanlagen**				
	9100-0215 Stiftsgebäude, Gemeindesaal, Pfarrbüros				
	• Herstellen (Kosten: 100,0%) Hydraulische Hebebühne 1,53x1,23m, Hubhöhe 53cm, Nutzlast 300kg (1St)	2.649,56 m²BGF	33.067	**12,48**	22,8

Kostenkennwerte für die Kostengruppen 400 der 3. Ebene DIN 276

KG	Kostengruppe	Menge Einheit	Kosten €	€/Einheit	%
473	**Medienversorgungsanlagen, Medizin- und labortechnische Anlagen**				
	3200-0032 Palliativstation (12 Betten)				
	• Herstellen (Kosten: 100,0%) Medizinische Gase: Bereichsüberwachungs-/Absperreinheit, Notfallsignal (1St), Kupferrohre DN12-22 (355m), Rohranschlüsse an bauseitige Kupferrohre (2St), Kugelhähne (2St), Entnahmestellen für Sauerstoff (14St), für Druckluft (14St), Dichtheitsprüfungen Gasnetz (7St)	985,28 m² BGF	46.899	**47,60**	66,0
474	**Feuerlöschanlagen**				
	1300-0289 Bürogebäude (342 AP)				
	• Abbrechen (Kosten: 100,0%) Abbruch von Rohrdämmung (275m); Entsorgung, Deponiegebühren	11.501,16 m² BGF	6.469	**0,56**	100,0
	1300-0303 Bürogebäude, TG, Brandschutzsanierung				
	• Abbrechen (Kosten: 100,0%) Abbruch von Feuerlöschkästen, freistemmen (3St); Entsorgung, Deponiegebühren	7.378,72 m² BGF	1.897	**0,26**	100,0
	4200-0037 Fachakademie, Berufsfachschule (200 Schüler)				
	• Herstellen (Kosten: 100,0%) Kohlendioxidfeuerlöscher (1St), Schaumfeuerlöscher (9St)	2.251,21 m² BGF	1.860	**0,83**	100,0
	9100-0213 Stadtbücherei				
	• Herstellen (Kosten: 100,0%) Schaum-Aufladelöscher 6l (8St), CO_2-Dauerdrucklöscher 5kg (1St), Brandschutzkennzeichen (17St)	994,60 m² BGF	1.932	**1,94**	100,0
476	**Weitere nutzungsspezifische Anlagen**				
	3200-0032 Palliativstation (12 Betten)				
	• Herstellen (Kosten: 100,0%) Einbau-Steckbeckenspüler, Bettpfannen-/Urinflaschenreiniger (1St)	985,28 m² BGF	24.168	**24,53**	34,0
	9700-0038 Kolumbarium				
	• Wiederherstellen (Kosten: 100,0%) Orgel aushausen, Gehäuse teilweise reinigen, Datenlogger prüfen, Zungenpfeifen stimmen (1St)	960,00 m² BGF	1.895	**1,97**	100,0

Kostenkennwerte für die Kostengruppen 400 der 3.Ebene DIN 276

KG	Kostengruppe	Menge Einheit	Kosten €	€/Einheit	%
481	**Automationseinrichtungen**				
	3200-0032 Palliativstation (12 Betten)				
	• Herstellen (Kosten: 100,0%) DDC-Unterstation (1St), Reparaturschalter (2St), Steuerung/Regelung Zu-/Abluftanlage (1St), Betriebsmeldungen BSK (54St), Wartungssteuerungen BSK (2St), Vorlauftemperaturregelung, Heizungsnetze (2St), Kanalrauchmelder (1St), Tauchfühler (12St), Luftstromwächter (2St), Kanaltemperaturfühler (4St), Temperaturwächter (2St), Erfassen Messwerten (7St), Steuerung Antriebe (2St), Temperaturregelung (1St), Steuerung Heizwasserpufferspeicher (1St), KNX Raum-Controller achtfach (2St), Schnittstelle (1St), Spannungsversorgungen (3St)	985,28 m² BGF	37.062	**37,62**	36,0
	4200-0037 Fachakademie, Berufsfachschule (200 Schüler)				
	• Herstellen (Kosten: 100,0%) Zentrale Automationsstation, Bediengerät (1St), Schaltaktoren, 6-fach (6St), Stellantriebe (16St), Parametrierung, Sonnenschutzsteuerung (psch), Erweiterungsmodule (4St), Wetterstation (1St), Schiebemast 2,50m (1St), Miniserver (1St), Schaltnetzteil (1St)	2.251,21 m² BGF	24.928	**11,07**	77,6
	9100-0173 Bibliothek, Lernzentrum				
	• Herstellen (Kosten: 100,0%) Steuertableau (1St), Meldegeräte (19St), Befehlsgeräte (23St), Rangierverteiler (1St), Netzgerät (1St), Binäreingänge, achtfach (2St), Schaltaktor, achtfach (1St), DALI-Eingangskontroller (1St), Multifunktions-Zeitrelais (2St), Leitungsschutzschalter (1St)	759,69 m² BGF	6.537	**8,60**	65,7
	9100-0213 Stadtbücherei				
	• Herstellen (Kosten: 100,0%) KNX/EIB Spannungsversorgung (1St), Schnittstellen (2St), Schaltaktoren, vierfach (2St), Jalousieaktoren, achtfach (9St), DALI-Gateways, zweifach (3St), Binäreingänge, achtfach (1St), Tastsensoren, einfach (5St), dreifach (5St)	994,60 m² BGF	14.284	**14,36**	42,2
	9100-0215 Stiftsgebäude, Gemeindesaal, Pfarrbüros				
	• Herstellen (Kosten: 100,0%) Automationsstation (1St), Bediengerät (1St), Ein-Ausgabe-Module (3St), Anzeige- und Bediengerät (1St), Dreiwegeventile (2St), Rauchmelder (1St), Stellantrieb (1St), Kanalrauchmelder (1St), Strömungswächter (2St), Messwertgeber (16St), Lufterhitzer-Thermostat (1St), Präsenzmelder (3St), Temperaturwächter (1St), Differenzdruckwächter (4St), Temperatursensor (1St), Netzgerät (1St), Transformator (1St), Koppelrelais (40St), Überspannungsschutz (1St), Reparaturschalter (7St)	2.649,56 m² BGF	67.241	**25,38**	68,1

KG	Kostengruppe	Menge Einheit	Kosten €	€/Einheit	%
482	**Schaltschränke, Automationsschwerpunkte**				
	3200-0032 Palliativstation (12 Betten)				
	• Herstellen (Kosten: 100,0%) Schaltschränke, bestückt (2St), Elektrozähler aufschalten (1St), automatische Netzwiederkehr (1St), Spannungsversorgungen (4St), Motorleistungsgruppen (10St), Luftstromüberwachungen (2St), Klappensteuerungen (10St), Meldungen BSK (27St), Abschaltung RLT, Brand (1St), Störmeldungen Temperaturwächter (6St), Filterüberwachungen (3St), Frostschutzschaltung (1St), Überspannungsschutz (1St)	985,28 m² BGF	21.799	**22,12**	21,2
	4200-0037 Fachakademie, Berufsfachschule (200 Schüler)				
	• Herstellen (Kosten: 100,0%) Wandschrank 65x80x27cm, 144 PLE (1St), Filterlüfter, Schaltschrankleuchte (1St), Erweiterung Schaltschrank (1St), Lastschalter (1St), Finder Relais (8St), Temperatursensoren (2St), Schlüsselschalter mit Leuchtanzeige (1St), Leitungsschutzschalter (5St)	2.251,21 m² BGF	7.197	**3,20**	22,4
	9100-0215 Stiftsgebäude, Gemeindesaal, Pfarrbüros				
	• Herstellen (Kosten: 100,0%) Standschrank 80x180x40cm (1St), Wandschrank 80x80x40cm (1St), Sicherungsautomaten (4St), Netz-ÜS-Ableiter (2St), Phasenüberwachungen (2St), Schaltschrankbeleuchtungen (2St), Netzabgänge (9St), Steuerungen (28St), Netzwiederkehrschaltungen (2St), Elektroerhitzer (1St), Überwachungen (15St), Leistungssteller (3St), Aufschaltungen (44St)	2.649,56 m² BGF	31.471	**11,88**	31,9
483	**Automationsmanagement**				
	9100-0213 Stadtbücherei				
	• Herstellen (Kosten: 100,0%) EIB-Komponenten anlegen (43St), Parametrierung (258St), Programmierung der Gebäudefunktionen je Datenpunkte (120St), Vergabe physikalischer Adressen (233St), Gruppenadressen (140St), Präsenzmelder (15St), Wetterzentrale (1St), Wettersensor (1St)	994,60 m² BGF	15.799	**15,89**	46,7
484	**Kabel, Leitungen und Verlegesysteme**				
	3200-0032 Palliativstation (12 Betten)				
	• Herstellen (Kosten: 100,0%) Steuerleitungen (4.795m), EIB-Leitungen (102m), Elektroleitungen (91m), Kabel anschließen (149St)	985,28 m² BGF	44.179	**44,84**	42,9
	9100-0173 Bibliothek, Lernzentrum				
	• Herstellen (Kosten: 100,0%) Bus-Leitungen (678m)	759,69 m² BGF	3.419	**4,50**	34,3

KG	Kostengruppe	Menge Einheit	Kosten €	€/Einheit	%
	9100-0213 Stadtbücherei				
	• Herstellen (Kosten: 100,0%) Fernmeldeleitungen (950m), Busleitung (450m), Steuerleitungen (95m), Schlauchleitungen (150m)	994,60 m² BGF	3.740	**3,76**	11,1

Kostenkennwerte für die Kostengruppen 400 der 3. Ebene DIN 276

KG	Kostengruppe	Menge Einheit	Kosten €	€/Einheit	%
491	**Baustelleneinrichtung**				
	1300-0303 Bürogebäude, TG, Brandschutzsanierung				
	• Herstellen (Kosten: 100,0%) Baustelleneinrichtung (1St)	7.378,72 m2 BGF	291	**0,04**	6,0
	3200-0032 Palliativstation (12 Betten)				
	• Herstellen (Kosten: 100,0%) Mobilkran (1St)	985,28 m2 BGF	2.047	**2,08**	100,0
	6100-1599 Zweifamilienhaus				
	• Herstellen (Kosten: 100,0%) Baustelleneinrichtungen (2St)	368,68 m2 BGF	2.582	**7,00**	100,0
	6100-1753 Mehrfamilienhaus (8 WE)				
	• Herstellen (Kosten: 100,0%) Baustelleneinrichtung, Rüstzeiten (psch)	1.102,04 m2 BGF	12.746	**11,57**	81,4
	6100-1760 Mehrfamilienhaus (4 WE)				
	• Herstellen (Kosten: 100,0%) Baustelleneinrichtung (1St), Kran für Photovoltaikanlage (psch)	980,52 m2 BGF	961	**0,98**	100,0
	9100-0173 Bibliothek, Lernzentrum				
	• Herstellen (Kosten: 100,0%) Baustelleneinrichtungen (3St), Baustromverteiler (2St), Gummischlauchleitungen (92m), befahrbare Kabelbrücken (15St), Baubeleuchtung, Anbauleuchten (37St), Leitungen umverlegen (200m)	759,69 m2 BGF	33.200	**43,70**	85,7
	9100-0213 Stadtbücherei				
	• Herstellen (Kosten: 100,0%) Baustelleneinrichtung (1St)	994,60 m2 BGF	960	**0,97**	60,0
	9700-0038 Kolumbarium				
	• Herstellen (Kosten: 100,0%) Baustelleneinrichtung (psch)	960,00 m2 BGF	99	**0,10**	0,5

KG	Kostengruppe	Menge Einheit	Kosten €	€/Einheit	%
492	**Gerüste**				
	6100-1636 Mehrfamilienhaus (10 WE)				
	• Herstellen (Kosten: 100,0%) Montagegerüst (1St)	1.239,53 m² BGF	432	**0,35**	100,0
	9100-0173 Bibliothek, Lernzentrum				
	• Herstellen (Kosten: 100,0%) Rollgerüst (1St), Montagegerüste (2St)	759,69 m² BGF	2.147	**2,83**	5,5
	9100-0213 Stadtbücherei				
	• Herstellen (Kosten: 100,0%) Arbeitsbühnen (2St)	994,60 m² BGF	641	**0,64**	40,0
	9700-0038 Kolumbarium				
	• Herstellen (Kosten: 100,0%) Montagegerüste, Montagehöhe bis 3,50m (psch), Hubarbeitsbühne (11d), Lastverteilungsplatten (45m²), Hubsteiger (1d)	960,00 m² BGF	19.163	**19,96**	99,5
494	**Abbruchmaßnahmen**				
	6100-1609 Dachgeschosswohnung, Turmzimmer				
	• Abbrechen (Kosten: 100,0%) Abbruch von Wandtherme, Heizkörper, Badausstattung, Wasser- und Heizungsleitungen; Entsorgung, Deponiegebühren	198,25 m² BGF	1.842	**9,29**	84,0
496	**Materialentsorgung**				
	4200-0037 Fachakademie, Berufsfachschule (200 Schüler)				
	• Abbrechen (Kosten: 100,0%) Entsorgungen von Altleitungen (psch), Mineralwollsäcken (10St), Big-Bag-Säcken (2St); Deponiegebühren	2.251,21 m² BGF	3.427	**1,52**	15,3
	6100-1536 Mehrfamilienhaus (12 WE)				
	• Herstellen (Kosten: 100,0%) Baustellenabfall (psch), Altöl aus Tanks (1.500l); Entsorgung, Deponiegebühren	1.550,80 m² BGF	1.316	**0,85**	100,0
497	**Zusätzliche Maßnahmen**				
	1300-0289 Bürogebäude (342 AP)				
	• Herstellen (Kosten: 100,0%) Personenaufzug-Kabine innenseitig mit Holzspanplatten schützen (2St)	11.501,16 m² BGF	1.958	**0,17**	100,0

KG	Kostengruppe	Menge Einheit	Kosten €	€/Einheit	%
	4200-0037 Fachakademie, Berufsfachschule (200 Schüler)				
	• Herstellen (Kosten: 100,0%) Winterbauheizung, Luftheizer auf Rollwagen (7St), Anschlussleitungen, Formstücke (210m), Pumpe, Dichtigkeitsprüfung (1St)	2.251,21 m2 BGF	18.986	**8,43**	84,7
	6100-1753 Mehrfamilienhaus (8 WE)				
	• Herstellen (Kosten: 100,0%) Abdeckungen mit Schutzvlies (98m2)	1.102,04 m2 BGF	2.913	**2,64**	18,6
	9100-0173 Bibliothek, Lernzentrum				
	• Herstellen (Kosten: 100,0%) Schutz der EDV-Schränke während der Bauphase (2St)	759,69 m2 BGF	2.484	**3,27**	6,4
498	**Provisorische technische Anlagen**				
	1300-0303 Bürogebäude, TG, Brandschutzsanierung				
	• Herstellen (Kosten: 100,0%) Provisorische Kunststoff-Trinkwasserleitung DN32 (110m)	7.378,72 m2 BGF	3.298	**0,45**	68,1
	6100-1609 Dachgeschosswohnung, Turmzimmer				
	• Herstellen (Kosten: 100,0%) Baustellenfassungen, LED-Lampen (16St)	198,25 m2 BGF	352	**1,77**	16,0
	9100-0173 Bibliothek, Lernzentrum				
	• Herstellen (Kosten: 100,0%) Strom- und ELA-Anschluss für provisorische Aufsicht im Empfang (psch)	759,69 m2 BGF	930	**1,22**	2,4
499	**Sonstiges zur KG 490**				
	1300-0303 Bürogebäude, TG, Brandschutzsanierung				
	• Herstellen (Kosten: 100,0%) Steckdosen und Kabelkanäle demontieren, Blechkanal zur Leitungsverlegung montieren, drei Netzwerkdosen demontieren, außerhalb Brandschutzbereich neu auflegen, Löcher, Kabeldurchführungen mit Brandschutzschaum ausfüllen (12h)	7.378,72 m2 BGF	1.257	**0,17**	25,9

Kostenkennwerte für die Kostengruppen 500 der 3.Ebene DIN 276

KG	Kostengruppe	Menge Einheit	Kosten €	€/Einheit	%
511	**Herstellung**				
	1300-0270 Verwaltungsgebäude (75 AP)				
	• Herstellen (Kosten: 100,0%) Boden ausheben, entsorgen, R/C-Material, d bis 15cm einbauen (3m³), Füllboden liefern, einbauen (16m³), Rohrgrabenaushub BK 1, t bis 1,00m, lagern, verfüllen (7m³), Planum (12m²)	25,84 m³EBR	8.410	**325,47**	100,0
	1300-0324 Gründerzentrum (20 AP)				
	• Herstellen (Kosten: 100,0%) Rohrgrabenaushub BK 2-5, t bis1,50m, lagern (13m³), mit Lieferkies verfüllen (7m³), Handaushub BK 2-5, wieder einbauen (1m³), Kanalgraben, wieder verfüllen (5m³)	18,66 m³EBR	4.549	**243,80**	100,0
	3200-0032 Palliativstation (12 Betten)				
	• Herstellen (Kosten: 100,0%) Rohrgraben-/Schachtaushub, t bis 2,50m, abfahren (563m³), in Handarbeit (25m³), Verfüllen mit Liefermaterial (588m³)	588,34 m³EBR	117.762	**200,16**	97,8
	4200-0037 Fachakademie, Berufsfachschule (200 Schüler)				
	• Herstellen (Kosten: 100,0%) Rohrgrabenaushub BK 3-5, t bis 2,50m, lagern, verfüllen (78m³), Füllsand (15m³), Schutzbeton B15 (1m³)	78,00 m³EBR	6.529	**83,71**	100,0
	6100-1636 Mehrfamilienhaus (10 WE)				
	• Herstellen (Kosten: 100,0%) Kabelgrabenaushub BK 3-5, t bis 1,25m, lagern, verfüllen (85m³)	84,65 m³EBR	7.244	**85,58**	100,0
	6100-1733 Mehrfamilienhaus (11 WE)				
	• Herstellen (Kosten: 100,0%) Bodenaushub BK 3-4, mit Bauschutt durchmischt, abfahren (42m³), Grabenaushub BK 3-5, t bis 1,54m, lagern, verfüllen (36m²), abfahren (4m³)	82,12 m³EBR	16.621	**202,40**	100,0
	9100-0173 Bibliothek, Lernzentrum				
	• Herstellen (Kosten: 100,0%) Rohrgrabenaushub (14m³), Aushub für Hauseinführung (15h)	–	4.617	**–**	100,0

KG	Kostengruppe	Menge Einheit	Kosten €	€/Einheit	%
	9100-0204 Stadtbücherei (120 Plätze)				
	• Herstellen (Kosten: 100,0%)	279,23 m^3 EBR	43.253	**154,90**	100,0
	Rohrgrabenaushub, t=1,25m, lösen, laden, verfüllen (106m^2), lösen, laden, entsorgen (63m^3), Rohrgrabenaushub BK 3-4, t bis 3,00m, einschl. Verbau, lösen, laden, verfüllen (144m^3), Auffüllmaterial 0/32mm (124t)				
	9700-0038 Kolumbarium				
	• Herstellen (Kosten: 100,0%)	23,12 m^3 EBR	3.239	**140,09**	100,0
	Grabenaushub BK 2-5, t bis 160cm, lagern, verfüllen (23m^3)				
512	**Umschließung**				
	3200-0032 Palliativstation (12 Betten)				
	• Herstellen (Kosten: 100,0%)	314,45 m^2	2.630	**8,36**	2,2
	Senkrechter Grabenverbau, t bis 2,50m (314m^2)				

Kostenkennwerte für die Kostengruppen 500 der 3.Ebene DIN 276

KG	Kostengruppe	Menge Einheit	Kosten €	€/Einheit	%
524	**Abdichtungen und Bekleidungen**				
	6100-1733 Mehrfamilienhaus (11 WE)				
	• Herstellen (Kosten: 100,0%) Schottertragschicht, d=30cm, für Rampe, Treppe, L-Steine (1m²)	1,44 m²	62	**43,11**	100,0

Kostenkennwerte für die Kostengruppen 500 der 3. Ebene DIN 276

KG	Kostengruppe	Menge Einheit	Kosten €	€/Einheit	%
531	**Wege**				
	1300-0270 Verwaltungsgebäude (75 AP)				
	• Abbrechen (Kosten: 100,0%) Abbruch von Bodenplatte, unbewehrt, d bis 15cm (37m²), Betonplatten (30m²), Bordsteinen (24m); Entsorgung, Deponiegebühren	67,13 m²	3.925	**58,46**	18,5
	1300-0324 Gründerzentrum (20 AP)				
	• Abbrechen (Kosten: 3,1%) Abbruch von Betonpflaster (9m²), Betonbord (7m); Entsorgung, Deponiegebühren	8,75 m²	273	**31,20**	2,1
	• Wiederherstellen (Kosten: 13,5%) Abstemmen von loser und gebrochener Betondecke, entsorgen, neue Betondecke einbauen, d=5-10cm, unbewehrt (10m²)	10,00 m²	1.191	**119,14**	9,1
	• Herstellen (Kosten: 83,5%) Schottertragschicht 0/45mm, d=30cm, Betonpflaster (33m²), Einfassung, Stahlband (22m), Planum (50m²)	33,35 m²	7.388	**221,54**	56,3
	4200-0037 Fachakademie, Berufsfachschule (200 Schüler)				
	• Abbrechen (Kosten: 100,0%) Abbruch von Asphaltbelägen, d=8-15cm (68m²), Asphalt schneiden (94m); Entsorgung, Deponiegebühren	68,20 m²	3.539	**51,88**	100,0
	6100-1536 Mehrfamilienhaus (12 WE)				
	• Herstellen (Kosten: 100,0%) Schottertragschicht 0/32mm, d=15cm, Betonrechteckpflaster 21x10x8cm (14m²)	13,92 m²	2.950	**211,92**	15,9
	6100-1733 Mehrfamilienhaus (11 WE)				
	• Wiederherstellen (Kosten: 88,9%) Mosaikpflaster aufnehmen, lagern, neu verlegen (13m²)	12,65 m²	4.610	**364,45**	12,8
	• Herstellen (Kosten: 11,1%) Trittplatten 35x60x4cm (2m²)	2,10 m²	575	**273,71**	1,6
	6100-1760 Mehrfamilienhaus (4 WE)				
	• Abbrechen (Kosten: 42,8%) Aufnehmen und Lagern von Betonplatten (psch)	–	181	–	21,4
	• Herstellen (Kosten: 57,2%) Betonplatten, Lagermaterial (psch)	–	242	–	28,

KG	Kostengruppe	Menge Einheit	Kosten €	€/Einheit	%
	9100-0173 Bibliothek, Lernzentrum				
	• Wiederherstellen (Kosten: 100,0%) Rasengittersteine 40x60x10cm aufnehmen, lagern, nach Rohrverlegung wieder einbauen, Splittbett mit Oberboden verfüllen (4m²)	4,12 m²	466	**113,00**	100,0
	9100-0204 Stadtbücherei (120 Plätze)				
	• Abbrechen (Kosten: 49,1%) Abbruch von Betonbelag, d=10cm (60m²), Asphaltbelag, d=5cm (1m²), Bordsteinen 6x30cm (51m); Entsorgung, Deponiegebühren; Basaltpflaster, seitlich lagern (6m²)	67,70 m²	9.138	**134,97**	49,1
	• Wiederherstellen (Kosten: 6,0%) Deckschicht 0/22mm, ohne Bindemittel aufnehmen, lagern, wieder einbauen (47m²)	47,16 m²	1.111	**23,57**	6,0
	• Herstellen (Kosten: 44,9%) Betonpflastersteine, Splitt 0/8mm (33m²), Basaltpflaster (2m²), Bordsteine 5x25cm (39m), Bordsteine, Lagermaterial (8m)	35,49 m²	8.343	**235,07**	44,9
532	**Straßen**				
	1300-0324 Gründerzentrum (20 AP)				
	• Abbrechen (Kosten: 11,6%) Betonfläche einschneiden, entsorgen (4m²)	3,90 m²	344	**88,16**	2,6
	• Wiederherstellen (Kosten: 88,4%) Reparatur von vorhandenem Natursteinpflaster, befahrbar, Bettung, Fugensplitt, Neubeschaffung von Pflastersteinen passend zum Bestandspflaster (20m²)	20,00 m²	2.620	**131,02**	20,0
533	**Plätze, Höfe, Terrassen**				
	1300-0270 Verwaltungsgebäude (75 AP)				
	• Abbrechen (Kosten: 18,6%) Abbruch von Betonfläche, d bis 25cm (17m²); Entsorgung, Deponiegebühren	16,80 m²	3.206	**190,86**	15,1
	• Herstellen (Kosten: 81,4%) Betonpflaster (59m²)	59,45 m²	14.049	**236,31**	66,3
	6100-1536 Mehrfamilienhaus (12 WE)				
	• Abbrechen (Kosten: 25,8%) Abbruch von Verbundpflaster (61m²), Schnittkante Pflaster (19m); seitlich lagern	61,15 m²	2.031	**33,21**	11,0
	• Herstellen (Kosten: 74,2%) Schottertragschicht, d=20cm (5m³), Verbundpflaster verlegen, Lagermaterial (53m²)	53,23 m²	5.844	**109,79**	31,5

KG	Kostengruppe	Menge Einheit	Kosten €	€/Einheit	%
	6100-1636 Mehrfamilienhaus (10 WE)				
	• Abbrechen (Kosten: 100,0%) Abbruch von bitumenhaltiger Befestigung (343m²), Trennschnitte (62m); Entsorgung, Deponiegebühren, Aufnehmen und Lagern von Frostschutzschicht, d=30-50cm (28m²), Naturbordsteinen (19m)	342,87 m²	11.317	**33,01**	100,0
	6100-1733 Mehrfamilienhaus (11 WE)				
	• Abbrechen (Kosten: 9,0%) Aufnehmen und Lagern von Ziegelpflaster (36m²), Abbruch von Ziegelpflaster (22m²); Entsorgung, Deponiegebühren	57,99 m²	2.450	**42,26**	6,8
	• Herstellen (Kosten: 91,0%) Feinplanum, Schottertragschicht, d=30cm, Splittbett, d=4cm, Betonpflaster (50m²), Ziegelpflaster, Lagermaterial (8m²), Randeinfassungen, Betonpflaster (44m), Ziegelpflaster (16m), Betonbordsteine (8m)	58,40 m²	24.728	**423,42**	68,9
	6100-1760 Mehrfamilienhaus (4 WE)				
	• Abbrechen (Kosten: 100,0%) Abbruch von Terrassenplatten, Pflaster (52m²); Entsorgung, Deponiegebühren	52,00 m²	423	**8,13**	50,0
539	**Sonstiges zur KG 530**				
	1300-0324 Gründerzentrum (20 AP)				
	• Herstellen (Kosten: 100,0%) Flusskies 16/32mm, d=10cm, Geotextil (8m²), Pressrost, l=1,30m, b=0,66m, als Fußabstreifer (1St)	33,35 m² BFF	1.306	**39,15**	9,9
	6100-1536 Mehrfamilienhaus (12 WE)				
	• Herstellen (Kosten: 100,0%) Rasenkantensteine 25x5cm (80m), Kies für Traufstreifen b=30cm, t=10cm (64m), Dränagematte (12m)	67,15 m² BFF	7.716	**114,91**	41,6
	6100-1733 Mehrfamilienhaus (11 WE)				
	• Herstellen (Kosten: 100,0%) Kiestraufe 8/16mm, b=30cm (7m², Betonbordsteine (24m)	60,50 m² BFF	3.543	**58,57**	9,9
	9700-0038 Kolumbarium				
	• Abbrechen (Kosten: 100,0%) Aufnehmen und Lagern von Betonplatten 50x50cm (17m)	8,42 m² BFF	222	**26,39**	100,0

Kostenkennwerte für die Kostengruppen 500 der 3.Ebene DIN 276

KG	Kostengruppe	Menge Einheit	Kosten €	€/Einheit	%
542	**Schutzkonstruktionen**				
	9100-0213 Stadtbücherei				
	• Herstellen (Kosten: 100,0%) Einhausung Kühlgerät, h=1,99m, Alu-Winkelrahmen, Alu-Streckgitterfüllung, Pfosten (11m²)	10,87 m²	9.185	**845,00**	100,0
543	**Wandkonstruktionen**				
	1300-0270 Verwaltungsgebäude (75 AP)				
	• Abbrechen (Kosten: 100,0%) Abbruch von Ziegelwand, d=24cm (5m²); Entsorgung, Deponiegebühren	5,04 m²	559	**110,92**	8,2
	1300-0324 Gründerzentrum (20 AP)				
	• Wiederherstellen (Kosten: 100,0%) Natursteinmauer reparieren, lose vorhandene Steine abtragen, mit Mörtel befestigen, Reste sauber abtragen, nach Bedarf entsorgen, Steine vor Wiedereinbau reinigen (1m²)	1,00 m²	115	**115,17**	100,0
	3200-0032 Palliativstation (12 Betten)				
	• Abbrechen (Kosten: 100,0%) Abbruch von Winkelstützwänden (psch); Entsorgung, Deponiegebühren	–	8.597	**–**	100,0
	6100-1636 Mehrfamilienhaus (10 WE)				
	• Herstellen (Kosten: 100,0%) Stützwandbekleidung: Holz-UK, Kanthölzer 60x60mm (32m), Geländer, h=1,00m, Quadratrohr, Mauerabdeckung (4m), Holzlamellenbekleidung, KVH 60x40mm, l=0,98-3,35m (210m), Alu-Sockelblech (4m)	13,50 m²	7.586	**561,91**	100,0
	6100-1733 Mehrfamilienhaus (11 WE)				
	• Herstellen (Kosten: 100,0%) Beton-Winkelstützwände, h=40-60cm (2m²)	2,00 m²	980	**489,93**	26,9
	9100-0215 Stiftsgebäude, Gemeindesaal, Pfarrbüros				
	• Wiederherstellen (Kosten: 100,0%) Natursteinblock sanieren, mit Bruchsteinen ergänzen, Trass-Natursteinmörtel (9t), Kern mit Beton hinterfüllen (1m³), mit Betonsteinen hintermauern (48St)	–	11.055	**–**	100,0

KG	Kostengruppe	Menge Einheit	Kosten €	€/Einheit	%
544	**Rampen, Treppen, Tribünen**				
	1300-0270 Verwaltungsgebäude (75 AP)				
	• Abbrechen (Kosten: 100,0%) Abbruch von Betonstufen, l=4,00m, Unterbau (11m²), Schutzraumfilter aus Mauerwerk, d=24cm (2m³), Braunkohle-Schlackefüllung (3m³), Geländer, h=1,00m, Stahlstäben, Holz-Handlauf (7m); Entsorgung, Deponiegebühren	10,50 m²	6.281	**598,17**	91,8
	6100-1536 Mehrfamilienhaus (12 WE)				
	• Abbrechen (Kosten: 22,4%) Abbruch von Treppenanlage (psch); Entsorgung, Deponiegebühren	–	2.116	–	22,4
	• Herstellen (Kosten: 77,6%) Betonblockstufen 35x15x100cm (17m), Betonpalisaden 15x12cm (8m)	5,95 m²	7.331	**1.232,05**	77,6
	6100-1733 Mehrfamilienhaus (11 WE)				
	• Herstellen (Kosten: 100,0%) Betonblockstufen, b=90cm (3St), Ortbetonrampe C20/25, 90x70cm (1St)	1,44 m²	2.666	**1.851,20**	73,1

Kostenkennwerte für die Kostengruppen 500 der 3. Ebene DIN 276

KG	Kostengruppe	Menge Einheit	Kosten €	€/Einheit	%
551	**Abwasseranlagen**				
	1300-0270 Verwaltungsgebäude (75 AP)				
	• Herstellen (Kosten: 100,0%) Entwässerungsrinnen (10m)	–	1.244	–	21,3
	1300-0303 Bürogebäude, TG, Brandschutzsanierung				
	• Herstellen (Kosten: 100,0%) Zutritt zu Schächten, Auflagen mit Bohlen, Kanthölzern (6St)	2.204,25 m²AF	4.257	**1,93**	100,0
	1300-0324 Gründerzentrum (20 AP)				
	• Abbrechen (Kosten: 14,1%) Abbruch von Grundleitungen, Formstücke (12m), KG-Rohren DN bis 150 (6St), Schacht DN500, t bis 2,00m (1St), Aussparungen in Regenentwässerung (2St); Entsorgung, Deponiegebühren	–	1.257	–	14,1
	• Herstellen (Kosten: 85,9%) PVC-Abwasserleitungen DN100-150, Formstücke, Sandbett (31m), Kontrollschächte DN500, t bis 1,50m (2St), Entwässerungsrinne DN100 (2m), Einlaufkasten DN100 (1St)	–	7.687	–	85,9
	3200-0032 Palliativstation (12 Betten)				
	• Abbrechen (Kosten: 12,0%) Abbruch von Kontrollschächten DN1.000, t=2,00m, Rohrenden verschließen (9St), PVC-Rohren DN150-200 (132m); Entsorgung, Deponiegebühren	25.125,00 m²AF	8.400	**0,33**	10,5
	• Herstellen (Kosten: 88,0%) Kontrollschächte DN1.000, t bis 1,50m (5St), KG-Rohre DN100-250, Formstücke (139m), Anschlüsse an bestehende RW-Leitung (2St), an bestehende Leitungen anschließen (5St), bestehende Leitungen mit Blase verschließen (7St)	25.125,00 m²AF	61.688	**2,46**	77,2
	4200-0037 Fachakademie, Berufsfachschule (200 Schüler)				
	• Abbrechen (Kosten: 7,5%) Abbruch von Abwasserrohren bis DN200 (26m), Hofablauf DN100 (1St); Entsorgung, Deponiegebühren	–	1.142	–	7,3
	• Herstellen (Kosten: 92,5%) KG-Rohre DN160, Formstücke, Sandbett (78m), Entwässerungsrinne, Einlaufkasten DN100 (3m), Kontrollschacht DN1.000, t=2,50m (1St)	–	14.149	–	90,0
	6100-1536 Mehrfamilienhaus (12 WE)				
	• Herstellen (Kosten: 100,0%) KG-Rohre DN110-125, Formstücke, Sandbett (17m)	–	3.542	–	100,0

KG	Kostengruppe	Menge Einheit	Kosten €	€/Einheit	%
	6100-1636 Mehrfamilienhaus (10 WE)				
	• Herstellen (Kosten: 100,0%) PP-Rohre DN100-125, Formstücke (55m)	897,00 m²AF	2.530	**2,82**	31,3
	6100-1733 Mehrfamilienhaus (11 WE)				
	• Herstellen (Kosten: 100,0%) PVC-Rohre DN110-200, Formstücke, Sandbett (45m), Rückstau-Hebeanlage, PE-Schacht LW1.000 (1St), PE-Druckrohre DN80, Formstücke (5m), PP-Schacht DN600, t=1,50m, Schachtabdeckung (1St), Entwässerungsrinnen, Polymerbeton, l=1m, Stegroste (2St), Hofablauf (1St)	161,15 m²AF	40.451	**251,01**	100,0
	9100-0173 Bibliothek, Lernzentrum				
	• Herstellen (Kosten: 100,0%) KG-Rohre DN100, Formstücke (36m), einführen in vorhandenen Revisionsschacht (psch)	–	3.119	–	5,8
	9100-0204 Stadtbücherei (120 Plätze)				
	• Abbrechen (Kosten: 6,9%) Abbruch von Kontrollschacht, t=1,50m (1St), Abwasserrohren DN100-150, Formstücken (66m), Hofabläufen (2St); Entsorgung, Deponiegebühren	–	2.247	–	6,9
	• Herstellen (Kosten: 93,1%) KG-Rohre DN100-150, Formstücke (163m), Hofabläufe (2St), Entwässerungsrinnen DN100 (39m), Kontrollschacht DN1.000, t=1,50m (1St)	–	30.127	–	93,1
	9700-0038 Kolumbarium				
	• Herstellen (Kosten: 100,0%) PVC-Rohre DN100, Formstücke (47m), PP-Kontrollschächte DN400, t=1,25m (2St)	–	3.647	–	69,8
552	Wasseranlagen				
	1300-0270 Verwaltungsgebäude (75 AP)				
	• Herstellen (Kosten: 100,0%) Trinkwasserinstallation, Unterflur-Absperrschieber DN50 (1St), Anschluss an bestehende Kaltwasserleitung DN65 (1St), Druckrohre (4m)	–	4.496	–	77,1
	6100-1599 Zweifamilienhaus				
	• Herstellen (Kosten: 100,0%) Gartensprengleitung (psch)	801,00 m²AF	683	**0,85**	100,0

KG	Kostengruppe	Menge Einheit	Kosten €	€/Einheit	%
555	**Raumlufttechnische Anlagen**				
	9100-0173 Bibliothek, Lernzentrum				
	• Herstellen (Kosten: 100,0%) Kälteanlage: Außeneinheiten Wärmepumpen, Protektorwannen (2St), Kältemittelleitungen, gedämmt (psch), Maschinenfundament, Stb-Bodenplatte, d=15cm (2m²), Frostschürzen 80x15cm (6m)	–	51.015	–	94,2
	9100-0213 Stadtbücherei				
	• Herstellen (Kosten: 100,0%) Außeneinheit Kälte-/Klimagerät (1St), Grundgestell (1St), Auffang-, Rückhaltesystem (1St), Hochleistungs-Heizmatte, Steuerung (1St), Hebepumpen (3St), Metallkanalrinne (3m)	1.008,00 m² AF	34.184	**33,91**	100,0
556	**Elektrische Anlagen**				
	1300-0270 Verwaltungsgebäude (75 AP)				
	• Herstellen (Kosten: 100,0%) Fernmeldeleitungen (20m)	–	95	–	1,6
	3200-0032 Palliativstation (12 Betten)				
	• Herstellen (Kosten: 100,0%) Pollerleuchten (3St), Mastleuchten, Lichtmast, h=4,00m (2St)	25.125,00 m² AF	9.790	**0,39**	12,3
	4200-0037 Fachakademie, Berufsfachschule (200 Schüler)				
	• Herstellen (Kosten: 100,0%) Sichern von Versorgungsleitungen (3St), Kabelkreuzungen (2St)	–	430	–	2,7
	6100-1545 Einfamilienhaus				
	• Herstellen (Kosten: 100,0%) Bewegungsmelder (1St), Mantelleitungen NYM-J (50m)	1.043,00 m² AF	443	**0,43**	100,0
	6100-1636 Mehrfamilienhaus (10 WE)				
	• Herstellen (Kosten: 100,0%) Außenschrankverteiler 112x115x32cm (1St), Erdkabel NYY (85m), Lichtmasten, h=4m (3St)	897,00 m² AF	5.544	**6,18**	68,7

KG	Kostengruppe	Menge Einheit	Kosten €	€/Einheit	%
	9100-0215 Stiftsgebäude, Gemeindesaal, Pfarrbüros				
	• Wiederherstellen (Kosten: 0,5%) Pollerleuchte demontieren, lagern, wieder anschließen (5h)	1.370,00 m²AF	419	**0,31**	0,5
	• Herstellen (Kosten: 99,5%) Erdkabel (350m), Datenkabel (490m), PVC-Warnband (500m), Maststrahler, Erdmast, Kabelübergangskästen (8St), Strahler (7St), mit Bügel (8St), Pollerleuchten, h=65cm (12St), Bodeneinbaustrahler (10St)	1.370,00 m²AF	88.294	**64,45**	99,5
	9700-0038 Kolumbarium				
	• Herstellen (Kosten: 100,0%) Standsäule, Türöffner (1St)	–	1.581	–	30,2

Kostenkennwerte für die Kostengruppen 500 der 3.Ebene DIN 276

KG	Kostengruppe	Menge Einheit	Kosten €	€/Einheit	%
561	**Allgemeine Einbauten**				
	1300-0270 Verwaltungsgebäude (75 AP)				
	• Herstellen (Kosten: 100,0%) Durchwurfbriefkasten, Stahlblech, Namensschilder, Alu-Klingelknopf, Sprechfeld, Farbkamera, Beleuchtung (1St)	–	6.374	**–**	100,0
	1300-0324 Gründerzentrum (20 AP)				
	• Herstellen (Kosten: 100,0%) Fahrradanlehnbügel, Flachstahl (5St), Abfallbehälter (1St), Holzauflage aus Terrassen-dielen, l=2,30m (1St)	–	4.432	**–**	100,0
	9100-0173 Bibliothek, Lernzentrum				
	• Wiederherstellen (Kosten: 100,0%) Fahrradanlehnbügel, l=2,00m, demontieren, transportieren, wieder einbauen (6St)	–	2.068	**–**	100,0
	9100-0213 Stadtbücherei				
	• Herstellen (Kosten: 100,0%) Mobile Pflanztröge 123x40x41cm, Stahlblech, je drei Pflanztöpfe (5St), Personenleit-system, zwei Poller, Gurt (1St)	1.008,00 m²AF	8.537	**8,47**	100,0

Kostenkennwerte für die Kostengruppen 500 der 3. Ebene DIN 276

KG	Kostengruppe	Menge Einheit	Kosten €	€/Einheit	%
571	**Vegetationstechnische Bodenbearbeitung**				
	1300-0324 Gründerzentrum (20 AP)				
	• Herstellen (Kosten: 100,0%) Füllstoff, Kies-Sand-Gemisch 0/16mm, d=30-50cm (30m³), Oberboden, d=4-6cm, liefern, einbauen (27m²)	27,00 m²	1.829	**67,73**	81,8
	6100-1536 Mehrfamilienhaus (12 WE)				
	• Herstellen (Kosten: 100,0%) Oberboden liefern, auftragen (1m³)	–	3.840	–	82,4
	6100-1733 Mehrfamilienhaus (11 WE)				
	• Herstellen (Kosten: 100,0%) Oberboden liefern, auftragen, d=30cm (16m³)	54,30 m²	5.259	**96,85**	78,8
573	**Pflanzflächen**				
	6100-1536 Mehrfamilienhaus (12 WE)				
	• Herstellen (Kosten: 100,0%) Bepflanzung liefern, pflanzen (2m²), Rindenmulch liefern (1m³)	2,00 m²	819	**409,63**	17,6
	6100-1733 Mehrfamilienhaus (11 WE)				
	• Abbrechen (Kosten: 100,0%) Roden von Vegetation (psch); Entsorgung, Deponiegebühren	–	1.416	–	21,2
	6100-1760 Mehrfamilienhaus (4 WE)				
	• Abbrechen (Kosten: 100,0%) Roden von Sträuchern, Gehölzen, h bis 4m (10St); Entsorgung, Deponiegebühren	–	192	–	100,0
574	**Rasen- und Saatflächen**				
	1300-0324 Gründerzentrum (20 AP)				
	• Herstellen (Kosten: 100,0%) Rasenansaat, Gebrauchsrasen (27m²)	27,00 m²	407	**15,09**	18,2
579	**Sonstiges zur KG 570**				
	3200-0032 Palliativstation (12 Betten)				
	• Herstellen (Kosten: 100,0%) Findlinge aufnehmen, auf dem Gelände verteilen, Transportweg bis 200m (21St)	–	1.267	–	100,0

Kostenkennwerte für die Kostengruppen 500 der 3.Ebene DIN 276

KG	Kostengruppe	Menge Einheit	Kosten €	€/Einheit	%
591	**Baustelleneinrichtung**				
	1300-0270 Verwaltungsgebäude (75 AP)				
	• Herstellen (Kosten: 100,0%) Baustelleneinrichtung (psch)	–	435	**–**	100,0
	6100-1733 Mehrfamilienhaus (11 WE)				
	• Herstellen (Kosten: 100,0%) Baustelleneinrichtungen (3St)	161,15 m²AF	3.749	**23,26**	100,0
595	**Instandsetzungen**				
	9700-0038 Kolumbarium				
	• Herstellen (Kosten: 100,0%) Wiederherrichtung Außenanlagen (psch)	–	3.856	**–**	100,0
596	**Materialentsorgung**				
	6100-1536 Mehrfamilienhaus (12 WE)				
	• Herstellen (Kosten: 100,0%) Bauschutt, Stahlschrott (5m³); Entsorgung, Deponiegebühren	–	2.091	**–**	100,0
	9100-0215 Stiftsgebäude, Gemeindesaal, Pfarrbüros				
	• Herstellen (Kosten: 100,0%) Entsorgung von Baustellenabfällen (2t), Bauschutt (7t); Deponiegebühren	1.370,00 m²AF	1.459	**1,06**	8,8
597	**Zusätzliche Maßnahmen**				
	9100-0215 Stiftsgebäude, Gemeindesaal, Pfarrbüros				
	• Herstellen (Kosten: 100,0%) Schutzabdeckungen von Wegen, b=1,40m (44m), von Grünflächen, Geovlies, Seekiefer-platten (81m)	1.370,00 m²AF	15.106	**11,03**	91,2

Kostenkennwerte für die Kostengruppen 600 der 3.Ebene DIN 276

KG	Kostengruppe	Menge Einheit	Kosten €	€/Einheit	%
642	**Künstlerische Gestaltung des Bauwerks**				
	7200-0096 Geschäftshaus, Foyer				
	• Herstellen (Kosten: 100,0%) Individuelle Wandgestaltung, Wandbild als abstrahierter Verkehrs-Netzplan, Entwurf, Konzeption, Ausführung (32m²)	220,23 m²BGF	8.770	**39,82**	100,0
	9100-0213 Stadtbücherei				
	• Herstellen (Kosten: 100,0%) Wand- und Fenstergestaltung, Graffiti, Folierung (16m²)	994,60 m²BGF	5.283	**5,31**	100,0

ANHANG

Verzeichnis der Architektur- und Planungsbüros

Der Herausgeber dankt den genannten Büros für die zur Verfügung gestellten Objektdaten.

Nutzen Sie die Vorteile Ihrer Projekt-Veröffentlichung in den BKI-Produkten:
- Dokumentierte Kosten Ihres Projektes nach DIN 276
- Ausbau und Erweiterung Ihrer bürointernen Baukostendaten für Folgeprojekte
- Dokumentationsunterlagen als Referenz für Ihre Projekt-Akquise
- Aufwandsentschädigung von bis zu 700,- €
- Aufnahme Ihrer Bürodaten in die Liste der BKI Architekt*innen und Planer*innen
- Kostenloses Fachbuch

Weitere Informationen unter www.bki.de/bki-verguetung.html

ANHANG

Regionalfaktoren

Regionalfaktoren Deutschland

Diese Faktoren geben Aufschluss darüber, inwieweit die Baukosten in einer bestimmten Region Deutschlands teurer oder günstiger liegen als im Bundesdurchschnitt. Sie können dazu verwendet werden, die BKI Baukosten an das besondere Baupreisniveau einer Region anzupassen.
Hinweis: Alle Angaben wurden durch Untersuchungen des BKI weitgehend verifiziert. Dennoch können Abweichungen zu den angegebenen Werten entstehen. In Grenznähe zu einem Land-/Stadtkreis mit anderen Baupreisfaktoren sollte dessen Baupreisniveau mit berücksichtigt werden, da die Übergänge zwischen den Land-/Stadtkreisen fließend sind. Die Besonderheiten des Einzelfalls können ebenfalls zu Abweichungen führen.
Für die größeren Inseln Deutschlands wurden separate Regionalfaktoren ermittelt. Dazu wurde der zugehörige Landkreis in Festland und Inseln unterteilt. Alle Inseln eines Landkreises erhalten durch dieses Verfahren den gleichen Regionalfaktor. Der Regionalfaktor des Festlandes erhält keine Inseln mehr und ist daher gegenüber früheren Ausgaben verringert.

Land- / Stadtkreis / Insel	Bundeskorrekturfaktor
Aachen, Städteregion	0,926
Ahrweiler	0,982
Aichach-Friedberg	1,077
Alb-Donau-Kreis	1,015
Altenburger Land	0,852
Altenkirchen (Westerwald)	0,985
Altmarkkreis Salzwedel	0,833
Altötting	0,973
Alzey-Worms	0,983
Amberg, Stadt	1,100
Amberg-Sulzbach	1,023
Ammerland	0,794
Amrum, Insel	1,288
Anhalt-Bitterfeld	0,815
Ansbach	1,032
Ansbach, Stadt	1,068
Aschaffenburg	1,124
Aschaffenburg, Stadt	1,093
Augsburg	1,098
Augsburg, Stadt	1,265
Aurich, Festlandanteil	0,735
Aurich, Inselanteil	1,199
Bad Dürkheim	0,983
Bad Kissingen	1,045
Bad Kreuznach	0,963
Bad Tölz-Wolfratshausen	1,216
Baden-Baden, Stadtkreis	1,063
Baltrum, Insel	1,199
Bamberg	1,048
Bamberg, Stadt	1,160
Barnim	0,879
Bautzen	0,894
Bayreuth	1,077
Bayreuth, Stadt	1,042
Berchtesgadener Land	1,131
Bergstraße	1,008
Berlin, Stadt	1,141
Bernkastel-Wittlich	1,022
Biberach	1,020
Bielefeld, Stadt	0,870
Birkenfeld	1,033
Bochum, Stadt	0,912
Bodenseekreis	0,990
Bonn, Stadt	0,920
Borken	0,901
Borkum, Insel	1,100
Bottrop, Stadt	0,794
Brandenburg an der Havel, Stadt	0,969
Braunschweig, Stadt	0,726
Breisgau-Hochschwarzwald	1,117
Bremen, Stadt	0,921
Bremerhaven, Stadt	0,946
Burgenlandkreis	0,930
Böblingen	1,083
Börde	0,877
Calw	1,032
Celle	0,834
Cham	0,887
Chemnitz, Stadt	0,878
Cloppenburg	0,784
Coburg	1,016
Coburg, Stadt	1,155
Cochem-Zell	1,065
Coesfeld	0,943
Cottbus, Stadt	1,030
Cuxhaven	0,758
Dachau	1,228
Dahme-Spreewald	0,925
Darmstadt, Stadt	1,066
Darmstadt-Dieburg	1,017
Deggendorf	0,97[illegible]

Delmenhorst, Stadt	0,774
Dessau-Roßlau, Stadt	0,860
Diepholz	0,791
Dillingen a.d.Donau	1,054
Dingolfing-Landau	0,942
Dithmarschen	1,033
Donau-Ries	0,993
Donnersbergkreis	0,919
Dortmund, Stadt	0,757
Dresden, Stadt	0,911
Duisburg, Stadt	0,949
Düren	0,950
Düsseldorf, Stadt	0,983

Ebersberg	1,361
Eichsfeld	0,906
Eichstätt	1,065
Eifelkreis Bitburg-Prüm	0,961
Elbe-Elster	0,842
Emden, Stadt	0,703
Emmendingen	1,146
Emsland	0,794
Ennepe-Ruhr-Kreis	0,875
Enzkreis	1,003
Erding	1,118
Erfurt, Stadt	0,926
Erlangen, Stadt	1,101
Erlangen-Höchstadt	1,026
Erzgebirgskreis	0,918
Essen, Stadt	0,839
Esslingen	1,035
Euskirchen	0,859

Fehmarn, Insel	1,164
Flensburg, Stadt	0,808
Forchheim	1,126
Frankenthal (Pfalz), Stadt	0,888
Frankfurt (Oder), Stadt	0,871
Frankfurt am Main, Stadt	1,019
Freiburg im Breisgau, Stadtkreis	1,120
Freising	1,105
Freudenstadt	1,033
Freyung-Grafenau	0,980
Friesland, Festlandanteil	0,775
Friesland, Inselanteil	1,442
Fulda	1,039
Föhr, Insel	1,288
ürstenfeldbruck	1,216
ürth	0,993
ürth, Stadt	1,076

armisch-Partenkirchen	1,268
elsenkirchen, Stadt	0,891
era, Stadt	0,906
Germersheim	1,002
Gießen	1,010
Gifhorn	0,848
Goslar	0,752
Gotha	0,876
Grafschaft Bentheim	0,792
Greiz	0,925
Groß-Gerau	1,058
Göppingen	0,998
Görlitz	0,893
Göttingen	0,856
Günzburg	1,054
Gütersloh	0,872

Hagen, Stadt	0,884
Halle (Saale), Stadt	0,709
Hamburg, Freie und Hansestadt	1,106
Hameln-Pyrmont	0,829
Hamm, Stadt	0,866
Hannover, Region	0,904
Harburg	0,904
Harz	0,819
Havelland	0,999
Haßberge	1,131
Heidekreis	0,862
Heidelberg, Stadtkreis	1,119
Heidenheim	1,032
Heilbronn	1,023
Heilbronn, Stadtkreis	1,011
Heinsberg	0,920
Helgoland, Insel	1,410
Helmstedt	0,834
Herford	0,871
Herne, Stadt	0,922
Hersfeld-Rotenburg	0,985
Herzogtum Lauenburg	0,975
Hiddensee, Insel	1,126
Hildburghausen	0,882
Hildesheim	0,794
Hochsauerlandkreis	0,895
Hochtaunuskreis	1,063
Hof	1,152
Hof, Stadt	1,123
Hohenlohekreis	1,034
Holzminden	0,766
Höxter	0,867

Ilm-Kreis	0,860
Ingolstadt, Stadt	1,093

Jena, Stadt	1,088
Jerichower Land	0,813
Juist, Insel	1,199

Kaiserslautern 0,970
Kaiserslautern, Stadt 0,977
Karlsruhe 0,953
Karlsruhe, Stadtkreis 1,098
Kassel 1,019
Kassel, Stadt 0,933
Kaufbeuren 1,160
Kelheim 0,982
Kempten (Allgäu) 1,140
Kiel, Stadt 1,209
Kitzingen 1,077
Kleve 0,915
Koblenz, Stadt 0,938
Konstanz 1,025
Krefeld, Stadt 0,836
Kronach 1,108
Kulmbach 1,130
Kusel 0,956
Kyffhäuserkreis 0,891
Köln, Stadt 0,936

Lahn-Dill-Kreis 1,014
Landau in der Pfalz, Stadt 1,000
Landsberg am Lech 1,130
Landshut 0,967
Landshut, Stadt 1,039
Langeoog, Insel 1,052
Leer, Festlandanteil 0,743
Leer, Inselanteil 1,100
Leipzig 0,941
Leipzig, Stadt 0,859
Leverkusen, Stadt 0,805
Lichtenfels 1,006
Limburg-Weilburg 0,980
Lindau (Bodensee) 1,071
Lippe 0,903
Ludwigsburg 1,037
Ludwigshafen am Rhein, Stadt 1,033
Ludwigslust-Parchim 0,911
Lörrach 0,992
Lübeck, Hansestadt 0,921
Lüchow-Dannenberg 0,850
Lüneburg 0,851

Magdeburg, Stadt 0,851
Main-Kinzig-Kreis 0,996
Main-Spessart 1,104
Main-Tauber-Kreis 1,027
Main-Taunus-Kreis 1,005
Mainz, Stadt 0,938
Mainz-Bingen 1,032
Mannheim, Stadtkreis 1,049
Mansfeld-Südharz 0,882
Marburg-Biedenkopf 1,031
Mayen-Koblenz 0,972
Mecklenburgische Seenplatte 0,879
Meißen 0,891
Memmingen 1,016
Merzig-Wadern 0,951
Mettmann 0,869
Miesbach 1,306
Miltenberg 1,180
Minden-Lübbecke 0,848
Mittelsachsen 0,902
Märkisch-Oderland 0,890
Märkischer Kreis 0,873
Mönchengladbach, Stadt 0,895
Mühldorf a.Inn 1,047
Mülheim an der Ruhr, Stadt 0,905
München 1,340
München, Stadt 1,546
Münster, Stadt 0,863

Neckar-Odenwald-Kreis 1,074
Neu-Ulm 1,059
Neuburg-Schrobenhausen 1,064
Neumarkt i.d.OPf. 0,944
Neumünster, Stadt 0,906
Neunkirchen 0,975
Neustadt a.d.Aisch-Bad Windsheim 1,037
Neustadt a.d.Waldnaab 1,047
Neustadt an der Weinstraße, Stadt 0,915
Neuwied 0,949
Nienburg (Weser) 0,740
Norderney, Insel 1,199
Nordfriesland, Festlandanteil 1,163
Nordfriesland, Inselanteil 1,288
Nordhausen 0,820
Nordsachsen 0,893
Nordwest-Mecklenburg, Inselanteil 1,224
Nordwestmecklenburg, Festlandanteil 0,947
Northeim 0,874
Nürnberg, Stadt 1,037
Nürnberger Land 1,165

Oberallgäu 1,107
Oberbergischer Kreis 0,898
Oberhausen, Stadt 0,852
Oberhavel 1,024
Oberspreewald-Lausitz 0,889
Odenwaldkreis 0,995
Oder-Spree 0,968
Offenbach 0,958
Offenbach am Main, Stadt 0,970
Oldenburg ..... 0,85[illegible]
Oldenburg (Oldb), Stadt ..... 0,81[illegible]
Olpe ..... 0,96[illegible]
Ortenaukreis ..... 1,02[illegible]

Osnabrück	0,828
Osnabrück, Stadt	0,760
Ostalbkreis	1,075
Ostallgäu	1,051
Osterholz	0,833
Ostholstein, Festlandanteil	0,957
Ostholstein, Inselanteil	1,164
Ostprignitz-Ruppin	0,939
Paderborn	0,888
Passau	0,971
Passau, Stadt	1,007
Peine	0,815
Pellworm, Insel	1,288
Pfaffenhofen a.d.Ilm	1,082
Pforzheim, Stadtkreis	0,976
Pinneberg, Festlandanteil	0,973
Pinneberg, Inselanteil	1,410
Pirmasens, Stadt	0,961
Plön	1,027
Poel, Insel	1,224
Potsdam, Stadt	1,007
Potsdam-Mittelmark	0,973
Prignitz	0,803
Rastatt	1,024
Ravensburg	0,960
Recklinghausen	0,889
Regen	0,901
Regensburg	1,044
Regensburg, Stadt	1,063
Rems-Murr-Kreis	1,057
Remscheid, Stadt	0,860
Rendsburg-Eckernförde	0,922
Reutlingen	0,984
Rhein-Erft-Kreis	0,914
Rhein-Hunsrück-Kreis	1,023
Rhein-Kreis Neuss	0,924
Rhein-Lahn-Kreis	1,005
Rhein-Neckar-Kreis	1,062
Rhein-Pfalz-Kreis	0,988
Rhein-Sieg-Kreis	0,927
Rheingau-Taunus-Kreis	1,010
Rheinisch-Bergischer Kreis	0,896
Rhön-Grabfeld	1,133
Rosenheim	1,207
Rosenheim, Stadt	1,252
Rostock	0,941
Rostock, Stadt	1,001
Rotenburg (Wümme)	0,744
Roth	1,073
ottal-Inn	0,960
ottweil	0,991
ügen, Insel	1,126

Saale-Holzland-Kreis	0,821
Saale-Orla-Kreis	0,940
Saalekreis	0,874
Saalfeld-Rudolstadt	0,918
Saarbrücken, Regionalverband	0,923
Saarlouis	0,944
Saarpfalz-Kreis	0,945
Salzgitter, Stadt	0,770
Salzlandkreis	0,841
Schaumburg	0,799
Schleswig-Flensburg	0,901
Schmalkalden-Meiningen	0,966
Schwabach, Stadt	1,061
Schwalm-Eder-Kreis	0,962
Schwandorf	0,993
Schwarzwald-Baar-Kreis	0,903
Schweinfurt	1,069
Schweinfurt, Stadt	1,042
Schwerin, Stadt	1,119
Schwäbisch Hall	0,928
Segeberg	0,940
Siegen-Wittgenstein	0,934
Sigmaringen	0,976
Soest	0,847
Solingen, Stadt	0,878
Sonneberg	0,877
Speyer, Stadt	1,049
Spiekeroog, Insel	1,052
Spree-Neiße	0,744
St. Wendel	0,944
Stade	0,808
Starnberg	1,361
Steinburg	0,952
Steinfurt	0,885
Stendal	0,728
Stormarn	0,921
Straubing, Stadt	1,223
Straubing-Bogen	1,051
Stuttgart, Stadtkreis	1,114
Suhl, Stadt	0,880
Sylt, Insel	1,288
Sächsische Schweiz-Osterzgebirge	0,951
Sömmerda	0,875
Südliche Weinstraße	1,041
Südwestpfalz	0,954
Teltow-Fläming	0,961
Tirschenreuth	1,059
Traunstein	1,133
Trier, Stadt	1,066
Trier-Saarburg	1,063
Tuttlingen	1,061
Tübingen	1,029

Uckermark	0,895
Uelzen	0,844
Ulm, Stadtkreis	1,120
Unna	0,898
Unstrut-Hainich-Kreis	0,805
Unterallgäu	0,980
Usedom, Insel	1,060
Vechta	0,855
Verden	0,761
Viersen	0,918
Vogelsbergkreis	0,949
Vogtlandkreis	0,948
Vorpommern-Greifswald, Festlandanteil	0,981
Vorpommern-Greifswald, Inselanteil	1,060
Vorpommern-Rügen, Festlandanteil	0,972
Vorpommern-Rügen, Inselanteil	1,126
Vulkaneifel	0,975
Waldeck-Frankenberg	0,950
Waldshut	1,049
Wangerooge, Insel	1,442
Warendorf	0,890
Wartburgkreis	0,958
Weiden i.d.OPf., Stadt	1,003
Weilheim-Schongau	1,156
Weimar, Stadt	1,187
Weimarer Land	0,902
Weißenburg-Gunzenhausen	1,007
Werra-Meißner-Kreis	0,956
Wesel	0,904
Wesermarsch	0,808
Westerwaldkreis	0,994
Wetteraukreis	0,971
Wiesbaden, Stadt	0,985
Wilhelmshaven, Stadt	0,858
Wittenberg	0,758
Wittmund, Festlandanteil	0,804
Wittmund, Inselanteil	1,052
Wolfenbüttel	0,821
Wolfsburg, Stadt	0,817
Worms, Stadt	1,019
Wunsiedel i.Fichtelgebirge	1,125
Wuppertal, Stadt	0,832
Würzburg	1,095
Würzburg, Stadt	1,158
Zingst, Insel	1,126
Zollernalbkreis	1,000
Zweibrücken, Stadt	1,055
Zwickau	0,918

Regionalfaktoren Österreich

Bundesland	Korrekturfaktor
Burgenland	1,115
Kärnten	1,103
Niederösterreich	1,028
Oberösterreich	1,104
Salzburg	1,104
Steiermark	1,097
Tirol	1,019
Vorarlberg	1,069
Wien	1,095

Regionalfaktoren für den Europa-Raum

Land	Korrekturfaktor
Albanien	0,345
Belgien	0,616
Bosnien und Herzegowina	0,317
Bulgarien	0,446
Dänemark	0,833
Deutschland	1,000
Estland	0,518
Finnland	0,826
Frankreich	0,783
Griechenland	0,477
Irland	0,664
Island	0,785
Italien	0,562
Kroatien	0,368
Lettland	0,544
Litauen	0,500
Luxemburg	0,859
Malta	0,584
Mazedonien	0,359
Montenegro	0,356
Niederlande	0,823
Norwegen	0,838
Österreich	1,081
Polen	0,466
Portugal	0,440
Rumänien	0,385
Schweden	0,937
Schweiz	1,042
Serbien	0,371
Slowakei	0,500
Slowenien	0,473
Spanien	0,540
Tschechien	0,507
Türkei	0,35[illegible]
Ungarn	0,46[illegible]
Zypern	0,49

Regionalfaktoren: Stand 2020